총력전의 이론과 실제

총력전의 이론과 실제

2012년 8월 30일 초판1쇄 발행
2013년 4월 10일 초판2쇄 발행

지은이 | 박계호
펴낸이 | 이찬규
펴낸곳 | 북코리아
등록번호 | 제03-01240호
주소 | 462-807 경기도 성남시 중원구 상대원동 146-8
　　　우림2차 A동 1007호
전화 | 02) 704-7840
팩스 | 02) 704-7848
이메일 | sunhaksa@korea.com
홈페이지 | www.bookorea.co.kr
ISBN | 978-89-6324-224-8(93390)

값 30,000원

총력전의 이론과 실제

박계호 지음

북코리아

PROLOGUE

인류의 역사는 전쟁의 역사이고, 인류는 전쟁과 더불어 발전해 왔다고 해도 과언이 아니다. 많은 국제정치학자들이나 역사가들이 연구한 결과에서 보여주듯이 인류가 문자를 사용하기 시작한 이래 최근에 이르기까지 항상 지구상의 어느 곳에서는 전쟁이 발생하였다. 지금 이 순간에도 아프간에서는 전쟁이 진행되고 있으며, 아프리카의 어느 곳에서는 내전이 진행되고 있는 곳도 있다.

손자의 말대로 전쟁은 국가의 중대한 일이자 국민의 생명이 달려 있기 때문에 일단 전쟁이 발발하면 지도자는 이를 중대하게 살펴보지 않으면 안 되며, 전쟁을 하는데 필요한 모든 요소들을 적절히 지도하고 통합하여 승리를 달성해야 하고, 국민들은 일치단결함으로써 이를 뒷받침해주어야 한다.

전쟁의 양상은 과학기술과 더불어 발전되어 왔다. 고대시대에는 석기나 창, 칼 같은 무기를 사용하였지만, 점차 시대가 발전되면서 무기도 발전되었고, 마침내 산업혁명을 거치면서 대량생산 시대로 들어가 전쟁양상에 있어서도 혁신적인 변화가 있었다.

소총이 대량생산되기 시작하였고, 기관총이 발전되었으며, 전함과 전차, 항공기 등이 차례로 출현하여 전장에서 사용되면서 전쟁의 양상은 종전에는 볼 수 없을 정도로 변화되었다. 무기의 발전과 더불어 전쟁을 하기 위해서는 과거와는 달리 많은 비용이 들어가게 되었고, 또한 많은 병력이 동원되기 시작하였다. 군인들은 전장에서 전투를 하였지만, 후방에 남아 있던 수많은 국민들은 남녀노소 할 것 없이 군인들이 동원되고 남은 빈자리에서 무기와 탄약을 만들기 위해서 또는 정비시설이나 수송, 의무, 보급시설의 운용 등 어느 곳에서든지 승리를 위하여 일을 해야만 되었다. 총력적으로 대응해야만 되었던 것이다.

총력전 양상은 미국의 남북전쟁에서 최초로 나타나기 시작하여 1·2차 세계대전을 거치면서 절정에 달하였다. 전쟁을 하는 기간 동안 여기 참여한 나라는 승리를 위하여 국가가 동원할 수 있는 모든 자원을 총동원하여 전쟁을 수행하였다.

전쟁에서 승리한 국가들은 지도자를 중심으로 전 국민이 전쟁이라는 극한의 상황들을 극복하면서 참여하였고, 정치인들은 전쟁을 지원할 수 있도록 법령을 제정하였으며, 승리를 위하여 외국의 힘을 이용하는 것도 다반사였다. 정부는 전쟁을 지원할 수 있도록 산업시설을 전시 생산체제로 전환, 막대한 물자를 생산함으로써 전쟁을 지속할 수 있도록 하였고, 이 과정에서 국가의 재정능력이나 경제력이 큰 국가가 유리하게 전쟁을 이끌어 나갈 수 있었다.

또한 한 국가의 과학기술 능력도 전쟁을 하는데 필요한 전투장비나 물자들을 개발하는데 도움을 주어 전쟁을 유리하게 이끌어 나갈 수 있도록 하였고, 사회지도층의 '노블레스 오블리주' 정신은 전쟁에서 승리를 하는데 있어 국민적인 힘을 결집시키는 촉매역할을 하였다. 예비전력 또한 전쟁이 장기화 되면서 전쟁지속능력을 유지하고 확대하는데 핵심이 되었다. 이렇게 국가의 모든 요소들이 총력전 양상에서 제 역할과 몫을 다함으로써 승리할 수 있었던 것이다.

한반도는 지구상에서 유일하게 분단된 국가로 남아 있으면서 병력과 화력의 밀도가 가장 높은 상태에서 수많은 병력이 휴전선을 따라 대치하고 있다. 서북 5도 해역이나 휴전선에서는 작은 충돌이 언제라도 전면전으로 확대될 가능성이 있는 채로 불완전한 안정상태가 지속되고 있으며, 2010년도에는 천안함 폭침과 연평도 포격사건 같은 국가적 위기상황도 발생하였다.

서북 5도 해역에서의 분쟁이든 휴전선에서의 충돌이든, 한반도만의 안보특성상 어떤 작은 충돌이라도 발생하여 이 상황이 악화되면서 전면적 충돌로 확대된다면 전쟁에서의 승리를 위해 우리는 총력전으로 대응하지 않을 수 없다. 그러한 위기상황에 대비하여 평시 연구와 준비가 되어 있어야 하겠으나 지금까지 한국에서 총력전에 대한 연구는 대단히 미흡하였다. 이 글은 이와 같은 경우에 대비하여 지난 전쟁사에서 어떻게 총력전이 준비되고 실시되었는지 연구를 통해 교훈을 찾고 이를 통해 총력전 준비태세에 기여하고자 한 것이다.

이 글에서는 총력전에 들어가기에 앞서 전쟁에 관한 일반론을 먼저 살펴보고 이어서 총력전 이론이나 주장에 관하여 언급하였다. 총력전이란 무엇인지 일반적인 이론과 언제부터 발생하였고, 어떻게 발전되었으며 진행되었는지 최초로 총력전 양상이 나타난 미국의 남북전쟁으로부터 1 · 2차 세계대전 시 강대국, 중동전에서 이스라엘과 6 · 25전쟁 시의 한국의 총력전에 관한 내용을 포함하였다.

각각의 장에서는 먼저 당시의 전쟁 상황을 이해하는 차원에서 어떻게 진행되었는지를 간략히 포함하였다. 각국의 총력전 실시분야에서는 지도자의 리더십으로부터 국민의 의지, 정치와 외교, 경제, 상비군사력의 준비, 예비전력의 동원준비와 동원 및 운용, 과학기술력, 사회문화 등 총력전을 실시하는데 있어 결정적인 요소들을 전쟁이전 국가의 준비로부터 전쟁 실시간의 상황까지 총력전과 관련도는 부분을 포함하고자 노력하였다.

이 글이 있기까지 도와주신 모든 분들께 감사를 드린다. 먼저 육군대학교 총장으로 재직하시다 국방부 군사편찬연구소장으로 영전하신 최북진 총장님, 행정안전부 재난안전관리실장으로 영전하신 장석홍 총장님, 육근교육사령관으로 영전하신 황인무 총장님께 감사를 드린다. 여러 총장님들께서는 재직기간 중 본인이 이 글을 작성할 수 있도록 많은 조언과 지도와 격려를 아끼지 않으셨다. 육군대학의 전쟁사학처장 이덕윤 대령과 학처 교관들에게도 감사를 드린다. 그들은 전쟁사에 대한 전문지식으로 이 책이 나오는데 있어 많은 도움을 주었다. 전투발전처의 심형철 소령은 방대한 양의 글을 꼼꼼히 검토하여 수정해 주었으며, 평가실의 박동욱 소령과 정기호 · 박민철 병장 등 병사들도 책이 출간될 수 있도록 자질구레한 많은 일을 도와주었다.

또한 국방대학교 명예교수이신 허남성 박사님과 안브문제연구소의 김열수 교수님께서도 본인의 졸저에 대하여 조언과 격려와 더불어 좋은 글이 되도록 충고를 해 주셨음에 감사드린다. 아울러 이 책을 기꺼이 출간할 수 있도록 허락해주신 북코리아 이찬규 사장님에게도 심심한 감사를 드린다.

나의 사랑하는 아내와 아들 상원이게도 고맙다는 말을 하고 싶다. 이글을 쓰는 3년여 기간 아내와 아들은 휴일이면 외출을 하고 싶어도 아무 말 없이 아빠가 하는 일을 묵묵히 성원해주어서 이 글을 잘 끝낼 수 있었다. 춘천에 계신 어머니와 성주에 계신 장인 · 장모님께서는 박사학위 취득을 매우 기쁘게 생각하셨고 이 책을 완성하는데 커다란 힘이 되었다. 태호 형님과 작은형 및 동생들, 동서 여러분들의 무언의 지원도 이 글을 쓰는데 알게 모르게 힘이 되었다. 이 책을 강원 춘천경찰에서 경찰관으로 묵묵히 소임을 다하다가 2004년 1월 과로로 순직하신 평생 잊지 못할 큰 형님 영전에 바친다.

이 책에서 필자는 전쟁당사국들이 승리를 위해서 무엇을 어떻게 준비하거나 실시하였는지를 포함하려고 많은 노력을 하였지만, 써놓고 보니 볼 때마다 허점이 수두룩하게 보여서 아쉬움이 많이 남는다. 이런 것들은 다음에 여기서 언급된 각각의 국가들이 어떻게 평시 총력전을 준비하고 전쟁이 발발하여 어떻게 실시하였는지 구체적으로 연구할 기회가 생긴다면 보다 완벽한 글이 되도록 보완해서 출간할 것을 다짐한다.

2012년 4월 불암산 기슭에서
저자 박계호

차 례

표 차례

그림 차례

시작하는 글

1. 연구목적

미국의 역사학자인 윌리엄 듀란트(William Durant)는 인류의 역사가 기록된 3421년 중 단 268년만 전쟁이 없었던 해로 밝혀졌다고 하였고, 저널리스트인 노만 커슨즈(Norman Cousins)는 기원전 3600년 이래 현재까지 크고 작은 1만 4,500여 회의 전쟁이 발발하였는데, 이 기간 중 전쟁이 없었던 해는 단지 292년에 불과하고 전쟁의 직간접적 원인으로 35억의 인류가 목숨을 잃었다고 주장하였다.[1]

미국의 정치학자인 퀸시 라이트(Quincy Wright) 교수에 의하면 인류의 역사가 시작된 이래 지상에서 1,000명 이상, 해상에서 500명 이상 사망한 무력충돌이 무려 25만 번 이상 발생하였고, 21세기 들어 발생한 무력충돌만 해도 600여 건에 달하였다고 주장하였다.[2] 1945∼1990년의 전체 2,340주 중에서 지구상에 전쟁이 전혀 없었던 기간은 3주에 불과하다는 주장도 있다.[3]

이렇듯 전쟁에 관하여 연구하는 국제정치학자들이나 이에 관심을 갖는 역사학자들에 의해 연구된 결과를 보면 이들의 연구목적이나 의도, 기간에 따라 다소 차이가 있기는 하지만, 연구결과에서 제시하고 있는 바와 같이 보편적으로 인류의 역사에서 전쟁으로 점철된 기간이 평화를 유지했던 기간보다 훨씬 더 장기간이었음을 알 수 있다.[4]

그렇다면 전쟁이란 무엇인가? 전쟁은 왜 일어나며 전쟁을 통해서 얻고자 하는 것은 무엇인가? 동물들의 세상에서는 생존과 종족의 보존을 위해서 다른 종족들과 치열한 싸움을 통해 강한 자들이 살아남게 마련이다. 오로지 약육강식(弱肉強食)의 생존원칙만이 존재할 뿐이다.

그러나 인간은 동물처럼 종족의 생존과 보존을 위해서만 전쟁을 하는 것은 아니다. 인간은 종족의 생존과 보존이라는 1차원적인 단순한 논리를 넘어 개인이나 정치집단 또는 국가가 어떤 특정한 의도나 목적을 달성하기 위하여 종종 전쟁이라는 수단과 방법을 사용한다.

---

1   이춘근, 『현실주의 국제정치학』(파주: (주)나남출판, 2007), p. 333.
2   라이트 교수는 전투(Battle)와 전역(Campaign), 전쟁(War)에 관하여 설명하면서 이와 같이 제시하였다. 자세한 내용은 *A Study of War: Volume II* (Chicago: The University of Chicago Press, 1942), pp. 685-691 참조.
3   앨빈 토플러, 이규행 옮김, 『전쟁과 반전쟁』(서울: 한국경제신문사, 1994), p. 28.
4   전쟁의 빈도에 관해 이를 계량적으로 연구한 결과는 이춘근, 『현실주의 국제정치학』, p. 336; 존 미어셰이머, 이춘근 옮김, 『강대국 국제정치의 비극』, p. 654 참조.

실례로 영국은 산업혁명의 성공으로 물품을 생산할 자원을 획득하고 만들어진 상품을 판매할 시장이 필요하자 아시아나 아프리카에 식민지를 확보하거나 건설하는 과정에서 많은 전쟁을 하였고, 2차 세계대전 시 독일의 히틀러는 '하우스호퍼(Karl Haushofer)'가 주장한 '생활권(Lebensraum, Living Space)' 철학이라는 헛된 망상을 실현할 목적으로 소련을 침공하였다.

일본의 군국주의자들은 '대동아공영권(大東亞共營圈)'을 명분으로 내세우면서 주변국과 남방지대의 자원들을 확보하기 위하여 동남아 국가들을 침공하였고, 하와이의 진주만을 기습 공격함으로써 태평양전쟁이 발발하였다. 북한은 전 한반도의 공산화를 목적으로 기습남침을 함으로써 6 · 25전쟁이 발발하였고, 아직도 한반도의 공산화를 목표로 노동당 규약을 그대로 유지하면서 천안함 폭침이나 연평도 포격 같은 도발을 밥 먹듯 하고 있다.

이렇듯 전쟁은 클라우제비츠가 말한 바와 같이 "자신의 의지를 충족시키기 위하여 상대방에게 강요하는 폭력행위이면서, 다른 수단으로 이루어지는 정치의 연속"이라고 하는 것처럼, 특정한 의도와 목적을 갖는 개인이나 정치집단 또는 국가가 자신들의 정치적 목적을 달성하고자 군사력(무력)이라는 수단을 이용, 극한의 행동을 통해서 행하는 정치적인 행위라고 할 수 있다.

전쟁의 역사를 통해서 수많은 국가가 역사의 전면에 찬란히 나타났는가 하면 또한 그보다 더 많은 국가는 소리도 없이 사라졌다. 전쟁은 왜 일어나는가? 전쟁을 피할 수는 없는 것인가? 전쟁에서 승리한 국가는 어떻게 승리를 하였으며 또한 패한 국가는 어떤 원인으로 패하였는가? 전쟁을 연구하는 국제정치학자나 전쟁사학자들에게는 전쟁의 원인, 나아가서 승패의 원인을 밝히고 그로부터 전쟁의 교훈을 도출하는 것은 흥미 있는 과업이면서 연구의 대상으로서 좋은 소재이다.

그런 의미에서 미국의 남북전쟁으로부터 시작된 총력전이 1 · 2차 세계대전을 거치면서 어떻게 진화되고 발전되었는지, 그리고 중동전에서의 이스라엘이나 6 · 25전쟁 시 한국은 어떻게 총력전을 실시하였는지, 전쟁사에서 나타난 사례를 분석해 보는 것은 의미 있는 일일 것이다. 이에 대한 연구를 바탕으로 또 다시 한반도에서 전쟁이 발발한다면 총력전 양상으로 진행될 것으로 전망되는 상황에서 미리 대비한다는 것은 매우 중요한 일이 아닐 수 없다.

2. 연구범위와 방법

『손자병법(孫子兵法)』 제1편 시계(始計)에는 "전쟁은 국가의 커다란 일로써 삶과 죽음이 여기 있으니 살펴보지 않으면 안 된다(兵者 國之大事 死生之地 存亡之道 不可不察也)."라는 글귀가 나온다.

2000여 년 전에 이미 손자가 강조하였듯이, 전쟁은 국민의 삶과 죽음을 가르는 중대한 일이면서 나아가 전쟁에서 패할 경우에 국가는 소리도 없이 사라지는 만큼 국가지도자(이하 지도자)는 전쟁이 발발할 가능성이 있다면 가용한 수단과 방법을 활용하여 전쟁억제에 최선의 노력을 다해야 한다. 그러나 이런 노력에도 불구하고 전쟁이 일어난다면 반드시 승리해야 한다.

지나간 역사를 살펴보면 정상적인 사고와 행동을 하였던 국가의 지도자는 외부의 침략으로부터 국민의 안전을 보장하면서 국민들이 잘살고 잘 먹을 수 있도록 하기 위하여 튼튼한 국방과 경제발전 및 삶의 질 개선과 복지에 관심을 기울였지만, 히틀러와 같은 호전적(warlike)인 지도자는 이에 상관없이 자신의 특정한 의도나 목적을 달성하고자 타국을 침략하거나 전쟁을 도발함으로써 타국민은 물론 자국인에게도 수많은 인적 피해와 물적 손실을 가져다주었고 본인도 비참하게 생을 가감하였던 경우가 있었음을 종종 볼 수 있다.

전쟁의 가능성이 높아지면 지도자는 이용 가능한 모든 수단과 방법을 이용하여 전쟁이 발발하지 않도록 최대한 '억제(抑制, Deterrence)' 노력을 기울여야 한다. 그러나 만약 억제에 실패하여 전쟁이 발발할 경우에는 '국가총력전(國家總力戰, Total War, 이하 총력전)'을 수행하는 데 필요한 제반요소를 통합하고 지도함으로써 전쟁에서 승리해야 하며, 따라서 국가는 평시부터 이를 위한 만반의 준비와 연습 또는 훈련이 되어 있어야 한다.

전쟁을 억제하기 위하여 지도자가 사용할 수 있는 수단에는 군사적 수단(군사력)을 필두로 정치·외교·경제·과학기술, 사회 및 문화 등의 비군사적인 수단과 인적·물적 자원인 예비전력, 계엄령(戒嚴令, Martial Law)과 동원령(動員令, Mobilization Order) 등 다양한 수단과 방법이 있다.

과거의 역사나 최근의 전쟁사를 보면 지도자의 탁월한 리더십과 인적·물적 피해, 식량의 부족 등 갖은 어려움을 극복하면서 전쟁에서 이기고자 하는 국민의 결연한 의지, 국가가 전쟁수행을 위하여 동원할 수 있는 다양한 수단과 자원, 방법 등에서 잠재력이 큰 국가가 승리한 것을 볼 수 있다.

그런가 하면 현존하는 군사력이나 전시 국가가 동원할 수 있는 인적·물적 자원 등 예비전력이 비교적 풍부하였음에도 불구하고 지도자의 리더십 부족과 승리를 위한 국민의 의지 결여, 군사 및 비군사적 수단의 효율적 활용 미흡으로 패하였던 사례도 또한 발견되는바 이를 교훈으로 삼아야 하겠다.

우리의 삶의 터전인 한반도는 대륙세력과 해양세력이 교차하는 충돌지점으로 역사를 통하여 중국과 일본, 러시아가 대륙과 해양으로 세력을 진출하기 위한 발판으로 삼고자 많은 각축을 벌였으니, 조선시대의 임진왜란(壬辰倭亂)이나 병자호란(丙子胡亂), 근대의 청일(淸日)전쟁과 러일(露日)전쟁이 바로 이러한 이유 때문에 발발한 전쟁이다.

청일전쟁과 러일전쟁에서 승리한 일본은 한반도를 대륙진출을 위한 전초기지로 삼고자 무력으로 합병(Annexation)함으로써 그 결과 우리 민족은 일제 36년간의 쓰라린 역사를 경험한 바 있다. 2차 세계대전의 종전과 더불어 해방된 후 우리의 의지와는 상관없이 38도선을 중심으로 남북이 분단된 이후 북한의 도발로 동족 간에 피비린내 나는 전쟁을 겪기도 하였다. 또한 1990년대 초 냉전종식 이후 전 세계의 많은 지역에서는 군비축소가 진행되고 있지만 한반도를 둘러싼 동북아 지역에서는 중국과 일본이 중심이 되어 오히려 군비를 확장함으로써 역내의 긴장이 고조되고 있는 상황이다.

한편 북한은 6·25전쟁이 끝나고 전후복구가 어느 정도 마무리된 1960년대 이후 수많은 무장공비를 침투시켜 사회를 혼란시켜 왔다. 전 세계에서 유일하게 남북이 분단되어 있는 한반도에서는 극단의 이념적인 대립을 하고 있는 가운데, 가장 교조적인 북한 공산집단과 휴전선을 따라 병력과 화력의 밀도가 대단히 높은 상태에서 대치하고 있다. 북한은 핵실험과 미사일 발사, 화생무기 등 대량살상무기를 개발하는 것도 모자라 최근에는 서북 5도 해역에서 북한군의 해상도발로 두 차례에 걸친 연평해전(1차 1999.6.15, 2차 2002.6.29)과 대청해전(2009.11.10), 그리고 천안함 폭침(2010.3.26)과 연평도 포격사건(2010.11.23)도 도발하였다. 이렇듯 한반도는 전 세계에서 분쟁이 발생하는 가장 긴장된 지역 가운데 한 곳이며, 작은 충돌도 언제든지 전면전으로 확대될 수 있는 개연성이 여전히 상존하고 있는 곳이다.

북한은 불법적인 도발을 일상화하면서 지금까지 단 한 번도 한반도의 적화를 규정하고 있는 노동당 규약을 포기한다는 선언을 한 바 없다. 오히려 선군(先軍)정치를 표방하면서 독재체제를 강화하고 있다. 북한은 다수의 기갑 및 기계화 부대와 특수작전부대를 이용한 전후방 동시공격과 선제기습공격, 대량의 화력을 이용한 기습적인 공격을 할 것으로 예상되는 가운데 핵실험과 대량살상무기 개발노력도 지속하고 있으며, 김정일 사망 후 아들 김정은으로 권력을 이양, 세습왕즈를 구축하면서 전 세계의 웃음거리가 되고 있다.

이와 같은 한반도만의 특수한 안보상황에서 전쟁이 다시 발발할 가능성이 있을 때에는 군사·비군사적인 모든 수단을 효율적으로 활용하ㅇ 이를 억제해야겠지만, 만약 억제에 실패하여 전쟁이 발발한다면 반드시 승리해야 한다. 이를 위해 지도자는 전시 발생할 수 있는 모든 어려움을 극복하면서 국민의 확고한 승전의지를 결집시키고 아울러 정치, 경제, 외교, 군사 등 모든 분야를 통합하는 리더십을 발휘함으로써 승리로 이끌 수 있도록 지도해야 한다.

이를 위해 지도자로부터 전 국민에 이르기까지 언제 별발할지도 모를 전쟁에 대비하여 평시부터 총력전을 수행할 준비태세를 갖추어, 국가적인 연습을 통해 전쟁이 발발하면 총력전을 수행하는 데 기초가 되어야 할 관련계획들이 타당하고 적절한 계획인지 확인하고, 미흡한 사항은 보완하는 등 총력전 대비태서를 완비해야 한다.

그동안 우리나라는 전시 등 국가비상사태가 발생할 경우에 대비하여 나름대로 전·평시 법령을 제정하고 을지연습과 충무훈련, 화랑훈련 등 다양한 방법으로 매년 전시에 대비하는 연습을 실시함으로써 전쟁이 발발하면 총력전쟁을 수행하거나 지원할 수 있는 역량을 점검하고 강화해 왔다.

또한 전쟁이 발발하면 동원할 수 있는 인적·물적 능력도 60여 년 전의 6·25전쟁 시와는 비교할 수 없을 정도로 대폭적으로 확대되었기 때문에 외형적인 면에서 전쟁을 수행하고 지원할 수 있는 역량은 그 어느 때보다도 충분하다 할 수 있다.

그러나 최근의 천안함 폭침이나 연평도 포격사건에서 보듯이 북한의 군사적 도발 가능성이 여전히 상존하고 있는 상황에서 이러한 도발이 악화되어 전면적 충돌로 확대됨으로써 전쟁이 발발할 경우에 대비하여 국가적 차원에서 총력전을 수행하기 위한 연구와 대비는 제대로 하고 있고 전쟁수행을 위한 법령이나 정치와 외교, 경제, 사회와 문화 분야의 준비나 인적·물적 자원 등 예비전력의 동원준비태세는 만족할 만한 수준에 있는지, 그렇지 못하다면 어떤 분야를 어떻게 보완해야 할 것인지에 대해 의구심을 갖게 된다.

이런 관점에서 총력전은 어떤 개념인지, 최초로 총력전 양상이 나타난 미국의 남북전쟁으로부터 1·2차 세계대전, 중동전, 6·25전쟁 등 주요 전쟁사를 통해서 총력전이 어떻게 발전되고 전개되었는지, 총력전에서 승리한 국가는 무엇을 어떻게 평시부터 또는 전시에 준비하고 실시하였기에 승리를 하였는지, 반면에 패한 국가는 무엇이 부족하여 패하였는지 전쟁에 참여한 주요 국가를 중심으로 알아보고 이를 통해서 교훈을 얻고자 한다. 이를 바탕으로 총력전에 관한 이론의 발전과 우리나라에서 전쟁이 발발한다면 장·단기전 상황에서 총력전을 어떻게 대비할 것인지 살펴보면서 주요한 문제 위주로 언급하고자 한다.

이 글을 연구함에 있어 전쟁발발 이전에 각국이 어떻게 군사전략을 수립하였고 실제로 전쟁이 발발하였을 시에는 어떻게 군사력을 운용하였는지, 즉 군사전략과 전술에 관련되는 부분은 주요한 관심사항이 아니다. 다만, 전쟁이 어떤 원인으로 발발하여 전개되었고 그 결과는 어떻게 되었는지 총력전 준비 또는 실시와 연계하여 전쟁사를 이해하는 차원에서 주요 국면 위주로 개략적으로 기술하였다.

이렇게 하는 이유는 이 책에 등장하는 국가들이 어떤 군사전략을 수립하고 어떻게 군사력의 운용을 통해서 승리하고 패배하였는지 전략과 전술 등 군사적 차원에서의 관점보다는 국가가 총력전을 수행하는 데 필요한 제 요소를 어떻게 평시부터 체계적으로 준비하여 전쟁이 발발하는 것을 억제하는 데 기여하였는지, 아니면 전쟁이 발발하였을 시 어떻게 조직적으로 동원하고 효과적으로 운용해서 승리하였는지 또는 무엇이 부족하여 패배하였는지의 관점에서 접근하고 있기 때문이다.

북한은 핵실험과 미사일 발사, 화생무기의 개발, 해안포 사격을 통하여 끊임없이 긴장을 고조시키는 등 예측을 불허하는 행동도 거리낌 없이 자행해왔다. 최근에는 천안함을 은밀히 기습 공격하여 침몰시키고 다수의 장병을 희생시켰다. 그것도 모자라 또다시 연평도를 기습적으로 포격하여 인명을 살상하고 재산상의 피해도 입혔다.

북한은 틈만 나면 전쟁위협을 하고 '서울 불바다'를 주장한다. '벼랑 끝 전술(Brinkman-ship)'은 그들만의 단골전술이 되어 국제사회로부터 조롱거리가 되고 있다. 이와 같은 북한의 퇴행적인 행동들이 정도를 벗어나 긴장을 고조시키고 상황을 악화시켜 전쟁을 유발하는 원인을 제공함으로써 한반도에서 다시 전쟁이 발발한다면 여기서 승리하기 위해서는 현 안보여건상 모든 국력의 요소들을 총동원해야 하는 총력전이 될 수밖에 없을 것이다.

이와 같은 북한의 예측불허의 공갈과 위협 아래 다시 전쟁이 발발한다면 총력전으로 대비해야 할 필요성을 절감하면서, 그런 의미에서 이 책의 제목을 『총력전의 이론과 실제』로 하였다. 북한의 다양한 공갈과 위협 아래 만약 북한이 전쟁을 도발한다면 지도자를 중심으로 군사력에 의한 대처는 가장 기본적이며 여기에 정치와 외교 및 경제, 사회 및 문화, 과학기술 및 예비전력 등 모든 분야에서 총력적으로 대응해야 한다는 차원인 것이다.

지금까지 인류의 역사에서 나타난 전쟁을 연구한 수많은 책이 발간되었지만 대부분이 대체적으로 언제 어떤 원인으로 전쟁이 발발하여 어떻게 진행되었고 그 결과 어느 나라가 이겼고 어느 나라는 졌으며 전쟁의 교훈은 이렇다는 식으로 기술되어 있다.

이 책이 집중적으로 다루고자 하는 총력전에 관한 내용을 전문적으로 기술한 책이 거의 없을 뿐더러 앞으로 기술하게 될 지도자로부터 국민의 의지, 정치와 경제, 외교 및 군사, 예비전력, 사회 및 문화, 과학기술 등의 총력전 수행과 관련되는 분야를 모두 포함하여 기술한 책을 찾아보기도 어렵고, 있다고 하더라도 책의 중간 부분이나 결론에 조금씩 언급하고 있는 정도로 그치는 것이 대부분이다. 그럼에도 학계나 군에서 총력전에 관한 연구가 지금 활성화되고 있는 것도 아니다.

총력전에 관한 책은 1935년에 독일의 루덴도르프 장군이 작성한 것을 1975년에 번역한『국가총력전』, 일본인 '다카하시 하지메(高橋甫)'가 작성한 것을 1975년에 번역한『현대총력전』, 1981년 '코우케츠 아츠시(纐纈 厚)'가 작성하였으나 아직 번역되지 않은『총력전 체제연구』, 그리고 1 · 2차 세계대전사와 같이 전쟁사에 관한 책에서 총력전을 일부 소개하는 정도로 포함하고 있을 뿐5 국내에서 별도로 이를 전문적으로 연구한 것은 없다. 또한 총력전 관련 학위논문도 찾아볼 수 없고 부분적으로 연구된 일부의 논문이 군사 간행물 등에 게재되어 있기는 하나6 앞으로 이 분야에서 많은 연구가 필요하다고 생각한다. 특히 한반도에서 만약 다시 전쟁이 발발한다면 총력전 양상을 피할 수

---

5   총력전 내용을 포함하는 전쟁사에 관한 책으로는 육군대학,『세계전쟁사(상)』(대전: 육군인쇄창, 2004); 육군본부,『20세기 전쟁양상』(대전: 육군인쇄창, 2002); 조하명 외,『세계전쟁사』(서울: 도서출판 황금알, 2004)와 번역서로는 마틴 폴리, 박일송 옮김,『제1차 세계대전사』(서울: 생각의 나무, 2008); 존 키건, 조행복 옮김,『1차 세계대전사』(서울: (주)청어람 미디어, 2009) 및 류한수 옮김,『제2차 세계대전사』등을 참고. 그 외 원서로는 Jeremy Black, *The Age of Total War 1860~1945* (London: Prager Security International Inc. 2006); N. F. Dreisziger, *Mobilization for Total War* (Ontario: Wilfred Laurier University Press, 1980); Peter Calvocoressi and Guy Wint. *Total War: Cause and Courses of the Second World War* (New York: Penguin Books, 1979); Richard A. Preston & Sydney F. Wise, *MEN IN ARMS* (New York: Prager Publisher, 1970), 코우케츠 아츠시(纐纈 厚).『總力戰體制研究』(東京: 文永印刷株式會社, 1981) 등을 참고할 것.

6   한국에서 총력전에 관한 연구는 종전에는 주로 (구) 국구총리 비상기획위원회에서 주관하여 발행하였던『비상대비논총』에 일부 논문을 수록하였으며, 현재는 행정안전부에서 발행하는『비상대비연구논총』에 게재되고 있다. 개별적인 총력전에 관한 연구논문으로는 하재평, "한국전쟁시의 국가총력전",『군사』제3호(서울: 신오성기획인쇄사, 2001); 장형섭, "근대 일본의 총력전 구상과 제국국방방침",『군사』제70호(서울: 신오성기획인쇄사, 2009) 등이 있기는 하지만, 총력전의 본질을 연구한 논문이라고 하기에는 당시 국가의 지도자와 정치, 경제, 사회문화, 군사력, 예비전력 등 총력전 제 요소를 포함하고 있지 않기 때문에 부족한 점이 있다.

없는 현상이 될 것으로 보이며, 그런 관점에서 이에 대한 연구는 더욱 필요하다고 할 것이다.

한편 1·2차 세계대전 시의 총력전에 관해 영어나 일본어로 작성된 책이 많이 있기는 하지만 이러한 책은 아직 번역도 많이 안 된 상태이고, 또한 번역되어 있는 일부의 책은 제목과는 달리 총력전에 관한 내용으로 보기 힘든 것도 다수 발견하였다. 다시 말하면 책의 제목을 총력전이라고는 하였지만, 총력전을 함에 있어 어떤 요소가 총력전을 하기 위한 것인지 명확히 구분이 되어 있거나 식별되어 있지 않았을 뿐더러 그와 관련된 내용들로 기술되어 있는 것도 찾아보기가 쉽지 않았다는 것이다.

어느 나라는 전쟁이 발발할 가능성에 대비하여 평시부터 정치·외교·경제·군사·예비전력의 동원 등에 어떻게 대비를 하였고 전쟁이 발발해서는 평시 준비를 바탕으로 어떻게 총력전을 실시하여 승리할 수 있었는지의 관점에서 기술된 책이나 연구서를 찾아보기가 쉽지 않았다.

평시 강한 군사력을 건설하고 유지해야 하는 이유는 전쟁을 좋아해서가 아니라 언제 있을지도 모를 전쟁을 억제하고 억제에 실패하여 전쟁이 발발하면 승리하기 위한 것처럼, 평시부터 총력전을 수행할 수 있는 준비태세를 유지해야 하는 이유도 마찬가지로 국가적인 차원에서 모든 분야의 준비를 통해서 전쟁을 억제하는 데 기여하면서, 그러나 이러한 준비에도 불구하고 억제에 실패하면 이미 준비되어 있는 대로 지도자는 전쟁을 지도하고 건설된 군사력으로 전쟁을 수행하며 비군사적 요소는 이를 지원함으로써 승리를 얻고자 함이다.

이렇게 필자가 총력전 준비태세를 갖추자고 주장하는 이유도 결코 전쟁을 좋아해서가 아니라, 언제 있을지도 모르는 전쟁에 대비하여 총력적인 준비태세를 갖춤으로써 전쟁을 억제하는 한편 만약 억제 실패 시 총력적인 대응으로써 승리를 보장하기 위한 확신을 갖고자 함이다.

"평화를 원하거든 전쟁에 대비하라(SI vis Pacem, Para Bellum, If You want Peace, Prepare for the War)"는 베제티우스의 격언처럼, 평시부터 총력전 준비태세를 갖추자고 하는 것은 평시부터 준비태세를 갖춰 전쟁이 발발하는 것을 막고 평화를 보장하기 위한 것이며, 이를 위해 다소간 국민이 불편하고 일정한 비용이 들어간다고 할지라도 이는 현재 우리가 처한 안보현실을 감안한다면 피할 수 없는 일이라고 생각한다.

한반도에서 전쟁이 발발한다면 그것은 대한민국의 전쟁이고, 우리의 생사가 여기에 달려있음에도 불구하고 6·25전쟁 당시 이승만 대통령이 한국군의 작전지휘권을 미군사령관에게 이양한 이후 한국의 안보는 미국이 책임져 주고 한국에서 전쟁이 발발하면 미군이 전쟁을 하고 한국정부는 인적·물적 자원을 지원만 하면 되는 것으로 인식하여 마치 강 건너 불 보듯 하는 경향도 없지 않았다.

을지연습, 충무훈련과 같은 전시대비연습도 한반도에서 일어날 수 있는 상황을 상정해서 실질적인 연습을 하는 것보다는 매년 의례적으로 하는 연례행사의 일부로 생각하는 경향도 없지 않았다. 훈련이 끝나면 전시에 대비하기 위한 계획들이 무엇이 어떻게 취약하여 어떤 방식으로 보완해야 하는지 후속조치에 대한 계획이나 실천도 그간 충분히 해왔다고 말할 수 없을 것이다.

1·2차 세계대전이나 6·25전쟁에서 보듯이 전쟁이 발발하면 다수의 사상자 발생과 열악한 의식주 등 수많은 어려움이 발생될 것은 명약관화(明若觀火)한데, 정부는 어느 기관에서도 이런 발생 가능한 현상들을 국민들에게 제대로 알려 주려고 하는 노력이 충분하다고 할 수 없고, 국민들도 이를 알려고 하지 않는 것이 현실이다. 북한이 핵실험을 하고 미사일을 발사하며, 군함을 기습 공격하여 침몰시키고 우리의 영토에 포격을 하며 아무리 '서울 불바다'를 위협해도 그냥 해보는 소리 정도로 치부해버리는 것이 국민들의 일반적인 정서가 아닌지 걱정스러운 것이 현실로, 북한의 기습적인 공격 가능성에 대한 경각심이 그만큼 무뎌져 있다고 하지 않을 수 없다.

우리의 신장된 국력과 군사력에 대한 자신감과 한미연합방위를 신뢰하는 것은 바람직한 일이겠지만, 북한이 경제적으로 어렵기 때문에 공격할 능력이 없다거나, 북한은 어떤 외부적인 자극만 주어지면 곧 붕괴될 것이라고 생각하여 군사력의 실체를 망각하거나 너무 과소평가함으로써 예기치 못하고 있는 위협이 대한 준비를 소홀히 하는 것은 아닌지 우려된다.

2012년 4월 한국군에 전환하기로 하였던 전시작전권을 2015년으로 3년 연기하기로 한미 양국의 대통령께서 합의한 만큼, 남은 기간 동안 한국군이 주도하여 전쟁을 기획하고 실시할 수 있는 군사 분야의 준비를 내실화하면서 더불어 정치나 외교, 경제 및 과학기술력, 사회적 분위기 등 비군사 분야의 준비태세도 종합적으로 검토하고 보완함으로써 총력전 준비태세를 확립하는 계기가 있어야 하겠다. 이를 위해 우선적으로 요망되는 것은 전쟁사에서 나타났던 총력전에 관한 사례를 연구해 보고, 이를 바탕으로 우리의 실태와 비교하여 취약한 분야를 찾아내고 보완해 나가는 것이라고 할 수 있다.

이 책에서는 총력전 양상이 최초로 나타난 미국의 남북전쟁으로부터 총력전이 본격적으로 실시된 1·2차 세계대전과 중동전, 6·25전쟁에서의 현상을 기초로 루덴도르프의『총력전』이론과 다카하시 하지메의『현대총력전』이론, 그리고 이런 이론을 모두 포함하고 있는『합동기본교리』의 국가총력방위요소를 적용하여 분석하였다. 따라서 지도자의 리더십으로부터 국민의 의지, 정치와 외교, 경제, 과학기술, 사회문화, 상비군사력 및 예비전력 등의 관점에서 분석해 보고 교훈을 도출하였다. 또한 우리나라의 총력전 관련 현실을 분석해 보고 남북한의 총력전 능력을 비교해 보고자 시도하였다. 이를 바탕으로 현재의 총력전 이론에 대한 발전방향과 한반도에서 전쟁이 재발할 시 어떻게 무엇을 준비할 것인지 중점적으로 몇 가지를 제시하였다.

3. 참고자료와 책의 구성

한반도의 안보 상황에서 만약 전쟁이 발발한다면 남북은 승리를 위해 총력적으로 대응할 것이다. 지도자를 핵심으로 남한이나 북한이나 모두 보유하고 있는 모든 역량을 총동원해서 승리를 위해 싸울 것이다. 물론 모든 역량에서 우위에 있는 남한이 승리를 하는 것은 분명하다. 다만, 피해를 최소화하면서 얼마나 빨리 승리하느냐의 문제일 뿐이다.

총력전으로 진행될 것으로 예상되는 전쟁양상에서 그렇다면 우리는 평시에 총력전을 어떻게 준비를 하고 전쟁이 발발하면 실시할 것인가에 대한 연구를 하고 있을까? 그에 대한 답은 불행하게도 부정적이었다. 나는 먼저 우리나라에서 총력전에 관해 연구된 책이 무엇이 있는지 국방부, 국방대학교, 육군사관학교, 육·해·공군 3군 대학의 도서관 및 한국국방연구원 자료실 등을 찾아보았으나 없었고, 어렵게 찾을 수 있었던 것은 1975년에 국방대학교에서 번역한 루덴도르프의『국가총력전』과 일본인이 작성한『현대총력전』이 있을 뿐이었다.

다만, 각 도서관에는 영어로 기술된 1·2차 세계대전 전쟁사에 관한 도서 가운데 총력전을 언급한 책이 몇몇 있음을 발견하였다. 그러나 이 책들도 제목은 총력전이라고 하였지만, 내용으로 보아 전반적으로 총력전에 관한 내용을 언급한 것이라고 보기에는 어려운 책들이 다수 있었다는 것이 나의 생각이다(그렇지만 총력전을 연구함에 있어 많은 참고가 되었다).

연구논문 가운데서도 총력전을 언급한 것이 일부 있기는 하였지만, 솔직히 본 책을 기술하는 데 도움을 줄 만한 내용이 있는 것을 발견하지는 못하였다. 그만큼 이 분야에 대한 연구가 미흡한 것이 아닌가 생각한다.

시중 서점에는 어떤 책들이 있는지 유명서점도 여러 차례 방문하여 찾아보았으나 역시 없었다. 다만, 시중 서점에는 일본인이 2차 세계대전의 경험을 바탕으로 작성한 책 중에서 총력전 내용을 일부 포함하는 번역서들이 있어 참고가 되었다.

앞에서 발견된 여러 사실들을 바탕으로 우리나라에서는 아직 총력전에 관한 연구가 많이 부족한 것으로 보였고, 따라서 앞으로 지속적으로 연구되어야 할 분야라고 생각한다.

이 책에서는 총력전 양상이 최초로 나타난 미국의 남북전쟁으로부터 그 양상이 절정에 이른 1·2차 세계대전 시 주요 강대국들이 승리를 위해 어떻게 총력전을 준비하고 수행하였는지를 다뤘다. 그리고 중동전에서의 이스라엘이 주변의 아랍국들과 싸워 생존을 보장하기 위해 어떻게 총력전을 하였는지 1~4차 중동전 시 이스라엘의 총력전 내용도 포함하였다. 또한 6·25전쟁 당시 남한은 북한군의 침략을 물리치면서 승리를 위해 어떻게 총력적으로 대응을 하였는지도 살펴보았다(6·25전쟁 당시 남북한의 총력전에 관한 보다 구체적인 연구는 다음 기회에 할 것이다).

책의 내용을 기술함에 있어 총력전 요소는 루덴도르프가 제시하고 있는 국가총력전 요소와 다카하시 하지메가 제시하는 현대총력전 요소의 견해, 그리고 합동기본교리에서 제시하고 있는 총력전 요소를 참조하였다. 이 세 가지 총력전 이론이 유사한 분야도 있지만 다른 부분도 많이 있기 때문에 합동기본교리에서 제시하고 있는 국가방위총력 요소인 지도자의 리더십과 국민의지, 정치와 경제, 외교 및 과학기술력, 사회문화, 상비군사력과 예비전력 및 기타 요소들을 중심으로 하여 총력전 준비와 실시에 영향을 미쳤던 사항을 중점적으로 기술하였다.

이 책에서는 총력전 관련 이론을 먼저 알아보고 총력전이 최초로 태동된 미국의 남북전쟁으로부터 본격적으로 실시된 1·2차 세계대전, 중동전쟁, 6·25전쟁에서 지도자의 리더십과 지도자가 어떻게 정치와 외교, 경제, 군사력, 예비전력, 과학기술, 사회 및 문화, 그 밖의 요소들을 총력전과 관련하여 효과적으로 통합하고 전쟁을 지도하여 승리하였는지를 규명코자 노력하였다.

또한 전쟁에서 패한 국가는 무슨 문제가 있었는지, 또는 무엇이 부족하여 패하였는지도 규명하고 이를 토대로 총력전 교훈을 도출하고자 노력하였다. 아울러 우리의 총력전 능력과 준비 실태를 분석하고 부족한 분야에서는 어떻게 대비할 것인지 방향을 개략적으로 제시하였다. 세부적으로 분석할 요소와 내용은 다음과 같다.

'지도자의 리더십'에서는 손자의 말대로 전쟁이 국가의 중대한 일이므로 전쟁이 발발할 가능성이 있을 때 지도자가 얼마나 전쟁의 발발을 억제하기 위한 노력을 하였는지 가능한 살펴보았다. 그러나 그런 노력이 실패하여 전쟁이 발발하였다면 어떻게 국민들의 의지를 결집시키기 위한 노력을 하였으며, 그 결과는 어떻게 나타났는지, 그리고 정치와 외교, 경제, 군사력과 예비전력들을 효과적으로 운용하고 통합하기 위한 노력과 그 결과가 어떠하였는지도 살펴보았다.

'국민의 의지'에서는 전쟁이라는 극한의 상황에서 얼마나 고통을 극복하면서 승리를 위해 국민의 의지를 결집하여 군사작전이든 비군사 분야에서의 지원이든 정부를 지원하였는지 위주로 살펴보았으며, '정치 분야'에서는 정치조직(특히 의회)들이 정부의 전쟁수행을 얼마나 적극적으로 법적으로나 제도적으로 지원하였는지, 국민의 의지를 결집시키기 위하여 정치권에서는 어떤 노력을 하였는지 등을 살펴보았다.

'외교 분야'에서는 전쟁이 자국에게 유리하게 전개되도록 타국과 조약을 맺거나 또는 전쟁억제를 위한 외교적인 노력이나 이미 발발한 전쟁에서 승리를 위하여 어떻게 우방국이나 동맹국, 때로는 적국들과도 조약을 체결하였거나 지원을 받을 수 있도록 하였는지 살펴보았다.

'경제 분야'에서는 전쟁이 발발할 당시의 인구나 재정, 경제력과 산업생산능력 등 전쟁지속능력의 관점과 자국의 능력이 부족하였을 시는 어떻게 우방국으로부터 경제적인 도움을 받았는지, 또는 피점령국의 자원들을 어떻게 이용하여 전쟁을 승리로 이끌수 있었는지 주로 살펴보았다(국제법적으로는 피점령국의 자원을 강제적으로 수탈하여 사용하는 것이 불법적이겠으나, 여기서는 당면한 전쟁에서 승리하기 위하여 타국의 자원까지도 이용하였다는 차원에서 포함하였다).

'상비군사력'에서는 당시 전쟁수행을 위한 군사조직과 상비병력, 주요 전투장비 등 군사적인 능력을 살펴보고 예비전력의 동원은 물론, 자국의 군사력이 부족하였을 시는 어떻게 우방국의 군사적인 지원을 받기 위해 노력을 하였는지, 또는 그 결과는 어떠하였으며 그런 노력이 전쟁의 결과에는 어떻게 영향을 미쳤는지를 살펴보았다.

'예비전력'에서는 국가가 동원할 수 있는 인적·물적 자원의 능력과 전시 이를 확대하기 위해 취한 조치사항이나, 이를 위해 정부가 법적이나 제도적으로 준비를 하였거나 보완한 사항을 확인해 보았다. 아울러 피점령국가나 또는 식민지 국가 등의 자원을 이용한 사례들도 포함하였다.

'과학기술력'에서는 국가의 과학기술능력에 대한 지도자의 관심과 새로운 전투장비나 탄약, 물자를 생산하거나 또는 기존 장비나 탄약, 물자의 성능을 개선하여 전쟁을 유리하게 이끌어나갈 수 있었는지 국가의 과학기술능력 위주로 살펴보고, '사회문화'에서는 전쟁에 임하는 국민들의 정서나 사회적 분위기가 전쟁을 수행하는 데 어떻게 도움을 주었는지, 반대로 악영향을 주어 그에 따라 결과에 영향을 미쳤는지를 살펴보았다.

그 외에도 전쟁을 수행하는 데 결정적이거나 중대한 영향을 미친 사항, 예컨대 지형이나 기상이 있으면 포함하여 기술함으로써 향후 총력전 분야에서 연구에 참고토록 하였다.

가급적이면 모든 분야에서 수치화시켜 제시할 수 있는 분야는 숫자를 포함하여 기술하였다. 특히 국민총생산액(GDP)이나 소득수준, 철강생산능력 등 경제부문과 인적자원 규모, 물적자원 보유 등 예비전력 분야에서의 수치는 국가가 전쟁을 수행할 수 있는 잠재능력과 전쟁지속능력으로 연계되기 때문에 중요한 의미를 갖는 것으로 우선적으로 포함하였다.

이 글을 연구함에 있어서, 총력전을 위해서 무엇을 어떻게 하였는지 1 · 2차 세계대전의 주요 당사국으로 참여하였던 미국, 영국, 독일, 러시아, 일본 등의 국가에 관련되는 역사적 자료는 비교적 풍부하였으나 프랑스와 오스트리아-헝가리 제국에 관한 자료는 별로 없어서 충분히 연구를 할 수 없었던 것이 아쉬움으로 남는다.

제1장
총력전에
관한
이론과
발전

제1절

전쟁이란 무엇인가?

1. 전쟁이란 무엇인가?

　전쟁이란 무엇인가? 전쟁은 왜 일어나며 그 속성 또는 본질은 무엇인가? 수많은 국제정치학자들이 전쟁은 왜 발생하는지, 그 속성 또는 본질은 무엇인지를 알기 위해 끊임없이 연구를 해왔으며 나름대로 정의를 하고 있다.

　먼저 사전적 정의로 전쟁(戰爭, War)을 국어사전에서는 "국가와 국가 사이의 무력에 의한 투쟁"으로 정의를 하고 있고, 군사용어사전에서는 "첫째, 상호 대립하는 2개 이상의 국가 또는 이에 준하는 집단 간에 있어서 군사력을 비롯한 각종 수단을 행사하여 자기의 의지를 상대방에게 강요하려는 행위 또는 그러한 상태이고 둘째, 주권을 가진 국가 간의 조직적인 무력투쟁 상태로 선전포고와 더불어 개시되고 강화조약으로 무력투쟁이 종결될 때까지의 상태 셋째, 국가의 생존이 달려 있는 국가목표를 달성하기 위한 전역"[1]으로 정의하고 있다. 웹스터(Webster) 영한사전에서는 "국가 또는 정치집단 간에 폭력이나 무력을 행사하는 상태 또는 사실, 특히 둘 이상의 국가 간에 어떤 특정한 목적을 위하여 수행되는 싸움"으로 정의를 하고 있다.

　인류의 역사가 시작되면서 전쟁의 역사도 시작되었고, 인류 역사의 발전과 더불어 전쟁의 역사도 발전되어 왔다. 고대로부터 현재에 이르기까지 수많은 국제정치학자들이나 전쟁을 연구하는 학자들은 역사발전과 더불어 전쟁의 성격을 규명하고 본질을 파악하기 위해 노력하고 있다.

1　육군본부, 『군사용어사전』(대전: 육군인쇄창, 2006), pp. 556-557.

2. 전쟁의 본질은 무엇인가?

앞에서 살펴보았듯이 『손자병법』의 시계(始計) 편에서는 "전쟁은 국가의 중대사로 국민의 삶과 죽음이 여기에 있기 때문에 살펴보지 않으면 안 된다(兵者 國之大事 死生之地 存亡之道 不可不察也)."라는 글귀가 나온다. 전쟁이 일단 발발하면 패자(敗者)는 모든 것을 잃게 되지만, 승자(勝者) 역시 수많은 인적 피해와 물적 손실을 면할 수가 없음을 전쟁사는 보여주고 있다.

따라서 지도자는 전쟁이 발발할 가능성이 높아지면 이를 억제하기 위한 외교적 활동이나 경제적 제재 등 다양한 방법과 수단을 최대한 강구하여 전쟁이 발발하는 것을 억제하면서도 이기는 방법을 강구해야 한다. 이를 두고 손자는 『손자병법』의 모공(謀攻) 편에서 "매번 싸워서 이기는 것이 최선이 아니라 싸우지 않고 적을 굴복시키는 것이 최선의 방법(百戰百勝 非善之善者也 不戰而屈人之兵 善之善者也)"이라고 하였다. 예로부터도 자신이 의도하는 바나 목적을 싸우지 않고 달성하는 방법이 최선으로 인식하였던 것이다.

그러나 이와 같은 방법에도 불구하고 억제에 실패하여 전쟁이 발발하면 군사력 사용은 물론 제반 수단과 방법으로 적(상대방)을 굴복시킴으로써 자신(국가)의 의도나 목적을 달성하는 방법을 찾아야 한다.

『전쟁론(On War)』의 저자인 프로이센의 클라우제비츠(Car von Clausewitz)는 "전쟁은 적을 굴복시켜 자기의 의지를 강요하기 위해 사용되는 일종의 폭력행위이며, 정치적 목적을 달성하기 위한 또 다른 방법에 의한 정치의 연속"[2]이라고 하였다. 정치가가 자신의 정치적 의도나 목적을 달성하기 위해서 적(상대방)에게 사용할 수 있는 수단은 정치·경제·외교적 수단 등 다양한 비군사적 수단과 물리적 수단인 군사력을 사용하는 방법이 있는데, 클라우제비츠는 전쟁을 군사적 수단(폭력행위)으로 적에게 강요하는 정치적 행위로 인식을 하였던 것이다.

라이트는 전쟁의 상태를 "첫째, 국가 간의 비정상적인 법적 상태이고 둘째, 사회집단 간의 갈등상태이며 셋째, 극심한 적대적 의도이고 넷째, 군사력을 사용한 폭력행위"로 규정하면서 전쟁이란 "국가 또는 정치집단이 의사결정 후 전면적이고 조직적으로 폭력을 사용하는 상태"[3]라고 하였다.

2　칼 폰 클라우제비츠, 김만수 옮김, 『전쟁론(제1권)』(서울: 도서출판 갈무리, 2007), pp. 77-79.

3　여기서 말하는 전면적이란 '무력을 사용하는 규모나 부대의 동원정도, 전쟁수행 기간 면에서 대규모이

영국의 군사전략가인 리델 하트(B. H. Liddell Hart)는 전쟁을 하는 목적을 "적에게 자기의 의지를 강요함으로써 평화를 유지하는 데 있으며, 전쟁을 통해 최단시간 내에 적의 저항의지를 말살하는데 있는 것이지, 반드시 야전군을 섬멸하는 것이 유일한 목표는 아니다."라고 하였다. 이러한 목적을 달성하기 위해 적을 격멸시키는 것 외에 정치나 외교, 경제적 봉쇄, 인구 중심지에 대한 폭격 등으로 적을 굴복시키는 것이며, 이를 위해 군사력은 정치적 목적을 달성하는 데 기여할 수 있어야 한다고 강조하고 있다.

프랑스의 정치사상가인 아롱(Raymond Aron)은 "전쟁은 조직화된 행위형태의 분쟁이고, 집단 간의 물리적인 힘의 행사이며, 양측은 다 같이 훈련을 통해 전투원들의 활동을 증강시켜 상대방에 대한 승리를 획득하려 한다."[4]고 하였다.

영국의 군사학자이며 『세계전쟁사』와 『제2차 세계대전사』 등의 저자인 키건(John Keegan)은 "전쟁은 국가나 외교, 그리고 전략이 생기기 수천 년 전부터 존재하였고, 인간의 마음속의 가장 비밀스러운 곳에서 비롯된다. 그곳은 자아가 이성적인 목적의식을 잊어버리고, 자존심이 모든 것을 지배하며 감정이 이성에 우선하고 본능이 절대자 노릇을 하는 자리이다."[5]고 하였다.

합동참모본부의 『합동기본교리』에서는 전쟁을 "상호 대립하는 2개 이상의 국가 또는 이에 준하는 집단이 정치적 목적을 달성하기 위해서 자신의 의지를 상대방에게 강요하는 조직적인 폭력행위이며 대규모의 지속적인 전투작전"[6]이라고 하였다. 국제법에서는 "전쟁이란 무력사용을 통해서 상대방을 제압하고 자기가 원하는 평화의 조건을 부과하기 위하여 행해지는 복수국가간의 투쟁"[7]이라고 하고 있다.

이와 같이 학자들의 다양한 견해에도 불구하고 앞에서 제시한 여러 의견을 종합해 보면 전쟁의 본질은 대체적으로 '2개 이상의 국가나 정치집단들이 자신들의 정치적인 목적을 달성하기 위하여 상대방에게 가하는 조직적인 폭력행위'로 정의할 수 있을 것이다.

면서 장기간을 의미하는 것'이고 조직적이란 의미는 '첫째, 정치지도자가 부여한 목적에 부합하고 둘째, 군사적 수단과 비군사적 수단이 체계적으로 통합되고 셋째, 군대와 유사한 집단을 목적에 알맞게 운용하며 넷째, 전쟁의 주체와 목적 및 수단을 종합적으로 운용하는 것'을 말한다(최용성, 『젊은이를 위한 세계전쟁사』, 서울: 양서각, 1992, pp. 12-13).

4 Raymond Aron, *Peace and War*, A Theory of International Relation, translated from the French by Richard Howard and Annette Baker(New York: F. A. Prager, 1967), p. 350.

5 존 키건, 유병진 옮김, 『세계전쟁사』(서울: 도서출판 까치, 1996). p. 17.

6 합동참모본부, 『합동기본교리』(서울: 국군인쇄창, 2009), p. 28.

7 육군사관학교, 『군사법개론』(서울: 일신사, 1996), p. 652.

전쟁을 논함에 있어 또 하나 대두되는 것은 어느 정도의 충돌, 즉 인명의 피해가 발생할 경우 전쟁이라고 할 것인지와 어느 정도의 기간이 지속되어야 전쟁이라고 할 수 있을 것인가에 관한 것이다. 예를 들면 1988년 중국과 베트남이 남중국해에서 '난사군도(南沙群島, Spratly Islands)'의 영유권을 두고 양국 해군 간 교전을 벌여 양측에서 100여 명이 사망한 것으로 알려지고 있는데, 이것도 전쟁이라고 할 수 있는 것인지 아니면 그냥 해상에서의 '교전(Engagement)'이라고 할 것인지 견해차가 있는 것이다.

또한 어느 기간 이상의 무력충돌을 하였을 때 전쟁이라고 할 수 있는가 하는 것으로, 이스라엘과 아랍국의 '6일 전쟁'처럼 일주일도 안 되어 끝난 전쟁이 있는가 하면, 어떤 전쟁은 무려 30여 년 가까이 지속되었던 전쟁도 있었다. 이렇듯 무력충돌은 발생된 인명피해나 지속기간 등에 따라 이를 연구하는 학자들에 의해 다양하게 분류되고 있다.

3. 전쟁의 원인은 무엇인가?

독일의 철학자인 칸트(Immanuel Kant)는 그의 저서인 『영구평화론(永久平和論, Zum evigen Frieden, 1795)』에서 전쟁이 인류를 멸망의 길로 이끌 것으로 경고하면서, 이런 참극을 막기 위해서 각국은 주권의 일부를 양도하여 전쟁을 방지하기 위한 국제조직을 설치하고, 전쟁의 불씨가 되는 비밀조약과 상비군을 폐지하며, 타국에 폭력을 사용하여 간섭하는 것을 금지하자고 주장하였다.[8]

그런가 하면 영국의 철학자인 홉스(Thomas Hobbes)는 인간은 저마다 자유롭고 평화로운 생존을 위해 태어나면서부터 무엇이든지 할 수 있는 '자연권(Natural Right)'을 보유하고 있으나, 본성이 이기적이고 공격적이기 때문에 자연 상태에서는 스스로 살아남기 위해서 '만인의 만인에 대한 투쟁(The War of All Against All)' 상태로 살아갈 수밖에 없으며, 따라서 계약을 맺어 강력한 국가, 즉 '거대한 거인(巨人, Leviathan)'을 만들어 자연권을 제한하며 여기에 복종해야 한다고 주장하였다.

칸트의 주장대로만 된다면 전쟁은 일어나지 않을 것이다. 그러나 홉스가 주장하는 '만인의 만인에 대한 투쟁'이 개인이나 집단 간의 갈등을 야기하는 것처럼, 어떤 원인으로든 국가 간의 갈등이 정도를 벗어나 위기를 조장하고 악화되면서 국가나 정치지도자들이

---

8   http://naver.com(검색일: 2011.2.14)

자신의 의도나 목적을 달성하기 위하여 무력을 사용할 때 전쟁은 발발하는 것이다.

많은 학자들이 전쟁의 본질이나 속성을 연구하듯이 또한 전쟁이 왜 발생하는지, 즉 전쟁의 원인에 대해서도 연구를 하고 나름대로 결론을 짓고 있다. 이들은 대체로 전쟁의 원인을 홉스가 주장하는 '만인의 만인에 대한 투쟁', 즉 인간들의 생존경쟁이 국가차원에서 발생하는 한 가지의 형태로 인식하면서 인류가 존재하는 한 전쟁 또한 생존을 위해 발생하는 불가피한 현상으로 보고 있다.

전쟁의 원인을 알 수 있다면 전쟁이 발발하기 이전에 그 원인을 찾아서 평화적으로 해결함으로써 전쟁으로부터 야기될 수 있는 파국적인 상황을 방지할 수 있다는 측면에서 전쟁의 원인에 대한 연구를 체계적으로 할 필요가 있다.

육군사관학교 교수를 역임한 온창일 교수는 전쟁의 원인으로 첫째, 정치집단의 생존보장 혹은 박탈 관점과 둘째, 실질적인 이익을 획득하고자 하는 목적 셋째, 명분적인 이익의 추구 넷째, 그 외의 오판이나 감정 및 분쟁의 확대 등 네 가지 관점에서 분석하고 있다.

먼저 정치집단 사이의 생존보장이나 박탈관점은 이 책에서 다루고 있는 중동전에서 이스라엘과 아랍국 간의 전쟁으로, 이스라엘로서는 아랍국과의 전쟁이 국가의 생존을 보존하기 위한 필사적인 전쟁이며, 반대로 아랍국들은 이스라엘을 없애기 위한 전쟁을 하였던 것이다.

다음은 실제로 이익을 취할 목적으로 하는 전쟁이다. 1894년 일본이 한반도에서 주도권을 장악하여 이익을 취할 목적으로 청일전쟁이나 러일전쟁을 한 것이라든지, 1941년 일본군이 하와이 진주만을 기습하여 미 해군의 쾌평양 함대에 커다란 타격을 주고 동남아 자원지대에서의 자원을 확보할 목적으로 한 태평양전쟁, 그리고 히틀러가 '생활권' 철학을 앞세우고 1941년 '바바로사' 작전으로 소련을 공격한 것 등은 바로 이런 경우에 해당되는 전쟁으로 볼 수 있다.

다음은 정치집단들이 명분을 앞세워 하는 전쟁이다. 1979년 중국은 북베트남(월맹)을 침공하여 전쟁(중월전쟁)을 한 바가 있는데, 사실 중국은 베트남전 기간 동안 북베트남에 물심양면으로 많은 지원을 하였지만 베트남전이 끝나고 북베트남이 소련과 가까워지자 북베트남에 거주 중인 중국 화교에 대한 박해 등을 이유로 침공하였는데, 이는 명분을 앞세워 전쟁을 한 사례 중의 하나이다.

중앙아메리카에 있는 온두라스와 엘살바도르는 서로 인접하여 영토문제를 두고 수년간 대립하여 오다가 1969년 마침내 국제대회 출전을 위한 축구예선전 경기에서 악화된 국민감정이 충돌하여 이 때문에 전쟁을 한 적이 있는데, 이와 같은 전쟁은 기타 범주의 범위에 속하는 전쟁이다.

또 다른 주장으로 '군산복합체(Military Industrial Complex, MIC)'가 뒤에서 전쟁을 부추긴다는 주장도 있다. 미국이 주도하였던 베트남전이나 걸프전, 아프간전 등의 배후에는 미국의 거대한 군산복합체가 있어서 무기를 팔아먹기 위하여 전쟁을 부추긴다는 것으로, 주로 미국의 좌파나 진보진영 학자들이 한때 주장하였다.

그러나 이 주장의 타당성 여부를 조사하였던 브루스 러셋(Bruce Russet) 교수는 국제정세가 긴장되면 군산복합체의 주식가격이 하락되고 오히려 평화 시에 주식가격이 상승하는 현상을 보임에 따라 군산복합체가 전쟁을 뒤에서 부추긴다는 것은 사실에 부합되지 않음을 설명하였다.[9] 군산복합체라고는 하지만 이들 회사들은 군수품보다는 더 많은 민수용 선박이나 여객기, 차량 등 민수품을 만들어 팔고 있고, 따라서 전쟁을 부추겨 무기를 팔아서 얻는 이익보다 평화 시에 자동차나 항공기, 선박 등 민수용 장비를 만들어 파는 것이 더 많은 이익을 남기기 때문에 군산복합체가 전쟁을 부추긴다는 것은 맞지 않는다는 것이다. 전쟁원인도 이를 연구하는 학자들의 숫자만큼이나 다양하게 주장되고 있는 것이다.

4. 전쟁의 유형에는 어떤 것이 있는가?

전쟁을 연구하는 수많은 정치학자나 역사가들이 있는 만큼 다양한 견해가 존재하고 있고, 그런 만큼 전쟁을 분류하는 방법도 학자에 따라 다양한 차이가 있는 것은 당연하다.

우선 존 키건(John Keegan)이 전쟁의 유형을 〈표 1.1〉과 같이 분류하였고, 또 다른 학자인 미국의 리차드 프레스톤(Richard A. Preston) 교수는 전쟁을 고대로부터 현재까지 시기와 나타났던 전쟁의 양상, 전쟁의 수단과 변화요인 등을 고려하여 〈표 1.2〉와 같이 분류하였다.

코넬 대학교의 초빙교수 등을 지내고 『부의 미래』, 『제3의 물결』 등을 펴낸 미국의 미래학자인 앨빈 토플러(Alvin Toffler)는 그의 저서인 『전쟁과 반전쟁(War and Anti War)』에

9 　이춘근, 『현실주의 국제정치학』, pp. 46-47.

〈표 1.1〉 존 키건 교수의 전쟁유형 분류

구 분		내 용
국제법상	합법적	국가의 자위를 위한 전쟁
	위법적	침략전쟁
공 간	전면적	총자원 동원, 무제한적 전쟁
	국지적	국지적 전쟁
시 간	장기전	국력을 완전 소모 시까지 하는 전쟁
	단기전	짧은 시간에 걸친 전쟁
전쟁수단·목적	우발전	우연한 계기로 하는 전쟁
	수 단	핵전쟁, 비핵전쟁, 재래식 전쟁
	목 적	전면전쟁, 절대전쟁, 제한전쟁
기 타	정치/사상관점	혁명·독립·해방·인민·종교전쟁 등
	수 단	전자전, 게릴라전, 화학전, 정보전 등

출처: 윤형호, 『전쟁론』(도서출판 한원, 1994), p. 103.

〈표 1.2〉 리처드 프레스톤 교수의 전쟁유형 분류

구 분	시 기	양 상	수 단	변화요인	주요전쟁
고전적 전쟁	그리스 시대~ 서로마제국 멸망(5C)	밀집 중보병의 중량과 지구력	인간	말	마라톤 전쟁, 칸나에 전투
봉건적 전쟁	서로마제국 멸망~ 비잔틴제국 멸망(15C)	중기병 중량과 충격의 싸움	인간+말	화약	십자군 원정, 100년 전쟁
근대 제한전쟁	비잔틴제국 멸망~나폴레옹 전쟁	제한전	화약+에너지	산업혁명, 국민개병제	나폴레옹 전쟁, 7년 전쟁
총력전	19C~제2차 세계대전	무제한전	모든 수단	원자폭탄	남북전쟁, 1·2차 세계대전
냉 전	제2차 세계대전 이후	제한전	핵+에너지		6·25전쟁, 월남전쟁

출처: Richard A. Preston & Sydney F. Wise, *Men In Arms*(New York: Prager Publisher, 1970).

〈표 1.3〉 앨빈 토플러 교수의 전쟁유형 분류

구 분	특 징	수 단	특 징
제1물결 전쟁	• 농업혁명 시대의 전쟁 • 농산물 잉여물 생산	• 창, 칼, 공성무기	백병전
제2물결 전쟁	• 산업혁명시대 이후의 전쟁 • 과학기술 발전에 따른 대량생산	• 표준화된 무기사용 • 소총, 전차, 항공기, 항모, 핵 등	총력전
제3물결 전쟁	• 기술 및 서비스 발전	• 우주 · 정보 · 로봇전	하이테크 전

출처: 앨빈 토플러, 이규행 옮김, 『전쟁과 반전쟁(War and Anti-War)』 (서울: 한국경제신문사, 1994), pp. 54-122 요약.

에서 전쟁을 역사적으로 인간이 일하는 방법을 반영한 것으로 이해하여 사회변화를 중심으로 제1물결 전쟁으로부터 제3물결 전쟁에 이르기까지 전쟁의 유형을 분류하였다(표 1.3).

앨빈 토플러는 산업혁명 이후 과학기술의 발전에 힘입어 제2물결 전쟁이 발발하였는데, 이 전쟁에서는 표준화된 각종의 무기와 탄약이 대량으로 생산되고 사용되면서 국력의 모든 요소가 동원되는 총력전과 대량파괴의 개념이 도입되었으며, 이 기간의 전쟁은 군사목표와 민간목표의 구분을 흐리게 하였다고 말했다.[10] 실제로 2차 세계대전 시 각국은 승리를 위하여 국력요소를 총동원하였으며, 이 전쟁에서 독일공군의 영국 런던에 대한 폭격이나 연합군의 독일 주요 산업도시 및 공장지대에 대한 폭격, 미군의 도쿄(東京)공습 같은 무차별적 폭격으로 대량파괴가 동반되는 현상이 발생하였다.

또 다른 전쟁의 유형을 분류하는 방법으로 전쟁의 현상에 근거하여 분류하는 방법이 있다(표 1.4).

빌 린드(Bill Lind)와 게리 윌슨(Gary Wilson)은 마틴 반 크레발트(Martin Van Crevald)의 주장 —— 즉, 전쟁은 당대의 정치와 사회 및 경제적 구조와 함께 진화한다 —— 에 동의함과 동시에 지난 수백 년 동안 진화해온 전쟁을 3세대 전쟁으로 분류하면서 향후 4세대 전쟁양상을 예측하였다(표 1.5).[11]

---

10   앨빈 토플러, 『전쟁과 반전쟁』, p. 66. 클라우제비츠는 전쟁을 정치의 연장으로 보면서 군대를 정책의 수단으로 말했지만, 루덴도르프는 총력전을 위해서는 정치 자체가 군대에 종속되어야 한다고 주장했다.

11   토마스 햄스, 최종철 옮김, 『21세기 제4세대 전쟁』 (서울: 도서출판 갈무리, 2008), pp. 17-19. 4세대 전쟁에서는 적의 군대를 패배시키려 들지 않고 몇 달이나 몇 년이 아니라 수십 년이 소요되는 장기간에 걸쳐 가용한 모든 네트워크(정치와 경제, 사회와 군사적 조직망)를 이용하여 적의 정책결정자들의 정치적

〈표 1.4〉 전쟁의 현상에 따른 전쟁유형의 분류

구 분	유 형
국제질서와 연관하여 포괄적 형식에 따른 분류	열전, 냉전
전쟁수행 내용에 따른 분류	혈전, 설전
핵무기 사용여부에 따른 분류	핵전, 재래전
전쟁을 수행하는 동원정도에 따른 분류	총력전, 제한전
전쟁이 포함된 지역의 범위에 따른 분류	전면전, 국지전
전투수행방식에 따른 분류	정규전, 비정규전

출처: 온창일, 『전쟁론』(파주: 집문당, 2007), p. 69.

〈표 1.5〉 전쟁양상의 변화 및 예측

구 분	변화요인 및 전쟁양상	주요사례
1세대 전쟁 (고대전쟁~ 나폴레옹 전쟁까지)	• 정치: 봉건체제에서 민족국가로 변화 • 경제: 농업생산 증가, 수송발전 • 기술변화: 화약발명, 활강총과 경포 등장, 장거리 통신수단 출현 등 ※ 列·伍를 맞춘 전술, 주공지점에 병력집중 박병전, 집중과 절약	나폴레옹 전쟁
2세대 전쟁 (나폴레옹 전쟁 이후~ 1차 세계대전)	• 정치: 민족국가의 강화, 국가 간 블토화 • 경제: 대량생산체제와 보급지원 능력, 과세제도, 수송체계 혁신(철도) 등 • 기술변화: 총/포의 혁신, 전차와 잠수함 및 항공기 등장, 전신사용 ※방어 위주/참호전 양상, 소산 중요성 강조	남북전쟁, 1차 세계대전
3세대 전쟁 (1차 세계대전 이후~ 2차 세계대전)	• 정치: 민족국가의 강화, 국가 간 블토화, 국가동원제도 강화 등 • 경제: 대공황 이후 경제난, 전시대량생산 체제발전과 보급지원능력의 발전 • 기술변화: 전차와 항공기 및 항모, 통신수단의 혁신 등, 핵무기 등장 ※ 기동전 양상: 전격전, 항공전	2차 세계대전
4세대 전쟁 (2차 세계대전 이후~현재)	• 정치: 비국가/초국가적 행위자집단 주도 • 경제: 국제금융시장, 전자시장·군중 등장 • 기술변화: 정보통신기술의 발달이 주도 ※ 테러 및 사이버전, NCW전, 비정규전	9·11 테러

출처: 토마스 햄스, 『21세기 제4세대 전쟁』(서울: 국방대 안보문제연구소, 2008), pp. 17-20.

의지를 약화시켜 적을 굴복시키려는 전쟁으로, 4세대 전쟁은 약한 군대가 강한 군대를 이길 수 있는 전쟁이라고 하였다.

최근에는 정보기술(Intelligence Technology)의 발전에 힘입어 전쟁양상이 빠른 속도로 변화하면서 기존의 전선(Front) 개념이 사라져 가는 추세에 있다. 실제로 미국은 이라크 전쟁에서 인공위성과 상업위성은 물론 지역단위 통신망의 조합을 통한 네트워크 통신망 체제를 운용하여 바그다드의 후세인 대통령 궁이나 공화국 수비대 등의 표적을 탐지하여 페르시아 만에 정박하고 있었던 미 전함에서 토마호크 미사일을 발사함으로써 이라크군은 자신도 모르는 사이에 타격을 받고 무력화되었는바, 이와 같은 이른바 4세대 전쟁이 출현하고 있다.[12]

앞에서 몇몇 학자들이 어떻게 전쟁을 분류하고 있는지 살펴보았지만, 이 책은 리처드 프레스톤 교수가 주장하는 19세기 이후 무제한의 총력전, 앨빈 토플러 교수가 주장하는 제2물결 전쟁의 총력전, 온창일 교수가 주장하는 전쟁을 수행하는 방식에서 모든 자원을 총동원하는 총력전, 게리 윌슨과 빌 린드 등이 말한 제2~3세대의 총력전에 관한 것이다.[13]

다음은 전쟁의 '빈도(頻度, Frequency)'에 관한 것이다. 국제정치학에서는 '힘의 균형(Balance of Power)'을 이루는 국가의 수에 따라 일극체제와 양극체제, 다극체제라는 용어를 사용하고 있다. '일극체제(Unipolar-System)'는 (구)소련이 해체된 이후 미국이 전 세계에서 유일하게 강대국으로 남아있던 1990년 이후의 시대를 말한다.

'양극체제(Bipolar-System)'는 1945년 2차 세계대전 이후부터 1990년 (구)소련이 해체될 당시까지 미국과 소련이 세계의 강대국으로 힘의 균형을 유지하였던 시대를 말하며, '다극체제(Multipolar-System)'는 1차 세계대전 이전 유럽에서 영국과 프랑스, 독일과 러시아 등 여러 국가가 강대국으로 서로 세력균형을 유지하였던 시대를 말한다.

전쟁의 빈도에 관해 연구하였던 톰슨(William R. Thompson) 교수에 의하면, 그가 연구했던 490년의 기간 중 일극체제 기간은 144년 지속되었는데, 이는 전체 기간의 29.4%에 해당되며, 이때 발발한 전쟁의 비율은 20.6%였고, 다극체제는 114년으로 전체의 23.3%였으나 이 기간 중 전쟁은 44.2%가 발생하였다고 한다.[14]

---

12   부르스 버코위츠, 문장렬 옮김, 『새로운 전쟁양상』(서울: 경성문화사, 2008), pp. 101-113.

13   존 키건 교수와 온창일 교수는 '전면전쟁(General War)'이라는 용어를 사용하였다. 이 용어는 군사용어 사전에 따르면 첫째, 교전국가의 총자원이 동원되고 주요 교전국가의 국가적 존망이 위기에 놓이는 주요 세력 간의 분쟁 둘째, 전쟁목적과 지역, 참가국가, 전쟁수단에 있어 전혀 무제한적이며 전 세계적인 대규모 전쟁을 말한다(육군본부, 『군사용어사전』, p. 534). 또 다른 용어로 'All-out war'을 사용하는 데 이 전쟁도 국가의 전 가용한 요소를 동원해서 싸우는 전면전쟁 개념이라고 볼 수 있다. 엄밀한 의미에서 총력전이라는 용어의 사용과 구분이 되겠지만 일반적으로 유사한 개념으로 사용할 수 있을 것이다. 본 책은 'Total War' 차원의 총력전에 관한 것이다.

즉, 일극체제나 냉전시대의 양극체제보다는 1·2차 세계대전과 같이 여러 국가가 세력의 균형을 이루는 다극체제에서 더 많은 전쟁이 발발하였다는 것이다. 실제로 시카고 대학의 미어셰이머(John J. Mearsheimer) 교수는 냉전체제에서 장기간에 걸쳐 평화를 이룰 수 있었던 이유를 미국과 소련이라는 두 강대국의 군사력이 거의 비슷하였기 때문이라고 하고 있는데,[15] 냉전시대의 양극체제 기간에 미국과 소련이 상호 힘의 균형을 유지함으로써 오히려 전쟁이 일어나는 것을 방지했었던 것을 부인할 수 없을 것이다.

5. 전쟁의 피해는 얼마나 발생되었는가?

통상 국제정치학자들은 전쟁이 왜 발생하였는지 국제정치학 입장에서 그 원인을 밝히거나 국가 간의 관계를 연구하는 데는 관심이 많았지만 그로 인해 발생하는 피해에 관해서는 상대적으로 관심이 적었다.

전쟁이 발발하면 대량의 인명살상과 물리적 파괴를 동반하는 것은 당연한 일이지만, 그 현상은 시대에 따라 다르게 나타났다. 과학기술이 발전되어 새로운 무기체계가 전장에 출현하고 전략과 전술이 병행하여 발전됨에 따라 대량의 인명살상과 파괴는 피할 수 없는 현상으로 대두되었고, 그것은 1·2차 세계대전을 거치면서 절정에 이르렀다. 그러나 과학기술의 발전도가 더 빠른 현대에 들어서는 높은 정밀도를 갖는 무기가 계속 개발됨에 따라 오히려 인명의 살상을 줄이는 방향에서 무기체계가 도입되고 있는 추세이다.

2개 이상의 국가나 정치집단들 사이에서 발생한 분쟁에서 어느 정도의 피해가 발생하였을 시에 이것을 전쟁이라고 할 수 있을 것인가도 학자들 사이에서는 주요한 논쟁의 대상이 되어 왔다. 예를 들면 이스라엘과 아랍국 사이에는 1~4차 중동전과 같이 대규모의 충돌도 발생하여 자주 사상자가 발생하는 것을 볼 수 있을 뿐만 아니라 아랍 테러단체의 테러로 소규모의 무력충돌도 자주 발생하고 있는데, 이러한 작은 규모의 충돌도 전쟁이라고 할 수 있는가? 아니면 6·25전쟁이나 1~4차 중동전, 1·2차 세계대

---

14   이춘근, 『현실주의 국제정치학』, p. 44; William. R. Thompson, *"Polarity, the Long Cycle, and Global Power Warfare"* Journal of Conflict Resolution, Vol, 30, No. 4(1987), p. 610.

15   John. J. Mearsheimer, *Why We will soon miss the Cold War*, The Atlantic Monthly, Vol, 266. No. 2(August, 1990), pp. 35-50.

〈표 1.6〉 사망자수를 기준으로 하는 세계의 7대 전쟁

(단위: 만 명)

구분	1위	2위	3위	4위	5위	6위	7위
전쟁	2차 세계대전	1차 세계대전	나폴레옹 전쟁	스페인 왕위계승전쟁	30년 전쟁	7년 전쟁	6·25 전쟁
사망자수	1,294.3	773.4	186.9	125.1	115.1	99.2	95.5

출처: Jack S. Levy, *War in the Modern Great Power System 1495~1975* (Lexington: University of Kentucky Press, 1983), pp. 88-91.

전과 같이 막대한 인적·물적 자원의 피해가 발생한 경우에만 전쟁이라고 할 수 있을 것인가? 학자들 사이에 의견이 분분하다.

리비(Jack. S. Levy) 교수가 조사한 1495년 이래의 전쟁에서 발생한 인명피해(군인 사망자수 중심)를 중심으로 세계의 7대 전쟁은 〈표 1.6〉과 같다. 여기서 주목해야 하는 것은 총력 전 양상이 절정에 달하였던 1·2차 세계대전 시에 발생한 사망자의 수이다. 이것은 당시 전쟁에 참여한 국가들이 국가의 전 역량을 투입하였고, 과학기술의 발전으로 무기와 탄약 등에 있어서 파괴력이나 정밀도가 대폭 향상된 결과에 기인한다.

또 다른 자료에서는 위의 도표와 약간의 차이가 있기는 하나 사망자에 군인과 민간인을 합하면 1·2차 세계대전에서 발생한 숫자가 최대를 이루고 있음을 보여준다. 즉, 1차 세계대전에서는 약 1,500만여 명(군인 800만, 민간인 660만)이 사망하였고, 2차 세계대전에서는 약 4,100~4,900만여 명(군인 1,500만, 민간인 2,600~3,400만)이 발생하였다.[16] 과학기술의 발전이 전쟁에서 대량의 인명살상으로 나타났으며 그 양상은 2차 세계대전에서 절정에 달하였다.

---

16   R. Ernest Dupuy · Trevor N. Dupuy, 『세계군사사 사전』, p. 1182, 1418.

제2절
총력전의 개념과 기원

1. 총력전의 개념

"전투는 군인이 하지만 전쟁은 국민이 하는 것이다."라는 이 말은 언뜻 보기에는 매우 단순하게 보이지만 총력전의 의미를 가장 잘 나타내주는 말로 이해가 된다. 현대전에 있어서 핵무기가 사용되지 않는 한 국가의 존망과 국민의 생존이 달린 전쟁에서 전투의 승패는 군인들에 의해 좌우되지만, 국가의 존망과 전쟁의 승패는 국가의 모든 요소들을 얼마나 빠른 시간 내에 효과적으로 동원하는가에 의해 결정된다고 할 수 있을 것이며, 여기서 국민들의 정신적, 인적 · 물적 참여정도는 승패의 핵심적 관건이 된다. 국가의 존망과 전쟁의 승패는 국민이 얼마나 승리를 위해 자발적으로 참여하는가 그 정도에 따라 좌우되며, 그것은 곧 총력전을 어떻게 하는가에 달려 있다고 해도 과언이 아니다.

이 책은 바로 이와 같이 전쟁사에서 나타난 총력전에 관하여 언급을 하고 있으며, 그 중에서도 특히 관심을 갖는 것은 존 키건 교수가 분류하고 있는 공간에 의한 전쟁 분류 방식에서 '전면적 전쟁'과 리처드 프레스톤 교수나 온창일 교수가 분류하고 있는 '총력전'에 관한 것이다. 존 키건 교수의 '전면적 전쟁(General War)'은 교전국가가 군사력을 기본으로 정치나 군사, 경제 및 심리 등 국가의 총체적인 힘을 기울여 수행하는 전쟁으로서 총력전과 유사한 개념이며, 리처드 프레스톤 교수나 은창일 교수의 '총력전'은 이 책이 관심을 갖고 있고 중점적으로 기술하고자 하는 총력전 바로 그 자체이다.

그렇다면 먼저 총력전이란 단어를 어떻게 정의하고 있는지 그 개념부터 정립하는 것이 중요할 것이다. 『새국어대사전』에서는 총력전을 "국민 또는 겨레가 있는 힘을 다하여 결행하는 싸움"이라고 기술하고 있고, 두산백과사전에서는 "전쟁목적을 달성하기 위하여 국가가 가진 모든 분야의 총력을 기울여서 수행하는 전쟁"[17]이라고 기술하고 있으며, 『군사용어사전』에서는 "국가 각 분야의 총체적인 힘을 기울여 수행하는 전쟁"[18]이라고 기술하고 있다.

또한 웹스터(Webster) 영어사전에서는 총력전을 "교전국이 모든 인적자원과 물적자원을 완전한 승리를 위하여 투입하는 것으로, 합법적인 군사적 목표가 되었으며, 총력전은 일방적이거나 쌍방 또는 여러 나라가 참여할 수 있고 군사작전의 개념이나 실행을 함에 있어 정치적 목적을 추구하기 때문에 자제력의 부재로 특징지어지고 있다"고 하고 있다.

유사한 개념으로 이해할 수 있는 '국가총력방위(國家總力防衛)'를 합동참모본부의 『합동기본교리』 교범에서는 "국가가 가용한 모든 역량을 총동원하여 국가를 방위하는 것으로, 정치 · 외교, 경제 · 과학기술, 사회 및 문화와 군사 분야의 고유역량과 활동을 유기적이고 상호 보완적으로 조직하여 국내외로부터 위협과 무력침략에 종합적으로 대응함으로써 총력전쟁을 수행하는 것"[19]으로 정의하고 있다.

이렇게 사전적 정의나 교리상의 용어가 모두 유사한 개념 또는 내용과 방식으로 표현되고 있는 것처럼, 총력전이란 '국가에 비상사태가 발생하고 전쟁이 발발하면 여기서 승리하기 위하여 우선적으로 사용할 수 있는 군사력으로부터 인적자원과 물적자원 외에 비군사적인 모든 수단과 능력까지를 동원하여 전쟁에서 승리하는 것'을 말한다.

2. 총력전의 기원

그렇다면 총력전이란 그 실체가 무엇이며 언제부터 유래되기 시작한 것인가? 그리고 그 개념은 현대전뿐만 아니라 정보과학기술의 발전에 힘입어 전쟁양상이 현격하게 발전되고 있는 미래의 전쟁에서도 그대로 유효할 것인가? 또 한국을 포함하는 모든 국가가 같은 개념으로 총력전이란 용어를 사용할 수 있을 것인가? 궁금하지 않을 수 없다.

---

17   http//www.naver.com(검색일: 2009.9.22)
18   육군본부, 『군사용어사전』, p. 32
19   합동참모본부, 『합동기본교리』, pp. 32-33.

영국과 독일은 1·2차 세계대전 시 교전 상대국으로서 군사력을 기본으로 전 국민들이 전투원 또는 비전투원으로 군사 및 비군사 활동에 참여하여 전쟁에서 승리를 위해 직간접적으로 기여하였으며, 여기에 지도자의 지도력을 중심으로 양국의 정치제도와 외교, 재정능력과 경제력, 과학기술력, 사회문화적인 요소는 전쟁 결과에 커다란 영향을 미쳤다.

미국은 1차 세계대전이나 2차 세계대전에서 전쟁 초기단계에는 중립국으로 직접 전쟁에 참여하지 않았으나, 1차 세계대전 시는 독일군의 무제한 잠수함전으로, 2차 세계대전 시는 진주만 미 태평양 함대에 대한 일본군의 기습으로 각각 연합국의 일원으로 참전하여 총력적으로 대응하였다. 미국은 1·2차 세계대전 중 그 어느 나라보다 많은 병력을 동원하고 전투장비나 탄약과 식량을 포함한 다양한 전쟁 물자를 대량으로 생산하여 미군이 사용하였을 뿐만 아니라, 연합국에게도 막대한 물량을 지원함으로써 연합국이 승리하는 데 있어 핵심적 역할을 하였다. 그리고 최근에는 9·11 사태를 계기로 이라크전과 아프간 전쟁을 수행하고 있다.

미국은 남북전쟁에서 남·북부군이 모두 각자의 승리를 위해 각각에 대하여 총력전을 하였고, 1·2차 세계대전에서는 동맹국이나 추축국을 대상으로 총력전을 수행하였다. 그러나 걸프전이나 이라크 전, 지금 진행되고 있는 아프간 전쟁에서는 일부의 인적·물적 자원과 전력이 투입된 제한전쟁을 하고 있다.

1960~1970년대의 베트남 전쟁을 놓고 보면 베트남으로서는 인원과 물적자원을 총동원하여 총력전을 한 것이지만, 미국의 경우로서는 전혀 그렇지 않은 것처럼, 총력전은 한 국가가 어느 편에 있었는지 또는 어떤 입장에 있었는지에 따라 다르다.[20] 이렇게 전쟁을 하는 국가가 처한 안보환경과 전쟁양상에 따라 총력전인지 아닌지 그 모습이 다르게 나타난다.

총력전이란 용어가 책에 최초로 등장한 것은 프로이센의 클라우제비츠가 저술한『전쟁론』에서 찾아볼 수 있지만,[21] 1차 세계대전 중 프랑스의 클레망소 수상이 1917년

---

20 Arthur Marwick, "Problem And Consequences of Organizing Society for Total War", *Mobilization for Total War* (Ontario: Wilfried Laurier University Press, 1981), p. 4.

21 『전쟁론』에서 클라우제비츠는 "전쟁은 정치의 또 다른 연속으로, 이의 핵심은 국가의 다양한 수단들의 운용으로써 적의 저항의지와 수단을 완전히 파괴함을 의미한다.'고 하였다(War is nothing else than a continuation of political transactions intermingled with different means, The core of his teaching is that these different means entail the full utilization of the moral and material resource of a nation to bring about, by violence, the complete destruction of the enemy's means and will to resist). Richard A. Preston & Sydney F. Wise, *MEN IN ARMS*, p. 234.

7월 22일 의회연설 중에 총력전이라는 용어를 사용하였다고 한다. [22]

이에 앞서 폴란드의 은행가인 블록(Block)은 1890년대 말 그의 저서 『기술적 · 경제적 · 정치적 상호관계 속에서의 미래의 전쟁』이라는 다소 긴 이름의 책에서 "앞으로 전쟁은… 교전국의 자원말살에 역점을 둔 장기전이 될 것이다.… 모든 전쟁은 포위공격 작전 성격이 필수적일 것이며, 궁극적인 승리의 결정은 전쟁물자의 확보에 달려 있다." 고 하여 과학기술력과 경제력이 미래의 전쟁에서 차지할 중요성을 언급하였다. [23] 전쟁에서 승리하기 위해서는 군사력을 기본으로 경제력과 과학기술력 등 새로운 요소가 중요시되고 있음을 주목한 것이다.

총력전 양상은 미국의 남북전쟁에서 부분적으로 나타나기 시작하여 1차 세계대전에서 본격화되었으며, 2차 세계대전에서 절정에 달하였다. [24] 1차 세계대전이나 2차 세계대전 중의 총력전은 특히 독일의 군국주의와 밀접히 연계되어 있는데, 가장 의미 있는 발언은 1940년 영국의 처칠(Winston Churchill) 수상이 한 말로, 그는 프랑스가 독일군의 침공으로 6월 13일 항복하자 "모든 비용과 모든 위협에도 불구하고 전쟁이 얼마나 길고 어려울지라도 승리 없이는 생존도 없다." 고 전쟁의 목표를 분명히 하면서 총력을 기울여 전쟁을 수행할 것임을 명확히 하였고, 실제로 승리를 위하여 독일보다 더 많은 자원을 동원하여 전쟁을 하였다. [25]

또한 2차 세계대전 이후에는 각 국가의 안보환경에 따라 전쟁이 발발하였을 시 승리를 위하여 총력적으로 대응하여 전쟁을 수행한 바 있는데, 6 · 25전쟁 시의 남북한이나

---

22 가토 요코, 박영준 옮김, 『근대 일본의 전쟁논리』(파주: 태학사, 2003), pp. 190-191. 이 책에 의하면 프랑스의 '레옹 도데'가 간행한 『총력전』론에서 프랑스의 클레망소 수상이 총력전이라는 용어를 사용한 것으로 기술되어 있다고 한다. 즉 클레망소는 "전쟁은 군인들에게만 맡겨 놓기에는 너무나 심각한 문제이다(War is too serious a matter to entrust to military men)", "총력전에는 총체적 승리뿐이다"라고 한 것이다.

23 육군본부, 『영국 육군사』(서울: 육군인쇄창, 1982), p. 362.

24 총력전의 양상이 미국의 남북전쟁에서 처음 나타난 것인지에 대해서는 이론이 있는 것 같다. 즉, 미국의 역사학자들 사이에서는 남북전쟁이 그 기간이나 목표 및 양측 경제력의 동원 정도에도 불구하고 총력전이란 용어를 사용하기에는 관련성이 없다고 하고 있고, 총력전이란 용어를 사용하면 남북전쟁을 근본적인 방법에서 잘못 표현하고 있다고 하였다(Roger Chicker, "World War Ⅰ and the Theory of Total War: Reflection on the British and German Cases 1914~1918", *Great War, Total War*, Cambridge University Press, 2000, p. 36).

25 처칠이 수상으로 취임할 1940년 6월 당시의 상황은 영국에게는 최악으로 가고 있었다. 프랑스는 6월 13일 독일군에게 항복하였고, 소련은 독소불가침협정에 의하여 영국이나 프랑스 등 연합국에 어떤 도움도 주지 않았으며, 미국은 국내의 여론과 중립법으로 인하여 영국을 지원할 수 없었다. 영국이 독일군에 항복하지 않는 한 총력적으로 대응할 수밖에 없었던 것이다.

중동전에서 이스라엘을 대표적인 경우로 볼 수 있다.[26]

이와 같이 총력전 양상은 이미 남북전쟁으로 그 기원을 찾아 올라갈 수 있지만, 이 용어가 최초로 문헌상에 등장한 것은 1차 세계대전이 끝난 뒤 독일의 루덴도르프(Erich von Ludendorff) 장군이 1935년 그의 저서 『총력전』에서 사용한 것으로 알려지고 있다.

즉, 루덴도르프 장군은 그의 저서에서 "1차 세계대전은 과거의 전쟁과는 전혀 다른 양상으로 나타났다. 전쟁 당사국의 군대는 서로 상대방 섬멸을 위해 노력하였지만 국민 자신들도(전투장비나 탄약과 물자의 생산, 정비나 보급 및 수송, 의무지원 등 다양한 전투근무지원 활동을 통해서) 전쟁수행에 관여하게 되었으며, 전쟁은 자신에게로 지향되었다. 국민들은 전력을 다하여 군의 후방을 담당하고 …"라고 하여 바야흐로 총력전이 국가 간 전쟁양상을 지배하게 됨을 표현하였다.[27]

그러면서 루덴도르프는 "전쟁과 정치의 본질은 바뀌었다. 따라서 정치와 전쟁수행의 관계도 바뀌어야 한다. 전쟁과 정치는 국민의 생존에 기여를 해야 하며, 그중에서도 전쟁은 국민생존 의지의 최고의 표현이므로 정치는 전쟁지도를 위해 봉사해야 한다."고 하여 정치가 군사에 종속될 것을 주장하였다.[28]

풀러(J. F. C. Fuller)는 「4가지 기본적인 교훈(The Four Fundamental Lessons)」이라는 글에서 "산업화된 전쟁을 수행하기 위해서는 정치권력과 경제적 자급자족 능력, 국가의 기강, 기계와 무기 등이 필요하다"고 역설하였다. 전쟁에서 승리하기 위해서는 군사력과 경제력 등 기본적인 요소들이 평시부터 준비가 되어 있어야 한다는 것이다.

1935년 맥아더(Douglas MacArthur) 장군도 "미래의 대규모적인 전쟁에 있어서 반드시 모든 참전국들은 승리라는 단일목적을 위하여 고도의 편제를 갖추게 될 것이다. 이 국가적인 대기구(전쟁수행을 위하여 확장되거나 창설되는 부대나 기구 등) 중에서 전투부대는 다만 칼날(싸우는 수단)에 불과하게 될 것이다."[29]라고 하여 미래의 총력전 양상을 전망하였다.

그 외에도 에베스타인이나 피셔 같은 학자는 평시부터 전쟁에 대비하기 위하여 경

---

26 한국전쟁에서 남북한은 상호 전쟁에서 승리하기 위하여 모든 자원과 수단을 총동원하는 총력전을 수행하였다. 중동전에서는 4차례에 걸친 전쟁에서 이스라엘이 아랍국에 대응하여 모든 자원을 총동원하는 총력전을 하였다. 그러나 총력전 차원에서 한국전쟁 시 남북한이나 중동전에서 이스라엘의 연구는 아직 미흡하다.

27 루덴도르프, 최석 옮김, 『국가총력전』(서울: 공화출판사, 1972), pp. 20-21; Evan Mawdsley, *World War II*(London: Cambridge University Press, 2009), pp. 46-47.

28 Evan Mawdsley, *World War II*, p. 46. 클라우제비츠는 "전쟁은 정치적 목적을 달성하기 위한 또 다른 수단"이라고 하였지만, 루덴도르프는 이와 반대로 정치가 군사에 종속되어야 한다고 주장하였다.

29 정하명 외, 『세계전쟁사』(서울: 도서출판 황금알, 2004) p. 441.

제조직을 준비할 것을 강조하면서 이른바 '국방경제(Defense Economy)'를 주장하였는데, 이는 전쟁준비와 수행, 전후복구 등 일련의 국방목적을 충족시키기 위한 것이었다. 특히 전시의 국방경제는 군수산업을 확충하고 민수산업을 군수산업으로 전환하며, 근로자를 동원하는 등 국민경제 전반에 걸쳐 국가의 권력개입이나 통제가 불가피하며, 총력적으로 대응해야 하고 여기에 경제적 여건을 조화시키기 위해 경제조직을 재조직해야 한다고 하였다.[30] 총력전을 수행하기 위한 경제의 조직화를 주장한 것이다.

이렇듯 총력전에 관해서 몇몇 군사 전략가들이나 학자들의 이론과 주장이 존재할 뿐이다. 이러한 이론이나 주장에도 불구하고 총력전에서 승리하기 위해서는 전 국민이 전투원이나 비전투원으로 총동원되어야 하고, 군사력의 확장을 통해 군대는 대규모화되어야 하며, 경제력과 과학기술력을 동원하여 전쟁수단을 기계화하고, 대량생산을 통해 전쟁지속능력을 향상시키며, 전투에서는 대규모의 병력과 장비와 물자를 투입하여 주도권을 확보한 상태에서 전쟁을 이끌어나가야 한다. 국민들은 전쟁이라는 극한의 상황에서도 총력전 수행을 위하여 인적·물적 자원을 지원해야 하며, 궁극적으로 전쟁의 승패를 책임져야 하는 지도자는 어떻게 전쟁을 지도해서 승리를 할 것인지 깊은 사고와 통찰력, 강인한 의지와 결단력이 필요하다.

---

30 http://100.naver.com/(검색일: 2010.10.10)

제3절
총력전 등장배경

1. 산업혁명 이전의 전쟁

미국의 리차드 프레스톤 교수는 전쟁양상을 고전적 전쟁과 봉건적 전쟁, 근대제한 전쟁, 총력전쟁, 그리고 냉전으로 구분하였다. 이를 기초로 하여 전쟁양상이 발전된 것을 보면, 고전적 전쟁(Classic Warfare)은 그리스 전쟁으로부터 서로마 제국이 멸망한 5세기까지로 이 시기의 전쟁은 밀집한 중(重)보병이 투구와 갑옷, 방패 등을 사용하여 전투를 하였다. 이 시대 그리스 군대는 팔랑스(Palanx), 로마 군대는 레기온(Legion) 같은 전투 대형을 사용하였다.

봉건적 전쟁(Feudal Warfare)은 5세기 이후부터 비잔틴 제국이 오스만 터키에 망한 1453년까지를 말하며, 이 시기에는 말을 탄 기병이 중요하게 되면서 중무장을 한 기사들이 전쟁을 주도하였다. 이 시대에 특히 몽골군의 경기병이 등장함으로써 기동의 중요성이 대두되었다.

근대 제한전쟁(Limited Warfare)은 1453년 이후부터 나폴레옹 전쟁시대까지로써 이 시대에는 대포와 화승총이 전장에 등장하였으며, 화약이 발명되어 전투에서 사용되었다. 화승총이 사용되면서 보병이 등장하였고, 봉건군대를 대신하여 용병(傭兵)이 생겨났다. 이 시대 들어 다양한 화기와 탄약들이 점차 사용되면서 살상률이 높아지자 막대한 전쟁비용 때문에 전쟁을 회피할 수밖에 없었다.

나폴레옹 시대에 들어 국민이 국가를 방위할 책임이 주어졌으며 따라서 국민은 병역의 의무를 다해야 한다는 이른바 '국민개병제(Nation-in-arms)'가 도입되어 전쟁이 바야흐로 모든 국민의 관심사가 되었으며, 여기에서 '국가총동원(Total Mobilization)' 개념이 나오면서 총력전 개념이 도입되기 시작하였다.[31] 나폴레옹 시대에 막대한 병력을 유지하기 위해서는 많은 비용이 필요하게 되었고, 이에 국가는 징집권한을 행사하여 병력을 충원하고 징세권한을 행사하여 군사활동에 필요한 자금을 충당할 수 있었다.

이와 같은 나폴레옹 시대의 총동원 개념에 따라 "프랑스인은 공화국 영토에서 적들을 무찌를 때까지 젊은 청년들은 전쟁터로 나가 싸울 것이고, 기혼남자는 무기를 만들거나 군 양곡을 수송하게 될 것이며, 부녀자들은 천막과 군복을 만들고 병원에서 일을 하게 될 것이다. 어린이들도 … 노인들도 … 하기 위해 동원될 것이다."[32]고 하여 총력전의 기초가 된 것이다.

나폴레옹 전쟁에서 총력전의 개념이 서서히 나타나기 시작하였지만 그렇다고 전쟁이 완전히 총력전 양상으로 진행되었다고 하기에는 아직 이르다. 나폴레옹이 러시아를 점령하기 위해서 국민개병제를 통해 수많은 병력을 충원하고, 조세제도를 통해 전쟁비용을 조달하였지만, 현대적인 총력전 개념에서 프랑스의 모든 국력요소들을 총동원하여 진행된 전쟁은 아니었기 때문이다.[33]

2. 산업혁명 이후 대량 소비시대의 전쟁

18세기 중엽 영국에서 시작한 산업혁명(Industrial Revolution)으로 생산방식에 있어서 커다란 변화가 일어났다. 과거의 수공업 위주에서 기계가 제품을 생산함에 따라 대량생산이 가능하게 되었고, 이것은 국민들의 생활방식에서도 커다란 발전을 가져왔으며 전쟁방식에서도 변화를 촉진하였다.

산업혁명과 더불어 증기기관과 전신이 발명되고 철강생산에 대한 새로운 공법과 기술이 발전되어 이를 바탕으로 대량의 무기와 탄약 생산이 가능해졌다. 철도가 건설되

---

31   정하명 외, 『세계전쟁사』, p. 97.

32   김홍철, 『전쟁과 평화의 연구』(서울: 박영사, 1987), pp. 6-7.

33   이와 관련하여 여러 이견이 있을 수 있다. 부족사회에서와 같이 사회가 군대이고 군대가 사회였던 시대에는 이웃 부족과 싸움이 벌어지면 당연히 전 부족이 총력적으로 대응을 하였다. 고구려가 당나라와 수행한 전쟁이나 백제가 당나라와 한 전쟁도 당시로서는 일종의 총력전이었다. 고구려나 백제는 당나라에 대응하여 국가가 동원할 수 있는 모든 능력을 동원하였을 것이기 때문이다. 그러나 이를 현대적인 총력전 개념과 결부시키기는 어렵다. 나폴레옹 전쟁 시에도 당시의 총력전 개념으로 전쟁을 하였을지는 몰라도 이를 현대적 개념으로 총력전을 실시했다고 하기에는 역시 무리가 있다. 이렇듯 과거시대의 전쟁에서도 총력전은 있었으나 현대적 개념으로 이해할 수 있는 개념의 총력전이 아니었을 뿐이다.

면서 짧은 시간에 많은 병력과 전투장비, 물자를 한곳으로 이동시키거나 집결시키는 것도 가능해졌다. 과학기술의 급속한 발전으로 다양한 신무기나 탄약이 개발되면서 전쟁양상은 매우 복잡하게 되었고 피해 범위도 확대되었다.

기관총과 전차, 비행기, 잠수함 등이 전면적으로 전장에 등장하였고, 무선통신기술의 발전으로 원거리나 이동 중인 항공기와 전차, 전함 간의 통신이 가능하게 되었다. 다양한 구경의 포병화기와 폭발력이 강한 탄약 및 신관의 발전으로 포병이 위력을 발휘하였고, 전차와 항공기 및 잠수함, 포병 등을 복합적으로 활용하는 다양한 전략과 전술의 발전으로 전쟁 모습은 그 어느 때보다도 혁신적으로 바뀌었다.

이렇게 다양한 전투장비와 탄약이 개발, 사용되고 여기에 새로운 전략과 전술의 발전으로 전쟁의 양상이 혁신적으로 바뀌고 모습이 변화하면서 단순히 상비·예비전력 등 군사 분야의 우세만으로 승리하기는 어렵게 되었고, 따라서 정치와 외교, 경제, 과학기술, 사회 및 문화 등 비군사적인 분야도 군사 분야와 결합되어야만 승리가 가능하게 되었다.

군인은 전투원(Combatants)으로서 전장에 투입되었지만, 또한 모든 국민은 남녀노소 구분 없이 비전투원(Non-Combatants)으로 전투장비나 탄약, 물자의 생산과 정비, 보급을 위하여 또는 의무와 수송 등 전투근무 지원시설을 운영하기 위하여 동원되었다. 나아가서는 여성이나 학생들도 농작물 생산을 위하여 동원되기도 하였다. 전투원이나 비전투원, 남녀노소 구분 없이 전쟁에서 승리하기 위하여 남자들이 전투원으로 동원되고 남은 자리에 노동력을 제공할 수 있는 사람은 누구도 예외 없이 동원되었던 것이다.

뿐만 아니라 산업시설은 전쟁을 수행하는 데 필요한 전투장비와 탄약과 물자를 생산하기 위하여 대폭적으로 신설되거나 확장되었고, 인적·물적 자원을 동원하기 위하여 새로운 법령이 제정되었으며, 동원업무를 담당할 정부기구도 신설되거나 확장되었다. 정부와 군대, 국민의 모든 행위와 활동이 전쟁에서 승리라는 유일한 목적을 달성하기 위하여 통제되고 관리되며 운영되는 등 총력전을 실시하였던 것이다.

미국의 남북전쟁으로부터 시작된 총력전에서는 제조업의 발전으로 대량생산의 기반이 갖추어지고 과학기술의 발전으로 소총으로부터 기관총은 물론 화포, 어뢰와 지뢰, 로켓과 수류탄 등이 발명되고 적을 탐지하고 관측하기 위해서 초보적인 정찰기구가 사용되었으며, 초기단계의 잠수함도 등장하여 해전에서 사용되었다.[34]

---

34 프랑스의 레몽아롱(Raymond Aron)은 미국의 남북전쟁을 총력전 관점에서 연구하였다. 즉, 남북전쟁

장기간의 전쟁을 수행하기 위해서는 대규모의 병력과 대량의 장비 및 물자가 소요되고, 이로 인하여 상상을 초월하는 천문학적인 전쟁비용이 소요되는 전쟁으로 변하기 시작하여 그 양상은 1 · 2차 세계대전에서 절정에 달하였다. 이를 위해 국가는 정치와 경제, 외교, 군사, 과학기술 등 전 분야에서 총동원과 총력전체제로 전환하여 이를 극복하고자 노력하였다.

이와 같은 전쟁양상을 두고 제레미 블랙(Jeremy Black)은 "총력전은 경제전이며 섬멸전쟁"이라고 하면서, 총력전이 미국의 남북전쟁에서 그 양상이 있었지만, 1차 세계대전에서 본격적으로 나타나서 대규모의 병력동원이나 항공력, 잠수함 같은 무기의 발전이 전쟁을 방지하는 것이 아니라 오히려 부추겼다고 주장하였다. 여기에 적국의 부대에 대한 정보나 행정능력의 향상과 기술의 발전 등 모든 면에서의 발전이 총력전을 가능케 하였다고 하였다.[35]

총력전 양상의 변화를 두고 일본의 '모리마츠 토시오(森松俊夫)'는 다음과 같은 7가지의 총력전 특징을 들고 있는데, 그것은 ① 무기의 혁명적 발전과 전쟁 참가범위의 확대, ② 무력전 수행을 위해서 국가가 총력적으로 지원할 필요성 제기, ③ 무력전 이외의 영역에서도 전쟁을 지원할 필요성 대두, ④ 전투원은 물론 국민들에게도 강인한 정신력 요구, ⑤ 평시부터 전쟁에 대비한 준비 필요, ⑥ 모든 국가 간 전쟁준비를 위해 협력의 필요, ⑦ 중세와는 다른 화기와 탄약 등의 대량생산 및 사용 등이 전쟁 승패에 미치는 영향이라고 하였다.[36]

에서 새로운 발명과 제조업의 발전으로 새로운 무기와 대포가 사용되었고 더불어 탄약의 사용이 급증하였으며, 초기단계의 잠수함과 정찰기구가 사용되었다. 국제적인 지지를 얻거나 또는 개입을 방지하기 위하여 외교력도 중요한 역할을 하였다. 전신도 사용되어 지휘가 용이하게 되었으며, 다양한 형태의 부비트랩도 사용되었다. 새로운 발명품들이 전장에서 활용되었고 국가의 모든 자원들이 무자비하게 동원되었다. 연방정부의 북부군이나 분리독립을 주장하였던 남부연합군 모두 무력의 사용과 더불어 다양한 형태의 전쟁지원 활동을 하였다. 이런 점을 들어 남북전쟁을 총력전 관점에서 기술하고 있다 (Raymond Aron, *The Century of Total War*, Boston: The Beacon Press. 1960, p. 19).

35 Jeremy Black, *Why Wars Happen?* (New York: New York University Press, 1998), p. 173.
36 모리마츠 토시오(森松俊夫), 『총력전 연구』(동경: 백제사, 1983).

제4절
총력전 관련 주장과 영향을 주는 요소

1. 루덴도르프의 『국가총력전』

루덴도르프 장군은 1차 세계대전에서 힌덴부르크(Paul von Hindenburg)가 지휘하는 독일 군의 1군단 참모장으로 참전하여 1914년 8월 타넨베르크 전투에서 러시아군을 대파함으로써 힌덴부르크 장군과 더불어 독일 국민의 우상이 되었던 인물이다.

전쟁기간 중 1916년 말에 힌덴부르크 장군이 팔켄하인 장군의 뒤를 이어 참모총장이 되자 참모차장(병참감 겸무)으로서 임무를 수행하였던 루덴도르프 장군은 1차 세계대전에서 힌덴부르크의 참모장으로서 그리고 참모차장으로서 경험하였던 독일제국군과 국방에 관한 제반 문제들을 정리하여 2차 세계대전이 발발하기 수년 전인 1935년에 『총력전(Der Totale Kriege, Total War)』이라는 이름으로 책을 발행하였다.

이 책에서 그는 "클라우제비츠의 『전쟁론』은 이미 지난 세계의 역사발전 과정에 속하는 것이며, 오늘날에 있어서는 시대에 뒤떨어진 것이다."고 비판하면서, 총력전을 수행하기 위해서는 국민의 정신적 단결과 국가의 경제력, 지도자를 중요한 요소로 언급하였다. 그는 국민의 '정신적 단결'과 관련하여 "총력전에서 군대의 강약은 국민의 정치적·경제적·정신적 강약에 의해 좌우되며, 국민의 정신력은 대단히 장기간에 걸친 전쟁에서 생존투쟁에 필요한 단결력을 군과 국민에게 부여하고, 단결은 또한 국민존망을 위하여 전쟁에서 최후의 결정을 주는 것이다."[37]라고 하였다.

그가 언급한 경제력은 전쟁을 지속할 수 있는 '경제적 능력'으로, 국민적 단결을 바탕

---

37   루덴도르프, 『국가총력전』, pp. 35-37.

〈표 1.7〉루덴도르프가 주장한 국가총력전

구 분	내 용
정신적 단결	군대의 강약은 국민의 정신적 단결에 의해 좌우됨 ※ 총력전의 중심은 국민임
국가의 경제력	• 재정동원과 전비조달, 전시 식량 등의 생산과 조달 • 무기와 탄약 등의 생산, 전쟁지속을 위한 연료 확보 • 전시 군수공업의 문제 등
지도자(總帥)	• 전쟁지도자(총수)로서의 자질(두뇌, 의지, 담력)과 전쟁지도 • 전쟁에서 승리를 위한 총수의 역할 등

출처: 루덴도르프, 최석 옮김, 『국가총력전』(서울: 공화출판사, 1972).

으로 군이 필요로 하는 전투장비와 탄약, 물자 등의 생산과 보급을 위한 군수공업과 국민의 기본적인 생활 유지를 위한 식량이나 생필품과 연료 등의 공급, 재정동원과 화폐수급의 조절을 통한 전비의 조달 등으로 경제에 있어서의 총력전에 대하여 언급하고 있다.[38]

총력전을 수행할 지도자는 '총수(總帥, Feldherr, Supreme military leader or Warlord)'로서 1차 세계대전 시 독일의 총수인 빌헬름 2세 황제는 전쟁을 지도하였고, 육군참모총장은 육군의 총사령관으로서 육군의 작전을 지도하였다. 국가의 총수는 평시 국민적 단결을 기초로 총력전 수행을 위하여 재정 및 경제동원을 위한 준비를 하고 식량이나 연료와 생필품 등 물자공급을 원활하게 보장하여 국민생활이 안정적으로 유지되도록 해야 하며, 군대가 전쟁을 수행할 수 있도록 장비와 물자 등의 소요를 검토하고 준비하는 등 전쟁지도에 관하여 지도자가 해야 할 역할을 강조하고 있다.[39]

2. 다카하시 하지메의 『현대총력전』

일본인 '다카하시 하지메(高橋甫)'는 1953년 『현대총력전(現代總力戰)』이라는 책을 발행하면서, 현대전에 있어서 총력전을 수행하기 위한 부분전력 요소를 무력과 정치전력,

---

38   루덴도르프, 『국가총력전』, pp. 69-85.

39   Evan Mawdsley, *World War II*, pp. 46-47.

사상전력, 경제전력으로 구분하였다.[40]

'무력(武力)'은 총력전을 실질적으로 수행하기 위한 군사력으로 병력을 기초로 장비와 물자 등을 포함하는 상비전력을 말하며, '정치(政治)전력'은 전쟁을 승리로 이끌기 위한 지도자의 전쟁지도와 이를 뒷받침하는 정치력이고, '사상(思想)전력'은 전쟁목적을 확고히 뒷받침하기 위한 국민의 정신력이며, '경제(經濟)전력'은 전쟁을 지속할 수 있는 경제적인 힘과 능력을 의미한다.

다카하시는 총력전쟁에서 승리하기 위해서는 이러한 구분전력들이 상호 간 효과적으로 작용할 때 가능하다고 하였다. 다카하시가 주장하는 총력전력을 구성하는 세부요소들은 〈표 1.8〉과 같다.

〈표 1.8〉 다카하시 하지메의 총력전력 구조

구분	포함요소		내 용
무력	상비군	인적병력	병력수, 병사 평균체위, 건강과 지능도, 기술보급도, 도덕심, 문화성, 종교심, 장수의 통솔능력과 근사제도 및 국민성, 과학사상의 발달정도 ※ 군의 사기유지에 영향
		물적병력	자원, 물자생산력, 재정부담력, 과학기술 발달정도 ※ 군의 장비에 영향
정치 전력	사회·정치구조		전쟁에서 승리를 보장하는 사회·정치제도와 구조
	좋은 정치		전쟁에서 승리를 보장할 수 있는 좋은 정치
	전쟁지도		전쟁에서 승리를 위한 정치가의 전쟁(전략)지도와 이를 지도할 적절한 지도기구의 존재
사상 전력	장수기능		담력(膽力), 견인(堅忍), 명지(明智)
	군대武德		용기: 담력, 嚴: 견인불발(堅忍不拔)의 정신
	국민정신		군대의 승리를 가져오는 국민정신동원 자세
	여 론		총력전에서 승리로 이끄는 여론
경제 전력	국 토		공간(경제권 포함)
	물적자원		식량자원, 동력자원, 원료자원
	인적자원		인구규모, 인적자원 배분, 인구밀도, 정치적 동질성
	국민경제 구조/성격		산업구성, 생산조직, 수송조직, 배급조직, 금융조직, 자본구성 여하, 경제동원 적응도

---

40 다카하시 하지메, 국방대 안보문제연구소 옮김, 『현대총력전』(서울: 공화출판사, 1975), pp. 87-92.

(계속)

구분	포함요소	내용
경제 전력	전시통제, 경제규모	생산력 확충방책과 생산통제, 우선제도, 가격과 이윤통제, 인플레이션 억제책, 무역통제, 배급통제
	전시재정	재정필요액 규모, 전쟁부담의 배분, 전비조달 방식, 전쟁재정과 물자생산력의 결합, 인플레이션 대책
	전시 국민생활	국민생활 구조와 내구력, 국민소득과 국민 소비자금 규모, 생활필수물자 배급조직과 할당제, 사회정책 내용
	정치력	조직으로서 정치력, 정부와 군통수의 조화, 전쟁지도기구, 내각제도, 행정기구, 국민조직과 운동
	전시무역	동맹국 간 물자교류, 중립국과 무역, 재외 비밀조달활동
기 타		국민성, 국민의 사상·문화·교육·도덕의 정도

출처: 다카하시 하지메(高橋 甫), 국방대 안보문제연구소 옮김, 『현대총력전』(서울: 공화출판사, 1975), pp. 113-235 (요약).

한편 일본의 '코우케츠 아츠시(纐纈 厚)'는 1981년 『총력전 체제연구(總力戰體制硏究)』라는 책에서 총력전의 내용과 특징을 무력전의 성격의 변화와 경제·공업동원 비중의 확대, 사상·정신동원의 중요성 등 세 가지로 요약된다고 하였다.[41]

그는 무력전의 성격을 적을 섬멸하는 '섬멸전략'과 군사력 소모를 강요하여 적의 전쟁능력을 약화시키는 '소모전략'으로 구분하였는데, 섬멸전략을 구사하기 위해서 전략물자의 비축과 다수의 기간부대 유지, 병역기간의 연장과 공격적 병기체계 및 군사자산의 증강을 강조하였으며, 소모전략을 유지하기 위해서는 장기전을 전제로 결전 시까지 병력보존을 강조하였다.[42]

공업비중의 확대는 지금까지의 전쟁형태에서 볼 수 없었던 막대한 군수물자의 소요로 이를 생산하기 위해 공업생산의 비중이 급속히 확대되며 군수품의 안정적인 공급을 위해서는 국내의 정치적 혼란의 발생과 전·후방 식별 곤란, 국민에 대한 가혹한 조건의 부과 등으로 말미암아 국민생활이 대단히 어렵게 되기 때문에 사상과 정신동원이 중요하다고 강조하였다.

---

41 코우케츠 아츠시(纐纈 厚), 『總力戰體制硏究』(東京: 文永印刷株式會社, 1981), pp. 12-13.
42 코우케츠 아츠시, 『總力戰體制硏究』, pp. 96-97.

3. 앙드레 보프르의 총력전략

프랑스의 전략가인 앙드레 보프르(Andre Beaufre)는 '대전략(Grand Strategy)'의 중요성을 강조하면서 "오늘날의 전쟁이 총력전이라는 것은 모두 주지하고 있는 사실로 정치·경제·외교·군사 등 모든 분야에 걸쳐서 전쟁이 진행되고 있기 때문에 전략도 총체적이어야 한다."고 하여 간접전략(間接戰略)을 주장하였다. 그가 말하는 간접전략이란 대전략 차원에서 군사적인 차원의 승리를 넘어 비군사적인 요소까지를 포함하여 승리를 추구하는 것으로, 이를 위해 전략을 총력전략과 총합전략, 작전전략으로 구분하였다.[43]

'총력전략(Total Strategy)'은 총력전을 어떻게 수행할 것인가를 규정하는 것으로 피라미드 상층부, 즉 정부수반의 직접적인 통제 하에 전문화된 각 전략의 목표를 설정하고 정치와 경제, 외교 및 군사 등 모든 분야를 망라하여 만들어나가야 할 방식을 규정한다.[44] 이를테면 대통령이 전쟁이 발발하면 정치나 외교, 경제 등 모든 분야가 수행해야 할 목표를 정하고 이렇게 설정된 목표를 달성하여 총력전을 수행해나가도록 하는 방식을 정하는 것이다.

'총합전략(Overall Strategy)'의 범위는 총력전략의 하위에서 군사나 정치, 경제와 외교 등 모든 분야에 있어서 임무를 할당하고 관련 분야들이 각종 형태의 활동에 협조하는 것이다.[45] 이를테면 국가수반인 대통령이 외교나 정치, 경제 등 제 분야가 승리를 위해 수행할 임무를 부여하면 각 부서의 임무와 방침에 따라 관련 부서와 협조를 통하여 총력전 목표를 달성해서 승리를 보장하는 것이다.

'작전전략(Operational Strategy)' 범위에서는 총합전략에서 설정한 목표를 달성하기 위하여 관련 부서의 능력과 조화시켜 자체적으로 개념과 실천계획을 정하는 것으로, 관련 부서의 능력과 조화시키는 것뿐만 아니라 미래의 전략적 요구까지도 충족하여야 한다.[46] 이를테면 총력전을 수행함에 있어 총합전략 수준에서 경제전략 목표를 전시 국민생활의 안정을 위하여 충분한 양의 식량을 공급하도록 방침을 정했다고 하자.

작전전략을 수립하고 실천함에 있어서 농림부는 첫째 외교부와는 해외의 식량수입을 위해 국제곡물업체와 협상을 하여 물량을 충분히 확보하도록 하고, 재정부에는 식

43　육군교육사령부, 『전쟁지도와 군사작전』(서울: 육군인쇄창, 1998), pp. 33-34.

44　위의 책, p. 34.

45　위의 책.

46　위의 책.

량의 수입을 위한 외화의 사용을 협조하며, 국토부에서는 수입되는 식량의 안전한 수송을 협조해야 한다. 이러한 협조를 통해 농림부는 수입된 식량을 지방행정기관에게 충분히 할당하여 주고, 지방행정기관에서는 주민들에게 충분한 양이 공급되도록 전반적으로 농림부가 주도하여 전략을 계획하고 관련 부서와 협조하며 시행이 제대로 되도록 통제하고 확인하는 것이다.

간접전략을 시행하기 위해서는 첫째, 현 상황에서 행동자유의 영역이 어느 정도인지와 그 영역이 유지될 수 있는지를 결정하여 적이 이용할 수 있는 영역을 최소화하는 반면에, 우리의 영역을 얼마나 확장할 수 있는지 판단을 하여 행동의 자유범위가 판단되면 둘째, 나의 행동의 자유를 최대한으로 보장하는 동시에 적의 행동의 자유를 강력히 억제하여 적을 무력화시켜야 하는데 이때 사용되는 것이 '책략(Manoeuvre)'으로 이 책략은 외부책략과 내부책략으로 구분한다.[47]

'외부책략(Exterior Manoeuvre)'은 심리적인 목적을 달성하기 위하여 정치나 경제, 외교와 군사적인 모든 조치를 병행하는데 국제법이나 국내법을 이용할 수도 있고, 인도주의적 감정에도 호소할 수 있으며, 때로는 국제여론에 호소하는 방법으로도 할 수 있고, 필요하다면 핵무기를 포함하는 군사력을 직접 사용하는 방법도 가능하나 외부책략을 시행하기 위해서는 적보다 충분한 군사적 우위에 있어야 한다는 것이다.

'내부책략(Interior Manoeuvre)'은 국제적으로 행동의 자유를 확인한 다음 지리적 지역에서 사용할 책략을 결정하는 것으로, 무력과 정신력, 그리고 시간이 그 해결요소가 되는데 무력, 즉 군사력이 적보다 압도적으로 우세하면 정신력은 그리 필요치 않으나 군사력이 그렇지 못할 경우는 강력한 정신력이 요구되며 이 경우 작전이 지구전이 된다는 것이다.

앙드레 보프르는 전투가 오래 지연될수록 군사력의 열세를 보완하기 위하여 정신력을 강화해야 하며, 그렇게 하기 위해서는 전투요원과 주민의 사기를 고도로 진작하고 유지하는 것이 중요하고, 주민들의 마음속에 잠재하여 있는 감정을 선정적으로 자극하여 전쟁에 참여하게 할 수 있도록 애국심이나 종교적 감정에 호소한다든가 선전이나 특정한 사상의 주입, 주민의 조직화 등을 할 수 있다고 하였다.

앙드레 보프르의 간접접근 이론은 국가의 대전략 차원에서 전쟁의 승리를 위하여 군사적인 수단뿐만이 아니라 정치와 경제, 외교 등의 비군사적 요소를 총합전략에 부

---

47   위의 책, pp. 35-36.

합되게 하여 추구하는 것이다. 앙드레 보프르는 총력전을 위해 간접전략을 주장하면서 각각 총력전략과 총합전략, 작전전략으로 구분하여 그 시행방안을 제시하였다.

4. 『합동기본교리』의 국가총력방위

합동참모본부의 『합동기본교리』에서는 '국가총력방위(國家總力防衛)'를 "국가가 가용한 모든 역량을 총동원하여 국가를 방위하는 것으로, 정치·외교, 경제·과학기술, 사회 및 문화와 군사 분야의 고유역량과 활동을 유기적이고 상호 보완적으로 조직하여 국내외로부터 위협과 무력침략에 종합적으로 대응함으로써 총력전쟁을 수행하는 것"[48]으로 정의하고 있다.

국가총력방위를 위해서 정부 각 기관은 모든 노력과 활동을 통합하여야 하며, 이를 위해 국가총력방위요소인 제 수단들을 통합하고 위협 또는 무력침략을 방위하는 모든 과정에서 유리한 여건을 조성하며, 이를 효율적으로 수행하고 전쟁을 신속하게 종결함으로써 국가안보목표를 달성해야 한다.

국가의 총력방위체제는 대통령을 중심으로 심의기구인 국무회의와 자문기구인 국가안보회의 및 정책의 수립과 집행기구인 정부 각 부처로 구성된다. 국가총력방위체제는 〈그림 1.1〉과 같다.

대통령은 국가의 지도자로서 헌법과 법률이 보장하는 바에 따라 국군통수권을 행사하고 선전포고와 강화 및 계엄선포권한을 가지며 국가의 안전보장을 위하여 긴급한 조치가 필요할 때에는 법률의 효력을 갖는 명령을 활할 수 있으며 국무회의와 국가안보회의를 통하여 전쟁을 지도한다.

국무회의는 정부의 권한에 속하는 중요한 정책을 심의 및 의결하며, 국가안보회의는 국가안보에 관련된 대내외 정책과 군사정책 수립에 관하여 대통령 자문에 응하고 국가총력방위를 위한 전쟁대비와 수행방향을 국가전쟁 지도지침으로 제시한다.

국무총리는 대통령을 보좌하고 정부의 전쟁수행과 비상대비업무를 총괄하며, 통합방위법에 따라 중앙통합방위협의회 의장으로 통합방위업무에 관하여 정부 각 기관의 업무를 조정하고 통합방위작전을 수행하며 향토예비군에 관련되는 사항 등을 심의한

---

48   합동참모본부, 『합동기본교리』, pp. 32-33.

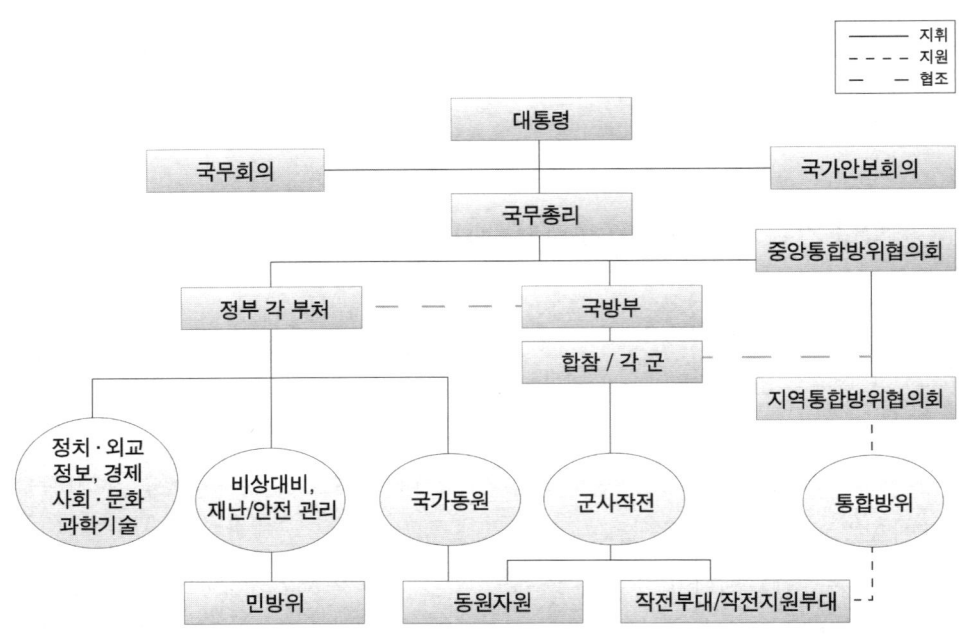

〈그림 1.1〉 국가총력방위체제

출처: 합동참모본부, 『합동기본교리』, p. 34.

다. 정부 각 기관의 장은 충무계획에 따라 정부기능을 유지하고 국민생활 안정을 위
한 업무를 하며, 전쟁수행을 위하여 인적자원이나 물적 자원을 동원하는 업무를 수행
한다.

지도자는 전쟁이 발발할 가능성이 높아지면 〈그림1.2〉에서 제시된 제반 군사, 비군
사 분야의 모든 억제수단들을 적절히 사용하여 전쟁이 발발하지 않도록 최대한의 노력
을 기울여야 할 것이다. 그러나 제반 억제노력에도 불구하고 전쟁이 발발하였다면 총
력방위요소를 효과적으로 통합하고 지도하여 승리할 수 있도록 하여야 한다.

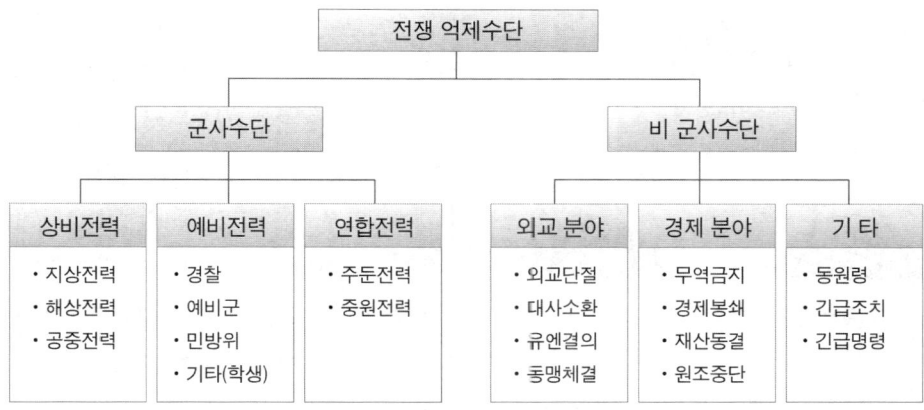

〈그림 1.2〉 전쟁 억제수단[49]

5. 그 외의 주장들

『전쟁론』의 저자인 클라우제비츠는 그의 저서에서 '삼위일체론(Trinity)'을 주장하였다. 그는 전쟁의 모습을 "전쟁은 각각의 특정한 경우마다 어느 정도 그의 색깔을 변경시키는 '카멜레온' 같은 성격을 지니며, 전체적인 현상으로서 전쟁은 〈그림 1.3〉의 삼위일체에서 보는 바와 같이 지배적인 세 가지 극(Pole)과 경향(Trend)으로 구성되는데, 이세 가지 극은 개별적인 것이 아니라 통합적이다."[50]고 하였다.

여기서 제1극인 감성요소는 국민(군인은 제외) 영역으로, 이는 전투원을 제공하는 원천이며 그의 의지라고 말할 수 있을 것이며, 제2극인 우연성과 개연성 요소는 군대에 속하는 영역으로 이는 상비군사력(예비전력을 포함)이라고 말할 수 있을 것이다. 제3극인 이성은 정부(또는 국가, 군대와 국민을 제외)의 영역으로 이 영역에는 국가의 지도자로부터 외교나정치, 경제 등 정부에 속하는 요소를 포함할 수 있다.

클라우제비츠는 생전에 총력전이라는 용어를 사용하지는 않았으나, 그가 주장한 삼위일체론을 현대적인 의미에서 총력전이라는 용어와 결부시켜 해석해볼 때 다음과 같이 연계시킬 수 있을 것이다. 국민은 전투원 제공의 핵심인 인적자원의 원천으로 여기

---

49   박계호, "전쟁억제력으로서의 예비전력 역할 발전방안", 『군사평론』405호, (대전: 국군인쇄창, 2010), pp. 212-122.

50   칼 폰 클라우제비츠, 『전쟁론』, p. 89.

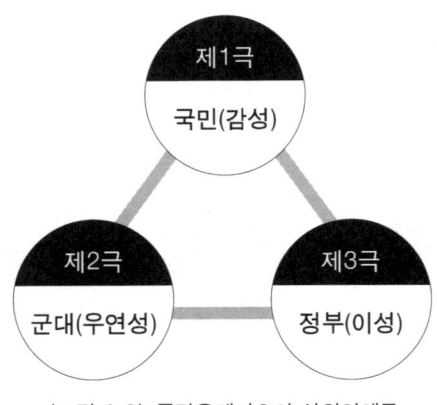

〈그림 1.3〉 클라우제비츠의 삼위일체론

에는 국민의 의지와 사회문화를 포함하는 개념이며, 군대는 상비군사력과 예비전력 등 실제 전투를 수행하는 무력을 포함하고, 정부는 지도자를 우선적으로 국가의 정치와 경제, 외교, 과학기술 등 정부(국가)가 주도적으로 수행해야 할 것이라고 할 수 있다.

특히 클라우제비츠의 삼위일체론에서 국민이 남북전쟁 이래 공식적으로 등장하여 ── 국내전선(Home Front)이라는 이름으로 ── 산업전선에서 노동력을 제공하거나 전투근무지원시설에서 정비나 수송 및 의무 등 다양한 활동으로 전쟁에서의 승리를 위하여 동참하였다.[51]

총력전쟁에서 승리하기 위해서는 클라우제비츠가 말한 국민과 군대, 국가 상호 간에 조화를 이루어야 하며, 만약 어느 한두 요소가 집중적으로 영향력을 발휘한다면 승리에 대한 보장이 어려워질 수 있다. 예를 들어 2차 세계대전 시 독일은 지도자인 히틀러와 국가의 정치와 경제력, 군대와 국민의 조화가 부족하였으며(국민≠군대≠정부, 특히 히틀러와 친위대나 게슈타포 같은 비밀조직들의 무자비한 억압과 독단적 행동으로 인한 부조화), 일본 역시 군부지도자와 일본의 정치와 경제력, 군대와 국민의 조화 부족(특히 군부의 전횡)하여 실패하였다고 할 수 있다. 2차 세계대전 시 프랑스의 경우도 마찬가지로 지도자와 군대, 국민이 모두 부조화(특히 지도층의 무능과 무기력, 국민과 정치권의 좌우 분열)를 이룬 경우라고 말할 수 있다.

반면에 영국이나 미국은 정부와 군대, 국민 등 삼위일체 요소들이 적절하게 조화를 이루어 승리하였다고 할 수 있다(국민=군대=정부, 처칠의 리더십과 거국내각으로 전쟁지원, 국민의 승리에 대

〈표 1.9〉 클라우제비츠의 삼위일체론과 총력전 요소의 연계성

구 분	영 역	총력전 관련 요소
제1극	국 민	국민의 의지, 정신력, 사회문화
제2극	군 대	상비전력, 예비전력
제3극	국 가	지도자, 정치력, 외교력, 경제력, 과학기술력

---

51 루퍼트 스미스, 황보영조 옮김, 『전쟁의 패러다임』(서울: 까치글방, 2008), p. 155.

한 의지). 총력전 관점에서 클라우제비츠의 삼위일체론을 현대적 의미로 다시 해석해본다면, 국가와 국민과 군대가 각각 조화를 이룰 때 승리가 가능한 것임을 보여주는 것이라고 할 수 있는 것이다.

또 다른 총력전에 영향을 주는 요소로서 김홍철은 물질적 기반인 인구(병력)와 재정(군사재정), 무기를 3대 요체로 하여 국토의 자원산업과 기술역량 및 국민의 전의(戰意)를 들고 있다.[52]

병력은 인구의 규모와 부대를 유지할 수 있는 능력에 기반하며, 총력전에서 승리를 위해서는 병력동원의 대규모화가 필요하기 때문에 인구의 규모와 부대를 유지할 수 있는 능력은 핵심적인 사항이 된다. 또한 산업혁명과 더불어 무기와 탄약의 혁신적인 발전과 아울러 대량으로 소모되면서 전쟁비용이 급격히 증가하기 시작하였으며, 이를 위해 한 국가가 동원할 수 있는 재정능력과 산업역량은 총력전에서의 승리를 위한 필수적인 요소가 되었다. 전쟁수행을 위해서는 다량의 장비나 둔자가 소요되며, 국가의 자원과 재정과 산업능력 및 과학기술역량은 이런 문제를 해결하는 데 필수적인 요소이다.

그러나 아무리 인구의 규모가 크고 재정이 풍부하며, 자원이 풍부하고 산업능력이 우수하다고 할지라도 전쟁에서 승리를 위한 국민의 결연한 의지가 없으면 이는 '사상누각(砂上樓閣)'에 불과한 것이기 때문에 총력전 요소로서 국민의 의지(意志)는 중요성이 있다고 할 것이다.

앞에서 보았듯이 루덴도르프의 국가총력전에 관한 이론과 다카하시 하지메의 현대총력전 이론, 클라우제비츠의 삼위일체론, 합동기본교리의 총력전 이론 등에서 제시하고 있는 총력전 요소들의 상호 간 연관성을 보면 다음과 같다.

먼저 루덴도르프는 전쟁에서 승리하기 위하여 국민의 정신적 단결이 중요하다고 하였는데, 이는 다카하시 하지메의 사상전력, 앙드레 보프르의 심리적인 면에서의 정신력 중요성, 클라우제비츠의 국민의 영역, 합동기본교리의 국민의 의지 또는 사회문화적인 힘 또는 그 요소와 맥락이 같은 것으로 이해된다.

또한 루덴도르프는 전쟁에서 승리하기 위하여 지도자의 중요성을 강조하고 있고, 다카하시 하지메는 정치전력에서 지도자의 전쟁지도를 강조하고 있는데, 이는 앙드레 보프르는 총력전략에서의 정부수반을 중심으로 하는 상층부의 역할, 클라우제비츠의 국가영역에서의 지도자, 합동기본교리에서 강조하는 지도자 리더십의 중요성과 유사

---

52   김홍철, 『전쟁과 평화연구』, pp. 47-49.

한 부분이다.

또한 루덴도르프는 전쟁을 수행해나감에 있어 전쟁을 지속할 수 있는 능력을 제공하는 경제력의 중요성을 언급하고 있고, 다카하시 하지메도 경제전력의 중요성을 언급하고 있으며, 앙드레 보프르는 총력전략과 총합전략에서 경제전략에 관한 언급을 하고 있으며 이는 클라우제비츠의 국가의 영역에서 경제력과 합동기본교리의 경제력 및 과학기술과 맥락을 같이한다고 볼 수 있다.

이 외에도 루덴도르프는 특별히 무력을 언급하지는 않았지만 독일 국방군의 전투준비에 관하여 『총력전』에서 포함하여 언급하고 있고, 다카하시 하지메가 주장하는 무력, 앙드레 보프르가 총력전략과 종합전략에서 주장하는 군사력, 클라우제비츠의 군대 등은 합동기본교리의 군사력과 예비전력을 포함하는 부분으로 이해된다.

이와 같이 각각의 이론은 상호 일치하거나 유사한 부분도 있고, 약간의 차이가 나는 부분도 없지 않으나 예나 지금이나 국력의 제 요소가 투입되는 총력전쟁에서 승리하기 위해서는 군사 및 비군사 분야의 국가적인 모든 역량을 투입하지 않으면 할 수 없다고 할 수 있다.

루덴도르프나 다카하시 하지메, 앙드레 보프르, 『합동기본교리』 모두에서 총력전을 위한 제 요소를 군사력이나 경제력과 같은 유형적 요소와 지도자의 리더십이나 정신력과 같은 무형적 요소를 언급하고 있으며, 이들 요소들을 상호 긴밀히 연계시켜야 전쟁에서 승리할 수 있음을 역설하고 있다. 클라우제비츠의 삼위일체론도 표현하는 방식에서의 차이일 뿐 모두 전쟁에서 승리하기 위해서는 총력적으로 대응해야 함을 강조하는 것으로 이해할 수 있다.

이렇듯이 총력전에서의 승리는 전쟁이 발발하면 어느 한 분야에서의 '절대적 우위(Absolute Superiority)'만으로 달성되는 것이 아니라 모든 요소들이 '조화(Harmony)'되어야만 가능함을 총력전의 역사가 시작된 남북전쟁으로부터 1·2차 세계대전과 중동전, 6·25전쟁 등의 전쟁사가 증명하고 있다.

총력전에서 승리하기 위해서는 모든 분야가 어느 정도는 균형되게 발전되어 있어야 하고, 이를 위해서는 군사력이나 예비전력, 경제력과 같은 유형적인 분야에서의 균형적인 발전과 상대국에 대한 우위뿐만 아니라 지도자의 리더십과 국민의 결연한 의지나 과학기술력, 사회문화적 요소 등 무형적인 분야에서의 균형적인 발전과 우위도 병행되어야 하며, 이를 위해 평시부터 유·무형 국력의 조직화는 매우 중요하다고 할 수 있다.

제5절
총력전 제 이론의 문제점

앞에서 루덴도르프의 국가총력전 이론과 다카하시 하지메의 현대총력전 주장, 앙드레 보프르의 총력전략, 클라우제비츠의 삼위일체론, 합동기본교리의 국가총력방위 등에 대하여 언급하였다. 이런 이론이나 주장의 문제점은 현대전에 적합한 총력전에 관한 명확한 제 이론을 포함하고 있지 못하다는 점이다.

루덴도르프의 총력전 이론은 1935년 작성될 당시의 관점이 1차 세계대전을 바탕으로 하고 있고 주로 독일 국내와 국방군을 문제로 하여 작성하다 보니 현대적인 의미에서 모든 총력전 요소를 포함하는 이론으로 보기에는 부족한 점이 많다. 예컨대 그는 주로 지도자의 자질, 국민의 정신적 단결과 경제 부문에 대하여 언급하고 있는데, 현대적 의미에서 정치와 외교, 과학기술력, 사회문화 등 총력전 요소를 망라하기에는 여러 가지가 부족한 것이다.

다카하시 하지메의 현대총력전 이론은 루덴도르프의 이론보다는 한층 발전된 주장이기는 하지만, 이는 2차 세계대전 당시의 일본과 일본군을 배경으로 총력전 주장을 한 것으로, 한국적 관점에서 보기에는 어디인가 부적절한 면이 있어 보인다. 앙드레 보프르의 총력전략론에서는 총력전에 관한 보다 구체적인 설명이 부족하다는 것이 아쉬운 부분이다. 클라우제비츠의 삼위일체론을 현대적 의미에서 연계시켜보고자 하였으나 이 이론도 총력전 이론 또는 그 주장과 완전히 결부시키기에는 부족한 면이 없지 않다.

합동기본교리의 총력방위요소에서 제시한 지도자로부터 국민의지와 정치 및 외교, 경제와 과학기술, 사회문화, 상비전력과 예비전력 등은 한국적 문화와 정서에 부합되는 것이기는 하지만, 다만 그런 요소들의 개념이 어떻게 되는지, 총력전 효과를 달성하기 위하여 각 요소의 구체적인 분야에서 어떻게 연관이 되는지 등에 대한 설명이 부족하다.

아무리 총력전을 위한 각각의 요소들이 중요하다고 하더라도 전쟁에서 승리하기 위해서는 이런 요소들이 개별적으로 작용해서 승리를 하는 것보다는 통합된 노력에 의한 승리가 필요하기 때문이다.

제2장
남북전쟁 시
북부군의
총력전

제1절
당시 미국의 일반정세

미국은 1492년 콜럼버스(Christopher Columbus)가 아메리카 대륙을 발견한 이후 영국의 식민지로 있다가 13개 주(州)가 연합하여 독립전쟁(1775~1733)에서 승리함으로써 아메리카합중국(United States of America, USA)으로 정식 출범하였다. 그로부터 100여 년이 경과한 후에 노예해방 문제를 계기로 연방정부가 주축이 된 북부와 남부의 여러 주가 연합한 남부연합이 남북전쟁(American Civil War)을 치르면서 미국은 분열될 위기를 맞았으나 연방정부의 북부군이 승리함으로써 전쟁은 끝났고 미국은 더욱 강대해질 수 있는 계기가 만들어졌다.

미국은 독립 이후 광대한 영토에 풍부한 자원을 바탕으로 급속한 발전을 하는 한편으로 유럽대륙으로부터 이민자들의 꾸준한 증가로 1800년 중반에 미국인의 소득은 이미 서유럽 국가들을 앞지르기 시작하였다. 유럽의 강대국들이 민족주의나 팽창주의 등으로 상호 대립과 전쟁을 하면서 군사력 강화에 많은 비용을 사용하는 동안, 유럽대륙으로부터 멀리 떨어져 있는 미국으로서는 군사력 건설이나 전쟁비용을 조달하기 위하여 많은 투자가 필요 없었고, 이것은 미국이 경제적으로 발전하는 데 도움이 되었다.

여기에 영국과 독립전쟁을 하였지만, 독립 이후 영국의 자본이 꾸준히 유입되고 물자들이 유통되는 반면, 미국은 면화를 포함하는 원료를 영국으로 수출함으로써 상호 긴밀한 관계 속에 영국은 미국의 경제발전에 도움을 주었다.

미국은 인구의 증가와 더불어 지속적으로 서부로 영토를 확장해나가기 시작하였고, 1846년에는 멕시코와의 전쟁에서 승리하여 뉴멕시코 주 등을 확보하는 등 이미 1850년대 중반에 유럽의 다수 국가들을 초월하여 경제적으로 강대국으로 진입하고 있었다.

신생독립국인 미국은 남북전쟁이 발발할 무렵인 1860년대 들어 인구의 지속적 증가로 전체 인구에서는 러시아의 40%에 불과하였지만 도시인구는 두 배가 넘어설 정도로 발전이 가속화되고 있었고, 또한 경제의 발전으로 당시 경제규모가 이미 독일이나 러시아를 넘어서고 프랑스를 따라잡으면서 영국 다음으로서 확장되고 있었다.

철강생산에서도 독립 100여 년이 경과하여 미국은 러시아제국의 35만여 톤에 비하여 83만여 톤을 생산할 정도로 우세하였고, 에너지 소비에서는 15배, 철도길이에서는 30배를 초과할 정도로 거의 모든 면에서 우세하였지만, 단지 병력규모에서만 러시아의 86만 2,000명에 비하여 절대적으로 열세한 2만 6,000명을 보유하고 있을 뿐이었다.[1] 따라서 그 당시 아직 군사적으로는 미약하여 강대국(Superpower)이라고는 하지 않았다.[2]

미국은 광활한 영토에 유럽으로부터 이민자들의 이주가 없었다면 영토 확장은 물론 철도건설이나 농지확장 등 미국이 경제적인 부를 쌓는 것도 불가능하였거나 또는 상당히 지연되었을지 모른다. 이를 두고 링컨 대통령은 1863년 "모든 산업 분야에서 노동자들이 태부족하며 농업이나 철강, 탄광, 귀금속 관련 분야에서 특히 노동력이 부족하다."[3]고 하여, 미국의 경제발전에서 유럽 이민자들의 중요성을 강조하였다.

미국의 산업은 동북부지역을 중심으로 자원과 기술, 자본을 바탕으로 제조업이 발전되어 있었지만, 남부는 평야지대가 넓게 발달하여 농업 위주로 발전되어 있었고, 특히 목화농업이 발전되어 많은 노동력을 필요로 하였는데 이를 해결하기 위하여 아프리카로부터 흑인을 수입하고 있었다.

그러나 시간이 지나면서 흑인의 가혹한 노동조건과 인권 이하의 대접 등의 문제가 대두되면서 1820년 이래 노예해방에 대한 문제가 서서히 제기되기 시작하였다. 특히 유럽으로부터 이주한 독일이나 아일랜드계의 종교적인 신념으로 노예해방을 부르짖는 북부와 노동력이 필요하여 노예제도의 지속을 주장하는 남부의 갈등이 서서히 첨예화되기 시작하였다.

미국의 남북전쟁은 산업혁명 시대에 발생한 첫 번째 대규모 전쟁으로 제조업에서 기술적인 발전의 효과와 대량생산능력이 전쟁에 어떻게 영향을 미칠 수 있는가를 보여주었다. 동시에 전쟁지속능력을 뒷받침할 수 있는 자본과 자원 및 생산시설 등 경제적

1   Paul Kennedy, 『강대국의 흥망(The Rise And Fall Of The Great Power)』(서울: 한국경제신문사, 1996). pp. 252-253.
2   존 미어셰이머, 『강대국 정치의 비극』, p. 167.
3   에이미 추아, 이순희 옮김, 『제국의 미래』(서울: 영신사, 2009), pp. 348-349.

〈표 2.1〉 1860년 당시 미국과 유럽 강대국의 국력비교[4]

구 분	미 국	영 국	프랑스	프로이센	러시아
인구(백만 명)	31.4[5]	28.8	37.4	18.0	76.6
국민총생산(억$)	−	160	133	127	144
1인당 소득($)	−	558	365	354	178
병력수(만명)	2.6	34.7	60.8	20.1	86.2
산업화 수준	21	64	20	15	8
철강생산량(만톤)	83	388	90	40	35
제조업 상대적 구성	7.2	19.9	7.9	4.9	7.0

출처: Paul Kennedy, 『강대국의 흥망(The Rise And Fall Of The Great Power)』(서울: 한국경제신문사, 2004).[6]

인 요소들의 중요성 증가와 더불어 재정·경제적으로 우세한 국가가 궁극적으로 승리
할 수 있음을 보여주었다.[7] 일부 논란의 여지가 있기는 하지만 남북전쟁은 총력전 양상
이 구비해야 할 기준 모두를 분명하고도 명백한 형태로 충족시킨 최초의 전쟁이었다.[8]

---

4 국가의 힘, 즉 국력을 나타내는 방식을 국제정치학에서는 COW(Correlates of war) 데이터를 사용하는
   데 첫째, 군사력으로 병력과 국방비 둘째, 산업능력으로 에너지소비와 철강생산량 셋째, 인구 크기로
   총인구와 도시지표를 사용한다. 여기서는 인구와 국민총생산액 및 1인당 소득, 병력과 군함 및 예비전
   력 등 군사력, 철강생산능력을 이용하여 제시하고자 한다. 인구와 국민총생산액 및 1인당 소득은 국가
   의 부를 나타내면서 군사력을 건설하고 유지하는 지표°다. 철강생산 능력은 18세기 말~19세기 초 그
   나라의 산업화 발전수준을 의미하며 제조업 발전의 수준을 가늠할 수 있는 척도이고, 전쟁 시의 무기생
   산능력과 깊은 관련이 있다. 〈표 3.1〉을 보면 영국과 러시아의 국민총생산액에 있어서는 큰 차이를 보
   이고 있지 않으나 인구를 비교해보면 커다란 차이가 있음을 알 수 있다. 영국은 산업혁명으로 제조업이
   크게 발전하여 국민총생산액과 1인당 소득액이 높았으나 러시아는 농업국으로 인구가 많음에도 국민
   총산액과 1인당 소득액은 낮다. 이 외에도 한스 모겐소 교수는 국력의 요소로 지리와 자연자원, 산업능
   력, 군사력, 인구, 국가의 성격, 국민의 사기, 외교능력, 정부의 질 등을 고려해야 한다고 말하고 있다(이
   춘근, 『현실주의 국제정치학』, p. 443).
5 남북전쟁이 발발할 당시의 인구는 책에 따라 다소 차이가 있다. 2,700만여 명으로부터 현재의 책에서
   보는 바와 같이 3,100만여 명에 이르기까지 저자에 따라 약간의 차이가 있다.
6 산업화 수준과 제조업 상대적 구성비는 p. 211, 병력 수는 p. 217, 국민총생산액과 1인당 소득은 p. 241
   참조. 국민총생산액과 1인당 소득은 1960년 미국 달러를 기준으로 표시된 금액이며, 산업화 수준은
   1900년 영국을 100으로 기준을 설정하였음.
7 Richard A. Preston & Sydney F. Wise, *Men In Arms*, p. 247.
8 도널드 스노우, 권영근 옮김, 『미국은 왜 전쟁을 하는가?』(서울: 연경문화사, 2003), p. 97.

제2절
전쟁 원인

    1776년 영국으로부터 독립 이후 미국은 경제적으로는 빠른 속도로 발전하고 있었지만 이로부터 파생되는 갈등요인이 숨겨져 있었다. 뉴욕이나 펜실베이니아, 미시간 주 등을 중심으로 하는 동북부지역은 철과 석탄 등 풍부한 지하자원을 이용하여 방직이나 제지, 금속공업 등 제조업이 발전하고 있었다. 반면에 앨라배마, 오하이오 주 등 남부지역은 따뜻하고 기름진 땅으로 농업, 특히 목화농업이 발전하고 있었는데, 목화농업을 위해서 수많은 노동력이 필요하게 되자 아프리카에서 흑인들을 수입하여 해결하고 있었다.

    노예들은 마치 동물을 사고팔듯이 노예시장에서 거래되었으며, 그들에 대한 대우는 인간 이하로 제대로 음식물을 주지도 않았고 창고 같은 곳에서 집단으로 거주하여 질병에 시달리는 등 의식주 모두 인간 이하의 가혹한 조건에 있었다. 당시 연방헌법은 노예제도를 인정하고 있었지만, 이러한 노예제도에 대하여 북부에서 노예해방을 강력히 주장하는 사람들이 대두되면서 남부의 노예제도 지속을 주장하는 사람들과 갈등이 생기고 시간이 경과되면서 악화되어 언제인가 폭발할 임계점을 향해 내달리고 있었다.

    1852년 발표된 『톰 아저씨의 오두막(Uncle Tom's Cabin)』이라는 소설에서 흑인 노예의 참상이 발표되고,[9] 1857년 3월의 '드레드 스콧' 판결 ── 흑인은 미국시민이 아니므로

---

9 당시 흑인노예들의 생활은 인간 이하로 잠자리는 비바람도 제대로 막지 못하는 창고 같은 곳에서 수십 명이 기거하면서 온갖 전염병에 시달려 노예들의 대부분이 60세를 넘기지 못하고 숨졌다. 그들은 일생 동안 3~4회 이상 주인이 바뀌었으며, 가축시장에서 가축 팔리듯 매매가 되었다. 이들은 매매 시 손발은 물론 치아까지 꼼꼼히 검사를 받았으며, 몸에 흉터가 많으면 반항심이 많은 것으로 간주되어 싼값으로 팔렸다. 피부가 검다는 이유로 온갖 수모를 다 받으며 오로지 노동력을 제공하는 인간기계에 불과하였던 것이다(박정기, 『남북전쟁(상)』, 서울: 도서출판 삶과 꿈, 2002, pp. 107-108).

미국시민으로서 권한을 행사할 자격이 없으며, 따라서 연방법원에 제소할 권한도 없다
―― 로 노예제 폐지를 지지하는 공화당은 실망을 하고 남부가 더욱 의기양양하여 세력
을 굳히자, 남북 간의 갈등이 더욱 악화되면서 남부의 몇몇 주들이 연방에서 탈퇴하겠
다고 나서는 가운데 전쟁이 언제 발생될 것인가 시기상의 문제로 다가오고 있었다.[10]

남북전쟁은 남북 간의 대립원인이 되었던 노예문제가 없었다면 발생되지 않았을 것
이다. 남부인에게는 그들의 재산(노예)을 보존하는 것이 최대의 목적으로 그들은 연방
의 자유와 헌법적 가치를 지키고 유지하는 것에는 별로 관심이 없었다.

1860년 11월, 합중국 대통령 선거에서 노예해방을 주장하는 공화당의 링컨 후보가
당선되자[11] 1860년 12월 사우스캐롤라이나 주가 제일 먼저 연방을 탈퇴하였고[12] 그해
겨울 7개 주가 연방에서 탈퇴하였다.[13] 연방을 탈퇴한 남부의 앨라배마, 미시시피 등 7
개 주는 서로 연합하여 앨라배마 주의 몽고메리에 모여 아메리카연합(Confederate States of
America, CSA)을 조직하고 노예제도를 인정하는 헌법을 제정함과 동시에 제퍼슨 데이비
스(Jefferson Davis)를 대통령으로 추대하였다.[14]

연방정부와 남부연합의 대립이 첨예화되는 가운데 갈등은 마침내 1861년 4월 12일
새벽 연방군이 수비 중이던 사우스캐롤라이나 주의 섬터 요새(Fort Sumter)에 남부연합군
(이하 남부군)이 포격을 가함으로써 4년간의 남북전쟁(Civil War)이 시작되었다.

---

10 정미선, 『전쟁으로 읽는 세계사』(서울: 은행나무, 2010), pp. 242-243. 남부 대통령 데이비스는 남부가
    연방을 탈퇴하는 이유를 첫째, 정치와 경제 등 모든 면에서 남부가 북부에 의해 압도당하고 있다는 남부
    인들의 피해의식과 둘째, 북부가 주도하는 의회가 남부인 생활방식을 위협하고 있다는 인식, 셋째는 노
    예가 해방되면 흑인과 백인의 결혼이나 백인여성에 대한 겁탈 등으로 남부가 광란의 상태로 된다는 것
    을 들었다. 따라서 남부는 연방을 탈퇴해야만 노예해방을 막을 수 있다고 생각을 하게 되었고 링컨이 대
    통령이 되자 독립을 선언한 것이다(강준만, 『미국사 산책 3: 남북전쟁과 제국의 탄생』, 서울: 인물과 사
    상사, 2010), p. 81.

11 James Street, *The Civil War* (New York: Dial Press, 1953), p. 18. 당시 대통령 후보에는 4명이 있었다.
    공화당은 링컨 후보, 민주당에는 더글라스(Douglas)와 브레킨리지(Brekinridge), 그리고 존 벨(Jones
    Bell) 등 3명의 후보가 있었다. 선거결과는 링컨후보가 186.6만 표, 민주당의 더글라스 후보가 137.5만
    표, 브래킨리지 후보가 84.5만 표를 획득함으로써 링컨이 당선되었다.

12 Archer Jones, *Civil War Command and Strategy*(New York: The Free Press, 1992), pp. 1-2. 당시 남부
    연합이 연방정부로부터 분리 독립을 선언하자 부캐넌(James Buchanan) 대통령은 남부연합의 불법성
    을 비난하였지만, 미 육군은 병력이 소규모로 이를 저지할 힘이 없었다.

13 James Street, *The Civil War*, pp. 26-27. 텍사스 주가 1861년 4월 23일 추가로 합류함으로써 7개주가 되
    었다.

14 한국미국사학회, 『사료로 읽는 미국사』(서울: 궁리출판, 2006), p. 33; Jay W. Simson, *Naval Strategy of
    the Civil War* (Tenn. : Cumberland House Publishing Inc. 2001) p. 11. 당시 미 대통령은 부캐넌으로,
    부캐넌 행정부는 미국이 노예문제로 남북으로 분리되어가도 아무런 조치를 취하지 않고 더 이상 상황이
    악화되지 않도록 하면서 새로 출범하는 링컨 행정부가 해결해주기를 기다리고 있었다.

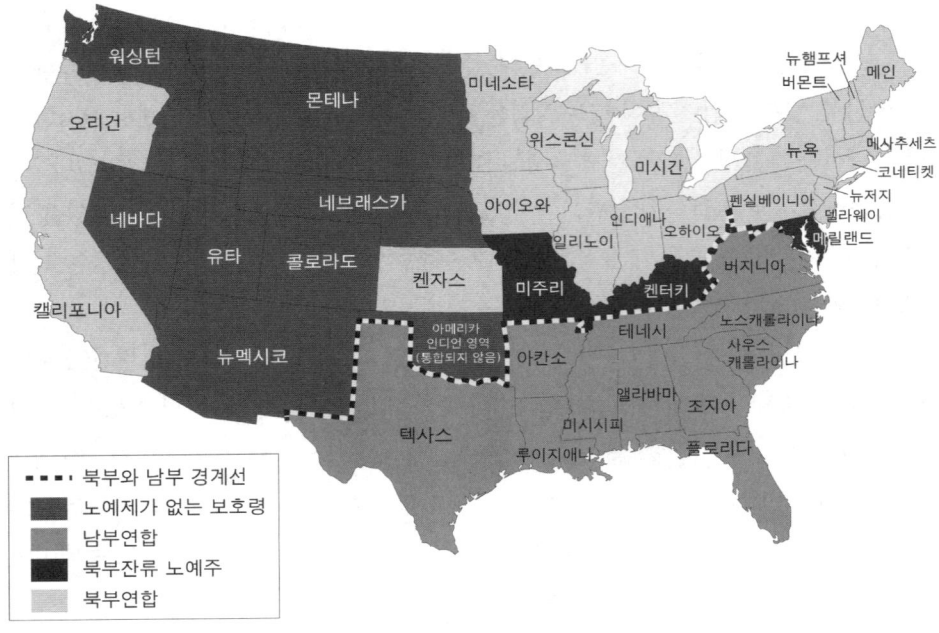

〈그림 2.1〉 남북전쟁 당시의 미국

출처: 에릭 프라이, 추기목 역, 『정복의 역사』(서울: 들녘, 2004), p. 58.

남북전쟁은 1 · 2차 세계대전이나 중동전, 6 · 25전쟁과 같은 국가 간의 이념적 대립이나 종교 · 민족적 대립 등이 아닌 한 나라에서 그것도 정치적으로 같은 제도권 안에서 단지 노예해방이라는 특정한 문제가 갈등을 야기하였고 이것이 원인이 되어 전쟁이 발발한 것이다.[15]

여기에 당시 산업혁명의 여파로 발전되고 있었던 제조업과 과학기술력이 무기나 탄약의 대량생산을 가능하게 함으로써 남 · 북군은 산업혁명 이후 역사상 처음으로 처절한 싸움을 벌여 엄청난 인명손실과 광대한 국토가 황폐화되는 결과를 가져왔다.

남북전쟁은 본질적으로 노예해방 문제가 발단이 되어 발발한 전쟁이기는 했으나 북부군과 남부군 간의 싸움이라기보다는 북부의 주민과 남부연합 주민의 싸움이었으며,

---

15   남북전쟁의 원인에 대한 의견이 잘 일치되지는 않는 것 같다. 일부에서는 노예제도에 대한 갈등설과 북부지역의 산업체제를 남부지역에 강요하는 과정에서 남부와 북부의 갈등설, 각각의 주(州)들이 갖고 있었던 권리에 대한 견해의 차이에서 발생하였다는 의견 등으로 남북전쟁의 원인이 일치하지 않고 있는 것이다(도널드 스노우, 미국은 왜 전쟁을 하는가?, p. 99). 또 다른 주장으로 농업에 기반을 둔 남부와 산업에 기반을 둔 북부의 경제적 차이 및 남부의 노예제도가 북부로 확산될 경우 북부에서 자유로운 백인 노동자들의 일자리가 흑인노예들로 인하여 위협을 받게 될지 모른다는 우려에서 노예제도를 반대한 것이다(엘런 브링클리, 황혜성 외 옮김, 『있는 그대로의 미국사』, 서울: 청아문화사, 2005, pp. 124-125).

〈표 2.2〉 1861년 개전 당시 북부와 남부연합의 비교[16]

구 분	북부연합	남부연합
지도자	에이브러햄 링컨	제퍼슨 데이비스
참여주	18개 주	7개 주(1861년 4개 주 추가)
인 구	1,850만여 명	900(이 중 흑인 350만)만여 명
생산액	15억 달러	1.55억 달러
제조업체	10만 개소(노동자 110만)	2만 개소(노동자 11만)
철도길이	20,000마일	9,000마일

출처: 신태영, 『아메리카 전쟁』(서울: 도남서필, 1987), p. 193.

양측은 모두 자신들이 정의로운 전쟁을 하는 것으로 확신하였다. 북부는 연방정부의 보존이라는 대의적 목표를 위해 싸웠고, 남부연합은 북부의 노예해방을 반대한다는 명분을 내세워 남부의 분리 독립을 위해 싸웠다. 노예해방 문제는 전쟁의 강도를 높였고 양측은 승리를 위해 총력적으로 싸웠다.

남북 간에 타협으로 전쟁을 피하기 위한 회의가 열렸지만, 링컨은 노예해방을 반대하는 회담에는 자신의 원칙을 어긴 것으로 간주하여 타협을 거부했고,[17] 반대로 남부는 노예제도 폐지를 조건으로 연방으로부터 독립을 하고자 했으나 링컨은 이를 거부하였다.

남북연합군 간에 있어서 전쟁방지를 위한 협약이나 타협은 양측의 현저한 견해차로 인하여 합의점을 찾기가 어려웠고, 남북은 어느 한쪽이 무조건적으로 항복하거나 아니면 남부가 승리해서 노예제도를 유지하는 가운데 연방으로부터 분리하여 독립할 수밖에 없었다.[18]

---

16 남북전쟁 당시 인구에 관한 자료는 책에 따라 일부 차이가 있다. 당시 북부의 인구를 2,100만여 명(또는 2,200만여 명)으로 기술한 책도 있으나, 여기서는 책의 자료를 그대로 인용하였다. 철도를 특별히 언급하는 이유는 당시 대량의 병력과 물자를 철도를 이용하여 광범위한 지역으로 이동해서 운용을 하였기 때문이다. 또한 북부는 철도를 따라 전선을 가설해서 지휘용이나 군수지원을 요청하는 용도로도 사용하였다.

17 Jay A. Simson, *Naval Strategy of the Civil War*, pp. 11-12. 프린스턴 대학의 역사학자인 맥퍼슨(James M. McPherson)에 의하면 노예문제에 관하여 링컨 대통령은 처음에는 중도적이었으며, 남부의 노예제도를 불법화할 의도는 없었다고 한다.

18 Richard A. Preston & Sydney F. Wise, *Men in Arms*, p. 247.

제3절
전쟁 경과

　남북전쟁은 1861년 4월 12일 새벽, 남부군이 북부군의 섬터 요새에 포격을 가함으로써 시작되었다. 방어적 입장에 있었던 남부가 오히려 선제공격을 함으로써 전쟁이 시작된 것이다. 당시 2만 6,000여 명에 불과하였던 연방군의 대부분이 인디언들과 전투를 위해 서부지역에 있었기 때문에 링컨 대통령은 7만 5,000여 명의 지원병을 모집함과 동시에[19] 전쟁을 조기에 끝내기 위해서는 남부의 해상을 봉쇄해야 한다고 생각하여 남부의 해상봉쇄를 명령하고 경제적 압력을 가하도록 지시하였다.[20]

　이러한 조치에 반발하는 남부와의 대립이 격화되면서 전쟁은 본격적으로 확대되기 시작되었다.[21] 전쟁이 발발하자 그때까지 명확한 입장을 밝히지 않았던 켄터키와 메릴랜드, 미주리는 북부로, 아칸소와 노스캐롤라이나 및 테네시와 버지니아는 남부연합으로 가담하였다.

19　J. F. C. Fuller, *Grant and Lee: A Study in Personality and Generalship*(Bloomington: Indiana University Press, 1982), pp. 31-32; David Donald, 남신우 옮김, 『링컨 2』(서울: (주)살림출판사, 2003), p. 25. 전쟁발발 초기에 링컨 대통령이 7만 5,000여 명의 시민병을 소집한 것은 남부를 대상으로 하여 정상적인 법 집행이 제대로 될 수 없었기 때문이며, 이는 곧 많은 시민들의 지지를 받았다. 공화당은 물론이고 민주당도 이를 지지하였는데, 당시 링컨 정부의 정책에 반대하던 민주당의 어느 상원의원조차도 연방정부의 존속을 위해 링컨을 지지하면서 전 국민의 단결을 주장하였으며, 민주당원에게도 대통령을 지지하도록 설득하였다.

20　Brian H. Reid, *The American Civil War*(London: Cassel & Co, 2000), pp. 64-65

21　James M. McPherson, *Battle Cry of Freedom: The Civil War Era*(New York: Oxford University Press, 1988), pp. 276-277. 예를 들면 남부연합의 켄터키 주에서는 남부의 주를 진압하려는 사악한 목적을 위하여 병력을 제공할 수 없다고 하였고, 테네시 주에서도 연방정부에 단 한 명의 병사도 보낼 수 없지만 남부의 권리와 남부를 위해서라면 5만 명이라도 보낼 수 있다고 하였다. 아칸소와 노스캐롤라이나, 버지니아 주도 유사한 반응을 보였다.

〈그림 2.2〉 남부군의 포격으로 남북전쟁이 최초로 시작된 섬터 요새

출처: 강준만, 『미국사 산책』, p. 91.

　북부군과 남부군의 전쟁은 1862년 7월의 불런(Bull Run) 강의 전투와 1862년 4~7월
의 리치먼드 전투, 1863년 7월 1~3일 남북전쟁의 최대전투라고 불리는 게티즈버그 전
투[22] 등에서 일진일퇴를 하면서 진행되었다. 1864년 3월에는 북군의 그랜트 장군이 미
시시피 강 전투에서 남부군을 격파하였으며, 1864년 5월에는 북부군이 남부의 모빌 항
을 해상에서 봉쇄하여 유럽으로 목화수출을 차단함으로써 자금줄을 막고 탄약이나 의
류, 의약품 수입을 금지시킴으로써 경제적으로나 군사적으로 궁지에 빠지게 하였다.

　마침내 그랜트 장군이 1864년 5월 대공세를 시작하여 차례로 남부의 도시들을 점령
하고 남부군의 마지막 저항거점인 애포머톡스(Appomattox)를 공격하여 1865년 4월 9일
남부군의 리 장군으로부터 항복을 받음으로써 전쟁은 끝났다.[23]

22　J. F. C. Fuller, *Grant and Lee: A Study in Personality and Generalship*, p. 286. 게티즈버그 전투에서
　　북부군은 8만 8,289명이 참전하여 전사 3,155명, 부상 1만 4,529명, 실종 5,365명이 발생하였으며, 남부
　　군은 7만 5,000명이 참전하여 전사 3,903명, 부상 1만 8,735명, 실종 5,425명이 발생하였다. 남북전쟁에
　　서 가장 많은 전·사상자와 실종자가 발생된 전투로 기록되고 있다.

23　J. F. C. Fuller, *Grant and Lee: A Study in Personality and Generalship*, pp. 286-287에서 남북전쟁 시
　　의 주요 전투 기간과 참전인원 및 전·사상자, 실종자 등에 관한 자세한 자료를 참조.

제4절
전쟁 결과

남북전쟁은 1861년 4월 12일에 시작하여 1865년 4월 9일까지 4년간에 걸쳐 진행되었다. 전쟁이 시작되기 전 남북의 지도자들이나 언론들은 대부분 전쟁이 몇 개월 안에 단기전으로 끝날 것으로 생각하였으며, 그렇게 장기간에 걸친 전쟁이 되리라고는 누구도 예상하지 못했다.[24]

남북전쟁은 산업혁명시대에 발생한 첫 번째의 대전쟁(Great War)으로 산업과 농업에서의 기술의 진보가 전장을 혁신적으로 바꿀 수 있음을 보여준 전쟁이었으며, 또한 근대의 전쟁에 있어서 재정능력이나 경제력이 얼마나 주요한가를 보여주었다.[25]

전쟁에서는 북부를 중심으로 하는 연방군의 승리로 끝났으나 그 대가는 엄청났다. 먼저 당시 남북의 인구 3,000만여 명 가운데 약 260만여 명(북부 160만, 남부 100만)이 동원되어 약 62만여 명(북부 36만, 남부 26만)의 사망자와 50만여 명의 부상자가 발생하였다.

미국은 200년 역사 속의 전쟁에서 전사한 장병의 숫자가 영국과의 독립전쟁에서 4,435명, 1812년 전쟁에서 2,260명, 멕시코전쟁에서 1,732명, 미국-스페인 전쟁에서 2,440명, 1차 세계대전에서 11만 6,516명, 2차 세계대전에서 40만 5,339명, 한국전쟁에서 5만 4,236명, 베트남전쟁에서 5만 7,002명 등 총 64만여 명인데, 단일의 남북전쟁 4년간에서 발생한 인명희생이 여기에 맞먹을 정도로 막대하였다.[26] 주 전투지역이

---

24 남북전쟁이 발발하자 당시 *New York Times* 신문은 "남부에서의 소요는 30일 이내에 진압될 것이다"고 하여 단기전이 될 것임을 예상하였고, *Chicago Tribune* 신문도 "전쟁이 2~3개월이면 끝날 것"이라고 전망을 하였다고 한다. 링컨이 처음 모집한 7만 5,000명의 병력도 이런 3개월 정도의 전투기간을 감안한 것이다. 반면에 북부군의 셔먼 장군은 "남북전쟁이 어떤 정치가가 생각하는 것보다도 장기전이 될 것이다."라고 예상하였는데, 불행하게도 셔먼 장군의 예측이 적중하였다.

25 Richard A. Preston & Sydney F. Wise, *Men In Arms*, p. 247.

었던 버지니아를 포함한 수많은 지역도 폐허가 되었다.

링컨 대통령은 전쟁이 끝날 무렵인 1865년 1월 노예제도를 폐지하였고, 그로부터 노예는 해방되었다. 그러나 링컨 대통령은 전쟁을 종결을 얼마 앞두고 1865년 4월 14일 남부의 청년에 의하여 암살되었다. 전쟁 후 미국은 남북전쟁의 상처를 치유하면서 1870년대에는 전쟁 전보다 제조업에서의 생산이 2배에 이를 정도로 빠른 속도로 발전을 하고 있었다.

미국은 남북전쟁 이후 안으로는 더욱 강력한 미합중국을 건설할 기초를 다졌고, 밖으로는 다가오는 1차 세계대전과 2차 세계대전에서 연합국의 주력으로서 역할을 할 수 있도록 그 기반과 역량을 서서히 다져나가고 있었던 것이다.

26　신태영, 『아메리카 전쟁』(서울: 도남서필, 1987), p. 198. 북부군과 남부군이 4년여 간의 전쟁을 통해 치른 전투횟수는 2,261회이고 그중 북군이 1,000명 이상의 사상자를 낸 전투가 143회를 헤아리며 남북의 군대 모두 합하여 사상자가 1만 명 이상 발생한 전투는 25회에 달한다고 한다.

제5절
북부의 총력전 준비와 실시

1860년 대통령 선거에서 노예해방을 주장하는 링컨이 당선되자 남북 간에 노예해방 문제를 포함하는 잠재돼 있던 문제들로 인하여 남부의 여러 주정부가 연합하여 연방정부에 저항함으로써 시작된 남북전쟁에서는 최초로 총력전 양상이 나타났다. 이 전쟁에서는 산업혁명 시대에 들어 국가가 동원할 수 있는 인적·물적 능력과 재정 및 경제력, 과학기술력, 지도자의 리더십 등 이른바 총력전 요소들이 승리를 위한 중요한 요소임을 입증하였다.[27]

1. 자신의 의지를 굽히지 않았지만 통합과 관용을 중시한 지도자

전쟁의 가능성이 높아지는 가운데 전쟁이 일어나는 것을 방지하기 위해 링컨 대통령이 기울인 노력은 무엇인가? 특히 남북전쟁은 국가 간의 전쟁이 아닌 같은 한 국가 내에서 발생한 내전이었는데, 그렇다면 링컨 대통령은 내전이 발발할 가능성이 높아지는 상황에서 이를 억지하기 위해 어떤 노력을 기울였는가? 또한 전쟁을 피할 수 없는 상황이 되었을 때에는 연방정부의 최고책임자로서 전쟁을 승리로 종결시키고 남북을 다시 연방국가로 통합하기 위해서 어떤 노력을 하였는가?

남부연합이 데이비스를 대통령으로 선출하고, 병력을 모집하여 군대를 만들고 연방정부의 무기를 탈취하여 무장하자 링컨 대통령은 남부의 분리와 독립추진에 대하여 취

---

27   Richard A. Preston & Sydney F. Wise, *Men In Arms*, p. 243.

임연설을 통해 강력한 경고의사를 밝혔다.[28] 링컨은 자신이 해야 할 정치적 목표가 연방정부의 붕괴를 막고 합중국을 유지하는 것이라고 판단한 것이다.[29]

그러한 노력에도 불구하고 전쟁이 발발하자 북부군의 목표는 남부군을 항복시키고 남부연합 정부를 해산시켜 원 상태로 복귀하는 것이었다. 헌법이 연방정부의 입장에 있었고, 연방정부로부터의 남부의 이탈은 용인될 일이 아니었다. 만약에 어느 한 주의 탈퇴라도 용인해주면 도미노(Domino) 현상으로 연방 탈퇴를 추구하게 될 것이고, 따라서 남부의 연방정부

〈그림 2.3〉 링컨 대통령(1809~1865)

탈퇴를 적극적으로 만류해야만 했으나, 그렇다고 북부군이 남부의 분리독립을 억제할 수 있을 정도로 군사적으로 반드시 유리한 위치에만 있었던 것은 아니다.

링컨은 전쟁 초기단계에 민주당원들의 주도에 의해서 야기되는 광범위한 전쟁반대 여론에 직면하여 이를 타개해야만 되었다. 이를 위해서 반전인사들을 체포하여 신속히 재판받도록 하였고, 징집을 반대하거나 국가의 명령에 불복하면 군법회의에도 회부시켰다. 링컨은 남북전쟁을 '반란(Rebellion)'이라고 판단하여 의회에 선전포고도 요청하지 않은 채 병력을 전장으로 보냈으며, 정규군 확대와 남부의 해상봉쇄를 명하기도 하였다.[30] 어떻게 보면 링컨의 이러한 조치는 의회를 무시하거나 독단적인 조치로 보일 수도 있었지만, 이런 것은 연방정부의 붕괴를 막으면서 승리를 위한 신념에서 우러난 조치이기도 하였다.

노예해방 문제가 전쟁의 주원인이 되기는 하였지만 링컨은 아직 전쟁이 진행 중이

---

28   한국미국사학회, 『사료로 읽는 미국사』, pp. 163-166.

29   김형곤, 『미국 대통령의 초상』(서울: 도서출판 선인, 2003), pp. 71-74. 링컨은 자신이 해야 할 일이 연방의 붕괴를 막으면서 보존하는 데 있다고 생각하였으며, 따라서 자신의 목표에 조금도 흔들리지 않고 지켜나갔다. 링컨에게 있어 남북전쟁은 민주주의 생존의 시험대로 보았고 따라서 혼신의 노력을 다해 전쟁에서 승리해야만 되었다. 전쟁기간 중 취한 강력한 조치에 따라 때로는 폭군이라는 소리도 들었지만, 이에는 상관 하지 않고 연방정부 존속에 혼신의 노력을 기울였다.

30   Archer Jones, *The Civil War*, p. 40; 앨런 브링클리, 『있는 그대로의 미국사(2)』(서울: 청아문화사, 2005), pp. 130-131. 당시나 지금이나 전쟁선포권은 의회에 있다.

던 1863년 1월 1일 노예해방을 선언하였는데, 이는 노예해방이 연방정부의 확고한 의지이며 남북전쟁이 도덕적으로나 법적으로 합법적인 전쟁이었음을 보여주기 위한 것이기도 하였다. 노예해방은 1865년 1월 북부에서 수정헌법을 채택하여 전쟁이 끝나던 12월 각 주가 여기에 비준함으로써 전면적으로 시행이 되었다.[31]

링컨이 처음부터 전쟁을 잘 지휘하였던 것은 아니었다. 그는 처음 전쟁에 임하여 국민을 결집시키기 위한 정치적 목표가 없었고 그렇다고 유능한 지휘관을 식별해낼 능력도 부족하였으며, 그런 결과로 전쟁이 발발한 2년 동안은 거의 승리를 하지 못하였다.[32]

그러나 시간이 경과하면서 정치가이자 군통수권자로서 링컨은 군 지휘관을 임명함에 있어 민주당이나 공화당 등 당적을 가리지 않고 능력에 따라 임명하였다. 변호사 출신 대통령으로서 링컨의 전쟁지도력에 관해 많은 사람들이 우려하였으나 그는 그가 신뢰할 수 있는 군사 지도자를 끊임없이 찾아 나섰다. 마침내 링컨은 그랜트 장군을 찾아 1864년 3월 육군참모총장으로 임명하였으며,[33] 그랜트는 이러한 믿음에 부응하여 전쟁을 승리로 이끌었다.[34] 링컨은 자신을 조롱하였던 민주당의 스탠턴(Edwin Stanton)을 전쟁성 장관으로 임명하였고, 그는 전쟁에 필요한 병력과 무기와 물자를 합리적으로 관리하고 운용하여 승리로 견인하였다.[35] 인재를 능력에 따라 선발하고 철저히 활용하는 링컨이었던 것이다. 대통령 본인도 주요한 전투가 벌어질 때는 전신사무소(여기서는 War room에 해당되는 역할을 하였음)에서 거의 살면서 전신(Telegraph)을 활용, 전쟁을 지휘하였다.[36]

---

31 한국미국사학회, 『사료로 읽는 미국사』, p. 170.

32 도널드 스노우, 『미국은 왜 전쟁을 하는가?』, p. 114.

33 Richard A. Preston & Sydney F. Wise, *Men In Arms*, p. 248. 그랜트 장군이 처음부터 모든 전투에서 승리를 한 것은 아니다. 그랜트는 링컨에 의해 선택되어 장군으로 진급되었고, 빅스버그 전투에서 대승으로 서부군단장으로 임무를 수행하였으며, 1864년에는 북부군의 총사령관이 되었다. 주변에서 그를 시기하는 목소리가 많았으나 링컨은 그랜트를 계속 비호하였다. 1864년 5월 리치먼드 전투에서 남부군에 대패를 당하기도 하였지만 끝내 그랜트는 리 장군으로부터 항복을 받아냈다. 1864년 7월 링컨이 다시 대통령 후보로 선출되었을 시 사람들은 그랜트 장군이 후보로 더 되기를 바랐으나 그랜트는 자신을 믿어준 링컨에 대한 감사의 마음으로 자신이 대통령 후보가 되는 것을 단호히 거부하였다. 그는 앤드류 존슨(Andrew Johnson)에 18대 대통령으로서 재임(1869. 3. 4~1877. 3. 4)하였다.

34 이주천, 『남북전쟁과 그랜트의 군사지도력: 빅스버그 회전을 중심으로』(한국서양사학회, 2010), p. 85. 그랜트 장군은 남북전쟁에서 남부군을 추적하여 섬멸하는 이른바 섬멸전략(Annihilation Strategy)을 구사하여 북부가 승리는 하였지만, 대규모의 사상자 발생으로 이른바 도살자(Grant the Butcher)라는 불명예스런 이름을 얻게 되었다.

35 Doris K. Goodwin, 이수연 옮김, 『권력의 조건』(서울: 21세기 북스, 2007), p. 11. 공화당 출신인 링컨 대통령은 유능한 라이벌들을 당파에 구분 없이 등용하였다. 민주당 출신으로 웰스(Guidan Wealth)는 해군장관, 블레어(Montgomery Blare)는 우정장관, 스탠턴(Edwin Stanton)은 전쟁장관으로 임명된 것이 그 예이다. 링컨의 자신감과 관대함을 보여주는 사례이다.

링컨은 전쟁 중 영국 역할의 중요성을 알고 있었다. 만약, 영국이 남부군을 지원한다면 전쟁이 전혀 다른 방향으로 진행될 것을 우려하여 영국의 개입 가능성에 강경한 태도를 취함으로써 영국이 북부군의 남부해역 봉쇄를 존중하게 하였다.

링컨은 지도자로서 결정을 내리는 데는 느렸지만 심사숙고한 끝에 확신을 얻게 되면 옳은 방향으로 조금도 주저함 없이 전진했다. 전쟁이 끝난 후 남부인에 대한 사면과 흑인노예를 제외한 모든 재산은 원래의 소유주에게 돌려주기로 약속도 하였다.

링컨은 전후 파괴된 지역의 재건을 위하여 전쟁이 끝나기 전인 1863년 12월에 재건계획을 발표하였는데, 여기서 그는 남부의 고위관리를 제외하고는 연방정부에 충성을 맹세하고 노예제 폐지를 받아들이면 일반사면을 하겠다그 하였다. 전쟁 이후 미국의 통합과 폐허가 된 남부의 재건 및 남부인들의 마음을 위로하기 위해 조기에 안정을 도모하기 위한 조치를 하였던 것이다. 사실 전쟁이 끝나면 북부의 공화당 출신들은 남부의 분리주의자들에게 철저한 복수를 주장하였는데 이를 닦아준 것이 링컨의 관용이었던 것이다.[37]

국민들은 노예를 해방하고자 하는 그의 열성에 감동을 하였고 존경심을 표했으며, 그는 국민의 이익과 미국의 이익에 부합되게 행동하였다. 링컨은 그런 신념으로 전쟁을 지도하였으며, 북부의 주민들은 이에 동조하여 남부의 분리주의자들인 반대세력과 전투를 하였고, 마침내 미국에서 노예해방이라는 목표를 달성하였던 것이다.

링컨의 리더십은 국민이나 야당을 끊임없이 반복하여 설득하였고, 국민들을 진심으로 감동시키는 정직과 진솔함의 정치를 하였으며, 노예해방을 추진하면서 결코 정치적인 신념을 포기하지 않았지만 융통성과 민주적인 리더십을 발휘하였다.

북부가 승리할 수 있었던 요인은 여러 가지가 있지만, 그중에서도 단연 링컨의 탁월한 리더십이 남북전쟁에서 북부군의 승리에 있어 결정적인 역할을 하였다고 할 수 있다.[38] 오늘날 링컨에 관하여 저술된 책만 7,000여 권에 이른다고 하는데, 이는 링컨의 업적에 대한 위대성에서 기인하는 것이라고 할 수 있을 것이다.[39]

---

36 Eliot Cohen, 이진우 옮김, 『최고사령부』(서울: 가산출판사, 2002) pp. 54-57.

37 James Taranto, 최광열 옮김, 『미국의 대통령』(서울: 도서출판 바음, 2008), p. 125.

38 Donald, 『링컨 2』, pp. 77-83. 본 책은 링컨의 리더십을 승리의 주요한 원인으로 제시하지만, 그렇다고 링컨이 처음부터 강력한 리더십을 발휘하였던 것은 아니다. 전쟁기간 중 링컨은 당시 국무장관, 공화당원 등 사방으로부터 무능한 대통령이라고 비난도 받았으며, 당면하고 있는 위기를 극복하지 못하고 있다는 비판 등 많은 어려움도 겪었다. 그러나 시간이 경과하면서 강격한 반면에 관용의 리더십을 발휘하여 전쟁을 승리로 이끌었다.

한편 남부의 지도자 데이비스는 남부연합의 대통령이 되자 그는 남부의 각 주가 요구하는 주장에 따라 남부의 광범위한 지역에서 병력을 분산 운용해야만 하는 방어적 입장을 취하면서 전력을 집중하여 운용할 수 없었다.[40] 여기에다 그는 민간관료들은 물론 군부장성들과도 갈등을 빚으면서 불협화음으로 남부연합을 제대로 통치하지 못하였다.[41] 여러모로 링컨과 대조적인 지도자로서의 모습을 보여주었던 것이다. 비록 남부에 리 장군이 있어 전쟁을 유리하게 전개하기는 하였지만 지도자의 지도력 부족을 장수가 채워 넣을 수는 없었다.

2. 링컨 행정부를 지원한 북부 연방의회의 정치력

남북전쟁은 노예해방이 주요한 원인이 되어 발생한 내전이었다. 당시 북부의 일부에서는 남북전쟁이 노예해방을 위한 전쟁이 아니라 연방의 분리를 막기 위한 전쟁이라는 주장도 없지 않았지만, 남북전쟁은 미국의 헌법적 가치와 도덕적 가치를 지키기 위한 전쟁으로 말할 수 있을 것이다.

1860년 대통령 선거에서 링컨이 대통령으로 당선되자 취임식을 갖기도 전에 남부에서는 사우스캐롤라이나가 처음으로 연방을 탈퇴하였고, 이어서 미시시피, 플로리다, 앨라배마, 조지아, 루이지애나 주가 연방을 탈퇴하여 1861년 2월 4일 앨라배마에서 노예제도를 합법화하는 헌법을 채택하면서 데이비스를 대통령으로 추대하였다.[42]

남부군이 연방군 섬터 포대에 대한 포격으로 전쟁이 발발하자 연방의회는 민주당이

---

39 또 다른 책에서는 링컨에 관한 책이 1만 6,000권, 남북전쟁에 관한 책은 5만여 권이 된다는 이야기도 있다. 미국의 역사가인 도널드(David Donald)는 "남북전쟁에 직접 참여한 장군들의 수보다 이 전쟁을 연구하는 역사가들이 더 많다. 장군들보다 역사가들이 더 호전적이다"라고 하였다고 한다(강준만, 『미국사 산책 3: 남북전쟁과 제국의 탄생』, 서울: 인물과 사상사, 2010, pp. 56-57). 미국의 역사에서 남북전쟁과 이를 주도하여 승리로 이끈 링컨에 관한 이야기가 그만큼 미국인의 뇌리에 영향을 미치고 있는 것이다.

40 이주천, "남북전쟁과 그랜트의 군사지도력: 빅스버그 회전을 중심으로", p. 61.

41 이주천, "남부연합군 패인론: 로버트 리의 지휘력과 군사전략을 중심으로" (한국미국사학회, 2003), p. 96. 당시 남부에서는 국무장관 2명과 국방장관 3명이 대통령과 갈등을 하면서 연속적으로 사임함으로써 갈등이 표출되는 내홍을 겪었다.

42 앨런 브링클리, 『있는 그대로의 미국사(2)』, p. 119. 남부 6개주의 연방탈퇴 선언은 링컨이 대통령으로 취임(1862년 3월 4일)하기 이전에 발생하였다. 따라서 당시 대통령이던 부캐넌이 남부 6개주의 연방탈퇴를 방지해야만 되었으나 그는 손을 놓고 있었으며, 링컨이 취임하여 문제를 해결하기를 바라고 있던 것이다.

다수였음에도 불구하고 링컨이 전쟁을 수행하는 데 필요한 병력을 모집할 수 있도록 지원하였으며, 징병법을 제정하여 병력충원을 용이하게 해주었다. 전투를 위한 장비나 물자를 대량생산할 수 있도록 뒷받침하여 북부군이 승리하는 데도 기여하였다.

연방의회에서는 전쟁기간 중 '전쟁집행위원회'를 만들어 링컨의 전쟁전략을 상시적으로 점검하면서 갈등을 빚기도 하였지만, 전반적으로 북부군이 승리를 할 수 있도록 지원하였다. 만약 연방의회가 전쟁발발의 정치적 책임을 링컨에게 물어서 분란을 초래하였다면 전쟁승리는 물론 연방정부의 해체도 막지 못하였을 것이다.

링컨도 노예해방을 위한 원칙을 고수하여 남부의 분리 독립과 노예해방에 대한 맞바꿈 제안을 받아들이지 않았다. 노예해방은 유럽 도덕주의자들이 전쟁에 개입할 명분도 주지 않았다. 비록 영국이나 프랑스가 남부의 면화를 수입하여 남부와 긴밀한 관계에 있었다고는 하지만 그렇다고 이들 국가가 남부의 노예제도를 동조해줄 수 있는 입장도 되지 못하였으며, 이것은 북부가 전쟁을 히나감에 있어 정치적·윤리적·도덕적으로 유리한 위치에 있었음을 의미하는 것이었다. 반면에 남부에서는 각 주가 주의 권한(州權)을 주장하다보니 북부에 비하여 힘이 분산되는 결과를 초래함으로써 효과적인 대응이 어려웠다.

3. 유럽의 개입을 방지한 북부의 외교력

미국은 1823년 이래 이른바 먼로주의(Monroe Doctrine)를 채택하고 있었는데, 이것은 아메리카 대륙이 유럽의 식민지 대상이 될 수 없고, 유럽 국가들도 아메리카의 일에 간섭해서는 안 되며, 미국도 유럽 국내문제에 관여하지 않겠다는 것이다.

따라서 유럽 국가들이 남북전쟁 개입에 대한 명분을 찾기가 쉽지 않은 일이었지만, 그러나 당시 유럽의 열강들이 남부를 지원하여 개입한다면 북부의 연방정부로서는 전쟁을 수행하는 것이 매우 어렵게 됨은 분명하였다.

당시 영국이나 프랑스는 대체적으로 남부에 흐의적이었는데, 그 이유는 북부가 산업이 발전하면서 점차 영국이나 프랑스에 강력한 경쟁자로 등장하자 북부가 약화되기를 바랐던 것과, 또한 이들 국가들이 남부로부터 다량의 면화를 구입하고 있었기 때문이다. 이런 이유로 영국이나 프랑스가 남부를 지원하여 개입하면 북부는 승리를 보장할 수 없었다.

영국이나 프랑스는 남부군이 사용할 무기를 충분히 공급할 수 있는 능력도 있었기 때문에 북부군은 이를 차단하고자 남부의 면화수출 항구를 봉쇄하기도 하였다. 북부가 전쟁을 조기에 끝내고 승리하기 위해서는 남부가 영국과 프랑스에 면화를 수출해서 전쟁비용을 충당하는 것을 방지해야만 되었다.

사실 남부는 열악한 경제기반과 인력부족에도 불구하고 남부의 광범위한 지역을 방어해야만 되었기 때문에 이 난관을 타개할 목적으로 남부를 지원할 동맹국이 필요하였으며, 그 수단은 영국이나 프랑스의 공장들이 필요로 하는 면화를 이용하는 것이었지만 이들 두 나라는 남부의 이런 뜻을 들어주지 않았다.[43] 심지어 남부는 면화의 수출을 통제하여 영국과 프랑스의 지원을 유도하고자 노력을 하기도 했으나 이는 남부의 예측을 벗어나면서 별 효과를 얻지 못하였다.[44] 인도나 이집트에서 생산하는 목화가 수입되었기 때문이었다.

남부의 지도자들은 영국과 프랑스의 지원을 얻고자 외교관을 런던과 파리에 파견하기도 했으며, 영국 조선회사에는 상선을 가장한 전투용 선박을 주문도 하였다. 어떻게 하든 영국이나 프랑스를 남부 편으로 가담시키기 위한 노력을 하였던 것이다. 이를 인지한 북부는 영국에 외교관을 파견하여 남부를 국가로 인정하는 조치를 막기 위한 활동을 했으며, 링컨 대통령의 강력한 경고 외에도 당시 국무장관도 만약 영국이 남부를 독립국으로 승인하면 전쟁도 불사할 것이라고 경고하였다.[45]

남부는 유럽의 지원을 받고자 여러 노력을 했지만, 남북전쟁이 유럽 강국들의 이해관계가 얽히고설켜 있는 국제문제가 아니라 미국의 국내문제로써 미국은 유럽문제에 관심이 없으니 유럽도 미국의 문제에 간섭하지 말라는 주장 때문에 유럽 국가들이 전쟁에 개입할 명분이 없었다.

당시 남부연합에 비교적 우호적이었던 영국은 중립을 선언하고 있었지만, 상황에 따라 남부를 지원하고자 유리한 정세를 기다리고 있었다. 그러나 상황이 끝내 남부를

---

43 강준만, 『미국사 산책 3: 남북전쟁과 제국의 탄생』, p. 95. 당시 영국은 면화 수입량의 70%를 미국 남부로부터 수입하여 방직사업을 하면서 400~500만여 명의 근로자를 고용하고 있었는데, 만약 미국 남부로부터 면화수입이 중단되면 대량의 실업자가 발생될 것으로 보아 남부는 이러한 영국의 약점을 이용하고자 하였다. 그러나 영국에는 면화재고가 충분히 있었고, 인도와 이집트 등지에서도 수입을 하고 있었기 때문에 남부의 계산은 빗나갈 수밖에 없었다. 여기에 영국에 흉년으로 면화의 수입보다 북부에서 생산하는 밀이 더 필요한 이유도 있었다.

44 도널드 스노우, 『미국은 왜 전쟁을 하는가?』, pp. 116-117.

45 차상철, 『미국외교사』(서울: 비봉문화사, 1999), pp. 161-163.

지원할 수 있도록 유리하게 전개되지 않았기 때문에 남부를 지원할 명분이 없었다. 또 영국의 동향에 따르던 프랑스도 지원을 하지 않았기 때문에 외교적 환경이 북부에게 유리하게 전개될 수 있었다.

1863년 1월 링컨 대통령이 노예해방을 선언함으로써 북부는 자신들이 수행하는 전쟁의 대의명분을 대내외에 천명하였고, 국제적으로 노예제도에 반대하던 남부연합은 부도덕한 집단으로 인식되는 계기가 되었다. 이로 인해 노예제도를 반대하던 영국도 남부군을 더 이상 지지할 명분이 사라졌고, 프랑스도 영국을 따르는 상황이 되면서 이제 남부가 국가로서 국제적 승인을 받을 기회는 영영 사라진 것이다.

영국이나 프랑스가 남부를 지원하여 개입할 수도 있었던 전쟁에서 양국이 국제여론을 의식하여 개입을 할 수 없었기 때문에 국제전쟁으로 발전될 수도 있었던 남북전쟁을 국내전쟁으로 국한시킨 것은 북부의 외교적 승리라고 할 수 있을 것이다.

4. 남부를 압도한 북부의 재정 · 경제력

미국의 산업은 1820년대로부터 1830년대에 이르는 동안 급속도로 성장을 하고 있었고, 남북전쟁이 발발할 무렵에는 수많은 제조업체가 대부분 북부군의 지역인 북동부에 위치하여 공산품의 2/3를 생산하고 있었다. 이 기간 중 토부지역의 공장에서는 기계부품을 제작하는 데 필요한 공작기계를 제작하고 졸삭기를 발명하여 산업에 혁신을 가져오고 있었다.[46]

이러한 기술적 혁신과 풍부한 자원으로 북부의 산업이 제조업 위주로 발달하여 농업 위주의 남부에 비하여 경제적으로 부유하였고, 인적자원 면에서도 북부는 인구가 2,000만여 명을 상회하는 데 비하여 남부는 흑인노예를 포함한다고 해도 900만여 명에 불과함으로써 비교가 되지 못하였다.[47]

전쟁이 발발하기 전년도인 1860년 북부에는 풍부한 인력과 자원 및 자본을 바탕으로 10여만 개의 제조업체가 활발하게 생산활동을 하고 있었지만, 남부에는 2만여 개에

---

46 한국미국사학회, 『사료로 읽는 미국사』, pp. 472-474.
47 미국의 인구변화 추이를 보면 1790년에는 약 400만 명, 1820년에는 1,000만 명, 1830년에는 1,300만 명, 1840년에는 1,700만 명, 1860년대에는 3,000만여 명에 달하고 있었다. 미국의 인구는 출생에 의한 자연 증가 외에도 유럽으로부터 지속적인 이민으로 계속 증가하고 있었다.

불과한 업체들이 그나마도 대부분 북부로부터 기술과 인력을 지원받고 있는 형편이었다. 무기를 생산하는 데 필수적인 철강도 북부의 펜실베이니아 한곳에서만 연간 58만 톤을 생산할 무렵 남부는 고작해야 3.7만여 톤을 생산할 정도였다.[48]

매사추세츠와 펜실베이니아 주 2곳에서 생산하는 상품의 가치가 남부연합 전체가 생산하는 상품가격의 2배를 넘었으며, 매사추세츠 주 한 곳에서 생산하는 상품이 남부 11개 주의 생산량보다도 많았다. 뉴욕 주에서만 해도 연간 3억 달러의 제품을 생산하였는데, 이것은 남부의 미시시피나 루이지애나와 앨라배마, 버지니아 등의 생산량을 합친 것보다 4배나 많을 정도였다.[49] 이렇게 북부는 풍부한 자원과 제조업의 발전에 힘입어 미합중국 생산량의 90%를 차지할 정도로 재정능력이나 경제력에서 남부를 압도하고 있었다.

당시 병력과 물자를 수송함에 있어 중요한 역할을 한 철도는 북부지역에 2만 마일이 건설되었고 전쟁 중에도 지속적으로 확장하고 있었지만, 남부지역은 9,000마일에 불과하였다. 전쟁이 발발하여 북부가 소총을 생산할 수 있는 시설을 대폭 확장, 170만여 정을 생산하는 동안 남부연합은 시설의 미비로 소량을 생산하였고, 북부에는 선박용 동력기관을 생산하는 시설이 수십 개인데 비하여 남부에는 이런 시설도 없었다.[50]

이런 산업생산력의 차이로 북부 해군은 671척의 군함을 보유하고 있었고, 그중 236척은 전쟁이 시작된 이후에 건조된 증기기관식 선박으로 이 군함들이 미시시피 강과 테네시 강에서 병력이나 물자를 수송하는 등으로 활용되어 철도와 더불어 북부군의 작전에 커다란 기여를 하였다.

또한 북부는 전쟁기간 중 7,800여 문 이상의 야포를 생산하여 북부군에 보급을 하는 동안, 남부는 비록 원자재를 갖고 있기는 하였지만 야포를 생산할 수 있는 제조업시설이 없었기 때문에 법을 제정하고 강제적으로 생산을 하기 위한 조치를 하였지만 만족한 결과는 얻지 못하였다.[51]

북부가 풍부한 지하자원과 과학기술의 발전을 기반으로 제조업이 발전하였는 데 비하여 남부는 목화를 위주로 하는 농업이 발전되어 있었기 때문에 재정이나 경제 면에

---

48 Paul Kennedy, *The Rise and Fall of the Great Power: Economic Change and Military Conflict From 1500 to 2000*, p. 180.

49 *Ibid.*

50 *Ibid.*

51 (구)국무총리 비상기획위원회, 『세계동원의 역사』(서울: 전광인쇄정보, 2004), pp. 188-189.

서 불리하였으며 결국 이것은 전쟁을 지속하는 데 결정적으로 중요한 전비를 조달하는 데 어려움을 주었다.

북부가 전쟁을 지속하면서 전비를 조달하고 소총과 야포나 함정 등의 전투장비와 군수물자 생산량을 늘리고 철도와 증기기관을 이용한 선박으로 적시에 병력을 수송하고 물자를 보급하는 동안, 남부연합은 전투장비나 군수물자의 생산은 물론 보급과 이를 수송할 철도나 증기선 등 모두가 부족하여 남부군이 전쟁을 지속하려는 의욕을 좌절시켰다.

북부는 전쟁비용을 충당하기 위하여 소득세를 간드는 등 세금을 징수하거나 공채를 발행하는 등으로 전비를 조달하면서도 경제를 더욱 성장하는 계기를 만들었고, 이 기간 중 탄약의 생산뿐만 아니라 철도건설, 철강생산, 농업생산 등 많은 분야에서 성장을 지속하여 전쟁이 끝날 무렵에 북군 병사들은 미 육군의 역사상 가장 잘 먹고 물자를 보급 받을 정도까지 되었다고 할 정도였지만, 반면에 남부는 면화수출 차단으로 인한 전비조달의 어려움과 화폐남발로 오히려 인플레이션을 야기하여 경제가 파탄이 났다.[52]

경제적인 면에서 남북전쟁은 어느 편이 전쟁수행을 위하여 대량으로 소요되는 장비와 탄약 및 물자를 생산하여 적시에 보급을 할 수 있었는가에 의해 영향을 많이 받았으며, 북부는 재정이나 경제적인 우위에서 이런 이점을 달성할 수 있었지만,[53] 반면에 남부연합군은 전쟁기간 동안 물자의 부족으로 어려운 전쟁을 해야만 되었다.[54]

전쟁기간 중에 남부에서는 식량공급 부족으로 극심한 인플레이션도 발생하였다. 남부에서는 밀가루가 부족하여 당시 남부군 봉급이 10달러일 때 밀가루 1배럴이 80달러에서 연말에는 200달러가 되었고, 한때는 800달러까지 치솟아 남부 사람들의 생활을 어렵게 하였다.[55] 주민들은 입을 만한 옷을 700달러 이하에서 살 수 없어서 누더기 옷

---

52 Paul Kennedy, *The Rise and Fall of the Great Power: Economic Change and Military Conflict From 1500 to 2000*, p. 181.

53 남북전쟁 당시의 재정능력과 경제력은 전쟁비용의 조달에 커다란 영향을 주었으며, 전쟁에서의 승리에 결정적인 요인이기도 하였다. 당시 남북이 1861년으로부터 1865년, 전쟁이 끝날 때까지 투입한 전비는 북부가 약 31.83억 달러(2008년도 가격으로 약 451.9억 달러)이고, 남부연합이 투입한 전비는 약 10억 달러(2008년 가격으로 152.4억 달러)로 총 41.8억 달러(2008년도 가격으로 604.4억 달러)에 달하였다 (미 국무 부, Stephen Daggett, *CRS Report for Congress: Cost of Major U.S. Wars*, 2008. 7. 24, p. 2). 많은 전 비를 투입할 수 있다는 것은 그만큼 전쟁을 지속할 수 있는 능력이 크다는 것을 의미하며, 북부가 남부에 비하여 유리한 위치에 있었다.

54 J. F. C. Fuller, *Grant and Lee: A Study in Personality and Generalship*, pp. 33-34.

55 박정기, 『남북전쟁(상)』(서울: 도서출판 삶과 꿈, 2002), pp. 172-173.

들을 입어야만 하였고, 매일 밤에는 소와 돼지, 가금류 등의 도난도 빈발하였다.[56] 면화수출도 북부의 해상봉쇄로 차단되어 전비조달마저 어렵게 되자 남부의 전쟁성(War Department) 관료는 국가의 재정이 돌이킬 수 없는 파산상태로 가고 있다고 하였다.[57] 전쟁이 지속되면서 남부연합의 경제적 어려움은 가중되었고, 주민 생활도 곤궁해지면서 일부에서는 폭동도 발생하였으며, 전쟁의 지속마저 어렵게 하였던 것이다.

"북부의 총칼이 남부를 와해시킨 것보다는 북부의 달러가 남부를 더 빠르게 정복하였다."는 어느 남부군 장교의 탄식은 당시 남부연합 주민생활의 어려움, 재정과 경제적인 면에서의 곤란 등을 표현한 말이다.

5. 초기의 열세를 극복한 북부의 군사력

남북전쟁이 발발하기 이전에 미 육군의 정규군 병력은 2만 6,000명에 불과할 정도로 규모는 작았다. 이렇게 미국이 정규군 병력을 많이 보유할 필요성이 없었던 이유는 영국식 군사전통인 상비군의 증대가 국민의 자유를 위협할 수 있다는 우려와 아메리카 대륙이 유럽대륙과 분리되어 유럽대륙에서처럼 열강들과의 전쟁에 말려들어갈 위험이 없었기 때문이다.

남북전쟁 초기단계에는 남ㆍ북부군 공히 전투를 할 준비가 되어 있지 않았으며, 특히 북부의 준비가 미흡하여 지휘관이나 병력의 규모에서 남부에 비교할 바가 되지 못하였다. 북부군에도 웨스트포인트 출신이 없지 않았으나, 남부군 출신 중에 다수의 장교들은 웨스트포인트 출신으로 군사적 경험을 이용하여 지휘하였다. 링컨이 연방군 총사령관으로 임명을 원했던 리(Robert E. Lee) 장군은 남부군 사령관으로 갔고,[58] 그 외에도 경험이 많은 장군들도 남부연합에 가담하고 있었다. 반면에 북부군은 정치가 출신이나 군사적 경험이 없는 사람들이 지휘관을 맡아서 부대를 지휘하다보니 초기단계에 자주 패할 수밖에 없었다.[59]

---

56   James M. McPherson, *Battle Cry of Freedom: The Civil War Era*, p. 691.

57   James Street, *The Civil War*, pp. 48-49.

58   링컨은 리 장군에게 연방군 지휘권을 주고자 했으나, 리 장군은 자기 고향인 버지니아 주를 지킨다는 명분으로 이를 거절하고 떠나서 남부군에 합류하였다(Donald, 『링컨 2』, pp. 28-29; 이주천, 『남부연합군의 패인론: 로버트 리의 지휘력과 군사전략을 중심으로』, pp. 124-125).

전쟁이 진행되면서 1862년 4월까지의 전투에서 북부군은 제대로 전투를 하지 못하였다. 병력의 규모나 이를 지휘할 지휘자들의 경험 등에서 남부군에 비하여 불리하였던 것이다. 1863년에 제정된 징병법의 불평등으로 부자들은 돈(300달러)을 내고 다른 사람들을 징집시키자 가난한 사람들을 중심으로 징집반대 시위가 폭동으로 발전되기도 하였다.[60] 징집으로 북부군에 입대하였던 병사들 중에서는 20만여 명이 탈영하였고, 9만여 명의 북부인은 징집을 피해서 캐나다로 도망가는 경우도 발생하였다.[61] 여러 악조건에도 불구하고 북부를 주축으로 하는 연방정부는 2,000만여 명의 인구 가운데 200만여 명을 동원하여 남부군과 전투를 벌인 결과 36만여 명의 전사자가 발생하였음에도 승리하였다.

여기에 북부는 노예해방을 목적으로 전쟁을 하였기 때문에 흑인도 14만여 명을 전투원으로서 또는 병참이나 보급부대 등에 편성하여 연방군복을 입히고 전투에 참여시켰는데, 이를 두고 링컨은 훗날 흑인병사들이 전세를 바꾸어 놓았다고 긍정적으로 평가하였다.[62] 또한 전쟁이 계속되는 동안, 즉 1861년으로부터 1865년까지 80만여 명에 이르는 이민도 유입되어 작은 힘을 보태었다.[63]

반면에 연방정부의 노예해방에 반대하는 남부의 플로리다, 앨라배마, 루지애나, 텍사스 등 남부연합은 900만여 명(흑인 350만여 명 포함)의 인구 가운데 백인 위주로 100만여 명을 동원하여 26만여 명의 전사자가 발생하고 패하면서도 흑인의 전투참여를 철저히 배제하였다. 오로지 백인들만으로 부대를 편성하였고, 백인만으로 전투를 하였지 북부처럼 흑인까지 동원하여 총력적으로 대응을 하지 않았다. 더욱 문제가 되었던 것은 당시 남부에서는 주권론(州權論)이 우세하여 전쟁을 하기 위한 중앙집권적 통치체제를 갖출 수 없었고, 각 주는 자기 주 방어를 위해 병력을 운용하다보니 광범위한 지역에서 병력의 분산운용으로 치명적 패인을 제공하였다.[64]

당시 남부군이나 북부군의 작전지역은 매우 광범위하였다. 주요 전투지역인 버지니

59 박정기, 『남북전쟁(상)』, pp. 34-36.
60 James Street, *The Civil War*, p. 89.
61 강준만, 『미국사 산책 3』, pp. 110-111.
62 김도균, 『세계사를 뒤흔든 전쟁의 재발견』(서울: 도서출판 삶과 꿈, 2006), pp. 42-43.
63 Paul Kennedy, *The Rise and Fall of the Great Power: Economic Change and Military Conflict From 1500 to 2000*, p. 180.
64 J. F. C. Fuller, *Grant and Lee: A Study in Personality and Generalship*, pp. 35-36. Fuller는 각 주의 권한(州權, State Rights)이 전쟁의 원인뿐만 아니라 남부연합의 주된 패인(敗因)이 되었다고 분석하고 있다.

<그림 2.4> 전투준비 중인 북군의
보급창

출처: 해군본부, 『전쟁백과사전(The
Encyclopedia of War)』, p. 282.

아와 조지아 주 등의 지역이 유럽지역만큼이나 넓었지만, 인구는 매우 희박했기 때문에 필요에 따라서 승리를 위해서는 병력과 장비 및 물자를 얼마나 빨리 이동시키는가가 대단히 중요한 문제였다.

따라서 북부군은 철도를 전략적으로 이용하여 이러한 문제를 해결하였지만, 남부군은 철도를 전쟁목적을 달성하기 위하여 효과적으로 이용하지 못하였고 새로운 철도를 건설할 능력도 부족하였으며, 운용할 인력도 없었기 때문에 그렇지 못하였다.[65] 그래서 남부군에서는 앨라바마와 조지아 주에 버지니아 전쟁터로 보낼 식량을 보관하고 있었음에도 불구하고 적시에 수송을 못해서 남부군의 병사들이 굶는 상황까지 발생하여 전투력을 저하시키는 경우도 있었다.

또한 북부군은 철도를 따라 가설되어 있는 전신을 이용하여 전투현장에서 지휘소로 병력을 요청하고 물자를 조달하는 것은 물론 지휘소에서는 상황의 변화에 부응하여 적

---

65 Richard A. Preston & Sydney F. Wise, *Men In Arms*, pp. 250-251. 예를 들면, 북부군은 1863년 11월 2만 3,000명의 병력과 포병화기, 차량 등을 1,200마일 떨어진 곳으로 종전 같으면 도로로 3개월 걸릴 것을 철도를 이용함으로써 일주일 만에 이동하였다. 북부군은 국가의 모든 권한을 위임받아 민간철도원을 통제하고 철도를 활용함으로써 작전상 제기되는 이동문제를 해결하였다.

시에 새로운 명령을 하달함으로써 전쟁을 주도해나갔다.[66] 전함은 철갑으로 함체를 둘러싼 장갑함을 만들고 회전식 포탑을 설치하여 360도 전 방향으로 사격이 가능토록 하였으며, 중기기관식 쾌속정을 건조하여 사용하였고, 심지어는 초기단계이기는 하였지만 어뢰와 기뢰까지 만들었다.[67]

남북전쟁이 발발할 당시에는 지원병에 의하여 병력을 충원하고 있었으며, 남부군을 진압하기 위해 병력을 모집할 수 있는 법적 근거는 1792년 제정된 '시민법'이었다. 그러나 이 법으로는 부대가 필요로 하는 병력을 충원하기 어려워 링컨 대통령은 두 차례에 걸쳐 포고령을 공포하여 지원병을 모집하였고, 의회는 대통령이 필요하다면 6개월에서 3년까지 50만 명의 지원병을 모집할 수 있는 권한을 부여하기도 했다.

1863년 3월에 마침내 의회는 강제적으로 병력을 모집할 수 있도록 하는 '병역법'을 제정하여 사실상 젊은 성인 남성 모두를 징집할 수 있도록 하는 등 군대규모에 대한 법적 제한을 철폐하는 조치를 하였으며, 이러한 일련의 조치들로 총 292만여 명의 소집요구에 200만여 명이 입대하여 부족한 병력을 충원하였다.[68]

6. 북부의 우세한 예비전력 동원능력

예비전력이란 전시 동원할 수 있는 인적·물적인 모든 능력을 말한다. 가용한 예비전력의 용량(用量)능력이 크다는 것은 그만큼 전쟁을 오랫동안 지속할 수 있는 능력이 큼을 말한다. 남북전쟁에서 예비전력 동원능력의 척도가 되는 인구나 경제력의 규모, 산업생산 능력 등에서도 북부가 압도적으로 유리하였다.

북부는 남부연합에 비하여 인구에서 2배가 넘었기 때문에 더 많은 규모의 인적자원을 동원할 능력이 있었고, 북부의 제조업 발전에 힘입어 재정과 경제 면에서도 압도적인 우세에 있었기 때문에 더 많은 물자를 생산하고 동원함으로써 우세한 전쟁지속능력을 유지할 수 있었다.

---

66   1860년에는 미국에 약 2만 9,000마일의 철도가 이미 건설되어 있었고, 철도를 따라 5만 마일 이상의 전선이 가설되어 전신으로 병력과 물자를 요청하였을 뿐만 아니라, 전황을 보고하고 전달하는 등으로 활용되었다.

67   Paul Kennedy, *The Rise and Fall of the Great Power: Economic Change and Military Conflict From 1500 to 2000*, p. 180.

68   (구)국무총리 비상기획위원회, 『세계동원의 역사』, pp. 159-162.

전쟁 초기단계에 미국은 2만 6,000명의 현역군을 보유하고 있었는데 이마저도 대부분은 서부지역에서 인디언들과 전투를 하고 있었다. 따라서 실제 전투에서의 주역은 직업군인이 아닌 동원된 시민들로서 그 숫자는 자료에 따라 다소 차이가 있기는 하나 대략 북부군은 일부의 흑인을 포함하여 20~45세의 남자들을 대상으로 약 200만여 명, 남부군은 흑인을 제외한 백인만으로 약 100만여 명으로 추산되고 있다.

이렇게 연방정부는 병력을 동원하기 위하여 징병법을 만들고 병력을 동원하여 보충을 해나갔지만, 또한 문제점도 없지 않았다. 당시 징병법은 20~45세의 남자를 소집하여 3년간 근무를 하였는데, 부유층에게는 병역의무 대신 군대에 가기 싫으면 300달러의 비용을 대고 면제를 받거나 자기 대신 복무할 대리자를 입영시키는 것이 허용되었기 때문에 위화감을 주어서 사회적 문제가 되기도 하였다.[69]

또한 병력소집에 반대하는 여론이 광범위하게 형성되면서 특히 노동자나 이민자들 및 전쟁 자체를 반대하는 민주당원들의 반대로 인하여 시위가 발생하고 폭력으로 비화되기도 하였는데, 예를 들면 1863년 7월 뉴욕에서 발생한 폭동으로 100여 명 이상이 사망하는 사건이 발생하여 연방군이 출동해서 이를 진압해야만 되었다.[70] 이러한 역경을 이겨내면서 예비전력을 동원하여 승리를 할 수 있었다.

남북전쟁에서는 여성도 처음에는 방적공으로 동원되어 군복을 제조하거나 관공서에서 업무를 수행하는 등 남성들의 빈자리를 채워 일을 하였으며, 어떤 여성들은 전쟁비용을 조달하기 위하여 활동을 하였다. 점차 야전병원에서도 간호사들로서 간호업무를 하는 등으로 간접적으로 전쟁을 지원하였으며, 일부이기는 하지만 전장에서 병력의 이동을 파악해서 보고하는 등으로 스파이 임무를 수행한 여성들도 있었다.[71]

북부는 남부에 비하여 전쟁을 수행하는 데 필요한 전투장비나 물자를 생산할 수 있는 제조업 시설에서도 압도적이었으며, 재정능력에서도 우세하였다. 이러한 능력을 바탕으로 북부는 전쟁을 하면서도 철도를 건설하고 증기선을 제작하였고, 화포를 개량하고 물자를 대량생산할 수 있는 체제로 만들어 대량생산하였을 뿐만 아니라 생산된 물자를 철도나 증기선을 이용하여 전선으로 수송하였다. 전쟁을 지속할 수 있는 산업생산시설과 능력을 확대하면서 전쟁을 하였던 것이다.

남부는 북부의 1/2도 안 되는 인구에서 전쟁을 하기 위해 농장이나 공장, 주물공장

---

69 박정기, 『남북전쟁(하)』(서울: 도서출판 삶과 꿈, 2002), pp. 187-189.

70 앨런 브링클리, 『있는 그대로의 미국사(2)』, p. 129.

71 해군본부, 『전쟁백과사전』(대전: 해군인쇄창, 2007), p. 283.

등에서 인력을 동원해가면서 산업현장에서 인력이 부족하게 되자 무기와 탄약의 생산 부족을 초래하여 장기전 능력을 약화시키는 결과를 초래하기도 하였다.

북부는 인적자원의 우세 외에도 풍부한 지하자원과 제즈업시설에 과학 기술력에 이르기까지 전반적으로 남부를 압도하는 풍부한 예비전력 가용자원과 동원능력을 바탕으로 전쟁을 수행하는 데 있어서 북부군이 유리하게 이길 수 있었던 것이다.

7. 재정 및 경제력과 과학기술의 발전을 이용한 북부의 전투장비 양산

남북전쟁은 당시로서는 엄청난 규모의 인명살상을 동반한 전쟁으로, 남·북부군 합하여 62만여 명의 사망자가 발생하였고 부상자만 해도 50만여 명에 달하였다. 이렇게 많은 사상자가 발생한 것은 군사기술의 발전, 즉 무기와 탄약을 만드는 기술이 진화된 결과에다 철도와 전신을 이용하여 요망되는 장소로 신속히 병력과 장비를 투입할 수 있었기 때문이다.

북부는 인구 규모 면에서 남부에 비하여 2배 이상으로 많았다. 과학기술력도 남부보다 상대적으로 발전되어 제조업의 우위로 재정과 경제력에서도 절대적으로 앞서 있었다. 매사추세츠 주의 연방정부 병기공장에서는 나사나 금속부품을 자르는 선반과 주물을 깎는데 사용되는 만능 절삭기를 제작하였고 연마기를 만들어 규격화된 병기를 만들 수 있었다.[72] 그러한 결과로 북부는 무기의 97%를 포함하여 전쟁을 하는 데 필요한 다수의 장비나 물자를 생산하고 있었으며, 이에 필요한 철강 재료도 90% 이상을 생산하고 있었다.

북부군은 당시 카빈식 소총과 개머리판 장전식 소총을 개발하여 남부군에 커다란 피해를 입혔으며, 북부군이나 남부군 모두 초기 단계의 기관총을 만들어 실험적으로 사용하였다.[73] 북부군은 발달된 철도를 이용, 병력과 물자를 신속히 수송하여 남부군에 비하여 상대적인 집중과 우세를 달성하였고, 전신을 이용하여 전투현장의 지휘관을 지휘함으로써 전쟁을 유리하게 이끌어 갔다.[74] 초보적이기는 하였지만 북부군은 정찰

---

72   한국미국사학회, 『사료로 읽는 미국사』, p. 473.

73   신태영, 『아메리카 전쟁』, p. 213.

기구도 만들어 가스를 주입하고 남부군의 진영을 정찰할 목적으로 사용도 하였다.

북부군은 1862년 거대한 강선포인 패롯 건(Parrot gun)을 만들어 당시로서는 장거리인 10km까지 사격할 수 있는 대포로 사용하였다.[75] 또한 북부군은 모니터(Monitor) 호를 장갑함으로 만들고 상부에 회전식 포탑을 설치하여 전함이 방향을 바꾸지 않고도 360도전 방향으로 함포를 발사할 수 있게 하였다.[76] 스웨덴 출신의 존 에릭슨(John Ericson)은 스크류 프로펠러를 고안하여 함정에 부착하기 위한 기술을 개발하기 시작하였으며, 증기기관식 쾌속선을 건조하여 병력이나 물자수송은 물론 전투에도 사용하기 시작하였다.[77]

이렇게 남북전쟁은 과거의 전통적인 전쟁과는 다른 방식으로 산업혁명 시대의 발전된 과학기술이 도입된 전쟁이었다. 미국의 역사학자인 맥퍼슨(James M. McPherson)은 그의 저서인 『동란의 시대: 남북전쟁과 재건(Ordeal by Fire: The Civil War and Reconstruction)』에서 다음의 10가지를 남북전쟁에서 나타난 최초의 사례로 들었는데, 그것은 ① 철도와 전신의 광범위한 사용, ② 장갑함 간의 해전, ③ 나선식 야포와 경화기의 광범위한 사용, ④ 연발총의 사용, ⑤ 기관총의 실험적 사용, ⑥ 2인 이상의 승조원이 탄 잠수정 사용, ⑦ 관측용 정찰기구의 사용, ⑧ 미국역사상 최초의 징병제 도입, ⑨ 참호전의 시행, ⑩ 군수품의 대량생산과 사용[78] 등이다. 여기서 제시된 10가지 사항들의 대부분은 북부군에 관련되는 것으로 이러한 것들이 승리의 뒷받침이 되었음은 물론이다.

8. 흑인과 백인의 통합을 지향한 북부사회

북부는 노예해방이라는 전쟁의 목적을 달성하기 위해 정치적으로 단결한 가운데 인

---

74   Eliot Cohen, 『최고사령부』, pp. 52-57.

75   어니스트 볼크먼, 석기용 옮김, 『전쟁과 과학, 그 야합의 역사』(서울: 아미고, 2003), p. 295.

76   김철환, 『전쟁, 그리고 무기의 발달』(서울: 양서각, 1997), p. 90.

77   볼크먼, 『전쟁과 과학, 그 야합의 역사』, pp. 290-291.

78   신태영, 『아메리카 전쟁』, p. 208. 남북전쟁 시 1863년 12월 31일부터 다음해 1월 2일까지 3일간 진행된 스타운즈 리버(Stowns River) 전투에서 북부군 보병이 발사한 탄환이 200만 발을 웃돌았으며, 포병이 발사한 포탄은 2만 307발, 양군이 사용한 탄약의 총 중량은 37만 5,000파운드라고 한다. 그만큼 남북전쟁은 당시로서는 과거의 어느 전쟁에서보다 많은 장비가 생산되고 이에 따른 대량의 탄약과 물자가 소모된 전쟁이었다.

구 규모와 군사력이나 재정과 경제력, 과학기술력 등 모든 면에서 전반적으로 우세하여 초기 작전의 실패에도 불구 후반기 들면서 전쟁을 주도해나갈 수 있었다.

반면에 남부는 남부인구 900만의 5%도 안 되는 백인지주들이 350만여 명의 흑인노예들을 해방하는 데 반대하면서 여러 주가 연합하여 북부의 연방정부에 대항하였지만 인구와 군사력, 재정·경제력, 과학 기술력에 이르기까지 전반적으로 열세하였으며 따라서 전쟁을 지속하기에는 한계가 있었다.

북부는 노예해방을 기치로 전쟁을 하면서 흑인들도 인간적인 대우를 위하여 노력하였고, 노예들은 이러한 북부의 노력에 대하여 같은 전투원 또는 보급이나 병참 등의 전투근무지원병으로서 참전하여 남부군 격파에 힘을 보탰다. 정치인들도 노예제도 해방을 앞장서서 주장하였으며, 통합된 사회를 위하여 노력하였다. 여기에다 북부가 노예해방을 기치로 내세웠고 남부가 이에 반대하여 전쟁을 하고 있었기 때문에 남부로부터 노예해방을 부르짖는 다수의 흑인들이 북부로 도주하여 인구에서 북부의 1/2도 안 되는 남부에 또 다른 타격을 안겨 주었다.

남부는 북부에 비하여 재정이나 경제력이 부족하여 젼비조달이 어렵게 되자 이를 해결하기 위해서 지폐를 남발하였다. 이것은 오히려 인플레이션을 초래하여 남부 사람들의 생활을 어렵게 만들었고 전투의지를 약화시키는 부작용도 초래하였다.

산업화된 시대에 있어 전쟁을 하는 양측은 전투를 하기 위해서 많은 총과 포, 탄약을 생산해야만 되었고, 이를 위해서는 많은 금속이 소요되기 마련인데 당시의 생산량에는 한계가 있었으므로 시민들은 이미 가정에서 사용하고 있던 식기나 농기구 등은 물론 교회의 종 등 공공의 시설 중에서도 전쟁과 관련이 없거나 일상에 필요하지 않은 금속제 물건들은 총과 포, 탄약을 만들기 위하여 모두 헌납하였다.

9. 소결론

남북전쟁은 독립 이후 남북 간에 정치와 경제, 사회적인 문제가 추적되어 있던 중 노예문제가 직접적인 원인이 되어 연방의 권력과 쥬 권력이 충돌하여 끝내 합의점을 찾지 못하고 분열되어 시작된 전쟁이었다. 단기간에 끝날 것으로 예상되었던 전쟁이 예상외로 장기전으로 가면서 수많은 시민들이 동원되어 처음에는 어설픈 가운데 훈련을 하면서 부대를 만들고 전투를 하기 시작하였지만, 점차 철도나 전신, 과학기술 발전을 도입한 장비들이 개발되어 사용되면서 피해는 눈덩이처럼 커져 갔다. 산업혁명의 성공과 기술발전의 여파로 장비나 탄약, 물자들이 대량으로 생산되고 사용되면서 끝내 전쟁을 지속할 수 있는 능력에서 압도적으로 우세한 북부가 승리할 수 있었다.

국가 간의 전쟁이라기보다는 한 국가에 잠재되어 있었던 갈등과 특정한 문제, 즉 노예해방이라는 문제로 인하여 내전의 성격으로 진행된 남북전쟁을 지금의 국가 간 총력전으로 평가하기에는 제한적일 수밖에 없다.

그러나 먼저 남북전쟁을 클라우제비츠의 삼위일체론을 적용하여 분석해본다면, 제3극인 국가 관점에서 볼 때 북부의 연방군이 승리를 할 수 있었던 요인은 지도자인 링컨의 탁월한 지도력과 정치적인 우위, 그리고 북부가 남부에 비하여 재정능력이나 경제능력에 있어서도 압도적이었다. 또한 제2극인 군대에 있어서도 북부는 초기단계에는 수적으로 불리하였으나 전쟁이 장기화되면서 풍부한 예비전력의 동원으로 우위를 유지하였고, 제1극인 국민들 역시 북부는 연방정부에 호응하여 적극 참여를 하였으나 남부에서는 사회적인 불만으로 폭동이 발생하는 등 혼란스러웠다. 결국 국가와 국민, 군대의 삼위일체가 바탕이 되어 북부의 연방정부가 승리하였던 것이다.[79]

다음은 합동기본교리에서 제시하고 있는 총력전을 수행하기 위한 제반 요소를 이용하여 남북전쟁 당시 전쟁양상에서 나타난 현상을 각각의 요소와 연관시켜 평가해볼 때 다음과 같은 이유로 북부가 승리할 수 있었다.

첫째, 노예해방이라는 목표를 분명히 하여 북부를 단결시키면서 전쟁을 지도하여 승리로 이끈 링컨이라는 지도자의 리더십과 그랜트라는 적절한 군사지도자의 발탁 등 당적을 가리지 않고 유능한 인재를 선발하고 운용한 링컨의 리더십과 둘째, 연방정부의 노예해방이라는 정치적 목적을 같이하면서 이에 동조한 북부의 결속력과 북부 사람들의 승리에 대한 의지 셋째, 북부의 제조업을 바탕으로 하는 경제력과 재정능력 및 과학 기술력의 우위, 넷째 북부의 인적·물적 자원 등 예비전력의 규모와 동원능력에서의 압도적인 우위 다섯째, 이와 같이 전반적으로 모든 분야에서 우세한 요소를 적절히 이용하여 북부가 총력전을 실시하였기 때문에 승리를 할 수 있었다고 평가할 수 있을 것이다.

미국의 남북전쟁은 단기간에 걸쳐 끝날 것이라는 예상과는 달리 4년이 넘게 장기간에 걸쳐 진행되었으며, 62만여 명이라는 엄청난 사망자와 50만여 명의 부상자도 발생

---

79 루퍼트 스미스, 『전쟁의 패러다임』, pp. 120-121.

하였다. 또한 국토도 황폐화되었다. 그러나 링컨 대통령과 북부는 노예제도를 영원히 폐지하고 연방의 분열도 막으면서 전쟁을 끝낼 수 있었다.

"19세기에 있었던 남북전쟁을 모르고는 오늘의 미국을 이해하기는 불가능하다. 이 전쟁은 우리를 다시 태어나게 했고, 오늘의 우리를 있게 한 역사적인 전환점이 되었다."는 『남북전쟁』을 쓴 푸트(Shelby Foote)가 남긴 말처럼, 남북전쟁은 길지 않은 미국의 역사를 놓고 볼 때 미국과 미국인이라는 국가의 정체성(Identity)을 분명히 확립하는 전쟁이 되었으며, 오늘날 전 세계의 민주주의를 대표하는 국가로서의 바탕을 다지는 계기가 되었던 전쟁이었다.

제3장
제1차
세계대전 시
강대국의
총력전

제1절
당시 유럽의 일반상황

1910년대 초반, 유럽은 외형적으로 보기에는 평화롭게 풍요를 누리고 있었고 그 풍요함의 기반은 국제적인 교류와 협력에 의존하고 있었기 때문에 전쟁은 일어나지 않을 것이라는 믿음이 있었다. 이를 두고 『거대한 환상(The Great Illusion)』의 저자인 노만 에인절(Norman Angell)은 "(유럽에서) 전쟁이 발발하면 국제적인 신용체제가 붕괴될 것이기 때문에 전쟁은 발발하지 않을 것이며, 설령 발발한다고 해도 신속히 종결될 것이다."[1]라고 하여, 유럽 강대국 간에 있어 전쟁이 일어날 가능성을 낮게 평가하고 있었다.

1920년대에 영국의 윈스턴 처칠도 지나간 1차 세계대전을 회고하면서 1914년의 봄과 여름이 예외적으로 조용한 가운데 지나갔다고 하였는데, 세계적인 대전쟁(Great War)을 앞두고 1914년 초에 유럽에서는 이상하게도 평화스러운 것처럼 보이고 있었다.[2]

그러나 이미 19세기 말에 들어서는 매우 많은 '아마겟돈(Armageddon) 현상', 즉 지구의 종말을 알리는 현상이 발생되고 있었는데, 그중에서도 가장 대표적인 것은 1897~1898년에 산 페터스버그(St. Petersburg)에서 폴란드의 은행가이자 독학자인 이반 블로치(Ivan S. Bloch)가 6권으로 된 『전쟁연구서(Is War Now Impossible?)』를 저술하면서 예언한 1차 세계대전일 것이다.

블로치는 무기의 기술적 발전과 더불어 국가 간 갈등이 발생하면 정치와 경제의 결합 가능성 증대로 국가 간 막다른 상태를 피할 수 없게 되며 그러한 결과로 유럽에서 전쟁이 발발하면 민간인들에게는 소모전이 강요되고, 최종 결과는 사회조직의 붕괴가

---

1 존 키건, 조행복 옮김, 『1차 세계대전사』(서울: 한영문화사, 2009), p. 23; Niall Ferguson, *How (Not) to Pay for the War*(Cambridge University Press, 2000), p. 409.

2 Ruth Henig, *The Origins of The First World War*(GB: Clays Ltd, 1993), p. 1.

될 것이라고 예언을 하였다.[3]

블로치가 예언했듯이 19세기 말로부터 1차 세계대전이 발발하는 1914년까지 유럽에서는 주요 강대국 간 끊임없는 갈등이 있었고, 그 갈등의 주역으로 등장하는 주요 국가에는 독일과 오스트리아-헝가리 제국, 이탈리아를 중심으로 하는 3국 동맹국(Triple Alliance)과 영국과 프랑스, 러시아를 중심으로 하는 3국 협상국(Triple Entente)이 있었다.

이 시기에 영국의 자유주의자인 디킨슨(Dickinson)이나 현실주의자인 왈츠(Kenneth N. Waltz)가 이런 상황을 두고 '국제적 무정부 상태(State of the Anarchy)'라고 표현한 것처럼, 유럽에서는 끊임없는 갈등이 발생하여 각국은 자국의 이익을 지키기 위해 동맹과 적대관계를 형성하였지만 이를 중재할만한 국제기구도 없이 혼란이 지속되고 있었다.[4]

이들 국가들에게 주요한 공통의 관심사이자 갈등을 불러일으켰던 요인에는 아시아-아프리카에서의 식민지 개척을 둘러싼 갈등과 팽창주의, 해군력의 강화를 둘러싼 영국과 독일의 갈등, 발칸 반도에서의 범게르만주의와 범슬라브주의의 민족적 대결, 프랑스와 독일의 갈등 등 몇몇으로 요약되면서 동시에 이들의 문제는 전쟁에 의하지 않고는 해결할 수 없는 상황으로 치닫고 있었다.[5]

1. 독일의 통일과 군비확장

프로이센, 즉 통일 독일 이전의 독일은 느슨한 연방체제를 유지한 가운데 지속되고 있다가 빌헬름 1세가 등장하고 비스마르크가 군사개혁을 추진한 결과 1864년 덴마크와의 국경분쟁과 1866년 프로이센-오스트리아(보-오)전쟁, 1870~1871년 프로이센-프랑스(보-불)전쟁에서 승리하면서 독일제국(Deutschland)으로 통일하였다.

독일은 통일 이후 '철혈정책(鐵血政策, Blut und Eisen Politik)'[6]을 주장하는 비스마르크가 주

---

3 Richard A. Preston & Sydney F. Wise, *Men In Arms*, p. 259; Hew Strachan, "Economic Mobilization: Money, Munition, and Machine", *The Oxford Illustrated History of The First World War*(New York: Oxford University Press, 1998), p. 135. 블로치는 전쟁을 하려면 많은 전쟁비용이 소요되기 때문에 전쟁비용이 오히려 전쟁을 억제할 것이라고 하였으며, 전쟁이 발발하더라도 오래가지 못할 것이라고 하였다. 그러나 그 예측은 빗나가 1차 세계대전은 4년이 넘게 지속되었다.

4 박재영, 『국제정치의 패러다임』(서울:법문사, 2009), p. 373; 정하명 외, 『세계전쟁사』, p. 190.

5 Ruth Henig, *The Origins of The First World War*, pp. 1-2.

6 "…프로이센은 이미 몇 번이나 놓쳐 버린 기회를 잡기 위해서 모든 힘을 쏟아 부어야 하며, 계속해서 버텨야 합니다. 빈 조약에 따른 프로이센의 국경선은 생존하기에 부적절합니다. 이 시대의 큰 문제들은

도하여 산업을 육성하고 군비를 확장하는 등 강력한 통일 독일제국을 건설하면서 유럽에서 신흥강국으로 급부상하자 소위 '비스마르크 체제'를 만들어 유럽의 세력균형을 유지하는 중추적 역할을 담당하기 시작하였다.[7]

통일 이후 독일은 경제적으로 괄목할 만한 성장을 거듭하였다. 특히 철강 분야에서는 유럽에서 생산하는 전체의 2/3를 생산하였는데, 이 양은 영국과 프랑스, 러시아가 생산한 양보다도 많은 것이었다. 다른 경제 분야에서도 마찬가지로 독일의 경제성장은 독일을 급속히 신흥강대국으로 변화시키고 있었으며, 이러한 경제적인 변화는 군사력 확장을 동반함으로써 특히 프랑스를 긴장시키고 있었다.[8]

통일 이후 독일은 전통적인 적대국이자 강국인 프랑스를 견제하고자 1881년에는 러시아, 1882년에는 오스트리아를 끌어들여 '3제 협상'을 결성하였다.[9] 3제 협상은 러시아와 오스트리아의 관계악화로 1887년 종료되고 대신에 독일과 이탈리아, 오스트리아 '3국 동맹'으로 발전되었다. 그러나 1882년 집권하여 1890년 비스마르크를 해임하고 실권을 장악한 빌헬름 2세는 독일을 강국으로 만들기 위해 해군력을 강화하기 시작하였는데, 이것은 영국을 자극하여 전함건조 경쟁을 촉발하는 계기가 되었다.

빌헬름 2세는 집권 후 러시아와도 관계개선을 원하였지만, 러시아가 프랑스와의 관계를 이유로 이를 회피하자 양국의 관계는 악화되어 이후 2차 세계대전 시까지 주요 교전국으로 두 차례에 걸쳐 치열한 전쟁을 하였다.

빌헬름 2세가 팽창정책을 추진하는 과정에서 프랑스와의 갈등도 피할 수 없게 되었

말로 해결할 수 없고, 다수결로 해결할 수도 없습니다. 철과 피로써만 가능 합니다." 이는 비스마르크가 1862년 9월 30일 수상 겸 외무장관으로 취임을 한지 불과 1주일 만에 프로이센 의회 예산심의회에서 행한 연설로 이로써 그는 철혈재상이라는 명칭을 얻게 되었다.

7 1871년 독일의 통일을 이룩한 비스마르크는 유럽에서 소위 '비스마르크 체제'를 구축하여 유럽의 세력균형을 도모하고 있었다. 비스마르크의 기본 외교방향은 첫째, 유럽 정치에서 현상을 유지하고 둘째, 프랑스의 고립을 유지하는 두 가지에 목적이 맞춰져 있었다. 이를 위해 비스마르크는 오스트리아 및 러시아와 3제 협상(1873~1887), 오스트리아와는 양국동맹(1889~1918)과 3제 협상 및 3국 동맹, 이탈리아와는 3국 동맹(1882~1915) 및 군사합의(1888~1915), 러시아와는 군사협정(1873~1881) 및 재보장조약(1887~1890) 등을 체결, 국가별로 복잡하고 다양하게 얽어대어 세력균형을 유지하고 있었다. 이러한 다양한 조약들은 비스마르크가 실각한 1890년에 폐지되거나 또는 1차 세계대전이 발발할 때까지도 계속 유효하였다(자세한 사항은 김용구, 『세계외교사』, 서울: 서울대학교 출판부, pp. 144-169를 참조할 것).

8 Ruth Henig, *The Origins of The First World War*, pp. 8-9.

9 J. M. Winter, *The Experience of The War*(New York: Oxford University Press, 1995), p. 10. 이 조약에 따르면 동맹국 중의 어느 나라가 침략을 받으면 다른 나라는 함께 방위를 하도록 규정되어 있었다. 이 조약은 1914년 1차 세계대전이 발발하기까지 정기적으로 개정되었다.

으며, 이 과정에서 아프리카의 모로코에 대한 지배권을 둘러싸고 분쟁(1905~1906, 1911)이 발발하였다. 이에 영국이 프랑스를 강력히 지지하여 독일의 의도를 좌절시키자, 독일은 이번에는 베를린-바그다드-비잔티움을 철도로 연결하는 이른바 '3B정책'을 추진하여 중동으로 진출하고자 했다. 그러나 이 또한 영국의 '3C정책', 즉 카이로-케이프타운-캘커타를 연결하는 정책에 의해 좌절되면서 독일은 프랑스, 영국과의 갈등을 피할 수 없게 되었다.

프로이센은 독일의 통일 주도권을 놓고 오스트리아와 전쟁(보-오전쟁, 1866)을 하였지만 프로이센이 승리하여 통일 독일을 건설 후 1873년 이래 '3제 협상' 및 '3국 동맹조약' 등을 체결하여 오스트리아-헝가리 제국과 강력한 연대를 맺기 시작하였으며, 이 조약은 1차 세계대전에서 패하여 오스트리아-헝가리 제국이 해체될 시까지 계속되었다.

2. 이탈리아 반도의 통일

중세의 이탈리아 반도는 도시국가로 분열되어 제후들이 마음대로 군대를 조직할 수는 있었지만 이 군대로서는 강력한 왕정국가들에게 대항을 할 수 없었다. 당시 이탈리아는 북부에는 오스트리아의 합스부르크 왕가가 지배를 하고 있었고, 남부지방은 프랑스 부르봉 왕가의 지배를 받고 있었으며, 교황령은 자치를 하고 있었다.

이런 분열된 이탈리아에 대한 통일 분위기는 샤르데냐의 비토리오 에마누엘레(Vittorio Emanule) 2세가 주도하는 샤르데냐 왕국이 중심이 되어 이탈리아 북부에서 오스트리아군을 축출하고 중부지역을 합병하였으며, 가리발디(Giuseppe Garibaldi) 장군은 시칠리아를 정복하면서 1861년에는 대체적으로 이탈리아 반도를 통일하고 로마에 수도를 정했다.

이탈리아는 독일제국과는 군사협정 및 3국 동맹을 체결하여 유럽에서 동맹국의 일원으로 세력균형의 한 축을 담당하였고, 오스트리아-헝가리 제국과는 3국 동맹의 일원으로 1차 세계대전이 발발할 때까지 3국 동맹의 주요한 국가로서 그 영향력을 발휘하였다.

3. 영국의 명예로운 고립정책 포기

영국은 18세기 산업혁명에서 성공한 이래 산업활동에 필요한 자원을 충족하기 위해서 해외로 눈을 돌려 아시아와 아프리카 등 세계 도처에서 많은 식민지를 획득하여 관리하고 있었으며, 이를 위해 당시 강력한 해군함대와 상선조직을 건설하여 영연방(Commonwealth of Nations)을 유지하고 있었으나 유럽대륙의 문제에는 일체 간섭을 하지 않겠다는 이른바 '불간섭주의(Non-interventionism)'를 유지하고 있었다.

그러나 영국은 식민지를 획득하는 과정에서 19세기 말 유럽뿐만 아니라 아시아, 아프리카에서 많은 국가들과 충돌하고 있었다. 아프리카에서는 수단 문제로 프랑스와, 중동에서는 바그다드 철도 건설로 독일제국과 충돌하고 있었으며, 만주에서는 러시아와 갈등을 빚고 있었다. 도처에서의 이러한 충돌은 더 이상 영국을 유럽의 한 섬에 묶어두어 계속 고립주의를 유지할 수 있도록 환경을 만들어주지는 못하였다.

이러한 국제적 환경에서 독일의 빌헬름 2세가 집권한 후 강력한 해군력 건설을 추진하기 시작하자 이에 위협을 느끼면서 더 이상의 '명예로운 고립정책(Splendid Isolation)'은 영국에 이롭지 않겠다는 판단에 따라 이를 포기하고 해군의 건의에 따라 아시아에서 프랑스와 러시아의 해군력에 대항하기 위해서 1902년에는 일본과 영일동맹을 체결하였다.

독일의 모로코 지배권 요구로 촉발된 모로코 분쟁에서 영국이 프랑스를 지원하자 이를 계기로 프랑스와는 1904년에 영국-프랑스 해군협정을 체결, 북해는 영국 해군이, 지중해는 프랑스 해군이 각각 책임을 분담해서 독일 해군을 견제하기로 합의하였다. 1907년에는 러시아와 아프간 문제로 야기된 긴장을 완화하고 대립을 조정하면서 세력의 범위를 정하는 영국-러시아 협상을 체결함으로써 마침내 영국과 프랑스, 러시아가 독일을 견제하기 위한 '3국 협상' 체제를 완성하는 계기를 만들었다. '3국 동맹'과 '3국 협상'의 대결이 본격적으로 시작된 것이다.

영국은 만약 독일군에 의해 프랑스가 군사적으로 패배하거나 또는 세르비아가 오스트리아-헝가리 제국에 의해 침공을 받으면 그대로 묵과하지 않겠다는 점을 독일에 알렸다. 당시 유럽의 이러한 정세를 감안하여 독일은 빌헬름 2세 황제가 주관한 회의에서 독일의 전쟁준비가 끝날 1914년까지 영국이나 프랑스 등 3국 협상국들과 충돌을 피하면서 어떤 결정도 미루기로 하였다.[10] 그리고 정확히 이러한 준비가 끝난 1914년 7월, 인류는 역사상 최초의 범세계적인 전쟁에 돌입하게 되었다.

4. 독일에 대한 프랑스의 복수심

프랑스는 나폴레옹 전쟁 이후 부르봉 왕조가 복귀하여 루이 18세가 황제로 즉위하였으며 샤를 10세와 필립이 황제로 재위 시 지나친 특권정치로 다시 쫓겨나고 1848년 대통령으로 당선된 루이 나폴레옹이 1852년 황제로 등극하여 나폴레옹 3세로서 집권하였다. 나폴레옹 3세는 개혁을 추진하여 과거 나폴레옹 시대의 강력한 프랑스를 재현하고자 했으나, 보불전쟁(1870.7~1871.5)에서 패하여 자신은 포로가 되고 항복을 하였다. 전쟁의 결과로 체결된 프랑크푸르트 조약에 따라 50억 금화 프랑의 전쟁배상금과 더불어 '알자스-로렌(Alsace-Lorraine)' 지방도 독일에 양도해야만 했다.

이에 프랑스인들은 강한 수치심을 느끼면서 독일에 대한 복수심을 간직한 채로 때가 오기를 기다리면서 절치부심(切齒腐心)하고 있다가 1890년 비스마르크가 실각하자 마침내 1894년 러시아와 동맹을 체결하고 독일을 양면에서 압박하고자 하였다. 프랑스는 영국이 독일의 해군력 건설에 커다란 위협을 느끼면서 '명예로운 고립정책'을 버리자 1904년 영국-프랑스 해군협정을 체결하여 독일해군을 견제하기 시작하였다.

독일이 인구나 경제적으로 급속히 발전해나가는 동안 프랑스는 상대적으로 인구의 증가도 더뎠고, 경제에 있어서도 독일에 비하여 대단히 느리게 발전되고 있었다. 국력에서 독일에 상대가 되지 않을 정도로 뒤처지고 있었던 것이다.

5. 제정러시아의 전제정치와 민중의 저항

제정러시아는 1721년 표트르 대제가 모스크바에서 건국하여 서구화 정책을 추진하면서 유럽의 일원으로 인정을 받기 시작한 이후 알렉산드르 황제와 니콜라이 황제를 거치면서 한때 농노제도를 폐지하는 등 일련의 개혁조치를 취하기는 하였으나 실패하고 전제정치를 더욱 강화하였다.

비스마르크 체제에서 러시아는 독일제국과 1873년 한때 군사조약을 체결하기도 하였으나 전통적으로 양국이 우호관계를 유지하기에는 어려운 사이였으며, 양국이 실제로 이 조약을 지킬 의사가 없었기 때문에 곧 사문화되었다. 독일과 러시아는 재보장 조

---

10   J. M. Winter, *The Experience of The War*, p. 32.

약 등을 체결하여 양국의 관계 정상화를 위한 노력이 있었지만 이러한 움직임은 비스마르크가 실각하고 빌헬름 2세가 집권하면서 다시 악화되었고 이틈을 이용하여 프랑스가 러시아에 접근, 러시아에 막대한 차관을 제공함으로써 더욱 긴밀한 관계로 발전되어 양국은 마침내 1892년 정치와 경제, 군사를 아우르는 동맹을 체결하였다.

러시아도 한때 급속한 산업화를 달성하여 영국과 독일, 미국에 이어 세계 4위의 산업국가로 부상을 하였었다. 석탄과 철강의 생산이 확대되기도 하였지만, 그러나 독일에 비하여 상대적으로 매우 적은 양을 생산하고 있었다.

러시아는 철도건설이나 군비증강, 재정적자 보충 등을 위해서는 많은 자본이 필요하여 한때 독일이나 네덜란드에서 차관을 도입하였지만, 독일과의 관계가 악화되자 프랑스는 이런 기회를 이용하여 러시아에 정략적인 접근을 하였고, 러시아로서는 이에 필요한 자본을 프랑스로부터 조달할 수 있었다. 영국과는 중동 및 중앙아시아 지역을 두고 대립을 하던 러시아는 1907년 협상을 통해 관계를 개선하였다.

그러나 러시아는 동아시아에서 일본과 대립 끝에 러일전쟁(1904~1905)에서 참담하게 패한 뒤 개혁에 대한 여론이 고조되고 억눌린 민중들에 의한 비폭력 시위를 유혈로 진압하는 이른바 '피의 일요일' 사건(1905)이 발생하자 정부는 악화된 민심을 달래기 위하여 헌법제정과 의회(Duma)를 설치하는 등 개혁적인 모습을 보이기도 하였다.

1908~1909년 오스트리아-헝가리 제국이 발칸반도의 슬라브족 국가인 보스니아-헤르체고비나를 합병하였을 때, 슬라브족으로서 동질감을 갖고 있었던 러시아가 이에 강력히 반발하였다. 그러자 오스트리아-헝가리 제국과 동맹국인 독일은 러시아에게 현상을 기정사실화하든지 아니면 이에 따른 결과(전쟁)를 각오하든지 양자택일의 선택을 요구하였고, 이미 러일전쟁에서 패하고 2월 혁명으로 허약해질 대로 허약해진 러시아는 이에 무기력하게 대응할 수밖에 없었다.

6. 미국의 경제력 확대와 고립주의 지향

미국은 멕시코 전쟁(1846~1848)과 남북전쟁(1861~1865), 그리고 스페인과의 전쟁(1898)을 거치면서 마침내 그 국토를 대서양으로부터 태평양에 이르기까지 확장하였으며, 인구도 자연적인 증가 외에 유럽으로부터 지속적으로 이민이 유입되어 1900년도 초에 이미 7,600만여 명에 달하여 당시 강대국으로서는 러시아(1.35억 명)를 제외한 모든 나라들을 압도할 정도로 중대되어 있었다.

한편 미국은 인구의 급속한 증가와 더불어 광대한 국토와 풍부한 자원과 높은 기술력 및 산업생산력 등으로 이미 1900년대 초에 철강생산량이나 에너지 소모량, 1인당 국민소득 등 경제적인 면에서도 유럽의 모든 국가들을 앞서고 있었다.

그러나 외교적으로는 1823년 이래 먼로주의(Monroe Doctrine)를 주장하여 유럽대륙의 문제에는 일체 간섭을 하지 않는다는 이른바 '고립 및 비간섭주의'를 지속하여 유럽의 정치문제에는 관심을 쏟지 않고 있었다.[11]

그렇지만 미국은 영국이나 독일에게 모두 다 매우 중요한 국가였다. 미국은 외교나 정치적으로는 중립을 유지하면서도 경제적으로는 '해양에서의 자유(Freedom of the sea)'를 주장하면서 모든 국가에게 무역을 통해 부를 축적하고 있었다. 유럽의 3국 동맹국이나 협상국 모두에게 무역상대국으로서 미국은 중요한 국가로 등장한 것이다.

7. 다민족 국가인 오스트리아-헝가리 제국의 혼란

오스트리아 제국은 1804년에 오스트리아가 주(主)가 되어 제국이 성립되었으며 1848년 이래 프랑스와의 전쟁(1859)의 패배와 프러시아와의 전쟁(보-오 전쟁, 1866)에서의 패배로 그동안 합스부르크가의 이탈리아와 독일에서의 행사하였던 영향력은 끝나고 오스트리아를 동부유럽국가로 돌려놓았다.

그러나 동구권 유럽에는 강력한 마자르(Magyar)인의 헝가리가 있었기 때문에 합스부르크가는 이 문제를 헝가리와 함께 협력하여 오스트리아-헝가리(Empire of Austria-Hungary) 2중 제국을 1867년에 건설하고, 오스트리아의 프란츠 요세프(Franz Josef) 1세가 황제를 겸하는 것으로 하였다. 이 제국은 군사와 외교, 재정을 공동으로 하고 각각은 의회와 정부를 갖고 독립된 정치를 하기로 하였다. 오스트리아-헝가리 제국은 독일제국과 1879년에는 3제 협상 및 3국 동맹조약을 체결한 이후 1차 세계대전에서 패하여

---

11 '먼로주의(Monroe Doctrine)'는 1823년 미국 5대 대통령인 제임스 먼로가 의회에 제출한 연두교서에서 밝힌 외교방침으로 첫째, 미국의 유럽에 대한 불간섭의 원칙과 둘째, 유럽의 미국에 대한 불간섭 원칙 셋째, 유럽제국에 의한 식민지건설에 대한 반대를 담고 있다. 당시 유럽열강에 비하여 신생국으로서 상대적으로 국력이 약한 미국은 더 이상 유럽열강들이 미 대륙을 식민지화하거나 주권에 대한 간섭을 거부할 필요가 있었으며, 따라서 이를 외교적으로 명확히 하기 위해서 밝힌 방침으로 미국도 유럽 열강들 간의 전쟁에서 중립을 유지하겠다는 것이다.

제국이 해체될 때까지 동맹을 유지하였다.

　오스트리아-헝가리 제국은 독일계 게르만족이 주축인 오스트리아와 헝가리의 마자르인, 체코인, 루마니아인 등 10여 개 이상의 다양한 민족으로 구성되어 있어서 매우 취약한 국가구조를 갖고 있었다. 이 제국은 인접한 세르비아와 같은 신생국가들이 반란을 일으켜 제국의 안보에 위협이 되는 것을 두려워하여 오스트리아가 1878년 이래 통치해오던 터키의 지역이었으며 주민 대다수가 세르비아인인 보스니아-헤르체고비나를 1908년에 합병하였다.[12]

　이 합병에 대해 러시아의 지원을 받고 있는 세르비아가 반대를 하였지만, 독일이 오스트리아-헝가리 제국을 지원하면서 진압되었다. 터키의 그 외 지역에서 오스트리아-헝가리 제국뿐만 아니라 그리스와 세르비아, 불가리아 등이 각 국가의 영역을 넓히기 위하여 갈등을 하면서 마침내 1913년에 발칸전쟁이 발생하여 불가리아가 패하였다. 여기에 반감을 갖고 있었던 불가리아는 1차 세계대전 시 동맹국 측에 가담하였다.

　1차 세계대전이 발발하기 이전 유럽의 상황을 요약하면, 통일독일은 소위 비스마르크 체제로 유럽에서 세력균형을 유지하면서 산업혁명의 성공을 이용하여 신장된 국력을 바탕으로 강한 해군력을 유지하기 위해 전함을 건조하기 시작하였고, 이에 앞서가던 해양국가 영국도 새로운 개념의 함대를 건조하기 시작함으로써 군비경쟁은 시작되었다. 여기에 아시아-아프리카에서 식민지를 서로 확보하기 위한 경쟁은 대립을 더욱 악화시키는 결과를 초래하였다.

　한편 1908년 오스트리아-헝가리 제국이 보스니아-헤르체고비나를 강제로 합병하여 심한 모욕감을 받은 러시아는 발칸반도의 슬라브족 국가에 대한 지원을 강화하기 시작함으로써 게르만족과 슬라브족이 뒤엉킨 발칸반도에서의 민족주의 대립은 심화되어 가고 있었다.

　1912~1913년의 발칸전쟁에서 투르크 민족과 그리스의 지원을 받는 세르비아와 불가리아가 전쟁을 하였는데, 여기서 러시아가 세르비아를 지원하자 같은 슬라브족인 불가리아는 불만을 갖고 동맹국 측에 가담을 하였다.

　오스트리아-헝가리 제국은 다민족으로 이루어진 국가인데 만약 세르비아가 이길 경우에는 자국의 슬라브계 소수민족들의 반란이 우려되었으며 이로 인하여 발칸지역에서 세르비아의 영향력 강화를 걱정하지 않을 수 없었다.

12　J. M. Winter, *The Experience of The War*, p. 28.

해군력을 강화하기 위한 경쟁이 영국과 독일을 중심으로 진행되었다면 육군력의 강화는 독일과 프랑스, 러시아의 주도로 진행되었다. 독일은 1차 세계대전이나 2차 세계대전 시 항상 동에서는 러시아, 서에서는 프랑스를 상대로 양면전쟁을 해야만 했었는데, 이때에도 상황은 어쩔 수 없이 전쟁이 다시 발발한다면 또 유사한 상황에서 전쟁을 해야만 되었기 때문에 해군과 더불어 강력한 육군을 건설할 수밖에 없었다.

이 무렵 독일의 정치나 군부지도자들은 프랑스-러시아의 동맹을 체결함으로써 독일을 양면에서 포위하는 것을 우려하고 있었고, 특히 프랑스가 러시아에 제공한 차관으로 건설한 철도로 인해 러시아가 신속한 동원이 가능해지자 이를 우려하여 독일은 선제공격 압력을 받고 있었으며, 1차 발칸전쟁에서 터키가 패하면서 그 현상은 더욱 심화되고 있었다.[13]

또한 프랑스는 독일과 직접적으로 국경선을 맞대고 있어서 항상 독일로부터의 위협에 대해 관심을 갖고 있었고, 러시아는 광대한 영토와 더불어 발칸반도의 슬라브족 국가에 대한 관심과 러시아의 동계 해안선의 결빙 등으로 육군력 강화에 집중하고 있었다.

이러한 지정학적인 요인과 군비강화는 마침내 영국과 프랑스, 러시아를 3국 협상국(연합국), 독일과 오스트리아-헝가리, 이탈리아를 3국 동맹국으로 하여 질서재편을 요구하였고, 이런 세력의 재편성과 힘의 대결은 서서히 전쟁을 향하여 전진을 하면서 다만 언제 어떤 방법으로 전쟁이 시작될지 그 시기를 기다리다가 마침내 사라예보 사건이 발단이 된 것이다.

전쟁이 발발하기 직전인 1913년, 다가올 1914년 전쟁의 주역이 될 주요 강대국들의 19세기 말로부터 20세기 초 상대적인 경제력이 1860년대 이후부터 전쟁이 발발한 1913년도까지 어떻게 변화되었는지 전쟁의 결과를 염두에 두면서 살펴보는 것도 의미 있을 것이다.

〈표 3.1〉에서 관심을 갖고 보아야 할 국가는 특히 독일이다. 독일은 보불전쟁 이전에는 경제력의 규모가 별로 크지 않았으나, 뒤늦게 시작된 산업혁명에서의 성공과 1871년 통일이 기반이 되어 경제력이 급속히 확대되기 시작하여 1차 세계대전이 발발할 당시에는 유럽에서 규모가 제일 확대된 나라로 자리매김을 하고 있었으며, 이러한

---

13   Jeremy Black, *The Age of Total War: 1860~1945*(Prager Security International, London, Westport Connecticut, 2006), p. 66.

〈표 3.1〉 19세기 말~20세기 초 강대국의 산업생산능력 상대적 비교

(단위: %)

구 분	1860	1880	1900	1913
영 국	19.2	22.9	18.5	13.6
프랑스	7.9	7.8	6.8	6.1
러시아	7.0	7.6	8.8	8.2
독 일	4.9	8.5	13.2	14.8
미 국	7.2	14.7	23.6	32.0
오스트리아-헝가리	4.2	4.4	4.7	4.4
이탈리아	2.5	2.5	2.5	2.4

출처: Paul Kennedy, *The Rise and Fall of The Great Power, Economic Change and Military Conflict from 1500~2000* (New York: Random House, 1987), p. 149, 202.

〈표 3.2〉 1870~1900년 경제력 우선순위의 변화

구 분	1860	1870	1880	1890	1900
1 위	영 국	영 국	미 국	미 국	미 국
2 위	프랑스	미 국	영 국	영 국	독 일
3 위	미 국	프랑스	독 일	독 일	영 국
4 위	독 일	독 일	프랑스	프랑스	프랑스

출처: Fritz Sternberg, *The Coming Crisis*(London: Victor Gollancz, 1947), p. 102.

경제력은 독일이 전쟁을 하는 자신감의 원천이 되었다.

〈표 3.2〉가 보여주듯 미국과 독일의 경제력이 1870년다 이후 상대적으로 확대되기 시작하였다. 1차 세계대전 무렵 미국의 생산력은 전 세계의 35%에 이를 정도로 증대되었고, 그 외 유럽 국가들이 53% 정도를 생산하고 있었다. 독일의 산업생산도 통일 이후 상승하기 시작하여 1900년도에는 이미 영국을 앞서 세계 2위의 경제력을 갖는 국가로 성장하였다.[14]

---

14   Fritz Sternberg, *The Coming Crisis*(London: Victor Gollancz, 1947), p. 102.

〈표 3.3〉은 전쟁 당사국이었던 강대국들의 1913년 경제능력의 비교에 관한 것이다. 강대국들의 인구로부터 일반적인 산업역량과 강철생산량 및 에너지소비량을 상호 비교해봄으로써 앞으로 전개될 1차 세계대전에서 어떻게 영향을 받았고 그 결과는 어떻게 나타났는지를 살펴보기 바란다.

강대국들은 산업혁명의 성공으로 국력이 신장되고 과학기술이 발전됨에 따라 전투장비의 개발과 생산에 있어서도 급속한 발전이 있었지만, 인구의 지속적인 증가에 따라 병력규모도 확대되기 시작하였다. 〈표 3.4〉의 1차 세계대전이 발발하는 1914년도 강대국들의 병력규모의 변화를 보면서 전쟁이 어떻게 발전되는지 상상해보기를 바란다.

1차 세계대전의 결과론적 이야기이기는 하겠지만 앞의 도표에서 나타난 몇 가지 자료를 보면, 연합국이었던 영국이나 미국, 프랑스 등의 전쟁 전 국가능력의 합이 동맹국이었던 독일이나 오스트리아-헝가리 제국의 합보다 상대적으로 우위에 있었음을 볼 수 있다. 러시아는 인구와 군사력의 규모에서는 제일 많았으나 그 외에는 모든 면에서 타 국가들에 비하여 상대적으로 열세하였으며, 그런 결과는 독일군과의 전투에서 패하면서 1917년도에 조기에 전선을 이탈하는 것으로 나타났다.

미국은 전쟁이 발발할 당시인 1914년 아직 중립국으로서 남아 있었기 때문에 다른 강대국에 비하여 적은 규모의 병력을 유지하고 있었다. 그러나 1917년 4월 참전을 결

〈표 3.3〉 1차 세계대전 강대국의 1913년 경제능력의 비교

구 분	인 구 (100만 명)	1인당 산업화 수준	산 업 잠재력	강철생산량 (100만 톤)	에너지소비 (100만 톤)
영 국	45.9	115	127.2	7.7	195
미 국	97.3	126	298.1	31.8	541
프랑스	39.7	59	57.3	4.6	62.5
러시아	175.1	20	75.6	4.8	54
독 일	66.9	85	137.1	17.6	187
오스트리아-헝가리	52.1	32	40.7	2.6	49.4
이탈리아	35.1	26	22.5	0.93	11
비고(기준)		1900년 영국 기준(100)			석탄 환산

출처: Paul Kennedy, 『강대국의 흥망(The Rise and Fall of The Great Power)』, pp. 278-281.

〈표 3.4〉 1차 세계대전 강대국의 1890~1914년 군사력(병력) 변화

(단위: 만 명)

구 분	1880	1890	1900	1910	1914
영 국	36.7	42.0	62.4	57.1	53.2
미 국	3.4	3.9	9.6	12.7	16.4
프랑스	54.3	54.2	71.5	76.9	91.0
러시아	79.1	67.7	116.2	128.5	135.2
독 일	42.6	50.4	52.4	69.4	91.0
오스트리아- 헝가리	24.6	34.6	38.5	42.5	44.4
이탈리아	21.6	28.4	25.5	32.2	34.5

출처: Paul Kennedy, 『강대국의 흥망(The Rise and Fall of The Great Power)』, p. 284.

정하면서 병력을 대폭 확장하였다. 이렇게 각국은 전쟁이 발발하기 전후에 동원령을 선포하면서 예비전력을 대규모로 동원하여 부대를 대폭적으로 확장하면서 전쟁에 임하였다.

제2절
전쟁 원인

1. 강대국의 군비경쟁

모든 결과(Result)는 원인(Cause)이 있음으로써 발생한다. 어떤 작은 원인이 때때로 불씨가 되어 인화물질에 불을 붙임으로써 예상치 못했던 커다란 결과를 가져오기도 하는데, 1차 세계대전이 바로 그런 경우라고 할 수 있을 것이다.

베르사유 체제에 대한 독일의 불만과 이에 따른 재군비 및 인접국에 대한 합병, 일본의 영토 확장에 대한 욕망 등이 수년간 축적되면서 2차 세계대전과 태평양전쟁의 원인이 되었다면, 1차 세계대전은 게르만족과 슬라브족의 대결이나 영국과 독일의 해군력 증강, 유럽 열강들의 아시아-아프리카에서의 팽창주의 등이 축적되다가 어느 날 갑자기 오스트리아-헝가리 제국 황태자의 암살이라는 불씨가 직접 원인이 되었기 때문이다.[15]

즉, 제1차 세계대전은 1914년 보스니아의 수도 사라예보를 방문하던 오스트리아-헝가리 제국의 황태자 페르디난트(Franz Ferdinand) 공이 세르비아 민족주의자 청년에 의해 암살되는 작은 불씨가 계기가 되어 그 동안 누적되어왔던 팽창주의와 군비증강이라

---

15 제1차 세계대전의 원인에 대하여 여러 가지 분석이 있었지만 대체적으로 역사학자들은 1914년 프랑스나 러시아는 전쟁을 할 만한 특별한 이유가 없었던 것으로 인정을 하고 있다. 프랑스나 러시아는 그들이 필수적이라고 여기는 국가이익에 대하여 방어적인 입장을 취하고 있었으며, 그들을 지키기 위하여 전쟁에 호소할 이유가 없었다고 하는 데 동의한다. 세르비아에서도 마찬가지로 군대를 징집하거나 훈련을 하는 일이 없었다. 독일의 세계 정책(팽창주의)과 오스트리아-헝가리 제국의 발칸정책이 원인이 된 황태자 암살사건으로 전쟁이 발발하였다는 데 동의를 하는 것이다(Ruth Henig, *The Origins of The First World War*, p. 50).

는 인화물질에 불을 부침으로써 누구도 예기치 못하게 발생하고 확대되어 1914년 7월 28일부터 1918년 11월 18일까지 4년 3개월이라는 장기간에 걸쳐 진행되었다.

이 전쟁은 영국과 프랑스, 미국 등 28개 국가는 협상국(연합국)으로, 독일과 오스트리아-헝가리, 터키, 불가리아 등 4개 국가는 동맹국으로 블록(Block)화하여 치른 역사상 최초의 범세계적(Global)인 전쟁으로 4년 3개월이라는 오랜 기간의 전쟁 끝에 연합국이 승리하고 1919년 6월 28일 베르사유 조약을 체결함으로써 종결되었다.

당시 1861년에는 이탈리아가, 1871년에는 독일이 각각 통일국가가 되어 국민주권의 신장과 더불어 산업혁명의 여파로 국력이 크게 신장되자 아시아나 아프리카 지역에서 영국과 프랑스 등과 더불어 해외식민지를 확보하기 위한 경쟁을 치열하게 전개하였다.

1870~1871년 독일이 프랑스와의 전쟁(보불전쟁)에서 승리하여 유럽 제1의 강자로 등장하였고 산업혁명의 여파로 새로운 시장과 원료공급지가 필요하게 되면서 강한 해군력을 건설하고자 노력을 하게 되면서 이것은 전통적인 해상세력 국가인 영국과의 갈등을 피할 수 없게 만들었다.

보불전쟁에서 승리한 독일은 통일독일 제국으로서 강대국으로 부상하는 계기가 된 반면에 굴욕적인 패배를 한 프랑스는 배상금 50억 금화 프랑과 알자스 지방 전부와 로렌 지방의 일부를 독일에 양도해야만 되었다. 따라서 프랑스 국민의 복수심이 어느 때보다 강하게 치솟을 수밖에 없는 상황에 있었다.

2. 범게르만주의와 범슬라브주의 대립과 황태자 암살사건

이런 가운데 발칸반도를 지배하여 오던 오스만 터키가 쇠퇴하면서 영국과 프랑스, 독일의 자본진출에 따라 갈등이 발생하였고, 독일이 베를린과 비잔티움, 바그다드를 연결하는 철도를 부설하려고 하자 영국과 독일의 충돌은 불가피하였다. 이른바 독일의 '3B(Berlin-Baghdad-Byzantium)정책'과 영국의 '3C(Cairo-Calcutta-Capetown)정책'의 충돌이 발생한 것이다.

여기에 발칸반도에서는 오스트리아-헝가리 제국이 1908년 보스니아를 합병하여 러시아에게 외교적 수치심을 안겨주었고, 세르비아로 세력을 확장하는 슬라브족에 대한 오스트리아-헝가리 제국의 불안 등 민족적 갈등은 언제 전쟁의 도화선이 될지 시간만을 기다리는 형국이 되고 있었다.

이렇게 발칸반도에서의 대립이 첨예화되고 있던 가운데 1914년 6월 28일 오스트리아–헝가리 제국의 황태자가 보스니아의 수도 사라예보를 방문했을 때 세르비아의 민족주의 청년단체 단원에게 암살되는 사건이 발생함으로써 이 사건이 전쟁의 직접적인 원인이 되었다.[16]

당시 오스트리아–헝가리 제국이나 세르비아는 동맹국들의 지원이 없었다면 암살사건을 계기로 촉발된 위기를 독자적으로 전쟁으로 끌고 갈 수는 없었을 것이나, 마침 오스트리아–헝가리 제국에게는 독일제국이 강력한 지원자로, 세르비아에게는 러시아가 이를 지원하면서 범게르만주의와 범슬라브주의가 대립하고 있었다.

이 암살사건을 계기로 오스트리아–헝가리 제국의 프란츠 요세프 황제는 독일의 빌헬름 2세 황제에게 지원을 요청하는 친서를 보내 독일의 지원을 약속받았고, 세르비아에게는 10개 조항의 최후통첩을 보내면서 48시간 내에 회답을 요구하였다. 영국은 전쟁 발발을 우려하여 세르비아에게 오스트리아–헝가리 제국의 요구조건을 들어줄 것을 권고하였지만, 세르비아는 10개의 요구조건 중 다른 것은 받아들이되, 황태자 암살자 재판에 오스트리아 대표를 참석시키라는 세르비아의 주권과 관련되는 요구조건만은 거부하였다.

이를 이유로 오스트리아–헝가리 제국은 세르비아와 외교를 단절하고 베오그라드 주재 대사가 귀국하자 세르비아는 동원령을 선포하였고, 오스트리아–헝가리 제국군은 7월 28일 세르비아에 선전포고를 하고 수도인 베오그라드를 폭격함으로써 전쟁은 시작되었다.

이에 같은 오스트리아–헝가리 제국의 요구와 선전포고에 대해 슬라브족으로서 민족적으로 동질감을 갖고 있었던 러시아가 세르비아를 강력히 지지하면서 7월 28일 동원령을 선포하자[17] 독일은 이를 전쟁의 시작으로 알고 7월 31일 러시아에게 전쟁준비

---

16 프랑스의 Jack S. Levy는 1차 세계대전의 원인이 당시 나타난 여러 현상들에 대한 가정(Hypotheses)에 따라 '우연하게 발생한 전쟁(Inadvertent War)'이라고 하고 있다. 즉, 당시 오스트리아–헝가리 제국의 황태자 페르디난트 공이 갑자기 암살됨에 따라 세계질서와 대륙에서 주도권을 장악하기 위하여 독일의 정치와 군사지도자들이 이 기회를 이용하였다는 것이다(Jack S. Levy, "The Role of Crisis Management in The Outbreak of World WarⅠ", *Avoiding War: Problem of Crisis Management*, Oxford: Westview Press, 1991, p. 62).

17 당시 러시아는 독일과 오스트리아에 대한 총동원계획은 있었지만 오스트리아에 대한 부분동원계획은 없었다. 따라서 러시아가 세르비아를 지원하기 위하여 총동원을 하자 독일도 이에 맞서 동원령을 내릴 수밖에 없는 상황이었다.

종식을 요구하는 최후통첩을 보내면서 12시간 이내에 회답을 요구하였다. 동시에 프랑스 정부에게는 독일과 러시아 간 전쟁이 발발할 경우 프랑스가 취할 입장을 요구하자, 이에 프랑스 정부는 프랑스 이익에 따라 행동하겠노라고 회답하면서 병력동원에 들어갔다.[18] 독일은 러시아에게는 회답이 없음을 이유로 8월 1일 선전포고를 하였고, 프랑스에게는 8월 3일에는 프랑스 공군이 독일의 뉘른베르크 상공을 허가 없이 비행했다는 이유로 선전포고를 한 뒤 중립국인 벨기에에 프랑스를 침공하기 위해 자유로 통행할 수 있도록 요구하였으나 벨기에 정부가 이를 거절하자 무단침공을 함으로써 마침내 서부전선에서도 전쟁은 시작되었다.

---

18 러시아와 동맹조약을 맺고 있는 프랑스로서는 오스트리아–헝가리가 러시아에 선전포고를 하였기 때문에 자동적으로 독일과 오스트리아–헝가리 제국에 다하여 전쟁에 참여하여 선전포고를 하게 되었으며, 따라서 프랑스 정부도 총동원령에 들어가게 되었다. 프랑스로서는 만약 독일이 러시아를 이기게 되면 보불전쟁 시의 상황이 재현될 것을 우려하였던 것이다.

제3절
전쟁 경과

　1차 세계대전 당사국이었던 주요 강대국들은 전쟁이 발발하기 이전부터 언제 있을지도 모를 다가올 전쟁에 대비하여 나름대로 전쟁을 수행할 계획을 발전시키고 있었다. 독일군의 작전계획은 슐리펜(Schlieffen Plan) 계획, 프랑스군의 작전계획은 17계획(Plan-X ⅦI), 오스트리아-헝가리 제국군의 작전계획은 B계획(Plan-B)과 R계획(Plan-R), 러시아군의 작전계획은 A계획(Plan-A)과 G계획(Plan-G)으로 각각의 작전계획을 요약하면 다음과 같다.

　독일군의 슐리펜 계획은 독일군이 프랑스군과 러시아군에 대항하여 양면전쟁을 해야 함을 감안, 메츠(Metz)를 중심으로 북쪽에서 파리 서쪽으로 우회 기동하여 프랑스군 좌익을 포위하고 남측에서는 전략적인 후퇴로 프랑스군을 유인하여 프랑스군 좌익에 대한 포위가 이루어지면 프랑스군을 알자스-로렌과 스위스 국경지대서 6주 이내에 유인격멸을 한 후 주력을 동부전선으로 전환한다는 계획이었다.[19]

　오스트리아-헝가리군 제국군의 작전계획은 세르비아와 단독교전 시의 계획과 러시아와 세르비아 동시교전 시 계획 두 가지를 갖고 있었다. 오스트리아-헝가리 제국군은 6개 군을 보유하고 있었는 데, B계획은 2군이 세르비아 북쪽에서, 5·6군은 세르비아 서쪽에서 공격을 하는 동안 1·3·4군은 갈리시아 지역에서 러시아군의 공격에 대비하는 계획이고, R계획은 2개 군이 세르비아를 공격하고 4개 군은 러시아군을 공격한다는 계획이었다.[20]

　프랑스군의 작전계획은 17계획으로, 독일과 프랑스의 국경선에서 우측으로부터

19　정하명 외, 『세계전쟁사』, pp. 195-197; 피터 심킨스, 강만수 옮김, 『모든 전쟁을 끝내기 위한 전쟁』(서울: 도서출판 플래닛, 2008), pp. 36-39.

20　정하명 외, 위의 책, p. 198; 피터 심킨스, 위의 책, pp. 41-43.

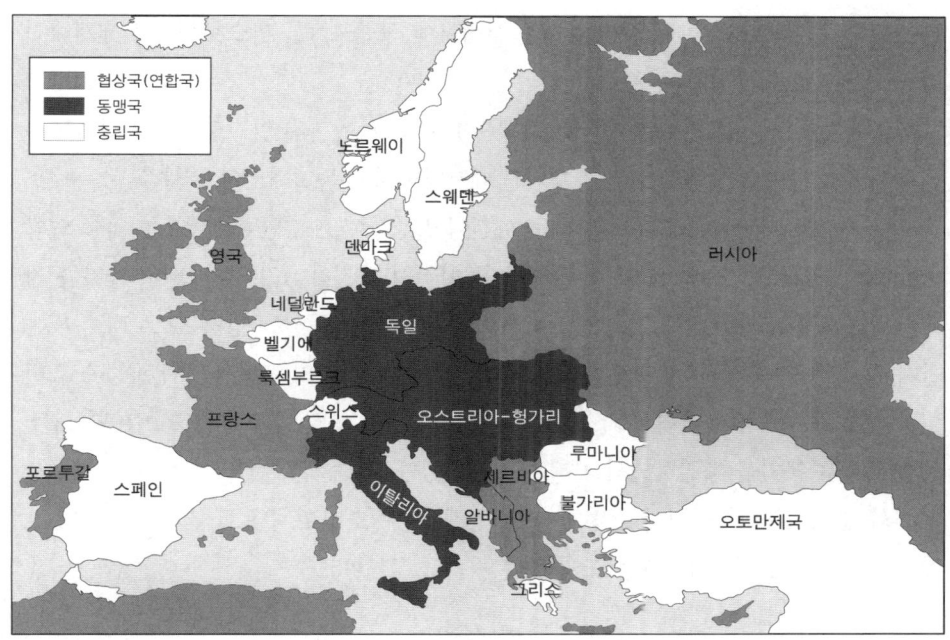

〈그림 3.1〉 제1차 세계대전 당시의 유럽(1914~1918)

출처: George Duby, *Grand Atlas Historique*, p. 91.

1 · 2 · 3 및 5군 순으로 배치하고 4군은 예비로 독일군이 벨기에로 침공 시 5군의 좌측으로, 스위스 쪽으로 침공 시는 5군의 우측으로 배치하기 위하여 3군의 후방에 위치시키며 3개 예비사단을 측방에 투입하고 영국군이 참전하면 5군의 좌측에 투입할 계획이었다.[21]

러시아군의 A계획은 독일군이 서부전선에 주공을 둘 때에는 동프로이센과 오스트리아-헝가리 제국군을 공격할 계획이었고, G계획은 독일군이 동부전선에 주공을 둘 때 방어를 하기 위한 계획이었다.

이런 가운데 오스트리아-헝가리 제국은 7월 28일 세르비아에 선전포고를 하고, 독일은 8월 1일 러시아에 선전포고를 하고 8월 2일 룩셈부르크와 3일 벨기에를 침공함으로써 전쟁이 시작되었다. 독일군이 중립국인 벨기에를 무단 침공하자 독일의 침공에 대한 여론이 비등하여 여기서 참전의 명분을 찾은 영국은 의회가 전쟁을 위한 예산을 승인하고 프랑스를 지원하기로 결정을 한 뒤, 8월 4일 독일에 선전포고를 하였다. 또

---

21   정하명 외, 위의 책, p. 198.

한, 오스트리아-헝가리 제국도 8월 6일 러시아에 선전포고를 함으로써 1차 세계대전이 본격적으로 시작되었다.[22]

이렇게 1914년 8월 초부터 시작된 전쟁은 1917년 11월까지 일진일퇴를 거듭하면서 지루한 참호전으로 진행되었다. 전쟁기간 대서양에서는 독일해군의 무제한(Unrestricted) 잠수함 전으로 미국인이 다수 사망하는 사건이 발생하여 1917년 4월 이후 미국이 연합국에 참여함으로써 일대전환을 맞이하였다. 미국이 참전하여 병력과 장비, 물자를 지원함으로써 연합국은 더욱 전력을 강화하였지만, 반면에 독일은 병력으로부터 무기나 물자 등 전쟁지속능력을 유지하기 위한 자원의 부족과 국민의 염전사상 확산 등으로 더 이상 전쟁을 지속하기 어렵게 되자 마침내 1918년 11월 11일 항복을 하고 1919년 6월 8일 베르사유 조약을 체결하면서 전쟁은 종결되었다.

이와 같이 시작된 전쟁이 어떻게 진행되었는지 연도별로 주요한 작전을 중심으로 간략히 기술하여 전쟁을 개관하고자 한다.

1. 독일-프랑스의 국경선 전투(1914.8)

1914년 8월, 룩셈부르크와 벨기에에 대한 공격을 시작으로 독일군은 10여 일 만에 벨기에를 점령하였다. 프랑스군은 로렌 지방에서 '작전상 후퇴'를 하고 있는 독일군을 추격하였으나 독일군의 반격으로 원상태로 돌아갔다. 한편 아르덴느(Ardennes) 지역에서 공격을 하던 독일군이 전투준비가 덜 된 프랑스 군과 영국원정군을 격파하고 서남쪽 방향으로 향하여 진격을 하였다.

프랑스 국경선 지역 전투에서의 승전소식에 독일군 참모총장 몰트케는 서부전선에서는 승리할 것으로 판단하고 동부전선으로부터의 부대증원요청에 따라 프랑스로 진격하던 2개 군단을 전용하여 러시아 군과 대치하고 있었던 타넨베르크 전투에 투입하고자 이동시켰는데, 이미 전투가 끝난 다음에 이동을 함으로써 2개 군단이 유병화(流兵

22　김용구, 『세계외교사』, pp. 577-578. 당시 영국은 자유당 정부가 국민의 여론을 존중하여 전쟁이 발발해도 프랑스를 지원해야 하는 어떠한 조약을 체결하고 있지는 않았다. 그러나 영국 육군은 전쟁이 발발하면 해외파견군을 파견하기로 프랑스와 합의한 상태하에서 프랑스가 영국에 도의상 의무를 이행할 것을 요구함에 따라 자유당 정부의 분열을 초래하였다. 독일군이 벨기에와 룩셈부르크 등 전통적으로 영국과 이해관계가 많았던 국가를 침공하고 영국에 직접적인 위협을 가하자 영국 내 여론이 전쟁참여로 바뀌면서 마침내 1914년 8월 14일 영국은 해외파견군을 프랑스 전선에 파견함으로써 직접 참전하였다.

化)되는 상황이 발생하였고, 이 부대는 마른 전투에 참가할 기회마저 놓쳐 버렸다. 프랑스군의 17계획도 독일군의 공격에 적절히 대처하지 못하여 실패하였다.

국경선 전투에서 독일군은 프랑스군을 포위 섬멸하려는 슐리펜 계획을 달성하지 못하였고 프랑스군은 독일군의 공격에 융통성 있게 대처하여 공격을 하겠다는 17계획을 달성하지 못하였다.

2. 프랑스 마른 전역(Marne, 1914.9.3~9.14)

프랑스군 사령관 조프르(Joseph Joffre) 장군은 17계획의 실패를 스스로 인정하고 6군을 새로 편성하여 독일군 우익을 공격하기로 결심한 후 직무에 부적합한 지휘관들을 모두 면직하고 9월 6일부터 총공격을 명령하였다.[23]

독일군도 제1군이 프랑스 6군을 격멸하고자 전 군을 마른 강 북쪽으로 철수시켜 서쪽을 향해 배치시킴으로써 결과적으로 독일군 1군과 2군 사이에 40km의 간격이 발생되어 이 간격으로 영국군 원정대와 프랑스 제5군이 독일군을 포위하자 독일군 1군과 2군이 분단될 위기에 놓이게 되었다. 이를 알게 된 독일군 소몰트케(Helmut von Moltke) 참모총장은 독일군이 위험한 환경에 놓이게 될 것을 우려하여 6군의 공격을 중지하고 철수토록 하였고 7군을 우익으로 기동하게 하였으나 이미 전세를 만회하기에는 늦었다.

결국 마른 회전에서 독일군이 철수함으로써 절박한 위기를 해소하였으나, 이 철수가 작전계획을 산산이 부수고 마침내는 독일이 전쟁에서 패하게 만드는 하나의 원인을 제공하였고, 빌헬름 2세는 이 작전에서 실패의 책임을 물어 소몰트케 장군을 해임하고 후임 참모총장으로 팔켄하인(Erich von Falkenhayn) 장군을 임경하였다.

마른 회전 이후 독일군과 프랑스군은 서로 양측의 측면을 포위하기 위해 전선을 북해까지 연장시키는 이른바 '해안으로의 경주(Race to the Sea)'를 하게 되었고, 그 결과로 전선이 스위스에서 북해까지 1,000km에 이르는 참호선을 따라 교착상태에 빠지게 되었다. 이것은 독일이 가장 우려하였던 장기소모전 양상을 초래하여 전쟁을 지속하는 데 필요한 자원의 부족에 따라 궁극적으로 독일의 패배를 초래하게 되었다.

---

23 조프르 사령관은 프랑스군의 패배가 증가하는 이유를 므기력한 지휘관 때문이라고 판단하여 3군을 지휘하던 뤼피(General Ruffey) 장군과 5군을 지휘하던 랑레자크 장군(General Lanrezac)을 해임하고 9명의 군단장과 36명의 사단장도 교체를 하였다. 이때 포슈나 페탱 등 젊고 유능한 장교들이 등장하였다.

3. 독일군-러시아군의 타넨베르크 전투(1914.8.17~29)

현대판 칸나에(Cannae) 전투라 불리는 타넨베르크 전투에서는 독일군과 러시아군이 격전을 벌여 독일군의 대승으로 끝났다. 독일군은 8월 18일부터 러시아군의 공격을 받아 굼비넨 전투 등에서 러시아군을 효과적으로 저지하고 있었으나 전승의 기회를 상실하여 힌덴부르크(Paul von Hindenburg)를 사령관으로, 루덴도르프(Erich von Ludendorff)를 참모장으로 임명하여 대응하게 하였으며 이때의 작전참모는 호프만 중령이었다.

호프만 중령은 러시아 군을 격멸하기 위하여 1군단과 3예비사단을 레넨캄프(Rennenkampf)의 전면에서 차출하여 철도수송으로 제20군단의 우익을 보강하며, 20군단은 삼소노프(Samsonov) 군과 접촉을 피하면서 견제를 하고, 제17군단과 1예비군단이 서방으로 행군하여 러시아군을 저지하면서 서방으로 철수하되 레넨캄프의 추격이 없을 경우 남방으로 전진하여 공격을 준비하며, 1기병사단은 단독으로 러시아 1군과 대치하여 그 진격을 저지토록 하였다.[24]

이에 반하여 러시아군은 레넨캄프의 1군이 독일군 제8군을 동북방에서 견제하여 전선에서 고착하고 제2군은 삼소노프의 지휘 아래 남방으로 대규모 우회하여 독일군 제8군의 병참선을 차단하고 배후로부터 공격하도록 하였다.

상황이 유리하게 전개되는 것으로 착각한 러시아군은 독일군의 움직임을 제대로 알지도 못하면서 전쟁에 대한 승리감에 도취되어 수많은 병력이 도로망도 제대로 없는 지역을 8월의 뙤약볕을 받으면서, 그것도 병참지원도 제대로 받지 못하면서 이동함으로써 전투력을 발휘하기 곤란하였다. 여기에 독일군은 러시아군이 평문으로 전신 통화하는 내용마저 감청하여 러시아군의 움직임을 손바닥 보듯 보고 있었다.[25]

그리고 마침내 삼소노프의 2군을 포위공격하여 포로 9만여 명을 포함 12만 5,000여 명의 인명손실을 강요하였고 500문의 포를 노획하였으며, 이어 레넴캄프의 1군에 대한 포위공격으로 다시 12만여 명의 러시아군에 손실을 주었다.

타넨베르크 전투에서 러시아군의 철저한 패배로 연합군은 러시아군의 전투력에 의구심을 갖게 되었고, 아울러 이 피해를 극복하지 못한 러시아는 결국 전선에서 이탈하게 되었다.[26]

---

24   정하명 외, 『세계전쟁사』, pp. 204-206.
25   피터 심킨스, 『모든 전쟁을 끝내기 위한 전쟁』, pp. 366-369.

4. 베르됭 전투(1916.2.21~12.18)와 솜므 공세(1916.7.1~11.13)

동부전선에서는 러시아군, 서부전선에서는 영불연합군과 대항하여 양면전을 수행해야 했던 독일군은 전쟁 초기단계에 결정적인 승리를 하지 못한 채 1915년까지의 전황은 비교적 독일군에 유리하게 진행되고 있었지만, 그러나 전쟁이 점차로 장기화되면서 소모전을 회피하기 위해 독일군이 시도한 작전이 바르 베르됭 전투였다.

독일군은 베르됭(Verdun) 전투를 통해 프랑스군의 병력과 전투물자들을 흡수함으로써 전투력을 약화시키는 한편, 프랑스 국민과 병사에게 좌절감을 주고 파리로 가는 통로를 열며, 설령 완전히 승리를 하지 못한다고 하더라도 프랑스군에 많은 타격을 줌으로써 전의를 상실케 하여 단독강화에 응할지도 모른다는 희망을 갖고 작전을 시작하였다.

반면에 프랑스군은 베르됭 요새에서 전투를 수행할 수 있는 완전한 준비도 안 된 상태에서 프랑스군이 예상했던 독일군의 5월의 공격 가능성과는 달리 2월 21일부터 공격을 시작함으로써 베르됭 전투가 시작되었다. 이때부터 시작된 베르됭 전투는 12월까지 9개월간에 걸쳐 양측이 일진일퇴를 하면서 치열하게 전개되다가 7월 독일군 참모총장 팔켄하인이 해임되고 힌덴부르크가 취임하여 작전을 중지시킬 때까지 계속되었다.

베르됭 전투에서 프랑스가 독일군에게 빼앗겼던 지역을 완전히 회복한 것은 1917년 여름으로 이때까지 프랑스군의 사상자는 54만여 명이고, 독일군 사상자도 43만여 명에 달할 정도로 막대한 피해가 발생하였다. 그렇지만 프랑스군은 수많은 피해를 이겨내면서 베르됭 지역을 사수함으로써 조국 프랑스를 지켜낼 수 있었던 중요한 전투였다.[27]

1917년 7월 1일부터 실시된 솜므(Somme) 공세에서 영국군은 보병과 포병의 협조된 공격의 미흡과 포탄의 품질 저하로 성과는 거두지 못한 채 독일군 기관총 사격 등에 의해 대량의 피해를 입고서 공격이 좌절되었다. 독일군이 더공세로 나와 전선을 돌파하여 한때 연합군이 위기에 처하기도 했으나 연합군이 이를 효과적으로 저지하고 반격을 하던 중 작전에 대한 성과 미흡과 기상이 악화되어 작전을 중지하였다. 5개월여 기간

---

26   위의 책, pp. 369-372.
27   정하명 외, 『세계전쟁사』, pp. 215-219.

의 솜므 공세에서 입은 피해를 보면 프랑스군 19만여 명과 영국군 42만여 명, 독일군이 65만여 명 등 대규모의 인명손실이 발생하였다.[28]

베르됭 전투와 솜므 공세에서 발생한 대량의 인명손실은 영국이나 프랑스 국내에서 반전사상을 야기하는 것은 물론 병력의 보충마저 어렵게 만드는 중요한 원인이 되었다. 또한 이러한 병력의 대량손실은 국민적 반발을 야기하여 전후 영국이나 프랑스에서 염전사상이 확산되고 군의 위상을 약화시키는 원인도 되었다. 뿐만 아니라 1930년대 중반 독일에서 히틀러가 집권하여 재무장을 추진하고 이웃을 합병해나갈 때에도 국방비를 제대로 증액하지 못하는 이유를 제공하기도 하였다.

5. 러시아군의 전선이탈(1918.3.3)

1914년 8월, 타넨베르크 전투에서 독일군에게 대패하여 막대한 피해를 입은 러시아는 서서히 내부로부터 무너져가기 시작하였다. 전선에 투입된 부대는 장비와 탄약이 부족하였고, 식량이나 피복 등 물자의 보급이 제대로 되지 않아서 전투력을 발휘할 수 없는 상태였다. 러시아 국내에서는 전제군주의 폭정과 군대의 무자비한 탄압 및 정부의 무능과 부패로 국민들의 불만은 쌓여가고 있었다. 여기에 시중에는 식량과 생필품의 부족 등으로 생활고가 극심해지면서 마침내 불만이 폭발하여 1917년 3월 12일 노동자와 병사, 좌익의 대표들이 소비에트를 결성하고 황제를 폐위하였으며, 케렌스키(Kerensky)가 수상과 국방상 및 해군참모총장을 겸임하는 임시정부가 출범하였다.

제정러시아의 몰락과 더불어 러시아 군대의 기강도 따라서 무너졌고 전투력마저 거의 상실되는 일이 발생하였다. 이런 와중에 연합국은 러시아에게 독일군을 공격할 것을 요구하여 1917년 참모총장 브루실로프(Brusilov)가 공세를 취하면서 한때 성공하는 것처럼 보였다. 그러나 독일군의 반격으로 실패하여 군사력이 소진된 가운데 오히려 페트로그라드가 위협받게 되었다. 여기에 국내에서는 정권의 불안정한 상태가 계속되는 가운데 레닌이 주도하는 볼셰비키가 임시정부를 타도하고 정권을 장악하면서 소비에트를 수립하였다.

새로 수립된 소비에트 러시아는 1차 세계대전을 제국주의 침략전쟁으로 규정하여

---

28 위의 책, pp. 219-222.

독일과 무배상과 무합병을 원칙으로 평화협상을 제안하였지만, 독일이 이를 받아들이지 않고 다시 공격하자 이에 위기를 느낀 볼셰비키들은 1918년 3월 '브레스트-리토브스크(Brest-Litovsk Treaties)' 조약을 체결하면서 전선에서 이탈함으로써 동부전선에서 전쟁은 끝났다.[29]

6. 미국의 참전(1917.4.2)

전쟁이 발발한 이래 미국은 중립주의 노선에 따라 전쟁에는 참전을 하지 않고 있었지만 무역을 통해 막대한 이익을 누리고 있었다. 영국이나 프랑스 등 연합국에 전쟁물자를 제공하여 연합국의 전쟁지속능력을 유지 및 확대해주고 있었기 때문에 독일군으로서는 이를 차단할 필요성을 느끼게 되었고 그 방법으로 '무제한 잠수함전'을 택하였다.

1915년 2월 4일, 독일군은 영국 근해전역을 해전구역으로 규정하고 이 구역 내에 들어있는 선박은 국적을 불문하고 격침할 것을 선언하였으며, 이런 독일군의 위협으로 영국에서는 식량을 포함하는 물가가 폭등하였다.

1915년 2월, 미국 정부는 독일군이 무제한 잠수함전을 실시하자 독일 정부에게 공해상에 있어서 미국인의 생명과 재산의 안전을 보장하라고 경고하였지만 독일 해군의 무제한 잠수함전은 그치지 않았다. 그러던 중 1915년 5월 영국 상선 '루지타니아 호'가 독일군 잠수함 공격으로 침몰되면서 미국인 130여 명이 사상하는 사건이 발생함으로써 미국 국내의 여론이 악화되는 사건이 또 다시 발생하였다.[30]

미국의 강력한 경고를 받은 독일군은 무제한 잠수함전을 일시 중지하였으나, 독일 역시 연합군의 봉쇄로 물자수입이 차단되어 피해를 받고 있었기 때문에 1916년 2월 29일 "무장한 상선은 군함으로 간주하여 이를 격침하겠다."고 선언하고 한 달 뒤인 3월 24일 영국 상선 '서섹스 호'를 격침하면서 미국인 다수가 사망하는 일이 발생하여 미국의 여론이 다시 악화되었다.[31]

---

29 1918년 3월, 독일과 러시아, 불가리아, 터키가 참여하여 체결된 브레스트-리토브스크 조약은 첫째, 에스토니아와 리투아니아 및 폴란드 등을 독일이 재처리하고 둘째, 우크라이나와 핀란드를 독립시키고 셋째, 코카서스 지방의 예러반과 칼스 등을 러시아로부터 이양하며 넷째, 러시아는 15억 달러의 배상금을 지불하는 것 등이다. 이에 따라 러시아는 독일에게 327만 km²와 인구의 34%, 경작지의 32%, 석탄자원의 89%, 공업능력의 54%를 잃게 되었다.

30 매스 휴스, 『제1차 세계대전』(서울: 생각의 나무, 2008). pp. 55-55.

이후 미국의 참전을 우려하여 독일은 한동안 무제한 잠수함전을 중지하였으나 1917년 1월 들어 다시 미국의 전쟁준비가 완료되기 이전에 영국의 산업을 고갈시켜 영국을 굴복시킬 수 있을 것으로 판단, 무제한 잠수함전을 다시 시작하였지만, 이번에는 미국을 적국으로 만드는 치명적인 실수를 하였다.

1917년 초, 당시 미국은 완전히 전쟁을 할 수 있도록 병력이 동원되고 산업체제가 전시생산체제로 전환되어 있지는 않았지만, 미국의 잠재력은 당시 전쟁 당사국들의 능력을 압도하였으며, 이제 그 능력을 전쟁수행능력으로 전환하여 연합국에게 막대한 병력과 물자를 지원하기 시작하였다.

미국은 1917년 4월 참전을 결정한 이후 퍼싱(John Pershing) 장군의 지휘 아래 1개 사단을 편성하여 최초로 프랑스로 파견하기 시작한 이래 1918년 11월 전쟁이 끝날 때까지 42개 사단에 200만여 명의 병력과 수많은 물자를 유럽전선에 파견; 연합국을 지원함으로써 연합국이 승리하는 데 커다란 기여를 하였다.

7. 독일군 최후공세와 연합군 반격(1918.3~11)

1차 세계대전이 종반전에 접어들어 갈 무렵인 1918년 독일군은 서부전선에서 국지적인 우세를 달성하기 위하여 3월 21일 엄청난 포사격 지원 아래 60여 개의 사단이 총공격을 시작하여 3차에 걸친 대규모의 전투 끝에 전술적으로는 많은 승리를 하였지만, 끝내 승리를 하지 못하였는데 그 이유는 독일군의 전쟁지속능력이 부족하여 전략적인 승리로 연결하지 못하였기 때문이다.

독일군은 루덴도르프 장군의 계획에 따라 연합군에 비하여 열세한 병력을 갖고서도 매번 전술적인 승리를 달성하였지만, 그러나 이를 전략적 승리로 확대할 예비병력이 부족하여 매번 돌파구를 형성해도 전과를 확대할 수 없었다. 반면에 연합군은 시간이 지나면서 대규모의 병력과 장비를 투입하여 오히려 유리하게 상황을 전개시켜나갔다.

독일군의 공세에서 연합군은 80만여 명의 손실이 발생하였고, 독일군도 60만여 명의 손실이 발생하였지만, 미군이 계속 증강되어 이제 전황은 연합군으로 유리하게 기울어져 갔다.

---

31   위의 책, pp. 211-214.

전세를 유리하게 전개하고자 루덴도르프는 다시금 공세작전을 실시하였으나 연합군의 강력한 준비포격과 방어전투로 독일군은 더 이상 공서작전을 하기에는 한계점에 도달하였고, 마침내 연합군은 반격으로 전환하여 전 전선에서 공격을 시작하여 차례차례로 상실된 지역을 회복해나갔다. 1918년 11월에는 거의 전 지역을 점령하고 11월 11일 독일군의 무조건 항복으로 휴전을 체결함으로써 전쟁은 끝났다.

8. 휴전협정 체결(1918.11.11)과 종전

1917년 4월 미국이 참전함으로써 연합국이 전쟁지속능력을 더욱 확대할 수 있었는데 비하여 독일은 병력이나 장비 등 전쟁을 지속할 수 있는 능력이나 국민들의 불만이 한계상황으로 치닫고 있었다. 상황이 지속적으로 악화되자 루덴도르프 장군은 더 이상 전쟁을 하는 것이 무의미함을 인식하여 연합국과 강화를 할 것을 정부에 건의하였고, 정부가 이를 수락하면서 윌슨 대통령이 제안한 14개 조항을 검토하고 이를 바탕으로 휴전을 제의하였다.

이 무렵 오스트리아-헝가리 제국군마저 이탈리아군에게 패하여 상황이 더욱 절망적으로 빠지면서 루덴도르프는 해임되었다. 독일 해군사령부는 마지막으로 영국 해군과 일전을 치를 각오로 해군에게 출동명령을 내렸으나 더 이상 전쟁이 무의미하고 희생자만 생길 것을 우려한 해군병사들이 킬 군항에서 폭동을 일으키자 염전주의에 빠진 국민 사이로 널리 확대되면서 걷잡을 수 없을 정도로 전두적으로 번져나갔다. 마침내 수상과 각료들이 빌헬름 2세의 퇴위를 강요하여 황제는 너 덜란드로 망명하였다.

독일 정부는 민간 정치인인 에르츠베르거(Erzberger)를 대표단으로 파견하고 휴전회담을 시작하여 연합국 측에서 제시한 휴전협정 조건을 수락하고 1918년 11월 11일 11시를 기하여 휴전을 하기로 합의함으로써 전쟁은 끝났다. 휴전협정을 체결한 뒤 연합국과 독일은 이듬해인 1919년 6월 28일 프랑스의 베르사유 궁에서 '베르사유 조약'을 체결함으로써 1차 세계대전은 완전히 종결되었다.

강대국들은 언제 발생될 지도 모를 전쟁에서 승리하기 위하여 전쟁 이전부터 나름대로 병역제도를 정비하여 군사력을 강화하기 시작하였으며, 생산시설의 기계화와 과학기술의 발전에 힘입어 무기와 탄약 등을 대량생산할 수 있는 체제를 갖췄다. 또한 예비전력 동원을 위한 준비도 하였지만 결국은 전쟁이 발발하여 어느 국가가 지도자를

중심으로 국가의 잠재력이 크고 이를 바탕으로 총력적인 대응을 잘하였는가에 의해 승패는 결정되었다.[32]

전쟁기간에도 각국은 전쟁수행능력을 제고하기 위하여 생산시설을 확대하고 국가의 전 자원을 동원하여 전투장비와 물자를 대량으로 생산하였다. 〈표 3.6〉에서 알 수 있듯이 연합국은 주요 전투장비의 생산에 있어 전반적으로 동맹국들을 압도하였으며, 이것은 전쟁지속능력의 확대로 이어져 전쟁에서 승리하는데 크게 기여하였다.

전쟁을 수행하기 위하여 각국은 국가의 모든 재정능력과 경제력을 투입하였기 때문에 군비생산에서는 괄목할 만한 발전이 있었다. 영국의 그레이(Edward Grey) 경이 1914년 6월 이미 "유럽에서 독일이나 프랑스, 러시아 및 오스트리아 제국이 모두 개입하는 전쟁이 발발하면 엄청난 전비와 그로 인한 무역중단이나 신용체제와 산업의 완전한 붕괴

〈표 3.5〉 1차 세계대전 강대국의 전쟁기간 중 군사력(병력과 장비)

구 분		영 국	미 국	프랑스	러시아	독 일	오스트리아-헝가리	이탈리아
병력(만 명)		319.6	198.2	279.4	500	420	222.9	227.4
부대(사단)		73	62	155	296	252	88	73
전함 (척)	순양함	107	24	13	11	56	7	14
	구축함	342	89	29	13	98	19	37
	잠수함	168	40	45	44	275	12	35
	기 타	301	309	6	–	101	–	27
동원병력(만 명)		570	435	866	1,200	1,340	780	590

출처: John Ellis & Michael Cox, *The World War Databook* (London: Aurum Press, 2005).[33]

---

32 여기서 말하는 총력전을 수행하기 위한 준비는 먼저 전쟁을 승리로 이끌기 위한 지도자의 리더십과 전시 동원을 위한 각종 법령 등 동원제도, 또한 국가가 전시 동원할 수 있었던 인적자원이나 전쟁이 발발하여 산업 체제를 전시체제로 전환하고 많은 장비와 탄약, 물자를 생산함으로써 전쟁지속능력을 유지하고 확대할 수 있었던 국가의 능력을 말한다.

33 부대수는 보병사단과 기병사단을 합한 것으로 pp. 109-146 참조. 전함은 pp. 305-314를 참조하되 기타에는 어뢰정과 소해정 등 포함, 전차와 항공기는 p. 287을 참조하되 항공기는 기체기준임. 오스트리아－헝가리 제국의 항공기는 대부분 독일이 제조한 것임. 병력은 1918년 11월 기준이며 총동원병력은 p. 245 참조. 미국은 1차 세계대전 중 62개 사단을 창설하여 42개 사단을 프랑스에 파견하였으며, 그중 30개 사단이 서부전선에서 전투임무를 수행하였다.((구)국무총리 국가비상기획위원회,『미 육군의 동원의 역사』, p. 379).

를 초래할 것"이라고 경고하였지만,[34] 4년 3개월의 전쟁은 그레이 경의 경고대로 전후 유럽경제의 시련을 예고하고 있었다.

〈표 3.6〉 1914~1918년 전쟁기간 중 주요 전투장비의 생산

구분	영국	미국	프랑스	러시아	독일	오스트리아-헝가리	이탈리아
전차	2,818	64	5,300	–	64	–	6
화포	25,031	1,826	24,022	15,006	?	11,561	11,789
기관총	239,840	226,567	312,000	26,634	?	38,900	31,030
항공기	53,314	4,089	52,146	?	47,931	4,338	11,986

출처: John Ellis & Michael Cox, *The World War Databook*, p. 287.[35]

〈표 3.7〉 1914~1918년 전쟁기간 중 함선 및 상선 생산

구분		영국	미국	프랑스	러시아	독일	오스트리아-헝가리	이탈리아
전함 (척)	전함	13	6	3	7	6	1	1
	순양함	59	–	–	–	19	3	3
	항모	16	–	4	7	–	–	1
	구축함	329	77	6	35	107	5	5
	잠수함	98	55	25	40	346	21	46
	소해정	156	42	52	8	148	17	–
상선(백만 톤)		5.45	4.12	0.21	?	?	–	0.22

출처: John Ellis & Michael Cox, *The World War Databook*, p. 288.[36]

---

34 Ruth Henig, *The Origins of the First World War*, pp. 32-33.

35 항공기는 기체생산량 기준, 오스트리아-헝가리의 비행기는 대부분 독일에서 생산하였음, 의문부호(?)는 생산량 확인이 불가한 것임.

36 전함은 Dreadnought급이며 순양함은 중·경순양함을 합한 것이고, 항모는 대부분 상선을 개조한 것임. 상선은 1913~1918년의 생산결과이며, 의문부호(?)는 생산량 확인이 불가한 것임.

제4절
전쟁 결과

1. 동맹국의 항복과 베르사유 조약 체결

1914년 7월 28일부터 시작하여 1918년 11월 11일까지 4년 3개월간 32개국이 연합국(28개국)과 동맹국(4개국)으로 각각 나뉘어 유럽과 지중해 일대에서 각국의 총력전으로 진행된 1차 세계대전에서 오스트리아-헝가리 제국의 패배와 독일이 무조건 항복을 하고 전투행위를 중지함으로써 끝났다.

연합국은 1919년 1월 18일, 전후 문제를 토의하기 위하여 파리에서 모여 회담을 가졌다. 이 자리에서 대두된 주요한 문제는 4가지로 첫째, 독일에게 전쟁책임을 부과하는 문제와 둘째, 독일과 동맹국들이 전쟁으로 야기된 손실에 대한 배상금을 정하는 문제와 식민지들을 연합국에게 이양하는 문제, 셋째는 국제연맹을 설립하고 동·서부 유럽의 국경선을 확정하며, 넷째는 러시아 볼셰비키로부터 야기되는 볼셰비즘을 저지하는 것이었다.[37]

마침내 1919년 6월 28일 '베르사유 조약(Treaty of Versailles)'을 체결함으로써 전쟁은 완전히 종결되었다. 전쟁의 결과는 독일의 패망과 오스트리아-헝가리 제국의 해체, 폴란드와 체코, 알바니아 등 동유럽 국가들의 독립, 러시아의 소멸과 볼셰비키 정권의 등장으로 나타났다.

한편 연합국, 특히 프랑스의 주장(당시 프랑스 전권대표는 전쟁 당시 수상을 지낸 클레망소임)이 많이 반영된 베르사유 조약의 내용 가운데 독일군의 군사력을 제한하는 주요내용은 다음과

---

37   J. M. Winter, *The Experience of The War I*, p. 208.

같다. 첫째, 육군은 총병력을 10만 명으로 제한하고 그중 장교는 4,000명을 초과할 수 없으며, 10만 명의 병력은 보병 7개 사단과 기병 3개 사단 이하로 하고 둘째, 전쟁물자의 제조를 엄격히 제한하고 이의 수입 및 수출을 금지한다. 셋째, 군의 징병제도를 폐지하고 지원병제도를 택하며, 복무연한은 장교 25년으로 사병은 12년으로 한다. 넷째, 해군은 병력 1만 5,000명과 전함 6척, 경순양함 6척, 구축함 12척, 어뢰정 2척으로 제한하고 잠수함은 상용(商用)일지라도 일체의 보유를 금하며 다섯째, 군용비행기나 비행선의 제조 및 보유를 금한다, 등이다. 독일의 군사적 재기를 완전히 차단할 정도로 가혹한 조건이었던 셈이다.

한편 전쟁에서 패한 독일에게는 막대한 배상금을 지불해야 하는 또 다른 부담이 주어졌다.[38] 1921년 런던회의에서 독일은 미국과 영국, 프랑스 등에게 1,320억 금화마르크라는 막대한 금액을 전쟁배상금으로 지불하되, 지불조건은 매년 20억 마르크를 현금으로 지불하고 또한 독일이 수출하는 총액의 25%를 배상금으로 충당하며, 최초 지불액은 25일 이내에 10억 마르크를 지불하도록 하였다. 당시 독일의 국민총생산액(GNP)이 450억 마르크 정도였던 점을 감안한다면 이는 3배에 달하는 막대한 금액이었다.[39] 군사력에 이어 경제적으로도 재기할 수 있는 가능성을 철저히 차단하고자 가혹한 조건을 부과한 것이다.

이 회담에서 만약 독일이 배상조건을 거부하면 연합국(특히 프랑스)은 라인 강 우측에 있는 루르(Ruhr) 공업지구를 점령하겠다는 뜻도 명확히 하였는데, 당시 루르 지역은 독일 석탄생산량의 85%와 철강생산량의 80%를 생산하는 최대의 공업지구로 만약 이 지역을 프랑스에 점령당할 경우 독일로서는 경제에 커다란 피해를 줄 수 있었다.

베르사유 조약을 체결함으로써 전쟁은 일단 종결되었다. 그러나 프랑스군 포슈(Ferdinand Foch) 원수의 말처럼 베르사유 조약은 유럽에서 분쟁원인을 완전히 제거하고 평화를 정착시키는 데 기여한 강화조약이 아니라 단지 20여 년간의 평화를 지속하는 데 필요한 잠시의 기간을 확보한 것에 불과하였다.[40] 당시 영국 대표단의 자문역이었

---

38 베르사유 조약의 231조에서는 전쟁에 대한 책임을 독일에게 지웠다. 이에 따라 독일은 전쟁배상금을 지불하게 되었고 이는 1921년에 1,320억 마르크로 결정되었으며, 프랑스가 52%, 영국 22%, 이탈리아 10%, 벨기에 8% 기타 국가들이 나머지를 받기로 하였다. 전쟁배상은 독일군의 무장해제와 더불어 독일이 다시금 일어서지 못하도록 만들고자 하는 프랑스의 속셈이 숨어 있었다. 그러나 당시 영국의 경제학자 케인즈가 말하였듯이 배상금은 보복적이고 미친 짓으로 이는 결국 제대로 지불이 되지도 않았을 뿐더러 독일 국민의 불만을 야기하여 후일 독일의 재무장을 불러오는 한 가지 원인이 되었다.

39 권양주, 『정치와 전쟁』(서울: 21세기 군사연구소, 1995), pp. 82-84.

던 존. 케인스(John. M. Keynes)도 이 조약이 다음의 전쟁의 씨앗이 될 것을 우려하였으며,[41] 이안 베케트(Ian Becket)는 "징벌적인 배상을 물리려는 프랑스의 열망과 안정을 바라는 영국의 소망, 민족자결주의와 국제주의를 기반으로 더 낳은 세계를 만들려는 미국의 희망 가운데 이루어진 그 누구도 만족하지 못한 타협책"[42]이라고 하였듯이 후일 또 다른 전쟁의 씨앗을 잉태한 채 체결된 것이다.

2. 국제연맹의 창설

32개국이 참여하여 세계대전이라는 전쟁의 참화를 겪은 국가들은 미국의 윌슨(Woodrow Wilson) 대통령 제안에 따라 국제분쟁을 조정하고 전쟁이 발생하는 것을 방지하기 위하여 국제연맹(League of Nations)을 설치하기로 합의함에 따라 마침내 국제연맹이 1920년 스위스 제네바에서 창설되어 국제적인 기구로서의 역할을 하게 되었다. 또한 연합국을 지원하여 전쟁을 승리로 이끌게 한 미국과 일본이 국제정치에 새로운 강대국으로 등장하는 계기가 되었다.

3. 총력전의 결과

19세기 말에 유럽 각국에서는 산업혁명 성공으로 대량생산 및 소비시대의 시작과 더불어 과학기술의 발전으로 전차나 항공기, 전함과 잠수함 등의 새로운 장비와 폭발력이 강한 신관 등이 개발되어 전장에서 사용되었다. 또한 독성화학작용제가 개발되고 사용되어 많은 인명을 살상하는 등 그 결과는 이전의 어느 전쟁과는 비교할 수 없을 정도로 많은 인명의 손실과 재산상의 피해로 나타났다.[43]

---

40   정하명 외, 『세계전쟁사』, pp. 252-253.

41   에이미 추아, 『제국의 미래』, p. 379.

42   피터 심킨스, 『모든 전쟁을 끝내기 위한 전쟁』, p. 661.

43   1차 세계대전에서 사망하거나 부상한 인원으로 프랑스는 500만 명의 사상자 가운데 138만 5,000여 명이 사망하거나 실종되었고, 독일은 최소 180만 8,000여 명의 사망자에 424만 7,000여 명의 부상자가 발생된 것으로 추산되었다. 영국은 326만 6,000여 명의 사상자 가운데 사망자는 94만 7,000여 명이고 미국은 사상자 32만 5,000여 명 가운데 전사자는 11만 5,000여 명이 발생하였다. 오스트리아-헝가리 제

예를 들면 1차 세계대전 이전의 전쟁인 1866년 프로이센-오스트리아 전쟁에서는 3,600여 명의 인원손실이 발생하였으나, 1차 세계대전에서는 1916년 6월부터 11월까지 계속된 솜므(Somme) 공세 전투에서만 130만여 명의 사상자가 발생하였고, 전쟁 전 기간 동안에는 1,500만여 명의 사망자가 발생하였는데, 이것은 전차나 항공기와 같은 새로운 전투장비와 폭발력이 강한 신관의 사용이나 보병과 포병의 제병협동전술의 발전 등 전장에서의 혁신들이 이루어졌기 때문이다.[44]

1차 세계대전에서 본격적으로 실시된 총력전의 결과는 예전의 다른 어느 전쟁에서 볼 수 없었던 많은 병력의 동원과 전쟁비용이 소요되는 것으로 나타났다. 1차 세계대전 동안 연합국이나 동맹국들이 동원한 병력은 약 6,580만여 명에 달하였고 전비만도 약 824억 달러(1913년 기준)에 달하고 있다.[45]

어떻게 보면 1차 세계대전 시 독일의 슐리펜 계획이나 베르 전투, U-보트 작전, 1918년 공세 등은 모두 도박의 연속으로 볼 수도 있을 것이다. 이 작전들은 처음에는 독일군에게 승리를 가져다주는 듯했으나 궁극적으로는 실패하였는데 그 이유는 매우 복잡하다. 1차 세계대전에서 중요했던 것은 이 전쟁이 사회적인 것과 경제적인 것의 복합적 성격을 띠고 있었다는 것이다.

다시 말하면 전쟁이 진행되는 동안 야전의 전쟁터와 국내의 전선이 함께 있었다는 것으로, 병력이 대치하고 있었던 곳에서는 치열한 전투를 하였지만, 국내의 산업현장에서는 전쟁을 지속하기 위해서 수많은 전투장비와 탄약 및 물자를 생산해야만 했고 이를 위해 수많은 국민들이 동원되어야만 했다.

따라서 야전의 전투부대가 패하면 국내산업도 붕괴되었고, 국내산업이 붕괴되면 야전의 부대도 같이 패배하였던 것이다. 독일이나 오스트리아-헝가리 제국의 국민들이 기아에 허덕일 때 연합국은 국민이나 병사들이 굶주리지 않고 전쟁을 할 수 있었고 결국 연합국은 승리를 하였다. 미국은 참전하기 이전부터 1917년 4월 참전 이후까지 병력과 물자를 지원함으로써 연합국의 승리에 기여하였다.

여기서 독일이 왜 패하였는지를 관심 있게 보아야 할 것이다. 독일이 패전하게 된 주요한 원인은 크게 3가지를 들 수 있겠는데 첫째, 독일의 무제한 잠수함 작전은 미국을

국군도 90만여 명의 사망자가 발생하였다(피터 심킨스, 『모든 전쟁을 끝내기 위한 전쟁』, pp. 654-655).

44   Paul Kennedy, 『강대국의 흥망』, p. 107.

45   위의 책, p. 380.

연합국의 일원으로 참전케 함으로써 연합국에게 병력과 장비, 물자를 대량으로 지원하였지만 독일에게는 연합국을 지원한 미국처럼 믿을 만한 동맹국이 없었다는 것이다.

즉, 독일과 오스트리아-헝가리, 이탈리아(개전 당시는 동맹국이었으나 1915년 연합국으로 참전함)가 3국 동맹국으로, 뒤에 터키와 불가리아가 동맹국의 일원으로 합류하였지만, 이들 나라는 모두 국력이 열세하였고 자원도 부족하여 독일군이 전쟁을 수행하는 데 도움을 줄 만한 여력이 없었으며, 오히려 전쟁기간 내내 부담만 되었던 것이다.

둘째, 독일은 인적·물적 자원의 제한으로 단기결전을 원했지만 전쟁이 장기화되면서 동원 가능한 자원도 부족했을 뿐만 아니라 프랑스와 러시아를 대상으로 양면전쟁을 수행한 점이다. 전쟁이 장기화되면서 오히려 국내에서는 식량과 연료, 생필품 같은 물자의 부족으로 국민들의 염전사상만 확산되었다. 셋째는 군부가 주도하여 미국에 대한 무제한 잠수함전을 실시함으로써 미국을 연합국의 일원으로 참전하게 만든 점 등을 들 수 있을 것이다. 이러한 독일의 1차 세계대전에서의 패배요인은 2차 세계대전에서도 유사하게 반복되어 2차 세계대전의 패인이 되었다.

4. 독일의 비밀재군비 추진

포슈 원수나 윈스턴 처칠, 케인스 등이 우려하였듯이 베르사유 조약은 1920년대의 경제 불황과 이로 말미암은 독일국민의 복수심, 이를 이용하여 1930년대 중반에 히틀러가 집권하고 재무장을 선언하면서부터 서서히 균열이 생기기 시작하였다. 히틀러는 인접국들을 하나씩 외교적으로 때로는 무력을 동원하여 합병을 해나가기 시작하더니 마침내 1939년 9월 폴란드를 침공함으로써 시작된 2차 세계대전은 1차 세계대전보다 더욱 규모가 크고 격렬한 전쟁의 모습으로 다가오면서 베르사유 체제는 종언을 고하였다.

〈그림 3.2〉 1차 세계대전 이후 1919~1929년의 유럽

출처: Thomas E. Griess, *Campaign Atlas to the Second World War*(New Jersey: Avery Publishing Group INC, 1982), p. 1.

제5절
강대국의 총력전 준비와 실시

1. 사회적 분열과 전쟁지속능력의 한계를 극복하지 못한 독일

독일은 1871년 통일을 하기 이전에는 프로이센으로 동·서프로이센과 슐레지엔 등 10여 개의 주로 이루어져 있었다. 프로이센은 독일로 통일되기 이전인 1860년대에 군사적인 면에서 몇 가지 혁신적인 조치들을 시행하였는데 첫째는, 병역제도에 관한 것으로 3년간의 정규군 복무에 이어서 4년간의 예비역, 후비역 복무를 함으로써 평시 병력의 유지와 전시 병력보충을 용이하게 하였고, 둘째는 일반참모부(Generalstab)를 편성하여 평시부터 우수한 인원을 선발하고 참모부의 직책을 주었으며, 이들이 작전계획을 수립하고 전쟁연습을 함으로써 유럽의 다른 어느 나라보다도 효율적인 군으로 모습이 바뀌어가도록 하였다.[46]

여기에 철도를 이용하여 병력과 보급물자를 요망하는 지역까지 신속히 수송할 수 있는 특별 부서를 설치하였다. 이러한 조치들의 결과는 1866년 오스트리아와의 전쟁과 1870~1871년 프랑스와의 전쟁에서 승리로 나타났다. 이렇게 프로이센이 독일을 통일하는 데 결정적인 기여를 한 사람은 철혈(鐵血)재상으로 불리는 비스마르크(Otto von Bismark) 수상이었다.

비스마르크 시대의 독일은 소위 '비스마르크 체제'라는 독특한 방식으로 유럽의 세력균형을 유지하고 있었는데, 그 핵심은 유럽의 여러 강국을 협정이나 조약을 통해 외교적으로 얽어매고 강력한 대항세력인 프랑스를 고립시키는 것이었다. 이러한 비스마

---

46   Paul Kennedy, 『강대국의 흥망』, pp. 259-260.

르크 체제로 한동안 유럽 열강들의 세력균형은 유지되었으나, 1888년 독일 황제로 취임한 빌헬름 2세는 1890년 비스마르크를 수상에서 해임하고 실권을 장악한 뒤 독일을 세계열강의 반열에 올려놓고자 군비증강을 시작하였고, 이 과정에서 특히 티르피츠 (Alfred von Tirpitz) 해군제독의 건의에 의해 해군력을 강화하기 시작하였다.

오스트리아-헝가리 제국의 황태자 페르디난트 공이 1914년 6월 28일 사라예보 방문 시 암살당하자 오스트리아는 한 달 뒤인 7월 23일 세르비아에 최후통첩을 보냈고, 27일 외교 단절 및 선전포고와 동시에 베오그라드(Beograd)를 폭격하면서 블로치의 예언대로 1차 세계대전은 발발하였다. 독일은 오스트리아-헝가리 제국을, 러시아는 세르비아를 지원하면서 전쟁은 동부 유럽과 발칸반도로 확대되기 시작하였고 독일군이 벨기에와 룩셈부르크를 침공하고 프랑스로 진격하자 영국도 이에 가세함에 따라 이제 전쟁은 동·서부 유럽의 전 지역으로 확대되었다.[47] 이렇게 독일이 전 유럽을 상대로 전쟁을 할 수 있었던 배경은 산업혁명 이후 신장된 재정능력과 경제력을 바탕으로 하는 군사력의 뒷받침이 있었기 때문이다.

〈표 3.8〉, 〈표 3.9〉와 같이 당시 독일의 경제적 능력은 산업화 부분에서는 영국에 이어 2위를 달리고 있었고 인구는 러시아에 이어서 다음으로 많았으며, 철강이나 석탄의 생산 등에서도 유럽의 다른 강대국들을 앞서고 있었다. 특히 독일과 사이가 좋지 않았던 프랑스와 러시아보다 독일의 국가능력은 매우 앞서고 있었다. 당시 독일의 전기와 화학산업은 세계를 주도하고 있었으며, 독일의 발명력이나 상품의 질은 세계 최고였다.[48]

독일은 징병제를 택하여 병력을 모집하고 부대를 확장했으며, 전함도 티르피츠의 해군확장계획에 의해 대폭적으로 확장되고 있었다. 전시가 되어 동원령을 선포하고 국가의 인적자원이나 물적자원을 총동원하여 전쟁을 주도하여 나갔지만, 그러나 전쟁이 발발하였을 당시 정치지도자나 군부의 지도자들은 아직 총력전에 관한 개념이 없이 전쟁을 시작하였다. 그랬기 때문에 많은 병력이나 자원들이 동원되어도 이를 제대로 조직하고 운용하기 위한 준비(총력전 전략)가 아직 덜 되어 있었다.

전쟁이 종반기에 접어들면서 식량부족으로 기아자가 발생하고 염전사상의 확산으로 전쟁기피 분위기가 점증하면서 패전에 대한 우려가 생겨나고 전쟁목적을 상실한 해

---

47 존 G. 스토신, 임윤갑 옮김, 『전쟁의 탄생』(서울: 도서출판 플래닛 미디어, 2009), p. 43.

48 Ruth Henig, *The Origins of the First World War*, pp. 8-9.

〈표 3.8〉 1890~1910년 독일 국력의 변화

구 분	인 구 (100만 명)	철강 생산 (100만 톤)	에너지 소비 (100만 톤)	병 력 (만 명)	군 함 (만 톤)
1890	49.2	4.1	71	50.4	19
1900	56.0	6.3	112	52.4	28.5
1910	64.5	13.6	158	69.4	32.7
비 고			석탄 환산	육 · 해군	

출처: Paul Kennedy, 『강대국의 흥망(The Rise and Fall of The Great Power)』, pp. 278-284.

〈표 3.9〉 1913~1914년 독일의 국가능력

구 분	인 구 (만 명)	1인당 소득 ($)	GDP (억$)	군사력 (만 명)	강철 생산 (만 톤)	군 함 (만 톤)
능 력	6,500	184	120	89.1	1,760	130.5
연 도	1914	1914	1914	1914	1913	1914

출처: Paul Kennedy, 『강대국의 흥망(The Rise and Fall of The Great Power)』, pp. 280-284, 339.

군에서 반란이 일어나면서 독일은 더 이상 전쟁을 할 수 없었다.

좌충우돌하는 빌헬름 2세의 리더십

1차 세계대전 당시 독일의 지도자는 호전적이며 공격적이고 충동적인 빌헬름 2세(Friedrich Wilhelm, 1859~1941, 카이저 황제)로,[49] 그는 영국의 빅토리아 여왕의 외손자이자 제정 러시아의 니콜라이 2세 황제와는 사촌 관계였다.

그는 1888년 30세에 황제로 즉위하면서 당대에 철혈재상이라 불리면서 독일에서 많은 영향력을 행사하고 있었던 비스마르크와 황제의 관계를 바로 정립하고자 노력하던 차에 1890년 비스마르크 재상이 탄광파업에 제대로 대응하지 못했다는 이유로 해임하였다.

---

49 1859년 1월, 프레데릭 3세의 아들로 태어나 육군사관학교를 졸업하고 본 대학에서 정치학과 법률학을 공부하였다. 1888년 30세의 나이로 황제로 즉위하였다. 오스트리아-헝가리 제국의 황태자 암살사건을 계기로 1차 세계대전을 일으켰으나 실패하여 1918년 퇴위를 하고 네덜란드로 망명하여 그곳에서 생을 마쳤다.

실권을 장악한 빌헬름 2세는 독일을 세
계열강의 반열에 올려놓기 위하여 해외에
서 식민지를 확보하고자 노력하였으며, 이
를 위해 해군력 강화에 많은 예산을 투입
하는 등 노력을 기울였는데 이 과정에서
영국과 충돌은 불가피하였다.[50]

〈그림 3.3〉 빌헬름 2세(1859~1941)

빌헬름 2세가 독일의 통치자로 등장하
였을 무렵에 독일은 산업혁명의 성공으로
눈부신 성장을 하여 제조업에서는 미국에
이어 2위로, 함대규모는 영국에 이어 2위
로, 군사력은 러시아에 이어 2위로서 강대
국으로 발돋움하고 있었고, 과학수준에서
는 세계 최고로 당시 물리학과 화학, 의학
등의 분야에서는 노벨상 수상자의 다수를
배출하고 있었다.[51]

빌헬름 2세는 황제로 즉위하였지만 국내에서는 귀족(Junker)나 부르주아(Bourgeoise) 및
사회주의자, 군부 등의 요구에 휘둘려 제대로 지배력을 발휘하지 못하였으며, 이를 극
복하고자 공격적인 대외정책을 추구하기 시작하여 19세기 후반 유럽에서 비스마르크
가 추구하였던 세력균형의 질서를 무시하고 러시아와의 관계를 악화시킴으로써 프랑
스가 러시아와 가까워지는 결과를 초래하게 만들었다.

빌헬름 2세는 1897년에 터키를 방문하여 경제지원을 약속하면서 '바그다드 철도건
설'을 발표함으로써 영국의 3C정책과 충돌하였고, 1905년에는 모로코도 방문하여 모
로코 독립을 지원하겠다고 약속함으로써 역사적인 구원(舊怨)으로 사이가 좋지 않았던
프랑스와 갈등을 더욱 악화시켰다. 이러한 빌헬름 2세의 공격적인 외교정책으로 말미
암아 영국과 프랑스, 러시아가 더욱 가까워지게 되었다.

---

50 독일은 영국이나 프랑스에 비하여 아시아나 아프리카 등지에서 식민지를 확보하기 위한 활동을 늦게
    시작하여 상대적으로 확보한 면적과 인구가 저조하였다. 독일이 1884~1900년에 해외에서 획득한 식
    민지는 295만 km^2에 인구는 1,370만 명으로 이것은 1870~1900년 영국(면적 1,300만 km^2, 인구 8,800
    만 명)과 프랑스(면적:900만 km^2, 인구: 3,700만 명)에 비하여 매우 저조하였던 것이다.(육군본부, 『독
    일 육군사』, 서울: 육군인쇄창, 1978, pp. 181-182).

51 볼프 슈나이더, 박종대 옮김, 『위대한 패배자』(서울: 을유문화사, 2008), p. 167.

빌헬름 2세는 황제가 되면서 군사력 증강을 추진하기 시작하였는데, 육군은 평시 병력을 1899년 50만에서 1905년에는 60만으로 1912년에는 65만으로 확장하였고, 전시에는 540만여 명까지 확장하는 계획을 의회에서 통과시켰다. 해군은 이른바 '티르피츠법(German Navy Law)'이라는 함대법을 제정하여 함정 보유톤수를 2배로 증가시켜 1920년까지 전함 38척과 순양함 58척 등을 건조할 계획을 수립하였다.[52] 이런 군비확장 계획은 그가 추진하였던 범게르만주의를 힘으로 실현하기 위한 것이었다.

전쟁이 발발하기 2년 전인 1912년, 빌헬름 2세는 군부의 고위인사들로 구성된 전쟁위원회를 소집하여 유럽에서 정치나 군사, 경제 등 주도권을 장악하기 위하여 어떠한 위험을 감수하고서라도 전쟁도 불사하겠다는 결정을 하였는데[53] 이것은 18개월 뒤에 그대로 실행되었다.

1914년 6월 오스트리아-헝가리 제국의 황태자가 세르비아의 사라예보에서 세르비아 청년에게 암살되었을 때, 오스트리아-헝가리 제국은 오스트리아-헝가리 제국군이 세르비아를 공격할 시 독일의 지원을 받을 수 있을 것인지를 물어왔다. 다민족으로 구성된 오스트리아-헝가리 제국이 세르비아를 공격하면 러시아가 개입할 가능성이 있었기 때문에 독일의 지원이 반드시 필요하였던 것이다.

오스트리아-헝가리 제국의 지원 요청을 받은 빌헬름 2세 황제와 정부 각료들 모두는 이를 정치, 경제, 외교, 군사 등 모든 분야에서 정부차원의 포괄적인 평가 없이 수용하였고, 황제는 군부의 지도자들에게 그의 외교적 결정을 알리면서 전쟁을 하겠다고 하였다.[54] 국가의 생사를 결정짓는 중대사를 다양한 의견수렴 또는 충분한 토의 없이 결정을 하였던 것이다.

독일은 오스트리아-헝가리 제국의 황태자가 암살되어 전쟁이 일어날 가능성이 높아지는 상황에서 이를 억제하기 위한 노력을 하는 것보다는 오스트리아-헝가리 제국의 지원요청에 동조하는 의사를 표하였고, 오스트리아-헝가리는 이를 믿고 세르비아

---

52 빌헬름 2세나 그의 참모들은 당시 독일이 영국과 같은 규모의 해군력을 보유하는 국가가 되기를 바랐지만, 그렇게 하기 위해서는 영국과 경쟁이 불가피할 것으로 판단하였다. 티르피츠 함대법을 제정한 것은 이런 영국의 도전을 고려하면서 독일해군력을 강화하기 위해 제정한 법이다. 이러한 독일의 해군력 강화에 대하여 영국은 해군함선의 숫자 증가와 더불어 신형인 드레드노트급의 전함을 새로 설계하고 건조하여 배치하는 것으로 대응하였다(Ruth Henig, *The Origins of the First World War*, pp. 12-13).

53 피터 심킨스, 『모든 전쟁을 끝내기 위한 전쟁』, p. 34.

54 Wilhelm Desit, "Strategy and Unlimited Warfare in Germany: Moltke, Falkenhayn and Ludendorff", *Great War, Total War*(Cambridge University Press, 2000), p. 268.

를 공격하였다.

독일은 전쟁이 발발하더라도 이 전쟁은 오스트리아–헝가리 제국과 세르비아의 국지전쟁이 될 것이며, 영국은 중립을 지킬 것으로 믿었고, 프랑스는 재정적인 어려움으로 참전하지 않을 것으로 보았다. 세르비아의 붕괴를 그대로 묵과할 수 없다는 러시아 외상의 경고와 러시아 국민의 세르비아 지원에 대한 여론은 아예 무시되었다.[55] 수상이나 일부 각료의 개전에 대한 반대에도 불구하고 선전포고를 하여 전쟁이 발발하자 빌헬름 2세는 자신의 행동이 경솔하였음을 뒤늦게 후회하였으나 이미 엎질러진 물을 담을 수는 없었다.

오스트리아–헝가리 제국이 독일에 도움을 요청하는 전문을 보냈을 때 독일은 지원을 심사숙고하여 결정하는 시스템에서 결점이 있었으며, 전쟁이 발발하면 총력전을 수행할 제도적인 토대마저도 제대로 갖춰지지 않은 가운데 1914년 7월말에 누구도 원하지 않았던 전쟁은 그렇게 시작되었다.

독일은 전쟁이 단기전으로 독일군의 승리로 끝날 것으로 보았다. 전쟁이 시작되자 독일 군중들은 "파리를 향하여(Nach Paris)"를 외쳤고, 빌헬름 2세는 전장에 출전하는 부대에게 "이 전쟁의 결과는 밝고 유쾌할 것"이라고 기대를 하면서[56] "여러분들은 적어도 낙엽이 떨어지는 가을까지는 다시 집으로 돌아올 것이다."라고 하여 단기전에서 독일이 승리할 것이라고 확신하고 있었다.[57]

그러나 독일의 이러한 희망은 연합국들이 개별국가로 있을 때 가능할 것일진대 실상은 연합국들이 서로 힘을 합하여 전쟁을 시작하였고, 전쟁 전반기부터 독일의 기대와 의도와는 전혀 반대되는 방향으로 전쟁은 진행돼고 있었다. 전쟁이 예상 밖으로 참호전으로 가면서 단기전으로 끝날 양상이 안 보였다. 사실 어느 나라도 전쟁이 장기전이 될 것을 예측하여 경제적으로나 군사적으로 장기전에 대비한 준비를 한 나라는 없었다.

전쟁을 해나가면서 독일은 항상 영국과 프랑스, 러시아를 의식하지 않을 수 없었고, 따라서 독일은 동맹국인 오스트리아–헝가리 제국과의 협력과 양국 육·해군의 협조된 작전이 중요하였으나 독일군에서의 이런 조치는 대단히 미흡하였다. 슐리펜 작전

55   김용구, 『세계외교사』, pp. 572-575.

56   Ruth Henig, *The Origins of the First World War*, p. 32.

57   L. L. Farrar. Jr. "The Strategy of the Central Powers, 1914~1917", *The Oxford Illustrated History of The First World War*(New York: Oxford University Press, 1998), p. 26.

계획을 수립하고 실시함에 있어서 중립국인 벨기에를 침범할 때 야기되는 외교적인 문제라든가, 전쟁지속을 위해서는 재정·경제적인 문제 등 전쟁을 수행하면서 야기될 수많은 문제들에 대해 독일 국내에서 관련 부서들과의 협조 등 많은 노력이 요구되었으나 군부의 지도부는 이를 무시하였다. 국가적 차원에서 동맹국과의 협조와 전쟁지원을 위한 정부기관의 협조, 전쟁수행을 위한 육군과 해군의 협조 등은 매우 중요한 일이었음에도 이를 소홀히 하고 있었던 것이다.

전쟁이 발발하면 영국 원정군의 프랑스 상륙을 저지하기 위해서 해군의 역할이 중요하였으나 육군과 해군의 협조는 제대로 되지 않았으며, 동맹국인 오스트리아-헝가리 제국군이나 이탈리아군과 협조를 하지 않은 것은 물론이었다.[58] 이러한 육군의 비협조적인 자세 또는 태도를 빌헬름 2세 황제는 국가의 총수로서 적절히 지도하지 못하였다.

빌헬름 2세는 독일군의 최고 사령관으로서 육군과 해군이 상호간 협조된 작전을 하도록 해주는 것이 그의 가장 중요한 역할 중의 하나였음에도 불구하고 그는 군에게 독립적인 역할을 강조하였기 때문에 육군과 해군에 대한 수상의 영향력마저도 행사할 수 없도록 하였다. 그러한 결과로 군사정책을 결정함에 있어 황제의 역할이 전에 없이 중요하게 되었지만, 반면에 의회에서 정책을 결정하는 영국이나 프랑스에서처럼 심사숙고하여 정책을 결정하기는 어렵게 되었다.

동에서는 러시아군, 서에서는 프랑스군과 양면전쟁을 해야 하는 독일군에게 장기전은 가장 피하고 싶은 일이었으나 독일의 예측을 벗어나 전쟁이 장기화되면서 독일군의 전쟁지속능력은 제한되기 시작하였다. 빌헬름 2세는 1916년 말 팔켄하인 육군참모총장을 해임하고 후임으로 타넨베르크에서의 승리로 국민적 영웅으로 떠오른 힌덴부르크를 참모총장으로, 루덴도르프를 참모차장(병참감 겸무)으로 각각 임명하였다.

타넨베르크 전투에서 대승하여 독일 국민의 우상으로 떠오른 힌덴부르크 장군과 군부의 영향력이 커지면서 황제의 위치는 크게 약화되기 시작하였다.[59] 전쟁이 후반기로 가면서 두 장군이 독일의 실질적인 주인 노릇을 하기 시작하여 황제의 전쟁지도에 대한 나약함을 이유로 황제를 무례하게 취급하였지만, 황제는 군부의 위세와 영향력으로 이들을 해임하지 못하고 심지어는 폐위위협까지 받아야 했다. 군부의 영향력을 이겨

---

58   Wilhelm Desit, "Strategy and Unlimited Warfare in Germany", pp. 266-267.

59   *Ibid.*, pp. 276-277.

낼 힘이 그에게는 없었던 것이다.[60]

미국의 경고로 중단되었던 무제한 잠수함 작전을 다시 실시할 것인지를 검토함에 있어서 해군은 경제에 미칠 영향을 판단하기 위하여 경제나 산업 및 재정 분야의 전문 가에게 조언을 구한 뒤 1916년 12월 제출한 각서에서 무제한 잠수함 작전을 실시한 후 5개월 뒤에는 영국을 평화협상에 참여토록 강요할 것이라고 하였고, 육군의 최고 지휘 부는 이를 즉시 동의하였지만, 황제나 수상은 1917년 1월 초까지 이러한 사실이 보고 조차 되지도 않을 정도로 힌덴부르크를 위시한 군부에 의해 황제의 권위는 무시되고 있었다.[61]

한편, 미국은 1823년 이래 유럽의 일에는 간섭을 하지 않는다는 이른바 '고립주의 (Monroe Doctrine)'를 택하고 있었기 때문에 전쟁 초기에는 중립국으로 참전을 하지 않았 다. 그러나 1917년 빌헬름 2세는 정부대신과 군부와의 갑론을박(甲論乙駁) 끝에 독일군 의 무제한 잠수함전을 승인하였고, 미국의 상선이 격침되면서 다수의 미국인이 사망하 는 사건이 발생하자 여론이 악화되면서 미국의 참전은 시간상의 문제로 남아 있었다.

여기에 멕시코 주재 독일대사에게 보낸 독일외상 '짐머만(Zimmermann)'의 전보사건, 즉 미국이 연합국으로 참전할 경우 멕시코를 동맹국의 일원으로 참전시키기 위하여 독 일과 동맹을 체결하며, 만약 이렇게 되면 독일은 멕시코에게 경제적인 원조를 제공하 면서, 동시에 1848년 미국과 멕시코 사이에 있었던 전쟁에서 빼앗긴 텍사스와 뉴멕시 코 및 애리조나 주 등을 멕시코에게 돌려주겠다는 전보가 영국 해군 정보부에 의해 감 청되고 미국에 통보되자 더 이상 중립국을 유지하는 것이 무의미한 것으로 판단한 윌 슨 대통령은 의회에 대독선전포고를 요청하였고 마침내 선전포고를 하였다.[62]

미국이 독일군의 무제한 잠수함 작전과 짐머만의 전보사건을 계기로 연합국을 지원 하여 1917년 4월에 참전함으로써 독일의 전쟁은 한층 어렵게 되었다. 영국과 프랑스, 러시아를 상대로 하여 전쟁을 하기에도 힘이 버거운 상태에서 미국을 적국으로 만들어 도 이길 수 있다고 판단한 독일군 수뇌들과 참모본부가 큰 과오를 범한 것이다.[63]

그러나 막상 전쟁이 세계대전으로 비화하고 영국에 이어서 미국마저 참전하는 등 예상 밖으로 확대되자 호전적이고 공격적이며 충동적인 황제는 겁에 질려 끝내 신경증

---

60 볼프 슈나이더, 『위대한 패배자』, p. 172.

61 Wilhelm Desit, "Strategy and Unlimited Warfare in Germany", p. 277.

62 정하명 외, 『세계전쟁사』, pp. 238-239.

63 김용구, 『세계외교사』, pp. 598-599.

세를 보여 미치지나 않았는지 걱정할 정도였다. 그는 전쟁에서 패하면 어떻게 되나 걱정하면서 열등감에 사로잡혀 있었고, 자신의 감정을 잘 다스리지 못하는 감정적인 상태에 있었다.[64]

전쟁이 막바지에 다다를 무렵인 1918년 전쟁에서 승리할 수 없을 것이라고 판단하여 출항을 거부한 해군이 반란을 일으켜 전국으로 확산되어가도 빌헬름 2세는 황제직위를 유지하기 위하여 끝까지 버티다가 수상과 각료들의 퇴위 강요로 더 이상 버티지 못하고 마침내 퇴위하여 네덜란드로 망명함으로써 권력을 완전히 상실하였다.

빌헬름 2세는 집권 초기에는 전제군주로서의 리더십을 발휘하여 철혈재상이라고 불리는 비스마르크를 해임하고 영국과 군비경쟁을 주도하였으며, 독일을 강력한 국가로 만들기 위해 노력을 하였다. 그러나 1차 세계대전이 시작되고 군부의 영향력이 강화되면서 차츰 군부에 휘말리기 시작하여 제대로 전쟁지도를 할 수 없었으며, 전쟁 막바지에는 국민들에게 염전주의 확산되고 전국적으로 폭동이 발생하여 더 이상 전쟁을 할 수 없게 되자 수상과 각료들의 요구로 퇴임하지 하지 않을 수 없었던 것이다.

전쟁 승리에 대한 독일 국민 의지의 점진적 약화

루덴도르프는 총력전에서 승리하기 위해 국민의 정신적 단결이 중요하다고 주장하였다. 독일은 보불전쟁에서 승리하고 비스마르크가 수상으로서 정권을 잡고 유럽의 강자로 등장한 1871년 이후부터 1차 세계대전이 발발하여 중반기에 이르기까지는 국가에 대한 자부심으로 황제와 군대, 국민이 비교적으로 단결이 잘되어 있었다.

정부가 러시아, 프랑스 등에 선전포고를 하자 뮌헨의 광장에서는 수많은 군중들이 정부의 동원령 선포를 듣기 위해 모여 들었고, 빌헬름 2세는 베를린 왕궁의 발코니에서 "독일이 중대한 시점을 맞이하여 우리로 하여금 정당방위에 나서게 하고 있다. 모두는 교회에 가서 하느님 앞에 우리의 용감한 군대를 위해 기도를 할 것을 명한다."고 하면서 국민들을 고무시켰다.[65]

---

64   조지프 나이, 양준희 옮김, 『국제분쟁의 이해』(서울: 도서출판 한울, 2008), p. 115.
65   존 키건, 『1차 세계대전사』, p. 108.

〈그림 3.4〉 1914년 8월 환송을 받으며 프랑스 전선으로 출정하는 독일군 장병

출처: 피터 심킨스, 『제1차 세계대전』, p. 50.

    독일 국민들은 전투에 참여하고자 기차역으로 집결하는 장병들에게 꽃다발을 던졌고, 그들은 마치 승리를 목전에 둔 듯 "파리로 가자"라고 외치면서 의기양양하게 전선으로 출동하였다. 정부로부터 각개 병사, 국민들에 이르기까지 모두가 승리는 독일에게 있는 듯 자신에 넘쳐 있었다.

    그러나 전쟁이 시작되면서 단기전으로 끝날 것으로 예상하였던 전쟁이 장기화되고, 1915년부터 독일 해군이 무제한 잠수함전을 시작함으로써 이것은 결국은 1917년 4월에 미국의 참전을 불러왔다. 미국과 영국의 해상봉쇄로 식량수입이 대폭 줄어들고 식량부족으로 수많은 기아자가 발생하였으며, 석유 한 방울 생산하지 못하는 독일에서 국민들은 연료가 부족하여 한겨울에도 냉방에 살아야 했고, 생필품은 부족하였다. 이런 고통들이 장기간에 걸쳐 지속되면서 국민들 사이에서 서서히 염전주의가 확산되기 시작하였다.

    이렇게 시작한 염전주의는 초기에는 산업현장에서 파업과 같은 분규형태로 나타나 베를린이나 라이프치히, 에센과 함부르크 등지에서 노동자들은 전쟁을 종결하고 평화협정을 체결하거나 정치적 개혁을 요구하는 주장을 하였지만, 전선이 고착되고 지루한 참호전을 하면서 전쟁이 장기화되자 식량, 연료, 생필품 부족으로 수많은 고통을 받는 국민들 사이에 사회주의자들에 의한 혁명사상까지 번져가면서 혁명적인 색채까지 강하게 띠고 확산되기 시작하였다.[66]

이렇게 되자 독일 군부는 베를린, 에센, 도르트문트 등을 포함하는 산업단지를 직접적으로 통제하고 계엄령을 선포하여 더욱 통제를 강하게 하기 시작하였다. 힌덴부르크를 정점으로 하는 군부는 전쟁수행을 위해 최대한 인적·물적 자원들을 동원하기 시작하였고, 국민들은 연합국에 포위당했다는 위기감이 작용하여 한때 독일 국민의 저항의지가 부활하는 듯하였으나 전쟁에서 패하고 있다는 소식은 또 다시 이를 약하게 만들었다.

전쟁이 막바지에 다다를 무렵인 1918년 10월 들어 패배감에 사로잡힌 독일 해군은 영국 해군과의 결전을 위해 출동하라는 황제의 명령을 거부하고 반란을 일으키자 이는 삽시간에 전국적으로 번져갔다. 국민들뿐만 아니라 군인들조차도 전쟁에 승리하고자 하는 의지는 사라지고 하루라도 빨리 전쟁이 종결되기를 바랐던 것이다.

전쟁이 아국의 계획대로 잘 진행되고 아군이 전투에서 승리를 계속하면 국민의 사기는 올라가고 승리에 대한 기대감은 높아지게 마련이다. 그러나 전쟁이 계획대로 진행되지 않고 전투에서 승리한다는 소식보다 패배한다는 소식만 자주 들려오는 가운데 식량이나 연료, 생필품이 부족하여 기아자가 발생하고 한겨울에도 난방을 할 수 없는 등으로 수많은 고통을 받게 되면 국민은 패배감에 사로잡히고 염전사상에 물들어 가면서 어서 빨리 전쟁이 끝나기만을 고대하기 마련이다. 1차 세계대전에서 독일이 그랬다.

독일 사회 전반에는 식량이나 난방연료 및 생필품 등 물자궁핍으로부터 야기되는 국민들의 불만이 지속되면서 저항의지는 약화되었고, 군대까지도 여기에 호응하면서 내부로부터 무너지는 소리가 나왔다. 프랑스의 전략가인 앙드레 보프르는 전쟁에서 승리하기 위해서 "전투요원과 주민의 사기를 고도로 진작시키고 유지하는 것이 중요하다"고 하였는데, 독일은 군인이나 국민들의 사기 진작은 고사하고 군인들은 황제에게 등을 돌리고 국민들은 전쟁에 염증을 느끼게 만든 것이다.[67]

전쟁 초기의 승리감은 어느 사이 패배감으로 바뀌어 황제에게 등을 돌리고 군대는 반란을 일으켜 더 이상 승산 없는 전쟁을 할 수 없다고 저항하였으며, 상황이 이렇게

---

66   피터 심킨스, 『모든 전쟁을 끝내기 위한 전쟁』, p. 325.
67   육군교육사령부, 『전쟁지도와 군사작전』, p. 39.

악화되자 수상과 정부 각료들이 황제에게 퇴위를 요구하면서 그렇게 강하게 보였던 독일은 어느덧 패전국으로 전락하고 있었다.

국민들이 염전사상에 빠져 패배의식을 갖지 않도록 하기 위해서는 전시라도 국민들이 최소한의 생활을 보장받을 수 있도록 식량과 연료 및 생필품을 보급해주어야 하며, 전황에 대한 적절한 홍보와 이를 바탕으로 지도자가 강력한 리더십을 발휘하여 국민을 지도해나가야 한다.

군부가 주도하는 정치

독일은 1870~1871년 보불전쟁 이전까지는 영국과 프랑스에 비하여 상대적으로 국력이 약한 국가였다. 그러나 보불전쟁에서의 승리는 통일 독일제국이 유럽 세력의 판도를 좌지우지할 정도의 부상을 의미하는 것이었다. 비스마르크가 집권했던 기간에는 프랑스를 제외하고는 다른 국가들과는 소위 '비스마르크 체제' 아래에서 대체적으로 원만한 관계로 세력균형을 유지하고 있었다.

그러나 1890년 비스마르크가 실각한 이후 빌헬름 2세가 집권하여 호전적인 정책을 취하면서 주변국과의 갈등을 피할 수 없게 되었고, 특히 그 대상이 영국과 프랑스 및 러시아였다. 독일은 빌헬름 2세가 해군력을 강화하면서 영국과 갈등이 야기되었으며, 프랑스와는 전통적인 적대관계로 인하여, 러시아와는 프랑스와 우호관계 유지를 이유로 갈등을 하지 않을 수 없었다.

빌헬름 2세가 정권을 잡은 이후 주요한 관심사는 해외에서 영토를 확장하는 것이었다. 이를 위해 해군력 확장은 필연적으로 당시 해군확장을 주도한 티르피츠 제독은 독일의 영토확장에 대한 욕망을 "자연법칙만큼이나 거역할 수 없는 것"이라고 주장하였고, 뷜로(Bernard Bülow) 수상조차 "우리가 식민지를 원하는가가 문제가 아니라 우리는 그와 관계없이 식민지를 확보하지 않으면 안 된다."고 해외식민지 확보를 강조하였다.[68]

이러한 정부 각료와 군부의 주장과 더불어 빌헬름 2세 황제도 "독일은 유럽의 좁은 경제선 밖에서 수행해야할 위대한 과제를 갖고 있다."고 선언하였다. 독일은 황제와 각료는 물론 군부도 독일의 성장과 발전을 위해서 해외식민지 확보에 대한 필요성을 강조하고 있었다. 이렇듯 비스마르크 체제에서는 유럽의 현상유지가 강조되었으나 빌

---

68   Paul Kennedy, 『강대국의 흥망』, pp. 294-295.

헬름 2세가 집권하여 독일의 정치는 해외식민지 확보에 정책 우선순위가 주어졌으며, 이를 위해 해군력 강화에 전력을 기울였다.

독일은 강한 경제력과 이를 뒷받침하는 군사력으로 전쟁 초기단계에서는 전황을 유리하게 전개시켜나가는 것처럼 보였다. 그러나 개전 초기의 유리한 상황이 시간이 지나면서 서서히 독일군에게 불리하게 전개되자 숨겨져 있었던 여러 문제가 노출되기 시작하였다. 전쟁에서 승리할 때에는 문제가 없는 듯했으나 패하는 일이 잦아지고 위기에 처하면서 독일제국의 통합된 외교정책이나 군사에 관한 계획과 전쟁수행을 지원할 경제동원에 관한 계획 등 모든 문제가 노출되기 시작하였지만, 정치권에서는 이를 효과적으로 지원하기에는 이미 늦어져가고 있었다.

독일 정치에서는 의회의 역할보다는 군부의 역할, 특히 1916년 말, 육군참모총장으로 힌덴부르크가 임명된 이래 역할이 너무 커서 영국이나 프랑스에서처럼 정치권의 건설적인 의견이 제대로 반영되지 못하였다. 전쟁이 후반기에 접어들 무렵인 1917년 초 독일은 베르됭 전투와 솜므 공세를 거치면서 많은 인적손실을 입어 병력부족 현상에 직면하고 있었다. 전황이 독일에 불리해지면서 전쟁을 지속해서 승리를 하기에는 비판적인 의견을 갖고 있었던 홀베크 수상은 연합국과 평화협상을 원했지만, 당시 힌덴부르크 참모총장과 루덴도르프 참모차장은 완전한 승리 이외에는 어떤 타협도 없다고 하여 오히려 정치권에 압력을 가하면서 '힌덴부르크 프로그램(Hindenburg Programme)'을 만들어 무기와 탄약생산을 증가시키기 위한 조치를 취하였다.[69]

군부는 '최고전쟁청(Supreme War Office)'을 설치하여 무기나 탄약생산을 확대하고 이를 뒷받침하기 위해 경제를 통제하기 위한 조치를 하였으며, '지원군법(Auxiliary Service Law)'을 만들고 군에 입대하지 않은 17~60세의 남자들을 체계적으로 동원하기 위한 조치도 하였다.[70]

또한 힌덴부르크의 독일군 최고사령부는 미국이 연합국의 일원으로 참전하기 이전에 영국을 패배시키기 위하여 무제한 잠수함 작전을 재개하기로 결정하였지만, 이는

---

69 Hew Strachan, "Economic Mobilization: Money, Munition, and Machine", *The Oxford Illustrated History of The First World War*, pp. 142-143. 이 프로그램의 주요 내용은 1917년 5월까지 탄약은 2배, 기관총과 야포는 3배를 생산하여 군에 조달하는 것이다. 그러나 이 목표는 달성하지 못하였다.

70 피터 심킨스, 『모든 전쟁을 끝내기 위한 전쟁』, pp. 174-175, 196-197. 국민들을 동원하기 위해서 '국민 근로봉사법'에 따라 국민들은 각각 지정된 곳으로 동원되어 농사를 짓거나 무기 및 탄약을 만들기 위해 공장으로 동원되는 등으로 전 국민이 모두 동원되었다. 뿐만 아니라 군수물자를 조달하기 위해서 '무기 탄약조달청'도 창설되었다.

결국 미국의 참전을 초래하는 파국적인 결정이 되었다.

여기에 독일 군부는 국민들의 정신무장과 심리전을 강화하기 위한 조치를 하였다. 루덴도르프는 전쟁에서 승리하기 위해서는 국민의 정신적 단결이 중요하다고 강조하였는데 이와 맥락을 같이하는 것이다.

또한 당시 육군참모총장이던 힌덴부르크는 참모차장 루덴도르프와 모의하여 연합국과 강화를 주장하던 홀베크 수상도 추방하는 데 성공하였다. 전쟁에서 승리하기 위해서는 모두가 힘을 합해도 어려울 판에 독일은 정치권과 군부가 서로 알력으로 분열되어 있었던 것이다.

이러한 군부의 조치와 정치권의 알력을 두고 미국의 역사가인 펠드만(Gerald Feldman)이 지적한 대로 힌덴부르크나 루덴도르프의 조치는 "비합리적인 목표를 달성하기 위해 총동원령을 하달하는 최악의 방법을 선택"함으로써 결국은 독일의 경제적 불안정을 가져왔고 정부운영에도 혼란을 초래하였다.[71]

독일 군부의 독단은 군사력 운용에도 그대로 나타났는바, 러시아와의 전투에서 승리한 뒤 더 이상 러시아군의 회복 가능성이 없었음에도 100여 개 사단을 동부전선에 그대로 배치해 놓고 러시아에게 완전한 승리를 거둘 때까지 압박을 가할 목적으로 서부전선으로 이동을 하지 않았다. 이로 인하여 결국 서부전선에서 미군이 투입되고 연합군이 전투력을 회복함으로써 패하는 또 다른 원인을 제공하였다. 전투력을 적절히 사용하지 못한 것이다.

전쟁을 승리로 이끌기 위해 상황을 종합적으로 판단하고 정치권이나 군부가 건전한 판단을 해도 승리를 보장할 수 없었던 독일은 오히려 군부가 주도하여 일방적으로 결정하고 시행하는 방식이었기 때문에 총력적인 힘을 발휘하기에는 어려웠던 것이다. 황제는 전쟁 초기단계에서는 정치적 영향력을 조금이나마 발휘하였지만, 전쟁이 장기화되면서 군부의 영향력이 확대되어 황제의 정치적 영향력을 기대하기가 어렵게 되었으며 의회도 제대로 역할을 하지 못하였다.

결국 총력전쟁을 수행하기 위해서는 국민적인 동의와 적극적인 지원이 필수적임에도 불구하고 독일군 최고사령부는 정치적인 목적과 목표 없이 군부의 의도대로 여러 조치를 함으로써 동원에서 실패를 할 수밖에 없었다.

독일의 루드비크 벡크(Ludwig Beck)가 말했듯이, 1914년 7월 독일이 오스트리아-헝가

---

71 위의 책, p. 187.

리 제국에 전략적인 지원을 결정하고 독일군이 전쟁을 시작하였을 때 아무런 전쟁목적도 없이 전쟁을 시작하였으며, 무제한 잠수함 작전은 미국의 개입을 초래하여 파멸적인 결과를 가져왔을 뿐이다.[72]

연합국과 휴전협정을 논의할 때 독일의 대표는 민간정치가인 에르츠베르커(Matthias Erzberger)였다. 독일 군부에서는 휴전협정 체결결과를 두고 "독일군은 결코 패하지 않았는데 민간정치가에게 배반당했다. 전쟁을 하기 싫어하는 민간정치가들이 결정적인 지원을 거부하였고 그래서 독일이 졌다."는 주장을 하였다. 당시 비록 해군에서 반란이 일어나기는 하였으나 육군은 프랑스 영토에서 아직 전투를 하고 있었고, 병력도 상당수 그대로 있었기 때문에 군부에서 이런 주장을 한 것이다. 이러한 주장은 전후 독일에 우익선동가들과 히틀러가 등장하여 정권을 잡는 구실을 제공하였다.

3국 동맹을 주축으로 한 외교와 그 한계

1870~1871년의 보불전쟁에서 승리할 당시 독일은 비스마르크가 수상으로서 실권을 장악하고 있었고, 그는 전쟁에서 승리한 뒤에 독일제국의 국제적 위치를 확고히 하기 시작하였다. 비스마르크는 1882년 오스트리아–헝가리, 러시아를 끌어들여 '3제 동맹'을 체결하였고 이듬해인 1882년에는 이탈리아와 함께 '3국 동맹'을 체결하였으며, 1883년에는 루마니아와도 동맹을 체결하였다. 심지어는 1887년에는 러시아와 '재보장 조약'을 체결하였는데, 이것은 프랑스를 견제하는 한편 프랑스가 러시아와 손잡지 못하도록 함으로써 프랑스와 러시아가 독일을 양측에서 협공하는 위협을 방지할 목적으로 한 것이었다.

1890년 비스마르크가 실각하고 호전적인 빌헬름 2세가 집권하자 그는 러시아와 우호적인 관계를 유지하기 위하여 노력을 기울였다. 빌헬름 2세와 당시 러시아의 니콜라이 2세는 둘 다 영국 빅토리아 여왕의 손자로서 서로 사촌지간이었지만, 빌헬름 2세는 자신의 정치적 야심을 러시아보다는 영국의 패권에 도전하는 것에 두고 있었다. 따라서 빌헬름 2세는 니콜라이 2세를 잠재적인 우호세력으로 생각하여 우호적 관계를 갖고자 노력했던 것이다.[73]

---

72 Wilhelm Desit, "Strategy and Unlimited Warfare in Germany", p. 278.

73 피터 심킨스, 『모든 전쟁을 끝내기 위한 전쟁』, pp. 345-346.

1905년 빌헬름 2세는 니콜라이 2세에게 동맹 체결을 제안했으나 당시 프랑스가 러시아에 투자를 많이 하여 러시아는 프랑스와의 관계를 중요시했기 때문에 이를 거절하였다. 이를 계기로 독일과 러시아는 적대관계로 돌아서 2차 세계대전 시까지 견원지간(犬猿之間)의 관계가 되었다.

빌헬름 2세는 독일을 세계적인 패권국가로 만들고자 했으며, 특히 이를 위해 해군력 강화를 시도했는데, 이것은 당시 해군력에 있어서 세계 최강의 대국인 영국을 적국으로 만드는 결정적인 원인이 되었다. 발칸반도에서는 세르비아 문제로 러시아를 적국으로 만들었고, 보불전쟁에서 승리하여 이미 프랑스 국민들로부터 복수심을 야기하고 있는 가운데 프랑스령 모로코를 보호국화하려고 시도하는 과정에서 프랑스마저 완전히 적국으로 만들었다.[74]

1914년 6월 세르비아를 방문하던 오스트리아-헝가리 제국의 황태자 암살을 계기로 세르비아를 응징하기로 결심한 오스트리아-헝가리 제국은 독일에 세르비아 응징의 필요성을 역설하였고, 빌헬름 2세를 비롯한 독일제국의 대신들은 동맹국인 오스트리아-헝가리 제국이 어떻게 결심하든지 지원을 하겠다는 의사를 전달하였다.

오스트리아-헝가리 제국은 세르비아를 공격 시 러시아가 개입해도 독일이 이를 지원할 것이라고 믿었고 따라서 오스트리아-헝가리 제국의 궁중회의에서는 세르비아를 공격하기로 결정하고 세르비아에 최후통첩을 하였다.[75]

1차 세계대전이나 2차 세계대전 시 항상 영국이 어떤 입장을 취하는지에 따라서 독일의 운명은 결정되었는데, 1차 세계대전 당시에도 영국의 입장은 독일이나 오스트리아-헝가리 제국이 전쟁을 결심하는 데 있어 고려해야 할 중요한 요소였다. 당시 독일은 오스트리아-헝가리 제국이 세르비아를 공격하더라도 영국은 중립을 지킬 것이며, 러시아와 프랑스는 아직 전쟁준비가 덜된 것으로 판단하였다.

그러나 독일의 이런 희망과는 달리 영국은 전쟁이 발발하여 오스트리아-헝가리 제국과 러시아에 국한되면 중립을 지키겠지만, 독일과 프랑스가 개입하면 이를 방관할 수 없고 프랑스를 지원하여 참전할 것이라는 의사를 알렸다. 러시아도 만약 오스트리아-헝가리 제국이 세르비아를 공격하면 이를 묵과하지 않겠다고 경고하였다. 그러나 런던이나 파리에 파견되어 있었던 독일의 외교관들은 영국과 러시아의 이런 경고를 무

74   조지프 나이, 『국제분쟁의 이해』, p. 103.
75   김용구, 『세계외교사』, pp. 569-574.

시하여 본국에 제대로 보고조차 하지 않았다.

마침내 7월 25일 오스트리아-헝가리 제국이 세르비아에 10개조의 최후통첩을 보내고 세르비아가 자국의 주권을 침해하는 조항의 거부를 이유로 7월 28일 선전포고를 하고 29일 베오그라드를 폭격하면서 전쟁이 시작되었다. 뒤를 이어 독일은 총동원령을 내렸고 이어서 8월 1일에는 러시아, 8월 3일에는 프랑스에 각각 선전포고를 하자 이에 8월 4일에는 영국이 독일에 선전포고를 함으로써 본격적으로 전쟁은 시작되었다. 오스트리아-헝가리제국은 8월 6일에 러시아에 전쟁을 선포함으로써 전면적으로 1차 세계대전이 시작된 것이다.[76]

전쟁기간 중 독일은 연합국의 동맹관계가 그대로 유지되는 한 승리는 어려울 것이라는 것을 알고 있었고, 따라서 영국과 프랑스, 러시아가 서로 각각의 평화회담으로 분리되면 독일은 남은 적국에 병력을 집중시켜 결정적인 승리를 거둘 수 있을 것으로 생각하였다.[77] 그러나 이런 생각은 예측을 빗나가 비록 러시아는 조기에 전선을 이탈하였지만 영국과 프랑스는 오히려 더욱 유대관계를 강화하였고 전쟁 후반기에는 미국마저 연합국으로 참전함으로써 독일의 예상은 완전히 빗나갔다.

전쟁이 장기전으로 가면서 중립국으로 남아 있었던 터키가 중립을 지키는 것이 자국에 불리할 것으로 판단하여 독일에 동맹체결을 제안하면서 독일을 지원하였다. 당시 영국과 프랑스는 우크라이나로부터 석유와 식량을 수입하고 있었다. 이를 수송하려면 흑해의 항구에서 선적하여 터키의 지배하에 있는 보스포러스 해협을 통과해야만 하였는데, 터키가 이 해협일대를 차단하여 영국과 프랑스의 전쟁지속을 어렵게 하였다. 보스포러스 해협이 차단되면서 연합국의 일원인 러시아의 연결도 차단되었고 루마니아와 그리스의 연합국 가담도 지연시켰다.

또한 터키와 독일의 동맹은 영국이 아라비아나 중앙아시아 지역까지 원정군을 파견하게 만들면서 연합국이 유럽의 전투에만 주력할 수 없게 만드는 효과도 가져왔다. 러시아와 같은 슬라브족 계열인 불가리아는 러시아와의 관계악화로 동맹국 측에 가담하였다.

그러나 전쟁 시작 이전부터 독일과 동맹을 맺고 있던 이탈리아는 오스트리아-헝가리 제국이 일으킨 전쟁의 부당성을 이유로 3국 동맹에서 의무를 포기하고 중립을 선언

---

76   정하명 외, 『세계전쟁사』, pp. 191-193.
77   L. L. Farrar. Jr. "The Strategy of the Central Powers: 1914~1917", p. 31.

하였다가 1915년 5월 연합국의 일부로 참전하였다.

이렇게 영국과 프랑스, 러시아가 연합국(1917년 4월 2일 미국 합류, 1918년 3월 3일 러시아 이탈)으로 독일과 오스트리아–헝가리, 터키, 불가리아가 동맹국으로 블록화하여 전쟁을 수행해 나갔다. 그러나 독일과 오스트리아–헝가리, 터키와 불가리아가 동맹을 맺고 영국과 프랑스, 미국 등 28개국의 연합국에 대항하여 전쟁을 한다는 것은 처음부터 국력이나 군사력, 경제력 등의 차이로 불가능한 일이었으며, 이러한 역량의 한계는 독일이나 오스트리아–헝가리, 불가리아 등 동맹국이 패할 수밖에 없었던 원인을 제공하였다.

독일도 영국이나 프랑스만은 못해도 해외에 많은 식민지를 건설하고 있었다. 아시아에서는 중국의 칭다오(靑島)를 조차하였고, 태평양에서는 뉴기니아 섬과 사모아·캐롤라인·마셜·솔로몬·마리아나 섬 등을 식민지화하였으며, 아프리카에서도 카메룬과 토고, 남서아프리카 등을 식민지로 갖고 있었다. 전쟁이 발발하자 일본군은 칭다오와 태평양에서 독일령 식민지를 점령하였고, 영국과 프랑스는 아프리카의 독일령 식민지를 점령하였다.[78]

전쟁지속능력의 한계를 극복하지 못한 독일 경제

산업혁명의 성공으로 19세기 말 독일의 경제력은 비약적인 발전을 하고 있었다. 이러한 발전의 덕택으로 1차 세계대전이 발발하였을 당시 독일의 경제력은 동맹국인 오스트리아–헝가리 제국이나 이탈리아의 지원 없이도 프랑스를 견제하였고 러시아를 패하게 했으며, 이러한 경제력을 바탕으로 영국의 전쟁수행까지 어렵게 하였다. 그렇다고 독일이 자원이 풍부하여 이를 바탕으로 경제력을 확대한 것은 아니다.

독일은 석탄과 철강산업의 원료가 되는 일부의 자원이 매장되어 있을 뿐 많은 자원을 해외로부터 수입을 해서 산업을 발전시켜온 나라이다. 19세기 초 산업혁명의 성공과 더불어 자원이 대량으로 필요하게 되었고, 이를 해소하기 위해 해외의 식민지를 확보하여 원료를 공급하고자 했으며, 따라서 강력한 해군력이 절대적으로 필요하게 되었는데 이것이 영국과 해군력 경쟁의 원인이 된 것이다.

해군력 확장과 해외자원 확보 노력의 결과로 1차 세계대전 이전까지 독일의 경제성장은 당시 이탈리아나 일본보다는 3~4배 정도로 빠른 속도로 발전되고 있었고 프랑스

---

78   존 키건, 『1차 세계대전사』, pp. 294-297.

와 러시아보다도 앞섰으며, 영국마저도 능가하는 수준에 도달하고 있었다.

독일은 당시의 폭발적인 경제성장과 더불어 인구는 약 6,600만여 명으로 러시아(1억 7,500만 명)보다는 적었지만, 영국(4,600만 명)이나 프랑스(3,900만 명)보다는 많았다. 국민교육이나 소득수준은 타 유럽국가와는 비교되지 않을 정도로 높았다. 경제에 필요한 인력의 기술수준은 높았고 학교교육기관에서는 각 산업현장에서 필요로 하는 대량의 기술자들을 양성해냈다.[79]

석탄 생산량도 1890년에 8,900만 톤이던 것이 1914년에는 2억 7,700만여 톤으로 증가되었으며, 산업화의 척도이자 잠재적 군사력의 지표로 간주되었던 철강생산량은 1,760만여 톤으로 이것은 영국과 프랑스, 러시아의 합보다도 많았다. 독일 제조업 생산이 전체의 산업에서 차지하는 비중은 14.8%로 이는 영국의 13.6%보다 높았고 프랑스의 6.1%보다 2.5배에 이를 정도로,[80] 독일의 경제는 유럽의 다른 어느 나라보다 승승장구하고 있었다.

또한 독일은 보불전쟁에서 승리하여 알자스-로렌 지방을 프랑스로부터 할양받음으로써 석탄과 철광석 자원의 일정량을 확보할 수 있었다. 여기에 독일에는 전쟁수행을 위해 산업체제를 전시체제로 전환하고 관료기업가들도 전쟁수행을 지원하기 위해 군수품 생산에 전력투구를 하였다. 이렇게 독일은 전쟁 초기단계인 1914년 7월로부터 종전이 되는 1918년 11월까지 정부 총 지출액 1,640억 마르크 중 전쟁을 위한 비용으로 1,470억 마르크, 즉 90%를 사용하였다.[81] 국가 재정의 대부분이 전쟁수행을 위해 사용되었다는 것은 전쟁이 총력전 양상을 띠고 있음을 보여주는 대표적인 현상 가운데 하나이다.

전쟁을 위한 전비조달은 중요한 문제로, 당시 각국은 일반적으로 세금을 간접세를 징수하는 방식으로 하고 있었고, 다음은 채권을 발행하는 방식이었으며, 외부로부터 차관을 받는 방식으로도 하고 있었다. 독일은 금을 확보하고 화폐를 발행하다 보니 1914년으로부터 1918년 사이 인플레이션은 1,141%로 상승하였고 이는 영국(1,154%)이나 오스트리아-헝가리 제국(1,396%)도 마찬가지였다. 독일은 또한 '전쟁채권(War Bonds)'을 발행하여 전비를 조달하면서 국민들에게 승리감을 확신시키고자 하였고, 오스트리아-헝가리 제국에게는 신용채권과 금을 교환하여 다시 터키와 이를 교환하는 등으로

79   Paul Kennedy, 『강대국의 흥망』, p. 293.

80   위의 책, pp. 293-294.

81   정해본, 『독일 근대사회경제사』(서울: 지식산업사, 1991), pp. 227-228.

전비를 조달하고자 했지만, 가장 중요한 뉴욕 금융가에서는 연합국들의 해양봉쇄로 달러와 교환할 수 없었고, 따라서 미국으로부터 수입을 금지당하고 있었다.[82]

독일은 전쟁기간 중 경제전에 대비하기 위하여 두 가지 방향을 설정하였는데, 그 첫 번째는 식량이나 원자재를 공급하는 것으로 이를 위해 국내자원을 최대한 이용하는 것은 물론 점령지 자원도 최대한 이용하였으며, 중립국인 미국이나 스칸디나비아 국가들과는 무역을 최대한 유지하고자 하였다. 두 번째는 연합국들, 특히 영국의 전쟁지속능력을 약화시키기 위한 것으로 대표적인 것이 바로 두제한 잠수함전을 실시하는 것이었다.[83]

겉으로 보기에 독일의 경제는 다른 유럽 어느 나라보다도 규모가 크고 활성화되어 있는 것처럼 보였다. 그러나 이러한 외형적인 모습과는 달리 독일은 전쟁이 장기전으로 갈 경우에는 해외로부터 자원의 수입이 차단되면 부존자원의 한계 때문에 전쟁지속능력에 있어서 문제가 발생될 수밖에 없었다. 이런 걱정을 한 사람은 정치가나 군인보다는 기업가인 라테나우(Emil Rathenau)로 그는 전쟁이 장기전 및 소모전 양상으로 갈 경우 원료부족의 가능성을 염려하여 물자 비축의 절대 필요성을 역설하였는데, 이 주장은 정부의 '전시원료관리국(Kriegsrohstoffabteilung, KRA)' 설치로 나타났다.[84]

전쟁 초기단계에서 연합국에 비하여 독일군이나 오스트리아–헝가리 제국 등 동맹국들의 군대는 대규모의 생산능력과 기술혁신의 이용, 국가자원을 전쟁을 위하여 동원할 수 있는 능력에 있어 1914년 10월 탄약위기가 발생하기 전까지는 전반적으로 우위에 있었다.

그러나 전쟁이 장기화되자 독일은 동에서는 러시아와 서에서는 프랑스와 양면전쟁을 하기에는 가용한 인적자원이나 물적자원이 제한되었고, 따라서 전쟁지속(戰爭持續)능력[85]의 한계를 인식하여 속전속결로 전쟁을 종결시키기를 희망했다. 전쟁이 발발하면

---

82 Hew Strachan, "Economic Mobilization: Money, Munition, and Machine", pp. 136-138.

83 B. J. C. Mekercher, "Economic Warfare", *The Oxford Illustrated History of The First World War* (New York: Oxford University Press, 1998), pp. 127-128.

84 Hew Strachan, "Economic Mobilization: Money, Munition, and Machine" p. 139; J. M. Winter, *The Experience of The War I*, p. 55. KRA는 국내에서 필요한 자원을 도입하기 위하여 회사를 설립하고, 전시산업에 필요한 자원을 '비상대비 자원(Emergency material)'으로 구분하고 해외로부터 도입하여 국내 산업에 보급하기 위한 획득전략을 수립하였다. 1차적으로 원자재를 수입하고 2차적으로 대체용품을 개발하였는데, 그 우선순위는 전쟁에서 필요한 순서에 따라 정하였다. 그러나 이러한 조치는 임시적인 해결책으로 독일의 자원부족을 완전히 해결해줄 수는 없었다.

85 전쟁지속능력에 대한 용어상의 정의는 되어 있지 않으나 여기서는 '전쟁목표 달성을 위하여 전쟁 전 기

서 정부 당국자들은 자원수급에 대한 논의를 하였지만, 그러나 전쟁이 장기전으로 가지 않을 것이라는 생각으로 제대로 준비를 하지 않았다. 그랬기 때문에 무기나 탄약을 생산할 원자재를 충분히 비축하지 않았고, 공장에서 필요로 하는 기술인력도 충분히 양성할 계획도 없었다. 정부 관료나 군부는 단기전이 될 것이라는 가정아래 있었다. 그러나 기업 측에서는 정부 관료와는 다르게 전쟁의 장기화에 대비하여 전쟁 초기단계부터 자원을 통제할 것을 제의하였고, 정부는 기업가들의 의견을 받아들여 전쟁을 하는 데 필요한 자원을 통제하기 시작하였다.

정부 당국자들의 예상과는 달리 1914년 마른(1914.9.6~12) 전투 이래 참호(塹壕)전으로 돌입하여 전쟁이 장기화되고 소모전 양상이 진행됨으로써 전쟁을 하는 데 필요한 자원부족에 대한 우려가 현실화되기 시작하였다. 마른 전투 일주일 동안 사용된 탄약의 양이 1870~1871년 보불전쟁에서 사용된 탄약의 양을 넘어설 정도로 많았으며, 1914년 10월 이미 독일군은 비축된 예비탄약을 거의 사용하여 이제 매일 생산되는 탄약에 의존해야 할 정도로 탄약에서 위기를 맞고 있었다.[86]

그러나 무기나 탄약을 만들기 위한 시설이나 공장 등은 일반 산업과는 다르다. 무기나 탄약을 만드는 공장의 시설은 높은 정밀도를 요하는 공작기계들이 다수이고, 여기에 종사하는 노동자들은 숙련된 기술력을 요한다. 이러한 기계나 인력도 하루아침에 만들어지는 것이 아니다. 여기에 무기나 탄약을 만드는 비철금속류와 화공약품도 중요하다. 독일은 이런 중요성을 간과하고 물자비축과 기술인력 양성을 소홀히 함으로써 탄약위기를 자초하였다.

따라서 이런 당면한 문제들을 해결하기 위하여 독일 정부는 전쟁성에 원자재부서를 두고 전쟁수행을 위해 필요한 자원통제의 책임을 부여하였는데, 이 부서에서는 산하에 많은 부서를 두고 자원을 획득하거나 저장을 하고 전시 우선순위에 따라 할당을 해주며 이를 위한 행정지원과 감독 등의 임무를 수행하였다.[87]

간 동안 국가가 동원할 수 있는 인적 및 물적 능력으로 현존능력과 잠재능력을 포함하는 개념'으로 사용한다.

86 Jerd Hardach, *The First World War 1914~1918*(Los Angeles: University of California Press, 1981), p. 55; Hew Strachan, "Economic Mobilization: Money, Munition, and Machine", pp. 136-138. 탄약부족 현상은 당시 독일군이나 프랑스군, 러시아 군에게 모두 나타나는 공통적인 현상이었다. 각국은 처음에는 수개월 동안 사용할 탄약을 비축해 놓고 있었다. 그러나 전쟁이 장기화되고 특히 참호전 양상으로 진행되면서 탄약의 과다한 사용이 결국 탄약의 부족을 초래하게 되었다.

87 Jerd Hardach, *The First World War 1914~1918*, pp. 58-59.

〈그림 3.5〉 무기생산을 위하여 정부의 군수공장에 동원된 독일 여성들

출처: J. M. Winter, *The Experience of World War I*, p. 175.

   독일의 '크루프(KRUPP)' 사는 철강과 전투장비 생산을 통해 독일 최대의 재벌회사로 등장하였다. 이 회사는 1860년에 벌써 1만여 명의 노동자를 고용하여 탄광과 철강회사를 운영하기 시작하였고, 1902년에는 킬 항구에 선박회사를 소유하여 독일 해군이 필요로 하는 전함을 건조하였다. 전쟁기간 중에는 파리를 포격하였던 그 유명한 '빅 베르타'를 포함하는 다양한 중포병화기를 생산하여 육군에 조달하였다.[88] 이 밖에도 지멘스(Simens)나 아에게(AEG)와 같은 기업들도 독일 산업계를 주도하면서 군수물자를 생산하여 조달하였다.

   1917년 이후에는 무제한(無制限) 잠수함 전을 실시[89]하여 미국마저 연합국의 일원으

---

88 J. M. Winter, *The Experience of The War I*, p. 30.

89 독일군은 1915~1916년에도 잠수함을 이용한 작전을 했지만 미국의 경고로 중지한 바 있다. 독일군이 1917년 들어 다시 무제한 잠수함 작전을 실시하게 된 주요 배경은 잠수함 작전을 통해 영국으로 가는 인적·물적 자원을 차단하여 영국의 전쟁지속능력을 약화시키고 미국의 연합국에 대한 참전 가능성이 높아지면서 미국의 모든 능력이 동원되기 전에 잠수함 작전을 통해 성과를 달성할 수 있을 것으로 판단을 하였기 때문이다.

로 참전하면서 영국과 더불어 대륙봉쇄를 단행하자 식량이나 유류 등 이른바 전략물자[90]들이 부족하여 전쟁을 지속하기에는 더욱 어려운 환경이 되면서 자원의 부족이 현실화되기 시작하였다.

독일은 이러한 문제점을 극복하기 위해 국방성 산하에 원자재부를 설치하고 전략물자를 취급하는 업체들의 자원공급을 엄격히 통제하여 해상봉쇄로부터 야기되는 물자부족을 해결하고자 했으며, '최고전쟁청'을 설치하여 경제를 통제하기 시작하였다.[91]

여기에 당시 영국과 프랑스군이 항공기를 이용하여 독일의 산업시설들에 대한 전략폭격으로 인명손실은 물론 군수물자의 생산에도 문제가 발생하였다. 예를 들면 자르 지역에 있는 보우스시의 공장에서는 수차에 걸친 공습과 잦은 공습경보로 1916년부터 1918년까지 기간 동안 공장에도 피해를 입었지만 반복되는 공습경보로 노동시간이 454시간이 줄어들었으며 역시 자르에 있는 철강공장에서도 300여 회의 공습경보로 3만 톤의 철강생산이 감소되었고, 로렌에 있는 탄약생산 공장에서는 한 분기 동안 수류탄 10만 발 생산이 감소되는 상황도 발생하였던 것이다.[92]

전쟁을 수행하기 위해서는 전투장비나 탄약, 군수물자의 소요가 급격히 증가하기 마련이다. 독일은 이런 문제를 해결하기 위하여 점령한 국가의 자원을 활용하는 방법으로 타개하고자 하였는데, 프랑스에서는 원광석과 석탄을 채굴하였고 루마니아에서는 소맥과 석유를, 벨기에에서는 노동자들을 동원하기도 했다(이런 현상은 2차 세계대전에서는 더욱 광범위하고 다양하게 여러 나라에서 시행되었다).

또한 비료를 만들거나 포탄을 만드는 데 사용하는 질산염(Nitrates, KNO_3 나 $FeNO_3$)을 전쟁 전에는 칠레로부터 수입하여 사용하였는데, 영국해군의 대서양봉쇄로 수입이 차단되자 새로운 화학적인 방법을 개발하여 질산염을 만들어내는 기술력을 발휘하였으며,[93] 소득세와 이익배당세를 인상하기도 하는 등의 조치로 한때 화약생산량은 2배, 기

---

90   전략물자에 대한 개념은 이를 사용하는 기관에 따라 사전적으로 용어상 개념의 차이가 있다. 전쟁수행에 없어서는 안 될 주요물자로 식량이나 유류 및 우라늄, 비철금속 등(『표준국어사전』), ① 한 나라의 기본적인 운용요건을 충족시키는 데 필요한 물자로서 일국의 경제발전에 중추적 역할을 담당하며, 발전과정에 있어 핵심이 되는 중요물자, ② 국가비상시에 생산능률에 있어서 그 양이나 질적으로 불충분하기 때문에 국외의 자원으로부터 전적으로 또는 부분적으로 조달되지 않으면 안 되는 국가안보상 또는 전략상 긴요한 물자(육군 및 합동참모본부, 『군사용어사전』). 국가가 비상시에 처하였을 때 생산능률에 있어서 그 양이나 질적으로 불충분하기 때문에 국외의 자원으로부터 전적으로 또는 부분적으로 조달되지 않으면 안 되는 국가안보상 또는 전략상 긴요한 물자(병학사, 『군사용어 해설사전』).

91   피터 심킨스, 『모든 전쟁을 끝내기 위한 전쟁』, p. 174.

92   Roger Chickering & Stig Forster, "World War Ⅰ and the Theory of Total War", p. 211

관총 생산량은 3배로 증가하였다.[94]

군수공업 분야에 많은 노력을 한 결과로 눈부시거 성과가 있었다고는 하나, 반면에 농업 부분에 대한 경시의 결과로 곡물생산량이 줄어들면서 가격이 급등하기 시작하였고 해양봉쇄로 수입마저 차단되자 1916년 이후 급격한 식량난에 시달리기 시작하여 1918년에 들어서는 수많은 기아자가 발생하였으며, 마침내 폭동까지 발생하였다.[95]

이러한 식량의 부족을 해결하기 위해 독일은 1915년 '제국곡물청(Imperial Grain Office)'을 설치하여 곡물의 구매와 분배를 관장하도록 하였고, 이는 마침내 '전쟁식량청(War Food Office)'으로 확대되어 정점을 맞게 되었다.[96] 식량부족을 해소하기 위해 배급제를 실시하였는데 배급량은 나이와 노동조건, 성별 등 여러 조건을 고려하여 결정하였다. 중노동을 하거나 무기나 탄약생산 공장에서 일하는 노동자들에게는 더 많은 식량을 배급하였다. 한편 식량의 부족은 1차 세계대전이나 2차 세계대전 시 모두 독일의 운신을 제한하게 만드는 커다란 문제였다. 독일은 프랑스 등 연합국에 비하여 국토가 척박하여 밀농사를 하기에는 부적합한 곳이 많고 따라서 주로 감자를 많이 재배하고 밀을 포함한 다수의 식량을 수입에 의존하고 있었다. 1차 세계대전이 발생하기 이전에도 독일은 평균적으로 19%의 식량과 27%의 단백질, 육류는 42%를 외국으로부터 수입하고 있었다.[97] 식량문제에 관한 한 독일은 취약한 구조를 갖고 있었고 만약 수입이 봉쇄되면 문제가 생길 수밖에 없었다.

그런데 전쟁으로 식량의 수입이 막히고 그 여파로 국내의 농작물 수확량마저 감소되어 식량수급사정이 악화되기 시작하였다. 그런 결과로 개전 2주 만에 벌써 식량과 연료의 부족현상이 나타나기 시작하였다. 여기에 정부의 식량분배정책이 작전을 하는 군 병력 위주로 전환되고 민간인들에 대한 배급량은 줄어들면서 지도자들에 대한 불만을 야기하고 나가서 산업시설에 동원된 인원들의 생산력을 저하시켜 무기나 탄약생산에도 차질이 발생하기 시작하였다.[98]

상식적으로 보면 전투에 투입된 병력에게 더 많은 식량을 우선적으로 분배하는 것

---

93 Jerd Hardach, *The First World War 1914~1918*, pp. 59-60.

94 Paul Kennedy, 『강대국의 흥망』, pp. 374-375.

95 독일에서 연합국의 해양봉쇄로 기아자가 발생한 통계를 보면 1915년에는 8만 8,235명이었으나, 1918년에는 29만 3,000명에 달하였다. 특히 1917~1918년 겨울 기간에 많은 아사자가 발생하였다.

96 피터 심킨스, 『모든 전쟁을 끝내기 위한 전쟁』, p. 175.

97 J. M. Winter, *The Experience of The War I*, p. 178.

98 *Ibid.*, pp. 177-178.

이 맞겠지만, 이러한 식량분배 정책은 장기전으로 가면서 재앙을 초래하고 파국을 불러왔다. 시민들에게 식량을 적절히 분배하는 것에 실패함으로써 황제의 지도력에 타격을 주었을 뿐만 아니라, 결국에는 산업현장에 투입된 노동자들에게 식량배급을 줄임으로써 무기나 탄약의 생산에도 막대한 지장을 초래하고 나가서는 전쟁지속에도 영향을 주었기 때문이다.[99]

민간에서는 배급정책과 분배상의 문제로 어느 달에는 식량이 너무 많이 공급되고 어느 달에는 너무 부족하여 영양상태의 불균형이 심화되면서 기아로 인하여 문제가 발생하였다. 영국 해군에 의한 대서양봉쇄가 계속되면서 물자 수입이 차단되자 독일경제는 마비되었고 전쟁을 지속하는 것은 물론 국민의 생활에까지 극심한 곤궁에 처해지고 있었던 것이다.

독일은 러시아가 타넨베르크 전투에서 패하고 국내사정으로 전선에서 이탈하면서 1918년 우크라이나와 맺은 평화조약을 통해 식량부족을 해결하기 위하여 우크라이나가 100만 톤의 식량을 제공하기로 하였지만, 이를 시행하기도 전에 우크라이나를 점령하여 괴뢰정권을 수립하기도 하였다.[100] 식량부족 사정이 워낙 급박하게 돌아갔음을 반영하는 조치였던 것이다.

이렇게 독일은 전쟁을 수행하면서 해상봉쇄로 식량으로부터 무기나 탄약을 만드는 자원에 이르기까지 각종의 자원부족으로 어려움을 겪고 있었는데, 이를 두고 1934년 2월 아인히치(Paul Einich)는 그의 저서 『재군비 경제관』에서 "독일은 재원이 없어서가 아니라 연합군의 해상봉쇄로 인하여 원료가 전부 소모되었고, 식료품도 점점 결핍되어 끝내 궤멸로 이르렀다."고 지적하고 있다.[101]

국가를 운용하는 지도부는 전·평시를 막론하고 동서고금의 역사를 통해 식량부족이 초래할 수 있는 파국적 상황에 주의를 기울여야 한다. 특히 전시라면 이는 곧 전쟁에서의 패배로 연결될 수 있음을 독일과 오스트리아-헝가리 제국이나 러시아의 사례는 보여주고 있음에 주목해야 한다.

---

99 *Ibid.*
100 피터 심킨스, 『모든 전쟁을 끝내기 위한 전쟁』, pp. 498-503.
101 가토 요코, 『근대 일본의 전쟁논리』, p. 191.

전술적으로는 승리했으나 전략적으로 패배한 군대

전투에서의 승리를 전술로 만회할 수 없고, 전술에서의 승리로 전략의 실패를 만회할 수 없다. 이 말은 1·2차 세계대전 시의 독일군에게 딱 들어맞는 말일 것이다. 1차 세계대전이나 2차 세계대전에서 독일군은 전투와 전술에서는 많은 성과를 거두고 승리하였지만, 전략에서 패하면서 결국 전쟁에서 졌다고밖에 말할 수 없을 것 같다.

전쟁을 계획하고 수행함에 있어서 중요한 것 중의 하나는 전쟁을 기획하고 전투를 지휘하는 장교들의 자질이다. 독일제국은 프로이센 시절 이미 1808년에 장교들을 양성할 베를린 사관학교(Kriegsschule)를 설치하여 우수한 장교들을 교육할 기반을 마련하고 있었다.

독일군은 또한 전쟁을 보다 치밀하게 계획할 목적으로 1815년 프로이센군에 참모본부(Generalstab)[102]를 설치하여 여기서는 작전을 연구하고 작전계획을 수립하였으며 작전의 지도 등 용병작전의 전담기관으로 점차적으로 자리를 굳히기 시작하였다.

1860년 빌헬름 1세는 국방장관 등 각료들의 반대에도 불구하고 징병제도를 도입, 3년간의 현역복무에 이어서 예비역 복무, 이어서 후방수비대(Landwehr) 복무를 하는 제도를 도입하였다. 후방수비대는 지역방위와 후방업무까지 같도록 함으로써 독일은 어느 강대국보다 빠른 속도로 병력을 확보할 수 있는 제도를 갖추었으며, 총참모부가 이 업무를 담당하였다.[103]

17세가 되면 국민군으로 소속되며 20세가 되면 현역으로 입대하여 병종에 따라 2~3년간 정규훈련을 받았다.[104] 이러한 징병제도의 발전을 기초로 1차 세계대전이 발발할 무렵 육군병력은 평시 84만 명에서 전시 400만여 명으로 신속히 증강시킬 수 있도록 준비되어 있었다.

개전 초기단계에 육군은 50개 사단 등 8개 야전군으로 편성된 약 200만여 명의 병력과 3,500여 문의 화포를 보유하고 있었으며 잘 훈련되고 무장되어 있었다. 사단은 1만

---

102 "독일군은 수송업무에 종사하던 자들을 이용하여 일반 참모본부를 편성하였다. 독일군이 참모본부를 창설한 목적은 군에 전문지식을 소유하고 있는 모든 병과의 운용과 특성을 이해하는 지휘능력과 판단력을 가진 덕성 있는 장교들을 육성하기 위함이다…." 이것은 1814년 당시 그롤만(Karl Wilhelm George Von Grolman)이 요약해서 참모본부의 설치목적을 발표한 것이다(육군본부, 『독일 육군사』, pp. 105-106).

103 Paul Kennedy, 『강대국의 흥망』, p. 259.

104 피터 심킨스, 『모든 전쟁을 끝내기 위한 전쟁』, p. 39.

8,000명을 기본으로 하여 105mm 곡사포 18문, 기관총 24정 등의 장비가 편제되어 있었으며, 2개 사단과 직할부대를 중심으로 군단을 편성하였다.

독일군과 프랑스군의 장비 면에서 프랑스군이 기관총을 2,500정 보유하고 있는 동안 독일군은 4,500정을 보유하고 하였고, 프랑스군이 75mm 포 3,800문을 보유하였을 때 독일군은 77mm 포 6,000문을 보유하였으며, 중포는 독일군만 보유할 정도로 우세하였다.[105]

독일이 경제력을 확대해나가는 과정에서 강한 군사력, 특히 해군력은 필수적이었다. 1894년의 청일전쟁에서의 영국 해군을 모방하여 양성한 일본 해군이 청국함대를 격파하고 거둔 승리는 독일 해군 건설에 커다란 자극을 주었다. 따라서 1898년 이후 독일은 2차에 걸쳐 '해군법(German Navy Law)'을 제정하고 해군제독 티르피츠의 건의에 따라 다수의 전함을 건조하는 등 해군력을 급속도로 확장해 나감으로써 당시 5위의 해군력이 영국 다음인 2위로 부상하였다.[106] 이렇게 해서 독일은 대형 전함 13척, 잠수함 28척 등 총 253척의 함정을 보유[107]함으로써 영국의 해군력에 버금가는 막강한 해군력을 보유하게 되었고, 프랑스나 러시아 함대를 압도하였다.[108]

또한 독일군은 잠수함을 건조하여 최초로 해전에서 사용하였고, 1915년 이래 무제한 잠수함전을 실시함으로써 중립 입장을 견지하던 미국의 1917년 4월 참전을 초래하였고, 종국에는 항복을 할 수밖에 없었다.[109] 독일군은 또한 '염소가스(Chlorine gas)'를 주성분으로 하는 화학작용제를 개발하여 1917년 4월 이프르 전투에서 사용함으로써 최초로 화학전을 실시하기도 했으며, 최초로 고타폭격기를 만들어 런던과 파리를 폭격하는 데 사용하였다.[110]

---

105 Paul Kennedy, 『강대국의 흥망』, p. 312.

106 육군본부, 『독일 육군사』, pp. 176-178.

107 이때 독일이 보유한 함정은 대형전함 13척, 구전함 22척, 순양전함 5척, 순양함 7척, 경순양함 34척, 구축함과 MTB 144척, 잠수함 22척이다(조지프 나이, 『국제분쟁의 이해』, p. 112).

108 Paul Kennedy, 『강대국의 흥망』, p. 295.

109 1차 세계대전 시 독일 해군의 무제한 잠수함 작전은 영국 해군을 격파하고 나가서는 무역에 다수를 의존하는 영국의 경제를 마비시키기 위하여 정치권 일부의 반대에도 불구하고 육군과 해군의 주장으로 1914년에 시작되었다. 미국의 상선이 격침되어 독일에 강력히 항의를 하자 잠시 중지되었다가 1917년 들어 다시 본격적으로 시작되어 미국의 참전을 초래하였다.

110 항공기가 최초로 전장에서 상용된 것은 독일군이 개발한 체펠린 항공기로 1914년 정찰임무를 위해서 사용되었으며, 전쟁이 진행되면서 군용항공기의 사용범위가 넓어지기 시작하여 1918년도에 들어서 전투기, 폭격기, 대지 공격기에 이르기까지 확대되었다.

독일군은 전쟁을 해나가는 과정에서 양면전쟁을 수행해야 했기 때문에 병력의 효율적 활용은 대단히 중요하였고 이를 위해 철도망을 전략적으로 건설하여 효율적으로 활용하였다. 1840년 프로이센 시대에 겨우 490km에 달하였던 철도는 전략적인 철도망을 건설하기 위한 구상으로 비약적으로 발전하여 1870년 1.7만km로 확대되었고 1914년에는 6.2만km까지 확장되어 1차 세계대전 당시는 병력을 서부전선에서 동부전선으로 빠른 시간에 이동하면서 전쟁을 수행하는 데 결정적으로 기여하였다.[111]

독일군은 동맹국인 오스트리아-헝가리 제국군과 연합작전을 하기 위한 노력을 기울이지 않았다. 양국의 군대가 연합하여 작전을 실시하였었다면 강력한 전투력을 발휘할 수도 있었을 것인데, 독일군은 오스트리아-헝가리 제국군을 얕잡아 봄으로써 그들의 지휘 아래 들어갈 수 없었고, 반면에 오스트리아-헝가리군도 독일군의 지휘를 받으면서 작전을 하기에는 자존심이 허락하지 않았다. 마지못해 연합작전을 하기로 논쟁 끝에 결론을 얻었지만 제대로 작전을 실시하지는 못하였다.

독일은 장교의 질이나 일반 참모제도와 같은 우수한 제도에도 불구하고 전쟁에서 궁극적으로 패하였다. 전쟁을 계획할 때는 전쟁지속을 위한 정부의 지원이 필요하고 따라서 전쟁지원 부서에서는 당연히 전쟁계획을 알아야 할 것이다. 그러나 독일군은 오로지 육군참모본부만 관여하였고, 기밀 유지를 이유로 수상은 물론 정부 각료들에게조차도 알려주지 않는 경우가 많았으며, 해군에게는 마지못해 알려주는 정도였다.[112] 독일군이 전쟁에서 제대로 지원을 받을 수 없었던 이유이기도 하다.

1차 세계대전에서 독일이 무조건 항복하면서 베르사유 조약을 체결하고 전쟁을 끝냈지만, 전쟁이 막바지에 달할 무렵인 1918년 말 아직도 독일군은 241개의 보병사단과 4개 기병사단을 포함한 67개의 군단사령부가 야전에 배치되어 총 480만여 병의 병력이 있었으며,[113] 주요 전투도 프랑스 영토 안에서 진행되고 있었다. 군대는 그런대로 이상이 없었으나 독일 사회에서의 식량부족에 의한 기아와 염전주의 및 사회주의자들의 확산, 해군의 폭동 등의 문제가 어우러져 전쟁을 지속하기가 어려워지면서 항복을 할 수밖에 없었다.

---

111 존 키건, 류한수 옮김, 『2차 세계대전사』(서울: (주)청어람 미디어, 1996), p. 25.
112 존 키건, 『1차 세계대전사』, p. 47.
113 육군본부, 『독일 육군사』, p. 196.

예비전력의 한계를 극복하지 못한 독일

독일은 전쟁지속을 위하여 병력확보는 징병(徵兵)제도에 기초를 두고 20세에 달하면 모든 청년은 징병검사를 받게 하였는데 여기서 합격한 인원은 현역으로 근무하고 이후에는 예비역으로 5년 6개월간 편성되며, 이후에는 39세까지 후비(後備)역으로 '후방수비대(Landwehr)'에 편입하여 동원예비군으로 편성되었고 이후 45세까지는 '국민군(Landstrum)'으로 지정되었다.[114] 동원예비군은 정규군 부대에 동원되거나 신규 예비 군단 및 사단으로 편성되어 정규사단과 동급의 부대로서 전투에 투입되었고, 국민군은 향토예비군으로 보급로 정비나 방어임무 등에 종사하였다.[115] 이러한 편성으로 독일이 동원할 수 있었던 예비군의 규모는 1,000여만 명에 달하였다.

그러나 전쟁이 장기화되면서 병력이나 전쟁물자가 부족하자 힌덴부르크는 이른바 지원법을 제정하여 군에 입대하지 않은 17~60세의 모든 남자들을 강제적으로 동원하여 운용할 수 있도록 하였다.[116] 독일은 전쟁을 수행하기 위해 여성인력도 적극적으로 활용하였다. 여성들은 남성들이 전선으로 동원되어 인력이 부족하자 전쟁물자 생산을 위해 적극적으로 동원되었다.

독일은 전국을 21개 군단 지구로 나눠 각 지역에서는 정부가 동원령을 선포하면 정해진 사단을 만들어내는 동원체제를 유지하였다. 독일은 당시 유럽에서 제1의 경제대국에 인구도 러시아 다음으로 많았지만, 연합국처럼 독일을 지원해줄 수 있는 나라가 없이 양면전쟁을 해야만 했다. 여기에다 동맹국인 오스트리아-헝가리 제국이 경제·군사적으로 취약했기 때문에 이마저 지원해야 하는 일도 자주 발생되었다.

전쟁이 장기화되면서 동원 가능한 인적·물적 역량 역시 부족해졌고 전쟁지속능력의 한계를 극복하지 못한 독일은 패할 수밖에 없는 전쟁을 해야만 되었던 것이다.

발전된 과학기술을 활용하여 다양한 전투장비의 개발

독일은 과학기술을 발전시키기 위하여 '베를린 공과대학'을 육성하였고, 이곳으로 전 세계에서 유명한 학자들이 연구를 위해 모여들었다. 독일정부는 '카이저빌헬름연구

---

114 존 키건, 『2차 세계대전사』, p. 36.
115 피터 심킨스, 『모든 전쟁을 끝내기 위한 전쟁』, pp. 39-40.
116 위의 책, pp. 174-175.

소'를 설치하여 자연과학이나 물리학을 연구하도록 기반을 제공하였으며, 여기에는 화학이나 물리학 등의 분야에서 다수의 노벨상 수상자들이 모여서 연구를 하였다.

독일의 화학자인 '프리츠 하버(Fritz Haber)'는 1909년 '합성암모니아'법을 발견, 저렴한 비용으로 농업용 비료를 대량 생산하는 방법을 개발하여 농업생산량을 대폭 확대할 수 있도록 하였다. 그는 1914년에는 포탄을 만드는 데 사용되는 질산염이 영국의 대서양 봉쇄로 칠레로부터 수입을 차단당하자 독일군 최고사령부의 요청에 의해 공기 중에 있는 질소를 이용하여 질산염을 만들 수 있는 방법을 개발하고 이를 화약으로 사용할 수 있도록 제조법을 발명함으로써 질산염 수입차단에 따른 문제점을 해소하였다.[117]

하버는 또한 염소(Cl)가스와 포스겐 독가스, 이페리트 독가스를 제조하여,[118] 1915년 2월 최초로 염소가스를 러시아 군에게 사용하여 엄청난 인명피해를 입혔다. 또한 그해 4월 22일 이프르 전투에서도 연합군에게 염소가스를 사용함으로써 연합군의 철수를 강요하였다.

독일의 유수한 철강회사인 크루프(KRUPP) 사에서는 당시 기관차와 철제 레일을 만들어 혁신을 이루었으며, 전함이나 잠수함 생산에서도 커다란 발전을 하고 있었다. 이러한 기술의 발전으로 독일은 최초로 잠수함을 건조하여 해전에서 사용하였다. 잠수함의 최초 창안자는 아일랜드 출신의 과학교사인 '존 홀랜드(John Holland)'로 그가 미국으로 이민하여 잠수함을 건조하여 미 해군에게 시범을 보였으나, 미국과 영국 해군은 당시 별로 관심을 보이지 않았다.

오히려 독일이 보낸 참관인들이 더 많은 관심을 갖고 특허권을 요구함으로써 이를 독일에 넘겨주었으며, 마침내 1914년 9월에 홀랜드가 개발한 잠수함을 독일의 발명가인 '루돌프 디젤(Rudolf Diesel)'이 디젤엔진을 개발하여 정착하고 성능을 더욱 개선하고 강화시켜 U-보트를 건조하였다. 독일군은 U-보트를 해전에 투입하여 불과 몇 분에 영국 순양함을 격침하고 다수의 영국 해군을 익사시킴으로써 이제 잠수함이 본격적으로 전쟁에 사용되기 시작하였다.[119] 1915년 이후에는 무제한 잠수함전을 실시하여 처

---

117 존 콘웰, 김형근 옮김, 『히틀러의 과학자들』(서울: (주)웅진 싱크르, 2008), pp. 63-69. 프리츠 하버는 유대인 출신 과학자이다. 그는 공기 중의 질소를 이용하여 화학적으로 질소비료를 만드는 법을 발명하였는데, 만약 그렇지 못하였다면 지구상 인구가 생존할 수 있는 최대추정치는 36억 명에 불과할 것이라고 한다. 하버의 화학적인 질소비료 제조연구에 의해 대량생산체제를 갖춘 독일은 1차 세계대전 중 고성능 폭약을 생산할 수 있었고, 1914~1918년의 지루한 참호전도 할 수 있었다.

118 어니스트 볼크먼, 석기용 옮김, 『전쟁과 과학, 그 야합의 역사』(서울: 아미고, 2003), pp. 301-304.

119 위의 책, pp. 293-295.

음에는 효과를 보는 듯했으나 1917년 4월 미국의 참전을 초래하여 결국은 스스로 파국을 초래하는 실수를 범하였다.

비행기를 전투에 직접적으로 처음 사용하기 시작한 것도 독일이었다. 미국의 라이트 형제가 1903년 최초로 비행기를 제작하여 비행에 성공하고 1911년 리비아를 침공한 이탈리아군이 비행기를 이용하여 폭탄을 투하하고 항공정찰을 하는 등으로 사용하였지만 조악하였다.

독일은 미국의 남북전쟁 시 '체펠린(Ferdinand Zeppelin)'이 독일 측의 공식 참관인으로 북부군 전투를 참관하였는데, 그는 북부군이 기구를 이용하여 남부군 진영을 넘어서 병력이나 부대배치 등을 정찰하는 것을 보고 귀국하여 이를 전쟁용 기구로 만들고자 연구 끝에 헬륨이나 수소가스를 넣은 비행선을 만들어 1차 세계대전 초기 영국 런던이나 파리를 폭격하는 데까지 활용하였지만 속도가 느려 대공사격에 취약하였고 폭탄 적재량의 문제 등으로 지속적인 사용을 할 수 없었다.[120]

마침내 독일에서 이런 문제점을 개선하고 축적된 과학기술을 이용하여 1916년에 강력한 쌍발엔진에 2만 1,000피트까지 상승할 수 있고 660파운드의 폭탄을 적재하여 수백km를 비행할 수 있는 '고타 폭격기(Gotha Bomber)'를 만들어 전투에 사용함으로써 비행기가 전쟁에 전면적으로 등장하기 시작하였다.[121] 비행기가 사용되고 이를 격추시키는 화기의 필요성이 대두되어 크루프 사는 56mm 대공포를 최초로 개발하였다.

무선통신기술은 이탈리아의 마르코니에 의해 처음 발명되었으나, 이것을 전장에서 효율적으로 잘 활용한 국가는 독일이었다. 독일은 무선통신을 항공기에 설치하여 항공기 간의 통신에 사용하였으며, 선박의 통신으로도 활용하였다. 무선통신이 본격적으로 전장에서 사용되기 시작한 것이다.

박격포도 1차 세계대전에서 처음 사용되기 시작하였다. 당시 독일군과 프랑스군이 상호 대치하여 깊은 참호를 파고 있었기 때문에 전선은 교착되었고, 이를 타개하기 위해서는 보통의 대포로는 곤란하였으므로 고각사격으로 피해를 입히기 위하여 독일군이 처음 개발해서 사용하기 시작하였다.[122]

---

120 위의 책, pp. 321-322, 독일군은 1차 세계대전 중 80여 대의 체펠린을 만들어 1915년 1월 19일 런던을 폭격한 이래 200여 회에 걸쳐 공습을 통해 6,000여 발의 폭탄을 투하해서 500여 명의 시민이 망하였고 1,100여 명이 부상하였다(아께찌 쯔도무, 김기홍 옮김, 『세계병기발달사』(서울: 도서출판 과학도서, 1983), p. 53).

121 어니스트 볼크먼, 『전쟁과 과학, 그 야합의 역사』, pp. 320-325.

122 김철환, 『전쟁, 그리고 무기의 발달』, p. 99.

한편 독일은 연합국의 해상봉쇄로 물자수입이 차단되면서 동남아지역으로부터 수입하던 천연고무(Rubber)마저 부족하게 되어 이를 대체할 고무가 필요하게 되었다. 따라서 독일은 '합성고무(Synthetic Rubber)'에 대한 연구를 시작하여 비록 품질은 떨어졌지만 이를 개발, 사용한 최초의 국가이다.

1차 세계대전 당시 독일제국의 과학기술 발전에 공헌을 한 사람들의 다수는 유태인 출신의 과학자들이다. 그들 중 다수는 노벨상 수상자들이며 그들은 독일이 1차 세계대전을 일으킨 것을 옹호하는 선언도 하였다.

유태인 출신으로 1904년 노벨 화학상 수상자인 런던 대학의 '윌리엄 람세이(William Ramsay)' 경은 이를 두고 "독일 과학이 얻은 많은 명성은 독일계 유태인 덕으로 유태인 과학자들이 올바른 지적 활동을 할 때 비로소 독일 인종에 대해 안심이 된다."고 하였다.[123] 그만큼 유태인 과학자들의 과학지적 능력은 우수하였고, 그들의 무기개발은 독일군이 전쟁을 하는 데 많은 영향을 주었다.

1차 세계대전 시 독일계 유태인들은 그들의 조국인 독일제국을 위해 많은 공헌을 하였지만, 2차 세계대전 시는 히틀러의 유태인 절멸정책에 의해 모두 추방을 당하거나 또는 수용소로 보내지면서 죽음을 당하는 운명을 맞기도 하였다.

승리에 대한 자신감이 어느덧 패배주의로

1914년 8월, 1차 세계대전이 발발하자 독일 국민들은 이 전쟁에서 마치 독일이 승리한 것처럼 전선으로 출정하는 병사들을 환송하였다. 빌헬름 2세 황제는 출정하는 병사들을 위하여 기도를 해줄 것을 국민들에게 요구하였다. 국민들은 침략전쟁을 하는 군대를 보내면서 "하느님은 독일 함대와 육군과 함께 하신다."는 구호를 외쳤고, 병사들은 "신이 우리와 함께(Gott mit Uns)"라는 벨트와 버클을 차고 다녔다.[124] 황제로부터 말단의 국민들에 이르기까지 모두가 마치 승리는 독일군이 떼놓은 당상인 것처럼 행동하였다.

그러나 단기전으로 끝날 것이라고 예상했던 전쟁이 장기전으로 가면서 문제가 발생하기 시작하였다. 1차 세계대전 당시의 독일 경제력은 유럽에서 제일 강하였지만 전쟁을 지속하기 위해서는 자원이 필요하였으며, 국내의 자원은 한정되어 있어 해외로부터

---

123 존 콘웰, 『히틀러의 과학자들』, pp. 77-78.
124 피터 심킨스, 『모든 전쟁을 끝내기 위한 전쟁』, p. 632.

의 자원도입이 필수적이었다. 그러나 영국 해군의 북해와 대서양 봉쇄로 물자수입이 차단되어 있었기 때문에 커다란 어려움을 겪고 있었고 이로 인하여 특히 식량과 유류의 부족은 커다란 문제였다.

전쟁이 후반기로 갈수록 미국이 연합국을 지원하여 연합군의 전력이 강화되는 반면 독일국민의 생활은 극도로 궁핍해질 수밖에 없었다. 전쟁 후반기 18개월 동안 독일국민들은 주식으로 대용품인 빵과 순무, 감자만을 먹어야 했고, 1916~1917년에는 감자의 생산량이 감소하여 순무를 더 많이 먹어야 하는 소위 '순무의 겨울'을 보내야만 했으며, 수많은 사람들이 굶주림으로 죽기도 하였다.

사회적으로는 일상생활용품에서 불평등한 배급이 불만을 야기하였다. 농촌사람들은 도시사람들보다 조금 낮은 식료품을 배급받는다든가, 군수공장에서 일하는 덜 숙련된 노동자가 그렇지 않은 노동자들보다 더 많은 배급을 받는다든가, 부유층이나 정치적 영향력을 갖고 있는 지배층은 암시장을 통해 더 많은 물품을 구입한다든가 하는 문제는 많은 사람들의 불만을 야기하였던 것이다.[125]

유류공급은 최소화되었으며 계란은 구경하기조차도 힘들어졌다. 여기에 난방용 석탄이나 석유는 항상 부족하였고 의복도 품절되었으며, 이런 현상들은 국민들로 하여금 염전주의로 표출되어 도처에서 파업이 발생하였고, 급기야 정부는 1918년 2월 계엄령을 선포하여 통제하는 사태에까지 이르게 되었다.[126]

전쟁이 막바지에 이르면서 사회에서는 좌파신문들이 독일의 정치개혁과 황제퇴위, 사회주의 인민정부 수립 등을 주장하기 시작하였고 길거리에서는 시위가 빈발하였다. 국민들은 기나긴 전쟁에서 극도의 궁핍을 참아가면서 지원을 하였지만 그 결과는 패전과 사회의 혼란이었으며 그러한 분노가 여기저기서 표출되기 시작하였다.

독일 해군사령부에서 영국 해군과의 결전을 위하여 해군에 출동을 명하자 패배의식이 확산되어 있었던 해군이 킬(Kiel) 군항에서 주동하는 폭동이 발발하여 전국적으로 확산되면서 전쟁을 수행하기가 더욱 어렵게 되자 마침내 각료들은 황제를 강제로 퇴위시켰으며 연합국과의 협상 끝에 항복을 하였다.

전쟁기간 중 독일은 해외, 특히 미국에서 '선전전(Propaganda Warfare)'을 하였다. 전쟁이

125　B. J. C. Mekercher, Economic Warfare, *The Oxford Illustrated History of The First World War*, (New York: Oxford University Press, 1998), p. 125.

126　피터 심킨스, 『모든 전쟁을 끝내기 위한 전쟁』, pp. 324-325.

발발하자 독일은 독일계 미국 그룹의 스폰서 지원 아래 1억 달러를 들여 미국의 여러 도시에서 반영 선전, 특히 영국과 대립을 하고 있는 아일랜드계를 대상으로 반 영국 정서를 부각시킬 목적으로 선전전을 전개하기도 했지만, 침략자로서의 독일의 오명을 씻지는 못하였다.[127]

1차 세계대전이 발발하기 이전에 독일은 유럽에서 제1의 강대국이었다. 산업혁명의 성공으로 국력은 강화되었고, 이를 바탕으로 군비경쟁에서도 우위를 점하고 있었다. 빌헬름 2세의 팽창주의는 이러한 국력의 자신감을 바탕으로 하였다.

그러나 빌헬름 2세의 호전적인 태도는 독일을 파멸로 이끌고 말았다. 독일은 국력에 대한 자신감은 있었지만 국제정세를 읽고 대처하는 혜안은 부족하였다. 그 결과로 지도자인 빌헬름 2세는 영국의 참전 가능성을 오판하여 오스트리아-헝가리 제국이 전쟁을 일으키도록 방임하였고, 독일군 수뇌부도 미국의 참전 가능성을 낮게 보는 등 판단을 그르쳤다.

독일은 연합국에 비하여 전쟁을 지속할 수 있는 병력이나 산업생산능력이 부족하여 항복할 수밖에 없는 가운데 전쟁이 장기화되고 식량의 부족으로 이에 대한 염증을 느낀 국민과 군대에서 폭동마저 발생하여 황제는 반강제적으로 퇴위하였으며 베르사유 강화조약으로 전쟁은 종결되었다.

지도자인 빌헬름 2세의 전쟁지도능력은 부족하였고, 군부가 정치와 경제 등 국가전반을 좌지우지함으로써 총력전을 실시하는 데 필요한 정치나 외교력, 경제력을 통합할 수 없었다. 독일의 군사력과 예비전력의 동원역량은 부족하였으며, 전승에 대한 국민의 믿음 역시 전쟁이 장기화되면서 희박해져 이길 수 없는 전쟁을 계속하다가 결국 항복한 것이다.

2. 다민족 국가의 취약성을 극복하지 못한 오스트리아-헝가리 제국

오스트리아는 합스부르크(Habsburg) 왕조를 중심으로 통일을 하였으나 1866년 프로이센과의 전쟁에서 패하여 독일에서의 패권을 상실하였고, 이탈리아의 베네치아 지방도 잃어버렸으며 다민족 국가의 특성으로 인해 내부 이민족들의 독립운동에 대한 통제

---

127 J. M. Winter, *The Experience of The War I*, p. 186.

〈표 3.10〉 1890~1910년 오스트리아-헝가리 제국 국력의 변화

구 분	인 구 (100만)	강철 생산 (100만 톤)	에너지 소비 (100만 톤)	병 력 (만 명)	군 함 (만 톤)
1890	42.6	0.97	19.7	34.6	6.6
1900	46.7	1.1	29	38.5	8.7
1910	50.8	2.1	40	42.5	21.0
비 고			석탄 환산		

출처: Paul Kennedy, 『강대국의 흥망(The Rise and Fall of The Great Power)』, pp. 278-284.

도 곤란하였다.

이 제국은 1867년 오스트리아의 합스부르크 왕가가 헝가리의 마자르족과 타협하여 오스트리아의 '프란츠 요세프(Fran Josef)'가 황제를 겸하되 헝가리 왕국도 포함하는 '2중 제국(Dual Monarchy)'을 건설함으로써 오스트리아-헝가리 제국이 성립되었다. 외교와 군사, 재정은 공동으로 하였지만, 오스트리아의 비엔나와 헝가리의 부다페스트에 별개로 독립된 의회와 정부를 두어 독립된 정치를 하였다. 다만 재정과 외교, 전쟁 같은 문제는 양국이 합의하여 결정하도록 하였으며, 이에 따라 황제가 양국의 공동장관을 임명하였다. 오스트리아-헝가리 제국(1867~1918)은 게르만족을 주축으로 하는 오스트리아와 마자르인의 헝가리, 폴란드인, 이탈리아인, 남슬라브인 등 다양한 인종으로 구성된 다민족 국가였다.[128]

그 무렵 러시아는 슬라브족이 다수인 발칸반도로 세력을 진출하면서 오스트리아-헝가리가 위협을 느끼게 되었고, 이런 가운데 황태자인 페르디난트 공이 세르비아 수도 사라예보를 방문 시 세르비아의 민족주의자에 의하여 암살되는 사건이 발생함으로써 세르비아를 지원하는 러시아와의 전쟁을 피할 수는 없게 되는 상황으로 발전되었다.

사실 중부유럽과 발칸 지역에는 다양한 민족으로 많은 문제점을 갖고 있었음에도 불구하고 오스트리아-헝가리 제국이 존재하여 러시아가 발칸반도로 영향력을 발휘하

---

128 당시 오스트리아-헝가리 제국의 인구분포를 보면 오스트리아, 독일, 헝가리, 체코, 폴란드, 크로아티아, 세르비아, 루마니아, 우크라이나, 슬로바키아, 이탈리아, 슬로베니아 등 11개 민족으로 구성되어 있었다. 이 중 오스트리아ㆍ독일 국적의 사람들이 전체 인구의 20%를 약간 넘었고 헝가리가 약 20%, 그 외의 9개 민족이 나머지 60%를 차지하는 복잡한 구조였다(강성호, 『중유럽 민족문제: 오스트리아-헝가리 제국을 중심으로』, 서울: 동북아 역사재단, 2009), p. 62).

〈표 3.11〉 1913~1914년 오스트리아-헝가리 제국의 국가능력

구분	인구 (만 명)	1인당 소득 ($)	GDP (억$)	군사력 (만 명)	강철 생산 (만 톤)	군 함 (만 톤)
능력	5,200	57	30	44.4	260	37.2
연도	1914	1914	1914	1914	1913	1914

출처: Paul Kennedy, 『강대국의 흥망(The Rise and Fall of The Great Power)』, pp. 280-284, p. 339.

고자 하는 의도를 억제하고 있었는데, 만약 이 제국이 없어진다면 이 지역에서 러시아의 영향력은 확장될 것이고 그렇게 되면 지역의 불안정은 증가될 것으로 보였다. 그렇기 때문에 체코의 정치가인 팔라츠키는 "오스트리아가 작은 공화국으로 분단된다고 생각해 보라, 러시아 제국에게 얼마나 반가운 일이겠는가?"라고 하여 발칸반도 지역에서 오스트리아 제국의 역할을 중요하게 생각하고 있었다.[129]

그러나 이 제국은 제국의 이름에서 보는 바와 같이 통합이 어려운 국가였다. 그들의 이름은 오스트리아-헝가리 2중 제국(Astro-Hungary Dual Monarchy), 합스부르크 제국(Habsburg Monarchy), 합스부르크 왕국(Habsburg Empire), 오스트리아-헝가리 제국(Astro-Hungary Empire)으로 다양한 민족의 구성만큼이나 그들에게 사용된 명칭이 다양하였던 것이다.[130]

그러나 1914년 7월, 오스트리아 황태자 암살사건이 발생하자 오스트리아-헝가리 제국은 독일의 빌헬름 2세 황제에게 사절단을 파견하여 세르비아에 대한 군사적 행동에 대하여 지지를 요청하면서 세르비아 정부에게는 세르비아 정부가 거절하도록 정교하게 계획된 10개 항목을 요구하였으며,[131] 세르비아가 이를 거절한다는 이유로 베오그라드를 폭격하면서 전쟁은 시작되었다. 이 제국은 1차 세계대전이 끝날 무렵 전쟁에서 패배하면서 붕괴되어 오스트리아와 헝가리로 각각 독립되었다.

---

129 루퍼트 스미스, 『전쟁의 패러다임』, p. 145.

130 Maureen Healy, "Vienna and the Fall of the Hapsburg Empire", *Total War and Everyday Life in World War*(UK: Cambridge University Press, 2006), p. 15.

131 J. M. Winter, *The Experience of The War Ⅰ*, p. 27. 주요내용은 오스트리아에 반대하는 출판물의 금지와 반 오스트리아 단체의 해산 및 반 오스트리아 운동금지 보장을 위해 오스트리아에게 협력, 반오스트리아 교육의 금지, 반오스트리아 관리의 파면, 사라예보 관련 사건관계자 재판에 오스트리아 관리의 참여, 사라예보 사건에 관련된 관리의 체포, 이 사건이 이후 반오스트리아 관리의 처벌, 무기의 국외반출 금지와 48시간 내 회답 등이다. 세르비아는 대부분 동의하였으나 세르비아 주권과 관련되는 사항, 즉 황태자 암살자 재판에 오스트리아 관리를 참여시키는 것을 반대하면서, 다만 헤이그 중재재판소의 결정에 맡길 수 있다는 유보적인 입장을 표하였다. 그러나 이것은 모두 오스트리아-헝가리의 계략에 의해 무시되었고 마침내 전쟁이 발발한 것이다.

노령의 불행한 지도자와 리더십의 혼란

오스트리아가 합스부르크 왕국으로 존재하고 있었던 시절, 1차 세계대전 이전 요세프 황제는 유럽에서 경험이 많은 국가의 지도자로서 국민들로부터 사랑을 받고 있었다. 그러나 그의 장남인 루돌프는 1889년 자살하였고, 아내는 1898년 암살되었으며, 후계자로 지명된 조카인 페르디난트 황태자도 1914년에 세르비아에서 암살되는 등으로 몹시 외로운 지도자였다. 여기에 1차 세계대전이 발발할 무렵 그는 이미 84세로 나이가 많았으며, 따라서 전쟁 같은 국가의 중대사를 논하고 결정하기에는 이미 노령의 나이에 있었다.

〈그림 3.6〉 요세프 황제(1830~1916)

발칸위기로 세르비아가 점차 영향력을 확대해나가는 것에 대한 두려움을 갖고 있었던 오스트리아-헝가리는 군대를 동원하여 세르비아를 응징할 필요성을 인식하게 되었고, 만약 세르비아를 응징하지 못하면 발칸반도의 슬라브족으로 인하여 제국이 해체될 수 있을 것이라는 이유로 세르비아에 대한 예방공격이 유일한 해결책이라고 생각하였다.

참모총장 '콘라드(Conrad von Hotzendorf)'는 요세프 황제에게 "발칸반도에서 남슬라브족의 통일은 강력한 민족운동이 일어나는 것을 의미하는 것으로 제국은 이를 무시해서는 안 됩니다. 제국에서 세르비아가 독립을 한다면 제국은 남 슬라브 지역에서 영향력을 잃는 것입니다. 제국 영토와 위신을 잃는 것은 제국을 소국으로 만드는 것입니다."라고 하여 세르비아에 대한 공격을 주장하였다.[132] 언제인가 세르비아를 공격하고자 기회만 엿보고 있었던 것이다.

황태자 암살로 야기된 1차 세계대전은 손자(孫子)의 말대로 오스트리아-헝가리 제국의 흥망과 관계되고 오스트리아-헝가리 제국의 국민의 살고 죽음이 달려있는 중대한 문제였다. 설령 제국의 황태자가 암살을 당하여 복수를 위해서라도 전쟁을 하기 위해

---

132 Ruth Henig, *The Origins of the First World War*, p. 21.

서는 정치, 외교, 경제, 군사 등 다방면에서 전쟁을 수행할 수 있는 준비상태가 되어 있는지를 점검하고 미흡한 사항은 보완을 해야 함에도 이런 조치는 제대로 되지 않은 가운데 독일의 지원을 믿으면서 세르비아에 대한 전쟁을 시작하였다.

당시 황제는 수상 '스튀르크(Karl Stürgkh)'와 교활한 외무장관 '베크홀트' 및 참모총장 콘라드의 보좌를 받고 있었다. "이것은 광신자 1인의 범죄가 아니다. 이 기회를 놓친다면 우리 제국은 남부 슬라브인, 체코인, 러시아인, 루마니아인, 이탈리아인들의 야망의 폭발에 직면하게 될 것이다. 정치적인 이유 때문에 오스트리아-헝가리 제국은 전쟁을 해야만 한다."는 참모총장 콘라드 장군의 발언에서 알 수 있는 바와 같이 틈만 나면 제국과 대립을 하고 있었던 세르비아를 응징하고자 기회를 보던 중 마침내 황태자 암살사건이라는 좋은 구실이 생기면서 전쟁을 개시한 것이다.[133]

1차 세계대전이 발발할 당시에 전쟁에서 승리하기 위해서 오스트리아 황제는 2중 제국의 주요 상대였던 헝가리와 사전 전쟁을 할 것인지 말 것인지 협의를 해야만 되었으나 이러한 절차 또는 과정은 무시되었고, 오로지 오스트리아 외무장관과 참모총장이 주도하였다.

독일이 프랑스와 러시아를 상대로 하여 양면전쟁을 해야만 하는 취약점을 갖고 있었던 것처럼, 이 제국 또한 세르비아를 침공 시 세르비아는 물론 이를 지원하는 러시아와도 양면전쟁을 각오해야만 하는 환경이었다. 당시 이탈리아가 동맹국의 일원으로 조약을 체결하고 있었지만, 그러나 오스트리아-헝가리 제국과 이탈리아는 국경문제로 독일과 프랑스의 관계만큼이나 좋지 않았다. 오로지 믿을 것이라고는 독일밖에 없는 상황이었고 독일의 절대적인 지원을 기대하면서 전쟁을 시작하였다.

전쟁이 시작되면서 노령의 황제는 적극적으로 전쟁을 지도하지 못하였다. 그는 수상 스튀르크와 외무장관 베크홀트 및 참모총장 콘라드의 보좌를 받기는 하였지만, 이미 적극적인 전쟁을 지도하기에는 84세의 노령으로 어려운 형편에 있었다. 상황을 판단하고 결심하고 지시와 확인을 하기에는 너무나 많은 나이였던 것이다.

이런 상황에서 수상 스튀르크는 의회의 협조나 간섭 없이 통치하기를 좋아했으며,

---

133 오스트리아-헝가리 제국의 요세프 황제는 이미 84세의 노령의 나이에 제국이 세르비아와 군사적으로 대결을 하는 것을 원하지 않고 있었던 것 같다. 그는 제국에서 국가·인종 간 대립이 국제평화를 위해서 합리적인 방법으로 해결되기를 바랐던 것이다. 그의 뒤를 이를 페르디난트 황태자도 남슬라브족에 대하여 동정적으로 그는 제국이 오스트리아-헝가리-슬라브족의 결합하는 제국에 대하여 이해를 하고 있었던 것 같다. 그러나 참모총장 콘라드는 이에 대하여 매우 부정적이고 따라서 황태자 암살사건은 세르비아 침공에 좋은 구실이 된 것이다(Ruth Henig, *The Origins of the First World War*, p. 41).

전쟁이 발발하자 국가의 모든 힘을 전쟁목적을 달성할 수 있도록 하는 데 신속하게 사용할 것이라고 하였다. 당연히 국민들에게는 모든 경제활동이 전시 지원을 위하는 데 집중이 되도록 요구되었다. 제국의 중심부에 있었던 육군의 공격적인 태도는 시민사회의 많은 부분에 간섭을 하고 있었다. 전쟁을 하는 데 필요한 자원을 동원하고 법령을 강제적으로 시행하였으며 계엄령을 선포하는 등 사회를 구속하고 있었던 것이다.

'조셉 레들리치(Joseph Redlich)'는 이를 '전시독재(War Dictatorship)'라고 특징적으로 말하였다. 정부는 계엄령을 선포, 훈령으로 통치를 하였지만 제국의 많은 지역에서는 군사법정에서 많은 시민들이 재판을 받았으며 이로 인하여 정부와 군 지도자들 사이에서는 지속적으로 긴장이 형성되었다.[134]

1916년 한창 전쟁이 진행되고 있을 때 수상이 암살되었다. 식량부족으로 많은 국민들이 고통을 받고 있을 때 수상은 비엔나의 어느 고급식당에서 버섯 수프와 쇠고기 요리 등 고급요리와 포도주 등을 먹다가 암살된 것이다. 그는 비엔나 시민들이 식량부족으로 어려움을 겪고 있을 때 호화요리를 먹었고 그에 대하여 사람들은 비난하였다. 전시 상황에서 국민들과 동고동락 하지 않는 지도자에 대한 반감이 암살사건으로 표출된 것이다.

요세프 황제도 86세의 노령으로 1916년 11월 21일 사망하였다. 제국이 한창 전쟁을 하고 있을 때 수상은 암살되고 황제는 노령으로 사망하는 일이 발생하였다. 그러나 황제의 사망이 곧 오스트리아-헝가리 제국의 전쟁에서 이탈 또는 패배를 의미하지는 않았다. 제국은 수많은 문제를 갖고 있으면서도 전쟁을 계속하고 있었기 때문이다. 그의 뒤를 이어 '칼 1세(Karl 1)'가 제국의 황제로 등극하였지만 그가 물려받은 것은 참담한 제국의 암울한 상황뿐이었다.

칼 1세는 1917년 황제로 취임하였지만, 제국에서 군사지도자와 정치가들의 갈등은 전쟁을 하면서 점차 감소되고 있는 인적·물적 자원의 사용 우선권을 확보하기 위하여 더욱 심화되어갔다. 1917년 겨울은 이러한 어려움의 결정판이었다. 그해 제국은 식량부족과 사회불안, 폭력과 극렬한 법질서 위반 등으로 정부를 무능하게 만들었다. 전쟁 전반기인 1914년으로부터 1916년까지는 그래도 다소 희망적인 면이 있었지만, 1917년 이후는 그런 모습을 찾아볼 수가 없게 상황은 악화되어 가고 있었던 것이다.

전쟁을 지도하여 승리로 이끌어가야 할 국가 지도자의 지도력은 어디서도 찾아볼

---

134 Maureen Healy, "Vienna and the Fall of the Hapsburg Empire", pp. 24-25.

수가 없었고, 군부가 국가운영을 주도하면서 불만에 가득 찬 국민들은 정부와 군부에 저항을 하기 시작하고 있었다.

다민족으로 구성된 제국과 민족의 분열

독일이 주로 게르만족 단일민족으로 이루어진 데 비하여 오스트리아-헝가리 제국은 게르만족을 중심으로 폴란드인, 헝가리의 마자르족, 세르비아의 슬라브, 체코인 등 다민족 국가로 이루어진 국가였다. 평시에도 다민족 국민의 의사를 한곳으로 결집하기가 쉽지 않은데 더군다나 전시에 국민적 의지를 한 곳으로 응집시켜 전쟁을 하기에는 더더욱 어려운 구조적인 문제점을 오스트리아-헝가리 제국은 갖고 있었던 것이다.

여기에 오스트리아-헝가리 제국의 중심을 이루는 황제는 노쇠하였고, 오스트리아와 헝가리가 2중 국가로 구성된 것은 전쟁을 준비하고 수행하는 데 있어 통일된 노력의 집중을 한층 어렵게 하는 상황이었다.

이러한 국가적 취약성을 갖고 있는 가운데 세르비아를 방문하던 황태자가 암살됨으로써 독일의 지원을 믿고 세르비아에 선전포고를 하고 러시아를 대상으로 하여 전쟁을 시작하였다. 하지만 오스트리아-헝가리 제국이 싸워야 할 대상들은 주로 슬라브족으로서, 오스트리아-헝가리 제국 내에서의 슬라브족들은 제국이 일으킨 전쟁에 대하여 동질감을 느끼지 않고 있었기 때문에 승리를 위한 국민의 결집은 상대적으로 힘들었고, 따라서 전쟁수행은 어려울 수밖에 없었다.

전쟁을 하기 위해서 병력과 물자를 동원하였지만, 이는 제국을 단결시키는 것보다는 여기서 어떻게 하면 빠져나가거나 제외될 것인가를 궁리하다보니 오히려 다른 사람들에 대한 증오와 의심, 시기심을 유발하였다. 식량이 늘 부족하다보니 상류층의 음모와 모략이 특권이라는 이름으로 빈발하였다. 이러한 것들은 승리에 기여하는 것보다는 오히려 반대결과를 초래하였다.

그러한 결과로 '마크 콘월(Mark Cornwall)' 같은 학자들은 오스트리아-헝가리 제국이 붕괴된 제1의 이유를 "1918년의 제국 내의 다양한 민족의 구성과 식량부족에 기인하는 문제로 인한 것"이라고 말하고 있다. 당연히 연합국들은 선전전을 통해 이러한 문제들을 오스트리아-헝가리 제국군의 사기를 저하시키기 위하여 이용하였다.[135]

---

135 Maureen Healy, "Vienna and the Fall of the Hapsburg Empire", p. 19.

제국의 패배요인에 대하여 민족 구성의 다양성과 전시 식량의 부족 등 다양한 견해가 있기는 하나 여러 민족으로 구성된 오스트리아-헝가리 제국은 국민적 의지를 한곳으로 결집시키기가 대단히 어려웠고, 그러한 결과는 전쟁기간 중 제국의 분열로 이어져 전쟁에서 패배를 촉진시켰다.

대타협의 산물로 생겨났으나 통합을 이루지 못한 정치

오스트리아-헝가리 제국은 독일계 게르만족과 헝가리의 마자르족, 슬라브족 등 11개의 다민족으로 이루어진 국가로서, 이 제국은 1867년 오스트리아와 헝가리 사이에 이른바 '대타협(Ausgleich)'의 산물로 생겨난 제국이었다. 제국의 핵심을 이루는 독일계 오스트리아인은 전체 인구 5,100만여 명 중에서 1,200만여 명에 불과하였으며, 마자르족의 헝가리는 약 1,000만여 명으로 양국이 지배민족으로서 제국을 이끌어갔으나 그 외의 다수를 이루는 인종, 특히 슬라브족인 체코슬로바키아, 폴란드, 세르비아 등에서는 반발이 심하여 좀처럼 제국이 힘을 합칠 수 없었다. 이런 현상 때문에 1차 세계대전 당시 영국의 수상을 지낸 로이드 조지는 이 제국을 일컬어 "곧 넘어질 것 같은 제국(A ramshackle Empire)"이라고 하였다.[136]

『비엔나와 합스부르크 왕국의 몰락』의 저자인 머린 힐리(Maureen Healy)도 오스트리아-헝가리 제국은 1918년 전쟁에서 패하여 망한 것이 아니라 전쟁이 발발하면서 제국 내에서 발생한 식량부족으로 인한 폭동과 폭력, 인종의 다양성 등으로 인한 사회적 규범 또는 질서의 악화 등이 원인이 되어 서서히 제국을 통치할 수 없게 되어가면서 망한 것이라고 하고 있다.[137]

특히 20세기 전쟁에 들어가면서 식량문제는 단순히 경제의 문제로 끝나는 것이 아니라 정치문제와도 연계되어 있었다. 전쟁기간 중 식량이 크게 부족하지 않다면 문제가 없지만 많이 부족하여 기아자가 발생하고 그 기간이 장기화되면 정치문제화되었는데, 바로 그런 경우가 오스트리아-헝가리 제국이나 독일과 러시아에 있어서 극심하게 나타나 다수의 시민이 굶어 죽고 이에 따라 폭동이 발생하였던 것이다.

제국은 이중 국가를 유지하되 단일의 통치자와 단일의 군대 외에 의회와 내각은 오

---

136 Charles Lowe, Life Austria-Hungary During The First Three Years Of The War, *The Great War*: Volume 10 (Croatia: Trident Press International, 1999), p. 46.

137 Maureen Healy, "Vienna and the Fall of the Hapsburg Empire", p. 3.

스트리아와 헝가리가 각각 따로 구성을 하여 운용하고 있었으며, 외무와 전쟁, 재정장관은 공유를 하였다. 이중 제국은 정례적인 합동업무를 조정하기 위하여 양국의 수상들과 외교 및 재정, 전쟁장관으로 구성된 공동장관회의를 열어서 외교정책과 육군 및 해군예산을 토의하도록 하였다.[138]

이 제국에서는 내각이 존재하지 않아서 행정부라는 것이 없었으며, 다만 왕실평의회가 있어서 업무를 처리하는 식이었다. 특히 의회가 비엔나와 부다페스트에 각각 존재하다보니 양쪽 의회가 모두 관련되는 일에는 문제가 복잡해졌다.[139] 양국의 의회에서는 자국 정부가 제출한 정부예산을 심의하였는데, 이러한 것은 모두 자국의 이익을 지키기 위한 것으로 이 제국이 함께할 이유가 별로 없음을 보여주는 것이며, 이러한 현상들이 모여서 제국의 응집력을 약화시키는 결정적 작용도 하고 있었다.

여기에 제국의 통치를 받고 있었던 체코슬로바키아가 프라하를 수도로 하여 헝가리처럼 독립을 원하고 있었고, 덧붙여 보스니아-헤르체고비나, 몬테네그로, 크로아티아, 슬로베니아 등에서도 1,200만여 명의 인구를 바탕으로 하여 독립을 요구하고 있었다.[140] 도무지 한 국가로 통합된 힘을 발휘할 수 없는 정치체제였던 것이다. 이러한 태생적 한계로 인하여 황태자 암살사건을 계기로 오스트리아-헝가리 제국이 독일의 지원 없이 독립적으로 러시아를 상대로 하여 전쟁을 수행하기에는 군사력을 포함하여 전반적으로 취약하였으며, 따라서 독일에 지원을 요청한 것이다.

독일의 지원 약속을 믿고 시작한 전쟁에서 오스트리아-헝가리군은 러시아군과 갈리시아(지금의 폴란드 남부지역)에서 결전을 하였으나 여기서 대패하여 커다란 피해를 입었다. 이러한 피해를 극복하지 못한 오스트리아-헝가리 제국은 마침내 1918년 들어서 악화된 국내 사정과 연속적인 군사작전에서의 패배로 인하여 독일의 경제적·군사적 통제를 받지 않을 수 없었다.

1918년 6월 이후 이탈리아와의 전투에서 결정적으로 패한 오스트리아-헝가리 군은 붕괴되었으며, 회담을 갖고 정전에 들어갔다. 1919년 9월 '생제르망'에서 개최된 회담을 통해 오스트리아-헝가리는 분리되고 그 땅에는 체코슬로바키아와 헝가리, 폴란드, 유고슬라비아 등이 독립하였다. 오스트리아는 전쟁 이후 면적은 14%로 줄어들었고,

---

138 루퍼트 스미스, 『전쟁의 패러다임』, p. 141.

139 폴 헤이즈, 강철구 옮김, 『압박받는 제국들: 러시아와 오스트리아-헝가리 이중왕국, 유럽 현대사의 제문제』, (서울: 도서출판 명경, 1995), pp. 94-95.

140 Charles Lowe, "Life Austria-Hungary During The First Three Years Of The War", pp. 44-45.

인구도 800만에 불과한 소국으로 전락하였다.

오스트리아-헝가리 제국은 다민족으로 구성된 복잡한 정치적 문제를 갖고 있는 2류 국가에 불과하였음에도 독일이나 영국과 같은 강대국으로서 행동을 하고자 하는 과정에서 문제가 있었다. 예를 들면 세르비아 공격 시 러시아가 세르비아를 지원할 것이고 그렇게 되면 오스트리아-헝가리 단독 능력만으로는 안 되기 때문에 오스트리아-헝가리 제국군의 참모총장은 독일군의 지원에 대한 다짐을 받고자 계속 시도를 하였으나 별 효과를 얻지 못하였으며, 마침내 패할 수밖에 없었던 것이다.[141]

독일 지원에 전적으로 의존한 외교

1867년 프로이센과 전쟁을 하여 패한 오스트리아는 소위 비스마르크 체제 영향 아래 유럽 강국들과 세력균형을 유지하고 있었다. 독일과는 1882년 3국 동맹을 체결하여 독일과 연대감을 갖고 세력균형의 한 축을 담당하면서 1차 세계대전이 끝나면서 제국이 해체될 때까지 지속되었다.

오스트리아-헝가리 제국은 러시아를 제국의 가장 큰 위협으로 간주해서 이에 대응하기 위하여 독일과 지속적으로 유대를 유지하면서도 발칸제국으로 그 영향력을 확대하여 나갔다.

이 무렵 러시아는 1904년 러일전쟁에서 패하고 1905년 10월 혁명으로 국내가 매우 혼란스런 상태에 있었는데, 이 틈을 이용하여 오스트리아-헝가리 제국은 발칸 반도로 영향력 확장을 시도하면서 독일계와 슬라브족의 갈등을 야기하기 시작하였다.

1908년 오스트리아-헝가리 제국은 무력으로 보스니아를 합병하여 슬라브족이 다수인 세르비아의 거센 반발을 야기하였다. 그리고 1914년 6월 28일에 제국의 황태자가 사라예보를 방문 시 세르비아 민족주의 단체의 청년에게 암살됨으로써 전쟁을 시작할 방아쇠가 서서히 당겨질 상태로 준비되어 가고 있었다.

전쟁이 발발할 무렵인 1914년 7월 오스트리아-헝가리 제국은 당면하고 있는 국내 · 국제적인 문제를 외교를 통해서 해결하려는 자세보다는 군사력을 이용하여 해결하고자 하는 경향이 강하였다. '새뮤얼 윌리엄슨(Samuel Williamson)'은 그의 저서인 『오스트리아-헝가리 제국과 1차 세계대전의 기원』에서 "독일의 세계정치에 대한 공세적 태

---

141 Paul Kennedy, 『강대국의 흥망』, p. 305.

도와 오스트리아-헝가리 제국의 발칸지역에 대한 정책이 서로 혼재"되면서 제국의 적대적인 정책들이 원인이 되어 전쟁이 발발하였다고 하고 있다.[142]

정상적인 국가라면 전쟁이 발발할 가능성이 높아지면 동맹국이나 다른 외국들과의 연합으로 전쟁이 발발하지 않도록 해야 하는 것이 외교의 1차적인 목적이 되어야 한다. 그러나 오스트리아-헝가리 제국은 황태자의 암살을 빌미로 세르비아를 공격하기로 하였지만 단독으로 공격을 하기에는 세르비아를 지원하고 있는 러시아를 의식하여 곤란하였기 때문에 독일의 지원이 절대적으로 필요하였으며, 따라서 외교의 제1의 목표는 독일로부터 지원확약을 받는 것이었다.

따라서 황태자가 암살되자 오스트리아-헝가리는 독일어 친서를 보내 세르비아 응징 필요성을 역설하면서 지원을 요청하였다. 이에 독일은 빌헬름 2세의 주재 아래 오스트리아-헝가리 제국이 어떤 정책을 택하든지 지원하기로 결정하였다. 독일의 지원을 확신한 오스트리아-헝가리 제국은 세르비아를 침공하기로 결정하고 7월 23일 세르비아에 10개항의 최후통첩을 보내면서 48시간 내에 회답을 요구하였던 것이다.

세르비아는 오스트리아-헝가리 제국의 10개조 요구에 대하여 세르비아의 주권에 관계되는 사항을 제외한 9개항을 수락하였지만, 오스트리아는 회답에 관계없이 이미 전쟁을 하기로 결정을 하였기 때문에 7월 28일 세르비아에 선전포고를 하였다.

전쟁기간 중 오스트리아-헝가리 제국은 3국 동맹국의 대상인 이탈리아와 협력으로 전쟁을 해나갔다면 승리를 조금이라도 보장받을 수 있었을 것이다. 그러나 이 제국은 이탈리아와 국경문제로 계속 분쟁을 하고 있었기 때문에 긴장관계를 유지하다가 전쟁이 발발하자 이탈리아는 오스트리아-헝가리 제국이 야기한 전쟁의 부당성을 들어 3국 동맹에서 이탈한 뒤 1915년에 연합국에 참여함으로써 오스트리아-헝가리 제국에 커다란 부담이 되었다. 그리고 1918년 10월에 이탈리아군에 결정적으로 패하면서 이 제국은 종말을 고하게 되었다.

민족과 지역별로 불균형한 제국의 경제

오스트리아-헝가리 제국의 인구는 1890년도의 4,100단여 명에서 전쟁이 발발하기 직전인 1914년에는 5,100만여 명으로 증가되어 있었는데, 이는 프랑스나 이탈리아, 영

---

142 Ruth Henig, *The Origins of the First World War*, p. 49.

국의 인구보다는 많은 것이었다. 당시 전쟁을 앞두고 산업화도 빠른 속도로 진행되고 있었다.

석탄 생산량은 프랑스나 러시아보다는 많은 4,700만 톤을 생산하고 있었다. 헝가리에 있는 스코다(Skoda) 병기공장143의 생산량도 지속적으로 확대되고 있었으며, 산업 잠재력에 있어서는 러시아보다 앞서고 있었고, 철강 생산이나 에너지 소비에 있어서도 다른 국가들에 비하여 많이 떨어지는 것은 아니었다.144

갈리시아 지역에서는 원유를 생산하고 있었고, 헝가리 지역에서는 기계화가 진행되고 있었으며, 도시지역의 전기화와 철도건설 등도 진행되고 있었다. 그러나 오스트리아-헝가리 제국의 제조업 인구는 전 인구의 10%에 불과할 정도로 취약하였으며, 프랑스와 더불어 유럽 최대의 농업국가로 자리매김을 하고 있었다.

오스트리아-헝가리 제국의 민족적 특성은 게르만족, 마자르족, 체코인, 폴란드인 등 11여 개 민족으로 구성된 다양성에 있었고, 이것이 민족의 소득수준에도 영향을 미쳐서 이를테면 게르만족이 다수인 오스트리아는 높고 그 외의 지역은 낮아서 문제가 있었다.

예를 들면 1910년 오스트리아-헝가리 제국의 갈리시아와 부코비나 지역 인구의 73%가 농업에 종사하고 있었는데, 이는 제국 전체의 평균 55%에 비하여 현저히 높은 수치로 불균형이 심하였으며, 더 우려스러웠던 것은 소득의 불균형으로 오스트리아가 850크라운(화폐단위), 보헤미아가 761크라운이었는데 비하여 갈리시아 316크라운, 부코비나 310크라운, 달마티아 264크라운으로 격차가 심하였다.145 제국 중심부와 지역의 차이가 경제력에서 그대로 나타난 것이다.

전쟁이 발발하여 영국이 해상봉쇄를 선언하자 비엔나의 신문들은 이 전쟁은 "경제전쟁이다, 기아 전쟁이다", "영국은 우리를 기아에 몰아넣고 있다", "영국은 식량수입을 차단하여 우리를 기아의 위협에 처하게 만들고 있다" 등등으로 영국의 해상봉쇄와 차

---

143 이 회사는 1859년에 창립되었으며 오스트리아-헝가리 제국에 있어서 대표적으로 무기를 만드는 회사라고 할 수 있을 것이다. 이 회사는 1차 세계대전이 시작되면서 오스트리아-헝가리 제국에 있어 해군용 함포와 육군용 중포 및 기관총, 탄약 등을 납품하는 커다란 회사가 되었으며, 1차 세계대전 이후에는 체코공화국이 건국되면서 체코 군에게 전차나 항공기 등의 무기를 공급하였다. 히틀러가 체코를 합병하면서 눈독들인 핵심이유는 스코다 공장에서 생산하는 전차나 항공기 및 야포 등 무기를 확보할 필요성이 있었기 때문이었다(http://en.wikipedia.org/wiki/skoda works, 검색일: 2011.1.21, 11:20).

144 Paul Kennedy, 『강대국의 흥망』, p. 302

145 Paul Kennedy, *The Rise And Fall Of The Great Power, Economic Change And Military Conflict From 1500 To 2000*(New York: Random House. Inc. 1987), p. 216.

〈그림 3.7〉식량을 증산하기 위하여 밭을 일구고 있는 오스트리아-헝가리 제국의 여성. 전쟁기간 중 식량부족은 전쟁승리에 대한 국민의지를 약화시키는 중요한 원인이었다.

출처: J. M. Winter, *The Experience of World War I*, p. 196.

단을 비난하는 다양한 논조의 기사를 게재하였다. 비엔나의 어느 칼럼니스트는 "영국의 악마적인 해상봉쇄계획이 우리를 기아에 처하게 만들고 있기 때문에 식량을 절약해야 하며, 식량의 낭비는 탄약을 낭비하는 것과 같다"고까지 하였다.[146] 시민들을 단합시키고 전쟁에 동원하기 위한 유효한 수단으로 영국의 해상봉쇄와 식량수입의 차단, 기아문제를 활용한 것이다.

이러한 식량문제에 대한 언론의 경고에도 불구하고 전쟁이 계속되면서 실제로 취약한 오스트리아-헝가리 제국의 경제로 인하여 1917년 후반부터 식량부족으로 폭동이 발생하였고, 여기에 산업현장에서는 파업마저 발생하여 더욱 경제적으로 어려움에 처하였다. 오스트리아-헝가리 제국도 독일처럼 연합국의 해상봉쇄로 인하여 식량수입이 막히자 가격이 폭등하기 시작하였고, 공급량이 부족하자 폭동이 발생하였던 것이다. 그러한 결과로 하루에 공급되는 식량은 전쟁 당시에는 약 1,300칼로리에 달하던 것이 전쟁이 끝날 무렵에는 800칼로리로 떨어졌으며, 비엔나에서만 매년 1.5~2만여 명

---

146 Maureen Healy, "Vienna and the Fall of the Hapsburg Empire", pp. 36-37.

이 굶주림으로 죽은 것으로 알려졌다.

식량의 부족으로 인하여 위기가 발생되고 폭동이 일어나자 이는 병력동원에도 영향을 미쳤다. 부대에 병력이 부족하기 시작한 것이다. 국민들은 생존하기 위하여 식량을 구하러 다니면서 각자가 해야 할 일을 포기해야만 되었고, 자신들을 오히려 합스부르크 제국에 의한 전쟁 피해자라고 생각하는 경향마저 발생하기 시작하였다.

특히 중·하류층 시민들의 식량부족은 이들로 하여금 제국의 전쟁목적을 달성하는데 있어서 전혀 도움을 주지 못하였다. 이러한 국민적인 고통들이 전쟁을 지속하는 데 방해가 되었음은 물론이다. 총력전을 함에 있어서 식량이 부족하면 기아 자체의 문제로만 끝나는 것이 아니라 동원에도 영향을 미치고 전시 산업생산에도 영향을 미쳐 전쟁지속마저도 어렵게 하며, 사회질서의 유지에도 악영향을 미친다는 것을 오스트리아-헝가리 제국은 보여주었다.

전시 승리에 대한 국민의 의지를 약화시키는 가장 결정적인 요소가 바로 식량의 부족으로부터 야기되었다는 것을 독일이나 러시아, 오스트리아 제국에서 발생되었던 사례들이 증명하고 있다. 전시 다른 어느 것보다 우선하여 더욱 주의를 기울여야 할 부분이다.

민족적으로 복잡 다양한 군대, 독일제국에 의존한 군사력

오스트리아-헝가리 제국은 독일이나 영국과 프랑스 등에 비하여 산업발전 속도가 더뎠기 때문에 그 영향은 군사력에도 미쳤다. 제국의 군사력은 동맹국인 독일은 물론 협상국인 프랑스나 러시아보다 규모도 작았고, 군이 보유하고 있는 장비의 질적인 면에서도 뒤떨어지고 있었다.

오스트리아-헝가리 제국의 군사력은 1867년 제국창설 당시의 합의에 의하면 3개의 자치조직으로 구성된 군을 갖기로 하였는데, 그것은 제국왕립육군(Imperial and Royal Common Army)과 해군(Imperial and Royal Navy)으로 이들은 이중 제국의 정식 군사력이었으며, 여기에 제국왕립지역군(Imperial Royal Territorial Force)은 독일어를 말하는 인원으로 구성된 부대였고, 헝가리 지역에서는 마자르인으로 구성된 혼베드(Royal Hungarian Honved)가 있었다. 앞의 육군과 해군은 전시 주력으로 작전을 하는 정규군이고, 뒤의 부대들은 오스트리아와 헝가리가 보유하고 있는 향토방위를 위한 각각의 예비전력이었지만, 전쟁이 발발하면서 모두 정규군의 일부가 되었다.[147]

여기서 오스트리아-헝가리 제국의 군사력을 더욱 이해하기 힘들게 만든 것은 이들에 대한 행정업무가 3명의 장관으로 나누어졌다는 것이다. 제국의 전쟁성 장관은 해군의 특수 분야와 제국왕립육군에 대한 책임을 갖고 있었고, 오스트리아와-헝가리 제국의 방위를 위한 국방부가 비엔나와 부다페스트에 동시에 존재하였으며, 이들은 각각의 언어를 사용하면서 대규모의 전쟁이 발발하면 이들은 제국군의 협조 개념에 의해 협조하도록 되어 있었다.[148] 아무리 이중 국가라고 해도 이해가 안 되는 부분이다.

오스트리아-헝가리 제국의 군사력은 독일에 비하여 상대적으로 규모도 작고 특히 다수의 민족과 다양한 언어의 사용으로 인하여 능률이 떨어지는 모습이었다. 제국이 확장되면서 군 내부에서도 비게르만계 출신들이 늘어가고 이로 인하여 의사소통에 많은 문제가 발생하기 시작하였다. 전쟁이 발발하던 1914년 제국의 병사들 중 오스트리아-헝가리인은 30%에 불과하였으며 나머지 70%는 슬라브계였다.[149]

평시의 제국군 병력은 약 40만여 명에 32개의 왕립사단과 16개의 오스트리아 및 헝가리 사단, 11개의 기병사단이 있었다. 1914년 8월 전쟁이 발발하였을 때 제국군은 6개 야전군에 18개 군단과 50개의 보병사단 외에 11개의 기병사단 등으로 확대되었다가, 1916년 봄에는 26개 보병군단과 1개 기병군단에 69개 보병사단과 11개의 기병사단 및 이를 지원하는 4,000문의 포병화기와 항공부대 등으로 확대되었다.[150] 그러나 이 수준은 주변 열강들인 프랑스나 독일, 영국, 러시아 등에 비하여 여전히 낮은 수준이었다. 여기에 국방비가 부족하여 징집 가능한 인원의 30% 정도만 징집하고 많은 인원들은 약간의 훈련을 마치고 귀향하였다. 한마디로 전시 대량으로 소요될 병력을 동원하고 운용을 위한 준비가 제대로 되어 있지 않았다.

제국의 국방예산은 러시아나 독일의 1/4에 불과였으며 장비는 구식으로 노후화되어 있었다. 경제적인 능력이 뒷받침되지 않아 국방예산 지출에 있어 절약이 강조되었고, 이로 인하여 장비의 개선이 제대로 될 수 없었다. 개전당시 오스트리아-헝가리 제국군의 장비와 훈련수준이 러시아군과 비교해도 나을 바가 없었으나 오히려 참모총장 콘라드는 그들의 군사력을 과시할 기회가 왔다고 생각하고 있었다.

오스트리아-헝가리 제국이 믿을만 한 군대는 독일계 출신들이 다수를 이루는 오스

---

147 Peter Jung, *The Astro-Hungarian Forces in World War I* (1) (UK: Osprey Publishing, 2003), pp. 3-4.
148 *Ibid.*, p. 4.
149 피터 심킨스, 『모든 전쟁을 끝내기 위한 전쟁』, pp. 537-538.
150 Peter Jung, *The Astro-Hungarian Forces in World War I* (1), pp. 6-8.

트리아 부대와 마자르인 출신이 다수를 이루는 헝가리 부대였고, 그 외의 슬라브족이 다수를 이루는 부대는 믿기 곤란한 부대로, 이들은 1916년 대러시아 전역에서 대규모로 부대를 이탈하여 신뢰할 수 없는 존재라는 것을 제국에 보여주었다(오스트리아-헝가리 제국에 속해 있었던 슬라브족이 같은 슬라브족을 상대로 싸울 이유가 없었다).

1인당 군사비도 강대국들에 비하여 적었으며 다양한 민족적 구성으로 인하여 군사력을 건설하는 것이나 운용하는 것은 오스트리아-헝가리 제국으로서는 어려운 일이었다. 예를 들면 오스트리아가 독일과 1865년 전쟁을 할 때에도 오스트리아 군대의 구성을 보면 12만 8,000여 명의 독일인과 9만 6,000여 명의 체코슬로바키아인, 5만 3,000여 명의 이탈리아인, 2만 3,000여 명의 베니아인, 3만 7,000여 명의 네덜란드인, 2만 7,000여 명의 크로아티아인, 5만여 명의 루테니아(우크라이나)인 등 그야말로 다양하게 구성되어 있어서 지휘통제와 운용 등에 있어서 여러 가지 어려움이 있었다.[151]

1차 세계대전이 발발하자 이러한 문제는 현실적으로 나타나 오스트리아-헝가리군의 작전계획 시행을 어렵게 하였다. 즉, 1914년 8월 전쟁이 발발하여 동원령을 하달할 때 무려 15개 언어로 하달되었는데, 이를 보면 44%는 슬라브어로, 28%는 독일어로, 18%는 헝가리어로, 8%는 루마니아어로 2%는 이탈리어로 각각 하달되는 기막힌 상황이 발생하였던 것이다.[152]

이러한 군대의 다양성 못지않게 또 다른 문제는 오스트리아-헝가리 제국군의 상층부에서 나타났다. 만약 제국군이 세르비아를 공격할 경우 러시아가 세르비아를 지원하는 상황을 상정해서 독일군의 지원 없이 전쟁을 할 수 없었기 때문에 독일군으로부터의 군사적 지원이 절대적으로 필요하였으며, 이것은 오스트리아-헝가리군 참모총장으로서는 중요한 일이었다.

그러나 독일군과 오스트리아-헝가리 제국군은 상호 협조를 위한 노력을 제대로 하지 않았으며, 양국군에게는 연합작전을 위한 어떠한 계획도 존재하지 않았다. 독일군이 서부전선에 우선을 두고 작전을 하는 동안 오스트리아-헝가리 제국군은 폴란드를 우선 공격해야 한다고 주장하여 의견이 상이하였음에도 불구하고 상호 간 이를 조정할 어떤 협조도 하지 않았다.

1914년 여름과 가을의 작전에서의 패배는 양국의 마찰을 더욱 야기하였고, 이러한

---

151 Paul Kennedy, 『강대국의 흥망』, pp. 231-233.
152 매스 휴스, 『지도로 보는 세계전쟁사: 제1차 세계대전』(서울: 생각의 나무, 2008) pp. 48-49.

양국의 갈등으로 오스트리아-헝가리 제국의 콘라드 참모총장은 독일군이 자국의 이익을 보호하기 위하여 오스트리아-헝가리 제국의 이익을 희생시키고 있다고 불평하였으며, 제국정부에서도 오스트리아-헝가리 국민이 의미 없는 피를 흘릴 바에야 전쟁을 끝내기 위한 평화회담을 할 수도 있다는 것을 독일 정부에게 암시하기도 하였다.[153]

1915년 전쟁이 한창 진행되면서 약체인 오스트리아-헝가리 제국군은 대러시아 전투에서 100여만 명의 손실을 입고 있었으나 이를 자국의 능력으로 보충하기에는 한계가 있었으며, 이 무렵 벌써 오스트리아-헝가리 제국은 독자적인 작전을 하기에는 너무나 약화되어 갈 때 독일군이 이를 뒷받침해주어 겨우 전선을 유지하고 있었다.

그럼에도 1916년 들어 참모총장 콘라드는 오스트리아-헝가리 제국의 야망을 더욱 촉진하고자 1월에는 독일군과 상의도 없이 발칸 지역에서 작전을 시작하여 알바니아를 유린하였고, 이탈리아의 트렌티노 지역을 침공하기도 했지만 실패로 끝났다. 독일이나 오스트리아-헝가리 제국은 양국이 지속적으로 합의 없이 군사작전을 하였다. 이 과정에서 오스트리아-헝가리 제국으로부터 불만이 많이 표출되었지만, 이 제국 역시 불평만 하였지 군사상황을 동맹국에게 유리하게 전개하기 위한 어떠한 적극적인 행동을 하지 않았다.

오스트리아-헝가리 제국군은 민족적으로 복잡하고 다양한 군대이면서 문제점이 많은 군대였지만 제대로 된 전투력은 없었고, 독일에 의존하는 경향이 강했지만 양국은 상호 지원을 위한 협조를 제대로 하지 않았으며, 오스트리아-헝가리 제국군 역시 독일군로부터 제대로 지원을 받지 못한 채 전쟁을 시작하였던 것이다.

양적·질적 규모로 작은 예비전력

1913년 오스트리아-헝가리 제국의 인구는 5,100만여 명에 이를 정도로 독일(6,700만 명)보다는 적었지만 영국(4,560만 명)이나 프랑스(3,970만 명)보다는 많았다. 제국은 당시 40만여 명의 상비군 외에 동원령이 선포되면 335만여 명으로 확대될 계획을 갖고 있었다. 이를 위해 향토예비군(Landwehr)과 동원예비군(Landsturm) 및 대체예비군(Ersatz) 같은 예비군 병력과 헝가리의 예비병력인 혼베드(Honved) 등으로 구성되어 있었다.[154] 이렇게 편

---

153 L. L. Farrar. Jr. "The Strategy of the Central Powers, 1914~1917", p. 30.

154 피터 심킨스, 『모든 전쟁을 끝내기 위한 전쟁』, p. 538.

성해서 오스트리아-헝가리 제국은 전쟁기간에 230만여 명의 병력을 동원하여 전쟁을 하였다.

오스트리아-헝가리 제국은 1867년 의무병역제를 도입하여 18~33세까지는 제국왕립육군에서 근무하였다. 이 연령을 초과한 34~35세까지의 사람들은 오스트리아와 헝가리의 지역방위부대에 편성이 되어 전시 동원이 되면 제일선의 부대들을 보충하는 역할을 하였다.[155]

그러나 오스트리아-헝가리 제국에 있어서 시민들을 동원하기 위한 제도는 없었다. 따라서 전쟁을 하면서 시민들을 동원하기 위해서 가족제도를 이용하여 부녀자와 젊은 이들을 동원하였다.

총력전 아래서 어린이들은 노동력을 제공하기 위해서 제국의 미래를 의미하는 대상으로서 동원이 되었다. 학교는 병영으로 사용되었고, 그러다보니 학교교육이 붕괴되어 제국의 미래를 책임질 학생들에 대한 교육의 문제점이 대두되기도 하였다.

오스트리아-헝가리 제국은 다른 국가들과는 달리 이중적인 국가구조와 다양한 민족 구성 및 지역별 경제력의 극심한 차이 등 복합적인 이유로 제대로 예비전력을 편성하고 동원하지 못하였다.

상대적으로 발전이 미흡했던 과학기술

오스트리아-헝가리 제국의 과학기술을 논함에 있어 '스코다(Skoda)' 사가 갖고 있었던 위상을 언급하지 않을 수 없다. 이 회사는 1859년에 창립되어 무기와 탄약을 포함하는 다양한 제품을 만들어 1차 세계대전 시는 오스트리아-헝가리 제국군과 독일군에, 2차 세계대전 전에는 체코군에, 체코가 독일에 합병된 이후에는 독일군에 조달을 하였다.

스코다 병기사는 1차 세계대전 이전이나 전쟁기간 중 오스트리아-헝가리 제국군에게 중포나 탄약을 공급하는 주 회사였다. 이 회사에서는 1차 세계대전 시는 오스트리아-헝가리 제국군에 해군함정용 대포와 육군용 대포, 박격포, 기관총 등도 만들어 납품을 하였다.[156] 이 회사는 또한 기관차나 항공기, 선박 등을 만들어 납품도 하였다. 스코다 사에서는 전쟁기간 중 독일군이 벨기에군의 콘크리트 요새를 공격하기 위하여 사

---

155 Peter Jung, *The Astro-Hungarian Forces in World War I* (1), p. 4.

156 http://en.wikipedia.org/wiki/skoda works(검색일: 2011.1.21).

용된 305mm 포를 제작하기도 하였는데 이 포는 포신과 포가로 분리되어 자동차나 짐차로 운반하기 용이한 이점이 있었다.[157]

이 회사는 세계 최초로 오스트리아–헝가리 제국 해군의 테게토프(Tegetthoff)급 전함에 3개의 포신을 갖는 포를 만들어서 조달을 하였다. 이 회사에서는 1차 세계대전 전후 75mm 포와 37mm 대공포 등도 제조하였다. 그러나 오스트리아–헝가리 제국의 과학기술은 다른 국가들에 비하여는 상대적으로 덜 발전되었으며, 따라서 독일제국에 많은 부분을 의지하였다. 대표적으로 항공기 같은 장비는 대부분 독일로부터 지원받아 사용하였다.

민족적 다양성에 따른 사회의 부조화

오스트리아–헝가리 제국은 독일과는 달리 게르만족이 주가 되고 여기에 체코인, 헝가리인, 세르비아인 등 11개의 다양한 민족으로 구성되어 있었고 따라서 민족적으로 융화되기 어려운 구조적인 문제점이 있었다. 오스트리아–헝가리 제국의 반도 안 되는 독일계 오스트리아인과 헝가리의 마자르인은 제국에서 지배민족으로서 특권을 누리고 있었고, 그 외에도 체코인과 폴란드인, 루마니아인, 크로아티아 및 세르비아인, 이탈리아인 등이 있었다.

비록 오스트리아–헝가리 제국은 이중 제국을 유지하고는 있었지만, 제레미 킹(Jeremy King)이 언급하였던 것처럼 합스부르크 제국에서는 서로 다른 지역을 대표하는 곳은 없었고, 각각이 그 지역의 이질성만을 나타냈다. 오스트리아 사람들의 마음속에는 독일계 오스트리아라는 생각을 갖고 있었기 때문에 다른 사람들과의 융합을 기대할 수 없었다.[158]

요세프 황제가 1867년 헝가리의 반발을 진압하고 오스트리아–헝가리 이중 제국을 수립하는 과정에서 크로아티아인과 루마니아인을 동원했는데, 이것은 제국에서 다른 민족의 저항을 진압하는 데 있어 또 다른 민족을 이용하여 당장은 각 민족의 저항을 제압할 수는 있었으나 궁극적으로는 제국 내에서 민족주의를 촉발시키는 계기가 되면서 취약한 제국의 정치구조를 자극하여 민족 간의 또 다른 분열을 야기하는 원인이 되었다.

---

157 존 키건, 『1차 세계대전사』, p. 118.
158 Maureen Healy, "Vienna and the Fall of the Hapsburg Empire", p. 17.

〈표 3.12〉 오스트리아-헝가리 제국의 민족분포

구 분		계	오스트리아	헝가리	보스니아
계(만 명)		5,135.6	2,857.2	2,088.6	189.8
독일계		1,201	995	203.7	2.3
마자르인		1,006.7	1.1	1,005	0.6
슬라브족	체코/슬로바키아인	841	643.6	196.7	0.7
	폴란드인	497.8	496.7	-	1.1
	루테니아인	399.7	351.8	47.2	0.7
	크로아티아/세르비아인	553.8	78.3	293.9	182.2
	슬로베니아인	125.5	125.2	-	0.3
라틴	이탈리아인	82	76.8	2.7	2.5
	루마니아인	322.5	27.5	294.9	0.1
기 타		112.3	66.8	44.1	1.4

출처: Charles Lowe, "Life Austria-Hungary During The First Three Years Of The War", *The Great War*(Volume 9), pp. 44-45(마자르인에는 유태인 90만 명 포함).

이런 민족적 다양성으로 인해 체코의 프라하나 그라츠 등지에서는 폭동이 발생하였으며, 심지어는 국회에서도 민족 간 폭력행위가 발생하기도 하였다. 1905년 선거결과를 보면 독일계가 233석, 비독일계가 283석을 차지하였으며, 이들은 민족적 성향에 따라 투표를 하면서 분열의 징후를 보여주었다.

독일계 출신들이 다수인 장교단과 다양한 출신배경을 가진 하급병사들이 다수를 이루는 군대에서는 종종 심한 갈등을 야기하여 심각한 문제가 되기도 하였다. 황제는 늙고 노쇠하여 리더십을 제대로 발휘하지 못하였다. 인구를 제외하면 국력에 있어 독일은 물론 다른 유럽 강대국들에 비하면 열세하였다.

여기서 이웃한 세르비아 왕국이 항시 제국 내의 슬라브족에 대한 영향력이 강해 1906년 오스트리아-헝가리 제국이 보스니아-헤르체고비나를 합병할 때에도 강력히 반대하여 전쟁이 발발할 가능성도 우려가 되었으나 마침내 1914년의 황태자 암살사건이 이런 구실을 마련해주었다.

그런 오스트리아-헝가리 제국이 독일과 동맹을 맺고 영국과 프랑스 및 러시아를 상대로 하여 전쟁을 벌였으나 제국군은 제대로 전투력을 발휘하지 못하였다. 모든 국민이 힘을 합하여 전쟁을 해나가도 승리하기에는 어려운 전쟁임에도 불구하고 오스트리아-헝가리는 민족적 다양성으로 힘의 분산을 가져왔다. 제국에 있는 이탈리아인은 이탈리아 정부에, 루마니아인은 루마니아에 도움을 요청하였으며, 그들은 제국을 모국으로 생각하지 않았다. 많은 슬라브족 역시 똑같았다. 이러한 민족적 다양성과 그들의 제국에 대한 비협조적 태도에 대해 제국의 참모총장 콘라드는 이들을 힘으로 다스려야 한다고 할 정도로 문제가 되었다.[159]

여기에 제정러시아에서도 유태인에 대한 탄압이 극심하였던 것처럼 오스트리아-헝가리 제국에서도 정도는 약할지라도 유태인(약 90만 명)에 대한 탄압이 심하였다. 이들 사회에서 유태인은 지적이거나 문화 및 상업적인 면에서 두각을 나타냈는데, 이러한 유태인에 대한 반발은 대학에 다니는 것을 막는다든가 언론을 통해서 반유태주의를 공공연하게 주장한다든가 하는 방식으로 표출되었으며, 1905년에 절정에 달하였다.[160]

오스트리아-헝가리 제국은 황태자 암살사건을 계기로 제1차 세계대전이라는 전대미문의 대전쟁(Great War)을 일으키는 데 있어 주도적인 역할로 전쟁을 시작하였지만, 연합국들과의 국력의 차이와 제국의 민족적·종교적·사회적 다양성에서 기인하는 내분으로 전투다운 전투를 제대로 하지 못한 가운데 1918년 10월 24일 이탈리아군에게 대패한 뒤 11월 3일 평화협정에 서명하면서 제국은 해체되는 비운을 맞게 되었고, 이어서 독일도 항복하면서 전쟁은 종결되었다.

19세기 말, 체코인인 에드바드 베네시(Edvard Benesi)는 "오스트리아 제국의 종말은 상상할 수 없다. 사람들은 종종 오스트리아의 종말을 이야기하지만 나는 믿을 수 없다"고 하여 이 제국이 결코 없어지지 않을 것이라고 언급하였다. 그러나 이 제국은 수많은 취약점을 내포한 채 자신들이 일으킨 전쟁으로 인하여 이러한 예측이 빗나가면서 패배하였고 제국은 해체된 것이다.

3. 영광스런 고립에서 개입으로 전환한 영국

영국은 18세기 산업혁명의 성공으로 발전에 발전을 거듭한 결과 1차 세계대전 이전

---

159 Paul Kennedy, 『강대국의 흥망』, pp. 302-303.
160 폴 헤이즈, 『압박받는 제국들』, pp. 100-101.

〈표 3.13〉 1890~1910년 영국 국력의 변화

구 분	인 구 (100만)	철강 생산 (100만 톤)	에너지 소비 (100만 톤)	병 력 (만 명)	군 함 (만 톤)
1890	37.4	8.0	145	42	67.9
1900	41.1	5.0	171	62.4	108.5
1910	44.9	6.5	185	57.1	217.4
비 고			석탄 환산	육·해군	

출처: Paul Kennedy, 『강대국의 흥망(The Rise and Fall of The Great Power)』, pp. 278-284.

〈표 3.14〉 1913~1914년 영국의 국가능력[161]

구 분	인 구 (만 명)	1인당 소득 ($)	GDP (억$)	군사력 (만 명)	강철 생산 (만 톤)	군 함 (만 톤)
능 력	4,500	244	110	53.2	770	271.4
연 도	1914	1914	1914	1914	1913	1914

출처: Paul Kennedy, 『강대국의 흥망(The Rise and Fall of The Great Power)』, pp. 280-284, 339.

에는 세계에서 제일 강한 국가로 자리매김을 하고 있었다. 그러나 식량으로부터 금속, 석유 등 영국의 발전에 긴요한 다수의 자원이 부족하여 해외로부터의 수입이 절대적으로 필요하였으며, 따라서 당시로서는 세계에서 제일 강한 해군과 방대한 상선조직을 보유하고 있었다. 그런데 독일의 빌헬름 2세가 집권하여 해군법을 제정하고 티르피츠 계획에 따라 해군력을 강화하기 시작하면서 독일과의 경쟁은 피할 수 없게 되었다.

영국은 대륙으로부터 멀리 떨어져 있고 프랑스나 러시아처럼 독일이나 오스트리아 -헝가리와 직접적인 전쟁의 당사자가 아니었기 때문에 전쟁을 준비하고 실시하는 데는 여유가 있었다. 이러한 지리적 이점은 영국으로서는 장점이었지만, 반면에 다른 연합국인 프랑스와 러시아는 영국의 이런 태도에 의심을 보내고 있었다.

영국은 자국의 무역을 위한 해상로 보호와 해상봉쇄전략을 택하여 독일의 해군과 상선을 자국의 항구에 머물도록 강요함으로써 독일이 전략적으로 중요한 물자들인 식량이나 고무와 석유 등이 독일에 이르지 못하도록 하였으며, 이러한 영국의 노력은 전

---

161 Paul Kennedy, 『강대국의 흥망』, 인구와 국민소득은 p. 339를 군사력과 군함톤수는 p. 294를 참조할 것.

쟁기간 중 제한적으로 성공하여 독일군의 전쟁지속능력과 독일 국민의 생활에 커다란 타격을 주었고 궁극적으로는 독일이 패망하는 원인을 제공하였다.

1914년 8월, 오스트리아–헝가리 제국이 세르비아를 공격 시 영국의 참전여부는 독일에게는 중대한 문제였다. 독일은 오스트리아–헝가리 제국이 세르비아와 전쟁을 하더라도 내심 영국이 참전하지 않고 중립을 유지해주기를 바라고 있었지만 영국이 참전하기로 결정하자 몹시 두려워하였다.

영국은 내각회의에서 오스트리아–헝가리 제국이 세르비아에 최후통첩을 발한 이후에도 협상을 통해서 문제를 해결하고자 주력하였으나 오스트리아–헝가리 제국의 반대로 무산되었다. 프랑스에게는 영국의 지원 여부에 상관없이 전쟁에 참전할 것인지를 결정토록 요구하는 가운데 마침내 8월 2일 독일이 벨기에를 침공함으로써 영국은 8월 4일 독일에 선전포고를 한 후 연합국의 일원으로 참전하였다.

평시 지도자와 전시 지도자

영국의 국왕은 상징적 지도자이며 실제로 1차 세계대전 당시 영국을 지도한 수상은 전쟁 전반기에는 허버트 애스퀴스(Herbert H. Asquith), 후반기에는 데이비드 로이드 조지(David Lloyd George)였다.

애스퀴스는 1914년 8월, 전쟁이 발발하여 독일군이 벨기에를 침범하자 내각을 결속하여 독일에 선전포고를 하였고, 반대당인 보수당 인사를 입각시켜 연립내각을 구성하여 전쟁을 이끌어나갔다. 그러나 비상시의 전쟁을 지도할 지도자로서는 부적합한 면이 없지 않았다. 그는 평시 행정가로서는 역할을 잘하였지만 전시에는 적극적으로 상황을 극복하기에는 부족하였다. 전시 내각회의에서 중요한 결정을 제대로 하지 못하였고, 한번 내린 결정을 손쉽게 뒤집기도 하였다. 이러한 결과로 전쟁이 주로 지휘관들에게 맡겨져 그들의 강경한 태도로 베르됭 전투와 솜므 공세에서 엄청난 사상자가 발생하였고 전쟁이 종결된 이후 이러한 희생에 대하여 비난을 받기도 하였다.[162]

독일의 빌헬름 2세가 해군력을 강화하고 군비를 증강할 때 애스퀴스 수상은 이에 대항할 수 있도록 적절한 군비를 증강하고 전비태세를 강화했어야만 하였다. 그러나 그는 '전쟁 중에도 최대한 평화 시의 일상을 유지'하는 정책을 내세웠는데 이는 전쟁이 다

---

162 스티븐 헤이워드, 김창권 옮김, 『지금 왜 처칠인가?』(서울: 중앙 M&B, 1998), pp. 64-65.

가오는 상황에서 이에 대비해야 하는 국가로서의 정책에 맞지 않은 것이었다. 그가 추진한 해군력 증강계획은 상원에서 부결되었으며, 병력을 보충하기 위하여 도입하고자 했던 징병제도마저 자유당 정부의 반대로 할 수 없게 됨에 따라 지원병 제도를 실시할 수밖에 없었다.

병기나 탄약은 평시 소량생산만 하거나 경비절감을 이유로 정치적인 목적 때문에 군의 수요를 충족하지 못하고 생산도 제때에 하지 못하여 프랑스 전선에 투입된 영국군 부대는 1914∼1916년 사이 탄약의 부족으로 심각한 위기를 겪어야만 하였다. 이런 때에 로이드·조지가 병기생산 책임을 맡으면서 1916년에 탄약성을 설립하고 무기와 탄약 생산 프로그램을 추진하여 이를 점진적으로 해소해나가기 시작하였다.

애스퀴스가 다다넬스 패전과 탄약위기로 1916년 12월 사임하자 후임 수상으로 취임한 로이드 조지는 그가 생각하였던 생각들을 하나씩 실천하기 시작하였고 당시 한직에 물러나 있었던 처칠을 탄약성 장관으로 임명하였다. 처칠은 탄약성 장관으로 임무를 수행하면서 기계설비를 보완하고 생산시설을 대폭 확대하는 한편 인력을 보강해서 영국군의 탄약은 물론 프랑스 전선으로 투입되는 미군에게도 지원해주었다.

여러 나라들이 연합작전을 하는 전쟁터에서 지휘통일은 매우 중요하다. 당시 프랑스 전선에 파견된 영국원정군과 프랑스군의 지휘통일은 작전의 성공에 중요한 요소였음으로 로이드 조지는 프랑스군과 협의하여 영국원정군도 프랑스 포슈 장군의 지휘를 받도록 하였다.

자유주의 문화를 국민의지로 결집

영국은 유럽대륙으로부터 분리되어 있는 국가이다보니 프랑스가 보불전쟁에서 패하였던 것처럼 쓰라린 패전을 한 경험이 없었다. 그렇지만 영국은 산업혁명 당시보다는 쇠퇴하고 있다고 해도 여전히 강력한 경제력을 유지하고 있었으며, 해외에도 많은 식민지에 막대한 투자를 하고 있었다. 전쟁이 발발하기 이전에 영국의 외적인 면에서 상태는 양호하였다. 그러나 전쟁이 발발할 당시 아직 총력전을 하기에는 준비가 되어 있지 못하였다.

영국인 특유의 자유주의적인 정치풍토는 전쟁에서 수많은 전쟁비용을 충당하고 병력을 동원하기에는 국민적인 공감대가 형성되어 있지 않았다. 전쟁이 발발하여 부대 확장을 위해 많은 병력이 소요되면서 징병제를 실시하고자 했으나 야당에서 반대하여

〈그림 3.8〉 탄약생산에 동원된 여성 노동자들. 영국에서 여성들은 남자들이 동원되고 남은 빈자리에서 다양한 일을 하여 전쟁을 승리로 이끄는 데 도움을 주었다.

출처: J. M. Winter, *The Experience of World War I*, p. 173.

할 수 없게 되었다.

영국인에게도 전쟁이 계속되면서 독일인이나 프랑스인들처럼 염전사상 조짐이나 파업도 일어나기 시작하였다. 1917년 한해에만 688건의 노동분쟁이 발생하여 86만여 명의 노동자가 파업에 참여하였는데, 이는 전쟁 전에 비하면 아주 적은 숫자였으며, 이들이 내건 주장은 불공정한 식량분배와 열악한 주거환경, 높은 물가에 대한 불만 등 이었으나 그럼에도 영국인들은 승리가 확실해질 대까지 어떤 고난도 참아낼 의지가 있었다.

영국 남성들이 전선으로 가 있는 동안 여성들은 노동력 부족 해소에 커다란 도움을 주었는데, 1918년 당시 노동자로 일하는 여성이 731만여 경이 있었으며 이중에 94만 7,000여 명은 탄약공장에서 일을 하여 전체 노동자의 90%를 차지하고 있었다.[163] 이렇게 해서 1918년 영국군은 전쟁기간 중 다른 어느 때보다도 많은 탄약을 공급받았으며, 총기류나 비행기와 탱크 등에서도 괄목할 만한 증가로 인하여 영국원정군이 사용하는 것은 물론 프랑스 전선에 투입된 미군이나 프랑스근에도 지원하였다.

---

163 피터 심킨스, 『모든 전쟁을 끝내기 위한 전쟁』, pp. 320-321.

분열된 정치에서 통합의 정치로

영국은 내각제 국가이다. 전쟁이 발발할 당시 수상은 허버트 애스퀴스였고 내각의 자유당은 분열되어 있었다. 독일이 벨기에를 침공하자 좌파 자유주의자들은 전쟁에 참여하는 것을 반대하였지만, 영국은 벨기에가 침공을 받을 시 개입하기로 한 조약에 따라 독일에 선전포고를 하였고 참전하였다.

그러나 영국의 전쟁수행 노력은 1916년까지는 제대로 되어 있지 못하였다. 부대창설을 위해 징병제를 택하려고 했으나 의회의 반대로 실패하였고, 전시생산체제로 전환을 위해 인력을 동원하고 운용하기 위한 국가적인 차원의 노력은 미흡하여 탄약생산이 부족하면 생산능력을 확대하기 위한 조치를 하고, 병력이 부족하면 모집을 하는 땜질식 처방을 하다 보니 국가적 차원의 근본적인 전시조치가 만족스럽지 못하였다. 그러한 결과로 병력이 부족하고 장비와 탄약이 부족한 일이 자주 발생하였다. 그럼에도 영국은 자유주의자들의 반전론을 극복하면서 내각의 분열을 극복하고 전쟁을 수행해야만 되었다.[164]

영국은 '보어(Boer)' 전쟁에서 나타난 영국군의 문제점을 개선하기 위해 1902년 '대영제국 국방위원회'를 설치하여 당면한 군의 문제점을 혁신하기 위한 조치를 하였으며, 1903년에 할데인 경은 군의 혁신을 추진하기 위하여 저명인사로 구성된 '국민방위군위원회'를 설치하고 이 위원회에서는 일부의 반대를 무릅쓰고 '국민방위법안'을 가결시킴으로써 영국군을 혁신하였다.[165]

정부는 1914년 8월 국토방위법(Defence of the Realm Act)을 제정하여 정부가 모든 자원을 통제하고 전쟁을 하는 데 사용할 수 있도록 하였다. 1915년에는 '주민등록법(National Registration Act)'을 제정하여 전쟁에 가용한 인력을 등록하도록 하였으며, 탄약성(Ammunition Office)을 설립하여 탄약생산을 체계화하기 시작하였다. 1915년 7월에는 전쟁물자법(War Material Act)을 제정하여 전쟁에 필요한 물자를 생산하는 데 필요한 어떤 조치라도 할 수 있도록 정부에 권리를 부여함으로써,[166] 영국이 총력전을 할 수 있는 길을 만들어주었다.

한편 아시아와 아프리카 등지의 해외식민지들은 1867년 이래 영연방(Commonwealth of Nations)을 구성하면서 영국과의 유대감을 갖기 시작하였으며 국내의 많은 정치가들도

---

164 조지프 나이, 『국제분쟁의 이해』, p. 122.
165 육군본부, 『영국 육군사』, pp. 359-360.
166 피터 심킨스, 『모든 전쟁을 끝내기 위한 전쟁』, pp. 176-178.

이러한 영연방 국가의 구성을 찬성하였다. 이들 영연방 국가들은 전쟁이 발발하자 많은 병력을 파견하여 프랑스 전선에서 영국원정군들과 함께 전투를 하였다. 이를 두고 어떤 학자는 "강력하고 애국적인 식민지 국가들이 존재함으로써 비롯된 새로운 요소가 없었다면 대영제국의 멸망은 확실해 보였다."고 하였는데, 영연방 국가들의 영국에 대한 지원은 총력전을 실시하는 데 있어 중요한 원군이 되었던 것이다.

영광된 고립에서 적극개입으로 전환

영국은 해양국가로 산업혁명에 성공하여 국내적으로는 대량생산체제를 구축하고 해외에서도 식민지 개척에 많은 노력을 기울여 소위 '해가 지지 않는 나라'라고 하였지만, 외교적으로는 전통적으로 '영광된 고립'을 주장하여 왔다. 영국은 영광된 고립기간 중 해외에서 식민지를 두고 프랑스와 많은 갈등을 벌였다. 1884~1885년에는 아프리카 콩고에서, 1893년에는 태국에서 갈등을 하였고, 1898년에는 파쇼다 사건을 계기로 프랑스와 분쟁을 하였다.

그러나 독일의 해군력 증강에 자극을 받아 마침내 '명예로운 고립정책'을 포기하면서 1902년에는 일본과 '영일동맹' 조약을 체결하고, 1904년에는 프랑스와 동맹을 체결하였으며, 이 관계는 1907년 러시아도 포함하여 확장되었다. 벨기에와는 1839년 체결된 조약이 그대로 유효하여 벨기에가 침공을 받을 경우는 자동적으로 개입하도록 되어 있었다.

영국과 프랑스가 1904년, 영국과 러시아가 1907년에 각각 동맹을 체결하였지만, 3국에는 각각 다른 목소리가 존재하였는데, 영국에서는 보수주의자들이 러시아의 팽창주의에 대해 의심스런 시선을 보내고 있었고, 동맹체결이 식민지 라이벌로서의 대결을 완화시키지는 못했으며, 영국과 프랑스는 이집트 문제나 모로코 문제로 계속 긴장을 하였다.

한편, 프랑스와 러시아도 영국에 대하여 깊은 의심을 갖고 있었는데, 그 이유는 양국이 독일의 위협에 직면하고 있음에도 전쟁이 발발하면 프랑스와 러시아를 지원하기 위한 병력을 충원할 징병제도를 도입하지 않고 있었기 때문이다.

한때 독일 수상 홀베크는 영국과 친선관계를 유지하기를 희망하였다. 영국 또한 독일이 해군군비를 제한하면 유럽의 어떤 전쟁에서도 중립을 지키겠다는 암시도 하였다. 영국은 1914년 6월, 전쟁이 발발하기 얼마 전에 독일의 킬 군항에 영국의 주력전함 4척을

파견한 바 있는데, 이를 보면 영국도 독일과의 전쟁을 원하지 않았음을 알 수 있다.[167]

1914년 8월 4일, 독일이 중립국인 벨기에를 침공함으로써 영국이 자동적으로 독일에 선전포고를 하게 만들었다. 1839년에 벨기에가 독립을 할 당시 영국은 벨기에의 독립과 중립을 보장한다는 조약을 체결한 바 있지만, 1906년에 영국 외무성은 조약 당사국이라고 해서 무조건 벨기에를 지원할 필요는 없다는 의견을 내기도 하였다. 그러나 독일군이 벨기에를 무단 침공하고 영불해협을 장악하여 힘의 균형이 깨지는 것을 방지하기 위해 소국인 벨기에를 지원하는 것이 국민적 지지를 얻기에 용이한 것으로 판단하여 독일에 8월 4일 선전포고를 하였다.[168]

영국은 선전포고와 동시에 신속히 원정군을 프랑스로 파견하여 프랑스 지원에 대한 신뢰를 보여주었으며, 또한 프랑스 및 러시아와는 1914년 9월 5일 런던조약을 체결하여 어느 한 나라도 따로 동맹국들과 평화회담을 갖지 않기로 동의하였다.[169]

그렇게 전쟁에 참여한 영국은 전쟁이 끝날 때까지 연합국의 일원으로서 서부전선과 중동지역에서 동맹국들과 전투를 해서 승리를 하는 데 결정적인 역할을 하였다.

해외무역에 의존하여 발전한 경제

산업혁명에 성공하여 생산력이 급속도로 확대되기 시작한 영국의 경제는 1820~1840년대에는 전 세계의 40% 정도를 차지할 정도로 강국이었다. 이러한 경제성장으로 런던은 국제금융의 중심지로서 세계에서 제일가는 투자가나 은행가, 보험업자들이 모여들었다. 독일도 산업혁명에 성공하면서 이후 영국의 경제력이 세계에서 차지하는 비중이 조금씩 낮아지기 시작하였지만, 여전히 1870년대에도 31~32%를 차지하였으며, 이때 독일은 13.2%를, 미국은 23.3%를 차지하였을 정도로 강한 경제력을 유지하고 있었다.

그런 영국의 경제력은 1차 세계대전이 발발하기 수년 전인 1906~1910년에는 14.7%로 하락되는 반면에 독일은 15.9%, 미국은 35.3%로 상승하여 있었다. 세계 무역에서 차지하는 영국의 비중이 〈표 3.15〉에서 보는 바와 같이 19세기 말로 가면서 서서히 쇠락하고 있었다.

---

167 조지프 나이, 『국제분쟁의 이해』, p. 123.

168 피터 심킨스, 『모든 전쟁을 끝내기 위한 전쟁』, p. 51.

169 L. L. Farrar. Jr, "The Strategy of the Central Powers, 1914~1917", p. 29.

〈표 3.15〉 세계 무역에서 영국이 차지하는 비율의 변화

(단위: %)

구 분	1860	1870	1880	1889	1898	1911-1913
영 국	25.2	24.9	23.2	18.1	17.1	(14.1)
독 일	8.8	9.7	9.7	10.4	11.8	
프랑스	11.2	10.4	11.2	9.3	8.4	
미 국	9.1	7.5	10.1	9.0	10.3	

출처: Paul Kennedy, 『영국 해군 지배력의 역사(The Rise and Fall of British Naval Mastery)』(서울: 신오성기획인쇄사, 2010), p. 352.

이러한 영국 경제의 상대적 쇠퇴는 영국 경제가 발전되지 않은 것보다는 독일을 포함하는 강대국들의 경제력 강화에 기인하는 바가 크다. 이로 인해 영국의 산업력 약화를 우려한 휴인즈(W. A. S. Hewins) 교수는 1904년에 "제철산업과 대규모 엔지니어링 산업의 발전 없이는 현대전에 필요한 육군과 해군을 육성하여 능률적인 상태로 유지할 수 없다."고 경고하였다.[170]

그나마 다행인 것은 영국이 해외에 많은 식민지를 건설하였고, 무역과 해외투자로 그 여력을 이용하여 유사시에는 국방력 강화를 위해 동원할 수 있는 자원이 많이 있었다는 것이다. 실제로 전쟁기간 중 많은 영연방 국가들이 병력을 파견하여 영국을 지원하였다.

유럽의 다른 나라들, 특히 독일이 산업혁명에 성공하여 생산력을 계속 확대시킴에 따라 영국의 경제력은 상대적으로 감소되면서 전쟁이 시작되기 전인 1913년에는 세계 경제력의 10%에 불과할 정도로 축소되어 있었다.[171] 1차 세계대전이 발발할 당시인 1914년, 영국의 인구는 4,000만여 명, 국민소득 수준은 115달러, 강철 생산량은 약 770만 톤에 달하였다.

영국은 해외에 수많은 식민지를 갖고 있었고 산업에 필요한 자원을 해외 식민지로부터 수입을 통하여 해결하였다. 그러나 독일이나 미국의 산업이 급속히 발달하면서 치열한 경쟁에 직면하고 있었다. 영국은 적어도 전쟁이 발발하기 이전까지는 다른 어느 나라보다 부강하였다. 따라서 군사비에 대한 지출은 많았으나 상대적으로 그 비중은 적었다.

---

170 Paul Kennedy, 『강대국의 흥망』, p. 319.
171 조지프 나이, 『국제분쟁의 이해』, p. 109.

영국은 경비절감과 정치적인 압력 등으로 군사 부문에 대한 투자가 적어 전쟁 초기 단계에서는 장비나 탄약을 제대로 보급할 수 없었다. 영국은 평시 신관이나 고폭성 탄약을 제조할 수 있는 현대화된 시설이 없어 독일에 의존하고 있었기 때문에 대량생산은 불가능하였다. 프랑스에 파견된 원정군으로부터 탄약 긴급요청이 들어와도 이를 생산해야 할 시설은 낡았고 기계는 없었으며 기술은 낙후해서 당장 이를 해결할 방도가 없었다. 이른바 '탄약위기(Ammunition Crisis)'가 발생된 것이다. 따라서 이를 해결하기 위하여 미국으로부터 장비를 구입해야만 했다. 로이드 조지가 탄약성 장관으로 부임하여 탄약부족 문제를 해결하기 위해 집중적인 노력을 기울인 결과로 전쟁이 한창 진행 중이던 1917년에 가서야 탄약부족 문제가 해소되기 시작하였다.[172]

또한 영국군이 사용하였던 탄약의 일부는 프랑스에서 생산된 것도 있었는데, 프랑스가 전쟁이 발발하여 공장을 확대하고 기술자를 보충하는 과정에서 충분히 숙달된 기술자라든가 시설이 부족하여 정상적으로 탄약을 생산할 수 없었다. 그러한 결과로 영국군이 솜므 공세 시 프랑스에서 생산된 탄약의 30%가 사격이 안 되는 현상도 발생하였다.[173]

미국은 1915년부터 영국에 재정적 · 물질적인 지원을 시작하였는데, 이를 위해 영국은 미국에서 제일 규모가 큰 모건(J. P. Morgan) 은행을 대행은행으로 지정하고 이를 통해 전쟁에 필요한 탄약이나 물자를 구입하였다. 전쟁이 장기화되면서 영국이 자금이 부족하게 되자 신용거래도 하게 만들어 주었다.[174] 1916년 가을에는 융자금이 갑자기 부족하여 미국으로부터 물자유입이 거절되자 12월 영국 정부는 보유하고 있었던 금과 유가증권을 미국에 양도함으로써 해결하기도 했다.[175]

1916년 9월, 이 무렵 영국은 미국으로부터 대포나 탄약, 금속, 유류 및 식량, 기계 등

---

172 (구)국무총리 비상기획위원회, 『세계동원의 역사』, pp. 225; 육군본부, 『영국 육군사』, p. 372. 영국군의 탄약부족에 관한 자세한 내용은 Basil Clark, The Wonderful Organization of Britain's Munition Supply: *The Great War*(Croatia: Trident Press International, 1999), pp. 169-191을 참조할 것.

173 Hew Strachan, "Economic Mobilization: Money, Munition, and Machine", pp. 141-142.

174 Elisabeth Glaser, "Better Late than Never", *Great War, Total War*(Cambridge University Press, 2000), pp. 390-391; Kathleen Burk, *The Mobilization of Anglo-American Finance during World War I* (Ontario: Wilfried Laurier University Press, 1981), pp. 26-27. 모건이 유리하였던 점은 이 회사가 런던과 파리에 연계되는 회사가 있어서 업무에 편하였고, 이 회사는 독일과 연관이 없었으며, 영국에 매우 우호적이었기 때문이었다.

175 Elisabeth Glaser, "Better Late than Never", *Great War, Total War*, p. 392; L. L. Farrar. Jr, "The Strategy of the Central Powers, 1914~1917", p. 62 참조. 이 당시 미국은 해외에 차관을 제공하는 것이 아직 익숙하지 않았기 때문이기도 하다.

을 수입하느라고 매월 2억 달러를 지불하여 큰 부담이 되고 있었다. 케인즈는 이를 두고 "전비조달을 위해 재무성은 매일 500만 파운드화를 구해야 하고 그중에 200만 파운드화는 미국에서 구하고 있다."고 하였는데,[176] 영국 재무성과 잉글랜드 은행은 저평가된 영국 증권을 모건은행으로 보내 달러로 바꿔 물자를 구입하는 데 사용하고 있었다.

1917년 4월, 미국이 참전하자 윌슨 행정부는 정치·군사적 지원뿐만 아니라 연방자금까지 지원할 필요에 직면하게 되면서 미 행정부는 모건은행이 연합국에 대한 지원까지를 떠맡게 하였다.

전쟁을 하면서 어느 나라도 그랬지만 섬나라인 영국은 더욱 식량의 부족에 시달렸다. 대부분의 물자를 수입에 의존했던 영국은 1915년 2월부터 독일군의 무제한 잠수함 작전으로 인해 그해 4월에만 86만 6,000여 톤의 선박이 격침되었고 시간이 지나면서 더욱 확대되기 시작하여 많은 상선이 침몰되었다.[177] 이로 인하여 식량부족이 심각한 문제로 대두되었다.

따라서 영국은 국내에서 식량생산에 박차를 가하기 위하여 '식량생산국'을 설치하고 농지를 개발하여 300만 에이커의 토지를 추가로 확보하였으며, 식량유통을 강력하게 통제하는 정책을 실시하였고 그래도 이 문제가 해결되지 않자 식량배급제를 실시하였다.[178]

전쟁을 하면서 또 중요한 것은 전쟁지속능력을 유지하기 위하여 얼마나 많은 철강을 생산하는가의 문제였다. "이 전쟁은 철강전쟁이다. 전쟁의 승패는 철강의 생산량에 달려 있다."는 이 말은 1917년 1차 세계대전 당시 영국 정부에서 탄약장관직을 맡고 있었던 처칠(Winston Churchill)이 한 말로, 그만큼 전쟁을 하기 위해서 화포나 탄약, 전함을 건조하는데 필요한 철강의 대량생산은 중요하였고, 이를 위해 영국은 미국을 포함하는 연합국이 독일보다 더 많은 철강을 생산할 것을 희망하고 있었다.[179]

사실 1916년 들어 전쟁이 장기전으로 가자 각국은 승리를 위해 모든 자원을 동원하

176　Kathleen Burk, *The Mobilization of Anglo-American Finance during World War I*(Ontario: Wilfried Laurier University Press, 1981), pp. 30-31.

177　독일군에 의하여 침몰된 연합국과 중립국의 상선은 1914년에 100척 31만여 톤이었으나 무제한 잠수함 작전이 시작된 1914년 이후에는 급증하기 시작하여 그해에만 516척 130만여 톤, 1916년에 1,157척에 234만여 톤, 1917년에 2,676척에 623만여 톤, 1918년에 1,209척에 266만여 톤 등 총 5,658척 1,286만여 톤에 달하였다. 이 기간 중 독일군 U보트는 1914년 5척, 1915년 19척, 1916년 22척, 1917년에 64척, 1918년에 68척 등 총 178척이 활동하였다(폴 그레이브 맥밀런, 『지도로 보는 제1차 세계대전』, p. 146).

178　피터 심킨스, 『모든 전쟁을 끝내기 위한 전쟁』, pp. 322-324.

179　Elisabeth Glaser, "Better Late than Never", *Great War, Total War*, p. 389.

는 총력전을 준비하면서 자원이나 재정, 인력 등이 풍부한 미국 같은 국가가 전쟁의 승패에 열쇠를 쥐고 있었으며, 처칠은 이러한 관심사를 에둘러 표현한 것이다. 미국이 철강을 많이 생산하기를 바라면서 영국도 자체적으로는 도처에 있는 철로 만들어진 자재를 수집하여 철강공장으로 보냈고, 런던 하이드 파크의 난간도 회수하여 2만여 톤의 철강재를 만들기도 하였다.[180] 남북전쟁에서 북부군이 가정집의 금속제 식기류나 교회의 종까지 수거해서 무기를 만드는 데 사용하였던 것과 유사하다.

독일에서는 주로 크루프 사가 독일군이 필요로 하는 주요 전투장비나 탄약 등을 조달하였다면, 영국에서는 '비커스(Vickers)' 사가 그 역할을 하였다. 비커스 사는 영국 최초로 잠수함을 건조하였으며, 다수의 선박을 건조한 것 외에도 기관총으로부터 중포와 전차, 항공기 등 영국이 전쟁을 하는 데 필요한 장비나 탄약을 생산하여 조달하였다(이 회사는 2차 세계대전 당시도 영국군이 전투를 하는데 필요한 다수의 장비를 조달하는 데 중요한 역할을 하였다).[181]

영국의 해외 식민지 국가들도 영국이 전쟁지속능력을 유지하는데 도움을 주었다. 이들 국가들은 영연방 국가들로 병력과 부대뿐만 아니라 석유나 금속류 등의 원자재도 제공하였다. 당시 영국이 해외에 투자한 금액은 세계의 43%에 달하는 금액(약 195억 달러)으로 이 투자액도 영국이 전쟁을 수행하는 데 보탬이 되었던 것이다.

또한 영연방 국가인 오스트레일리아에서는 탄약 공장을 만들어 탄약을 생산하여 영국을 지원하였고, 숙련·비숙련공 3,000여 명을 영국에 보내 탄약 생산을 돕기도 하였다. 영국 탄약성은 캐나다에서 포탄과 폭약을 조달하였으며, 항공기나 선박까지도 주문하였다.[182] 캐나다의 뉴펀들랜드에서는 600만 달러를 모금하여 왕립 뉴펀들랜드 연대의 6,000여 명 대원들의 비용을 지불하였으며, 인도는 중동지역에서 작전을 하고 있는 영국군을 지원하기 위하여 메소포타미아에 10만여 마리의 코끼리, 프랑스에도 코끼리를 포함한 5만여 마리의 동물을 물자 수송용으로 제공하였다.[183] 이렇게 영연방 국가들은 다양한 방법으로 영국을 지원하여 승리에 일조하였다.

180　스티븐 헤이워드, 『지금 왜 처칠인가』, pp. 128-129.

181　루퍼드 스미스, 『전쟁의 패러다임』, pp. 112-113.

182　Michael Bliss, *War Business as Usual: Canadian Munition Production, 1914~1918*(Ontario: Wilfried Laurier University Press, 1981), pp. 46-49.

183　J. M. Winter, *The Experience of The World War I*, p. 50.

해군력이 상대적으로 강한 영국군

영국은 해양국가이고 아시아와 아프리카 등 해외에서 식민지 건설과 운영에 많은 노력을 기울이고 있었기 때문에 육군에 비하여 상대적으로 해군력이 강하였다. 따라서 많은 예산을 해군력을 건설하고 유지하는 데 투입하고 있었다. 영국은 당시 20여 척의 대형 전함을 포함하여 전체적으로 548척의 함정을 보유하고 있었으며 이는 당시로서는 최강의 해군전력이었다.[184]

영국은 특히 전함 드레드노트(Dreadnaught)[185]를 초초로 건조하였다. 이 전함은 당시 최강의 전투함정으로서 유럽의 열강들, 특히 독일을 놀라게 하였으며 뒤에 독일도 전함건조에 전력을 다하게 만들어 영국과 경쟁을 하게 되는 원인이 되었다. 이 외에도 처칠은 수상(水上) 비행기의 개발계획을 구상하였고, 1914년에는 항공모함에 대한 아이디어를 제안하였으며,[186] 마침내 세계 최초로 상선을 개조하여 항모 '아크 로열(Ark Royal)호'를 건조하였다. 반면에 잠수함 분야에서는 독일은 물론 프랑스와 이탈리아에 비해서도 뒤처져 있어 고작해야 항만 경비나 근해작전에서 운용할 수 있는 정도였다.[187]

해양국가로서의 영국은 육군에 대해서는 상대적으로 예산의 투자가 적었고 장비에 대한 개선도 미흡하여 그러한 결과는 1899년 12월에 남아프리카에서 발생한 보어전쟁에서 그대로 나타났다.[188] 때문에 할데인(Haldane) 경에 의하여 추진된 육군개혁 추진 프로그램에 의하여 영국 육군은 조직과 편성, 장비와 훈련 등에 대한 전반적인 개혁이 추진되었다.[189]

이렇게 개혁이 추진되었다고는 하나 이 당시 육군의 총병력은 정규예비역과 특별예

---

184 이때 영국이 보유하고 있었던 함정은 대형전함 20척, 구전함 40척, 순양전함 8척, 순양함 58척, 경순양함 44척, 구축함 MTB 300척, 잠수함 78척 등으로, 독일보다 월등하게 우세한 해군력을 보유하고 있었다(조지프 나이 지음, 『국제분쟁의 이해』, p. 112).

185 영국이 1906년에 건조한 배수량 1만 7,900톤, 속력 31노트, 구경 30cm 주포 10문을 장착한 전함이다.

186 스티븐 헤이워드, 『지금 왜 처칠인가』, p. 197.

187 피터 심킨스, 『모든 전쟁을 끝내기 위한 전쟁』, pp. 531-532.

188 보어전쟁은 남아프리카 전쟁이라고도 하며 남아프리카의 트란스발 지방에서 금광과 다이아몬드 발견을 계기로 영국인과 보어인 사이에 일어난 전쟁으로, 1881~1884년 1차 전쟁에 이어 1899년 12월에 다시 전쟁이 발발하여 영국군이 많은 희생을 입은 가운데 1902년 영국군이 승리하였으나 보어인에 대한 비인도적 대우로 국제적인 비난을 야기하여 영국에서 반전운동이 고조되었다.

189 육군본부, 『영국 육군사』, pp. 357-361. 할데인 경에 의해 추진된 주요 개혁안은 첫째, 역사상 처음으로 참모의 책임과 절차를 명시한 교범이 작성되어 배포되었고 둘째, 15일 이내에 유럽에서 작전을 할 수 있는 능력을 갖춘 정규군과 보조군부대로 편성된 해외파견군을 만든 것 등이다(자세한 사항은 pp. 358-361 참조).

비역, 파트타임으로 근무하는 국방의용군 등을 합해도 73만여 명에 불과하였다.[190] 이 당시 영국 육군은 원정군 8개 사단과 국토방위를 위한 국방의용군 28개 사단을 보유하고 있었으나,[191] 전반적으로 전쟁을 준비하기 위한 계획은 미비하였다. 100만여 명이 동원되어 전투를 하기에는 1~2년의 준비기간이 필요할 것으로 판단되었다. 영국은 당시 모병제를 택하고 있었기 때문에 할데인 경은 모병제를 징병제로 바꾸기 위해 수차례에 걸쳐 입법을 추진했지만 재정적 부담의 증가를 이유로 이를 반대하는 의회 때문에 할 수 없었다.[192] 전쟁이 발발하고 부대확장을 위한 병력소요가 계속 증가되었으나 모병제만으로는 이를 충원할 수 없게 되자 1916년 들어 마침내 징병제도를 채택하지 않을 수 없게 되었다.[193]

한편 영국은 전쟁의 가능성이 점차 높아지자 군사비를 증액하기 시작하여 전쟁 전 년도인 1913년의 국방비가 9,100만 파운드이던 것이 전쟁이 끝날 무렵인 1918년에는 19억 5,600만 파운드로 대폭 증액되었는데, 이는 정부지출의 80%, 국민총생산액의 52%에 달할 정도로 증액된 것이다.[194]

전쟁 초기단계인 1914년에 영국은 8개 사단 중 4개 사단을 1차로 원정군(British Expeditionary Force, BEF) 부대로 편성하여 프랑스로 파견하였으며, 2차로 2개 사단을 추가로 파견하였는데, 이 부대들은 장교와 하사관 및 병사들이 고도로 훈련된 정규군으로 편성된 부대였다.[195] 그러나 전쟁이 장기화되어 병력의 추가 필요성과 군사비가 증액되면서 1916년에는 38개 보병사단과 5개 기병사단으로 병력은 약 100만 명으로 증가되었으며, 그해 여름에는 다시 19개 사단이 증가되었다.[196] 전쟁을 진행해나가면서 지속적으로 부대를 창설하여 프랑스로 파견하였던 것이다. 이렇게 계속 병력을 동원한 영국군은 1917년 8월에는 204만여 명에 이르기까지 확장되었다.[197] 이렇게 부대를 확

---

190 피터 심킨스, 『모든 전쟁을 끝내기 위한 전쟁』, p. 44.

191 원정군 사단은 1만 8,000여 명의 병력과 4개 대대로 이루어진 3개 여단으로 편성되었으며 장비로는 사단에 기관총 24정, 76문의 포를 보유하고 있었다. 이렇게 영국이 해군에 비하여 상대적으로 육군에 관심이 덜하였던 이유는 도서지역이라는 특성에 기인하는 것이었으나 반면에 영국 육군은 전문적인 병사들로 구성되어 유럽의 다른 어느 나라 군보다 잘 훈련되었고 기량도 우수하였기 때문이다.

192 F. W. Perry, *The Commonwealth Armies: Manpower and organization in two world wars*(Manchester: Manchester University Press, 1988), pp. 8-16.

193 육군본부, 『영국 육군사』, p. 383.

194 Paul Kennedy, 『강대국의 흥망』, p. 371.

195 육군본부, 『영국 육군사』, pp. 365-367.

196 (구)국무총리 비상기획위원회, 『세계동원의 역사』, p. 229; 육군본부, 『영국 육군사』, p. 377.

〈표 3.16〉 1차 세계대전 중 영국의 전투장비 생산의 확대

구 분	1914	1915	1916	1917	1918
포(문)	91	3,390	4,314	5,137	8,039
전 차(대)	–	–	150	1,110	1,359
항공기(대)	200	1,900	6,100	14,700	32,000
기관총(정)	300	6,100	33,500	79,700	120,900

출처: Paul Kennedy, 『강대국의 흥망(The Rise and Fall of The Great Power)』, pp. 372-373.

장한 영국은 전쟁이 끝날 무렵인 1918년 11월에는 445만여 명(육군 375.9, 해군 40.7, 공군 29.1)을 유지하고 있었다.[198]

병력의 증가와 더불어 화포, 특히 중포의 숫자도 1916년 7월 761문에서 11월에는 1,157문으로 증가되었고, 1917년 4월에는 다시 두 배로 늘어서 2,200문 이상이 되었다. 탄약도 1915년 『Time』지의 탄약 부족에 대한 기사[199]를 계기로 데이비드 로이드 조지(David Lloyd George)가 탄약성 장관으로 임명되고 대대적인 탄약 생산 확대계획을 추진, 점진적으로 탄약 보급이 확대되기 시작하여 1916년 2/4분기에는 70만여 발을 1917년 같은 기간에는 700만여 발로 확대되었다. 윈스턴 처칠은 탱크만이 전장의 상황을 변화시킬 수 있을 것으로 확신하여 탱크를 만들 것을 제안하였고, 마침내 스윈턴(E. W. Swinton)에 의해 최초로 개발되었다. 처음에 제작된 전차는 트랙터 위에 전차의 모양을 낸 마크-1이었으나, 점차 개량에 개량을 거듭하여 신형으로 교체되었다.[200] 처칠이 탄약성 장관으로 임명된 이후 전차 생산을 촉진하여 전쟁이 막바지에 다다를 무렵에 대량으로 사용되기 시작하였다.

---

197 피터 심킨스, 『모든 전쟁을 끝내기 위한 전쟁』, p. 198.

198 F. W. Perry, *The Commonwealth Armies: Manpower and organization in two world wars*, p. 75.

199 영국의 『Time』지는 1915년 5월 14일자에 프랑스에 파견된 영국원정군이 당면하고 있는 탄약의 부족에 관한 기사를 게재하였다. 이 신문은 군사전문가인 특파원의 기사를 게재하였는데, 여기서 그는 "고폭성 탄약의 무제한 공급은 우리들이 승리를 하는 데 있어서 운명을 결정짓는(fatal) 지렛대이다."라고 하였으며, 이 기사에서 영국군이 초기단계에 실패가 탄약의 부족에 기인한다고 하였다. 1차 세계대전 시 영국의 탄약위기에 관한 기사처럼 영국이 전쟁을 수행하는 데 있어 탄약의 부족만큼 커다란 영향을 준 것이 없다고 할 정도로 이 기사는 영국 정부나 국민에게 커다란 영향을 미쳤다. 이로 인하여 애스퀴스 내각이 붕괴되었고, 장관이 교체되었다. 이 기사로 영국은 전쟁정책을 바꾸고 영국이 전에 갖지 못하였던 탄약공장을 설치하는 등의 조치를 신속히 하였으며, 그러한 효과는 1916년부터 나타났다.

200 피터 심킨스, 『모든 전쟁을 끝내기 위한 전쟁』, pp. 198-199.

영국군은 할데인 경의 육군개혁 프로그램에 의해 훈련되고 육성된 전문적인 장교들이 지휘하여 사기는 왕성하였으며 군기도 엄격하여 강인한 인내력을 갖고 있어 강한 전투력을 발휘하였다. 영국은 병사들도 장기복무 지원자들로 구성되어 전투역량은 우수하였다.

프랑스 전역에서 부대가 필요함에 따라 부대규모를 확충하기 위하여 징병제를 도입하고자 했으나 재정적 부담을 이유로 자유당 정부의 반대로 뜻을 이루지 못하자 지원병을 모집하여 충원을 할 수밖에 없었다. 그럼에도 "조국은 그대를 필요로 하고 있다."는 구호 아래 지원병을 모집한 결과 118만여 명이 지원하여 이들을 조직하고 일정기간의 훈련을 시킨 뒤 프랑스 전선으로 투입하였다.

영국 공군(Royal Air Force, RAF)은 1914년 63대의 항공기로 시작하여 1918년에는 3만 2,000여 대로 증가되어 있었다. 이들은 폭탄투하로부터 항공정찰 및 기관총 소사, 포병 표적발견과 사격유도, 통신연락 등 다양한 임무를 수행하였다.

영국해군에 의한 해양봉쇄(1917년 4월 이후 미 해군도 합류)에 의해 독일은 곡물수입이 차단되자 식량이 부족하여 아사자가 발생하였고, 이에 따라 식량폭동도 발생하였다. 또한 전쟁을 지속할 수 있는 원자재의 부족으로 내부적 불만을 야기하여 독일은 물론 동맹국들이 전쟁을 더 이상 할 수 없도록 만들었고, 빌헬름 2세와 군부가 독일의 경제능력 한계를 알았을 때는 이미 늦었다.

전쟁 초기단계에서 영국 육군은 그 규모도 작았고 편제화기도 미약하였으며 탄약위기까지 겪었다. 전쟁 중반기에 들어 이런 문제를 해결하면서 전쟁을 하여 승리할 수 있었다.

영연방의 자원도 효과적으로 이용

영국은 전쟁이 발발하기 전까지만 해도 모병제 제도를 택하고 있었다. 그러나 전쟁이 시작되고 장기화되면서 병력 충원의 어려움으로 위기를 맞게 되어 징병제를 택하자는 요구가 점점 높아지자 1915년 7월 '국민등록법'을 제정하여 15~65세의 자원에 대한 등록명부를 작성할 수 있도록 하였다.

이렇게 해서 등록한 자원이 징집연령대의 217만여 명을 포함하여 500만여 명의 남성이 가용한 것으로 밝혀졌으며, 이들을 대상으로 징병을 하여 부대를 확장할 수 있게 되었다.

〈그림 3.9〉 **프랑스 전선에 파견된 인도군 병력.** 프랑스 전선에는 이 부에도 오스트레일리아, 뉴질랜드, 캐나다, 남아프리카 공화국 등 다양한 영연방 국가의 군대가 있었다.

출처: J. M. Winter, *The Experience of World War I*, p. 51.

영국은 대규모 병력동원을 준비하면서 이들이 필요로 하는 물자들을 충족시키기 위해 산업동원 준비도 해야 했으나, 이를 위한 군수 분야의 준비나 청사진이 없었고 이를 위해서는 얼마나 많은 비용과 노력이 필요한지에 대한 개념도 없는 가운데 1차 세계대전에 뛰어 들었고, 이런 결과로 전쟁 전반기에는 무기나 탄약의 생산이 부족하여 그 대가를 톡톡히 치러야 하였다.

남자들이 전선으로 투입되자 여자들도 다른 참전국에서와 마찬가지로 무기나 탄약 등 전쟁물자를 생산하기 위하여 동원되어 금속기계공장이나 정비공장 등에서 일을 하게 되었는데 그 숫자는 1916년에 들어 무려 52만여 명에 달하였다.[201] 이렇게 전쟁 전 기간에 걸쳐 여자들도 남자들이 동원되고 남은 빈자리를 채워 전쟁지속능력을 확대하는 데 있어 큰 역할을 하였다.

영국에게는 또 다른 주요한 지원국이 있었다. 영국은 19세기 초 아시아와 아프리카 등지에서 엄청난 면적을 식민지로 갖고 있었으며 또한 과거 식민지였으나 영연방으로

---

201 위의 책, pp. 177-178.

독립을 한 국가로 캐나다, 오스트레일리아, 뉴질랜드, 남아공화국 등 여러 나라가 있었다. 이들 국가들은 영국 여왕을 국가원수로 하며, 전쟁이 발발하자 영연방 국가들이 맺은 협약에 따라 영국을 지원하기 위하여 캐나다에서 4개 사단, 오스트레일리아가 6개 사단, 뉴질랜드가 1개 사단, 인도에서도 영국 다음으로 많은 사단을 프랑스로 파견하여 영국원정군과 함께 전쟁에 참여하였다.[202]

이들 영연방 국가에서 참전한 병력들은 전쟁 중 20만여 명 이상이 사망하였고 60만여 명 이상이 부상을 입었다. 영국이 전쟁에서 이길 수 있었던 이유를 해외의 영연방 국가에서 병력과 자원, 자본을 이용할 수 있었기 때문이라는 평가가 나오고 있는 것도 이런 이유에 기인한다.[203]

신형전함의 생산을 주도한 영국의 과학기술력

전쟁 가능성이 있거나 또는 시작되었다면 전승을 위해 전투장비의 질과 양은 중요한 요소이며, 이를 위해 군과 과학자, 기술자, 산업계의 긴밀한 협조는 중요하다. 영국은 전쟁이 발발하자 해군성에서는 전투장비에 대한 개발과 질적 향상을 위해 과학자들을 채용하여 연구를 시작하였는데, 이들이 주로 관심을 갖고 있었던 분야는 항공기 개발과 운용이나 함포 운용 및 통제 시스템의 개발, 특히 잠수함을 탐지하기 위한 기술과 장비개발에 있었으며, 이러한 연구결과로 잠수함을 찾아내기 위한 음향탐지기가 개발되었다.

정부는 과학산업국을 설치하여 여기서는 무선 분야에 대한 연구, 특히 레이더(Radar)에 대한 연구를 시작하였다. 레이더는 2차 세계대전 당시 영국이 최초로 개발하여 독일 공군의 런던 공습 시 효과적으로 활용하였다.

1차 세계대전에서 최초로 항공기가 전장에서 사용되기 시작한 이래 영국의 과학자들은 폭격조준기와 항법기를 개발하기 시작하였는데, 주로 영국왕립항공기공장에서 대학을 갓 졸업한 학자들이 이를 연구하였다.

영국은 무기와 탄약 분야에서 성능 개선을 지속적으로 추진해나갔다. 기존의 함포용 탄약이 둥근 포탄으로 함선을 격침하기에는 관통력에 문제가 있는 것으로 밝혀지자

---

202 (구)국무총리 비상기획위원회, 『세계동원의 역사』, p. 224; 육군본부, 『영국 육군사』, p. 371.
203 J. M. Winter, *The Experience of The War I*, pp. 50-51.

이를 원추형 탄두로 개선하여 함선을 뚫고 들어가서 터지도록 두 번 폭발을 하는 포탄을 개발하였다.[204]

영국은 최초로 전차를 개발하고 생산하여 전투에 투입하였다. 1차 세계대전 당시 영국군 공병중령인 스윈턴이 농업용 트랙터를 이용하여 전차를 만들 것을 건의했으나 묵살당하자 처칠만이 관심을 갖고 연구에 착수하여 1915년 9월 최초의 시제품을 만들었다. 최초의 전차는 많은 결함에도 불구하고 150대를 생산하여 마크-1(MK-1)이라고 명명하여 당시 교착전에 빠져 있었던 솜므 전투에 투입하였다.[205]

솜므 전투에서 사용된 이 전차에는 기관총이나 포를 장착하여 사용하였다. 그러나 속도(6km/h)가 느렸기 때문에 강한 전투력을 발휘하지는 못하였지만, 괴물 같은 무기가 등장하여 독일군을 혼비백산하게 만드는 심리적 충격을 주었으며 계속 성능을 개량하여 마침내 영국군은 1917년 전차군단까지 만들어 전투에 투입하였다.

또한 영국은 드레드노트 전함을 건조하여 거함거포주의를 선도하였다. 이 전함은 두꺼운 철갑을 함체로 사용하여 대부분의 포탄으로부터 방호를 제공받을 수 있었으며, 자이로 스태블라이저(Gyro Stablizer) 방식의 조타장치와 선회포탑에 강선형 함포를 탑재하였고, 전신을 이용하여 중앙에서 사격통제가 가능토록 하였으며 거대한 함체에도 불구하고 시속 20노트에 달하는 프로펠러를 갖고 있는 당대 최고의 전함이었다.[206]

여기에 당시 연료를 주로 석탄에 의존하던 함정들이 석유를 주 연료로 사용할 수 있도록 엔진을 개량하여 더 크고 빠른 전함을 만들기도 하였으며, 이러한 노력은 영국해군이 독일 해군보다 한 수 앞선 전투력을 발휘하게 만들어 주었다.

그러나 독일이 잠수함을 건조하고 대서양 일대에서 영국의 전함과 상선을 공격하여 격침시키자 영국은 U-보트 잠수함을 격침시킬 기술을 개발하는 데 전력을 기울인 결과 수중폭뢰, 수중청음기, 수중음파탐지기(Sonar)를 개발함으로써 잠수함을 격침할 수 있었다.[207]

영국은 1870년대 기술자이던 하이럼 맥심이 '맥심 기관총'을 개발하여 1898년에는 수단에서 이슬람 광신자 1만 4,000명의 병력과 50여 명의 영국군이 대접전을 벌여 이들을 전멸시켰다. 이후 기관총은 지상군의 강력한 무기로 등장하였다.[208]

---

204 어니스트 볼크먼, 『전쟁과 과학, 그 야합의 역사』, p. 290.
205 김철환, 『전쟁 그리고 무기의 발달』, p. 101.
206 어니스트 볼크먼, 『전쟁과 과학, 그 야합의 역사』, pp. 291-292.
207 위의 책, p. 314.

영국은 1차 세계대전에서 오늘날 사용되고 있는 항공모함을 최초로 실험하고 개발한 국가이다. 1912년 영국은 전함을 이용하여 갑판을 설치하고 항공기 이착륙 실험을 하였으며 전쟁이 발발하자 당시 대서양에서 운용되던 증기선을 개조하여 수상기 모함으로 개장하고 이를 이용하여 독일군의 체펠린 항공기 공격에 사용하였다. 영국은 전쟁기간 중 10여 척의 함정이나 함선을 이렇게 개조하여 항모로 운용하였다.[209]

영국이 전쟁기간 중에 커다란 발전을 이룬 다른 것 중의 하나는 의학분야로, 당시 전투에 참전 중인 병사들은 방사선의학과 마취학, 정형외과 및 성형외과 등의 발전을 통해 생존율을 높였으며 새로운 소독제도 발전되었다.

승리를 위하여 전쟁수행에 협조한 사회문화

영국 사회는 전쟁 초기단계에는 지리적으로 비교적 유럽의 전장과 멀리 떨어져 있었기 때문에 전쟁의 직접적인 영향으로부터 벗어나 있었다. 그럼에도 영국이 독일에 선전포고를 하면서 의회는 전쟁지원을 위하여 '국토방위법'을 제정하였고 정부가 전쟁을 위하여 사유재산의 징발이나 군사 및 상업목적을 위한 징집의 실행, 비애국적인 활동을 하는 용의자들에 대한 무차별적인 체포와 구금도 할 수 있도록 하였다.[210]

전쟁이 장기화되고 특히 독일의 무제한 잠수함전으로 수많은 선박이 격침됨으로써 식량을 포함한 물자수입에 제한을 받게 되어 극심한 어려움에 직면하게 되었다. 따라서 이런 문제점들을 해소하기 위하여 정부는 '식량성(Ministry of Food)'을 설치하고 식량통제관을 임명하였으며, 식량생산을 확대하기 위해 농지를 개발하고 1주일에 설탕은 1파운드, 고기 1파운드, 버터는 몇 온스 등으로 생필품 배급제를 실시하여 난국을 극복해 나갔으나 국민의 건강을 유지하기에는 부족하여 면역력이 약해지면서 질병에 취약하게 되는 문제점이 발생하여 이를 극복해야만 하였다.

여기에 연합국을 지원하기 위해 전시체제로 전환하여 장비나 물자의 생산과 보급을 하는 동안 다수의 비숙련 노동자나 여성 노동자들이 투입되면서 많은 노동쟁의도 발생하였다. 영국은 남자들이 전선으로 투입되자 전쟁수행을 위하여 여성 노동자들을 많이 고용하였는데, 이들은 1918년 한해에만 해도 731만여 명이나 되었으며, 특히 탄약

---

208 위의 책, pp. 296-297.

209 제임스 조지, 허홍범 옮김, 『군함의 역사』(서울: 신오성기획인쇄사, 2004), pp. 309-313.

210 피터 심킨스, 『모든 전쟁을 끝내기 위한 전쟁』, p. 643.

〈그림 3.10〉식량배급을 기다리기 위해 길게 늘어선 런던시민들. 전시, 식량의 적절한 배급체제를 갖추는 것은 국민들의 승리의지 지속을 위해서 중요하다.

출처: 피터 심킨스, 『제1차 세계대전』, p. 326.

생산노동자의 90%인 94만 7,000여 명이 여성으로 운용되었다.[211]

독일이 독일계 미국그룹의 지원 아래 1억 달러를 들여 미국에서 반영(反英)선전전을 하였던 것처럼, 영국도 팜플렛이나 책을 미국의 언론사 편집자에게 제공하여 독일의 부당한 전쟁도발과 친영 및 참전여론을 조성하였고 이는 1917년 4월에 미국이 연합국으로 참전하는 데 도움을 주었다.

국내에서는 국민의 사기진작과 참전의지를 고취하기 위하여 때로는 언론의 통제와 때로는 여론조작을 통해 아군이 전쟁에서 승리하고 있다고 보도하였다. 독일에게 유용할 수 있는 보도는 통제되었고, 솜므 전투에서 다수의 전사자가 발생하였다는 것과 같은 국민의 사기에 악영향을 미칠 수 있는 뉴스도 때때로 통제되었으며, 사실과는 다소 다르더라도 전쟁에서 승리가 멀지 않았다는 고무적인 뉴스가 실렸다. 모두가 전쟁에서 국민의 승리의식을 고취하는 한편 패배의식을 없애기 위한 조치였다.

---

211 피터 심킨스, 『모든 전쟁을 끝내기 위한 전쟁』, pp. 320-324.

〈그림 3.11〉 1914~1915년 국민들의 자발적 참전의식 고취를 위해 발행한 우편엽서
출처: 피터 심킨스,『제1차 세계대전』, p. 177.

"Be Ready! Join Now(준비하라, 지금 지원하라)". "Take Up The Sword Of Justice(정의의 칼을 잡아라)". "Who's Absent? To It You(아직 지원하지 않은 사람은 누구인가)". "There's Room For You, Enlist Today(당신의 자리가 마련되어 있습니다. 오늘 등록하세요)". 이러한 글귀들은 당시 영국인들의 참전을 유도하기 위하여 길거리에 나붙고 국민들에게 널리 알려진 표어였다.

해양국가인 영국은 독일제국의 팽창에 따라 명예로운 고립으로부터 탈피하여 대륙의 문제에 적극 개입하기 시작한 이래, 마침내 독일이 벨기에를 침공함으로써 연합국의 핵심으로써 전쟁에 참전하였다. 그러나 전쟁 초기단계에는 아직 준비가 덜 되어 있었다. 부대를 확장하고자 해도 의회의 반대로 징병제를 택할 수 없었다. 무기나 탄약을 만들어야 할 시설들도 노후화되어 제때에 생산을 할 수 없었다. 독일이 잠수함을 만들어 무제한 잠수함전으로 해상을 차단하자 식량을 포함하는 물자부족으로 고난을 겪기도 하였다. 영국은 이런 저런 악조건을 극복하면서 총력전을 실시하여 마침내 승리하였다.

4. 독일에 대한 복수심으로 승리한 프랑스

나폴레옹 전쟁 이후 2차 세계대전이 끝날 때까지 프랑스와 독일의 관계는 '견원지간 (犬猿之間)'의 관계라고 해도 좋을 정도로 서로 앙숙(快宿)관계를 유지하고 있었다. 양국은 나폴레옹 전쟁이나 1870~1871년의 보불전쟁 등 유럽에서 발생하였던 주요 전쟁에서 사사건건 갈등을 하면서 양국민의 감정은 상할 대로 상해 있었다. 모로코 문제가 발생 하였을 때 독일이 간섭하여 양국의 관계는 최악의 상태에 있었다.

프랑스는 보불전쟁에 패하여 50억 프랑의 전쟁배상금 외에도 알자스–로렌 지방을 독일에 양도해야만 했었다. 그 이후 복수심에 불타는 국민들의 노력에 힘입어 어느 정 도 국력을 회복할 수 있었으며, 이를 바탕으로 군사력도 상당히 회복되었다. 영국 및 러시아와 동맹을 체결하였으며, 전쟁이 발발하자 여러 우여곡절을 겪으면서도 지도자 의 강력한 리더십으로 전쟁을 이끌어감으로써 승리할 수 있었다.

전쟁기간 중에는 프랑스가 건설한 해외의 식민지에서도 많은 병력을 연합국으로 파 병하여 프랑스군을 지원함으로써 승리에 도움을 주었다. 프랑스는 19세기 말로부터 20세기에 이르기까지 해외에서 많은 식민지를 건설하고 있었는데, 당시 프랑스가 건 설한 해외 식민지는 아시아에서 아프리카, 중남미에 이르기까지 광범위한 지역에 걸쳐 분산되어 있었으며, 그 면적은 1차 세계대전 직전에 1,000만 km²에 달하여 유럽의 전 체 면적보다 넓었고 프랑스 본국의 20배에 달하였다. 당시 식민지의 인구는 5,000만 명을 능가하였으며 식민지에서는 대전기간 중 수많은 병력을 프랑스에 파견하여 연합 국의 일원으로 전투에 참여하여[212] 승리에 기여한 것이다.

〈표 3.17〉, 〈표 3.18〉을 보면 1차 세계대전이 발발할 무렵 당시의 프랑스 국력은 영 국이나 독일에 비하여 약했으며, 오스트리아–헝가리 제국이나 이탈리아와 비교될 수 준이었다. 프랑스는 농업이 다른 국가에 비하여 상대적으로 발전되어 있었으며 이로 인해 전쟁기간 중 독일이나 오스트리아–헝가리 제국이 식량문제로 곤란을 겪을 때에 도 비교적 자유로웠다.

---

212 육군본부, 『프랑스 육군사』(서울: 육군인쇄창, 1979), pp. 357-358.

〈표 3.17〉 1890~1910년 프랑스 국력의 변화

구분	인 구 (100만 명)	철강 생산 (100만 톤)	에너지 소비 (100만 톤)	병 력 (만 명)	군 함 (만 톤)
1890	38.3	1.9	36	54.2	31.9
1900	38.9	1.5	47.9	71.5	49.9
1910	39.5	3.4	56	76.9	72.5
비 고			석탄 환산	육 · 해군	

출처: Paul Kennedy, 『강대국의 흥망(The Rise and Fall of The Great Power)』, pp. 278-284.

〈표 3.18〉 1913~1914년 프랑스의 국가능력

구분	인 구 (만 명)	1인당 소득 ($)	GDP (억$)	군사력 (만 명)	강철 생산 (만 톤)	군 함 (만 톤)
능력	3,900	153	60	91	460	90
연도	1914	1914	1914	1914	1913	1914

출처: Paul Kennedy, 『강대국의 흥망(The Rise and Fall of The Great Power)』, pp. 280-284, p. 339.

노령이었음에도 강력한 리더십을 발휘한 클레망소

프랑스는 공화국 정치체제로 대통령이 존재하고는 있지만 어떤 의미에서는 상징적인 존재일 뿐이고 수상이 실질적으로 내각을 통솔하는 국가이다. 당시 프랑스의 대통령은 푸앵카레(Raymond Poincare)였고, 전쟁이 발발할 당시의 수상은 팡 레브(Paul Painleve)였으나 전쟁이 발발하여 클레망소(Georges Clemenceau)[213]가 수상으로 취임하자마자 육군장관도 겸하였다.

클레망소는 1870~1871년의 보불전쟁을 경험하였고, 프랑스가 전쟁에서 패하여 알자스-로렌을 독일에게 양도하는 것도 목격하였기 때문에 독일에 대한 원한이 깊은 사

---

213 조지 클레망소는 1841년 프랑스 북부에서 의사의 아들로 태어났다. 파리 국립대학을 졸업 후 남북전쟁 기간에는 미국으로 건너가 전장의 실상을 체험하였다. 귀국하여 정치에 뜻을 두고 급진사회당을 조직하는 등 개혁운동을 시작하여 상 · 하원의원과 내무장관과 수상 등을 역임하였다. 항상 정의감이 넘치다 보니 주변과는 어울리지 못하는 문제점이 있기는 했지만 전쟁이 발발하자 76세의 노령에도 불구하고 다시 수상으로 지명되어 1차 세계대전 중 강력한 카리스마로 내각을 통솔하였고 전쟁이 종료되었을 시에는 프랑스 전권대사로 파리강화회의에 참석하여 독일이 향후 유럽의 강국으로 재등장하지 못하도록 강력한 제제를 요구하였으며, 이것은 베르사유 강화조약에 반영되었다.

람이었다. 그는 수상으로 취임하면서 "나는 늙었지만, 나는 생에 집착하지 않는다. 나는 우리가 승리할 것이기 때문에 완전한 승리를 할 때까지 최선을 다할 것을 맹세한다."고 하면서 독일군에 대한 강한 승리의지를 나타냈다.[214] 사실 그가 취임할 당시 이미 76세로 고령의 나이임에도 불구하고 카리스마와 용기, 장악력을 가진 지도자로서 푸앵카레 대통령과 함께 끝까지 전쟁을 하겠다는 결의를 다지면서 패배주의자나 평화주의자들은 과감히 제거하고 전쟁에서 승리를 위해 제기하는 합리적인 의견은 수용하면서 적절한 조치로써 승리가 되도록 하였다.[215]

그는 전쟁의 승리를 위해 무능한 군단장급과 사단장급을 대폭 교체하고 우수한 참모장교들을 야전의 요직에 다수 배치시켜 지휘능력을 강화하였다. 전선의 전투부대를 자주 방문하여 영국과 프랑스, 미국군 등 연합군 장병들의 사기진작과 결속을 위한 노력도 게을리하지 않았다.

1918년 독일군의 공세로 영국군과 프랑스군이 패퇴하면서 영국군이나 프랑스군 모두 전선 상황을 절망적으로 평가하는 데 대하여 양국의 군 수뇌들이 회합을 갖고 프랑스군 포슈 장군을 영불 양군을 지휘하는 지휘관으로 임명하기로 하였다. 미국도 처음 참전하였을 때는 미군 단독으로 작전하다가 포슈 장군에게 지휘를 맡기기로 함으로써 마침내 프랑스 전선에서 포슈 장군이 프랑스군과 영국군, 미국군까지 지휘하는 연합군 사령관으로 전쟁을 지휘하였다. 지휘통일이 달성된 것이다.

클레망소는 강력한 리더십을 발휘하였지만 군 지휘관의 전술상의 문제에는 간섭을 하지 않았고 대신 군을 약화시키는 원인을 제공하는 자는 과감히 처리하였다. 즉, 페탱 원수와 포슈 원수 사이의 전술개념상 차이로 인한 갈등에는 간섭을 하지 않고 두 장군이 협력하여 해결하도록 하였지만, 반면에 프랑스군에서 지휘체계를 와해하는 군 장성들은 과감히 도태시켰던 것이다. 그의 이러한 리더십을 푸앵카레 대통령은 그의 대중적 인기와 강력한 리더십에 기인하는 것으로 평가하였다.

연합군의 공세로 독일이 더 이상 전쟁을 수행하기 어렵게 되자 독일 정부는 1918년 10월에 미국의 월슨 대통령에게 휴전 중재를 요청하였고, 월슨은 자신이 제안한 '14개조 평화안'을 관철시켜 휴전이 성립되기를 원하였다.

1차 세계대전 강화조약 체결 시 영국은 유럽에서 각국의 세력균형을 유지하면서 독

---

214 John F. V. Keiger, "Poincare, Clemenceau, and the Quest for Total Victory", *Great War, Total War* (Cambridge University Press, 2000), pp. 247-248.

215 피터 심킨스, 『모든 전쟁을 끝내기 위한 전쟁』, p. 319.

일이 보유하였던 해외식민지 반환과 독일의 해군력과 해운력 무력화를 주장하였지만 독일 육군에는 관대한 조건을 내세웠다.

그러나 프랑스는 1871년 보불전쟁에서 패하여 알자스-로렌 지방을 빼앗기고 50억 프랑이라는 배상금마저 지불해야만 되었기 때문에 그 한이 골수에 사무쳐 있었으므로 클레망소는 가혹한 휴전조건을 내세웠다. 이때 프랑스의 클레망소가 내세운 휴전조건은 향후 독일이 더 이상 강국으로 되는 것을 막기 위하여 독일로부터 라인 강 좌측의 영토를 영구히 점령하고 독일군 규모를 대폭 축소하는 것이었다. 이러한 클레망소의 주장은 미국이나 영국에 의해 많은 제제를 받았지만, 그럼에도 독일이 강국이 되지 못하도록 하는 강화조약을 만들어 마침내 1919년 6월 28일 베르사유 조약으로 체결되었다.

독일에 대한 복수심으로 불타는 국민

프랑스인은 보불전쟁에서 패하여 전쟁배상금과 더불어 알자스-로렌 지방을 빼앗기는 등으로 강한 수치심을 느끼고 있었고 , 언제인가 독일에 대한 복수를 할 기회를 찾고 있었다. 그럼에도 당시 프랑스 사회에는 두 가지의 의견대립이 발생하고 있었다. 즉, 프랑스가 유럽에서 도외시되고 있음을 간파하여 독일과 협상을 하자는 협상파(주로 우파)와 반대로 독일로부터 새로운 침략이 있을 것이기 때문에 라인 강 쪽을 경계해야 한다고 주장하는 반대파(주로 좌파)들이 대립을 하고 있었던 것이다.

그러나 전쟁이 발발하자 독일과 협상을 하자는 의견은 들어가고 복수심과 강한 애국심으로 가득 찬 사람들의 독일에 대한 강한 투쟁의지가 표출되었다. 전쟁이 발발하자 독일 사람들이 "파리를 향하여(Nach Paris)"를 외쳤던 것처럼, 프랑스 사람들은 파리의 기차역에 모여서 전선으로 향하는 장병들을 보내면서 "크리스마스를 베를린에서"라고 외쳤다. 그만큼 그들은 독일에 승리를 갈망하고 있었다.

그러나 전쟁기간 중 대부분의 전투가 프랑스 영토 내에서 진행되면서 많은 사람이 죽고 국토가 황폐화되자 프랑스 국민들의 전쟁에 대한 승리의지는 서서히 약화되기 시작하였고, 여기에 프랑스인 특유의 분열적 성격이 더해지면서 저항의지는 더 약화되기 시작하였다.

특히 1916년 2월 시작된 베르됭 전투에서 55만여 명의 프랑스군 전·사상자가 발생하는 등 막대한 손실이 발생하고, 1917년 4월 실시하였던 니벨르 공세마저 실패로 끝나는 한편, 1917년 11월 러시아에서 혁명이 발생하여 사회주의자들의 혁명사상이 전파되면서 한때 프랑스 내에서 반전주의자와 평화주의자, 패배주의자들의 활동이 더욱 노골화되는 현상마저 발생하여 국민들의 의지를 약화시키는 일도 발생하였다. 이 시기에 군에서 항명과 하극상이 일어난 것도 여기에 기인하였다.

그러나 프랑스는 영국과 러시아가 연합국의 일원으로 함께 전쟁을 한다는 믿음이 있었기 때문에 1917년 프랑스가 더 이상 전쟁을 하기에는 한계에 도달하는 것처럼 보였어도 전쟁을 수행할 수 있는 의지가 있었다. 그랬기 때문에 전쟁기간 중 프랑스 전국에서는 계속 공장이 만들어지고 퇴역한 군인들로부터 아녀자들에 이르기까지 동원 가능한 국민들이 직접 생산활동에 참여하여 전차와 야포 및 항공기 등 다양한 장비를 생산하였다. 미국이 1917년 4월 이래 연합국에 참전을 한 것도 프랑스 국민들에게도 승리에 대한 믿음을 주기에 충분하였다. 독일에 대한 강한 복수심과 지도자의 강력한 리더십, 미국의 지원이 승리를 하는 데 뒷받침을 한 것이다.

좌우의 이념대결을 극복하고 결집한 의회

1870~1871년의 보불전쟁에서 알자스-로렌 지방의 상실과 50억 프랑의 전쟁배상금은 프랑스에게는 커다란 정치·경제적 타격이자 민족적 감정에 악영향을 주었다. 독일이 오스트리아-헝가리 제국, 이탈리아와 함께 3국 동맹을 맺을 때 독일을 두려워하였던 프랑스는 영국과 러시아와 함께 3국 협상국으로 연대를 맺었다.

당시 프랑스의 정치는 좌·우파로 분열되어 있기는 하였으나 우파가 민족주의 이데올로기를 바탕으로 정국을 주도해나갔으며, 좌파들은 비교적 이를 인정하고 있었다. 1894년 유태인 장교 드레퓌스(Andre Dreyfus)가 비밀을 빼돌렸다는 이른바 '드레퓌스 사건'이 발표되어 혼란이 있었고, 이 사건에 대한 무죄를 주장하는 파와 유죄를 주장하는 파로 나뉘어 분열이 있기는 하였으나 이 사건은 1906년 무죄판결을 받음으로써 종결되었다.

전쟁이 발발할 무렵에 우파는 전쟁으로부터 프랑스 보호를 주장하였지만, 좌파는 반 군사주의와 평화주의를 주장하면서 군 복무기간의 연장(2년→3년)을 비판하였고, 전쟁이 발발하더라도 불참하겠다는 결정으로 프랑스 정치권에 분열의 씨앗을 제공하기도 하였다.

1914년 8월에 전쟁이 발발하자 이러한 분열에도 불구하고 당시 푸엥카레 대통령은 프랑스인에게 정치와 종교, 사회적 차이를 뛰어넘는 '신성한 단결(Unione sacree)'을 강조하였고, 의회에서 좌파 사회주의자들도 전쟁에 참여하는 데 동의하였다.

또한 프랑스는 보불전쟁에서 패한 이후 영국과 식민지를 두고 한때 치열한 경쟁을 하였지만, 정부와 의회의 노력으로 동맹을 체결함으로써 독일의 위협에 공동으로 대응할 수 있는 원군을 얻었다. 한편으로는 아시아와 아프리카 지역에서 식민지를 계속 확대하여 국가적 잠재력을 지속적으로 확대해나가면서 이들로부터도 지원을 받을 수 있는 기반도 마련하였다.

전쟁기간 중 프랑스군에서는 베르됭 전투를 거치면서 수많은 사상자가 발생하자 탈영하는 병사가 속출하여 군기의 문란을 가져왔다. 따라서 군 기강을 확립하기 위하여 클레망소 총리는 페탱 장군을 통해 탈영병을 군법회의에 회부하여 27명을 처형하고 3,000여 명을 투옥하는 등으로 강력한 기강을 확립하는 한편, 다양한 사기앙양책으로 떨어진 사기를 회복하여 전쟁을 수행하기도 하였다. 1차 세계대전 시 프랑스 정치와 사회는 비교적 단결된 가운데 독일군의 침공에 협력함으로써 군이 전쟁을 할 수 있도록 측면에서 지원하였다.

| 독일을 양면에서 포위하기 위해 기울인 외교노력

19세기 말 프랑스는 경제력의 확충에 힘입어 유동자본이 많았으며, 이 자본은 프랑스가 외교력을 발휘하는 데 도움이 되었다. 보불전쟁에서 패하여 50억 프랑의 배상금을 지불하기로 되어 있었는데, 당시 비스마르크 수상은 프랑스가 배상금 문제를 해결하기 위해서는 상당한 기간이 걸릴 것으로 예상을 하였지만, 프랑스는 이러한 예상과는 달리 신속히 배상함으로써 비스마르크를 놀라게 하였다.[216]

프랑스는 독일과 견원지간의 관계에 있었지만 영국과는 전통적으로 경쟁관계에 있었다. 특히 19세기 말 해외에서 식민지를 두고 프랑스는 영국뿐만 아니라 독일과도 치열한 경쟁을 하고 있었다. 그런 가운데 프랑스는 독일과 전쟁(보불전쟁)에서 패한 바가 있었기 때문에 독일이 강대국으로 되면 될수록 불안을 느끼게 되었고 싫거나 좋거나 영국과의 협력이 필요하였다.

따라서 영국과 해외 식민지 경쟁을 하면서도 20세기 들어 식민지 경쟁을 종식시키기 위하여 협상을 한 결과 1904년 영불협상을 체결함으로써 이를 안정시킬 수 있었다.

---

216 Paul Kennedy, 『강대국의 흥망』, p. 310.

또한 독일을 양면에서 압박하기 위하여 러시아와 관계를 중요하게 생각하게 되었고 따라서 프랑스는 러시아에 5억 프랑의 차관을 제공하여 러시아의 근대화를 도와줌으로써 관계를 개선하였다.

독일은 프랑스와 러시아의 관계가 가까워지면 가까워질수록 양면전쟁을 해야 할 불리한 입장에 놓이기 때문에 양국을 이간시키기 위하여 여러 노력을 기울였다. 하지만 프랑스와 러시아는 오히려 관계를 지속적으로 개선시켜나갔으며 이것은 전쟁이 발발하면서 러시아가 연합국의 일원이 되는 이유가 되었다.

이렇게 프랑스는 독일의 점증하는 위협에 대비하여 영국과 러시아를 강력한 동맹국으로 끌어들임으로써 독일에 대한 자신감을 가질 수 있었다.

연합국의 병기창 역할을 한 프랑스의 군수산업

1913년 프랑스의 당시 인구는 약 4,000만여 명으로 독일의 6,700만여 명이나 오스트리아–헝가리 제국의 5,200만여 명에 비하여 적었다. 프랑스의 강철 생산량은 약 460만 톤으로 이는 독일의 1/4에 불과하였다. 프랑스의 경제 규모는 독일의 약 40%에 불과하였으며, 국민총생산액도 약 55%에 불과할 정도로 적었다.

1913년의 국민소득은 프랑스가 60억 달러였던 것에 비하여 독일은 120억 달러로 독일이 2배나 많았다. 여러 면에서 독일의 경제력에 비하여 비교가 되지 않을 정도였다.[217] 그러나 프랑스는 유동자본이 많아서 해외에 약 90억 달러를 투자하고 있었으며, 이는 영국 다음으로 많았다.

프랑스는 전통적으로 농업국가이다. 전쟁기간 중 독일이나 영국이 식량 부족으로 극심한 고통을 겪고 배급제를 실시하거나 생산량 증대를 향상하기위해 여러 조치를 하였지만, 프랑스는 상대적으로 안정적이었다.

한때 설탕이 부족하다든가 빵의 품질이 나쁘다든가 계란과 우유가 부족하여 배급을 한다든가 육류공급이 부족하여 정부가 직접 도살장을 운영하여 육류의 공급을 정상화하기 위한 조치들을 하기는 했지만, 그러나 전쟁기간 중 다른 어느 나라들보다 그래도 상대적으로 안정적인 식량사정을 유지할 수 있었다.[218]

---

217 위의 책, pp. 311-312.
218 피터 심킨스, 『모든 전쟁을 끝내기 위한 전쟁』, pp. 318-319.

전쟁을 하기 위해서는 부대확장을 위한 병력과 더불어 장비나 탄약이 다량으로 필요하지만 국방비가 많이 소요되기 때문에 평시에는 적정량을 보유하다가 전시에는 동원을 통해 보충한다. 프랑스는 당시 군 참모본부가 판단한 탄약 공급계획에 따르면 당시 주력포의 하나였던 75mm 포의 경우 하루에 1만 1,600발과 155mm는 465발, 보병 개인화기는 1일 247만 발이 필요하고 폭약은 1일 24톤이 필요하며 이를 위해 기술자들은 30개 공장에서 매일 5만여 명이 소요될 것으로 보았으나 실제로는 동원령이 발령된 뒤 81일이 지나서 목표량을 달성할 수 있었다.[219]

여기에 참모본부는 다시 일일 탄약소요량으로 15만 발을 요구하기까지 하였으며, 전장에서 요구하는 모든 소요를 충족시켜주기 위하여 기술자들은 당초 5만 명이 106만 명으로 확대되었다. 이렇게 전쟁을 수행하는 데는 계획된 것보다 엄청나게 많은 장비나 물자는 물론 이를 생산하기 위한 인력들이 소요되었다. Sneider-Creusot와 루이 르노(Louis-Renault)사는 프랑스군이 필요로 하는 장비와 탄약을 생산하였다.

이렇게 생산시설을 확대하고 인력을 보충해나갔지만 짧은 시간에 군 수요를 충족하기 위해 노력하다 보니 생산된 장비나 탄약이 질적으로 문제가 되는 현상이 발생하였다. 장비나 탄약에 대한 낮은 수준의 검사로 1915년 생산된 탄약은 조기폭발로 인하여 야전에서는 600여 문의 포를 폐기해야만 했고, 1916년 솜므 공세에서는 프랑스에서 생산한 탄약의 30%가 사격이 안 되는 현상도 발생하였다.[220]

이런 현상에도 불구하고 전쟁기간 중 프랑스는 산업시설을 계속 확대해나가면서 수많은 인력을 동원, 전차와 항공기 및 야포 등을 생산하여 프랑스군이 사용하는 것은 물론 연합국의 전력증강에도 기여하였다. 2차 세계대전 중에는 미국이 연합국 병기창 역할을 하였다면 1차 세계대전 당시는 프랑스가 그 역할을 하였던 것이다. 이를 두고 어느 학자는 "프랑스가 영국이나 미국보다 민주주의 병기창이 되었다."고 할 정도였다.

이러한 노력에 힘입어 이 기간 중 프랑스는 기관총에서 170배, 소총은 290배 생산이 증가되었으며, 영국이 36억 달러에 이르는 차관을 제공한 것도 생산량 증가에 커다란 도움이 되었다.[221]

---

219 프랑스군은 전쟁지속을 위해서 산업동원을 하였지만, 산업동원을 하기 위해서는 평시부터 무기나 탄약을 생산하는 데 필요한 물자를 비축해 놓고 있어야 하고 산업시설을 전시생산체제로 전환해야 하며, 또한 이에 필요한 기술 인력도 양성해야 한다. 따라서 3개월여의 기간이 필요하며, 3개월분의 탄약은 평시부터 준비해 놓고 있어야 한다고 기술하고 있다(육군본부, 『프랑스 육군사』, p. 429).

220 Hew Strachan, "Economic Mobilization: Money, Munition, and Machine", pp. 141-142.

221 Paul Kennedy, 『강대국의 흥망』, p. 369.

공격제일주의를 표방한 군

1870~1871년의 보불전쟁에서 패한 프랑스는 이후 광범위하고도 전면적인 군 개혁을 단행하였다. 군사교리에 정신력 우선주의와 공격 제일주의 사상을 뿌리 깊게 심어 놓았고 화포를 개량하여 공격간 화력지원을 직접 할 수 있도록 하였다.

전쟁 직후인 1872년 5월에 국민개병제를 법령화하였고, 1880년에는 사관학교를, 1908년에는 파리에 육군의 고급장교를 양성할 목적으로 고등군사학연구소를 설치하여 선발된 장교들에 대한 전쟁연습과 참모실습을 통해 장교들을 양성하고 교육하였다.[222]

독일에 대한 복수심으로 사무친 프랑스군 중에서도 특히 블랑제(G. Boulanger) 장군 같은 사람은 독일에 대한 '복수(復讐)전쟁론'을 주장하였고, 육군상으로 기용된 이후 그는 군대개혁을 추진하면서 국경지대에도 군사력을 강화하기 시작하였다.

프랑스의 병역제도는 징병제에 기초하여 병력을 모집하였으며, 병사들의 복무기간은 현역은 2년이고 예비역은 13년이었다. 이렇게 해서 프랑스가 개전 당시 368만여 명의 훈련된 병사를 투입할 수 있는 역량을 갖추기는 하였으나 독일에 비해서는 적은 62개의 보병사단과 10개의 기병사단을 보유하고 있었다.[223] 보불전쟁에서 패하여 군사개혁을 단행한 프랑스는 공격 제일주위와 정신력 우선주의를 내세워 개혁을 단행하면서 프랑스군은 이제 공격제일주의를 내세우는 군으로 변화하고 있었다.

프랑스군은 전쟁기간 중 참호전이 진행됨에 따라 공병을 편성하고 화학전이 발생하자 이를 담당할 중대를 편성하였으며, 무선전신과 전신업무를 담당하는 부대라든가, 수송업무를 전담하는 부대를 편성하기도 하였다. 전장 상황에 적합하게 변화를 추구하고 있었던 것이다.

메싱(Messing) 장군이 "승리를 결정하는 것은 병력수도 아니고 요술적인 기계도 아니다. 승리는 용기와 자질, 우월한 신체와 정신 및 인내력, 공격적인 힘을 가진 자에게 돌아간다."고 말하였듯이 프랑스군은 보불전쟁 이전의 공격정신으로 전술이 회귀하고 있었다.

프랑스군은 전쟁 중반기인 1917년에 고착된 전선을 타개하고자 실시한 니벨르 공세에서 실패하여 다수의 사상자가 발생됨으로써 군의 사기는 형편없이 떨어졌고, 병사들

---

222 존 키건, 『2차 세계대전사』, p. 45.
223 조지프 나이, 『국제분쟁의 이해』, p. 111.

사이에서는 반전주의자들의 선동에 의하여 항명과 하극상, 전선이탈, 폭동 등에 의해 위기를 맞으면서 이를 해소하지 않고는 더 이상 전투가 곤란할 지경에까지 이르고 있었다.

니벨르가 공세 실패에 대한 책임으로 해임되고 페탱이 최고 사령관으로 부임하면서 그는 군의 기강을 잡기 위하여 불만을 해소하고 사기를 올리며 규율을 다시 잡는 데 성공하면서도 항명과 하극상을 일으킨 병사들을 군법회의에 회부하여 일부 병사를 사형에 처하고 3,000여 명을 투옥하는 등의 조치를 취함으로써 기강도 잡고 사기도 올리는 데 성공하였다.[224]

프랑스를 도와 승리에 기여한 식민지 군대

프랑스는 보불전쟁에서 패한 직후인 1872년에 모병법을 제정하고 이를 1886년에 개정하여 병역제도를 완성하였다. 이 법에 의하면 현역으로 3년간 근무 후 7년의 예비역으로 예비군 임무를 수행하고 6년은 국민군으로, 나머지 9년은 국민군의 예비역으로 복무토록 함으로써 총 25년의 복무를 해야 되었다.[225] 이 법은 현역은 2년간의 복무를 하고 그 뒤에는 11년의 예비역 근무와 나머지 12년은 국민군과 그 예비역으로 총 25년 근무토록 1905년에 일부 개정이 되었다.[226] 이런 법적 근거로 프랑스가 1차 세계대전에서 동원한 예비군은 약 820만여 명에 달한다.

프랑스는 전국을 20개의 군사지구로 나누어 각 군사지구에는 현역군단이 주둔하고 전시에는 동등한 규모의 예비군사단을 창설하는 임무를 수행하였다. 예를 들면 21군단의 주둔지는 프랑스령 북아프리카였는데 동원령이 내려지면 이 군단은 42개의 현역사단과 25개의 예비군사단 및 보조예비군부대와 함께 출동하는 개념으로 운용되었다.[227]

프랑스의 인구는 독일에 비하여 적었다. 다시 말하면 이는 예비전력의 동원능력 또한 적다는 이야기이다. 그러나 독일과 직접 접촉하고 있었기 때문에 어느 나라보다도

---

224 이 당시 프랑스 군에서 발생한 항명사건은 250여 건으로, 12건을 제외한 사건이 보병부대에서 발생하였고, 112개 사단 중 68개 사단에서 발생하였다. 당시 프랑스군 병사들은 장기간에 걸친 전쟁에서 지쳐 있었고 여기에 니벨르 공세마저 실패로 돌아가고 다수의 사상자와 평화주의자들의 선동까지 겹치면서 발생한 것이다.

225 육군본부, 『프랑스 육군사』(서울: 육군인쇄창, 1979), p. 339.

226 위의 책, p. 343.

227 존 키건, 『1차 세계대전사』, pp. 36-37.

더 많은 예비전력의 동원이 필요하였다. 특히 전쟁기간 중 솜므 전투나 베르됭 전투, 니벨르 공세에서 대규모의 인명손실이 발생하였기 때문에 프랑스군에 있어서 병력보충은 반드시 필요한 일이었다.

이러한 병력을 보충하는 데 기여한 곳이 프랑스가 해외에 건설한 식민지 국가였다. 프랑스는 19세기로부터 20세기 초에 이르기까지 아시아의 인도차이나 국가나 아프리카의 마다가스카르, 중남미의 가이아나 등 세계 도처에 식민지를 건설하여 그 면적의 크기가 1,000만km²에 인구는 5,000만여 명에 달할 정도였다. 이런 식민지는 프랑스가 전쟁을 수행해나감에 있어 커다란 지원역할을 하였다.

프랑스는 식민지 국가를 통제할 목적으로 1900년 7월 '식민지군'을 창설하기 위한 법을 제정하고 이를 바탕으로 1개 군단(3개 사단, 19개 도병연대, 7개 포병대대)을 창설하였으며 이 중 7개 연대가 해외에 주둔하였다.

이 식민지군은 식민지에서 질서를 유지하는 임무를 수행하였다. 전쟁이 발발할 무렵에는 피점령국가에서 군대를 조직하고 훈련을 시켜 프랑스에 파견하는 임무를 수행하였는데, 이렇게 해서 전투에 참전한 식민지 군대는 〈표 3.19〉와 같다.

식민지 국가에서는 주로 병력을 파견하여 프랑스군과 함께 독일군에 대항하여 직접 전투를 하거나 또는 노무자를 파견하여 지원임무를 수행함으로써 프랑스군의 승리에 커다란 도움을 주었다. 이렇게 1차 세계대전 중 프랑스의 식민지와 보호국 등에서 프랑스군의 지휘 아래 들어간 인원은 80만여 명으로 그중 50만여 명은 실전에 참전하였다.[228]

〈표 3.19〉 1차 세계대전 기간 중 프랑스군을 지원한 식민지군 별력

구 분	참전병력 규모	전사인원
세네갈	21만 5,000명(92개 대대)	3만여 명
인도차이나	약 12~13만여 명(전투원 4만 3,500명, 노무자 4만 9,000명 등)	미상
마다카스카르	4만 5,800여 명(보병대대, 포병대대, 병참대대 등)	4,000여 명
소말리아	2,000여 명	400여 명
가이아나 등	3만 5,000여 명	미상
알제리/튀니지	22만 6,000여 명	3만 6,000여 명

출처: 육군본부, 『프랑스 육군사』(서울: 육군인쇄창, 1979), pp. 357-389.

228　육군본부, 『프랑스 육군사』, p. 358.

전투 장비를 자체 생산할 정도로 발전시킨 과학기술

1850년 나폴레옹 3세는 대포가 파괴력을 강화함에 따라 이에 견딜 수 있는 강철을 값싸게 생산할 수 있는 방법을 개발하는 자에게는 막대한 포상금을 주기로 하였다. 이에 영국의 야금(冶金)학자인 헨리 베서머가 이 기술을 개발하였으며,[229] 이 기술의 개발은 곧 야포나 함정, 포탄 등의 생산에 획기적인 계기가 되었고, 동시에 또 다른 군비경쟁을 촉발하는 원인도 제공하였다.

18세기 말 프랑스에서는 후장식 대포, 즉 뒤에서 포탄을 장전할 수 있도록 유압식 장치를 개발하여 포탄의 발사속도를 높이는 기술을 개발하였고,[230] 전쟁기간 중 프랑스군이 가장 많이 사용한 75mm 포에서 현대적인 주퇴복좌기를 처음 개발하여 분당 발사속도가 획기적으로 발전되었다. 프랑스는 영국의 스윈턴 중령이 전차를 개발한 시기보다는 조금 늦은 1917년 4월에 르노 회사에서 전차를 발명하여 75mm 포를 탑재하고 전장에 투입한 이래 점진적인 개선을 거쳐 전쟁이 끝날 무렵에는 3,000여 대를 생산, 전투에 투입하였다.[231] 전쟁기간 중 이미 사용하고 있었던 기관총이 너무 무거워 운용상 어려움이 대두되면서 병사 혼자서 사용하고 운반할 수 있는 경기관총을 개발하여 소부대전투에 있어서 일대 혁신을 가져다주었다.

또한 프랑스는 항공기를 개발하여 정찰기나 전투기, 폭격기로 다양하게 사용하기 시작하였으며, 최초로 공군부대를 전대와 사단으로 편성하기도 하였다. 미군이 참전한 1917년 4월 이후, 프랑스는 미국 국내에서 항공기와 중포 등의 생산이 지연됨에 따라 미군이 필요로 하는 장비의 다수를 생산하여 지원하였다.

이렇게 프랑스가 전투장비를 개발하고 발전시켜나갈 수 있었던 것은 영국처럼 '발명국(Office of Invention)'을 설립하고, 여기서 많은 물리학자들이나 화학자들이 연구를 할 수 있었기 때문이었다.

---

229 어니스트 볼크먼, 『전쟁과 과학, 그 야합의 역사』, p. 289.

230 어니스트 볼크먼, 『전쟁과 과학, 그 야합의 역사』, p. 296; 최석철, 『무기체계발달사』(서울: 국방대학교, 2003), p. 79.

231 아께치 쯔도무, 『세계병기발달사』, pp. 60-64; 육군본부, 『프랑스 육군사』, p. 416.

프랑스 국민과 이민족의 조화로 난국을 극복

1914년 8월 독일군의 침공이 시작되자 벨기에나 프랑스 북부의 주 전투 지역에서 피난을 온 주민들로 인해 파리 시는 매우 어려운 문제에 봉착하였다. 도시가 포용할 수 있는 주민들의 수를 넘어서면서 거주와 급수 및 급식 등 수많은 문제를 갖고 있었으며, 수많은 인구의 유입으로 실업률 또한 큰 문제였다.

여기에 파리는 전쟁이 발발한지 얼마 되지 않은 1914년 8월 30일 이래 독일군 폭격으로 피해가 발생하기 시작하였다. 이 당시 전쟁수행을 위해 도처에 많은 무기와 탄약 공장이 세워졌으며, 파리에는 수류탄을 만드는 공장이 있었는데, 이 공장에서 대규모의 폭발사고로 인하여 수많은 사상자가 발생하는 일도 발생하였다.

전쟁을 함에 있어서 국민의 의지를 결집하기 위해서는 이를 방해하는 요소를 찾아내서 제거해야 할 필요가 있으며, 이를 위한 방편 가운데 하나는 계엄령을 선포하여 언론을 검열하고 통제하는 것이다. 프랑스도 계엄령을 선포하고 언론을 검열하거나 통제하였으며, 사회에서 군사적인 목적을 달성하기 위해 자원의 사용권을 군수산업으로 전환하거나 경제적인 순위를 조정하였다.

전쟁을 위해서 남자들이 모두 전선으로 나가자 여성들은 농업을 포함하여 생산현장에 나가 탄약을 생산하는 등의 활동으로 전쟁을 지원하였다. 무기나 탄약을 생산하기 위하여 인력의 동원은 물론 사회의 다른 자원들이 다수 사용되어 이로 말미암아 농업 생산에 타격을 주기도 하였다. 이로 인하여 농업국가인 프랑스마저 한때 농작물 생산량이 부족하여 영국이 제공하는 선박을 이용하여 미국이 지원하는 곡물을 수송해서 문제를 해결하였다.

전쟁이 장기화되고 특히 베르됭 전투나 니벨르 공세에서 엄청난 피해가 발생하자 이를 틈타 염전사상이 슬슬 솟아나기 시작하였다. 물가는 천정부지로 치솟아 국민들이 생활에 있어서 많은 어려움이 대두되기도 하였다.

전쟁기간 중 대체로 국민들의 생활은 단조로웠고, 전기를 사용하는 데 많은 제한을 받았으며, 겨울에는 영하 이하로 온도가 떨어져도 난방을 위한 석탄이 없어서 냉방에서 추위에 떨어야 하는 것도 일상화된 일이었으며, 주류나 음료의 생산과 판매도 당연히 제한을 받았다. 식량이나 연료, 생필품을 지급받기 위하여 항상 긴 줄을 서는 것은 전쟁을 하는 모든 국가들에 나타나는 공통적인 상황이기는 하였으나 독일에 비해서는 상대적으로 안정적인 편이었다.

〈그림 3.12〉 아시아와 아프리카의 프랑스 식민지에서 이주한 이민. 이들은 프랑스에서
연합국이 전쟁을 하는 데 필요한 다양한 일을 하였다.

출처: J. M. Winter, *The Experience of World War I*, p. 175.

　　프랑스는 아프리카 북부 등 도처에 많은 식민지 국가를 갖고 있었고 지금도 그렇지
만 1차 세계대전 당시에도 다른 어느 나라보다 이들 식민지 국가에서 많은 이민들이
유입되어 프랑스인이 동원되고 남은 빈자리를 채워 산업활동에 종사하고 있었다. 1차
세계대전 당시 이렇게 프랑스 산업시설에서 고용되어 노동에 종사하고 있었던 인원들

은 약 50만여 명에 달하였는데 그중 1/3은 스페인에서 왔고, 그 외에도 알제리, 모로코, 마다가스카르, 인도차이나 반도의 국가와 중국 등지에서 들어와서 건설업종이나 정비, 수리분야 등지에서 프랑스를 도와주었다.[232]

프랑스는 유럽의 다른 국가들보다 아시아와 아프리카에서 식민지를 많이 보유하고 있었다. 프랑스인 사회에는 유럽의 여타 사회보다 관용(Tolerance)정신이 많아서 식민지들로부터 이민자들이 다수 유입되어 다양한 직종에서 노동력을 제공하고 프랑스 본국인과 조화를 이루면서 프랑스가 전쟁에서 승리하는 데 도움을 주었다.

프랑스는 보불전쟁에서 패한 이래 독일에 대한 복수심으로 가득 차 있었다. 따라서 양면에서 독일을 포위하기 위해 러시아와의 관계를 중요시하였고 동맹을 유지하였다. 영국과도 전통적인 경쟁관계에서 점차 협력관계로 개선시켜나갔다. 전쟁이 발발하여 클레망소가 수상으로 취임하면서 강력한 리더십을 발휘하였다. 전쟁 전반기에 한때 많은 피해가 발생하여 국민의 의지가 좌절되는 듯했으나 미국의 참전으로 되살아났고 경제 분야에서 생산은 확대되었으며 연합군이 필요로 하는 중포나 항공기도 생산하여 제공하였다. 해외의 식민지에서도 병력을 파견하여 프랑스를 지원하였다. 이러한 제반 노력으로 프랑스는 국내적으로나 국제적으로 유리한 환경에서 총력전을 수행할 수 있었고 마침내 승리하였다.

5. 방대한 잠재력을 활용하지 못하고 분열로 패한 러시아

제정러시아는 1721년 표트르 대제 이래로 황제(Tzar)가 통치를 해온 나라이다. 한때 19세기 중반에 알렉산드르 2세가 농노해방을 하고 러시아 근대화를 위해 노력을 하기도 했지만 성과를 거두지는 못하였으며 오히려 전제정치단 더욱 강화되었다. 1904년 일본과의 전쟁에서 패함으로써 엄청난 충격을 받은 러시아는 그 후 광범위한 군개혁을 단행하였지만, 1차 세계대전이 발발할 당시에도 전력은 여전히 미약하였다. 차르는 국민들의 저항을 군대를 동원하여 무자비하게 탄압을 하였으며, 이러한 과정에서 국민들의 반발과 저항은 더욱 극심해져갔다. 지도자는 국민들을 통합하기 위한 노력을 하지

---

232 J. M. Winter, *The Experience of The World War I*, p. 176.

〈표 3.20〉 1890~1910년 러시아 국력의 변화

구 분	인구 (100만 명)	철강 생산 (100만 톤)	에너지 소비 (100만 톤)	병 력 (만 명)	군 함 (만 톤)
1890	116.8	0.95	10.9	67.7	18
1900	135.6	2.2	30	116.2	38.3
1910	159.3	3.5	41	128.5	49.9
비 고			석탄 환산	육 · 해군	

출처: Paul Kennedy, 『강대국의 흥망(The Rise and Fall of The Great Power)』, pp. 278-284.

〈표 3.21〉 1913~1914년 러시아의 국가능력

구 분	인구 (만 명)	1인당 소득 ($)	GDP (억$)	군사력 (만 명)	강철 생산 (만 톤)	군 함 (만 톤)
능 력	17,100	41	70	135.2	480	67.9
연 도	1914	1914	1914	1914	1913	1914

출처: Paul Kennedy, 『강대국의 흥망(The Rise and Fall of The Great Power)』, pp. 280-284, 339.

않았으며, 국민들도 차르에 복종하지 않고 저항을 하고 있었다.

1차 세계대전이 발발할 당시 러시아는 로마노프(Romanov) 왕조의 니콜라이(Nicolai) 2세가 황제로서 러시아를 통치하고 있었으나 황제는 무능하였고 정부는 부패하였으며, 러시아군은 독일군에게 전투에서 패하였다. 여기에 러시아 사회에 불만에 가득 찬 사회주의자들에 의한 혁명의 기반이 점차 사회 전반에 걸쳐 확대되기 시작하였고, 마침내 이것은 2월 혁명으로 표출되어 걷잡을 수 없는 분열로 치달으면서 니콜라이 2세는 퇴위하고 제정러시아는 붕괴되었다.

제정러시아가 무너지고 케렌스키(Kerensky)의 임시정부가 들어서 독일을 공격하였으나 이마저도 실패하였다. 이런 국내외적으로 어려운 시기에 독일에서 귀국한 레닌(Lenin)과 트로츠키(Trotskii)가 주도하는 볼셰비키(Bolshevik)가 혁명을 일으켜 임시정부를 타도하고 소비에트-러시아 정부를 수립(1917.11.6)하였다.

볼셰비키의 러시아는 독일과의 전쟁에 대한 부담을 느끼면서 브레스토-리토프스크 조약을 체결하여 독일에게 15억 달러의 배상금과 폴란드, 발트 3국 등 327만km²의 영토를 할양하기로 한 후 전선에서 이탈하였고 전쟁은 끝났다.[233]

1차 세계대전 당시의 러시아는 외관상 그 능력은 당시의 어느 나라보다 강하였다.

인구는 1억 7,600만여 명으로 유럽지역에서는 제일 많았고, 세계적으로는 중국 다음으로 많았다. 국토는 예나 지금이나 세계에서 제일 크며 철광석이나 석탄, 석유자원 등의 무진장한 자원과 우크라이나 곡창지대에서 생산되는 밀 등 강대국이 되기에 충분한 조건을 갖추고 있었다. 그러나 이러한 외형적인 조건이나 능력에도 불구하고 러시아의 현실은 그렇지 못하였다.

외형적인 국가의 규모는 당대 최고였지만, 보기와는 달리 정부는 허약하였고 군대도 전투장비나 훈련, 보급 등 모든 면에서 허약하기 그지없다. 국민들은 정부의 탄압에 저항하고 있었으며, 사회에서는 사회주의자들이 준동하여 정부를 공격하였다. 이런 여러 복합적인 요인으로 러시아는 독일군과 전투에서 패하면서 조기에 전선에서 이탈하는 것으로 나타난 것이다.

정권 유지에만 관심을 갖고 있었던 차르의 무능과 무관심

1차 세계대전 당시의 러시아의 황제(Tsar)는 '니콜라이 2세(Aleksandrovich Nikolai II)'로 그는 영국 빅토리아 여왕의 외손자이며 동시에 독일의 빌헬름 2세와는 사촌지간이기도 하였다. 독일이나 제정러시아, 오스트리아-헝가리 제국처럼 전제주의 국가들은 영국이나 프랑스 같은 민주주의 국가들보다 체제의 특성으로 인해 용이하게 전쟁을 지도해나갈 수 있을 것이다. 그러나 이런 정치적인 이점도 지도자들의 강력한 지도력이 있을 때 가능하다. 러시아에서 전쟁을 지도해야 할 지도자인 니콜라이 2세 황제는 무능하고 순진하여 세상을 싫어하였으며, 어려운 결정을 기피하는 등 전쟁을 지도할 능력이 없었

〈그림 3.13〉 니콜라이 2세
(1868~1918)

다. 여기에 제정러시아 정부는 부패하였고 무능하였다. 뒤를 이은 임시정부의 지도자 케렌스키도 무능하여 이마저도 얼마 가지 못하여 붕괴되었으며, 볼셰비키의 '소비에트

---

233 육군대학, 『세계대전사(상)』(대전: 육군인쇄창, 2004), pp. 4-81.

러시아(Soviet Russia)'조차도 승리할 의지가 없었기 때문에 독일과 강화조약을 체결하면서 전장에서 이탈하였다. 전쟁을 지도할 국가의 지도자가 강건하면 국가가 어렵고 국민이 고난에 처하더라도 이를 극복하여 전쟁을 지도해나갈 수 있을 것이나, 러시아의 황제는 그런데는 관심이 없이 오로지 황제의 자리를 유지하는 데만 급급했으며, 다양한 민족에 광대한 영토를 통치함에 있어서 국민을 군대와 총칼로 통치를 했기 때문에 황제의 영향력은 먹혀 들어가지 않았다.

러시아군의 연속적인 패배로 국민들이 황제에 대한 지도력을 의심하기 시작하고 식량과 연료가 부족하여 물가가 계속 치솟아 내부로부터 붕괴되는 소리가 들리자, 당시 러시아 주재 영국 대사가 황제를 만나서 국민들의 신임을 회복해야 한다고 진언을 하였다. 그러자 황제는 "지금 내가 국민들을 신뢰해야 한다는 거요, 국민들이 나의 신뢰를 회복해야 한다는 거요?"라고 오히려 반문하였다.[234] 이러한 경고는 두마(의회)의 의장으로부터도 나왔지만 황제는 이런 경고에 신경을 쓰지 않았다.

1917년 들어 러시아군은 연전연패하여 사기는 극도로 떨어져 있었고, 군대는 붕괴 일보 직전에 직면하고 있었다. 그러나 황제는 이런 상황에 직면하여 난국을 타개하기 위한 노력보다는 여전히 어떻게 하면 계속 전제정권을 유지하느냐에 관심이 있었고 자신의 권력은 신이 부여한 것이라고 믿었다.

전쟁기간 중 황제는 여러 차례에 걸쳐 각료들을 교체하였지만 전쟁이라는 비상상황에서 러시아와 러시아군이 직면하고 있는 문제점을 극복하기 위한 유능한 각료를 임명하는 것보다는 황후와 요물 같은 승려인 라스푸틴의 입김으로 대부분 무능한 각료들로 임명함으로써 비상상황을 끝내 극복하지 못하였다.

1917년 3월 들어 식량부족으로 폭동이 일어나고 이를 진압하기 위하여 투입된 부대는 시위대를 지지하며 노동자들의 파업이 일어나는 등 사회가 대혼란으로 빠져들자 의회의장과 군사령관들은 황제가 퇴위할 것을 요구하여 결국 1917년 3월 15일 황제는 퇴위하였다.

전쟁을 수행하면서 이를 지도할 지도자는 열정을 갖고 국민을 지도하며, 국민들 또한 승리에 대한 강한 의지를 갖고 있을 때 전투에 참여한 장병들은 이런 지도자의 굳은 신념과 국민들의 의지를 바탕으로 승리를 위해 전력을 투구하게 마련이다. 그러나 러시아의 황제는 그런 열정도 없었고, 국민들도 폭압정치와 전제정치에 시달리면서 싸울

---

234 피터 심킨스, 『모든 전쟁을 끝내기 위한 전쟁』, p. 441.

의지가 없었으며, 러시아군 장교들이나 병사들도 역시 전력을 다하여 싸울 의지가 부족하였다. 그런 결과로 러시아는 총체적으로 패할 수밖에 없었다.

니콜라이 2세와 그의 정치·군사지도자들은 러일전쟁의 교훈과 민중의 저항으로부터 교훈을 얻지 못하고 1차 세계대전이 다가와도 국가의 전력을 투입하여 전쟁에서 승리를 위한 준비를 제대로 하지 않고 있다가 전쟁에서 패하면서 제국이 사라지는 비참한 끝을 보아야만 했다(볼셰비키에 체포된 니콜라이 2세 가족들은 1918년 7월 16일에 시베리아로 이송되던 중 예카테린 부근에서 지방 소비에트 당국에 체포되어 모두 살해되었다).

│ 정부의 부패와 무능이 야기한 국민의 패배의식

러시아 국민들은 제정러시아 정부의 부패와 무능, 러일전쟁에서 패배에 대한 염증과 정부의 억압에 대한 불만으로 폭동을 일으켰으며 따라서 전쟁이 발발하였어도 러시아를 지키기 위한 의지는 희박하였다. 여기에 황제가 폐위되고 권력을 잡은 소비에트 정부까지도 전쟁을 하고자 하는 의지가 없었기 때문에 러시아가 승리한다는 것은 애초부터 불가능하였다.

농민들이 다수인 러시아 사회에서 농민들은 문맹률이 70%를 웃돌 정도로 높았고, 여기에다 러시아 정부의 무자비한 억압정치와 과도한 세금징수는 농민들로 하여금 황제와 정부에 수도 없이 많은 저항을 만들었다.

러시아는 인적자원과 물적자원을 모두 동원하여 전쟁을 해나갔지만 독일군과의 전투에서 패하였고, 전쟁을 위해 수많은 자원을 동원하다 보니 국민들은 극도의 궁핍을 면하지 못하고 있었다. 주민들의 식량난이 점차 극심해지면서 불안은 가중되고 여기로부터 사회적인 혁명의 분위기는 서서히 돋아나기 시작하였으며 국민들은 이런 정부를 위해 싸울 의지는 계속 희박해져갔다. 그러다 보니 오히려 국외에 추방되어 있다 귀국하는 레닌을 비롯한 사회주의자들에 대한 환상이 더 컸다.

바바라 엥겔(Babara A. Engel)이 "전시 물자의 부족과 물가상승이 러시아의 차르가 붕괴하게 된 결정적인 이유이다."라고 한 것처럼, 국민들은 식량을 포함한 물자의 부족과 이로 인한 물가상승으로 폭동이 발생하면서 싸울 의지는 희박해지고 황제에게 등을 돌리면서 결정적으로 망하게 된 것이다.[235]

---

235 Maureen Healy, "Vienna and the Fall of the Hapsburg", p. 32.

전쟁을 하면 전비를 조달하는 문제가 대두된다. 그런데 이때는 모두가 어려울 때가 될 것이므로 국민 모두가 동참하는 자세가 필요하고 정부는 이런 점을 고려했어야 한다. 그러나 러시아 정부는 반대되는 조치를 하였다. 채권을 발행하고 세금을 인상하였지만 부유층들에게는 이런 조치가 해당되지 않았다. 세금 낼 돈도 없는 서민들에게 강제로 저축을 강요하고 물가가 폭등하여 전쟁 직전인 1914년 6월 기준의 물가를 100%로 하였을 때 그해 12월에는 398%로, 다시 1917년 6월에는 702%로 상승할 정도로 국민들의 생활은 어려워졌다. 제정러시아 정부의 핍박 아래 살아온 국민들에게 다시 전쟁기간 중 불어 닥친 이러한 경제적인 어려움 속에서 국민들이 적극적으로 전쟁에 참여하기를 기대하기에는 사실상 어려웠던 것이다.

러시아 국내에서는 기강이 무너져 가고 있었음에도 불구하고 연합국은 러시아가 전쟁을 지속할 것으로 판단하여 수많은 장비와 물자, 식량을 북극해의 아르항켈스크나 태평양의 블라디보스토크 항구를 통해 지원하였다. 그러나 러시아 정부는 전쟁을 지속할 능력을 상실하여 패색이 짙어가고 국민들은 전쟁수행 의지를 상실하였으며, 군대도 서서히 무너지고 있었다.

황제와 국민, 군대 3박자가 서로 어긋나 아무리 많은 장비나 물자가 항구에 집적되어도 전쟁을 하는 데 아무런 도움이 되지 못하였다. 클라우제비츠의 3위 일체론 관점에서 본다면 국가와 국민, 군대가 전혀 일치하지 못하여 러시아군은 패한 것이다. 전쟁에서 승리하기 위해서는 루덴도르프가 주장하였던 것처럼 국민의 정신적 단결이 중요한데, 러시아는 황제와 국민과 군대가 서로 불신하여 정신적 단결을 전혀 기대할 수 없었고 당연히 패배로 귀결된 것이다.

직분을 소홀히 하면서 특권을 유지하기에 급급하였던 정치가들

러시아는 전통적으로 슬라브족이 다수 살고 있는 발칸 반도에 많은 관심을 갖고 있었다. 러시아는 1909년 1차 발칸 전쟁과 1913년 2차 발칸 전쟁에서 세르비아를 지원하지 못한 외교적 실패를 거듭하지 않으려고 1차 세계대전이 발발할 무렵에는 발칸 반도 문제에 확고한 입장을 취하였다.

오스트리아-헝가리 제국이 세르비아에 최후통첩을 발한 다음날인 7월 23일 러시아는 세르비아에 대한 지원을 결정하면서, 독일에 대한 양보나 유화적인 조치가 평화보다는 또 다른 독일의 요구만을 초래할 것이라고 강조함과 동시에 강경한 조치를 취할 것임을 예고하였다.

세르비아를 지원하기로 결정한 러시아는 이를 세르비아에 통보하면서 1914월 7월 28일 부분 동원령을 발령하여 병력을 동원하고 비밀리에 군대를 국경선으로 이동하였다. 이어서 7월 30일 총동원령을 하달하여 전면적으로 대비를 하는 가운데 7월 31일 독일이 러시아 정부에 군사준비태세의 종식을 요구하는 최후통첩을 보내면서 회답을 요구하였다. 그러나 러시아 정부가 묵묵부답으로 있자 마침내 8월 1일 독일도 총동원령을 내리면서 러시아에 선전포고를 함으로써 전쟁은 시작되었다.

전쟁을 해나가기 위해서는 정부와 군과 국민의 단결이 필요하며 정치가 뒷받침해야 할 것이다. 그러나 제정러시아 정부를 보면 '어떻게 이런 정부와 국민, 군이 단결하여 승리할 수 있겠는가?'라는 질문이 나온다. 제정러시아 정부는 군대를 동원하여 강압적인 정치를 하였고, 황제는 어려운 결정을 기피하였으며 고위관리들은 부패하였다. 황실은 의회를 무시하였고 귀족들은 특권을 지키고 유지하기에만 바빴지 국민의 생활수준의 향상이라든가 국력신장에는 무관심하였다. 이런 황제와 정부에 대해서 국민들도 그들을 위하여 희생할 의지가 없었고 그럴 필요성도 느끼지 않았다.

군대는 규모만 당대 최고로 방대하였지 전투능률은 극도로 저조하였고, 장비나 탄약과 물자들을 제대로 보급을 해주지 않았기 때문에 전투력을 발휘할 수 없었다. 전쟁이 발발하여 1914년 8월 타넨베르크 전투에서 대패를 시작으로 러시아군은 전투에서 제대로 승리를 하지 못하면서 무너져갔다. 제정러시아가 몰락하고 케렌스키의 임시정부가 들어서 한때 공세를 취하기도 하였으나 국민의 지지와 지원을 받지 못하는 정권이 이길 수는 없었다. 케렌스키의 뒤를 이어 소비에트가 권력을 장악하였으나, 이 정권마저도 승리에 대한 의지가 희박했기 때문에 러시아의 전쟁은 성과 없이 끝날 수밖에 없었던 것이다.

슬라브족의 맹주 역할을 시도한 외교노력

러시아 외교의 핵심은 두 가지로 요약할 수 있다. 첫째는 영국과 프랑스와 협력하여 독일을 견제하는 것이고 둘째는 발칸 반도의 슬라브족 국가에 대한 형님으로서의 맹주 역할을 하는 것이었다.

영국과 러시아가 친선관계를 맺기 이전인 1853~1856년의 크림 반도에서는 영국과 프랑스, 프로이센, 오스만투르크 등이 협력하여 러시아와 전쟁(Crimean War)을 벌여 승리함으로써 지중해와 흑해를 연결하는 보스포러스 해협 일대의 지역을 점령하고자 하는 러시아의 의도를 좌절시켰던 바가 있다.

1877~1878년에는 러시아-투르크 전쟁에서는 러시아가 승리하여 다시 지중해와 흑해를 연결하는 보스포러스 해협 일대의 지역들을 지배하려 하였지만, 이번에도 영국의 외교적 반대로 실패하면서 이때 슬라브족들의 국가인 루마니아나 세르비아, 불가리아가 독립을 하였다.

영국은 19세기 초에 당시 인도와 파키스탄, 아프가니스탄 등지를 식민지로 하고 있었고, 러시아는 현재의 타지키스탄 등 중앙아시아 지역을 점령하고 있었는데, 러시아는 영국이 중앙아시아 지역을, 반면에 영국은 러시아가 인도 등지로 세력을 확장할까 우려하여 이로 말미암아 긴장이 고조되고 있었다. 이렇게 영국과 러시아는 역사적으로 불편한 관계를 유지하고 있었다.

러시아와 프랑스도 나폴레옹 전쟁을 거치면서 관계가 원만하지 못하였다. 그러나 독일이 강대국으로 등장하면서 독일을 견제하기 위하여 양국의 협력 필요성이 제기되기 시작하여 1891년 9월 비밀리에 '어느 한쪽이 적대적인 위협을 받을 경우 양국 정부가 즉각적으로 취할 사항들에 대한 양해각서'를 체결하였다. 1892년에는 독일이 프랑스나 러시아를 공격하거나 독일의 지원을 받는 이탈리아가 프랑스를 공격할 경우, 오스트리아-헝가리 제국이 독일의 지원을 받아 러시아를 공격할 경우에 프랑스와 러시아 양국은 가용한 병력을 동원하여 동부전선과 서부전선에서 동시에 전투를 하되 어느 쪽도 독자적으로 평화협상에 나서지 않기로 하였다.

상호 이해관계가 맞아 떨어지면서 가까워지기 시작하였고, 이와 같은 프랑스와 러시아의 연합을 막는 것은 비스마르크 체제에서의 독일의 제1의 외교목적이기도 하였다. 이렇게 러시아와 영국 및 프랑스는 역사적으로는 서로 껄끄러운 관계가 있었음에도 불구하고 독일이라는 실체적 위협의 부상에 맞서 3국 협상을 체결하여 이에 대응하고자 하였다.

다음은 발칸 반도에서 슬라브족의 맹주 역할을 하는 것이다. 사실 발칸 반도의 국가들에는 러시아와 민족적으로 같은 슬라브족들이 많이 있다. 이들이 그리스 정교회를 믿는 것도 유사하다. 당시 발칸 반도에는 오스만투르크가 지배를 하고 있었으나, 이 제국이 점차 약화되면서 러시아가 남진정책을 추구하여 부동항을 확보할 목적으로 오스만투르크 제국과 벌인 전쟁이 크림 전쟁이다. 러시아는 틈만 나면 이렇게 발칸 반도로 진출하기 위하여 노력을 기울였으며, 이 과정에서 터키와 전쟁을 벌였고 영국이 이에 개입함으로써 러시아의 의도를 좌절시켰던 것이다.

러시아는 발칸 반도에 살고 있는 슬라브족에게 범슬라브주의(Pan Slavism)를 내세워 이 지역에 대한 영향력을 확대하고자 시도하였고, 이를 위해서 발칸 전쟁에서는 세르비아를 지원하였다. 1차 세계대전도 이러한 러시아의 범슬라브주의에 대응하여 독일과 오스트리아−헝가리의 게르만족들과의 대립으로부터 발생한 것이다.

풍부한 잠재력에도 불구하고 낙후된 경제

러시아는 광대한 국토와 인적자원이나 물적자원 등 막대한 전쟁잠재력을 보유하고 있었다. 1914년 기준으로 러시아의 인구는 약 1억 7,500만여 명으로 중국 다음으로 많았지만 국민총생산액은 70억 달러, 1인당 소득은 41달러 수준으로 다른 유럽의 열강들에 비하여 상당히 낮은 수준이었다.

러시아의 강철 생산량은 1903년 220만 톤에서 1913년 480만 톤으로 증가하였으나 이것은 경쟁상대인 독일(1,760만 톤)에 비해서는 많은 양이 부족하였다(프랑스와 오스트리아−헝가리 제국보다는 많았다). 석탄생산량은 1890년 600만 톤이 1913년 3,600만 톤으로 증가하기는 하였지만 역시 독일에 비하여 많이 부족하였다.[236] 석유는 코카서스 일대에 매장되어 있는 풍부한 양의 유전으로 세계에서 제2위의 생산력을 보이고 있었다. 철도는 프랑스에서 도입한 차관으로 1910년 3만 1,000마일에서 1914년에는 4만 6,000만 마일 정도로 확대되어 있었다. 이렇게 러시아의 경제는 외관상으로 보기에는 풍부한 잠재력 덕분으로 발전되고 있는 것처럼 보였다.

그러나 1914년 러시아는 광업의 90%, 석유채굴의 100%, 야금산업의 40%, 화학산업의 50%를 외국인이 소유하고 있었고, 이로 말미암아 외채가 가장 많은 나라가 되어 있었다. 이 나라의 주요 수출품도 농산물이 63%, 목재가 11%로 되어 있을 정도로 1차 산업제품 위주로 되어 있었다. 경제 규모는 미국과 독일, 영국에 이어 4위라고 하나 1인당 산업화 수준은 영국의 1/6, 독일의 1/4에도 못 미칠 정도로 후진적이었고, 농업국가라고 하나 소맥 생산량도 영국과 독일의 1/3이 채 안 될 정도로 적었다. 러시아는 농업국이면서도 농민들에게 충분한 식량을 공급할 수 없을 정도로 생산량이 부족하였다.

이러한 산업구조와 생산성 저하로 20세기 초가 되면서 러시아는 세계 최대의 채무

---

236 당시 발표한 자료에 의하면 1913년 철강생산량은 420만 톤으로 이 자료가 제시한 것보다 60만 톤, 석탄 생산량은 2,910만 톤으로 690만 톤이 각각 적다.

〈표 3.22〉 1914~1917년 독일제국과 러시아의 전투장비 생산량 비교

구 분	독일제국	러시아	비 교
항공기(대)	47,300	3,500	13.5: 1
야포(문)	64,000	11,700	5.5: 1
기관총(정)	28만	2.8만	10: 1
소총(정)	854.7만	330만	2.6: 1

출처: 존 미어셰이머, 이춘근 옮김, 『강대국 국제정치의 비극』, p. 158.

국으로 바뀌고 있었다. 프랑스의 투자로 철도가 많이 증설되기는 하였지만, 동시에 철도를 타고 서유럽으로부터 많은 제품들의 수입도 증대되면서 채무를 증가시켜 러시아가 채무국으로 전환되는 이유가 되었다.

여기에 군비증강을 위하여 농민들로부터 세금을 많이 징수하였고, 세금을 낼 수 없는 농민들에게 강제적으로 저축을 강요하기도 했다. 이렇게 농민들에게 착취를 하여 이에 반발한 농민들이 소요를 일으키자 진압을 위해 군대를 동원하기도 했다.

소득은 영국의 27%에 불과하면서도 영국인보다 50%나 더 많은 군사비를 징수하여 군사비는 독일과 맞먹을 정도로 많았고, 함대도 새로 건설하기 위하여 많은 예산이 투입되었다. 이를 두고 러시아 주재 영국대사는 "러시아의 군사력이 너무 팽창하여 어떻게 대처해야 할지 알 수 없다."고 하였다.

그러나 러시아가 생산해내는 장비는 독일제국에 비하여 상대적으로 부족하여 전쟁을 수행하기에는 많은 제약을 받았다. 〈표 3.22〉에서 전쟁기간 중 독일제국과 러시아의 장비생산량을 비교해보면 러시아의 장비 생산량이 독일에 비하여 현저히 떨어지고 있음을 볼 수 있다.

러시아는 인구는 물론 국토의 광대함과 풍부한 지하자원을 보유하고 있었음에도 불구하고 정치적 갈등과 분열, 산업시설의 미비, 그리고 이를 전쟁지속능력으로 확대할 수 있는 국가적 기반과 체계적으로 동원할 수 있는 정부조직 기구의 부족 등으로 잠재력을 최대한 활용할 수 없었다.

전비 조달을 위해 채권을 대량으로 발행함으로써 인플레이션을 야기하여 국민들에게 고통을 안겨주었고, 소득이 적은 농민들에게도 에누리 없이 세금을 거두었지만 정작 부유층에서는 세금을 징수하지 않았다. 이러한 많은 이유들이 누적되어 국민들의 저항과 폭동을 야기하면서 러시아가 승리를 할 수 없는 원인을 제공하였던 것이다.

방대한 규모에도 불구하고 전투준비가 미흡하였던 군

19세기 말 러시아의 군사력은 방대한 인구를 바탕으로 숫자 면에서는 당대 최대의 규모였다. 1904년 러일전쟁에서의 대패와 그에 대한 반성으로 한때 국방에 대한 개혁이 이루어지는 듯했지만, 그럼에도 전투장비나 교리의 개선 등 본질적인 변화 없이 구식의 군대 그대로였다.

1차 세계대전이 발발할 무렵 러시아는 평시 142만여 명의 정규군이 있었으며, 전쟁이 발발하면 개전 6주 이내에 453만여 명으로 확장되고 최대 650만여 명으로 확대될 계획을 갖고 있었다.[237] 이러한 러시아의 군사력을 두고 독일제국의 참모부에서는 "러시아의 군사력이 너무나 팽창하여 어떻게 대처해야 할지 모르겠다."고 했고, 주 러시아 영국대사조차도 "러시아는 우리가 어떤 대가를 지불하더라도 우호적인 관계를 유지해야 할 정도로 급속히 강성해지고 있다."고 영국에 보고할 정도였다.[238] 그만큼 러시아 군은 방대한 인구를 바탕으로 하여 외형적인 면에서 다른 어느 나라보다 막대한 규모로 부대를 편성하고 있었고, 전시가 되면 또한 동원될 풍부한 자원을 보유하고 있었으며, 독일은 이런 러시아의 잠재력을 두려워하였다.

그러나 러시아 군의 실상은 겉으로 들어난 것과는 달랐다. 우선 러시아군은 그 규모에 비하여 일반참모부는 빈약하였고 부대의 장비와 화력도 미약하였으며, 병력의 2/3는 교육을 받지 못한 사람, 즉 무학자였다. 새로운 장비가 보급되어도 이를 운용하기에는 부적합하였던 것이다.

부사관들도 대부분 단기간 훈련을 받는 등 전쟁을 수행할 준비가 미흡한 가운데 전선에 투입되었으나 수많은 병력손실과 장비나 탄약 및 물자의 부족으로 전쟁을 할 수 없었다.[239] 또 믿기 어려운 것 중의 하나는 당시 러시아군을 지휘하였던 장교 중에는 외국인 출신이 많았다는 것이다. 러시아군의 상층부를 이루는 군부의 요직들을 발트해 연안 출신의 독일계 출신들이 장악하고 있었기 때문이다.[240]

병력을 충원하는 데 필요한 장정의 숫자는 인구의 규모에 비례하여 많았으나, 다양

---

237 피터 심킨스, 『모든 전쟁을 끝내기 위한 전쟁』, p. 359.

238 Paul Kennedy, 『강대국의 흥망』, p. 324.

239 이때 러시아 군대는 타넨베르크 전투에서 패한 이후 1917년까지 380여만 명이 희생되었고 군인들은 장비나 외투, 스웨터 등 보급물자도 없이 전투에 투입되어야 했다.

240 피터 심킨스,『모든 전쟁을 끝내기 위한 전쟁』, p. 349.

〈그림 3.14〉 페트로그라드(레닌그라드)에서 군악대를 앞세우고 행진하는 러시아군

출처: J. M. Winter, *The Experience of World War I*, p. 117.

한 병역면제 제도를 운영하여 병력 보충에 차질을 주었을 뿐만 아니라 사회적 위화감을 야기하였다. 중앙아시아에서는 이슬람계라고 면제를 하고, 오지에 산다고 면제를 하고, 이슬람계에 총을 주고 무장을 시킬 경우 봉기할 우려가 있다고 면제하고, 가족을 부양한다고 면제하는 등 수많은 면제사유가 있었다.

또한 교사나 의사, 화학자 등 고학력자들도 면제를 받았는데 이들은 대부분 부유층 자제들이었다. 이렇게 면제자가 많다 보니 러시아에서 병역면제자는 병역대상자의 48%에 이를 정도였는데, 이는 독일의 2%에 비해 압도적으로 많은 것이다. 결국 병역대상자를 늘리기 위해 현역으로 입영하는 신체조건을 낮춤으로써 건강이 좋지 않은 청년들까지 입대시키다 보니 입대 후에는 질병으로 쓰러지는 병사들이 발생하는 등 많은 문제가 발생하였다.[241]

여기에 러시아군의 구조도 문제였다. 당시 러시아군은 기동을 위해 100만여 마리의

---

241 위의 책, pp. 361-362

말을 보유하고 있었는데, 이 말들의 사료를 운반하기 위해서는 엄청난 열차가 필요하였지만, 이러한 문제는 전시 병력수송을 제때에 하지 못하게 만드는 문제를 야기하였던 것이다.

러시아는 야포를 페테르부르크의 조병창에서, 기관총은 툴라의 조병창에서 생산하고 있었다. 전쟁이 발발하여 부대의 대폭적인 확장이 진행되고 있었으나 조병창에서는 야포를 제때 생산하지 못하여 장비 부족현상이 발생하였고, 기관총도 마찬가지였다. 때문에 야전의 전투현장에서 전투장비의 부족 현상은 극심하였다. 소총과 탄약의 부족현상도 심해서 심지어 병사들이 총도 없이 전투에 투입되는 상황도 발생하여 사망한 병사들의 총을 사용하라는 명령도 하달되었다.[242]

해군도 68만여 톤의 전함을 보유하고 있었으나 이는 적대국인 독일군(130만 톤)에 비해서는 많이 부족하였으며, 지리적인 여건으로 흑해함대와 발트함대 및 태평양 함대로 광범위한 지역에서 분산되어 운용되다 보니 유사시 통합된 전력을 발휘할 수 없었다.

전쟁기간 중 연합국들이 지원하였던 보급물자들이 북극해의 무르만스크 항이나 아르항겔스크 항의 부둣가에 몇 달씩 야적되어 있어도 이들 물자가 필요한 부대로 전달되지 않았다. 극동의 블라디보스토크 항에도 많은 물자가 야적되어 있었으나 이를 제대로 수송할 철도나 시설능력이 부족하여 제때에 서부전선으로 운반하지 못함으로써 러시아군에게는 아무런 도움이 되지 못하였다.[243] 러시아의 비효율적인 관료조직과 보급수송체제가 전쟁수행에 전혀 도움을 주지 못하였던 것이다.

러시아군은 이렇게 야포나 기관총, 소총 등의 장비와 탄약이 부족한 가운데 전투를 해야 했고 결국 거듭되는 패전으로 광대한 영토를 상실하였을 뿐만 아니라 군의 사기도 형편없이 떨어지고 있었다. 러시아군은 규모는 컸지만 제대로 훈련되고 보급되는 군대가 아니었던 것이다. 러시아군은 지치고 분노에 찬 사람들의 대집단에 불과하여 서서히 그 불만이 폭발할 날만 기다리는 군대였다. 병사들은 행군이나 작전 중 혹한에도 담요 없이 코트만 입은 채로 노숙을 해야 했으며, 부사관들은 병사들을 "적의 총알보다 부사관의 몽둥이를 더 무서워해야 한다."고 할 정도로 광범위하게 구타를 하였다. 장교와 부사관과 병 상호 간에 일체감이란 하나도 없는 군대가 러시아군이었던 것이다.

---

242 피터 심킨스, 『모든 전쟁을 끝내기 위한 전쟁』, pp. 361-362. 소총을 예로 들면 매달 20만 정이 필요하였지만 생산량은 1915년에는 월 평균 7만여 정에 불과하였고 1915년에도 월 평균 11만여 정을 생산할 정도였다. 탄약도 소요량의 절반밖에 충족시킬 수 없을 정도로 러시아군은 어려운 여건에 있었다.

243 위의 책, pp. 480-481.

문맹률이 높다보니 글을 읽을 수 있는 병사는 소수였고 만약 이들이 없으면 부대는 식량이나 탄약 등 제대로 보급을 받을 수 없었다. 심지어는 전선에 투입된 러시아군은 공격명령 수령을 거부하거나 병사들이 자신들을 지휘하는 장교를 살해하는 상황도 발생하였다.

볼셰비키의 사회주의자들은 당원들을 군부대에 침투시키거나 자원입대시켜 선전선동을 하고 혁명사상을 전파하여 총구를 지배자들에게 돌리도록 사상적 운동을 전개하였다. 러시아군에서는 이렇게 내부로부터 무너지는 다양한 모습이 전개되고 있었지만 위로부터 말단에 이르기까지 이를 제대로 찾아내서 시정하기 위한 조치는 없었으며, 이러한 결과는 마침내 1917년 2~3월 소비에트 혁명으로 표출되었다.

앞에서 본 제정러시아군이 무너져 가는 모습은 그중의 일부만을 본 것일 뿐이다. 당시 러시아군은 제정러시아 제국처럼 덩치만 컸을 뿐으로 총체적으로 불량한 군대였다고 보는 것이 더 합당한 말일 것이다.

예비전력 동원시스템의 결함

러시아는 방대한 영토와 무한한 자원, 당시 1억 7,000만여 명의 인구 등 막대한 잠재력으로 동원 가능한 예비전력 자원은 다른 어느 국가들보다 풍부하였으나, 그것이 그대로 전시 동원역량을 의미하지는 않았다. 동원업무를 담당할 정부기구들은 제대로 편성되어 있지 않았고 이를 담당할 인원도 없었다. 지역별 동원 가능한 자원현황도 제대로 파악하지 못하고 있었다. 한마디로 동원시스템에 커다란 문제가 있었던 것이다.

러시아는 독일이나 프랑스처럼 전국을 몇 개의 지역으로 나누어 정부가 동원령을 선포하면 각 지역에서는 정해진 부대를 만들어낼 계획이었는데 이러한 동원체제가 제대로 작동되지 않았다.

개전 시 즉각 동원 가능한 300만여 명의 예비군과 1~2개월 내 동원 가능한 200만여 명의 예비군이 있었기 때문에 이론적으로는 전쟁 초기에 정규군 150만여 명을 포함할 경우 600만여 명에 이르렀으나[244] 실제로는 1년이 조금 지난 1915년 9월에 겨우 100여만 명을 동원하는 데 그쳤다.

전쟁이 계속되면서 교대 병력을 확보할 목적으로 황제는 1916년 병역면제를 받고

---

244 (구)국무총리 비상기획위원회, 『세계동원의 역사』, pp. 236-240; 육군본부, 『소련 육군사』(서울: 육군 인쇄창, 1975), pp. 25-26.

있었던 예비전력에 대한 동원령을 내려 투르키스탄의 회교도 등에 대한 동원을 시작하였다. 그러자 이번에는 중앙아시아 지역 전역에서 이에 저항하는 주민들이 봉기를 일으켜 이를 간신히 진압하고 병력의 절반에 불과한 인원을 동원하였다.[245] 또한 징집된 인원들 중에는 장년층의 인원이나 징집연령에 달하지 않은 어린 소년, 육체적으로 허약해서 병역을 수행할 수 없어 입대를 거부당한 인원 등 병역임무를 수행하기에는 부적절한 다수의 자원들이 징집되어 예비전력을 동원하는 데 많은 문제점을 노출하는 일도 발생하였다.[246]

동원된 병력들이 전쟁을 수행할 준비도 역시 되어 있지 않았다. 상비군과 마찬가지로 이들에게 지급할 소총은 부족하였으며, 장비와 물자도 제대로 없었다. 동원대상이 되는 자원은 많았으나 이들은 대부분 문맹자들로 새로운 장비를 운용하기에는 수준이 낮았다. 소총탄이나 포탄 탄약도 부족하여 제한을 받았다. 대로는 식량도 제대로 보급되지 않아서 가끔은 5~6일씩 굶으면서 행군하는 경우도 발생하였다. 최악의 조건에서 임무를 수행해야만 되었던 것이다.

러시아는 프랑스가 투자한 막대한 자본으로 철도를 건설하여 광대한 영토에서 병력의 수송이나 예비전력을 동원하여 전선으로 투입하기에는 용이해졌다. 그러나 기관차들의 엔진이 다양하여 예를 들면 모스크바에는 목재, 레닌그라드에서는 석탄, 볼고그라드에서는 석유를 그 연료로 사용하는 등 복잡한 시스템으로 되어 있었기 때문에 효율적이지 못하였다.

이와 같이 러시아는 전시 병력을 동원할 정부의 동원시스템도 제대로 작동하지 않았으며, 자원관리도 제대로 되지 않는 등 예비전력의 동원시스템에 전반적으로 많은 문제가 있었다. 더불어 동원된 예비전력을 전선으로 이동해야 하는 수송 수단에서도 다양한 문제가 제기되어 러시아군이 필요로 하는 시간과 장소에서 병력을 적절하게 지원을 받을 수 없었다. 총체적으로 불량한 예비전력의 동원과 수송 및 운용체제 아래 있었던 러시아였던 것이다.

---

245 피터 심킨스, 『모든 전쟁을 끝내기 위한 전쟁』, p. 472.

246 위의 책, p. 474.

기술혁신에서 뒤떨어졌던 러시아군

1905년의 러일전쟁에서 러시아 해군은 일본 해군에 무참히 패배를 당하였다. 일본이 명치유신 이래 서양문물을 받아들여 눈부시게 발전하면서 군사력에서도 영국의 전함건조 기술을 도입하고 독일군의 전술을 도입하여 혁신을 하고 있었지만 러시아는 그런 노력이 없었다. 1905년의 러일전쟁은 그런 결과의 산물이었다. 러시아의 발틱 함대가 희망봉을 돌아 시베리아의 블라디보스토크로 향하던 중 함대의 29척은 일본 해군의 연합함대에 걸려 26척이 침몰하거나 자침하는 등으로 대패를 당하였다.

일본 해군은 사거리가 긴 함포에 성능이 우수한 화약과 신관을 사용하고 함정 간 무선전신을 이용하여 함정을 통제하였지만, 러시아 함대는 사거리도 짧은 함포에 함정 간 지휘도 수기를 이용함으로써 기상이나 함포사격 간 발생하는 연기 등으로 함정 간 제대로 통신을 할 수 없었고 그 결과는 러시아 함대의 대패로 끝난 것이다.

러시아 육군도 무장은 형편없었다. 독일이 비행기를 제작하고 대형의 전함이나 잠수함을 건조하는 등으로 전투력을 강화하고 있는 동안, 러시아 육군이나 해군에서는 이렇다 할 변화가 없었다. 고작해야 구식의 장비를 생산하는데 이마저도 소요에 비하여 절대량 부족하게 생산하고 있었다. 그런 결과로 전선에 투입된 부대에 지급할 전투장비는 부족하였고, 물자도 보급이 제대로 되지 않아서 전투를 할 수 없었다. 러시아는 과학기술 분야에 있어서도 독일에 비하여 비교가 안 될 정도로 상대적으로 낙후되어 있었으며, 그러한 결과는 독일군과의 타넨베르크 전투에서 대패함으로써 그 실상이 그대로 나타났던 것이다.

일체감이 부족하였던 러시아 사회

러시아도 오스트리아-헝가리처럼 다민족 국가였다. 러시아를 구성하는 민족은 러시아인이 약 45%를 이루고 그 외에는 우크라이나인, 벨라루스인 외에도 이슬람을 믿는 회교도 등 다양한 민족들이 있었다.

이들이 믿는 종교도 다양하여 러시아는 그리스 정교회, 핀란드인과 에스토니아는 개신교, 폴란드와 리투아니아는 가톨릭, 중앙아시아는 이슬람교 등으로 민족적·종교적으로 일체감을 갖기가 어려웠다. 러시아는 본질적으로 러시아인을 제외하고 이민족들을 믿지 못하여 이들을 징병대상에서 제외하였고, 동원된 병력에게는 무기도 주지

않는 등 러시아에게는 골칫거리 같은 존재였다.[247]

정부와 군부의 요직은 발트해 연안계의 독일계 출신들이 장악하고 있었고, 러시아의 귀족들은 러시아어보다 프랑스어에 더 능숙하였으며, 황제와 황후는 영어로 소통을 하였으나 국민의 3/4는 글을 읽지 못하는 문맹자였으며, 가난한 소작농이었다.[248] 이런 농민들을 대상으로 전비조달을 위해 세금을 강제적으로 거두고 그것도 부족하여 저축도 강요하였지만 부유층에게는 세금을 징수하는 조치를 하지 않았다.

러시아 사회는 집권층과 일반시민들이 도무지 전쟁에서 승리를 위한 통합을 기대할 수 있는 것이라고는 하나도 없었다. 민족적이거나 종교적이거나 문화적으로 어떤 동질성이라고는 찾아볼 수가 없었다. 어떤 외부요인만 주어지면 폭발할 수 있는 시한폭탄을 몸에 않고 사는 러시아였던 것이다. 여기에 러일전쟁과 1차 세계대전 초반기에 연속적인 패배로 황제와 정부에 대한 불신이 팽배하였고, 정부의 폭정으로 국민들의 불만이 극심하였다.

전쟁이 진행되면서 많은 피해가 발생하여 병력 브족이 심화되자 할 수 없이 병역을 면제받아온 계층과 이슬람계의 주민들도 동원을 하기 시작하였는데, 이에 반발하는 중앙아시아 지역에서 주민들이 폭동을 일으키면서 이를 진압할 즈음에 결국 제정러시아 정부는 붕괴되었다.[249]

소작농이 다수인 농민들에 대한 가혹한 소작조건과 산업노동자들에 대한 저임금과 열악한 노동환경, 식량부족 등에 의한 불만과 정부에 대한 불신으로 마침내 노동자와 농민, 군인들에 의한 폭동이 일어나 노동자나 병사 등의 대표들이 소비에트를 결성하고 니콜라이 2세를 퇴위시켰다.

황제가 퇴위를 한 뒤 케렌스키의 임시정부가 수립되었으나 혁명사상이 군 내에 만연하여 군기는 문란해지고 병사들은 오합지졸들이 되고 말았다. 군의 전투력은 상실되었고 존재가치가 유명무실한 군으로 되었으나 케렌스키는 연합국의 권유로 1917년 다시 공세를 취하기로 하였지만 이미 전투력을 상실한 부대들이라 전투를 할 수 없었다. 마침내 레닌이 주도하는 과격파인 볼셰비키가 반란을 일으켜 임시정부를 타도하고 정권을 장악하여 소비에트 러시아를 수립하였다.

전쟁 그 자체를 부정하였던 볼셰비키들은 독일과 강화희담을 추진하였지만, 러시아

---

247 위의 책, pp. 350-352.
248 위의 책, p. 349.
249 위의 책, p. 473.

에 대한 승리를 목전에 두고 있었던 독일군의 강력한 반대에 직면하였다. 독일군이 파죽지세로 수도로 공격을 하자 볼셰비키들은 전쟁을 할 수 있는 능력도 없었지만, 또한 혁명이 실패할 것을 우려하여 할 수 없이 브레스토-리토보스크 조약250을 체결하고 전선에서 이탈함으로써 독일과 러시아의 전쟁이 끝났다.

러시아는 러일전쟁에서 패배한 후 군에 대한 광범위한 개혁을 했다고는 하나 여전히 군의 전투능력이나 보급수준은 저조하였고 장교나 부사관의 자질은 낮았다. 국민은 제정러시아 정부의 폭압으로 저항감이 극도로 달한 가운데 전쟁에 대한 극심한 권태감과 피로감으로 전쟁을 기꺼이 수행할 자세도 부족하였다. 정부나 군, 국민 모두가 패배주의로 인하여 승리를 기대할 수 없었던 것이다.

결과적으로 러시아는 인구나 자원 등 전쟁잠재력에서 독일에 비하여 결코 뒤지지 않았으나 지도자들의 리더십 부족과 무능, 국민의 승리에 대한 의지 결여, 국내정치의 혼란과 분열, 막대한 경제력을 동원하지 못한 경제구조와 산업생산력, 방대한 병력 규모에 비하여 낮은 수준의 장비와 훈련 등 전투력 발휘 저조, 제정러시아 정부의 국민에 대한 무자비한 탄압 등 총체적인 부실로 결코 이길 수 없는 전쟁을 하다가 연전연패하면서 전선이탈로 막을 내렸다.

6. 중립주의에서 연합국으로 참전한 미국

19세기 말에서부터 20세기에 걸쳐 미국의 경제는 눈부시게 발전하고 있었다. 넓은 국토에 풍부한 자원과 인구의 지속적인 증가, 여기에 높은 기술력과 풍부한 자본 및 생산력 등 당시로서는 모든 면에서 강대국이 되기에 충분한 능력과 여건을 갖추고 있었다. 그러나 미국에 직접적으로 위협을 주는 국가가 없었기 때문에 유럽의 열강들처럼 많은 군사력을 유지할 필요성이 없었으며, 따라서 군사력에서 미국은 강대국이라고 하

---

250 1918년 3월 3일 독일과 러시아가 체결된 조약으로 주요내용은 첫째, 에스토니아, 리투아니아, 폴란드 등을 독일이 재처리하고 둘째, 우크라이나와 핀란드를 독립시키며 셋째, 코카서스의 예러반 등을 러시아로 부터 독일로 넘기며 넷째, 러시아는 15억 달러의 배상금을 지불할 것 등이다. 이 결과로 러시아는 약 327만km²의 영토를 상실하고 경작지의 32%와 석탄자원의 89%, 공업능력의 54%, 인구의 34% 등을 잃게 되었다. 그러나 이 조약은 실제 실행은 되지 않았다.

기에는 그 규모가 아직 충분하지 못하였다.

1차 세계대전이 발발할 당시 미국의 윌슨(Woodrow Wilson, 1911~1921) 대통령은 국내에서 전쟁개입 반대와 중립주의를 표방하는 정치권의 주장과 국민들의 여론 등으로 전쟁에는 직접적으로 개입하지 않으면서도 '해양에서의 자유(Freedom of the Sea)'를 주장하는 가운데 무역을 통해 경제적 발전을 이룩하고 있었다. 그러나 1915년 들어 독일 해군이 무제한 잠수함 전으로 미국의 상선이 격침되고 다수의 미국인이 익사하는 피해가 발생하자 여론은 악화되기 시작하였다.

이에 미국이 독일에 경고하자 독일은 잠시 무제한 잠수함 작전을 중단하였다가 1917년 초에 들면서 미국의 참전을 기정사실화하면서 미국이 참전하기 전에 영국의 산업을 고갈시켜 연합국의 전쟁지속능력을 약화시키기 위해서는 기국의 지원을 차단할 필요를 느끼게 되어 마침내 다시 무제한 잠수함전을 재개하기도 결정을 하였다.

여기에 독일 외무부에서 멕시코 주재 독일 대사에게 보내던 소위 '짐머만 전보'가 영국해군 정보부에 의해 감청되고 이 전보가 윌슨 대통령에 전달되자 대통령은 물론 미정치권과 국민들의 여론은 더욱 악화되어 이제 미국의 참전은 기정사실화될 수밖에 없는 상황으로 되어갔다.[251] 마침내 1917년 4월, 윌슨 대통령은 의회에 대독 선전포고를 제안하고 의회가 이를 가결함으로써 전쟁상태로 전환하였다.

전쟁이 시작될 당시 미국의 경제는 이미 세계 제1위의 위치에 있었다. 강대국 중에서 인구는 러시아가 제일 많기는 하였지만, 그 외에 경제 분야에서는 국민총생산액이나 철강 생산과 에너지 소비 등 전반적으로 유럽의 강대국들을 초월하였으며, 다만 지리적인 위치로 인하여 군사력에서 규모가 작았을 뿐이었다.

미국이 1차 세계대전에 참전한 기간은 1917년 4월부터 독일군이 무조건 항복을 한 1918년 11월까지 1년 반 정도에 불과하였다. 그러나 이 기간 미국은 독일군의 무제한 잠수함 작전에도 불구하고 200만여 명의 병력을 대서양을 건너 프랑스로 수송하여 전투에 참여하였다. 또한 막대한 산업생산능력으로 미군이 전쟁을 수행하는 데 필요한

---

251 '짐머만 전보'는 1차 세계대전이 한창 진행 중이던 1917년 1월 16일 독일 외무장관이 멕시코 주재 독일 대사에게 보낸 전신을 영국 해군 정보부가 감청하여 미국 대통령에게 제공한 것이다. 이 전보에는 두 가지 내용을 포함하고 있었다. 첫째는 미국이 전쟁에 참전하면 멕시코에게 독일과 동맹을 제안하고 둘째는 이렇게 함으로써 멕시코가 과거 미국에게 상실한 텍사스와 애리조나, 뉴 멕시코 주를 다시 확보하도록 독일이 도와줄 수 있다는 내용이었다(J. M. Winter, *The Experience of The World War I*, p. 59). 이 제안은 멕시코에 의해 거부되었음은 물론 미국인의 감정을 악화시킴으로써 미국을 연합국의 일원으로 전쟁에 참전하게 만드는 원인을 제공하였다.

<표 3.23> 1890~1910년 미국 국력의 변화

구 분	인구 (100만 명)	철강 생산 (100만 톤)	에너지 소비 (100만 톤)	병 력 (만 명)	군 함 (만 톤)
1890	62.6	9.3	147	3.9	24
1900	75.9	10.3	248	9.5	33.3
1910	91.9	26.5	483	12.7	82.4
비 고			석탄 환산	육 · 해군	

출처: Paul Kennedy, 『강대국의 흥망(The Rise and Fall of The Great Power)』, pp. 278-284.

<표 3.24> 1913~1914년 미국의 국가능력

구 분	인 구 (만 명)	1인당 소득 ($)	GDP (억$)	군사력 (만 명)	강철 생산 (만 톤)	군 함 (만 톤)
능 력	9,800	377	370	16.4	3,180	98.5
연 도	1914	1914	1914	1914	1913	1914

출처: Paul Kennedy, 『강대국의 흥망(The Rise and Fall of The Great Power)』, pp. 280-284, 339.

장비와 물자를 충족하는 것은 물론 연합국에게 엄청난 양의 장비와 물자, 식량을 제공하여 연합국의 승리에 기여하였다.

독일을 비롯한 동맹국들이 전쟁을 수행할 장비나 물자가 부족하고 식량이 부족하여 국민이 기아에 허덕이는 동안 연합국은 미국이 제공하는 탄약과 물자와 식량으로 전쟁을 수행하는 것은 물론 기아에 허덕이는 국민까지 구하였던 것이다.[252] 전쟁 후에는 세계에서 제1의 경제력을 갖는 국가로 부상하여 서서히 국제정치질서를 주도하는 국가로 자리매김을 하고 있었던 것이다.

| '전쟁을 끝내게 하는 전쟁, 민주주의를 위한 전쟁'을 선언한 윌슨

1차 세계대전이 발발할 당시 미국의 지도자는 윌슨 대통령이었다. 당시 미국은 1823년 이래 먼로주의를 택하여 고립주의를 유지하고 있었기 때문에 유럽대륙에서의 일에는 개입을 하지 않고 중립적인 입장을 취하고 있었다. 전쟁이 발발하자 이에 개입하지

---

252 J. M. Winter, *The Experience of The World War I*, p. 18.

않기 위해 윌슨 대통령은 "행동에서뿐만 아니라 사상적으로도 중립적이어야 한다."고 강조하고 있었다. 영국, 프랑스, 독일 등 유럽 각국에서 다수의 민족이 이민을 와 있는 관계로 어느 특정한 나라를 지원하기 어려운 환경에 있었기 때문이다.

그렇다고 윌슨이 전적으로 중립을 주장하고 있었던 것은 아니다. 그는 심정적으로는 영국에 대하여 동정적이었지만, 대통령으로서 유럽의 전쟁에 참전하는 것이 미국의 전통적인 외교정책을 위반하는 것이기 때문에 중립을 유지하지 않을 수 없었던 것이다. 외교적으로는 중립을 유지하였으나 미국은 영국과 프랑스에 식량과

〈그림 3.15〉 윌슨 대통령
(1856~1924)

유류, 탄약 등 막대한 물자를 수출함으로써 경제적으로는 호황을 누리고 있었다.

그러나 미국이 경제적으로 호황을 누리면서 계속 고립주의를 주장하고 유럽의 전쟁에 개입하지 않도록 상황은 허락하지 않았다. 1915년부터 시작된 독일군의 무제한 잠수함 작전으로 영국의 함선은 물론 미국의 여객선까지 침몰되고 많은 인명의 손실이 발생하여 미국 내의 여론이 악화되자 마침내 윌슨 대통령은 1917년 4월 의회에 대독선전포고를 제안하였고, 의회가 이를 가결하여 독일에 대한 선전포고와 동시에 본격적으로 전쟁에 참여하게 되었다.[253]

영국에 민족적·문화적 동질의식을 느끼던 윌슨은 "전쟁을 끝내게 하는 전쟁, 민주주의를 위한 전쟁"이라는 슬로건으로 독일을 침략자로 규정하여 선전포고를 하고 전쟁상태로 돌입함으로써 연합국의 든든한 후원자로서 그 역할을 자임하고 나섰던 것이다.[254]

윌슨 대통령은 징병제를 도입하고, 전쟁을 하는 데 필요한 입법을 추진하였으며, 전쟁 산업위원회 등 각종 전쟁기구를 만들어 전쟁을 해나가는 데 필요한 조치를 하였다. 윌슨 대통령은 의회의 동의를 얻어 유럽 전선에 미군을 파견하기로 하면서 아직 전투 준비는 안 되어 있었지만 연합국의 사기를 고양하기 위해 퍼싱 장군의 지휘 아래 1개

253 미국사연구회, 『미국역사의 기본자료』(서울: 대림문화사, 1992), pp. 233-236.
254 육군대학, 『세계전쟁사(상)』, 4장 pp. 75-76.

사단을 먼저 파견하였다.

이렇게 유럽에 미군을 파병하기 시작하여 종전 시까지 미국은 약 200만여 명의 병력을 파견함으로써 연합국의 승리에 커다란 기여를 하였다. 또한 미국은 산업체제를 전시체제로 전환하여 전쟁을 하는 데 필요한 물자를 대량으로 생산하여 미군이 사용하는 것은 물론 연합군에게도 지원함으로써 연합군이 승리하는 데 큰 역할을 담당하였다.[255]

미국의 이러한 결정은 1차 세계대전 이후 미국이 세계정치의 전면에 등장하면서 동시에 국제정치에서 주도권을 장악하는 기회가 되었다. 윌슨은 독일군이 무조건 항복을 할 무렵에 '평화를 위한 14개 조항'을 제안하면서 국제사회에서 분쟁의 발생을 막고 조정하기 위한 국제연맹의 창설을 제안하였다. 이 제안은 마침내 결실을 거두어 1920년 국제연맹이 스위스 제네바에서 창설되었으나 정작 국제연맹을 창설하자고 제안한 미국은 국내의 정치사정으로 참여할 수 없게 되어 국제연맹이 제 역할을 하는 데 도움을 주지 못하였다.

| 인종 용광로의 갈등을 극복한 국민

미국의 남북전쟁은 국내문제로 발생된 전쟁이었으며, 남부군과 북부군이 대립하여 싸웠다. 1차 세계대전은 미국과는 상관이 없었던 문제로 미 본토 밖의 지역에서 발생된 대전쟁이었지만, 미국은 연합국을 지원하여 참전하였다. 그러나 미국이 전쟁에 참전하기까지는 국내적으로 야기될 수 있는 문제가 있었다.

그것은 다수의 이민으로 이루어진 국가인 미국이 이른바 '인종의 용광로(Melting Pot)'로서 다민족의 다문화를 갖는 상황에서 야기될 수 있는 문제를 극복하면서 전쟁에 참여해야만 되었던 것이다.

독일군의 무제한 잠수함전으로 다수의 미국인이 피해를 입는 상황이 발생하자 미국의 여론은 악화되었고 마침내 의회가 대독일 선전포고를 의결함으로써 미국은 전쟁에 참전하였고, 병력을 파견하고 물자를 지원하였다. 이 과정에서 어떤 미국계 독일인은 미국이 연합국을 지원하지 말고 동맹국을 지원하라는 요구를 하였지만, 대다수는 미국의 전쟁수행 노력을 지지하였다.

독일이 1차 세계대전을 주도하자 미국인들 사이에서는 독일에 대한 반감이 높아지

---

255 Ruth Henig, *The Origins of the First World War*, pp. 32-33.

면서 사회적 문제가 되기도 하였다. 미국인들은 독일 서적을 서가에서 제거하였고, 독일어 강의는 폐지되었으며 독일인들이 직장에서 해고 되는 일도 발생하였다. 독일에 대한 반감이 표출된 것이다.

또한 전쟁기간 중 아프리카계 흑인들이 백인들의 인종차별적 행동에 대하여 사회적인 문제가 발생하였다. 흑인들은 전쟁 기간 중 병력으로 동원되어 전쟁에 참여를 하였을 뿐만 아니라 노동자로서 산업현장에서 생산활동에도 종사하였지만 인종차별적인 대우로 폭동이 발생하여 다수의 흑인들이 살해되는 일도 탈생함으로써 사회문제화되기도 하였다.

여기에다 사회의 일각, 특히 사회주의자들을 중심으로 하여 이들은 미국이 참전을 결정한 이후에도 끝까지 미국의 참전을 반대하는 주장을 하여 사회적인 갈등을 일으켜 이들 중 1만여 명이 체포되어 형을 받기도 하였다.

미국은 미국이 피해갈 수 없는 인종과 사회적 다양성에 의하여 군뿐만 아니라 사회에서도 많은 갈등을 겪으면서도 이러한 문제점을 서서히 극복해가면서 연합국의 일원으로 승리에 기여한 것이다.

연합국의 일원으로 참전을 뒷받침한 정치

1823년 이래 미국의 먼로이즘은 미국이 유럽의 정치에 간섭하는 것을 막는 고립주의를 채택하게 만들고 있었다. 그러나 미국은 이러한 국내정치적 여건에도 불구하고 방대한 국토와 풍부한 자원 및 인구를 바탕으로 경제적으로는 꾸준히 발전하여 남북전쟁이라는 피비린내 나는 전쟁에도 불구하고 이미 1900년대에 들어 정치적 안정과 더불어 경제적으로도 세계에서 주도적인 국가로서의 위치를 점하고 있었지만, 다만 고립주의 영향으로 인하여 그 영향력을 발휘하지 않고 있었을 뿐이었다.

1914년 전쟁이 발발하였을 당시에도 미국의 정치권은 여전히 미국이 유럽의 어느 나라의 전쟁을 지원하여 참전하는 것을 허용치 않고 있었다. 의회에서는 미국이 유럽의 어느 국가든지 지지를 하는 것을 허용치 않았으며 대통령도 마찬가지였다. 그러나 1915년에 독일이 무제한 잠수함전을 일시 중지하였다가 1917년 들어 다시 시작하면서 영국 상선이 격침되고 여기 탑승하고 있었던 다수의 미국 민간인이 사망하자 여론은 악화되면서 참전이 기정사실화되고 있었다.

이로 인하여 대통령의 대독 선전포고 요청을 4월 6일 의회가 이를 가결하면서 마침내 고립주의를 포기하고 연합국을 지원하여 1차 세계대전에 참전하였다. 미국이 전쟁에 참전하기 이전 유럽에서 전쟁이 중반전에 접어들 무렵인 1916년 6월, 정부는 의회에 미국이 전쟁에 대비하여 정규군을 22만여 명, 주 방위군을 45만여 명으로 증강하도록 '국가방위법(National Defence Act)'을 승인해줄 것을 요청하였고, 의회는 이를 가결하여 군이 준비를 갖춰나갈 수 있도록 하였다.

한편 전쟁의 가능성이 높아짐에 따라 미국의 대비태세의 위험성이 지적되어 '방위준비태세운동'이 일어나기 시작하고 국가안전보장연맹이 설립되어 국민들 사이에 국방력을 강화하자는 움직임이 일어나고 있었다.

해군도 상황의 변화에 부응하여 해군력을 강화하기 위한 해군건설장기계획을 추진하면서 함정을 건조하기 시작하였고, 이것은 장차 미국이 대규모의 해군력을 갖는 움직임으로 변화하였다.

1917년 4월 미국의 참전결정은 연합국에게 결정적으로 유리한 상황을 만들었다. 당시 러시아는 타넨베르크 전투에서 패하여 전쟁을 지속하기에는 한계점에 다다르고 있었고, 영국과 프랑스도 2년 이상 지속되는 전쟁에서 병력을 포함하여 수많은 자원을 사용하여 더 이상 전쟁을 지속하기에는 역시 한계점에 다다르고 있었다. 이때 미국이 연합국을 지원하여 병력을 파견하고 물자를 지원하는 것은 물론 막대한 전쟁비용을 조달할 수 있도록 해줌으로써 영국이나 프랑스는 심리적으로 안정되었을 뿐만 아니라 물질적으로도 전쟁지속능력을 확대할 수 있었다.

중립주의에서 참전으로 방향을 전환한 외교

1차 세계대전이 발발하고 확전되는 과정에서 전쟁의 발발이나 확산을 억제하고 방지하기 위한 미국의 역할은 그리 부각되지 못하였다. 전쟁이 발발하였을 때에도 영국으로부터 미국으로 이민을 온 사람도 다수이고 독일이나 그 외의 국가로부터 이민을 온 사람도 다수인 다민족 다인종으로 구성되어 있는 미국이 유럽에서 진행 중에 있는 전쟁에서 어느 나라를 지원할 것인가를 결정하는 것은 어려운 문제였다.

심정적으로는 영국을 더 가깝게 느끼고 있었지만, 그렇다고 일방적으로 영국만 지원하면 독일계 이주민들이 반발을 할 것이기 때문에 이러지도 저러지도 못하는 어려운 지경에 빠진 것이다. 따라서 미국은 1914년 전쟁이 발발하였을 때에 정부 스스로 중립을 유지하면서 미국인에게 행동은 물론 사상에서도 중립을 유지할 것을 호소하였으며,

이는 미국으로 이민을 온 사람들에게도 해당돼 윌슨은 이들에게 모국과의 제휴는 "마음의 평화를 파괴할 것"이라고 하여 중립을 유지할 것을 요구하였다.[256]

이러한 미국의 입장은 전쟁이 발발하자 어느 쪽에도 개입하거나 지원하는 것은 물론, 전쟁의 중재를 위해서도 미국이 나서는 것을 곤란하게 만들었다. 윌슨 대통령은 전쟁이 발발하여 직접 참전을 하기 이전까지인 1915~1916년 동안 2년이라는 기간을 중재자로서 역할을 하기 원했지만 연합국이나 동맹국들로부터 모두 외면당하면서 실패로 돌아가고, 전쟁이 진행되면서 오히려 모두 승리를 위해서 총력을 기울이고 있었다.[257] 따라서 비밀리에 외교적으로 중재자 역할을 하려던 것을 공개적으로 전환하면서 연합국이나 동맹국들에게 전쟁목적이 무엇인지 요구하였으나 만족할 만한 대답을 얻지 못하였다.

오히려 독일은 무제한 잠수함전으로 그 대답을 대신하였다.

독일의 무제한 잠수함전으로 미국의 여객선과 상선이 침몰하는 사건이 발생하자 국내의 여론은 악화되기 시작하였고, 고립주의를 계속 고집하던 윌슨 대통령은 독일정부에 공해상에 있어 미국인의 안전한 항해를 보장할 것을 강력히 요구하였으나 무시되었다. 오히려 또 다시 영국 상선이 격침되면서 많은 미국인이 익사하는 사건이 발생하였다.

이에 미국이 강력히 항의하자 독일은 무경고 격침을 중지하기로 약속을 하였다가 다시 "무장한 상선도 군함으로 간주하여 격침시키겠다."고 경고하고 영국의 무장상선을 격침시켜 다수의 미국인이 익사하는 사건이 발생하여 미국의 여론은 다시 악화되었다. 독일은 한때 미국의 참전을 우려하여 무제한 잠수함전을 중단하는 듯하다가 1917년 1월 들어 재차 시작하였고 이에 더 이상 경고는 무의미함을 인식한 미국이 마침내 1917년 2월 독일과 국교를 단절하였다.

1917년 3월 17일 미국의 상선 '비질렌티아(Vigilentia)'호가 독일 잠수함에 의해 다시 격침되자 3월 20일 윌슨 대통령은 더 이상 독일의 무제한 잠수함전을 방치할 수 없음을 느끼면서 전쟁에 참전하기로 결심하고 의회의 소집을 요청하여 의회의 전폭적인 지지에 힘입어 독일에 선전포고를 하고 전쟁에 참여하였다.

여기에 독일이 주멕시코 대사에게 보낸 짐머만 전보 ─── 멕시코가 동맹국 측에 가

---

256 차상철, 『미국외교사』(서울: 비봉출판사, 2009), p. 244.

257 David Trask, "The Entry of the USA into the War and its Effects", *The Oxford Illustrated History of The First World War*(New York: Oxford University Press, 1998), p. 240.

담하면 텍사스와 아리조나 및 뉴멕시코 등 미국이 멕시코로부터 점령한 주를 멕시코가 병합하도록 한다 ─ 마저 미국인의 적개심을 자극하여 미국이 연합국으로 참전하게 만들었던 것이다. 이것은 오랫동안 중립을 지켜오면서 어느 일방을 지지하거나 지원하던 것을 지양하고자 하였던 미국의 입장에 커다란 변화를 보이면서 마침내 연합국의 지원으로 돌아섰음을 의미하는 것이자 적극적 개입으로 방향을 전환하였음을 의미하는 것이다.

전쟁기간 중 연합국은 미국의 최대의 고객으로 전쟁수행을 위해 많은 전쟁물자나 소비재가 필요하였으며, 미국은 이를 해결해주는 역할을 하여 1914년에는 영국에 7억 5,400만 달러, 1915년에는 12억 8,000만 달러, 1916년에는 27억 5,000만 달러를 수출하였다. 반면에 독일에게는 1914년에는 3억 4,500만 달러를 수출하였지만 1916년에는 200만 달러로 급격히 감소하였다.

이 기간 중 미국은 연합국에게 23억 달러를 차관으로 제공하였으나 독일에게는 2,700만 달러만을 제공하였다. 이렇게 미국은 전쟁 초기단계에는 연합국이나 동맹국에 상관없이 중립국으로 무역을 통해 물자를 제공하였으나 전쟁이 점차 진행되면서 연합국에 차관을 제공하고 장비와 물자를 지원하는 등 '연합국의 병기고(Arsenal for Entente)'가 되었다.

독일군의 무제한 잠수함 작전에 따라 미국은 적극적으로 개입하여 병력을 파견하고 물자를 지원하였지만, 이것은 단순히 진행 중에 있는 전쟁을 끝내는데 의미가 있는 것이 아니라 전후의 국제질서를 염두에 두고 윌슨의 이상을 실현하는데 더 큰 목적이 있었다.

미국의 전시경제와 생산력 확충을 통한 연합국 지원

1차 세계대전 당시 이미 미국의 경제는 세계에서 제1의 경제대국으로 올라서 있었다. 인구와 국토의 크기, 자원의 부족과 국민 총생산액, 철강생산 등 경제의 규모에 있어서 미국에 비교가 되는 나라는 없었다. 다만 유럽대륙과 떨어져 있어서 직접적으로 전쟁 당사자가 아니었기 때문에 전시체제로 전환되어 있지 않았을 뿐이었다.

이러한 미국의 생산력을 나타내주는 한 가지 사례로, 1904년 영국의 유명한 함정 설계사가 미국 대서양의 어느 조선소를 방문하였는데, 그 조선소 한 곳에서 14척의 전함과 13척의 장갑 순양함을 동시에 생산하는 것을 보고 "우리는 식민지의 도움이 없으면 미국과의 경쟁에서 바다의 제왕이라는 자리를 오래 유지할 수 없을 것이다."라고 하여 미국의 생산능력에 놀라움을 표현하였다.[258] 이것은 당시 미국의 경제규모를 나타내주는 한 가지일 것이다.

미국의 경제는 남북전쟁과 스페인 전쟁을 거치면서 지속적으로 확대되고 있었다. 19세기가 끝날 무렵 이미 미국은 농작물 생산에 있어서는 밀과 옥수수 등은 200% 이상, 석탄은 800% 이상 증산되어 있었다. 텍사스에서 발견된 석유도 이 무렵 연간 5,000만 배럴 이상 생산되기 시작하였다.

이 무렵 미국의 생산력을 구체적으로 살펴보면 석유는 세계 최대의 생산국이었고, US철강주식회사 한 곳에서만 생산하는 강철만 해도 영국에서 생산하는 전체의 양보다도 많은 양을 생산해내고 있었으며, 선철은 영국과 프랑스 및 독일 3개국이 생산하는 양의 합보다도 많았다.

농작물, 공산품, 자동차 등 모든 분야에 있어서 이미 1차 세계대전이 발발할 무렵에는 유럽의 모든 나라를 제치고 세계 최대의 생산국이 되었던 것이다. 이와 같이 농산품과 공산품의 최대 생산국으로서 수출을 통해 무역에서 막대한 흑자를 누리면서 미국의 경제는 호황을 누리고 있었다. 미국은 이러한 흑자를 생산에 재투자함은 물론 유럽 국가들에 대한 투자로 이루어졌고 이를 통해 세계경제에서 미국의 경제력을 확장시키는 계기가 되었다.

미국은 강대국이 되기 위한 조건 —— 인구나 자원, 철강생산, 국토면적과 식량생산 등 —— 에서 당시 유럽의 강대국들을 압도하고 있었다. 다만 미국은 당시 미국에 직접적으로 위협을 주는 강대국이 없다보니 군사력에 있어서만 상대적으로 약할 뿐이었다.

이러한 경제력의 확장은 필연적으로 군사력의 증강을 가져왔다. 특히 미국은 해외무역의 보호를 위해 해군력 강화가 필요하여 해군에 보다 많은 군사비를 할당하여 이를 바탕으로 함정을 건조하는 한편 하와이와 필리핀, 카리브 해 등지에 해군기지를 건설함으로써 미국은 영국과 독일에 이어 세계 3위의 해군력을 보유하게 되었다.

전쟁이 발발하여 미국의 안전에 대한 의구심이 제기되자 미국도 군비확충운동이 일어나기 시작하였는데, 여기에는 전시에 대비하는 군수품의 생산 등 경제 분야에서의 산업동원에 대한 준비도 포함되어 있었다.

미국의 참전결정은 전례 없이 빠른 속도로 대규모로 생산력을 확대하도록 만들었다. 윌슨 행정부는 1917년 4월 즉, 미국이 참전하기 이전까지는 산업계에 비우호적이

---

258 Paul Kennedy, 김주식 옮김, 『영국 해군 지배력의 역사』(서울: 신오성기획인쇄사, 2010), p. 355.

었던 것으로 알려지고 있다. 그러나 참전을 계기로 정부는 대기업과 전시생산이 지연 되지 않도록 협력하기 시작하였으며, 노동계의 파업이나 산업계의 협력이 부족하였을 때에는 생산력을 증가시키고 가격을 안정시키기 위하여 정부가 권한을 사용하기도 하였다. 윌슨 대통령 자신도 산업계의 지도자나 '월가(Wall Street)'의 금융가나 자본가들과 긴밀히 협력하였다.[259]

미국은 1914년 7월, 전쟁이 발발하였을 시에는 중립을 유지하였다가 1917년 4월 독일 해군의 무제한 잠수함전을 계기로 참전하였지만, 그러나 2년 전인 1915년부터 영국과 프랑스에 재정 및 물자를 지원함으로써 이미 전쟁에 간접적으로 개입하고 있었다. 즉, 1915년 초 영국과 프랑스 정부는 뉴욕의 모건(J. P. Morgan)은행을 군수물자를 구입하는 대행사로 지정을 하였다. 이 은행에서는 영-불 차관을 준비하여 영국이나 프랑스가 필요로 하는 장비나 물자 중 미국에서 생산하는 군수품을 구입하는 업무를 대행하였으며, 이렇게 해서 미국은 1915년부터 1917년까지 연합국이 필요로 하는 탄약의 24%를 생산하여 공급하였다.[260] 이렇게 전쟁 직후부터 종전 시가지 미국이 영국과 프랑스에 차관 등으로 제공한 금액은 〈표 3.25〉에서 보는 바와 같다.

정부는 군수품 생산을 독려하기 위하여 '국방고문회의(National Defence Advisory Council)'를 설치하고 여기에는 군인 또는 정부의 관료가 아닌 경제 전문가들이 모여서 전쟁을 하는 데 필요한 물자의 생산을 조정하는 업무를 함으로써 민간기업을 통제하였다. 경제 동원에 총괄적인 업무를 하는 기관이 필요하게 되자 '전시산업국(War Industry Board)'을 설치하여 공장의 신설과 생산의 우선순위 결정 및 생산된 물자의 배분과 가격의 규제 등에 이르기까지 경제와 관련되는 총동원 업무를 총괄 및 조정하였다.[261]

〈표 3.25〉 1차 세계대전 기간 중 미국의 영국 및 프랑스 지원 금액

구 분	1915	1916	1917	1918
영국(백만$)	912	1,887	2,009	2,061
프랑스(백만$)	369	861	941	931

출처: Elisabeth Glaser, *Better Late than Never: Great War, Total War*(Cambridge University Press, 2000), p. 391.

259 Elisabeth Glaser, "Better Late than Never", p. 406.

260 *Ibid.*, p. 390.

261 http://en.wikipedia.org/wiki/War-Industry-Board; Gerd Hardash, *The First World War 1914~1918*, pp. 96-97.

전시 국내의 식량문제를 조정 및 통제하기 위해서는 '식량관리국(Food Administration)'을 설치하였고, 여기서는 식량을 증산하는 것 외에도 공급업무와 가격을 통제하는 업무까지를 담당하여 미국 국내는 물론 다른 연합국에게도 싼 값으로 식량을 공급할 수 있도록 하였다.[262]

이외에도 '연료관리국(Fuel Administration)'을 설치하여 석탄 및 석유의 생산과 분배 및 가격통제를 하였다. 또한 미국이 참전을 결정하면서 막대한 병력과 물자의 수송이 필요하나 이를 수송하는 데 선박이 문제가 되자 '선박법(Shipping Act)'을 제정하여 '선박국(Shipping Board)'을 설치하였으며 '선박함대주식회사'를 설치하여 선박의 건조와 운영, 조달 등 전반적인 권한을 부여하기도 하였다.[263]

또한 정부는 '철도관리법(Railroad Act)'을 제정하고 '철도관리국(Railroad Administration)'을 설립하여 철도노선을 통제함으로써 원활한 물자수송을 보장토록 하였다. 한편 전시체제로 전환하면서 산업현장에서 수많은 노동력이 필요하게 되자 '전시노동관리국(War Labor Board)'을 설치하여 노동력을 조달할 수 있도록 하였다.[264]

이렇게 전쟁수행을 위하여 연방정부는 법을 제정하고 필요한 정부기관을 신설함으로써 식량으로부터 연료와 광업, 운수 및 통신, 조선 등 거의 전 분야에 걸쳐 생산과 분배, 가격 등을 통제하여 전쟁목적 달성을 위해 노력하였으며, 여기서는 정부가 주도적인 역할을 하였지만 또한 경제인들의 적극적인 참여도 매우 중요한 몫을 하였다.

이렇게 미국 정부는 물론 경제계에서도 적극적인 협조와 조치를 함으로써 전쟁기간 중 영국군에게 9억 2,600만 발의 소화기탄과 3,100만 발의 포탄, 120만 정의 소총, 57만여 톤의 폭약, 4만 2,000여 대의 트럭, 3,400여 대의 항공기 엔진 등의 장비와 탄약 등을 지원하였다. 또한 러시아군에게도 영국을 경유하여 5억 5,300만여 발의 소총탄과 97만여 정의 소총, 2만 4,500여 정의 기관총을 지원하였다.[265]

이러한 막대한 양의 장비와 탄약, 식량을 연합국에게 지원하기는 했지만, 반면에 전시 생산시설을 설치하고 기술인력을 숙달시키는 데 장기간을 요하는 분야, 예컨대 중포나 항공기 등을 생산할 준비는 미흡하여 프랑스로부터 경포와 중(中)포, 영국으로부

262 Elisabeth Glaser, "Better Late than Never", p. 402.

263 Gerd Hardash, *The First World War 1914~1918*, p. 96-97.

264 F. 프라이델 · A. 브린클리, 『미국 현대사: 1900~1981』(서울: 대학문화사, 1985). pp. 146-148. 여기서는 사업주들이 하루 8시간 노동과 최저생활보장 및 여성에 대한 동등한 임금의 보장 등의 업무를 하였으며, 노동자들에게는 모든 파업을 중지하고 고용주들은 직장을 폐쇄하지 않도록 하는 업무를 수행하였다.

265 Gerd Hardash, *The First World War 1914~1918*, pp. 98-99.

터는 중(重)포, 그리고 양국으로부터 항공기를 지원받기도 했다. 미국이 이렇게 할 수밖에 없었던 이유는 장기적인 계획으로 장비와 탄약을 생산해나가고 있어서 아직 중화기나 항공기 등을 생산하기에는 미국의 산업체제가 완전히 전시체제로 전환하지 못하고 있었고, 이들을 생산하기 이전에 연합국의 승리로 끝났기 때문이었다.

결국 미국은 독일군의 무제한 잠수함전의 위험을 무릅쓰고 연합국을 지원하기 위하여 200만여 명의 병력 외에 재정적인 지원과 탄약이나 식량을 지원함으로써 연합국의 전쟁지속능력을 확대해주었지만, 반면에 독일에게는 모든 수출을 통제하여 독일군의 전쟁지속능력을 약화시킴으로써 조기에 독일이 항복하도록 만들었다.

풍부한 잠재력을 현존전력으로 전환

미국은 1차 세계대전이 발발할 무렵에 경제적으로는 이미 세계의 최강국에 올라서 있었지만, 군사력에서는 아직 중진국 수준에 머물러 있었다. 병력은 16만여 명에 불과하여 유럽의 강대국들에 비해 많이 부족하였고, 전함에 있어서도 영국은 물론 독일에 비해서도 열세한 수준에 머무르고 있었다. 미국은 연합국과 동맹국을 중재하여 전쟁이 끝나기를 원하고 있었기 때문에 전쟁이 발발하였을 때에도 즉시 군사력을 확대하지도 않았다. 따라서 참전을 결정하였을 때에도 미국의 육군이나 해군전력은 전쟁에 참전을 해도 될 정도로 확장되어 있지는 않았다.

그렇다고 이것을 미국이 전쟁을 할 수 있는 능력이 부족한 것으로 이해해서는 안 될 것이다. 전쟁수행능력을 논함에 있어 병력규모와 함선의 톤수 등 유형적인 군사력의 규모 못지않게 경제력과 재정능력, 과학기술력, 예비전력의 동원규모와 능력 등 다양한 요소가 있기 때문이다.

미국은 당시 세계 최대의 재정능력과 경제력을 바탕으로 군사력 확장에 착수하기 시작하였다. 1890년 연방예산의 6.9%에 불과한 2,200만 달러를 군사비에 투입하였으나, 전쟁이 발발하던 1914년에는 연방예산의 19%인 1억 3,000만 달러를 투자하였으며, 이를 바탕으로 신형의 전함을 건조하고 해외에도 함대 기지를 건설하기 시작하였다.[266]

월슨 대통령은 그가 바라던 연합국과 동맹국의 중재가 실패로 돌아간 원인이 미국의 군사력이 약했기 때문이라는 것을 알면서부터 외교력을 뒷받침하기 위해 군사력을

---

266 Paul Kennedy, 『강대국의 흥망』, pp. 344-345.

확장하기 시작하였다. 의회는 1916년 이를 '2위의 함대(A Navy, second to none)'와 한층 향상된 지상군을 보유하도록 뒷받침해주었지만, 그러나 이런 조치들이 효과적으로 시행도 되기 전에 미국은 전쟁에 개입을 하게 되었다.[267]

중립을 유지하고 있었던 미국은 독일군의 무제한 잠수함전에 의해 1917년 4월 대독 선전포고를 하고 연합군의 일원으로 참전하게 되었지만, 그렇다고 당시 다수의 병력과 장비 등 군사력을 유럽전선에 파견하기에는 아직 병력의 규모와 훈련, 장비 등 모든 면에서 부족한 수준에 있었다.

육군의 경우 '마치(Peyton C. March)' 장군의 표현을 빌자면 "육군은 프랑스에서 실질적으로 전투를 하기에는 어렵고, 단지 비상시에 경찰임무에 적합한 정도의 부대"에 불과하였다. 그러나 해군은 이미 많은 함정을 건조하고 있었기 때문에 연합군을 지원할 어느 정도의 준비는 되어 있었다.

미국이 연합국을 지원하기 위하여 참전을 결정하면서 6척의 구축함으로 이루어진 함대를 위시하여 우선적으로 해군함대를 파견하였다. 이를 위해 윌리엄(William S. Sims) 제독이 런던으로 파견되어 영국의 대잠능력을 강화하기 위해 협조를 시작하였으며, 아울러 유럽대륙으로 미군 수송을 위한 업무도 협조를 하였다.

그러나 미국이 육군을 파병하는 데는 많은 문제가 있었다. 우선 빠른 시간 내에 병력을 파견하기에는 평시부터 유지하고 있었던 육군의 규모가 작았고, 파병을 위해 얼마나 많은 병력을 어떻게 동원할 것인지, 파병 후에는 어디서 작전을 할 것인지, 파견규모는 얼마로 할 것인지, 지휘구조는 어떻게 할 것인지, 무장은 어떻게 할 것인지 등 대두되는 문제가 한두 가지가 아니었던 것이다.

그중에서도 우선적으로 대두된 것이 파병병력을 모집하는 것으로, 이를 위한 대상에는 국가방위법에 규정된 주 방위군과 정규예비군, 예비역 장교단 및 무관후보생(ROTC), 사병예비군 등을 포함하고 있었는데 이들을 대상으로 하여 조직화하면서 지원병을 모집하여 병력을 충원하였다.

이 병력을 편성하고 훈련시키면서 신속히 파견할 수 있는 방법은 연대나 사단급으로 조직화하여 이미 전쟁을 통해 숙달된 영국과 프랑스 연합군의 참모조직 아래 연합군 군수조직의 지원을 받아서 소위 '혼합된 부대(Amalgamated units)'로서 임무를 수행하는 것이었으나, 이는 미국인의 자존심과 군대의 반대에 부딪혀 어렵게 되자 미국의 성조

267　David Trask, "The Entry of the USA into the War and its Effects", p. 241.

기 아래 독립된 부대로 작전을 수행하기로 결정을 하였다.

따라서 1917년 7월 이래 미국은 대규모의 병력을 모집하고 동원하여 성조기 깃발 아래 퍼싱 장군을 지휘관으로 '구주파견군(American Expeditionary Force, AEF)'을 유럽전선에 보내기 시작한 이래 그 규모는 1918년 5월에는 43만여 명, 5월 말에는 65만여 명에 달하였다. 이렇게 미국이 유럽전선에 파견한 병력은 전쟁이 끝날 무렵 1918년 11월에 42개 사단에 달하였으며,[268] 그중에서 29개 사단(7개 정규사단, 11개 주방위군 사단, 11개 소집사단 등)에 140만여 명이 실제 전투에 투입되었다. 미국의 역사상 최초로 해외에 대규모의 병력을 파견하는 사례가 된 것이다. 또한 파견을 준비하고 있었던 국내의 12개 사단 병력을 더하면 미국은 전쟁기간 중 485만여 명에 달하는 부대를 조직하고 있었다.[269]

프랑스에 파견된 미군은 당시 신병들을 짧은 시간에 징집하여 편성된 부대이다 보니 훈련을 충분히 하지 못하여 전투능력이 제대로 발휘되기에는 아직 미흡하였으며, 이들은 당시 프랑스에서 항공기와 중포 등의 장비를 빌려서 무장을 하였다. 미군이 파견된 초기에 그들은 독일군을 충분히 격파할 정도로 장비편성이나 훈련이 되어 있지 못하였던 것이다. 미군은 파병 후 1년여의 시간이 경과하고 전투에서 익숙해진 1918년 전쟁이 막바지에 다다를 무렵에 가서야 제대로 전투력을 발휘하기 시작하였다. 그러나 미국의 참전은 심리적으로 연합군에게 커다란 위안이 되었으며, 특히 러시아가 전선을 이탈한 직후에 참전하였기 때문에 더욱 영향력이 지대하였다.

법령 제정을 통한 풍부한 예비전력의 동원

1차 세계대전이 발발할 무렵의 미국 인구는 9,700만여 명으로 이는 당시의 강대국들 중에서는 러시아(1억 7,500만 명)보다는 적었지만 독일(6,700만여 명) 등 다른 동맹국이나 어떤

---

268 1차 세계대전 당시 미국이 투입한 미 지상군은 연 참전병력 405만 7,000여 명에 3개 야전군 9개 군단, 42개 사단(정규사단 8, 주방위사단 16, 소집사단 18)이다(국방부 군사편찬연구소, 『한미군사관계사: 1871~2002』, 서울: 신오성기획인쇄사, 2003, p. 391). 또 다른 자료에는 1918년 11월 기준으로 미국이 프랑스에 파견한 부대는 43개 사단이며, 그중 30개 사단이 전투에 참전하고 있었다고 기술하고 있다(국무총리 비상기획위원회, 『미 육군의 군사동원 역사』, p. 379).

269 미국은 전쟁이 장기화될 시에 대비하여 단계적으로 1918년 6월 30일에는 원정군 24개 사단과 본토에 12개 사단(계: 42개 사단), 그해 12월 31일까지는 원정군 52개 사단에 본토에 12개 사단(계: 70개 사단), 1918년 6월 30일에는 원정군 80개 사단에 본토에 12개 사단(계: 98개 사단), 1920년 6월 30일까지 프랑스에 100개 사단과 본토에 12개 사단(계: 112개 사단) 등 550만여 명을 동원할 계획을 발전시키고 있었다. 그러나 전쟁이 조기에 끝나면서 실제로 조직한 사단은 62개이다(국무총리 비상기획위원회, 『미 육군의 군사동원 역사』, pp. 377-379).

연합국보다도 많았다. 경제력은 이미 세계 제1의 규모를 갖는 국가로 성장해 있었다. 다른 어느 강대국들보다도 동원할 수 있는 인적·물적 자원 등 예비전력을 충분히 보유하고 있었다. 다만 주 전쟁터가 유럽지역으로 미국과 멀리 떨어져 있고, 전쟁 초기에는 당시 미국이 중립적인 입장을 취하고 있었기 때문에 예비전력을 동원하기에는 한계가 있었다. 더군다나 주요한 전쟁 당사자가 미국에 다수의 이민을 보내고 있었던 영국과 프랑스 및 러시아 대 독일과 오스트리아-헝가리 제국이었기 때문에 미국으로서는 어느 일방을 지지하여 전쟁에 참전하면서 예비전력을 동원하기에는 한계가 있을 수밖에 없었다.

그러나 독일의 무제한 잠수함전에 대응하여 선전포고를 한 미국은 부대를 확장하기 위하여 '선택복무법'을 제정하고, 병력을 동원하기 시작하여 2,400만여 명이 징집을 위해 등록을 하였고, 이중 370만여 명에게 징집통지를 하여 280만여 명이 복무를 하였으며, 전체적으로는 470만여 명이 현역으로 동원되어 전쟁에 참여를 하였다.[270] 동원된 병력 중에는 대학에서 공부를 하던 15만여 명의 학생들도 있었다.

길거리에서는 군의 지원을 독려하기 위하여 각종의 표어가 나붙었다. "I Want You For U.S Army(나는 당신이 미국군에 지원하기를 바랍니다)."라는 표어는 미국인의 조국에 대한 생각을 다시 하게 만들었고, 이를 계기로 군은 규모를 확장시켜 나가는 데 필요한 병력을 보충할 수 있었다.

병력의 동원과 더불어 산업시설이 전시생산체제로 전환되어 대량의 물자를 생산하기 시작하였다. 전함이나 상선을 만들기 위하여 조선소가 확장되었고, 항공기나 포병화기를 만들기 위하여 공장들이 확장되었다. 그러나 전함이나 항공기는 대량생산을 하기 이전에 전쟁이 끝나면서 실제 미국의 장비들이 사용되지는 않았다. 다만 탄약을 생산하기 위하여 공장들이 확장되고 완전 가동되기 시작한 이래 대량의 탄약을 생산하여 미군이 사용하는 것은 물론 연합군에게도 지원을 하였다.

식량이나 유류를 포함하는 다량의 물자들도 영국을 포함하는 연합국에게 지원되어 식량과 연료 등 일상 생활품 부족에 시달리는 국가들의 어려움을 해소하는 데 도움을 주었다. 미국의 지원은 연합국 국민들의 생활을 안정시켜주고 전쟁지속능력을 유지하는 데 있어서 커다란 도움이 되었던 것이다.

---

270 차상철 외, 『미국외교사』, pp. 266-267.

자본과 과학기술력의 결합으로 전시생산능력 확대기반 조성

미국은 남북전쟁에서 과학기술의 발전으로 많은 새로운 무기를 개발하고 산업생산 능력의 확대로 당시로서는 대량으로 장비나 탄약 등의 물자를 생산하여 전투에서 사용하였기 때문에 엄청난 인명피해가 발생하였다. 이러한 과학기술의 발전은 1차 세계대전 당시에는 그 속도가 상대적으로 느렸다. 유럽에서 독일이나 영국, 프랑스 등이 항공기를 만들어 정찰기나 전투기, 폭격기로 사용하고자 꾸준히 성능을 향상시키고 잠수함을 개발했을 뿐만 아니라 전차가 전장에 등장하는 동안 미국은 상대적으로 관심이 적어서 이 분야에서의 발전은 더디게 진행되고 있었다.

1차 세계대전이 발발하자 윌슨 대통령은 비행기에 대한 연구목적으로 1915년에 '국방고문위원회(National Advisory Committee)'를 설치하였으며, 3년 뒤에는 전쟁을 지원하기 위해 '국립학술연구회의(National Research Council)'도 설립하여 여기서는 전쟁수행과 관련되는 과학적인 연구 프로젝트를 총괄하고 정보를 교환하는 중심센터로 역할을 하도록 하였다.[271]

미국이 전쟁에 참전할 당시에는 소화기나 기관총 같은 화기들은 자체의 무기를 사용하였지만, 전차나 중포 및 항공기 등은 프랑스제나 영국제를 사용하였다. 1917년 4월 초, 참전을 결정하면서 갑자기 부대를 확장하다 보니 아직 미국이 이들 장비들을 생산하기 위하여 산업시설들이 확장되어 있지 않았기 때문이다. 따라서 미국은 1차 세계대전 말기에 장기적으로 무기를 개발하기 위한 계획을 추진하기 시작하였고, 이런 결과는 2차 세계대전에 가서야 결실을 맺어 2차 세계대전 당시는 막대한 장비와 탄약을 연합군에 지원할 수 있었다. 그러나 1차 세계대전 당시에는 비교적 생산시설 설비와 생산기간이 짧게 소요되는 장비와 탄약을 포함하는 물자들을 대량으로 생산하여 연합군에 지원하였던 것이다.

참전을 계기로 통합된 사회

미국 사회는 전쟁이 발발하기 이전에는 정치적·사회적인 이유로 분열되어 있었다. 1차 세계대전이 발발하기 전부터도 유럽으로부터 지속적으로 이민이 유입되고 있었기

---

271 어니스트 볼크먼, 『전쟁과 과학, 그 야합의 역사』. p. 313.

때문에 비록 국가의 중요한 사안인 전쟁이라고 해도 다양한 인종으로 구성되어 있는 미국 사회가 한곳으로 의사결집을 하기에는 쉽지 않은 정치·사회적인 구조를 갖고 있었던 것이다. 그러나 이런 우려에도 불구하고 다양한 논리와 경쟁을 좋아하는 미국 사람들에게 전쟁이라는 국가적 대사가 통합을 하는 계기를 만들어주었다.

정부는 미국 사람들의 전쟁에 임하는 태도를 바꾸기 위해 대대적인 홍보와 선전에 착수하였다. 이를 위해 우선적으로 '공보위원회(Committee on Public Information, CPI)'를 창설하여 미국 정부가 왜 전쟁에 참전해야 하는지 정부의 주장을 널리 유포시키면서 승리를 위한 옹호활동을 하였다. 또한 포스터를 만들어 가정에 배포하고 학교나 사무실 등 도처에 부착하였다.

신문들도 정부의 전쟁에 대한 옹호기사와 승리에 대한 희망적인 기사를 게재하도록 요청되었으며, 언론사들도 기사들에 대해서 자체 검열을 통해 정부 정책에 대한 긍정적인 기사를 게재하였다. 정부에서는 7만 5,000여 명 이상의 지원자들을 이용하여 이들이 국민들 사이에서 정부의 공보대변인 격으로 공공행사에서 활동을 하기도 하였다.

한편 정부의 정책에 반대하고 적에게 이롭게 하는 이적행위를 단속하기 위하여 1917년에 '방첩법(Espionage Act)'을 만들어 스파이 행위나 파괴행위 등을 저지르는 자에게는 중벌과 동시에 엄한 형을 부여하도록 하였다. 뿐만 아니라 '태업법(Sabotage Act)'과 '선동죄법(Sedition Act)'을 만들어 국민들이 전쟁에 반대하는 어떤 행위도 불법적인 것으로 간주하여 처벌할 수 있는 권한을 대통령과 정부에 부여하였다.[272]

이와 같은 합법적인 처벌 외에도 '미국보호연맹(American Protective League)'이라는 조직에서는 25만여 명의 조직원들이 소속되어 이들은 노상에서 병역수첩을 요구한다든가 전화를 도청한다가 이웃 사람들에 대한 사상파악과 동정을 확인한다든가 하는 비합법적인 활동들로써 미국의 안전을 보장하기 위한 활동과 감시자 역할을 하였다. 이 외에도 국가안전보장동맹, 미국방위협회가 있어 이와 유사한 역할을 하였다. 이렇게 미국은 합법적이거나 비합법적인 수단과 방법을 사용하여 국내의 안전을 지키면서 대외적으로는 전쟁을 수행하여 나갔는데, 이 과정에서 부분적으로는 이에 대한 반발도 없지 않았으나 대다수의 국민들은 이에 호응하였다.

미국은 독일에 대한 선전포고를 하기 1년 전인 1916년 이미 '국가방위법'을 제정하여 대통령에게 광범위한 동원명령권을 부여하면서 전쟁에 대비한 준비를 하기는 했지

---

272 F. 프라이델 · A. 브린클리, 『미국 현대사: 1980~1981』 pp. 150-152.

〈그림 3.16〉 미국 국민의 참전을 독려하기 위한 1917년 4월 뉴욕의 퍼레이드
출처: J. M. Winter, *The Experience of World War I*, p. 59.

만 아직 준비가 덜 된 상태에서 독일군의 무제한 잠수함전으로 피해를 입자 독일에 선전포고를 하고 최초 1개 사단을 프랑스로 급파하는 한편 지속적으로 부대를 확장하여 종전까지 약 200만여 명을 파병하였다.

또한 전투장비나 탄약, 물자 등의 전시 수요를 충족하기 위하여 1917년 '전시산업위원회'가 창설되어 생산, 공급의 우선순위를 설정하고 생산시설과 원료 및 노동력 등을 배정하였으며 생산량을 할당하였다.[273] 산업시설은 전시체제로 전환, 생산라인을 신설하거나 증설하여 수많은 장비와 물자를 생산, 호송함대의 엄호 아래 별다른 손실 없이 대서양을 횡단하여 연합국에 지원함으로써 연합국의 승리에 결정적으로 기여하였다.

결론적으로 1차 세계대전 당시 미국은 본토에서 전쟁을 하지 않았음에도 불구하고

---

273 맥스 부트, 송대범 외 옮김, 『전쟁이 만든 신세계』(서울: 플래닛 미디어, 2009), p. 3.

윌슨 대통령의 지도아래 관련법을 제정하고 전쟁지원을 위한 정부기구를 창설하였으며, 전시체제로 전환하여 수많은 병력을 동원하고 전투장비와 물자를 연합국을 지원함으로써 승리에 기여하였을 뿐만 아니라 전후 미국의 국제적 위상을 강화하는 계기가 된 것이다.

7. 소결론

미국의 남북전쟁은 국내에서 촉발된 전쟁으로 남·북부군이 각각 총력전을 실시하였지만, 1차 세계대전은 국가들이 협상국(연합국)과 동맹국으로 각각 블록을 형성하여 총력전을 실시한 엄밀한 의미에서 국가 간 총력전이었다. 각 국가는 국가 지도자의 지도하에 국가가 동원할 수 있는 역량을 총동원하였다. 국가는 법을 제정하고 전쟁수행을 위한 동원기구를 만들거나 확대하였으며, 국민들은 고통 속에서도 승리를 위하여 이를 악물고 전투에 참전을 하거나 비전투원으로서 전투근무 지원활동을 지원하였다. 재정이나 경제력, 예비전력은 전쟁을 지속하는 데 있어 핵심적인 요소가 되었으며, 국민의 지적능력인 과학기술력, 국민의 정서적 분위기도 중요한 요소로 등장하였다. 전쟁결과는 지도자의 지도력에 따라 총력전을 실시하는 데 필수적인 요소들이 어떻게 조직적으로 통합되고 활용되었는지 그 영향을 받았다.

〈표 3.26〉 1913~1914년 당시 강대국의 총력전 능력비교

구 분		인 구 (만 명)	GDP (억$)	1인 소득 ($)	병 력 (만 명)	군 함 (만 톤)	철강 생산 (백만 톤)
연합국	미 국	9,800	370	377	16.4	98.5	31.8
	영 국	4,500	110	244	53.2	271.4	7.7
	프랑스	3,900	60	153	91.0	90.0	4.6
	러시아	17,100	70	41	135.2	67.9	4.8
동맹국	독 일	6,500	120	184	89.1	130.0	17.6
	오스트리아-헝가리	5,200	30	57	44.4	37.2	2.6
	이탈리아	3,700	40	108	34.5	49.8	0.93

출처: Paul Kennedy, 『강대국의 흥망(The Rise and Fall of The Great Power)』, pp. 280-284, p. 339.

〈표 3.27〉1차 세계대전 시 전비소요 및 총동원 병력

구 분	계	연합국						동맹국			
		소계	영국	미국	프랑스	러시아	기타	소계	독일	오-헝가리	기타
전 비 (10억$)	82.4	57.7	23.0	17.1	9.3	5.4	2.9	24.7	19.9	4.7	0.1
동원병력 (100만 명)	65.8	40.7	9.5	3.8	8.2	13.0	8.2	25.1	13.25	9.0	2.85

출처: Paul Kennedy, 『강대국의 흥망(The Rise and Fall of The Great Power)』, p. 380.

〈표 3.28〉1차 세계대전 시 국가별 총력전 결과 비교[274]

범례: 우수 ○, 보통 △, 미흡 X

구 분	지도자	국민의지	외교	정치	경제	과학기술	사회문화	군사력	예비전력	결과
미 국	○	○	○	○	○	○	○	○	○	○
영 국	○	○	○	△	○	○	○	△	△	○
러시아	×	×	△	×	×	×	×	×	×	×
프랑스	○	○	○	○	○	△	○	○	△	○
독 일	×	△	△	△	△	○	△	○	×	×
오스트리아-헝가리	×	△	△	△	△	△	△	△	△	×

1차 세계대전은 산업화 시대 이후에 국가가 블록화되어 실시한 최대의 전쟁이었다. 국가의 상비군 규모 못지않게 국가가 동원할 수 있는 예비전력의 동원역량과 재정, 경제력은 전쟁을 지속하는 데 필수적임을 보여준 전쟁이었다.

연합국과 동맹국의 국가 간 총력전 양상으로 진행된 1차 세계대전에서는 총력전 요소들의 총합적인 결과로 승패는 결정되었다. 〈표 3.26〉을 이용하여 전쟁의 결과와 연계하여 총력전 수행결과를 보면 각각의 요소들 어느 것 하나 중요하지 않은 것이 없음을 보여준다.

〈표 3.28〉은 전쟁의 결과를 총력전 요소에 도입하여 비교한 것이다. 각 국가의 개별

---

274 여기서 제시된 국가 총력전 결과는 앞에서 기술된 자료 및 앞의 도표에서 제시된 수치들을 이용하여 나타난 결과를 분석한 것으로 부분적으로는 독자들의 여러 가지 이견이 있을 것이다.

적 요소를 앞에서 기술한 내용을 참고하여 전쟁의 진행과정과 결과를 비교하여 제시하였다. 예를 들면 러시아의 니콜라이 1세 황제는 무능하여 전쟁지도를 제대로 하지 못하였고 오로지 그의 관심은 전제정권 유지에만 있었다. 그 결과 전쟁에서 패하였을 뿐만 아니라 전쟁에서 이탈할 무렵에 퇴위를 강요당하였다. 국민들도 정부의 무능과 부패, 폭압에 기인하기는 하였지만 전쟁에서 승리를 위해 의지를 결집하지 않았다.

정치 분야에서 제정러시아 정부는 무능하였고 부패하였으며, 군이 전투를 할 수 있도록 제대로 지원하지도 않았다. 외교 분야에서는 영국과 프랑스와 동맹을 체결하였지만 승리를 위해 적절한 외교를 하지는 않았다. 러시아는 인구와 자원, 병력규모 등에서 최대 국가였음에도 경제 분야나 과학기술에서도 그 힘을 제대로 발휘하지 못하였으며, 상비전력이나 예비전력 분야도 그 규모에 비하여 전력은 대단히 약하였다. 다양한 민족의 갈등과 사회불안은 전쟁에서 승리에 기여하지 못하였다. 이러한 결과로 러시아는 전쟁에서 패할 수밖에 없었고, 〈표 3.28〉은 그러한 결과를 보여주는 것이다.

제4장
제2차
세계대전 시
강대국의
총력전

제1절
당시 세계의 일반상황

1. 베르사유 체제에 대한 우려

　1차 세계대전은 유럽의 강대국 사이에 내재되어 있었던 식민지를 둘러싼 팽창주의와 발칸반도에서 게르만족과 슬라브족의 민족적 대립, 해군력 강화에 따른 영국과 독일의 갈등 등 복합적 요인과 더불어, 오스트리아-헝가리 제국의 황태자 암살사건이 직접적인 원인이 되어 3국 협상(연합)국과 3국 동맹국이 벌인 범세계적인 전쟁으로 1920년 6월 베르사유 조약을 체결함으로써 연합국의 승리로 종결되었다.

　1차 세계대전의 결과는 유럽의 세력균형에 있어 많은 변화를 초래하였다. 독일제국이 몰락하고 바이마르 정권이 등장하였으며, 오스트리아-헝가리 제국이 붕괴되어 각각 오스트리아와 헝가리로 분리되었고 폴란드가 독립하였으며 체코슬로바키아와 유고슬라비아 등의 국가들이 탄생하였고, 발트 3국에서는 리투아니아, 라트비아, 에스토니아가 독립하였다.

　그러나 베르사유 조약의 불평등성으로 프랑스군 포슈 원수는 "이것은 평화가 아니라 단지 20여 년의 휴전일 뿐이다."라고 하여 베르사유 조약에 대한 강한 우려를 나타냈고, 영국의 윈스턴 처칠 역시 베르사유 조약의 경제조항, 즉 68억 5,000파운드(1,320억 금화 마르크)의 전쟁배상금[1]이 "악의적이고 우매한 것"이라고 지적하면서 우려를 나타냈던

1　1차 세계대전 후 독일의 배상문제를 규정한 회의는 1920년 7월의 스파(Spa)회의이다. 이 회의에서 독일이 배상액을 지불하는 비율을 프랑스 52%, 영국 22%, 이탈리아 10%, 벨기에 8%, 그 외에 그리스나 유고에 6.5%, 일본과 포르투갈에 0.75%를 지불하기로 하였다. 프랑스는 처음에 1,500억 마르크를 요구하였으나 독일이 이의를 제기함에 따라 1,320억 금화 마르크로 결정되었다(김용구, 『세계외교사』,

바 있다. 케인스(J. M. Keynes)는 "독일의 배상능력은 20억 파운드에 불과하며 이 배상조약이 도덕적으로 잘못된 것이고 정치적으로는 어리석으며 경제적으로도 무의미한 일이다."[2]라고 비난하였다. 독일의 전쟁배상금 문제는 프랑스의 안보정책, 즉 독일의 부상을 막고자 하는 프랑스의 숨은 의도와 밀접히 관련되어 있었기 때문에 더욱 문제가 있었다.

미국의 국무장관인 '코델 헐(Codell Hull)'도 1933년 미국 워싱턴 주재 독일대사에게 유럽에서 군비협상의 난항과 평화를 유지할만한 어떤 일도 발생되지 않아 향후 20~30년 사이에 전쟁 발발할 가능성을 경고하였다.[3]

결국 20여 년 전에 포슈 원수나 처칠 수상, 케인스가 심히 우려하였고, 미 국무장관이 2차 세계대전이 발발하기 6년 전에 걱정하였던 것처럼, 세계는 1차 세계대전과는 비교할 수 없을 정도로 더 많은 국가가 참여하여 더 넓은 지역에서 더욱 더 많은 병력을 동원하고 더 많은 전비를 투입하여 처절한 싸움을 하였다. 전쟁터는 육지에서는 유럽에서뿐만 아니라 북 아프리카와 아시아지역으로, 바다에서는 대서양과 태평양 및 인도양, 지중해 등으로 확대되었고 참여한 국가도 1차 세계대전 시의 32개 국가보다도 더 많은 60여 개 국가들이 연합국과 추축국으로 양분되어 싸웠다.

연합국이나 추축국이나 전쟁에 참여한 국가들은 전쟁에서의 승리라는 유일한 목적을 달성하기 위하여 이용 가능한 모든 자원을 동원, 총력을 기울여 전쟁을 수행하였다. 과학기술의 발전으로 새로운 무기들이 대거 전장에 출현하였으며, 이를 이용한 새로운 전략과 전술도 등장하여 전장을 주도해나갔고, 마침내 인류 최초로 핵무기가 사용되는 전쟁으로까지 발전되었다.

이러한 총력전의 결과로 승자나 패자나 할 것 없이 전쟁에 참여한 모든 국가는 1차 세계대전 당시의 입었던 인적·물적 피해를 초월하는 상상 이상으로 많은 손실을 입은 채 전쟁은 끝났다.

p. 641).

2   Peter Calvocoressi and Guy Wint, *Total War: Cause and Courses of the Second World War*(New York: Penguin Books, 1981), p. 32.

3   Robert Goralski, *World War II Almanac: 1931~1945*(Bonanza Books, United States, 1981), p. 24.

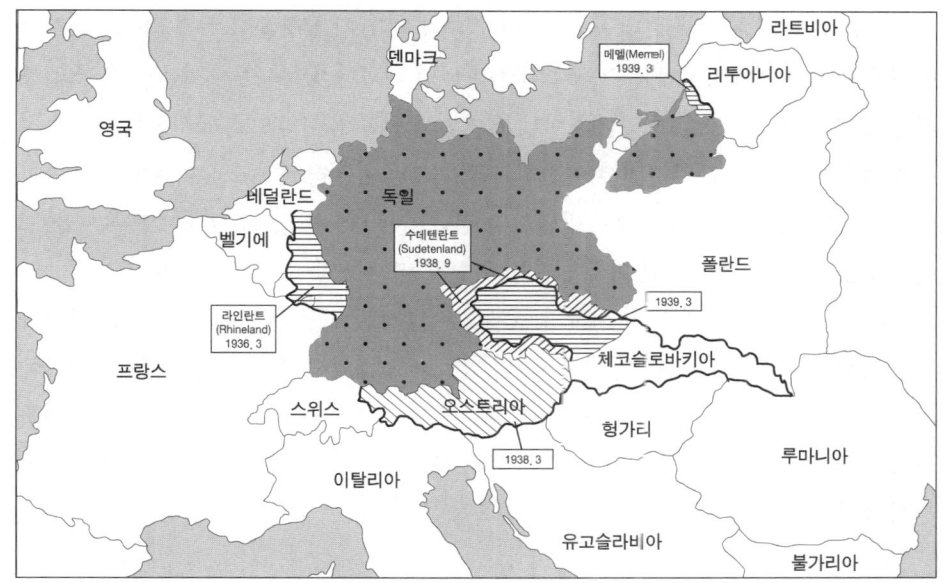

〈그림 4.1〉 제2차 세계대전 직전의 유럽.　독일은 알자스－로렌 지방과 오스트리아와 체코를 합병하였
고 동프로이센 지역을 다시 확보하였다.

출처: Thomas E. Griess, *Campaign Atlas to the Second World War*, p. 2.

2. 미국의 경제적 성장과 대공황 발생

미국은 1차 세계대전이 종반전에 접어들 무렵 뒤늦게 연합국의 일원으로 참전을 하
였지만 대규모의 병력과 대량의 물자를 제공함으로써 연합국이 승리를 하는 데 커다란
기여를 하였다. 1차 세계대전에서 참전하고 승리한 결과로 미국은 국제적으로 그 영향
력이 확대되었고 경제적으로도 더욱 부유해졌다.

윌슨 대통령은 분쟁의 발생 방지와 국제평화 유지를 위해서 국제연맹의 창설을 주
창하였지만, 제안국인 미국은 국내에서의 고립주의와 의회의 반대로 참여하지 않았다.
전쟁 후 1920년대 미국의 경제력은 세계 1위로 영국이나 독일, 프랑스 등 당시 6대 강
대국을 합한 것보다도 더 많은 생산을 하고 있었지만, 1929년 뉴욕 주식시장의 주가폭
락을 계기로 촉발된 대공황으로 많이 쇠약해져서 당시 국민총생산액이 984억 달러에
서 1932년에는 거의 절반 수준으로 떨어졌으며 1,500만여 명에 달하는 실직자가 발생
하였다.

미국은 1933년 루스벨트 대통령의 뉴딜정책에 의거 대공황을 조금씩 회복해갔지만 반면에 미국이 국제정치에서 지도적 입장이 되면 외교나 군사부문에서 분쟁을 초래하거나 관여가 늘어날 것을 우려하는 국내 정치권의 반발 움직임으로 세계정치에서의 지도적 역할을 단호히 거부하면서 여전히 고립주의를 유지하면서도 강대국으로서 위치도 갖고 있었다. 2차 세계대전이 발발하기 전년도인 1938년 당시 강대국의 국력을 보여주는 몇 가지 사례를 보면 미국이 갖는 위상과 역할을 알 수 있을 것이다.

〈표 4.1〉에서 알 수 있듯이 미국의 경제력은 당시 국민총생산액(GDP)에서만 보더라도 추축국인 독일과 일본, 이탈리아 3국의 합보다도 많았으며, 강철 생산량에서는 3국의 합과 비슷한 정도로 생산을 하고 있었다. 이것은 평시에는 경제력의 규모를 보여주는 것이지만, 전시가 되면 화포나 전차, 항공기와 전함의 생산력을 확대하는 것은 물론 전쟁이 장기화되면 될수록 그만큼 전쟁지속능력이 크다는 것을 의미한다.

〈표 4.1〉 2차 세계대전 직전 강대국의 1938년 경제능력

구 분	인 구 (100만 명)	1인당 산업화 수준	산업 잠재력	강철 생산량 (100만 톤)	에너지 소비 (100만 톤)	국민총생산액 (10억$)
미 국	138.3	167	528	28.8	697	800
영 국	47.6	157	181	10.5	196	284
프랑스	41.9	73	74	6.1	84	186
소 련	180.6	38	152	18.0	177	359
독 일	68.5	144	214	23.2	228	351
일 본	72.2	51	88	7.0	96.5	169
이탈리아	43.8	61	46	2.3	27.8	141
비고(기준)		1900년 영국을 100으로 기준			석탄으로 환산	1990년 가격기준

출처: Paul Kennedy, 『강대국의 흥망(The Rise And Fall Of The Great Power)』, pp. 278-281. 단, 국민총생산액은 Evan Mawdsley, *World War II*, p. 324.

3. 전후 영국의 경제력 약화

영국은 1차 세계대전에서 승전국이기는 하였지만 정치·경제적으로 입은 타격은 엄청났다. 1차 세계대전 이전에는 해외의 보험과 무역수지로부터 얻은 이익도 많았는데, 전쟁 후에는 불가능해짐에 따라 경제적 여건은 더욱 악화될 수밖에 없었으며, 설상가상으로 전쟁을 수행하는 동안 미국에 많은 채무마저 발생하여 영국의 국가적인 부담을 더해 갔다. 여기에다 인도를 비롯한 해외의 많은 식민지들은 영국 정부에 자치권을 요구함으로써 더욱 어려운 처지에 빠질 수밖에 없었다.

1929년 미국에서 시작된 대공황으로 영국도 타격을 받아 국내에서의 직물산업이나 조선산업, 강철생산 등 전반적으로 생산량이 줄어들어 어려움이 많았고 당시 국제무역의 쇠퇴와 더불어 해외 수출비중도 하락하여 경제적인 상황이 좋지 않았다.

1933년 히틀러가 등장하여 독일이 재무장을 선언하고 재군비를 추진함에도 불구하고 영국은 국내의 정치나 재정·경제상의 어려움으로 인하여 군사력 증강에 전력을 기울일 수가 없었다. 이로 인하여 영국 군부에서는 '무역과 영토, 그리고 독일이나 이탈리아, 일본을 상대로 동시에 이익을 수호하는 것이 불가능' 할 수도 있음을 정부에 경고하였다. 실제로 영국은 아시아나 아프리카에 많은 병력과 전함들을 파견하고 있었지만, 이를 운용 및 유지하면서 새로운 군사력을 증강하기 위한 투자가 부족하여 어려움을 겪고 있었다.

독일군이 재무장함에 따라 전쟁의 위협이 점점 현실화 되어갈 즈음, 영국은 1937년 이후 정부예산에서 국방비를 조금씩 높이기는 하였다. 그러나 1차 세계대전이 끝나면서 군수산업 시설들을 민간물자 생산시설로 다수 전환했기 때문에 이러한 군수산업 시설들을 다시 전환하여 항공기나 전차 등 전투장비를 생산하기에는 시간이 많이 걸리고 시설자체도 부적절하여 궁여지책으로 스웨덴으로부터 볼베어링을 대량으로 수입하게 되자 이번에는 외환보유고가 급감하여 국제 신용도에 위기가 닥쳐왔다.

히틀러가 베르사유 조약을 폐기하고 재무장을 하며 라인란트에 군대를 진주시키는 등 야욕을 점차 노골화하자 당시 영국수상 체임벌린은 유화정책을 추진하면서 히틀러와 뮌헨협정을 체결하는 등 전쟁이 발발하는 것을 막고자 노력하였으나 다가오는 전쟁을 막을 수는 없었다.

4. 마지노선에 안주한 프랑스

프랑스도 1차 세계대전의 승전국이었다. 1차 세계대전 승전국으로서 프랑스는 독일에 대해서는 다른 어느 국가보다 엄하고 혹독한 조건을 제기하였다. 1871년 보불전쟁에서 독일에 빼앗긴 알자스-로렌 지방을 되돌려받았고, 여기에 덧붙여 엄청난 배상금마저 요구하였다. 독일 국민들에게 다른 어느 나라 국민들보다 더 치욕적인 모욕감을 주었던 것이다(이는 히틀러가 프랑스 전역에서 승리하여 파리로 항복을 받으러 감으로써 앙갚음을 하였다).

1차 세계대전에서 군수산업에 집중하였던 프랑스 경제도 전쟁이 끝나면서 한때 침체기를 맞이하였으나, 다행히 통화안정정책으로 잠시 회복되는 듯했다. 그러나 1930년대 중반에 들어가면서 악화되기 시작하여 빈사상태에 이르고 여기에 정치·사회적으로는 좌파와 우파들의 대립으로 불안정한 가운데 파업마저도 자주 발생하여 혼란스러움을 가중시키고 있었다.

항상 독일의 위협을 의식하였던 프랑스는 경제가 어려웠음에도 불구하고 1930년대 동부의 스위스 국경지역으로부터 벨기에와 국경선인 몽메디 지역에 이르기까지 당시로서는 150억 프랑이라는 막대한 국방비를 들여 약 750km의 마지노선을 구축하였다. 방위선으로 마지노선을 구축한 것까지는 좋았으나 프랑스 정부나 군부는 물론 국민들에 이르기까지 마지노선을 너무 과신하여 군사력 증강이나 전술개발을 소홀히 한 결과 1940년 5월 독일군의 침공으로 6주 만에 무기력하게 패하는 결과를 초래하였다.

5. 히틀러의 제3제국 등장과 재무장 선언

1차 세계대전에서 패한 독일은 베르사유 조약에 의해 아시아나 아프리카 등 해외에서의 방대한 식민지들을 영국에 넘겨주어야 했다. 극동에서는 일본이 적도 이북의 독일령 도서를 인수하였으며, 산둥(山東)반도는 중국에 반환되었다. 국토의 대부분은 비무장지대로 되었으며 보불전쟁에서 승리하여 프랑스에서 할양받았던 알자스-로렌은 프랑스로 반환되었고, 쉴레스비히-홀스타인 지방은 덴마크로 귀속되었으며, 라인란트는 중립지대화되었다. 폴란드 회랑의 설치로 인한 발트 해로의 독일출구 봉쇄와 단치히의 자유도시화 및 폴란드의 실레지아 점령 등 독일이 국내와 해외에서 수많은 영토를 상실함으로써 입은 굴욕은 상상 이상으로 참담하였다.

그러나 독일제국에 이어 등장한 바이마르 공화국은 이러한 굴욕감을 언제인가 되갚기 위한 준비를 하기 시작하였으며, 그것은 젝트의 비밀재군비계획으로 나타나 연합국의 감시 아래서도 꾸준히 진행되었다. 독일과 소련은 1차 세계대전에서 치열한 전쟁을 하였었음에도 불구하고 전후 영국이나 프랑스 등 연합국의 태도에 불만을 갖고 있었던 양국이 비밀리에 우호관계를 설정하기로 하는 라팔로 조약(Treaty of Rapallo)을 1922년 4월 체결함으로써 연합국을 기만하면서 비밀리에 소련과 경제·군사적 협력을 시작하였다.

한편 연합국이 점령한 곳에 남은 700만여 명의 독일 국민은 체코의 수데텐란트나 이탈리아의 티롤 지방으로 가서 정착함으로써 민족 간의 또 다른 갈등의 원인이 되었다. 경제적으로는 당시 독일 국민의 3년간 국민총생산액(GDP)을 웃도는 어마어마한 배상금(1,320억 금화 마르크)과 독일의 재군비를 막기 위한 군비제한 조항은 독일의 숨통을 조이기에 충분할 정도로 버거운 것들이었다.

독일의 숨통을 죄는 베르사유 조약의 이런 조항들은 독일의 재무장을 촉진하는 계기를 만들고 여기에 1929년에 미국발로 시작된 대공황에서 독일 국민도 비껴가지 못하면서 좌절감을 주는 가운데 히틀러라는 새로운 독재자가 이러한 정세를 교묘히 이용하여 집권을 한 것이다.

1933년 히틀러는 정권을 잡은 뒤 국제연맹을 전격적으로 탈퇴하면서 베르사유 조약의 파기와 재군비를 선언하였으며, 중립지대인 라인란트에 군대를 진주시키고 오스트리아와 체코를 무력으로 합병하였다. 1939년 9월에는 폴란드를 침공하고 1940년 5월에는 프랑스를 공격함으로써 세계는 다시 대전쟁에 휘말렸다.

6. 스탈린의 압제와 공산주의 확산

1917년 러시아가 전선에서 이탈한 이후, 러시아 국내에서는 볼셰비키 혁명으로 제정러시아는 몰락하고 내전으로 경제가 피폐해지자 볼셰비키 혁명으로 정권을 잡은 레닌은 공산주의 체제와 경제정책을 일부 수정하지 않을 수 없었고, 따라서 '신경제정책(NEP)'을 추진하면서 자본주의 방식을 일부 도입하는 정책을 실시하였다.

이에 따라 잉여농산물을 자유판매하거나 사적으로 작은 규모의 농장을 경영하여 생산된 농작물을 판매하는 등으로 영리활동을 할 수 있도록 허용하였고, 국영기업을 부흥하는 등의 조치를 취함으로써 1차 세계대전 이전의 수준을 회복할 수 있었다. 그러나 레닌의 신경제정책은 레닌이 죽자 폐기되고 1926년 스탈린이 정권을 잡은 뒤 자본주의적 요소를 철저히 배제한 새로운 신경제정책(NEP)을 추진하고 중공업 위주의 정책을 실시함으로써 다시금 국민들의 생활수준은 제정러시아 시대로 돌아갔다. 반면에 무기를 만드는 공장들은 중공업 위주 정책에 힘입어 빠른 속도로 발전하고 있었다.

스탈린은 중공업 위주의 산업을 발전시켜 국력을 배양하기 시작하면서 어느 정도 위치에 오르자 비밀경찰을 이용하여 무자비한 숙청과 처형 등 독재정치로 강력한 통치체제를 확립하면서 공산주의를 유럽지역에 확산시키고자 하였다. 이 과정에서 특히 독일과 이탈리아를 중심으로 반발이 심하여 나치즘과 파시즘이 대두되기 시작하면서 공산주의와 대립은 불가피하게 되었다.

7. 일본의 강대국 부상

동아시아에서 일본은 1860년대 '메이지(明治)유신' 이래 제조업을 발전시킨 결과 국력을 꾸준히 성장하여 부를 축적하기 시작하였으며 신장되는 경제력을 이용하여 강력한 군사력을 육성하기 위해 육군은 독일 육군, 해군은 영국 해군을 모델로 삼아 혁신적인 변화를 추구하였다. 그 결과 일본군은 동아시아에서 강력한 패권국가로 등장하기 시작하여 그 힘을 해외에서 식민지 개척과 시장을 넓히기 위한 활동으로 나타나 첫 제물이 조선이 되었으며, 중국과 러시아도 일본군의 야욕으로부터 자유로울 수가 없었다. 일본이 청일전쟁과 러일전쟁에서 승리하여 중국의 랴오둥(遼東) 반도를 차지하고 러시아를 중국으로부터 축출하는 데도 성공하였다.

1902년 영일동맹을 체결하였지만 이 조약은 의무를 동반하는 조약이 아니었음에도 1차 세계대전에서는 연합국의 요청을 받아들여 명목상 연합국의 일원으로 지중해에 함대를 파견하여 참전하였다. 전쟁 후에는 승전국으로 아시아의 독일령이었던 산둥(山東)반도와 마리아나 군도 등을 점유하는 등 점차 그 팽창야욕을 노골화함에 따라 영국과 미국은 1921년 워싱턴 회의에서 중국의 영토 존엄성을 강조하여 일본이 중국으로부터 철수하게 하였고, 워싱턴 해군군축 협정으로 미국과 영국, 일본의 함정보유비율을 5 : 5 : 3으로 규정하여 일본을 견제하기 시작하였다.

1920년대 세계적으로 불어닥친 경제적 어려움을 일본도 피해갈 수는 없었으며 이에 군국주의자들이 등장하여 중국에서 본격적으로 세력을 확장하기 시작하면서 1931년 만주사변과 1937년 중일전쟁을 일으켰다. 일본의 팽창주의가 점차 확대되면서 미국은 영국이나 네덜란드 등과 같이 일본에 대한 수출통제 등 경제적인 압박을 가하기 시작하자 이에 반발하여 태평양 지역에서도 피할 수 없는 전쟁의 그림자는 서서히 다가오기 시작한 것이다.

〈표 4.2〉는 1차 세계대전 직전인 1913년 주요 강대국의 제조업 생산지수를 100으로 하였을 때 전쟁 직후인 1920년 제조업 생산지수로부터 2차 세계대전 직전인 1938년까지의 지표를 보여준다. 미국은 1차 세계대전 이후 제조업의 생산이 대공황을 겪으면서 잠깐 줄어들기는 했으나 전반적으로 꾸준히 성장하였으며, 영국은 1차 세계대전 당시 전비지출이 심하여 이를 회복하는 데 상당한 시간이 소요되었다.

프랑스는 전쟁 직후 제조업 생산이 많이 떨어졌으나 비교적 빨리 회복하다가 대공황으로 커다란 타격을 받았으며, 국내 정치의 불안으로 2차 세계대전 직전까지 제대로 회복하지 못하였다. 소련은 1차 세계대전 직후 독일군에 패하여 전선을 이탈한 후 혁명을 거치면서 제조업 생산이 현저히 떨어졌으나, 스탈린이 집권한 1926년 이후 신경제정책으로 현저히 발전되기 시작하였으며, 일본도 2차 세계대전 직전까지 꾸준히 제조업 생산을 늘리고 있었다. 독일은 히틀러가 집권한 1933년 이후 군사력 증강에 막대한 재정을 투입하여 군수공업 위주로 급속히 발전하고 있었다.

〈표 4.2〉 1913~1938년 사이의 강대국 제조업 생산지표의 변화

구 분	1913 (기준년도)	1920 (대전 직후)	1925	1930 (대공황 후)	1935	1938 (대전 직전)
미 국	100	122.2	148.0	148.0	140.3	143.0
영 국	100	92.6	86.3	91.3	107.9	117.6
프랑스	100	70.4	114.3	139.9	109.1	114.6
소 련	100	12.8	70.2	235.5	533.7	857.3
독 일	100	59.0	94.9	101.6	116.7	149.7
일 본	100	176.0	221.8	294.9	457.8	552.0
이탈리아	100	95.2	156.8	164.0	162.0	195.2

출처: Paul Kennedy, 『강대국의 흥망(The Rise And Fall Of The Great Power)』, p. 411.

이와 같이 강대국들의 각축 속에 1차 세계대전이 끝날 무렵 윌슨 대통령이 제안하여 창설된 국제연맹에서 정작 이를 제안한 미국은 고립주의를 이유로 참여하지 않았고, 독일과 소련은 영국과 프랑스 등의 반대로 참여가 거부되었다가 뒤에 참여하였다. 일본은 1932년 만주국에 대한 불법침략을 국제연맹이 규탄하자 바로 탈퇴하였다.

1935년 10월 이탈리아가 국제연맹의 회원국인 에티오피아에 침공하자 국제연맹 이사회는 50여 개 회원국가가 참가한 결의에서 이탈리아에 군수물자 수출금지와 대출금지, 이탈리아로부터의 수입금지와 고무 및 양철 등의 물자 수출거부 등 4개항을 권고하기로 결정하였다. 그러나 이탈리아가 이를 거부함으로써 이제 국제연맹은 그 역할에 종지부를 찍으면서 전쟁의 그림자는 서서히 다가오고 있었다.

누구도 2차 세계대전에서 강대국 간의 전쟁이 국가의 모든 인적·물적 자원의 총동원은 물론 산업시설의 전시체제 전환으로 막대한 물량을 생산하여 전쟁지속능력을 확대하는 대량의 소모전 양상으로 변하게 될지 모르는 가운데 2차 세계대전에서는 1차 세계대전보다 더욱 광범위하게 총력전 양상으로 변화하면서 강대국들은 전쟁 전부터 그에 대한 준비를 서서히 시작하였다.

제2절
전쟁 원인

1. 히틀러의 재무장 선언과 생활권 주장

2차 세계대전이 왜 발발하였는지를 이야기함에 있어 독일의 비밀재군비 계획과 히틀러의 등장, 일본 군국주의자들의 팽창정책, 국제연맹의 분쟁발생 시 조정역할 미흡 등을 이야기하지 않을 수 없다.

먼저 독일은 1920년 6월 체결된 베르사유 조약에 의해 가혹하리만치 국가의 위상이 저하되었고, 군사력의 규모와 장비 등에 대한 감시와 통제를 받고 있었다. 그 주요 내용을 보면 해외의 독일 식민지 반환, 알자스-로렌 지방 프랑스에 반환, 전쟁배상금 지불(1,320억 금화 마르크), 군대규모 축소(10만) 및 해군 군함보유량 제한(10만 톤), 공군과 잠수함 보유 금지, 의무병역제 철폐 및 참모본부의 폐지, 라인란트 좌안의 비무장지대화 등으로 어느 것 하나 선뜻 받아들일 수 없는 조항들이 독일의 숨통을 조이고 있었다. 이러한 과도한 조항들은 연합국, 특히 독일의 재부상을 막기 위해 프랑스가 철저히 계산하여 요구한 것들이었으며, 당연히 독일 그중에서도 특히 군부에서는 이를 받아들일 수 없었다. 그래서 나온 것이 젝트의 비밀재군비계획이었다.

1차 세계대전이 끝나고 1919년 국방군 참모총장으로 취임한 젝트(Hans von Seekt)는 베르사유 조약 군비조항의 허점을 교묘히 이용하여 향후 독일이 군사력을 확장할 시에 대비하기 위한 준비를 하였다. 주요한 내용을 보면 첫째, 독일군을 이중의 목적을 가진 간부화된 정예군으로 만들고 둘째, 독일군에 필요한 새로운 전략사상을 개발하며 셋째, 정부의 각 기관에 향후 군사력 확장에 대비하여 군조직을 숨겨놓아 비밀리에 활동을 하도록 하고 넷째, 동원 및 예비군제도를 비밀리에 유지하며 다섯째, 라팔로 조약으로 소련과 비밀리에 군사협력을 추진하는 것이다. 그 외에도 전시 동원에 대비하여 동원국을 비밀리에 만들어 놓고 경제동원에 대한 준비도 하였다.[4]

독일군 군부는 1차 세계대전에서 독일이 왜 패하였는지를 분석하면서 연합국의 독일군 활동에 대한 감시가 있음을 고려하여 모든 조직이나 활동을 감춘 채 비밀리에 활동하면서 향후 어느 순간 독일군을 급속히 확장할 수 있는 준비를 하였고, 그러한 계획의 실효성은 1933년 히틀러가 집권함으로써 빛을 보게 된다. 이렇게 독일군이 언제 있을지 모를 전쟁에서 철저한 복수를 위해 준비를 해나가는 동안 마침내 1933년 선거에서 다수당이 된 나치당의 히틀러는 수상으로 취임하였고 힌덴부르크 대통령이 죽자 수상 겸 총통으로서 독일의 야욕을 하나씩 실천해나가기 시작하였다.

히틀러가 정권을 잡은 뒤 그의 야망을 달성하기 위해서 취한 전술은 이른바 '잠식전술(Piece-meal tactics)'로 당시 히틀러가 그의 야망을 달성하기 위해 단번에 군사력을 사용하기에는 재군비를 추진하였다고는 하나 아직 독일군의 역량이 미약하였기 때문에 불가능하였다. 따라서 조금씩 점진적으로 소규모의 무력 사용이나 외교적 압력을 행사하면서 영국과 프랑스의 대응행동에 따라 그 성과를 계속하여 확대하고 누적함으로써 궁극적으로 자신의 의도를 달성하는 전술을 구사하였던 것이다.

히틀러의 이러한 첫 번째 행동은 1933년 10월 국제연맹과 그 산하의 군비축소위원회 탈퇴로 나타났다. 독일의 국제연맹 탈퇴로 서유럽 국가들과 관계가 악화되자 히틀러는 의도적으로 폴란드에 접근, 이듬해인 1934년 1월에는 불가침조약을 체결함으로써 자신의 침략성에 대한 은폐와 동시 프랑스의 대독일 포위망에 대한 무력화와 아직 독일군보다 강한 폴란드 군을 묶어놓고자 했다(그러나 폴란드와 독일의 불가침조약은 1939년 4월 히틀러가 일방적으로 파기함으로써 사문화되고 그해 9월 1일 독일군이 폴란드를 침공함으로써 제2차 세계대전이 발발한다).

1935년 1월에는 베르사유 강화조약의 결과로 프랑스에 귀속된 철광석이 풍부한 '자르(Saar)' 탄전지대를 국민투표에서 90% 이상의 찬성으로 독일로 귀속시켰으며, 그해 3월 이탈리아가 에티오피아를 무력으로 침공하여 위기상황이 조성되자 이틈을 이용하여 베르사유 군비제한조항 폐기를 일방적으로 선언함으로써 독일군의 확장을 공식적으로 선언하였다.

또한 영국과 해군협정을 체결하여 해군력을 확장하게 되었으며 이로 말미암아 프랑스가 위협을 느껴 소련과 동맹관계를 모색하자 이를 독일에 대한 명백한 위협이라는

---

4   자세한 사항은 정하명 외,『세계전쟁사』, pp. 263-268 참조.

구실로 1936년 3월 7일에 로카르노 조약을 폐기하고 중립지대화되었던 라인란트에 군대를 진주시켜 영국과 프랑스의 행동을 떠보았다. 그러나 영국과 프랑스의 행동이 미적지근하고 특별한 반응이 없었으므로 히틀러는 더욱 더 자신감을 갖고 다음 단계로 나갈 수 있었다.

1936년 7월부터 1939년 3월까지 스페인에서 내란이 발생하자 소련이 왕당파를 지원하는 동안 독일은 전차와 항공기 등으로 구성된 일명 '콘도르 군단(Condor Legion)'을 보내 프랑코 총통의 공화파를 지원하였다. 이때 새로이 개발된 항공기와 전차를 보내 장비와 전술을 시험하였는데, 이것은 독일군으로서는 다가올 폴란드와 프랑스 전역에서의 전격전을 미리 연습하였던 셈이다.[5]

히틀러는 1938년 3월 13일에는 "하나의 민족과 하나의 제국, 하나의 지도자(Ein Volk, ein Reich, ein Fuhrer)"를 외치면서 오스트리아에 군대를 보내 흡병을 선언하였고, 9월에는 체코의 수데텐란트에 독일인이 300만여 명이나 거주한다는 이유로 군대를 보내 점령하면서 영국과 프랑스에게는 뮌헨협정을 통해 이를 승인하게 하였다.

1939년 8월 23일에는 소련과 이른바 '독소불가침조약(German-Soviet Non-Aggression Pact, 일명 Molotov-Ribbentrop 조약)'을 체결하여 상호 중립과 적대행위를 하지 않기로 합의한 가운데 드디어 1939년 9월 1일, 폴란드를 전격적으로 침공하였다. 이에 대응하여 9월 2일 영국과 프랑스가 독일에 최후통첩을 보낸 뒤 3일 선전포고를 함으로써 유럽지역에서 2차 세계대전은 발발하였다.

히틀러는 자신의 의도에 부합하지 않거나 독일에게 불리한 조약은 일방적으로 무시하거나 폐기하였고, 때로는 자신의 의도를 숨기기 위해서 폴란드와 독일, 영국과 프랑스와 불가침조약도 체결하여 상대방을 기만하면서 자기에게 유리한 여건이 될 때까지 기다렸다. 영국이나 프랑스 등 상대방의 의도를 떠보기 위해서 때로는 라인란트에 군대를 진주시키고 오스트리아와 체코를 합병하는 등 무모할 정도의 과감한 행동도 두려워하지 않았다. 그러면서도 꾸준히 군비를 확장하였으며 마침내 폴란드를 전격적으로 침공하여 전 세계를 전쟁의 소용돌이 속으로 몰아넣었던 것이다.

---

5   이때 독일군이 파견한 군사력으로 Ju-52 폭격기와 Me-109 및 He-51 전투기 등 총 96대의 항공기와 32대의 전차 및 포병, 전함 2척, 병력 6,500여 명이었다.

2. 일본의 대동아공영권 주장과 주변국 침공

한편 동아시아에서는 만주에 주둔하고 있던 일본 관동군이 1931년 9월 18일 만주침공을 시작으로 1937년 7월 7일에는 중국군에 대한 전면적인 공격을 시작함으로써 중일전쟁이 시작되었다. 관동군은 해군과 공군력의 우세를 이용, 지원을 받으면서 상하이(上海)나 광둥(廣東) 등 주요한 도시들을 하나씩 점령해나갔으나 중국군의 거센 저항과 중국인들의 끈질긴 게릴라식 저항으로 중국대륙 점령이 어려워지자 마침내 최소한의 병력으로 전략적 요충만을 점령하는 전술로 전환하였다.

1940년 들어 일본은 '대동아공영권' 주장을 강화하면서 중국은 물론 동남아시아 지역으로 세력을 더욱 확대해나가기 시작하였고, 미국은 이를 저지할 목적으로 대일본 수출금지 조치를 취하였다. 일본은 이에 아랑곳하지 않고 독일 및 이탈리아와 이른바 '3국 동맹' 관계를 9월 27일 체결하여 연합국에 대응하였다. 독일과 소련이 '독소 불가침조약'을 체결하는 것을 보고 일본도 소련과 1941년 4월에 5년간의 '일소불가침조약(Japan-Soviet Non Aggression Pact)'[6]을 체결하여 북방에서 소련군의 위협을 제거함으로써 남쪽으로 힘을 더욱 집중할 수 있는 여건을 만들었다. 한편 프랑스의 비시 정권에게도 압력을 가하여 프랑스령 인도차이나를 점령하고 중국에 대한 봉쇄를 더욱 강화하였다.

이렇게 일본의 침략이 노골화되자 미국은 일본상품의 수입을 금지시키고 미국 내 일본인 자산을 동결하였으며, 일본을 정치·경제·군사적으로 봉쇄하기 위해 미국과 영국, 중국 및 네덜란드가 주도하여 이른바 'ABCD(America-British-China-Dutch)' 라인을 연결하여 일본이 전쟁을 수행하는 데 필요한 고무나 석유, 니켈과 주석 등을 확보할 수 없도록 하였다.

1940~1941년 유럽에서 독일군이 승승장구하여 전세가 추축국에게 유리하게 돌아가자 일본은 태평양 지역에서 미국이 주도하는 연합국이 전쟁을 수행할 수 있는 완벽한 준비를 갖추기 이전에 기습으로 전쟁을 시작하고 공세적 작전을 유지하면서 속전속결에 입각한 단기결전을 택하여 전쟁을 이끌고 가는 것이 바람직할 것으로 판단하고 3단계 작전을 하기로 계획을 수립하였는데 다음과 같다.[7]

---

6   주요 내용은 일본과 소련은 첫째, 각자의 영토를 보전하며, 불가침을 존중하고 둘째, 두 나라 중 한 나라가 다른 제 3국과 전쟁을 하는 경우 다른 나라는 중립을 지키며 셋째, 유효기간은 5년으로 하는 것이었다(김용구, 『세계외교사』, pp. 808-809).

7   정하명 외, 『세계전쟁사』, pp. 396-398.

1단계는 전략적 공세단계로, 하와이의 미 태평양함대를 무력화하여 작전능력을 마비시키고 인도네시아와 보르네오 등 동남아의 자원지대를 점령하여 전쟁지속능력을 확대하며 일본 본토와 동남아 자원지대 방어에 필요한 외곽지대를 점령한다.

2단계는 주변 방어선 강화단계로, 쿠릴 열도로부터 태평양상의 웨이크 섬과 마셜 군도 등을 거쳐 인도네시아의 자바 섬과 수마트라, 말라야와 버마까지를 연결 강력한 외곽방어선을 구축하여 내부를 확보하고, 3단계는 제한된 소모전 단계로써 주변방어선으로 침투해오는 공격부대를 격멸하며 미국의 전의가 분쇄될 때까지 제한된 지구전을 감행한다.

이렇게 되면 미국도 일본이 장악한 지역을 기정사실화하여 인정하고 협상에 응할 것으로 판단하였던 것이다. 그리고 마침내 1941년 12월 7일 일본 해군의 연합함대는 하와이 진주만의 미 태평양 함대에 대해 기습공격을 함으로써 3년 8개월간의 지루한 태평양전쟁은 시작되었다.

3. 국제연맹의 역할 미흡

다음은 국제연맹(League of Nation)이 제대로 국제분쟁에서의 중재역할을 하지 못했다는 것이다. 1차 세계대전이 끝날 무렵 미국 대통령 윌슨은 '평화를 위한 14개 조항'을 발표하였으며, 이에 따라 1919년 1월 파리에서 개최된 강화회의에서 집단안보와 국제분쟁의 중재, 무기감축 및 개방외교를 원칙으로 하는 연맹의 규약을 정하고 42개국이 회원국으로 참여하는 국제연맹을 창설하면서 스위스의 제네바에 본부를 두었다.

국제연맹이 창설된 이후 10여 년은 국제평화와 안전을 의하여 순조롭게 운용이 되었다. 독일의 배상금을 감해주기 위한 '영안(Young Plar)'을 입안하였고, 그리스와 불가리아의 분쟁을 해결했으며 1921년에는 미국과 영국, 일본이 해군군비 감축을 위한 워싱턴 회담을 성사시켰다. 또한 회원국들이 전쟁을 불법화하는 '켈로그–브리앙(Kellogg-Briand)' 조약을 체결하기도 했다.[8]

그러나 국제연맹의 창설 제창국인 미국은 베르사유 조약에 대한 의회인준 거부와 고립주의를 이유로 불참하였고, 주요 회원국인 영국과 프랑스는 국제연맹 내에서 자주

---

8   조지프 나이, 『국제분쟁의 이해』, p. 138.

의견충돌이 있었다. 독일은 침략국으로 가입을 못하고 있다가 1925년에 로카르노 조약 체결 후에 가입하였고, 소련은 공산주의 확산으로 가입을 못하고 있다가 1934년이 되어서 가입하였다.

1931년 일본의 만주침공을 국제연맹이 규탄하자 이를 계기로 일본은 1933년에 탈퇴하였고, 독일은 히틀러가 정권을 잡은 1933년 그해 10월에 일방적으로 탈퇴하였으며, 이탈리아는 에티오피아 침공을 계기로 국제연맹에서 규제를 하자 1936년에 탈퇴하였다. 소련은 1939년 핀란드 침공을 이유로 국제연맹으로부터 제명되었다. 이렇게 국제연맹 가맹국들이 타국을 침략하여 연맹으로부터 제명당하거나, 스스로 탈퇴하는 등 국제적인 분쟁에서 제대로 기능을 발휘하지 못하다가 2차 세계대전이 발발하면서 스스로 붕괴되고 말았던 것이다.

결국 2차 세계대전은 유럽에서 독일이 비밀재군비를 통하여 군사력을 비밀리에 증강하여 오다가 히틀러라는 희대의 독재자가 당시 독일의 경제적 어려움을 이용하여 선거에서 정권을 확보하고 자신의 정치적 의도를 관철할 목적으로 인접국을 침공함으로써 발발하였고, 동아시아에서는 일본 군국주의자들의 영토 팽창욕이 인접국들을 침공함으로써 분쟁을 야기하여 미국이 이를 저지하자 미국에 대한 기습 공격을 가함으로써 발발하였다. 이런 분쟁을 조정하여야 할 국제연맹은 제대로 그 역할을 하지 못함으로써 결국은 1차 세계대전 시 보다 더 많은 국가가 전쟁에 참여하는 세계대전이 발발하였다.

제3절
전쟁 경과

　1차 세계대전이 유럽과 대서양지역 위주로 전거되었다면, 2차 세계대전은 유럽과 북아프리카, 아시아 지역 외에 대서양과 태평양 및 인도양, 지중해 등 광범위한 지역에서 전개되었다. 전쟁이 발발하자 많은 국가들은 자국의 의지에 따라서 또는 강대국의 점령으로 인해 연합국으로서 또는 추축국으로서 직접 전쟁에 참여하거나 병력이나 장비 및 물자를 보내 지원하였으며, 일부의 국가는 중립을 유지하였다.

　전쟁기간 중 연합국으로 참전하였거나 지원한 국가들은 병력과 물자를 지원하여 연

〈표 4.3〉 2차 세계대전 시 주요국가의 블록 구성

구 분		국 가
연합국	주요국	미국, 영국, 프랑스, 소련, 오스트레일리아, 브라질, 캐나다, 남아프리카 공화국, 뉴질랜드
	지원국	아르헨티나, 볼리비아, 칠레, 콜롬비아, 코스타리카, 쿠바, 에쿠아도르, 이집트, 레바논, 멕시코, 파라구아이, 파나마, 페루, 사우기아라비아, 터키, 베네수엘라 등
추축국	주요국	독일, 일본, 이탈리아
	합병국	오스트리아 · 체코(독일), 에티오피아(이탈리아), 중국(일본)
	서명국	불가리아, 헝가리, 루마니아, 슬로바키아
중립국		아일랜드, 포루투칼, 스페인, 스웨덴, 스위스
공격을 받아 점령되거나 영향을 받은 국가		알제리, 알바니아, 벨기에, 미얀마, 체크, 덴마크, 에스토니아, 핀란드, 프랑스, 그리스, 인도, 이란, 라트비아, 룩셈부르크, 리투아니아, 모로코, 네덜란드, 필리핀, 노르웨이, 폴란드, 싱가포르, 시리아, 타이, 튀니지, 유고슬라비아 등

출처: http//www.world-war-2.info/statistics(검색일: 2010.9.25).

합국을 지원하였고, 추축국에 점령이 되었던 국가에서는 인적자원은 물론 장비나 물자를 강제적으로 지원해야만 되었다. 2차 세계대전이 어떻게 발발하여 전개되었는지 주요 전투가 발생하였던 지역 위주로 살펴보고자 한다.

1. 폴란드 전역(1939.9.1~10.6)과 북유럽 전역(1940.4.9~5.5)

유럽에서의 전쟁은 독일군이 프랑스를 공격하기 전에 국방군의 전투력을 시험해보고자 기갑부대와 항공기를 앞세워 1939년 9월 1일 전격적으로 폴란드를 침공함으로써 시작되었다. 히틀러는 폴란드를 공격하더라도 영국과 프랑스가 폴란드를 도와 군사행동을 취할 준비가 되어 있지 않을 것으로 보았고, 프랑스를 공격하기에는 마지노선이 완강할 것으로 판단하였다. 따라서 폴란드와 불가침조약을 체결하였지만 이를 파기하고 몇 달 뒤 전격적으로 침공한 것이다.

독일군은 장갑사단 등 60여 개의 사단과 공군을 이용하여 사전 선전포고 없이 바르샤바를 기습적으로 공격하였고, 폴란드군은 이에 맞서 용감하게 저항하였으나 독일군의 공격을 저지하기에는 중과부적(衆寡不敵)이었다. 소련도 독소비밀조약에 의거 폴란드를 공격함으로써 양면에서 협공을 받은 폴란드는 독일과 소련에 의해 양분된 채 10월 6일에 마지막 저항부대가 항복하면서 폴란드 전역의 전쟁은 끝났다. 독일이 폴란드를 침공하자 영국은 독일에 대하여 9월 3일에 선전포고를 함으로써 독일군의 폴란드 침공은 2차 세계대전으로 비화되었다.

독일군과 소련군이 폴란드를 양분하는 동안, 폴란드가 외부의 공격을 받으면 지원하기로 하였던 영국은 9월 2일 선전포고를 하였지만 그렇다고 특별한 군사적 조치를 하지 않았으며, 프랑스도 역시 별다른 조치도 하지 않고 수수방관(袖手傍觀)하고 있었다.[9] 영국과 프랑스는 독일군을 폴란드로부터 철수시키기 위하여 기갑부대로 공격을 한다거나 공군은 폭격을 하지 않았으며, 양국 국민들은 모두가 전쟁에 돌입해야 될 것이라는 사실을 받아들일 준비조차도 하지 않고 있었다.

폴란드가 패한 뒤 1939년 10월 3일 아직 영국의 수상으로 재직하고 있었던 체임벌린은 말로는 영국이 폴란드와의 약속을 존중할 것이라는 점을 분명히 하고 있었지만,

---

9   Peter Calvocoressi and Guy Wint, *Total War*, pp. 100-101.

유화정책이라는 무기력한 상태에 머물러 있으면서 별 조치를 하지 않았고, 프랑스 정부도 선전포고를 할 것인지 확실치도 않았다. 영국이나 프랑스 모두 독일군 침공을 저지할 만한 힘도 의지도 없었으며, 히틀러는 이를 잘 간파하고 있었던 것이다. 독일군이 폴란드를 점령한 9월 중순부터 독일군이 프랑스를 공격하는 1940년 5월까지는 영국과 프랑스에 의한 선전포고가 있었지만 실제로 이 기간에 전투행위는 없었다.

이 8개월간의 애매한 전쟁상태를 두고 미국의 한 기자는 '엉터리 전쟁(또는 가짜 전쟁, Phony War)'[10]이라고 표현을 하기도 하였다. 히틀러는 폴란드를 전격적으로 침공하여 점령함으로써 그의 작전목적을 달성하였을 뿐만 아니라 독일 국방군의 전격전 전술을 시험해봄으로써 취약점을 발견하고 이를 보완함으로써 1940년 5월 프랑스 전역에서는 더욱 신속한 전격전을 구사할 수 있는 경험도 얻었다.

폴란드를 점령한 히틀러는 그의 눈을 북유럽으로 돌렸다. 스웨덴과 노르웨이, 덴마크 등 북유럽에 대한 히틀러의 관심은 경제적으로는 전쟁을 지속하는 데 필요한 철광석을 스웨덴과 노르웨이로부터 확보하는 것이고, 전략적으로는 발트 해가 겨울에 얼기 때문에 이 지역을 점령하지 못하면 해상수송로가 차단되어 독일의 전쟁지속에 막대한 영향을 받을 수 있었기 때문에 이를 해소하고자 함이었다.[11]

따라서 히틀러는 먼저 덴마크를 공격하여 항복을 받고 이어서 노르웨이에 대한 상륙을 시도하여 영국과 프랑스 연합군을 교전 끝에 격퇴하였다. 그 결과 독일군은 노르웨이를 점령하여 철광석을 확보함은 물론 이곳에 항공기와 잠수함 기지를 설치하고 연합군 수송선단을 괴롭히기 시작하였다.

2. 프랑스 전역 (1940.5.10~6.25)

1939년 9월 1일 독일군이 폴란드를 공격하자 영국과 프랑스가 9월 3일 독일에 전쟁을 선포하여 제2차 세계대전이 발발하였음에도 불구하고 서부전선에서는 별다른 전투

---

10   Richard A. Preston & Sydney F. Wise, *Min In Arms*, pp. 296-297. 이 말은 미국의 한 기자가 한 말로, 독일군이 폴란드를 침공하여 영국과 프랑스 등 연합국이 독일에 대하여 선전포고를 하였음에도 불구하고 폴란드가 점령된 1939년 9월부터 프랑스를 침공하는 1940년 5월까지 8개월 동안 서로 대치를 하여 전투는 하지 않고 '눈싸움(Eye War)'만 하고 있었던 기간을 말한다. 독일어로는 '앉은뱅이 전쟁(Sitzkrig)' 이라 한다.

11   Peter Calvocoressi and Guy Wint, *Total War*, pp. 107-109.

가 발생하지 않은 채 1939년 10월 이후부터 1940년 4월까지 지속되었다(엉터리 전쟁 또는 가짜 전쟁기간). 전투행위는 없었지만, 독일군은 이 기간을 이용하여 폴란드 전역에서 얻은 교훈을 바탕으로 프랑스 전역에 대비하여 철저한 훈련을 하였다.

이 기간 동안 히틀러는 1940년 3월 만슈타인 계획을 승인하였는데, 그 계획은 주공을 누구도 통과가 어려울 것으로 생각하였던 아르덴느 삼림지대를 돌파, 솜므 강 이북의 연합군을 차단하여 포위하고 조공과 협력하여 연합군을 섬멸하며 조공은 벨기에와 네덜란드 방향으로 공격을 하고, 남부의 마지노선에 대해서는 전방에서 견제공격을 하는 것이었다.

반면 연합군의 작전계획은 벨기에군이 앤트워프와 루벤 간을 방어하고, 영국원정군은 루벤에서 와브르 간을 점령하여 방어하며, 프랑스는 와브르에서 마지노선을 연하여 방어하는 이른바 '디일 계획(Dyle Plan)'을 갖고 있었다.

1940년 5월 10일 벨기에와 네덜란드에 대한 무차별 폭격으로 공격을 시작한 독일군에게 네덜란드군이나 벨기에군은 완강히 저항을 하였지만 상대가 되지 않았고 마침내 항복을 하였다. 베네룩스 3국을 점령한 독일군은 파죽지세로 프랑스 파리를 향하여 공격을 하기 시작하였다. 히틀러는 1939년 가을에 그의 육군부관인 벨로우(Nicholas von Below)에게 서쪽을 공격하는 것은 "공산주의와 대결할 때 뒤를 안전하게 만들기 위한 견제작전"이라고 여러 번 말했다고 하는데, 소련을 공격하기 전에 배후의 안정을 도모할 목적으로 서유럽 국가들을 공격하기 시작하였던 것이다.[12]

프랑스군 지휘부는 독일군이 마지노선을 공격하기를 바랐고 그렇게만 된다면 충분히 준비된 방어선에서 독일군을 격파할 수 있을 것으로 생각하였다. 그러나 독일군은 누구도 통과하기 어려울 것으로 예상하고 있었던 북부의 아르덴느 삼림지대를 이용하여 공격함으로써 마지노선을 무용지물로 만들었고 여기에 배치된 프랑스군 30여 개 사단은 프랑스가 항복할 때까지 프랑스 방어에 전혀 도움이 되지 못하였다.

독일군이 기갑사단과 항공기를 이용한 이른바 '전격전(電擊戰, Blitzkrieg)'을 실시[13]하여

---

12 리처드 오버리, 김행복 옮김, 『독재자들』(서울: 교양인, 2008), p. 685.

13 '전격전'이라는 용어는 미국의 시사주간지인 『타임(Time)』이 1939년 9월 25일자에 처음으로 소개한 것으로 알려지고 있다. 이 용어가 전문용어로 자리 잡은 것은 2차 세계대전 뒤에 영국의 군사전문가인 하트(Basi Hart)가 2차 세계대전에 관한 책을 쓰면서 당시 기갑전의 대가인 구데리안 장군의 도움을 받아 작성을 하였는데 여기서 구데리안은 그가 일찍이 전격전 개념을 창안하여 이 때문에 승리를 했다고 주장했던 것이다. 전격전은 '3S', 즉 속도(Speed)와 기습(Surprise) 및 화력의 우위(Superiority)를 바탕으로 한다. 기습이란 적에게 심리적 충격을 가하여 전의를 상실케 하는 것이고, 속도란 기계화 부대가 적

프랑스로 공격하기 시작하자 프랑스 파리는 6월 14일 로테르담이나 바르샤바와 같이 독일군의 폭격에 폐허가 되는 것을 피하기 위하여 두방비 상태임을 선언하였고 독일군은 파리를 무혈점령하였다. 독일군이 프랑스 전 지역을 점령하게 될 것이 명확해지자, 프랑스는 1차 세계대전의 영웅이자 당시 수상으로 임명된 페탱이 주도하여 항복에 대한 논의가 이루어지면서 독일군과 협상 끝에 전쟁을 시작한 이후 46일 만인 6월 25일에 항복함으로써 전투행위는 종식되고 프랑스 전역은 끝났다.

1940년 5월 10일 독일군이 프랑스를 침공할 당시 쌍방의 군사력은 독일군이 123개 사단(이 중 기갑사단 10, 차량화 사단 8)에 비하여 연합군은 총 134개 사단(영국군 10개 사단, 벨기에군 22개 사단, 네덜란드 10개 사단, 프랑스군 92개 사단, 이 가운데 3개 기갑사단과 3개 경기갑사단, 5개 차량화 사단)으로 연합군이 결코 불리하지 않았다.[14]

장비 면에서도 프랑스군은 영국원정군의 전차까지 합쳐서 3,383대를 보유하여 독일군의 2,445대보다 많았으며 질도 결코 떨어지지 않았다. 포병에서도 프랑스 육군은 야포 1만 1,000문을 보유하여 8,000문을 보유한 독일군에 비하여 우세하였다. 다만 연합군이 전차를 보병을 지원하는 화기로 운영하는 개념이었던 것에 비하여 독일은 전격전을 위한 기동력으로 운용하였고, 자주포병도 전차와 함께 운영함으로써 프랑스보다 훨씬 더 역동적으로 운용할 수 있었던 것이다.[15]

독일군은 전격전이라는 새로운 전술과 잘 훈련된 부대 및 유능한 지휘관 등으로 커다란 승리를 하였지만, 프랑스군은 마지노선에 대한 지나친 과신과 방어제일주의 사상으로 과감하고 능동적인 전술을 구사하지 못했고, 여기에 영불연합군 간의 협조 미흡과 전차의 분산 운용 등으로 쓰라린 패배를 맛보아야 했다. 1939년 히틀러가 그의 육군부관에게 프랑스를 공격하기 이전에 "동쪽에서 소련에 맞서 대규모 작전을 벌이는 데

진 깊숙이 침투하여 적으로 부터 후퇴 또는 재편성의 여유를 박탈하는 것이며, 화력의 우위란 전차와 자주포 및 항공기를 이용하여 압도적인 화력의 우세를 달성하는 것이다.

14 또 다른 자료에 의하면 1940년 5월 독일군이 프랑스를 공격 시 각국의 전투력은 다음과 같다.

구 분		부대(사단)	전차(다)	야포(문)	항공기(대)
독일군		135	2,439	7,378	3,578
연합군	소 계	151	4,204	14,000	4,460
	프랑스군	104	3,254	10,700	3,097
	영국군	17	640	1,280	1,150
	벨기에군	22	270	1,338	140
	네덜란드군	10	40	656	82

출처: 칼 하이즈 프리저, 진중근 옮김, 『전격전의 전설』(서울: (주)일조각 2008), p. 107.

15 폴 콜리어, 강만수 옮김, 『제2차 세계대전』(서울: 도서출판 플래닛 미디어, 2008), pp. 120-121.

군대가 필요하므로 서쪽에서 신속한 승리를 거두어야 한다."고 말한 바 있는데 이를 달성한 것이다.[16]

3. 영국 본토 공방전 (1940.8.10~10)

영국군은 1940년 5월 26일 됭케르크 일대에서 독일군에 포위되어 섬멸될 위기에 처한 연합군을 구출하기 위한 '다이나모 작전(Op. Dynamo)'을 실시하였다. 이 작전으로 영국군은 프랑스군 12만여 명을 포함한 33만여 명의 연합군이 철수에 성공하기는 하였지만, 당시 영국군은 모든 장비를 됭케르크 일대에 유기한 채 철수해야만 했다. 또한 철수병력을 호위하기 위해 파견된 함정 10여 척과 항공기 다수를 잃었기 때문에 만약 독일군이 영국 본토를 공격해온다면 영국의 존망은 위태로울 수밖에 없었다.[17]

그나마 다행인 것은 아직 영국해군과 공군이 건재하였고, 독일군이 영국에 상륙하려면 제해권과 제공권이 장악되어야 하나 아직 독일군의 여건이 그렇지 못하였다. 히틀러는 자신의 생활권 철학을 실천하기 위해서는 영국을 제거하기만 하면 소련으로 작전을 변경할 수 있었으나 공격을 하기보다는 협상을 선택하였다. 하지만 처칠은 이런 히틀러의 제안을 거부하였다. 따라서 독일군은 영국 본토를 공격하기 위하여 영국과 가까운 프랑스와 네덜란드 등지에 비행장을 건설하고 보급품을 집적하는 등 이른바 '바다사자(Sea Lion)' 작전을 준비하였다.

8월 18일부터 시작된 1단계 영국 본토 공격작전에서 독일군은 500여 대의 항공기를 투입하여 영국의 해안도시와 호송선단, 비행장과 항공기 생산공장에 대한 무차별적 폭격으로 많은 피해를 주었으나 공격목표를 너무 광범위하게 선정하여 실패하였다. 8월 24일부터 9월 5일까지 실시된 2단계 작전에서는 영국 공군기지를 주요 목표로 폭격하여 많은 피해를 주었으나 갑자기 공격을 중지하여 영국 공군이 파멸 직전에서 기사회생하는 기회를 주었다.[18]

9월 7일부터 시작된 런던공습에서 수많은 사람이 죽거나 다쳤고 유서 깊은 건물들

---

16   리처드 오버리, 『독재자들』, p. 685.
17   폴 콜리어, 『제2차 세계대전』, pp. 130-131.
18   위의 책, pp. 134-136.

이 파괴되었으나 독일 공군의 피해도 급증하자 마침내 히틀러는 작전을 중지하도록 지시하였다. 이후 10월 초순에 주로 야간공습 위주로 폭격을 하기는 했으나 마침내 영국이 위기를 극복하면서 영국과의 전투는 일단락되었다. 히틀러는 영국 본토에 대한 공격을 중지하고 전쟁의 방향을 소련으로 돌리고 있었던 것이다. 영국 본토 공방전은 2차 세계대전 기간 중 결정적인 사건 중의 하나로서 이렇게 종결되었다.[19]

4. 발칸 전역 (1941.4.6~4.27)

1940년 6월 22일 프랑스가 독일군의 전격전에 의해 함락되자 스탈린은 불안감을 느껴 독일군이 소련을 공격할 시 방위선을 앞당길 목적으로 그해 8월에 발트 3국을 병합하였다. 그에 앞서 발칸 반도로도 진출하여 루마니아의 부코비나를 6월 28일 점령함으로써 독일이 발칸 반도로 진출하는 것을 억제하고 루마니아 유전지대로부터 독일과 이탈리아의 석유공급을 차단하였다.

이에 독일군도 10월 7일 루마니아로 진격하여 유전지대를 확보하면서 루마니아군을 훈련시켰다. 영국이 크레타 섬을 점령하고 11월 들어 남부 그리스로 영향력을 확대하자, 히틀러는 루마니아 유전지대가 영국 공군의 행동거리 내에 위치하는 것을 보고 그리스 침공계획을 수립하도록 지시하였다.

한편 유고가 독일과 이탈리아, 일본의 3국 동맹에 가입하기로 하였으나, 유고 내에서 혁명(Simovic coup)이 일어나 반독일 전선이 형성됨에 따라 이를 진압하고 소련을 침공할 시 배후의 안전을 도모할 목적으로 공격을 할 필요성이 대두되었다.[20]

따라서 독일군은 1941년 4월 6일, 20개 사단으로 유고와 그리스에 대한 공격을 시작하자 유고는 4월 17일에 항복을 하였고, 그리스군은 완강한 저항 끝에 4월 27일 항복하였다. 그리스가 항복하자 이 지역에 배치되었던 영국군은 크레타 섬으로 철수하였다. 크레타 섬은 지중해의 중요한 보급선이자 해군함정의 정박지였기 때문에 영국은 그 이전부터 병력을 보내 수비를 하고 있었다.

그리스로부터 철수한 영국군은 크레타 섬에서 방어진지를 편성하고 방어를 하자 독

---

19 Peter Calvocoressi and Guy Wint, *Total War*, p. 144.

20 *Ibid.*, p. 159.

일군은 크레타 섬을 점령할 목적으로 그때까지 역사상 최대의 공수작전을 실시하여 교전 끝에 독일군이 섬을 점령하고 영국군이 철수함으로써 발칸 전역은 사실상 종결되었다.

5. 독일군의 소련 침공(1941.6.22)과 소련군의 반격(1943~1944)

히틀러는 뮌헨폭동의 실패로 수감되어 있을 때 옥중에서 『나의 투쟁(Mein kamf)』을 저술한 바 있다. 여기서 그는 독일 민족이 생존하고 번영하기 위해서는 '생활권(Lebensraum, Living Space)'이 필요하며 이를 위해 우크라이나의 곡창지대와 코카서스의 유전, 우랄의 지하자원과 시베리아의 삼림자원이 필요하다고 주장하였다.[21]

독일의 외무장관 리벤도르프도 1939년 2월 7일 "독일의 정책은 잃어버린 식민지를 찾고 공산주의자와 싸우는 것이며, 소비에트에게는 단호한 자세를 취하면서 결코 소비에트를 이해하지 않을 것"이라고 못을 박았다.[22] 이렇게 독일에게 있어서 소련은 결코 그냥 둘 수 있는 존재가 아니었다.

1940년 10월 12일, 영국 본토에 대한 공격중지를 지시한 히틀러는 그해 12월 18일 소련 공격작전을 수립할 것을 '지령 제21호(Directive No.21)'로 지시하였는데 그것이 '바바로사 작전계획(Barbarossa Plan)'이었다.[23] 히틀러에게 있어 바바로사 대소작전은 보통의 전쟁이 아니라 '대립하는 두 세계관(나치즘-볼셰비즘)의 투쟁'으로, 이 전쟁은 공산주의를 영원히 근절하기 위해 무자비하게 싸워야 할 전쟁이며, 이를 실행하기 위하여 작전을

---

21 정하명 외, 『세계전쟁사』, p. 314; 김용구, 『세계외교사』, pp. 713-714. 히틀러는 해외식민지를 포기하는 대신에 소련에서 필요한 영토를 확보함으로써 영국과 충돌을 회피하면서 강력한 독일을 건설할 수 있다고 말했다.

22 Robert Goralski, *World War II Almanac: 1931~1945*, p. 79.

23 히틀러가 바바로사 작전을 계획하고 실시하게 된 이유는 첫째, 우크라이나의 밀과 코카서스의 석유 등 자원을 확보하고 둘째, 공산주의자들을 제거하면서(나치즘과 볼셰비즘은 견원(犬猿)지간의 관계였음) 셋째, 영국은 본토방어에 여유가 없음을 고려하여 먼저 소련을 점령하여 항복을 받은 후 나중에 영국을 다시 점령함으로써 양면전쟁을 피하고자 함이었다(정하명 외, 『세계전쟁사』, pp. 313-314). 이에 대하여 또 다른 견해가 있다. 즉, 히틀러의 생활권 주장 외에도 1940년 6월 프랑스군이 독일군의 전격전에 의해 너무 쉽게 항복하자 이러한 승리에 도취되어 소련에도 그 현상이 그대로 일어날 것으로 히틀러가 확신을 하였다는 것이고, 아울러 독일 공군의 영국 본토에 대한 공격에도 불구하고 독일이 상륙작전을 하기에는 해군력이 미약하며, 여기에 처칠도 협상테이블에 나올 전망이 보이지 않자 소련을 공격하였다는 것이다(Evan Mawdsley, *World War II*, pp. 136-137).

계획하고 실행하게 된 것이다.[24]

　바바로사 작전계획을 요약하면, 먼저 국경지대에서 기갑브대가 깊숙한 포위와 침투로 소련군을 서부 국경지대에서 격멸하고 이어서 신속히 진격하여 소련군의 내부지역으로 철수를 차단하며, 최종적으로 볼가(Volga) 강으로부터 아창겔(Archangel) 선까지 점령하여 독일 본토에 폭격을 할 수 없는 곳까지 점령하는 것이다.[25] 그렇게만 된다면 히틀러는 스탈린 정권이 붕괴될 것으로 판단을 하였다.

　작전준비는 1941년 5월 15일까지 완료토록 지시되었으나 발칸 전역으로 연기되다가 마침내 6월 22일 일요일 아침 새벽 3시에 독일군의 포격과 급강하 폭격기에 의한 폭격으로 전 전선에서 공격을 시작함으로써 소련과의 전쟁은 시작되었다. 히틀러는 대소전역을 시작하기 전에 "한 번의 타격으로 소련 국가를 박살내기 위해서 전쟁은 날카로우며 치명적으로 시행되어야만 한다."고 말한 바 있는데[26] 이를 위해 독일군은 막대한 전력을 투입하여 공격을 시작한 것이다.[27]

　이때까지 소련군은 스탈린의 1937~1938년의 대숙청으로부터 혼란이 수습되지 않은 상태에 있었다. 소련군은 1만 5,000여 대의 전차나 1만여 대의 항공기를 보유하고 있었으나 구식이었고, 정비와 보급지원도 형편없어서 전투력 발휘에 어려움이 많았다. 반면에 소련군 병사들은 소련의 자연적 환경과 스탈린 체제하 억압에 시달리면서 성장을 해왔기 때문에 인내력에서는 최고의 병사들이었다. 스탈린은 미국과 영국 정보기관, 소련의 해외첩보원들이 경고하는 독일군의 침공 가능성과 독일군의 독소국경지역으로의 병력 이동상황도 무시하다가 결국은 기습을 당하였다.[28]

　독일군은 바바로사 작전을 준비하면서 3~4개월이면 전쟁이 끝날 것으로 판단하여 동계피복이나 전차와 차량의 동파를 방지하기 위한 부동액, 윤활유 등 소련의 동계혹한에 대비한 작전준비를 제대로 하지 않았다. 여기에 소련군이 완강히 저항하면서 이러한 작전준비 미비는 독일군 작전계획의 수행을 완전히 어긋나게 만들었고 예상보다

24　리처드 오버리, 『독재자들』, p. 685.

25　정하명 외, 『세계전쟁사』, pp. 319-320; Evan Mawdsley, *World War II*, p. 137.

26　리처드 오버리, 『독재자들』, p. 684.

27　이때 독일군이 투입한 부대와 병력은 19개의 기갑사단 19개, 12개의 기계화 사단 등 148개의 사단과 14개의 루마니아군 사단을 포함하여 305만여 명의 병력에 장비는 3,350여 대의 탱크와 각종 포 60만여 문, 60만여 대의 차량과 62만 5,000여 필의 말, 2,500여 대의 항공기였다(정하명 외, 『세계전쟁사』, p. 321).

28　Peter Calvocoressi and Guy Wint, *Total War*, pp. 166-158.

장기화되면서 독일군의 군수지원 등에 커다란 문제점으로 대두되었다.

6월 22일 시작한 독일군의 공격은 소련군의 완강한 저항을 받으면서도 9월 키에프 포위전을 실시하여 60만여 명의 포로를 노획하는 등 한동안 대승을 거두면서 작전의 주도권을 장악하고 유리하게 전투를 해나갔다. 대소전역 전반기인 1941년 6월로부터 12월에 이르기까지 독일군은 소련군 260만여 명을 사살하였고 330만여 명의 포로를 획득할 정도로 그 성과는 눈부셨다. 이런 전과를 바탕으로 히틀러는 승리를 장담하여 베를린에서 군중들을 모아놓고 "독일군은 세계사에서 가장 위대한 전투를 하고 있고, 소련은 다시 살아나지 못할 것이다."라고 연설하면서 마치 승리가 목전에 다다른 것처럼 자신감에 가득 차 있었다.[29]

그러나 해가 바뀌면서 독일군은 작전한계점에 서서히 도달하기 시작하였다. 1942년 들어 모스크바 공격이 돈좌되면서 바바로사 작전이 실패로 돌아가고 장기전 양상으로 전환되기 시작하였다. 독일군은 동계작전 준비가 미흡하여 전차나 야포 등 전투장비의 윤활유는 얼어 붓고 기관차 내부의 물도 얼었으며, 차량이나 전차엔진은 동파되었다. 동계피복이 준비가 덜 되어 동사자가 속출하였고, 여기에 진흙에 갇혀 꼼짝을 못하고 있었다.

1942년 들어 소련군은 미국의 무기대여법에 의해 장비와 물자를 지원받기 시작하였고, 자체 생산을 점진적으로 확대하면서 장비나 탄약, 물자의 보급이 개선되고는 있었으나 여전히 소요를 충족하기에는 부족한 상태였다. 독일군도 작전이 장기화되고 보급량이 부족하여 점차 지쳐가고 있었다. 이렇게 상황이 악화되기 시작하자 독일군 참모본부는 다시 공세를 취하기에는 병력으로부터 전투장비나 탄약 등 모든 자원이 부족하여 공격을 중지할 것을 히틀러에게 건의했다. 그러나 히틀러는 이를 거부하여 계속 공격하기를 요구하면서 마침내 코카서스의 유전지대를 확보할 목적으로 공세를 취하게 되었다.

공격을 개시한 독일군은 1942년 8월 24일 스탈린그라드 전투에서 소련군에 포위된 가운데 제대로 보급도 못 받으면서 철수 건의를 무시하는 히틀러의 독단과 독일6군 사령관 파울루스(Fridriech von Paulus) 대장의 소극적인 행동 등으로 6군은 1943년 2월 2일 항복을 하고 포로 9만 명을 포함하여 33만 명의 전사자와 포로가 발생한 채 참담한 실패로 끝났다.

---

29   리처드 오버리, 『독재자들』, pp. 692-695.

1943년 들어 소련군은 1941~1942년의 실패를 교훈삼아 편제나 장비를 현대화하고 있었다. 또한 부대의 사기고양을 위한 각종의 조치를 해가면서 공세작전을 준비하고 있었다. 독일군도 소련군의 하계공세에 대비하여 전장의 주도권을 장악할 목적으로 쿠르스크 돌출부 지역에서 대공세를 취할 준비를 하였다.

1943년 7월에 쿠르스크 일대에서 독일군은 만슈타인 장군의 지휘 아래 56개 사단 151만여 명의 병력과 화포 1만 6,600문, 전차·돌격포 5,000여 대, 항공기 5,000여 대를 투입하였고, 반면에 소련군은 주코프(Georgii Zhukov) 장군의 지휘하에 76개 보병사단 264만여 명의 병력과 5만 3,500여 문의 화포, 전차 3,200여 대와 항공기 6,950여 대를 투입하여 사상 최대의 전차전을 벌였다. 그러나 이 무렵 연합군이 시칠리아에 상륙작전을 실시함에 따라 히틀러는 이 작전의 중지를 결정함으로써 전투가 종결되었으나 결과적으로는 독일군의 전략적 실패로 막을 내렸다.[30]

6. 북아프리카-지중해 전역(1940.6~1945.5)

북아프리카는 지중해와 수에즈 운하를 통제할 수 있고 지역 내의 유전을 확보하여 전쟁지속능력을 확대할 수 있는 등의 이점이 있다. 이와 같은 이점을 고려하여 영국은 북아프리카에 1개 기갑사단을 파견하였는데, 이때에는 이미 이탈리아가 50만여 명의 병력과 전함을 리비아에 파견함으로써 충돌은 불가피하였다.

영국군과 이탈리아군은 마침내 리비아 일대에서 충돌하여 영국군이 13만여 명의 포로와 85문의 포, 380여 대의 전차를 획득하였다. 북아프리카의 상황이 이렇게 영국군에 유리하게 전개되자 이때를 이용하여 독일군은 롬멜(Ervin Rommel) 장군의 지휘 아래 2개 사단을 파견하여 영국군을 축출하고자 하였다. 이를 시작으로 북아프리카에서 독일군과 영국군은 토부룩에서 벵가지를 중심으로 일진일퇴를 거듭하면서 전투를 하였다.

마침내 엘 알라메인 일대에서 롬멜군이 영국군의 계속된 공격과 독일군의 전차손실 확대 및 유류 부족으로 작전을 중지하고 철수하자 영국군이 전과확대를 실시하면서 튀니지 국경까지 도달함으로써 작전은 종결되었다.

1942년 여름 루스벨트 대통령과 처칠 수상이 지중해의 병참선을 확보하고 중동에

---

30   정하명 외, 『세계전쟁사』, pp. 336-338.

대한 동맹군의 위협을 제거할 목적으로 북아프리카에 상륙을 결정하면서 몽고메리(Bernard Montgomery) 장군의 8군을 주축으로 알렉산더 장군의 중동방면 영국군은 동쪽에서 아이젠하워(Dwight D. Eisenhower) 장군이 지휘하는 서북아프리카 상륙군은 서쪽에서 공격하여 동맹군을 격멸하기로 계획을 세웠다.

이 작전은 성공적으로 실시되어 북부 아프리카 일대를 점령한 연합군은 마침내 튀니지 일대에서 동맹군과 치열한 교전을 벌였다. 이 전투에서 동맹군은 95만여 명의 인명피해와 24만 톤의 선박피해, 항공기 8,000여 대, 각종 포 6,200여 문과 탱크 2,500여 대, 트럭 7,000여 대를 상실하면서 패하였으며 연합군이 북아프리카에서 주도권을 장악하였다.

북아프리카 전역이 막바지에 다다를 무렵인 1943년 1월 미국과 영국의 수뇌는 모로코의 카사블랑카에서 회담을 갖고 지중해에서 병참선을 확보하고 차기 작전의 기동공간을 확보할 목적으로 이탈리아의 시칠리아 섬을 공격하기로 하였다. 따라서 1943년 7월 9일 공수부대의 공수작전을 시작으로 아이젠하워가 지휘하는 육·해·공군 16만여 명의 병력과 항공기 3,700여 대가 시칠리아를 공격하여 17일 전역을 점령하였다.

시칠리아 전투가 한창 진행되고 있을 무렵 무솔리니(Benito Mussolini) 정권이 전복되고 신임 수상 바돌리오(Pietro Badoglio) 원수가 연합국과 휴전을 위한 비밀협상을 시작하는 동안 독일군이 이탈리아군 무장을 해제시키고 이탈리아 본토를 접수하여 방어하기 시작하였다.

연합군의 이탈리아 반도 상륙작전은 독일군의 효과적인 저항에 의해 많이 지연되고는 있었지만, 독일군 저항을 서서히 무력화하면서 6월 4일에 수도 로마를 점령하였고 반도의 북쪽을 향하여 계속 진격을 한 끝에 마침내 1945년 5월에는 북부의 포강 일대에서 독일군으로부터 항복을 받으면서 이탈리아 전역은 끝이 났다.

7. 노르망디 상륙작전과 독일군의 패망(1944.6.6~1945.5.6)

연합군이 서서히 전쟁의 승기를 잡아가면서 대두된 것은 언제 유럽에 상륙하여 독일군과 직접적으로 전쟁을 해나가느냐 하는 것이었다. 따라서 연합국은 1942년 12월 아르카디아 회담에서 프랑스 해방을 위한 개략적인 계획에 동의를 한 뒤 1943년 1월 모로코의 카사블랑카 회담에서 상륙작전을 구체화하기 시작하였다. 이를 위해 연합군

'최고참모본부(Chief Of Staff to Supreme Allied Command, COSSAC)'를 런던에 설치하여 상륙작전 계획을 검토하면서 1944년 5월경에 실시하기로 잠정 결정하고 작전명칭을 '오버로드 작전(Overload Operation)'으로 하였다.[31]

이때쯤 북아프리카에서는 연합군이 상륙하여 독일군을 압박하였고, 동부전선에서는 소련군이 주도권을 장악하여 공세로 전환하고 있었기 때문에 독일군은 불리한 상황에 있었다. 이 상황을 이용하여 연합군이 상륙작전을 한다고 하더라도 막대한 장비와 물자를 필요로 하였고 수송에 따른 선박의 문제와 더불어 도버해협 일대에서 활동하고 있었던 독일군 잠수함의 무력화도 먼저 해결해야 할 문제였다.

마침내 미국과 영국 수뇌는 작전을 실시하기로 결심하고 아이젠하워(Dwight D. Eisenhower)를 총사령관으로 임명하였으며, 아이젠하워는 충분한 준비를 위해 작전을 5월에서 6월로 연기하면서 독일 공업지대에 대한 폭격을 강화하였다. 연합군은 5단계로 상륙작전을 실시하기로 하였으며, 5월 말 작전을 위하여 준비된 연합군의 규모는 병력 287만여 명과 함선 5,300여 척, 항공기 1만 2,000여 대로 실로 '사상 최대의 작전(The Longest Day)'을 실시할 만한 규모였다.[32]

반면에 독일군은 연합군의 상륙에 대비하여 프랑스와 네덜란드 2,500마일의 해안선을 따라 58개 사단을 배치하였으나, 이 부대들은 연합군의 기갑부대에 대응할 자주포나 대전차포는 없었고 병력수준도 저조하여 전투력은 약하였다. 또한, 전략예비대는 없었고 공군력도 열세하였다.

6월 6일, 연합군은 상륙작전을 하기에는 폭풍 등으로 일기가 매우 불순함에도 불구하고 노르망디(Normandy) 해안에 성공적으로 상륙하여 독일군을 격파하면서 프랑스 내륙으로 진격을 시작하여 마침내 8월 25일에는 파리를 해방하였다. 이렇게 연합군의 작전이 실시되는 동안 독일군은 전투력이 극히 저하되어 있었기 때문에 제대로 된 저항을 할 수 없었다.[33]

---

31 정하명 외, 『세계전쟁사』, pp. 369-373; 폴 콜리어, 『제2차 세계대전』, pp. 709-716.
32 이 작전에 참여한 해군은 6척의 전함과 23척의 순양함, 122척의 구축함, 260척의 PT보트 등이었으며 그 외에도 수송함, 프리게이트함 등 다수가 참여하였다. 또한 공군은 영국공군(RAF)의 지휘 아래 487개의 항공대(영국 330, 캐나다 42, 남아공화국 27, 프랑스 27, 폴란드 13, 인도 9, 뉴질랜드 6, 체코 4, 노르웨이 4, 그리스 4, 네덜란드 3, 벨기에 2, 유고 1)로 구성되었다. 항공기를 세부적으로 보면 전투기 5,409대, 중(重)폭격기 3,467대, 1,645대의 경·중형 폭격기, 2,316대의 수송기 등이다(Robert Goralski, *World War II Almanac: 1931~1945*, pp. 322-324). 공군은 총 1만 4,674 소티에 1만 1,912톤의 폭탄을 투하하였다. 연합국과 독일군의 전력비교는 '폴 콜리어'가 지은 『제2차 세계대전』의 pp. 716-726 참조.
33 연합군이 노르망디 상륙작전에 성공한 이후 서부전선에서 독일군은 병력 40만여 명과 1,800여 대의 전

8월 26일부터는 본격적으로 독일군을 추격하여 9월 14일에는 프랑스와 독일 국경선에 도달하였으나 독일이 설치해 놓은 '서부방벽(West Wall, 일명 Siegfried Line)'[34]에서 독일군이 완강히 저항하는 한편 연합군이 내륙으로 진격함에 따라 병참선이 신장되는 문제가 발생하여 작전이 지연되는 상황에 처하게 되었다. 따라서 연합군은 공수작전을 실시하여 상황을 돌파하고자 했으나 실패로 돌아가고 병참문제를 해결할 때까지 기다려야 했다.[35]

1944년 11월 말, 마침내 네덜란드의 앤트워프 항이 개항되고 보급품이 대량으로 양륙되기 시작하여 연합군의 물자부족이 해소되면서 연합군의 작전 여건이 개선되어갈 무렵에 독일군이 아르덴느 방면에서 공격을 해왔다.

독일군 참모본부에서는 아르덴느 지역의 연합군 배치가 약한 것으로 판단하여 이 지역에서 기갑부대가 작전을 실시하는 데 어려움이 없을 것으로 보았으며, 이 지대의 삼림은 연합공군의 공중공격으로부터 은폐를 제공해줄 것으로 판단하고 공격을 하기로 한 것이다.

1944년 12월 16일부터 독일군의 기습으로 시작된 이 전투(Bulge 전투)에서 독일군은 2개의 야전군과 2개의 기갑군 등 모두 25개 사단을 투입하였다. 독일군은 초기단계의 작전을 성공적으로 실시하여 연합군전선을 60여 마일 정도 침투하는 등 성공적인 것처럼 보였다. 그러나 기상여건이 좋아지고 연합군이 5,000여 대의 항공기 지원을 받아 독일군 기갑부대와 병참선을 타격하면서 공방전 끝에 독일군은 7만여 명의 사상자와 5만여 명의 포로, 600여 대의 전차와 1,600여 대의 항공기가 손실을 입는 등 막대한 피해만 입은 채 마침내 공세는 실패로 끝났다.[36]

차, 1,500여 대의 각종 포와 2만여 대의 차량의 손실이 있었다. 연합공군과 지상군부대의 공격에 엄청난 손실을 입고 있었다. 철수하는 독일군 사단 중 2기갑사단의 경우는 전차 5대에 병력은 2,000여 명에 불과할 정도였으며 다른 사단들도 별반 다르지 않을 정도로 피해를 입고 있었다(마틴 반 크레펠트, 이동욱 옮김, 『보급전의 역사』, 서울: 도서출판 황금알, 2006, p. 373).

34 히틀러가 1936년에 전략적인 목적보다는 선전목적으로 계획하여 1938년에서 1940년 사이에 프랑스의 마지노선에 대응하여 독일 국경선을 따라 건설된 방어선으로 길이 638km에 1만 8,000여 개의 벙커와 터널 및 토치카, 전차진격 방지용 장애물 등으로 구성되어 있었다.

35 이 당시 연합군이 필요로 하는 군수품은 매월 소총 3만 6,000정과 700문의 박격포 및 100문의 야포, 500대의 전차와 2,400대의 차량 및 야전용 전선 6만 6,400마일, 야포 및 박격포탄 800만 발이었다. 또한 작전지역이 점차 확대되면서 보급거리가 신장되어 '긴급수송작전(Red Ball Express)'을 실시하여 7,000대의 트럭으로 호송체제를 구축하고 매일 20시간씩 전선으로 운행하였으며 도중에 운전병을 교체하는 방법으로 수송 간 발생하는 어려움을 해소하였다(정하명 외, 『세계전쟁사』, p. 381).

36 발지 전투에 대한 자세한 사항은 정하명 외, 『세계전쟁사』의 pp. 384-388; 폴 콜리어, 『제2차 세계대전』의 pp. 775-786 참조.

발지 전투에서 독일군의 공세를 저지한 연합군은 동부로 진격을 계속하여 3월 20일을 전후하여 전 부대가 라인 강 일대에 도달하였으며 23일부터는 라인 강을 도하하여 교두보를 설치하고 독일군의 저항을 격파하면서 내륙으로 계속 진출하여 루르(Ruhr) 일대에서 사상 최대의 포위작전을 실시하였다. 루르 지역은 지름 80마일, 총면적은 4,000평방마일로 그 안에는 독일군 18개 사단이 있었는데 연합군은 치열한 소탕전 끝에 32만 5,000여 명을 생포하였으며 루르 포위전이 진행되는 기간 중에도 연합군 주력부대들은 계속하여 동쪽으로 진격함으로써 독일군을 양분하였다.[37]

연합군은 전 방향에서 독일군을 계속 압박하여 차례차례 독일군의 저항 거점을 점령한 끝에 5월 4일 최후 저항거점을 점령하였고, 히틀러는 자살로 생을 마감하였다. 서부전선에서의 연합군 공세와 더불어 동부전선에서도 소련군이 4월 16일부터 베를린을 향하여 총공세를 개시하고 5월 2일에 모든 저항을 종식시키면서 독일군은 5월 6일 '무조건 항복문서'에 서명함으로써 유럽에서의 2차 세계대전은 공식적으로 끝났다.

8. 진주만 기습과 태평양전쟁의 발발(1941.12.7)

메이지 유신의 성공으로 국력을 나날이 신장해온 일본은 청일전쟁(1894)과 러일전쟁(1904)에서 승리하여 조선을 강제적으로 합병(1910)하였지만 그것만으로는 부족하였다. 그리고 마침내 만주사변(1931)과 중일전쟁(1937)을 일으켜 그 야욕을 중국대륙으로 향하여 거침없이 뻗어나가기 시작하면서 소위 '대동아공영권'이라는 미명 아래 이제 그 야욕을 동남아시아로 뻗어나가고자 하였다.

1940년 초가 되면서 일본과 미국의 충돌 가능성이 점증하는 가운데 미국은 일본의 야망을 억제할 목적, 즉 중국에서 철수하지 않으면 석유를 포함한 물자의 대일본 수출 금지와 미국 내 일본인 자산 동결을 경고하였지만, 일본은 이에 아랑곳하지 않고 그해 9월 독일 및 이탈리아와 3국 동맹을 체결하였고, 소련과도 5년간의 불가침협정을 체결하였다. 프랑스가 독일군에 항복한 뒤에는 비시정권에게도 압력을 가하여 프랑스령 인도차이나에 일본군을 진주시키면서 중국에 대한 봉쇄를 더욱 강화하였다.

상황이 이렇게 악화되어가자 미국은 영국과 네덜란드, 중국과 더불어 ABCD 라인을

---

37 루르 포위전은 정하명 외, 『세계전쟁사』, p. 391; 폴 콜리어, 『제2차 세계대전』, pp. 790-799 참조.

구성하여 일본을 정치 · 경제 · 군사적으로 봉쇄하기 위한 조치를 취함으로써 일본은 전쟁을 수행하는 데 필수적이면서 전략물자인 석유와 주석, 니켈 및 고무의 수입이 막히게 되었다. 따라서 일본은 이를 타개할 목적으로 인도네시아나 말레이의 자원지대를 점령하기 위하여 전쟁을 하든지 아니면 자급자족을 하든지 그것도 아니면 대동아공영권을 포기하든지 택일을 해야만 하는 상황이 되었고 결국 군부가 주도하여 전쟁을 택한 것이다.

일본은 유럽에서의 동맹국인 독일군의 승승장구에 대하여 고무되어 있었지만 반면에 주변국 침공으로 미국이 수출제한 등 봉쇄를 하였기 때문에 어려움을 겪으면서 이를 탈출하기 위해 미국과 일본이 정상회담을 개최할 것을 제의하는 등 돌파구를 찾고자 했으나 실패하였다.

이 무렵 유럽에서는 독일군이 연전연승하여 프랑스는 1940년 6월에 이미 항복하였고, 영국은 본토와 북아프리카에서 사활을 건 싸움에 매달려 있었으며, 소련도 1941년 6월에 시작된 독일군의 바바로사 작전으로 붕괴 직전의 상황에 몰려 있었다.

미국과 일본의 대립으로 상황이 악화되어 가면서 일본이 전쟁을 예방하기 위한 노력을 전혀 하지 않은 것은 아니다. 일본은 전직 해군제독인 노무라를 주미 일본대사로 임명하여 악화되고 있었던 상황을 타개하고자 워싱턴과 협상을 벌이기도 하였으나 양국의 견해차가 너무나 컸기 때문에 실패로 끝났다.[38]

당시 일본은 중일전쟁을 통해 숙달된 전투경험과 더불어 240만여 명의 상비전력 외에 300만여 명의 예비전력과 7,500여 대의 항공기 및 220척의 주력함선과 600만 톤의 수송선 등 그 어느 때보다도 강력한 군사력을 보유하고 있었다. 이러한 일본군의 전쟁수행 준비와 역량, 유럽에서의 독일군의 연전연승 소식은 일본을 한층 고무시키고 있었다.

반면에 이미 유럽에서는 독일군이 프랑스를 점령하고 영국과 치열한 전투를 하고 있음에도 불구하고 1941년도에 미국은 아직 완전히 전쟁준비가 되어 있지 않았다. 태평양 일대에는 미군이 주축이 되어 영국과 오스트레일리아 및 네덜란드군 등 연합군 병력 35만여 명과 전함 90척, 항공기 1,000여 대 정도가 있었으나 언어와 풍습의 차이 등으로 지휘체계에 문제가 있었다. 여기에 태평양상의 광범위한 도서지역 여러 곳에 분산되어 있어 지휘와 보급 및 작전 등 어려움이 많았다.

---

38   김용구, 『세계외교사』, pp. 813-814.

미군은 태평양전쟁이 발발하기 이전, 즉 1941년 12월 7일 이전에 하와이 일대에 병력 150만여 명(이 중 100만여 명은 아직 훈련을 마치지 않았음)과 항공기 1,157대, 전함 347척, 수송선 1,000만여 톤을 보유하고 있었다. 그러나 이때 미국은 유럽에서 전쟁을 하는 연합국들을 지원하기에도 역량이 부족하여 태평양 지역의 준비상태는 그다지 만족할 만한 위치에 와 있지 못하였다. 유럽에서 독일군이 승승장구하고 있고, 아시아에서는 일본군의 침략이 노골화되고 있을 때에도 1941년의 미국은 아직 전시체제로 전환되어 있지 않아서 미국의 막대한 전쟁잠재력이 전력화되기에는 시일이 걸릴 것으로 보였다.

이와 같이 일본군은 최대의 군사력과 전쟁을 도발할 수 있는 유리한 위치에 있었으나 반면에 미군은 유럽전선 우선으로 태평양 지역에서는 상대적으로 불리한 위치에 있었다. 따라서 일본은 미국을 상대로 전쟁을 신속히 종결할 수 있는 방법으로 할 수 있다면 승리할 수 있을 것으로 판단하여 '다이홍헤이(大本營)'에서는 기습에 의한 개전으로 전쟁을 시작해서 공세적인 작전으로 속전속결로 작전을 하기로 하였다.

마침내 1941년 12월 7일, 일본군 '야마모토 이소로쿠(山本五十六)' 대장이 지휘하는 연합함대가 하와이 진주만의 태평양 함대를 기습 공격하여 전함 7척 등 함정 18척을 격침 또는 침몰시키고 항공기 357대를 파괴 또는 파손시켰으며 해군수병 2,403명이 전사하는 등 3,581명의 인원손실이 발생하는 피해를 입히면서 태평양전쟁은 발발하였다.[39]

당시 하와이 진주만의 태평양 함대에는 항모 3척과 전함 9척, 중순양함 2척, 경순양함 18척, 구축함 54척, 잠수함 22척과 항공기는 450대를 토유하고 있었는데, 미국으로서 그나마 불행 중 다행이었던 것은 일본군이 진주만을 공격할 당시 항모 3척이 훈련차 출동하여 기습으로 인한 피해를 모면한 것과 항공기나 함정 정비시설과 450만 배럴의 유류 저장고가 공습으로부터 피해를 받지 않은 것이었다.

진주만 기습 이전 미군의 암호해독 전문가들이 일본군 암호전문을 입수하고 해독하는 데 성공하여 일본군의 침공 가능성을 경고하고 있었다. 영국군도 일본군이 진주만을 공격하기 위해 전함을 출항시켰다는 내용의 첩보를 입수하여 미국에게 알려주었다고 한다. 이렇게 미국은 일본군의 공격 가능성을 경고 받고 있었지만, 다만 시기와 장소, 방법 등 그 내용이 비교적 구체적이지 못하여 일본군의 기습을 막지 못하였다는 견해도 있으나, 아무튼 일본군은 적어도 진주만을 완전히 기습하는 데는 성공하였다.[40]

---

39 폴 콜리어, 『제2차 세계대전』, pp. 471-473.
40 위의 책, pp. 473-474. 미국이 진주만 기습을 당한 이유에 대해서는 몇 가지 주장이 있다. 첫째, 전후 미국의 역사가인 로버타 월스테터(Roberta Wohlstetter)는 "미국이 적절한 정보가 부족해서 일본의 공격

진주만 기습작전에 성공한 일본군은 미태평양 함대가 피해를 복구하여 전력을 회복하고 미국이 전쟁수행체제로 전환하여 대량생산체제를 갖추고 동원을 할 때까지 수개월 동안 태평양 지역에서 마음대로 활동할 수 있었다.

9. 일본군 공세와 미군의 반격(1941.12~1945.1)

진주만 기습으로 태평양 함대가 입은 손실을 만회하기 위하여 수개월이 걸리는 동안 일본군은 남방을 향하여 쾌속으로 진격을 해나갔다. 일본군은 12월 10일에 괌(Guam) 섬, 25일에는 웨이크(Wake) 섬을, 홍콩은 26일 점령하였다.

일본군은 그 여세를 몰아 말라야 반도에서 퍼시발(Percival) 장군의 영연방군을 공격하여 1942년 2월 15일 싱가포르를 점령하고 말레이 반도에서 세계 생산량의 42%에 달하는 고무와 27%에 달하는 주석을 확보함은 물론 말라카 해협을 장악함으로써 인도양으로 향하는 출구까지 확보하였다.

한편 일본군은 맥아더 장군이 주둔하고 있었던 필리핀에 대해 12월 8일부터 공격을 시작하여 1942년 4월 9일까지 5개월 동안의 혈전 끝에 점령하였다. 필리핀 전역에서 미군은 5개월이라는 귀중한 시간을 확보하였지만, 일본군은 뉴기니와 솔로몬 방면에 대한 공세계획에 커다란 차질이 발생하였다.

필리핀 공격과 동시에 일본군은 중국군의 보급로인 '버마 통로'를 차단하고 인도양으로 진출할 기회를 잡기 위하여 1942년 1월 16일 버마를 공격하기 시작하여 5월 20일 경에는 버마의 대부분을 점령하였으며, 또한 네덜란드 군이 수비하고 있었던 네덜란드 령 동인도 제도(인도네시아)에 대한 공격을 시작하여 3월 9일 네덜란드 군의 항복을 받고 유전지대를 장악하였다.

일본군은 여기에 그치지 않고 남태평양상에 위치한 섬들마저 공략하였다. 미군이

을 모른 것이 아니라 부적절한 정보가 너무 많아서 진주만 공습을 예측하는 데 실패하였다"고 하였다. 둘째, 또 다른 주장으로 전쟁기간 중 정보책임자였던 에드윈 레이튼(Edwin Layton) 해군 소장은 1985년에 정보전에서 실패한 이유를 각 군 내부의 분열과 각 군 간의 분열에 기인한다고 하였다. 셋째는 루스벨트 대통령이 일본의 기습을 알았으면서도 미국 참전의 구실을 찾고자 아무런 조치를 하지 않았다는 주장이고 넷째는 영국 정보기관이 암호를 해독하여 일본군의 공격 가능성을 알고 있었지만, 처칠 수상이 미국을 전쟁에 끌어들이기 위해서 미국에 알리지 않았다는 것이다. 어느 것이 맞는지 명확히 확인된 것은 없다.

사용하고 있었던 뉴기니아의 포트 모레스비를 점령할 목적으로 5월 3일 공격을 시작하여 남부 솔로몬 제도의 툴라기를 점령하였고, 이어서 7~8일에는 산호해(珊瑚海, Coral Sea)에서 일본군과 미군의 항모전단이 역사상 처음으로 근거리에서 항모의 함재기 간 교전을 하였다. 이 산호해 해전을 계기로 연합군은 반격으로 전환하기 시작하였다.

1942년 4월 18일 미 공군의 두리틀(James Doolittle) 중령이 지휘하는 B-25폭격기 16대가 항모 호넷(Hornet)에서 출발하여 도쿄를 폭격하고 중국으로 날아가는 사건이 발생하자 일본 본토가 미군의 폭격권 내에 들어 있음을 알게 된 군국주의자들은 큰 충격을 받았다. 따라서 일본 군부는 본토에 대한 안전선을 확보하고자 중부 태평양상의 미드웨이(Midway) 섬을 점령하기로 결심하여 야마모토 제독의 지후 아래 해군의 전 역량을 동원하여 공격을 하게 되었다.

이때 일본군이 동원한 전함은 아카기(赤城) 등 항모 4척과 함재기 250대, 그 외의 전함과 알류산 공격함대에는 항모 5척과 전함 11척 등 다수의 전함이 포함되어 있었다. 이러한 일본군의 공격은 진주만 기습 때처럼 미군에게 암호해독으로 노출되어 있었고, 일본군의 공격을 미리 알고 있었던 미 해군도 결전을 위하여 엔터프라이즈호 등 항모 3척과 순양함 8척 등 다수의 전함을 집결시켰다.

진주만 기습작전에 성공한 이래 연전연승하여 승리감에 도취되어 미 해군을 경시하고 있었던 일본군은 미 해군이 암호해독으로 자신들의 기도를 인지하고 있다는 것을 몰랐기 때문에 사전에 미 해군 항모전단에 대한 탐색을 소홀히 하고 있었다.

1942년 6월 4일부터 일본군 함재기의 공격으로 시작한 미드웨이 해전에서 일본군 정찰기가 미 항모전단을 발견하여 신호를 보내고 이에 따라 일본군 함재기가 폭탄을 어뢰로 바꾸는 순간에 미 항모에서 발진한 항공기 편대들이 일본군 항모를 기습하여 4척을 침몰시키는 등 대승을 거둠으로써 일본군의 팽창욕은 미드웨이 해전에서 패배를 계기로 좌절되어 태평양상의 제공권과 제해권이 미군으로 결정적으로 기울기 시작하였다.

일본군은 1942년 7월 6일부터 남태평양의 남 솔로몬 제도의 과달카날(Guadalcanal) 섬에 상륙하여 미국에서 호주나 뉴질랜드 등으로 향하는 보급선을 차단할 목적으로 비행장을 건설하기 시작하였다. 미군은 일본군이 비행장 건설을 완료하면 미국에서 호주나 뉴질랜드로 향하는 보급선이 차단당할 우려가 발생됨에 따라 일본군을 축출하고자 8월 7일 과달카날 섬과 툴라기 섬에 대한 기습상륙으로 비행장을 점령함으로써 과달카날 전투는 시작되었다.

이렇게 시작된 전투는 1943년 2월 9일까지 6개월여 기간에 걸쳐 미군과 일본군 간의 지상전과 해상전, 공중전이 반복되는 지루한 양상으로 전개되면서 일본군이 수많은 피해를 입고 생존한 일부의 병력만이 철수함으로써 종료되었다. 미군은 과달카날 전투의 승리와 더불어 미드웨이 해전에서의 승리로 남태평양에서의 전세의 흐름을 뒤집었다.

과달카날 전투에서 승리한 미군이 필리핀과 일본 본토로의 진격을 위해서는 남태평양의 솔로몬 제도 일대의 수많은 섬들에 배치되어 있는 일본군을 격멸해야만 했다. 당시 남태평양의 솔로몬 제도 일대에는 일본군 제8방면군 예하의 17군과 18군 등이 배치되어 있었는데, 이들에게 물자를 보급하던 선단이 미군의 공격으로 격멸된 이후 거의 보급을 받지 못하는 가운데서도 정글에서 항전을 하고 있었다.

그러나 솔로몬 제도의 일본군 모두를 소탕하기에는 엄청난 시간이 소요될 것으로 판단한 미군은 'By pass' 전술을 구사하여 적의 강한 곳은 우회하고 후방의 방어준비가 덜 된 곳을 점령한 뒤 차단되고 고립된 적의 강한 곳을 해군이나 공군을 이용하여 무력화하는 방법으로 최소의 손실로 일본군을 공략해나가기 시작하였다.

솔로몬 제도 전투에서 일본군은 야마모토 대장을 포함하여 정예장병의 다수를 손실하였으며, 전투함과 해군 항공기 수천 대를 상실하여 미군에 비하여 절대적으로 불리하였던 전쟁잠재력이 솔로몬 제도 일대에서의 소모전으로 도저히 회복할 수 없을 정도로 피해를 입었다.

서남태평양 일대에서 맥아더 장군이 반격을 취하고 있을 무렵, 중앙태평양 일대에서는 니미츠(Chester W. Nimitz) 제독이 지휘하여 반격을 하고 있었다. 중앙태평양의 마리아나 제도는 일본이 상실하면 남북으로 연결되는 태평양 병참선이 차단되고 일대에서 제일 큰 기지인 트럭(Truck) 섬이 고립되는 문제가 발생되는 반면에 미군으로서는 일본 본토를 폭격할 수 있는 B-29기지를 확보하여 일본의 '절대국방권'에 쐐기를 박는 이점이 되므로 일본은 이를 사수하기로 결심하였다.

이에 따라 일본군은 이른바 '아호(ア號)작전'을 수립하고 함대와 항공기를 집결하여 준비를 해나가던 중 미군이 1943년 6월 11일 기습적으로 먼저 작전을 실시하여 사이판 섬 등을 점령하였다. 이에 일본군도 즉시 대응하여 마리아나 해역 일대에서 해상 및 공중전이 발생하면서 일본군이 궤멸적인 타격을 입고 일부만 철수함으로써 마리아나 전역은 끝났다. 솔로몬 전역에 이은 마리아나 전역의 패전으로 일본 해군은 항공모함을 거의 상실했으며, 연이은 참패로 도조내각은 붕괴되었다. 대동아공영권의 종말도 서서히 다가오고 있었다.

'아호작전'이 실패함에 따라 대본영은 이른바 '첩호(捷號)작전'을 수립하여 '필리핀-대만-류큐-일본 본토-홋카이도-쿠릴 열도'를 있는 잇는 방어선을 설정하고 "이 선 안의 어떤 지역으로 공격하는 적은 어떤 적이든지 신속히 병력을 집중하여 격퇴한다." 는 개념으로 방어선을 설정하였다. 이에 따라 일본본토와 남방자원지대를 연결하는 필리핀의 중요성이 제기되어 사이공에 있는 남방군 총사령부를 마닐라로 옮기고 제14 방면군을 창설하여 필리핀 방어임무를 맡기는 등 필리핀을 고수하기 위하여 전투준비 를 하였다.

필리핀의 레에테에서 미 해군과 맞붙은 일본군은 연합함대의 주력을 투입하여 전세 를 만회하고자 하였으나 미 해군의 압도적인 전력과 효과적인 작전으로 항모 4척과 전 함 3척, 중순양함 6척, 경순양함 3척, 구축함 11척을 상실하는 대패를 당했고, 미 해군 은 경항모 1척과 호송항모 2척, 구축함 3척을 잃는 데 그쳤다. 레에테 해전에서의 참패 를 계기로 일본군의 남방자원지대로의 연결은 사실상 끝났다.

10. 원폭의 투하와 일본의 무조건 항복(1945.8.15)

레에테 해전을 승리로 이끈 미군은 필리핀을 점령하기 위하여 작전을 실시하였다. 이때 필리핀에는 야마시다가 지휘하는 일본군이 제공권과 제해권을 상실한 상황에서 결전이 불가능할 것으로 판단하여 최대한 지구전을 실시하기로 결심하였다. 1945년 1월 이후 시작된 필리핀 전역에서 미군과 일본군은 7개월간에 걸쳐 걸쳐 루손(Luzon)섬 일대 에서 지루한 전투 끝에 일본군이 다수의 사상자를 내면서 미군의 승리로 전투는 끝났다.

한편 이오지마(硫黃島)에서도 일본군과 미군의 혈전이 발생하였다. 이오지마는 일본본 토로부터 남쪽으로 720마일 떨어져 있으며, 면적은 약 $11km^2$에 불과한 작은 섬이나 일본 으로서는 일본 본토방위에 전초기지가 되는 매우 중요한 섬이었다. 미군으로서도 일본 본토를 공격할 수 있는 B-29 폭격기가 발진할 수 있어서 피차간에 중요한 기지였다.

일본군은 이오지마를 방어하기 위하여 섬 전체에 동굴진지나 교통호 등을 어떤 폭 격에도 견딜 수 있도록 땅속 깊은 곳에 굴토를 하였으며, 전 장병에게는 목숨이 붙어 있는 한 끝까지 싸울 것을 강조하였다.

미군은 1945년 2월 16일부터 3일 동안 밤낮없이 엄청난 함포사격을 한 뒤 19일에 상류을 하여 이후 3월 16일까지 한 달간 작은 섬 하나를 두고 치열한 교전과 엄청난 희생 끝에 점령을 하였으며, 이오지마 혈전에서 일본군은 이른바 '옥쇄전술(玉碎戰術)'로 모두 가 죽을 때까지 끝까지 저항하는 일본군의 전형을 보여주었다.

오키나와(沖繩) 섬도 미군이 일본 본토로 진격하기 위해서는 반드시 점령해야 할 섬 으로, 여기서도 일본군과 미군의 치열한 전투가 전개되었다. 오키나와 섬 일대에는 약 10만여 명의 일본군 병력이 있었으며, 미군은 약 8만 5,000여 명의 병력과 해·공군력 을 투입, 4월 1일부터 작전을 실시하여 이후 3개월간에 걸친 치열한 전투 끝에 점령함 으로써 오키나와 전역은 끝났다. 오키나와는 일본 본토에 이르는 마지막 관문으로 오 키나와 전역에서 미군이 승리함으로써 일본의 패망은 눈앞으로 다가오고 있었다.

전쟁이 막바지에 다다를 무렵인 1945년 3월부터 시작된 미군의 전략폭격에서는 일 본 본토에 10만 톤 이상의 폭탄을 투하하여 민간인 26만 명 이상이 사망하는 등 엄청난 피해를 입히고 있었다.[41] 그러나 일본군은 아직도 이른바 '결호작전'을 계획하여 본토 에서 지상군이 중심이 되는 작전계획을 수립하고 병력과 항공기를 준비하고 있었다.

미군은 일본 본토에 대한 상륙계획을 수립하고 있었으나, 이를 위해 10만 명 이상의 희생이 발생될 것으로 예상됨에 따라 이른바 '맨하탄 프로젝트(Manhattan Project)' 계획에 의하여 발명된 '원자탄(Atomic Bomb)'을 8월 6일 히로시마(廣島)와 9일 나가사키(長崎)에 투 하함으로써 8월 15일 일본은 무조건 항복을 하였고, 태평양전쟁은 끝났으며, 아울러 2차 세계대전도 종결되었다.

---

41 존 키건, 『2차 세계대전사』, pp. 853-856. 당시 일본의 도쿄를 포함하는 대도시들의 주택은 목재로 되
    어 있었기 때문에 미군의 네이팜탄 공격에 대단히 취약하였다. 미군은 도쿄를 비롯하여 오사카, 나고
    야, 요코하마, 가와사키 등의 시를 중심으로 미군의 전략폭격으로 26만여 명이 목숨을 잃은 것 외에도
    건물 200만여 채 가 불속으로 사라져 갔고 900~1,300만여 명이 집을 잃은 것으로 알려지고 있다. 이는
    일본 군국주의자 들이 무모하게 전쟁을 지속하려고 하였기 때문에 자초한 것이지만, 그 피해는 그대로
    국민들에게 돌아갔다.

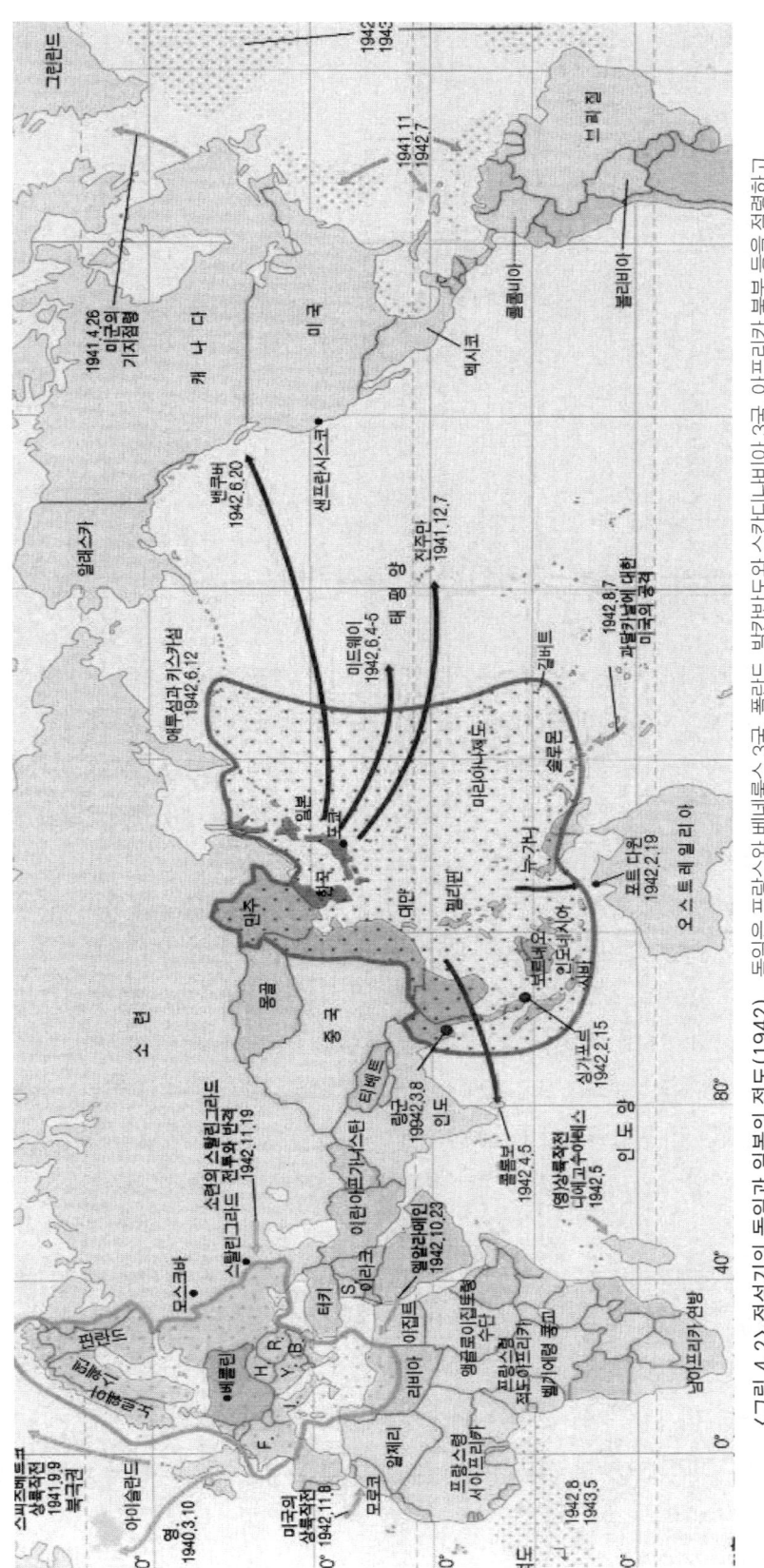

〈그림 4.2〉 전성기의 독일과 일본의 지도(1942). 독일은 프랑스와 베네룩스 3국, 폴란드, 발칸반도와 스칸디나비아 3국, 아프리카 북부 등을 점령하고 있었고, 일본은 조선과 만주와 중국 동해안 일부, 필리핀과 인도네시아 등 동남아 국가와 태평양 지역의 도서를 점령하고 있었다.

출처: George Duby, *Grand Atlas Historique*, p. 101.

제4절
전쟁 결과

1. 제국주의의 종언과 국제연합의 창설

1차 세계대전에서 패한 독일은 베르사유 조약에 의거 연합국에 막대한 배상금을 지불하는 것 외에 병력과 부대, 장비의 수량 등에서 많은 규제를 받았다. 이에 불만을 품은 독일에 의해 또 다른 전쟁의 불씨를 간직한 채 유럽에서의 불안한 평화는 지속되었다. 프랑스의 포슈 원수는 베르사유 조약을 두고 "이것(베르사유 조약)은 평화조약이 아니라 20년 기한의 휴전조약에 불과하다."고 우려를 표명한 바 있다.

포슈 원수의 우려는 독일에서 히틀러가 정권을 잡으면서 현실화되었다. 1933년 정권을 잡은 히틀러는 베르사유 조약을 폐기하고 재군비를 선언하였으며, 비무장 지대인 라인란트에 독일군을 진주시켰고 오스트리아와 체코를 합병하고 마침내 폴란드를 침공함으로써 이에 영국과 프랑스가 선전포고를 하면서 2차 세계대전이 발발하였다.

아시아에서도 일본 군국주의자들에 의한 대륙침략이 노골화되면서 만주사변(1931)과 중일전쟁(1937)이 발발하였고, 이에 미국에 의한 대일본 무역금지 및 봉쇄가 이행되자 마침내 진주만의 태평양 함대에 대한 일본군의 기습(1941.12)으로 태평양전쟁이 발발하였다.

2차 세계대전에서 영국과 미국, 프랑스, 소련 등은 연합국으로, 독일과 이탈리아 및 일본은 '추축국(樞軸國, Axis-Powers)'으로 3국 동맹42을 체결하여 각국은 명운을 걸고 총력

---

42 1940년 9월 27일 체결된 3국 동맹의 주요내용은 첫째, 일본과 독일, 이탈리아가 유럽의 신질서를 건설하는 데 지도적 지위가 있음을 인정하고 둘째, 독일과 이탈리아는 일본이 대동아에서 신질서를 건설하는 데 지도적 지위가 있음을 인정하며 셋째, 세 나라 중 한 나라가 현재 유럽의 전쟁이나 중일전쟁에 가

전으로 전쟁을 하였으며, 독일의 항복(1945.5)에 이어 일본도 항복(1945.8)함으로써 종전이 되면서 제국주의는 종언을 고하였다.

2차 세계대전에 참전한 각 국가들은 전쟁을 수행하기 위하여 법령을 제정하였고 필요한 정부기구를 확장하였으며, 수많은 병력과 비전투원을 동원하였다. 산업시설을 전시체제로 전환하여 대폭적으로 확장함으로써 전투장비나 탄약 및 물자의 대량생산이 가능해져 '대량소모전(Massive Attrition War)' 양상으로 진행되었다. 1차 세계대전 당시 사용되었던 주요 전투장비들인 전차나 항공기, 잠수함 등은 성능이 대폭적으로 개량되고 대량으로 생산되어 전장에서 사용되었으며, 항공모함이 전면적으로 등장하여 대양에서의 전장을 주도하는 역할을 하였고, 로켓 무기의 개발과 인류역사상 최초로 원자폭탄을 제조하여 사용함으로써 핵시대로 진입하였다.

이와 같이 변화된 전쟁양상으로 인류는 1차 세계대전에서 발생하였던 인적·물적 피해를 초월하는 미증유의 대손실을 경험해야만 했다. 다음에 제시된 동원인원과 군인 및 민간인 피해, 경제 및 재정적 손실로 2차 세계대전 당시의 총력전 규모를 판단해보기 바란다.

〈표 4.4〉에서 보는 바와 같이 2차 세계대전의 결과로 발생한 피해는 1차 세계대전에서 발생한 인명피해보다 군인 사망자 수는 약 2배, 총 사망자 수는 5배에 달하며 경제 및 재정적 손실도 5배에 달했다.

한편 1차 세계대전에서 대규모의 피해를 경험하였던 인류는 종전 후 국제연맹을 만들어 분쟁의 평화적 해결을 도모하고자 했으나 제안국인 미국이 불참하였으며, 연맹에서는 영국과 프랑스의 갈등이 지속되었다. 독일의 재무장과 이탈리아의 에티오피아 침공, 일본의 만주침공 등 국제적인 분쟁이 발생하여도 이를 해결하지 못하는 국제연맹의 무력감도 노출되었다. 따라서 연합국 수뇌들은 전쟁기간 중 회담에서 전쟁이 끝나면 국제적인 분쟁을 해결하기 위한 보다 강력한 '국제연합(United Nations, UN)'을 창설하기로 합의하였다.[43] 이런 합의를 바탕으로 마침내 1945년 10월 24일 미국 뉴욕에 국제

담하고 있지 않은 국가로부터 공격을 받는 경우 모든 정치와 경제, 군사적인 방법으로 서로 원조하고 넷째, 이 조약의 내용은 세 나라와 소련의 관계에 하등의 영향을 미치지 않는다고 하고 있다(김용구, 『세계외교사』, pp. 807-808).

43 '국제연합' 명칭은 루스벨트 대통령이 고안한 것이며, 2차 세계대전 중 추축국에 대항하여 싸우던 연합국들이 1942년 '연합국 선언'에서 처음 사용하였다. 1945년 샌프란시스코 회담에서 50개국 대표는 덤바턴 오크스 회의에서의 회담을 기초로 미국과 영국, 중국, 소련 등 4개국 대표가 국제연합헌장 초안을 작성하였고, 6월 26일 국제연합 헌장에 서명하였다.

〈표 4.4〉 2차 세계대전 시 주요국가의 인명 및 재산손실 비교

구 분	동원병력 (백만 명)	군인 사망 (명)	민간인 사망 (명)	경제·재정적 손실 (10억$)
총 계	100	15,000,000	26~34,000,000	1,600
미 국	14.9	292,100	무시 가능	350
영 국	6.2	397,762	65,000	150
프랑스	6	210,671	108,000	100
소 련	20	7,500,000	10~15,000,000	200
중 국	6~10	500,000	1,000,000	추정 불가
독 일	12.5	2,650,000	500,000	300
이탈리아	4.5	77,500	40~100,000	50
일 본	7.4	1,500,000	300,000	100
기타 참전국	20	1,500,000	14~17,000,000	350

출처: R. Ernest Dupuy 외, 허중권 옮김, 『세계군사사 사전』(서울: 학연문화사, 2009), p. 1418.

연합본부를 창설함으로써 분쟁이 발생하면 이를 무력이 아닌 평화적인 방법으로 해결하는 국제적 기구를 갖게 되었다.

2. 양극체제의 성립과 냉전의 시작

전쟁기간 중 소련은 독일군의 침략을 물리치기 위해서는 자력만으로 불충분하여 미국을 포함하는 연합국의 협조와 지원이 필요하였다. 따라서 소련은 미국으로부터 무기대여법에 의하여 전투기, 전차, 차량, 식량 등 수많은 장비와 물자를 지원받아서 전투를 하였다.

전쟁기간 중 미국과 영국, 소련의 수뇌들은 테헤란 회담(1943.11), 영국과 소련수뇌 회담(1944.10), 얄타회담(1945.2)을 통해서 전후처리에 관한 협의를 하기도 하였다. 그러나 전쟁이 끝나면서 상황은 급변하기 시작하였다. 동부유럽 일대와 한반도의 북부를 점령한 소련이 공산주의 팽창정책을 시행하기 시작한 것이다. 이로 인하여 미국과 영국 등 자유세계 국가들과의 갈등을 야기할 수밖에 없는 상황이었다.

〈그림 4.3〉 제2차 세계대전 후의 유럽

출처: George Duby, *Grand Atlas Historique* p. 105.

소련은 발트 3국과 폴란드, 체코, 루마니아, 헝가리, 불가리아 등 동유럽 국가들을 차례로 모두 공산화하였다. 소련은 그리스와 터키마저 공산화하려고 했으나 미국과 영국의 지원으로 실패하였으며, 프랑스와 이탈리아에서도 공산주의자들이 정권을 잡으려고 하였으나 역시 실패로 돌아갔다. 이와 같은 소련의 팽창에 대하여 처칠 수상은 1947년 미국의 미주리 주 폴턴을 방문하는 자리에서 '철의 장막(Iron's curtain)'이라는 유명한 연설을 함으로써 소련의 팽창주의를 경고하였다.

한편 아시아에서도 북한에 소련군이 주둔하여 괴뢰정권을 수립하고 공산화를 시작하였으며, 중국은 오랜 국공내전 끝에 공산화되었고, 이어서 북부 베트남과 라오스 등 동남아의 많은 국가들도 차례로 공산화되면서 본격적으로 자유진영과 공산주의 진영의 대립이 시작되고 있었다.[44]

　미국은 1945~1947년에 서구유럽국가의 공산화를 막고 2차 세계대전으로 피폐해진 유럽 국가들의 경제발전을 위한 '마셜 플랜(Marshall Plan)'을 수립하여 유럽의 경제발전을 지원하였다. 1947~1949년에는 동구권 국가의 공산화, 베를린 봉쇄, 독일민주공화국, 중화인민공화국 건국, 그리고 소련의 핵무기 개발과 '북대서양조약기구(North Atlantic Treaty Organization, NATO)'의 창설이 있었고, 1950~1962년에는 6·25전쟁과 북대서양조약기구에 대응하기 위해 동구권 공산국가들이 세운 '바르샤바 조약기구(Warsaw Treaty Organization, WTO)'의 창설, 베트남전에 대한 미국의 개입 시작과 쿠바 미사일 위기 등이 있었다. 2차 세계대전은 끝났지만 이를 계기로 세력을 확산한 소련은 미국과 대립하면서 양극체제하 '냉전(Cold War)'이 시작되어 전 세계는 새로운 이념전쟁에 시달리면서 또 다른 위기와 전쟁을 경험하여야만 했다.

44　'조지프 나이' 교수는 소련의 공산주의 팽창을 3단계로 구분하였다. 1단계는 1945~1947년으로 이때는 냉전이 점진적으로 시작되는 시기로써 이때를 전후해서 유럽이나 아시아 일부지역의 국가들이 공산화되기 시작하였고, 2단계는 1947~1949년으로 이때는 냉전의 선언기로서 많은 국가들이 계속 공산화되었으며, 3단계는 1950~1962년으로 냉전이 절정에 이른 시기라고 하였다. 실제로 2차 세계대전기간 중에는 승리로 이끌기 위해 미국과 영국 및 소련의 수뇌들이 몇 차례 회담을 갖고 협조를 하였지만 냉전이 시작된 1945년부터 1955년까지는 단 한 번의 정상회담도 없었다(조지프 나이, 『국제분쟁의 이해』, pp. 175-181).

제5절
강대국의 총력전 준비와 실시

1. 1차 세계대전 당시의 상황이 유사하게 반복된 독일

　1차 세계대전에서 패한 독일은 '베르사유 조약(Treaty of Versailles)'에 의거 연합국에 의해 철저한 감시와 군비통제를 받았다.[45] 뿐만 아니라 영토에서는 알자스-로렌을 프랑스에 양도함으로써 독일 철광석의 3/4과 매년 6,000만 톤이 넘는 석탄을 잃게 되었고, 메멜은 리투아니아에, 오이펜과 말메디는 벨기에로 각각 양도되는 등 영토의 1/6(약 2.8만 평방마일)과 함께 700만여 명의 독일인이 타 민족 지배로 들어갔다. 폴란드 회랑이 60만여 명의 독일인과 함께 폴란드에 양도되었고, 단치히가 자유도시로 되었다. 무력전에서 완전히 패한 것이 아님에도 독일에게 민족적 치욕을 안겨준 것이다.[46]

　여기에 1921년 런던회의 결정에 의한 전쟁배상금도 독일에게는 커다란 불만이었다. 1,320억 금화 마르크를 지불하기로 하였던 전쟁배상금을 독일은 첫해에는 10억 마르크를 지불하였으나 1922년에는 마르크화가 폭락하여[47] 지불유예를 요청하였고, 1923년

45　베르사유 조약의 주요 내용은 육군본부의 『20세기 전쟁양상』(서울: 육군인쇄창, 2002), pp. 153-157, 정하명의 『세계전쟁사』, pp. 251-252 등을 참조하되, 주요 내용은 육군 10만 명(장교 4,000명, 부사관·병 9만 6,000명, 부대는 보병사단 7, 기병사단 3), 해군은 병력 1만 5,000명에 선박 보유량 10만 8,000톤, 잠수함과 항공기의 보유금지, 징병제와 일반참모제도의 폐지 등이다.

46　육군대학, 『세계전쟁사(상)』, pp. 5-7.

47　1914년 기준으로 1달러는 4마르크 20페닉이었으나 1차 세계대전 후 폭락하기 시작하여 1921년에는 270마르크, 1923년 1월에는 1조 마르크, 그해 11월에는 4조 2,000억 마르크로 폭락하였다. 마르크화의 가치하락으로 빵 1kg이 4,280억 마르크, 버터 1kg은 50억 마르크라는 상상 이상의 인플레이션이 발생하여 밀가루와 계란 약간을 사기 위해서는 리어카로 가득 마르크화를 싣고 가야만 했을 정도로 독일 국민은 경제난에 시달리고 있었다. 이러한 경제적 어려움이 히틀러의 등장을 초래하였다.

과 1924년에는 지불액의 면제를 요구하였다.

그러나 프랑스가 이런 요구를 거절하면서 군대를 보내 독일산업의 핵심지역인 루르지방을 점령하자 미국이 중재에 나서 1924년 5월 배상금액은 변경하지 않으면서 5년간에 걸쳐 매년 25억 마르크씩 지불하도록 합의(Dawes Plan)하였고, 프랑스는 독일과 국경불가침을 보장하는 '로카르노 조약(Pact of Locarno)'을 체결하면서 철수하였다.

이와 같이 베르사유 조약에 따라 군대 규모의 통제와 영토의 양도에다 막대한 전쟁배상금의 부과는 독일인으로 하여금 민족적 분노를 야기함으로써 전후 연합국에 대하여 거세게 반발하게 만드는 원인을 제공하였으며, 마침내 젝트(Hans Von Seeckt)가 참모총장(1920~1926)으로 취임하자 비밀재군비 계획을 수립하여 비밀리에 군비증강을 추진하기 시작하였던 것이다.

젝트의 비밀재군비 계획의 주요 내용으로는 첫째, 군대를 정예화하기 위하여 장교및 사병을 이중 목적, 즉 사병은 부사관 역할을, 부사관은 초급장교의 역할을 달성할 수 있도록 정예화하고 둘째, 일반참모부 제도를 존속시키며 셋째, 동원 및 예비군제도를 유지하고 넷째, 독소 비밀군사조약을 맺어 소련에서 장비를 생산하고 소련군에서 조종사나 전차병을 교육하며 군사사상과 전술교리를 발전시키는 것이었다.

이렇게 독일이 비밀재군비 계획으로 은밀히 군사력 재건을 꾀하는 가운데, 1929년 미국에서 시작된 '대공황(Great Depression)'으로 미국이 전 세계에 빌려준 채권을 회수하기 시작하자 세계경제는 엄청난 타격을 받았고 독일도 예외는 아니었다. 이런 경제적 어려움은 히틀러와 나치당이 정권을 잡는 데 절호의 기회가 된 것이다.[48]

1차 세계대전 시 염전사상의 확산과 해군에서 폭동이 발생하면서 전쟁에서 패한 독일이었지만 전쟁이 끝날 무렵인 1918년 아직 독일군은 프랑스 영토에서 전투를 하고 있었다. 그랬기 때문에 독일국민은 왜 패하였는지 그 이유를 제대로 알지 못하였고, 그래서 그들은 영국 국민들처럼 전쟁을 무모한 것이라 생각하여 앞으로 전쟁을 해서는 안 되겠다는 국민적 합의도 없었다.

오히려 독일군부에서는 언제인가 있을지도 모를 전쟁에서 1차 세계대전에서와 같은 실수를 해서는 안되겠다는 다짐을 하면서 군비를 증강하기 위한 비밀재군비계획을 세웠고 이런 사회적 분위기에 경제난이 겹치자 히틀러는 뒤숭숭한 기회를 놓치지 않고

---

48 이 당시의 독일은 실업자가 1929년 240만 명, 1930년 300만 명, 1931년 470만 명, 1932년 600만 명으로 확대되어갔다. 이런 경제적 어려움은 히틀러의 나치스(국가연합당)가 선거에서 유리한 위치를 점하는 계기가 된 것이다(김용구, 『세계외교사』, p. 700).

〈표 4.5〉 1937~1938년의 독일의 국가능력

구분	인 구 (만 명)	GDP (억$)	국방비 (억$)	항공기 생산 (대)	철강 생산 (만 톤)	에너지 소비 (만M/T)
능력	6,850	170	74.15	8,259	2,320	22,800
비고	1938	1937	1938	1938	1938	1938

출처: Paul Kennedy, *The Rise and Fall of The Great Power: Economic Change And Military Conflict From 1500 To 2000*, pp. 199-201, 296, 324, 330-332.

어렵지 않게 정권을 잡을 수 있었다.

젝트의 비밀재군비 계획은 히틀러라는 희대의 독재자를 만나면서 마침내 현실화되었고, 포슈의 우려대로 1차 세계대전이 끝난 20년 뒤에 다시 유럽을 전쟁의 격랑으로 휘몰아치게 만들어 끝내 독일의 파국을 부르고 말았다.

독일은 폴란드와 프랑스 침공, 영국 본토에 대한 폭격에 이어서 바바로사 작전으로 마침내 소련까지 침공하였다. 그러나 독일은 전쟁을 시작함에 있어 국가적 차원에서 정치와 경제와 외교 등 전반적으로 피아를 면밀히 검토하고 합리적으로 판단하는 등 국가적 차원에서 검토와 판단 절차도 없이 히틀러와 소수의 인원들만이 참여해서 결정하였다.[49] 그랬기 때문에 독일은 소련이 1차 세계대전에서 패한 뒤 2차 세계대전 시는 어떻게 변화되어 있는지 판단도 없이 그들의 잠재력을 낮게 평가하였고, 미국에게도 선전포고를 하는 우를 범하였던 것이다.

허황된 자존심과 잘못된 리더십이 부른 비극

2차 세계대전을 '히틀러의 전쟁(Hitler's War)'이라고 하는 사람도 있다. 2차 세계대전을 언급함에 있어서 히틀러를 이야기하지 않고는 이야기가 안 되기 때문일 것이다. 히틀러가 폴란드와 프랑스를 침공하고자 지시를 하였을 때 독일의 민간인 정치가나 참모본부의 장군들 중 다수가 전쟁을 반대하였음에도 독재자인 히틀러가 자신의 의도를 관철하기 위하여 무모하게 전쟁을 일으켰기 때문에 히틀러 전쟁인 것이다.[50]

---

49 Evan Mawdsley, *World War II*, pp. 138-139.

50 칼 하인즈 프리저, 『전격전의 전설』, p. 109. 히틀러는 전쟁을 정책의 도구로 거부하지만 볼셰비즘에 대하여는 예외적으로 해야 한다고 하였다. 히틀러는 독일이 볼셰비즘에 대하여 전쟁을 함으로써 유럽의 임무를 수행하는 것으로 주장하였다(Robert Goralski, *World War II Almanac: 1931~1945*, p. 23).

〈그림 4.4〉 히틀러(1889~1945)

전쟁의 주범인 히틀러(Adolf Hitler)[51]는 1923년 11월 뮌헨 폭동의 실패로 수감되어 있을 때 『나의 투쟁(Mein Kampf)』을 저술한 바 있다. 그는 저서에서 경제를 살리고 1차 세계대전에서 잃어버린 국토를 찾겠다고 하면서 이른바 '생활권(Lebens-raum)', 즉 독일 민족의 번영을 위해서는 "우크라이나의 곡창지대를 점령하고, 코카서스의 유전지대를 점령하며, 우랄의 지하자원과 시베리아의 삼림자원을 확보하여 독일을 번영하게 만든다."는 것을 주장하여 소련 영토에 대한 욕심을 드러내기 시작하였다.[52]

그는 탁월한 선전선동가로 독일 전국을 돌아다니면서 "독일을 배후에서 찔러 죽인 범죄자들"이라는 주제로 베르사유 조약에 참여하였던 독일의 협상대표들과 바이마르 공화국에 대한 경멸연설을 통해 당시 경제적인 어려움으로 분노에 휩싸여 있었던 독일 국민들을 부추겼다.

그리고 마침내 1933년 선거에서 승리하여 나치당(NAZI, 국가사회주의 독일노동당)의 당수로 정권을 잡았고 이어서 수상으로 취임하였으며, 그해 2월 27일 의문의 '국회의사당 방화사건'을 기회로 공산당을 불법화하고 공산당원 4,000여 명을 체포하고 무기를 압수

그러나 또 다른 책에서는 유럽에서의 전쟁의 원인이 첫째, 히틀러의 과오라는 주장과 다른 하나는 히틀러가 유럽에서 다른 수많은 사람들과 수많은 이유들이 어우러져 발생된 전쟁에 히틀러도 개입되었다는 것이다(Peter Calvocoressi and Guy Wint, *Total War*, p. 3).

51 히틀러는 1889년 4월 20일 오스트리아에서 한 하급 세관원의 아들로 태어났다. 어려서는 가정이 곤궁하여 어렵게 성장하였다. 1차 세계대전에서는 육군에 자원입대하여 병사로 4년여 기간 서부전선에서 전투를 하였다. 독일이 패한 뒤에는 그 이유를 공산주의자와 유태인이 공모한 결과라고 생각하여 그때부터 공산주의와 유태인에 대한 강한 거부감을 표출하였다. 이후 독일 국민을 구할 책임을 갖고 있다고 생각한 히틀러는 1920년 2월 나치당을 결성하고 정권을 잡기 위한 투쟁을 시작하여 마침내 1933년 선거에서 승리하고 다수당이 됨으로써 43세에 수상으로 집권을 하게 된 것이다(Peter Calvocoressi and Guy Wint, *Total War*, pp. 5-7).

52 육군대학, 『세계전쟁사(상)』, 5장 pp. 78-79. 생활권 철학은 영국의 지정학자인 맥킨더의 '대륙중심지 정학 이론(Heartland theory)'을 하우스호퍼(Karl Haushofer)가 교묘히 탈을 씌운 것을 다시 히틀러가 주장한 것이다. 이 주장에 의하면 지구상에는 인력이 작용하는 중심이 있는데, 이곳을 장악하는 민족이 지구상의 지배권을 장악할 수 있다는 것이다. 바로 여기에 생활권을 마련하여 자급자족의 체제를 달성한다는 것이 히틀러가 주장하는 생활권 철학의 중심논리이다.

하였다. 여기에 국회는 4년간에 걸쳐 히틀러에게 비상대권을 부여하는 의안을 통과시킴으로써 강력한 권한을 행사하게 기회까지 만들어주었다.

마침내 힌덴부르크(Hindenburg) 대통령이 사망하자 1934년 수상과 대통령을 겸하는 총통(Führer)으로 독일군의 총사령관이 되었다.[53] 히틀러는 1933년 5월 17일 베르사유 조약이 "독일의 미래의 결정적인 중요성에 비추어 명백하고 합리적인 방법으로 문제들을 해결하는 데 성공하지 못하고 있다."고 하면서, 독일은 10만 명의 군대를 보유하고 있는데 독일보다 작은 체코는 13.8만 명, 폴란드는 26.6만 명을 보유하고 있으므로 독일은 자국방위를 위해 평등성 차원에서 이를 개정해야만 한다고 요구하였다.[54] 독일군 병력을 증강하기 위한 구실을 찾은 것이다.

히틀러가 권좌에 올랐을 때 그는 적어도 네 가지를 선택할 수 있는 권한과 기회가 있었다. 첫 번째는 독일이 전후 약화된 국제적 지위를 그대로 수용하여 현상을 유지하는 것이고, 두 번째는 경제성장을 통해 다시 팽창을 추구하는 것이며, 세 번째는 산업발전을 통해 독일의 국제적 영향력을 강화하는 것과, 네 번째는 베르사유 조약으로 상실된 지역을 어떤 수단과 방법을 쓰더라도 이를 돌려받는 길을 택할 수 있었다. 만약 히틀러가 첫 번째로부터 세 번째 중 한 가지를 선택하였다면 독일이 1차 세계대전 이전의 발전된 상태로 돌아가거나 또는 2차 세계대전의 결과로써 패망하는 것으로부터 예방을 할 수 있었을 것이다. 그러나 히틀러는 앞의 세 가지를 모두 무시하고 베르사유 조약을 파기하는 길을 택하였는데, 이것은 궁극적으로 파멸의 길로 나가는 것이었다.[55]

히틀러는 독일 국민과 군의 최고지도자인 총통으로 취임을 하였지만, 국민이나 군에게 비전을 제시하는 것보다는 국민과 군을 자신의 의도를 관철하는 하나의 수단으로 사용하였을 뿐이다. 역사학자인 슈타켈베르크(Roderick Stackellberg)와 윙클(Sally Winkle)은 이런 히틀러의 정책을 두고 "히틀러가 국내개혁과 관련하여 내세운 비전(Vision)이라고는 첫째, 유대인이나 독일 사회에 있는 불만들을 일소하고 둘째, 아리안족의 우월성에 근거하여 권위주의를 세우며 셋째, 전쟁을 위하여 국민을 준비시키는 것뿐이다."라고 하여 히틀러가 호전적인 지도자였음을 지적하고 있다.[56]

---

53 히틀러는 "총통의 의지가 곧 법이다."라고 하여 총통이 되면서 그 권위를 절대적으로 만들었고, 그 자신을 대체할 후계자도 없이 절대 권력을 행사하였는데, 이를 가능케 한 것은 나치당이었다(Peter Calvocoressi and Guy Wint, *Total War*, pp. 12-13).

54 Robert Goralski, *World War II Almanac: 1931~1945*, p. 21.

55 조지프 나이, 『국제분쟁의 이해』, pp. 145-146.

56 에이미 추아, 『제국의 미래』, p. 380.

히틀러와 나치스 독일은 1936년 8월 베를린에서 개최된 하계올림픽을 나치의 철저한 선전장으로 활용하였다. 나치는 전 세계를 향해 게르만족의 우월성을 전파하기 위하여 경기장 안팎에 온통 나치스 깃발(Hakenkreuz)을 게양하여 공포심을 조장하면서 올림픽을 진행하였던 것이다.

히틀러는 선전과 선동으로 게르만 민족의 우월성을 강조하면서 독일을 전쟁의 도가니로 서서히 몰아넣기 시작하였다. 베르사유 조약 파기(1933.3) 선언과 국제연맹 탈퇴(1933.10), 폴란드와 불가침조약 체결(1934.1)을 통한 군사력 강화기간의 확보와 재군비 선언(1935.3), 비무장 중립지대인 라인란트 점령(1936.1), 스페인 내전 개입(1937.7), 오스트리아 합병(1938.3)과 체코 합병(1939.3), 폴란드 침공(1939.9), 그리고 베네룩스 3국과 연이은 프랑스 침공(1940.5), 마침내는 소련을 침공하기 위하여 바바로사 작전(1941.6)을 시행하였다. 그가 주장하였던 '생활권 철학'을 빙자하여 세계 지배야욕을 차곡차곡 실천해나가기 시작한 것이다.[57]

히틀러가 이렇게 주변국을 야금야금 먹어 들어가면서 사용한 전략은 이른바 '잠식전술(蠶食戰術, Piece-meal tactics)'이었다. 히틀러는 1938년 3월 오스트리아와 그해 9월 체코슬로바키아를 합병함에 있어서 짧은 기간(48시간)에 걸쳐 군대를 보내 기습적으로 합병하여 국제적으로 어쩔 수 없이 용인토록 하는 전술을 구사하였고, 이들을 점령한 뒤에는 다른 요구사항이 없이 최종적인 것처럼 하여 상대국들을 기만하는 데 성공하였다.

히틀러가 주변국들에 대하여 군사력을 동원하는 과정에서 특히 체코의 합병은 중요하였는데, 그 이유는 당시 체코의 스코다 병기공장에서 만든 우수한 장비로 무장한 34개 체코사단과 이 병기공장에서 생산하는 우수한 장비를 그대로 독일군이 사용할 필요성이 있었기 때문이다.[58]

잠식전술에 의한 주변국 합병이 대부분 성공하자 히틀러는 자신을 최고의 군사적

---

57 히틀러는 독일의 영토가 좁아서 독일 국민이 모두 살아가기에는 부족하므로 새로운 생활공간을 확보해야 하나 영국과 프랑스가 독일의 팽창을 허용하지 않을 것이기 때문에 목적을 달성하기 위해서는 무력에 의존하지 않을 수 없다고 하였다. 이를 위한 1차 목표가 바로 오스트리아와 체코 공화국이었던 것이다. 생활공간을 확보하기 위한 모든 준비는 1938년 초반과 이어서 1943~1945년까지는 마쳐야 한다고 히틀러는 말했는데, 실제로 1938년에는 오스트리아와 체코를 합병하였고, 1941년에는 소련을 점령하기 위하여 바바로사 작전을 실시한 것이다. 이후 독일의 모든 정치적이거나 군사 지도자들은 정해진 방책에 따라 영토확보를 위한 전쟁에 집중하지 않을 수 없었다(Robert Goralski, *World War II Almanac: 1931~1945*, p. 57).

58 Thomas J. Christensen and Jack Snyder, "Chain gangs and passed bucks: predicting alliance patterns in multipolarity", *International Organization*, Volume. 44, No. 2(Spring, 1990), pp. 156-157.

천재로 착각하여 폴란드와 벨기에, 룩셈부르크, 프랑스를 차례로 침공하여 여기서는 성공을 하였다. 히틀러는 영국도 폭격하였지만 영국과의 전쟁에서 승리하지도 못한 채 소련을 향하여 전쟁을 도발하는 과오를 범하였다. 소련을 공격하여 항복을 받으면 영국도 더 이상 희망을 갖지 않을 것이고 따라서 독일이 유럽의 지배자가 될 것으로 생각하였던 것이다. 그러나 이것은 1차 세계대전에서 독일군의 패배원인이었던 양면전쟁을 히틀러 스스로 자초한 것이나 다름없었다.

여기에 1941년 12월 7일에 일본군이 진주만을 기습하자 8일에는 미국에게까지 선전포고를 함으로써 스스로 무덤을 파는 실수도 범하였다. 미국의 영국에 대한 지원이 싫었고, 미국의 국력을 얕잡아보아서 미국에게도 선전포고를 한 것이다. 사실 히틀러는 미국이 독일을 상대할 수 있는 강력한 국가로 인정하지 않은 것 같다. 히틀러는 미국을 허약하며 전쟁을 수행할 수 없는 나라로 간주하였고, 소위 인종적 다양성의 용광로로 불리는 국가로 인식하여 결속력이 없을 것으로 생각하였다. 그러한 히틀러의 미국에 대한 잘못된 인식은 미국을 연합국으로 참전하게 만들었고, 결국 파멸의 나락으로 떨어지는 원인을 스스로 자초한 것이다.

한편 히틀러는 자신의 침략의도를 은폐하기 위하여 평화주의자로 선전하는 데도 소홀히 하지 않았다. 이를 위해 영국의 영향력 있는 평화주의자들을 초청하여 대담을 나누고 융숭하게 대접하였다. 이에 영국의 노동당 당수였던 한 인사는 히틀러에게서 깊은 감명을 받았다고 하였으며, 1937년에는 1차 세계대전 당시 목숨을 걸고 싸웠던 프랑스 병사들을 초청하여 평화를 주제로 공연행사를 갖기도 했고, 전투에서 부상을 입은 상이군인들을 베를린으로 초청하여 모임을 주선하고 여기에 10만여 명의 연합군 사절단이 참석하는 행사를 갖기도 하였다.[59]

한쪽에서는 무력을 행사하여 주변국을 야금야금 먹어 들어가면서 다른 한쪽에서는 마치 평화주의자인 것처럼 위장된 행동을 하였다. 6·25전쟁을 도발하기 전 북한이 평화협정 체결과 남북회담 개최 등 갖은 제안으로 철저히 위장공세를 폈던 것처럼, 히틀러 또한 독일군이 군사력을 증강하고 주변국을 침공하는 것을 기만하기 위한 위장평화공세를 하였던 것이다.

히틀러는 지도자로서 국민에게 비전을 제시하고 국민을 단결시켜 독일을 부강하게 만들기보다는 게르만족의 우월성을 내세워 잘못된 전쟁을 일으켰을 뿐만 아니라, 자신

59　칼 하인즈 프리저, 『전격전의 전설』, p. 506.

의 군사적 식견과 능력을 스스로 과대평가하여 프러시아 이래로 강조되어왔던 독일군의 전통을 무시하였고 장성들의 군사전략에도 자주 간섭을 하였으며, 작전단계에서 부대나 화력 등 전력배분을 임으로도 변경하였다.[60]

히틀러는 전쟁기간에 수많은 군사작전을 좌지우지하였는데, 예를 들면 1942년 대소작전 시 스탈린그라드 전투에서 파울로스 장군의 독일 제6군이 소련군에 포위되어 보급도 제대로 못 받으면서 엄청난 피해를 입게 되자 참모본부의 군 장성들이 철수를 건의하였음에도 불구하고 끝내 이를 승인하지 않아 30만여 명의 독일군 가운데 20만여 명은 전투 중 숨지거나 동사하는 등으로 전멸되고 9만여 명의 포로가 발생되게 하는 원인을 제공하였다.[61] 히틀러 자신은 대소작전에서 승리에 대한 강한 의지를 표명하였는지는 모르지만, 융통성 없는 지시와 독단으로 그로부터 야기되는 엄청난 전투력의 손실을 스스로 자초하였으며, 이러한 히틀러의 독단들이 하나둘 모여서 독일을 패망으로 이끄는 계기가 된 것이다.

1942년 스탈린그라드 전투에서 패한 뒤 후임 군사령관으로 임명된 구데리안(Heinz Guderian)은 히틀러를 만나고 난 후 "그의 왼손은 떨렸고 등은 구부정했으며 눈이 튀어나왔을 뿐만 아니라 예전의 광채는 없었으며… 더 쉽게 흥분하고 마음의 평정을 곧잘 잃었으며, 툭하면 울화통을 터뜨리고 신중하지 못한 결정을 내리곤 했다."고 말했다.[62] 초반의 승리에 대한 의지는 시간이 경과되면서 독일군이 패하는 빈도가 늘어나자 약해져가고 있었고 마음의 평정심도 자주 잃고 있었던 것이다.

군사작전에 대한 간섭빈도가 잦아지면서 작전을 직접 지시하고 야전 지휘관의 행동과 부대를 일일이 확인 및 통제하는 이른바 '분대장 심리(Squad leader mentality)'가 히틀러의 정신상태를 지배하였고, 그것은 독일군의 작전을 그르쳤다. 특히 연합군의 노르망디 상륙작전 초기 독일군이 감행했던 '모르텡' 반격이 히틀러가 간섭함으로써 실패한 것으로 알려지고 있는 것처럼, 히틀러는 독일군을 패하게 만든 장본인으로서 오도(誤導)된 지도자의 전형을 보여주었다.[63]

---

60 노나카 이쿠지로, 임해성 옮김, 『전략의 본질』(서울: 미래프린팅, 2008), p. 249.

61 이때 포위망에 갇혀 있었던 부대들은 독일군은 20개 사단과 대공포 1개 사단 및 추격포 2개 연대, 루마니아군 2개 사단, 크로아티아군 1개 연대 등이다.

62 존 키건, 『2차 세계대전사』, p. 683.

63 육군본부, 『20세기 전쟁양상』, p. 256. 히틀러는 자신을 위대한 전략가로 착각한 듯하다. 독일이 패한 뒤 히틀러의 작전참모였던 요들 장군을 심문하는 과정에서 검찰관이 군사령관으로서의 히틀러에 대하여 묻자 요들은 "지도자가 중요한 결정을 많이 내렸기 때문에 우리는 전쟁에서 더 빨리 패배하지 않을

히틀러에게 있어 군대는 그의 정치적 목적을 달성하기 위한 도구로써, 그는 자신이 필요하다고 생각하는 임무를 부여하였으며, 군은 그 임무를 수행해야 했고, 그 임무의 옳고 그름을 따질 수 없었으며 부여된 임무를 다하지 못하였을 때는 가차 없이 누구든지 해임을 하였다.[64] 그런 히틀러의 태도에 불만을 품고 육군최고사령관 부라우히치(Walther von Brauchitch) 장군이 사임을 하자, 이번에는 히틀러가 직접 육군 총사령관까지 겸직하는 일이 발생하였다.

그가 대소작전 시 이렇게 해임한 군단장과 사단장만 해도 35명에 이른다.[65] 전쟁기간 중 군 장성들의 경험은 무시되었고, 오로지 히틀러의 직관과 오만, 독선에 의한 지휘만으로 독일군이 움직이는 결과를 초래하였다. 중요한 결정은 직접 본인이 내리겠다고 고집하였고, 사령관을 대리할 장군들을 임명하지 않았다. 그는 "내가 군사적인 문제에 온 정신을 쏟는다면, 그것은 지금 당장 그 문제에서 나보다 더 잘할 수 있는 사람을 알지 못하기 때문이다."라고 하여 자신을 과신하였으며, 오로지 자신만이 최고의 결정권자로 여겼다.[66]

그런 지나친 독재와 통제, 상대방에 대한 무시, 통치방식의 불만 등에 따라 히틀러 암살음모가 여러 차례 있었다. 군부와 공산주의자들, 심지어는 기독교 계통에서도 암살하고자 하였다. 그중에서 대표적인 것은 1944년 7월 20일 군부에 의해 발생된 암살 미수사건으로, 이 사건에 연루된 장교들이 160명이나 처형되었고, 그중에는 2명의 원수와 17명의 장군도 포함되어 있었다.[67] 잘 알려져 있는 바와 같이 롬멜 장군도 이 사건에 연루되어 이때 독약을 마시고 명예롭게 죽는 것으로 결판이 나 자살로 생을 마감하였다.

전쟁기간 중 히틀러와 그의 군대가 점령한 지역, 특히 우크라이나와 백러시아, 폴란

수 없었다."고 대답했다. 히틀러는 자신이 군 전문가들보다 전쟁을 잘 이해한다는 망상에 사로잡혀 있었고 심지어는 작전 시 작은 단위부대까지 배치하는 것도 직접 명령하였으며, 지휘관들을 무시하기까지 했다(리처드 오버리, 『독재자들』, pp. 750-741).

64 육군본부, 『독일 육군사』, p. 265. 히틀러는 군을 그의 정치적 목적, 즉 프랑스를 점령하고 소련을 점령하여 생활권 철학을 달성하기 위한 수단으로 보았으며, 그의 지시에 대한 이의제기는 용납을 하지 않았다. 히틀러는 군사작전에 지나친 간섭을 하면서도 작전이 실패를 하거나 자기 기분을 언짢게 하면 불문곡직하고 가차 없이 장성들을 해임하였는데, 소련 공격 시 남부집단군 사령관 룬트슈테트 원수의 해임이나 프랑스 공격 시 구데리안 장군의 해임 등은 좋은 사례이다.

65 존 키건, 『2차 세계대전사』, pp. 309-310.

66 리처드 오버리, 『독재자들』, p. 241.

67 앤드류 로버츠, 이은정 옮김, 『히틀러와 처칠, 리더십의 비밀』(서울: Human & Books, 2004), p. 347.

드 등에서 주민들을 포용하였더라면 전쟁 양상은 어떻게 바뀌었을지 모를 일이다. 그러나 히틀러는 아리안족을 제외한 모든 인종들을 멸종의 대상으로 하는 절멸정책을 택하였고, 그것을 실천하는 그의 군대들은 무자비했다. 아리안족이 우수하고 그 외의 국민들은 열등하다고 하여 피점령지 주민들을 아무런 이유도 없이 처형하였고, 전쟁을 수행하는 데 필요한 자원들은 무자비하게 강탈하여 모두 독일로 수송되었다.

1941년 6월 22일 바바로사 작전으로 소련을 침공한 독일군은 그해 9월 22일까지 전투에서 150만 명 이상의 소련군을 포로로 잡았고, 크리스마스까지 100만여 명을 또 포위하여 독 안의 쥐처럼 가두어 놓고 있었다.

이러한 현상을 두고 폴란드군의 총사령관이었던 안데르스 장군은 그의 저서인 『러시아에서의 히틀러의 패배(Hitler's Defeat in Russia)』에서 "독일군의 소련 침공이 소련의 사회질서를 변혁시키는 데 있어 좋은 기회로 보고 많은 병사들은 독일군의 포로가 되면서 그들의 승리를 희망했다. 따라서 많은 장병들의 집단투항이 이루어지고… 많은 고급장교들이 스탈린의 소비에트와 싸우기 위해 독일군으로 항복을 한 것이다."라고 말했다.[68]

소련 국민들은 1936~1937년 스탈린의 군에 대한 무자비한 숙청과 처형을 보았고, 중공업 위주 정책으로 수많은 사람들이 힘들게 살아가며 집단농장으로 주민들의 삶이 극도로 힘들어 하는 것을 알고 있었기 때문에 이를 개선되기를 바랐지만, 자기들의 힘만으로는 소비에트의 변혁이 부족하여 역으로 독일군의 힘을 빌려 개선되기를 기대하면서 독일군에 포위되었어도 적극적으로 저항을 하지 않았던 것이다.

우크라이나인들은 히틀러를 유럽의 구세주로 보았고, 백러시아인은 독일군 편에서 싸우기를 열망했으며, 거리에서는 소련 내륙으로 진격하는 독일군에게 음식을 주면서 환영하였다. 그만큼 우크라이나인이나 백러시아인 모두 스탈린과 볼셰비키의 탄압에 치를 떨고 있었던 것이다.

그러나 독일군과 히틀러 친위대들이 우크라이나와 백러시아 등의 지역을 점령하자 그러한 지역 주민들의 바람은 물거품으로 돌아가면서 상황은 180도 바뀌어 독일군들의 만행은 스탈린과 볼셰비키 이상으로 악랄하였다. 히틀러의 군대들은 우크라이나인이든 백러시아인이든 아리안족을 제외하면 누구도 증오하여 모두 제거하고자 무자비한 점령정책을 실시하여 우크라이나에서만 해도 500만여 명 이상을 학살함으로써 우

---

68   육군교육사령부, 『전쟁지도와 군사작전』, pp. 95-96.

크라이나인들의 거센 저항을 야기하였다.

우크라이나와 백러시아에서 볼셰비키들이 파탄되기 직전에 히틀러와 그의 군대들이 침공을 해서 오히려 볼셰비키들을 구원하여 주었고, 스탈린이 주장한 소위 '조국보위전쟁'의 구실을 만들어주는 역할을 히틀러와 그의 친위대들이 한 것이다.

이러한 히틀러와 그의 군대들의 점령지역에서의 정책은 어느 곳에서나 대동소이했으며, 이로 인하여 프랑스의 레지스탕스나 우크라이나 및 백러시아와 발칸 지역에서의 '빨치산(Partisan)' 활동이 대표적으로 나타난 저항이다. 히틀러의 이민족에 대한 편집광적인 증오감과 절멸정책으로 독일군이 점령한 지역의 주민에 대한 '관용(Tolerance)'이란 말은 처음부터 아예 없었다.

전투에서 승리를 하였어도 전쟁에서의 완전한 승리를 위해서는 점령국가의 주민들도 내편으로 만드는 민사작전이 중요한데, 히틀러와 그의 군대들은 이를 철저히 무시하고 절멸정책으로 모두를 없애기 위하여 전력을 기울였다. 그러한 독일의 점령정책은 현지 주민들의 거센 반발을 야기하여 레지스탕스나 빨치산의 저항활동으로 독일군이 도처에서 이들로부터 기습을 받아 많은 피해를 입는 현상으로 나타났다. 지도자의 잘못된 사고와 행동이 국가나 국민에게 어떤 결과를 끼칠 수 있는지를 히틀러는 적나라하게 보여주었던 것이다.

히틀러는 일본과 이탈리아를 동맹(推軸國)으로 하여 연합국과 전쟁을 하였지만, 전쟁지도를 해나감에 있어 이들 나라와 전쟁을 승리로 이끌기 위한 협조를 제대로 하지 않았다. 일본은 지리적으로 멀리 떨어져 있었기 때문에 원만한 협조가 쉽지는 않았지만 그렇다고 미군을 견제하기 위해 일본과 보조를 맞추기 위한 노력을 하지도 않았다. 그외의 동맹국들인 이탈리아나 루마니아 등을 대상으로 협조를 위한 노력도 제대로 하지 않았으며, 오히려 이들 나라들의 능력을 의심하여 군대를 보내 점령을 하였다.

나치의 철저한 억압통치를 받은 국민

1차 세계대전에서 독일은 무조건 항복함으로써 패하기는 하였으나 독일 국민이나 군대는 그 이유를 제대로 알지 못했다. 1918년 독일이 연합국에 무조건 항복할 때까지 육군이 프랑스 영토에서 전투를 하고 있었기 때문에 독일은 영토를 온전히 보존하고 있었다. 다만 당시 동맹국이었던 터키나 불가리아, 오스트리아-헝가리 제국 등이 패하여 독일군이 더 이상 전투를 하기가 어렵게 된 가운데 킬 군항에서 출동명령을 받은 해군이 패할 전쟁임을 알면서 출동하는 데 대해 거부하면서 반란이 일어나고 확대되면서 빌헬름 2세가 퇴위하여 망명하고 파리강화회의에서 전쟁을 중지하기로 합의하고 베르사유 조약을 체결함으로써 전쟁은 끝났다. 그러나 패전국인 독일은 국토를 온전히 보존하고 있었다. 산업시설도 대부분 그대로 있었다. 그랬기 때문에 국민들 대다수나 군인들은 왜 패하였는지 제대로 알 수 없었다.

독일이 1차 세계대전에서 패한 원인을 두고 당시 참모차장이었던 루덴도르프는 "1차 세계대전 당시 독일은 전투에서는 패하지 않았는데 먼저 사상전, 즉 국민은 염전사상에 빠지고 해군에서는 폭동이 일어나는 등 정신전력에서 패하였기 때문에 전쟁에서 졌다."고 하였다(따라서 그는 그의 저서인 『국가총력전』을 작성하면서 전쟁에서 승리하기 위한 국민적 단결을 중요시하였다).[69]

1차 세계대전에서 패한 결과 독일의 정치·경제·정신적 피해는 막대하였다. 군대 규모를 축소해야만 되었고, 막대한 전쟁배상금을 지불해야만 되었으며, 국민의 자존심마저 짓밟혀버리고 있었다. 독일은 패전으로 해외 식민지를 모두 상실하였고, 보불전쟁에서 승리하여 프랑스로부터 양도받은 알자스-로렌은 프랑스로, 벨기에에게는 유펜과 말메디, 홀스타인-슐레스비히는 덴마크로 귀속되었으며, 독일령이었던 라인란트는 중립지대가 되었다. 비스툴라 강변의 독일 영토는 폴란드로 할양되었고, 단치히는 자유도시화되는 등 영토에서도 많은 변화가 있었다.

또한 독일 국민들의 일부는 영토가 분리됨에 따라 독일이 아닌 이탈리아나 체코의 수데텐란드 등지로 흩어져 살게 되었다. 여기에 1,320억 금화 마르크라는 막대한 배상금 등 독일 국민의 자존심을 짓밟는 조치에 분노하고 있었다. 1929년 전 세계에 밀어닥친 대공황으로 미국이 독일에 투자하였던 자본을 일시에 회수하자 독일 국민의 생활도 극도로 어렵게 되었다. 이런 정치·경제적 상황으로 불만이 가득 차 있었던 독일국민에게 게르만족의 부흥을 부르짖는 히틀러의 등장은 커다란 희망이 되었으며, 그러한 희망은 1930년 초의 선거에서 나치당을 압도적으로 지지함으로써 표출되었다.

1차 세계대전에서 패하였지만 왜 패하였는지도 제대로 모르는 독일 국민은 국민적인 적개심을 갖고 있었기 때문에 폴란드를 침공하고 프랑스를 향하여 공격을 해가는 전쟁 초기단계에 승리에 대한 국민의 의지는 왕성하였다.

프랑스 파리가 함락되었을 때 독일의 신문들은 1차 세계대전의 수치를 씻었다고 대서특필 하였고, 독일 국민들은 머지않아 영국도 정복될 것이라고 기뻐하였다. 그러나

69　루덴도르프, 『국가총력전』, p. 172.

그것은 전쟁 전반기인 1940~1941년도 독일이 승리를 하고 있을 때뿐이었고, 1942년부터 미국이 본격적으로 참전하고 전황이 연합군에게 유리하게 전개되면서 그들은 전쟁에 대한 의심을 갖기 시작하였다.

미국이 연합국의 일원으로 참전하고 연합공군이 독일 전 지역에 대한 폭격을 한층 강화하면서 독일 국민들은 점차 히틀러의 전쟁수행 방식과 득일군의 승리에 대해 의심을 갖기 시작하였다. 전쟁이 점차 후반기로 가면서 1943년 1월 동부지역 스탈린그라드 전투에서 제6군이 패배하는 것을 보고 독일군이 많은 손실을 입고 있음이 국민들에게 알려지면서 국민들은 히틀러에게 등을 돌리기 시작하였고 득일의 패배는 시간상의 문제로 다가오고 있었다.

국민들은 나치의 친위대와 게슈타포 등 비밀경찰이 온 사회를 철저히 감시하고 있었기 때문에 드러내 놓고 패배감을 표할 수 있는 환경이 되지는 못했지만, 히틀러와 참모들이 외치는 승리에 대한 가능성을 점점 의심하기 시작한 것이다.

루덴도르프는 그의 저서에서 말하기를 "총력전에서 군대의 강약은 국민의 정치적, 경제적 및 정신적 강약에 의해 좌우되고, 국민의 정신력은 대단히 장기간에 걸친 전쟁에서 생존투쟁에 필요한 단결력을 군과 국민에게 부여하며, 단결은 또한 국민존망을 위하여 전쟁에서 최후의 결정을 주는 것이다."라고 하여 국민의 의지가 대단히 중요함을 강조하였다.

1차 세계대전 당시의 독일은 전쟁이 장기화되면서 식량이 부족하여 폭동을 일으키거나 염전사상이 번지고 군에서도 반란이 일어나 결국 독일이 패망하였다. 반면에 2차 세계대전당시의 독일은 비록 전쟁이 장기화되고 연합공군의 폭격기들이 독일하늘을 뒤덮어도 전쟁이 끝날 때까지 국민들의 폭동이라든가 염전사상이 특별히 발생하지 않았다. 군에서는 일부 히틀러 암살사건이 발생되기드 하였지만, 그러나 폭동이나 반란 없이 항복할 때까지 전쟁을 하였다. 이것은 루덴도르프의 총력전 주장에 대한 공감이나 친위대나 비밀경찰과 같은 조직들의 무자비한 억압과 감시활동, 여기에 괴벨스 같은 선전선동가들에 의한 선전선동과 당시 이에 비교적 순응하였던 국민들의 자세에 의지하는 바가 컸을 것이다.

히틀러의 전제정치를 무기력하게 뒷받침한 의회와 정부

1933년에 정권을 잡은 히틀러는 그해 2월 나치스가 조작한 것으로 추정되는 국회의 사당 화재사건을 공산당의 탓으로 돌려 3월에 공산당을 강제로 해산시키고 이어서 7월에는 모든 정당을 불법화하였다. 연방의회에서는 히틀러에게 전권을 위임하는 이른바 '비상대권법안'을 가결하여 입법권과 행정권을 모두 그의 수중에 넣도록 도와주었다.

히틀러는 독재체제를 강화할 목적으로 비밀경찰인 '게슈타포(Gestapo)'를 창설하여 사회를 감시체제로 전환하고 옭아매기 시작하였다. 히틀러 자신이 정권을 잡는 데 도움을 준 행동대였던 '돌격대(Sturmabteilung, SA)'를 국방군과의 우호적 관계를 유지하는 데 걸림돌이 된다고 인식하게 되자 자신의 경호대였던 '친위대(Schutzstaffel, SS)'를 이용하여 1933년 6월 돌격대장을 포함한 수뇌부와 나치에 반대하는 인물들을 모두 처형하고 돌격대를 해산시켰다.[70] 이러한 조치로 군부도 히틀러에게 충성을 서약하자 그 누구도 이제 히틀러에게 반기를 들 수 없게 되었다.

나치의 통치 아래서 연방참의원과 지방의회는 폐지되었고, 주 정부는 연방정부 지시에 무조건 따라야 했으며, 주법은 모두 연방헌법에 따라 제정해야만 되었고, 각 주지사는 히틀러가 임명하는 총독이 임무를 수행하였다.

중앙정부의 모든 권한은 히틀러에게 집중되었고, 히틀러는 헌법에 관계없이 법률을 제정할 수 있는 이른바 '수권위임법'을 제정하였다. 이를테면 유태인의 일체의 권리를 박탈하는 이른바 '뉘른베르크법(Nürnberg Law)'을 제정하여 유태인의 독일 국적을 박탈하였고 결혼을 금지하였으며, 공무담임권을 박탈한 것도 그중의 하나이다. 1942년 4월에 히틀러는 자신을 "민족의 지도자이자 군의 최고지휘관이며 정부의 장이고 행정권을 보유하는 최고의 재판관"이라고 하여 기존의 법률이나 기득권을 인정치 않고 자신의 의사대로 형벌을 부과할 것이라고 하였다.[71] 법에 상관없이 제멋대로 자신의 입맛에 맞게 모든 것을 집행하겠다는 것이었다.

독일군은 피점령지에서의 주민이나 저항운동을 철저히 탄압하였다. 독일군이 우크라이나를 점령할 당시 우크라이나 주민들은 소련의 압제에 오랜 기간 시달려왔기 때문

---

70 클로드 다비드, 홍순호 옮김, 『제3제국의 전체주의』(서울: 학문과 사상사, 1981), pp. 92-93, 336-338; 존 키건, 『2차 세계대전사』, pp. 61-62. 1934년 6월 30일~7월 1일, 이날의 사건을 역사에서는 '긴 칼의 밤(Nacht der langen Messer)'이라고 한다. 히틀러는 돌격대가 정권강화에 부담이 된다고 생각하여 돌격대장과 지도부를 정식재판 없이 400여 명 처형하였다.

71 클로드 다비드, 『제3제국의 전체주의』, pp. 89-90.

에 독일군을 해방자로 환영하였다. 그러나 히틀러는 독일군에게 이민족을 가혹하게 취급하도록 지시하였고, 그 결과로 많은 지역에서 독일군에 대한 빨치산 활동으로 극심한 저항을 받게 되었다.

우크라이나와 백러시아 등 소련을 점령한 독일군에게는 해방자(Liberator)가 아니라 정복자(Conqueror)로서 행동하도록 지시되었고, 이들에게는 항복한 소련군 병사들을 처형해도 아무런 책임추궁이 없었다. 또한 독일군은 처형대라는 부대를 조직하여 유태인들을 모조리 찾아내서 살해하도록 하였다. 점령지역 내의 원주민들은 모두 추방되었고, 그들이 굶어죽는 것은 독일군에게 전혀 관심의 대상이 아니었다. 소련에 파견된 독일의 고급관리인 알프레드 로젠버그는 "동부전선에서 독일군이 해야 할 가장 중요한 임무는 독일국민을 먹여 살리는 일이다. 우리는 소련 국민들을 먹여 살리는 것에는 어떤 의무도 없다."고 하여[72] 그들의 관심이 어디에 있는지를 표현하였다.

이런 과정에서 독일군에 저항하는 행위에 대해서는 처절할 정도로 복수를 하였다. 즉, 1942년 5월 27일 체코에서 저항세력들이 독일 총독 하이드리히를 암살하자 독일군은 라디체(Ladice)라는 작은 마을에서 철저한 진압을 통해 다시는 저항운동이 발생되지 않도록 하였다.[73] 1943년 바르샤바 유대인 지구(Ghetto)에서도 굶주림과 학살에 직면한 유대인들이 무장봉기를 일으키자 이를 철저히 진압하였다. 프랑스와 유고, 우크라이나와 백러시아 등 독일군이 점령한 여러 지역에서는 독일군에 저항하는 일이 무차별적으로 발생하였는데, 이것은 히틀러의 점령정책과 독일군의 피점령지에 대한 무자비한 탄압이 불러온 결과였다.

도처에서 독일군의 탄압에 대한 주민들의 저항을 보면서 우크라이나를 점령하였던 어느 독일군의 고위급 장교는 "히틀러가 우크라이나 주민들을 정중하게 대하고 볼셰비키에서 구해주겠다고 약속했다면 그들을 손에 넣을 수 있었을 것"이라고 하였지만,[74] 독일군의 피점령지역 주민에 대한 관용은 일본군이 아시아 점령지역에서 행한 살육행위보다 더하면 더했지 결코 작지 않았다.

---

72 베빈 알렉산더, 함규진 옮김, 『히틀러는 왜 세계정복에 실패했는가?』(서울: 홍익출판사, 2001), p. 173.

73 이 사건에 대한 보복으로 히틀러는 체코인 1만 명 처형을 명령하였고, 독일군은 처형 착수 5일 만에 1,500여 명을 살해하였다. 라디체 마을에서는 6월 9일 친위대들이 들이닥쳐 마을사람 492명 중 거의 전부를 처형하고 일부만 살려주었으며, 마을은 완전히 폐허로 만들었다. 이 사건은 독일군이 피점령지에서 저항단체에 행한 만행의 전형적인 한 본보기였다(로버트 에드윈 허쯔시타인, 한국일보 옮김, 『나치스 제3제국』, 서울: 한국종합물산, 1992, pp. 120-121).

74 에이미 추아, 『제국의 미래』, p. 383.

독일군이나 일본군이 피점령지에서 타 민족에 행하였던 통치와 북한 지역 수복 시 같은 민족을 대상으로 점령과 통치를 해야 할 우리의 경우가 같을 수는 없을 것이다. 그렇지만 2차 세계대전 시 이들이 피점령지에서의 점령정책에 대한 연구를 통해 이를 반면교사(反面教師)로 삼아 한국군이 북한 수복지역에서 어떻게 통치행위를 할 것인지 미리 대책을 세우는 것은 중요한 일이라 하지 않을 수 없다.

속임수와 기만, 그리고 술책의 외교

국제연맹 창설 당시 연맹 가입이 거부되었던 독일은 1925년 12월 프랑스와 로카르노 조약(Pact of Locarno)[75]을 체결하고 가입(1926)하였다. 당시 베르사유 조약에 의거 영국과 프랑스가 독일에 군사관리위원회를 설치하여 독일군의 군비증강을 감시하고 있었는데, 로카르노 조약은 독일에 대한 연합국의 감시를 완화하고 비밀재군비 계획을 추진하기 위해서 양보한 일종의 외교적 노력이자 술책(術策)이기도 하였다. 조약 체결로 마침내 1926년 연합국 군사관리위원회가 독일에서 철수함으로써 독일군이 재군비로 가는 길에 서광이 비치게 되었다. 히틀러가 정권을 잡고 반유태정책을 취하기 시작한 1933년 이래 50만여 명의 유태인 중 32만여 명이 독일을 떠났으며, 나머지는 전쟁기간 대부분 '대학살(Holocaust)'로 희생되었다.[76]

1933년 정권을 잡은 히틀러는 먼저 인접한 폴란드와 1934년 1월 26일에 '상호불가침 협정(10-Year's Nonaggression Pact)'을 체결하였다.[77] 주지하다시피 히틀러는 5년 뒤 1939년 9월에 폴란드를 전격적으로 침공함으로써 2차 세계대전이 시작되었는데, 이때는

---

75 중부 유럽의 안전보장을 위하여 1925년 12월 영국과 프랑스, 독일, 이탈리아, 벨기에 사이에 체결된 조약으로 주요 내용은 독일 서부국경지역의 현상유지와 불가침, 독일과 프랑스의 분쟁지역이었던 라인란트의 영구적 비무장화, 독일·프랑스·벨기에의 상호불가침, 분쟁발생 시 평화적 처리 등을 포함하고 있다. 히틀러가 1936년 3월 7일 독일군을 일방적으로 라인란트에 진주시킴으로써 파기되었다.

76 독일을 떠난 유태인은 총 32만여 명(1933년 6만 3,400명, 1934년 4만 5,000명, 1935년 3만 5,500명, 1936년 3만 4,000명, 1937년 2만 5,000명, 1938년 4만 9,000명, 1939년 8만 8,000명)에 달한다(Robert Goralski, *World War II Almanac: 1931~1945*, p. 81).

77 이 조약은 히틀러가 제안하여 폴란드가 당시 주된 우방국이었던 프랑스와 상의 없이 체결한 조약이다. 독일은 폴란드와는 분쟁을 할 의사가 없음을 알렸고, 폴란드는 독립보존을 위하여 더 이상 외부의 지원에 의존하지 않기로 결정을 하였기 때문에 가능하였다. 이 조약은 폴란드가 나치 독일과 원만한 관계를 유지하는 첫 번째 조약으로 폴란드는 이웃 국가들과 분쟁에 휘말리는 것을 피하기를 원하였으며, 이는 폴란드 정부의 정책을 반영하는 것이기도 하였다. 그러나 이는 히틀러의 속임수를 제대로 알지 못한 결과였으며, 결국 5년 뒤 독일군의 침공으로 허망하게 사라졌다(Robert Goralski, *World War II Almanac: 1931~1945*, p. 26).

폴란드를 공격하기에 베르사유 조약의 군비통제조항으로 말미암아 아직 독일군이 충분한 전력을 보유하고 있지 못하였을 뿐더러, 프랑스와 폴란드를 떼어 놓고 또한 동쪽의 러시아를 폴란드를 통하여 견제할 목적으로 불가침조약을 체결하였던 것으로,[78] 폴란드에 대한 히틀러의 일종의 사기극이자 속임수였다(1939년 8월 히틀러가 스탈린과 맺었던 독소불가침조약도 같은 경우이다). 히틀러는 베르사유 조약에 의해 자유도시가 되었던 단치히를 독일로 귀속시키고 동프로이센과 독일 본토를 연결하는 고속도로와 철도 건설을 허락해줄 것을 골자로 하는 조항을 조약에 추가하지 않으면 파기하겠다고 요구하였다. 폴란드가 이를 거절하자 히틀러는 1939년 4월 독일–폴란드 불가침조약을 파기하였고, 9월에는 폴란드를 침공함으로써 2차 세계대전이 시작된 것이다.

1935년 자르 지역을 국민투표 결과에 의해 독일에 귀속(1935.1)하였고, 그해 3월 영국의 군비증강계획을 이유로 재군비 선언을 발표하여 영국과 프랑스를 깜짝 놀라게 하였다. 그러나 히틀러는 향후 외교문제를 '평화적'으로 행할 것이라고 하여 주변국을 안심시키고자 하였는데, 이것은 단지 독일이 아직 군사적으로 주변국들에 비하여 많이 불리하였기 때문에 이를 감추기 위한 술책에 불과하였다.

독일은 베르사유 조약에 의거 해군 분야에서도 병력 1만 5,000명에 선박은 10만 8,000톤으로 보유량을 통제받고 있었고, 잠수함 보유는 금지되어 있었다. 이를 타개하고자 영국과 단독으로 해군협정을 체결(1935.6)함으로써 잠수함을 보유할 수 있게 되었다.[79] 그러나 이 조약은 베르사유 조약의 붕괴를 영국 스스로 도와준 꼴이 되었으며, 프랑스가 이에 강력히 반발하였지만 그 효과는 없었다. 또한 독일과 영국의 해군협정은 독일이 재군비를 추진해나가는 과정에서 반드시 필요한 철광석을 스웨덴으로부터 안정적으로 공급받는 데 필요한 루트를 제공해주었다. 즉, 영국은 이 협정에 따라 발트해에서 해군함정을 철수하였기 때문에 전쟁이 발발하면서 독일은 손쉽게 철광석을 스웨덴으로부터 수입할 수 있었던 것이다.[80]

1936년 히틀러는 마침내 베르사유 조약에 의해 라인 강 왼편에 독일군 주둔을 금지

---

78   육군본부, 『20세기 전쟁양상』, p. 159.

79   폴 콜리어, 『제2차 세계대전』, pp. 56-57. 해군협정의 주요 내용은 독일은 베르사유 조약에 의거하여 잠수함 보유가 금지되어 있었는데 독일이 영국 해군력의 35%만 보유하겠다는 것으로, 이를 통해 독일은 잠수함을 100 : 35의 비율로 보유하도록 합의를 하였다. 영국이 일방적으로 독일과 베르사유 조약 개정에 합의함으로써 프랑스와 심각한 갈등을 초래하고, 이 틈을 이용하여 무솔리니는 에티오피아를 침공하였다.

80   조영주, 『히틀러의 외교정책: 그 성공과 실패』(서울: 대경문화사, 2008), p. 51.

한 규정을 무시하고 군부의 반대를 무릅쓰면서 군대를 주둔시키는 모험을 하였다. 그러나 의외로 프랑스가 아무런 조치를 취하지 않자 이제 히틀러는 의기양양하게 행동할 수 있는 기회를 더욱 확대하기 시작하였다.

또한 이탈리아의 무솔리니와는 1936년 이른바 추축국 협정을 맺었으며, 1938년 9월에는 뮌헨에서 영국과 프랑스, 이탈리아가 체코의 수데텐 지방을 독일에게 할양하기로 하는 이른바 '뮌헨협정(Munich Agreement)'을 체결하여 히틀러에게 또 다른 외교적 승리를 가져다주었다.[81]

급기야 독일은 뮌헨협정을 체결한 뒤 영국과 또 다른 불가침협정을 체결하였다. 영국 수상 체임벌린은 이 조약을 체결하고 의기양양하게 영국으로 돌아가서 이 시대에 평화가 왔다고 자랑하였다. 영국과 독일의 비밀스런 불가침조약 체결에 놀란 프랑스도 12월 6일 파리에서 독일 외무장관 리벤도르프와 프랑스의 본 네트가 불가침협정을 체결하였지만, 그러나 히틀러는 다음해 체코를 완전히 점령하였고 폴란드도 침공하여 영국이나 프랑스는 뒤늦게 속았음을 알았으나 이미 늦은 뒤였다.

독일과 러시아는 이미 1차 세계대전에서 치열한 전쟁 끝에 러시아가 패하면서 전선에서 이탈하고 독일도 패하여 종전이 된 후 두 나라 모두 국제사회에서 따돌림을 당하자 이를 앙갚음할 목적으로 두 나라는 1922년 4월 라팔로 조약을 체결하고 양국관계를 개선한 바 있다. 그런 소련과 독일은 스탈린과 히틀러라는 독재자들이 집권하자 1939년 8월 23일 '독소불가침조약'을 체결하였고,[82] 9월 28일에는 또 다른 우호조약을 체결하였다.[83] 그러나 히틀러나 스탈린이 모두 친선관계를 유지할 목적으로 조약을 체결한 것

---

81 체코의 운명이 결정된 이 회담에 당사자인 체코는 아예 참석하지도 못하였으며, 소련은 초대받지 못하여 충격을 받았다. 이 회담 체결 당시 독일군은 13개 사단(완전동원 시 44개 사단 추가)을 보유하고 있었으나 체코군은 35개 사단, 프랑스군은 85개 사단, 소련군은 260개 사단을 보유하고 있었다. 이렇게 독일에 비하여 압도적인 군사력을 보유하고 있으면서도 영국이나 프랑스, 독일, 체코 등은 히틀러의 교묘한 술책에 당하고 있었다(Robert Goralski, *World War II Almanac: 1931~1945*, p. 72).

82 독소불가침조약의 주요 내용은 "첫째 양국은 적대적인 행위를 하지 않으며, 분쟁을 평화적인 방법으로 해결하고 둘째, 두 나라 중 한 나라가 제3국과의 전쟁을 하는 경우 다른 나라는 그 제3국을 어떤 형태로도 지원하지 않으며 셋째, 조약의 유효기간은 10년으로 한다."는 것이다. 또한 독소불가침조약 체결 시 비밀의정서를 체결하였는데, 여기에는 발트 해 국가의 영토에 대한 재조정 문제와 폴란드 영토의 재조정문제 등을 포함하고 있었다.

83 독일과 소련이 체결한 조약에 대한 협정서를 소련 당국은 인정하지 않고 있다가 최근에서 인정을 하였다. 그 이유는 소련이 이를 인정하게 되면 2차 세계대전의 책임에서 자유롭지 못하기 때문이다. 즉, 폴란드의 침공과 분할을 독일과 사전 협의하였고 이는 전쟁 발발의 책임이 독일과 소련에게도 있음을 의미하는 것이기 때문이다. 소련은 고르바초프가 등장하여 개혁과 개방을 주장한 이후 비로소 1989년 12월에 들어서 독일과 소련의 비밀협정서가 존재함을 인정하였고, 동시에 소련 의회에서는 이 협정서를 비난하면서 무효화하는 의결을 하였다(조영주, 『히틀러의 외교정책: 그 성공과 실패』, pp. 73-74).

은 아니었다. 오히려 양국관계를 일시적으로 안정시켜 상대방을 속이고 시간을 벌기 위한 것이었다.[84]

스탈린으로서는 일시적으로라도 독일과 평화를 유지하면서 1937년 대숙청으로 약화된 소련군을 재정비할 시간을 얻고자 함이었고, 히틀러로서는 소련군의 저항 없이 폴란드를 침공하면서 동시에 서부전선에서는 영국과 프랑스 전쟁에 전념할 수 있는 시간과 여건을 마련하고자 함이었다(히틀러와 스탈린이 서로 믿지 못하는 사이에 체결한 일종의 사기극이자 속임수였다).

또한 1940년 2월 포괄적 무역협정을 맺어 소련은 독일에게 원료와 식량을 주고, 독일은 소련에 기계류와 전투장비를 교환하기로 하였는데, 이렇게 독일과 소련이 각각의 협정을 체결한 것은 양쪽 모두가 우선은 상대방과 전쟁을 피하고 싶었기 때문이었으며,[85] 1941년 1월에는 다시 이 조약들을 연장하는 조약까지 체결하였다. 그들은 바바로사 작전이 시작되는 1941년 6월을 수개월 앞두고도 서로 상대방을 기만하기 위한 술책을 사용하고 있었던 것이다. 이렇게 양국은 상호 속임수를 쓰고 있었지만 이미 히틀러는 소련을 침공하기 위한 준비를 하고 있었다. 1940년 12월에 '지령 21호'를 하달하여 바바로사 작전을 준비하고 있었던 것이다. 이렇게 그들은 일종의 사기극과 속임수를 쓰면서 상대방을 기만하고 있었다. 한편 1940년 독일과 일본, 이탈리아는 방공협정을 맺어 연합국과 전면적으로 대결태세를 갖출 준비를 하였다.[86]

히틀러는 전쟁을 준비해나가는 과정에서 자신의 힘이 모자란다고 생각할 때는 상대방을 안심시키기 위해 영국과 프랑스 및 폴란드나 소련에서 보듯 장차 공격을 할 적국과도 불가침협정을 체결하면서 상대방을 기만하였다. 그런 한편에서는 지속적으로 군사력을 확장하고 비밀리에 공격계획을 수립하였으며, 어느 순간에 불가침협정을 헌신 짝 버리듯 팽개치면서 군사력을 동원하여 기습적으로 공격하였다. 히틀러에게는 자신

---

84 히틀러는 『나의 투쟁』에서 말하기를 "독일에게 도움이 된다면 얼마든지 러시아 사람들과 같이 길을 걷겠다. 다만, 언제라도 우리의 진정한 목표(즉, 소련 영토 점령)로 신속히 되돌아올 수 있는 길일 경우에 한한다."고 하였다. 처음부터 국가 간 외교나 조약이 지켜져야 할 목적이 아니라 수단을 달성하기 위한 하나의 방편에 불과한 것이었을 뿐이다(앤드류 로버츠, 『히틀러와 처칠, 리더십의 비밀』, p. 261).

85 독소불가침조약은 독일이 1941년 6월 독일군이 '바바로사' 작전으로 소련을 침공하면서 파기되었다.

86 여기서 주목해야 할 것은 독일과 일본, 이탈리아가 각각 추축국으로서 동맹을 맺었지만, 그러나 어느 나라도 동맹으로서 상호 간 제대로 협력을 하지 않았다는 것이다. 예를 들면 독일은 바바로사 작전을 계획하고 실시할 때 일본이나 이탈리아에 알려주지 않았고, 일본도 진주만 기습 당시 독일에 알려주지 않았다. 추축국들은 동맹관계를 체결하였지만, 연합국처럼 동맹관계를 중요시 하지는 않았으며, 이는 전쟁결과에 커다란 영향을 미쳤다(앤드류 로버츠, 『히틀러와 처칠, 리더십의 비밀』, pp. 261-262).

의 의도나 목적 달성을 위하는 일이라면 국가 간의 신뢰를 기본으로 하는 외교협약을 파기하는 것쯤은 전혀 문제가 되지 않았던 것이다.

1차 세계대전 당시와 유사한 양상이 반복된 경제

1차 세계대전에서 패한 독일이 베르사유 조약의 결과로 연합국에게 지불하기로 되어 있었던 배상금은 1,320억 금화 마르크로 이것은 독일 경제에 커다란 부담이 되었는데,[87] 이 금액은 당시 독일 국민의 총생산액 약 457억 마르크의 3배가 되는 엄청난 금액으로 결국 독일의 재건을 영원히 막고자 하는 연합국(특히 프랑스)의 의도가 숨겨져 있었다.

독일이 극심한 인플레이션과 경제난으로 배상금 지불이 어려워지자 연합국은 배상금액을 358억 마르크로 감하였다가 1928년에는 '도스안(Dawes Plan)'에 의거 금액을 삭감하였으며, 다시 1929년에는 '도스안'을 수정한 '영안(Young Plan)'을 채택하여 배상금을 더 낮추었으며, 마침내는 완전히 삭감하였다.[88] 1차 세계대전을 수행하기 위하여 독일은 국내의 모든 자원을 사용하였는데, 여기에다 전쟁에서 패한 결과로 엄청난 전쟁배상금 외에 주요 지하자원 지역인 자르 탄전지대를 프랑스에 점령당하는 등 경제에 엄청난 타격을 받아 전쟁 이후 독일의 경제는 한마디로 대단히 취약한 상태에 있었다.

그런 결과로 독일의 경제는 비참할 정도로 침체되어 물건을 사기 위해서는 수레로 마르크화를 싣고 다녀야 할 정도로 극심한 인플레이션에 시달리고 있었으며, 당시 2,900만여 명의 노동자중 600만여 명의 실업자가 발생하여 독일 사회의 극심한 실업률을 보여주고 있었다. 이런 현상은 독일의 농촌에서도 별반 다르지 않았다.[89]

---

[87] 육군본부, 『20세기 전쟁양상』, pp. 153-154. 전쟁이 끝난 뒤 베르사유 조약에서 독일에 대한 배상액을 200억 금화 마르크로 하여 1921년까지 지불하도록 잠정적으로 합의를 하였으나, 1921년 런던회의에서 다시 이를 1,320억 마르크로 엄청나게 증액하였다. 연합국, 특히 영국과 프랑스가 전쟁을 하면서 미국에 막대한 채무를 지고 있었기 때문에 독일의 지불능력을 고려하지 않고 증액을 요구한 것이다. 1920년대 들어 독일은 인플레이션으로 경제가 어려워지고 갚을 능력이 제한되자 지불유예를 요청하여 영국은 관대한 태도를 보였으나, 프랑스가 강경하게 대응하면서 독일의 산업중심지이자 철과 석탄의 산지인 루르 지역을 점령하여 독일의 경제에 심대한 피해를 입히고, 독일의 배상능력마저 저하되는 원인을 제공하였다.

[88] 폴 콜리어, 『제2차 세계대전』, p. 39.

[89] 1923년 11월 빵 1개를 사기 위해서는 200억 마르크, 신문 한 장은 500억 마르크라는 돈을 지불해야만 했다. 약간의 물건을 사기 위해 엄청난 화폐를 지불해야만 했고 상상을 초월하는 인플레이션으로 마르크화의 가치는 한없이 폭락하였으며, 그 고통은 그대로 국민들에게 돌아갔다.

1차 세계대전에서 독일은 180만여 명의 사망자 외에 430만여 명의 부상자가 발생하였는데, 이 중 100만여 명은 완전한 불구자로 노동력을 제공할 수 없어서 경제에 커다란 부담이 되었으며, 영토의 10%를 프랑스와 벨기에 등에 할양하면서 동시에 많은 자원과 산업시설도 함께 빼앗겨야 했다. 심지어는 1,600톤 이상의 상선까지도 넘겨야만 하였다.

그러나 독일에게 천만다행이었던 것은 1차 세계대전에서 패하기는 하였지만, 국내 산업기반에는 특별한 피해를 입지 않았다는 것이다. 막대한 전쟁배상금을 지불해야 했고 영토를 상실하였으며 철저한 군비통제를 받고 있었지만, 국내의 통신망은 온전했고 화학과 전기 분야의 공장이나 베를린 공대와 빌헬름카이저연구소 등 대학과 연구소뿐만 아니라 크루프(KRUPP) 사의 제철소를 온전히 보전하여 철강을 생산할 수 있는 능력도 프랑스의 3배에 달하였다.[90]

이를 바탕으로 많은 회사들이 1차 세계대전 이후부터 연합군의 감시활동을 피하면서 군부와 결탁하여 비밀리에 무기생산을 계속하기 위한 활동을 하였다. 네덜란드에 무기를 발주하거나 스웨덴의 회사들을 사들이고 러시아에 기술자를 파견하기도 하였다. 이런 방법으로 연합국 감시위원회의 감시활동을 피해나가거나 속였다.

많은 공장들이 온전히 보존되어 있었기 때문에 막대한 전쟁배상금에도 불구하고 독일이 다시금 강국으로 올라서는 것은 시간상의 문제로 보였으며 다만, 그것을 누가 언제 어떤 동기로 할 수 있느냐의 문제였는데, 히틀러 집권 이후 본격적인 재군비 과정에서 이런 공장들로 하여금 필요한 무기를 생산할 수 있었다.

히틀러는 1935년부터 재군비에 착수하여 막대한 공공사업을 통해 유럽의 다른 강국들보다 먼저 완전고용을 달성하였으며, 이때 고속도로(Autobahn)를 3만 2,000km나 건설하였다는 것은 익히 알려져 있다. 히틀러가 집권한 1년 사이에 실업은 종전의 반 수준인 300만여 명으로 떨어졌고, 1937년에는 110만여 명으로 감소되었으며, 마침내 1938년에 가서는 오히려 노동력이 부족할 정도로 완전고용 상태를 유지하게 되었다. 이렇게 표면상으로는 완전고용을 달성하기는 했으나, 그 속사정을 보면 공공사업이나 군수산업과 같은 부문에서 대부분 고용하였기 때문에 고용이 질적으로 양호한 것은 아니었다.

히틀러가 집권하여 전쟁을 준비하고 실시하면서 독일이 당면하게 된 가장 중요한

90　Paul Kennedy, 『강대국의 흥망』, p. 398.

문제 가운데 하나는 1차 세계대전 시와 마찬가지로 전쟁을 지속할 수 있는 능력의 한계를 극복하는 것이었다. 국내에서 생산하여 먹여 살릴 수 있는 식량은 부족하였고, 유류는 부존자원이 없어 수입에 의존하면서 이를 해소할 목적으로 석탄에서 유류를 추출하여 사용하기도 했다.[91] 식량으로부터 유류, 무기나 탄약을 생산하는 데 필요한 철광석 등 독일의 국내생산에는 많은 능력의 한계가 있었던 것이다.[92] 따라서 1939년 9월 이른바 '전시경제법'을 만들어 민간자원을 신속히 동원하고 경제를 전쟁을 수행하는 데 적합한 체제로 전환할 수 있도록 하였다.[93]

전차나 항공기 등 전투장비와 탄약을 생산하고 부대를 유지하기 위해서는 철광석은 물론 니켈과 주석, 고무, 석유 등 많은 전략물자가 필요하기 마련이다. 그러나 독일은 석탄이나 일부의 철광석을 제외하고는 이런 자원이 부족하여 군수공업이 어려운 사정에 처할 가능성이 대두되고 있었다.

히틀러는 독일이 전쟁을 하면 처하게 될 어려움을 예상하여 영국의 해상봉쇄로부터 자유로울 수 있도록 하고자 했다. 독일은 전쟁을 하게 되면 자원의 부족을 염려하여 1차 세계대전의 경험을 교훈으로 삼아 경제전략을 수립하여 1936년부터 중요한 자원을 비축하기 시작하였다. 독일은 여기에 만족한 것이 아니라 다른 국가의 의존에서 절대적 자유를 얻기 위한 경제적 자급자족 개념도 수립하였다. 영국이 자유무역을 통해 번영을 추구하는 것과는 반대가 되는 개념이었다. 그런 목표를 달성하기 위하여 독일은 합성고무를 만들었고 합성석유를 생산하였으며, 추축국에 호의적인 국가들로부터 자원을 수입하거나 이도 저도 안 되는 상황에서는 스웨덴, 폴란드, 루마니아 등 인접국을 점령하여 자원을 약탈함으로써 해결하였다.[94]

---

91 독일은 석유의 부족을 해소하기 위하여 석탄으로부터 합성석유를 추출하여 사용하였는데, 그 양은 1939년도에 220만 톤, 1943년에는 570만 톤을 생산하기도 하였다(Evan Mawdsley, *World War II*, p. 325).

92 예를 들면 독일은 석탄은 유일하게 자급자족이 가능하였으나, 석유는 85%, 철광석은 80%를 수입하였고, 그 외에도 니켈이나 보크사이트, 구리 등 대부분의 비철금속 자원들은 부족하였다. 따라서 전쟁을 지속적으로 수행하기 위해서는 결국 석유는 루마니아에서 그 외의 자원은 헝가리나 불가리아, 소련 등 점령지에서 해결해야만 하였다(마틴 폴리, 『제2차 세계대전』, pp. 155-156).

93 리처드 오버리, 『독재자들』, p. 705. 그러나 독일은 전쟁 초기부터 독일의 취약점을 알고 있었다. 전쟁 초기 단계에 히틀러에 의해 독일 육군의 무기생산 책임자로 지명된 토마스는 독일의 이런 전쟁지속능력의 취약점을 비밀리에 언급하면서, 독일은 연합국에 대하여 단기전으로 끝내야 한다고 주장하였다(Evan Mawdsley, *World War II*, p. 328).

94 Jules Backman, *War and Defence Economics*(New York: New York University Press, 1952), pp. 371-373.

1939년 독일은 1년 이상의 기간 동안 무기를 생산할 수 있는 전략물자인 알루미늄이나 아연, 주석, 코발트, 안티몬, 몰리브덴, 크롬, 망간 등을 보유하고 있었으나 전쟁을 준비하는 데는 충분치 못하여 체코에서는 망간과 황철광, 폴란드에서는 석탄과 구리 및 납, 헝가리에서는 보크사이트, 프랑스를 점령한 이후에는 철광석과 보크사이트 등을 약탈하였다.[95]

또한 폴란드를 점령하였을 당시 독일 총독 프랑크는 "폴란드가 독일 전시경제에 있어 중요한 곳으로 모든 원료와 기계, 시설 등은 독일이 통치하며, 폴란드는 대독일제국의 노예가 되어야 한다."고 강조하면서 자원약탈은 물론 공장을 해체하여 독일로 운반하였다.[96] 이러한 행동은 소련을 점령하였을 때도 마찬가지로 나타났다.

그러나 소련군은 철수 시 독일군이 광산이나 공장 등의 사용 가능성에 대비하여 이를 철저히 파괴하였다. 그럼에도 독일은 점령지역에서 강제로 노동력을 동원하여 파괴된 광산을 복구하고 공장을 가동시켜 자원을 약탈하였다. 심지어 우크라이나에서는 독일의 부족한 곡물을 보충하는 곳으로 만들고자 독일이나 유럽의 다른 지역에서 약탈한 농기구를 운반해서 농사를 짓도록 하였다. 다양하게 점령지역의 자원을 활용하고자 노력한 것이다.

그 외에 스위스, 터키, 스페인 등지에서도 전쟁수행에 필요한 물자를 수입하였다. 전쟁수행을 위한 자원을 확보하기 위해 피점령국으로부터는 자원을 약탈하고 중립국 또는 친독일 국가로부터는 물자를 수입하는 등 전방위적 노력을 하였다. 이렇게 자원을 수입하거나 약탈함으로써 독일군은 이 기간 중 38톤 경(輕)전차와 3·4호 중(重)전차, 3호 돌격포, 5호 팬더·타이거·쾨니스타이거 중(重)전차 등과 Me-262전투기, Ju-87·88급강하 폭격기, He-111중폭격기 등 다양한 항공기도 개발하여 전쟁기간 내내 사용할 수 있었다.

1941년 독일의 관련부서의 보고에 의하면 독일이 피점령지에서 확보한 원유는 190만 톤, 정제한 연료의 양은 410만여 톤에 달했으며, 수입을 통해서 확보한 정제연료도 812만 톤에 달했으나, 그래도 부족하여 루마니아의 유전지대를 점령하여 해결하고자 했다.[97]

---

95 플라타노프, 『소연방에 대한 독일 파시스트 침공 저지기간 중 소련작전(1941.6.22~1942.11.18), 제1권』(소연방 군사출판사, 1958), p. 24. 이 자료는 1939~1945년 전쟁기간 중 '독일의 산업능력'이라는 독일의 문서를 소련군이 노획한 것을 번역한 것이다.

96 로버트 에드윈 허쯔시타인, 『나치스 제3제국』, pp. 116-117.

전쟁기간 중 히틀러는 독일의 실제 군수품 생산이 자신이 목표했던 것과 실제 생산에 있어 차이가 발생하고 있음을 알게 되었다. 따라서 군수물자의 대량생산을 위한 조치에 착수하여 알베르토 슈페어를 무기생산 책임자로 임명하고 무기생산 전문기술과 엔지니어를 모집하고 비효율적인 무기생산 분야에서의 혁신적인 조치를 취함으로써 표준화된 작업절차를 확립하였다. 이러한 일련의 조치들로 인해 생산비용과 시간이 대폭적으로 줄어들면서 생산량이 대폭 증대되었다.

다양한 조치에 힘입어 소련보다 우수한 품질의 장비를 생산할 수 있었으나 반면에 관료화된 조직과 육군의 무기생산에 대한 비협조 등으로 이러한 노력이 전쟁을 수행하는 데 필요한 모든 무기나 탄약을 해결해주기에는 한계가 있을 수밖에 없었다.

독일은 전쟁 전부터 스웨덴에서 연간 1,000여 만 톤의 철광석을 수입해왔는데 전쟁을 지속함에 있어 무기나 탄약을 생산하는 데 필요한 철광석을 추가로 확보하고자 군대를 보내 북유럽지역도 점령하였다. 이렇게 독일은 전쟁을 해나가는 과정에서 점령한 국가들로부터 강제적으로 자원을 수탈하여 부족한 전쟁지속능력을 보완하였다.

독일은 유럽을 점령하면서 물적자원을 약탈하여 사용하였을 뿐만 아니라, 독일산업 현장에서는 1941년 3월을 기준으로 하여 피점령지역의 노동자 175만여 명과 전쟁포로 127만여 명이 강제적으로 끌려와 노동력을 제공하여 전쟁에 필요한 물자를 생산하고 있었다.[98] 이러한 노동자들은 1942년에는 420만여 명, 1944년에 가서는 710만여 명으로 확대되어 독일 경제를 위해 강제적으로 노동력을 착취당하였다.[99]

이들은 프랑스의 전쟁포로나 벨기에, 네덜란드 등지에서 강제적으로 끌려와 독일의 공장에서 숙련공으로 또는 반숙련공으로 노동력을 제공하는 역할을 했으며, 소련으로부터 끌려온 250만여 명의 노동자들이나 폴란드를 포함하는 동구권 유럽국가에서도 비숙련공들이 끌려왔다.[100] 이들 중에는 여자는 물론 어린 학생들까지 포함되어 공장은 물론 전쟁피해 복구나 활주로 건설 등에서도 노동력을 착취당하였다. 일제가 조선

---

97 플라타노프, 『소연방에 대한 독일 파시스트 침공 저지기간 중 소련작전(1941.6.22~1942.11.18), 제1권』, p. 24; 독일은 루마니아로부터도 1941년 300만 톤, 1942년에는 220만 톤, 1943년에는 240만 톤을 가져갔다(Evan Mawdsley, *World War II*, p. 325).

98 플라타노프, 『소연방에 대한 독일 파시스트 침공 저지기간 중 소련작전(1941.6.22~1942.11.18), 제1권』, p. 23. 이 문서는 1939~1944년의 기간 중 소련군이 독일군이 획득한 독일의 전략문서인 『독일의 노동력 균형』이라는 문서에서 인용한 것이다.

99 마틴 폴리, 『제2차 세계대전』, p. 156.

100 R. A. C. Parker, Struggle For Survival: *The History of the Second World War*(London: Oxford University Press, 1989), pp. 137-138.

인이나 중국인, 대만인을 강제로 징용하여 탄광이나 비행장 건설 등에서 노동력을 착취하였던 것과 같다.

독일은 연합국의 공격으로부터 안전을 고려, 비교적 국경선으로부터 멀리 떨어진 곳에 중공업지역을 건설하고 여기서는 항공기나 전차 등 전투장비와 탄약을 생산하도록 하였다. 브란덴부르크는 자동차 공업지대로 만들어 군사용 자동차를 만들었으며, 마그데부르크는 항공기를 생산하는 지구로 하는 등으로 군수물자 생산지역을 별도로 지정하였다. 크루프[101], 라인금속(Rheinmetall)[102], 지멘스(Semens) 독일 중공업, 오펠(Opel), 폴크스바겐(Volkswagen) 등 독일의 유명회사들은 이렇게 회사별로 전차나 항공기, 야포 및 트럭, 전함 등 다양한 전투장비와 탄약을 나치스의 통제에 따라 생산하였던 회사들이다.

피점령지 주민들은 독일에게 부족한 곡물도 공급해야만 했다. 그들은 독일이 필요로 하는 밀가루와 육류 및 지방 등 식량의 1/3을 공급했다. 1943년 독일인은 약탈한 식량을 이용하여 1일 2,000칼로리의 영양을 취하는 동안 피점령지 국민들은 1,500칼로리의 영양을 취하고 있었다(이마저도 폴란드나 독일군이 점령한 소련 지역에서는 일일 800~900칼로리밖에 허용되지 않았다).[103]

뿐만 아니라 독일은 피점령국가에서 점령비라는 명목으로 강제적으로 전쟁비용을 빼앗아갔다. 프랑스는 4억 프랑(900만 달러), 네덜란드에서는 5,000만 굴덴(2,600만 달러)을

---

101 보불전쟁이나 1·2차 세계대전에서 크루프 사의 역할은 지대하였다. 바이마르공화국 시절에도 이 회사는 독일군 군비증강에서 주요한 역할을 하였다. 베르사유 조약에 의해 독일은 군비분야에서 많은 제한을 받고 있었기 때문에 이를 해외에서 타개할 목적으로 1921년 스웨덴의 보포스(Bofors) 사를 사들여 앞으로 무기생산을 위한 전조기지로 삼고자 했고, 네덜란드나 덴마크 같은 국가에 무기를 팔았다. 1922년에는 네덜란드에 선박 건조회사를 같은 개념으로 사들였고, 네덜란드나 스페인, 터키, 핀란드 등의 국가에 잠수함 건조기술을 팔았으며, 젝트 육군총장과는 야포 및 전차 등을 비밀리에 설계하는 것을 계속하였다. 이 회사는 이런 활동을 연합국이 모르도록 비밀리에 하였고, 기술자들을 러시아를 포함하는 국가로 보내 기술을 계속 숙달하도록 하였다. 히틀러가 정권을 잡자 크루프 사는 히틀러의 재군비계획에 따라 3만 5,000여 명의 노동자를 11만 2,000명으로 확대하면서 독일군이 필요로 하는 전차나 야포, 함포와 탄약을 생산하였고, 순양함이나 U-보트도 건조하여 조달하였다. 뿐만 아니라 피점령지의 회사들도 인수하여 운용을 하기도 하였다. 체코를 합병한 뒤에는 스코다 사를 운용하였고, 프랑스에서는 로스차일드 일가의 트랙터 공장을 운용하기도 하였다. 이 회사는 독일군의 전쟁수행에 있어 커다란 역할을 하였지만, 이 과정에서 수많은 유태인과 슬라브족 노동자에 대한 인간 이하의 처우로 독일 패망 후 전범재판에 회부되기도 하였다(http://en.wikipedia.org/wiki/kru, pp. 검색일: 2011.1.21, 10 : 00).

102 이 회사는 1889년에 창립되었다. 이 회사에서는 스페인 내전기간 중 사용된 무기들에 대한 주 공급자였으며 MG-42중형 기관총이라든가 폭탄용 신관, 75mm 대전차포, 38mm 포 등을 생산하여 독일군에 납품하였다(http://en.wikipedia.org/wiki/Rheinmetal, 검색일: 2011.1.21, 10 : 30).

103 R. A. C. Parker, *Struggle For Survival: The History of the Second World War*, pp. 137-138.

자발적 기부라는 미명하에 빼앗겼다. 한편으로는 피점령국가의 은행자금을 이용하여 물자들을 구입해갔는데, 예를 들면 프랑스에서는 10억 마르크(4억 달러 상당), 네덜란드에서는 7,300만 마르크(2,900만 달러 상당)에 해당하는 각종의 물자들을 구입하면서 이들 은행들이 지불토록 했다. 독일 재무성에 따르면 이렇게 서유럽의 피점령 국가들이 지불한 금액이 종전 시의 평가액으로 600억 마르크(150억 달러 상당)에 달할 정도로 막대한 금액이었다.[104]

독일은 프랑스에서 생산된 물품의 40%를 가져갔는데, 1942~1943년에만 해도 프랑스 공장에서 5만여 대가 넘는 차량이 독일군의 수중으로 넘겨졌다. 이러한 착취의 결과로 1940년 당시 독일에는 기계공장이 117만여 개를 보유하여 이는 영국의 70만여 개나 미국의 94만 2,000여 개보다도 많았고, 이런 능력을 바탕으로 독일은 총포무기나 탄약으로부터 전차나 항공기 등에서 괄목할 만한 생산능력을 보여줄 수 있었다.[105]

독일은 또한 유태인을 독가스실에서 살해하면서 유대인 소유의 은행과 업체를 몰수하여 국고에 귀속하였고, 이들이 지녔던 귀중품까지도 압수하였으며 심지어는 살해 후 금니까지 빼내어 비밀계좌에 넣어 사용하였다.[106]

전쟁을 하면서 부족한 식량문제를 해결하기 위하여 초기단계에는 배급제를 실시하였고, 소련을 공격하기 이전에는 독소불가침조약의 부속협정에 따라 소련으로부터도 식량 약 150만 톤, 원유 100만 톤, 목재는 약 100만 톤, 백금 2,700kg과 그 외에도 상당량의 크롬과 망간 등 희귀금속을 지원받았다.[107] 일본이 독일에게 제공하는 21만여 톤의 물자를 시베리아를 통해서 지원받기도 하였다.

유럽 각 국가를 점령한 이후에는 덴마크는 식품을 공급하고 폴란드는 석탄과 곡물을 공급하였으며, 프랑스도 하루에 4~5억 프랑을 독일에 지불해야만 했는데,[108] 마치 1차 세계대전에서 전쟁배상금(1,320억 마르크)을 지불해야만 했던 것에 대한 앙갚음을 하는 듯했다.

이렇게 독일은 피점령 국가들로부터 식량을 포함하여 많은 물자를 약탈했음에도 불

---

104 로버트 에드윈 허쯔시타인, 『나치스 제3제국』, pp. 110-112.
105 플라타노프, 『소연방에 대한 독일 파시스트 침공 저지기간 중 소련작전(1941.6.22~1942.11.18), 제1권』, pp. 25-26. 이 자료는 독일이 실시한 '유럽에서의 경제조사' 자료에서 인용한 것이다.
106 에이미 추아, 『제국의 미래』, pp. 380-381.
107 리처드 오버리, 『독재자들』, p. 683; 육군본부, 『소련군사』, pp. 96-97.
108 김용구, 『세계외교사』, pp. 801-802.

구하고 1941~1942년 겨울에 들면서 물자부족이 심해지기 시작하여 빵과 육류 배급량이 서서히 줄어들기 시작하였고, 주식으로 하고 있는 흔한 감자마저도 배급식품에 포함되어 공급되기 시작하였다.

1942년 들어 연합국의 전략폭격이 시작되고 피해가 확대되면서 독일은 그제서야 전시경제체제로 전환하여 민수용 자원을 군수용으로 전환하고 군수공장들을 보호하기 위하여 분산시켰으며, 군수물자 생산 책임할당제와 군수품 생산전담제 등을 실시하여 생산량을 최대화하기 시작하였다. 또한 노동력 부족을 해결하기 위하여 여성들도 동원하여 1944년 들어 군수품에 있어서 전쟁 발발 이후 최대의 생산량을 달성하였다. 그러나, 연합국들의 생산능력을 따라가기는 이미 늦은 상태였다. 그 무렵 연합국 특히 미국과 소련은 전시 최대 생산량을 향해서 나가고 있었기 때문이다.

석유도 독일군의 목줄을 죄는 중요한 자원 중의 하나였다. 전쟁 초기단계에는 석탄에서 유류를 추출하여 사용하였으며, 그것도 부족해지자 루마니아의 유전지대를 점령하였으나 그래도 소요량을 충족하기에는 한계가 있었다. 독일은 국내나 점령지에서 생산할 수 있는 석유와 식량 등에 한계가 있었던 것이다. 따라서 전쟁지속능력을 확대할 목적으로 우크라이나의 흑토지대와 코카서스 지역의 유전지대를 점령하기 위하여 1941년 6월 총통지령 21호로 소련을 공격하였는데 이것이 '바바로사 작전'이었다.[109]

히틀러는 일찍부터 소련의 광대한 영토와 무진장한 자원을 탐내왔다. 그의 이러한 희망은 저서 『나의 투쟁』에서 우크라이나의 곡창과 우랄의 지하자원, 코카서스의 유전, 시베리아 삼림자원 등에 대한 욕망으로 표현하였고, 이른바 '생활권(Lebensraum)'이라는 환상으로 기술하였다.[110]

이 생활권 확보를 위해 '동방, 즉 소련으로의 돌진'은 필연적으로 뒤따를 수밖에 없었고, 이것이 바바로사 작전으로 실행된 것이다. 1941년 6월부터 시작된 대소 전역 초기단계에는 독일군이 커다란 승리를 거두었으나 1942년 12월 스탈린그라드 전투에서 결정적으로 패한 후 더 이상 전쟁을 수행할 수 없는 한계점에 서서히 다다랐다.

독일군은 소련을 공격할 계획을 수립하면서 작전기간을 3~4개월이면 충분히 가능할 것으로 판단하여 동계작전을 위한 준비를 충분하게 하지 않았다. 독일군은 나폴레옹 전사에서 나타났던 중요한 교훈을 잊고 있었던 것이다. 1812년 러시아를 침공한 나

109 정하명 외, 『세계전쟁사』, pp. 312-314; 폴 콜리어, 『제2차 세계대전』, pp. 574-582.
110 정하명 외, 위의 책, pp. 269-270; 폴 콜리어, 위의 책, pp. 80-81, 563, 574-582.

폴레옹은 동장군과 진흙장군으로 대패를 당한 바 있고, 19세기 유명한 병학자인 조미니(Anthonie H. Jomini)도 일찍이 "러시아는 들어가기는 쉬운 나라이나 나오기는 힘든 나라"라고 표현하였던 것처럼, 러시아의 자연환경은 침략자들에게는 좀처럼 극복하기가 쉽지 않은 곳이었다.[111] 이와 같은 전쟁에서의 교훈과 자연환경을 히틀러와 국방군 수뇌들은 무시하면서 침공한 것이다.

1941년 이때는 겨울도 1개월이나 빨리 왔지만 독일군은 소련 침공이 단기간에 끝날 것으로 자신하여 작전의 장기화에 대비한 동계피복을 제대로 준비를 하지 않았으며, 부동액이나 윤활유 등 장비에 있어서도 마찬가지였다. 기온이 급강하하자 여름옷을 입고 있었던 장병들은 그대로 혹한에 노출돼 동사자들이 속출하였고, 화포나 기동장비를 가동하고자 해도 부동액은 부족하였으며 윤활유마저 얼어서 가동할 수 없는 상황도 지속적으로 발생하였다.

심지어는 전차가 동파되는 것을 막기 위하여 전차 밑에서 밤새도록 불을 피워야만 했던 경우도 빈발하였다.[112] 작전이 예상을 벗어나 장기화되면서 동계작전 준비가 안 된 병사들을 위해 독일 국내에서 피복을 구해 보내는 운동이 범국가적으로 펼쳐지기도 하였으며, 군수지원 능력을 높이기 위해 여러 조치가 취해지기도 하였지만 이미 독일은 이를 회복하기에 늦고 있었다.

오히려 시간이 지나면서 독일의 전쟁지속능력은 점점 한계에 다다른 반면, 소련은 전쟁 초기 독일군의 엄청난 공격 아래서도 수많은 화포공장을 대규모로 이전하고 인력을 동원하여 전투장비나 물자 등 산업생산능력을 확충하는 한편, 미국으로부터는 많은 장비와 탄약을 지원받음으로써 반격기회를 마련하여 전면적인 공격으로 나왔다. 마침내 동쪽에서는 소련으로부터, 서쪽에서는 연합군으로부터 양면공격을 받은 독일은 끝내 항복할 수밖에 없었던 것이다.

루덴도르프는 그의 저서인 『국가총력전』에서 경제력은 전쟁을 지속할 수 있는 경제적 능력으로, 국민적 단결을 바탕으로 군이 필요로 하는 전투장비와 탄약과 물자 등의 생산과 보급을 위한 군수공업과 국민의 기본적인 생활 유지를 위한 식량이나 생필품과 연료 등의 공급, 재정동원과 화폐수급의 조절을 통한 전비의 조달 등 경제의 중요성에 대하여 언급하였다.[113]

---

111 정하명 외, 위의 책, p. 313.
112 폴 콜리어, 『제2차 세계대전』, pp. 597-598.
113 루덴도르프, 『국가총력전』, pp. 69-85.

루덴도르프가 총력전에서 주장한 지도자의 역할, 즉 군대가 전쟁을 수행할 수 있도록 장비나 물자 등의 소요를 검토하고 준비를 해야 하는 등 전쟁지도에 관하여 지도자가 해야 할 역할을 강조했지만, 히틀러는 이에 별로 관심을 갖지 않았으며 그가 주로 관심을 가졌던 것은 유태인을 절멸시키고 소련을 점령하여 아리안족의 천년왕국을 건설하는 것이었다.

히틀러가 제대로 된 국가의 지도자라면 먼저 전쟁을 도발하기 위한 수많은 일들을 하지 않았을 것이고, 설령 당시 국제적 환경이 전쟁을 불가피하게 만들었기 때문에 전쟁을 할 수밖에 없었다면 1차 세계대전의 교훈을 살려 양면전쟁을 피하거나 독일의 전쟁지속능력의 한계를 고려했어야 했는데, 이런 것들이 전혀 고려사항이 되지 못하였던 것이다.

히틀러는 이 모든 것을 무시했기 때문에 1차 세계대전 당시 발생하였던 유사한 문제가 독일 국민과 독일군에게는 그대로 반복되었고, 유사한 문제로 독일의 전쟁지속능력은 취약하였으며, 이런 문제를 알면서도 극복하려는 준비가 미흡하여 결국 전쟁에서 질 수밖에 없었던 것이다.

히틀러는 유럽지역을 점령하여 그의 '신질서(New Order)'를 창조하기 위한 계획적이고 체계적인 점령지역 통치방침에 따라 통치를 하였는데, 그 밑바탕에는 피점령지역 주민에 대한 공포와 처벌과 처형, 인종적 절멸이 핵심을 이루고 있었다. 독일군이 2차 세계대전 당시 점령하였던 국가 중 오스트리아와 체코의 주데텐란드 등은 독일의 주권 아래 있었고 룩셈부르크나 알자스-로렌 지역 등은 독일의 옅토로 간주되어 '특별민간행정관' 아래에 있었다.

덴마크는 독일 외무부 통제 아래 괴뢰왕정이 유지되었고, 독일군이 점령한 노르웨이나 네덜란드에는 총독이 파견되어 통치를 하였으며, 벨기에나 세르비아와 그리스는 독일군 군정 아래 있었다. 폴란드와 우크라이나 및 백러시아, 발트 해 국가들은 '동방령(Ostland)'으로 불리면서 독일이 파견한 행정관의 통치하에 있었다. 특히 슬라브족이 주류를 이루는 우크라이나와 백러시아에서는 친위대나 비밀경찰들의 공포정치와 처형이 절정을 이루었다.

많은 전쟁사가들은 히틀러와 그의 참모들이 독일 국민들의 표준적인 삶을 유지할 수 있도록 하기 위해 1942년 이전까지는 독일의 전시생산이 정점에 오르도록 노력을 하지 않았으며, 히틀러가 전격전 이론을 고안해냈고, 전쟁이 대규모화되거나 장기적으로 가는 것을 부인했다고 말하고 있다.[114]

실제로 독일은 1939년 폴란드를 침공한 이래 프랑스 점령에 이르기까지 유럽의 상당한 지역을 점령하면서도 1941년까지는 가용한 무기량이 부족하지 않았던 것으로 알려지고 있다. 그러나 미국이 참전하는 1942년 들어 상황이 악화되면서 전쟁 수요를 충족하기 위해서 생산에 박차를 가하기 시작하면서 60~65세의 남자와 17~45세의 여자들도 등록을 하도록 명령이 하달되었다.

히틀러와 그의 참모들은 1차 세계대전에서 독일이 패한 이유를 독일 국민들의 불만에 기인한다고 믿어 국민들이 가급적이면 편안하게 지내도록 하였고, 실제로 독일에서는 여성들이 노동현장에서 일하는 비율이 영국이나 소련처럼 높지 않았다. 여성들이 직업을 갖는 비율을 높이려고 하지도 않았다. 여성들이 보육을 하거나 소규모의 농장에서 일을 하거나 또는 남편들이 군에 복무 중에 있었기 때문에 국민들로부터 인심을 잃지 않으려는 나치의 노력이었던 것이다. [115]

2차 세계대전 중 연합군이 독일군을 항복시키기 위해 중요시했던 것 가운데 하나는 독일군의 전쟁지속능력을 유지해주는 군수공장들의 파괴였고, 이를 위해 1942년부터 공업지대들에 대한 '전략폭격(Strategic Bombing)'을 시작하였다. 연합국이 독일에 투하한 폭탄은 1941년 3만 톤을 시작으로 1942년에는 4만 톤, 1943년에는 12만 톤, 1944년에는 60만 톤, 1945년도에는 전쟁이 끝나기 5개월 전까지 무려 60만 톤을 투하하여 독일의 산업시설을 1942년에는 2.5%, 1943년에는 9%, 1944년에는 17%를 파괴하였으며, 주민도 10만 명이 넘는 60여 개의 도시에서 약 360만여 명에게 피해를 입혔다. [116] 그러나 연합군의 전략폭격은 부적절한 정보와 잘못된 판단에 기인한 목표 선정으로 막대한 양의 폭격에도 불구하고 독일의 생산은 1944년에 최고조에 달하고 있었다. [117]

최근 영국의 경제역사학자인 해리슨(Mark Harrison)의 평가에 의하면 1938년의 독일 인구 6,800만여 명에 GDP가 3,510억 달러(1990년 가격 기준)에 달했으며, 1938년으로부터 1942년 기간 중 독일군이 점령했던 지역의 인구는 2억 명에 GDP는 6,000억 달러에 달하였다고 한다. [118] (이 중 1/4은 주로 소련의 점령지역에서 나오고 나머지는 서부나 중부 및 남부유럽지역에서 온 것임) 독일은 광범위한 지역을 점령하여 통치하면서 인적·물적 자원을 수탈하여 전쟁을 하

114   R. A. C. Parker, *Struggle For Survival: The History of the Second World War*, p. 136.

115   *Ibid.*, p. 137.

116   Raymond Aron, *The Century of Total War*, p. 18.

117   Richard A. Preston & Sydney F. Wise, *Men In Arms*, p. 320.

118   Evan Mawdsley, *World War II*, p. 327.

〈표 4.6〉 2차 세계대전 기간 중 독일의 전투장비 생산현황

구분	항공기(대)	전차/자주포(문)	야포(문)	트럭(대)	전함(척)	잠수함(척)
수량	110,166	63,800	128,000	3ㅢ,569	23	1,111

출처: R. A. C. Parker, *Struggle For Survival: The History of the Second World War*, pp. 132-134.

였지만, 본질적으로 점령지역에서 경제적으로는 크게 이득을 보지 못한 것으로 알려지고 있는데, 이것은 독일의 점령지에 대한 정책상의 단견에 기인하는 바가 크다.

즉, 독일이 전쟁수행을 위하여 피점령지역에서 인적자원이나 물적자원을 최대한 사용하고자 했으나 무자비한 탄압과 처형, 강제적인 수탈 등의 방법을 사용하였고 이 과정에서 주민들의 조직적인 저항을 받았기 때문이다.

비밀재군비 계획에 의한 확장된 군사력

독일군은 1차 세계대전의 결과로 체결된 베르사유 조약에 의거 병력 및 부대규모와 장비 수량 등에 대한 철저한 감시와 통제를 받고 있었다. 병력은 10만 명(장교 4,000명, 부사관·병 9만 6,000명) 이상을 보유할 수 없게 되었고, 육군은 독일 영토에서 질서를 유지하고 국경을 지키는 경찰로서 역할을 할 수밖에 없도록 그 임무를 한정해 놓았다. 해군은 병력 1만 5,000명에 선박은 10만 8,000톤으로 제한되었고 잠수함 보유가 금지되었으며, 공군은 항공기 보유가 금지되었다.

독일군 참모본부도 폐지되었는데, 그 이유는 연합국이 독일군 참모본부를 독일군의 군국주의 상징으로 여겼기 때문이다. 이렇게 독일군은 군사력으로서 역할을 할 수 없도록 철저히 불구화되어 오로지 경찰력으로서만 임무를 할 수 있을 정도로 축소되었다.

독일은 연합국의 강요로 베르사유 조약을 체결하기는 했지만, 애초부터 이를 지킬 의사가 없었다. 독일군은 연합국의 통제와 감시에도 불구하고 젝트가 참모총장으로 취임하자 이듬해인 1921년부터 비밀재군비 계획에 착수하였다. 주요내용으로 첫째, 10만 명의 병력은 군을 확장할 시 '상위직책을 수행할 수 있도록 이중 목적을 가진 간부화된 정예군'으로 훈련하는 것으로, 장교는 대부대 지휘를 능숙하게 할 수 있도록 훈련되었고, 부사관은 초급장교로, 병은 부사관 역할을 할 수 있도록 훈련되어 장차 군대가 확장될 시에 대비할 수 있도록 준비되었다. 따라서 장교의 자질을 특히 중요시하여

대학을 졸업한 자로서 매우 까다롭고 엄격한 조건에 의해 선발되었으며, 선발 후에도 엄격한 훈련을 거쳐 상위직책을 수행할 수 있도록 육성되고 관리되었다.

두 번째는 새로운 전략이론에 대한 개발로, 이때 브라우히치는 차량화 부대와 항공기의 협동작전 가능성을 검토하고 기동연습을 실시하였으며, 구데리안은 전차부대의 전술적 운용에 대한 연구를 하는 등 기동성을 강조하는 전격전에 대하여 연구를 하였다.

세 번째는 장차 군이 확장될 시에 대비하여 군 관련 기구를 정부기관의 여기저기에 숨겨 놓아 비밀리에 군사활동을 하였다. 예를 들면 베르사유 조약에서 폐지된 참모본부는 겉으로는 폐지되었지만 사실은 국방부 소속 육군지휘부 예하에 '병무국(Truppenamt)'으로 이름을 위장하여 여기서 작전과 편제, 외국 군사정보, 훈련 등의 업무를 수행함으로써 총참모본부의 역할을 그대로 유지하였다.[119] 군 철도는 교통성에서 담당하였으며, 정보업무는 외무성에서 국방군 참모장교들이 비밀리에 하였고, 슐리펜 백작협회라는 위장된 단체에서는 새로운 전략이론을 논의하였다.[120]

또한 수많은 육군 장교들이 사복차림으로 부흥부, 조사부, 문화부 등 행정부의 각 기관에 직원으로 위장하여 근무하면서 베를린에 집결하여 육군을 재건하기 위한 연구를 하였으며, 또한 1차 세계대전의 교훈을 분석하고 교범을 연구하여 수정하고 극비로 관리하였다.[121]

미국이 독일의 경제재건을 위해 1억 9,500만 달러의 기업자금을 지원하자 이 자금도 크루프나 AEG, 티센 같은 군수물자를 생산하는 기업으로 흘러들어 가 독일군 재무장 강화에 사용되기도 하였으며, 이 회사에서는 비밀리에 잠수함을 만드는 부서를 두고 U-보트 생산을 담당하기도 했다.[122] 이와 같은 비밀활동은 1927년 1월까지 연합국의 감시활동에도 불구하고 비밀리에 성공적으로 수행되었다.

네 번째는 소련과 비밀협정을 체결하여 장비를 개발하고 장교들을 보내 훈련시켰다. 이를 위해 국방성에 '러시아 특별국(Sondergruppe Russia)'이라는 비밀분국을 설치하여 소련군, 즉 적군과 협력을 모색하면서 '산업촉진사'라는 위장된 사설무역업체가 베를린과 모스크바에 설치되어 소련에서 항공기나 독가스, 전차 및 탄약, 잠수함 공장을 재건 또는 신설하는 데 필요한 기술을 지원하였고, 소련은 독일군이 필요로 하는 요원의

---

119 제프리 메카기, 김홍래 옮김, 『히틀러의 최고사령부 1933~1945년』(서울: 플래닛 미디어, 2009), p. 35.
120 정하명 외, 『세계전쟁사』, p. 265.
121 신미 마사이치, 국방대학교 옮김, 『제2차 세계대전 전쟁지도사』(서울: 국방대학교, 1987), pp. 16-17.
122 존 콘웰, 『히틀러의 과학자들』, p. 181.

<표 4.7> 히틀러 집권 이후 군사비지출 증가추이[124]

구 분	1930	1933	1934	1935	1936	1937	1938
군사비(억 $)	1.62	4.52	7.09	16.07	23.32	32.98	74.15
증가율(%)	–	279	437.6	992	1,439	2,035	4,577
비 고	기준년도	히틀러 집권 이후					

출처: Paul Kennedy, 『강대국의 흥망(The Rise And Fall Of The Great Power)』, p. 407.

훈련과 무기를 생산하여 공급하는 일을 담당하였다. 소련은 독일에 베르사유 조약상 금지된 장비를 생산하여 공급하였고 항공기학교에서는 조종사를, 전차학교에서는 전차전문가들이 교육을 받게 하였다.[123]

이렇게 독일군 군부는 비밀재군비 계획에 의거하여 착실히 언제인가 다시 군비를 확충하기 위한 준비를 하고 있었지만, 당시 의회나 정부는 국방비 편성을 제한하지 않았다. 군부의 정치에 대한 영향력과 국민들 정서상 독일군의 패배를 쉽게 받아들이지 못하는 것이 반영된 결과이다. 특히 타넨베르크 전투의 옹웅 힌덴부르크가 대통령으로 취임하자 군부의 영향력은 더욱 확대되었다. 이러한 비밀재군비 계획과 더불어 독일군의 급속한 확장을 도와준 것은 바로 히틀러의 등장이었다.

히틀러는 집권한 뒤 육군의 영향력을 극히 제한하기 시작하였다. 그는 군을 자신의 영향력 아래 두어 군부의 역할을 제한했지만, 집권을 한 1933년 이후 1935년 베르사유

---

123 정하명 외, 『세계전쟁사』, p. 266-267; 육군본부, 『소련군사』, pp. 45-46. 이 부분에 대해서는 보다 구체적인 설명이 필요하다. 독일은 연합국이 베르사유 조약으로 독일군을 약화시키고자 하는 것으로 이해를 하였고, 소련도 또한 자국을 희생시켜 폴란드를 독립시켰던 것으로 이해를 하여 피해의식을 느낀 양국이 자연적으로 협력을 하게 된 것으로 보인다. 이때 젝트가 등장하여 적군(赤軍)과 협력하기 위해 군대에 비밀조직을 만들어 소련과 접촉을 하였고, 소련도 낙후된 적군의 발전을 위하여 노력하던 차에 독일이 기술과 자본을 지원함으로 본격적으로 양국이 협력을 하게 되었다. 독일의 융커(Junker) 사는 소련의 필리(Fili)에서 비행기를 생산하였고 크루프 사는 브병용 소총을 만들었다. 1926~1933년에 소련군 장교 120명이 독일에 가서 훈련을 받았고, 반면에 독일군은 소련의 리페트츠크(Lipetsk)에서 공군기지를 건설하여 독일교관과 기술자가 참여하였으며, 카잔(Kazan)에는 기갑학교를 설립하여 양국이 함께 훈련을 하였고, 볼스크(Volsk)에는 독가스 훈련소를 건설하였다. 이러한 독일과 소련의 협력은 1933년 히틀러가 집권하면서 끝났다.

124 Paul Kennedy, 『강대국의 흥망』, p. 407. 또 다른 자료에 의하면 히틀러가 집권하여 1933년으로부터 전쟁이 발발하기 이전인 1939년까지의 재정지출은 총 1,050억 마르크로 이중 군사비는 60%인 600억 마르크가 투입되었고, 전쟁이 발발한 이후부터 1945년 종건 시까지는 총 6,850억 마르크의 지출이 있었는데, 이 중 75%인 5,100억 마르크가 군수부문과 전쟁비용으로 사용되었다(정해본, 『독일근대사회경제사』, pp. 348-349).

조약의 폐기와 재군비를 선언하면서 군비증강을 위해 예산을 대폭으로 증가시키기 시작하였다. 독일군이 폴란드를 침공하기 전년도인 1938년의 경우는 정부지출의 52%, 국민총생산액의 17%가 군사력 증강에 투입될 정도였으며, 이로 말미암아 군이 곧 전쟁을 도발하지 않으면 안 될 정도로 국가는 파탄 직전까지 가고 있었다. 이러한 국방비에 대한 투자는 당시 미국과 영국, 프랑스의 군사비를 합한 것보다도 많았는데, 이와 같은 막대한 국방비로 말미암아 국가경제는 대단히 왜곡될 수밖에 없었다.

1933년 히틀러는 육군병력 10만 명을 1934년까지 30만 명으로 확장하는 한편 베르사유 조약에 의해 폐지된 징병제를 1935년에 부활하였다. 독일국방군은 국방군 총사령부(OKW: Oberkommando der Wehrmacht)를 중심으로 육군 총사령부(OKH: Oberkommando des Heeres), 해군 총사령부(OKM: Oberkommando der Marine), 공군 총사령부(OKL: Oberkommando der Luftwaffe)로 편성되었다. 또한 일반참모제도(Generalstab)도 부활되었으며, 임무형지휘(Aufstragstatik) 훈련을 강화하기 시작하였다.

이런 준비의 결과로 베르사유 조약 체결 당시 독일군은 10개 사단(보병 7, 기병 3)으로 연합국으로부터 엄격한 통제를 받았지만, 1935년에는 징병제를 도입하면서 36개 사단(55만여 명)으로 부대를 확장하였고, 1938년에는 71개 사단(42개의 현역사단, 8개 예비사단, 21개 국토방위사단)으로, 2차 세계대전이 발발하던 1939년 9월에는 103개의 사단으로[125], 1945년 종전 직전에는 최대 375개 사단까지 확장하였다.[126] 짧은 시간에 걸쳐 급격히 부대를 확장할 수 있었던 것이다.

한편 히틀러는 1934년 1월 1일에 1935년 10월까지 항공기 4,000여 대를 생산하여 공군에 조달하라고 지시한 데 이어 그해 10월 1일에는 비밀리에 공군과 해군창설을 다시 지시하면서 베르사유 조약의 위반은 하나의 수단으로 제국의 국경회복에 정책의 목표가 있는 것이 아니며, 1차 세계대전 전 독일로의 회복도 가치 있는 일이 아니라고 하였다.[127] 보다 원대한 독일을 이룩하겠다는 의사를 표현한 것이다. 이처럼 히틀러는 비밀리에 또는 공개적으로 육군을 확장하고 공군의 부활을 지시하는 등 베르사유 조약을 무력화시키면서 군사력 증강을 시작하였다.

---

125 Paul Kennedy, 『강대국의 흥망』, p. 418; 다른 책에서는 120개 사단에 150만의 병력으로 기술(정하명 외, 『세계전쟁사』, p. 276)되어 있다.

126 http://www.worldwar-2.info/statistics/ 다른 책에서는 대전 당시의 독일군 육군이 102개 사단이라는 자료도 있다(육군본부, 『20세기 전쟁양상』, p. 179).

127 Robert Goralski, *World War Almanac II: 1931~1945*, p. 29.

〈표 4.8〉 2차 세계대전 기간 중 독일군 점령지역 부대(사단)배치

구 분	1941	1942	1943	1944
소련 지역	34	171	179	157
발칸 지역	7	8	17	20
프랑스, 벨지움, 네덜란드	38	27	42	56
이탈리아	0	0	0	22
덴마크	1	1	2	3
노르웨이, 핀란드	13	16	16	16
북아프리카	2	3	0	0

출처: http://www.worldwar-2.info/statistics/(검색일: 2010.9.30).

　　그러나 독일군에게는 약점도 있었다. 독일 육군은 폴란드와 프랑스를 점령하였지만, 당시 독일군의 기계화 비율은 그다지 높지 않았다. 그렇다고 육군의 기계화를 위해서 독일 경제가 짧은 시간에 많은 장비를 생산할 수 있는 능력도 제한되었고, 따라서 독일군은 점령지에서 노획한 차량이나 무기들을 더소작전에서 그대로 사용하였다. 다양한 종류의 장비를 사용하다 보니 이번에는 차량이나 장비의 수리부속들이 제대로 보급되지 않아 독일군의 전투력을 저하시키는 원인이 되었다.[128]

　　둘째로, 독일은 국방군 외에도 친위대를 편성하고 그 속에는 무장친위대를 만들어서 전투부대로 운용하여 일반 육군부대와 갈등을 야기한 것이다. 무장 친위대는 처음에는 1939년 9월 폴란드 침공과 동시에 독일군의 뒤를 이어서 슬라브족을 절멸하기 위하여 투입되었다. 1940년 5월 들어 벨기에와 프랑스 침공 시 최초로 1개 사단이 전투부대로 조직되어 군사작전에 참여하기 시작한 이래 점진적으로 확장하여 1943년 절정에 달하였을 때에는 장갑사단의 25%와 기계화 사단의 30%(총 38개 사단, 60만여 명)를 넘을 정도까지 확대되었다.

　　이들은 연합군과의 교전뿐만 아니라 빨치산 등 저항세력 소탕과 나치정권을 유지하는 핵심세력으로 이용되었고, 따라서 이들에게는 육군보다 장비와 탄약 및 물자를 우선적으로 보급하였으며 대우도 좋았다. 이런 불평등한 대우는 도처에서 육군과 갈등

128　예를 들면 독일군은 영국군이 됭케르크 철수 시 유기한 6만 3,000여 대의 차량과 2만여 대의 오토바이, 475대의 전차와 장갑차량, 2,400여 문의 야포와 다량의 탄약을 노획하였고, 프랑스를 점령하였을 때에도 수많은 차량을 징발하였을 뿐만 아니라 공장에서 생산하는 다수의 차량을 가져갔다.

을 일으켜 전투력을 약화시키는 현상을 초래하였다.[129]

전쟁기간 중 독일군은 유럽 각지를 점령하면서 부대를 소련 전역으로부터 프랑스, 북구유럽과 발칸 반도, 아프리카에 이르기까지 곳곳에 분산 배치해야만 했으며 따라서 효과적으로 전투력을 집중하기에는 어려움이 많았다.

독일군은 폴란드와 프랑스를 침공함에 있어 전차를 효과적으로 이용하여 전격전을 실시함으로써 단시간에 경이적인 승리를 할 수 있었다.[130] 1925년 리델 하트는 그의 저서 『패리스, 혹은 미래의 전쟁』에서 적의 아킬레스건, 즉 병참선이나 지휘소 등에 결정적인 타격을 가하기 위해서는 전차를 최대한 집중하여 운용해야 한다고 주장하였다.

히틀러도 『나의 투쟁』에서 "다음의 전쟁에서는 기계화 부대가 전장을 지배할 것이며, 이것에 의해서 결정적 승리가 이루어질 것"이라고 하였는데, 독일군은 이러한 변화를 읽고 전술을 발전시켜 전격전을 실시한 것이다.

영국군이나 프랑스군은 전차를 주로 보병을 지원하는 화기로 운용하여 전차의 3대 효과인 기동성이나 충격효과와 화력을 제대로 살리지 못하였다. 그러나 독일군은 리델 하트가 주장한 대로 전차를 기갑사단으로 편성하고 집중으로 운용하여 전격전을 실시함으로써 폴란드나 프랑스 전역에서 폴란드군과 연합군을 심리적으로 마비시켰던 것이다.[131]

또한 히틀러는 1935년 영국과의 해군협정으로 해군력 강화 기반을 마련하고, 1939년 1월 27일에 지시하여 만든 '제트 계획(Z-Plan)'에 따라 영국 해군에 대항하기 위하여 10척의 전함과 4척의 항모 및 3척의 순양함, 8척의 중순양함, 44척의 경순양함, 68척의 구축함, 249척의 U보트를 만들기로 계획을 수립하였다.[132] 이 계획을 기초로 항모건조를

---

129 로버트 에드윈 허쯔시타인, 『나치스 제3제국』, pp. 83, 92-95. 무장친위대는 유태인이나 러시아인, 폴란드인을 제외한 유럽의 피점령지에서 자원을 하거나 또는 동원된 인원으로 편성되었다.

130 1940년 독일군이 아르덴느 삼림지대를 이용하여 기갑부대가 전격전을 실시함에 있어 독일군 수뇌부는 1차 세계대전에서의 교훈 때문에 매우 비관적인 견해를 갖고 있었다. 전격전을 실시하기 위하여 독일군은 훈련 시 전차를 대신하여 자동차를, 급강하 폭격기를 대신하여 경비행기를, 대규모 편제의 부대를 모방하여 소규모 편제를 운용하는 등으로 다양하게 전격전 연습을 실시하여 능력을 향상시켰고 폴란드 전역에서 전격전을 실시한 뒤에는 작전결과를 분석하여 보다 완성된 모습으로 프랑스를 공격하였다.

131 전격전은 대략 5단계로 시행되었다. 먼저 전쟁 개시 직전부터 오열(五列)들이 침투하여 민심을 교란하고 적국의 지휘통제시설 등에 대한 표적정보를 입수하여 본국에 보고하며 둘째, 지상부대가 공격하기 이전에 위협적인 전략목표들에 대한 전략폭격으로 심리적 마비현상을 야기하며 셋째, 전차와 자주포, 차량화 부대, 공병과 병참지원부대까지 하나의 팀으로 지상부대가 공격을 하여 돌파구를 형성하고 넷째는 포위망을 형성하여 마지막으로 잔적을 소탕하고 작전을 마무리하는 것이다.

132 http//wikipedia.org/wiki/Plan-Z(검색일: 2010.8.18).

시작하였지만 그러나 완성은 하지 못하였다.

　독일군은 1차 세계대전 시에도 다수의 잠수함을 건조하여 영국 해군의 전함을 격침하였고 1917년 들어 무제한 잠수함전으로 미군의 참전을 초래하여 결국 패하는 원인이 되었는데, 2차 세계대전에서도 독일군은 수많은 잠수함을 건조하여 대서양과 북해 등지에서 연합군 함정이나 상선을 공격하여 영국은 절망의 순간으로 가고 연합국은 엄청난 인명손실을 보았다.

　독일이 공군력을 강화하기 위해서는 항공기 생산량 증가가 필요하였다. 이에 따라 1932년에는 생산량이 고작 32대에 불과하였던 것을 히틀러가 집권한 1933년 이후에는 군사비를 증가시켜 1934년에는 1,938대로 생산량을 확대하였고 1936년에는 5,112대까지 생산량이 증가하였다.[133] 이후 지속적으로 생산량을 증가시켜 1944년에는 최대 4만여 대를 생산하기도 하였다.

　독일군은 항공기를 생산함에 있어 전투기나 중폭격기는 개발을 하였지만 대형 전략폭격기는 개발을 하지 않았는데, 이는 1차 세계대전 뒤에 베르사유 조약에 의해 항공기 보유를 금지당하여 대형 폭격기를 개발하는 기술적 기반이 부족하였기 때문으로 후일 개발에 나서기는 하였지만 성공하지는 못하였다.[134]

　이탈리아의 항공 전략가인 듀헤(Douhet)는 『항공폭격이론』에서 항공기는 적의 인구나 산업시설의 중심지 또는 정부의 중심기관 등에 대한 전략적인 대량폭격을 해야 한다는 이론을 주장하였다. 이에 반해 독일군은 전투기나 중형 폭격기만 개발하여 항공기를 주로 전술적으로 운용을 하였기 때문에 영국 본토 공습에 있어 효과적이지 못하였다. 독일군은 이렇게 육군이나 해군, 공군에 있어 문제점이 있었다.

　군수적인 관점에서 독일군의 또 다른 약점은 전쟁지속능력의 한계였다. 독일군은 전쟁 초기단계를 제외하고는 항상 장비와 탄약, 물자의 브급 제한으로 어려움을 겪으면서 전투를 해야만 했다. 1943년 1월 스탈린그라드 전투에서 독일군 제6군이 항복한 것도 파울로스 대장의 철수건의를 히틀러가 거부한 이유도 있지만, 또 다른 이유로 독

133　Paul Kennedy, 『강대국의 흥망』, p. 418.

134　독일군이 4발 엔진을 탑재한 대형 폭격기를 보유하지 못한 것은 공군원수 괴링의 지시 때문인 것으로 알려지고 있다. 독일은 대형폭격기인 Ju-82와 Do-19를 개발하고는 있었으나 보유하지 못한 것은 히틀러가 자기에게 어떤 종류의 폭격기를 갖고 있는지 질문을 한 것이 아니라 얼마나 많은 항공기를 갖고 있는지가 관심이었고, 따라서 빠른 생산을 원했다는 것이다. 만약 독일군이 대형 폭격기를 보유했었다면 영국본토에 대한 공격은 다른 양상으로 진행되었을 것이다(Robert Goralski, *World War Almanac II:1931~1945*, p. 52).

일군이 처한 당시의 작전환경과 보급상의 문제에도 기인하고 있다.[135]

즉, 독일군은 바바로사 작전을 시작함에 있어 작전이 단기간에 끝날 것으로 인식하여 동계작전을 제대로 준비하지 않았는데, 장기화되면서 동계기간에 혹한으로 인한 피해와 제6군이 필요로 하는 보급량의 절대량을 충족시키지 못한 반면에 소련군의 공격은 더욱 거세지면서 패하게 된 것이다.

독일군은 연합군이 전략폭격을 감행한 1942년 이래 수많은 공장이 파괴되고 물자의 보급이 절대적으로 부족해져갈 때도 독일군 특유의 전통과 군사적 경험 등으로 각종의 악조건을 극복하면서 연합군의 진격을 저지하였다.

크레벨트(Martin van Creveld)나 두푸이(Trevor Dupuy) 같은 학자들도 인정하였듯이 독일군은 전투기술뿐만 아니라 미군이나 영국군, 소련군 등 적국에 비해서 작전수행능력에서도 우수하였으나[136] 문제는 지도자의 지도력과 전쟁지속능력이 이를 뒷받침하지 못하는 것이었다.

1943년 들어 독일군 최고지휘부에서는 점차 독일이 전쟁에서 패배하고 있음을 인식하고 있었다. 독일군 육군최고사령관 할더 장군은 "1943년 마지막 무렵 독일이 패배하고 있음에 명백해졌다."고 할 정도였고, 1944년 연합군이 노르망디 상륙작전에서 성공하여 점차 독일 영토로 진격하자 나치 지휘관들의 일부는 은근히 자취를 감추는가 하면, 개중에는 연합국과 은밀히 흥정할 방법을 찾는 사람들도 나오기 시작하였다. 오로지 히틀러와 그의 추종세력들만이 이러한 상황의 변화를 부정하면서 그들이 연합국을 일거에 타격할 수 있을 것이라고 믿고 있는 비밀병기인 V-1·2와 개발 중에 있었던 제트전투기나 신형 잠수함 같은 신형 무기에 희망을 걸면서 독일이 승리할 것으로 확신하고 있었던 것이다.[137]

한편 독일은 1938년 3월에 무력으로 오스트리아를 합병함으로써 오스트리아군 5개

---

135 예를 들어 1943년 스탈린그라드 전투 시 독일의 8군이 1일 필요로 하는 물량은 최소한 750톤이었으나 독일 공군은 1일 100여 톤 정도밖에 공수를 할 수 없었다. 이마저도 1월 23일 이후 소련 공군의 활동으로 보급품 공수가 전혀 불가능해짐에 따라 파울루스 대장의 8군은 항복하였고 9만 1,000여 명의 포로가 발생하였다. 독소전역에서 독일군은 초기단계에는 눈부신 성과를 거두었으나 작전이 계속되고 병참선이 소련 내부로 신장됨에 따라 탄약이나 유류 및 식량 등 전투근무지원 소요를 감당할 수가 없는 가운데 동절기로 접어 들면서 군수지원은 현저히 감소되었고 결국 독일은 나폴레옹의 전철을 밟으면서 패퇴를 한 것이다.

136 Dennis Showalter, 『제2차 세계대전에서의 처칠과 연합국, 강대국의 대전략(폴 케네디)』(서울: 한국경제 신문사, 1994), pp. 151-152.

137 신미 마사이치, 『제2차 세계대전 전쟁지도사』, pp. 532-533.

사단과 더불어 철광석과 유전, 그밖에 2억 달러에 이르는 금과 외화자산을 획득하였다. 1938년 9월에는 체코를 합병함으로써 40개의 체코 사단과 여기에서도 금과 외화자산을 획득하였을 뿐만 아니라, 체코 유수의 스코다 병기공장에서 생산하는 항공기나 전차 등의 무기를 독일군이 사용하게 됨으로써 독일군의 재무장에 커다란 도움이 되었다.[138]

독일군의 군사력은 강하였다. 그러나 2차 세계대전이 중반전에 접어들 무렵인 1943년 11월 독일군은 동부전선에서 390만여 명이 소련군 550만여 명과 대치하고 있었고 핀란드에 17만 7,000여 명, 노르웨이와 덴마크에 48만 6,000여 명, 프랑스와 벨기에에 137만여 명, 발칸 반도에 61만 2,000여 명, 이탈리아에 41만 2,000여 명이 소산돼 있었기 때문에 강한 독일군의 군사력도 장비와 병력에서 열세할 수밖에 없었다.[139]

독일군은 프랑스와 체코, 폴란드 등 여러 국가들을 점령하고 그 병력과 장비를 노획하여 사용하였기 때문에 장비가 매우 다양하고 복잡하여 많은 문제를 야기하였다. 예를 들면 독일군이 바바로사 작전으로 소련을 공격할 때 독일군 사단을 주축으로 그 외 루마니아 사단 등 점령지의 국가들로 구성된 사단들이 참전하였다.[140] 따라서 부대의 다양성만큼이나 다양한 장비를 사용하였는데, 차량의 경우 2,000종이나 되는 다양한 종류의 차량을 사용함으로써 고장이 나도 이를 수리할 부속을 보충할 수 없어 기동력을 저하시키는 원인이 되었다.[141]

미군이나 소련군은 장비의 표준화를 통해 대량으로 생산하고 수리부속을 쉽게 조달할 수 있도록 하였지만, 독일군은 다양한 형태의 구기를 사용하여 수리부속의 조달을

---

138 Paul Kennedy, 『강대국의 흥망』, pp. 421-422; 오스트리아-헝가리 제국에서 독립한 체코 공화국의 스코다 공장에서는 독일군이 폴란드나 프랑스 소련 침공 시 사용하였던 팬저-35・38(T) 전차를 생산하여 납품하였으며, 그 외에도 스코다 37mm 대공포나 75mm・100mm・149mm・305mm 포와 항공기 등 다양한 종류의 무기를 생산하였다(http://en.wikipedia.org/wiki, 검색일: 2011.1.21. 10 : 00).

139 Paul Kennedy, 『강대국의 흥망』, p. 479.

140 예를 들면 독일군이 1941년 6월 바바로사 작전으로 소련 침공 시 투입한 부대는 148개 사단(기갑 19, 기계화 12, 보병 등 기타 117)으로 이 중에는 루마니아군 사단이 14개 사단(25만여 명)이 포함되었다. 장비로는 탱크 3,350대와 각종의 대포 7,184문 및 60만여 대의 차량, 항공기 2,500여 대였다(정하명 외, 『세계 전쟁사』, p. 321). 그러나 육군본부에서 발행한 『독일 육군사』에 의하면 독일군이 소련침공 시 투입한 부대는 190개의 사단과 12~15개의 여단에 병력 724만 명 및 노무자 305만 명, 60만여 대의 차량과 3,580대의 전차 및 7,184문의 각종 포병화기, 2,020대의 항공기라고 기술하고 있다(육군본부, 『독일 육군사』, p. 304). 투입규모에 있어서 약간의 차이는 있다.

141 독일군은 네덜란드나 벨기에군 차량, 됭케르크 철수 시 영국군이 유기한 차량, 폴란드나 프랑스 공격 시 획득한 차량, 자체에서 생산한 차량 등을 모두 운용을 하였기 때문에 다양한 장비의 운용에 따른 수리부속이 제대로 조달이 안 되면서 오히려 기동에 방해를 하는 요인으로 등장하였다.

<표 4.9> 2차 세계대전 시 동부전선에서 독일군 전투력 운용비율

(단위: %)

구 분	1941	1942	1943	1944
사단수	67	75	60	57
병력수	84	74	72	40
항공력	64	65	42	45

출처: http//www.world-war-2. info/statistics(검색일: 2010.9.28).[143]

어렵게 하였다.

아무리 전쟁에서 공자가 시간과 장소와 방법의 선택권을 갖는 우위에 있다고 할지라도 소련군을 공격함에 있어 나폴레옹의 대소전역 교훈을 무시한 채 소련이라는 광대한 영토와 소련군이라는 방대한 군대를 대상으로 전쟁을 도발하면서 단기전이 될 것이라고 판단하고 동계작전을 소홀히 한 점은 히틀러나 독일군 참모부는 뼈아프게 반성을 해야 할 교훈이었던 것이다.[142]

전쟁이 후반기로 갈수록 독일군은 병력이나 장비와 연료의 부족으로 심각한 전투력의 저하에 직면하고 있었다. 연합국에는 미국이 참전하여 병력이나 장비가 대폭적으로 확대되고 있었지만, 독일군은 장기전으로 가면서 이를 감당해낼 능력의 한계에 직면하고 있었으며 이를 극복할 수 있는 뾰족한 방법도 없었다.[144]

궁리 끝에 독일이 생각해낸 것이 '국민전투기(He-162, Salamander, Volksjager)'를 만들고 '자살특공대'를 운용하는 것이었다. 먼저 국민전투기는 간단하고 이륙하기 쉬운 비행기를

---

142 일반적으로 러시아의 기후는 9월 중순부터 10월 중순까지는 장마로 이어지고, 장마가 끝나면 바로 영하의 기온으로 떨어지며, 이듬해 3월 말이 되면 해빙이 되면서 진흙탕이 되어 진창으로 기동을 못하게 한다. 다시 말하면 소련을 공격하기에 좋은 기간은 5월부터 9월 중순까지 약 4개월에 불과한 것이다. 히틀러는 이 기간을 이용하여 바바로사 작전을 시작하여 1941년 그해 안으로 전쟁이 단기전으로 끝날 것으로 예상을 하였지만 그러한 예상을 빗나가면서 영하의 날씨와 진흙 등으로 인하여 엄청난 어려움을 겪은 끝에 패배한 것이다.

143 1942년 6월 노르망디 상륙작전에서 성공하면서 동부전선에 다수 투입되어 있었던 전투력이 동부전선과 서부전선에서 동시에 대응해야 하였기 때문에 동부전선에서의 전투력 운용비율이 저하되기 시작하였다.

144 예를 들면 2차 세계대전 중 단일전투에서 사상 최대의 전투라고 일컬어지는 쿠르쿠스 전투('시타델 작전'으로 알려짐)에서 독일군은 20만 3,000여 명의 전사·사상자가 발생하고 전차 760여 대와 항공기 524대를 잃었지만, 소련군은 170만여 명의 전사·사상자와 전차 6,064대 및 항공기 4,209대를 잃었다. 소련군이 훨씬 더 많은 피해를 입었던 것이다. 그러나 소련은 빠른 시간에 병력과 장비를 보충하여 주도권을 장악해 나가고 있었지만, 독일은 피해가 상대적으로 적게 발생하였어도 전쟁지속능력이 한계에 다다르고 있었기 때문에 이를 보충할 방법이 없었다. 전쟁지속능력의 중요성을 보여주는 사례이다.

만들어 여기에 폭탄을 적재하고 적진에 날려 보내는 비행기로 이를 위해 조종사는 16세 어린 나이의 소년들로 구성된 '히틀러 공수소년단;Hitler-jugend)'을 활용하고 비행기도 새로 제작하였으나 기체결함으로 끝내 이 계획은 실패로 돌아갔다.[145]

또한 독일군은 연합군의 진격에 맞서기 위하여 독일식 자살특공대를 운용하고자 시도하였다. 독일의 자살특공대는 연합군의 공중공격에 대비하여 글라이더 형태의 비행기를 만들어 공습해오는 연합군 항공기에 충돌하기 직전 조종사는 탈출하고 비행기는 충돌을 한다는 것이었다.[146] 결국 이 계획도 비행기의 취약성으로 인해서 제대로 시행을 하지 못하였으나 독일군이 처한 상황의 위중함을 보여주는 사례이다.

전쟁 말기에 다다르면서 연합군의 전쟁수행능력은 하루가 다르게 확대되어 가고 있었지만, 독일군은 피해를 입었더라도 이를 보충할 수 있는 능력이 극히 제한적이었기 때문에 이를 회복하기 위해 여러 가지 긴급한 조치를 하고자 노력을 했으나 이미 전세를 돌이키기에는 늦었다.

1945년 4월 30일 히틀러가 자살을 할 때까지 독일군은 연합군이나 소련군에게 항복을 하지 않았는데, 그 이유는 우선 독일군이 나치의 선전선동에 의해 게르만족이 우수한다는 인종우월성에 대한 자만감과 독일군 전통을 유지하려는 정신, 무엇보다도 독일군이 프랑스와 우크라이나와 백러시아 등 점령지에서 행하였던 무자비한 점령정책에 대한 연합국, 특히 소련군의 무자비한 보복조치에 대한 두려움 등이 복합적으로 작용하였기 때문이다.

전 국민과 전 자원을 총동원하여 군사화한 독일

독일은 젝트의 '비밀 재군비계획'에 의거 독일군을 재무장해 나가면서 '동원 및 예비군제도'도 발전시켰다. 먼저 비밀리에 국방성에 동원국을 설치하여 여기서는 1차 세계대전의 경험을 바탕으로 군의 보급 및 국가경제력 동원에 대한 준비를 하면서 일종의 경제담당 참모본부 역할을 하였다. 또한 동원국에서는 국내뿐만 아니라 오스트리아와 스위스 및 스웨덴, 스페인과 협조하여 전시 각종 물자소요에 대비하기 위한 업무를 담당하면서 장기적으로 대규모의 국가동원 준비를 하였다.[147]

---

145 존 콘웰, 『히틀러의 과학자들』, pp. 472-473.
146 위의 책, pp. 474-476.
147 (구)국무총리비상기획위원회, 『세계동원의 역사』, p. 381.

국방성의 연금국은 예비군업무를 담당하였는데, 연금국이 예비전력 업무를 담당하게 된 배경은 연합국의 감시활동으로부터 인적자원 동원에 대비하여 자료를 수집하는 것을 은폐하면서 동시에 베르사유 조약상 금지된 동원업무를 비밀리에 하기 위한 조치였다. 경찰과 노동군은 예비군 역할을 하였다. 노동군은 민간인 노동자 신분이면서도 군복을 입고 군으로부터 급여와 명령을 받으면서 병사(兵舍)에 기거하는 예비군이었으며, 경찰은 보안대로 불리면서 국방군의 전투력을 보강할 수 있도록 조직되고 훈련되었다.[148]

독일은 후일 공군 창설에 대비하여 국방성에 전직 공군장교를 배치하였고, 민간항공성의 장관은 경험이 풍부한 전직 공군장교가 임명되어 공군을 창설하고 확대하는 데 필요한 조치를 하도록 관리되었다. 베르사유 조약상 잠수함 보유가 금지되었는데 이를 타개하고자 스페인과 핀란드에 발주가 되기도 하였다.[149]

히틀러는 어린이들도 장차 독일제국의 군사력으로 활용할 목적으로 조직화 하였다. 어린이들로는 유년단을 만들고 18살이 되면 '히틀러-유겐트'에 가입시켜 제복을 입히고 군사훈련을 시키는 등으로 조직화되었으며, 1935년 징병제가 실시되면서 이들은 바로 입대하여 부대확장을 위한 병력을 충원하였다.[150] 독일은 징병제를 실시하면서 병역의무를 독일 국민의 신성한 의무로 정했는데, 만 18세가 되면 1년 동안 현역으로 근무한 뒤 예비역으로 편성되어 보충대에 속하여 만 35세까지 16년 동안 근무하고 그 후에는 향토방위군으로 편입하여 만 45세까지 근무하였다.[151] 이렇게 해서 개전 초 독

---

148 정하명 외, 『세계전쟁사』. pp. 294-295. 노동군은 1923년 프랑스 루르 점령 시 동부국경수비대를 위한 보조군으로 육성된 것으로 단기계약에 의하여 고용된 민간인 노동자신분이었지만 베르사유 조약을 위반하며 병사에 기거하는 사실상의 예비군으로 그 숫자는 약 5~8만여 명으로 추산되었다. 보안대는 경찰 역할을 수행하였으나 이들은 국방군의 전투력을 보강할 수 있도록 조직되고 장교출신자들이 훈련을 담당하였다.

149 신미 마사이치, 『제2차 세계대전 전쟁지도사』, p. 17.

150 히틀러는 그가 바라는 1,000년 제국의 꿈을 달성하기 위하여 청소년을 전사로 교육시키는 것을 중요시하였고 '히틀러-유겐트'는 이를 위한 목적으로 최초 1922년 3월 국가사회주의 청년동맹으로 18세까지의 청소년을 대상으로 조직되었다. 히틀러가 정권을 잡을 무렵인 1932년 말 10만여 명에 이르렀다가 히틀러가 집권한 이후 급속 팽창하여 1934년 말에는 360만여 명으로 확장되었으며, 1936년에는 전 독일의 청소년 남녀를 대상으로까지 확대되었다. 이들은 집단으로 소집되어 야영생활을 하면서 나치스에 대한 충성과 집단의식을 함양하였으며 군사훈련을 통해서 군사력을 보충할 인력으로 준비가 되었다. 세부적으로 보면 10~14세의 소년으로 구성된 독일소년단, 14~18세로 구성된 히틀러-유겐트, 10~14세의 소녀로 구성된 소녀단, 14~21세로 구성된 독일여자청년동맹으로 구분되었다. 히틀러-유겐트는 전국적인 조직을 갖추고 이들에게는 총통과의 일체감을 조성하고 새로운 조국을 위해 부단히 단련이 되었다.

151 육군본부, 『독일 육군사』, p. 261.

일이 동원할 수 있었던 병력은 550만여 명에 달하였다.

히틀러는 전쟁을 준비하면서 1938년 군사적·경제적 노력을 통합하기 위하여 '제국 방위를 위한 내각위원회'를 설립하였다. 전쟁이 발발하자 당시 전체 인구 7,900만여 명 가운데 동원 가능한 인구는 4,350만여 명으로 판단하여 이 중 2,600만여 명은 남성으로 입대 가능한 700만여 명을 제외한 나머지 남성과 1,700만여 명의 여성을 공장 노동력 등으로 동원하였다.[152]

나치는 전쟁 초기단계에는 여성인력의 사용을 기피하여 여성을 어머니와 가정부 역할에 국한시켰으나, 상황이 악화되자 10만여 명의 여성을 대공포대의 보조요원이나 서치라이트 요원으로 차출하여 운용하였다.

히틀러는 1944년 1월, 전쟁이 후반기에 들어가면서 상황이 극도로 악화되자 15세 이상으로부터 60세까지 정규군에서 제외된 남자들로 일종의 향토방위대인 '국민돌격대(Volkssturm)'를 편성하고 이들에게는 소총이나 대전차포 및 경기관총 등을 지급 후 훈련시켜서 후방방어를 하는 데 활용하였다.[153]

1945년 독일의 패망이 임박해오자 히틀러는 전선에서 항복이나 철수하는 병사들을 즉각 처형하라는 명령을 하달하였고, 전 국민을 동원하여 이른바 '늑대인간(Werewolf)'이라는 작전명으로 게릴라전을 벌이는 등 총력전을 실시할 것을 명령하면서 이를 대대적으로 선전하였다(그러나 실제는 여기에 소수만 참여하였다).[154]

나치스의 부총통이었던 파펜(Papen)은 "전쟁은 명예로운 한 가지 방책으로 영원한 삶을 유지하기 위해서는 개인의 희생을 요구한다."고 주장하였지만,[155] 독일은 국민의 영원한 삶과 번영을 위해서 전쟁을 택한 것이 아니라 독재자의 헛된 욕심을 채우기 위하여 수많은 인명과 자원을 무자비하게 동원한 것이다.

독일은 피점령지에서 700만여 명의 주민을 강제로 동원하여 노동력을 착취하였으며, 각종의 자원들을 동원하여 전쟁을 지속에 필요한 물자를 생산하는 데 사용하였다.

---

152 리처드 오버리, 『독재자들』, pp. 642-643.

153 Evan Mawdsley, *World War II*, p. 390. 국민돌격대는 약 600만여 명(당시 독일 야전군 규모는 약 360만여 명임)이 편성되었으며, 이 중 약 17만 5,000여 명이 전투에서 전사를 하였다. 이들은 기동력도 없었고 장비도 빈약하였으며 훈련도 미흡하였다. 연합군이 독일로 진격함에 있어서 필수적이었던 레마겐 철교를 1945년 3월 확보할 수 있었던 것은 국민돌격대가 임무를 제대로 수행하지 못했기 때문으로 알려지고 있다. 국민돌격대는 서부전선보다는 동부전선의 소련군과의 전투에서 더 활동적이었다. 국민돌격대의 편성은 히틀러의 전쟁이 패배하고 있음을 상징하는 것이기도 했다.

154 폴 콜리어, 『제2차 세계대전』, p. 795.

155 Robert Goralski, *World War Almanac II: 1931~1945*, p. 21.

독일은 그들이 동원할 수 있는 국내외의 모든 지역에서 자원을 동원하는 총력전을 실시하였지만 전쟁지속능력의 한계를 극복하지 못하였다.

우수한 과학기술력을 잘못 활용한 나치의 지도자들

독일인의 과학적 우수성은 익히 잘 알려져 있다. 1차 세계대전 당시에만 해도 전 세계에서 우수한 두뇌를 가진 학자들은 독일의 베를린 대학이나 빌헬름카이저연구소 등 대학 실험소와 연구소로 몰려들었고, 이들은 여기서 화학과 물리학 및 양자역학 등을 연구하면서 새로운 이론을 만들고 실험을 하였다.

이러한 연구결과를 바탕으로 독일의 과학기술 수준이나 그 기술을 이용하여 장비와 물자를 생산할 기초기술과 능력은 매우 발전되어 있었다. 다만, 1차 세계대전 이후 독일군은 베르사유 조약에 의거 병력규모뿐만 아니라 항공기와 함정, 잠수함 등 주요 전투장비의 개발과 보유를 철저히 통제받고 있었기 때문에 그런 기술을 활용하여 국내에서의 개발은 불가하였다.

따라서 소련과 비밀리에 군사협정(라팔로 조약)을 맺고 소련 영토에서 전차와 항공기, 화학 장비를 개발하고 장교들을 파견하여 훈련시켰다. 이렇게 해서 탄생한 전차가 팬저와 타이거이고 메서슈미트 항공기나 급강하 폭격기인 슈트카이다.

1936년 스페인에서 내전이 발생하자 이때 독일은 이탈리아 등과 함께 프랑코(Franco)의 우파 반란군에게 전차와 항공기, 전함과 병력을 일부 파견(Kondor 군단)하여 프랑코 장군을 지원하면서 새로 개발한 장비들의 성능을 확인하고[156] 미흡한 부분을 보완한 뒤 마침내 1939년 9월 폴란드를 침공하고 1940년 5월 프랑스를 공격하는 데 사용하였다.

독일군은 전차 상호 간 그리고 지휘자와 운용병 간 지휘와 운용을 용이하게 하기 위해서 무선통신장비를 개발하였고 포사격을 정확하게 하기 위해서 광학조준경도 개발하여 활용하였는데, 이때 프랑스군의 전차는 이런 장비가 없어 전차의 방향을 바꾸기 위해서는 이를 멈추고 지휘자가 신호를 보내야 했으며 광학장비도 보잘것없었다.[157]

---

156 반면에 소비에트 러시아는 좌파인민정부에 항공기와 전차, 야포와 다수의 군사물자를 지원함으로써 스페인 내전이 국제적인 전쟁이 되었다. 내전기간 중이던 1937년 4월 독일군의 융커스 폭격기가 스페인 게르니카 시를 폭격하여 수많은 인명을 살상한 것은 독일 참전사례의 대표적인 경우이다(앤터니 비버, 김원중 옮김,『스페인 내전』, 서울: 교양인, 2009, pp. 253-258). 프랑코 장군이 이끈 우파가 승리하여 프랑코가 1976년까지 독재를 하였다.

157 베빈 알렉산더, 김형배 옮김,『위대한 장군들은 어떻게 승리하였는가?』(서울: 홍문당, 1995), p. 349.

이 외에도 독일의 과학기술은 1930년대 이래 2차 세계대전 기간 중 근접 신관(퓨즈)과 적외선 야간투시경, 제트엔진, 레이더, 기계암호, 합성연료, 합성고무, 탄도미사일, 잠수함용 스노클 등 이루 말할 수 없이 많은 새로운 것을 발명하였거나 개발을 진행하고 있었는데, 당시 이러한 발명품들은 독일의 과학기술능력이 매우 우수하였음을 나타내 주는 것이다. 이렇게 독일은 장비의 개발과 개선을 위해 전력을 기울였다.

그러나 독일의 과학기술력과는 별개로 관료나 군부는 한때 대학을 폐쇄하고 고등교육을 받은 우수한 학자나 공학도, 기술자들을 모두 징집하여 한동안 과학기술 분야에서 암흑기를 맞은 적이 있는데, 이는 과학기술의 중요성에 대한 제3제국의 무지를 보여주는 사례이기도 하다.

여기에 더불어 독일의 인종주의에 대한 편집과 폐쇄적인 관료체제, 히틀러 그 자신도 독일의 과학기술의 발전을 가로막는 장애요인이었다. 항공기를 개발하기 위해서는 동체와 엔진 등의 개발을 위한 여러 방정식 계산을 해야 하는데, 이를 위해서 탁상식 계산기를 사용하다보니 속도가 느리고 고차원 수학방정식의 계산 등 어려운 문제에 부딪혔다.

따라서 고난이도의 방정식을 계산할 컴퓨터가 필요하여 수학자인 콘라드 추체(Konrad Zuse)가 1941년 천공카드 시스템을 사용하는 '전자식 계전 컴퓨터'를 개발함으로써 항공산업에 새로운 발전의 계기를 마련하였으나, 이 컴퓨터가 지니는 가치의 중요성을 알지 못하는 당국과 독일의 엄격한 관료식 서열체제로 더 이상 그 기계를 항공산업 발전에 사용할 수 없었다.[158]

독일 공군은 연합군의 암호를 해독하기 위하여 독일 최대의 암호해독 조직을 운용하고 있었는데, 만약 주체의 컴퓨터 개발을 알았다면 암호해독에 사용할 수 있었을 것이나, 그곳에서 일하는 수학자들도 이런 사실을 모른 채 종이와 연필을 사용하여 암호를 해독하는 식으로 하다 보니 제대로 암호를 해독할 수 없었다. 발전된 과학기술이 정부 내에서의 타 부서와 군에서는 육군과 해군 및 공군 상호 간 교류가 안 된 것이다.

또한 히틀러가 독일의 과학기술 발전에 지장을 준 사례도 많은데 몇 가지 예를 든다면 먼저, 히틀러는 기술적으로 우위에 있는 무기가 전쟁에서 승리를 위해 매우 중요하다고 하면서 수학이나 물리학, 심리학 등에 대해서는 매우 호의적이었지만 반면에 이론 물리학에서는 무기나 탄약 등 어떠한 분야에서도 신속한 결과를 주지 않는다고 하

---

158 존 콘웰, 『히틀러의 과학자들』, pp. 360-361.

여 관심을 갖지 않았다.[159]

다음은 히틀러의 유태인에 대한 탄압으로, 1933년으로부터 1938년 사이에 독일에 있었던 최고급의 1,880명의 유태인 과학자와 교수직을 박탈하였다. 이로 말미암아 유태인 고급인력들이 대량으로 해외로 탈출하기 시작하였으며, 미국으로 건너가 맨하탄 프로젝트로 원자탄을 개발한 아인슈타인도 그중의 한명이다. 이렇게 히틀러의 유태인 박해를 피해 미국이나 영국으로 도피한 과학자나 교수 등 저명인사는 무려 독일 물리학회 소속의 25%에 달하였는데, 이들은 대부분 노벨상 수상자들이거나 또는 수학 분야의 권위자나 양자역학과 핵물리학의 전문가들이었다.[160]

1차 세계대전 당시 독일이 칠레로부터 질산염 수입이 영국의 봉쇄로 차단당하자 공기 중의 질소를 추출하여 값싼 질산염을 제조함으로써 비료와 폭약문제를 해결한 사람은 유태인인 '프리츠 하버'였는데, 히틀러는 하버가 이룬 과학 분야의 공적을 알면서도 유태인에 대한 편견으로 이를 인정하기를 거부하여 "독일 과학이 유태인 없이 아무것도 할 수 없다면 앞으로 몇 년간 우리는 과학 없이 해나가고야 말 것이다."라고 하였다. 그런 결과가 유태인 탄압과 추방으로 나타난 것이다.

또 다른 사례로 1943년 이전의 항공기는 모두 프로펠러식으로 속도가 느렸는데 독일의 과학자들은 이를 개선하기 위한 연구 끝에 세계 최초로 제트엔진을 개발하고 전투기로 생산하도록 히틀러가 승인하였지만 최종적인 결실을 거두게 된 시점에 갑자기 전폭기로 생산하도록 명령을 바꿈으로써 제트 비행기의 장점을 떨어뜨리는 엄청난 과오를 히틀러 스스로 범하였다.[161]

히틀러는 어떤 무기를 개발하고 생산하는 데 있어 전문가들의 판단과 의사결정을 거친 위원회의 건의에 기초하기보다는 자신의 직관과 영감에 따른 확신으로 결정하는 일이 잦았는데 앞의 사례들도 그중의 일부였을 뿐으로,[162] 이와 같은 독일의 관료식 폐쇄성으로 인한 문제점과 히틀러의 과학기술에 대한 무지와 독선으로 무기 분야에서 발목이 잡혀 더딘 발걸음을 하였다.

그런 가운데서도 이미 육군과 공군은 과학기술의 중요성을 잘 알고 있었기 때문에 1929년 이래로 비밀리에 화학전을 위한 장거리 무기를 개발할 목적으로 실험을 시작

---

159 Guy Hartcup, *The Effect of Science on the Second World War*(GB: Palgrave Macmillian, 2003), p. 4.

160 존 콘웰, 『히틀러의 과학자들』, pp. 177-178.

161 어니스트 볼크먼, 『전쟁과 과학, 그 야합의 역사』, pp. 336-337.

162 존 콘웰, 『히틀러의 과학자들』, p. 33.

한 이래 브라운(Berner von Braun) 같이 우수한 과학자들을 선발하고 비밀리에 연구하였으며, 이들에 대한 재정지원과 연구소를 설립하고 연구를 하다가 마침내 발틱 해 연안의 페네문데에 연구소와 실험실, 비밀기지를 설치하여 여기서 수많은 연구와 실험을 반복한 끝에 전쟁 말기에는 'V-1 · 2 로켓'[163]을 개발하여 영국을 공격하는 데 사용하였다.[164]

프리츠는 세계 최초의 순항 미사일이라고 할 수 있는 '프리츠-X'를 개발하여 1943년 연합군 전함을 공격하여 피해를 입히기도 하였다.[165] 독일도 전쟁 말기에는 원자탄을 개발하기 위한 계획을 수립하고 있었으며, V-2를 이용하여 사거리 2,800마일의 미사일을 개발하여 미국을 타격할 설계도를 준비하고 있었다. 만약 전쟁이 더 장기화되었었다면 미국도 안전지대는 아니었을 것이다.[166]

어떤 나라도 그 나라의 과학기술능력이 아무리 우수할지라도 이런 과학기술이 잘못된 과학자와 지도자들이 결합되면 인류의 재앙이 될 수 있다는 것을 제3제국의 사례는 여실히 보여주고 있다.

나치의 선전선동에 묵시적으로 동의한 독일 사회

프로이센 이래로 독일은 인접한 프랑스와 수차례 전쟁을 겪으면서 양국 국민의 감정은 지속적으로 악화되어 왔다. 독일 국민들은 1870~1871년의 보불전쟁에서 승리하여 자신감에 차 있었으나, 40여 년 뒤의 1차 세계대전에서는 독일이 패한 이유를 제대로 알지도 못하면서 패한 데 대해 국민들은 분개하고 있었다. 패전의 결과로 영토는 이리저리 분할되고 700만여 명의 독일인들도 여기저기로 분산되었다.

---

163 Guy Hartcup, *The Effect of Science on the Second World War*, p. 5. 독일이 발명한 미사일인 V계열의 미사일에서 V는 복수(Vengeance Weapon, 독일어 Vergeltungswaffe)의 머리글자를 따서 히틀러가 명명한 것이다. 발트 해 연안의 페네문데연구소에서 비밀리에 개발하였다. 히틀러는 처음 V계열의 무기개발에는 별로 관심을 갖고 있지 않았다. 이 무기개발을 주관한 도른벨러가 1942년 10월 무기개발 시험 결과를 보고해도 독일 상층부에서는 별로 반응이 없었다. 그러다가 1943년 7월 V계열 무기생산에 우선 권을 주었고 본격적으로 개발을 재개하여 영국에 집중운용하게 된 것이다.

164 1944년 6월 12일 이후 독일군은 V-1 로켓 3만 5,000여 발을 제조하여 이중 9,000발을 영국으로 발사하였으며, 이중 4,000여 발이 전투기 공격과 대공포 등에 의하여 격퇴되고 5,000여 발이 영국에 떨어졌다. V-2 로켓은 9월 8일 이후에 1,300여 발을 런던으로 발사하여 2,500여 명이 숨졌다. 이 공격은 이듬해 3월 까지 계속되었다(존 키건, 『2차 세계대전사』, pp. 862-863).

165 자세한 내용은 정하명 외, 『세계전쟁사』, pp. 266-267 참조.

166 존 키건, 『2차 세계대전사』, pp. 862-863.

연합국으로부터 부과된 막대한 전쟁배상금은 물론 철저한 군비통제까지 받음으로써 독일 국민들의 자존심은 여지없이 뭉개졌고 분노는 치솟고 있었다. 여기에다 전쟁의 책임이 독일에게 있음을 규정한 베르사유 조약 231조도 국민들의 감정을 상하게 만들고 있었다.[167]

이런 국가적인 어려움과 사회의 혼란 속에 여기저기서 수많은 정당이 출현하여 대립하는 가운데서도 1921년 소위 국가사회주의 독일 노동당(NAZI)과 히틀러가 등장하였는데, 이것이 후일 독일의 역사를 굴곡지게 만들었다. 1923년 히틀러가 주도하는 뮌헨폭동이 발생하였으나 실패하고 여기서 히틀러는 체포되어 5년형을 선고받고 복역 중 1년 만에 가석방이 되고, 이때 나치당은 해산되었으나 히틀러가 석방된 후 1925년 2월 재건에 성공하였다.

한동안 조금씩 회복되는 듯했던 경제가 1920년대 후반에 다시 기업이 도산되고 실업자가 폭발적으로 증가하던 중 1929년 미국발로 밀어닥친 대공황으로 미국이 자본을 회수하고 철수하자 독일 국민의 생활이 극도로 어려워지면서 1932년 국내생산이 1919년의 절반에도 못 미칠 정도로 악화되었다.[168]

정치적인 혼란과 경제적인 불안 및 불만에 가득 차 있었던 독일 국민들에게는 무엇인가 돌파구가 필요하였다, 히틀러는 이러한 정치적 혼란과 경제적 어려움 및 불만에 가득 찬 독일 국민의 정서를 십분 활용하여 특유의 선전선동으로 마침내 선거에서 다수당으로 정권을 잡는 데 성공하였던 것이다.

정권을 잡은 히틀러는 행정구역을 '크라이스(Kreis)-오르트(Ort)-블록(Block)-젤레(Zelle)' 4단계로 나누고, 각 조직에는 나치당원을 배치하여 히틀러의 명령이 바로 전국으로 전파되도록 만들었다. 독일의 고위공무원은 30%가 나치당원으로 교체되도록 '공무원법'도 바꿨다.[169] 1933년 4월에는 '직업공무원복귀법'도 만들어 사회주의자나 비아리안계들은 추방하였으며, 이런 조치로 유태인 혈통을 가진 다수의 사람들이 쫓겨나거나 추방되었고, '과밀방지법'을 제정하여 유태인들이 학교에 발붙이지 못하도록 하였다.[170]

히틀러는 1933년 4월 1일 하루를 범국가적으로 유태인들의 상점이나 병원 사용, 법

---

167 피터 심킨스, 『모든 전쟁을 끝내기 위한 전쟁』, p. 662.

168 클로드 다비드, 『제3제국의 전체주의』, pp. 22-23.

169 정해본, 『독일근대사회경제사』, p. 371.

170 존 콘웰, 『히틀러의 과학자들』, pp. 164-166. 이런 조치로 1차 세계대전 무렵 설립된 카이저빌헬름연구소에서 일하던 313명의 교수와 1,000여 명의 과학자들이 대량해고 되었다. 학교에서는 유태인 입학을 엄격히 하는 한편 반유태인 관련 사항을 지킬 것을 강요당하였다.

률 자문 등의 보이콧을 지시하였고, 나치의 신문들은 이러한 활동은 단지 패션계의 리허설로 앞으로 세계의 여론이 독일을 반대하지 않는 한 지속적으로 취해질 수단 가운데 일부일 것이라고 말했다.[171] 1938년 나치의 신문들은 "유태인들은 모든 희망을 버리라, 우리의 그물망은 아주 촘촘해서 당신들이 빠져나갈 구멍이 없다."고 할 정도로 지속적으로 반유태인 보도를 하고 있었다. 이러한 일련의 모든 행위는 향후 나치독일이 유태인들에 취할 탄압을 예고하였던 수많은 말 가운데 일부였다.

히틀러는 1933년 정권을 잡자 서서히 독일을 재무장하면서 국가의 시스템을 전시체제로 전환하고 이웃 오스트리아와 체코 공화국을 므력을 동원하여 서서히 합병해나갔지만, 다수의 독일 국민들은 이러한 히틀러의 계획에 대하여 특별한 대응이 없었다. 오히려 베르사유 체제에 대한 반감과 나치의 선전에 속아서 박수를 보내고 히틀러가 정권을 강화할 수 있도록 지지하였다.

히틀러와 그의 추종자들은 1차 세계대전에서 독일군의 패배원인을 외부에서 찾으려 한 것이 아니라 내부에서 찾고자 하였다. 1차 세계대전 당시 독일군은 아직 서부전선에서 프랑스군과 여전히 전투를 하고 있었지만, 독일 국내에서 사회적 봉기와 폭동으로 붕괴하면서 조국 독일을 위해 열심히 싸우는 병사들이 '등 뒤에서 칼을 맞고 항복할 수밖에 없었다.'라는 조작된 소문을 퍼뜨려 국민들에게 전의를 불어 넣기 시작하였다.[172]

히틀러는 괴벨스(Joseph Goebbels)를 나치스의 선전상으로 임명하였고, 괴벨스는 히틀러를 비스마르크나 힌덴부르크처럼 강력한 독일 지도자들의 정치적 신화를 이어받은 20세기의 가장 위대한 지도자로서 프로이센의 전통을 이어받은 혁명가라고 조작하였다. 이러한 조작된 신화는 히틀러의 대유럽 정복전쟁에서 독일 국민에게 승리의 확신을 심어주는 역할을 하였다.[173]

1938년 뉘른베르크에서 개최된 나치당 대회에서 히틀러와 나치당원들은 "하나의 민족과 하나의 국가, 하나의 지도자"라는 그럴듯한 포장으로 그간 히틀러가 행하였던 독일군의 라인란트 진주와 국제연맹의 탈퇴, 재무장 등을 당연시하면서 독일의 군국주의와 독일민족사회의 출현을 정당화하였다. 이러한 변칙적이고 비합리적인 히틀러와 나치당의 주장을 매우 논리적이고 과학적인 독일 국민들은 맹목적으로 받아드리는 듯 했다.

---

171 Robert Goralski, *World War Almanac II: 1931~1945*, ǫ. 20.
172 피터 심킨스, 『모든 전쟁을 끝내기 위한 전쟁』, p. 662.
173 인터넷 『중앙일보』(2010. 4. 5).

1942년 이후 연합군의 전략폭격으로 독일의 산업지대와 독일 국민 및 독일군이 막대한 피해를 입는 가운데에서도 선전상 괴벨스는 독일 국민들에게 "연합군이 무조건적인 항복을 요구하고 있고, 소련은 스탈린과 그의 군대들이 잔인하여 이들에게 독일군이 결코 패할 수 없기 때문에 독일 민족의 인내심이 필요하다."는 것을 강조하는 등으로 항전의식을 고취하였다.[174]

또한 괴벨스는 전 국민의 역량을 동원하여 전쟁을 수행하는 데 방해가 되는 반정부 또는 좌파언론은 과감히 폐간하였다. 나치 추종자가 신문경영자로 임명되었으며, '신문법'이 제정되면서 정부가 교부하는 자격을 갖추어야 기자가 될 수 있었고, 신문기사는 당연히 사전 검열을 받아야만 발행할 수 있었다.

각 지역의 방송은 베를린 중앙방송으로 통합되었으며, 라디오는 국영회사가 운영하면서 나치의 선전도구로 활용되었다. 선전상 괴벨스는 특히 라디오를 모든 종류의 정치적 선전이나 선동에 이용할 필요성을 느끼면서 전 국민들이 라디오를 들을 수 있도록 하기 위해 싼 값으로 라디오를 구입할 수 있도록 해서 1939년에 독일 전체 세대의 70%가 라디오(1,550만 대)를 보유할 수 있도록 하였다. 당시로서는 미국 다음으로 많은 라디오를 국민들이 보유하고 있었던 것이다.[175] 이렇게 독일은 모든 언론매체들을 나치의 선전도구로 활용하였다.

그 외의 모든 매체들도 대중조작과 선전선동을 통해 국민을 동원하는 데 유용한 수단으로 활용하였고, 영화나 문학도 나치 선전에 효과적으로 활용하기 위한 조치가 행하여졌다. 괴벨스는 영화도 나치선전의 유용한 수단으로 활용하였는데, 당시 석유와 석탄 등 연료난이 심각하여 가정에서는 난방을 제대로 못해도 지역단위 극장에는 따뜻하게 난방을 하고 여기에 국민들을 모아놓고 국민정신 개조를 위해 만들어진 영화나 영국인을 잔인하게 묘사하는 영화, 항전의식을 고취하는 선전과 선동 등 다양한 활동들을 전개하였다.

길거리에는 수많은 포스터가 나붙어 전시 국민들이 지켜야 할 사항이라든가 등화관제 요령 등을 게시하였고, 외국방송을 청취하면 엄벌에 처한다는 내용도 경고되었다. 1940년 6월 이후 독일군이 프랑스 전선에서 승리를 거둘 때는 문제가 없었지만, 1942년 소련 전선에서 독일군이 패하기 시작한 이래 전투를 하는 병사들이 보내는 편지는

---

174 마틴 폴리, 『제2차 세계대전』. p. 158.
175 로버트 에드윈 허쯔시타인, 『나치스 제3제국』, p. 131.

철저히 검열을 해서 부정적인 표현을 포함하는 내용은 모두 제외하고 보냈으며, 수많은 부상자들은 은밀히 국내로 수송하여 별도로 격리된 시설에서 치료함으로써 패전소식이 확산되는 것을 철저히 통제하였다.

그러나 아무리 언론을 통제하고 조작된 선전활동을 하더라도 있는 사실을 감추는 데는 한계가 있기 마련이다. 1943년 들어 소련 전역에서 독일군 제6군이 패하고 있다는 전황이 서서히 알려지자 독일 국민들은 패전 가능성을 생각하면서 총통을 비난하기 시작하였고, 정보기관에서는 이런 국민들의 동향을 보고하기 시작하였다. 국민들의 이러한 동향은 선전기관들로 하여금 더욱 대중조작 강화의 필요성을 제기하였고, 따라서 전국에서 수많은 나치의 선전대원들이 전쟁에 대한 부정적 여론의 축출과 국민동원을 위한 활동을 전개하였다.

전쟁이 장기전으로 가고 동계작전 준비가 덜 된 상태에서 바바로사 작전을 시작하여 독일군이 소련의 극심한 추위에 노출되자, 나치는 국민들에게 모피와 모직물, 장화 등 보온을 할 수 있는 것이라면 무엇이든지 장병을 위해 기증해 달라고 긴급히 호소함으로써 작전이 실패하고 있음을 자인하는 모습도 발생하여 국민의 실망을 불러 일으켰다.

예를 들면, 바바로사 작전으로 대소전역에 투입된 독일군들이 동계피복 등 준비가 안 된 상태로 투입됐다가 혹한으로 고생하자 1941년 12월 22일 괴벨스는 라디오를 통해(독일 국민들이 동부전선에 보내는 크리스마스 선물이라는 미명으로) 전 국민들을 대상으로 따뜻한 옷가지를 구하는 호소를 하였고, 1942년 7월에 다시 방송을 통해 6,700만여 점 이상의 옷이 모였다고 하면서 이를 "독일 국민들이 승리할 때까지 전정을 수행할 준비가 되어 있다는 결단력을 확실히 보여준 증거"라고 하였지만,[176] 그러나 이는 독일군이 패하고 있음을 보여주는 단적인 사례에 불과하였다.

전통적으로 독일의 여성들은 육아나 가사에 종사하는 것이 그들의 역할이었다. 그러나 전쟁을 하는 미국이나 영국 등 모든 나라가 그랬듯이 독일에서도 남성들이 동원되어 전장터로 나가자 수많은 여성들이 동원된 남성들의 빈자리를 채우기 위해 동원되었다. 여성들은 사무직에서부터 농장의 농부는 물론 군수공장에서 무기나 탄약의 조립공으로서 또는 정비공장의 용접공으로 동원되었고 그 중의 일부는 항공기 탐조업무나 공군부대에서 고사포 대원으로 임무를 수행하기도 했다.[177] 남자들의 빈자리에서

176　데이비드 웰시, 『독일 제3제국의 선전정책』(서울: 도서출판 혜안, 2001), pp. 178-179.

다양한 일을 하였던 것이다. 1차 세계대전 시 1917년 '힌덴부르크 지원법'에 의하여 다수의 국민을 동원하였던 조치가 또 다른 이름으로 2차 세계대전 시에는 보다 광범위하게 시행된 것이다.

독일군이 점령하였던 소련이나 폴란드는 물론 벨기에와 네덜란드, 프랑스 등 피점령지에서 징용된 700만여 명이 군수공장의 노동자로부터 비행장 활주로 건설과 피해복구, 탄광에서 석탄채굴 등에 이르기까지 수많은 곳에서 전쟁수행을 위해 부족한 노동력을 제공해야만 하였다.

1941년 들어 식량공급의 부족으로 가격이 치솟고 인플레이션이 발생하자 배급제가 실시되었지만, 부족한 식량은 암시장에서 구입하는 과정에서 경찰은 매점매석을 하는 사람들을 단속하여 이들을 강제수용소로 보내거나 심한 경우에는 사형에 처하기도 했다. 식량배급은 색깔로 구분된 배급카드를 받아 육류(청색), 유제품(황색), 설탕(백색) 등을 각각 지정된 양을 받아서 해결하였지만 전쟁이 장기화되면서 극심한 부족에 시달리게 되었다. 히틀러는 고속도로인 아우토반을 건설하면서 노동자 1인당 국민차 1대씩 보유하도록 하겠다고 약속하였지만, 그러나 전쟁으로 휘발유 사용을 통제함으로써 차량을 운행할 수 없게 되었고 따라서 자전거가 주요 교통수단으로 사용되었다.

독일 사회에서도 중국 진시황제 시절의 '분서갱유(焚書坑儒)'처럼 1933년 5월에는 베를린의 홈볼트 대학에서 나치의 돌격대들과 나치이념에 물든 학생들이 주도하여 나치시대에 부적합하다고 판단한 2만여 권의 책을 불태워버리는 일이 발생하였다.[178] 이렇게 신문이나 방송은 물론 영화 등 전 분야에 걸쳐 나치가 전쟁을 준비하고 실행하는 데도움이 되도록 조작되었고, 이에 배치되거나 반대되는 내용을 포함하는 것들은 과감히 제거하였다.

독일은 전쟁을 준비하고 실시하는 과정에서도 사회를 철저히 통제하였다. 모든 젊은이들은 각종 사회조직에 가입되어 조직원으로서 훈련을 받고 동원될 준비를 해야 되

---

177 찰스 파이팅, 한국일보 옮김, 『독일의 전시생활』(서울: 한국종합물산, 1992), pp. 74-87. 전쟁 직전인 1939년도 독일 노동력의 37%인 1,400만여 명을 넘는 여성들이 일을 하고 있었고, 이런 비율은 계속 증가하여 전쟁이 끝날 무렵에는 51%에 달했다. 중공업에 종사했던 여성 노동자도 1939년 76만 명이 1943년에는 150만 명으로 늘어났다. 아이가 있는 여성 300만여 명도 1일 6시간씩 교대로 일을 해야 했으며, 이렇게 정규노동자를 포함하는 1,700만여 명의 여성들이 전쟁을 수행하는 데 필요한 노동력을 제공하였다. 소련처럼 독일도 전쟁수행을 위한 노동력 제공에 여성을 철저히 활용하였다(리처드 오버리, 『독재자들』, pp. 710-711).

178 끌로드 다비드, 『제3제국의 전체주의』, pp. 97-98.

었다. 독일의 '보안국(Sicherheitsdienst, SD)'은 2만 5,000여 명에 달하는 정보원들을 통해 국민들의 동향을 감시하면서 2주 단위로 감시대상자들에 대한 동향보고서를 작성하여 제출했다.[179]

나치의 '친위대(Schutzstaffel, SS)'는 1925년 최초에는 히틀러 개인 경호를 위해 소규모로 시작되었으나 1934년 돌격대 제거를 기점으로 그 세력을 더욱 확대하면서 일반SS와 무장SS로 구분되어 일반SS는 주로 경찰업무와 유태인이나 비아리안계 인종청소를 담당하는 임무를 수행하였다. 무장SS는 국방군과 함께 전투부대로 전선에서 임무를 수행하였는데, 그 숫자가 1939년에 25만여 명에 달하던 것이 전쟁 말기에는 100여만 명에 이를 정도로 확대되었다.[180] 그러나 친위대의 규모 확장과 권한 강화는 상대적으로 국방군의 위상이 약화되는 결과를 초래하였다.

히틀러는 1936년 모든 경찰기구를 통합하여 '제국중앙브안국(RSHA)'을 설치하여 직접 지휘하기 시작하였고, 그 산하에는 비밀경찰인 '게슈타포(Gestapo)'가 있어서 모든 사람들을 철저히 감시하고 통제하면서 히틀러와 나치에 대해 불평과 불만을 표출하는 사람들을 모두 체포하여 집단수용소로 보내고 제거함으로써 사회 불안요소를 제거하는 동시에 나치스 체제를 확고히 하였다. 친위대는 도처에 강제수용소를 설치하여 나치에 반대하는 정치인은 물론 유태인이나 범죄자 등을 수감하고 처형하는 장소로 활용하였다.

나치의 비밀경찰들은 이렇게 사회를 통제하고 감시하면서 체제를 유지하고 전 국민을 동원하기 위해 동분서주했지만, 한편으로는 전쟁을 하는 데 있어 방해꾼들이었다. 즉, 독일군들이 작전을 하느라 병력이나 물자를 기차로 수송하기 위해 악전고투를 하는 동안 비밀경찰들은 유태인을 가스실로 보내기 위해 군이 우선적으로 사용해야 할 기차들을 권력을 이용하여 먼저 사용함으로써 독일군이 제때에 병력과 장비를 요망하는 장소로 이동을 할 수 없게 만들었다.[181] 군사적 승리브다는 인종적 증오를 앞세워

---

179 폴 콜리어, 『제2차 세계대전』, p. 700.

180 클로드 다비드, 『제3제국의 전체주의』, pp. 92-93. 친위대에는 독일인 말고도 다수의 외국인들이 지원하였다. 1945년 40개의 친위대 사단 가운데 27개 사단 약 50만여 명은 유럽인(일부는 아시아 및 미국인 포함)으로 이들은 나치 독일의 엘리트 부대 사상에 매료되어 지원(네덜란드 5만, 프랑스 2만, 덴마크 6,000, 스위스 800, 플랑더스 2만 2,000, 벨기에 2만)하였다. 가장 많은 지원자들은 죄수로 구금되어 있었던 우크라이나인 지원자들로 약 10만여 명에 달하였고, 그 외에도 크로아티아, 라트비아, 에스토니아, 핀란드, 알바니아 등지에서도 지원하였다(Robert Goralski, *World War Almanac II: 1931~1945*, p. 372). 다만, 유태인이나 폴란드 인과 러시아인들은 배제되었다.

181 에이미 추아, 『제국의 미래』, pp. 381-382.

〈그림 4.5〉 대전차 로켓 판저 파우스트 사용법을 훈련 중인 어린 병사

출처: 폴 콜리어, 『제2차 세계대전』, p. 672.

결국은 작전을 그르치게 만드는 원인을 제공하였던 것이다. 국가 기관에 불필요한 권력이 주어지거나 잘못된 권한이 집중되면 국가가 어떻게 잘못돼갈 수 있을지 국민들이 얼마나 힘들게 되는지 보여주는 사례이다.

나치에 있어 학생들에 대한 교육은 장차 나치의 일꾼을 육성한다는 차원에서 보면 중요한 일이었다. 따라서 나치는 바이마르 제국시대의 학교교육 지도요령을 다시 작성하였고, 학생들을 어려서부터 가정에서 분리하여 국가기관에서 교육시키고자 하였으며 나치가 인정하지 않는 청소년 단체, 이를테면 보이스카우트 같은 단체는 해산되었고 대신에 남자는 히틀러-유겐트에 여자는 '여자청년단(Bund-Deutscher Madchlen)'에 가입하여 나치가 요망하는 교육을 받아야만 했다.[182] 이렇게 국민이나 학생들을 얽어매기 위한 조직들은 민병조직이나 히틀러-유겐트, 학생 조합, 법률가 조합 등 무수히 많았으며, 국민들은 이러한 조직들에 가입하여 활동하지 않는다면 안심하고 살 수 없을 것이라는 생각이 들 정도로 조직화되어 있었다.[183]

한편 선전상 괴벨스는 전쟁에서 승리하기 위해 독일의 가용한 모든 자원을 총동원

---

182 클로드 다비드, 『제3제국의 전체주의』, pp. 99-100.

183 클로드 다비드, 『제3제국의 전체주의』, p. 92.

해서 총력전을 실시해야 한다는 주장을 한 몇 안 되는 사람 중의 한 명이었다. 그는 독일이 승리하기 위해 강력한 지도자의 지도 아래 독일을 하나의 통일된 공동체로 만들어야 한다고 주장하면서 이를 위해 후방을 총동원해야 하며 이를 위해 선전수단들을 이용하였다.

특히 그가 주목한 것은 볼셰비키로, 국민들에게 선전수단들을 이용하여 볼셰비키가 서구문명을 위험에 빠뜨리게 하는 원인으로 이들에 대한 두려움을 주입하고 이들을 통해 강인함을 만들어 내고자 하였으며, 독일이 패할 수도 있다는 것을 때로는 인정함으로써 모든 국민이 전쟁에서 승리를 위해 총력적으로 참여를 유도하기도 하였다.[184]

전쟁이 서서히 막바지에 다다를 무렵인 1944년 7월, 괴벨스는 '총력전 동원 최고사령관'으로 임명되어 전 국민을 동원하기 위한 조치를 하였는데, 먼저 남자들은 '국민돌격대'라는 이름으로 국민군을 창설하여 16세 이상으로부터 20세까지의 청년과 16세까지의 신체 건강한 남자들을 동원하였고 여자들은 군수공장으로 동원하였다. 총력전만이 국민의 총체적인 파멸을 막을 수 있다고 주장하면서 전 국민을 동원하기 시작한 것이다.[185]

국민들에게는 연합군의 공습에 대비해 민방위훈련도 강조되었다. 처음에는 공습상황을 상정하여 대피훈련을 실시하다가 전쟁이 발발하자 전국적인 민방위체제로 발전되었고, 여기에서는 수천 명의 전문가와 1,300만여 명의 지원자를 포함하는 조직체가 되어 공습 시 대피방법과 등화관제 요령 등을 교육하였다.[186] 또한 유아나 어린이로부터 성인용에 이르기까지 다양한 형태의 방독면이 만들어져 보급되고 사용법이 교육되기도 하였다.

베를린을 포함한 대도시에서는 연합군 공중관측을 방해하거나 폭격으로부터 피해를 방지하기 위해 길거리에 위장망이 설치되었으며, 주요 건물에는 폭격 시 피해방지를 위해 모래주머니를 준비하도록 강조되었다. 주민들의 방공호 대피훈련은 일상화되다시피 자주 실시되었다.

1차 세계대전 중 독일은 사회에서 식량이나 생필품의 부족으로 기아자가 나오고 염

---

184 데이비드 웰시, 『독일 제3제국의 선전정책』(서울: 도서출판 혜안, 2001), p. 186.

185 클로드 다비드, 『제3제국의 전체주의』, p. 144. 괴벨스는 1943년 2월 18일 베를린 스포츠 경기장에서 열린 대규모 집회에서 총력전을 주장하는 연설을 하였다. 괴벨스가 어떻게 국민들을 대상으로 선전전을 통해 총력전을 주장했는지는 데이비드 웰시가 저술한 『독일 제3제국의 선전정책』의 pp. 178-179을 참조.

186 찰스 파이팅, 한국일보 옮김, 『독일의 전시생활』(서울: 한국종합물산, 1992), p. 46.

전사상이 싹트면서 사회가 무너지기 시작하였고, 군에서는 해군을 영국 해군과 결전에 투입하려고 하자 폭동이 일어나 결국 독일이 항복하는 결과를 가져왔다. 그러나 2차 세계대전에서는 식량배급이나 생필품 부족 같은 현상도 더 심했을 뿐만 아니라 연합공군의 전략폭격으로 수십만 명의 사상자가 발생하고 소련군의 무자비한 보복적 공격을 두려워하여 수많은 독일인들이 서방국가로 피난하는 상황이 발생되기는 하였지만, 1차 세계대전 당시처럼 조직적이거나 전국적인 폭동은 발생하지 않았다.

이것은 2차 세계대전 당시의 상황이 1차 세계대전 당시보다 좋아서가 아니라 친위대나 게슈타포 같은 비밀경찰과 정보기구들의 사회적 감시체제와 통제 및 무자비한 억압 아래 나치 선전기구들에 의한 끝없는 선전활동, 독일 국민들의 체념적 상황인식 등이 모두 복합적으로 어우러져 나타난 결과이다.

독일은 일반참모본부 제도와 우수한 장교단의 능력, 재군비와 재무장을 통한 군사력의 강화와 전격전 전술의 발전, 전차와 항공기 등 우수한 장비와 로켓 무기를 개발함으로써 많은 전투에서 승리하였다.

그럼에도 불구하고 결과적으로는 히틀러의 군사작전에 대한 지나친 간섭이나 편향적인 리더십, 미국을 적으로 돌아서게 만든 정책의 과오, 양면전쟁을 하도록 군사전략을 수립하고 군사력을 운용한 전략적 과오, 경제력과 전쟁지속능력의 상대적인 부족, 독일 국민과 나가서는 점령지 주민의 통합 실패 및 무자비한 점령정책과 유태인의 대량학살 같은 비인간적인 정책 등으로 결코 이길 수 없었던 전쟁을 한 것이다.

2. 일본 군국주의자들의 오판과 전쟁지속능력의 한계가 부른 패배

일본은 국토는 협소하고 자원은 부족하나 인구는 많은 국가이다. 18세기 이전에는 폐쇄적인 국가였던 일본이 1868년 메이지(明治) 유신을 선포한 이후에는 변화가 눈에 띄게 바뀌어갔다. 정부가 주도하여 개방을 이끌면서 비서방 국가에서 유일하게 산업혁명에 성공하였고 근대화를 달성하였다.

서방국가를 모방하여 헌법과 법률을 제정하고 은행을 만들었으며, 영국으로부터 신형함정을 도입하여 해군력을 강화하였고, 독일로부터는 육군을 근대화하기 위하여 도움을 받았다. 한편 정부가 철강이나 조선산업을 장려하였으며, 많은 수출업자들을 의도적으로 육성하고 혜택을 주었다.

일본은 정부가 주도하여 경제력과 군사력을 동시에 육성하고 정비하면서 서서히 대륙진출에 대한 욕심이 생기자 조선을 침략하고 노쇠한 국가로 전락해 가던 청나라와 멀리 유럽에서 뿌리를 내리고 있었던 러시아와 일전을 불사하는 전쟁을 해서 승리하면서 일본의 군국주의자들은 대륙침략에 대한 욕망을 본격적으로 나타내기 시작하였다.

1920년대 5,500만여 명의 인구는 1940년에 들어 7,200만여 명으로 확대되었지만, 좁은 국토에 수많은 인구를 먹여 살리기 위해서 필요한 식량과 자원을 모두 생산해낼 수 없는 일본으로서 그들이 택할 수 있는 방책에는 자원을 수입하여 국내 산업을 육성하거나, 아니면 군사력을 이용하여 해외의 자원이 풍부한 지역을 점령하는 것이었다.[187]

그중에서 공업화를 위해 석유와 고무, 비철금속 같은 자원들이 더욱 필요하였으나 부존자원이 전무하여 해외로부터의 도입이 절실히 요구되었다. 일본은 1차 세계대전 당시 연합국의 일원으로 참전하면서, 이때 독일군이 패한 원인을 연합국의 해상봉쇄로 자원을 도입할 수 없었기 때문으로 분석하였다. 따라서 식량이나 부존자원이 절대 부족한 일본도 생존하기 위해서는 향후 어떠한 경우라도 해외로부터의 자원도입을 방해할 수 있는 국가, 특히 미국으로부터 봉쇄를 거부하고 총력전을 할 수 있는 능력을 확보하는 것이었다.[188]

이에 일본이 내세운 것은 '대동아공영권(Great East Asia Co-Prosperity Sphere)'이었다. 일본은 1920년대에 들어 이미 대동아공영권 주장을 하였다가 다시 1930년대 들어 더욱 강력히 주장하면서 1931년에는 만주를 침공(만주사변)하였고, 1937년에는 중국을 침공(중일전쟁)하였다.[189] 여기에 멈추지 않고 더욱 기고만장한 일본은 마침내 1941년에 12월에 하와이 진주만의 태평양 함대를 기습함으로써 태평양전쟁을 도발하였다. 이렇게 연이은 도발을 하는 과정에서 군국주의자들의 역할, 특히 육군의 역할과 영향력이 지대하였다.[190]

---

187 R. A. C. Parker, *Struggle for Survival*, p. 72.

188 가토 요코, 『근대일본의 전쟁논리』, p. 207.

189 만주사변과 중일전쟁을 도발한 관동군은 1931년 12월에는 6만 4,900명에 항공기 30대를 보유하고 있었으나 점진적으로 증가하여 1932년에는 병력 9만 4,100명과 항공기 90대, 1933년에는 병력 11만 4,100명과 항공기 120대, 1934년에는 병력 14만 4,100명과 항공기 150대, 1935년에는 병력 16만 4,100명과 항공기 180대를 보유하고 있었다. 일본에 있어서 관동군은 군국주의의 승리이자 정당정치의 퇴조로 상징되고 있다(Robert Goralski, *World War Almanac II: 1931~1945*, p. 6).

190 R. A. C. Parker, *Struggle for Survival*, p. 72.

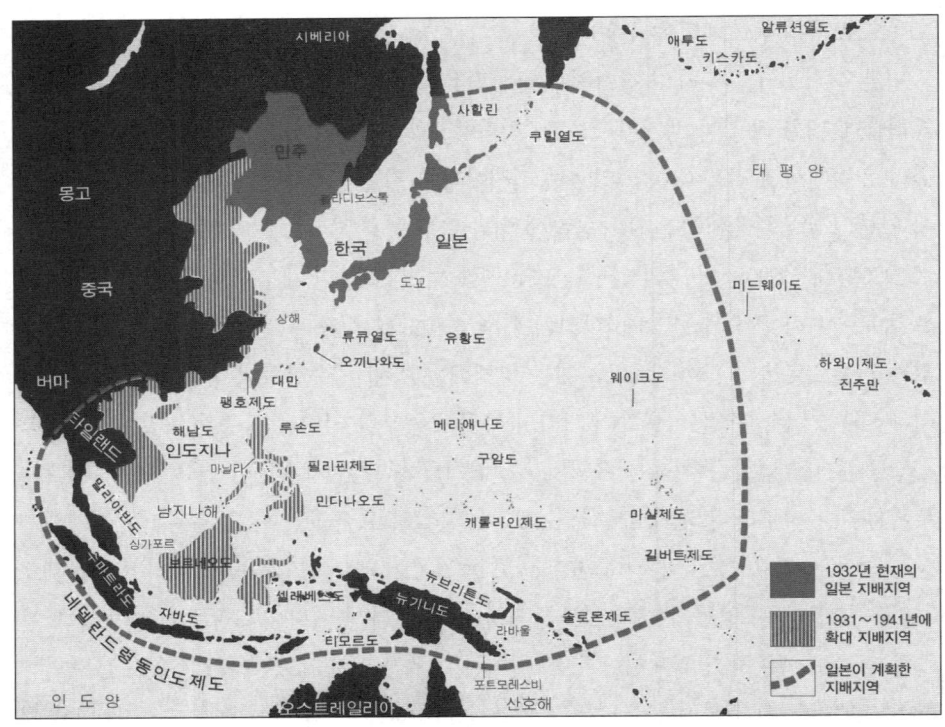

〈그림 4.6〉 일본군 점령지역: 일본 군국주의자들의 태평양 지역 점령계획

출처: 아도르 지크, 『제2차 세계대전』, p. 21.

일본은 그들이 주장하였던 대동아공영권이라는 목표를 달성하기 위해서 쓸 수 있는 가장 확실한 방법으로 군사력을 이용하는 것이었으나, 중국과 미국을 상대로 군사력만으로 승리하기에는 불충분할 것으로 판단, 공업원자재를 확보하고 생산능력을 확충하기 위한 시설의 준비와 이를 위해 국가의 모든 자원을 동원하는 등 총력전 필요성을 인식하기 시작하였다.

그중에서도 육군대신이었던 우가키 가즈시게(宇垣一成)는 "미래의 전쟁은 군의 작전만으로 끝나는 것이 아니라 국가를 구성하는 모든 에너지(정치, 경제, 외교, 과학기술 등)의 운용에 의해서 결정되며, 총력전은 전장에서의 전투로 끝나는 것이 아니라 국가가 생존하는데 필요한 모든 자원을 투입해서 국민 전체가 적과 싸워 이기는 것이다."라고 하여 총력전 준비의 필요성을 강조하였다.[191]

---

191 도베료이치 외, 이현수 옮김, 『근대일본의 군대』(서울: 경희정보인쇄, 2003), p. 195.

〈표 4.10〉 1937~1938년의 일본의 국가능력

구분	인 구 (만 명)	GDP (억$)	국방비 (억$)	항공기 생산 (대)	철강 생산 (만 톤)	에너지 소비 (만M/T)
능력	7,220	40	17.4	4,467	700	9,650
비고	1938	1937	1938	1938	1938	1938

출처: Paul Kennedy, *The Rise and Fall of The Great Power: Economic Change And Military Conflict From 1500 To 2000*, pp. 199-201, 296, 324, 330-332.

이를 위해 일본은 내부적으로 1차 세계대전에서 승리 또는 패배한 국가의 분석을 통해 총력전의 필요성에 대한 의견을 제시하였고, 이를 위해 동원 분야, 자원획득, 국민과 군에 대한 상호 이해와 협력방안, 전쟁지도를 위한 정치와 군사일원화 방안, 강대국들과 장기전에 대비한 총동원체제 확립 등을 구상하여 이를 '제국국방방침'으로 준비하였다.[192]

일본은 러일전쟁 이후 장차전을 상정함에 있어 1907년에 러시아를 제1의 가상적국으로 하고 이어서 미국과 독일, 프랑스를 상정하여 '제국국방방침'을 제정하였으나 1917년에 중국과 총력전을 키워드로 하여 1차로 개정하였으며, 1923년에는 미국을 가상적국 제1위로 하여 2차로 개정하였다.[193] 여기서 장차 일본이 총력전에서 승리를 하기 위해서는 중국이 자원공급지로서 상정되어야 하며 중국을 둘러싼 갈등에서 미국과 일본의 대립이 장차 화근이 될 것임을 예견하고 있었는데, 이것은 태평양전쟁이 발발하는 과정에서 그대로 현실화되었다.

---

192 장형익, "근대 일본의 총력전 구상과 제국국방방침", 『군사』 제70호(서울: 신오성기획인쇄사, 2009), pp. 202-223.

193 가토 요코, 『근대일본의 전쟁논리』, pp. 194-196 및 1994년에 육군본부에서 발간한 『일본 육군사』를 참조하되, 최초의 제국국방방침은 국방에 필요한 육군의 부대는 평시 25개 사단, 전시에는 50개 사단으로 계획을 하였고, 해군은 2만 톤의 전함 8척과 1만 8,000톤의 장갑순양합 8척을 주력으로 하는 50만 톤을 목표로 설정하였다(p. 101). 이 제국국방방침은 급변하는 세계정세에 대응하기 위하여 가상적국을 재검토하고 국방에 소요되는 전시 전투력을 50개 사단에서 40개 사단으로 줄이는 것이며, 해군의 전투력을 강화하는 1차의 개정이 1917년에 있었다(pp. 113-114). 그러나 1차 세계대전이 끝나고 워싱톤 군축회담 등 국제적인 군축 분위기에 따라 국방방침에 일부 개정이 이루어져 육군은 40개 사단을 유지하고, 해군에서는 함정을 줄이면서 질적인 개선을 하는 개정이 1923년에 있었으며(pp. 115-116), 1936년 들어 점차 위협의 대상이 바뀌면서 일본의 전쟁지속능력을 고려하여 육군사단을 평시 20개 사단, 전시 50개 사단으로 하고 항공중대를 확장하며 해군은 항모 10척과 주력함을 12척으로 하는 등으로 3차 개정을 하였다(pp. 157-158). 일본은 당시 상황에 따라 적절히 군사력의 소요를 재판단하고 이를 개정하여 군비를 지속적으로 강화하기 위한 조치를 하였던 것이다.

일본은 이미 1918년 군수공업육성 및 군수송 기관의 동원을 위하여 '군수공업동원법'을 제정하였고, 내각에는 군수국을 설치하여 제2차 세계대전이 발발하기 전까지 작전부대의 군수품을 보급하기 위한 준비도 하였다.[194]

상징적인 지도자와 군부를 중심으로 하는 실제의 지도자

〈그림 4.7〉 히로히토(1901～1989)

일본의 명목상 국가지도자는 예나 지금이나 일왕이다. 2차 세계대전 발발 당시도 일본의 지도자는 명목상 '히로히토(裕仁) 일왕'이 있었으나 실질적으로 태평양전쟁을 기획하고 지도한 사람들은 '도조 히데키(東條英機)'를 비롯한 군국주의자들로서 대본영을 중심으로 전략을 수립하고 전쟁을 지도해나갔다.

손자병법에서 이미 언급하고 있듯이 전쟁은 국가의 중대한 일로 국민의 삶과 죽음이 달려 있기 때문에 이를 기획하고 실시를 결정함에 있어서는 정치와 경제, 외교와 사회문화 등 제반사항을 면밀히 검토하고 승산의 가능성이 있을 때해야 하는 법인데 일본의 군국주의자들은 이를 소홀히 하였다.

군국주의자들이 전쟁을 준비해가는 과정에서 1940년 9월, 수상 고노에 후미마로(近衛文麿)가 야마모토 이소로쿠(山本五十六) 연합함대 사령관에게 일본과 미국이 전쟁을 벌일 경우 누가 이길 수 있을 것인지에 대한 질문을 하자 야마모토 사령관은 "처음 반년 정도나 1년 정도는 괜찮겠지만 2～3년 정도 지속된다면 승리를 확신할 수 없다."고 하였고, 일왕의 똑같은 질문에 대해서 육군참모총장도 "반드시라고 말씀드리기는 어렵습니다, 다만 이길 가능성이 있다는 것만은 말씀드릴 수 있습니다, … 꼭 이긴다고는 말씀드리기 어렵습니다."라고 하였다.[195] 일본의 군부지도자들은 태평양전쟁을 기획

---

194 (구)국무총리 비상기획위원회, 『남북한 평화공존 시에 대비한 국가동원능력 강화방안』(서울: 국가비상기획위원회, 2001), pp. 138-139.

195 노나카 이쿠지로, 박철현 옮김, 『왜 일본 제국은 실패하였는가?』(서울: 주영사, 2009), p. 281.

하면서도 일본의 능력으로 단기전에서는 이길 가능성이 있다고 생각을 하였지만, 장기전에서 미국을 이긴다는 것은 불가능함을 인식하고 있었다.

일본의 군국주의자들은 미국에 대한 공격을 우려하는 많은 경고를 무시하면서 전쟁을 기획하고 시행하였지만, 미국처럼 합동참모본부를 설치하고 육·해군을 통합하여 작전을 실시하기보다는 오히려 대본영이 일본 육·해군 각각의 이익을 추구하는 협의체에 불과하여 효율적인 합동작전은 처음부터 불가능하였으며, 결과적으로는 전쟁지도를 잘못함으로써 패하는 주요한 원인 중의 하나를 제공하였다.[196]

진주만 기습작전의 성공으로 태평양전쟁이 시작되면서 동남아 지역에서 한동안 일본군이 선전을 해서 승리하는 듯했다. 그러나 미국이 본격적으로 전쟁을 수행할 수 있는 체제로 전환된 1942년 중반 이후 산업생산력이 압도적으로 일본을 앞서기 시작하면서 일본은 상대적으로 전쟁지속능력에 한계를 보이기 시작하였다.

일본의 정치나 군사지도자들은 이러한 문제점을 알면서도 무모한 작전을 기획하고 전쟁을 도발하였으며, 국민들이 전황을 알지 못하도록 정보를 조작하고 왜곡하였다. 무고한 국민들이 무참히 희생되어도 끝까지 싸우도록 강압적인 통제를 계속하다 원폭 투하를 계기로 끝내 항복할 수밖에 없었던 것이다.

집단적 국민의지 고양을 강요한 군국주의자

일본에서 국민의 의지가 미국이나 영국과 같은 민주국가 국민의 의지와 같은 개념으로 이해될 수는 없을 것이다. 영국의 처칠 수상은 독일공군의 영국 본토에 대한 폭격이 실시되자 수많은 난관을 극복하면서 국민의 의지를 결집시켜 전쟁을 지도해나갔고, 미국의 루스벨트 대통령은 일본군의 진주만 기습으로 미태평양 함대가 심대한 피해를 입자 전 국민의 의지를 결집하여 전쟁을 준비하고 실시해나갔다면, 일본은 당시 신으로 추앙을 받던 히로히토에 대한 무조건적인 충성 강요와 이를 이용한 군국주의자들의 강압적인 지도에 의해 전 국민들이 전쟁터로 끌려나갔다고 보는 것이 더 정확한 표현일 것이다.

군국주의자들은 일왕에 대한 무조건적인 충성만을 강요하면서 일본 국민은 물론 조선인이나 중국인 등 식민지 주민의 의지를 고양하고 동원의 극대화를 위하여 다양하게

---

196 위의 책, pp. 362-365.

〈그림 4.8〉 석탄광산에 투입된 일본 여성. 일찍부터 총력전을 강조한 일본은 전쟁기간 내내 부족한 자
원을 충족하는 데 어려움이 많았다.

출처: 아도르 지크, 『제2차 세계대전』, p. 196.

활동을 하였다. 먼저 일본 국민들에 대한 전시 동원의지 고양을 위한 활동을 보면 다음
과 같다.

첫째, 일본 국내에서 인력동원을 위하여 행해진 노력으로 농촌이나 어촌 등 모든 마
을에서 입대하는 병사들을 위해 송별회를 하고 무운장구를 기원하는 부적(符籍)을 만들
어 보냈다. 또한 부상자들을 위문하고 전사자들의 영혼에게는 '희생적 정신의 화신'이
나 '야마토(大和) 민족의 자랑' 등 각종의 미사여구로 추모하였으며, 각종의 찬사를 이용

하여 그 유가족들을 칭송함으로써 의식화가 강요되었다.[197]

둘째, 전시 수반되는 경제적인 어려움을 극복하기 위하여 1940년 7월 7일 소위 '7·7 금령'을 발표하여 사치품의 제조와 판매를 제한하고 보석과 장신구, 고가의 의복과 신발이나 음식값의 상한선을 정하는 등의 조치를 하였다. 이렇게 국민들에게는 전시 궁핍한 생활을 강조하면서 태평양이나 동남아 전선의 일본군에게는 위문품을 만들어 보내고 상이군인이나 유가족을 위문하는 것이 강조되었다.[198]

셋째, 여성을 동원하기 위한 의식화이다. 일본은 여성이 남성을 대체하는 노동력을 제공하고 황국의 신민을 생산하는 모성을 강조하였으며, 일하는 여성으로서 역할이 조명이 되는 이른바 의식화가 진행되었다.[199] 이와 같은 다양한 활동을 통해 일본인의 참전을 고양하기 위한 활동을 하였다.

한편 식민지 주민들도 전쟁으로의 동원을 위해 조선 사람들에게는 이른바 내선일체(內鮮一體)라 하여 일본인과 조선인을 동일시 한다는 것을 강조하면서 많은 조선인들을 일본군 또는 부족한 노동력을 보충하기 위하여 징용(徵用)이라는 이름으로 강제적으로 동원되었다.

군부에 의해 좌지우지된 정치권

독일의 히틀러가 이른바 '생활권(Lebensraum)'을 내세워 독일의 신질서를 구축할 목적으로 소련을 점령하고자 했다면, 일본은 소위 '대동아공영권'을 주장하여 한반도와 중국, 동남아 등지를 점령하고자 했다. 1920년대 처음으로 제기되기 시작한 대동아공영권은 1930년대 들어 다시 제기되었고, 1940년 8월 1일 외무성 대신 마스오카 요스케(松岡洋右)가 마침내 '대동아 신질서 건설'이라는 영토 확장계획을 밝히면서 공개되었다.

그들이 주장한 대동아공영권은 첫째, 대동아공영권의 중심에는 조선과 만주, 중국 남부와 대만을 포함하여 이들을 2년 안에 일본의 수중에 넣고 둘째, 중국의 나머지 지역과 네덜란드령 동인도제도(지금의 인도네시아)와 프랑스령 인도차이나(지금의 베트남, 캄보디아, 라오스)와 타이와 말레이시아, 버마, 오스트레일리아 및 뉴질랜드 등 과거의 유럽 국가의 식민지를 점령하며 셋째, 소비에트 연방의 동부지역과 필리핀 및 인도를 점령하고 넷

---

197 (구)국무총리 비상기획위원회, 『2차 세계대전 시의 동원』, p. 467.

198 위의 책, pp. 467-468.

199 위의 책, p. 469.

째, 중앙아시아와 이란 및 이라크, 터키 등 중동의 일부지역을 점령하여 광대한 지역에서 정치·경제적으로 공존과 공영을 도모한다는 것이다.[200] 이렇게 대동아공영권을 주장한 일본은 타이와 버마, 필리핀, 만주국 등의 수반들을 도쿄로 불러 회담을 갖고 더욱 침략의 명분을 찾고자 하였다.

일본이 주장하였던 대동아공영권이라는 것은 단지 허울 좋은 이름과 주변국과의 공존과 공영이라는 명분을 내세웠지만, 사실은 주변국을 침공하고 점령하기 위한 계획에 불과한 것이었다.

일본이 진주만의 태평양 함대를 기습함으로써 전쟁을 시작하는 시기를 1941년 12월로 결정한 이유는 일본의 내재적인 취약점 때문이었다. 그중에서 무엇보다도 일본 제국의 힘과 군사력을 유지하는 데 있어 석유가 없다는 것이 커다란 취약점이었다. 당시 일본은 저장되어 있는 석유를 점진적으로 소비하고 있었으며, 기껏해야 2년밖에 사용할 수 없는 상황으로 여유가 없었다. 그나마도 일본군이 대규모의 작전을 한다면 더 여유가 없게 될 것은 뻔하였다. 그렇게 되면 일본제국은 아무리 전함이 많고 항공기가 많아도 그 군사력은 힘이 없어질 것은 명확했다.

반면에 미 해군이나 공군은 시간이 지남에 따라 더욱 강해질 것이다. 그래서 전쟁을 시작한 다음해 여름 미 해군력은 일본제국의 해군력을 압도할 것이다. 따라서 1941년 남방에서 빠른 시간에 작전을 종결할 수 있도록 단기전을 준비하는 한편 북방에서는 다음해의 봄 이후에도 군사작전을 할 수 있는 전투력을 보존하여야 한다.[201] 이것이 일본이 12월 진주만을 기습하기로 결정한 이유다.

사실 일본도 자국의 군사력이나 경제력만으로 미국을 이길 수 없을 것이라는 것은 전쟁 이전부터 알고 있었다. 일본 군부는 태평양전쟁이 발발하기 이전인 1939년 9월, 당시 일본의 최고경제전문가들로 '전쟁경제연구반'을 조직하여 미국과 개전할 경우 얼마동안 전쟁을 지속할 수 있을 것인가를 연구하였다. 1년 6개월 동안의 연구결과는 당시 일본의 경제력을 1로 했을 때 미국의 경제력이 20으로 평가되었고, 따라서 결과는 '전쟁불가'로 만약 일본이 개전을 하면 처음 2년간은 비축물자로 버틸 수 있을지라도 그 이상은 불가하다는 것이었다.[202] 이러한 결과에도 불구하고 일본은 단기간에 전쟁을 끝낼 요량으로 미국에 대한 침공을 결정하였다.

---

200 에이미 추아, 『제국의 미래』, p. 386.

201 R. A. C. Parker, *Struggle for Survival*, p. 83.

202 『조선일보』 2011년 2월 6일.

일본이 남방지대에서 제국의 방위를 위해 필요한 석유나 비철금속 등의 자원을 확보하면 미국은 처음에는 분노하겠지만 시간이 지나면 마지못해 이해할 것으로 도조 수상은 생각하였다. 그렇게 생각한 일본의 군부지도자들은 1941년 12월 7일에 진주만을 기습하는 것으로 결정하여 진주만 기습을 시작하였지만, 미국은 진주만에서 기습을 당한 후 한 시간 뒤에 전쟁선포를 하면서 세계대전으로 발전되었다.[203]

일본은 전쟁을 뒷받침하기 위해 많은 법령을 제정하였다. 전쟁지역에서 필요시 물자를 징발할 수 있도록 '징발령'을 제정하였고, 병역자원을 확브하기 위해 '병역법'을 제정하였으며, '군수동원법'을 만들어 군수생산에 필요한 조치가 가능하도록 했다. '국가총동원법'도 만들어 전쟁수행을 위하여 필요한 모든 자원을 동원할 수 있도록 하였다.

전쟁을 하는 데 필요한 정부기구를 다수 창설하였는데 '기획청(企劃廳)'을 설치하였다든가 '국세원(國稅原)' 등을 설치하였으며, 전쟁을 지휘하기 위하여 대본영도 설치하였다. 일본군은 전력증강을 위하여 '제국국방방침(帝國國防方針)'을 제정하였고 상황정세의 변화에 따라 3차에 걸쳐 개정하여 일본군의 전력증강을 뒷받침하였다. 이렇게 전쟁을 준비해나가는 과정에서 군부는 히로히토와 의회를 허수아비로 만들면서 절대적인 영향력을 행사하였다.

전쟁을 기만하고 합리화하기 위한 외교활동

1차 세계대전에서 일본은 연합국의 일부로서 해군이 지중해까지 이동하여 연합군을 지원하였다. 일본은 직접적으로 육상 전투에는 참여하지 않았지만, 1차 세계대전의 승전국으로 독일이 점령하고 있었던 태평양상의 식민지들을 국제연맹으로부터 받아서 위임통치를 하였으며 승전국의 일원으로 적지 않은 이익도 챙겼다. 1922년 워싱턴에서 열린 군축회담에서는 영국과 미국, 일본이 5:5:3으로 해군력을 보유하기로 협정을 체결하여 서태평양에서 강력한 해군력 보유도 가능하게 되었다.[204]

욱일승천하던 일본의 관동군이 1931년 만주를 침공하여 괴뢰국인 만주국을 세우는

---

203 R. A. C. Parker, *Struggle for Survival*, p. 83.

204 워싱턴 군축회담의 결과는 미국 : 영국 : 일본 : 프랑스 : 이탈리아가 각각 5 : 5 : 3 : 1.5 : 1.5의 비율로 해군력을 보유하기로 하였다(여기서 5는 50만 톤을 의미함). 이 회담에서 미국과 영국은 각각 2개의 대양(영국: 대서양과 인도양, 미국: 대서양과 태평양)을 보호해야 한다는 논리로 1개의 대양을 보호하면 되는 일본을 압박하였다. 워싱턴 군축회의에 따라 영국은 주요전력이었던 전함과 항공모함 보유량에 제한을 받게 되었고, 일본은 이 군축조약을 굴욕으로 생각하였다.

이른바 만주사변이 발생하자 미국이 이를 강력히 비난하였고, 국제연맹은 일본이 지원하는 만주국을 인정하기를 거부하면서 일본을 침략자로 규정하자 이에 일본은 1933년 3월 국제연맹 탈퇴로 그 답을 대신하였다.[205]

일본의 만주침공을 전 세계가 비난하자 일본 육군대신이었던 아라키 사다오(荒木貞夫)는 "아시아에서 평화를 유지하는 것은 일본의 성스러운 사명인데, 국제연맹은 이 사명을 존중하지 않고 있다. 이 사태로 인해 세계가 일본을 포위한 것이 폭로되었다. 전세계가 일본의 미덕을 우러러보게 할 날이 반드시 도래할 것이다."라고[206] 하였는데 이는 일본인의 일반적인 생각과도 같았다.

1937년 7월 7일 중국 베이징(北京) 부근에서 중국군과 교전(盧溝橋 사건)을 시작으로 중일전쟁이 발발하자 루스벨트 미 대통령은 이를 강력히 규탄하였다. 그러나 일본군은 이에 아랑곳하지 않고 중국 전역으로 작전을 확대하여 중국의 동부 해안 일대에서 많은 지역을 점령하였다. 그러나 일본군은 전쟁을 지속할 석유나 고무 등의 자원이 부족하였기 때문에 이를 위해 중국군과의 전쟁을 조기에 종결하고자 하였다.

1940년 7월 수상으로 취임한 고노에는 마사오카 요스케(松岡洋右)를 외무대신으로 임명하면서 그해 9월 27일 독일과 이탈리아와 추축국으로 동맹을 체결하였다. 3국의 협상에 의하면 세 나라는 어느 한 나라가 중국과의 전쟁이나 유럽에서 전쟁에서 당사자가 아닌 다른 열강의 공격을 받을 경우 상호지원을 하도록 했는데, 이를테면 소련이 독일을 공격하면 일본은 소련을 공격해야 하고, 미국이 일본을 공격하면 독일은 미국과 전쟁을 해야만 했다.[207]

일본 관동군은 1939년 5월 만주 북쪽의 노몬한에서 소련군과 대규모의 전투를 벌여 관동군이 전멸할 정도로 대패를 당한 적이 있다. 일본은 노몬한 전투에서 대패를 당한 이후에도 시베리아에는 소련군이 계속 주둔하고 있었기 때문에 일본군이 남방작전 시 북방이 위협이 될 것으로 판단하였다. 따라서 독일이 소련과 독소불가침조약을 체결하여 동쪽에서 위협을 일정기간 제거하였던 것처럼 일본도 소련과 불가침조약을 맺어 북방의 위협을 제거하면서 남방으로 전력을 기울일 필요가 있었다. 당시 일본이 북쪽에서는 소련을 상대로 전쟁을 하면서 다시 남방으로 진출하여 미국과 전쟁을 하게 될 경우 미국과 소련 모두를 상대로 양면전을 하기에는 일본군의 역량이 부족하였으며,

---

205 R. A. C. Parker, *Struggle for Survival*, p. 74.

206 제럴드 사이몬스, 『일본의 전시생활』, p. 16.

207 존 키건, 『2차 세계대전사』, pp. 366-367.

따라서 소련과는 협정을 맺어 북쪽을 안정시킬 필요가 있었던 것이다.

이에 외상 마사오카는 모스크바를 방문하여 소련외상 몰로토프와 1941년 4월 13일 '일−소 중립조약(Japan-Soviet Treaty of Neutrality)'을 체결하였다. 이 조약을 체결함으로써 일본은 북방에서 소련군의 위협을 없애면서 남방에서 일본군 행동의 자유를 확보할 수 있는 계기는 되었지만,[208] 그러나 문제는 미국과의 관계에 있었다.

1937년 관동군이 노구교 사건을 일으키면서 중국을 침략하자 미국은 일본을 침략자로 규정하여 중국으로부터 철수할 것을 요구하였고, 1941년 7월 26일 영국과 네덜란드의 동의를 얻어 서방국가의 일본에 대한 무역금지와 더불어 대일무역의 3/4을 줄였다. 특히 일본의 목줄을 죄는 것은 석유로 당시 일본의 국내 소비량의 대부분을 미국으로부터 수입하여 사용하는 일본에게 수출량의 90%를 줄이는 조치는 엄청난 타격을 주었다. 이에 일본은 주미 일본대사로 노무라 기치사부로(野村吉三郎) 전 해군제독을 임명하여 워싱턴으로 파견, 미국과 협상을 하였지만 성과가 없었다.

1941년 9월 6일, 히로히토가 참석한 내각회의에서는 전쟁과 협상을 놓고 논의 끝에 전쟁을 준비하기로 결정을 하면서도 10월 10일까지 협상을 계속하기로 방침을 정하였다. 10월 5일 회의에서는 외교로 해결되는 문제가 없으므로 히로히토에게 공격을 하도록 허가해줄 것을 건의하기로 하였고, 며칠 뒤에는 도조 히데키가 고노에를 이어 총리대신으로 취임을 하면서 이제 전쟁을 피할 수 없는 것으로 보였다.

11월 1일에는 미국과 평화를 택할 것인지 아니면 전쟁을 택할 것인지를 논하기 위하여 소집된 육군과 해군, 민간이 참석한 회의에서는 미국에 일본이 향후 25년 안에 중국으로부터 철수하기로 하는 안과 다른 한 가지는 미국이 일본에게 항공연료 100만 톤을 판매한다면 막 침공을 시작하였던 인도차이나에서 일본군을 철수시키겠다는 제안을 하면서 전쟁이 일어나는 상황을 마지막까지 막기 위해 노력하기로 하였다.[209]

미국과의 협상이 원만히 전개되지 않자 마침내 11월 5일 기국과 전쟁을 하기로 결정하면서 11월 25일에 연합함대는 진주만에 있는 미 해군의 태평양 함대를 공격하기 위하여 출항하고 인도차이나에서는 일본 육군부대가 말레이 반도 등지에서 작전을 시작하기로 하였다.

11월 26일 미 국무장관이 일본은 중국으로부터 일본군을 즉시 철수시키고 독일과

---

208 Kase Toshikazu, A Failure of Diplomacy, Haruko Taya Cook & Theodore F. Cook, *Japan at War*, pp. 92-93.

209 존 키건, 『2차 세계대전사』, pp. 372-374; Langer and Gleason, *Undeclared War*, p. 857, 867.

이탈리아, 일본이 체결한 동맹에서 탈퇴하며, 인도차이나 반도로부터 병력을 철수하라는 각서를 일본에 전달하였다. 이에 일본은 경악하였고 일본 육군과 해군은 이를 받아들일 수 없었기 때문에 이제 남은 것은 미국을 상대로 전쟁을 하는 것뿐이었다.

전쟁을 준비하면서 도조 내각은 1941년 7월 영국에게 장제스 군대에게 보급품을 보내는 중국남부의 '버마통로' 폐쇄를 요구하여 관철시켰고, 네덜란드에게는 동인도제도(인도네시아) 일대에서 생산되는 석유와 고무 및 보크사이트의 공급을 일본이 요구하는 수준은 아니더라도 이를 제공하기로 동의를 받아냈으며, 프랑스의 비시(Vichy) 정부로부터는 인도차이나 북부에서 일본군이 작전을 해도 좋다는 권리를 받아냈다.

일본은 전쟁을 준비하는 한편으로 자국의 이익을 관철시키기 위하여 미국과 소련 등 강대국을 상대로 불가침조약을 체결하거나 외교활동을 하면서도 그 외의 약소국가들에게는 군사력을 앞세워 자국의 의지를 강요하고 이를 거부하면 전쟁을 도발하였던 것이다.

전쟁을 뒷받침하기에는 부족한 경제

일본은 국토는 협소하나 인구는 많았다. 메이지 유신의 성공으로 국력이 신장되었고 철강 산업이나 조선업 등에서 많은 발전이 있었으며 당시 아시아에서는 제일로 공업화된 국가였다. 그러한 결과로 아시아에서 일본의 경제력을 따라갈 나라는 없었다. 그러나 일본은 석탄이나 일부의 자원을 제외하고는 식량으로부터 석유나 철광석 등 거의 모든 자원을 수입에 의존해야만 하는 자원빈국이다.

1차 세계대전이 발발하자 이 전쟁은 메이지 유신에 이어 일본이 다시 도약하는 기회를 만들어주었다. 연합국의 일원으로 지중해 일대에서 참전하였고, 연합국이 필요로 하는 군수물자를 판매함으로써 많은 이익을 남겼으며, 연합국들이 전쟁을 하느라고 정신없는 동안 유럽 국가의 시장에 물품을 판매하여 시장을 확대하면서 이익을 남겼다. 1차 세계대전이 일본 경제의 발전에 천재일우의 기회가 되었던 것이다.

1차 세계대전 시의 경제호황에 힘입어 재벌이 생겨나면서 중화학공업으로부터 생활필수품, 은행업, 해운업 등에 이르기까지 일본의 경제를 주도해나가기 시작하였다. 미쓰이(三井), 미쓰비시(三菱), 가와사키(川崎), 스미모토(住友) 등의 재벌들은 일본의 경제를 좌지우지하면서 이들 재벌회사에서는 군국주의자들과 전쟁수요를 충족하는 데 필요한 항모와 전함, 항공기로부터 각종의 무기와 탄약을 생산하여 군에 조달하였다.[210] 이들 회사들이 만들어낸 전차가 테케 경전차와 치하 증전차, 제로센과 하야부사 같은 전투기, 히류와 가가 같은 항모들이다.

1차 세계대전 중 유럽의 여러 나라들이 사격하는 포탄의 양을 본 일본군은 깜짝 놀랐다. 유럽의 군대들이 대량으로 포탄을 사격하듯 일본군이 포격을 한다면 그것은 일본의 탄약생산능력을 상회하는 일이었고, 따라서 이에 대비할 필요가 일본 정부 내에서 토의되기 시작하였다. 그러나 일본의 산업생산능력으로는 도저히 이를 감당하기가 어려웠고 따라서 육군에서는 특히 정신력이 강조되어 부족한 생산능력을 보완하고자 노력을 하였다.

유럽의 각국들이 전쟁을 수행하기 위하여 생산능력을 확대하고 남자나 여자 할 것 없이 모두 동원하는 것을 본 일본도 그런 변화를 그냥 넘겨보지 않았다. 이러한 변화에 대하여 일본에서도 장래의 전쟁은 총력전이라는 말로 표현하였다.

즉, 육군대신 우가키(宇垣)의 말에 의하면 "미래의 전쟁은 군의 교전, 군의 조종술에 그치지 않고 국가를 조성하는 모든 에너지의 대충돌, 전 에너지의 전개와 운용에 의해서 승패가 결정된다. 결국 총력전은 군대가 단순히 전장에서 전투하는 것만이 아니라 무기와 탄약, 식량과 피복, 약품 등 한 국가가 생존하는 데 필요한 모든 자원을 투입해서 국민 전체가 적과 싸워 이기는 것이다."라고 하여 일본도 다가올 전쟁에 대비하여 총력전을 준비할 것을 제기하였다.[211]

그러나 일본은 총력전을 치를 준비, 구체적으로 말하면 일본 본토에 충분한 자원과 이를 전력화할 산업시설이 부족하였고, 따라서 대륙의 자원에 관심을 갖기 시작하였다. 일본군 참모본부에서는 전시 소요물자의 양을 예측하고 당시 이용 가능한 자료들을 이용하여 국내생산량과 비축량을 산출하여 그 부족분을 중국 대륙의 자원에서 해결하고자 한 것이 바로 1917년에 검토한 '제국국방자원'이었으며 이런 자원들을 확보하기 위하여 군사력 사용을 검토하였다.[212]

1920년대에 들어 일본은 이미 인구가 7,000만 명을 넘어서는 국가로 성장하고 있었다. 인구의 증가와 더불어 일본이 계속 성장을 하기에는 많은 자원이 필요하였다. 전쟁이 끝나고 다시 일본 경제는 군수물자 위주의 산업구조로 인한 불균형과 물가의 폭등으로 정치 · 경제적인 문제가 발생하기 시작하였다. 여기에 1923년 9월에 칸토(關東)지

---

210 한상일, 『일본의 국가주의』(서울: 도서출판 까치, 1988), pp. 39-44.

211 도베료이치 외, 『근대 일본의 군대』, p. 195.

212 위의 책, pp. 196-197.

방에서 발생한 대지진으로 수많은 피해가 발생하여 많은 생산시설들이 파괴되었다.

이런 영향으로 1926년에 이미 일본은 300만여 명 이상의 실업자들이 발생하여 경제적으로 어려움을 겪고 있는 가운데 1929년에 미국에서 시작된 대공황은 일본도 피해갈 수 없었다. 이로 말미암아 독일에서는 히틀러의 나치즘이 대두되었듯이 일본에서는 군국주의가 대두되었다. 군국주의자들은 1931년에 만주사변과 1937년에 중일전쟁을 일으키더니 마침내 미국을 상대로 진주만 태평양 함대를 공격함으로써 태평양전쟁이 발발한 것이다.

전쟁을 하기 위해서는 석유와 비철금속, 고무 등 다양한 종류의 자원이 필요하나 일본에는 부존자원이 거의 없다. 따라서 일본은 전쟁이 일어나기 이전 미국으로부터 석유 관련 생산품의 80%, 휘발유 소요량의 90% 이상, 기계부품의 60% 이상, 고철의 75% 이상을 수입하여 사용하고 있었는데, 미국이 금수조치를 취함에 따라 일본 경제는 생산이 마비되는 것을 넘어 경제가 아예 정지될 정도까지 타격을 입고 있었다.[213]

그 외의 자원도 한반도나 중국 등지에서 일부의 자원을 수탈하여 전쟁을 준비하는 데 사용하였으나 소요량을 충족하기에는 절대로 부족하였으며, 따라서 대동아공영권을 주장하면서 남방의 자원지대를 공격하기에 이르렀다. 일본군은 남방지역까지 진격하여 인도네시아에서는 석유, 말레이시아에서는 고무와 주석 등의 자원을 수탈하였으나, 석유를 포함한 자원을 전쟁지속능력화하기에는 본토까지 수천 km에 이르는 수송로와 그 자원을 본토로 수송할 유조선과 같은 선박과 본토에서 산업시설이 충분하지 못하였다.[214]

영국이나 일본은 모두 많은 자원을 해외에서 수입을 해야 하는 국가이지만 상대적으로 일본의 자원의존도가 크다. 영국은 독일군 잠수함의 무제한 잠수함전으로 많은 상선을 상실하여 상선을 호송하는 체제를 발전시켜 마침내 독일군 잠수함을 이겨내고

---

213 존 미어셰이머, 『강대국 국제정치의 비극』, pp. 425-426; Barnhart, *Japan prepares for Total War*, pp. 144-146.

214 일본은 1941년 12월 현재 640만 톤의 상선을 보유하고 있었으며, 전쟁 전 기간 동안 총 480만 톤의 상선을 상실하였다. 태평양전쟁이 발발한 1941년으로부터 1945년까지 건조한 상선은 총 349만 톤(1941: 23.8, 1942: 36.1, 1943: 111.1, 1944: 160, 1945: 18)에 달한다. 반면에 이 기간에 손실된 선박은 총 801.6만 톤(1941: 4.9, 1942: 88.5, 1943: 166.6, 1944: 369.4, 1945: 172.2)에 달하는데 주로 미군의 항공기나 잠수함 등의 공격에 의한 손실이다. 기간 중 생산된 선박보다 2.3배 많은 선박이 손실되었다(Evan Madsley, *World War II*, p. 272). 또 다른 자료에 의하면, 일본군은 태평양전쟁이 발발하기 이전인 1941년 12월에는 590만 톤의 상선을 보유하였고, 전쟁기간 중에 410만 톤을 건조하였으나, 전쟁을 하면서 861만 톤(미 해군 잠수함 공격: 470, 항공기 공격: 260, 기뢰 등: 131)을 상실하였다는 통계자료도 있다(Robert Goralski, *World War Almanac II: 1931~1945*, p. 448).

〈표 4.11〉 2차 세계대전 기간 중 일본의 전투장비 생산

구분	항공기 (대)	전차/자주포(문)	야 포 (문)	트 럭 (대)	상 선 (만 톤)	전 함 (척)	잠수함 (척)
수량	67,757	−	10,500	47,600	375.6	98	125

출처: R. A. C. Parker, *Struggle For Survival: The History of the Second World War* (London: Oxford University Press, 1989), pp. 132-134.

물자를 수송하는 데 성공하였지만, 일본은 물자를 수송하는 선박을 호송하기 위한 함정을 편성하지 않았고 호송전술 개발도 소홀히 해서 미 해군의 공격으로 피해를 받으면서 자원조달에 커다란 문제를 야기하였다.[215]

또한 겨우 수송한 자원조차도 이를 신속하게 군수물자로 전환할 수 있는 산업시설과 기술자, 수송한 자원들을 정제하거나 제련할 시설들의 능력이 부족하였으며 이는 곧 전쟁지속능력의 부족으로 연결되었다.[216]

1936년에만 해도 일본이 소비하는 아연과 주석의 70%와 90%의 납, 모든 알루미늄과 고무는 해외로부터 수입되었다.[217] 1940년 일본은 국내산 철광석으로 소요의 16.7%를 공급했고 철강은 62.2% 알루미늄은 40.6%, 망간은 66%, 구리는 40%를 공급했으며 니켈과 석유는 전량 수입하였다. 석탄은 90%를 국내산으로 충당하고 있었으나 철강생산에 필요한 코크스용 석탄 비축도 없었다. 이렇게 자원에 대한 해외의존도가 높았기 때문에 남방지대는 일본의 산업생산이나 전쟁을 준비하는 데 있어 생명선과 다름이 없었다.

미국이 일본에 수출금지 조치를 하고 영국과 네덜란드가 이에 호응하자 자원의 부족문제를 해결하기 위하여 일본은 남방지대로 눈을 돌리기 시작하여 인도네시아와 말레이를 점령하였다. 이렇게 일본이 남방지대로부터 가져간 자원은 천연고무의 경우 1941년 6만 8,000톤, 1942년에는 3만 1,000톤, 1943년 4만 2,000톤, 1944년에는 다시 3만 1,000톤에 달하였다.[218] 일본은 중국과 동남아 지역 등지에서 확보한 자원으로 전쟁을 하는 데 필요한 장비를 생산할 수 있었다.

---

215 Paul Kenndy, 『강대국의 흥망』, p. 476.
216 정하명 외, 『세계전쟁사』, pp. 528-529.
217 R. A. C. Parker, *Struggle for Survival*, p. 76.
218 존 키건, 『2차 세계대전사』, pp. 318-319.

1937년에 일본군이 중국을 침공함에 따라 미국은 1938년 6월에 일본군이 일반인을 폭격하는 데 사용할 수 있는 장비들을 수출하지 않도록 요구하였고 1939년 12월에는 항공기를 제작하는 데 필요한 금속들도 수출할 수 없도록 확대하였다. 1940년 1월, 미 정부는 일본과의 상무조약을 폐지하여 합법적으로 수출금지조치가 실행되도록 하였다.[219]

1940년 들어서 유럽에서 고군분투하고 있는 영국을 돕기 위하여 일본에 대한 긴급한 조치가 필요하였다. 이 당시 영국은 중국에서 자국의 이익을 지켜야 했을 뿐만 아니라 홍콩과 싱가포르, 말레이시아, 보르네오 등지에서 일본 해군에 의해서 위협받고 있었으며, 나가서는 오스트레일리아와 뉴질랜드까지 위협의 범위가 미칠 수 있었다.

이때 영국 정부가 할 수 있었던 두 가지는 첫째, 영국이 동아시아에서 자국의 이익을 지키기 위해서 말레이에서 생산하는 주석과 고무, 보르네오에서 생산하는 원유 등을 보호하기 위하여 일본과 적대관계를 유지하는 것이고 다른 하나는 일본과 협력하여 이익을 나누는 것이었으나, 영국의 정책은 일본의 세력 확대에 대하여 반대하고 있었다.[220]

극동에서의 영국은 1938년 싱가포르에 해군기지를 건설하고 일본과 전쟁이 벌어지면 싱가포르를 영국본토에서 함대를 파견하는 데 필요한 3개월간을 저항하도록 하였다. 그러나 이런 전략은 독일이 1930년대에 해군력을 강화하고 지중해에서의 이탈리아 해군으로 인하여 어렵게 되었으며, 따라서 미국의 도움 없이 동아시아에서 영국의 이익을 지키기 어렵게 되었다.[221]

일본군은 말라야 반도를 공격하여 이를 점령하고 싱가포르마저 함락시켜 영국군으로부터 항복을 받으면서 남방지대서 일본군은 한동안 마음대로 행동할 수 있는 자유를 확보할 수 있었다.

전략과 전술개발은 소홀히 한 채 정신력만을 앞세운 일본군

일본은 메이지 유신으로 산업화에 성공하면서 원자재 확보와 생산된 제품을 판매하기 위해 해외에서 시장을 개척하였고, 이를 힘으로 뒷받침하기 위해 강한 군사력이 필요하였다. 강한 군사력을 유지하기 위해서는 장비 못지않게 군사력의 근간을 이루는

---

219 R. A. C. Parker, *Struggle for Survival*, p. 80.

220 *Ibid.*, pp. 80-81.

221 *Ibid.*, p. 81.

인력양성이 필요하여 육군은 유년학교를 전국 각지에 설치하여 교육을 시작하였고, 1868에 설치된 육군병학교를 1874년에는 육군사관학교로 재개설하여 장교를 양성하기 시작하였다. 참모장교 양성을 위해 육군대학을 설치하였고, 병과장교 양성을 위해서 포병학교와 기병학교도 설치하였으며, 이를 총괄할 교육총감부도 설치하여 일본군의 질적 강화를 도모하고자 했다.[222]

아울러 일본은 프로이센이 오스트리아와의 전쟁에서 승리한 주된 이유가 참모본부 제도에 있다고 생각하여 이를 도입하였으며, 청일전쟁과 러일전쟁을 지휘하기 위해 대본영을 설치(1차 1894.6~1894.4, 2차 1904. 2~1905.12)했다가 폐지하였던 것을 중일전쟁이 발발하면서 1937년 11월에 다시 설치하여 태평양전쟁이 끝날 때까지 운용하였다.[223]

일본군은 중일전쟁 당시에는 중국에 23개 사단, 조선에 9개 사단, 본토에는 겨우 2개 사단을 보유하고 있었다.[224] 일본 육군은 태평양전쟁이 발발할 당시인 1941년에 본토에 31개 사단, 관동군에 13개 사단이 있었지만 전쟁 말기에는 170개 보병사단과 13개 항공단, 4개의 기갑사단과 4개의 고사포 사단 등 230만여 명으로 확장되어 있었다.[225] 그러나 일본 육군은 주로 메이지 시대 이래로 대륙진출을 가상으로 해서 소련군을 대상으로 하는 만주 일대의 드넓은 지역에서 전쟁을 염두에 두고 작전을 구상하는 데만 집중을 하였다. 그러한 결과로 미국과의 전쟁준비는 소홀히 하였기 때문에 미 육군과의 태평양 지역 전투에서 승리를 기대하기가 사실상 어려웠다.

일본 육군은 중국이나 홍콩과 말레이 반도나 싱가포르에서 작전할 시 신속한 진격을 위하여 자전거를 자주 이용하였고, 당시 화력지원을 받아서 공격하는 것보다는 주로 러일전쟁 이래 금과옥조(金科玉條)로 삼아온 정신력을 앞세워 백병총검주의를 강조하였다. 적이 병력과 화력 등 물량 면에서 우세하다고 해도 강한 정신력으로 싸우면 패배할 수가 없다는 것이었다.

이런 작전으로 중국이나 인도차이나 지역 전투에서 어느 정도 성공을 거둔 것도 사실이나 이를 태평양 지역의 미군과 전투에서도 똑같이 강조하기에는 문제가 있었다. 태평양상 도서의 전투에서 미군은 사전 엄청난 포격이나 폭격을 한 뒤에 상륙작전을

222 육군본부, 『일본 육군사』, pp. 78-81; 권석근, 『일본제국군』(서울: 드서출판 코람데오, 2007), pp. 169-175에서 보다 자세한 일본군의 교육제도를 참고할 것.
223 육군본부, 『일본 육군사』, pp. 87-88; 권석근, 『일본제국군』, pp. 36-38
224 도베료이치 외, 『근대 일본의 군대』, p. 259.
225 폴 콜리어, 『제2차 세계대전』, p. 456.

하였기 때문에 일본군이 러일전쟁 이래 중국이나 동남아에서 하였던 백병총검전 위주의 전투방식은 막대한 화력을 앞세운 미군에게는 통하지 않았던 것이다. 태평양전쟁에서 일본군은 정신력만을 앞세운 채 무모한 돌격과 옥쇄전술을 강요하여 수많은 인명손실을 낸 채 물러서야만 하였다.

일본 해군은 진주만 기습당시인 1941년도에 7,500여 대의 항공기와 230척의 주력함선 및 600만 톤 규모의 수송선 등을 보유하고 있었다. 일본군은 12월 7일 하와이의 진주만을 기습하여 미 해군의 태평양 함대에 심대한 피해를 입혔고, 이후 태평양전쟁 초기단계에는 인도네시아와 말레이시아, 필리핀 등 남방의 주요 자원지대를 점령하여 한때 전쟁을 유리하게 이끌어나가는 듯했다.

그러나 미국이 전시체제로 전환, 대규모의 병력을 동원하고 장비와 물자 등의 생산이 급격히 증대되어 전쟁지속능력이 확대되고 1942년 6월 '미드웨이 해전'에서 승리를계기로 태평양전쟁에서 일본군에 막대한 피해를 입히면서 연전연승하자 전쟁지속능력에서 현저히 뒤떨어진 일본은 서서히 전쟁을 지속할 수 있는 한계점에 다다르다가1945년 8월 히로시마와 나가사키에 원자폭탄의 투하를 계기로 항복을 한 것이다. 미국과 일본의 전함 생산량을 비교하는 〈표 4.12〉를 보면 양국 산업생산능력의 현격한 차이를 볼 수 있다.

일본 해군은 항상 가상의 적을 미 해군으로 설정을 하였고, 따라서 미 해군 주력함들이 일본 근해에 도달하기 전에 남태평양에서 출격한 항공기나 잠수함들이 미 주력함을격멸한 뒤 마지막으로 연합함대가 결전을 통해 제해권을 확보하는 전략사상을 갖고 훈

〈표 4.12〉 일본과 미국의 전함 건조량 비교[226]

구 분	구축함	호위함	잠수함	전 함	순양함	항 모	소형 항모
일 본	21	32	134	2	5	9	9
미 국	397	505	223	10	49	31	89
비 율	0.05 : 1	0.02 : 1	0.6 : 1	0.2 : 1	0.1 : 1	0.29 : 1	0.1 : 1

출처: 노나카 이쿠지로, 임해성 옮김, 『전략의 본질』(서울: 미래프린팅, 2008), pp. 307-309.

---

[226] 〈표 4.12〉를 보면 전반적으로 일본의 전함 건조량은 미국의 함정 건조량에 비하여 대단히 부족하였다. 비록 미국이 태평양과 대서양에서 양면전쟁을 해야 했기 때문에 많은 함정을 건조해야만 되었지만, 이것은 근본적으로 일본과 미국이 산업능력과도 직접 연계되는 문제였던 것이다. 미국은 함정을 생산하면서 철저한 표준화를 적용하여 생산기간을 단축하고 대량생산을 하였지만, 일본은 같은 함정도 다양한 형태로 건조함으로써 생산기간이 길고 수량도 적어 운용상 많은 문제점을 노출하였던 것이다.

련을 하였다.[227]

일본군이 진주만을 기습하러 연합함대가 대규모의 항모전단을 만들어 원거리를 돌아 기습적으로 하와이의 태평양 함대를 기습하여 성공한 작전도 당시로서는 최대의 항모전단을 이용하여 작전을 실시한 혁신적인 원정작전이었는데 일본군에게는 그것이 한계였다.

즉, 미 해군이 항모를 중심으로 태평양에서 전쟁을 이끌어나가기 위한 준비를 하고 있었지만, 일본해군은 거함거포(巨艦巨砲)주의에 의한 함대결전사상에 매몰되어 대규모의 항모전단을 운용하여 선제기습으로 커다란 성과를 거두고도 다가올 태평양 지역의 해전에서 항모와 항공기가 갖는 중요성을 알고 있지 못하였던 것이다.

이렇게 일본 육군은 대륙 위주의 전략과 전술을, 해군은 미 해군을 대상으로 하는 전략과 전술을 각각 구사하였지만, 막상 태평양상에서 전쟁이 발발하고 계속되었을 때 최고수뇌부의 통합된 전략에 따라 전쟁목적 달성을 위한 육군과 해군의 노력의 통합은 없었으며, 각각 행동을 하다가 차례로 격파되었다. 태평양전쟁이 발발하였던 1941년을 기준으로 일본군은 별도로 국방부 없이 대본영에서 육군의 참모총장과 해군부의 군령부 총장이 육·해군의 작전을 계획하여 일왕에 보고함으로써 일왕은 통수권을 행사하였다.

조직적인 예비전력 동원 준비

19세기 말로부터 20세기 초까지 일본이 중국을 대상으로 전쟁을 계획하고 수행하였을 당시만 해도 당시 예비전력을 동원할 수 있는 능력은 가능하였다. 그러나 미국을 상대로 전쟁을 도발하고자 할 때에는 일본의 국가 지도자나 군 수뇌부는 미국의 거대한 잠재력을 알고 있었기 때문에 주저하였고, 장기전으로는 승산이 없다는 판단아래 단기전으로 전쟁을 수행하고자 하였다.

19세기 말 일본은 '징발령'을 제정하여 전쟁을 수행하는 데 필요한 물자를 현지에서 징발할 수 있도록 하였으며, 그것만으로는 장기전에 걸쳐 총력전을 하기에는 부족할 것으로 인식하여 내각에 군수국(뒤에 국세원을 거쳐 자원국으로 개칭)을 설치하여 군수동원업무를 담당토록 하였고, 육·해군에는 군수동원업무를 담당할 부서를 설치하였다.[228]

---

227 노나카 이쿠지로, 『전략의 본질』, p. 363.

1922년에는 병역법을 제정하여 현역복무 기간은 2년으로 하고, 예비역은 5년 4개월, 후비역은 10년 복무토록 함으로써 전시 동원자원을 확보할 수 있는 법적 근거도 마련하였다.[229]

일본은 중국을 침략하면서 일찍이 예비전력을 동원하여 총력전을 하기 위한 준비를 하고 있었다. 1937년 중일전쟁이 발발하자 일본은 총력전체제로 전환하여 전쟁을 수행하기 위한 준비를 시작하였다. 전쟁이 장기화되면서 자원이나 생산량의 부족으로 장비나 물자의 조달이 어렵게 되었고, 전투수행을 위해 젊은 노동력이 다수 군인으로 차출되자 이번에는 숙련된 인력의 부족이 심화됨에 따라 이에 대한 조치도 필요하였다.

육군과 해군이 전쟁을 하기 위해서는 군비확충이 필요하였으나, 일본 경제의 능력으로는 한계가 있었기 때문에 외부, 특히 중국으로부터의 자원수탈이 필요하였으며 이를 위해 경제군수에 집중할 필요가 있었다. 따라서 일본 정부는 시중의 자금을 통제하기 위해 '임시자금조정법'과 물자의 원활한 유통을 위하여 '수출입 등 임시조치법'을 제정했으며, 나가서 전시에만 효력을 갖는 '군수공업동원법'도 제정하였다.

또한 전쟁을 수행하기 위해서는 필요에 따라 새로운 기구를 창설하거나 통합을 하는 등 조직의 변화가 필요한 것처럼, 일본은 '기획원(企劃院)'을 설립하여 이 기구에서는 '전·평시 국력의 총체적인 충원 및 운용에 관한 시안의 기초와 국가총동원 계획의 설정과 수행에 관하여 각 청의 사무를 조정하거나 통일' 등의 업무를 할 수 있는 권한을 부여하였다.[230]

전쟁수행을 위해 장비와 물자조달을 해결하고 산업 분야에 필요한 인력을 충원하는 등 산적한 문제들을 해결할 필요성이 대두되자, 1938년 4월에는 '국가총동원법(國家總動員法)'을 제정하여 전시체제에서 국방목적을 달성하기 위해 국가가 모든 인적·물적 자원을 최대한 통제하고 운용할 수 있도록 필요한 법적 조치를 하였다.[231]

전쟁수행을 위해 여러 법적·제도적 조치를 하였지만, 정부부서 간 협력의 부재로 실제 시행에 있어서는 많은 문제가 야기되었는바, 징집부서는 전투를 우선시하여 군인을 보충할 수 있도록 징집하였고, 군수부서에서는 군수부서대로 공장을 가동하는 데

228 육군본부, 『일본 육군사』, pp. 120-121.

229 위의 책, p. 121.

230 위의 책, pp. 168-169.

231 (구)국무총리 비상기획위원회, 『2차 세계대전 시의 동원』, p. 456; 육군본부, 『일본 육군사』, pp. 169-170.

〈그림 4.9〉 출전을 앞두고 도쿄
(東京) 시내를 행진 중인 일본군.
그들에게는 일왕에 대한 무조건
적인 충성이 강요되었다.

출처: 아도르 지크, 『제2차 세계대전』,
　　　p. 32.

필요한 기능공과 기계공 등을 마구 징집하였다. 그런 결과로 1943년에는 300만여 명
의 숙련된 공장노동자가 전투병으로 징집되고, 그 자리에는 어린 학생들이 채워짐에
따라 비행기와 선박건조 등 군수품 생산에 막대한 차질이 발생되었는데, 예를 들면
1944년의 경우 나카지마(中島) 공장에서 제작한 육군항공대 항공기의 2/3가 전투지역
에 도착하기 전에 기능고장을 일으켜 제대로 사용을 할 수 없었다.

　1차 세계대전 당시 독일이 전쟁 후반으로 갈 무렵 '힌덴부르크 지원법'에 의하여 전
국민을 등록하도록 조치했던 것처럼, 일본도 부족한 노동력과 병력충원을 대비하기 위
해 16~40세 사이의 모든 남성을 등록하도록 했다가 1944년에는 12~59세로 확대하
였으며, 여성들은 농장이나 탄광, 회사 등 남자들이 도처의 빈자리에서 동원되어 노동
력을 제공해야만 되었다. 학생들 또한 예외가 아니어서 1944년 10월에는 200만여 명
이 동원되어 농장에서 노동력을 제공하기도 하였다.

　일본은 전쟁을 수행하면서 국내는 물론 조선과 중국에서도 필요한 자원을 강제적으
로 동원하였다. 일본은 1938년의 '국가총동원법'에 따라 국내 자원은 물론 조선과 중국
에서의 인적·물적 자원을 징용(徵用)과 징발(徵發)을 빙자하여 동원하였는데, 이렇게 하
여 동원된 조선인은 67만여 명, 중국인은 3만 8,000여 명으로 알려지고 있다. 강제로
수탈된 자원은 얼마나 되는지 통계로 제대로 밝혀진 것이 없다.

이러한 제반 조치로 태평양전쟁이 발발할 당시인 1941년에 일본군은 240만여 명의 정규군과 300만 명의 예비군을 확보할 수 있었으며, 7,500여 대의 항공기와 230척의 주력함선 및 600여만 톤 규모의 수송선을 보유하고 있었다. 그러나 일본이 전쟁을 지속함에 있어서 가장 문제가 되는 것은 석유와 식량을 확보하는 것이었다.

석유는 처음에는 미국으로부터 90% 이상을 공급받았으나 미국이 금수조치를 취하여 수입이 두절되자 인도네시아의 유전지대를 점령하여 해결하고 고무와 주석은 말레이시아로부터 약탈하였다. 그러나 원거리 수송을 위한 유조선이나 약탈된 자원 운송을 위한 선박의 보유 저조로 인한 문제와 장거리 수송 간 미 해군의 공격, 운반된 자원에 대한 일본 국내의 정제 및 제련시설의 부족 등으로 이를 전쟁지속능력화하는 데 문제점이 많았으며, 결국 이는 패하는 주요한 원인 중의 하나가 되었다.

│ 육상과 해상무기의 불균형한 발전

2차 세계대전 당시 일본의 과학기술 능력은 양면성을 갖고 있었다. 해운 분야에서는 항공모함과 대형 전함을 건조할 정도의 선박 건조 기술력과 능력이 있었는가 하면, 육군에서는 러일전쟁 당시의 구식 장비를 사용하였다.

일본 육군이 2차 세계대전 당시 사용한 소총은 38식으로, 이 소총은 1906년도에 일본이 처음 사용하기 시작하였던 총이다. 38식 소총은 1904년 러일전쟁 당시 일본군이 사용하였던 보병용 소총을 개량한 것으로, 만주의 모래바람 속에서 사용할 수 있도록 만든 총이었다. 그런 소총을 성능개량이나 또는 새로운 소총의 개발 없이 30여 년 뒤에도 그대로 사용하였다.

포병화기는 일본이 1904년 독일의 크루프(KRUPP) 사에 발주하였던 75mm 포를 오사카(大阪)의 조병창에서 만들어 2차 세계대전 시까지 사용하였다. 기간 중 약간의 부분적인 개선이 있었지만 구식의 야포를 그대로 사용하였다.

또한 전차는 1차 세계대전 시 영국에서 최초로 발명하여 사용되면서 계속 성능이 개량되고 운용방법이 혁신되고 있었던 유럽 국가들에 비하여, 일본군은 전차운용에 대한 회의를 가져 경전차 위주로 생산하였고, 전차를 주로 보병을 지원하는 화기로 운용하였으며, 여기에다 대전차 화기는 개발할 노력조차도 기울이지 않았다.[232] 그런 결과로 태평

---

232 예를 들어 미국은 2차 세계대전 당시 M-4 셔먼 전차를 5만 대 이상 생산하였으며 그 두께는 최대 75mm에 75mm 포를 탑재하였으나 일본군의 1식 전차는 장갑두께가 50mm에 포의 구경은 47mm에 불

양상의 도서지역에서 미군이 상륙작전을 하여도 변변히 대응할 수 있는 화기가 없었다.

일본 육군은 이렇게 전투장비를 개선해나가는 데는 소홀히 하였고, 러일전쟁에서 한때 효과를 보았던 정신력만을 앞세워 백병전을 중시한 결과 태평양전쟁 시 미군의 엄청난 화력 앞에서 무모한 전투를 강요하여 무고한 인명만 희생시키는 우를 반복하여 범했던 것이다.

반면에 해군에 있어서 과학기술의 발전은 육군에 비하여 훨씬 앞서가고 있었다. 미쓰비시나 가와사키 같은 중공업 회사에서는 가가(加賀)나 히류(飛龍) 같은 항공모함을 10여 척이나 건조하여 진주만 미태평양 함대의 기습을 포함하여 미 해군과의 해전에서 운용하였는데, 당시 항공모함을 건조하고 운용할 수 있었던 나라는 미국과 영국, 일본에 불과할 정도로 일본의 함선 건조능력은 발전되어 있었다. 더군다나 대규모의 항모전단을 실전에 운용하였던 나라는 일본이 처음이었다.[233]

그 외에도 야마토(大和)나 무사시(武藏) 같은 수만 톤급의 함정을 건조할 수 있는 능력을 보유하는 등 일본이 선박을 건조할 수 있는 과학기술과 산업능력은 상당히 발전되어 있었다. 항공기를 개발하는 기술에 있어서도 일본의 능력은 우수하여 제로센(零式)기를 포함하는 항공기를 개발하고 항모탑재용으로 운용하는 등 발전된 기술력과 생산능력을 보유하고 있었다.

그러나 일본이 갖고 있었던 결정적인 취약점은 전쟁양상이 소모전으로 변하고 있는 상황에서 전투장비를 대량으로 생산할 수 있는 능력의 부족에 있었다. 미국이 생산라인을 '표준화(Standardization)'하여 소모전에 대비하기 위해 대량으로 생산하고 제작기간을 단축하는 동안, 일본은 표준화와 대량생산에 대한 개념 및 자원이 부족하였고 그러한 결과로 여러 종류의 장비를 생산하다 보니 운용상의 문제도 발생하였다.[234]

일본은 육군이 비록 구식의 장비를 갖고 전투에 임하였지만, 해군은 전투함정과 항공기에 있어서는 당시로서는 다른 국가를 상당부분 압도하는 기술적인 능력과 운용기술을 갖고 있었다. 그러나 육군이 구식의 장비를 운용하면서 새로운 장비와 전술의 개발을 소홀히 하였던 것처럼, 해군도 항공모함이나 함재기와 잠수함 등을 운용하는 기술과

과하였으며 생산대수도 570여 대였다.

233 노나카 이쿠지로, 『전략의 본질』, pp. 25-26.

234 도베료이치 외, 『근대 일본의 군대』, pp. 308-313. 미군이 항모와 잠수함과 전함, 전차 등 표준화를 통해 대량생산하는 동안 일본군도 일부에서는 표준화를 하였다. 그러나 그 실적은 미군에 비하여 대단히 부족하였다. 일본군의 잠수함을 예로 들면 27개의 함형을 개발하였는데, 1개 함형당 평균 4.2척을 건조하였고, 그중에는 1척만 건조한 것도 있다. 표준화의 실적이 부진한 것이다.

병법을 지속적으로 발전시키지 않으면서 패할 수밖에 없는 전쟁을 하였던 것이다. [235]

집단문화를 특징으로 하는 일본 사회와 문화

일본인의 사회문화적 특징 가운데 하나는 강력한 집단의식이다. 일본인은 일왕을 존경하며 국가를 존중하는 특징이 강한 민족이다. 일본은 메이지 유신을 통해 서구의 기술과 문물, 민주주의를 도입하여 헌법을 제정하고 선거를 통해 국회의원을 선출하고 의회를 운용하였지만 그들의 사상과 정신세계는 바뀌지 않았다.

당시 일본이 교육을 통해 가장 강조한 것은 일왕에 대한 무조건적인 충성과 복종이었다. 교사가 학생에게 "가장 고귀한 것이 무엇이냐?"고 질문을 하면 학생들은 "일왕폐하를 위해 기꺼이 죽는 것이다."라고 대답하도록 강요되었고, 학생들은 이를 무조건적으로 받아들여야만 하였다.

이와 같은 맹목적인 일왕에 대한 충성강요는 사실 군부가 일왕의 힘을 이용하여 더욱 권력을 강화하기 위한 조치였다. 일본 외무성의 한 간부는 이를 두고 "군부의 호전적인 장군들이 제국에 관한 종교적 신화를 강조하고 있다. 일왕은 물에 비친 그림자에 불과하고, 권력을 휘두르고 모든 이익을 즐기고 있는 군부가 진짜 달이다."라고 하였다. 이러한 군부의 권력행사를 히로히토도 알면서 "군부가 나를 질식시키고 있다."고 할 정도였다. [236]

일본인은 무사도 정신에 따라 군인의 명예와 용기를 존중하며 높이 평가하는 경향이 있다. 이런 정신들은 2차 세계대전 시 좋은 의미로든 나쁜 의미로든 그대로 전쟁터에서 집단적으로 나타났다. 그들은 미군의 포위 아래서 대부분 '일왕폐하 만세'를 부르면서 옥쇄전술(玉碎戰術)이라는 미명하에 무참히 사라져 갔던 것이다.

일본은 그들이 스스로 판단해보아 비일본적이라고 생각되는 것은 무자비하게 제거하였다. 1934년 당시 육군대신이었던 아라키 사다오(荒木貞夫)가 "국가의 정책을 해치는 생각을 금하라. 파괴적인 단체는 통제를 강화하고, 국민총동원을 위한 총 단결을 한층 더 강화해야 한다."고 한 이후부터는 한층 더 일본군의 사고방식에 따라 비이성적인 것에 대한 탄압을 강화하기 시작하였다. [237] 일왕을 비판하면 체포되었고, 군비축소를 주

---

235 노나카 이쿠지로, 『전략의 본질』, pp. 25-26.
236 제럴드 사이먼스, 『일본의 전시생활』, p. 87.
237 위의 책, pp. 20-21.

장하거나 중국에 대한 점령정책을 비판하는 사람들은 이유 없이 모두 구금되었다.

헌병대는 일본 국내는 물론 조선이나 중국, 대만 등 식민지에서도 일왕에 반대하거나 일본 제국주의와 전쟁에 반대하는 사람들을 무차별적으로 체포하고 수감하였다. 독일에서 친위대나 게슈타포 같은 비밀경찰들이 한 짓을 일본에서는 헌병대가 하였던 것이다.[238]

일본은 1938년에 제정된 '국가총동원법'에 따라 국민생활 전반을 통제하고 동원을 위하여 국민적 사상운동을 일으킬 목적으로 내각에서 '국민정신 총동원 실시요강'을 결정하여 국민들을 대상으로 대연설회도 하고 소위 '거국일치(擧國一致), 진충보국(盡忠報國), 견인지구(堅引持久)'라는 3대 슬로건을 내세워 신사참배나 전몰자 위령제, 군인유가족 위문, 국방헌금 등 다양한 활동으로 국민들을 대상으로 교화를 시작하였다. 전국적으로는 반상회(班常會,となりぐみ(隣組))도 조직하여 일본열도가 전체적으로 일사불란한 조직체가 되도록 하였다.[239] 주민들은 미군의 공습에 대비하기 위하여 방공호 대피훈련을 하는가 하면 방독면 착용훈련, 피해복구 및 구조훈련 등 수많은 훈련에 동원되었다.

전쟁기간 동안 필요한 병력을 보충하기 위해서 농업이나 상업, 수산업, 공업 등 각 분야의 업종에서 인력을 차출하다 보니 국내산업의 심각한 불균형을 가져왔다. 일본은 일본인뿐만 아니라 조선인과 중국인 등 당시 일제의 식민지 아래 있었던 사람들까지도 제국의 전쟁목적을 달성하기 위하여 동원하였다.[240]

학생들은 군국주의식 교육을 받으면서 일왕에 대한 무조건적인 충성이 강요되는 교육과 미국 및 영국을 향한 적개심을 일으키기 위해 총검 찌르기, 성조기 밟기 등 다양한 교육을 받아야 했다. 초등학교로부터 모든 국민, 심지어는 기생이 받은 화대에 이르기까지 군함이나 항공기 헌납 명분으로 헌금도 강요되었다.

또한 전국적으로 무기를 만드는 데 필요한 금속을 모집하기 위한 운동이 전개되어

---

238 Evan Mawdsley, *World War II*, pp. 184-186. 헌병은 국민들의 일반 동향조사로부터 전투에 참여 중인 일본군에 대한 동향조사, 학교교육의 조사, 각종 단체에서의 구성원들의 활동조사, 공산주의자나 무정부주의자들의 동향조사, 조선인이나 대만 및 중국인의 반 일본 또는 독립활동 조사, 노동현장에서의 파업활동 조사, 외국인에 대한 활동 조사 등 다방면에 걸쳐 일본이 총력전을 하는 데 반대가 될 만한 모든 활동을 조사하고 무단으로 체포나 구금 등을 하였다(코우케츠 아츠시, 『총력전 체제연구』, pp. 185-186).

239 (구)국무총리 비상기획위원회, 『2차 세계대전 시의 동원』, pp. 456-457; 쓰루미 슌스케, 강정중 옮김, 『일본제국주의 정신사』(서울: 도서출판 한벗, 1982). '도나타구미(となりぐみ)'는 정부가 정책을 민중 생활 속에 침투시키기 위해 조직한 일종의 최말단 지역조직이다. 1938년 도쿄 시청 한 과장의 아이디어로 처음 시작하였다.

240 이때 일제가 강제적으로 징용 등을 통해서 동원한 조선인 수는 '일본의 해외활동 역사적 조사' 자료에 의하면 72만 4,787명이다. (구)국무총리 비상기획위원회, 『2차 세계대전 시의 동원』, p. 462.

〈그림 4.10〉 군사 훈련에 동원된 여학생들과 무기 생산을 위하여 사원에서 수집한 범종. 일본은 전쟁을 위해 총 자원을 동원하였다.

출처: 아도르 지크, 『제2차 세계대전』, pp. 31-33.

신사(神社)에서는 놋쇠, 절에서는 종, 개인이 부엌에서 사용하던 주전자, 철제 난간 등 도처에서 무기를 만드는 데 쓰일 만한 모든 금속들이 수집되어 가와사키나 미쓰비씨 같은 무기공장으로 보내졌다. 당연히 조선이나 중국 등지에서도 금속제품들을 강제적으로 약탈해서 일본의 군수공장으로 보냈음은 물론이다. 여자들은 남자들이 동원되고 남은 빈자리에 무기나 탄약을 생산하기 위해 동원되었으며, 1944년에만 해도 1,400만여 명의 여성들이 항공기 생산공장으로부터 탄광에서 석탄채굴에 이르기까지 노동력을 제공하여 전쟁을 수행하는 데 필요한 물자를 생산하느라고 동원되었다.

일본은 전쟁 전이나 전쟁 중에 철저히 정보를 조작하거나 통제하여 국민들을 속이고 기만하였다. 이를테면 1943년 태평양 전역의 과달카날에서 일본군이 궤멸적인 타격을 입고 일부만 생존하여 후퇴를 해도 소위 '대본영 발표'는 일본군이 현지에서 작전의 소기 목적을 달성하고 종료되어 전진(轉進)하였다는 식으로 발표하여 정보를 왜곡하고 국민들을 속였다.[241]

---

241 (구)국무총리 비상기획위원회, 『2차 세계대전 시의 동원』, p. 466.

청일전쟁과 러일전쟁에서 승리하여 동아시아에서 강대국으로 급부상한 일본은 러일전쟁에서 승리한 육군의 백병전이 2차 세계대전에서도 통할 것으로 믿었고 태평양전쟁에서도 무모한 돌격전을 감행하는 과오를 반복하였다. 해군은 러일전쟁에서 거대한 함포를 이용하여 일방적인 기습을 함으로써 승리하였는데 이것이 2차 세계대전 시에도 통할 것으로 믿었다.

독일군이 우크라이나 등 피점령지에서 무자비한 점령정책을 시행하였던 것처럼 일본도 조선이나 중국, 동남아지역에서 무자비한 약탈과 주민에 대한 폭압이나 처형 등으로 주민들의 거센 반발을 야기하였는데 대표적인 것이 중일전쟁 당시인 1937~1938년에 자행된 남경학살일 것이다.

〈그림 4.11〉 경기장을 농산물 증산을 위하여 밭으로 전환하고 농작물 생산에 동원된 일본인

출처: 아드르 지크, 『제2차 세계대전』, p. 38.

인도네시아는 네덜란드의 300년이 넘는 식민지 지배를 받고 있었기 때문에 이에 대한 반발로 저항이 심하여 일본군이 인도네시아를 점령하자 처음에는 그들을 해방군으로 환영했었다. 그러나 일본군도 네덜란드군 이상으로 인도네시아 사람들을 무자비하게 다루고 자원을 약탈하자 이에 심한 반감을 불러왔다.[242] 일본군도 독일군 이상으로 피점령국 주민들에게 관용이라는 말을 베풀 줄 몰랐던 것이다.

일본은 다가올 태평양전쟁에 대비하여 1941년 4월부터 1일 2,400칼로리 기준으로 쌀을 배급하기 시작하였으나, 전쟁이 시작되면서 1942년에는 일일 2,000칼로리 기준

---

242 에이미 추아, 『제국의 미래』, p. 393. 1941년 일본이 미국과 개전을 하기 전에 대본영에서 일본군에 하달한 '천황조서'에서는 전쟁에서 "국제법 준수, 즉 전투에서 교전법규를 준수한다."는 말은 빠지고 모두가 궐기해서 장애를 없애라는 표현만 들어가 있었다고 한다. 필리핀이나 타이 및 말레이시아 등지에서 연합군 포로에 대한 학대가 모두 여기에서 연유하고 있다고 한다(후지와라 아키라, 『일본군사사』, p. 286).

으로 내려가더니 1945년 전쟁이 끝날 무렵에는 1,800칼로리 수준으로 하락되었다. 전쟁 전부터 조선이나 중국으로부터 식량공출이 있었지만, 전쟁기간 중 식량문제가 더욱 악화되자 공출량은 급속히 증가되었고, 일본 국내에서는 암시장이 생겨났으며, 도시 주민은 농촌으로 식량이나 야채 등을 구하기 위해 나서는 일도 일상화되었다.[243]

일본은 무사도 정신이라는 허울 좋은 미명하에 전쟁 말기에 태평양 각지에서 옥쇄전술로 전투원이나 비전투원 전원이 죽을 때까지 전투를 하거나, 가미가제(神風)와 가이텐(回天)같은 자살특공대를 조직하고 미 함대에 돌격하는 무모한 전술을 구사하여 수많은 인명을 죽음으로 몰아넣었다.

전쟁이 막바지에 다다를 무렵, 미군의 일본 본토 상륙에 대비하여 60개 사단, 200만 대군을 편성하고 특공기 3,000대와 일반전투기 5,000대 외에 2,800만 의용군 등 전쟁을 수행할 전력을 보유하여 최후까지 발악적인 저항을 하고자 준비를 하고 있었으나, 연료와 식량 등 전쟁을 수행하는 데 필요한 자원이 거의 고갈된 상태에서 히로시마와 나가사키에 원폭투하를 계기로 항복할 수밖에 없었다.[244]

일본은 메이지 유신을 계기로 아시아에서는 유일하게 신흥강대국으로 부상하여 국력을 육성하면서 이를 바탕으로 군사력을 기르고 이를 바탕으로 주변국을 침공하기 시작하였다. 일본은 일찍부터 자신의 침략의도를 실현하기 위해서는 군사력만으로는 부족함을 느끼면서 총력전에 대한 중요성을 인식하고 있었다. 따라서 법령을 제정하고 일본 국민이나 식민지인 조선 등의 자원에 대한 동원과 국가와 일왕에 대한 무조건적 충성의 강요 등 전반적으로 전쟁을 위해 준비를 해나가기 시작하였다. 일본은 만주사변과 중일전쟁을 도발하면서 대동아공영권을 주장하기 시작하였고, 이에 미국이 무역규모의 대폭 축소와 미국 내 일본인 자산의 동결 등 다양한 방법으로 일본에 압력을 가하자 급기야는 하와이의 미 태평양 함대를 기습 공격함으로써 태평양전쟁을 도발하였다.

일본은 승산이 없는 대미전쟁에 대한 군국주의자들의 오판과 전쟁지도에 대한 군부 지도자들의 리더십 부족, 미국이라는 거인을 상대로 하여 전쟁을 유발하는 악수를 둔 점, 일본 본토는 물론 조선과 중국 및 동남아 국가에서 인적·물적 자원을 총동원하였지만 전쟁을 장기간 지속할 수 있는 능력이 부족함을 알면서도 단기전으로 끝내지 못

---

243 쓰루미 스케, 『일본 제국주의 정신사』, pp. 120-123.
244 폴 콜리어, 『제2차 세계대전』, pp. 552-553.

하고 장기전으로 지속할 수밖에 없었던 당시의 전황과 이를 뒷받침하지 못하였던 산업 생산능력의 한계, 미국의 원자탄 개발과 사용 등 제반요인이 복합적으로 작용하여 패할 수밖에 없었다.

3. 피와 땀과 눈물을 요구한 영국 수상 처칠의 리더십

1차 세계대전 이전까지만 하더라도 전 세계에서 가장 큰 채권국이었던 영국은 1차 세계대전을 치르느라 막대한 전비가 필요하였고, 전쟁이 끝난 뒤에는 어느덧 최대의 채무국으로 바뀌어 있었다. 이때 영국의 대미채무액은 1923년 6월 영국과 미국의 채무협정에 의거 당시 화폐기준으로 46억 달러에 이를 정도로 막대한 금액이었다.[245]

1차 세계대전에서 승리는 했지만 전쟁기간 중 전비를 충당하느라 국고는 바닥났고 미국에는 엄청난 빚만 남은 가운데 전쟁 당시 발생한 인명손실로 염전(厭戰)사상과 반전 분위기마저 만연하였다. 이런 상황에서 1929년 미국에서 시작된 대공황으로 말미암아 전 세계로 확산된 불경기를 영국도 피해갈 수 없었으며 재정위기로 인하여 국방비도 긴축적으로 편성할 수밖에 없었다.

그런 여파로 인해 히틀러가 정권을 잡고 독일에서 재군비가 진행되고 있었음에도 영국은 이때까지도 아무런 조치를 취하고 있지 않았다. 아니 국방비의 삭감과 염전사상과 반전 분위기의 확산으로 인한 국민의 정신적 해이로 할 수가 없었다고 하는 것이 더 정확한 표현일 것이다.

독일이 오스트리아와 체코를 합병하고 폴란드를 침공하자 영국은 프랑스와 함께 독일에 선전포고(1939.9.3)를 함으로써 2차 세계대전은 시작되었지만, 제대로 전쟁을 수행할 준비는 여전히 되어 있지 않았다. 당시 영국 수상 체임벌린은 독일군의 폴란드 침공에 대해 최후통첩을 하였으나 독일이 무응답을 함으로서 전쟁은 시작되었지만 당장 전쟁을 수행하기에는 병력의 규모와 부대편성이나 전투장비 보유 등에 있어서 많은 문제가 있었다.

영국은 2차 세계대전 전반기, 즉 독일군이 프랑스를 점령한 1940년 6월 이후부터 바

---

245 http//www.naver.com(검색일: 2010.10.27). 이때 프랑스의 전쟁부채는 1926년 4월 미국과 프랑스의 채무협정에 의거 40억 달러였다.

〈표 4.13〉 1937~1938년 영국의 국가능력

구분	인구 (만 명)	GNI (억$)	국방비 (억$)	항공기 생산 (대)	철강 생산 (만 톤)	에너지 소비 (만M/T)
능력	4,700	220	18.63	7,940	1,000	19,600
비고	1938	1937	1938	1938	1938	1938

출처: Paul Kennedy, *The Rise and Fall of The Great Power: Economic Change And Military Conflict From 1500 To 2000*, pp. 199-201, 296, 324, 330-332.

바로사 작전으로 소련을 공격하는 1941년 6월까지 1년여의 기간을 독일군에 맞서 홀로 싸워야 하는 어려움을 극복해야만 했다. 영국은 독일 공군의 영국 본토에 대한 무자비한 폭격과 대서양에서 독일 해군의 잠수함 전으로 엄청난 피해를 입고 있었다. 아시아에서는 일본군의 공격으로 역시 많은 피해를 입으면서 고전을 하고 있었다. 영국이 승리할 수 있을 것이라는 믿을 만한 것이 없었던 것이다. 그렇지만 영국은 지도자를 중심으로 전 국민이 단결하여 끝까지 항전하다가 1941년 12월 일본군의 진주만 기습 이후 미국이 연합국으로 참전하면서 영국을 지원함에 따라 기사회생하여 승전국이 될 수 있었다.

피와 땀과 눈물을 요구한 처칠

영국은 프랑스와 함께 1차 세계대전의 승전국이었지만 1920~1930년대에는 경제적 어려움과 국민의 염전사상의 확산과 반전사상으로 국방을 소홀히 하였다. 승리를 했다고는 하지만 남은 것은 많은 인명손실과 미국에 막대한 채무만 있었기 때문이었다. 승리감에 도취되어 있으면서도 많은 피해와 미국에 대한 채무로 영국은 향후 10년간 어떠한 전쟁에도 참가하지 않으며(Ten years rule), 어떠한 해외원정군도 필요치 않을 것이라는 가정에 따라 국방정책을 수립하고 추진 중에 있었다. 영국 국민이나 정치가들의 정신적 해이감이 국방에 커다란 영향을 미치지 않을 수 없는 상황으로 되어가고 있었던 것이다.

여기에 1929년 미국 발로 시작된 대공황을 영국도 피해갈 수 없어 더욱 경제적으로 곤란에 처하게 만들었고 이로 말미암아 국방비는 더 삭감되었으며, 국민이나 정치인은 유럽에서 대규모 전쟁의 발생 가능성을 부인하고 있었다. 이러한 무사안일주의로 병기공장은 문을 닫거나 일반 생필품을 만드는 공장으로 전환되었다.

독일에서 히틀러가 등장하여 재군비를 해나가는 동안 영국군은 경제적 어려움과 반전의식 등 국민의 의식변화로 군 전력을 증강할 수 없는 환경이었다.[246] 이런 환경에서 영국은 유럽에서는 독일에 맞서야 했고, 아시아에서는 홍콩과 싱가포르 등지에서 점증하는 일본군의 위협에도 맞서야 하는 이중의 부담을 갖고 있는 가운데 전쟁이 발발하였던 것이다.

2차 세계대전이 발발하자 독일에 선전포고를 하고 초기 단계에 전쟁을 지도한 사람은 체임벌린(Neville Chamberlain) 수상이었다. 그는 전쟁이 발발하기 이전에 히틀러의 재군비선언과 라인란트 점령 등 야욕이 노골화되자 전쟁이 발발하는 것을 막기 위해 많은 노력을 기울였다. 그는 대독일 유화론자로 1938년 독일의 뮌헨에서 프랑스, 이탈리아, 독일과 함께 뮌헨협정을 체결하여 체코의 주데텐란드를 독일에 할양해주기로 합의를 하고 영국으로 돌아가 "이 시대에 평화가 왔다."고 선언하였다.

당시 처칠은 이러한 움직임에 대하여 하원에서 "영국과 프랑스의 압력에 의해 체코가 나뉘어졌으나, 이것은 서방국가들이 나치의 폭력에 굴복한 것으로 영국 국민은 이런 불행이 얼마나 큰 것인지 알아야 한다."고 그 위험성을 경고하였다. 그는 1938년 발간된 『영국이 잠자고 있는 동안』이라는 책에서 "독일의 재무장과 팽창주의는 유럽의 중대한 위협이 될 것이다. 독일의 행동을 억제할 수 있는 외교정책을 추진하고, 군사력을 건설해야 하며, 특히 공군력에 있어서 독일 공군보다 우위에 있어야 한다."고 강조하였지만, 독일의 위협을 애써 외면하던 정치권과 국민들에 의해 그의 주장은 무시되었다.

처칠의 말과 같이 그것은 체임벌린이 바라는 진정한 평화가 아니라 히틀러의 기만에 속은 잠깐 동안의 타협에 의한 위장된 평화였으며, 얼마 뒤인 1939년 9월 1일 히틀러가 폴란드를 침공함으로써 체임벌린이 바라던 평화가 얼마나 깨지기 쉬운 평화였는지 입증되었다.

히틀러의 폴란드 침공과 이어서 '가짜 전쟁 기간(1939.10~1940.5)'을 거쳐 1940년 5월 22일, 프랑스 침공 시까지 체임벌린이 수상으로서 직무를 수행하였다. 처칠은 수상의 요청에 의해 해군장관으로 직책을 수행하고 있었으나 영국군이 됭케르크에서 철수할

---

246 이내주, "제2차 세계대전과 처칠의 리더십", 『군사』 제50호(서울: 신오성기획인쇄사, 2003), pp. 117-119.

〈그림 4.12〉 처칠(1874~1965)

무렵에 체임벌린이 수상직을 사임하자 6월 10일 수상으로 취임하여 전쟁을 지도하기 시작하였다.

1차 세계대전 시 민간 출신인 로이드 조지가 수상으로서 군사전략 수립으로부터 작전에 이르기까지 사사건건 개입하여 군 장성들과 많은 마찰이 있었지만, 처칠은 군 출신이면서도 1차 세계대전 시부터 군과 행정부의 다양한 직책을 경험하고 있었기 때문에 이를 바탕으로 2차 세계대전 시는 수상이자 국방상으로서 군을 확실히 장악하였다.[247]

처칠이 수상으로 취임하여 영국의 전쟁을 지도하기 시작할 무렵, 프랑스에 파견된 영국원정군은 독일군으로부터 압박을 받아 됭케르크(Dunkerque)에 수많은 장비를 유기한 채 병력(33.8만여 명)만 철수하였다.[248]

영국 본토에서 독일군의 침공에 대비하여 전쟁을 준비하고 수행하기 위해서는 다량의 장비와 탄약이 필요하였으나, 됭케르크 철수 시 수많은 장비와 탄약을 유기한 채 병력만 철수하였기 때문에 본토방어를 위한 장비와 탄약이 극히 부족하였다. 그렇다고 아직 산업시설이 전시생산체제로 전환이 되어 있지 않아서 영국 국내의 생산력도 제한적이었기 때문에 상당한 어려움에 처하고 있었다.[249]

당시 독일군이 프랑스를 점령한 뒤 곧바로 영국을 침공했었더라면 영국은 독일군에 쉽게 함락되었을지도 모른다고 하는 주장으로부터 처칠이 항복을 거부하고 끝까지 항전했을 것이라는 등 다양한 견해가 있다.[250] 아무튼 히틀러는 영국이 계속하여 독일과

---

247 처칠(Winston Churchill)은 1차 세계대전을 전후로 하여 자유당 내각에서 통상장관과 식민장관, 해군 장관, 육군 장관 등을 역임하였으며, 전쟁이 끝난 뒤에는 자유당 노선에 반발하여 보수당으로 당적을 바꿨다. 1930년대 독일의 군비증강은 영국의 안보에 위협이 된다고 주장하면서 영국의 군비증강을 역설하였다. 독일군이 폴란드를 침공하고 파죽지세로 승승장구하자 유화정책을 주장하던 체임벌린이 사임하면서 1940년 6월 10일 수상으로 취임하였다.

248 됭케르크 철수 시 영국군이 유기한 장비는 대포 2,300여 문, 대전차포 400여 문, 소총 9만여 정, 기관총 8,000여 정, 탄약 7,000여 톤, 차량 12만여 대 등이다.

249 1940년 5월 말 영국군이 본토방어를 위해 사용할 수 있는 부대는 장갑 1개 사단과 1개 캐나다 사단을 포함하여 15개 사단이 가용하였으나 대부분 기동력과 장비가 거의 없었다. 따라서 국민들은 자발적으로 향토방위대 등을 편성하여 본토방어에 나서기 시작하였다(육군본부, 『영국 육군사』, p. 412).

〈그림 4.13〉 전선을 방문하여 장병을 격려 중인 처칠

출처: 폴 콜리어, 『제2차 세계대전』, p. 711.

화평을 거부하면 엄청난 일에 직면하게 될 것이라고 경고를 하고 있었지만,[251] 처칠은 전혀 이에 개의치 않고 독일과 끝까지 싸울 것이라는 단호한 의지를 피력하였다.

수상으로서 처칠은 전쟁을 지도함에 있어 "영국의 목표는 승리에 있고, 여하한 희생을 치르더라도 영국은 승리할 것이며, 영국은 어떠한 폭력과 공포에도 굴하지 않고 승리를 쟁취할 것이며, 또한 아무리 길고 험난한 여정이라도 기필코 승리를 할 것이다."라고 하여 국민에게 승리에 대한 강한 의지를 표명하였다.[252] 그는 국민들에게 영국이 처하고 있는 냉엄한 현실을 솔직하게 고백하면서도 그러나 이를 극복하여 반드시 승리

---

250 영국군이 됭케르크 철수 시는 33만 8,000여 명(프랑스군 13만 9,000명 포함)의 병력만 철수를 하였는데, 만약 이 병력이 없었다면 영국은 엄청난 곤란에 처하였을 것이다. 즉, 영국은 당시 국민개병제가 아니라 모병제를 택하고 있었는데, 이들이 없었다면 최정예병력을 단번에 잃는 것이고 또 새로운 병력을 모집하여 훈련을 시킬 교관이나 조교가 없어지게 되는 것이다. 또한 영국인은 커다란 충격에 휩싸여 이를 극복하기가 쉽지 않고, 영국이 패함에 따라 미국도 전쟁을 하기 위한 병력이나 자금을 투자할 이유가 없게 되는 등으로 이들 병력이 없었다면 영국의 운명은 대단히 비관적인 것이 되었을 것이다(칼 하인즈 프리저, 『전격전의 전설』, pp. 476-477).

251 레오나드 모즐리, 한국일보 타임-라이프 옮김, 『제2차 세계대전: 영국 본토 공방전』(서울: 한국종합물산, 1984), p. 22.

252 아서 브라이언, 황규만 옮김, 『전쟁일기』(서울: 도서출판 플래닛미디어, 2010), p. 32.

할 것이라는 비전을 제시하면서 용기를 불어넣어 주고자 하였다.

처칠은 수상으로서 뿐만 아니라 국방상까지 겸하였다. 그가 수상이면서도 국방상까지 겸임한 이유는 1차 세계대전 시 "힘이 없는 책임보다 더 고통스런 것은 드물다."고 하여 전권이 없이 큰일을 할 수 없었던 것을 알고 있었기 때문에 직접 국방상까지 겸하여 전시 전략적인 지휘권을 확실히 행사할 수 있도록 하기 위함이었다.[253] 그는 솔선하여 전쟁지도에 나서면서 육·해·공군의 수뇌와도 긴밀한 관계를 가졌지만 작전에는 거의 개입하지 않았으며 합리적으로 조언하는 역할에 집중하였다. 그는 부하에게는 권한을 위임하고 신뢰를 하였지만 그러나 자신의 의도에 맞게 임무를 실천하는지는 엄밀히 확인을 하였다.[254]

히틀러가 독일군 작전계획에 사사건건 개입하여 작전을 그르치는 경우가 많았지만, 처칠은 군사작전은 3군 총장이 하고 수상은 3군 총장과 매일 회담을 가지면서 작전을 시행함에 있어 문제가 되는 것을 해결하는데 주안을 두는 대신에 3군 총장이 반대하는 것은 어떠한 것도 하지 않도록 노력하였다. 3군 총장이 합의한 것을 갖고 단호한 입장을 취할 경우 총장들의 의견을 따름으로써 전쟁지도에서 불협화음을 배제하였으며 3군 총장들의 군사작전지도를 효과적으로 보장하면서도 막강한 권한을 행사하였다.[255]

처칠은 프랑스군이 제대로 전투도 못하고 무기력하게 독일군에 점령당하자 프랑스에 전투기 파견을 중단하여 영국 본토 방어준비에 만전을 기하였으며, 프랑스가 독일군에 항복하자 프랑스 해군도 함께 독일군에게 넘어가는 것을 우려하여 알제리의 오랑에 정박해 있었던 프랑스 해군함대를 공격하여 이를 제거하는 과감한 조치도 하였다.[256] 영국 해군의 프랑스 함대에 대한 공격으로 당연히 프랑스는 격분하였지만, 그러

---

253 스티븐 헤이워드, 『지금 왜 처칠인가?』, pp. 74-75; 앤드류 로버츠, 『히틀러와 처칠, 리더십의 비밀』, pp. 330-332 참조. 처칠도 수상 취임 후 처음 3년간은 군사령관들의 작전에 대한 지휘권을 자주 침범하였다고 한다. 1940년 중동에서 한창 전투가 진행되고 있을 때 사소한 전술상의 문제에까지 지시하였고, 아프리카 전투에서 준비가 안 된 상태에서 사령관들을 들볶아 서둘러 명령을 내렸다가 실패를 자주하기도 하였다. 이러한 실수를 반복하다가 자신의 능력을 깨닫고 몽고메리 장군 등의 설득으로 엘 알라메인 전투 이후 간섭을 중단하였다고 한다.

254 노나카 이쿠지로, 『전략의 본질』, pp. 196-187.

255 아서 브라이언, 『전쟁일기』, pp. 29-30.

256 Peter Calvocoressi and Guy Wint, *Total War*, pp. 128-129; 폴 콜리어, 『제2차 세계대전』, pp. 336-339. 프랑스가 독일군에 항복 시 독일군은 프랑스 해군도 독일군에게 무장해제할 것을 요구했으나 당시 다를랑 제독이 지휘하는 해군은 이를 무시하고 알제리의 항구도시인 오랑으로 집결하였다. 영국군 입장에서는 프랑스 해군이 영국으로 망명한 자유프랑스군에 합류하여 독일군과 싸우기를 바라면서 영국군에 합류하든지 아니면 영국 해군의 호위를 받아 카리브 해로 가서 무장해제를 하든지 그것도 아니면 자침하라는 최후통첩을 보내면서 협상을 했으나 합의안 도출에 실패하였다. 마침내 영국은 다른 프

나 미국이나 세계는 영국 해군력에 대한 신뢰를 보냈다. 처칠의 프랑스 함대 공격은 미국에게는 영국이 독일의 어떠한 공격에도 결코 포기하지 않으면서 동시에 미국의 지원만 있으면 영국에게도 승산이 있음을 알리는 것이기도 하였다.[257]

1941년 12월 7일, 일본 해군이 진주만을 기습 공격하여 미 해군의 태평양 함대에 막대한 피해를 준 뒤 며칠 후인 11일에 싱가포르 근해에서 영국의 최신 전함인 '프린스 오브 웨일스(Prince of Wales)' 호와 '리펄스(Repulse)' 호가 일본 해군의 공격으로 격침되는 사건이 발생하여 영국 정치권을 뒤흔드는 일이 발생하였다. 당시 이러한 상황은 처칠을 곤란하게 만들어 야당으로부터 사퇴압력이 일고 있었기 때문에 이를 정면으로 돌파할 필요가 있었고, 이런 상황을 돌파하고자 그는 과감히 의회에 신임을 묻는 대담한 행동을 보여 국회에서 압도적 표결로 재신임을 하였다.

영국이 전쟁을 하면서도 당면하고 있는 주요한 문제의 하나는 어떻게 하면 재정부족으로부터 야기되는 문제를 해결하느냐? 특히 무기나 탄약, 식량의 문제를 해결하느냐는 영국의 전쟁 승패에 있어 대단히 중요한 문제였고 이를 해결하기 위해서는 결국 미국을 전쟁이 끌어들이는 방법밖에 없었다.

따라서 처칠은 미국을 전쟁에 개입토록 하기 위해서 세 가지 방법을 사용하였다. 첫째는 루스벨트 대통령과 긴밀한 관계를 갖기 위해 전쟁기간 동안 무려 950여 통의 전문을 보내어 자신의 의사를 전달하는 방법으로 두 사람이 긴밀한 관계가 되도록 한 것이고,[258] 둘째는 미국인과 미국의 지도층을 감동시키기 위한 노력으로 라디오 연설을 자주 활용한 것이며, 셋째는 영국과 미국의 협력을 제도화하기 위하여 전략적 차원에서 합동연합참모본부나 합동정보부, 각 지역에서 영국군과 미군이 함께하는 작전지휘 합동조직을 만들도록 한 것이 그것이다.[259]

더불어 처칠은 미국에게 무기와 탄약 및 식량을 지원해줄 것을 요청한 바, 루스벨트

랑스 함대까지 합류하여 더욱 커지기 전에 이를 제거할 필요성을 느껴 7월 3일 공격, 전함 부르타뉴 호를 격침하고 뒹케르크 호 등을 대파하였으며 수병 1,300여 명이 사망하는 등 프랑스 해군에 커다란 피해를 주었다.

257 베빈 알렉산더, 『위대한 장군들은 어떻게 승리하였는가?』, p. 83.

258 윈스턴 처칠은 미국의 루스벨트 대통령에게 수많은 전문을 보냈지만, 그 중의 하나를 보면 "대서양의 항로는 독일군의 잠수함대에 의해 심각한 위협을 받고 있습니다. 나는 귀국(미국)에서 이 같은 위기를 남의 일로 보아 넘기리라고 생각하지 않습니다. 부디 귀국에서 쓰던 구축함 40척을 우리에게 빌려 주십시오. 우리는 그 배에 대잠작전에 필요한 장비들을 추가할 수 있습니다."라는 전문도 보냈다. 그만큼 영국은 전쟁수행을 위해서 수많은 자원과 더불어 미국의 도움이 절대적으로 필요하였다.

259 엘리엇 코언, 『최고사령부』, pp. 80-82.

대통령은 마침내 1941년 4월, 무기대여법을 제정하여 영국을 포함하는 연합국이 전쟁을 수행하는데 필요로 하는 전투장비로부터 식량에 이르기까지 모든 것을 지원할 수 있도록 하였다.[260]

처칠에게 있어 전쟁에서 승리를 위해 또 다른 중요한 것은 영연방 국가들이 전쟁에서 함께 싸우도록 하는 것으로, 전쟁기간 캐나다는 영연방군이 사용한 전체 보급물자의 8%를 담당하였고, 인도와 남아프리카공화국, 오스트레일리아와 뉴질랜드 등은 21개 사단을 파견하여 영국군을 지원하였다.[261]

처칠은 공산주의 소련과 공산주의자 스탈린을 싫어하였다. 그러나 전쟁에서 승리를 위해 1942년 8월과 1944년 10월 모스크바를 방문, 스탈린과 회담을 갖기도 하였다. 전쟁에서 승리를 위해 전통적인 우방인 미국을 동맹국으로 끌어들이는 것은 물론 그가 그토록 싫어하였던 공산주의자마저도 독일군 격멸을 위해 이용할 필요성이 있었음을 알고 있었던 것이다.

처칠이 영국을 구한 것은 그의 리더십과 이를 뒷받침하는 천재성 및 노력에 기인하는 것으로 그런 요소들을 10가지를 들고 있는데 그것은 첫째, 정치인과 군지도자들에 대한 믿음이고 둘째, 처칠이 전쟁을 지도하고 수행할 수 있는 권한을 행사할 수 있도록 정치권이 지지했으며 셋째, 절망적인 상황에서 1차 세계대전을 포함한 풍부한 경험을 통해 지도를 할 수 있었던 것이다. 넷째는 처칠 자신의 열렬한 업무자세이고 다섯째, 전쟁이 끝날 때까지 전력을 다하여 끊임없이 연설을 통해 국민을 지도하였으며 여섯째, 공군력의 중요성을 인지하고 활용한 것과 일곱째, 이탈리아 독재자 무솔리니에 대한 강력한 타격 여덟째, 영국의 동맹국들에 대한 배려와 아홉 번째는 중동과 이탈리아에서 승리이고 열 번째는 일의 우선순위를 식별하고 식별된 중요한 일에 집중하는 그의 능력 등이 그것이다.[262]

처칠은 자서전에서 자신의 신조를 "전쟁에서는 결단을, 패배하였을 때는 저항을, 승리했을 때는 관용을, 평화 시에는 호의를"로 하였는데, 이를 가만히 보면 히틀러와는 정반대였음을 알 수 있다.[263] 히틀러는 평화 시에는 잠식전술로 군사력을 동원하여 체코나 오스트리아 등을 야금야금 합병하였고, 전쟁을 일으켜 폴란드나 우크라이나 등을

---

260 이내주, "제2차 세계대전과 처칠의 리더십", pp. 182-183.

261 엘리엇 코언, 『최고사령부』, pp. 87-88.

262 폴 존슨, 『윈스턴 처칠의 뜨거운 승리』, pp. 160-182.

263 위의 책, p. 200.

점령하였을 시는 군대와 친위대 등 비밀경찰을 동원하여 무자비한 탄압과 처형으로 통치를 하였으며, 연합군이 베를린을 점령하자 자살로 생을 다감하였다. 수천만 국민의 운명과 일국의 흥망을 책임지고 있었던 두 사람의 모습이 너무나도 대비되고 있다.

처칠의 전시 리더십은 오늘날에도 많은 연구의 대상이자 성공한 리더십으로 평가를 받고 있다. 그만의 독특한 태도와 행동으로 수상이 되었을 때 많은 사람들이 그 직책을 갖고 오래 가지 못할 것으로 생각을 하였지만, 그는 전쟁기간 내내 수많은 역경을 이겨가면서 궁극적으로 승리를 하였다. 지도자로서의 역경을 이겨내고 승리한 표본이었던 것이다.

이러한 처칠의 전시 리더십으로 영국인은 처칠을 영국 최고의 '위대한 영국인'으로 선정하였다. 2002년 11월, 영국의 BBC 방송이 실시한 밀레니엄 최고의 인물 투표에서 그는 1999년 당시 영국 최고의 인물로 선정된 윌리엄 셰익스피어를 제치고 제1의 인물로 선정된 것이 그것이다.[264]

전쟁을 해나가는 과정에서 또한 간과할 수 없는 한 가지는 황실의 존재와 모범적인 행동 및 처신이었다. 영국의 황제는 국가의 원수로 상징적인 존재에 불과하지만 2차 세계대전 당시에는 영국 국민의 단결을 이끄는 핵심적인 역할을 하였다. 당시 영국이 독일 공군의 폭격으로 국가의 운명이 경각에 달리자 영연방 국가의 일부에서는 군주제의 보존을 위해 국왕의 일가나 또는 2명의 공주 등 황실 일가를 안전한 영연방 국가로 옮길 것을 건의하였다. 그러나 왕비는 "공주들은 본인과 아니면 영국을 떠나지 않을 것이고, 본인은 황제와 같이 가지 않으면 떠나지 않을 것이며, 황제는 물론 떠나지 않을 것이다."고 하였다고 한다.[265] 당시의 상황이 매우 위험하였지단 이런 위험한 상황에서 영국 황실도 국민과 함께 하는 자세를 보여줌으로써 총력전 수행에 모범을 보인 것이다.

영국 황실의 이러한 자세는 1982년 영국과 아르헨티나 사이에 있었던 포클랜드 전쟁에서 여왕의 자제인 앤드류 왕자가 헬기 조종사로 참전한 것이라든가, 아프간 전쟁에서 찰스 왕세자의 아들인 윌리엄 왕자가 소대장으로 참전한 것 등 오늘날도 대표적으로 노블레스 오블리주(Noblesse Oblige)를 보여주는 사례로 자주 언급되고 있음을 볼 수 있다.

---

264 앤드류 로버츠, 『히틀러와 처칠, 리더십의 비밀』, p. 384.
265 신미 마사이치, 『제2차 세계대전 전쟁지도』, p. 184.

극한의 고통을 이겨내면서 끝까지 항거한 국민의 의지

영국은 유럽대륙에서 떨어져 있기 때문에 프랑스나 체코, 폴란드와 같은 독일군의 직접적인 위협에 대하여 상대적으로 덜 민감하였다. 여기에 영국인 특유의 자유주의적인 정치 환경과 경제적인 어려움마저 겹쳐서 당시 독일이나 프랑스, 소련이 징병제를 택하여 병력을 확보하고 훈련시켜 나가는 동안에도 지원병제를 택하여 병력보충과 훈련에 어려움이 많았다.

정부는 경제의 어려움을 이유로 국방비를 삭감하여 군비태세 면에서도 많은 취약점을 노출하고 있었다. 독일이 재무장을 하고 이웃 국가를 합병하는 동안 체임벌린 같은 유화주의자에 의해 거짓으로 가장된 평화가 유럽을 지배할 때 처칠은 군비증강을 통해 독일의 재무장에 대비할 것을 경고하였지만 정치권이나 국민은 이를 외면하였다. 그러한 결과는 독일이 폴란드와 프랑스를 점령한 뒤 영국 본토에 대한 폭격을 함으로써 그대로 나타났다.

독일군의 폭격기들이 영국 본토를 폭격하기 시작한 1940년 7월 이래 1945년 독일군이 항복을 할 때까지 영국은 폭격으로 수많은 희생자를 내야만 했다.[266] 공습경보가 울리면 시민들은 지하철이나 지하시설로 대피해야만 했고, 독일 공군은 시민주거지나 산업시설, 유명한 사원 등 무차별적으로 폭격하였다. 여기에 독일 해군 잠수함들이 대서양에서 무제한 잠수함전을 실시함으로써 영국인들은 미국이나 아르헨티나 등지로부터 수입되거나 지원되는 식량을 포함하는 수많은 전투장비나 탄약과 물자들이 대서양 속으로 사라지는 것을 보아야만 했고, 식량이나 생필품 부족으로 심각한 어려움을 겪어야만 했다.

이와 같은 극심한 어려움 속에서도 영국 국민들은 독일군 침공에 대비하여 지방에서 '향토방위대'를 편성하였고, 중요지역에는 기관총진지를 설치하거나 대전차호를 준비하였다. 독일군 상륙침공 시에 대비하여 주민들은 기동타격 임무를 수행하는 훈련도 받았다. 그들은 신속히 기동하기 위하여 자동차를 이용하고자 해도 유류가 극히 제한되었기 때문에 롤러 스케이트를 타고 이동하는 연습도 하였다.

일반 국민들은 또한 병기공장으로부터 각종 군수시설이나 민간시설에 동원되어 생

---

266 1940년 7월부터 시작된 독일공군의 영국본토에 대한 폭격으로부터 1945년 5월 V-1·2폭격에 이르기까지 발생한 영국인 사상자 수는 총사망자 6만 595명과 부상자 8만 6,182명에 달한다(Robert Goralski, *World War II Almanac: 1931~1945*, p. 429).

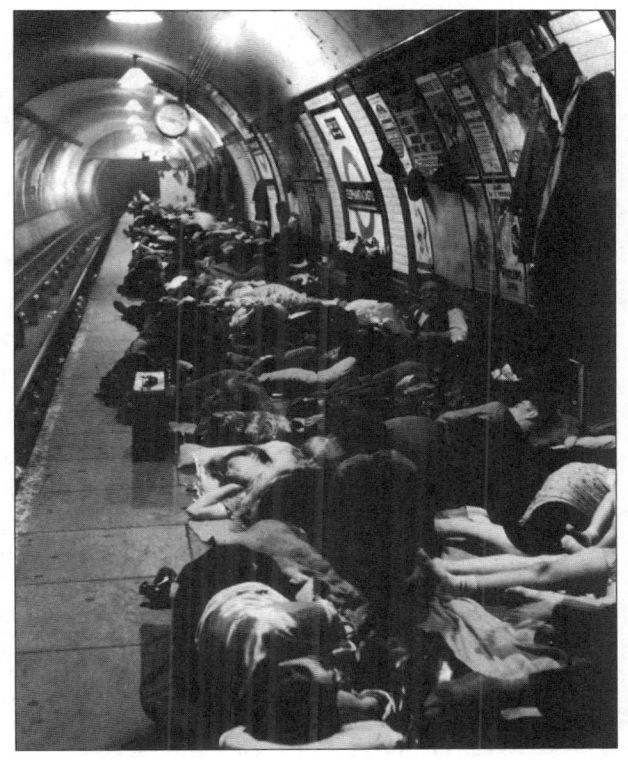

〈그림 4.14〉 런던 지하철에 대피한 영국 국민들. 전쟁기간 중 이러한 모습은 일상적이었다.

출처: 레오나드 모즐리, 『제2차 세계대전』, p. 15.

산활동은 물론 보급이나 수송 및 의무 등 각종 지원활동에 이르기까지 다양한 비군사적 활동에 참여하여 군사작전이 원활하게 진행되도록 지원하는 등으로 수많은 임무를 수행하였다.

처칠은 뒷날 영국인들의 이런 노력을 "남자나 여자 모두 기계에 달라붙어 지쳐서 쓰러질 때까지 일을 했다. 그들은 노동시간의 연장 끝까지 일하고 귀가 명령을 받으면 작업시간이 되기 전에 벌써 와서 다음 작업반에 뒤를 물려 주었다."라고 회고하였다.[267] 영국인들은 처칠의 지도에 따라 수많은 땀과 피와 눈물을 흘리면서도 역경을 이겨내고 마침내는 연합국의 일원으로서 승리를 할 수 있었던 것이다.

---

267 레오나드 모즐리, 『제2차 세계대전: 영국 본토 공방전』, p. 22.

거국내각을 구성하여 전쟁수행을 뒷받침한 정치권

전쟁에서 승리하기 위해 주요한 것 중의 하나는 정부와 국민이 총력전을 할 수 있도록 정치권에서는 법령을 제정하고 국민의 의지를 결집시키는 역할을 해주는 것이다. 내각책임제인 영국에서 선거결과에 따라 정권이 바뀌는 것은 당연한 일로서, 보수당과 노동당이 주요 정당으로서 선거결과에 따라 내각을 구성하고 정부를 운용하였는데, 1930년대 당시 노동당은 전쟁이 발발하여 선전포고를 할 때까지는 영국의 재무장을 반대하는 입장을 취하고 있었다.[268]

히틀러가 집권한 1933년 이후 영국을 포함한 프랑스 등 서방국가들의 우파주의자는 히틀러가 당시 소련으로부터 팽창하고 있는 공산주의자들의 확산을 막아줄 수 있을 것으로 생각하여 한동안 히틀러와 나치즘에 대하여 호의적이기까지 하였지만, 히틀러가 곧 비밀경찰을 창설하고 강제수용소를 설치하는 것을 보면서 영국을 포함하는 다른 자유주의 국가들의 생각이 무망한 것임을 보여주었다.

2차 세계대전이 발발하기 이전의 영국의 수상은 체임벌린으로 그는 보수당 소속의 수상이면서도 2차 세계대전 중 대표적인 유화론자로 대독일 '유화정책(Appeasement policy)'[269]을 추진하고 있었다.

사실 히틀러는 라인란트에 군대를 보내고 체코의 수데텐란트를 점령하는 등 그의 숨겨진 야욕을 하나씩 실천해나가면서도 영국과 프랑스, 소련을 상당히 의식하면서 조심스럽게 행동을 해나갔지만, 영국이나 프랑스는 전쟁을 수행할 의지나 준비태세가 부족하였다. 오히려 영국은 유화정책을 추진하면 히틀러가 영국의 뜻을 받아들여 야욕을 접을 것으로 생각하였다.

체임벌린은 히틀러가 재군비를 선언하고 라인란트에 독일군을 진주시키며 오스트리아와 체코를 합병하면서 그 야욕을 하나씩 실천해나갈 때에 아무런 조치를 취하지 않았을 뿐더러 이를 묵인하여 결국 히틀러가 2차 세계대전을 도발하도록 방임하는 결과를 초래하였다.

---

268 폴 존슨,『윈스턴 처칠의 뜨거운 승리』, p. 201.

269 현상타파를 목적으로 전개되는 상대국의 정책에 대하여 양보와 타협을 통하여 상대국을 무마하기 위한 정책으로 현상유지를 목적으로 한다. 2차 세계대전이 발발하기 2년 전 1937년 5월 영국의 수상으로 취임한 체임벌린은 독일군이 오스트리아를 합병하고 이어서 체코 내의 수데텐란트에 거주하는 독일인을 이유로 체코마저 합병하였을 때에도 독일군에 대하여 싸울 의지가 부족하였고 준비가 되어 있지 않았기 때문에 유화정책으로 사실상 독일군 침공을 묵인하였다.

〈그림 4.15〉 군수공장에서 탄약을 생산 중인 여성노동자들. 처칠은 당면한 어려움을 극복하기 위하여 여성 100만 명이 필요하다고 하였다.

출처: 레오나드 모즐리, 『제2차 세계대전』, p. 41.

전쟁기간 중 실시된 선거에서 전쟁수행 방법에 대한 보수당과 노동당의 견해차가 노정되고 사회적 변화에 대한 갈망으로 정부가 내세운 후보보다 무소속 후보가 다수 당선되었지만, 정당들은 당면한 전쟁을 수행하기 위하여 전쟁기간에는 정쟁을 하지 않기로 합의하였다. 처칠의 노동당도 개전 초기에는 체임벌린 내각에 비협조적이었으나 1940년 5월 처칠이 뒤를 잇자 전시내각에 참여하여 협조하였다.

처칠은 수상에 취임하면서 보수당과 노동당이 협조하여 거국내각을 조직, 정치권이 모두 힘을 합하여 전쟁을 수행할 수 있도록 하였으며, 본인은 수상이자 국방상까지 겸무하여 정치인이자 행정부의 수반으로서 전쟁을 지도하면서 군대의 지휘까지 할 수 있는 광범위한 권한을 행사하였다.

전시내각은 1940년 7월, 독일공군이 영국 본토에 대한 폭격을 시작하자 '긴급권한법률'을 공포하고 독일군에 대한 전쟁수행을 위해 국민과 토지, 자원 등 전 국력을 동원할 수 있도록 하였으며, 전시 생산을 증대하기 위해 설치된 생산집행부가 관련 부서를 조정통제하면서 생산과 분배의 우선순위를 결정하여 국력을 한 방향으로 모을 수 있도록

하였다.[270]

1939년 3월 '국민개병제(Nation-in-arms)' 방안으로 징병제가 도입되었고, 1941년에는 '국민병역법'을 제정하여 18~50세의 남성들과 20~30세의 여성들이 군복무나 노무동원을 함으로써 부족한 병력과 인력을 보충할 수 있도록 하였다.[271]

의회는 전쟁에서 승리를 위해 '방위법'과 '방위비상권법'을 제정하여 정부가 총력을 기울여 전쟁을 수행할 수 있도록 하였으며, 국민들을 결집시키는 역할을 하였다. 프랑스 정치권이 좌·우파로 분열되고 국민들도 이에 따라 분열이 되어 있는 동안, 영국은 반대로 승리를 위해 합심하였던 것이다.

유화외교에서 강한 외교로 방향 전환

전쟁이 발발하기 이전의 영국의 수상은 체임벌린이었다. 그는 2차 세계대전 당시에 대표적인 유화론자 중의 한 사람으로 어떻게 하든 전쟁이 발발하는 것을 막기 위해 동분서주하였다. 그런 체임벌린은 독일과는 1935년 6월 18일, 런던에서 해군협정을 체결하여 독일 해군의 증강을 만들어주는 우를 범하기도 하였다.[272]

독일의 오스트리아에 대한 위협이 가중되자 1938년 2월 영국 외상은 1934년 체결된 스트레사 협정에 따라 이탈리아의 도움으로 독일의 침략을 저지시키고자 지원을 요청하였다. 그러나 히틀러의 보복에 대한 두려움으로 이탈리아가 이를 거절하였기 때문에 영국은 독일의 오스트리아 합병에 대해 그다지 역할을 할 수 없었다. 체임벌린은 프랑스와 함께 독일의 재군비가 가져올 후폭풍을 우려하여 폴란드가 독일로부터 침공을 받으면 이를 지원하기로 하였고, 전쟁이 발발하면 프랑스를 지원할 것이라고 약속을 하는 등 강경한 자세를 취하였다.

영국과 프랑스가 강경한 입장을 취하자, 히틀러는 유화적인 제스처를 보내면서 1938년 9월 30일, 독일 뮌헨에서는 영국의 체임벌린과 프랑스의 달라디에, 이탈리아의 무솔리니, 독일의 히틀러가 모여 당시 체코의 영토인 수데텐란트에 독일인이 다수 거

---

270 마틴 폴리, 『제2차 세계대전』, p. 152.

271 위의 책, p. 152.

272 1935년 런던에서 영국과 독일이 체결한 해군조약에서는 독일은 영국해군이 보유한 해상함정의 35%와 잠수함의 45%를 보유할 수 있도록 용인을 하였다. 이 협정에 대하여 프랑스는 영국이 독일의 재무장을 승인하고 나가서 독일이 베르사유 조약을 위반하는 것을 동의하는 것으로 인식하여 강력히 반발하였다 (Robert Goralski, *World War II Almanac: 1931~1945*, p. 34).

주(300만여 명)한다는 이유로 이를 독일에 양도하기로 하는 '뮌헨협정(Munich Agreement)'을 당사자인 체코는 참석시키지도 않은 가운데 체결하였다. 그리고 바로 그날 체임벌린은 프랑스와는 아무런 상의 없이 독일과 불가침조약을 체결하고 영국으로 돌아가서 마치 유럽에 평화가 찾아온 것처럼 의기양양하게 발표하였다.[273]

그러나 이런 체임벌린의 희망과는 달리 히틀러는 오스트리아와 체코 합병에 이어 폴란드와 프랑스를 침공하자 이미 프랑스에 파견되었던 영국원정군은 됭케르크에서 수많은 장비를 유기한 채 병력만 철수하였고, 이후 체임벌린이 사임한 것이다. 그는 유럽의 평화를 위해 대독일 유화정책을 추진하였지만 히틀러의 기만과 속임수 속아 결국 전쟁의 발발을 막지는 못하였으며, 독일군이 프랑스를 공격하여 됭케르크에서 영국군이 철수를 할 무렵 사임하고 처칠이 수상으로 취임한 것이다.

독일군이 프랑스를 침공하고 영국군이 됭케르크에서 철수할 무렵, 영국에서는 독일과 평화협정을 체결할 것인지 전쟁을 할 것인지 극심한 의견대립에 있었으며, 여기의 중심에는 화의파인 핼리팩스(Lord Halifax) 경과 독일에 끝까지 싸워야 한다는 주전파인 처칠이 있었다. 처칠은 "싸우기로 각오한 국민은 다시 일어나지만 비굴하게 항복한 민족은 끝장이다."라고 하여 평화협상안에 끝까지 반대하였으며, 결국 처칠이 승리하여 영국은 평화협상안에 종지부를 찍고 전쟁 승리에 집중하였다.[274]

1940년 6월, 독일군이 프랑스를 점령하였을 때 처칠은 미국의 지원 없이 영국 단독으로는 군사력이나 경제력의 약화로 전쟁에서 독일을 이기기가 어려울 것이라는 것을 이미 잘 알고 있었다. 따라서 어떻게 해서든지 미국을 전쟁으로 끌어들여야 했다. 당시 유럽에서는 영국 혼자서 독일을 상대하고 있는 상황에서 미국의 지원이 절대적으로 필요하였다. 그러나 영국이 미국으로부터 현금으로 대량의 전투장비와 탄약, 식량 등 전쟁 물자를 수입하기에는 이를 지불할 능력이 없었기 때문에 무기수입대금의 결제 연기를 요청하지 않을 수 없었다.

당시 영국은 전함이 많이 필요하였으나 영국이 보유한 전함이 68척에 불과하여 미국에 사용연령이 경과한 함정 50척을 지원해줄 것을 요청(1940.6.15)하여 이를 지원받았다.(1940.9.3)[275] 처칠은 또한 미국이 영국에 무기와 탄약을 지원해주면 전쟁은 영국이 끝낼 것이라고 미국의 방송을 통하여 호소도 하였다. 이러한 처칠의 호소에 부응하여 루

---

273 이춘근, 『현실주의 국제정치학』, p. 243.

274 스티븐 헤이워드, 『지금 왜 처칠인가?』, pp. 206-208.

275 Robert Goralski, *World War II Almanac: 1931~1945*, p. 130.

스벨트 대통령은 마침내 무기대여법을 제정하면서 영국에게 70억 달러의 차관을 제공하겠다는 발표하자 이를 전해들은 처칠은 "이것은 새로운 대헌장(Magna Carta)"이라고 환호하였다.[276]

미국은 미국의 국가방위에 이익이 되는 국가에 군수물자를 대여할 수 있도록 하는 '무기대여법'을 1941년 3월 의회로부터 승인을 받음으로써 됭케르크의 과오를 만회하고 기사회생할 수 있는 기회를 영국에 만들어주었으며, 그만큼 미국의 지원을 절실히 바라던 차에 이러한 미국의 결정은 영국에 큰 힘이 되었던 것이다.

처칠은 프랑스가 항복하자 미국으로 건너가 미국 루스벨트 대통령과 회담(ARCADIA, 1941.12)을 갖고 미국과 영국이 연합으로 연합합동작전본부(Combined Chief of Staff, CCS)를 설치함으로써 양국이 동일한 개념으로 작전을 지도하게 하였다.[277]

처칠은 스탈린이 전쟁 전에 이미 수많은 사람들을 죽였고 어떤 의미에서는 공산주의 소련이 히틀러의 독일보다도 더 위험한 존재임을 알면서도 독일이라는 거대한 침략자를 물리치기 위해서 전쟁이 발발하자 소련을 연합국의 일원으로 전쟁을 함께할 수 있도록 영국 대표단을 모스크바로 보내 회담을 갖고 본인도 모스크바를 방문하여 소련 지원방안을 논의하고 많은 전차나 항공기 등을 지원하였다. 여기에 미국도 소련이 전쟁기간 피해를 입은 장비를 보충해주기로 함으로써 독일군이 공격을 하였을 당시 소련군이 입은 피해를 극복하고 전쟁을 승리하는 데 도움을 주었다. 전쟁을 함에 있어 '적의 적은 우방'이라는 생각으로 독일과 싸우고 있었던 소련을 지원해서 연합국의 일원으로 승리를 할 수 있도록 힘을 보탠 것이다.

전쟁이 한창 진행 중일 때 처칠은 미국, 중국의 수뇌들과 더불어 카이로 회담과 테헤란 회담 등을 통해 전후 국제질서를 확립하는 데 주도적인 역할을 하였다. 처칠은 유화주의자인 전임자 체임벌린과는 달리 강력한 외교활동을 통해 미국의 지원을 끌어들여 이길 수 있는 전쟁을 해나가면서도 전승을 위해서는 공산주의자들마저도 이용하여 목적을 달성해나갔던 것이다.

---

276 *Ibid.*, p. 150.

277 Evan Mawdsley, *World War II*, p. 322.

극심한 어려움을 극복하고 희생하여 전쟁 지속을 도운 경제

영국은 프랑스와 같이 1차 세계대전에서 승리한 주요 국가였지만 승전의 결과치고는 경제적으로는 매우 어려운 처지로 떨어지고 있었다. 수출은 감소되었고 조선업이나 철강과 석탄생산량 등 경제는 모든 수치가 하락되고 있었으며, 경제력의 약화는 국방력의 약화로 연결되고 있었다.[278] 전쟁을 하는 과정에서 미국으로부터 물자를 구입하기 위해 많은 채무도 지고 있었다.

영국이 산업혁명에 성공한 이래 국력을 강하게 키워올 수 있었던 배경에는 강한 해군력이 뒷받침 되어 아시아나 아프리카 식민지에서의 원료를 충분히 수입하였기 때문에 가능하였다. 그러나 1차 세계대전 시 영국이 전쟁을 지속하기에는 독일군 U보트로 인하여 어려움이 많았는데 그러한 상황은 2차 세계대전 시에서도 반복되어 이때에는 더욱 어려운 상황에 처하고 있었다.

그럼에도 히틀러가 재군비를 선언하고 국방력을 강화하기 시작하자 영국도 1936년부터 전시에 대비하여 민수공장을 유사시에 대비하여 군수품 생산 공장으로 전환할 준비를 하고 있었으며 새로운 공장들을 설비하였다.[279] 경제가 완전히 회복이 되지 않은 상태에서 또 다시 전쟁에 대비하기 위해 투자를 하다 보니 이는 그대로 국민이 부담으로 돌아갔다.

영국의회 재무위원회에서는 1940년 만약에 외부로부터의 지원이 없으면 1941년 말에는 영국의 경제자원이 고갈되어 전쟁을 더 이상 수행하기가 곤란할 것으로 예측을 한 바가 있었던 것처럼, 이 무렵 만약에 미국의 지원이 없었다면 영국은 패할 수밖에 없었을 정도로 어려움에 처하고 있었다.

1940년 5월, 독일군의 프랑스 침공이 시작되자 영국은 폭발적으로 전쟁비용이 증가하기 시작하여 재무성에 보관한 금과 달러가 그해 12월 말이면 고갈될 것으로 보였으

---

278 당시 영국의 경제력이 약화되고 있는 수치를 보여주는 것으로 철강생산은 1929~1932년에 45% 하락되었고, 선철은 동기간 중에 53% 하락되었으며, 조선업은 노동력의 62%가 실업상태에 있었다. 이러한 결과 수출은 1927년을 100%로 했을 때 1932년에는 66%로 하락되었고, 1937년에는 일부 회복되기는 했으나 여전히 88%에 불과하였으며, 세계무역에서 차지하는 비중도 1913년에 14.15%에서 1929년에는 10.75%로 1937년에는 9.8%로 하락되었다. 세계의 상선에서 차지하는 비율도 1914년 41%에서 1938년에는 26%로 떨어졌다(Paul Kennedy, 『영국 해군지배력의 역사』, pp. 482-485). 이런 수치들은 영국 경제력의 상대적인 약화를 의미하면서 동시에 미국과 일본의 비율이 높아지고 있음을 의미한다.
279 1936년 2월 25일 내각이 승인한 군비확장계획은 항공기와 필수적인 장비의 생산량을 확대하기 위한 계획으로 정부는 '그늘공장(Shadow Factory)'이라 불리었다. 이 계획은 영국공군의 역사가가 언급하였듯이 독일군의 재무장에 대한 대응이었다(Robert Goralski, *World War II Almanac: 1931~1945*, p. 43).

나 그렇다고 전비조달을 하지 않을 수 없었던 영국은 미국에 100억 달러가 넘는 막대한 군수품을 주문하였다. 그러나 이것은 당시 영국의 지불능력을 초과하는 것으로 영연방 국가인 캐나다 정부가 일부를 차용해주고 미국이 무기대여법을 통해 가까스로 문제를 해결해주었다.[280]

영국은 산업혁명에 성공한 뒤 원료를 수입, 가공하여 제품을 팔고 식량은 수입해서 먹는 정책을 취했기 때문에 농업에 대한 투자는 미흡하였다. 그런 결과로 식량 자급률은 매우 낮아서 미국이나 오스트레일리아, 아르헨티나 등으로부터 수입을 해야만 되었다.[281]

영국이 전쟁을 하면서 생존은 물론 독일군에 대하여 승리하기 위해서는 식량으로부터 유류 등 전쟁을 수행하는 데 필요한 모든 원료가 수입되어야 하는데 대서양에서 독일군의 잠수함들이 수송선들을 공격하여 막대한 피해를 주었기 때문에 어려움이 많았다.[282]

전쟁이 계속되고 독일군의 잠수함 작전에 의해 많은 상선이 피해를 입어 식량수입이 격감하자 이를 해소하기 위하여 엄격한 식량배급제가 실시되었다. 부족한 곡물을 생산하기 위하여 영국 전역의 농경지도 농작물 생산에 활용되었다. 심지어 개인주택의 공터나 정원도 부족한 식량을 해결하면서 승리를 위해 농작물을 심을 수 있도록 '승리를 위한 밭갈이' 운동이 전개되기도 하였는데 이렇게 전국적으로 농작물 재배가 적극 권장되었다.[283]

---

280 Paul Kennedy, 『영국 해군지배력의 역사』, p. 561; Peter Calvocoressi and Guy Wint, *Total War*, p. 426. 캐나다가 제공한 차관은 총 74억 4,000달러에 달하였다.

281 영국은 1941년 이후 전쟁기간 중 내내 미국으로부터 전체 소비량의 약 30%에 달하는 식량을 수입하여 부족한 양을 보충하였다(존 키건, 『2차 세계대전사』, p. 324). 영국은 산업혁명에 성공한 이후 농작물을 생산하여 국내 수요량을 충족하는 것보다는 공업제품을 수출하고 여기서 생기는 이익을 이용하여 농산물을 수입해서 수요량을 충족하는 형식을 취하였다. 그러다보니 1차 세계대전 시나 2차 세계대전 시 독일군의 잠수함에 의해 수입이 차단당하자 커다란 문제가 발생하였던 것이다. 그러나 2차 세계대전 시 영국은 이런 문제를 생산량을 확대하기 위한 조치로 해결하면서도 아울러 행정조직을 효율적으로 조직하여 배급상의 부족문제를 상당 부분 해결하였다(이춘근, 『강대국 정치의 비극』, pp. 198-199). 영국의 식량자급률은 현재 100%가 넘는 것으로 알려지고 있을 정도로 높으며(한국의 식량자급률은 26~27% 정도임) 이는 1·2차 세계대전의 교훈에서 얻은 식량자급률의 중요성을 알고 있기 때문이다.

282 독일이 영국의 수입을 차단하기 위하여 잠수함 작전을 실시한 것처럼, 영국과 미국도 1차 세계대전 시는 독일과 오스트리아-헝가리 제국의 식량을 포함하는 자원의 수입을 차단하기 위하여 많은 노력을 기울였다. 그런 결과로 독일과 오스트리아-헝가리 제국에서 식량부족으로 많은 기아자가 발생하였다. 2차 세계대전 시 독일은 영국의 해양차단에 관계없이 유럽 피점령국가의 자원을 최대한 착취하였기 때문에 커다란 영향을 주지 못하였다.

283 마틴 폴리, 『제2차 세계대전』, p. 152.

한편 독일군의 잠수함 공격에 대비해서 영국은 호위함과 대규모 호송선단을 편성하여 독일군 잠수함의 공격을 막아내는 한편 대잠무기인 소나와 폭뢰, 해면수색 레이더를 개발하였고 전술도 발전시켜 이를 극복하였다.

영국은 본국은 물론 소련군 지원을 위해 장비와 물자의 수송까지 담당을 해서 대서양과 북극지역에서도 독일군 잠수함을 공격을 극복해가면서 수많은 장비와 물자를 수송하였다. 이 기간 영국은 2,600여 척의 상선과 175척의 군함을 상실하였을 뿐만 아니라 3만여 명의 선원들이 목숨을 잃었다(이 기간 독일군도 1,162척의 잠수함 가운데 784척을 잃었으며 2만 6,000여 명의 승무원도 목숨을 잃었다).[284]

영국이 전쟁을 하면서 당면하는 또 다른 문제는 어떻게 하면 군수물자 생산을 최대한 확대하는가의 문제였다. 따라서 영국은 이런 문제를 해결하기 위해 중앙집권화된 공업제도를 운영하면서 고철뿐만 아니라 건물 난간, 공원의 시설물 등 전국적으로 모든 지역에서 가용한 금속까지도 모두 수집해 사용함으로써 군수물자 생산에 있어 괄목할 만한 수준으로 생산량이 늘었다. 이러한 노력의 결과로 1939년 969대였던 전차는 1942년에는 8,611대로, 1939년에 758대였던 폭격기는 1943년에 7,903대로 생산량이 확대되면서 군수물자의 생산은 1943년에 절정을 이루었다.[285]

비커스(Vickers) 사는 1차 세계대전에 이어 영국군이 필요로 하는 전차와 항공기는 물론 탄약 등 전쟁을 하는 데 필요한 전투장비와 탄약을 생산하였다. 영국군이 전쟁을 하는 데 있어 장비를 공급하는 핵심적인 역할을 담당하였던 것이다. 이렇게 영국이 생산한 전차는 마틸다 Mk-2나 크루세이더 전차와 크롬웰 순항전차 등이고 항공기는 허리케인 전투기나 타이푼 전투기, 스피트파이어 전투기, 모스카토 전폭기, 아브로 랭카스터 대형 전폭기 등이다. 영국이 전쟁기간 중 생산한 주요 전투장비를 보면 〈표 4.14〉와

〈표 4.14〉 2차 세계대전 기간 중 영국의 전투장비 생산

구분	항공기 (대)	전차/자주포 (대)	야 포 (문)	트 럭 (대)	상 선 (만톤)	전 함 (척)	잠수함 (척)
수량	119,479	26,927	41,000	326,234	617.7	281	178

출처: R. A. C. Parker, *Struggle For Survival: The History of the Second World War*(London: Oxford University Press, 1989), pp. 132-134.

---

284 폴 콜리어, 『제2차 세계대전』, pp. 144-145.
285 존 키건, 『2차 세계대전사』, pp. 321-322.

〈표 4.15〉 영연방 국가의 인구 및 철강생산능력

구 분	인구(명)	철강생산(1939, 톤)
캐나다	11,682,000	1,407,000
남아프리카 공화국(백인)	2,161,000	250,000
오스트레일리아	6,807,000	1,189,000
뉴질랜드	1,585,000	–
인디아	374,200,000	1,035,000

출처: R. A. C. Parker, *Struggle For Survival: The History of the Second World War* (London: Oxford University Press, 1989), pp. 131-132.

같다.

영국은 산업능력이 제한됨에 따라 영연방 국가로부터 병력은 물론 경제적으로도 많은 도움을 받았다. 영연방 국가 중 캐나다와 오스트레일리아는 경제적으로 발전된 국가였기 때문에 캐나다는 영국군이 사용하는 항공기의 4%와 전차의 7% 및 자동차의 32%를 생산하여 공급하였다. 영연방 국가의 당시 인구와 철강생산능력을 보면 〈표 4.15〉와 같다.

미국과 영연방 국가의 지원에도 불구하고 영국은 프랑스가 패배한 뒤에는 단독으로 한동안 전쟁을 수행하면서 경제적으로 막대한 출혈을 감당할 수밖에 없었다. 이러한 영국의 희생을 두고 테일러(A. J. p. Taylor)는 "영국은 세계를 위해 전후 영국의 미래를 희생했다."고 주장하였으며, 바네트(Correlli Barnett)는 "영국은 미국에 목숨을 의존하고 있는 상태로 되었다."고 하여 영국의 어려운 처지를 표현하였다.[286]

해군력과 공군력 강화가 가져다 준 승리

1차 세계대전에서 영국군은 많은 희생을 무릅쓰면서 헌신적인 전투를 해서 승리하였음에도 불구하고 종전이 되었을 때 영국군의 사기는 한없이 추락되어 있었다. 지상전투에서 많은 병사가 희생된 육군과 전쟁을 바라보는 국민들의 시선들이 혐오증을 키우고 군을 그릇되게 바라보는 분위기를 만들었다. 이러한 결과로 징병제는 폐지되었고, 군은 국민들의 관심 밖으로 사라졌으며, 여기에 경제적인 어려움으로 국방비 축소

---

286 Paul Kennedy, 『영국 해군력 지배의 역사』, pp. 562-563.

에 심각한 압박을 받으면서 앞으로 10년은 전쟁이 없을 것이라는 가정하에 육·해·공군에 대한 투자를 대폭 축소하였다. 1937년 수상으로 취임한 체임벌린은 국방예산을 대폭적으로 삭감하였고 예산이 삭감되면서 전차의 생산은 중단되었다. 대포의 개량도 이루어지지 않았다.

영국군의 풀러는 "앞으로의 전쟁에서 기병의 시대는 가고 궤도차량의 시대가 온다."는 것을 주장하면서 항공기와 전차와 포병, 보병 등이 긴밀한 협조하에 전투를 하게 될 것이라고 예고하였지만, 영국군은 이런 변화에 대한 대비를 제대로 하지 않았다. 오히려 이런 변화를 먼저 읽은 독일군이 장비와 전술을 개발한 결과 폴란드와 프랑스 전역에서 전격전으로 나타났다. 이 무렵 리델 하트는 "적의 가장 약한 곳과 적이 가장 바라지 않는 곳으로 진격을 한다."는 이른바 간접전략을 주장하였다.[287]

1938년 9월 독일군이 체코를 합병함으로써 야기된 체코위기 시 영국은 유럽대륙으로 파견할 원정군 2개 사단을 보유하고 있었지만, 훈련은 제대로 되어 있지 않았고 무장도 불량하여 전투력 발휘를 보장하기가 어려웠다. 여기에 유화주의자인 체임벌린 수상은 유럽대륙에서 위기가 발생한다고 하더라도 군대를 파견하는 것에 반대하고 있었다.

오스트리아와 체코 합병으로 독일군의 침공이 노골적으로 표출돼도 이에 대비할 수 있는 변화를 제대로 하지 못하여 오히려 영국 육군에서는 "적정한 예산의 투입과 장비의 개선이 이루어지지 않을 경우 위협에 직면하게 될 것"이라는 경고가 있자 마지못해 1939년 2월 체임벌린 수상은 21일 이내에 유럽에 파견할 수 있는 2개 사단과 60일 이내에 파견할 수 있는 2개 사단을 준비할 수 있도록 육군에 지시하였다가, 그해 3월에는 26개의 국민방위군 사단을 증편할 계획을 추진하여 정규군 6개 사단을 포함 32개 사단으로 편제할 계획이었으며, 5월에는 '군의무교육법(Compulsory Training Act)'도 제정하고, 이를 근거로 '국민병'을 소집하여 6개월간의 훈련을 실시하기 시작하였다.[288]

그러나 이런 노력에도 불구하고 전쟁이 발발할 당시인 1939년 9월, 영국의 군사력은 프랑스에 4개 사단과 중동에 6개 보병사단 및 편성 중인 1개 기갑사단, 인도에 1개 사단 등을 배치할 수 있을 정도로 열악하였다. 그렇다고 급속히 확장할 장비와 탄약도 없었다. 전쟁이 임박해지자 체임벌린은 1939년 10월에 향후 2~3년 안에 55개 사단을 증

287 육군본부, 『영국 육군사』, pp. 395-396.
288 위의 책, p. 400.

편하기로 하는 부대확대안을 내각에서 결정하였다.[289] 이렇게 여러 검토를 거쳐 본토에 6개 기갑 및 22개 보병사단, 중동지역에 4개 기갑 및 2개 보병사단, 인도와 말라야에 각 1개 보병사단과 병력은 242만 명으로 확대할 계획이었다.

그러나 육군의 기계화 계획은 폴란드 전역에서 독일군의 전격전 교훈을 망각한 채 매우 느리게 진행되어 전쟁이 발발할 무렵 1개 기갑사단만이 프랑스로 파견되었고, 1개 사단은 독일군의 적대행위가 시작되던 1940년 6월까지도 장비가 부족해 제대로 전투준비가 준비되어 있지 못하였다.

뒤늦게 시작한 이 현대화 계획은 전차의 장점인 장갑과 화력, 속도를 살리는 데 있어 전차모델 결정의 지연과 제작회사의 기술력과 정부의 재정지원 부족으로 1943년까지 만족할 만한 성과를 내지 못하여 영국군이 제대로 전투력을 발휘하는 데 도움을 주지 못하였다.[290]

영국은 전쟁이 발발하자 프랑스에 원정군을 보내 독일군과 전투를 하다가 독일군 진격에 의해 됭케르크에서 철수를 해야만 했고, 프랑스가 항복하자 본토에서 독일 공군과의 힘겨운 전투를 해야만 했다. 아시아에서는 일본군과 싱가포르에서도 전투를 해야만 하는 힘겨운 상황에 처해 있었다.

전쟁이 발발할 당시 영국은 프랑스에 원정군 10여 개 사단을 파견하여 독일군과 전투를 하였다. 그러나 독일군의 공격으로 철수하면서 됭케르크에 수많은 장비를 유기하였기 때문에 본토 방어에 많은 문제가 있었다.[291] 영국군은 대전차포나 탄약, 심지어 소총도 부족한 상태였고 야포도 겨우 2개 사단을 충족할 정도로 빈약한 상태였으며, 만약 독일군이 영국 본토를 침공한다면 절대적으로 불리한 상황에 처할 수밖에 없는 상태였다.[292]

1차 세계대전 중 전쟁수행을 위하여 막대한 예산을 투입하고 해군력을 증강한 결과 전쟁기간 중 많은 피해를 입었음에도 불구하고 종전이 된 뒤인 1919년에 58척의 주력함과 103척의 순양함, 456척의 구축함과 122척의 잠수함 및 12척의 항공모함 등 수많은 전투함정 외에도 44만여 명의 인력을 보유하여 여전히 강력한 해군력을 보유하고

---

289 Richard A. Preston & Sydney F. Wise, *MEN IN ARMS*, p. 297.

290 육군본부, 『영국 육군사』, p. 401.

291 이때 영국군이 됭케르크에 유기한 장비의 양은 차량 6만 3,000여 대, 오토바이 2만여 대, 475대의 전차와 장갑차량, 2,400여 문의 야포와 다량의 탄약이었다.

292 아서 브라이언트, 『전쟁일기』, p. 26.

있었다.[293] 그러나 이러한 해군력도 경제력의 약화와 더불어 그 영향을 받고 있었다.

1922년에 워싱턴에서 미국과 영국, 프랑스 및 일본, 이탈리아가 참석하여 체결된 '워싱턴 해군군축조약'에 따라 함정을 미국 : 영국 : 일본 : 독일 : 이탈리아가 각각 5 : 5 : 3 : 3 : 1.5의 비율로 보유하기로 하였다.

워싱턴 해군군축조약에 따라 영국은 구식의 전함을 없애는 방법으로 해군함정을 축소하였지만 여전히 2차 세계대전 이전에도 8척의 항모를 운영하고 있었다. 일본이 해군력을 강화함에 따라 미국과 영국, 프랑스는 1938년 6월에 들어 현재의 협약에 따라 최대 규모의 전함을 건조하기로 합의하고 생산에 들어가면서[294] 영국은 전쟁이 발발할 당시 이미 보유하고 있었던 8척의 항모 외에 경항모와 호위항모 등 60척을 추가로 건조하여 총 68척의 항모를 운용하였다.[295]

한편 아시아에는 싱가포르에 '프린스 오브 웨일스(Prince of Wales)'와 '리펄스(Repulse)' 호를 배치하였었는데 이 전함들이 1941년 12월 11일 일본군의 공격으로 침몰되고, 싱가포르 일대에 주둔하던 영국군마저도 1942년 2월 15일 일본군에 항복하여 커다란 충격을 주었다.

영국은 해양 및 도서(島嶼)국가로 전쟁을 수행하기에는 인적자원이나 물적자원이 많은 한계가 있었고 더군다나 됭케르크 철수 시 많은 장비를 유기했기 때문에 다수의 무기가 필요했으나 미국으로부터 장비와 물자, 식량 등을 수송할 수많은 선박이 독일군의 U보트로 인하여 대서양에서 격침당함으로써 엄청난 곤란을 겪고 있었다. 수많은 식량과 장비 및 탄약이 영국에 도착하기도 전에 대서양에서 물속으로 사라진 것이다.

다행인 것은 영국이 국방비의 많은 압박으로 육군에는 적은 예산을 투입하였지만 상대적으로 해군과 공군에 많은 예산이 투입되었다는 것이다. 그런 결과로 독일군이 영국 본토를 폭격해올 시 처칠은 항공기생산성을 설치하고 항공기 생산에 박차를 가하여 허리케인과 스피트 화이어 같은 항공기 생산량을 확대하였고 덧붙여 항공모함이나 전함을 건조할 수 있었다.

영국 공군은 전쟁 중반기에 들어 미 육군 폭격기들과 함께 독일 본토의 베를린이나 도르트문트 등 대도시와 공업지대를 중심으로 전략폭격을 감행하여 산업시설에 많은 피해를 주었으며, 독일 국민들의 전쟁의지도 좌절시키는 역할을 하였다.[296]

293 Paul Kennedy, 『영국 해군지배력의 역사』, pp. 481-482.

294 Robert Goralski, *World War II Almanac: 1931~1945*, p. 68.

295 제임스 조지, 허형범 옮김, 『군함의 역사』, p. 320.

여러 가지로 우여 곡절을 겪으면서 영국은 병력을 동원하고 육·해·공군을 확장하여 전쟁이 끝날 무렵인 1945년 6월에는 465만 3,000명(육군 292, 해군 78.3, 공군 95)으로 확대되어 있었다.[297]

1차 세계대전 시처럼 미국은 영국군이 전쟁을 수행하는 데 커다란 도움을 주었다. 1941년에 제정된 무기대여법에 따라 미국은 영국군에게 전쟁을 수행하는 데 필요한 다량의 장비를 지원하였는데, 이때 지원한 장비는 1941년에는 전체 영국군 장비의 11.5%를 1942년에는 16.9%를 1943년에는 26.9%를 1944년에는 28.7%를 미국이 제공한 장비로 운용을 하였다.[298]

한편 영국군에는 영연방 국가에서도 병력을 파견하여 독일군 및 일본군에 대항하여 전투를 하였다. 이때 영국에 군대를 파견한 영연방 국가는 오스트레일리아와 뉴질랜드, 캐나다, 인도, 남아프리카 공화국 등으로 이들은 유럽 본토에서나 태평양 일대에서 연합군의 일원으로 참전하여 연합군의 승리에 기여하였다.

영국은 전쟁지휘를 효과적으로 하기 위하여 '전시내각(War Cabinet)'을 설치하였는데, 이 전시내각은 보수당과 노동당이 합동으로 조직된 거국내각이었으며, 전시내각에는 군사부를 두어 군사부분과 국민을 대상으로 하는 비군사부분이 마찰이 발생되지 않도록 조정을 하였다.[299]

영국군에는 합동참모회의를 설치하여 육군과 해군, 공군의 긴밀한 협조가 가능하도록 했고 합동작전본부를 설치하여 부대 편성이나 지휘를 할 수 있도록 제도를 보완하였다. 미국이 연합군으로 참전함에 따라 처칠 수상과 루스벨트 대통령은 1942년 12월 아르카디아 회담에 의거하여 합동참모본부회의를 워싱턴에 설치하여 원활한 연합작전이 되도록 하였다.

영국 국민과 영연방군이 같이 한 전쟁

영국은 1차 세계대전기간 중 발생한 많은 인원손실 때문에 사회에 번진 염전사상으로 징병제를 폐지하였으며, 경제적 어려움으로 국방비 편성에도 많은 문제가 있었다.

---

296 존 키건, 『2차 세계대전사』, pp. 145-152.

297 F. W. Perry, *The Commonwealth Armies: Manpower and organization in two world wars*, p. 75.

298 존 키건, 『2차 세계대전사』, p. 324.

299 신미 마사이치, 『제2차 세계대전 전쟁지도』, pp. 345-347.

〈그림 4.16〉독일군이 영국 본토에 상륙침공 시에 이를 기만하기 위해 도로표식을 하고 있는 시민들

출처: 레오나드 모즐리, 『제2차 세계대전』, p. 32.

이러한 사회적 분위기로 2차 세계대전이 발발할 당시 영국의 국방은 어려운 상태에 직면하고 있었다.

영국은 전쟁을 수행하면서 부족한 병력을 충원하기 1차 세계대전 이래 지원병제도를 실시하던 것을 징병제로 전환하였다. 또한 영연방 국가인 오스트레일리아와 뉴질랜드, 남아프리카공화국, 캐나다 등의 국가로부터 병력이나 군수물자 등을 지원받아서 전쟁을 하였다. 이렇게 영연방 국가에서 전쟁기간 중 영국을 지원하기 위하여 참전을 한 부대는 20여 개 사단에 이른다. 또한 영국 공군에는 영연방 국가는 물론 독일군 점령 이후 폴란드와 체코에서 탈출한 조종사들도 함께 작전에 참가하였다.

영국의 산업은 전쟁을 지속하기에는 생산능력에 어려움이 많았기 때문에 이를 보충하기에는 외부로부터의 지원이 절대적으로 필요하였다. 영국이 부존자원이 거의 전무한 가운데 전쟁을 수행하는 데 필요한 전투장비나 탄약과 물자를 생산하기 위해서는 다량의 원자재들이 필요하였다. 이를 해결해준 국가들이 영연방 국가들이었다. 영연방 국가들은 병력을 지원하였을 뿐만 아니라 물자도 지원해서 영국의 전쟁을 지원하였던 것이다.

기술정보와 과학능력이 뒷받침된 장비생산

전쟁에 승리하기 위해서는 자국의 과학기술을 개발하고 우수한 전투장비를 설계·생산해야 하지만 또한 적의 능력도 알아서 그에 대한 대비도 필요하다. 따라서 처칠은 독일의 과학기술능력에 관한 첩보를 수집하기 위해서 과학자와 산업전문가들로 구성된 첩보조직을 운영하였고 과학기술 자문역을 두어 자문을 받았으며, 이를 통해 독일이 액화산소에 비상한 관심을 보이는 점에 주목해 V-2 로켓 생산 프로그램을 인지해 냈다.[300]

이렇게 독일군의 비밀병기 생산계획을 인지한 처칠 수상은 공군 폭격기 사령부에 독일군의 V-2 로켓 연구와 생산시설의 중심지인 페네문데를 폭격하도록 지시하여 1943년 8월 16~17일에 항공기 330여 대가 맹렬한 폭격을 가함으로써 V-2 로켓 개발계획을 한동안 뒷걸음치게 만들었다.[301]

영국은 독일 해군의 U보트에 의한 대서양 봉쇄로 전쟁을 지속할 수 있는 능력이 한계에 다다르자 이를 격멸하기 위하여 새로운 해군 전술과 초단파 레이더(Radar), 수중음파탐지장비(Sonar)를 개발하는 한편 격침되는 양보다 더 많은 선박을 미국과 영국에서 건조함으로써 이를 극복할 수 있었다.[302]

또한 단파 레이더를 개발하여 독일 공군의 폭격기들이 영국 본토를 폭격하러 올 시 원거리로부터 폭격기들을 탐지하여 요격함으로써 적기를 찾기 위해 귀중한 시간과 연료의 낭비를 방지할 수 있었다.[303]

또한 1차 세계대전 시와 마찬가지로 민족적·문화적으로 동질의식을 느끼던 미국은 식량이나 장비 및 탄약 등의 지원은 물론 호송선단을 편성하여 수많은 피해를 입으면서도 영국에게 경제적으로나 군사적으로 막대한 지원을 함으로써 영국은 기사회생을 할 수 있었다.

영국은 또한 최초로 트랙터에 탱크를 개발하여 프랑스의 캉브레 전투에서 사용하기 시작하였지만 당시에는 속도도 느리고 화력도 미약하여 전투에서 기대할 수 있는 효과

---

300 어니스트 볼크먼, 『전쟁과 과학, 그 야합의 역사』, pp. 343-344.

301 존 키건, 『2차 세계대전사』, pp. 861-863.

302 예를 들면 미국과 영국은 1942~43년에 1,230만 톤(미국 830만, 영국 400만)의 선박을 상실했지만 1,600만 톤(미국: 700만, 영국: 900만)을 새로 건조함으로써 이를 보완하였다. 이것은 미국의 폭발적인 선박건조능력 덕분에 가능하였다(Paul Kennedy, 『강대국의 흥망』, p. 479).

303 어니스트 볼크먼, 『전쟁과 과학, 그 야합의 역사』, p. 310.

가 적었다. 그러나 독일군은 이를 간과하지 않고 장비를 개량하고 전술을 개발하여 2차 세계대전 시는 전격전을 하는 데 주력으로 사용하게 되었다.

영국군이 작전을 수행함에 있어 독일군의 암호를 해독하는 것은 필수적으로 당시 독일군은 암호기계인 '에니그마(Enigma)'를 사용하여 독일군의 작전명령을 예하부대로 하달하였는데, 영국인 튜닝(Allen Tuning)은 이를 해독하기 위한 '콤베(Bombe)'라는 암호해독기계를 만들어 독일군 암호를 해독함으로써 영국의 작전에 커다란 기여를 하였다.[304]

원자탄은 미국이 발명하여 일본에 투하하였지만, 영국도 이미 1940년부터 '우라늄 폭발군사위원회(Maud)'라는 조직에서 핵무기를 만들기 위한 프로젝트를 시작하였다. 영국은 핵무기를 연구하던 과학자들을 1940년 가을에 미국으로 보내 미국과 연구된 자료를 공유하였으며, 미국이 연합국으로 참전하자 독일의 원자탄 연구시설에 대한 공격의 가능성 검토와 동시 영국이 개발하는 데 소요되는 시간과 비용 때문에 미국에서 연구하고 생산하는 것이 안전할 것이라는 판단으로 미국에서 생산하도록 하였다.[305] 만약 영국이 원자탄을 먼저 개발하였다면 처칠은 이를 독일에 사용하도록 명령을 하였을 것이라고 하는데 이는 처칠의 결단력을 보여주는 말일 것이다.

전 사회와 전 국민이 국토방위를 위해 헌신

1차 세계대전에서 승리를 한 영국이지만 전후에는 전쟁기간에 나타난 여러 현상 — 군비경쟁, 군사협상, 제국주의 등 — 들로 영국 사회는 국민적 환호보다 전쟁의 결과로 인한 심리적 혼란으로 어려운 환경에 처해지고 있었다. 무엇보다도 전쟁 자체에 대한 국민의 반대가 심하여 반전사상이 널리 확산되고 있었으며, 그 중심에는 정치가나 역사학자와 출판업자 등이 있었다. 그들은 1차 세계더전에서 나타났던 피해를 목격하면서 더 이상 전쟁은 안 된다고 주장하고 있었다.

그러나 그들의 주장은 아랑곳없이 히틀러의 독일군 자군비 선언과 인접국 합병을 영국도 계속 외면할 수 없게 되었고, 서서히 독일군의 영국 본토에 대한 침공 가능성이 높아지자 영국인은 총력을 기울여 본토 방위를 위한 준비를 하지 않을 수 없었다.

독일 공군의 영국 본토에 대한 공격이 시작되자 1차 세계대전에 참여한 많은 퇴역장

---

304 위의 책, pp. 328-332.
305 폴 존슨, 『윈스턴 처칠의 뜨거운 승리』, pp. 194-195; 존 콘웰, 『히틀러의 과학자들』, pp. 296-298.

〈그림 4.17〉 도버 해협에 설치 중인 영국군 대공초소. 이 초소는 독일군 폭격기들이 영국으로 접근 시 감시를 하여 조기에 경고하면서 사격을 통해 비행기를 격추시키는 임무를 수행하였다.

출처: 레오나드 모즐리, 『제2차 세계대전』, p. 23.

교나 농·어민 등 수많은 사람들이 영국의 전 해안선에 철조망이나 대전차호를 설치하거나 심지어는 골프채나 농기구용 가래를 들고 경계임무를 수행하기 위해 배치되었다.

독일군이 침공할 만한 곳에는 대전차호를 설치하고 위장된 드럼통 안에는 석유와 석회타르를 채워 넣어 대전차 방어용으로 사용할 준비를 하였으며, 해안에는 파이프를 설치하고 안에는 석유를 채워 이를 점화하면 커다란 불덩어리가 되도록 하였다. 인조용 해상보루를 제작하여 도버 해협에 설치하고 대공초소로 사용할 준비도 하는 등 영국 본토에 대한 요새화 작업도 하였다.[306]

전 국민은 영국의 해안선 방어를 위해 각종 진지나 철조망 같은 장애물을 설치하여 독일군 상륙에 대비하였고, 마을마다 시민들은 이상한 사람들이 나타나면 확인과 감시를 위해 보초를 섰다. 그들은 마을에 확인이 되지 않은 사람이 나타나면 즉시 여기저기서 나타나서 신원을 확인하였다. 그들에게는 어떤 특별한 무기가 주어진 것도 아니고, 그렇다고 그들에게 보상이 주어진 것도 아니었다. 그들은 다만 독일군 침공 시 영국을 지키기 위해 자발적으로 헌신하였던 것이다.

당시 영국 본토에는 독일계와 이탈리아계 주민들이 수만 명 있었는데 영국은 이들

---

306 레오나드 모즐리, 『제2차 세계대전: 영국 본토 공방전』, pp. 22-23.

이 독일이나 이탈리아를 위하여 일할 것을 우려하여 이들을 본토의 일정지역에 수용소를 설치해 놓고 강제로 수용하였다가 석방하였다.[307]

독일군의 상륙침공에 대비하여 도로의 표지판이 모두 제거되었는가 하면, 모든 차량이나 건물은 등화관제용 커튼을 설치해야 했고 도처에는 방공호가 설치되었다. 독일군 공습에 대비하여 방공호에서의 생활은 거의 일상화되다시피 하였다. 가정에서 사용하던 식기류들 중에서 무기나 탄약을 만드는 데 이용될 수 있는 모든 금속들은 수집되어 공장으로 보내졌고 대다수의 국민들은 기꺼이 이에 응하였다.

성직자들도 시민방위대에 자원 입소하여 훈련을 받았고, 독일군이 시가지에 낙하할 경우에 대비하여 롤러 스케이트를 탄 시민방위군들이 신속히 출동하여 제압하는 훈련도 실시되었다. 마을과 마을을 연결하는 도로의 길목에는 시민방위군이 배치되어 가시철망과 바리케이드를 설치하고 검문을 하면서 독일군의 침공에 대비하였다.

시민들이 자주 모이는 공공시설이나 지하 대피시설에는 독일의 간첩활동에 대비하여 이를 경고하는 내용의 포스터가 부착돼서 경각심을 주었으며, 영국인의 적개심을 북돋는 내용이나 식량절약을 강조하는 내용의 포스터도 도처에 게시되어 국난을 극복하기 위한 국민적 책임을 강조하고 동참을 호소하였다.

어린이들은 독일 공군의 폭격에 의한 피해를 방지하기 위하여 런던과 같은 대도시에서 중소도시나 농촌지역으로 2년에 걸쳐 200만여 명이 소개되었다가 전쟁이 끝나면서 부모의 품으로 돌아갔다.

1940년 8월부터 시작된 영국 남동부지역과 런던 대공습에서 수많은 사람들이 사망하였고, 런던 시를 포함하는 맨체스터나 글래스고 같은 도시지역에서도 많은 건물들이 파괴되었지만, 오히려 국민들은 더욱 단결하고 있었다. 전쟁으로 시들어가는 영국인의 사기를 올리기 위해 새로운 노래가 제작되고 영국군이 승리하는 영화가 만들어져 상영되면서 영국인의 사기를 고양하기 시작하였다.

여기에 영국에 파견된 미국의 방송사들은 독일 공군이 런던을 공습하는 장면과 피해를 극복하기 위한 영국인들의 행동을 가감 없이 생생하게 전달하여 미국인으로 하여금 영국에 대한 성원을 하도록 만들어줬다.

한편 영국 황실의 노블레스 오블리주가 모범이 되듯이 또한 사회에서는 고위층 자제들이 다니는 '이튼 칼리지(Eaton College)'와 같은 유명한 학교의 학생들도 전쟁에 직접

307 레오나드 모즐리, 『제2차 세계대전: 영국 본토 공방전』, p. 25.

참전하여 수천 명이 전사를 함으로써 사회적 지위에 상응하는 모범을 보여 영국인들의 귀감이 되었다.

영국은 히틀러의 재군비 선언과 재무장 추진, 오스트리아와 체코에 합병으로 전운이 점점 고조되어도 경제적 어려움과 국민적 감정, 지도자의 유화정책 등으로 제대로 국방에 대한 준비를 하지 않았다. 뒤늦게 전쟁 발생 시에 대비, 준비를 하였지만 시간적으로 늦은 상태에서 전쟁은 시작되었다. 유럽에 파견되었던 원정군온 됭케르크에서 많은 장비를 유기한 채 피해를 입고 맨몸으로 철수를 해야만 되었다. 처칠이 수상으로 취임하여 극도로 어려움에 빠진 상태에서 국민에게 피와 땀과 눈물을 요구하면서 전쟁을 해나가기 시작하였다.

〈그림 4.18〉 시민방위군에 자원입소하여 훈련 중인 70세의 성직자

출처: 레오나드 모즐리, 『제2차 세계대전』, p. 42.

처칠은 미국 대통령과의 개인적 유대와 전략지도, 외교술과 국민을 전쟁승리로 이끈 단결력, 독일군의 무제한 잠수함전에 맞서 장비를 개발하고 심지어는 얼마 전까지만 해도 동맹국이었던 프랑스가 독일군에 점령당하자 비시 괴뢰정부의 프랑스 해군이 독일군의 수중으로 들어갈 것을 우려하여 이 함대를 공격하게 한 것 등은 처칠의 강력한 리더십의 일면을 보여주는 동시에 영국이 연합국의 일부로서 왜 승리를 할 수 있었는지를 보여준다.[308]

전쟁기간 중 처칠의 전쟁지도와 관련되는 수많은 일화가 있지만 그의 다양한 경험과 천재적인 능력 및 지도력으로 당시 영국이 처했던 곤란한 상황들을 극복하고 마침내는 전쟁에서 승리할 수 있었다.

---

308 엘리엇 코언, 『최고사령부』, pp. 196-198.

4. 대공황을 극복하고 막대한 잠재력을 군사력으로 전환한 미국

1차 세계대전 시 중립을 지키다 독일군의 무제한 잠수함 작전으로 뒤늦게 연합국의 일원으로 전쟁에 참여하여 승리에 커다란 역할을 한 미국은 종전과 동시 정치·경제적으로 확실한 강대국으로 부상하였다. 정치적으로는 윌슨 대통령이 주창한 '14개 조항'에 의하여 국제연맹이 창설되었고, 경제적으로는 미국에 견줄 만한 국가가 없을 정도로 국력이 강대해졌다. 한편 미국은 국제연맹 창설의 주역이었으나 국내에서는 의회에서 중립주의 주장으로 참여하지 못하고 고립주의로 회귀하고 있었다.

1차 세계대전에서 승리한 미국은 세계 최고의 채권국으로 호황을 누리면서 남아도는 자금을 이용하여 산업시설을 확대하고 대량으로 생산을 하였지만, 국내에서 모두 소비하지 못하여 해외에서의 판매처가 필요하였다. 그러나 유럽의 국가들은 1차 세계대전의 여파로 상품구매력이 부족하여 미국 상품을 구매할 수 있는 여력이 없었고, 미국의 창고에는 재고가 쌓이는 가운데 경제에 불안을 느낀 투자가들이 주식을 대량으로 투매하기 시작하였다.

이렇게 뉴욕 주식시장의 주가폭락으로 시작된 1929년의 대공황으로 말미암아 수많은 공장들은 도산되었고, 수백만 명의 노동자들은 거리로 쏟아져 나왔다. 1933년 취임한 루스벨트 대통령은 뉴딜정책을 추진하여 정부가 경제활동에 적극 개입하기 시작하였고, 실업자들에게 일자리를 마련해주기 위하여 '테네시 강 유역개발(TVA)'을 시작하였으며, 사회보장법을 만들어 고용을 늘리는 등의 조치로 경제가 부분적으로 회복되기는 하였지만 1937~1938년에 들어 다시 악화일로로 빠져 들어가기 시작하였다.

미국은 광대한 영토와 풍부한 자원, 발전된 산업시설, 많은 인구로 잠재력이 풍부한 국가이지만 대공황의 여파로 인하여 한동안 경제적으로 어려움에 있었으나 유럽에서 독일군이 전쟁을 도발하고 일본군이 진주만을 기습하자 본격적으로 전시체제로 전환하여 수많은 병력을 동원, 부대를 창설하고 산업시설을 전시생산체제로 전환하여 막대한 전투장비와 탄약과 물자를 생산, 연합국을 지원하였다.

│ 불굴의 지도자 루스벨트

유럽에서 2차 세계대전이 발발할 당시의 미국의 지도자는 루스벨트(Franklin D. Roosevelt)[309] 대통령으로 그는 대공황(1929)을 극복하고 전쟁이 거의 끝날 때까지 지도하다가 연

〈그림 4.19〉 루스벨트대통령
(1882~1945)

합국의 승리를 목전에 두고 타계하였다. 그는 1933년부터 3월부터 1945년 4월까지 12년 2개월을 미합중국 대통령으로서 직무를 수행하였다. 그가 집권을 한 동안에는 1929년 시작된 대공황을 극복해야 했고, 2차 세계대전이 발발하자 미군의 최고 사령관이자 국가지도자로서 전쟁을 승리로 이끌어야 했다. 그는 39세에 소아마비에 걸려 한때 위급한 상황에 있었으나 천신만고 끝에 목숨을 건졌다. 그런 그이기에 2차 세계대전과 같이 역경에 처하면 더욱 강해지는 사람이었다.

히틀러가 재군비를 추진하고 무력으로 인접국의 서서히 합병을 해나갈 때 그는 이런 행동들이 얼마나 미국의 안보에 위협이 되는지를 알고 있었다. 당시 고립주의로 인하여 미국이 유럽의 일에 관여하는 것이 쉽지 않은 일이었지만, 그는 서서히 이런 반대 움직임을 무마하면서 연합국 쪽으로 미국을 이끌어나갔다. 히틀러와 무솔리니에게는 독일군과 이탈리아군이 인접국을 침범하거나 공격하지 말 것을 요구하는 서신을 보내기도 하였다.

〈표 4.16〉 1937~1938년 미국의 국가능력

구분	인 구 (만 명)	GDP (억$)	국방비 (억$)	항공기 생산 (대)	철강 생산 (만 톤)	에너지 소비 (백만M/T)
능력	13,830	680	11.31	2,195	2,880	697
비고	1938	1937	1938	1938	1938	1938

출처: Paul Kennedy, *The Rise and Fall of The Great Power: Economic Change And Military Conflict From 1500 To 2000*, pp. 199-201, 296, 324, 330-332.

---

309 프랭클린 루스벨트 대통령은 1882년 1월 뉴욕 시에서 인접한 곳에서 부유층의 자제로 태어났으며, 하버드 대학에서 미국사와 정치학을 전공하였다. 1912년 선거에서 윌슨 대통령을 지지하였기 때문에 윌슨이 대통령으로 당선되자 해군차관으로 기용되어 이후 8년간 근무하였다. 1921년 39세에 소아마비로 불구가 되었지만 불굴의 의지로 이를 극복하여 1928년 뉴욕주지사로 재기하였으며, 1932년 대공황의 와중에 공화당 후보로 대통령에 당선된 이후 4차례에 걸쳐 연속적으로 당선되었다. 2차 세계대전이 종전으로 치닫던 1945년 4월 2일에 미국의 승리를 불과 4개월 앞두고 타계하였다.

〈그림 4.20〉 일본군의 진주만 기습 이후 의회에서 대일본 선전포고를 요청하는 루스벨트 대통령

출처: 로널드 H. 베일리, 『제2차 세계대전』, p. 19.

1937년 12월 12일, 중일전쟁 당시 양쯔(揚子) 강 입구에 정박해 있는 미해군의 전함 파나이(Panay) 호가 상해에서 일본군 항공기의 공격으로 침몰하는 사건이 발생하여 미국인의 분노를 일으키는 사건이 발생하였다. 아시아에서는 일본군의 팽창이 더욱 노골화되고, 유럽에서는 독일군의 위협이 가시화되자 루스벨트는 '해군확장법(Naval Expansion Act)'을 제정하여 해군력을 강화하기 시작하면서 국방비를 증액하는 등 추축국의 다가오는 위협에 대응하기 시작하였다.

루스벨트 대통령은 일본군이 중일전쟁을 일으켜 중국을 점령하자 이를 강력히 비난하며 중국에서 철수할 것을 요구하였다. 그러나 일본이 이를 거절하자 영국 및 네덜란드 등과 더불어 서방국가들이 대일본 무역을 금지하고 대일무역의 3/4을 줄이며 석유 수출을 금지하는 등의 조치를 취하여 일본에 경제적으로 압박을 가하였다.

이러한 과정에서 그는 1933년 3월부터 시작한 이른바 '노변담화(爐邊談話, Fireside Chat)'를 자주 활용하였다. 그는 국민들에게 자신의 정책과 비전을 알려주기 위하여 백악관 난롯가에 앉아서 정담을 나누듯 라디오를 이용하여 국민들에게 연설을 하였으며, 1941년 3월의 무기대여법 제정도 노변담화를 통해 국민들을 설득하고 이를 바탕으로 법안을 제출하여 일부 의원의 반대를 무릅쓰고 통과시켰다.

유럽에서 독일군의 폴란드 침공으로 발발한 2차 세계대전에서 영국 등 연합국들이 무기와 탄약의 부족으로 어려움을 겪자 루스벨트 대통령은 1940년 12월 29일 대국민 연설을 통해 연합국을 지원하기 위하여 미국이 '민주주의를 지키는 병기고(Arsenal of Democracy)'[310]가 되어야 한다는 주장을 노변담화를 통해서 하면서 국민들을 설득시켰고 의회의 승인을 받아냈다.[311]

그는 의회 내 고립주의자들의 반대에도 불구하고[312] '무기대여법(Lend-Lease Act)'을 제정하고 1941년 3월 11일 의회를 통과시켜 전투장비와 탄약은 물론 막대한 양의 원자재와 곡물까지 연합국들에게 지원함으로써 승리를 할 수 있게 도와주었다.[313]

루스벨트 대통령은 1941년 12월 7일, 일요일에 일본군이 진주만을 기습하자 의회에 대일본 선전포고를 요청하여 의회에서 상원은 82 : 0으로 가결하였으며 하원도 단 1표의 반대로 전원이 압도적으로 찬성하면서 지지하였다.[314] 의회의 전폭적인 지지 아래 루스벨트는 "진주만을 기억하라(Remember Pearl Harbor)."고 하면서 전쟁에서 승리할 수 있도록 국민을 결집시켰고 전쟁지도를 통하여 연합국이 승리하는 데 주도적 역할을 하였다.[315]

---

310 Julian E. Zelizer, *Arsenal of Democracy: The Politics of National Security-from World War II to the War on Terrorism*(New York: Basics Books, 2009), p. 1.

311 루스벨트 대통령은 1940년 12월 29일 라디오로 방송된 연설에서 "미국이 민주주의를 지키기 위한 세계의 병기창이 되어야 한다."고 강조하면서 말하기를 "미국 내의 유화론자들이 유럽의 비극이 보내는 경고를 무시하고 협상에 의한 평화를 이룰 수 있다고 하지만 호랑이를 길들인다고 고양이가 되는 것은 아니다."라고 반박하면서 "강요된 평화는 평화가 아니다."라고 선언하였다(『국방일보』 2004년 5월 18일자).

312 루스벨트 대통령의 무기대여법 제정에 대하여 중립법을 내세워 이를 반대하는 여론이 많이 있었다. 따라서 루스벨트 대통령은 이를 잠재울 필요가 있었는데, 그의 논리는 "불 난 옆집에서 소방호스를 빌려달라고 하는데 우물쭈물하면 불이 옮겨붙을 수밖에 없다. 일단 불을 끈 다음에 돌려받는 것이 낫다."고 하여 반대 여론을 잠재웠다.

313 1940년 6월 됭케르크에서 영국군이 철수할 당시 대부분의 장비를 프랑스에 유기해 놓고 왔기 때문에 영국군이 본토 방어를 위해서 가용한 무기는 거의 없었다. 따라서 처칠은 미국의 도움이 절실히 필요하였지만, 그러나 아직 영국이 1차 세계대전 시 미국의 채무도 완전히 상환하지 않고 있었기 때문에 미국의 여론은 호의적이지 않았다. 그나마 다행인 것은 미국에서 영국의 안보가 미국의 안보와 직결된다는 의견의 대두였다. 이러한 여론의 뒷받침에 따라 무기대여법이 제정되어 1941년부터 1945년 전쟁이 끝날 때까지 총 500억 달러(2006년도 가치로 환산 시 5,254억 달러)가 연합국에 제공되었는데, 이 중 310억 달러는 영국에 제공되었고, 소련에도 110억 달러가 제공되었으며, 그 외에는 프랑스와 중국 등 37개국에 제공되어 연합국을 승리로 이끈 원동력이 되었다. 55%가 차량이나 무기 및 탄약의 형태로 지원되었고, 40%는 산업용 자재나 곡물이 지원되었다(마틴 폴리, 『제2차 세계대전』, pp. 146-147). 이 법안은 2차 세계대전이 끝나면서 1945년 9월 30일부로 종료되었다.

314 자세한 내용은 미국사연구회에서 발행한 『미국역사의 기본자료』의 pp. 274-275를 참조.

315 진주만 기습 당시 왜 미국이 기습을 받아서 커다란 피해를 입었으며, 미국은 정말로 일본군의 기습 가능성을 알고 있지 못하였는지에 대한 이론이 있다. 당시 주일 미대사인 그류는 "일본이 미국과 외교를 단교할시 일본은 진주만에 대한 대규모의 기습계획을 수립한다는 이야기가 항간에 퍼지고 있고, 이런 소식을 본국정부에 보고하였다."고 하였고, 미 해군에서도 일본군의 기습 가능성에 대한 논의가 진행되고

독일이 재군비를 선언하고 일본이 중일전쟁을 일으키면서 전쟁의 기운이 높아지는 가운데 미국이 언제부터 전쟁에 대비를 하였는가는 중요한 문제였으나 적어도 1940년 이전까지는 그에 대한 준비를 적극적으로 하고 있지 않았다. 즉 1936년 스페인 내전이 발발하였을 때에 그해 8월 이른바 '샤우토카(Chautauqua)' 연설에서 미국은 중립주의와 비간섭 원칙을 표명하고 있었으며, 1935년 제정된 중립법316에 대해서도 개정하려는 움직임도 없이 여전히 고립주의를 유지하였다.

1937년 중일전쟁이 발발하자 루스벨트 대통령은 고립즈의를 포기하고 개입주의를 결단한 것으로 알려지고 있지만, 여전히 군비확장을 위한 행동은 시작하지 않고 있었다. 그러다가 체코 수데텐란트에서 독일인의 반란이 발성하자 히틀러가 1938년 9월 13일 뉘른베르크 연설을 통해 체코군이 이를 진압하기 위해 투입될 시 군사적 개입을 하겠다고 위협하였다. 이에 루스벨트 대통령은 측근을 보내 태평양 연안의 항공기 공장을 시찰하고 공장신설을 위한 조사를 하도록 하면서 이때부터 군비확장에 대한 관심을 갖기 시작하였다.317 대통령이 군비확장에 관심을 갖자 군과 업체의 협력이 촉진되고 1939년 들어 전쟁위협이 점차 높아지자 영국과 프랑스로부터 무기발주가 증가하면서 업체들의 설비확장이 촉진되기 시작하였다.

루스벨트는 태평양 지역에서 일본군의 세력 확장이 미국의 안전에 위협이 되자 육군과 해군을 확장하기 시작하였고, 독일군의 영국에 대한 위협이 가중되자 영국에 대한 지원방안을 모색하기 시작하였다. 독일이 전 인류의 위협이 되고 있음을 감안하여 유럽인들이 이에 대응하기 위해 전차와 항공기 등을 지원해야 한다고 강조하면서 무기대여법도 제정하였다.

루스벨트 대통령은 무기대여법으로 동질감을 갖고 있었던 영국은 물론 공산주의 국

있었다. 그러나 대부분의 미군 장군은 일본군의 진주만 기습 가능성이 낮은 것으로 평가를 하여 이에 대비하기 위한 실질적인 조치가 이뤄지고 있지 않았으며, 진주만 기습 당일 하와이 레이더 기지에서도 일본기의 접근을 스크린을 통해 확인하였으면서도 아군 훈련기의 비행훈련으로 판단하고 조치를 하지 않은 결과로 일본군의 기습은 성공할 수 있었다(신미 마사이치, 『제2차 세계대전 전쟁지도』, pp. 331-335).

316 '중립법(Neutrality Acts)'은 1935년 이탈리아가 에티오피아를 침공하자 미국의 중립을 유지하기 위하여 연방의회가 제정한 법률이다. 1935년 제정된 법률에서는 미 대통령이 전쟁상태가 존재한다는 선언을 하였을 경우에 미국 국민이 교전국에 군수품을 매각 또는 수송하는 것을 금지하는 내용을 포함하였다. 1936년에는 교전국에 차관을 제공하는 것을 금지하는 사항을 포함하였고, 1937년에는 전쟁은 물론 내란이 발생 하였을 시에도 적용토록 개정하였다. 이 법은 1941년 두기대여법이 제정됨에 따라 적용되지 않다가 진주만 기습으로 사실상 유명무실하게 되었다.

317 신미 마사이치, 『제2차 세계대전 전쟁지도』, pp. 253-257.

가의 원조인 소련까지도 과감히 지원하여 연합국이 승리를 할 수 있도록 하였다.[318] 전쟁이 미국에도 가까이 오고 있는데 만약 독일군이 아조레스(Azores)[319] 제도까지 점령한다면 미국도 직접적인 위협에 처하게 될 것이라고 하여 무제한 비상사태까지 선언하면서 대응하기 시작하였다.

그리고 일본군이 진주만을 기습하여 태평양 함대에 많은 피해를 입히자 대일선전포고와 동시에 전시체제로 전환하여 막대한 잠재력을 전쟁수행능력으로 전환하였고, 미국이 유럽전선에 참전하기로 결정한 뒤 루스벨트 대통령은 미군을 유럽전선에 먼저 참여시키자는 군사보좌관들의 건의를 기각하고 지중해 전선에 먼저 투입을 하였다. 그 이유는 아직 미군이 전투경험이 없어서 먼저 전투경험을 한 뒤에 투입하고자 하였기 때문이며, 이를 위해 아이젠하워 장군을 사령관으로 임명하여 모로코와 알제리에서 영국군과 대규모의 연합작전을 실시하여 처음에는 독일군으로부터 피해를 많이 받기는 했지만 그러나 전투경험을 익히면서 나중에 유럽전선에서 승기를 잡을 수 있었다.[320]

루스벨트의 이러한 지도력을 두고 그의 직속 참모총장이었던 리히(William D. Leahy) 제독은 그의 저서 『나는 그곳에 있었다(I was there)』에서 "루스벨트는 국제정세에 관해 탁월한 지식을 갖고 있음과 동시에 작전에 관해서도 거의 전문가와 같은 이해력을 갖고 있었다. 그래서 2차 세계대전 지도에 있어서 그는 처칠보다 탁월한 수완을 보였다."고 말하고 있다.[321] 국가지도자로서의 전쟁지도를 평가한 것이다. 그는 거대한 미국을 불굴의 의지로 전쟁을 지도하여 승리로 이끌다가 전쟁종결을 목전에 두고 타계하였다.

| 국가적 비상사태에 솔선수범하고 단결하는 국민

2차 세계대전이 발발하였을 당시 미국인의 대다수는 미국이 중립을 지키면서 연합

---

318 미국이 무기대여법을 통해 소련에게까지 무기와 탄약, 식량 등을 지원하게 된 배경은 첫째, 히틀러가 전쟁에서 승리하여 소련과 합쳐 맞서 싸우게 될 경우에 대한 두려움과 둘째, 모스크바를 방문하고 돌아온 측근 홉킨스의 보고 결과, 즉 소련군의 자신감과 높은 사기 및 스탈린이 갖고 있는 승리에 대한 무한한 의지 등이 있었기 때문이다(베빈 알렉산더, 『위대한 장군들은 어떻게 승리하였는가?』, pp. 210-213). 이에 따라 루스벨트는 소련에 무기와 탄약, 식량 등을 지원하겠다는 전문을 발송하였고 막대한 물자를 지원하게 된 것이다.

319 포르투갈 서쪽에 있는 대서양상의 화산군도(면적 약 2,355km²). 만약 독일군이 아조레스 제도 일대까지 점령하게 되면 이는 곧 서유럽 전 지역에 대한 영향력을 발휘하게 되고 아울러 대서양도 독일 해군의 자유로운 활동무대가 되면서, 동시에 미국의 서부지역도 독일군의 위협에 놓임을 의미하는 것이다.

320 폴 콜리어, 『제2차 세계대전』, pp. 329-330.

321 신미 마사이치, 『제2차 세계대전 전쟁지도』, p. 369.

국의 전쟁수행에 필요한 원조는 하되 전쟁에 개입하는 것을 반대하는 입장이었다. 당시 미국의 국무장관이었던 헐(Codell Hull)은 회고록에서 "대다수의 미국인은 가능한 방법으로 연합국을 원조하는 노력을 지지하지만, 그렇다고 미국이 전쟁에 휘말려 들어가는 것은 찬성하지 않았다."고 기술하고 있다.[322]

미국의 진주만 기습과 히틀러의 대미선전포고 이전까지 대부분의 미국 국민들은 전쟁이 그들의 것이 아니고 전쟁에 참전하지 않아도 미국의 필수이익에 영향을 미치지 않을 것이라고 생각하면서도 (1차 세계대전 시와 마찬가지로) 미군장병을 파견하지 않으면서 추축국을 격멸하기 위해서 정서적으로는 연합국을 지원할 수 있다고 하였다.[323]

미국은 평시 국민의 다양한 의견으로 곧 국가가 분열될 듯 보이지만, 1·2차 세계대전과 같은 국가적 대사가 발생하면 여당과 야당 할 것 없이 모든 국민이 한 곳으로 뭉쳐서 정부가 하는 일을 지원함으로써 정부를 돕는 전통을 갖고 있는데, 일본군의 진주만 기습시도 이런 전통이 되살아났다.

1941년 12월 7일, 일본군이 진주만을 기습하자 12월 10일 『뉴욕 타임스』가 실시한 여론조사에서는 미국인의 98%가 대일선전포고에 찬성하는 것으로 조사되었다.[324] 루스벨트 대통령이 의회에 대일선전포고를 요청했을 때 의회에서는 하원에서 평화주의를 주장하는 단 1명만이 반대를 하고 상·하원 모두 찬성하였고, 미국인의 대다수도 찬성하였다. 일본군의 진주만 기습으로 태평양 함대가 많은 손실을 입었고, 이것은 미국인의 자존심을 한없이 짓밟는 결과를 가져왔으며, 미국인을 굳세게 단결하게 만든 것이다.

전쟁이 발발하자 젊은이들은 장병집결소로 가서 훈련을 받고 전선으로 투입되었으며, 여자들은 공장의 노동자나 아니면 군 의무시설 또는 보급시설 등 가리지 않고 임무가 주어지는 대로 동원되어 비전투원으로 임무를 수행했다.

디트로이트에서는 할아버지와 아들, 손자가 동시에 징병소에 나타나 지원하였고, 1차 세계대전 시 프랑스 전역에서 용맹을 날린 퍼싱 예비역 대장이 81세의 노구를 이끌고 입대를 지원했으며, 시카고 대학 교수인 폴 더글라스는 50세로 지원하여 이등병으로 입대하였다. 남녀노소 구분 없이 수많은 사람들이 지원한 결과로 미국은 전쟁기간 중

322 신미 마사이치, 『제2차 세계대전 전쟁지도』, p. 185.

323 Peter Calvocoressi and Guy Wint, *Total War*, p. 185.

324 로날드 H. 베일리, 한국일보 타임-라이프 옮김, 『제2차 세계대전: 미국의 전시생활』(서울: 한국종합물산, 1985), p. 23.

<그림 4.21> 군사훈련에 참여하고 있는 어린 학생들. 어린 학생들에 대한 군사훈련은 미국 국민의 정신자세를 보여주는 상징적인 것이다.

출처: 로널드 H. 베일리, 『제2차 세계대전』, p. 12.

1,600만여 명이 군복을 입고 있었는데, 이는 미국인 10명당 1명의 비율이다.[325]

전 미국 대통령이었던 조지 부시(George H. Bush)는 예일 대학교 재학 중 태평양전쟁이 발발하자 항공모함의 조종사로 참전하였다. 이렇게 미국인은 신분의 높고 낮음에 상관하지 않고 자원하여 전투원 또는 비전투원으로 기꺼이 임무를 수행하였다. 일본군의 진주만 기습은 미국인을 하나로 만들었고, 미국은 이를 바탕으로 태평양에서는 일본군을 무찌르고 유럽에서는 연합군의 주역으로 독일군을 패퇴시킬 수 있었던 것이다.

국민의 의지를 결집시킨 역할을 한 정치

2차 세계대전이 발발하기 이전부터 전쟁이 끝날 때까지 미국이 당면한 문제는 일본의 진주만 기습으로 시작된 태평양전쟁에서 승리를 하는 한편 유럽에서 승승장구하고 있었던 히틀러의 군대를 격파할 수 있도록 영국을 포함하는 연합국을 지원하여 승리로 이끄는 것으로서, 정치권에서는 이를 지원하는 조치가 필요하였다.

---

325 로날드 H. 베일리, 『제2차 세계대전: 미국의 전시생활』, pp. 42-43.

히틀러가 재군비를 선언하고 오스트리아나 체코를 합병하며, 일본이 중일전쟁을 일으키고 그 야욕이 동남아시아로 향하여 뻗어나갈 무렵, 미국은 일본에 금수조치를 하는 등 외교적·경제적인 조치를 하였지만, 그러나 대외적으로는 고립주의로 인하여 비간섭 노선을 지향하고 있었다.

1935년 제정된 중립법이 1937년 개정되어 일본이나 독일, 이탈리아 등 현금을 갖고 자국의 선박을 이용하는 추축국 국가도 미국으로부터 전쟁물자를 구입하는 것이 가능하였으나 1939년 9월, 독일군이 폴란드를 침공하자 루스벨트 대통령은 미 의회에 중립법 개정을 요청하여 교전국에 무기를 수송할 수 있는 '무기금수조항의 철폐'를 폐지함으로써 추축국이 더 이상 미국으로부터 전쟁을 준비하거나 지속할 수 있는 물자를 구입하지 못하도록 하였다.[326]

한편 전쟁의 위협이 점차 증대되고 있었기 때문에 이에 대비하여 미리 준비할 필요성이 대두되어 1939년 1월에 군과 산업계의 접촉과 교류를 증대시키고 평시부터 소량의 군수품 발주를 지속하기 위하여 '양성발주법(Educational Corporation Act)'을 제정하였고, 6월에는 '전략물자비축법(Strategic Material Stockpiling Act)'을 제정하여 이 법을 기반으로 창설된 부흥금융공사의 자금을 이용, 고무저장회사를 설치하여 미국의 가장 약점 중의 하나였던 고무를 매입하고 저장할 수 있도록 하였다.[327]

또한 그해 8월에는 1차 세계대전 이후 유일하게 남아 있던 유일한 조달기관인 육·해군의 공동군수국을 개편, '전시자원국(War Reserve Board)'을 설치하여 전쟁이 발발할 것이라는 판단 아래 전시수요에 대처하기 위해 민간과 군이 함께 활동에 참여하였다.

이듬해인 1940년 5월, 독일군이 네덜란드와 벨기에, 프랑스를 침공하자 바로 연간 5만 대의 항공기 생산계획과 더불어 육·해군 증강계획을 의회에 요청하였고, 6월에는 대통령이 "미국은 민주주의 국가를 지원한다."는 연설을 하면서 태평양과 대서양 함대의 설치와 '평시선발징병법'의 시행을 위해 연말까지 약 177억 달러의 군비지출 권한을 의회에 요청하여 독일로부터 야기되고 있는 전쟁에 미국이 개입할 수 있음을 천명하였다.[328]

1940년 5월 1차 세계대전 중에 제정된 국가방위법에 근거하여 '국가방위회의(Council on National Defence)'를 설치하고 여기에 육군과 해군, 농업·상무·내무·장관·노동장관

---

326 시드니 렌즈, 서동만 옮김, 『군산복합체론』(서울: 도서출판 지양사, 1985), p. 259.
327 위의 책, pp. 259-260.
328 위의 책, pp. 261-262.

등 6인으로 구성된 '국방자문위원회'를 설치하여 자문을 받으면서 동시에 '긴급관리국(Office of Emergency Management)'이 설립되어 실제 행정과 관리 등의 업무를 수행하였으며, 긴급관리국은 산하에는 '물가통제국(Office of Price Administration and Civilian Supply)'과 '생산관리국(Office of Production and Management)', '무기대여국(Office of Lend-Lease Administration)', '과학연구개발국(Office of Scientific Research and Development)', '경제전쟁국(Office of Economic Warfare)', '전시노동국(National War Labor Board)', '전시해운청(War Shipping Administration)' 등의 부서를 설치하여 전쟁을 수행하는 데 필요한 군수품 생산으로부터 무기의 대여와 과학기술 발전업무를 하였다.[329]

1941년 12월, 일본군의 진주만 기습으로 태평양전쟁이 발발하자 대통령은 의회에 대일선전포고를 제안하였고 의회는 이를 전폭적으로 지원함으로써 미국이 전쟁수행체제로 전환하는 데 기여를 하였다.

미국은 전쟁이 발발하자 국가를 전시체제로 전환하고 전쟁지원을 위한 '징발권한부여법'을 만들어 필요시 물자를 징발할 수 있도록 하였고, '군수공업육성법'을 제정하여 군수물자를 신속히 생산할 수 있도록 하였으며, 가격통제법을 제정하여 물가의 상승을 통제할 수 있도록 하였다.

'경제안정법'을 제정하여 경제의 안정적인 운영이 가능하도록 하였다. 무기대여법을 제정하여 영국은 물론 소련에게도 무기나 탄약 등을 지원할 수 있도록 하였다.[330] 또한 '경제안정실'을 만들어 경제안정을 위해 필요한 조치를 할 수 있도록 하였고, '전시동원실'을 만들어 군사작전에 필요한 자원의 동원업무를 할 수 있도록 하는 등 동원 관련 기구를 보강하였으며 '전시식량관리청'을 만들어 식량을 생산하고 통제할 수 있도록 하였다. '전시유류관리청'도 만들어 유류의 생산과 통제 등을 할 수 있도록 하였으며, '전시수송위원회'를 만들어 수송업무를 통제할 수 있도록 하는 등 전쟁지원에 필요한 기구도 설치하였다.

미국은 독일의 재무장과 인접국들에 대한 합병이 진행되고 일본이 중국을 침공해도 직접적으로 군비를 확장하기 위한 조치는 적어도 1940년까지는 하지 않고 다만, 외교적

---

329 위의 책, pp. 264-265.

330 Peter Calvocoressi and Guy Wint, *Total War*, pp. 198-199. 무기대여법에 의해 소련에 장비와 탄약, 물자를 지원하기로 결정하였을 당시 미국은 로마 가톨릭을 중심으로 이에 반대하는 여론이 많았다. 당시 소련은 폴란드를 침공하여 점령하였고, 핀란드를 침공하였으며 발트 3국을 합병하였기 반대여론이 강하게 일었던 것이다. 그러나 당면한 독일이라는 거악을 척결하기 위해서 국내에서의 반대에도 불구하고 소련을 지원하기로 결정하였던 것이다.

〈표 4.17〉 1936~1945년 연방정부의 예산에서 국방비 증가추이

구 분	1938	1939	1940	1941	1942	1943	1944	1945
정부지출(억$)	67.9	88.5	90.6	132.6	340.4	790.4	950.5	984.1
국방비(억$)	10.3	10.7	14.9	60.3	239.3	631.5	766.8	812.1
비 율(%)	15.1	12.1	16.5	45.5	70.3	79.9	80.6	82.5

출처: 시드니 렌즈, 서동만 옮김, 『군산복합체론』(서울: 도서출판 지양사, 1985), p. 236.

활동으로 경고를 하고 있었다. 그러나 1940년 6월에 프랑스가 독일군에게 항복하자 이에 국방비를 대폭 올릴 것을 의회에 요청하면서 전쟁을 준비하기 위한 조치를 하였다.

〈표 4.17〉에서 보는 바와 같이 전쟁이 발발하기 이전인 1940년까지는 연방정부예산에서 차지하는 국방비의 비중이 낮았으나 점차로 의기가 고조되면서 국방비의 비율도 증가하기 시작하여 전쟁이 후반기에 이르러서는 80%를 초과할 정도로 많은 예산이 투입되었다. 정부는 국민을 설득하였고, 의회는 법령을 제정하여 전쟁을 하는 데 필요한 조치를 해주었으며, 국민은 모두가 단결하여 전쟁에서 승리를 할 수 있도록 힘을 보탰다.

진주만 기습을 계기로 적극 참전으로 전환

1차 세계대전 이후 세계에서 강대국으로 부상한 미국이 2차 세계대전이 발발하도록 독일과 일본을 그대로 방치한 데에 대한 미국의 책임론을 주장하는 학자들도 있다. 히틀러가 재무장을 추진하고 오스트리아와 체코를 합병하였으며, 폴란드를 침공해도 미국은 유럽의 일은 유럽인의 손에 맡긴다는 이른바 고립주의와 중립주의로 남의 일처럼 생각하고 적극적으로 간섭을 하지 않았기 때문이다.[331]

1938년 9월, 독일군이 체코를 합병하였을 때 미국은 전쟁을 막기 위한 호소와 동시 히틀러에게는 미국이 정치적으로 유럽문제에 개입하는 일이 없을 것이라고 통고를 하였고, 뮌헨협정이 체결되었을 때에 영국 수상 체임벌린처럼 이를 평화를 위한 조치로 간주하여 한때 동조하기도 하였다. 그러나 이는 잠시였고 히틀러의 침략이 노골화되면서 대독 유화정책을 포기하였다.[332]

---

331 신미 마사이치, 『제2차 세계대전 전쟁지도』, pp. 74-78.
332 차상철, 『미국외교사』, pp. 353-354.

국무장관 헐은 미국은 중립을 유지할 것이라고 자주 언급을 하고는 있었으나, 점차 독일과 일본군의 전쟁도발 가능성이 경고되자 서서히 고립주의 폐기를 암시하기 시작하였으며, 1938년 6월 들어 미국이나 모든 나라에서 법과 국제적 질서에 기초하여 고립주의를 검토할 것을 요구하는 의견이 존재함을 이유로 고립주의를 부인하였다.[333] 미국의 개입이 점차 현실화되기 시작한 것이다.

전쟁이 발발하기 이전에 미국은 일본의 침략성에 대한 강력한 규탄을 하고 있었다. 일본군의 만주침략과 중일전쟁 도발을 계기로 미 국무장관 헐은 1938년 후반기에 들어 이미 일본이 태평양상 네덜란드령 섬들을 점령하여 그 세력권을 더욱 넓힐 것이라는 것과, 아울러 독일도 유럽의 많은 지역을 점령하기 위하여 전쟁을 도발할 것이라는 판단을 하고 있음을 캐나다 수상과의 대화에서 밝혔고, 이런 판단은 미국의 정치권에서도 계속 제기되고 있었다.

일본 주재 미국대사도 일본의 전쟁도발 가능성을 보고하였고, 미 태평양 사령관도 일본군 군사적 행동 가능성을 경고하는 가운데, 국무장관은 일본이 태평양 지역에서 어떤 평화적인 의도를 갖고 있는지 미국에게 보여주면 이 지역에서 평화가 유지될 수 있을 것이라고 강조도 하였다. 그러나 일본의 지속적인 무력증강과 주변국 침공행위가 증가되자 국무장관은 미군에게 공격 가능성을 경고하였고, 대통령도 일본에 인도차이나 반도에서 일본군이 왜 병력을 증강하는지 이유를 요구하였지만 진주만 기습을 막지는 못했다.

일본군의 진주만 기습으로 미국이 대일본 선전포고를 하고 전쟁수행을 위해 법령을 제정하며 정부기구를 전시체제로 전환하고 생산시설도 확장을 하였다. 이렇게 전쟁수행을 위해 정부를 전시체제로 전환해가면서 이미 제정된 무기대여법을 통해 영국을 포함하는 연합국들이 전쟁을 수행하는 데 필요한 인적·물적 자원을 지원하기 시작하였다. 소련에게도 마찬가지로 무기대여법에 의해 수많은 장비와 물자가 지원되어 소련의 항구들에 쌓이기 시작하였다. 미국은 또한 일본과 전쟁을 하고 있는 중국의 장제스 군대에도 군사고문단을 파견하고 장비와 물자를 지원하여 도움을 주었다.

전쟁이 진행되고 있는 가운데 1942년 1월에는 미국과 영국, 중국, 소련을 비롯한 연합국 26개국의 대표들이 워싱턴에 모여 '연합국 공동선언'을 발표하여 독일과 일본, 이탈리아 등 추축국에 의해 야기된 전쟁에서 공동으로 투쟁을 한다는 것을 확인하였다.

---

333 Robert Goralski, *World War II Almanac: 1931~1945*, p. 67.

〈그림 4.22〉 연합국의 공동대응을 강조하는 포스터

출처: 폴 콜리어, 『제2차 세계대전』, p. 713.

또한 1943년 12월 카이로에서는 미국과 영국, 중국 정상이 모여 카이로 선언을 발표하면서 일본의 침략을 응징하고 일본이 1914년 1차 세계대전 이래로 탈취 또는 점령한 모든 아시아와 태평양의 모든 섬을 일본으로부터 박탈하기로 합의하였다.

미국은 1차 세계대전 이후 고립주의로 회귀하여 유럽에서 전쟁이 발발하여도 중립을 유지하고 있었지만, 일본의 팽창주의가 점차 노골화되어 가면서 국내적으로 서서히 개입 가능성을 암시하다가 마침내 일본군의 진주만 기습을 계기로 이를 포기하고 적극 개입으로 전환하여 연합국의 주력으로 전쟁을 승리로 이끄는 결정적인 역할을 하였던 것이다.

대공황을 극복하고 전시경제체제로 전환하여 대량의 물자 생산

1차 세계대전 당시 미국은 전쟁 초기단계에는 중립을 지키다가 독일군의 무제한 잠수함 작전으로 1917년 4월에 참전하였지만, 참전결과 전승국의 일원으로 미국은 이미 당시로서 정치 · 경제 · 군사적으로 세계에서 제1의 강대국이 되어 있었다. 미군이 직접 연합군의 일원으로 참전하여 승전국이 되면서 또한 전쟁기간 중 무기나 탄약과 물자들을 판매하여 막대한 이익도 남기고 있었다.

그런 결과로 1차 세계대전 전에는 미국이 유럽국가에 30억 달러에 달하는 채무가 있었으나, 전쟁이 끝난 후에는 오히려 유럽 국가들이 미국 정부에 100억 달러의 빚이 생겨났는데, 이것은 전쟁을 하면서 발행한 전시채권에 의한 것이었다. 그러나 유럽 국가들은 계속된 경기침체와 불황으로 이러한 채무를 지불할 능력이 없었다.[334]

경제적으로 승승장구하던 미국은 1929년 뉴욕 주식시장의 주가폭락을 계기로 시작된 대공황으로 수많은 공장이 문을 닫고 수백만의 노동자들이 실업자가 되어 거리로 나서는 등 경제적으로 어려운 가운데 있었다.

대공황 당시인 1929년 미국은 54억 달러의 상품을 수출하였으나 1933년에는 21억 달러로 감소되었고, 해외투자액도 1930년 172억 달러가 1933년에는 135억 달러로 떨어져 있었다. 이런 경제적 공황으로 어려워진 가운데에서 1933년 3월 대통령으로 취임한 루스벨트는 이른바 '뉴딜(New Deal)' 정책을 통하여 대공황을 극복하고자 노력하였다.

회복되던 경제는 초반에는 뉴딜 정책이 주효하여 재정이 상승하고 국민총생산액이 1929년 대공황 이전으로 회복되는 듯하였다. 그러나 1937~1938년에 들어가면서 정부지출의 삭감과 금융에서의 긴축정책, 기업투자의 감소 등으로 경제가 하향추세로 바뀌고 노동사정이 악화되어 1938년 후반에는 실업자가 다시 1,000만여 명을 돌파하여 불황이 심해지고 있었다.[335] 그런 가운데 전쟁은 서서히 다가오고 있었던 것이다.

미국은 인구나 국토의 크기, 자원과 산업 등 전쟁을 수행할 수 있는 잠재력이 예나 지금이나 풍부한 국가이다. 다만, 2차 세계대전이 발발할 무렵 미국은 대공황의 여파와 미국 내의 정치적 상황에서 국제적인 문제에 개입을 원치 않는 고립주의 경향으로 제정된 중립법 등으로 전쟁을 직접 수행할 준비는 미흡하였다. 2차 세계대전이 발발하기 직전인 1930년대 후반, 미국은 아직도 대공황을 완전히 극복하지 못하고 있었다. 따라서 미국이 유럽에서 전쟁이 발발할 당시인 1939~1940년대에 연합국의 전쟁을 지원하기 위한 완전한 준비가 되어 있는 것은 아니었다.

유럽에서 1939년 9월, 독일군의 폴란드 침공으로 전쟁이 발발하고 1940년 6월 프랑스 함락하고 이어서 1941년 12월 태평양에서 일본의 진주만 기습으로 태평양전쟁이

---

334 차상철, 『미국외교사』, p. 335.
335 시드니 렌즈, 『군산복합체론』, pp. 251-252.

〈표 4.18〉 1939~1944년의 원자재 생산량의 변화

구 분	1939(기준)	1940	1941	1942	1943	1944
철 강	100	131	171	190	202	197
구 리	100	119	121	138	142	127
아 연	100	131	160	173	180	167
알루미늄	100	126	189	318	561	474
고 무	100	108	122	123	112	108
원 유	100	107	111	109	119	132

출처: Jules Backman, *War and Defence Economics* (New York: New York University Press, 1952), p. 125.

발발하면서 미국도 전쟁에 직접 개입할 수밖에 없었다. 따라서 전시체제로 전환한 미국은 병력을 동원하여 부대를 확장하는 것 외에도 경제도 전시체제로 전환하면서 전투장비와 탄약, 물자를 생산하기 위하여 생산시설을 대폭 확장하였다.

미국은 전시 생산을 확대하기 위해서 많은 전략물자들이 필요하였다. 당시 미국은 무기와 탄약을 만드는 데 필요한 주석이나 알루미늄, 텅스텐, 아연, 주석, 고무 등을 본토에서 자체 생산을 하는 것은 물론 해외에서 대량으로 수입했다. 예를 들면 천연고무는 말레이와 인도네시아로부터 100%, 텅스텐은 볼리비아나 타이로부터 72%, 주석은 말레이와 볼리비아 및 인도네시아로부터 100%, 크롬은 터키와 남아프리카공화국, 필리핀으로부터 100%, 코발트는 아프리카의 콩고로부터 94%를 수입해서 원자재 생산량을 증대하였다.[336]

미국은 점진적으로 전시 생산량을 확대하면서 1941년 3월에 무기대여법을 제정하여 연합국에 무기나 탄약 등 전쟁지원 역량을 강화해나가기 시작하였다. 진주만 기습을 계기로 1942년부터는 미국의 산업이 본격적으로 전시생산체제로 전환되면서 미국의 잠재력은 항공기나 전차, 전함과 선박 등 전시생산력으로 현실화되어 생산량이 대폭적으로 증가되었다. 1943~1944년에 미국은 단독으로 매일 1척의 선박과 매 5분마다 항공기 1대를 생산할 정도로 생산능력이 확대되었다. 전시 생산이 최대에 달하였던

---

336 Jules Backman, *War and Defence Economics* (New York: New York University Press, 1952), pp. 113-115.

〈그림 4.23〉 전투장비 생산을 위해 가정에서 사용하던 냄비, 주전자, 양동이 등의 금속류를 수거하는 학생들

출처: 로널드 H. 베일리, 『제2차 세계대전』, p. 124.

1943～1944년에 미국의 생산량은 추축국의 3배 이상을 능가하였고 이러한 생산력은 전쟁이 계속되면서 전쟁지속능력으로 확대되었다.[337]

이렇게 전시 대량생산이 가능하였던 것은 미국이 전시 생산을 원활하게 하기 위하여 대공황 이후 1932년에 설립된 '부흥금융공사(Reconstruction Finance Corporation)'를 이용하여 군수생산을 높이고 산하에 국방공장공사와 국방공급공사, 금속저장공사와 고무저장회사, 전시재해공사 등을 설치하였기 때문이었다.

국방공장공사에서는 전쟁이 발발하기 이전부터 많은 공장시설들을 무기 등을 생산할 수 있는 시설로 전환할 수 있도록 자금을 융자하는 업무를 하여 무기 생산량을 확대하였고,[338] 산하 국방공급공사에서는 국내는 물론 외국으로부터도 필요한 자원을 도입

---

337 Paul Kennedy, 『강대국의 흥망』, pp. 482-483.

338 '국방공장공사'는 기존 공업시설 중에서 군수물자 생산을 위하여 생산시설의 전환을 주저하였던 기업에 대하여 92억 달러를 지원하여 2,300여 개의 군수공장을 건설하였는데, 여기에는 주로 항공기를 건설하는데 관련되는 공장으로 마그네슘 공장의 90%, 항공기 및 엔진 공장의 71%, 정제 알루미늄 공장의 50%

하여 물가안정으로부터 전시 생산에 필요한 물자 등급은 물론 합성고무 개발도 담당하였다.[339]

당시 천연고무는 주로 말레이시아나 인도네시아 등 동남아 지역에서 수입해서 사용하고 있었는데, 이 지역이 일본군의 점령으로 수입이 차단되어 수요량을 채울 수 없게 되자 합성고무(Synthetic Rubber)를 개발하고 생산하기는 하였지만, 이마저도 소요량을 충족하기에는 부족하였다. 따라서 신설된 고무저장회사에서는 폐타이어를 구입하거나 회수하여 재사용할 수 있도록 하는 업무를 수행하였다.

이렇게 많은 조치들이 이루어진 것은 근본적으로 2차 세계대전이 발발할 가능성이 대두되고 실제로 전쟁이 발발하여 이를 극복하기 위해서이지만, 또한 미국경제가 불황을 극복하기 위해 당시 군사 부문에 의존하는 비율이 매우 높았기 때문이며, 후일 '군산복합체(Military Industrial Complex, MIC)'가 미국이 2차 세계대전을 준비하는 과정에서 출발했다는 이유가 되기도 하였다.[340]

전시생산을 위해 수많은 기술인력과 노동자들이 필요하게 되자 정부는 젊은 사람들은 전투원으로 동원하였지만, 그 외 나이든 남자들이나 여자들은 장비와 탄약, 물자를 생산하거나 생산된 장비들을 정비하는 기사나 보급시설의 운용요원 등으로 동원하였다. 전쟁이 발발하기 이전에는 900만여 명의 실직자가 있었으나 전쟁이 발발하여 이렇게 동원된 인원이 약 1,000만여 명에 달한다. 전쟁을 수행하기 위해 장비와 물자 수요 폭증에 기인하였기 때문이었지만, 실업문제를 해소하면서 완전고용을 달성하였던 것이다.

또한 전쟁을 수행하면서 미국인뿐만 아니라 연합국을 지원하기 위해 수많은 식량이

등이 있었다(시드니 렌즈, 『군산복합체론』, p. 266).

339 '국방공급공사'에서는 전쟁수행을 위해 필요한 자원을 조달하고 국내에서 전쟁 중 식료품과 육류의 가격이 폭등하자 가격을 안정시키기 위한 보조금 지불업무도 수행하였다. 중남미 항공사에 독일인과 이탈리아인이 근무를 하자 이들 자본을 배제하기 위하여 미국인으로 대체할 수 있도록 훈련비와 급여도 부담하였다. 또한 당시 전 세계 천연고무의 90%를 생산하는 주산지인 말레이가 일본의 침공으로 점령될 것이 우려되자 합성고무를 개발하여 천연고무를 대신할 수 있도록 하였고, 합성고무 생산공장을 건설하였다(시드니 렌즈, 『군 산복합체론』, pp. 269-271).

340 '군산복합체'란 군부와 방위산업체들의 상호의존체제를 일컫는 용어로, 미국의 아이젠하워 대통령이 1961년 1월 17일 행한 퇴임연설에서 "미국의 민주주의는 새로운 거대하고 음험한 세력의 위협을 받고 있는데, 그것은 군산복합체라고 할 수 있는 위협"이라고 한 말에서 유래하고 있다. 군산복합체 기원에 대하여는 1차 세계대전 기원설과 1940년 기원설 2차 세계대전 기원설이 있다. 여기서 1940년 기원설이 이에 해당된다고 할 수 있다(김진균·홍성태, "군산복합체와 전쟁", (http//breview.jinbo.net/may-news/readview, pp. 58-62).

〈표 4.19〉 미국의 장비생산(1940.7~1945.7)[342]

구분	선박(1)	선박(2)	선박(3)	육군기	전 차	장갑차	군용차
내용	5,400만 톤	4,000척	7.9만 척	29만 대	8.6만 대	12만 대	250만 대

출처: 육군대학, 『세계전쟁사(상)』, p. 5-183.

나 물자가 필요하였으나 생산능력의 한계로 인하여 수요를 모두 충족시킬 수 없었기 때문에 배급제로써 이를 통제하였다. 물자가 풍부한 미국도 전쟁을 수행하기 위하여 결핍과 절약이 강조되었으며, 수많은 여성인력이나 심지어 10대들까지도 농업생산에 동원되는 등 총력적으로 대응을 하였는데, 이렇게 남녀노소가 전쟁수행을 위하여 동원된 곳이 수도 없이 많았다.

미국은 2차 세계대전에서도 1차 세계대전 당시와 마찬가지로 연합국의 주요세력으로서 연합국의 전쟁지속을 위하여 전투 병력과 식량, 항공기, 전차 등의 장비와 탄약을 지원해서 승리에 기여하였다. 〈표 4.19〉는 미국이 1940년 7월부터 종전 직전인 1945년 7월까지 5년간 생산한 주요 장비의 현황이다.

전쟁기간 중 제너럴 모터스(General Motors, GM)나 포드(Ford), 크라이슬러(Chrysler) 사는 수많은 차량을 생산하였고, 보잉(Boeing) 사를 비롯한 록히드 마틴(Lockeed Martin)이나 그루만(Grumman) 사는 항공기를 생산하였다.[341] 이 회사들은 장비와 탄약의 대량생산을 위하여 공정을 단순화하였고, 콘베이어 벨트(Conveyer Belt)와 조립라인을 설치하였으며, 다양한 공작기구의 활용과 합리적인 생산관리 및 통합생산으로 대량생산이 가능하도록 하였다. 이와 같은 혁신적인 방법으로 전쟁이 발발하면서 항공기나 전차 및 차량, 전함 및 잠수함에 이르기까지 폭증하는 미군 수요는 물론 연합국의 수요까지도 충족시켜주었다.

예를 들면 B-29 폭격기는 워싱턴의 렌톤에서 생산되었지만, 또 다른 조립라인이 캔사스의 위치타에도 세워졌으며, 마틴 사와 벨 사는 네브라스카의 오마하에서 면허생산

---

341 보잉 사는 2차 세계대전 중 B-17이나 B-29 폭격기를 생산하였다. 이 비행기를 만든 많은 노동자들은 여자들로 남편들이 전쟁터로 갔을 때 여자들이 노동력을 제공한 것이다. 이 회사에서는 월 350여 대의 폭격기를 생산할 정도로 대량으로 폭격기를 생산하였다. 또한 이 회사에서 디자인한 B-17 폭격기를 록히드 마틴 사와 더 글러스 사가 조립을 하거나 벨 항공사는 B-29를 조립하기도 하였다(http://en.wikipedia.org/wiki/Boeing, 검색일: 2011.1.21, 11 : 00).

342 육군대학, 『세계전쟁사(상)』, pp. 5-183. 선박(1)은 해군함정을 포함하는 수치이고, 선박(2)는 대형 상륙용 선박, 선박(3)은 소형 상륙용 선박이다.

〈표 4.20〉미 육군 및 육군항공에 이관된 장비 및 탄약

구분	240mm 곡사포	155mm 곡사포	105mm 곡사포	90mm 포	75mm 포	37mm 포	대공 기관총	소총류
장비(문)	315	6,385	18,269	4,853	58,342	63,397	49,100	1,230
탄약(만 발)	312	2,734	9,308	1,638	7,524	10,050	(미제시)	(미제시)

출처: Robert Goralski, *World War II Almanac: 1931~1945* (Bonanza Books, 1981), p. 443.

〈표 4.21〉2차 세계대전 시 미국이 연합국에 지원한 장비

구 분	계	영 국	중 국	프랑스	소 련	미 주	기 타
전차(대)	37,323	27,755	100	1,406	7,172	840	50
트럭(대)	792,404	292,256	24,991	27,276	432,659	9,359	50
항공기(대)	43,021	26,165	1,378	1,417	11,450	2,089	522
중포(문)	1,282	1,129	36	85	–	20	12
소총류(정)	1,843,797	1,425,725	299,712	69,129	–	9,230	40,000

출처: (구)국무총리 국가비상기획위원회, 『미 육군의 군사동원 역사』(서울: 전광인쇄정보, 2004), pp. 819-820.

으로 항공기를 조립하였다.[343] 대서양이나 태평양의 주요 조선소에서는 전함들이 대량으로 생산되었고, 오대호 연안의 중공업지대에서도 전차나 자동차가 대량생산되었다. 이렇게 생산된 전차가 M-3 및 M-24 채피 경전차, M-4 셔단 및 M-26 퍼싱 중전차이며, 항공기는 P-38 라이트닝 및 P-47 선더볼트와 P-51 무스탕 전투기이며 B-17·29 폭격기 등이다. 이 외에도 아이오와급 전함이나 엔터프라이즈와 니미츠급 항모 등 다수의 전함들도 건조되어 육·해군에 인도되었다.

이렇게 생산된 막대한 양의 전투장비와 탄약, 물자들은 태평양전쟁과 유럽전선에 투입된 미군이 사용하였을 뿐만 아니라, 1941년 3월에 제정된 무기대여법에 따라 연합군에도 엄청난 양을 지원함으로써 미국이 생산한 장비와 탄약을 이용하여 히틀러의 군대를 격멸하는 데 사용하였다.

이렇게 미국은 1939년 이후 1945년까지 전쟁기간 중 30배 이상으로 확장된 군사력을 무장하고 유지하면서도 미국의 경제는 계속 확대되어 1939년 130억 달러였던 미 연

---

343 Evan Mawdsley, *World War II*, p. 335.

방 정부의 지출은 1944년도에 가서 710억 달러로 5.5배 증가하였다. 이 기간 동안 국민총생산액(GDP)은 1939년도에 886억 달러에서 1945년도에는 불변가격으로 1,350억 달러(경상가격 기준으로는 2,200억 달러)로 급격히 확대되었다.[344]

전투장비와 탄약 전시 생산증대에 힘입어 확대된 경제력 덕분에 1939년의 890만여 명의 실업자가 1944년에는 1,870만 명의 취업인구로 바뀌었고, 이중에 1,000만여 명의 여자들도 전투장비나 탄약 등의 군수산업에 종사하고 있었다. 이렇게 미국은 전쟁기간 중 대공황을 극복하면서 전 세계의 40%에 달하는 장비를 단독으로 생산해내는 경제대국이자 1,200만여 명의 병력을 동원하면서 군사강국으로 성장해 있었던 것이다.[345]

막대한 잠재력을 단기간에 군사력으로 확장

미국은 1차 세계대전 당시 400만여 명의 병력을 동원하여 200만여 명을 유럽에 파병하였다. 전쟁기간 중 42개 사단을 창설하여 부대를 확장하였던 미국은 전쟁이 끝나자 점진적으로 해체하여 1939년도에는 8개 사단을 유지하고 있었다.

미국은 1차 세계대전에 참전하여 연합국으로서 승리를 하였지만, 아직 국방을 하고 전쟁을 하기 위한 조직에 있어서는 문제가 있었다. 1차 세계대전에서도 1789년에 설치된 전쟁성이 육군과 해군에 관해 대통령을 보좌하면서 전쟁을 해나갔는데, 이는 2차 세계대전 시도 변화가 없었다. 독일이 국방군총사령부(O.K.W)를 설치하고 일본이 대본영을 운용하며 소련이 스타브카(STAVKA)를 설치하여 전쟁을 총지휘해나가는 동안, 미국은 전쟁이 발발할 무렵에는 군사작전을 총괄할 국방부나 합동참모본부도 없었다(합동참모본부는 1942년에 영국과 합의하여 비상설기구로 창설되었다). 전반적으로 당시 전쟁을 수행하기에는 국방조직에 많은 문제점이 있었던 것이다.[346]

---

344 Paul Kennedy, 『강대국의 흥망』, p. 485.

345 존 키건, 『2차 세계대전사』, pp. 324-325. 이때 미국이 생산한 전투 장비를 보면 1940년 346대의 전차를 생산하였으나 1944년에는 1만 7,565대로 증가하였고, 항공기는 1940년 2,141대에서 1944년에는 9만 6,318대로 확대되었으며, 선박도 1940년 150만 톤에서 1944년에는 1,530만 톤으로 확대되어 있었다.

346 2차 세계대전을 하면서 제기된 문제점과 전후 소련의 팽창주의에 대응하기 위하여 1947년 '국가안전보장법(National Security Acts)'이 제정되면서 '국가안전보장회의(National Security Council, NSC)'와 '중앙정보국(Central Intelligence Agency, CIA)'이 창설되고, '국방군사기구(National Military Establishment, NME)'도 설립되었다. 그러나 이 국방군사기구가 여러 문제점을 노출함에 따라 1949년에 국가안전보장법을 개정하여 국방부의 기능을 대폭 강화하고 합참의장직을 신설하였으며, 합참의 기능을 강화하는 조치를 하였다.

2차 세계대전이 발발할 당시 미국은 146만 명의 병력(이 중 100여만 명은 훈련 미완성)과 항공기 1,157대 및 전투함 347척, 1,000만 톤의 수송선 등을 보유하고 있었으나, 아직 전면적으로 전시체제로의 전환이 이루어지지 않아서 전쟁수행에는 문제가 있었다.

태평양전쟁이 발발하자 미국의 막대한 인구와 막강한 경제력은 그대로 군사력을 확장하는 데 도움을 주었다. 전쟁이 발발하던 1940년 미국의 인구는 1억 4,000만여 명, 철강 생산량은 3,000만여 톤에 달하였다. 이러한 인구와 철강 생산량 등 경제력과 산업 생산능력 확대 덕택에 미국은 전쟁이 발발하자 전례 없이 빠른 속도로 미군을 확장하는 것은 물론 영국이나 소련군 등 연합국에 병력과 장비와 물자를 지원하는데 커다란 힘을 발휘할 수 있었다.

미군이 아직 본격적으로 전쟁에 참여하기 이전인 1939년에 육군은 8개 사단에 병력 14만여 명에 불과하였으나, 전쟁 가능성이 점차 높아지자 1940년 9월에 징병제가 실시되면서 급속히 확대되어 12월에는 24개 사단 46만여 명에 달하였고, 진주만 기습 당시인 1941년에는 39개 사단, 이후 지속적으로 늘어나면서 전쟁 말기인 1945년을 기준으로 94개 사단에 병력은 826만여 명으로 유럽전선에 6개의 야전군과 태평양 지역에 3개 야전군이 투입되었다.

미 육군은 루스벨트 대통령의 결단에 따라 1941년 아이젠하워 대장을 유럽지역 총사령관으로 임명하고 그의 지휘 아래 최초로 모로코와 알제리 일대에서 영국군과 연합 작전을 시작하여 점차 이탈리아 전역에서 작전활동범위를 넓혀 가고 있었고, 마침내는 노르망디 상륙작전에서 대규모의 병력과 장비를 투입하여 작전을 하였다.

미 육군이 작전을 하면서 당면하는 문제는 항상 경험의 부족에서 오는 문제와 아직 실전을 많이 해보지 않았기 때문에 야기되는 교리상의 문제였다. 산업을 전시체제로 확대하였기 때문에 항공기와 전차 등의 장비는 대량으로 생산하여 전장에 투입하였지만, 교리는 아직 정립되어 있지 않았기 때문에 1944년 6월까지도 아직 최고의 전투효율을 내기에는 미흡하였다.

다행인 것은 미군은 시행착오와 더불어 전투경험이 반복되면서 공격적인 교리와 함께 전투기술이 축적되었고, 여기에 화력의 양적 우위는 물론 수적인 면에서도 압도적으로 우세해지면서 전쟁의 주도권을 잡고 유리하게 이끌어갈 수 있었다.

육군항공대는 1939년 9월 2,470대의 항공기를 보유하고 있었으나 전시체제로 전환한 이후 그 수는 무려 7만 9,980대로 확대되어 있었고 육군에서 독립된 군으로 임무를 수행하였다(육군항공대는 전후 1947년 '국가안전보장법' 제정 시 공군을 창설하는 도체가 되었다).

〈표 4.22〉 2차 세계대전 시 미군 병력의 변화

(단위: 만 명)

구 분	1939	1940	1941	1942	1943	1944	1945
계	33.4	45.8	180.1	385.8	904.4	1,145	1,212
육 군	13.9	26.9	146.2	307.5	699.4	799.4	826.7
해 군	12.5	16.0	28.4	64.0	174.1	298.1	338.0
해 병	1.9	2.8	5.4	14.2	30.8	47.5	47.4

출처: Robert Goralski, *World War II Almanac: 1931~1945*, p. 422.[347]

해군은 1940년 초에 14만여 명에 불과하였으나 그해 4월에 일본군의 전쟁 도발 가능성이 점차 높아지자 하와이의 진주만에 태평양 함대를 전진 배치하기 시작하였고, 이어 6월부터는 태평양과 대서양에서 모두 동시에 작전을 할 수 있도록 하는 해군력 확장 프로그램을 추진하였다.

당시 태평양 함대에는 항모 3척과 전함 9척, 중 · 경순양함 21척, 구축함 67척과 잠수함 27척을 보유하고 있었으며, 마닐라에 모항을 두고 있는 아시아 함대에는 순양함 3척과 구축함 13척, 잠수함 29척이 있었다.

1941년 12월 7일, 일본 연합함대는 진주만의 미 태평양 함대에 기습을 가하여 전함 애리조나와 캘리포니아호 등 전함 4척과 11척의 함선 외 항공기 188대를 파괴하는 전과를 올렸지만, 당시 항모 엔터프라이즈를 비롯한 다른 2척은 훈련 차 출항 중에 있었기 때문에 피습을 모면하였다. 일본군은 또한 하와이에 있는 유류 저장탱크나 해군의 정비창을 파괴하지 못하는 결정적인 실수도 하였다. 미국에게는 행운이었지만, 일본군에는 향후 전개될 태평양 전투에서 그 결과는 일본 연합함대의 연속적인 패배로 나타났다.

진주만 기습으로 전쟁이 발발하자 미국은 전시산업체제로 전환하여 막강한 경제력 덕분에 상륙정 8만 8,000여 척과 잠수함 215척, 항공기를 최대 90대 탑재할 수 있는 대형 항모에서 16~36대를 탑재할 수 있는 소형 항모에 이르기까지 항모 147척과 기타 군함도 952척을 건조하여 전쟁에 투입하였다.

---

347 미국은 2차 세계대전이 끝날 때까지 공군을 별도로 보유하고 있지 않았다. 공군이 별도의 군으로 창설된 것은 1947년 9월 18일 국가안전보장법이 제정되어 육군 항공대에서 분리되면서부터이다(국방부 군사편찬연구소, 『한미군사관계사: 1871~2002』, 서울: 신오성기획인쇄사, 2003, p. 313).

1941년 3월, 무기대여법 통과 이후 전투장비와 물자의 생산이 증대되기는 하였으나 대부분 유럽전선으로 보내지고 있었고, 따라서 태평양 지역의 전쟁준비는 미흡하였는데, 미국이 본격적으로 전시체제로 전환된 것은 태평양전쟁이 발발한 이후이다.

미군은 전쟁 전부터 영국군과 비공식적으로 양국군이 협조를 하고 있었다. 즉 1937년 이래 미 해군은 참모부간 협조를 하고 있었는데, 그 규모를 확대하여 육군까지 포함하여 협조를 해오다가 1941년 12월 진주만 기습 이후에는 연합참모부를 구성하여 초기단계의 실패를 이겨내면서 연합작전을 성공적으로 실시하였다.

막대한 인적 · 물적 잠재력을 전쟁지속능력으로 전환

1940년까지만 해도 미국은 전 세계에서 군사훈련을 실시할 것을 의무화하지 않은 몇 안 되는 나라 중의 하나였다. 당시까지만 해도 미국은 직접 전쟁에 참여하지 않고 있었으나, 유럽에서는 독일군의 폴란드와 프랑스 침공으로 상황이 점차 악화되고 있었고, 미국과 일본과의 관계도 악화일로를 걷고 있었다.

상황이 악화되자 미 의회는 1940년 9월 평시의 징병제도인 '선발 징병법(Selective Training and Service Act)'을 논란 끝에 승인하여 21세로부터 35세까지의 모든 미국인 남자는 거주지의 징병위원회에 등록을 하도록 조치를 하여 전국에서 1,600만여 명의 남자가 등록하였다.[348]

일본군의 진주만 기습으로 태평양전쟁이 발발하자 미국은 예비전력 동원을 시작하였고, 산업체제를 전시체제로 전환하여 전쟁을 수행하는 데 필요한 장비나 물자를 대량으로 생산하기 시작하였다. 전쟁을 수행하는 데 필요한 물자를 획득하거나 조정하기 위하여 '전시산업위원회(War Industry Board, WIB)'와 '전시생산위원회(War Production Board, WPB)'[349] 같은 정부기구도 창설되어 전쟁을 지원하였다.

그러나 미국은 본토에서 직접 전쟁을 하지 않았기 때문에 유럽 국가들과는 달리 동원을 준비하고 시행하는 데 여유가 있었다. 병력을 동원하여 부대를 확장하고 산업시설을 확장하고 생산시설을 전시체제로 전환하는 데 짧게는 수개월로부터 길게는 1년

---

348 로널드 H. 베일리, 『제2차 세계대전: 미국의 전시생활』, p. 43; Robert Goralski, *World War II Almanac: 1931~1945*, p. 132.

349 자세한 사항은 'http://en.wikipedia.org/wiki/War-Production-Board'을 참조. 이 기관은 1942년 1월 26일 루스벨트 대통령 지시에 전쟁기간 중 미국이 전쟁을 하는 데 필요한 물자와 유류의 획득과 할당 등 전시요청에 부응하여 창설되었다.

이상의 시간이 소요된 것이다.

그러나 연합국의 일원으로서 부대창설뿐만 아니라 산업생산능력을 확대하여 대량의 장비와 탄약을 지원함으로써 연합국의 승리에 결정적으로 기여하였다. 미국이 전쟁을 수행하면서 부대를 증편하거나 창설하기 위하여 동원한 인력은 약 1,200만여 명에 이른다. 또한 전쟁을 지속하는 데 필요한 장비와 물자를 생산하기 위하여 전국에 걸쳐서 수많은 업체들이 군수물자를 생산하기 시작하였다. 평시 국가의 잠재력이 전쟁 지속능력으로 전환되기 시작한 것이다. 남자들이 동원되고 남은 빈자리에는 여성들로 자리를 채웠고, 여자들은 비행기나 전차로부터 전함이나 상선에 이르기까지 도처에서 생산활동에 종사하였다. 뿐만 아니라 정비공장의 용접공으로부터 통신소의 교환수에 이르기까지 여성들이 일하지 않는 곳이 없었다. 모든 공장들은 전시 최대의 생산을 위하여 24시간 운용체제로 전환되었다.

전국에서 작물 재배가 가능한 모든 농토는 곡물 생산을 위하여 최대한 경작이 권장되었다. 여성은 물론 학생들에 이르기까지 풍부한 인력의 동원과 기계화된 농업기술 및 자본까지 결합하여 최대한 생산량을 확대함으로써 미국의 국내 수요량을 충족시키는 것은 물론 영국과 소련 등 연합국에게도 최대한 지원을 위해 노력을 기울인 것이다.

막대한 무기와 탄약 등의 생산을 뒷받침한 기술력

1차 세계대전을 계기로 미국의 군수산업은 발전의 전환기를 맞이하였다. 1차 세계대전 당시 미국은 군수산업이 유럽의 강대국들만큼 발전되어 있지 못하였기 때문에 유럽에 파견된 미군은 영국이나 프랑스로부터 전차와 항공기를 지원받아서 전투를 해야만 되었었다.

1차 세계대전 시의 이러한 경험을 바탕으로 미국은 1920~1930년대 연구에 연구를 거듭하고 산업시설을 확장하여 태평양전쟁이 발발하기 전후 산업시설을 대량생산체제로 전환하여 막대한 전투장비와 물자를 생산하여 미군이 사용하는 것은 물론 연합군에게도 대량으로 제공하였다. 심지어는 1943년 이후 소련군이 독일군에게 전면적인 공세로 전환하였을 때 사용된 대부분의 차량도 미국이 지원한 차량이었다. 전차와 항공기, 탄약도 마찬가지였다.

전쟁이 발발할 무렵 1940년도에 정부는 '전국국방연구위원회(NDRC)'를 설치하였고 1941년에는 '과학연구개발국(OSRD)'으로 바뀌면서 과학연구에 대한 업무를 총괄하도록 하였다. 여기서는 물리학자나 화학자, 의학자, 육·해군 장성 등 3만여 명이 소속되어 연구를 하여 DDT와 페니실린을 발명함으로써 전투에 투입될 장병들의 사망자를 대폭 줄일 수 있도록 하였다.[350]

대학에도 막대한 자금을 연구지원비로 지원하였는데, 매사추세츠 공대(MIT)의 경우에는 1억 1,700만 달러를 지원받아 레이더 장치를 개발하였으며, 캘리포니아 공대나 하버드 대학에서도 로켓이나 네이팜(Napalm)탄을 개발하였다.[351] 또한 미국은 시한신관(VT신관)을 최초로 발명하여 전장에서 사용하였다.

독일은 전쟁기간 중 로켓 연구를 하면서 마침내 V-1·2를 만들어 영국을 공격하는 데 사용하였지만, 미국도 로켓에 대한 연구를 시작하여 비행기와 함선 및 전차 등의 장비의 화력을 대폭 향상시키는 무기를 생산하였다.[352]

미국도 영국처럼 독일과 일본에 대한 군사과학정보를 수집하기 위하여 조직을 운영하였다. 즉, 전략사무국에 연구분석과를 두어 학자들이 전국의 대학교수들과 연계하여 수집된 과학정보를 분석하였는데, 이를테면 독일이 만든 볼 베어링을 보기만 해도 어느 공장에서 생산되었고, 그것을 생산하는 기술수준은 어떤 정도인지, 야금공장의 질은 어떤지 전문가들이 판단할 수 있도록 모든 분야에서 접촉을 하고 있었다.[353]

미국은 2차 세계대전 기간 우세한 자본과 산업능력, 기술과 자본을 바탕으로 기존의 장비와 탄약을 지속적으로 개량하여 추축국들보다 우수한 장비를 생산할 수 있었고, 이때 생산된 주요장비들로는 항공모함이나 대형의 전투함, 장거리 폭격기 등이 있다. 또한 전쟁 말기에는 '맨하탄 프로젝트(Manhattan Project)'에 의해 원자탄을 만들어 히로시마와 나가사키에 투하함으로써 일본의 무조건적인 항복을 받을 수 있었다.

미국은 태평양전쟁에서 일본군이 정글지대나 동굴에 숨어 끝까지 저항하여 수많은 피해가 발생하자 피해를 최소화하고 정글이나 동굴작전을 효과적으로 하기 위해서 네이팜탄을 개발하여 사용함으로써 대일본전에서 막대한 피해를 입히는 한편 미군은 피해를 줄일 수 있었다.[354]

---

350 로날드 H. 베일리, 『제2차 세계대전: 미국의 전시생활』, p. 23.

351 위의 책, pp. 182-183.

352 F. 프라이델 · A. 브린클리, 『미국 현대사: 1900~1981』, p. 355.

353 어니스트 볼크먼, 『전쟁과 과학, 그 야합의 역사』, p. 344.

354 당시 일본의 대도시인 도쿄나 오사카 등은 목재로 된 가옥들이 많아서 화재에 취약하였다. 미군이 일본 본토를 공격하기 전인 1945년 3월 이후 폭격기들이 네이팜탄을 적재하고 도쿄나 오사카, 나고야 등을 비롯한 대도시들을 폭격함으로써 도쿄에서만 사망 9만여 명과 건물소실 26만 7,000여 채가 발생하는

그 외에도 태평양의 열대지역에서 전투를 하면서 모기박멸에 사용할 수 있도록 개발한 살충제 '에어러졸 캔'이나 천연고무를 대신하여 사용하도록 만들어진 합성고무, 전자레인지, 교전 중인 부대가 상하지 않으면서 간단히 급식하게 할 수 있는 냉동건조식품, 강력한 힘을 내는 디젤엔진 등은 미국이 전쟁기간 중 발명 또는 개발한 물품으로 당시의 미국 과학기술의 발전정도를 보여주는 것이다.[355]

인종의 다양성(Melting pot)을 극복한 미국의 사회문화

1941년 12월 7일의 진주만 미 태평양 함대에 대한 일본군의 기습은 미국인의 자존심에 커다란 상처를 주었다. 전쟁 초기단계의 미국인들은 무엇을 어떻게 할 것인지에 갈팡질팡하여 혼란을 초래하였으나, 이내 진정을 가져오고 전쟁을 위한 준비태세로 전환하였다.

전쟁이 시작되면서 가장 먼저 변한 것은 미국인의 미군에 대한 변화였다. 진주만 기습 이전까지는 미국에서도 군복이 프랑스에서와 같이 대중의 멸시와 냉대의 대상이어서 심지어는 어떤 레스토랑에서는 "군인과 개는 출입금지"라는 팻말이 붙을 정도였지만, 미군이 전쟁에 참전하면서 군복은 국민의 존경과 긍지의 상징으로 변화하였다.[356]

일본군의 미 본토에 대한 기습공격에 대비하여 태평양 연안지역에서는 태평양을 바라다보면서 일본군이 상륙할 만한 곳에 기관총 진지를 건설하였고, 주민들은 등화관제 훈련을 실시하여 일본군 기습공격에 대비하였다. 이런 움직임은 미국 도처에서 일반화되어 있었는데, 어떻게 보면 과민한 반응이었는지 모르겠으나 그만큼 미국의 사회적인 분위기는 일본군의 공격 가능성을 염려하고 있었던 것이다.

일본군이 진주만을 기습하자 전 미국인이 총력적으로 전쟁을 준비하였지만, 일본인에 대한 증오심 또한 매우 커져 일본계 미국인을 탄압하라는 여론이 비등하였다. 따라서 루스벨트 대통령은 1942년 2월 '대통령 명령 9066호'를 발령하여 육군 장관이 '군사지대(Military Zone)'를 설치하고 일본계 미국인을 수감토록 하였다. 이렇게 해서 약 11만여 명의 일본계 미국인이 전쟁이 끝날 때까지 강제로 소개되어야만 했다.[357]

등 전쟁 전 기간에 걸쳐 60여 개 대도시에서 26만여 명 사망과 도시의 60%가 소실되는 피해를 입었다 (존 키건, 『2차 세계대전사』, pp. 854-856).

355 어니스트 볼크먼, 『전쟁과 과학, 그 야합의 역사』, pp. 344-346.

356 로날드 H. 베일리, 『제2차 세계대전: 미국의 전시생활』, p. 52.

〈그림 4.24〉 1942년 겨울 한파에 난방용 유류를 공급받기 위해 기다리는 시민들. 물자가 풍부한 미국도 전시에는 배급제로 난국을 극복하였다.

출처: 로날드 H. 베일리, 『제2차 세계대전』, p. 162.

　한편으로 1892년 이래 중국인의 이민을 금지하기 위하여 제정되었던 '중국인 배척법(Chinese Exclusion Acts)'을 폐지하여 미국계 중국인들은 노동력 부족으로 고생을 하고 있었던 산업현장의 문제를 해결해주면서 아울러 징집으로 미군에 대한 병력을 제공하였다.[358] 당시 중국은 미국의 동맹국으로 함께 일본에 대항하여 전쟁을 하고 있었기 때문에 미국계 일본인을 강제로 소개한 것과는 다른 조치를 한 것이다. 또한 많은 병력이 동원되면서 여자들이 그 자리를 채워주기는 하였지만 그래도 노동력이 부족하여 인접한 멕시코로부터 많은 노동자들이 유입되면서 인종 간의 갈등이 발생되기도 하였다.

　남북전쟁으로 노예가 해방이 되었다고는 하나 아직 흑인에 대한 차별이 존재하여 노동 현장이나 군대에서 갈등이 심했으며, 일부지역에서는 폭동이 발생하여 혼란을 주

357　로날드 H. 베일리, 『제2차 세계대전: 미국의 전시생활』, p. 27.

358　앨런 블링클리, 『있는 그대로의 미국사』, pp. 247-248.

〈그림 4.25〉차량을 정비 중인 미국인 여성. 전시하 미국에서는 여성들이 무기 공장은 물론 의무나 정비, 통신, 보급 등 다양한 시설에서 그 임무를 훌륭히 수행하였다.

출처: 로널드 H. 베일리, 『제2차 세계대전』, p. 96.

기도 하면서 전쟁기간 중 미국의 고질적인 인종 간의 갈등이 다시 문제화되었다. 즉, 1차 세계대전에서 참전한 흑인들은 참전을 계기로 자신들의 인권이 개선되기를 희망하였으나 2차 세계대전이 발발할 때까지도 크게 발전이 없어서 다시 2차 세계대전에서 그러한 기회가 있기를 바라면서 전쟁에 참전하였지만 여전히 개선이 되지 않고 있었다. 흑인은 별도로 훈련을 받고 흑인부대에 배치되었던 것이다. 다행히 이런 제도가 많은 인력의 낭비를 가져오고 있음을 인식한 군지도자들이 이를 개선하여 훈련을 통합하고 함선에서 함께 근무할 수 있는 환경을 만드는 등 근무여건을 개선하였다. 이후 흑인들의 복무자수는 대폭적으로 증가하기 시작하였으며 군에서 통합이 실질적으로 이루어지기 시작하였다.[359]

한편 수많은 여자들이 동원되어 일부는 육군이나 해군으로 운용되기도 하였지만, 상당수는 간호원이나 소방대원 또는 통신원 등으로부터 군수물자를 생산하는 공장에서 무기나 탄약 생산원으로 또는 정비회사의 정비원이나 용접공 등으로 도처에서 남자들을 대신하여 그 역할을 하였다.

정부는 전쟁비용을 조달하기 위하여 세금제도를 개선하고 전시채권을 발행, 국민에게 판매하여 국민들이 자발적으로 전쟁에 참여토록 분위기를 조성하였으며, 어린 학생들은 빈 깡통이나 폐휴지, 금속, 폐타이어 등을 수집하여 무기를 제조하는 데 사용할

---

359 F. 프라이델 · A. 브린클리, 『미국 현대사: 1900~1981』, pp. 370-371.

수 있도록 하였다. 뿐만 아니라 학생들은 소년봉사단이나 소년적십자 또는 보이스카우트 등으로 조직화되어 군사훈련을 받으면서 장차 전쟁의 주역을 담당할 준비를 하였다.[360]

2차 세계대전에서 영국이 정원을 식량생산 증대를 위해 밭으로 개간하였던 것처럼 미국에서도 '채소밭 가꾸기 운동'이 권장되었는데, 이런 것들은 부족한 식량을 충당하는 목적도 있었지만 미국인 승리를 위한 의지를 결집시키는 역할을 하는 데 더 커다란 목적이 있었다.

물자가 풍부한 미국도 전쟁을 수행하는 데 야기될 수 있는 물자부족을 해소하기 위하여 배급제를 실시하였다. 여기에는 설탕과 육류, 생선, 유제품, 가솔린 등 20여 개의 품목을 대상으로 하여 배급수첩과 배급권을 발행하그 품목별 배급기간에 따라 배급하면서 전 국민에게 전쟁기간 동안 공정하게 물자들이 공급되도록 노력을 하였다.[361] 이러한 노력에도 불구하고 일부지역에서는 연료가 부족하여 츠운 겨울을 보내거나 육류가 부족하여 어려움을 겪기도 하였다.

민주주의의 표상이라고 할 수 있는 미국도 전쟁기간에는 전쟁을 한 방향으로 이끌고 가기 위해 검열국을 설치하여 검열을 실시하였고, 일부 신문이나 방송에서는 표현의 자유를 제한하면서 자체로 검열을 하였다. 해외에서 전투 중인 병사들이 보내는 편지나 또는 병사들에게 보내는 편지는 개봉 후에 보안상 일부분이 삭제되거나 지워진 상태로 봉투에는 '검열을 위해 개봉'이라는 글자가 기록된 채로 배달되기도 했으며, 방송에서는 적에게 암호문으로 사용될 수 있는 표현이 자제되도록 요구되기도 했다.[362]

할리우드의 영화 제작자들에게는 영화를 제작함에 있어서 '미국의 승리에 도움이 되는지 아닌지' 곰곰이 생각해보라는 권고가 주어졌고, 노래는 미국의 승리를 위해 작곡되고 불리도록 요구되었다. 포스터도 미국인 의지를 고양하고 승리를 앙양시키기 위해 도처에 부착되었다. 미국 사회 저변에서는 이렇게 전쟁을 수행하는데 있어서 직간접적으로 미 행정부와 미군에 대하여 전폭적인 지지와 도움을 주었다.

결론적으로 미국은 진주만 기습으로 전쟁 초기단계에 막대한 피해를 입었음에도 "진주만을 잊지 말자."라는 구호를 들고 나온 루스벨트 대통령의 지도 아래 총력전을

---

360 로날드 H. 베일리, 『제2차 세계대전: 미국의 전시생활』, pp. 120-125.
361 위의 책, pp. 110-113.
362 위의 책, pp. 114-115.

수행하기 위한 법령을 제정하고 국가를 전시체제로 전환하였으며, 국민의 의지를 결집시켰다.

전쟁기간 중 미국인은 남녀노소 할 것 없이 자발적으로 동원에 응소하여 전투원으로 참전하거나 또는 정부가 지정하는 시설에서 전투장비나 탄약, 물자를 생산하였으며, 보급 및 의무와 정비 등 전투근무 지원시설의 운용을 위해 참여하였다. 농산물 생산중대를 위해 노동력을 제공하기도 하였다.

미국은 미 본토에서 전쟁을 하지 않았음에도 불구하고 전쟁수행을 위해서 방대한 인적자원을 동원하고 물적자원을 생산하여 태평양 전투에서 일본을 상대로 승리하였고, 유럽에서도 연합국에게 막대한 양의 전투장비나 물자를 지원하였을 뿐만 아니라 대규모의 병력까지 파견하여 작전을 주도적으로 이끌어감으로써 2차 세계대전에서 승리하는 데 결정적인 역할을 하였다.

전쟁기간 중 미국은 새로운 과학기술을 개발하고 적용, 신무기를 개발하여 전쟁을 주도적으로 이끌어갔으며, 또한 전투를 하는 데 필요한 다수의 전투장비와 탄약, 물자들을 개발하거나 발명하여 전장에 투입된 부대들의 전투력을 향상시키는 데 도움을 주었을 뿐만 아니라 인간의 생활방식 개선에 도움을 주기도 하였다. 그리고 마침내 핵을 개발하여 인류가 핵시대로 진입하는 계기를 만들었다.

미국은 1·2차 세계대전 전 기간 동안에 본토에서 단 한 번의 전쟁도 하지 않았음에도 불구하고, 전쟁이 발발하자 정부와 국민이 일체가 되어 전쟁을 수행하였으며, 이들이 지원한 병력과 대량의 장비와 물자들은 민주주의 세력들이 전쟁을 도발한 세력들을 구축하는 데에 기여하였다. 이러한 결과로 전후 미국은 세계 제일의 강대국으로 부상할 수 있었다.

5. 마지노선에 대한 과신과 분열이 초래한 프랑스의 비극

1차 세계대전에서 승리하여 1919년 6월 28일 베르사유 강화조약을 체결한 프랑스는 승전국으로서 독일로부터 전쟁배상금을 받고 알자스-로렌 지역을 되돌려 받았으며, 영국과 함께 독일에 군대를 주둔시키면서 독일군의 군비동태를 감시하는 등 많은 이점을 누릴 수 있었다.

여기에 도취된 프랑스는 1933년 히틀러가 정권을 잡은 뒤 베르사유 조약 파기를 선

〈표 4.23〉 1937~1938년 프랑스의 국가능력

구분	인구 (만 명)	GDP (억$)	국방비 (억$)	항공기 생산 (대)	철강 생산 (만 톤)	에너지 소비 (만M/T)
능력	4,190	100	9.19	3,163	610	8,400
비고	1938	1937	1938	1938	1938	1938

출처: Paul Kennedy, *The Rise and Fall of The Great Power: Economic Change And Military Conflict From 1500 To 2000*, pp. 199-201, 296, 324, 330-332.

언하고 재군비를 추진하는 등 군사력을 증강하고 오스트리아와 체코를 합병해나가면서 전쟁을 차곡차곡 준비해나갈 때에도 제대로 대비를 하지 않았다. 그런 결과로 베르사유 조약 체결당시 포슈 원수가 우려했듯이 20년 뒤에 새로운 전쟁은 발발하였고, 독일군의 전격전에 불과 6주 만에 파리는 무혈점령되고 프랑스군은 항복하였다.

어떻게 1차 세계대전 시 4년여 기간의 장기전을 하면서 승리한 프랑스가 20여 년 뒤에는 불과 6주 만에 독일군의 공격에 허망하게 항복한 것일까? 지도자의 지도력이 부족하였는가? 아니면 국민의 의지가 박약하였으며, 재정능력이나 경제력, 군사력 등 국력이 모두 열세하여 패하였는가에 대한 많은 연구가 필요하다.

당시 프랑스의 지도자들은 점증하는 독일의 위협에 직면하여 이를 타개할 강인한 의지와 국민을 제대로 이끌 수 있는 지도력이 부족하였고, 정치권은 좌우로 양분되어 극심한 갈등을 하고 있었으며, 국민도 정치권을 따라 분열되어 있었다. 그러한 결과로 프랑스의 국력이나 군사력 등이 독일에 비하여 6주 만에 항복할 정도로 크게 불리하지 않았으며, 더군다나 영국원정군이 지원하고 있었음에도 불구하고, 프랑스군은 독일군의 전격전에 제대로 전투다운 전투를 해보지도 못하고 허무하게 무너지면서 항복하였다.

1차 세계대전에서 프랑스군은 기관총이나 포병의 대량 포격과 참호진지에서의 방어전투를 통해 승리했다는 믿음으로 방어제일주의가 팽배하여 다음에도 전쟁이 발발한다면 역시 1차 세계대전과 같은 전쟁양상이 재판될 것으로 보았다. 독일군이 전차와 항공기를 이용하는 전격전 전술을 개발하고 공세적인 훈련을 하는 동안, 프랑스군은 과거의 승리에 도취되어 마지노선에 기대면서 방어 위주 훈련만 실시하였으며 여기에 지나친 맹신을 하고 있었다.

독일군의 전쟁 도발 가능성이 높아지는 가운데서도 프랑스는 지도자로부터 국민이나 군 모두 제대로 준비를 하지 않으면서 마지노선에 대해 과신을 하던 중, 독일군이 마지노선을 우회하여 벨기에를 침공하고 파리를 향하여 전격전을 실시하자 제대로 전투다운 전투를 해보지도 못한 채 참담한 패배로 끝났다. 2차 세계대전에서 프랑스의 패배는 총력전을 준비해야 할 우리에게는 좋은 교훈이 되고 있다.

무능한 정치 · 군사 지도자들의 행동과 처신

2차 세계대전 시 프랑스가 왜 그토록 짧은 시간에 독일에 허무하게 패배하였는지에 대해서는 여러 각도에서 분석이 필요하다. 그중의 하나는 정치 · 군사 지도자들의 무능이라고 지적하지 않을 수 없을 것이다. 당시 프랑스의 대통령은 르브룅(Albert Lebrun)이고 수상은 달라디에(Edourd Daladier)였다.

달라디에 수상은 독일군이 프랑스를 침공하자 가믈렝(Maurice Gamelin) 장군이 총사령관으로 적절한 대처 없이 무능함을 드러내도 해임하지 못하고 있다가 결국 의회에서 불신임을 받자 레노(Paul Reynaud)가 뒤를 이어 수상으로 취임을 하였지만, 당시 정치적인 상황으로 수상이었던 달라디에를 국방장관으로 다시 기용을 해야만 했고, 달라디에는 가믈렝의 친구로서 전장 상황에 적시적절하게 대처하지 못하는 가믈렝이 계속하여 총사령관으로 직무를 수행하게 했다.

국방장관 달라디에의 이러한 행동으로 레노 수상과 국방장관 간에 마찰이 발생하자 전쟁이 진행되고 있음에도 수상은 사임을 하였고, 대통령은 사임한 레노를 재신임하여 다시 수상으로 정부를 맡겼다. 전쟁을 하는 나라로서는 도저히 이해가 되지 않는 정치적 혼란이 발생된 것이다.[363]

독일군이 벨기에와 룩셈부르크를 향하여 공격을 시작한지 5일이 경과한 5월 15일, 당시 달라디에의 후임 수상으로 취임한 레노는 처칠 수상에게 "우리는 패할지도 모른다."고 통보하였다. 레노 수상은 미국의 항공기나 병력 등 군사적 지원만이 상황을 역전시킬 수 있다고 하면서 수차례에 걸쳐 지원을 요청하였으나 미국은 이를 거절하였다. 1차 세계대전의 영웅이었던 페탱 원수는 프랑스가 영원히 살아남기 위해서는 휴전이 필요하다고 하였다.[364] 국가 지도부가 지리멸렬하고 있었던 것이다.

프랑스 정권의 지도부나 군사지도자들은 당시 프랑스군이 독일군에 비하여 병력이

---

363 베빈 알렉산더, 『위대한 장군들은 어떻게 승리하였는가?』, pp. 42-43.
364 Robert Goralski, *World War II Almanac: 1931~1945*, pp. 119-120.

나 장비가 절대적으로 부족하지도 않았으며, 영국원정군도 프랑스를 지원 차 파견되었음에도 불구하고 패배주의에 젖어 난국을 극복하고자 적극적으로 노력을 기울이지 않았다. 이런 정치적 혼란과 마지노선에 지나치게 기댄 군부의 미흡한 대처와 패배의식 등 여러 가지가 복합적으로 작용하여 패배의 원인을 제공한 것이다.

이와 같은 프랑스의 패배요인을 캐나다의 역사학자인 케인스(J. C. Cains)는 세 가지 '신화'라는 관점에서 분석하고 있는데, 첫째는 취약한 정권의 신화이고, 둘째는 연약한 육군의 신화이며, 셋째는 수긍할 수 없는 항복의 에 관한 신화가 그것이다.[365]

첫 번째는 '취약한 정권'의 신화로, 당시 프랑스 대통령이었던 르브룅이나 수상이었던 달라디에 등 프랑스 지도자들은 독일군의 침공 가능성에 대한 경고를 받으면서도 제대로 정치와 전쟁지도를 하지 못하여 정치권이나 국민은 분열되었고, 군사 분야에서는 제대로 준비를 하지 못하였으며, 좌우 정파들도 정권안정에 기여하지 못하였다는 것이다.

두 번째는 프랑스 '육군의 취약성'에 관한 신화로. 프랑스 군대는 거대한 무능력한 집단에 불과하여 1차 세계대전 시의 방어전술에 집착하면서 마지노선만 믿고 기술혁신이나 전술의 개발 등에 소홀히 한 것이며, 세 번째 프랑스근 '항복의 신화'는 수긍할 수 없는 프랑스의 항복에 관한 것으로, 당시 국민이나 군의 사기가 말할 수 없이 저하되어 전쟁을 할 수 없었고 결국 항복할 수밖에 없었다는 것이다.

정치 지도자 못지않게 군사 지도자들 사이에서도 갈등이 발생하였다. 당시 가믈렝 장군은 연합군 총사령관이자 프랑스군 총사령관이었고, 조르주 장군은 영국과 프랑스 연합군을 총 지휘하는 동북방면군 사령관이었으나 두 사람 사이에서는 끊임없이 지휘권을 두고 분쟁이 발생하여 작전을 제대로 지휘할 수 없는 지경에 이르고 있었다. 군의 원로이자 1차 세계대전의 영웅이었던 페탱은 독일군의 공격에 맞서 프랑스군을 독려해서 싸우려는 것보다는 오히려 프랑스 보존을 위해서 강화를 주장하였고, 그는 프랑스가 항복한 뒤에는 비시 정권에서 총리를 지내기도 하였다.

사실 프랑스는 독일의 위협이 증가하는 1938~1939년도에 프랑스 방위를 주변국에 기대려는 강한 경향과 1차 세계대전 시에 경험하였던 공격이 방어보다 매우 힘들다는 사고로 인하여 나쁜 영향을 받고 있었다.[366] 우선적으로 자력을 이용하여 프랑스를 방

365 Douglas Porch, 『무력과 연합국: 1914년과 1940년 프랑스 대전략 강대국의 대전략(Paul Kennedy)』 (서울: 한국경제 신문사, 1994), p. 179.

366 Thomas J. Christensen and Jack Snyder, "Chain gangs and passed bucks: predicting alliance patterns

위하는 것보다는 영국이나 소련을 이용하여 방위를 하겠다는 생각을 먼저 하였고, 그랬기 때문에 그들은 자체적으로 군사력 건설이나 방위계획 수립을 소홀히 하였다. 또한 마지노선을 건설하고 방어 위주의 전술을 택하면서 안주하고 있었다.

정치와 군사 지도자들의 무책임한 행동과 처신은 1차 세계대전 시의 승전국인 프랑스를 2차 세계대전 시는 독일군의 전격적인 침공에 제대로 대응하지도 못한 채 불과 6주 만에 항복하게 만드는 결과를 초래한 것이다.

레지스탕스 운동을 전개한 국민

2차 세계대전에서 프랑스가 너무나 허무하게 독일군에게 항복을 한 것은 지도자의 리더십과 군사전략상의 문제 못지않게 국민의 의지 측면에서도 필히 분석을 해보아야 할 좋은 사례이다. 왜냐하면 독일군의 침공을 눈앞에 두고 프랑스는 분열되어 있었고 국민들의 싸울 의지는 부족하였기 때문이다.

독일군의 공격으로 시작된 1차 세계대전에서의 주전장 지역 가운데 하나는 프랑스였다. 프랑스 국민은 전쟁이 프랑스 영토에서 일어난 것과 다수의 프랑스 젊은이들이 희생된 것에 대하여 분노하였지만, 방어를 통해서 독일군의 침공으로부터 프랑스를 지켰다는 방어제일주의 사상으로 인하여 그토록 프랑스가 싫어하는 독일에 대한 전쟁준비를 소홀히 하고 있었다. 그들은 마지노선만 구축해 놓으면 독일군의 공격을 저지할 수 있을 것으로 생각하였고, 엄청난 국방비를 투자해 마지노선을 준비해 놓으면서 정치권이나 군 모두 이를 맹신하면서 스스로 패망을 길로 들어섰다고 해도 과언이 아니다.

프랑스의 패배요인을 마지노선에 기댄 군의 방어제일주의 사상 외에 사회의 분열과 국민의 의지의 상실로 말하는 경우도 없지 않다. 정치권이 좌·우파로 분열되어서 싸움을 하였던 것처럼, 국민들도 이를 따라 좌·우파로 분열되어 갈등을 하고 있었기 때문이다. 심지어는 독일군이 침공을 해올 때 이적행위를 하는 정치인도 있었다. 이렇게 프랑스는 정치적으로 분열되어 있었다.

프랑스가 독일군에 항복하자 드골은 영국 망명지에서 "프랑스에 무엇이 일어났든지 간에 프랑스의 불꽃은 결코 꺼지지 않는다."고 하면서 프랑스인들은 독일과의 전쟁을 위하여 결집해줄 것을 호소하였다.[367] 드골이 주도하는 '자유 프랑스(Forces francaises li-

---

in multipolarity", *International Organization*. Volume. 44, No. 2(MIT Press, Spring 1990), pp. 159-160. 이와 같은 것을 두고 크리스텐센은 책임 떠넘기기식(passed bucks) 동맹의 유형이라고 하였다.

〈그림 4.26〉 레지스탕스 대원들이 독일군 보급선인 철도를 파괴하기 위해 폭약을 설치. 오른쪽에는 경비병도 보인다.

출처: 러셀 밀러, 『제2차 세계대전』, p. 173.

bres)'는 영국에서 망명정부를 수립하여 독자성을 가지고 활동을 하면서 국내에 남아서 레지스탕스 활동을 하는 프랑스인들과 연계를 맺고 저항 운동을 해나갔다. 자유 프랑스는 드골의 지도 아래 연합국의 지원을 받으면서 영국에서 프랑스의 해방을 위해 망명정부 활동을 하였고, 1944년 6월 연합군이 노르망디 상륙작전을 할 때는 레지스탕스를 통합하여 '프랑스 국내군(Forces Francaises de L'Inter eur, FFI)'의 주력으로 작전을 하였으며, 8월 파리를 해방할 때는 2기갑사단을 파견하여 해방작전을 주도하였다.[368]

한편 '레지스탕스(Resistance, 저항)'의 활동은 특히 독일의 지배를 받은 프랑스 북부지역

---

367 Robert Goralski, *World War II Almanac: 1931~1945*, p. 122.

368 루퍼트 스미스, 『전쟁의 패러다임』, pp. 217-218; Peter Calvocoressi and Guy Wint, *Total War*, p. 321-322; 당시 FFI의 활약에 대하여 아이젠하워 원수는 그들의 역할이 15개 사단의 역할을 하였으며, 작전기간을 2개월 단축시켰다고 하였다. FFI는 독일군 수송을 방해하기 위한 철도를 파괴하거나, 도로상에 나무를 절단하거나 다른 장치들을 함으로써 독일군의 수송을 방해하였으며, 독일군이 설치한 지뢰지대를 제거하여 연합군의 진격을 돕기도 하였다. 연합군 낙하지역에 대한 거짓 정보를 전파하여 독일군의 기갑부대를 엉뚱한 지역으로 투입케 하는 등 다양한 활동으로 연합군의 작전도 지원하였다.

에서 강하게 나타났는데, 전직 군인이나 민간인과 심지어는 여성도 다수 있었다. 레지스탕스들은 독일군을 습격하거나 독일군에 관한 첩보를 수집하는 등 다양한 활동으로 연합군을 도왔으며, 연합군들도 무기와 탄약 등의 물자를 지원하여 레지스탕스의 활동을 도왔다. 저항운동 동안 얼마나 많은 사람들이 희생되었는지 정확한 자료는 없으나 대략 15만여 명에 달하는 것으로 알려지고 있다.[369]

이들 중에서 유명한 저항활동 단체는 '마키(Maquis)'로 이들은 10여 명의 작은 조직으로부터 수백 명 또는 수천 명을 거느린 다양한 규모로 게릴라 부대를 편성하여 독일군을 괴롭혔다. 이들은 독일군 보급선을 습격하거나 주둔지에 대한 공격, 독일군 이동상황에 대한 첩보획득 및 보고 등 다양한 활동을 하였으며, 연합군이 프랑스를 향하여 진격을 할 때에는 독일군에 협력한 자들을 색출하여 제거하였고 도시를 장악하여 연합군 진격에 도움을 주었다. 이러한 저항정신이 전쟁 초반기, 즉 독일군이 전격전을 실시하고 있었던 1940년 5~6월부터 프랑스 사람들에게 있었다면 프랑스가 그렇게 쉽게 패하지 않았을 것이라는 아쉬움이 있다.

반면에 페탱을 중심으로 하는 화의파는 프랑스가 독일에 항복한 뒤 비시에 괴뢰 정부를 세우고 1942년 11월 독일군이 남부 프랑스를 점령할 때까지 프랑스를 통치해나갔다. 비시 정부는 독일군의 프랑스 점령을 묵인하였고 수많은 프랑스 거주 유태인을 체포하여 강제수용소로 이송하는 과정에도 참여하는 등 독일에 많은 협조를 하였다. 뿐만 아니라 법령을 제정하고 의무노동국을 만들어 프랑스 노동자들을 독일로 보냈는데,[370] 이렇게 보낸 노동자는 250만여 명으로 이들을 보냄으로써 프랑스의 노동력이 부족하게 되어 비시 정부에 대항하는 결과를 초래하기도 하였다.[371]

좌파와 우파로 양분되어 갈등을 한 정치권

밖에서 싸워 이기기 위해서는 먼저 안에서부터 단결이 되어 있어야 한다. 그런 관점에서 본다면 프랑스의 국내 사정은 그렇지 못하였다. 프랑스의 정치는 좌우로 양분되어 있었고 국민의 통합에 기여하지 못하였다.[372] 정치권에서는 국민을 계도하여 전쟁

---

369 폴 콜리어, 『제2차 세계대전』, pp. 839-840.

370 Peter Calvocoressi and Guy Wint, *Total War*, pp. 309-310. 라발은 독일의 소켈과 독일의 부족한 노동력을 충당하기 위해 협력(Sauckel Programm)하기로 하면서 프랑스의 노동자들을 징집하여 보냈다.

371 박지현, 『누구를 위한 협력인가: 비시 프랑스의 민족혁명』(서울: 책세상, 2004), p. 48

의 위협이 높아진다면 대비를 하는 선도적 역할을 해야 하겠으나 프랑스의 정치권은 여기에 기여하지 못하였다. 오히려 분열의 선두에 있었다고 하는 것이 맞을 것이다.

히틀러가 1935년 재군비를 선언하고 전쟁을 준비해나가자 프랑스에서도 이에 대비할 필요성이 대두되었고, 전쟁을 준비하고 실시하던서 가장 어려운 난제 중의 하나는 어떻게 하면 정치적으로 통합을 하는가의 문제였다. 1차 세계대전 이후 프랑스가 연합국의 일원으로 승리를 했다고는 하나 국내적으로 이미 분열이 심화되어 있었다.

그래서 피에르 라발(Pierre Laval) 같은 정치인은 사회주의에 물들어 반 군사주의와 평화주의적 입장을 취하였으며 외무장관으로 재직 중이던 1934~1935년에는 독일과 친선입장을 취하면서 이탈리아의 에티오피아 침공을 지지하였다.[373] 라발은 1935년 11월에는 '불독협회(Committe France-Allemagne)'를 조직하여 독일과 모든 분야에서 관계를 개선시키는 역할도 하였으며, 독일군이 프랑스를 점령하였을 당시에는 비시 정부에서 한때 총리로서 일을 하였다.[374] 이렇게 프랑스 내부는 분열되어 있었다.

프랑스도 1차 세계대전의 결과로 다른 나라들처럼 경제는 타격을 받고 있었지만 정치가들은 화폐의 평가절하와 디플레이션, 노동시간에 대한 문제, 높은 세금에 대한 국민들의 불만 등 등 대두되고 있는 문제들을 제대로 다루지 못하고 있었다. 여기에 정권의 좌우 이념대립으로 국민들의 분열도 심화되었다. 이로 말미암아 정부는 만성적인 불안정 상태를 이루어 1930~1940년 사이에 정권이 24차례나 바뀌었으며 곧 내란이 일어날 것 같은 분위기가 지속되었다. 이러한 사회에서 독일의 전쟁준비에 따른 실질적인 전투준비를 해야 할 군대는 경시되었다.[375]

---

372 당시 프랑스는, 우파는 분열되어 있었고 좌파는 인민전선을 중심으로 단결되어 있었다. 정치가 분열되어있다 보니 유명한 대중지들도 좌파지와 우파지로 분열되어 대립을 하고 있었고, 이에 따라서 국민들도 좌우로 분열되어 있었던 것이다. 좌파 대중지들은 좌파 다 중들의 폭넓은 지지를 받으면서 평화를 주장하였다. 1930년대에 시작된 이러한 분열은 전쟁이 발발할 당시까지도 치유되지 못하였다. 정치권의 이념적인 분열이 얼마나 위태로울 수 있을지를 프랑스의 사례는 보여준다.

373 Peter Calvocoressi and Guy Wint, *Total War*, pp. 306-309.

374 Peter Calvocoressi and Guy Wint, *Total War*, pp. 308-309; 박지현, 『누구를 위한 협력인가: 비시 프랑스의 민족혁명』, pp. 38-41. 라발은 프랑스가 항복한 뒤 히틀러를 만나서 "1939년 독일군이 폴란드를 침공하였을 시 프랑스가 독일에 선전포고를 한 것을 범죄"라고 표현하였다고 한다. 그는 1930년대로부터 프랑스가 해방될 때까지 프랑스에서 활동한 대표적인 친독인사였다. 그는 프랑스가 1918년 1차 세계대전 직후 독일과 화합과 평화를 추구하지 못한 것을 잘못한 것이라고 하면서 독일과 모든 수단을 동원하여 화해를 해야만 한다고 주장하였다. 1942년 6월, 비시 정부의 수상으로서 행한 연설에서는 "나는 독일의 승리를 원한다."고 하였다. 그는 독일의 승리가 없던 전 세계에서 볼셰비즘이 자리 잡게 될 것이며, 따라서 독일이 승리함으로써 이를 방지할 수 있다고 한 것이다. 비시 정부에서의 고위직 수행과 이러한 그의 말로 인하여 1945년 프랑스가 해방된 이후 드골 정부에 의해 처형되었다.

전쟁의 가능성이 높아지는 상황에서 프랑스 정부는 군의 전투 준비태세와 군대의 사기가 높은 상태로 유지되도록 각별히 관심을 가져야 하나 반대되는 일이 다반사로 발생하고 있었다. 정치권에서는 군인을 무시하다 보니 제대로 전력증강을 위한 예산 편성에 관심이 없었으며, 사회에서 군인의 위치도 낮아 있었다. 군이 위기의식을 느끼고 적극적인 행동을 하기를 기대하는 것이 무리였던 것이다.

영국이 다가올 전쟁에 대비하여 제국국방위원회 같은 협의체를 만들어 군사 부문과 비군사 부문의 조정과 통합을 하였지만, 프랑스에서는 이를 위한 어떤 노력도 없었으며, 독일이 탄광지대인 자르를 돌려받고 라인란트를 점령하고 체코나 오스트리아를 합병하여도 프랑스는 군대를 파견하여 무력시위를 하거나 외교적인 항의와 나가서는 전쟁을 불사할 각오로 히틀러에 대응하는 어떤 조치도 제대로 하지 못하였다.

보불전쟁에서 패하여 복수의 칼을 갈던 프랑스가 1차 세계대전에서는 이를 악물고 싸워서 승전국이 되었으나 불과 20년 뒤의 2차 세계대전에서 허무하게 패배한 이유는 정치권에서는 좌우로 갈리어 심한 정쟁을 하고 있었고, 이런 여파로 사회는 분열되어 있었기 때문이다. 총체적인 난국으로 산업화나 생산성에서도 독일에 비하여 많이 떨어지고 있었다.

독일의 히틀러가 국가의 재정을 파산일보 직전까지 갈 정도로 국방예산을 증액하여 재군비를 추진하고 군사력을 강화할 때에 프랑스에서는 '인민전선(Popular Front)'과 같은 좌파 정당에서는 국방비의 증액이나 지출을 극도로 억제하였다.

정치권은 국가가 위기에 처하면 입법을 통해 정부활동을 지원하고 국민의 의지를 결집시키는 중심적인 역할을 해주어야 하는데 프랑스의 정치권의 오히려 반대되는 행동들을 다반사로 해서 독일군이 전격적으로 침공을 해왔을 시 프랑스가 제대로 된 대응을 할 수 없도록 만드는 원인을 제공한 것이다.

고립무원의 외교

1차 세계대전에서 프랑스와 영국, 미국 등은 협상국으로 전쟁을 주도적으로 이끌어 승리를 할 수 있었고 베르사유 조약에 의거 20년이라는 짧은 기간이었지만 유럽에서 평화를 지킬 수 있는 체제를 유지하고 있었다. 1925년 10월, 스위스 로카르노에서는

---

375 폴 콜리어, 『제2차 세계대전』, pp. 424-427.

프랑스와 독일, 영국, 벨기에, 이탈리아의 대표들이 모여 중부유럽의 안전보장과 평화를 위해 독일 서부 국경의 현상유지와 불가침, 라인란트의 비무장, 독일과 프랑스 및 벨기에의 상호불가침, 분쟁의 평화적 처리 등을 주요내용으로 하는 '로카르노 조약(Pact of Locarno)'을 발의하여 그해 12월 런던에서 조약을 체결하였그, 이 조약을 체결한 후 독일은 국제연맹에 가입하였다. 그러나 이 조약은 히틀러가 1935년에 재군비를 선언하고 1936년에는 로카르노 조약을 일방적으로 파기하였으며, 라인란트에 군대를 주둔시키고 재무장을 하면서 유명무실화되었다.

히틀러의 등장과 더불어 유럽지역에서의 평화가 서서히 위협을 받자 프랑스는 1935년 2월 이탈리아와 아프리카에서의 이익을 나누기로 하는 조약을 맺기도 하였고, 독일군의 재무장이 현실화되자 영국 런던에서 영국 대표들과 함께 독일측 대표들을 초청하여 동부유럽에서의 평화보장에 우선권을 둘 것을 요구도 하였다. 그러나 독일이 이미 재군비가 시작된 상황이라 독일 대표단들은 더 이상 회담에 관심을 두지 않으면서 무익한 회담으로 끝나자 프랑스는 징병제를 2년 더 연장하는 조치를 하였으며, 국제연맹에 독일군 재무장에 대한 제재를 호소도 하였다.[376] 그러나 효과는 없었다.

1935년 4월, 영국의 스트레사(Stresa)에서는 영국과 프랑스, 이탈리아 3국의 대표들이 모여 독일의 호전적인 행동에 대하여 공동으로 대응하고 독일을 외교적으로 고립시키며, 이탈리아를 영국과 프랑스에 묶어두는 것이 필수적이라고 생각하여 회담을 가졌으나 이미 이탈리아가 에티오피아를 침공하였기 때문에 이 회담은 무위로 돌아갔다.[377]

전쟁이 다가올 무렵인 1930년대 중반 이후 프랑스는 국내적으로 좌파와 우파의 대립으로 사회적 갈등이 극심하였으며, 이러한 사회적 분위기는 동맹국인 영국에도 영향을 미치고 있어서 프랑스에 위기 발생 시 영국의 지원은 불확실하였다. 당시 프랑스 수상 달라디에는 미국대사에게 "영국은 프랑스 혼자 이 전쟁에서 작전하게 할 것이 분명하다. 영국은 프랑스군 사상자 리스트가 가득 차게 내버려 둘 것이다."라고 영국의 무관심에 불만을 토로하기도 하였다. 프랑스에 내재되어 있는 문제점을 자체적으로 개선하려는 노력보다는 남을 탓하는 모습을 먼저 보였던 것이다.

프랑스와 러시아는 1차 세계대전 이래 끈끈한 관계를 유지하고 있었지만 때로는 이

376 Robert Goralski, *World War Ⅱ Almanac: 1931~1945*, pp. 32-33.

377 *Ibid.*

관계는 빈말에 불과하였다. 1938년 들어 체코 위기가 발생하였을 때에도 양국은 서로 어느 한 쪽이 위협을 받으면 지원하겠다고 말하고는 있었지만 이는 말뿐이었고, 실제 위기가 발생하였을 때에는 아무런 조치도 하지 않았다. 이는 영국과 프랑스의 관계에 있어서도 크게 다르지 않았다.

1938년 9월 30일, 뮌헨회담을 체결한 뒤 영국이 프랑스와는 한마디 상의조차 없이 독일과 불가침조약을 체결하자 이에 분노한 프랑스도 12월 6일 또한 독일과 불가침조 약을 체결하기도 했다. 이 조약은 독일이 소련과 불가침조약을 맺은 1939년 8월보다 8 개월 앞서 맺은 조약으로 당시 유럽의 강대국들 간에 체결한 불가침조약이라는 것이 얼마나 허망한 것인지 불과 1~2년 뒤에 발생한 독일군의 프랑스와 소련 침공이 증명 한다.

독일군의 침공 가능성이 고조되자 영국과 프랑스 및 폴란드는 1939년 8월 25일, 즉 독일군 침공 일주일 전에 만약 독일군이 폴란드를 공격하면 양국은 모든 수단을 이용 하여 폴란드를 지원하기로 약속하였고, 독일군 공격 2~3일 전에 파리에서 개최된 프 랑스-폴란드군 수뇌회담에서도 독일군이 공격하면 프랑스군은 즉시 독일군을 폭격하 고 지상병력의 공격에 이어서 15일부터는 대규모의 공격을 하기로 합의하였다. 그러 나 이 약속 역시 말뿐에 불과한 약속으로 결국 지켜지지 않았다.

영국과 프랑스의 갈등은 군에서도 발생하고 있었는데, 당시 연합군 사령관 가믈렝 은 연합작전 회의석상에서 자기가 발언을 할 때에는 통역을 하지 못하게 함으로써 영 국군이 작전회의 내용을 이해하지 못하도록 하였다.

전쟁 당시 수상인 레노는 독일군이 전격전으로 파리를 향해 진격을 하자 미국에 원 조를 요구하였으나 미국은 국내사정을 이유로 실현되지 않았고 미국 함대의 지중해 파 견을 요청하였지만 역시 실현되지 않았다.

레노 수상은 독일군의 점령이 임박해지자 파리를 떠나면서도 미국이 원정군을 파견 함을 물론 모든 수단으로 연합국을 원조하겠다는 루스벨트의 발표가 있기를 요구하였 지만, 미국은 의회의 승인하에 군수품을 비롯한 전쟁수행 물자를 지원할 수 있을 것이 라는 구두약속만을 받는 것으로 만족해야 했다.[378]

독일군이 벨기에를 점령하고 프랑스를 향하여 공격할 무렵 당시 수상 레노는 상황 이 긴박하게 돌아가자 영국에도 지원을 요청하면서 특히 항공기 파견을 요청하였지만

378　신미 마사이치, 『제2차 세계대전 전쟁지도』, pp. 169-174.

처칠의 거부로 무위로 돌아갔다.

독일군이 파리를 향하여 진격해오는 동안 프랑스는 이렇게 영국과 미국에 지원을 요청하였다. 그러나 프랑스 정부와 군에 대한 미국과 영국의 불신은 신뢰를 주지 못하였으며, 프랑스 또한 전력을 다하여 싸우고자 하는 의지가 부족하였기 때문에 승리를 기대하기에는 어려운 상황이었다.

1차 세계대전의 여파를 극복하지 못한 경제

프랑스는 1차 세계대전에서 승리하여 독일로부터 알자스-로렌을 되찾고 푸엥카레의 통화정책의 성공으로 상대적으로 경제적인 면에서는 안정적이었다. 1920년대 후반 선철이나 강철의 생산량은 대폭 늘어났고, 자동차 생산량도 확대되었다. 중앙은행의 금 보유량도 많아 통화에 유리하였고, 1929년 미국에서 대공황이 발생하였을 때에는 무역에 크게 의존하던 독일이나 영국은 커다란 영향을 받았지만, 프랑스는 국제시장에 대한 의존이 낮았기 때문에 상대적으로 타격이 적었다.

그러나 1933년 이후 주요 무역국가들이 금본위제를 포기하면서 프랑화의 가치하락으로 프랑스의 수출경쟁력도 점차 약화되어 수입은 60%, 수출은 70%가 줄어들었다. 여기에 노동현장에서는 주40시간 노동제와 임금인상 주장이 제기되었고 1936년 들어 프랑화에 대한 평가절하는 금의 해외유출을 가속시켜 프랑스의 국제신용마저 손상시켰다.

이러한 결과로 1938년 프랑화는 1928년의 28%, 산업생산은 10년 전의 83%, 강철은 64% 수준으로 떨어졌으며 국민소득도 1929년보다 18% 줄어든 상태였다. 이러한 경제적 어려움 속에서도 프랑스는 독일의 재군비 추진을 우려하여 국방비 부분에서는 투자를 확대하기는 했지만, 이 당시 디플레이션 영향으로 이를 극복하기에는 어려워서 1937년에 가서야 1930년 수준을 겨우 회복할 수 있었다.

국방비에 대한 증가가 이루어지기는 했으나 육군에 대한 투자는 거의 없었고 해군과 공군 위주로 되었는데, 1937년 독일 공군이 5,000여 대의 항공기를 생산할 때 프랑스는 고작해야 370여 대를 생산하였고, 1938년 들어 집중적인 투자로 생산시설을 확장하였지만, 전쟁이 발발한 뒤인 1940년에 가서야 전투기를 생산할 정도가 되었다. 그러나 알다시피 이때는 이미 독일군이 전격전을 할 시기가 임박하여 프랑스는 전투기 조종사들에 대한 훈련도 제대로 못할 정도였다.

프랑스는 주요 자원을 영국으로부터 지원을 받지 않을 수 없었다. 예를 들면 석탄의 30%, 구리와 고무는 100%, 석유는 90% 등 상당량을 수입에 의존하고 있었는데, 많은 부분이 영국으로부터 들어왔고 이를 운반한 것은 영국의 상선이었으며 시세가 떨어진 프랑화보다는 영국과 미국의 재정원조에 크게 의존하고 있었다.

프랑스의 경제적 취약점과 더불어 늦게 시작한 군의 전력증강, 정부와 정치권의 무관심은 군이 전투준비태세를 갖추는 데 있어 어려움을 초래하였으며, 이러한 결과 승리를 기대하기가 곤란했던 것이다.

마지노선에 안주하여 무기력하게 패배한 군

1차 세계대전에서 인적·물적으로 많은 피해를 입기는 했지만 프랑스는 영국과 더불어 주요한 승전국이었다. 승전국으로서 영국과 더불어 독일군의 군비증강을 가장 관심 있게 주시하고 감시하는 국가이기도 하였다. 그런 프랑스가 독일군이 젝트의 비밀재군비 계획에 의거 군비확장에 대비하기 위한 여러 조치를 하여도 제대로 이를 감시하거나 통제하지 못하였다.

프랑스군이 독일군의 재군비에 경각심을 갖고 제대로 전쟁에 대비를 하였다면, 프랑스군은 1차 세계대전에서 나타난 결과에 대한 분석을 철저히 해서 교훈을 도출하고 이에 맞게 전술을 개발하며 부대를 훈련시켰어야 했다. 프랑스군은 1차 세계대전의 전훈을 철저히 분석을 하고 교훈을 도출은 하였지만, 승리한 전투에 대한 분석만을 하도록 한정하였고, 실패한 전투에 대한 분석과 교훈 도출은 무시되었다. 현역장교가 연구한 논문이나 서적은 발표 또는 출판하기에 앞서 최고사령부의 승인을 받도록 규정되어 있었으며, 군에 비판적인 의견을 개진하는 데는 통제가 뒤따랐다. 이런 분위기 때문에 프랑스군에 있어 변화와 발전을 기대하기에는 어려웠다.[379]

프랑스군 육군대학에서는 1차 세계대전 시의 전훈을 분석하고 교리를 정립하였지만, 그들은 발췌한 몇 가지 전투에 초점을 맞췄기 때문에 편협된 사고를 기를 수밖에 없었다. 이러한 문제점들을 알면서도 그들은 침묵하였다. 이를 두고 앙드레 보프르는 "모든 사람들이 이런 문제점을 알면서 독일군에게 1940년 전쟁에서 패할 때까지 침묵을 하고 있었다."고 비판하였다.[380]

---

379 토마스 햄스, 『21세기 제4세대 전쟁』, p. 37.

〈그림 4.27〉 포사격 중인 프랑스군 마지노선의 포대.　프랑스는 마지노선을 구축하여 심리적 안정감을 얻기는 했지만 방어 위주의 사상 팽배로 제대로 전투다운 전투를 하지도 못한 채 독일군 전격전에 개전 6주 만에 항복하였다.

출처: 폴 콜리어, 『제2차 세계대전』, p. 70.

프랑스군이 그토록 자랑하였던 마지노(Maginot)선은 육군 장관이던 앙드레 마지노 (Andre Maginot)의 이름을 딴 것으로, 마지노의 후임으로 육군 장관이 된 팽르베(Painlev)가 구상하여 1930~1934년에 스위스 국경지대로부터 몽메디까지 750km를 당시 150억 프랑이라는 거액을 들여 설치한 독일에 대한 방어선이다.[381] 마지노선을 구축하게 된 배경에는 먼저 1914년처럼 프랑스의 젊은이들을 아무 방호물도 없는 개활지에서 전투를 하도록 내버려두어서는 안 되겠다는 이유와 또한 그 당시 출산율 저하에 따른 인구의 감소 외에 공업기반도 정체되는 이유로 건설하게 되었다.[382]

380　Andre Beaufre, *1940: The Fall of France*(New York, 1968), p. 43.

381　당시 마지노선 구축을 두고 조프르와 페탱의 의견대립이 심하였다. 조프르는 요새지대를 설치할 책임을 갖는 위원회 위원장으로서 "북해로부터 스위스 국경까지 프랑스 국경을 따라 구축해야 하며, 요새 사이는 독일군에 대하여 공격을 할 수 있는 일정한 구간과 거리를 두어야 한다."고 주장하여 대대적인 분리 요새군을 설치할 것을 주장하였다. 반면에 페탱은 "마지노선을 북동쪽의 국경에만 한정하고, 만리장성 식으로 연속적으로 구축할 것"을 주장하였다. 두 원수의 대립으로 마지노선 구축은 지지부진하다가 1928년에 가서 겨우 타협안이 도출되어 공사를 시작하게 되었지만, 이번에는 재정상의 문제와 노동자의 파업으로 지연되면서 1938년에 가서야 완공되었다(존 윌리암즈, 이용호 옮김, 『프랑스: 됭케르크의 패주』, 서울: 백조출판사, 1972, pp. 18-22).

382　존 키건, 『2차 세계대전사』, p. 95. 마지노선은 국방비에 대한 압박과 벨기에와 좋은 관계를 유지하기

마지노선에는 일련의 요새와 요새들을 지하철도로 연결하였고, 각각의 요새에는 병원과 병영, 침실 및 탄약고와 연료창고, 환기 시스템 등을 모두 갖추어 설사 독일군에게 포위되더라도 요새로서의 기능을 잃지 않고 한동안 전투를 계속할 수 있도록 구축되었다.

마지노선을 두고 페탱은 "전쟁이 터졌을 때 전사하게 될 병사들의 목숨과 맞바꿀 강철과 돈"이라고 하여 신뢰를 표현하였고, 1935년 국방장관도 "수십억 프랑을 들여 구축한 요새 방어선을 두고 어떻게 공세로 나설 수 있겠습니까? 그 목적이 무엇이든 마지노선을 넘어서 공격하는 것은 미친 짓이 될 것입니다."라고까지 하여 마지노선에 대한 극단적인 신뢰를 표명하였다.[383]

마지노선을 구축해 놓음으로써 당장은 프랑스군이나 국민 대부분 독일로부터 심리적인 안정감을 느꼈을지는 모르겠지만 결국 이것은 프랑스군의 방어제일주의 사상을 가져왔으며, 나가서 패인을 제공하는 주요원인이 되었다.

프랑스는 히틀러가 집권하여 징병제를 실시하고 베르사유 조약의 폐기를 선언하는 등 재군비선언을 할 때에도 적시적인 조치하지 못하고 있었다. 독일군이 전격전 전술을 개발하고 훈련하는 동안 프랑스군이 얼마나 시대에 뒤처지고 독일군의 재군비에 제대로 준비하지 못하고 있었는지는 몇 가지를 사례를 보면 첫째, 1차 세계대전을 승리로 이끈 장군들이 그대로 군에 있으면서 1차 세계대전의 승리감에 도취되어 군의 기술혁신이나 전술의 변화에 무감각하였고[384] 둘째, 경제가 어려워 국방예산 획득이 곤란하였지만 그나마 힘겹게 확보한 예산을 제대로 전력건설에 투자하지 못하였으며[385] 셋째, 마지노선에 전적으로 기대는 부대의 운용과 방어 위주의 전술 등이 복합적으로 어

위해서 벨기에 쪽 250마일의 국경선은 구축을 하지 않았다.

383 폴 콜리어, 『제2차 세계대전』, pp. 71-73.

384 예를 들면 1차 세계대전 시 베르됭 전투에서 대령으로 참전하여 공적을 세운 페탱은 2차 세계대전이 발발할 무렵에는 원수로 승진하여 육군 최고사령관과 국방장관을 역임하는 등 최고 직위에 있었으며, 가믈렝 장군은 1938년 참모총장으로 재직 중에 있었다. 다수의 노쇠한 장군들은 당시 드골이나 에스치엔누 장군 등이 장차 전쟁의 변화를 예견하면서 기갑 및 기계화 부대의 창설과 방어 위주에서 공세적 전술로 발전시킬 것 등을 주장하였지만 모두 무시함으로써 결국 프랑스군이 방어전술에 안주하게 되었고 독일군의 전격전에 힘없이 무너지는 결과를 초래하였다.

385 히틀러가 집권하여 재군비를 추진하기 시작할 무렵인 1933년 프랑스군 최고사령관 웨이강 장군은 국방예산의 증액을 주장하여 의회로부터 많은 예산을 확보하였지만, 1933년도에는 책정된 예산의 59%, 1934년에는 33%가 그대로 남았으며, 가믈렝이 뒤를 이은 1935년에도 66%의 예산이 그대로 남아 있었는데, 그 이유는 육군성과 참모본부가 어떻게 군비를 증강할 것인지에 대한 의견의 차이가 있었기 때문이었다.

우러져 이길 수 없는 상태로 가고 있었다.[386]

프랑스군은 전쟁이 발발하던 1940년 5월에 총 130여 개 사단을 보유하여 동부전선에 90개 사단, 이탈리아 전선에 9개 사단, 북아프리카에 8개 사단, 중동부 전선에 3개 사단, 예비 20개 사단을 보유하고 있었다.[387] 해군도 항모 1척과 순양전함 5척, 순양함 15척, 다수의 지원함과 호위함을 보유하고 있었으나 프랑스는 강한 해군력을 건설하는 대신 독일과의 국경선에 마지노선을 구축하기로 결정하고 1929년부터 착수하여 완성을 하고 있었으며,[388] 항공기는 1,400여 대를 보유하고 있었다. 프랑스군이 개전 6주 만에 항복할 정도로 독일군에 비하여 절대적으로 불리한 전투력이 아니었던 것이다. 여기에 영국에서 파견된 원정군도 10개 사단이 프랑스군과 연합으로 작전을 할 준비를 갖추고 있었다.

프랑스가 당시 보유하고 있었던 전차는 독일군이 보유하고 있었던 MK-I와 MK-II에 필적할 정도로 우수한 전차였으며, 드골과 같은 일부의 우수한 장교들은 전차를 집중하여 운용할 것을 주장하였으나, 반면에 군고위층에서는 전차를 분산하여 보병지원화기로 운용토록 결정함으로써 전차운용에서의 우위를 스스로 저버린 결과를 초래하였다.

프랑스군의 사기도 형편없이 저하되어 있었다. 영국군 참모총장을 지낸 알란 브룩(Alan Brooke)의 말을 빌자면, 프랑스군 사단은 "병사들은 수염이 덥수룩하고 차량은 지저분하고 … 무엇보다도 가장 충격을 준 것은 병사들의 표정, 툴툴대며 순종하지 않는 표정 … '좌로 봐' 명령을 해도 다 귀찮다는 듯"이라 할 정도로 지휘체계는 정립되어 있지 않았고 응집력은 저하되어 있었다.[389]

프랑스 대통령 르브웡이 전선을 방문한 가운데서도 프랑스군의 사기저하 현상은 그대로 노출되었는바, 그는 "프랑스군이 결의가 느슨해지고 규율이 풀려 있었으며, 생기가 도는 참호의 분위기를 발산하는 병사는 없었다."라고 하고 있고, 영국의 처칠 수상도 프랑스 전선에서 "만사에 냉랭하게 나 몰라라 하는 분위기가 만연하고 진행되는 작

---

386 1차 세계대전 후 프랑스군의 에스치엔누 장군은 "전차가 앞으로 전술뿐만 아니라 전략과 군대의 모든 조직 및 자체의 뿌리까지를 흔들어 놓을 것"이라고 하면서 기갑부대와 항공기가 밀접하게 협조되는 작전의 중요성을 강조하였으며, 드골도 방어 위주의 전술을 탈피하여 공세 위주의 전술을 주장하였다. 그러나 이러한 주장들은 프랑스군 수뇌부에 의해 무시되었다.

387 (구)국무총리 비상기획위원회, 『세계동원의 역사』, pp. 384-385.

388 폴 콜리어, 『제2차 세계대전』, p. 185.

389 존 키건, 『2차 세계대전사』, p. 98.

업의 질이 눈에 띄게 형편없고 어떤 종류든 눈에 보이는 활동이 없다는 데 충격을 받았다."고 하여 프랑스군의 무력감을 표현하였다.[390]

심지어 프랑스군 뤼비(Edouard Ruby) 장군도 "모든 훈련이 짜증나는 일이고 모든 일을 고역으로 여겨졌으며, 정체상태가 여러 달 동안 지속된 다음에는 그 누구도 전쟁이 더 있으리라고 믿지 않는다."고 하여 다시 참호전이 되풀이될 것으로 예견을 하고 있었다.[391]

그러나 사실 프랑스군에서는 드골을 포함하는 일부의 장교들은 장차전에서 전차의 중요성을 인식하여 기갑 3개 군단(6개 사단, 전차 3,000대) 창설을 주장하였지만, 당시 정치인이나 심지어는 노쇠한 군의 지도자들이 이들의 주장을 일축하였다. 그러한 결과로 2차 세계대전이 발발하였을 당시인 1940년 1월에 가서 3개 기갑사단 편성을 시작하였지만, 독일군이 침공한 5월 10일경에는 겨우 1개 기갑사단을 편성하고 있었을 뿐 독일군의 전격전에 거의 무방비였다고 해도 과언이 아니었으며, 믿을 것과 믿고자 하는 것은 마지노선이 유일한 수단이었다고 해도 과언이 아니었다.

이런 허약한 프랑스군을 두고도 전쟁이 발발하기 이전 베강(Maxime Weygand) 장군은 1939년 7월 "프랑스군은 역사상 어느 때보다 강력한 군사력을 갖추고 있으며, 최첨단의 무기체계를 갖추고 있고… 우리는 승리를 쟁취할 수 있을 것이다."라고 하였으며, 가믈렝 참모총장은 1940년 2월 "만일 독일군이 우리를 공격하는 호의를 보인다면 독일에 10억 프랑을 주겠다."고 호언을 하였다.[392]

독일군이 1940년 5월 10일 아르덴느 삼림지대를 이용하여 공격을 하였을 당시 북부 지역에는 가믈렝 장군 지휘 아래 프랑스군 90여 개 사단, 영국원정군 10개 사단, 벨기에군 22개 사단, 폴란드군 1개 사단 등 130여 개 사단이 있었으나 이 부대들은 독일군 134개 사단을 제대로 막지 못하였으며,[393] 독일군이 마지노선을 우회하여 전격전을 실시하자 마지노선에 투입되어 있었던 30개 사단은 전투다운 전투를 제대로 하지도 못하고 허무하게 무너졌다.

영국과 프랑스, 벨기에, 네덜란드 4개국 간에 당면한 독일군의 침공을 격퇴하기 위한 연합군의 공조된 작전은 없었으며, 심지어 프랑스군은 육군과 공군 간에서도 협조

---

390 위의 책, p. 101.

391 존 키건, 『2차 세계대전사』, p. 101.

392 칼 하인즈 프리저, 『전격전의 전설』, pp. 29-30.

393 육군본부, 『영국 육군사』, p. 409.

〈그림 4.28〉 마지노선에서 대기 중에 있는 **프랑스군.** 독일군이 파리를 향하여 진격을 하고 있을 때에도 프랑스군은 마지노선에 많은 부대들이 온전히 있으면서 그들은 독일군이 파리를 점령할 때까지 제대로 전투다운 전투를 하지 않았다.

출처: 남도현, 『2차 세계대전의 흐름을 바꾼 결정적 순간들』, p. 114.

된 작전이 없었다. 육군의 작전도 공군지원 없이 실시되다 보니 패할 수밖에 없었다. 가믈렝 장군은 독일군의 전격전에 공군을 투입했어야 함에도 불구하고 고작해야 요격이나 정찰임무에 국한시켜 운용하였다. 그러다 보니 파리가 점령되었을 때에도 다수의 항공기가 그대로 있었지만 이미 프랑스는 항복한 뒤라 더 이상 사용할 수 없는 공군이 된 것이다.

프랑스군이나 정치지도자들은 마지노선을 구축하여 안심이 되었다고 해도 조금만 관심을 기울였으면 독일군이 다시 공격을 해올 경우 벨기에 쪽의 국경이 취약할 것으로 판단을 할 수 있었고, 그렇게 판단을 하였다면 비록 그쪽에는 마지노선이 구축이 안 되어 있다고 하더라도 벨기에군과 그럴 경우에 대비하여 협조가 필요하였으나 프랑스군과 벨기에군 참모본부 간의 이런 협조는 없었다.

독일군이 폴란드를 점령한 1939년 10월 이후 프랑스를 공격하기 이전인 1940년 5월까지는 이른바 '가짜 전쟁기간(1939.10~1940.5)'으로, 프랑스군은 독일군이 폴란드 전역에서 행한 전술을 분석하고 이에 대비하는 준비를 했어야 하나 이 기간에도 프랑스군은 마지노선에만 기댄 채 대비를 소홀히 하고 있었다.[394]

오히려 전선에 배치된 병사들은 '가짜 전쟁'이 장기화되면서 권태감에 사로잡혀 군기가 해이해지고 그런 끝에 병사들은 주말에는 슬그머니 사라졌다가 월요일 아침에도 복귀하지 않는 사례까지 발생하였다. 전쟁을 목전에 두고 독일군이 철저히 전격전을 준비하는 동안 프랑스군은 말만 앞세우면서 철저히 무능한 군대가 되어가고 있었던 것이다.[395]

　마지노선은 그 자체로 엄청난 국방비를 사용하였을 뿐만 아니라 마지노선 구축에 많은 국방비를 투입하여 해군이나 공군력 증강 등 다른 분야에 대한 투자가 소홀해짐으로써 프랑스가 독일군에 패망하는 또 다른 원인이 되었으며 국민의 싸우려는 의지마저 무뎌지게 하였다.

　사실 프랑스 국민은 1870~1871년의 보불전쟁과 1차 세계대전, 그리고 2차 세계대전에서 패하여 프랑스가 점령되기까지 3회에 걸쳐 독일과 전쟁을 하였고, 그러다 보니 독일군이 다시 프랑스를 점령하고 패배를 당해도 전쟁에 염증을 넘어 피로를 느끼고 있었고, 그런 상황에서 국론이 나누어질 수밖에 없는 상황이 되었다.

　또한 전쟁을 하는 적대국인 프랑스와 독일군 사이에서는 믿을 수 없는 일이 자주 발생하였다. 즉, 폴란드 군이 독일군에 항복한 이후 '가짜 전쟁기간' 동안 프랑스군은 독일군과 전선의 한쪽에서 친목회의를 하는가 하면, 프랑스군 병사가 도축한 쇠고기를 독일군에 주고 라디오를 받아오는 일도 있었다. 1940년 12월 크리스마스에는 크리스마스 트리를 함께 세우는 일도 일어났으며, 지루해진 병사들이 같이 축구를 하는 일도 있었다. 심지어는 독일군이 프랑스군에 전기를 공급해주는 일도 있었는데, 이 모든 것들은 독일군이 프랑스를 공격하기 직전에 프랑스군을 심리적으로 약화시킬 목적으로 의도적으로 행하였던 고도의 심리전이었다.[396]

　여기에 독일의 선전상 괴벨스는 영국군과 프랑스군을 이간시키고 대립을 조장하기 위해 "프랑스군 병사는 일당을 고작 50상팀 받는데, 영국 병사들은 17프랑을 받는 이유가 무엇인가(왜 그렇게 많이 받는가)?"라든가, "프랑스를 전쟁에 끌어들인 것은 영국인데, 영국은 고작 10개 사단밖에 보내지 않았다."라는 선전을 하기도 하였다.[397]

　독일군의 전격전으로 프랑스군 최후방위선이 돌파되고 파리가 함락되기 얼마 전 처

394　토마스 햄스, 『21세기 제4세대 전쟁』, pp. 30-31.

395　알란 셰퍼드, 김홍래 옮김, 『프랑스 1940』(서울: 도서출판 플래닛미디어, 2006), p. 39

396　칼 하인즈 프리저, 『전격전의 전설』, pp. 511-512.

397　알란 셰퍼드, 『프랑스 1940』, p. 39. 1프랑은 100상팀이다.

칠 수상이 파리의 프랑스군 본부를 방문하여 레노 수상과 달라디에 국방장관 등이 참석한 가운데 참모총장 가믈렝 장군에게 "당신은 언제, 어디에서, 어떻게 독일군의 측방을 공격할 것입니까?"라고 질문을 하자 가믈렝 장군은 대답하기를 "수적으로 열세하고, 장비도 열세하며, 방법(전술)까지 열세하여 공격을 하기가 곤란하다."라고 하여 공격할 의사가 없음을 표명하였다.[398]

그러나 당시 프랑스군은 마지노선에 배치되었던 사단들이 온전히 그대로 있었고, 그 밖의 사단들을 합해도 60여 개에 달했으며, 해군은 해군대로 군항에 함정 다수를 보유하고 있었다. 공군도 많은 전투기가 전투에 투입되지 않은 채 그대로 남아 있었다. 프랑스군은 당시의 상황을 1차 세계대전 시처럼 지루한 소모전이 진행될 것으로 보고 충분한 전투기를 보유한 측이 최종의 승자가 될 것으로 판단하여 파리가 함락되고 항복을 하여도 공군 전투기 다수를 그대로 보유하고 있었다.[399] 전투기를 사용할 시기를 놓친 것이다.

프랑스군은 가믈렝이 말한 것처럼 병력이 수적으로 열세하고 장비마저 열세한 것은 아니었다. 다만 전략과 전술의 열세가 있었을 뿐이다. 가믈렝은 독일군의 전격전을 어떻게 하면 막아낼 것인지, 참모총장으로서 국면을 전환하여 승기를 잡기 위한 노력은 하지 않고 패배주의에 젖은 대답을 하였으며 그로부터 며칠 뒤 프랑스는 항복을 하였다.

프랑스가 항복한 뒤 페탱은 패배원인을 "너무 적은 병력과 무기, 동맹국(Too few children, too few arms, too few allies)"이라고 하였는데,[400] 이 표현 역시 1차 세계대전을 승리로 이끈 군사지도자로서, 국가지도자 중의 한 사람으로서는 매우 부적절한 발언이었다.

앙드레 보프르의 말을 빌면 "2차 세계대전 시 프랑스 군이 독일군에 패배한 이유는 프랑스군이 철학과 전략을 갖고 있지 않았기 때문이며, 그것도 방어 위주의 케케묵은 전술을 구사하였기 때문"이라고 하면서 프랑스 정치지도자나 군사지도자들의 전쟁지도능력 부족을 지적하고 있는데,[401] 레노 수상이나 참모총장 가믈렝 장군, 독일군이 프랑스를 점령한 후 비시 정권하에서 독일군 하수인 역할을 하였던 페탱이 바로 그런 정치·군사지도자 중의 한 사람들이었다.

---

398 육군교육사령부, 『전쟁지도와 군사작전』, p. 262; 칼 하인즈 프리저, 『전격전의 전설』, p. 108; 존 윌리암스, 이용호 옮김, 『프랑스: 됭케르크의 패주』(서울: 백조출판사, 1972), pp. 114-115 참조.

399 칼 하인즈 프리저, 『전격전의 전설』, p. 98.

400 Robert Goralski, *World War II Almanac: 1931~1945*, p. 122.

401 육군교육사령부, 『전쟁지도와 군사작전』, p. 32.

적지 않은 예비전력을 동원하고도 무기력했던 군

프랑스군은 1차 세계대전 시에는 2년의 현역근무에 이어 23년의 예비역 및 국민군으로 근무하였던 것을, 전후 1923년 4월 개정된 법에서는 18개월의 현역근무에 이어 2년은 복무대기 상태로, 16년 6개월은 제1예비역으로, 나머지 8년은 제2예비역으로 총 28년을 근무하도록 개정하였다.[402] 모든 국민에게 병역의무를 부과하고 만 20세에 입대하여 18개월 현역복무를 하도록 하였으며, 18개월간의 병역을 필한 후에는 제대 후에 예비역으로 모두 동원의 대상이 되도록 하였다.

프랑스에서 동원은 본국에 주둔하고 있는 부대에서 책임지도록 하였고, 이 부대에서는 동원에 관한 책임을 전적으로 수행하기 위하여 '동원본부'를 설치하였다.[403]

이렇게 편성된 예비역 제도를 통해서 프랑스는 전쟁기간 중 독일군에 항복하기 이전까지 500만여 명의 예비군을 동원한 것으로 알려지고 있다. 적지 않은 예비전력을 동원하고도 프랑스는 패배하였던 것이다. 프랑스는 1차 세계대전 후 총력전을 수행하기 위하여 법률적 제도적 장치를 마련하기는 하였으나 효과적인 대응을 했다고 할 수는 없을 것이다.

프랑스에서 좌·우파의 대립은 정치적 분열은 물론 국민의 의지와 사회적 불안을 가져왔으며, 국방정책에서도 이데올로기의 대립으로 군의 확충과 사기 나가서는 예비전력의 동원에도 악영향을 미치는 결과를 가져왔다.

1차 세계대전 이후 현상유지를 한 기술력

1차 세계대전에서 승리한 이후 프랑스군에 있어서 특별히 전투장비나 탄약 등의 개선을 위한 노력이 보이지 않았다. 경제적 어려움과 많은 국방비를 마지노선 건설에 투입하다 보니 새로운 장비를 발전시키기 위한 여력이 별로 없었던 것이다. 당시 독일은 히틀러가 집권하여 매년 국방비가 기하급수적으로 확대되고 새로운 전차나 항공기 등 장비가 개발되어 스페인 내전에서 사용될 때도 프랑스에서는 이렇다 할 장비의 개발이나 개선이 눈에 띠지 않았다.

402　여기서 복무대기 중인 병사들은 필요시 국방장관이 개별적인 명령에 의해 즉각 소집이 가능한 병력이다. 제1예비역은 동원임무를 수행하고 제2예비역은 차후 동원에 대비하는 역할을 하였다.

403　육군본부,『프랑스 육군사』, p. 433.

전쟁이 긴박하게 다가오자 프랑스는 항공기를 개발하기 위하여 예산을 편성하고 개발을 시작하였다. 전쟁이 임박해져 조종사를 양성하기 시작하였지만 이미 시간적으로 늦어 효과를 볼 수 없었다. 프랑스는 1차 세계대전 이후 새로운 장비를 개발하기 위한 노력을 제대로 기울이지 않았다.

사회적 분열로 파국을 초래한 프랑스

프랑스인은 독일을 두려움의 대상이자 한편으로는 협력의 대상으로 인식을 하였던 같다. 1870~1871년 보불전쟁에서 패하여 전쟁배상금을 지불하고 알자스-로렌 지방을 빼앗겼지만 1차 세계대전에서 승리하여 이를 되돌려받았을 뿐만 아니라 막대한 전쟁배상금과 군비축소도 요구하였다.

히틀러가 집권하였을 당시 프랑스 사회의 우파 중에서 일부는 히틀러의 나치즘 확산이 당시 소비에트로부터 서방국가로 확산되고 있었던 공산주의자들을 막아줄 수 있을 것으로 기대하였고, 심지어는 나치즘에 대한 찬사까지 보내고 있었다. 히틀러를 스탈린의 공산주의 확산을 저지하는 대항마로 인식하여 이에 박수를 보내기까지 하였다.

프랑스 정치와 사회는 2차 세계대전이 발발하기 전 좌우 국론의 분열이 심하였다. 1차 세계대전 시는 프랑스 국토에서 치열하게 전쟁을 하여 많은 피해를 입었지만 프랑스인의 저항의지는 끈질겼다. 그러나 2차 세계대전이 발발할 무렵에는 그동안 독일군과의 잦은 전쟁으로 염증을 느끼고 있었던 사회적 분위기와 국민적 정서가 국민의 저항정신을 약화시켰다. 여기에 정치나 군사 지도자들의 무능과 마지노선에 대한 과신까지 복합적으로 작용하여 프랑스인의 상당수는 전쟁에서 승리를 하는 데 관심이 별로 없었다.

노동현장에서는 심지어 이적행위도 발생하였다. 1939년 히틀러가 스탈린과 독소불가침조약을 체결하자, 이를 지지하는 프랑스의 공산주의자들은 방위산업체에서 수단과 방법을 가리지 않고 무기나 탄약생산에 방해를 하였던 것이다. 파르망 사에서 제작한 항공기가 이륙하던 중 이유 없이 추락하는 일이 발생하자 경찰이 이를 조사한 결과 공산주의자가 고의적으로 연료공급장치를 망가뜨려 연료누출로 폭발되도록 하였다. 르노 사의 노동자들도 전차의 변속기에 나사를 집어넣어 막 생산된 전차가 운반되는 도중에 고장이 발생되도록 만들었다. 대공포도 생산과정에서 포신이 사고로 폐품이 되어 무장을 못하는 일도 발생하였는데, 생산현장에서는 이러한 불법행위가 도처에서

발생하여 전력을 손실하였다.[404]

1940년 5월 10일, 독일군의 공격이 시작되고 진격속도가 상상을 초월하여 빨리 진행되자 프랑스군 지휘부가 패배주의에 젖어 작전지휘를 제대로 하지 못하는 가운데, 파리에서는 독일군의 5열이 유포하는 유언비어가 난무하여 시민들은 다투어 파리 시를 떠나기 시작하였다. 일부 시민들 중에서는 독일군의 진격속도를 지연시키고자 군이 설치한 교량폭파용 폭약의 전기선을 절단하는 등으로 오히려 군의 작전준비를 방해하는 일까지 발생하였다. 이런 일 말고도 시민들의 다양한 방해활동들이 군의 작전준비를 방해하는 모습으로 나타났다.

이와 같은 사회적 분위기와 군에 대한 반감으로 군대의 사기마저 침체되어 프랑스는 무기력감에 빠져들어 가면서 독일군이 공격을 시작한 지 6주 만에 정부는 파리를 버리고 피난을 갔으며, 6월 14일에 파리가 함락되면서 페탱이 주도하는 비시 괴뢰정부가 수립되어 프랑스를 통치해나가다 그것도 1942년 후반에 들어 독일군의 직접적인 통치를 받게 되었다.

1940년 중반으로부터 1944년 후반의 독일군 점령기간 중 프랑스 국민의 일부에서 레지스탕스를 조직하여 연합군의 지원을 받거나 단독으로 독일군을 습격하고 정보를 수집하여 연합군에 제공하는 등의 활동을 하였지만, 프랑스 사회는 영국이 전 국민적으로 저항을 하였던 것과는 비교가 안 될 정도로 상대적으로 저항의식이 부족하였다.

비시 정부는 독일군의 점령정책에 협조하여 프랑스 영토 점령을 묵인하였고, 독일의 반유대 정책에 편승하여 반유대정책을 수립하고 민병대를 설립하여 프랑스에 거주하고 있었던 유대인을 체포 후 독일군에 넘겨주었다.[405] 프랑스에서 생산한 많은 양의 농산물들을 독일에 비록 반강제적이기는 하였지만 제공하였을 뿐만 아니라, 매일 수억 프랑의 비용을 독일군에 주었다. 독일군의 반강제적인 조치로 할 수 없이 하였겠지만 독일의 전쟁수행을 위해 그 비용을 프랑스가 보태주었던 것이다.

독일군이 프랑스를 점령하고 통치를 해나가는 과정에서 그들은 가택수색과 식량 및 연료의 강제징발, 귀중품 약탈, 노동력 부족을 채울 젊은 프랑스인의 강제적 징용과 더불어 각종의 건물들은 독일군 지휘부로 사용하기 위해 파리의 주요 건물들도 강제적으

---

404 칼 하인즈 프리저, 『전격전의 전설』, pp. 506-507; 알란 셰퍼드, 『프랑스 1940』, pp. 39-40 참조.

405 이때 비시 정부가 체포한 유대인은 약 30만 3,000여 명으로 절반은 외국인이고 절반은 프랑스 국적을 갖고 있는 사람이었다. 이 중 7,600여 명이 강제수용소로 보내진 것으로 확인되었다(박지현, 『누구를 위한 협력인가: 비시 프랑스와 민족혁명』, pp. 48-49).

로 사용하였다. 파리의 유명한 청동상을 모두 녹여버려 파리 시민의 분노를 사기도 하였다. 프랑스 전역에서 독일군과 독일의 점령정책에 반대하는 시민의 집회와 데모가 금지되었음은 물론이다.

파리를 점령한 친위대나 게슈타포는 첩보망을 조직하여 독일이나 독일군에게 적대행위를 하는 시민들을 밀고하는 프랑스 사람들에게는 포상을 하였으며, 체포된 사람들을 강제수용소로 이송하여 수용하는 일이 잦아졌다. 이런 현상들 모두는 프랑스 정치·군사지도자들의 무능과 국민의 저항의지 약화, 정치권의 분열, 군사력의 제 역할 미흡 등 제반 요인들이 어우러져 나타났던 것으로, 그로부터 국민들이 겪어야 할 고통과 수난은 1944년 8월 25일 연합군이 파리를 해방할 때까지 그대로 국민들에게 돌아간 것이다.

프랑스는 독일군의 전격전에 의해 6주 만에 항복하였다. 당시 프랑스의 군사력이 독일군에 절대적으로 열세하였던 것도 아니고 더군다나 영국군이 연합작전 차 파견되어 있기도 하였다. 그러나 프랑스는 패하였다. 당시의 정치와 군사지도자들의 무능과 국민들의 항전의식의 결여 외에도 좌우로 분열된 정치권과 국민들도 프랑스가 패하는 데 한몫을 거들었다. 2차 세계대전 시 불과 6주 만에 프랑스가 독일군에 의해 허무하게 패한 전쟁사에서 반면교사로 삼을 것이 많은 것이다.

6. 1차 세계대전의 경험과 스탈린의 압제 및 히틀러의 탄압이 가져다준 승리

1차 세계대전 중이던 1917년에 귀국하여 볼셰비키 혁명으로 케렌스키의 임시정부를 무너뜨리고 소비에트를 결성하여 정권을 잡은 레닌(Vladimir Il'ich Lenin)은 1919년에 "전쟁에서 승리를 하기 위한 관건은 누가 상대적으로 많은 예비대를 보유하고 있느냐, 그리고 얼마만큼 더 많은 국가적 역량을 가지고 동원할 수 있느냐에 따라 결정된다."고 지적을 한 바 있다.

또한 레닌은 전쟁을 하려면 "강력한 국내전선이 있어야 한다."고 하여 소련 사회 전체와 경제를 동원하여 전쟁할 것을 주장하였고, 소련군 참모총장을 지낸 샤포시니코프는 "미래의 전쟁은 많은 사람을 동원하는 대규모 전쟁이 될 것이며, 전쟁이 더 이상 군대

〈표 4.24〉 1937~1938년 소련의 국가능력

구분	인 구 (만 명)	GDP (억$)	국방비 (억$)	항공기 생산 (대)	철강 생산 (만 톤)	에너지 소비 (만M/T)
능력	18,060	190	54.29	7,500	1,800	17,700
비고	1938	1937	1938	1938	1938	1938

출처: Paul Kennedy, *The Rise and Fall of The Great Power: Economic Change And Military Conflict From 1500 To 2000*, pp. 199-201, 296, 324, 330-332.

의 책임만으로는 남을 수 없다. 전쟁을 준비하고 하는 일은 국가의 일이다. 전 산업은 전쟁에 물자를 공급하는 데 노력을 기울여야 한다."고 총력전 차원에서 언급한 바 있다.[406]

소련은 2차 세계대전이 발발하기 이전부터 다가올 전쟁이 국가적인 차원에서 총력전이 될 것임을 예견하여 군사적으로는 최대의 병력을 동원할 준비를 할 수 있는 체제로 전환시키고 아울러 후방에서는 장비나 물자를 최대한 생산하여 전쟁을 지원할 수 있는 준비를 역설하고 그 노력을 기울여 나가고 있었다.

모스크바를 떠나지 않고 전쟁을 지도한 스탈린

레닌이 죽은 뒤 1926년 정권을 잡은 스탈린(Josef Stalin)[407]은 소련의 절대 권력자로서 등장하여 독재정치와 공포정치로써 소련을 통치하였다. 스탈린은 1인 독재체제를 강화하기 위하여 특별한 이유나 명분 없이 2차 세계대전이 발발하기 수년 전에 소련의 유명한 군 지휘관이나 고급장교의 다수를 처형하거나 면직시킴으로써 소련군의 전력을 극도로 약화시켰다.

이때 처형된 소련군의 군 지휘관 중에는 투하체프스키, 블루헤르 원수 등이 있으며 1937년 한 해에만 대령에서 원수까지 837명 가운데 720명을 포함해서 육·해·공군의 고위급 장교 45%가 처형되거나 면직되었고, 1941년까지 군사위원회의 고위급 장교

---

406 리차드 오버리, 『독재자들』, p. 633.
407 조세프 스탈린은 1879년 12월 그루지아 공화국의 트빌리시 근처 고리라는 소도시에서 제화공의 아들로 출생하였다. 어려서 신학교에 입학하여 사제가 되기 위한 공부를 시작하였으나 좌익사상에 물들어 소요를 선동하다 퇴학을 당하였다. 청년시절 공산주의 혁명투쟁으로 다섯 번이나 체포되어 시베리아로 유형을 받았으나 4회는 탈출하였고 다섯 번째는 러시아 혁명으로 풀려났다. 레닌으로부터 혁명투쟁에 대한 열기로 인정을 받아 공산당중앙위원회 일원이 된 후 승승장구하기 시작하여 마침내 1926년 레닌이 죽자 트로츠키 등 정적을 추방하고 권력을 잡는 데 성공하였다.

75명 중 71명이 반역죄 등으로 처형되었다.[408]

1차 세계대전 당시 러시아는 전쟁준비의 미흡과 국내정치의 불안 등으로 조기에 전선을 이탈하였지만, 스탈린이 집권해서는 독재정치로 인하여 1930년대 중반 이후에는 수많은 군 지휘관이 처형되거나 면직 등으로 소련군 전력이 약화되는 등 부작용이 만만치 않게 발생하였다. 이는 군 전력의 심각한 저하를 초래하여 1939~1940년 소련군이 핀란드를 침공 시 대패하는 결과를 야기하였으며, 1941년 독일군이 침공하였을 시에도 그 결과가 그대로 나타났다.

〈그림 4.29〉 스탈린(1878~1953)

스탈린은 독일과 전쟁을 피하기 위해 영국과 프랑스의 협력을 위한 노력을 기울였으나 이에 실패하자 히틀러와 협상하여 불가침조약을 체결하였으며, 한편으로 소련군 내부에서 전쟁을 억제하기 위한 노력도 하였다.

먼저 히틀러의 재무장에 대한 위협을 느낀 스탈린은 영국과 프랑스의 협력으로 '집단안전보장체제'를 구축하여 독일군에 대항하고자 혔으나, 영국과 프랑스가 히틀러라는 독재자를 억제하기 위하여 스탈린이라는 사악한 공산주의자와 협조를 하는 것에 호응하지 않아 유야무야 되었다.

영국과 프랑스가 협조를 하지 않자 스탈린은 히틀러와 손잡기 위한 노력을 기울였다. 이런 노력의 결과는 독일 외상 리벤도르프와 소련 외상 몰로토프 간에 1939년 8월 25일 '독소불가침조약' 체결로 나타나 독일군이 바바로사 작전을 실시하는 1941년 6월까지 양국은 이렇다 할 문제없이 관계를 유지하였다. 사실 스탈린이 이 조약을 체결한 이유는 1937년 대숙청으로 약화된 소련군 전력을 강화시키는 데 필요한 시간을 얻고자 하는 목적이 있었다.

다음은 독일군과의 전쟁을 막기 위한 소련군 내부에 대한 스탈린의 단속이다. 독소

---

408 리처드 오버리, 류한수 옮김, 『스탈린과 히틀러의 전쟁(Russian War)』(서울: 도서출판 지식과 풍경, 2003), pp. 50-51. 또 다른 자료에 의하면 스탈린은 1937년 5월부터 1938년 말까지 5명의 원수 중 3명, 11명의 국방인민위원 전원, 80명의 군사 소비에트위원 중 75명, 85명의 군단장 중 57명, 195명의 사단장 중 110명, 406명의 여단장 중 186명 등을 숙청하여 소련군 장교 전체인원 7만 5,000여 명 가운데 1만 5,000~3만 명이 제거되었다(육군본부, 『소련군사』, 서울: 육군인쇄창, 1975, p. 53).

불가침조약에 의해 독일과 소련이 별 문제가 없는 것처럼 보였지만, 이미 히틀러는 1940년 7월 말에 독일군이 1941년 소련을 공격할 수 있는 작전계획을 수립하라고 독일 국방군 사령부에게 명령을 하달해 놓았다.

히틀러의 이런 명령과 소련공격 가능성을 소련군이나 스탈린은 다양한 계통의 보고를 통해 이미 알고 있었다. 1941년 3월에 미국 국무차관은 베를린 주재 미국 상무관이 알아낸 독일군의 소련 침공계획을 소련대사에게 알려주었고, 처칠 수상도 영국 첩보국이 입수한 독일군 침공 가능성에 대한 정보를 스탈린에게 친서를 보내 알려주었다.[409] 소련군 정보계통에서도 다양한 루트를 통해서 독일군 공격 가능성을 알고 있었다.[410] 심지어 소련군은 당시 소련과 독일의 국경지역에 배치되었던 독일군 부대규모도 확인하고 있었다.[411]

이러한 독일군의 공격 가능성에 위기를 느낀 소련의 국방상 티모센코나 참모총장 주코프는 스탈린에게 독일군을 선제공격할 것을 건의했으나 오히려 스탈린으로부터 경고만 받았으며, 키에프 군관구 사령관이 독일군 침공에 대비하여 병력을 전방 방어 진지에 배치하자 스탈린은 즉시 사령관을 해임하고 방어배치를 취소시키는 일도 있었다.[412] 소련의 TASS 통신도 모스크바와 베를린은 외교상 특별한 이견이 없으며, 독일과 소련에 전쟁을 부추기기 위한 외부의 서투른 선전전에 대하여 경고를 하였다.[413] 이렇게 끊임 없는 독일군의 공격 가능성이 연합국이나 소련군 외교 및 정보계통 등에서 보고가 되고 있었지만 모두 스탈린에 의해 무시되고 있었는데, 이는 히틀러에게 자극을 주어 공격의 빌미를 줄 수 있는 일을 최소화하고자 함이었다.

---

409 베빈 알렉산더, 『히틀러는 왜 세계정복에 실패하였는가?』, p. 181.

410 당시 미국과 영국의 정보당국은 스탈린에게 독일군의 정확한 공격시간을 포함하여 알려주었으며, 동경에 있는 독일대사와 가까운 소련의 첩자 조르게(Dr. Sorge)가 바바로사 작전시간을 알려주었고, 스위스의 소련 첩보망도 비슷한 정보를 모스크바에 보고하였다. 심지어는 독일군이 폴란드 국경의 강 서안에서 뗏목과 부교를 설치하는 것을 보았고, 서부 국경에서 독일군 간첩 236명을 체포하여 독일군 공격 가능성을 경고하였다. 스탈린은 여러 계통으로 독일군의 공격 가능성을 듣고 있었지만 이런 경고를 소련이 독일과의 분쟁에 휘말리게 하려는 영국의 음모라고 판단하여 무시하였던 것이다(육군본부, 『소련군사』, pp. 96-97).

411 소련군에서는 1941년 2월부터 바바로사 작전을 실시하기 전인 6월까지 소련과 독일의 국경지역에 독일군 120~122개 사단이 배치되고 있는 사항에 대한 정보를 갖고 있었다. 그러나 스탈린은 독일군의 부대배치와 정찰 등에 관한 정보를 믿지 않았으며, 소련군이 입수한 독일군의 공격징후를 단지 단순한 군사도발 행위로만 평가하고 있었다(빨라타노프, 『독일의 소련침공 저지기간 중 소련군 작전』, 모스크바: 소연방 국방성 군사 출판사, 1958, pp. 63-64).

412 폴 콜리어, 『제2차 세계대전』, p. 568.

413 Robert Goralski, *World War II Almanac: 1931~1945*, p. 163.

이 외에도 국경선을 넘어와 정찰을 하는 독일군 정찰기를 공격하지 말라는 지시와 소련-폴란드 국경지대에 배치되어 있는 요새진지도 모두 철거하도록 하는 등 스탈린 본인이 독일군의 침공을 인식하고 있었으면서도 정작 반대되는 조치를 하였는데, 이러한 스탈린의 조심스러운 지시로 인하여 1941년 6월 독일군이 침공을 해왔을 때 소련군이 재앙에 가까운 피해를 입었다고 전문가들은 비판하고 있다.[414]

즉, 소련군이 이러한 독일군의 공격기도를 알았을 때 소련군 장성들의 주장대로 선제공격을 하였더라면 독일군의 바바로사 작전으로 전쟁 초기단계에 소련군이 입었던 수백만 명의 인명손실을 포함하는 피해를 어느 정도 감소시킬 수 있었을지 모르기 때문이다.

독일군의 침공 가능성에 대한 보고를 받은 스탈린은 외부적으로는 마치 독일군의 심기를 건드리지 않으려고 무척 노력을 하고 있는 것으로 보였지만, 그러나 전혀 아무런 조치를 하지 않은 것은 아니다. 스탈린은 은밀히 시베리아에 있었던 4개 군단과 28개의 소총사단을 국경지역으로 이동시키는 한편 5월에는 80만 명의 예비군을 소집하였던 것이다.[415]

아무튼 독일군이 소련을 향하여 공격을 하던 1941년 6월 30일, 스탈린은 자신을 의장으로 하는 '국가방위인민위원회'를 설치하여 여기서는 국가의 모든 긴급한 문제와 중요한 사항을 결정하고 지도하는 업무를 수행하였다. 국방위원회는 일종의 전시내각으로 여기서는 전쟁수행을 위한 신속한 결정을 내리고 기존의 정부기관에서는 이 결정을 즉시 수행하여 전쟁에 필요한 조치를 하였다.

독일군이 소련을 침공하자 스탈린은 영국과 미국에 두 가지를 요구하였는데, 첫 번째는 소련군이 독일군 공격으로부터 입은 막대한 피해를 복구할 수 있도록 충분한 양의 군사원조를 해주고(이러한 스탈린의 요청은 1941년 미국이 무기대여법을 통해서 수많은 장비를 소련에 제공함으로써 해결되었다), 두 번째는 연합군이 프랑스와 북극해에서 제2전선을 형성하여 동부전선에서 전투 중에 있는 독일군 30~40개 사단을 서부전선 지역으로 전용시킬 수 있도록 해 달라는 것이었다(당시 서부에서는 영국이 홀로 독일군에 대응하여 전쟁을 하고 있었다).

한편 바바로사 작전으로 독일군이 소련을 침공하던 1941년 7월 3일, 스탈린은 방송

---

414 빨라타노프, 『독일의 소련침공 저지기간 중 소련군 작전』, p. 27.

415 베빈 알렉산더, 『히틀러는 왜 세계정복에 실패하였는가?』, p. 182; 제프리 호스킹, 김영석 옮김, 『소련사』(서울: 문창인쇄공사, 1990), p. 260. 당시 극동에서 활동 중에 있었던 소련의 정보망에서 일본의 위협이 없다는 정보판단을 결과로 스탈린은 극동의 소련군을 서부로 이동시켰다.

을 통해 '조국수호전쟁(Great Father Jana War)'에서 침략자를 격퇴하는 데 동참할 것을 '동지, 시민, 형제자매, 전사들'에게 호소하였으며, 독일과의 전쟁이 나치독일과 싸우는 소련의 '모든 국민의 투쟁'이라고 하면서 '공산주의에 대한 충성'보다는 '국가에 대한 충성'을 호소하였고, 이를 통해 국민을 단결시키려고 하였다.[416]

독일군이 진격을 계속하여 모스크바에 가까워올 무렵인 1941년 10월 초, 스탈린은 정부기관을 모스크바로부터 동쪽으로 500여 마일이나 떨어진 쿠비셰프(Kubyshev)로 이동시켰으나, 정작 본인은 모스크바에 남아 소련군을 지휘하여 전쟁을 하였다. 독일군이 모스크바의 크렘린 궁으로부터 40마일 떨어진 곳까지 진격해왔을 때 스탈린은 붉은 광장에서 10월 혁명을 기념하는 열병식을 주관하면서 모스크바 사수를 외치고 있었고, 모스크바 시민 25만(75% 이상이 여성)여 명은 이때 독일군의 진격에 대비하여 대전차호를 파기 위해 동원되어 있었다. 마치 본인은 독일군이 공격을 해와도 끝까지 모스크바를 사수하겠다는 굳은 의지를 보여주고자 했던 것이다.[417]

히틀러는 그가 사랑한다고 말한 독일 국민을 포함한 모든 사람을 경멸하여 패하였지만, 스탈린은 소련군의 고급장교를 포함하여 수많은 사람을 숙청하였음에도 불구하고 조국을 지키겠다는 약속을 하였고, 소련 국민들은 스탈린의 이런 호소를 받아들여 독일군에 빨치산 활동으로 피해를 주었다.

히틀러가 군 작전에 너무 자주 개입한데 비하여 스탈린도 처음에는 자신의 군사적 식견에 의존하여 작전과 전략에 개입하여 많은 오류를 범했지만 1942년 이후부터는 군사전문가들을 신뢰하기 시작하였고, 스탈린은 최고의 정치지도자로서 소련군 장성들의 의견에 귀를 기울이면서 본인은 군사작전이 달성해야 할 정치적 역할에 관해서는 스스로 결심하고 명령을 내렸다.[418] 히틀러가 사사건건 작전에 관여하여 실패를 초래하였던 것에 대비되는 것이다. 그렇지만 스탈린은 전선 지휘관들에게는 항상 감시자

---

416 존 스토신저, 『전쟁의 탄생』, p. 203. 소련은 1939년 9월 1일부터 1941년 6월 22일까지를 '2차 세계대전'이라 하고, 독일군이 바바로사 작전을 시작한 1941년 6월 22일부터 일본군이 패망한 1945년 9월까지를 '조국수호전쟁'이라고 한다. 스탈린은 연설시 종전에는 통상 '동지'란 말을 많이 사용하였는데, 이때는 '형제 및 자매'라는 말을 더 많이 사용하여 러시아 국민들에게 심정적으로 접근해서 대독일 전쟁에 참여할 것을 호소하였다.

417 당시 독일군이 모스크바 인근까지 공격을 해 온 상황에서 스탈린은 사열식을 하면서 연설을 통해 러시아군의 전통을 상기시킴과 동시 이 전쟁이 독일군과의 계급전쟁이 아니라 민족 간의 전쟁 즉, 슬라브족과 게르만족의 전쟁임을 강조하였다. 러시아 사람들에게 민족적인 감정을 불러 넣어 전쟁터로 보내기 위함이었다.

418 노나카 이쿠지로, 『전략의 본질』, p. 249.

〈그림 4.30〉 대전차호 구축공사에 동원된 모스크바의 여성들.　이 여성들은 낮에는 무기 공장에서 일하고 밤에는 교통호 공사에 투입되었다.

출처: 폴 콜리어, 『제2차 세계대전』, p. 596.

를 파견하여 감시하는 것도 소홀히 하지 않았으며, 심지어는 잠자는 것까지도 감시할 정도였다.

이중성격의 스탈린이었지만 전세가 악화되자 최고사령부의 쇄신을 과감히 추진하여 상위 계급자들의 권위를 무시하고 오로지 전투에서의 공적으로만 발탁하였는데 주코프, 바실리에프스키 등이 대표적인 사람들이다.

주코프는 군사령관이자 지도자로서의 스탈린의 전쟁지도를 "전선에서 거대한 입을 벌려 병력을 마구 삼키는 동안 군대를 절약하여 예비병력을 확보하는 방법을 아는 지도자"로서 탁월했다고 평가하고 있다.[419] 스탈린은 항상 60개 사단을 예비로 보유하고 있었는데, 이렇게 보유하고 있었던 예비부대들을 이용, 1943년 7월의 쿠르스크 전투에서 독일군이 기진맥진하고 있을 때 투입하여 작전을 승리로 이끌고 독일군에 점령당한 모든 영토를 다시 확보할 수 있었다.

419　존 키건, 『2차 세계대전사』, p. 678.

스탈린은 독재자로서 악명을 떨쳤고 수많은 고급지휘관이나 참모장교와 국민들을 특별한 이유 없이 처형하였으며, 독일군의 공격 가능성이 고조되어도 제대로 대비를 하지 않아서 전쟁 초기단계에는 막대한 피해를 초래하였다. 그럼에도 전쟁이 발발하자 소련을 지도해서 독일군 침공을 격퇴시키고 궁극적으로 승리하였음에 주목해야 할 것이다.

'조국수호전쟁' 호소에 호응한 국민

소련 국민은 제정 러시아 시대 이래 가혹한 탄압과 폭정에 시달리면서 수많은 희생자가 발생하였고, 이것은 1차 세계대전 기간이던 1917년 3월 마침내 식량이나 연료 등 생필품 부족으로 페트로그라드에서 폭동으로 발전되면서 황제인 니콜라이 2세를 퇴위시키고 제정러시아가 몰락하는 원인이 되었다.

제정러시아 몰락 이후 정권을 잡은 케렌스키의 임시정권도 정권의 취약성으로 오래가지 못하고 이어서 볼셰비키의 레닌이 정권을 잡았다. 레닌 사후에는 스탈린이 집권을 하자 스탈린 역시 제정러시아 시대 못지않게 소련 국민들을 탄압하였고 무자비하게 취급하였으며, 특히 우크라이나인이나 백러시아 사람들에 대한 탄압은 극심하였다.

1941년 6월 22일에 히틀러는 그가 주장하였던 생활권 철학을 실천할 목적으로 바바로사 작전을 시작하여 독일군이 우크라이나, 백러시아 등을 점령하자 제정러시아나 스탈린으로부터 극심한 박해를 받았던 우크라이나와 백러시아 사람들은 독일군을 길거리에서 환영하고 음식물을 가져다줄 정도였다. 민심이 소련과 스탈린으로부터 떠나 있었던 것이다.

레닌의 말을 빌자면, 러시아 인구 1억 7,000만여 명 가운데 러시아인은 43%인 7,000만여 명에 불과하였으며 그 외의 1억 명은 이민족이라 해서 러시아인으로서 제대로 대접받지 못하면서 압제에 시달리고 있다고 했다.[420]

스탈린 시대에 1929~1938년에 걸쳐 집단농장을 건설한다는 미명하에 1,000만여 명이 학살당하고 강제적으로 유형이나 이사를 가야했다. 우크라이나인이나 백러시아인, 코카서스인 등 수많은 사람들이 스탈린의 억압에 시달려왔기 때문에 그들은 소련으로부터 해방을 원하였고 독일군이 침공을 해왔을 때 그러한 역할을 해주기를 기대하

---

420 육군교육사령부, 『전쟁지도와 군사작전』, pp. 94-95.

〈그림 4.31〉 스탈린그라드 전투에서 독일군을 겨냥하고 있는 소련군 저격병. 파괴된 건물의 잔해에 숨어서 독일군을 저격하는 이들은 독일군에게 매우 귀찮고 성가신 존재였으나 소련군의 승리에 커다란 기여를 하였다.

출처: 남도현, 『2차 세계대전의 흐름을 바꾼 결정적 순간들』, p. 292.

였다. 그래서 그들은 길거리에서 독일군들을 환영하였던 것이다.

그러나 독일군의 소련 점령지에 대한 정책은 스탈린 이상으로 악랄하였다. 식량이나 유류, 금속 등 전쟁을 하는 데 필요한 자원은 모두 약탈되었고, 주민들은 강제적으로 노동력을 제공하기 위하여 동원되었으며, 빨치산 등으로 독일군에 저항하거나 비협조적인 사람들은 무자비하게 처형되었다. 여기에 스탈린의 '조국수호전쟁'에 대한 심정적 호소가 우크라이나인이나 백러시아인 등 러시아인을 자극하였고 독일군에 대한 저항으로 결집되어 빨치산 활동으로 나타났다.

독일군이 스탈린그라드나 모스크바를 공격할 당시 수많은 국민들은 피난을 가지 않고 시내에 남아 무너진 건물 속에서 독일군을 저격하고 방어선을 구축하기 위해 동원되어 참호를 팠다. 스탈린이 모스크바를 포기하지 않겠다그 선언하자 시민들은 피난을 멈추고 모스크바 방위에 참여하였고, 그들은 변변한 무기 없이 장기간 공격에 동상 등으로 지친 독일군을 타격하여 위협을 제거하고 반격을 의한 조건을 서서히 만들어

가는 역할을 하였다.

한편, 소련 시민들은 공장이나 농장에서 또는 동원된 병력으로서 전국적으로 동원되어 전쟁에 참여하도록 요구를 받고 있었다. 그들이 가진 재산은 모두 국가에 의해 사용되도록 강요받았고 그렇다고 특별한 보상을 받은 것도 아니었다. 오로지 당면한 독일군 침공을 격퇴하는 데 모든 노력이 집중되었고, 그 과정에서 개인의 자유나 인권이란 존재하지 않았다. 소련 국민들은 대독일 전쟁에서 승리하기 위하여 철저한 조직과 동원을 강요받고 있었으며 그러한 결과가 소련의 승리로 귀결된 것이라고 할 수 있다.

독재체제의 유지를 위한 철저한 억압과 동원

철저한 스탈린 독재체제를 유지하고 있었던 소련은 전쟁이 발발하였을 때에 전 국민을 총동원하고 총력적으로 대응을 하기에 다른 어느 나라들보다 용이하였다. 전쟁이 발발하자 1941년 스탈린은 전시 최고정치기구인 '국방인민위원회'를 창설하여 전쟁을 지휘하였고 예하에는 육군과 해군으로 구성된 총사령부인 '스타브카(STAVKA)'를 두어 전반적으로 전략을 수립하고 적군에는 총참모부가 있어서 세부적인 작전계획을 수립하고 실시할 수 있도록 하였다.[421]

스탈린이 1936~1937년에 '붉은 군대'의 수많은 고급지휘관이나 참모장교들을 숙청한 것은 스탈린의 독제체제를 강화하기 위한 것으로, 그 여파는 핀란드와의 전쟁에서 실패와 바바로사 작전 초기 소련군의 막대한 피해로 나타난 바 있다.

소련 당국도 전쟁수행을 위하여 도움이 되지 못할 것으로 판단되는 민족들은 과감히 제거하거나 처리하는 비인간성을 보였다. 즉, 2차 세계대전이 발발할 무렵 볼가 강 주변에는 1차 세계대전 이래 독일로부터 이주해온 150만여 명의 독일계 주민들이 자치공화국을 만들어 거주하고 있었는데, 전쟁이 발발한 뒤 얼마 후인 1941년 8월 12일, 소련군은 이들이 독일군과의 얼마나 연계되어 있는지를 확인하기 위하여 독일군복을 착용한 소련군 비밀경찰과 특수부대를 침투시켜 주민들의 독일과의 연계성을 시험하였다. 여기서 가짜 독일군을 환영한 부락은 완전히 초토화시켰고, 주민들을 어느 날 갑자기 짐도 꾸릴 시간도 없이 중앙아시아와 시베리아로 강제로 이주시켰다.[422]

---

421 '스타브카(STAVKA)'의 총수는 스탈린이고 여기에는 소련군 원수 전부와 육군 및 해군과 공군의 사령관과 주요부대 사령관으로 구성되었다. 여기서는 스탈린이 선발한 유능한 장교들이 작전계획을 수립하고 보고를 하면 스탈린은 이를 듣고 자신이 생각하는 최선의 방안을 택하는 방식으로 회의를 이끌었다.

이와 같은 비러시아계 주민들의 강제적인 이주나 처형은 스탈린의 잔인성에 기인하는 것이기는 하겠지만, 사실상 이러한 조치는 1930년대 초반부터 실시되기 시작하였다. 즉, 1932년 코사크인을 시작으로 1937년에는 연해주에 거주하고 있던 고려인 17만여 명 등 비러시아계 주민들은 국경지역으로부터 전혀 생소한 중앙아시아 지역으로 강제적으로 이주시켰고, 이 과정에서 비밀경찰은 반역의 우려가 있거나 부르주아라는 이유 등 밑도 끝도 없는 이유로 수많은 사람들을 처형하였다.[423] 소련은 체제유지에 도움이 되지 않은 이민족들은 과감히 제거하거나 탄압하고 억압함으로써 체제유지에 불안이 되는 요소들을 발본색원하였던 것이다.

스탈린 치하의 소련은 비밀경찰을 이용하여 자국군의 전력을 약화시킨 것이라든가 또는 자국민은 물론 연방 내의 이민족들에 대한 탄압과 처형을 일삼은 것 모두는 공포정치를 통하여 독재 권력을 강화하기 위한 것이었다.

사술(詐術)의 외교

2차 세계대전이 발발할 당시, 소련은 거대한 국가이기는 하였지만 소련의 선택에 따라서는 독일처럼 양면전쟁을 해야 할 처지이기도 했다. 동쪽에서는 만주 일대에서 주둔하고 있었던 일본의 관동군과 대치하고 있었고, 서쪽에서는 독일군과 대치를 하고 있었기 때문이다. 실제로 소련군과 일본 관동군은 1939년 만주의 노몬한 지역에서 전투를 하여 일본군이 2만여 명의 사상자가 발생하는 커다란 피해를 입고 전투를 끝낸 적이 있었다. 따라서 독일과 일본으로부터 점증하는 위협에서 어떻게 하면 양면전쟁을 피할 것인가는 독일과 마찬가지로 소련에게도 당면한 관심사였으며, 이를 피할 방법을 찾는 것은 중요한 일이었다.

이를 위해 먼저 소련은 독일과 1939년 이른바 리벤트로프와 몰로토프 간에 체결된 '독소불가침조약'에 의거 서쪽에서 전쟁에 참여하지 않으면서 비록 짧은 기간이기는 하

---

422 리처드 오버리, 『독재자들』, pp. 753-754. 18세기에 독일인은 낮은 세금과 군역 면제 및 특권적 지위를 부여하는 러시아로 이주를 하고 있었다. 19세기 들어서는 더 많은 독일인들이 이주하여 1차 세계대전 당시인 1914년에는 벌써 200만여 명이 이주하고 있었다. 이들은 러시아인들과 고립하여 살고 있었고 그들만의 독립적이고 자치적인 행정과 학교를 운용하였으며 신문을 발행하고 라디오 방송국도 운영하였다. 볼셰비키들은 이들을 문화적 정체성과 상당한 자율성을 지닌 자치정부를 유지토록 하였다. 그러나 소련 비밀경찰은 독일계 주민의 명부를 비밀리에 작성해 놓고 있다가 전쟁이 발발하자 이들을 단속하고 통제하다가 마침내 집단으로 이주시키거나 또는 처형을 하였던 것이다.

423 위의 책, pp. 778-790.

였지만 안정을 유지할 수 있었다(이 조약은 1941년 독일이 파기하고 '바바로사' 작전으로 소련을 침공하자 사문화되었고, 소련은 연합국의 일원으로 참전을 하였다).

한편 소련은 동쪽에서 안정을 위하여 독소불가침조약과 같이 일본과도 1941년 4월 중립조약을 체결하였는데 주요내용은 첫째, 일본과 소련은 서로 평화와 우호관계를 유지하고 각각의 영토보전과 불가침을 존중하며 둘째, 두 나라 중 한 나라가 제3국과 전쟁을 하는 경우 다른 나라는 중립을 유지하며, 셋째 조약의 유효기간은 5년으로 한다는 것이었다(이 조약은 1945년 소련의 대일전 참전으로 파기되었다).[424]

그러나 앞에서 이미 살펴본 바와 같이 독일이나 소련, 일본 모두는 자국에 유리하게 불가침 협정을 체결하고 있다가 어느 순간에 헌신짝 버리듯 협정을 폐기하면서 상대방을 공격하였다. 독재자들과 체결한 국가 간 조약이란 것이 독재자들의 정치적 의도에 따라서는 얼마나 쉽게 휴지조각이 될 수 있음을 독일과 일본, 소련은 보여주고 있는 것이다.

한편 1940년 7월 1일, 독일군의 전 유럽 지배가능성에 직면하여 영국은 모스크바 주재 대사를 이용하여 스탈린에게 협의를 하자고 제의하였으나, 스탈린이 독일과의 분쟁을 피하기 위하여 거절함으로써 실패하였고, 오히려 영국이 제공한 정보를 2주 뒤에 독일에 알려주기까지 하였다.[425]

그러나 독일이 소련과 체결한 불가침조약을 위반하고 소련에 대해 바바로사 작전으로 침공하자, 영국 대표단은 모스크바에 도착해서 소련에 대한 지원방안을 논의하기 시작하였으며, 미국도 전쟁 중 소련이 상실한 장비를 지원해주기로 하는 지원계획을 체결하였다.

또한 1941년 9월 29일에는 미국과 영국의 대표들은 소련의 방위를 위해 필요로 하는 것이 무엇인지를 지원하기 위하여 모스크바에서 다시 회담을 가졌으며, 미국은 매달 항공기 400대와 전차 500대, 2만 2,000톤의 고무와 4만 1,000톤의 알루미늄 등을 제공하기로 합의하였다.[426] 이렇게 시작된 미국의 소련에 대한 지원은 전쟁이 끝나는 1945년 9월 초까지 계속되었다. 이때 지원된 장비와 물자를 이용하여 소련군은 1941~1942년 독일군으로부터 입은 피해를 회복하는 것은 물론, 1942년 이후 반격작전을 실시하여 1945년 5월에 독일군, 8월에 일본군이 무조건 항복할 때까지 막대한 지원을

---

424 김용구, 『세계외교사』, pp. 808-809.
425 Robert Goralski, *World War II Almanac:1931~1945*, p. 124.
426 *Ibid.*, p. 177.

받음으로써 승리하는 데 커다란 도움이 되었다.[427]

스탈린은 독일, 일본과 불가침조약을 체결하여 전쟁을 피하고자 했으나 독일군의 침공으로 조약이 파기되자 미국, 영국과 더불어 연합국의 핵심으로 전쟁을 해서 승리하였다. 그러나 이 과정에서 나타난 공산주의자들의 외교적인 사술(詐術)은 유심히 살펴보아야 할 것이다. 전쟁기간 중에도 미국과 영국, 소련과 중국은 테헤란 회담이나 얄타회담 등에서 전후 세계의 질서에 관한 회담을 하였는데, 이 회담에서 소련이 무엇을 주장하여 관철을 하였는지 눈여겨보아야 할 대목이다.

중공업 위주로 발전된 경제

1914년 1차 세계대전이 발발할 당시 러시아의 인구는 1억 7,000여만 명으로 중국 다음으로 많았고 국토는 광대하며 자원도 풍부하였다. 그러나 이런 이점에도 불구하고 국민의 교육수준은 낮았고 문맹률은 매우 높았다. 1차 세계대전기간 중 러시아는 연전연패하면서 1917년 전선에서 이탈함으로써 이런 바탕에서 제정러시아가 몰락하고 임시정부를 거쳐 소비에트 볼셰비키가 정권을 잡았다.

레닌이 정권을 잡은 후 개인의 자영업을 일부 포함하는 신경제정책(NEP)을 추진하였으나 1926년 정권을 잡은 스탈린은 중공업과 기계공업 위주의 정책추진으로 대량의 무기를 생산할 수 있는 철강생산이나 금속기계 생산 등의 능력을 보유하기 시작하였다. 중공업 위주의 정책을 하다 보니 소비재 생산은 줄어들었고 전쟁수행을 위한 무기와 탄약생산에 중점이 두어졌다. 1차 세계대전 직전인 1913년도와 독일군이 소련을 침

〈표 4.25〉 1913년과 1941년의 소련의 주요산업 생산성의 비교

구 분	주철	강철	압연	석탄	석유	전력 생산	금속기계	자동차	트랙터
단 위			백만 톤			백만Kw		천 대	
1913	4.2	4.2	3.5	29.1	9.2	1.9	1.5	–	–
1941	14.9	18.3	13.1	165.9	31.1	48.3	58.4	145.4	66.2
비 교	1:3.5	1:4.4	1:3.7	1:5.7	1:3.9	1:25.4	1:39	–	–

출처: 쁠라타노프, 『독일의 소련침공 저지기간 중 소련군 작전』, p. 5)(이 자료는 소연방 '인민경제위원회'에서 발행하였음).

---

427 리차드 오버리, 『독재자들』, p. 736.

공하기 직전인 1941년도의 소련의 경제지표 〈표 4.25〉를 비교해 보면 불과 28년 만에 소련의 중공업이 급속히 발전되어 있음을 볼 수 있다.

소련은 1928년에 전차는 92대, 전투기는 1,394대를 보유하고 있었으나, 중공업과 기계공업 위주의 정책을 추진한 결과 1935년에 전차는 1만 180대로 전투기는 6,672대로 생산량이 대폭적으로 확대되면서 급격히 보유량이 확대되었다. 이렇게 중공업 위주의 정책으로 생산된 장비들이 T-34 전차와 KV-1·2형 중전차 등이며 항공기는 Yak-1·2 전투기 등이다.

스탈린은 "러시아의 후진성 때문에 러시아는 몽고와 투르크, 영국과 프랑스의 자본가 등에 의해 얻어맞았으며…"라고 말하면서 소련의 경제와 군사력의 열세를 한탄한 바 있다.[428] 따라서 이를 극복하기 위해 스탈린은 안전보장을 우선해야 한다는 점을 강조하면서 군사력을 증강하기 위해 정책을 추진하여 생산량을 확대해나갔다. 그런 결과로 전차나 전투기, 폭격기의 생산이 급증하여 전쟁을 할 수 있는 역량이 지속적으로 확대되고 있었던 것이다. 소련에서 발간된 다음의 자료를 보면 얼마나 많은 장비가 전쟁기간 중 생산되었는지를 알 수 있다.

소련 당국의 끊임없는 군수공업 확대정책에 힘입어 1930년대 초에 비교하여 1939년도에는 전차는 34배, 항공기는 6.5배, 화포는 7배, 기관총은 5.5배로 생산량이 증가되었으며, 해군의 경우도 1차 세계대전 시와 비교해 2.3배 생산량이 증가되었는데 여기에 덧붙여 성능도 독일군 장비에 비하여 그 수준이 떨어지지 않았다.[429]

그러나 이러한 소련의 능력도 스탈린의 판단착오로 전쟁 초기단계에는 그 능력을 제대로 발휘할 수 없었다. 즉, 스탈린은 독일과의 전쟁을 피하기 위해 독소불가침조약을 맺고 독일과의 전쟁을 피하기 위해 노력을 했으나 독일군의 침략을 막지는 못하였으며 오히려 대량의 피해를 입었기 때문이다.

독일군이 바바로사 작전으로 소련을 공격함에 따라 스탈린은 우랄 서부지역에 있었던 각종 군수산업 시설들이 독일군의 공격에 노출됨을 우려하여 우랄 동부지역이나 시베리아, 중앙아시아 등으로 이전하도록 지시하여 엄청난 노력 끝에 수많은 시설과 인력을 이전하고 이전된 지역에서 수많은 전차나 항공기, 화포를 생산하는 등 전쟁지속 능력을 확충하기 위한 조치를 하였다. 이때 옮겨진 것은 무기와 탄약을 생산하는 1,360

428 리처드 오버리, 『스탈린과 히틀러의 전쟁』, p. 37
429 뺄라타노프, 『독일의 소련침공 저지기간 중 소련군 작전, pp. 52-53.

〈표 4.26〉 1937~1940년 중 소련의 무기생산량 변화

구 분		단 위	1937	1938	1939	1940
화포	계	문	5,443	12,687	16,459	13,724
	소구경		3,783	7,300	8,965	7,063
	중구경(76~122mm)		1,656	7,300	7,224	5,437
	대구경(152mm 이상)		49	125	270	224
총기	소 총	1,000정	567.4	1,171	1,497	1,461
	기관총(항공기용 제외)		31,106	74,657	112,010	96,433
항공기	계	대	4,435	5,469	10,362	10,565
	폭격기		1,303	2,017	2,744	3,575
	전투기		2,129	2,016	3,726	4,657
	정찰기/수송기		−	−	533	160
	기 타		1,003	1,436	3,359	2,173
전차	계	대	1,559	2,271	2,986	2,790
	중(重)전차		10	11	6	244
	기 타		1,549	2,260	2,980	2,546

출처: 빨라타노프, 『독일의 소련침공 저지기간 중 소련군 작전』, pp. 52-53(이 자료는 '소연방 혁명사회주의 연맹'에서 발행하였음).

개의 대규모 군수공장과 1,000여만 명의 기술인력, 노동자 등 150만 량의 화차에 해당되는 물자와 인력이었다.[430]

이들은 새로 이전한 우랄 동부의 벌판에서 공장을 건설하고 제대로 배급을 받지도 못한 가운데 혹한에서 노숙을 하는 등 갖은 고통을 이겨가면서도 소련군이 독일군을 격파할 수 있는 전투장비와 탄약을 생산해냈음은 물론이다.

이러한 노력 끝에 생산된 항공기는 1940년을 100%로 했을 때 1942년에 186%, 1943년에 224%, 1944년에 251%에 이른다. 이 기간 동안 소련은 48만 9,000여 문의 포와 13만여 대의 항공기, 10만여 대의 전차 및 자주포를 생산하였다.[431] 1943년에는 이미 1941년도, 즉 바바로사 작전이 시작될 무렵에 비하여 10배나 빠른 속도로 장비나

---

430 R. A. C. Parker, *Struggle for Survival*, pp. 139-140.

431 (구)국무총리 국가비상기획위원회, 『세계동원의 역사』, pp. 429-436; 존 키건, 『2차 세계대전사』, p. 313 참조.

〈표 4.27〉 1941~1945년 독일과 소련의 무기생산량 변화

구 분	독 일	소 련	비 교
항공기(대)	76,200	102,600	1 : 1.4
전차(대)	41,500	92,600	1 : 2.2
박격포(문)	68,900	350,300	1 : 5.1
기관총(정)	1,048,500	1,437,900	1 : 1.4
소총(정)	7,845,700	11,820,500	1 : 1.5

출처: 존 미어세이머, 이춘근 옮김, 『강대국 국제정치의 비극』, pp. 158-159.

탄약 및 물자를 생산해서 '붉은 군대(Red Army)'에 보충을 시작하였다.

1차 세계대전 중이던 1914~1917년까지의 독일제국과 러시아의 항공기나 야포와 기관총 및 소총 생산량을 보면 독일제국이 단연 앞서고 있었으나, 2차 세계대전 시는 소련의 생산시설의 확대와 방대한 인력의 투입 등으로 1차 세계대전 시와는 역전되어 소련군이 앞서고 있었다. 〈표 4.27〉을 이용하여 양국의 전투장비 생산능력을 비교하여 보기 바란다.

소련의 전사가들은 스탈린이 독일군의 침공에 대비하여 오판을 하지 않고 제대로 소련의 공업력으로 장비와 탄약을 생산해낼 수 있었다면 전쟁이 발발한 초기에 막대한 손실을 예방하면서 동원된 예비전력에 대한 무장을 적시적이고 효과적으로 할 수 있었음에도 그렇지 못하였음을 지금도 아쉬워하고 있다.[432]

소련은 이렇게 산업시설이나 인력을 우랄 서부지역으로 수많은 희생을 무릅쓰면서 이동하여 전투장비와 탄약 등의 생산을 확대해나갔지만, 미국으로부터는 무기대여법에 따라 1941년 3월로부터 1945년 10월까지 차량 42만여 대, 철도 기관차 2,000량과 철도차량 1만 1,000여 대, 가솔린 300만여 톤, 군화 1만 5,000여 켤레 외에도 항공기 1만 5,000여 대와 전차 5,000여 대 및 식량 500만여 톤을 지원받았다. 심지어는 영국으로부터도 전차 5,000여 대와 항공기 7,000여 대 및 고무 11만 4,000여 톤을 지원받기도 하였다.[433]

---

432 쁠라타노프, 『독일의 소련침공 저지기간 중 소련군 작전』, p. 56.

433 존 키건, 『2차 세계대전사』, pp. 173-174; 육군본부, 『소련군사』, p. 130 참조. 미국의 막대한 지원에도 불구하고 미국이 지원해준 장비는 소련군이 필요로 하는 양의 2%(포), 10%(항공기), 12%(전차)에 불과하였다고 소련은 주장하고 있다. 미국으로부터 별로 지원받은 것이 없다고 주장하는 것이다.

전후 소련의 수상을 지낸 후르시초프(Nikita Khrushchyov)는 "만약 미국이 제공한 수송수단이 없었다면 소련군이 어떻게 스탈린그라드에서 베를린까지 전진할 수 있었을 것인지 생각해 보라."고 말한 바 있는데, 당시 소련군이 보유한 66만여 대의 자동차 중 미국이 지원한 42만여 대의 차량과 기관차 2,000량 및 화물차량 1만 1,000대와 54만 톤의 레일은 소련군의 기동력을 높여주었으며, 또한 미국이 제공한 1,500만여 켤레의 군화는 1,300만여 명의 소련군이 착용하고 전투를 하였다.[434]

소련도 나름대로 방대한 규모의 병력을 동원하였고 수많은 기술자와 산업시설을 새로운 지역으로 이전하여 대량의 전투장비와 물자를 생산함으로써 전쟁지속능력을 확충하면서도 미국으로부터 다량의 식량이나 각종의 전투장비, 탄약 등을 지원받아서 전쟁을 해나간 것이다.

초반기의 열세를 극복하고 방대한 규모의 군으로 변한 소련군

1차 세계대전에서 독일과 전투 중 소비에트 혁명으로 전선에서 이탈한 러시아는 볼셰비키가 정권을 잡았지만 정치 · 경제 · 사회적 혼란으로 대규모의 상비군을 유지할 여력이 없었다. 경제적으로 피폐해졌기 때문이다. 따라서 1925년 소련은 '붉은 군대'를 56만여 명의 수준으로 병력을 유지할 정도로 축소하였고, 전시에는 예비군을 동원하여 140개 사단으로 확장할 계획이었다.

스탈린이 집권한 1926년 이래 병력을 확보할 목적으로 1933년부터는 징병제를 택하고 1936년부터 전 국민에 대한 군사훈련으로 수많은 전투요원을 확보하였지만, 여전히 전쟁을 수행할 수 있는 준비상태는 미흡하였다. 훈련수준은 낮았고 이들에게 모두 지급할 수 있는 장비는 부족하였으며 급식 등에서도 어려움이 많았다. 그러나 징병제를 채택하여 병력규모를 확장한 결과로 1936년 소련군은 150만여 명의 병력규모가 1941년에는 독일군이 바바로사 작전으로 소련을 침공할 당시에는 짧은 시간에 475만 명으로 확장이 가능하였다.

그러나 스탈린 결정적으로 잘못한 것은 1937~1938년의 대숙청으로 고위급의 지휘관과 참모들이 다수 처형되고 면직되어 소련군 전력을 약화시킨 것으로, 이는 1940년 핀란드 침공 시 커다란 피해를 받으면서 나타났고, 1941년 6월 독일군 침공 시에는 소

---

434 존 키건, 『2차 세계대전사』, p. 323.

련군이 재앙에 가까운 피해를 입도록 자초하였다는 것이다. 그럼에도 소련군은 이러한 난관을 극복하면서 전쟁 상황을 유리하게 전개해나갔다.

1차 세계대전 시는 중앙아시아의 이슬람교도들을 동원하는데 어려움이 많았으나, 2차 세계대전 시는 스탈린의 무자비한 탄압과 처형으로 사전 철저히 제압을 해놓고 있었기 때문에 별다른 어려움 없이 동원 가능하였다. 이렇게 확장된 소련군의 정확한 부대의 규모는 비밀로 분류되어 아직도 정확히 알려져 있지는 않지만 203개 사단과 46개 기갑 및 기계화 여단이 있었던 것으로 알려져 있고, 그중 유럽전선에는 북쪽에 32개 사단, 중앙에 47개 사단, 남쪽에 69개 사단이 배치되어서 독일군의 침공을 대비하였으며, 동부 시베리아에도 33개 사단이 배치되어 있었다.[435]

소련군은 1929년까지 전차를 생산하지 못하고 있었으나, 1932년 국방인민위원회가 모든 제대별로 기갑부대를 편성할 것을 권고하자 그해 가을에 최초로 2개 기계화 군단을 편성하고 1930년대 중반에 들면서 기계화 부대에서 세계를 선도하면서 독일보다 이론적 연구와 경험 면에서 앞서고 있었다.[436]

이렇게 앞장서가던 기계화 부대와 그 운용교리는 스탈린의 군 간부 숙청으로 암흑기를 맞게 되었다. 1930년대 초 창설한 대규모의 기갑 및 기계화 부대들을 모두 해산하고 전차를 보병을 지원하기 위한 무기로 운용함으로써 1941년 중반이 되도록 제대로 편성된 기갑부대는 없었다. 또한 1937~1938년에 걸친 군 지휘부에 대한 대숙청으로 소장파 장교들이 대거 사라지면서 소련군은 제대로 전쟁을 수행할 준비는 되어 있지 못하였다.[437]

개전 초기 소련군은 2만여 대의 전차를 보유하여 당시 최강의 전차보유국이었으나 질적인 면에서는 독일군 전차에 비하여 다소 떨어지고 있었다. 그러나 한창 생산단계에 들어간 T-34는 당시로서는 세계 최강의 전차였다. 항공기는 7,500여 대를 보유하여 양적인 면에서는 독일군보다 3배로 많았으나, 질적인 면에서는 구식으로 그 성능이 많이 떨어지고 있었고, 여기에 조종사도 부족하여 독일군의 적수가 되지 못하였다.[438]

스탈린은 전쟁이 발발하자 소련을 급속히 전쟁을 할 수 있는 체제로 바꾸고 연합국의 일원으로 참전하여 승전국으로서의 위치를 확보하는 데 기여하였다. 병력을 대규

435 정하명 외, 『세계전쟁사』, pp. 318-319.

436 데이비드 M. 글렌츠, 권도승 옮김, 『독소전쟁사』(서울: 주식회사 열린책들, 2008), pp. 32-35.

437 폴 콜리어, 『제2차 세계대전』, pp. 571-572.

438 정하명 외, 『세계전쟁사』, p. 318.

모로 동원하였고, 전투장비도 대량으로 생산하였다.

소련군에는 '정치위원(Commissar)'이라는 일종의 군내 보안조직이 있어서 소련 군대의 장교들에 대한 감시와 감독을 하였다. 이 제도는 트로츠키가 적군을 창설할 당시인 1918년도에 만들어 현재에도 유지되고 있다. 또한 소련군 NKVD에는 특별부서인 '처형대'가 있어서 전투 시에는 부대의 뒤에 배치되어 부대를 이탈하거나 도망치는 자는 누구를 막론하고 즉결처분하여 전장에 투입된 장병들에게 공포의 대상이 되었으며 그들은 이러지도 저러지도 못하고 죽어갔다. 북한군이 6·25전쟁으로 남침을 하였을 시 운용하였던 즉결처분대나 후퇴하면서 병사들을 쇠사슬로 된 밧줄로 묶어 놓아 도망하지 못하도록 한 것 등은 독전(督戰)을 강요하기 위하여 모두 이런 것을 모방한 것이다.

무한한 잠재력을 군사력으로 전환한 '보이지 않은 사단' 제도

소련의 예비전력 규모와 동원능력은 인구와 국토, 자원의 풍부함으로 역량 면에서 충분하였다. 소련은 전쟁을 수행하기 위하여 군사나 비군사 분야에서 여러 가지를 조치하였지만 예비전력 분야에서는 특히 '제2 편성제도(Second Formation System)'라고 하는 이른바 '보이지 않는 사단(The Invisible Division)' 제도를 통하여 끊임없이 수많은 사단을 창설해서 전선으로 보냈다.

소련군의 '보이지 않는 사단' 제도는 1930년대에 소련군이 도입하여 현재도 유지하고 있는데, 평시 사단은 사단장 외에 2명의 대령급 부사단장과 참모장은 2명의 중령급 부참모장, 대대에는 대대장 외에도 1명의 부대대장을 두고 있다가 사단이 작전지역으로 이동 시 1명의 부사단장과 부참모장, 부지휘관들은 잔류하여 새로운 사단을 창설하였으며, 이때 새로이 창설된 사단은 창고에 치장된 구형의 장비를 사용하였다.[439]

예를 들면 신형 AK-47 소총이 나오면서 이전에 사용되던 구형의 PPSH 소총은 사단 창고에 치장되었다가 창설되는 사단이 사용하였다.[440] 이렇게 창설된 사단의 숫자는 군사기밀로 남아 있어 정확히 그 수를 알 수는 없으나 203개 보병사단과 46개 기갑 및 기계화 여단으로 알려지고 있으며, 공정부대와 국경수비대, 해병보병, 공군 및 방공군 등 각종 부대에 광범위하게 적용되었다.

---

439 빅토르 수보로프, 『소련군』, pp. 225-227.

440 (구)국무총리 국가비상기획위원회, 『세계동원의 역사』, pp. 422-424. 소총뿐만 아니라 대전차화기, 전차, 포병화기, 통신장비 등 거의 모든 장비들이 신형 장비가 보급되면 구형 장비들은 창고에 치장되었다.

〈그림 4.32〉붉은 광장에서 사열 중에 있는 소련군. 이들은 사열식을 마치자마자 전선으로 투입되었다. 당시 독일군은 모스크바에서 멀지 않은 곳까지 진격을 하고 있었으나 스탈린은 모스크바를 떠나지 않고 전쟁을 지도하고 있었다.

출처: 폴 콜리어,『제2차 세계대전』, p. 598.

　이렇게 소련군이 부대를 확장하자 독일 국방군의 할더 장군은 "우리는 소련군이 약 200개 사단일 것으로 예상했는데 벌써 360개 사단을 헤아리고 있다. 이들 부대는 아군보다 무장과 장비가 못하고 전술적 지도력도 빈약하지만, 소련군은 우리가 12개 사단을 분쇄하면 새로이 12개 사단을 내보낸다."고 하여 소련군의 무진장한 부대창설 능력을 두려워하고 있었다.[441] 소련은 풍부한 인력, 즉 이때 동원 가능한 예비군만도 1,200만여 명에 달하였는데, 이런 병력과 치장된 구형의 장비를 이용하여 무수히 많은 부대를 창설하고 있었다.[442]

　한편 소련도 독일처럼 전 국민 가운데 동원 가능한 모든 인원을 동원하여 전투원뿐만 아니라 비전투원으로서 활용하였다. 소련이 1941~1945년 사이 동원한 인원은 2,900만여 명으로 이들은 총을 들고 무장을 할 수 있으면 동원되어 전장에 투입되어 임

441　빅토르 수보로프,『소련군』, pp. 225-232; 정하명 외, 세계전쟁사, p. 364 및 폴 케네디,『강대국의 흥망』, p. 473 참조. 당시 독일군 장군들이 오판한 것은 첫째, 소련군의 사단 숫자에 대한 것으로 사단 숫자를 182개로 판단하였으나 실제는 300여 개를 넘었으며 둘째, 독일군 장군들은 소련군의 '제2 편성제도'인 '보이지 않는 사단' 제도 자체를 아예 모르고 있었다.

442　정하명 외,『세계전쟁사』, p. 364; Paul Kennedy,『강대국의 흥망』, p. 473 참조.

무를 수행하였지만, 그렇지 못한 인원들은 비전투원으로서 장비나 탄약과 전투물자를 생산하는 데 예외 없이 투입되었다.

심지어 학생들은 물론 여성들도 모스크바나 스탈린그라드 방어를 위해 참호를 구축하는 데 투입되었다. 또한 여성들 중 80만여 명 정도는 여성만으로 편성된 폭격기연대가 있었는데, 이들은 전쟁기간 중 2만 4,000여 회의 출격으로 독일군에 대한 막대한 피해를 입히기도 하였다.[443]

또한 우랄 서부지역에 위치하였던 각종 군수산업시설을 독일군이 진격함에 따라 우랄 동부지역이나 시베리아, 중앙아시아 등으로 이전하여 수많은 전차와 항공기, 화포를 생산하는 등 전쟁지속능력을 확충하기 위한 조치를 하였으며, 이러한 조치에 힘입어 1943년 소련군이 반격작전으로 전환할 시는 이미 전쟁 초기에 비하여 10배나 빠른 속도로 장비나 탄약 및 물자를 생산하여 소련군에 보충을 하였다.

소련은 미국과 영국 등 연합국으로부터 식량과 전투장비, 탄약을 지원받기는 하였지만 소련도 나름대로 수많은 병력을 동원하였고, 독일군 침공이 현실화되자 수많은 기술자와 산업시설을 우랄 서부에서 동부의 새로운 지역으로 이전하여 장비와 탄약 및 물자 생산을 확대함으로써 전쟁지속능력을 확충하였고, 이것이 전쟁에서 승리할 수 있는 바탕이 되었던 것이다.

여기에 나폴레옹 전투 시 그랬던 것처럼 소련의 동장군(General Winter)과 진흙장군(General Mud), 그리고 광활한 영토는 동계피복이나 기동장비의 윤활유와 부동액 등 동계작전준비가 덜 된 독일군이 승리를 하기에는 너무나 어려운 전쟁이었던 반면에 소련군은 철수하면서 모든 것을 파괴하는 이른바 '초토화전술(Scorched-tactics)'을 철저히 구사하였으며, 소련의 광대한 자연환경과 빨치산 활동도 독일군의 작전 수행에 방해가 됨으로써 결국 소련군이 승리하는 데 도움이 되었다.

과학자를 불신한 스탈린

1926년 집권한 스탈린은 러시아가 1905년 러일전쟁에서 패하고 1차 세계대전에서

---

[443] 이때 소련군이 편성한 부대는 588 여성야간폭격기 연대로서, 이 부대는 구식의 복엽기로에 폭탄 2발을 싣고 독일군의 후방에 대한 폭격임무를 주로 수행하여 커다란 피해를 입혔다. 이렇게 이 부대가 수행한 폭격 임무는 총 2만 4,000회에 이르고 투하한 폭탄의 양만도 2만 3,000여 톤에 이른다(김도균, 『세계사를 뒤흔든 전쟁의 재발견』, pp. 44-55).

독일에 패하여 전선을 이탈한 이유를 당시 러시아의 과학기술력이 부족하였기 때문이라고 결론짓고 과학기술에 대한 관심을 보이기 시작하였다. 그러나 이미 1차 세계대전에서 패하고 내전이 발발하자 당시 많은 과학자들이 러시아를 떠나서 스탈린이 정권을 잡았을 때에도 그 상황이 반복되고 있었다. 그런데 히틀러가 독일의 과학기술의 발전을 더디게 한 원인을 제공한 것처럼, 스탈린도 소련 과학기술의 발전을 더디게 하는 원인 제공자였다.

소련은 1929년 신경제정책을 추진하면서 스탈린이 과학기술의 발전을 강조하여 과학아카데미와 연구소가 설립되고 수많은 기술자가 양성되어 전쟁이 발발할 무렵인 1939년에는 전국에 1,800여 개의 연구소와 570개의 산업연구시설(군사연구개발센터)이 가동되고 있었다.[444]

스탈린은 과학기술이 지향해야 할 목표를 소련의 군대를 개선하는 과학, 즉 전투장비나 물자를 생산하는 데 기여하는 과학이 되어야 된다고 하면서 소련의 과학을 전반적으로 책임지고 조율하는 기관으로 '소련과학아카데미'를 지명하였는데, 여기서는 군대를 개선하는 과학보다는 순수과학에 너무 많은 시간을 소비한다고 하여 과학아카데미를 반혁명분자의 중심지로 죄를 물어 책임자들을 처벌하고 스탈린주의자들로 채웠다. 육군에서는 과학의 중요성을 알아서 일찍이 유도미사일이나 레이더 개발을 주도하였던 투하체프스키 같은 군인들이 이때를 전후하여 다른 죄목으로 처형되었다.[445]

히틀러도 이론 물리학은 단기적인 결과가 없다고 무시하였고, 오로지 수학이나 물리학, 심리학 등 직접 군사적인 목적을 달성하는 데 필요한 과학을 중요시하였던 것처럼 스탈린도 비슷한 행동을 하였던 것이다.

결국 아카데미는 스탈린의 구미에 맞춰 스탈린이 요구하는 일만 하게 되었고, 이런 결과로 그들이 만들어낸 세계 최대의 6발 엔진이 달린 초대형 항공기는 속도가 너무 느린 취약점을 드러내 사용도 못하고 폐기되었다. 그런 가운데 그나마 소련군에게 다행이었던 것은 스탈린이 군사력 증강과 관련되는 물리학과 야금학, 화학 분야는 손을 대지 않고 그대로 두었던 것이다.

레닌그라드에서는 조페(Abram Joffe)가 주도하는 물리학 연구소가 설립되고 여기서 그는 소련의 물리학 연구의 책임자 역할을 하게 되었다. 이 연구소에서는 레이더와 장갑

---

444 어니스트 볼크먼, 『전쟁과 과학: 그 야합의 역사』, p. 338.
445 Guy Hartcup, *The Effect of Science on the Second World War*(GB: Palgrave MacMillian, 2003), p. 10.

차량 등을 연구하기 시작하였으며, 이 연구소의 90~95%의 과학자들이 전쟁을 목적으로 하는 업무에 중점을 두고 연구를 하였다. 1941년 6월, 독일군이 소련을 침공하여 모스크바 인근까지 점령을 하자 연구소들은 모스크바 동쪽 300마일 지점에 있는 카잔 지역으로 이동하여 여기서 다른 과학자들과 함께 항공기 탐지를 위한 음향기구나 대전차 무기, 카츄사 로켓에 대한 연구 등 다양한 분야의 연구를 하였으며, 그러한 결과로 T-34 전차 같은 독일군 전차를 압도하였던 무기도 생산이 가능하게 되었다.[446] 이 무기들 가운데 카츄사 로켓이나 T-34 같은 전차는 전쟁이 진행되면서 대량생산체제를 갖추고 막대한 양을 생산하였으며, 독일군을 공격할 시는 소련군의 중요한 무기로 사용되었다.

반면에 소련에서는 영국이나 미국 등 서방국가에 비하여 레이더와 미사일 분야에서의 발전은 뒤졌는데, 그 이유는 정치가들의 과학자와 과학기술에 대한 불신이 있었기 때문이기도 하다. 이러한 불신을 해소하기 위하여 이바노비치(Vladimir Ivanovich) 같은 과학자들은 스탈린에게 편지를 보내 소련이 미국에 비하여 과학기술분야에서 취약함을 강조하기도 하였지만, 전쟁기간에 소련의 과학자들은 서방에 비하여 상대적으로 푸대접에 시달려야만 했다. 그들은 기초물리학 등 소련의 과학기술 기반을 확고히 하는 연구보다는 당면한 전쟁에서 승리를 위하여 오로지 당장 눈에 보이는 전투장비를 개발하는 기술을 연구하는 데 우선적으로 투입되었지만 무기개발에 많은 기여를 하였다.

빨치산 활동으로 독일군에 저항한 러시아인

러시아 국민의 일부는 1차 세계대전 시 제정러시아 정부의 탄압과 폭정이 너무 심하여 독일군이 러시아를 침공하였을 시 전제적인 제정러시아의 통제를 받는 것보다 독일의 통제를 받는 것이 더 낳겠다고 하여 독일군의 침공을 환영하는 국민도 있었다.

스탈린이 1926년 정권을 잡은 뒤 독재정치와 숙청과 탄압으로 수많은 사람을 처형함에 따라 소련국민들은 스탈린 정권에 대한 반감이 팽배해 있었으며, 특히 백러시아와 우크라이나 지역에서 더욱 심하였다. 2차 세계대전 시에드 초기에는 독일군이 우크라이나나 백러시아의 영토를 점령하면서 스탈린 정권에 수많은 고통을 받아온 터라 피점령지의 주민들은 차라리 독일의 통치를 받는 것이 더 좋겠다고 하고 있었다.

따라서 우크라이나인이나 백러시아인 그들은 독일군의 진격을 가두에서 환영을 하

---

446 *Ibid.*, p. 12-13.

고 심지어는 독일군에게 음식물까지 대접하면서 반겼다. 그러나 독일군이 점령한 우크라이나와 백러시아 같은 지역에서는 스탈린 이상으로 독일군에 의한 수많은 악정을 겪으면서 이곳 사람들은 독일군에 치를 떨게 되었다. 독일군은 소련의 영토를 점령하면서 점령지역의 주민들을 무자비하게 탄압하였으며, 전쟁을 하는 데 필요한 자원은 모두 약탈하였다. 거리에서는 수많은 우크라이나와 백러시아 사람들이 특별한 이유 없이 체포되고 구금되었으며, 조그마한 저항이라도 하면 가차 없이 처형하였다. 히틀러에게는 우크라이나든 백러시아든 이 지역은 단지 그의 생활권 철학을 만족시켜주면 되었고, 그곳 주민들은 이를 실행해나가는데 있어 불편한 존재로 강압과 테러, 보복과 절멸의 대상이었을 뿐이었다.[447]

바바로사 작전에서 포로가 된 소련군 510만여 명 대다수는 가혹한 대우로 사망하였고, 민간인(대부분 우크라이나인)도 280만여 명이 체포되어 독일로 이송되어 강제로 노동력을 제공하였지만, 그들은 단지 노동력을 제공하는 인력에 불과하였지 나치 정부나 독일군 수뇌들에게 그들의 삶과 죽음은 전혀 고려 대상이 아니었다.

이러한 독일군의 주민에 대한 무자비한 탄압은 점령지역 주민들의 거센 저항을 야기하였다. 여기에 스탈린은 국민에게 이 전쟁이 이른바 '조국수호전쟁'임을 강조하면서 독일군의 침공을 물리치는 데 전 국민이 동참할 것을 호소하였다. 소련 국민은 스탈린 치하에서 엄청난 고통을 받았지만 나치의 탄압이 스탈린의 폭압적인 정치를 초월하자 이런 스탈린의 '조국수호전쟁' 호소에 호응하여 독일군의 공격을 저지하는 데 일조하고자 빨치산(Partisan)을 조직하여 작게는 수명으로부터 크게는 연대~여단급에 이르기까지 임시로 부대를 편성하고 독일군의 철도나 보급로, 전투부대를 공격하는 등으로 활약을 하였으며, 심지어는 빨치산이 독일군의 지휘계통에까지 침투하여 활동을 하였다.[448]

---

447 당시 소련이 입은 피해는 전쟁 직후 소련의 특별국가위원회가 제출한 자료에 의하면 사망자 26만 2,700(이중 군인 900만)명과 1,710개의 도시나 읍이 파괴되었고, 7만 개의 마을이 초토화되었으며, 3만 2,000개의 공장들이 파괴되거나 가동불가능 상태로 되었다. 또한 6만 5,000km의 철도 파괴, 10만 개의 집단농장의 폐허화, 2,500만여 명이 주택이 파괴되어 방공호에서 생활을 하는 것으로 보고되었다(조영주, 『히틀러의 외교정책』, p. 18).

448 빨치산은 1941년 7월 3일 스탈린의 소위 '조국해방전쟁' 선언 이후부터 본격적인 활동을 시작하였다. 빨치산은 정규군과 긴밀한 협조하에 협동작전을 실시하였다. 빨치산은 교범까지도 보유하고 있었다(정하명, 『세계전쟁사』, p. 318). 독일군이 빨치산에 의해 입은 피해를 보면 1943년 1월에만 397회의 습격을 받아 112량의 기관차와 22개의 교량이 파괴되었고 2월에는 500여 회, 5월에는 1,045회, 6월에는 1,092회, 7월에는 1,460회로 늘어났다고 보고하고 있고 이로 말미암아 독일군의 공격력이 많이 약화되었다고 밝히고 있다(육군대학, 『세계전쟁사(상)』, pp. 5-125). 그러나 또 다른 자료에 의하면 빨치산 활동횟수는 1943년에 20만회에 달하며 나머지 기간에는 조금씩 줄어들기는 했지만, 전쟁 전 기간 동안 50만여 명이 참여하였다고 한다(육군본부, 『소련군사』, p. 129).

1941년 겨울 독일군에 의해 레닌그라드가 포위되었을 때 도시에 남아 있었던 병사들로부터 의사나 약사, 간호사, 소방관, 노동자 등 모든 사람들은 이 도시가 다시 해방되던 1944년까지 거의 900여 일을 독일군의 포격과 폭격에 100만여 명이 희생되면서도 무기를 만들고 추위와 굶주림을 견디면서 처절한 싸움을 벌여 끝까지 사수를 하였다.

소련이 독일과 전쟁을 해가는 과정에서 군에는 정치위원이 있어서 군인을 감시 · 감독하였다면, 사회에서는 비밀경찰(NKVD)이 국민들을 철저히 감시하고 통제하였으며, 반체제 인사들은 무참히 제거되었다. 소련 국민들은 차르 시대 이래 수많은 어려움을 겪어 왔고 이에 많이 익숙해져 있는 상태였기 때문에 대다수의 국민들은 스탈린 정부의 비밀경찰의 억압적 통제에 따르면서 독일군에 승리하고자 수많은 희생을 감수하고 저항을 하였다.

다른 나라에서와 같이 소련도 전쟁기간 중 식량배급을 철저히 통제하였다. 하는 일의 종류에 따라 탄광노동자는 4,000여 칼로리, 중노동자는 2,000여 칼로리, 평범한 노동자는 1,300여 칼로리 이런 식으로 배급이 철저히 통제되었으며, 일하지 않는 사람들은 배급이 중단되어 암시장에서 해결하지 못하면 결국 굶어 죽을 수밖에 없었다.[449]

수많은 남녀노소 국민들은 군수공장에 장비나 탄약, 물자 생산을 위해 동원되었다. 특히 여성이나 어린 소년들이 압도적으로 많이 동원되었다. 이들은 전쟁이 시작될 무렵부터 끝날 때까지 수년간 한곳에서 자리도 바꾸지 못하고 수년간 똑같은 일을 하도록 명령을 받았다. 그들은 종일 공장에서 일을 하다가 일이 끝나면 녹초가 된 몸으로 다시 늦은 밤까지 참호를 파기 위하여 또 다른 일을 해야만 되었다.

무기공장이나 농촌이나 상황은 같았다. 오히려 농촌에서 농사일은 남자들이 징집되고 난 후 대부분 여성들이 하였다.[450] 그들에게 트랙터 같은 농기구는 없었고 있어도 고장이 나거나 연료부족으로 운용을 할 수 없어서 대부분 인력으로 해결해야만 되었다. 그렇다고 그들이 생산한 농작물은 마음대로 처분할 수 있는 것도 아니었다. 스탈린 정권이 수확된 농작물을 일부만 남겨놓고 모두 가져갔기 때문이다. 대다수의 국민들은 공장현장이나 농촌현장에서 수많은 노동력을 제공하였지만 모든 것은 전쟁을 수행하는데 필요한 노력으로 치부되면 그만이었다.

---

449 리처드 오버리, 『독재자들』, pp. 700-701.

450 예를 들면 여성노동자의 경우 1940년 노동자의 38%를 차지하였지만 한창 전쟁이 진행 중인 1943년에는 52%에 달하였으며, 전쟁이 끝날 무렵인 1945년에는 건설노동자의 1/3이었다고 한다. 여성은 남성이 동원되고 남은 자리에서 커다란 역할을 한 것이다.

〈그림 4.33〉 소련군 선전포스터. "붉은 군대의 전사들이여, 더욱 강하게 적을 몰아 붙이시오! 독일 파시스트 돼지들을 조국으로부터 몰아냅시다."라고 쓰여 있다. 이러한 선전포스터들은 소련군들에게 독일군을 증오하고 전투에 참전케 하는 중요한 역할을 하였다.

출처: 폴 콜리어, 『제2차 세계대전』, p. 602.

결국 노동자들은 끝도 없이 노동력을 제공해서 전쟁을 지속할 수 있는 생산을 계속하도록 강요받았고, 여기서 생산된 산물을 이용하여 소련군에게 계속 싸우도록 물자를 공급하였던 것이다. 이러한 과정에서 그들에게는 인권이란 말은 사치스럽고 그런 말을 꺼낼 형편도 안 되었으며, 스탈린 독재정권은 당연히 이를 인정하지도 않았다. 오로지 소련국민들은 노동력을 제공하는 기계에 불과하였다. 여기에 나폴레옹 전쟁 시에도 그랬던 것처럼 동장군과 진흙장군까지도 소련을 도와주어 전쟁에서 승리할 수 있는 바탕이 되었던 것이다.

소련은 군에서 민간기관을 효과적으로 활용하기 위하여 군사과학협회, 공군우호협회, 화학병기방위협회, 화학산업우호협회, 국방협력·항공·화학병기방위협회 등을 조직하였으며, 1932년 10월에는 소련 영토의 대공방위에 관한 규칙에 의거 지역단위로 대공방위조직을 민간조직으로 만들어 운용하였다.[451]

---

451 (구)국무총리 비상기획위원회, 『세계동원의 역사』, pp. 417-418.

소련 국민들의 정신무장을 위해 영화와 노래, 포스터 등 선전선동의 활용은 중요하였다. 이를 위해 과거의 역사는 새로이 소련국민의 동원을 위한 작품으로 작성되었고 각색이 되었다. 예를 들면 1차 세계대전 시 독일군과 러시아인들의 전투를 다룬 영화들은 다시 독일군을 물리치는 내용으로 만들어졌고 소비에트를 찬양하는 노래가 만들어져 불려졌으며, 러시아 민족은 국가의 방어와 독립이 위태로울 때는 영웅적 행위와 자기희생을 하는 민족이라고 묘사됐다.[452]

소련은 스탈린이 집권한 1926년 이후 중공업 위즈의 정책을 추진한 결과 전투장비나 탄약 및 물자 등 전쟁을 할 수 있는 능력이 대폭 확장되어 있었다. 스탈린 자신은 독일과 전쟁을 회피하기 위하여 불가침 조약을 체결하고 독일군의 공격 가능성을 보고받으면서도 애써 외면하는 한편 소련군을 단속하는 등으로 전쟁을 피하고자 노력을 하였지만 끝내 독일군의 침공을 피해가지는 못하였다. 전쟁이 발발하자 스탈린은 비밀경찰을 이용하는 독재체제와 강력한 독재적 리더십으로 전쟁을 지도하였으며, 국민들역시 갖은 압제 아래서도 스탈린의 '대조국전쟁' 참여에 대한 호소를 받아들여 빨치산활동을 통해 독일군에게 커다란 피해를 입히거나 또는 전투원이나 비전투원 등으로 각각 참여하여 전쟁의 승리에 일조하였다.

1차 세계대전 시에 러시아는 황제의 무능과 리더십 부족, 정부의 무능, 방대한 잠재력에도 불구하고 이를 효과적으로 동원하지 못한 국가 시스템 등 복합적인 요인으로 전쟁에서 패하면서 전선을 이탈하였다. 그러나 2차 세계대전 시는 초기단계 독일군의 기습공격으로 많은 피해를 입었지만 이를 극복하면서 전쟁에서 승리를 하였던 것은 1차 세계대전의 경험과 스탈린이라는 지도자의 전쟁지도, 히틀러의 슬라브족에 대한 절멸정책이 야기한 소련 국민의 저항정신과 국민의 승리에 대한 의지, 중공업을 육성하여 전시 생산능력을 대폭적으로 확대한 점, 철저한 압제와 득재정치, 예비전력의 동원시스템 확립과 풍부한 인력 활용 등 제요소를 동원하여 총력적으로 대응을 한 결과에 기인하는 것이다.

---

452 리처드 오버리, 『독재자들』, pp. 775-777.

7. 소결론

총력전 관점에서 2차 세계대전 시 연합국이 승리할 수 있었던 요인을 분석하여 보면 지도자의 리더십으로부터 국민의 전쟁에서의 승리에 대한 결연한 의지, 외교와 정치, 전쟁을 지속할 수 있는 재정 및 경제력, 신장비를 개발할 수 있는 과학기술력, 사회문화적 요소, 예비전력의 동원능력, 군사력 등이 복합적으로 작용함으로써 가능하였음을 볼 수 있다. 앞에서 언급한 국가들의 총력전 실태분석을 결과로 비교한 〈표 4.28〉을 보면 다음과 같다.

〈표 4.28〉을 보면 어느 국가가 전쟁에서 승리를 할 수 있었는지를 쉽게 비교할 수 있을 것이다. 결국 전쟁에서 승리하기 위해서는 지도자의 건전한 사고와 전쟁지도 및 승리에 대한 강인한 의지, 국민의 결연한 의지를 바탕으로 하여 총력전 제 요소들이 제각기 통합된 효과를 발휘하면서 특히 전쟁을 지속하는 데 있어 핵심적인 역할을 하는 재정 및 경제력을 바탕으로 하는 전시생산능력, 상비 및 예비전력이 중요한 역할을 하였다는 것을 알 수 있다.

〈표 4.29〉에서 미국과 독일을 비교하여 보면 전비소요에서 미국이 약간 많은 수준

〈표 4.28〉 1937~1938년 당시 강대국의 총력전 능력 종합비교[453]

구 분	인구 (만 명)	GNI (억$)	국방비 (억$)	항공기 생산 (대)	철강 생산 (만톤)	에너지 소비 (만M/T)	상대적 전쟁 잠재력(%)
미 국	13,830	680	11.31	2,195	2,880	69,700	41.7
영 국	4,700	220	18.63	7,940	1,050	19,600	10.2
프랑스	4,190	100	9.19	3,163	610	8,400	4.2
소 련	18,060	359	54.29	7,500	1,800	17,700	14.0
독 일	6,850	170	74.15	8,259	2,320	22,800	14.4
일 본	7,220	40	17.4	4,467	700	9,650	3.5
비 고	1938	1937	1938	1938	1938	1938	(88.0)

출처: Paul Kennedy, *The Rise and Fall of The Great Power: Economic Change And Military Conflict From 1500 To 2000*, pp. 199-201, 296, 324, 330-332.

---

453 인구와 국민소득, 1인당 소득은 Paul Kennedy, *The Rise And Fall Of The Great Power*, p. 339에서 인용, 군사력(육군과 해군수)과 군함의 톤수는 p. 284에서 인용하였음.

〈표 4.29〉 2차 세계대전 시 전비소요[454]

구 분	연합국				추축국		
	미 국	영 국	프랑스	소 련	독 일	일 본	이탈리아
전비(억$)	2,880	497.8	1,112.7	930.1	2,123.3	412.7	210.7

출처: Robert Goralski, *World War II Almanac:1941~1945*, p. 421.

〈표 4.30〉 각 국가별 인구대비 예비전력 동원현황

구 분	미 국	영 국	프랑스	소 련	독 일	일 본	이탈리아
인구(만 명)	12,891	4,723	4,120	17,046	7,376	7,004	4,237
동원병력(만 명)	1,230	512	500	1,250	1,020	609.5	375
비 율	10.5 : 1	9.2 : 1	8.24 : 1	12.6 : 1	7.23 : 1	11.5 : 1	11.3 : 1

출처: (구)국무총리 국가비상기획위원회, 『세계동원의 역사』, p. 538.

에서 비교가 됨을 볼 수 있다. 그러나 이 당시 미국은 한창 전시 생산이 올라가고 있었기 때문에 전쟁이 지속되었다면 얼마든지 더 많은 전비를 지출할 수 있는 능력이 충분하였지만, 독일은 그 무렵 산업시설이 거의 파괴되어 생산능력이 한계에 도달하고 있었고, 기타 동원 가능한 자원도 최저 수준에 도달하고 있었기 때문에 더 이상 전쟁을 할 수 없었다.

〈표 4.30〉은 2차 세계대전 시 국가별로 동원한 예비전력(병력) 현황이다. 여기서 주목하고자 하는 것은 미국의 병력동원 현황이다. 미국은 본토에서 전쟁을 하지 않았음에도 불구하고 1,200만여 명을 동원하여 태평양지역 전쟁에서는 일본군을 대상으로, 유럽에서는 연합국의 일부로서 주도적으로 전쟁을 하여 연합국이 승리를 하는 결정적인 역할을 하였다.

연합국은 전쟁이 장기화된다고 하더라도 동원 가능한 예비전력의 역량이 충분하였지만, 추축국은 당시 동원 가능한 인적 자원이 바닥나고 있었다. 전쟁을 지속할 능력이 한계에 다다르고 있었기 때문에 추축국의 항복은 시간상의 문제였고 먼저 한계에 다다른 독일이 항복을 하고 이어서 원폭공격을 받은 일본도 할 수 없이 항복을 한 것이다.

〈표 4.31〉을 보면 강대국들이 전쟁기간 중 얼마나 많은 부대를 지속적으로 창설해

---

454 전비와 총동원병력은 Paul Kennedy, *The Rise And Fall Of The Great Power*, p. 380.

〈표 4.31〉 2차 세계대전 중 연도별 운용된 부대(사단)수 현황

구 분	1939	1940	1941	1942	1943	1944	1945	종전 시
영 국	9	34	35	38	39	37	31	31
미 국	8	24	39	76	95	94	94	94
프랑스	86	105	0	0	5	7	14	14
소 련	194	200	220	250	350	400	488	491
독 일	78	189	235	261	327	347	319	375
이탈리아	6	73	64	89	86	2	9	10
폴란드	43	2	2	2	2	5	5	5
루마니아	11	28	33	31	33	32	24	24

출처: http//www.world-war-2.info/statistics(검색일: 2010.9.28).[455]

서 전쟁을 하였는지를 알 수 있다. 조기에 항복한 프랑스나 이탈리아, 폴란드를 제외한 국가들은 전쟁이 진행되면서 예외 없이 부대를 지속적으로 확장하여 전투에 투입하였음을 볼 수 있다.

특히 미국과 소련, 독일이 전쟁 상황에 따라 부대를 지속적으로 확장을 한 대표적인 국가들이다. 전쟁 상황이 아군의 의도대로 되어서 평시의 부대에서 전시부대계획에 따라 일부만 확장을 하여 승리를 할 수 있다면 좋겠으나 전쟁이라는 상황이 아군의 의도대로만 되지는 않을 것이다. 이들 국가들은 전쟁이라는 긴박한 상황에 직면하여 부대를 지속적으로 확장하였고, 확장된 부대를 전선에 투입하였던 것이다. 우리나라도 국방개혁에 따라 부대규모를 일부 조정한다고 하더라도 전쟁사에서 나타났던 사례들을 잘 연구해서 필요시 부대를 확장하여 대비를 해야 할 필요가 있음을 시사하는 것이다.

2차 세계대전은 1차 세계대전 시보다는 더욱 발전된 과학기술에 힘입어 더욱 파괴적인 전쟁으로 수행되었으며, 그 여파는 막대한 인명과 물적자원의 손실로 나타났다. 〈표 4.32〉는 그러한 사례를 보여주는 단적인 예이다. 그런 결과로 전쟁을 수행하기 위해서는 막대한 전쟁비용이 소요되었으며, 따라서 각국은 총력적인 대응을 하지 않을 수 없었다.

---

455 여기서 인용된 자료 중 프랑스 사단은 드골 장군이 영국으로 망명하여 창설한 자유프랑스군의 사단이며, 폴란드군과 루마니아군은 독일군의 통제하에 편성되고 운용된 군대임.

〈표 4.32〉 2차 세계대전 중 손실된 강대국의 전함현황

구 분	계	항 모	전 함	순양함	구축함	잠수함
영 국	246	7	4	29	132	74
미 국	167	11	2	10	82	52
프랑스	138	–	5	10	58	65
소 련	131	–	–	2	34	95
독 일	1,035	–	6	6	102	931
일 본	331	20	11	38	133	129

출처: Robert Goralski, *World War Ⅱ Almanac:1941~1945*, pp. 449-455; http//www.world-war-2.info/statistics (검색일: 2010.9.28).[456]

2차 세계대전의 결과는 1차 세계대전 시와 마찬가지로 어느 국가가 전쟁에 임하여 지도자로부터 전 국민에 이르기까지 총력적으로 대응을 하였으며, 이용 가능한 자원을 조직적으로 대응을 하였는가에 의해 결정되었다고 할 수 있다. 그리고 그 결과는 1차 세계대전 시와 같이 미국을 위시한 연합국이 승리하였고 추축국은 패하였다.

2차 세계대전은 진정한 의미에서 국력의 모든 요소들이 총동원된 완전한 총력전으로 진행되었다. 전쟁에서 연합국이 승리할 수 있었던 요인은 여러 가지로 분석될 수 있을 것이나, 결국은 지도자의 강력한 리더십과 수많은 어려움을 이겨내면서 승리를 위해 싸운 국민들의 의지, 병력이나 장비와 물자 등 예비전력의 동원으로 전쟁지속능력을 확대한 연합국이 승리하였다는 것이다. 〈표 4.33〉은 그러한 결과를 보여주는 것이다.

독일군은 일반참모제도와 우수한 장교진, 그리고 전격전과 같은 새로운 전법이나 전차와 항공기 등 신형 장비의 개발로 전쟁 초기단계에는 전세를 유리하게 이끌어나갔다. 일본군도 진주만 기습에서 성공한 이후 아직 미국이 전쟁을 본격적으로 수행할 수 있는 체제로 전환하기 이전에는 태평양이나 동남아지역에서 한동안 전세를 주도하는 것처럼 보였다.

그러나 독일이나 일본 등 추축국은 지도자의 리더십이 결여되어 있었고, 병력이나 장비, 탄약, 유류 등 전쟁지속능력에서 크게 뒤떨어져 조기에 한계점에 다다른 반면 연합국측은 강력한 지도자의 리더십 아래 국민들이 온갖 어려움을 극복해가면서 외교와

456 항모는 정규항모 및 호위항모 포함, 순양함에는 중순양함 및 경순함 포함, 영국과 미국, 독일, 일본군에 관한 자료는 *World War Ⅱ Almanac: 1931~1945*, pp. 449-455에서, 소련과 프랑스군 자료는 http://www.world-war-2.info/statistics에서 인용하였음.

〈표 4.33〉 2차 세계대전 시 국가별 총력전 결과 비교[457]

범례: 우수 ○, 보통 △, 미흡 X

구 분		지도자	국민의지	외교	정치	경제	과학기술	사회문화	군사력	예비전력	결과
연합국	미 국	○	○	○	○	○	○	○	○	○	○
	영 국	○	○	○	○	△	○	○	△	△	○
	소 련	△	○	△	△	△	△	△	○	○	○
	프랑스	X	X	△	X	△	△	X	X	△	X
추축국	독 일	X	△	△	△	△	○	△	○	○	X
	일 본	X	△	△	△	△	○	△	○	○	X
	이탈리아	X	△	△	△	△	△	△	△	△	X

정치, 경제 등 국가를 전쟁수행체제로 전환하여 총력적으로 대응함으로써 결국 승리할 수 있었던 것이다.

결론적으로 연합국은 전쟁 초기단계에서는 총력전을 위한 준비가 추축국에 비하여 미흡해 전쟁을 수행하기에 어려움이 많았으나 전쟁이 장기화되면서 지도자를 중심으로 국민의 의지를 결집하고 모든 국가의 총력방위요소를 전시체제로 전환하여 총력적인 대응을 함으로써 승리할 수 있었다는 것이다.

---

457 여기서 제시된 국가의 총력전 수행능력과 결과는 앞에서 기술된 여러 자료들을 이용하여 나름대로 분석한 것으로 부분적으로는 독자들의 여러 가지 이견이 있을 것이다.

제5장
중동전에서
이스라엘의
총력전

제1절

중동의 일반정세와 이스라엘의 건국

역사적으로 인접한 국가끼리 한 세대도 안 되는 비교적 짧은 기간에 4번씩이나 국력을 걸고 총력적으로 대규모의 전쟁을 한 국가를 찾아보기는 쉽지 않은데, 이스라엘과 아랍국들이 바로 그런 주인공들이다.

유대인의 이스라엘과 아랍국들은 이미 기원전부터 앙숙(怏宿)이 되어 있었다. 이스라엘의 시조인 아브라함은 기원전 1750년 히브리인을 데리고 가나안에 정착하였으나 대기근을 만나 이집트로 이주하였다. 그러나 그곳에서 다시 박해를 받고 탈출하여 가나안에 정착하면서 통일된 히브류 왕조를 건설하였다.

그러나 히브류 왕조는 기원전 926년경 이스라엘과 유대토 양분된 후 이들은 각각 앗시리아와 바빌로니아에 의해 멸망되고 이후 2000년 이상의 유랑을 떠난 이후 팔레스타인 지역은 로마군에 의해 점령되었다. 이어서 8~9세기에는 팔레스타인을 사라센 제국이 지배하였고, 11세기 이후에는 셀주쿠 터키가 지배하였으며 1516년 이후에는 오스만 터키가 1차 세계대전 시까지 지배를 하였다. 1차 세계대전에서 오스만 터키가 독일군과 같은 동맹국의 일원으로 참전하였으나 연합국에 패함에 따라 이 지역은 영국과 프랑스가 지배하게 되었고, 2차 세계대전 후에는 영국이 위임통치를 끝내면서 이스라엘이 공화국으로 독립하였다.

이스라엘 민족은 2000여 년의 유랑생활 동안 자신들의 언어인 히브리어 만을 사용하였고, 자신들만의 배타적인 사회와 경제구조를 유지하는 그들이 속한 사회에 잘 동화되지 못하였다. 그런 이유로 그들은 해당 국가의 정치적·법적 대우를 제대로 받지 못하였고, 해당국가의 주민들로부터는 반유태 감정을 야기하여 차별대우를 받거나 수많은 인원이 살해되는 비극도 발생하였다.

19세기 제정러시아에서는 정부가 유태인들을 공식적으로 차별하였고, 정부는 대중들이 유태인에 대한 가혹행위를 해도 말리기는커녕 고무시키는 태도를 취했다. 급기야 1882년 러시아의 오데사와 키에프 등지에서 '유태인 학살사건(pogrom)'이 발생하였고,[1] 1차 세계대전 시 오스트리아–헝가리 제국에서도 유태인에 대한 차별이 심했다. 특히 2차 세계대전 시 히틀러의 나치가 행한 유태인 600만여 명을 독가스로 살해한 것은 그중 가장 비극적인 사례이다.

세계 여러 곳에서 반유태주의가 표출되면서 일부 유태인을 중심으로 유태인 국가건국에 대한 열망이 높아감에 따라 1897년 스위스 바젤에서 유태인들이 모여 "유태인들의 고향인 팔레스타인에서 국제적으로 합법적인 유태국가를 건설하고, 유태인들에게 생활의 터전을 제공하며, 유태인의 전통적 가치관에 바탕을 둔 이상사회를 건설한다."는 취지의 '시오니즘(Zionism)' 선언을 발표하였으며,[2] 비엔나에 시오니즘 운동본부를 설치하여 시오니즘 운동을 본격화하기 시작하였다.

이를 시초로 1914년 유태인들은 팔레스타인 땅에서 약 400km^{2}의 농지를 매입하고 6만여 명의 유태인이 이곳으로 이주하여 왔다. 당시 이곳에는 아랍계의 팔레스타인 주민들이 거주하고 있었기 때문에 갈등은 서서히 피할 수 없는 현실이 되어가고 있었다.

1차 세계대전이 발발하자 영국은 전쟁에서 승리하기 위해 유태인뿐만 아니라 아랍국가로부터도 지원이 필요하였다. 따라서 영국은 아랍인들에게 독일편에 가담하여 참전 중에 있는 터키에 대한 저항을 호소하면서 1915년 10월 이집트 주재 영국의 고등 판무관인 맥마흔이 아랍인의 정신적 지주였던 아라비아 메카의 수령 후세인에게 '영국은 터키로부터 아랍국가 독립을 승인하고 지지한다.'는 서한을 보내면서 팔레스타인 땅에서 아랍국가의 건설을 약속하였다.[3]

반면에 1917년 11월에는 밸푸어(Balfour) 영국 외무장관이 "팔레스타인에 거주하는 아

---

1 김용기, 『이스라엘의 정치와 사회』(서울: 글터, 1996), p. 37. 포그롬(Pogrom)이란 19세기부터 20세기 초에 걸쳐 제정러시아에서 경찰이나 그 앞잡이들의 선동에 의하여 행해진 조직적 약탈과 학살을 의미한다. 제정러시아에서 유태인은 그들 특유의 종교적 신념과 이상을 사회주의 운동과 결합하여 제정러시아를 전복하고 개혁하기 위해 비밀운동을 하였기 때문에 제정러시아 정부로서는 이를 탄압할 필요성이 대두되었다. 여기에 제정러시아 정부의 국민에 대한 탄압과 억압으로 국민의 불평과 불만이 높아지자 이를 외부로 돌리기 위한 희생양이 필요하게 되었는데, 유태인이 그 대상이 된 것이다. 유태인은 1905년에도 혁명운동 발생 시 탄압의 대상으로 이용되었으며, 1918~1920년 내전에서도 반혁명군이 대규모로 학살하였다. 러시아에서의 유태인 박해나 나치의 유태인 박해도 넓은 의미에서는 같은 개념으로 사용된다.

2 김용기, 『이스라엘의 정치와 사회』, pp. 37-38; 김희상, 『중동전』(서울: 일신사, 1995), pp. 6-7 참조.

3 김용기, 위의 책, pp. 37-38; 김희상, 위의 책, pp. 12-13 참조.

랍계 주민들의 권리를 침해하지 않는다는 전제하 팔레스타인 땅에 유태인의 국가를 설치하는 데 최선을 다할 것"이라는 이른바 '밸푸어 선언'을 발표하면서 유태인의 지원을 요청하였다. 1차 세계대전을 치르면서 외부 지원이 많이 필요하였던 영국이 팔레스타인 한 곳에 유태인 국가와 팔레스타인의 아랍국가 등 동시에 2개 국가를 건설하겠다는 약속을 하는 우를 범한 것이다. 이것이 아랍국과 이스라엘의 분쟁의 씨앗이 된 것이다.

1차 세계대전 후 결성된 국제연맹에서 영국이 팔레스타인을 위임통치 하도록 승인하자 유태인들은 세계 각국, 특히 독일로부터 이주가 급증하였다.[4] 이렇게 되자 그곳에서 살던 아랍계 주민들과 갈등이 고조됨에 따라 영국이 이를 중재하고자 팔레스타인 땅에 두 민족의 요구를 모두 수용하여 연방국가 수립을 모색하기도 하였으나 성과는 없었다.

팔레스타인으로 이주한 유태인들은 영국의 위임통치에 따라 자치정부를 수립하고 '하가나(Hagana)'라는 비밀군사조직을 만들어 자체방어를 위한 자위적인 조치를 하면서 서서히 세력을 확장해나가는 도중 2차 세계대전이 발발하였다. 2차 세계대전 기간에 영국은 독일군에 승리하기 위해 외부세계로부터의 많은 지원이 필요하였고 유태인 또한 장차 독립을 위해 영국의 지원이 필요한 입장이었다. 따라서 유태인들은 유태인 여단을 편성하여 전투에 참전함으로써 영국을 적극 지원하였다.[5] 영국의 승리로 전쟁이 끝나자 유태인들은 본격적으로 이스라엘의 독립을 주장하기 시작하였다.

1947년 11월, 유엔총회에서 팔레스타인 토지를 인구 40만여 명의 유태인에게는 55%, 당시 120만여 명의 아랍인에게는 45%를 분할하도록 결의하자 유태인은 이를 환영하였지만, 아랍국의 유엔대표들은 즉각 이를 거부하고 유엔결의에 구속을 받지 않을 것임을 선언하면서 퇴장하였다. 이때의 유엔결의는 오늘날까지 이스라엘과 아랍의 분쟁원인이 되고 있다.

---

4   유태인이 이스라엘로 이주를 하기 시작한 것은 1881년 팔레스타인으로 귀환을 추진하는 러시아 유태인들이 '시온을 사랑하는 사람들'이란 조직을 만들고 1882년 7,000여 명이 귀환을 하면서부터이다. 이렇게 유태인이 유럽이나 아메리카, 아프리카 등지에서 이스라엘로 대대적으로 이주하는 것을 '알리야(Aliya)'라고 하는데, 1882년부터 시작된 알리야는 1948년에 이르기까지 5차례에 걸쳐 대규모로 진행되었다. 1차는 1882~1903년에 2~3만 명, 2차는 1904~1924년에 3만 5,000~4만 명, 3차는 1919~1923년에 3만 5,000명, 4차는 1924~1931년에 8만 2,000명, 5차는 1932~1948년에 26만 5,000명이 이주하였다. 자세한 사항은 김용기, 『이스라엘의 정치와 사회』, pp. 39-44; 류태영, 『이스라엘, 그 시련과 도전』, 서울: (주)삼성출판사, 1991, pp. 41-52 참조.

5   2차 세계대전이 발발하자 영국 수상 체임벌린은 와이즈만에게 독일군과의 전쟁에서 유태인의 지원을 바라는 메시지를 보냈고, 이 메시지가 공개되자 당시 18~50세의 유태인 13만 6,000명이 지원병으로 등록하여 이들 중에서 2만 7,000여 명이 영국군을 지원하여 참전을 하였다(김희상, 『중동전』, p. 37).

이스라엘은 건국 이후 아랍국과 4차에 걸쳐 전쟁을 하였다. 이스라엘은 지나간 역사의 쓰라린 기억을 바탕으로 전쟁이 발발할 때마다 국가의 모든 자원을 투입하여 총력전을 실시함으로써 승리하였다. 이스라엘이 독립한 이후 텔아비브나 예루살렘 등지에서는 수도 없이 테러가 발생하였고, 그때마다 이스라엘은 아랍국의 테러단체에 대하여 군사력을 동원하여 철저한 복수를 한다. 이스라엘은 주변 아랍국에 비하여 인구와 국토면적, 자원, 군사력 등 모든 면에서 비교할 수 없을 정도로 열세함에도 불구하고 국가를 온전히 보존하면서 전쟁이 발발하면 승리를 할 수 있었던 이유는 시오니즘을 바탕으로 하는 이스라엘의 국민정신과 국가가 위기상황에 처할 시 전 국민이 기꺼이 전쟁에 참여하는 정신동원 자세가 확립되어 있기 때문이다.

제2절

제1차 중동전
(이스라엘 독립전쟁, 1948.5.14~1949.2.24)

　1922년 이래 영국은 팔레스타인을 위임통치하였으나 1948년 5월 영국은 고등 판무관과 전 병력이 팔레스타인에서 철수하면서 위임통치를 종결하였다. 영국군이 철수하면 전쟁이 불가피할 것으로 판단한 이스라엘이나 아랍 측은 이미 전쟁을 준비하고 있었다. 특히 이스라엘에는 하가나와 팔막 및 IZL[6]라는 군사조직체가 있었으며, 이들 조직은 2차 세계대전에서 참전하여 전투경험이 많은 유태인들을 외국으로부터 불러모았고, 무기도 밀수입을 하는 등 다가올 전쟁에 대한 준비를 하고 있었다. 이렇게 하여 전투경험을 갖고 조직된 하가나 등에 소속된 인원이 약 3만여 명이고 예비병력으로 3만여 명이 더 있었지만, 이들 여러 사설 군사조직체들이 난립하게 되자 마침내 이들은 벤구리온의 통제 아래 이스라엘 국방군(Israel Defence Force, IDF)으로 통합되었다.

　독립 당시 이스라엘군의 군사력은 이루 말할 수 없이 취약하였다. 병력의 규모와 무기, 탄약 보유량과 질은 아랍국에 비할 바가 아니었다. 이에 해외의 유태인들은 이스라엘 독립운동을 지원하기 위하여 모금운동을 벌여 1946년에는 30만 파운드, 1947년에는 330만 파운드를 모아서 2차 세계대전 당시 사용하였던 무기와 탄약을 구입해서 이스라엘로 보내 이제 막 탄생한 이스라엘군의 전투수행능력을 보완하였다.[7]

6　하가나는 1920년 영국의 위임통치 시에 조직된 군사조직체로 뒤에 이스라엘 국방군으로 편입되었다. 팔막은 하가나에 속해 있으면서 독일과 이탈리아 침공에 대비하여 자원병으로 조직된 군사체이며, IZL(National Military Organization을 뜻하는 히브리어의 약자)은 하가나에 속해 있었던 우파의 시온주의자들이 만든 비합법적 지하무장조직이었다.

7　김희상, 『중동전』, p. 41.

아랍 측도 마찬가지로 이스라엘이 독립을 주장할 즈음에 전쟁에 대비하여 해방군을 조직하고 무기를 확보하는 등 준비를 하고 있었으며 그 무장된 병력은 약 5만여 명에 달하였다. 여기에 아랍 측에는 전쟁이 발발하면 주변에 있는 이집트와 시리아, 레바논, 이라크가 즉시 지원을 해주기로 이미 약속된 상태였다.

1948년 5월 14일, 이스라엘의 초대 수상인 벤구리온(Ben Gurion)이 1,100여 글자에 이르는 독립선언문을 낭독하면서 이스라엘은 독립국으로 탄생하였다. 독립선언 다음날 아침, 이집트군의 공군기들이 수도인 텔아비브를 폭격하고 북쪽에서는 레바논군과 시리아군이, 동쪽에서는 이라크와 요르단군이, 남쪽에서는 이집트군이 3면에서 연합하여 공격함으로써 1차 중동전은 발발하였다. 지중해에 면한 서쪽에서만 침공이 없었던 것이다.

아랍군의 개전으로 시작된 1차 중동전에서 이스라엘군은 장비나 탄약이 부족하였지만 2차 세계대전에 참전하여 잘 훈련되고 경험이 많으며 시오니즘으로 무장된 유태인이 주력이 되어 병력과 화력에서 압도적으로 우세한 아랍군을 효과적으로 저지함으로써 아랍군의 공격은 실패로 돌아가고 유엔의 중재로 6월 11일부터 4주간 휴전을 하기로 합의하였다.

휴전기간을 이용하여 이스라엘군은 체코제 77mm 야포와 소형 전차, 기관총 등을 수입하여 전력을 증강하였고 휴전기간이 종료됨에 따라 먼저 요르단 군을 선제공격하였으나 요르단군의 강력한 수비로 성공하지 못하였다.

아랍군도 이스라엘군의 강력한 전투력과 저항에 직면하여 다시 정전을 하기로 협상을 한 끝에 3개월간 2차 휴전이 되었는데, 이때 전 세계로부터 수많은 유태인 지원병들이 귀국함으로써 개전 당시의 병력 3만여 명이 9만여 명으로 증가되었고 무기도 많이 개선되어 있었다.

10월 15일 전투가 다시 시작되자 이스라엘은 전 지역에서 아랍군을 압도하여 마침내 1949년 1월 7일, 이집트군이 정전제의를 함으로써 1차 중동전은 이스라엘군의 승리로 끝나고, 3월 7일에 정식으로 각국과 정전협정을 체결하면서 전쟁은 끝났다.

이스라엘은 6,000여 명의 군인과 민간인이 사망하고 5억 달러에 이르는 전비를 사용하여 신생독립국으로 막대한 피해를 입었지만, 전쟁 결과로 1948년 팔레스타인 분할 시 주어진 1만 4,900km²에 더하여 5,900km²의 영토를 추가로 획득하였다. 그러나 전쟁의 결과로 팔레스타인 고향에서 추방당한 70만여 명의 팔레스타인 난민들은 아직까지도 분쟁을 야기하는 불안요인이 되고 있다.[8]

1차 중동전에서 이스라엘군은 아랍군에 비하여 병력 및 화력 등의 절대적인 열세에도 불구하고 아랍군의 공격을 효과적으로 저지하고 전쟁 전보다 더 확장된 영토를 보유하게 되었지만, 아직 국가로서 완전한 틀이 갖추어지기 이전에 전쟁을 하였기 때문에 병력을 동원하거나 전쟁에 필요한 무기와 탄약 등의 지원에 어려움이 많았다.[9] 총력적 대응을 하였으나 부족한 점이 많았던 것이다.

---

8   김희상,『중동전』, pp. 89-92. 이때 팔레스타인인들은 요르단으로 약 60%, 시리아와 레바논으로 20%, 가자 지구에 20% 정도씩 피난민으로 가게 되었다. 이 문제는 두고두고 이스라엘과 아랍의 분쟁요인이 되고 있으며 현재에도 가자 지구의 팔레스타인 독립이 주요한 현안문제가 되어 갈등을 야기하고 있다.

9   1차 중동전쟁 당시 이스라엘은 독립운동을 하는 가운데 결성된 5만여 명의 조직을 이스라엘군으로 전환하여 전쟁을 하였으나 아직 예비전력은 조직화되어 있지 못하였다.

제3절

제2차 중동전

(수에즈 운하 전쟁, 1956.10.29~11.6)

　　1차 중동전쟁이 종료된 1949년부터 2차 중동전쟁이 발발한 1956년까지는 비교적 장기간에 걸친 불안정한 휴전상태가 지속되었다. 휴전기간 중 1952년 7월에 왕정이던 이집트에서 무혈혁명이 발생하여 청년 장교인 나세르가 수상으로 취임하여 정권을 잡고 1956년 6월에는 대통령으로 취임하여 이집트의 근대화를 추진하고자 하였다.

　　나세르(Jamal Abdel Nasser) 대통령은 이집트군을 근대화하기 위하여 미국에 장비지원을 요청하였으나 유태인을 의식하는 미국이 이를 거절하자, 소련을 포함하는 공산권으로부터 미그기와 전차를 수입하여 군의 전력을 증강하였다. 나세르가 중점적으로 추진하고자 했던 아스완댐 건설비용에 대해 차관을 제공하기로 하였던 영국과 미국이 비밀리에 회담을 갖고 차관제공을 철회하자 이집트인들은 분노하였고, 나세르는 수에즈(Suez) 운하를 국유화하여 여기서 나오는 수입으로 댐 건설비용을 충당하겠다고 발표하였다. 그 당시 수에즈 운하는 영국과 프랑스 계열 주식회사가 점유권을 갖고 경영을 하고 있었으며, 영국군은 경비임무를 수행하다가 철수한 상태였다.

　　이에 영국과 프랑스가 유엔 안보리에 제소하여 국제관리를 요구했으나, 소련의 거부권으로 실패하자 군사적으로 수에즈 운하를 점령하고자 하였다. 다만, 영국과 프랑스가 직접 군사력을 사용할 경우 국제적인 비난이 우려되었으므로 이스라엘과 비밀리에 협상을 맺어 이스라엘군에 무기를 제공하고 이스라엘군이 선제공격하여 수에즈 운하지역을 확보하면 휴전을 통해 이를 확보하되 만약 이집트가 거부하면 영국과 프랑스군이 공동으로 출병하여 점령하고자 했다.

이렇게 해서 1956년 10월 29일 이스라엘군의 선제공격으로 시작된 제2차 중동전쟁에서 이스라엘군은 수에즈운하 지역을 점령하였고, 영국군과 프랑스군도 이스라엘군에 합세하여 이집트군 기지를 폭격하였다. 유엔은 긴급히 회의를 열어 정전을 요구하였고 이집트는 이를 수락하였으나 영국과 프랑스가 이를 거부하면서 오히려 공정부대를 투입하여 운하의 수로를 점령하였고 추가로 병력을 투입하여 수에즈 운하 양안으로 남하하였다.

상황이 이렇게 되자 미국과 소련은 영국과 프랑스를 비난하였고, 영국과 프랑스는 마지못해 수에즈 운하의 안전항해를 보장한다는 구실로 군대를 철수하였다. 이스라엘군도 시나이 반도를 점령하였으나 미국과 소련의 중재로 시나이 반도에서 철수하였다.

2차 중동전(1956)은 1차 중동전에서의 패배에 대한 아랍국의 복수심과 국경선 분쟁, 이집트에서 나세르 정권의 등장과 수에즈 운하의 국유화 선언 등 복합적인 원인으로 발생하였다. 이스라엘은 1차 중동전에서 얻은 교훈을 바탕으로 동원체제를 발전[10]시켰으며 먼저 예비군을 비밀리에 동원하여 부대를 완편하고 기습작전으로 시나이 반도 등을 장악하였으나 유엔결의에 따라 시나이 반도에서 철군함으로써 전쟁은 막을 내렸다.

---

10 1차 중동전 결과 예비군 자원관리 및 동원업무는 국방성에서 담당하고 총참모부에서는 교육훈련과 작전운용을 담당하는 이원적인 체제하 비밀동원을 하였다. 그러나 실적이 저조하여 그 원인을 분석한 결과 지휘체계의 이원화에 기인한 것으로 분석되었다. 따라서 예비군을 총참모장 기능에 통합하여 일원화하여 관리하는 체제로 개선, 발전시켰으며 3차 중동전에서는 일원화된 체제로 예비군을 동원하여 효과적인 작전을 하였다(육군본부, 『이스라엘 동원제도』, 1986, p. 46).

제4절

제3차 중동전
(6일 전쟁, 1967.6.5~6.10)

3차 중동전은 흔히 '6일 전쟁(6 Days War)'이라고 하며 짧은 기간에 이스라엘군이 이집트군과 시리아군 및 요르단군을 상대로 압도적인 승리를 한 전쟁으로 알려지고 있다. 1 · 2차 중동전을 거치면서 팔레스타인 난민이 수없이 발생하자 이들은 '팔레스타인 해방기구(PLO)'라는 기구를 만들어 끊임없이 이스라엘과 충돌을 벌여왔으며, 이때는 시리아군으로부터 포격사건도 발생하여 이스라엘 공군이 보복하는 사건도 발생하는 등 한층 긴장이 고조되고 있었다.

소련이 이집트군에게 이스라엘군이 시리아 국경에 육군을 집결중이라는 잘못된 정보를 제공하자 이집트군은 이스라엘군의 시리아에 대한 공격이 임박한 것으로 판단하여 이스라엘군을 견제할 목적으로 시나이 반도에 군을 증원하였고, 이어 아랍 각국도 동원령을 내리는 등 준비를 하자 전쟁은 불가피한 것으로 보였다.

당시 이스라엘은 아카바만의 에이라트항을 통하여 연 100~200만 톤의 원유를 수입하고 있었는데, 상황이 이렇게 악화되자 이집트는 이스라엘을 옥죄기 위하여 에이라트항의 봉쇄도 선언하였다. 상황이 악화되면서 이스라엘은 이제 전쟁을 피할 수 없게 된 것으로 인식하여 거국내각을 구성하고 다얀(Moshe Dayan)을 국방상으로 임명하여 선제공격을 하기로 결정하면서 D-day를 6월 5일로 하였다.

전쟁은 이집트 군에 대한 이스라엘 공군기의 기습으로 시작되었다. 이스라엘 공군기들은 6월 5일 아침 7시 45분, 아직 이집트군이 일과를 시작하기 이전에 기습적으로 공군기지를 수차에 걸쳐 공격하여 공군기를 무력화하였다. 오후에는 요르단군과 시리아군 공군기지도 공격하여 역시 무력화함으로써 개전 하루 만에 아랍국 공군력을 궤멸하고 제공권을 장악하였다.

제공권을 장악한 이스라엘군은 지상군도 이집트군을 격결하기 위하여 시나이 반도의 3개 방향에서 기갑부대를 앞세워 공격하자 이집트군은 대혼란에 빠졌고 4일 만에 시나이 반도 전투는 이스라엘군의 대승리로 끝났다.

이스라엘군은 시나이 반도 전투가 승리로 끝나자 부대를 북부의 시리아 전선으로 전환하여 시리아군을 격파하고 골란 고원을 점령하였으며, 요르단 전선에서도 요르단 영토였던 여리고와 베들레헴 등을 점령하였다.

이스라엘군은 3차 중동전에서 이스라엘식 전격전을 실시하여 커다란 승리를 거두었다. 6일 전쟁에서 승리함으로써 이스라엘은 개전 초에 비하여 4배 이상의 영토를 확보하였고, 성지 예루살렘도 완전히 확보하였다. 시나이 반도와 요르단 강 서안과 골란 고원으로부터의 위협을 제거하여 종전보다 이스라엘의 군사적 안정성을 확보하였다.

3차 중동전(1967)은 소위 '6일 전쟁'으로 요르단 강 수원 분쟁과 시리아군 미그기 격추 사건, 아카바 만의 봉쇄 등이 원인이 되어 이스라엘군의 선제기습으로 시작되었다.

이스라엘군은 먼저 공군의 기습작전으로 아랍군의 공군전력을 무력화하고 이어서 지상 작전을 개시하여 이집트군에 심각한 타격을 가함으로써 전쟁은 이스라엘군의 승리로 귀결되었다. 3차 중동전에서 이스라엘군은 예비군으로 구성된 기갑 및 기계화 여단, 공수여단 등 23개 여단을 작전에 투입, 주력으로 활용하여 현역부대와 동일한 작전을 수행하였으며, 이때 전투병력의 85%가 예비군 동원에 의해 편성되었을 뿐만 아니라 그들이 전장에서 발휘한 전투역량은 세계를 놀라게 하였다.[11]

---

11   송재홍, 『이스라엘의 정신과 그 교훈』(서울: 공화출판사, 1973), pp. 175-176.

〈표 5.1〉6일 전쟁 시 이스라엘 대 아랍 군사력 비교

구 분		병력(만 명)	부대(여단)	항공기(대)	전차(대)	함정(척)
이스라엘		27.5	27	500	1,051	55
아랍국	소 계	43.8	53	1,000	2,542	136
	이집트	21	25	650	1,200	83
	요르단	6.5	11	50	250	5
	시리아	7	9	160	400	24
	이라크	8.2	5	100	650	20
	레바논	1.1	10(대대)	40	42	4
비 교		1 : 1.6	1 : 2	1 : 2.4	1 : 2	1 : 2.5

출처: 김희상, 『중동전』, pp. 310-319.

〈표 5.2〉6일 전쟁 시 피해 비교

구 분	전 사	부 상	포 로	항공기	전 차	함 정
이스라엘	689	2,563	16	26	86	–
아랍국	19,600	30,760	6,581	451	990	3
비 교	1 : 28	1 : 12	1 : 411	1 : 18	1 : 12	–

출처: 김희상, 『중동전』, p. 502.

제5절

제4차 중동전
(욤 키푸르 전쟁, 1973.10.6~24)

2차 중동전으로부터 3차 중동전에 이르기까지는 이스라엘군의 선제공격으로 시작되어 이스라엘군의 승리로 끝났다. 이로 말미암아 아랍국들의 자존심은 여지없이 실추되었고 많은 영토가 이스라엘군에 점령되는 수모도 겪어야 했다. 때문에 복수심에 불탔던 아랍국들은 특히 이집트를 중심으로 언제인가 있을 복수를 위해 철저히 준비하였다.

이집트군은 이스라엘군이 어떻게 작전계획을 수립하였고 전쟁을 하였는지, 항공기나 전차는 어떻게 운용하였는지를 철저히 분석하였다. 소련으로부터는 항공기와 전차, 대공 미사일, 대전차 화기 등을 도입하여 전력을 증강하고 준비를 마친 뒤 수차례에 걸쳐 연습까지 실시하였으며, 마침내 이집트군의 선제공격으로 4차 중동전은 시작되었다.

반면에 이스라엘은 2·3차 중동전에서 항상 선제공격을 했기 때문에 국제사회로부터 침략자라는 좋지 않은 인식이 있었다. 이로 인해 이스라엘은 이집트군의 공격가능성을 판단하면서도 선제공격을 할 수 있는 입장이 되지 못하였다.

4차 중동전이 발발할 당시 이스라엘의 모사드(Mcssad)를 비롯한 정보기관들은 이집트군의 움직임에 대한 정보를 수집하고 판단하는 데 실패하여 이스라엘이 기습을 받게 되는 커다란 실수를 범하였고, 이스라엘군 당국도 3차 중동전 시의 항공기와 기갑부대가 이룩한 전과에 대하여 과신한 나머지 보병부대를 대폭적으로 줄여 결과적으로 이집트군의 기습에 효과적으로 대응하지 못하였다.

4차 중동전쟁은 1973년 10월 6일 14 : 00시를 기해 이집트와 시리아군이 전면공격을 감행함으로써 시작되었다. 이날은 이스라엘의 '욤 키푸르(Yom Kipur)'의 날, 즉 속죄축일

〈표 5.3〉 4차 중동전 시 군사력 비교

구 분		병력(만 명)	항공기(대)	전차(대)	함정(척)	방공무기
이스라엘		27	517	1,700	49	60
아랍국	소 계	44	950	3,225	119	370
	이집트	32	620	1,950	94	170
	시리아	10	330	1,270	25	200
	기 타	2	–	–	–	–
비 교		1 : 1.6	1 : 1.8	1 : 1.9	1 : 2.4	1 : 6.2

출처: 김희상, 『중동전』, pp. 616-627.

로써 이집트군이 기습공격을 하더라도 병력을 즉시 동원하기에 어려움이 많았고, 이집트군은 바로 이러한 약점을 이용하여 기습공격을 하였던 것이다. 이집트군은 미리 수립해 두었던 계획대로 수에즈 운하를 도하하여 시나이 반도의 이스라엘군 방어선(Bar-Levline)을 무력화하였다.

기습을 당한 이스라엘군이 동원령을 발령하고 부대를 편성한 뒤 공격으로 전환하여 항공기가 출격하고 기갑부대가 전진하자 이때를 기다렸다는 듯이 소련으로부터 도입한 이집트군의 대공미사일과 대전차 미사일 등 각종의 무기와 탄약이 사용되면서 이스라엘군은 커다란 피해를 입었다.

전쟁 초기단계에는 주로 남부 시나이 반도 일대에서 이스라엘군과 이집트군의 교전으로 진행되었으나 남부전선이 어느 정도 안정되자 이스라엘군은 먼저 북부지역의 골란고원에서 시리아군을 격파하기로 하고 주력을 북부로 전환하여 수도인 다마스커스로 진격하던 중 소련의 경고로 진격을 멈추고 다시 주력을 시나이 반도로 전환하였다.

그리고 마침내 1개 기갑사단이 수에즈 운하를 역도하에 성공하여 이집트 군을 수세적인 위치로 몰아넣고 이집트 내륙으로 공격할 즈음 유엔 안보리가 미국과 소련의 공동으로 정전안을 제시하고 이스라엘과 아랍 각국이 이를 받아들임으로써 전쟁은 끝났다.

이밖에도 이스라엘은 1976년 7월 4일 팔레스타인 인민해방전선(PLO)에 의해 아프리카 우간다의 엔테베 국제공항에 억류되어 있었던 이스라엘인 인질 구출작전, 1981년 6월 이스라엘 공군이 시행한 이라크 오시라크 원자로 기습폭파 사건, 1982년 레바논 전쟁 등을 통해 강소국 이스라엘의 면모를 국제사회에 확실히 보여준 바 있다.

제6절
이스라엘의 총력전 준비와 실시

이스라엘은 2000여 년 동안 조국 없이 해외를 떠돌며 겪었던 쓰라린 역사적 경험과 시오니즘을 바탕으로 하는 국민정신, 지도자들의 지도력과 규모는 작지만 강한 상비군 전투력, 국가가 위태로울 때에는 즉시 전투력으로 전환되는 예비전력과 이를 뒷받침하는 동원제도, 작은 나라지만 우수한 장비를 생산해낼 수 있는 과학기술력과 산업능력을 바탕으로 수차례에 걸친 아랍국들과의 전쟁에서 승리함으로써 온전히 국토를 유지하면서 발전할 수 있었다.

독일군이 1 · 2차 세계대전 당시 항상 양면전을 하야만 하는 작전환경에서 이를 극복하지 못해 패하였는데 비하여, 이스라엘은 동쪽(요르단과 시리아)과 남쪽(이집트) 및 북쪽(레바논 · 시리아) 3면이 모두 아랍국가로 둘러싸여 국경선을 맞대고 있고, 국력 또한 상대적

〈표 5.4〉 2010년 기준 이스라엘과 아랍국의 비교

구 분		인 구 (만 명)	국민총생산 (억$)	1인당 소득 ($)	국방비 (억$)	군사력 (만 명)	예비전력 (만 명)
이스라엘		728.5	2,190	30,126	156	17.6	56.5
아랍국	이집트	8,447.4	2,150	2,549	62.4	46.8	47.9
	사우디	2,624.5	4,340	16,531	452.4	23.3	–
	이라크	3,146.6	843	2,679	49	24.5	–
	요르단	647.2	275	4,249	25.3	10.05	6.5
	레바논	425.4	394	9,253	11.6	5.9	2
	시리아	2,250.5	583	2,592	18.9	29.5	31.4

출처: IISS, *The Military Balance*, 2011, pp. 306-331.

으로 매우 열세함에도 불구하고 전쟁을 할 때마다 유리하게 전개를 하였거나 승리를 하였다. 그렇다면 무엇이 이를 가능하게 하였을까?

1. 국가의 생존에 명운을 거는 지도자

이스라엘은 대통령이 있으나 명목상으로만 존재하고 실질적으로는 총리가 내각수반으로서 정치를 이끌고 있다. 1·2차 중동전 시는 벤구리온, 3차 중동전 시는 레비 에쉬콜, 4차 중동전 시는 골다 메이어가 총리로서 국가의 정책을 결정하고 전쟁을 지도하였다. 1·2차 중동전 시의 지도자 벤구리온 총리는 폴란드에서 출생한 유태인으로 1906년 팔레스타인으로 귀국하여 시오니즘을 창시하였고, 1차 세계대전 시는 연합군에 참전하여 전투경험을 익힌 역전의 노장이었다.

벤구리온은 1948년 5월 이스라엘 독립과 동시에 총리가 되었으나 독립을 선포한지 채 하루도 제대로 지나지 않은 상태에서 모든 국가시스템이 제대로 갖추어지지도 않았으면서도 국력의 열악함을 무릅쓰고 독립전쟁을 지도하여 승리로 이끌었다. 또한 이스라엘이 독립할 당시 다양한 군사조직들을 모두 통합하여 이스라엘 국방군으로 통합시켰다. 그는 이 과정에서 정부의 조치에 저항을 하던 조직을 과감히 제거하는 과단성을 보여주기도 하였다.

〈그림 5.1〉 벤 구리온(1886~1973)

예를 들면 IZL이 프랑스로부터 배로 900여 명의 병력과 무기, 탄약을 들여오려 하였을 때 이를 정부로 인도할 것을 요구하였으나, IZL 측이 이를 거절하자 정부군(Hagana)을 보내 과감히 공격하여 IZL로부터 항복을 받았으며, 무기를 실은 선박이 도피를 하자 이를 격침시키는 조치를 함으로써 강력한 정부의 위치를 확립하였다.[12] 그는 이렇게 이스라엘의 비밀군사조직체들을 모두 해산하고 이스라엘 방위군으로 통합시켰다.

---

12 (구)국무총리 국가비상기획위원회, 『세계동원의 역사』, pp. 669-670.

3차 중동전 시의 수상은 우크라이나 유태인 출신의 레비 에시콜(Levi Eshkol)로 그는 하가나 지도자와 농림부장관 및 재무장관을 역임하였으며, 벤구리온의 뒤를 이어 1963년부터 1969년까지 총리와 국방부장관을 역임하였다. 1967년 6일 전쟁 전에는 거국내각을 구성하고 모세 다얀에게 국방장관직을 맡겼으며, 전쟁이 발발하자 전쟁을 지도하였다.

중동전을 논함에 있어 모세 다얀 국방장관을 이야기하지 않을 수 없는데, 그는 하가나에서 처음 군사활동을 시작하여 1941년에는 영국근의 일원으로 연합군 측에 가담하여 전투 중에 왼쪽 눈을 다쳐 실명하였다. 1948년 건국 당시 이스라엘 방위군(IDF) 최고책임자로 활약하였으며, 1953년에서 1958년까지는 총참모장으로서 수에즈 분쟁을 승리로 이끈 장본인이기도 하다. 1967년 6일 전쟁 직전 국방장관으로 다시 복직하여 6일전쟁을 승리로 이끌었다. 그는 미국의 지원 없이 단독으로 싸워야 하는 상황에서 선제공격의 자제를 요구하는 온건파를 제치고 이스라엘식 전격전을 실시하여 이집트군을 격파하고 6일 전쟁을 이스라엘군의 대승리로 이끌었다.

4차 중동전에서는 러시아 유태인 출신인 골다 메이어(Golca Meir)가 총리로서 전쟁을 지도하였다. 그녀는 여자총리로서 다른 이스라엘의 지도자들과 마찬가지로 건국 당시 모스크바 주재 대사, 크네셋 의원과 노동장관 등을 역임하였으며, 1973년에는 에시콜 사후 총리로서 취임하여 1974년 4차 중동전 시 전쟁을 지도하였다.

4차 중동전 당시 이스라엘 정보기관들이 이집트군의 공격가능성에 대한 판단 실수로 선제공격을 요구하는 일부의 견해에도 불구하고 멈칫거리다 기습공격을 당하였다. 선제공격을 함으로써 국제적으로 침략자로 낙인찍히는 것을 두려워하여 동원령을 내리지 않았으며, 욤 키푸르 속죄축일과 겹치자 아랍국들은 이런 약점을 노리고 선제공격을 가한 것이다.

선제공격을 당함으로써 처음에는 제대로 대응하지 못하였다. 시간이 경과하자 이스라엘은 무기나 탄약 등의 부족으로 곤궁에 처해지고 있는 가운데 아랍군이 이스라엘로 진격을 할 무렵, 미국은 이스라엘의 요청에 의해 대량의 무기와 탄약을 공수하기 시작하였다. 무기와 탄약을 보충받은 이스라엘은 반격을 개시하여 수에즈 운하를 역도해서 카이로로 진격할 즈음에 소련의 중재요청에 의해 안전보장이사회 결의로 전쟁은 종결되었다.

4차 중동전에서 이스라엘은 전쟁 초기단계에 기습을 당하여 많은 피해를 입었기 때문에 골다 메이어 총리나 다얀 국방장관의 판단이 문제가 있었다고 하는 주장이 있지만, 그러나 만약 이스라엘군이 선제공격을 했더라면 이스라엘은 국제사회에서 침략자로 낙인찍혀 더 어려운 처지에 몰렸을 수도 있었기 때문에 골다 메이어 총리의 판단은 적절했다고 할 것이다.

이스라엘의 정치·군사지도자들은 모두 건국 당시의 어려운 환경에서 정치조직이나 군사조직에서 이스라엘의 독립을 위해 헌신하였던 경력이 있으며, 독립 후에는 정부의 주요 직책을 수행하면서 국가의 발전을 선도해 나갔고, 아랍국과의 전쟁에서는 명운을 걸고 전쟁을 지도하여 승리로 이끌어 가는 지도력을 발휘하였다.

2. 시오니즘을 바탕으로 하는 국민정신

이스라엘은 2000여 년의 쓰라린 유랑민 역사를 갖고 있다. 이 유랑의 역사 동안 수많은 고통을 겪었으며, 2차 세계대전 당시는 600만여 명의 유태인이 학살되는 비극도 발생하였다. 이러한 쓰라린 고통을 이겨내면서 이스라엘을 건국한 것은 '시오니즘'이라는 정신적 지주가 있었기 때문이다.

시오니즘(Zionism), 즉 시온주의란 유태인들이 민족해방을 가리키는 말로 이는 예로부터 예루살렘과 이스라엘 땅과 동의어로 사용되던 '시온(Zion)'이라는 말에서 유래한 것으로, 이것은 유태인이 옛 조상의 땅을 되찾는다는 의미이자 수세기에 걸친 '디아스포라(Diaspora, 유랑민)' 상태에서 유태인들의 삶의 일부가 되어 온 이스라엘 땅에 대한 끊임없는 갈망과 같은 애착에 뿌리를 두고 있다.[13]

이 운동은 19세기 후반 동유럽과 중부유럽에서 시작하여 이를 계기로 유태인들은 자신들의 조직체를 만들고 동질성을 갖기 위한 운동을 시작한 이래 1905년 러시아에서 혁명이 발생하여 박해를 받자 팔레스타인으로 이주하기 시작하여 유태인 정착촌을 만들고 뿌리를 내리기 시작하였다. 1919년으로부터 1939년 사이 수많은 유태인들이 이주하여 당시 팔레스타인에 거주하던 아랍계 주민들과 갈등과 분쟁을 하였지만 이들은 키부츠와 모샤브를 설치하고 정착을 하면서 마침내 1948년 이스라엘 독립국이 탄생된 것이다.

1차 중동전 시는 1·2차 세계대전에 참여하여 수많은 전투경험을 갖고 있었던 유태인들이 이스라엘로 귀국하여 이스라엘군을 건설하였고, 전쟁이 발발하자 아랍군과의

---

13   주한 이스라엘 대사관 자료(http://seoul.mfa.il/mfm/data, 검색일: 2011.1.5).

전투에 참여하였으며, 이들의 전투력은 이스라엘군이 승리하는 데 있어서 커다란 기여를 하였다. 또한 해외에서 유학 중이던 이집트 학생들은 전쟁이 발발하자 모두 자신이 귀국명령을 받을까 도피하기에 바빴지만, 이스라엘 학생들은 너도나도 전투에 참전하기 위해 이스라엘로 귀국할 목적으로 항공권을 구입하였기 때문에 오히려 비행기 편이 부족하였다는 사실들은 무엇을 말하는 것일까?

이스라엘은 모든 국민이 군대, 즉 시민군으로서 남녀노소 구분 없이 병역의무를 수행하고 있고 이를 자랑스럽게 생각하는 사회적 분위기가 이스라엘을 항시 위험으로부터 국가를 극복하는 데 일조를 하고 있다. 대부분의 남성들과 미혼의 여성들은 18세가 되면 입대하여 남성은 3년, 여성은 2년 복무를 하고 복무기간이 종료되면 남자는 44세까지, 미혼 여성은 24세까지 예비군으로 편성되어 국방의무를 수행한다.

이렇게 모든 국민이 병역의 의무를 다하게 된 바탕이 된 것은 과거 2000여 년의 쓰라린 역사를 잊지 않으려는 국민적 자각과 시오니즘을 바탕으로 하는 국민정신이 있기 때문이다. 이스라엘에서는 병역의무를 다하는 것이 자랑스러운 일이고 병역의무를 이행하지 못하는 것을 부끄럽게 여기는 사회적 분위기는 이스라엘이 아랍국가에 비하여 열세한 국력임에도 불구하고 국가를 온전히 보전하는 정신력이 되고 있으며 그 기저에는 시오니즘이 뿌리잡고 있다.

동원제도가 발전된 국가인 만큼 국민들 개개인이 전시 동원될 부대가 평시 지정되어 있고 동원령이 선포되면 즉시 지정된 부대로 응소하여 별도의 특별한 훈련 없이도 평시 훈련한 대로 임무를 수행하는 모습은 시사 하는 바가 크다. 이들은 평시에도 동원지정된 부대 근처를 가게 되면 그 부대를 방문하여 자신이 사용할 장비나 물자의 보관상태를 확인하고 동원 후 수행할 임무를 점검하는 것은 일상적으로 하는 일일 정도로 정신동원(精神動員) 자세가 확립되어 있다.[14]

이스라엘군은 모든 시민이 군대인 시민군으로서 그들은 높은 수준의 훈련상태를 유지하고 있고, 전시가 되어 신속히 동원이 되지 않으면 불평을 하며, 동원령이 선포되면 해외로부터 이스라엘로 귀국하는 항공권을 구입하기 위해 국영항공사인 'EL-AL' 사는 초만원을 이룬다.

---

14 '정신동원'에 대한 명확한 용어의 개념은 정립되어 있지 않다. 다만 여기서는 '전시나 사변 또는 이에 준하는 국가비상사태로 동원령이 선포되거나 될 경우 국가안전보장을 위하여 동원의 대상이 되는 인적자원과 동원지정이 되어 있는 물적자원을 소유하는 자가 동원에 자발적으로 응소하는 정신자세 또는 태도'라는 개념으로 사용하고자 한다 (박계호, "정신동원의 중요성에 관한 연구", 『군사평론』 제355호, 대전: 육군대학, 2002, p. 100).

심지어는 문서위조 범인으로 해외로 도피하였던 사람이 동원령이 선포되자 귀국했다는 예비역 중위에 관한 이야기라든가, 1967년 3차 중동전에서 이집트 전선을 돌파하는 중요한 임무를 부여받은 어느 기갑여단은 여단장으로부터 병사에 이르기까지 모두 예비역이었으며, 최선두에서 부대를 지휘하던 여단장은 평시 이스라엘 자연보호 책임자였다는 것은 국가가 위기에 처할 시 모든 국민의 목숨을 걸고 국가를 지키기 위한 국민의 의지를 나타내는 수많은 사례 가운데 일부에 불과할 뿐이다.[15]

4차 중동전 시 미국에 거주하는 600만여 명의 유태인들이 불과 5일 만에 1억 5,000달러를 모금하여 이스라엘을 지원하였으며, 어떤 유태인 단체는 이틀 만에 2,500만 달러를 모금하기도 했는데, 이러한 사례도 해외 유태인들이 모국이 위기에 처했을 때 든든한 원군이 되는 것을 보여주는 몇 가지 사례일 뿐이다. 이렇게 해외의 유태인들도 유태인이라는 민족적 동질감을 갖고서 이스라엘을 외교와 경제, 군사 등 다양한 활동으로 지원한다.

이스라엘이 주변 아랍국들과의 충돌이 발생하였을 때 예비군 동원령을 발령하였다는 보도를 자주 듣고 있고, 예루살렘이나 텔아비브 등 주요도시에서 여군들이 임무를 수행하기 위해 총을 들고 순찰을 하거나 경계임무를 하는 모습도 이스라엘을 보는 수많은 모습 가운데 하나이며, 장교들이 임관에 앞서 '통곡의 벽(Walling Wall)'에서 지나간 쓰라린 역사를 돌이켜보면서 국가를 지키기 위한 정신자세를 바로 한다는 것도 새삼스러운 일이 아니다.

이스라엘은 이스라엘을 위해 희생된 사람을 끝까지 기억할 뿐만 아니라 국가를 위해 전사하거나 순직한 자를 끝까지 찾는 것도 그들만의 대단한 장점이다. 예를 들면, 1968년 2월 8일 해군 69명과 기타 요원 등을 태운 이스라엘 잠수함이 본국으로부터 500km 떨어진 지중해의 수심 2,900m에 침몰되는 사건이 발생하자 이를 끝까지 찾아내기 위하여 31년이라는 긴 기간과 엄청난 경비, 첨단의 과학기술을 총동원하여 노력한 끝에 마침내 1999년 5월 28일 그 잔해를 찾아낸 적이 있다.[16] 이런 노력들이 이스라엘 국민들의 조국에 대한 믿음이고 기꺼이 국가를 위해 희생하는 것을 두려워하지 않는 이유이다.

---

15 육군본부, 『장교의 도』(서울: 행림기획, 1997), p. 75.
16 이일호, 『강소국 이스라엘과 땅의 전쟁』(서울: 삼성경제연구소, 2007), pp. 76-81.

3. 다당제에도 불구하고 강한 이스라엘을 뒷받침하는 정치

19세기 후반부터 20세기 중반에 걸쳐 유럽과 아시아, 아프리카 등으로부터 '대이주(Aliyah)'를 통해 다수의 유태인이 그들 조상의 모국인 팔레스타인으로 돌아왔기 때문에 아무리 유태인이라고 해도 세계 각지에 흩어져 살았던 그들의 문화와 풍습, 생활방식이 같을 수가 없었다. 따라서 이를 하나로 묶어 유태인이라는 정체성을 유지하면서 아랍국의 위협에 대응하여 생존권을 보장하는 것은 당면한 큰 문제였다.

1차 세계대전이 끝나면서 영국이 팔레스타인의 유태인에게 위임통치권을 부여하자 유태인은 '이슈브(Yishuv)'라는 조직을 만들어 방위나 조세 등의 업무를 제외한 교육 등에서 자치권을 행사하여 장차 독립에 대비하여 정부를 운용하는데 필요한 능력을 배울 수 있었으며, 이것은 1948년 독립 이후 정부를 수립하고 운용하는 데 귀중한 경험이 되었다.

또한 이 기간을 이용하여 유태인은 자체적으로 '민족실행위원회'라는 조직을 만들어 행정능력을 구비해나가면서 하가나(Hagana), 팔막(Palmach), IZL 등과 같은 군사조직들을 비밀리에 조직하여 차후 독립에 대비해서 군사력을 육성할 수 있도록 하였다.[17]

독립이전부터 국가운영능력을 배양해 온 이스라엘은 독립과 동시 공화제를 택함으로써 대통령을 선출하고 있지만, 총리가 실질적으로 국가운영을 하는 내각책임제를 택하였다.

대통령은 국가의 원수이면서 상징으로 국회(Knesset)에서 선출하며, 실질적인 정부운영은 총리가 수행한다. 행정부는 선거결과에 따라 다수당이 구성하며, 정부의 모든 업무를 수행한다. 입법부는 크네세트라고 불리는 국회가 있어서 법률의 제정 등 입법권을 행사하며, 사법부는 별도로 설치되어 사법권을 행사한다. 이스라엘이 1948년 5월에 독립하였을 때 국회는 '이스라엘 방위군법' 등 다수의 법을 제정하여 이스라엘군이 창설되고 임무를 수행할 수 있는 법적 요건을 마련해주었다.

이스라엘과 같이 주변이 모두 적국으로 포위된 안보환경을 가진 국가가 전쟁과 같은 국가적 위기에 처할 시는 적시적으로 대처할 수 있도록 정치제도가 발전되어야 하고, 따라서 의사결정이 빠른 대통령제이거나 양당제가 바람직할 것으로 보이나, 이스라엘에 있어서 대통령은 상징적 존재이고 의회는 반대로 다당제를 기본으로 한다.[18]

---

17 류태영, 『이스라엘, 그 시련과 도전』, pp. 44-45.

이스라엘의 정치나 정당사를 보면 다수당이 난립하고 선거 결과에서는 통상 단일 정당이 과반수를 득표한 적이 없었으나, 이것이 국가나 정치의 분열을 의미하지는 않는다. 선거 결과에 따라 연립정부를 구성하여 정부를 운영하기 때문에 국가가 위기에 처할 시는 국론이 분열되어 통합된 힘을 발휘하기가 어려울 것 같지만, 그러나 항상 정치권에서는 통합된 힘으로 전쟁에서 승리하도록 뒷받침하였다.

다수의 정당들이 있지만 모든 정당들은 국가 차원의 문제 즉, 주변 아랍국들과의 무력충돌의 가능성이 높아지거나 테러 등 군사적인 문제가 발생하면 이들은 강한 이스라엘을 원하면서 가능한 모든 수단들을 동원하여 국가를 방위할 수 있도록 힘을 보태주는 것이다.[19]

4. 해외 유태인의 외교지원 활동

이스라엘의 외교활동은 독립 이전과 이후로 구분할 수 있다. 먼저 독립 이전에는 주로 영국과 관련되는 것이고, 독립 이후에는 주로 미국과 소련, 그리고 적대관계를 이루는 주변 아랍국들과 관계되는 것이다.

먼저 이스라엘이 독립하기 이전에는 팔레스타인이 영국의 통치하에 있었기 때문에 장차 이곳에서 독립을 위해 영국과 긴밀한 관계를 갖기 위한 것으로, 그러한 활동의 결과는 1917년 영국 외상의 밸푸어 선언과 2차 세계대전 시 유태인이 영국을 도와 유태인 여단을 편성하여 전투에 참전한 것이 대표적인 사례라고 할 수 있다.

2차 세계대전이 끝나면서 영국은 팔레스타인 문제를 유엔에 상정하였고, 유엔은 1947년 11월 29일 총회결의 181조를 통해 팔레스타인을 유태인 국가와 아랍인 국가로 분할하기로 결정하였으며, 이를 근거로 이스라엘은 1948년 5월 14일 독립을 선언하였다.

이스라엘이 독립을 선언하자 미국과 소련은 이스라엘을 승인하였지만, 인접 아랍국가들은 이를 거부하여 공격함으로써 1차 중동전이 발발하였다. 1차 중동전에서 미

---

18 이스라엘이 다당제를 택하는 이유는 아시아나 아프리카, 유럽 등 세계 각지로부터 다수의 유태인들이 이주하여 상이한 환경과 문화 및 정치적 전통 등 이질감을 고려하면서 정당 간 자본주의나 사회주의 주장 등 경제체제를 둘러싼 이념적 갈등을 수용하며, 시온주의를 둘러싼 이념적 대립을 반영하는 최선의 제도를 도입하기 위해서 채택되었다(김용기, 『이스라엘 정치와 사회』, pp. 50-51).

19 김용기, 『이스라엘 정치와 사회』, p. 54.

국이나 소련 모두 이스라엘을 지지하였다. 1차 중동전이 끝나면서 이스라엘은 '이스라엘'이라는 국명을 공식적으로 사용하였으며, 1차 중동전을 겪은 뒤 국경선을 확정하고 전 세계에서 2000여 년간 흩어져 살던 유태인들에게 모국이 생겼음을 알렸다.

1차 중동전 당시 미국은 당연히 이스라엘을 지지하는 입장이었으며, 소련은 건국 당시 이스라엘에서의 영국의 영향력을 배제하기 위해서 지지하는 입장이었으나, 영국이 이스라엘로부터 철수한 이후 영향력이 약화되자 차츰 아랍 국가를 지원하기 시작하였다.

2차 중동전은 이집트에 나세르 정권이 들어서고 수에즈 분쟁이 원인이 되어 전쟁이 발발하면서 영국과 프랑스, 이스라엘이 같은 편이 되어 전쟁을 하였다. 이 전쟁은 결국 미국과 소련의 요구에 의해 정전이 되고 영국과 프랑스는 수에즈 운하에서 완전히 손을 떼었으며, 이스라엘이 철수함으로써 종전이 되었지만 이를 계기로 미국과 소련이 중동지역에서 전면적으로 등장하였다. 소련은 아랍국을 지원하여 전차나 전투기 등 대규모의 무기를 제공하기 시작하였을 뿐만 아니라 유엔이나 국제기구에서도 아랍국의 입장을 지지하기 시작하였다. 반면에 미국은 이스라엘에 많은 군사를 지원하였다.

6일 전쟁에서 이스라엘군은 이집트군이나 시리아군에게 심대한 타격을 입혔고 이스라엘의 생명선인 시나이 반도에 있는 에일라트 항의 통행로를 확보하였으며 동예루살렘과 요르단 강 서안지역, 골란 고원 등을 점령하는 등 많은 전리품을 얻었지만 반면에 국제사회로부터는 침략자라는 인식을 주었고, 소련을 비롯한 동구권 국가들과는 단교를 당하는 결과를 초래하였다. 이스라엘로서는 주로 미국에 의존하는 외교를 할 수밖에 없었다.

1973년 10월 6일 이스라엘의 속죄축일에 이집트군의 기습으로 시작된 4차 중동전쟁에서 이스라엘은 초기단계에 많은 피해를 입었으나 이를 극복하고 반격으로 전세를 뒤집자 소련이 유엔에 중재를 요청하여 유엔이 안전보장이사회 결의를 통해 중재안을 제시하고 양국이 이를 받아들임으로써 전쟁은 끝났다.

4차에 걸친 중동전에서 이스라엘은 승리를 하였지만, 이스라엘이 단독으로 작전을 장기간 할 수 있는 능력이 제한되었기 때문에 미국과 소련의 영향력이 항상 작용하였다. 이스라엘이 전쟁을 유리하게 전개를 할 때는 강대국들이 개입 가능성을 암시하였고, 유엔이 개입하여 전쟁을 끝내야만 하였다.

이스라엘의 외교활동의 지상 명제는 아랍국에 둘러싸인 안보환경에서 국가의 생존과 번영 및 평화를 보장하는 데 있으며, 이를 유지하기 위해서 건국 초기부터 4차에 걸친 중동전을 수행하면서 이스라엘을 절대적으로 지지하고 지원을 해준 미국과 서방국가에 의존하지 않을 수 없는 약점을 갖고 있다.

해외의 유태인 단체에서는 이스라엘의 전쟁을 지원하기 위해 모금을 하는 것은 물론 해당국가의 정부에 영향력을 발휘하여 이스라엘을 지원할 수 있도록 하며 그중에서 미국 유태인 단체의 활동이 대표적이다.

이렇게 해외에서 이스라엘의 지원군 역할을 하는 유태인들은 예를 들면 록펠러, 조지 소로스, 그린스펀 등 이루 헤아릴 수 없이 많다. 이들은 미국의 정치는 물론 경제, 언론 등 각지에서 영향력을 발휘하고 있다. 이렇게 막강한 인적자원의 힘으로 미국은 연간 30억 달러에 달하는 지원을 하고 있으며, 이는 이스라엘에게는 커다란 도움이 되고 있는 것이다.

5. 사막의 불모지에서 일구어낸 경제

이스라엘은 아랍국에 비하여 인구나 국토의 면적이 작을 뿐만 아니라 경제규모도 크다고 말할 수는 없을 것이다. 독립 당시의 이스라엘은 부존자원도 없이 취약한 산업기반을 갖고 있었으며, 지속적으로 유입되는 인구를 수용할 경제적 기반도 없었다.

19세기 말과 20세기 초에 들어 이스라엘이 독립을 위하여 이주를 하기 시작하면서 그들은 팔레스타인 땅으로 들어와 키부츠와 모샤브를 만들어 정착을 하기 시작하였다.[20] 이스라엘 영토의 절반은 사막으로 되어 있어 농작물을 재배할 수 있는 농지도 넓지 않다. 주변의 아랍국들이 많은 석유 자원을 갖고 있지만 이스라엘은 이것도 조금밖에 없다. 말 그대로 척박한 환경이다. 여기에 주변이 모두 아랍국들에 의해 둘러싸여 있는 안보환경으로 세계에서 제일 긴장도가 높은 지역의 하나이고 이런 환경에 따른 국방비의 과다한 지출 압박은 경제발전에 있어 항상 커다란 부담이 되고 있다.[21]

---

20 키부츠(Kibbutz)란 이스라엘의 집단농장의 한 형태로 농업과 식품가공, 기계부품의 제조 등 경공업도 포함하는 철저한 자치조직에 기초하는 생활공동체로 1909년 최초로 탄생하여 현재 200곳이 넘고 구성원은 60~2,000여 명으로 다양하다. 사유재산을 가지지 않고 공동소유로 하며, 구성원들은 아랍군의 공격 시 민방위 업무까지 역할을 한다. 반면에 모샤브(Moshav)는 농업공동체로 개인의 이윤 극대화를 목표로 하는 일종의 협동조합으로 현재 350여 개가 존재하며 이스라엘 농업의 주축을 이루고 있다.

21 2009년 기준으로 이스라엘의 국방비는 92억 6,000달러이며 미국원조액(FMS)은 23억 4,000달러이다. 2008년 1인당 국방비는 207.7달러, 국민총생산액 대비 국방비의 규모는 7.41%에 달하였다. 참고로 한국의 국방비는 2008년 241억 2,000달러이고 1인당 국방비는 500달러, GDP 대비 국방비는 2.6%에 달하였다.

이스라엘의 경제는 전반적으로 고루 발달되어 있기는 하지만, 특히 과학기술의 발전에 힘입어 첨단산업 분야에서 눈부신 발전을 하고 있다. 국토의 절반이 사막임에도 불구하고 일부 농작물을 제외한 식량을 자급자족할 정도로 농업 분야에서도 발전을 하고 있다.

이스라엘 경제의 특징이자 취약점은 다음의 4가지로 말할 수 있는데 첫째, 아랍국으로 둘러싸여 있는 안보환경으로 인하여 경제가 방위산업이나 안보분야에 편중되어 투자되고 있고 둘째, 미국의 지원과 독일의 전후보상금, 해외 유태인의 기부에 의존하는 바가 크며 셋째, 경제 부문에서 정부의 주도적 역할이 강하고 넷째, 경제성장이 우수한 교육제도에 의한 인적자원의 양성을 통해 가능하였다는 것이다.

이스라엘 경제의 취약점으로 부존자원이 없어 식량이나 원유, 원자재의 수입 의존도가 높고 따라서 외부적 요인에 의해 가격이 급등하면 이는 곧 이스라엘의 경제를 악화시키는 원인이 되고 있으며, 또한 안보환경으로 인하여 국민총생산액(GDP)의 30%에 이르는 높은 수준의 국방비도 이스라엘의 경제를 어렵게 만드는 요인이 되고 있다.

이러한 경제적 특징과 어려움에도 불구하고 지금의 이스라엘은 주변 아랍국에 비해서 알차고 높은 소득과 커다란 경제규모를 갖고 있다. 국제통화기금(IMF)에 의하면 2009년 기준으로 이스라엘의 국민총생산액(GDP)은 약 1,980억 달러이고, 1인당 소득은 약 2만 7,000달러에 달하며, 무역규모도 수출이나 수입 모두 각각 600억 달러를 넘어서고 있는데, 이는 주변 아랍국들에 비하여 대단히 높은 수준이다.

4차 중동전이 발생되기 이전에 이스라엘군은 이집트군의 공격 가능성이 경고됨에 따라 예비군을 동원했다가 해제하는 과정을 수차례 반복하였다. 이 과정에서 한 번 동원할 때마다 1,000만 달러의 비용이 소요되었는데, 이를 반복하다 보니 경제적인 부담이 되어 예비전력 동원에 대한 대비를 소홀히 함으로써 기습을 받는 한 가지의 요인이 되었다. 이스라엘의 경제력은 아랍국에 비하여 아무리 상대적 우위에 있다고 하더라도 그 규모가 작다. 만약 전쟁이 발발한다면 장기전을 하거나 또는 잦은 동원으로 많은 비용을 충당하기에는 경제에 커다란 부담이 되기 때문에 이런 현상을 피하려다 기습을 받게 된 것이었다.

유태인들은 지폐를 처음으로 만들었고 백화점의 효시도 유태인이라고 한다. 현재 이스라엘은 벤처기업의 천국으로 알려지고 있다. 정보통신과 소프트웨어 분야에서는 세계 시장을 장악하고 있고 컴퓨터나 의료기기, 생명공학 분야에서도 세계적 수준이라고 한다. 이러한 모든 것들이 강소국 이스라엘의 경제력을 뒷받침하는 것이다.

6. 규모는 작지만 하이테크 무기로 무장한 군사력

이스라엘 사람들은 팔레스타인 땅에서 장래 독립을 꿈꾸면서 스스로 방위를 위해서 하가나, 팔막 같은 여러 비밀군사조직들을 만들었다. 이러한 사설 비밀군사조직들 사이에 충돌이 발생하여 장차 독립을 위해서는 통합 필요성이 제기되었고, 초대 총리인 벤구리온이 주도하여 1948년 6월 이스라엘 방위군으로 통합하였다.

2차 세계대전 중에는 장차 독립을 위한 유리한 여건을 만들기 위해 유태인 여단을 편성하고 영국군과 협조해서 전투에도 참여하였는데, 이들이 귀국하여 1차 독립전쟁에 참전함으로써 이스라엘 방위군이 승리하는 데 커다란 기여를 하였다.

1948년 5월, 1차 중동전이 발발하였을 시 이스라엘은 제대로 된 군을 편성하고 훈련을 하여 전투역량을 육성하기도 전에 아랍군으로부터 공격을 받았다. 아랍국에 비하여 수적으로 열세한 병력과 장비를 보유하고 있었기 때문에 전쟁을 하기에는 어려움이 많았다.

이스라엘군은 전쟁기간 중 휴전기간을 이용하여 전투교훈을 재빨리 분석하고 교육을 하였으며, 전차나 장갑차에 대한 공격방법도 연구하였다. 야포 사용법과 공격 및 방어전술에 대한 교훈도 강조하였다. 공군은 비행기를 준비하였고, 해군은 불법이민을 단속하기 위해 준비하였던 선박에 포를 설치하여 전함으로 사용할 준비를 하였다. 해외의 유태인들은 모금을 통해 무기와 탄약을 구입하여 이스라엘로 보냈으며 전비를 도와주었다. 이렇게 이스라엘 방위군은 휴전기간에도 잠시의 시간도 헛되이 보내지 않고 전투준비를 하여 1차 중동전에서 승리할 수 있었다. 아랍군에 대하여 총력적인 대응을 한 결과로 전쟁 전보다도 더 넓은 영토를 아랍국으로부터 빼앗기도 하였다.

1차 중동전이 끝나자 이스라엘군은 1차 중동전의 교훈과 경험을 바탕으로 1949년 9월 방위복무법을 제정하여 기본적인 방위체제 규범을 만들고 1953년 10월에는 3개년 방위계획을 이행하여 국방체제를 강화하였다. 이스라엘의 역사적 경험과 안보환경, 국민적 특성과 종교적 이상, 유태인의 끈기와 투쟁, 독립전쟁의 경험 등 제반 요소를 고려한 이스라엘의 국방체제는 이스라엘군을 육군과 해군, 공군으로 편성하여 국방장관 지휘 아래 총참모장이 지휘하되, 해군과 공군은 각각 사령부를 편성하고 육군은 지상군으로서 지리적 여건을 고려하여 북부 · 중부 · 남부 사령부로 각각 편성하여 작전을 하도록 하였으며, 이 외에도 훈련사령부와 가드나 및 나할 사령부, 기갑사령부를 두어 훈련을 담당하도록 하였다.[22]

이스라엘은 국토의 면적이 약 2만km²로 한국의 경상도 정도의 크기에 불과할 정도로 작다. 그나마도 남북으로 길게 늘어져 있고 폭이 좁은 곳은 40km에 불과할 정도로 좁은데다 여기에 아랍국으로부터 동ㆍ남ㆍ북 방향에서 3면이 포위되어 있어 전쟁이 발발하면 대단히 취약하다. 이러한 지정학적 환경은 이스라엘의 군사전략에도 커다란 영향을 미치고 있다.

중동전에서 통상 이스라엘이 선제기습으로 먼저 아랍국을 공격한 것은 바로 이런 이스라엘의 안보환경과 무관치 않다. 2ㆍ3차 중동전에서 이스라엘군은 선제기습으로 자국의 영토가 전쟁터가 되는 것을 방지하면서 전투공간을 적의 영토로 확대하고 공세적으로 전쟁을 전개해나가는 이른바 '공세중심의 방위전략'을 택하였던 것이다. 이렇게 해서 전쟁에서 승리는 했으나 이로 인하여 국제적으로는 침략자라는 낙인이 찍혀 고립이 되고 있었다. 따라서 과거의 소위 '공세방어' 개념에서 '수세반격'으로 전략을 바꾸지 않으면 안 되었다. 따라서 4차 중동전 이후 이스라엘은 공식적으로는 전략적 차원에서 방어를 택하고 있지만 전술적으로는 공격을 택하여 좁은 영토 안에서 전투를 하지 않도록 하고 있다.

이스라엘은 이렇게 취약한 안보환경을 극복하기 위해서 강한 군사력으로 적의 도발을 억제하며, 만약 억제에 실패하여 적이 도발하면 먼저 적의 도발성격을 면밀히 분석한 뒤 군사력으로 보복을 할 것인지 또는 외교력으로 할 것인지 정치적인 의사결정을 하며, 이에 대한 검토가 끝나면 군사적 보복을 하되 보복은 대략 2~3배의 정교한 보복으로써 적이 이스라엘에 대해 공포와 전율을 느끼면서 다시금 도발에 대한 충동을 느끼지 못하도록 철저히 하는 것으로 알려지고 있다.[23]

이스라엘군의 용맹성은 익히 잘 알려져 있지만, 2009년 1월 14일자 뉴스위크지에 의하면 그 이유는 첫째, 수평적인 군대구조로 하급의 병사에게까지 책임을 부여하여 창의성을 함양하고 둘째, 고등학교 졸업 후 남녀 모두 군복무를 마쳐야 대학에 진학토록 함으로써 성숙한 상태에서 대학교육을 받게 하며 셋째, 출신배경이 서로 다른 젊은 이들은 군에서 동고동락하면서 서로를 이해하고 다양한 인객을 형성하기 때문이라고 하였다.[24]

이스라엘군은 평시 17만여 명의 상비군으로 전쟁억제 및 응징보복과 초기 대응전력

22   김희상, 『중동전』, pp. 116-118.
23   송대성, "이스라엘 국가안보 정책", 『정세와 정책』, 세종연구소, 2011년 6월호(통권 182호), pp. 1-2.
24   『조선일보』, 2011년 1월 7일자.

<표 5.5> 이스라엘의 군사력25

구분	병력(명)	전차(대)	야포(문)	전투기(대)	헬기(대)	함정(척)	장갑차(대)
규모	176,000	3,501	5,432	460	288	72	10,419
비고	예비군: 565,000	메르카바: 1,025	자주포 견인포	전투: 168 공격: 65	공격: 81 다목적: 113	잠수함: 3 전함: 3	

출처: IISS, *The Military Balance*, 2011, pp. 313-315.

으로 활용한다. 국제전략문제연구소(International Institute for Strategic Studies, IISS)의 자료를 이용한 <표 5.5>로 이스라엘의 주요 군사력을 살펴본다.

이스라엘은 인구가 비슷한 규모의 국가에 비해 많은 병력과 장비를 보유하고 있기는 하지만, 주변 아랍국들과 군사력을 비교하여 보았을 때는 상당히 미흡한 수준이다. 그러나 이스라엘군이 보유하고 있는 장비는 이스라엘 과학기술의 발전에 힘입어 세계에서 첨단을 달리는 장비들이 대부분이다. 예를 들면 이스라엘 군이 사용하는 주력전차는 메르카바(MERKAVA)로 이스라엘이 직접 생산하여 보유하고 있으며 그 성능은 아랍국과의 여러 전투에서 입증된 바 있다.

이스라엘 공군이 보유하고 있는 전투기는 미국제의 F-15나 F-16기를 도입하여 자체 기술을 더해 개선시킨 것으로 이 전투기들은 주변 아랍 공군이 보유하는 전투기들보다 성능이 우수하다. 이렇게 이스라엘은 자체 기술을 이용하여 생산하거나 도입된 장비는 그 상태로 사용하지 않고 자체기술을 이용하여 성능을 한층 향상시켜 사용한다.

이스라엘은 자체적으로 개발한 장거리 탄도 미사일인 제리코-1·2호와 개량형인 3호 등 핵탄두를 장착할 수 있는 탄도 미사일도 보유하고 있으며, 이런 기술을 이용하여 인공위성을 발사할 수 있는 기술도 갖고 있다. 또한 조기경보용 항공기를 운용하며 정밀한 영상정보를 수집할 수 있는 SAR 위성을 발사한 국가이기도 하다. 이러한 능력과 힘을 바탕으로 이스라엘은 자체 정보 및 방위시스템을 정비하고 발전시키고 있다.

이들 정보기관들은 상호 경쟁과 대립보다는 협조를 바탕으로 업무를 하고 있다. 이

---

25 이스라엘은 주요 전투부대는 기갑/기계화 2개 사단 15개 여단, 보병 2개 사단 12개 여단, 8개 공수여단, 4개 포병연대, 8개 자주포병 연대 등이다. 상비군 17만 6,000명은 육군 13만 3,000명, 해군 9,500명, 공군 3만 4,000명, 기타 부대 8,050명 등이다. 육군 13만 3,000명은 직업군 2만 6,000명과 징병 10만 7,000명 외 전시동원 50만 명으로 구성되고, 해군은 7,000명의 직업군 외에 2,500명 징병과 전시동원 1만 명으로 구성된다. 공군은 상비병력 3만 4,000명과 전시동원 5만 5,000명으로 구성된다(IISS, *The Military Balance*, 2011, pp. 313-314).

〈표 5.6〉 이스라엘의 정보 및 방위시스템

구 분	자체조직	기 능
정보력26	군정보부(Aman), 대외정보기관(Mossad), 외무성조사부, 치안정보기관(Shinbeit), 경찰특무(Atam) 등	아랍의 침공준비와 조기탐지 사전경고, 최소한 48시간 전에 동원령 가능한 경고 보장
저지력	상비군(특히 공군)	예비전력 동원 완료 시까지 전쟁억제 및 초기대응(17만)
반격력	예비전력	기갑, 기계화, 공수부대 등 동원 후 주력으로 운용(37만)

출처: 노나카 이쿠지로, 임해성 옮김, 『전략의 본질』, p. 305; 송대성, "이스라엘 국가안보 정책", 『정세와 정책』, 세종연구소, 2011년 6월호(통권 182호), p. 4(종합).

들 기관들은 아랍의 선제공격 가능성을 사전에 알아내지 못하면 이는 곧 자신들의 죽음과 국가의 멸망이라는 역사적 경험 때문에 국민들도 적극적으로 정보기관의 업무에 협조를 한다.

이스라엘군과 정부가 보유하고 있는 또 다른 우수한 분야 중의 하나는 무인기 개발 및 생산과 운용능력으로, 이스라엘은 다양한 종류의 무인기를 개발하여 정찰과 정보수집 및 무인공격에 이르기까지 운용하고 있다.

이스라엘은 작은 나라이지만 항시 주변의 아랍국 위협에 직면하고 있기 때문에 국방비의 비율이 매우 높고 이는 경제에 커다란 부담이 되고 있는데 이를 상당 부분 해결해 주는 것이 미국이다. 미국은 매년 30억 달러 이상을 이스라엘에 무상으로 지원하는 것으로 알려지고 있다. 이스라엘은 이러한 미국의 지원을 바탕으로 방위비의 부족분을 충당하면서도 첨단장비를 개발하고 군수산업을 발전시키고 있는 것이다.

이렇게 연구되고 개발된 첨단장비를 생산하여 판매하는 국가이며, 이 장비들은 세계의 여러 나라에서 사용되어 그 성능을 입증하고 있고, 여기서 얻은 수입액은 이스라엘 경제에도 도움을 주고 있다.

---

26 군정보부는 군사정보를 담당하고 대외정보기관은 해외정보를 담당하며, 치안정보기관은 국내방첩과 비밀경호 등을 담당하는 것으로 알려져 있다.

7. 세계의 모범이 되는 예비전력의 관리 및 운용

이스라엘군과 중동전을 이야기함에 있어 동원 및 예비군제도를 빼고서는 별로 할 말이 없을 것 같다. 이스라엘은 아랍국가에 의해 3면이 둘러싸여 있고 인구나 경제규모와 군사력 등 모든 면에서 비교가 안 될 정도로 열세하다. 그렇다고 아랍국가의 위협에 일일이 대응하여 막대한 상비전력을 운용하기에는 국력이 이를 뒷받침하지 못하며, 따라서 예비전력을 활용하기 위한 동원제도 발전에 관심을 갖지 않을 수 없다.

1차 중동전에서는 이스라엘이 아직 국가로서 제대로 틀을 갖추지 못한 상태에서 전쟁이 발발하였기 때문에 예비전력을 제대로 동원하고 운용할 수 있는 형편이 되지 못하였다. 그러나 2차 중동전에서는 1차 중동전 결과를 토대로 동원제도를 발전시켜 전쟁이 발발할 무렵 예비전력을 동원하여 주력으로 전쟁을 수행하였다. 이렇게 이스라엘은 전시 예비전력을 신속히 동원하기 위하여 다양한 동원 및 예비군제도를 발전시켜 왔다.

3차 중동전에서는 비밀리에 예비군을 동원하여 부대를 증편하거나 창설하고 전쟁을 하여 승리하였으며, 4차 중동전에서는 선제기습을 당하였으나 곧 예비군 동원을 통해 전세를 역전시킴으로써 유리하게 전쟁을 이끌어나갔다.

이스라엘이 예비전력을 발전시킬 수밖에 없는 이유는 적은 인구로 경제와 산업활동을 하면서 비상시에는 이스라엘보다 압도적으로 많은 아랍국에 대응하기 위한 최선의 방법이기 때문이다. 이스라엘은 모든 국민에게 병역의무를 부여하여 14세가 되면 '가드나'에 가입하여 18세까지 연 270여 시간의 군사훈련을 통해 조국을 사랑하고 국방의식을 함양하게 한다.

18세에는 현역병으로 입영(유태인과 드루즈인만 가능, 무슬림이나 기독교인은 지원 시 가능)하여 남자는 3년간 근무(18~21세)하고 여자는 2년간 근무(18~20세)한 뒤에는 남자는 24년간 예비역으로 복무(21~45세)하고, 여자는 4년간 복무(21~24세)를 한다. 남자는 예비역으로 복무하는 24년 동안에는 제1예비역(동원예비군 21~39세)으로 이 기간에는 연간 55일의 훈련을 받으면서 전시가 되면 기갑·기계화 및 공수여단 등의 주요 전투부대로 동원되어 전투의 주력군으로 임무를 수행한다.

제2예비역(향방예비군 40~45세)은 연간 38일 정도의 훈련을 받으면서 전시 향토방위 임무를 수행하며, 이렇게 예비역복무를 마치면 민방위대원(45~54세)으로 다시 근무하면서 피해복구나 치안유지활동 등을 해야 한다. 이렇게 해서 54세가 되어야 비로소 완전히

〈그림 5.2〉순찰임무 중 휴식하고 있는 이스라엘 여군. 이스라엘 길거리에서 여군을 만나는 것이나 총을 휴대한 모습을 보는 것은 일상적이다.

출처: 소정현, 『격동의 이스라엘 50년』, p. 349.

국방의무가 종료되는 것이다.

1차 및 4차 전쟁에서는 예비전력이 주로 작전지속 내지 전쟁지속능력으로 운용되었지만, 2~3차 전쟁에서는 예비전력을 사전동원하여 기습공격을 위한 전력과 작전지속 및 전쟁지속능력으로 운용하였다. 이스라엘은 37만여 명의 예비군을 신속히 동원하여 기갑 및 기계화 여단, 공수여단 등의 주력 전투부대를 수 시간 내에 창설하기 위하여 여단별로 200여 명의 행정관리중대를 편성해서 여기서 전투장비와 보급품을 관리하고 동원영장을 교부하는 등 동원체제를 유지하고 있으며, 전투력을 지속적으로 유지하기 위하여 연간 38~55일에 이르는 기간을 훈련한다.

또한 장비와 물자를 일정지역에 모아서 체계적인 관리를 하고 있으며, 유류는 평시 민간과 같이 사용하다가 전시가 되면 즉시 동원하여 군이 사용하는 등 전시동원을 위한 준비가 항상 되어있다.

이스라엘군은 우리의 향토예비군과 같이 지역단위로 예비군을 편성하여 향토방위를 하는 바 나할(Nahal, 청년전투개척단), 키부츠(Kibbutz, 집단농장), 모샤브(Moshav, 협동농장)를 중대단위로 편성하여 향토방위를 함으로써 아랍군의 침투에 대비한다.

이스라엘은 전시에 총력전을 하기 위해서 'MELACH(국가최고비상경제위원회, Supreme Emergency Economy Board)'를 설치하는데, 이 기관에는 국방장관이 위원장이 되고 중앙 및 지방과 민간기구의 대표들이 구성원이 되어 식량과 유류와 전력, 국방물자, 수송 등 경제자원의 수급을 통제하여 총참모부의 작전을 보장하는 업무를 수행한다. 27 또한 전·평시에 군사 및 민방위업무를 위해 총참모부 예하에 '민방위사령부(Home Front Command)'가 설치되어 있고, 지방에는 지역사령부를 설치하여 국가경찰이나 소방대 및 민방위작전요소를 통제하여 민방위작전을 하고 있다. 항시 전쟁의 위협에 노출되어 있다 보니 평시부터 총력전을 위한 일원화된 기구를 설치하고 운용하는 것이다.

이스라엘의 안보환경은 전 국민에게 국방을 위해서 무한한 참여를 요구하고 있지만 전 국민 또한 이스라엘이 처하고 있는 안보환경에 대한 엄중한 이해를 바탕으로 기꺼이 국방을 위해 헌신을 하고 있다. 한마디로 말한다면 전 국민의 자발적인 참여하에 총력방위체제를 유지하고 있는 것이다.

8. 첨단 장비를 개발하고 생산하는 과학기술력

노벨상을 받은 많은 과학자들 가운데는 유태인 출신들이 특히 많다. '상대성이론(Theory of Relativity)'을 발견하고 원폭을 개발하는 데 결정적으로 기여한 아인슈타인, 라듐을 발견한 퀴리부인 등 헤아릴 수 없을 만큼이나 많은데, 이러한 사실들은 그만큼 유태인의 지적 우수성을 나타내는 것이다.

2차 세계대전이 발발하기 이전인 1930년대 독일의 대학이나 연구소에는 유능한 다수의 유태인 과학자나 교수들이 있었는데, 히틀러의 유태인에 대한 박해가 시작되자 이들은 박해를 피해 영국이나 미국으로 이주해서 연합국이 무기를 개발하는 데 커다란 역할을 하였거나 또는 팔레스타인으로 귀국하여 이스라엘의 과학기술을 발전시키는

---

27 국가비상기획위원회, 『국가위기 및 비상사태 관리체제 발전방향에 관한 연구』(서울: 국가비상기획위원회, 2006), p. 35.

데 큰 역할을 하였다. 러시아로부터도 다수의 과학자들이 귀국하여 이스라엘 과학기술 발전에 합류하였다.

이스라엘은 작은 나라이기는 하지만 과학기술능력은 매우 뛰어난 나라이다. 이스라엘은 인구와 국민총생산액(GDP) 대비 과학기술 및 연구에 종사하는 인원 및 연구에 투자하는 비용의 지출비율이 전 세계에서 최상위권을 차지하는 나라 중의 하나이다. 중동전 당시 아랍군은 소련으로부터 도입한 전차들을 그대로 사용하였지만, 이스라엘은 영국제 센츄리온 전차를 사막전에 맞게 궤도와 주포를 개량하여 아랍군의 전차를 궤멸시킨 바 있다. 현재에는 이스라엘이 자체적으로 개발한 메르카바 전차를 육군의 주력전차로 사용하고 있는데, 이 전차는 이스라엘의 사막지형을 고려하고 강력한 화력 및 기동력은 물론 고도의 전자정보 시스템을 탑재하여 그 성능이 대단히 우수한 것으로 평가받고 있다.

이스라엘은 미국과 더불어 무인항공기(UAV)의 연구개발 및 생산, 운용에서는 정상급에 있는 나라이다. 이스라엘은 중·저고도 정찰이나 대공제압 등의 목적으로 여러 종류의 무인항공기를 개발하여 운용하면서 해외에서도 판매하고 있으며, 한국군도 그 중의 일부를 도입하여 군단 정보대대에서 운용하고 있다.

이스라엘은 '파이튼'이나 '더비' 같은 다양한 공대공 및 공대지 미사일 등 정밀유도무기를 개발하여 공군에서 사용하고 있으며, '애로우' 같은 지대공 탄도 미사일도 개발하여 걸프전 시 이라크에서 발사된 스커드 미사일을 요격하는 등 자체 미사일 방어에도 그 실력을 발휘하였다.

뿐만 아니라 1990년 이후에는 미국과 공동으로 '전술용 고에너지레이저(Tactical High Energy Laser, THEL)'를 개발, 고정식 또는 이동식 발사대에 탑재하고 날아오는 포탄이나 로켓을 레이저를 발사하여 요격하는 장비도 개발하는 것으로 알려지고 있으며, 각 군 간의 정보공유를 강화하기 위해서 고성능의 C4I체계를 구축할 목적으로 와이맥스 광역무선통신기술을 기반으로 초고속 군사지휘통제망의 대폭적인 확장과 강화를 추진 중에 있다.

작지만 강한 군대인 이스라엘군이 아랍 군과의 전투에서 매번 승리할 수 있는 요인은 이스라엘군의 정신력과 전략 및 전술 등 여러 가지가 있지만 간과할 수 없는 것 중의 하나는 이러한 첨단의 하이테크 장비를 생산할 수 있는 이스라엘의 군대와 산업현장, 대학, 연구소의 기술협력과 정부의 지원, 우수한 연구진, 세계적인 연구능력과 투자 등이 모두 복합적으로 뒷받침이 되었기 때문에 가능하였던 것이다.

9. 다민족·다종교로 이루어진 사회와 문화 속에서의 조화

　이스라엘은 1948년 독립을 한 이래 1차 중동전으로부터 4차 중동전을 할 때까지 정치인들로부터 모든 국민에 이르기까지 병력이나 장비의 열세 등 갖은 어려움을 이겨내면서 총력적인 전쟁으로 승리하였다. 이스라엘이 시오니즘을 선포하고 독립된 국가를 건설한다고 하자 전 세계에서 수많은 유태인들이 자신들의 정체성을 찾아 이스라엘로 이주하였다.

　이스라엘이 독립을 해나가는 과정에서 유럽이나 아시아, 아메리카 및 아프리카 등지에서 수많은 사람들이 대이주(Aliyah)를 통해 짧은 기간에 이주를 해왔다. 아프리카의 흑인처럼 보이는 에티오피아 출생의 유태인이 있는가 하면, 아시아에서 이주한 황인종의 유태인도 있기 때문에 같은 유태인이라고 해도 여기서 파생되는 문화나 풍습 및 생활방식의 차이로 인해 이스라엘 사회는 혼란스럽고 이로 인하여 이스라엘은 많은 비용을 지불해야 했다.

　이스라엘의 사회는 전 인구(711만여 명)의 76%가 유태인으로 사회의 주축을 이루고 있고 그 외에 아랍계 민족, 드루즈인 등 다민족으로 비유태인이 약 24%를 이루고 있다. 종교도 유태교를 중심으로 회교도(약 17%), 기독교도(2%) 등도 존재한다. 미국 사회에만 '인종 용광로(Melting Pot)'가 존재하는 것이 아니라 이스라엘 사회에도 규모는 작지만 이스라엘 식의 용광로가 존재하는 것이다.

　이들은 이들 사회의 대표자를 선출하여 의회로 보내 그들의 이익이 반영되도록 한다. 유태인들과 아랍계 민족들의 갈등이 없는 것이 아니지만 대체적으로 균형을 이루면서 공존하고 있다. 이스라엘은 이들에게 아랍어 사용을 인정하고 있고, 개별적인 아랍인 학교나 신문 발행 등 소수민족의 정체성을 유지하기 위한 조치도 허용하고 있다.

　이스라엘이 당면하고 있는 사회적 문제는 해외로부터 유입되는 유태인과 이스라엘 내에 거주하는 아랍계 주민들, 그리고 유태교와 그 외의 종교를 믿는 사람들과의 갈등을 최소화하면서 통합을 이루는 것이며, 이 과정에서 때로는 갈등이 발생하고 있지만 이를 슬기롭게 극복하면서 조화를 이루고 있다.

　이스라엘 공군은 1981년 6월 7일 이라크가 핵을 개발하는 것으로 의심하여 오시라크(Osiraq) 원자로를 기습공격으로 파괴한 바 있다. 또한 이란이 핵을 개발하는 것으로 의심을 하여 또한 기습적으로 공격할 가능성도 제기되고 있다. 아랍국들이 핵을 갖는다면 이스라엘로서는 안보에 중대한 위협이 되는 것이다. 이스라엘 국민들에 대한 조사에서 이란이 핵무기로 이스라엘을 위협할 경우 이스라엘어 잔류할 것인지 또는 떠날 것인지에 대한 조사에서 국민의 80%는 떠나지 않을 것이라고 답변하였다.[28]

이스라엘에도 국민들 중에는 이념적인 면에서 좌파(10~15%)도 있고 우파(10~15%)도 있고, 중도(약 70%)도 있지만, 이스라엘에서의 좌·우파의 개념은 "팔레스타인 정착촌 문제를 두고 대화로 풀어야 한다는 사람들이 좌파이고, 우파는 대화로는 문제해결이 안 되기 때문에 무력을 사용해야 한다는 사람들"로써 이는 한국에서의 좌·우파의 개념과 근본적으로 다르며,[29] 이스라엘 사회에서 이적행위는 엄격히 처리되기 때문에 존재할 수 없다.

이스라엘 국민들은 이런 위협에 대하여 정부가 성공적으로 대응할 것이라는 믿음이 매우 강하며, 국민의 자신감은 정부가 주변 아랍국의 위협을 확실하게 할 수 있을 것이라는 강력한 믿음에 근거하고 있다고 한다. 이스라일 국가에 대한 국민들의 믿음을 잘 나타내주는 것이라고 본다.

10. 소결론

이스라엘은 2000여 년의 쓰라린 역사적 경험을 갖고 있다. 그리고 지금은 3면이 아랍국으로 둘러싸인 불안한 안보환경에 놓여 있기도 하다. 그렇지만 독립 이후 4차례에 걸쳐 치열한 전쟁을 하면서도 매번 승리를 하여 작지만 강한 국가의 대표적인 상징이 되고 있다. 그런 이면에는 벤구리온으로부터 골다 메이어 같은 수많은 정치지도자들이나 다얀 같은 군사지도자들의 확고한 리더십과 시오니즘을 중심으로여 수많은 어려움을 이겨내면서 국가를 지키고자 하는 국민들의 철저한 정신자세가 뒷받침되었기 때문에 가능하였다.

또한 다당제 정치 아래서도 국가가 어려움에 직면할 시 등합을 이루는 정치적 문화, 규모는 작지만 강한 군사력과 항상 최단시간 내에 동원되어 전투력을 발휘할 수 있도록 준비되어 있는 국가 동원체제의 유지와 동원 즉시 전투력을 발휘할 수 있도록 철저

---

28 『조선일보』, 2011년 1월 11일자. 이 자료는 이스라엘 국가안보문제연구소(INSS)에서 이스라엘 사람 5,190명을 대상으로 2010년 12월 16~24일에 조사한 '2004~2009년 국민안보여론 조사'에서 나타난 결과이다.

29 송대성, "이스라엘 국가안보 정책", pp. 2-3.

히 훈련하는 예비군, 전차나 항공기로부터 무인기나 탄도미사일 등 첨단의 정밀장비를 자체적으로 개발하고 생산할 수 있는 과학 기술력과 경제력 등 국가적인 위기상황이 발생하면 총력전을 수행할 수 있는 준비태세가 확립되어 있기 때문이며 4차례에 걸친 전쟁결과가 이를 증명하고 있다.

이스라엘은 아랍이 도발을 하면 강력한 응징을 통해 다시금 도발할 수 있는 의지를 좌절시키며, 희생 없는 국가안보는 없다는 것을 잘 알기 때문에 국민과 군이 일체가 되어 국가안보를 최우선으로 하는 정신적 자세가 되어 있다고 할 수 있다.

이스라엘이 아랍국과의 전쟁에서 유리하게 전쟁을 해나갈 수 있었던 것은 전 세계에 흩어져 있는 유태인들의 정치·경제·군사적 지원에 의존하는 바도 크다. 특히 미국 사회에서 유태인은 정치나 경제, 금융 분야에서 막강한 영향력을 발휘하고 있으며 이들은 매번 전쟁이 발발하였을 때마다 이스라엘에 막대한 정치·경제·군사적인 도움을 주었다.

"미국과 이스라엘은 50년을 살아온 부부관계와 같다."라는 미 뉴욕대의 어느 교수의 말은 이런 미국과 이스라엘의 다방면에 걸친 긴밀한 관계를 나타내는 상징적인 표현 중의 하나일 것이다.[30]

---

30   소정현, 『격동의 이스라엘 50년』(전주: 신아출판사, 2000), p. 153.

제6장
6 · 25전쟁 시
한국의
총력전

제1절
당시의 한반도와 주변국의 일반정세

1. 한반도의 독립관련 국제적 선언

한반도에서 한민족의 역사가 시작된 이래 한민족과 이민족과의 국가 간 전쟁과 이민족의 침략은 무려 수백 차례에 걸쳐 발생하였다.[1] 우리 민족은 예로부터 평화를 사랑하는 백의민족(白衣民族)이라고 말해왔을 정도로 외침의 역사는 없지만, 반대로 외부로부터는 수많은 침략을 받아오면서도 굳세게 그 뿌리를 이어오고 있는 것이다.

그러나 한민족의 역사를 통해서 가장 비극적이며 피해가 많이 발생하였던 전쟁이고, 그 상처가 아직도 남아 있으면서 두고두고 한민족 발전에 악영향을 미칠 전쟁은 같은 민족끼리 한 6·25전쟁임을 부정할 수 없다.

이웃한 일본이 19세기 말 메이지(明治) 유신을 통해 힘을 기르고 국력을 강화하면서 조선을 침략할 때 조선은 제대로 힘을 기르지 못하여 결국 일제의 36년 지배를 받아야만 했다. 일본은 1930년대 '대동아공영권'을 주장하면서 1931년 인위적인 사건을 일으켜 만주를 침공하였고, 1937년에는 중국을 침공하였으며, 마침내 1941년 12월 7일에 하와이의 진주만을 기습함으로써 태평양전쟁으로 확대되었다. 일본은 초기에는 전쟁을 유리하게 이끌어갔지만 1942년 6월 5~7일 미드웨이 해전에서의 패배를 계기로 미국이 전쟁의 주도권을 장악하기 시작하였다.

전쟁기간 중이던 1943년 2월 모로코의 카사블랑카에 모인 루스벨트 대통령과 처칠

---

1 한반도에서 발생한 국가 간의 전쟁 또는 전국적인 규모의 전쟁은 33회(고조선~남북국 시대 19회, 고려시대 7회, 조선시대 5회, 근현대 2회)와 왜구의 침략은 740여 회(삼국시대 34회, 고려시대 519회, 조선시대 187회)가 발생하였다(전쟁기념사업회, 『한민족 역대전쟁사』, 서울: 행림출판, 1992, pp. 14-19).

수상, 연합국 정상들은 2차 세계대전 전쟁지도를 논의하면서 한반도 전후처리 문제와 관련하여 신탁통치를 하기로 하였는바, 이는 한반도 처리문제에 관한 최초의 국제적인 언급이었다.

1943년 11월 27일, 이집트의 카이로에서는 미국의 루스벨트 대통령과 영국의 처칠 수상, 중국의 장제스 총통은 2차 세계대전 이후 전후처리 문제를 논의하는 회담을 하였는데, 이 자리에서 한반도 문제는 "한국은 한국인이 처해 있는 노예상태에 유의하여 적당한 시기에 적당한 절차(In due course)에 따라 자유롭고 독립된 국가가 되도록 한다." 고 선언하였다.[2]

연합국의 승리가 점차 확실시되던 1943년 11월 28일, 이란의 테헤란에 모인 미국의 루스벨트 대통령과 영국의 수상 처칠, 소련의 스탈린 등 3국 수뇌들은 독일이 패망 시 소련이 대일전에 참전하기로 하였다. 이것은 한반도에 소련군이 영향력을 발휘할 수 있는 최초의 언급이기도 하였다.[3]

2차 세계대전이 막바지에 접어들 무렵인 1945년 2월 4일, 소련 크림 반도의 얄타에서 미국과 영국, 소련, 중국 4개국의 수뇌가 모여 대일전 참전 등에 관하여 비밀회담을 하였고, 여기서 미국과 소련은 한국을 신탁통치하기로 잠정적으로 합의하였다.[4]

2차 세계대전이 종전에 다다를 무렵 1945년 7월 17일, 미국과 영국, 소련의 수뇌들은 다시 포츠담에 모여 일본에게 무조건 항복을 요구하기로 하였지만 여기서는 특별히 한반도의 신탁통치에 대해서는 언급이 없었다.

1945년 8월 일본의 히로시마와 나가사키에 원폭이 투하되면서 일본은 무조건 항복을 하였고, 일본이 패망하면서 한반도는 해방이 되었으나 다시 강대국의 논리에 의해 국토는 남북으로 분단되고 같은 민족끼리 이념의 대립 끝에 북한군 기습남침으로 시작된 6·25전쟁에서 남한은 한반도의 통일을 위하여 총력을 기울여 전쟁을 하였지만 우리의 의지와는 관계없이 휴전으로 끝났다.

전쟁 이후 다시금 휴전선을 중심으로 긴장이 지속되고 있는 가운데 작은 충돌도 항시 전쟁으로 비화될 수 있는 가능성을 간직한 채 불안한 평화는 유지되고 있다. 6·25

---

2   국방부, 『국방사(1)』(서울: 삼화인쇄주식회사, 1984), p. 103. 연합국의 '적당한 절차를 거쳐'라는 표현에 대하여 당시 상해임시정부의 김구 주석은 이를 '어불성설(語不成說)'이라고 하면서 일본이 패망하는 즉시 한국은 자주독립국이 되어야 한다고 주장하였다.

3   조세프 C. 굴덴, 김병조 옮김, 『한국전쟁 비화』(서울: 청문각, 2002), pp. 2-3.

4   국방부, 『국방사(1)』, pp. 105-106.

전쟁은 전쟁당시나 현재에 이르기까지 그만큼 한민족의 역사에 있어서 부정적인 영향을 준 전쟁이었다.

2. 주변국의 정세

미국은 1945년 8월 6일에 히로시마(廣島), 8일에는 나가사키(長崎)에 원자탄을 투하하였다. 미국이 나가사키에 원자탄을 투하한 바로 당일 소련은 이미 1943년 테헤란 회담과 1945년 2월의 얄타회담 및 7월의 포츠담 회담의 합의에 따라 8일 일본에 선전포고를 하고 9일에 만주와 북한으로 소련군을 진주시키기 시작하였다.

8월 15일 일본이 항복하면서 대두된 일본군의 전후처리 문제는 미국을 당황하게 만들었으며, 특히 소련군이 한반도에 이미 진입한 상태였기 대문에 문제가 되고 있었다. 이에 따라 미국과 소련은 일본군을 무장해제하기 위하여 38도선을 중심으로 남북으로 분리하여 남쪽은 미군책임, 북쪽은 소련군 책임 아래 무장해제를 하기로 하였다. 그러나 이 38도선이 끝내 고착되면서 5년 뒤에는 6·25전쟁이 시작되는 불행한 선이 되어 버린 것이다.

2차 세계대전이 연합국의 승전으로 끝나고 승전국으로서의 미국은 그동안 동원되었던 수많은 인적·물적 자원들을 복원하면서 패전국인 일본을 통치하기 위해 도쿄(東京)에 맥아더 사령부를 설치하여 일본을 통치하고 있었으며, 한반도에는 제24군단을 파견하여 군정임무를 수행하였다.

일본은 패전국으로 미국 맥아더 사령부의 통제 아래 철저한 변화를 추구하고 있었다. 중국은 2차 세계대전에서 연합국과 더불어 승전국이 되었으나 장제스의 국민당 정부군과 마오쩌둥의 공산당 사이에 국공내전이 발생하여 3년여 간의 치열한 교전 끝에 장제스의 국민당 정부군이 패함으로써 대만으로 축출되고 마오쩌둥이 1948년 10월 1일 베이징(北京)에서 중화인민공화국 건국을 선포하였다.

소련은 연합국의 일원으로 2차 세계대전에서 승리하면서 유럽에서는 폴란드와 체코와 헝가리 등 동구권의 여러 국가들을 점령하여 공산주의 정권을 수립하였다. 아시아에서도 뒤늦게 대일전 참전을 이유로 북한에 군대를 파견하고 38도선 이북에서 김일성을 배후 조종하여 공산주의 정권을 수립하는 데 주력하였다.

3. 한반도의 분단과 북한의 정권수립

한반도 북쪽의 일본군 무장해제를 이유로 진주한 소련군은 가짜 김일성을 앞세워 군정체제를 수립하고 각 도에 인민위원회를 설치하였으며, 보안대를 창설하여 치안을 담당하게 하였고, 철도보안대를 창설하여 장차 정규군을 창설하기 위한 준비를 하였다. 간부들을 양성할 목적으로 평양학원을 창설하였으며, 점차 간부들이 양성되자 김일성은 마침내 1948년 2월 9일에 조선인민군을 창설하고 사단급 부대들도 편성하였다. 소련으로부터 많은 장비와 물자들을 지원받았고, 중국으로부터는 한인의용군 2만 8,000여 명을 편입함으로써 정규군으로 확장해나갈 수 있는 기반을 마련하였으며, 마침내 북한은 1948년 9월 9일 정식으로 소위 '조선민주주의인민공화국'을 선포하였다.

반면 남한에서는 소련보다 뒤늦게 9월 4일 미24군단 선발대가 도착한 이후 하지(John R. Hodge) 중장에 의해 미군정이 실시되는 가운데서도 사회에서는 좌우의 극심한 대립이 발생하였다. 남북문제 해결을 위해 2차례에 걸쳐 개최된 미소공동위원회[5] 회의가 결렬됨에 따라 1947년 유엔총회는 38선 이남에서 단독으로 총선을 하기로 결의하여 유엔 감시 아래 총선거가 실시되고 1948년 8월 15일 마침내 대한민국 정부가 수립되었다.

한국은 유엔에서 한반도의 유일한 합법정부로 승인받았으나 아직 국가로서의 틀을 갖추기에는 어려운 일이 많았으며 특히 남노당을 중심으로 하는 좌익들이 국군은 물론 사회 곳곳에 침투하여 하루도 조용한 날이 없었다.

좌익들은 제주도에서 4·3사건을 일으켜 수많은 양민을 학살하였고 국군에도 침투하여 대구와 여수 및 순천에서 반란사건을 일으켜 아직 국가로서 제대로 틀을 잡지도 못하고 있던 신생독립국 대한민국을 뿌리째 흔들었다.

국군의 적극적인 토벌로 반란에 실패한 좌익들은 지리산, 태백산, 보현산, 오대산 등지로 숨어들어 게릴라 활동을 시작하였으며, 이들이 준동하는 지역에서는 '낮에는 대한민국, 밤에는 인민공화국'이라는 치안부재의 현실을 나타나면서 사회는 극심한 혼란에 직면하였다.

북한은 위장된 대화를 주장하면서 한편으로는 38도선에서는 끊임없이 도발을 하는

---

5   1945년 12월 모스크바에서 미국과 영국, 소련 외상이 합의에 따라 한국 문제를 해결하기 위해서 설치된 대표자 회의. 1946년 1월 덕수궁 석조전에서 한국 신탁통치와 임시정부 수립을 위한 제반문제를 해결하기 위해 예비회담을 개최한 이후 1946년 3월과 1947년 5월, 2차 회담을 개최하였으나 신탁통치 문제로 결렬되었다.

〈표 6.1〉 1950년 당시 남북한 경제상황 개관

구 분	한 국	북 한	비 고
지리	• 한반도 면적의 45%(9.8만km²) • 석탄 외 자원부족	• 한반도 면적의 55%(12.2만km²) • 각종자원 풍부	
인구	2,100만 명	900만 명	
경제	• 농업인구 70% • 경공업 위주 일부 • 연료 12%, 광업 22%, 기계 28%, 화학 30% • 발전량: 7.5만kw(4.7%)	• 식량자급 가능 • 중공업 위즈 발전 • 연료 88%, 광업 78%, 기계 72%, 화학 70% 발전량: 156단kw(95.3%)	
국제 지원	미국 지원: 5.8억 달러 (소비재 구입 위주 사용)	소련 지원: 5 5억 달러 (중공업/군수용으로 사용)	1945~1950년

출처: 이원복,『한국전쟁의 실상과 월남전』(서울: 국가공훈사 편찬회, 2008), p. 46.

한편 소련으로부터 수많은 항공기와 전차 및 야포 등 장비를 비밀리에 도입하고 훈련을 가장하여 점진적으로 38도선으로 부대를 이동시키면서 개전을 준비하고 있었다. 1950년 6월 개전직전 남북한의 국력을 개관하면 〈표 6.1〉과 같다.

〈표 6.1〉에서 제시한 것처럼 남한은 농업국가로 석탄 외에는 지하자원이 부족하였으며 전력도 대단히 부족하여 북한으로부터 송전을 받고 있었고, 미국의 지원을 대부분 소비재를 구입하는데 사용하고 있었다. 반면에 북한은 지하자원이 풍부하여 중공

〈표 6.2〉 6 · 25전쟁 시 남북한 경제지표 비교[6]

구 분	인 구 (명)	국민총생산 (억$)	무역총액 (억$)	식량 생산 (만 톤)	석탄 생산 (만 톤)	철도길이 (Km)
남 한	20,190,000	7.1	1.4	345.5	112.9	4,423
북 한	9,750,000	3.9	5.1	124.4	400.5	3,815
연 도	1949	1949	1949	1950	1949	1950

출처: 남정옥,『6 · 25전쟁: 이것만은 알아야 한다』(서울: 삼우사), p. 466.

6   1949년 당시의 또 다른 자료로 한국은 인구 2,018만 9,000명에 국민총생산액은 7억 달러, 1인당 소득은 35달러라는 수치를 보여주고 있다. 당시 일본은 인구 8,253만 명에 국민총생산액은 82.6억 달러, 1인당 소득은 100달러였으며, 미국은 1억 4,900만 명의 인구에 국민총생산액은 2,168만 8,000억 달러이고 1인당 소득은 1,453달러였다. 당시 70개 국가 중에서 1인당 소득이 한국보다 적은 나라는 2개국(중국 27달러, 인도네시아 25달러)에 불과하였다(Jules Backman, War and Defence Economics, pp. 24-25).

업이 상대적으로 발전되어 있었고, 기간 중 소련으로부터 지원을 받기도 했지만 대부분 다량의 장비나 탄약을 받아서 전쟁을 하기 위한 준비를 하였다.

〈표 6.2〉를 보면 전체적인 국민총생산액은 남한이 조금 앞서고 있었으나 북한은 상대적으로 발전된 공업 덕분에 무역규모에서 앞서고 있었다.

제2절
전쟁원인

1. 6 · 25전쟁의 원인에 관한 주장

6 · 25전쟁의 원인에 대하여는 여러 가지 주장이 제기되고 있다. 6 · 25전쟁에 관한 단행본이나 연구논문은 쉽게 찾아볼 수 있는데, 이를 대별하면 크게 전통주의 학파와 수정주의 학파의 의견이 대립되고 있다고 볼 수 있다.

전통주의 학파가 주장하는 것은 냉전의 책임이 기본적으로 소련에 있으며, 스탈린이 2차 세계대전이 끝나고 동유럽으로부터 남유럽과 중동을 거쳐 동아시아에 이르기까지 팽창정책을 추진해나가는 동안 미국은 방어적인 정책을 추진하면서 소련의 팽창정책이 무력으로 나타날 때마다 자유주의를 수호하기 위하여 적극 대응하는 과정에서 소련이 군사력을 이용하여 한국에 공격을 한 것이라는 것이다.[7]

반면에 수정주의 학파들이 주장하는 것은 미국의 대외정책이 제국주의적이며 팽창주의적이라는 것이다. 즉, 미국이 자신의 자본주의 체제를 유지하고 발전시키기 위해 전후의 국제질서를 미국을 중심으로 한 자본주의 국가들의 통합이라는 방향으로 개편해나갔다고 전제하고 미국의 이러한 대외정책이 자연히 소련을 압박하여 자위적 대응이 불가피하게 만들었다는 것이다.[8]

이러한 각각의 주장에 따라 전통주의 학자들은 소련이 6 · 25전쟁을 일으켰다고 주장하고 수정주의 학자들은 6 · 25전쟁이 미국에 의해 시작되었다고 주장하면서 남한이

---

7   김학준, 『한국전쟁』(서울: 박영사, 2003), pp. 54-55; 합동참모본부, 『한국전사』(서울: (주)교학사, 1984), p. 323.
8   김학준, 위의 책, p. 55.

나 북한은 미국과 소련의 하수인에 불과하였다는 것이다.

　이와 같이 6·25전쟁의 원인에 관해 누가 먼저 도발을 하였는가를 놓고 많은 학자들이 논쟁을 해왔고 다양한 견해들이 제기되다가 6·25전쟁에 관해 그동안 비공개되었던 소련과 중국의 많은 비밀자료들이 공개되면서 이제는 전쟁이 소련의 사주를 받은 북한의 남침에 의해서 시작된 것으로 인정하고 있다.

2. 북한의 군사력 증강과 남침준비

　1948년 9월 9일에 북한에 조선민주주의인민공화국 정권을 수립한 김일성은 빠른 속도로 지배체제를 확립해나가기 시작하였다. 아울러 북한군도 소련으로부터는 장비와 물자를 지원받고 중국으로부터는 한인의용군을 편입하는 등 부대를 확장하고 지휘체제를 정비하면서 제대별로 훈련을 강화하기 시작하였다.

　김일성은 전쟁을 준비해나가면서 소련과 중국을 방문하였다. 먼저 1949년 2월 22일 처음 모스크바를 방문한 이래 같은 해 3월 17일과 1950년 4월 등 3회에 걸쳐 스탈린을 만나 전쟁을 수행하기 위한 전투장비와 물자들을 지원해줄 것을 요청하면서 '조소비밀군사협정'을 체결하였고, 전차 242대와 항공기 210대 등 다수의 전투장비와 열차 1,000량 분의 탄약과 군수물자를 지원받기로 하였다.[9] 이러한 장비나 탄약은 철도뿐만 아니라 나진과 청진항을 통해서도 지원되었다.

　또한 김일성은 중국도 방문하여 마오쩌둥을 만나서 당시 중국군에서 국공내전에 참여하였던 한인의용군을 입북시켜 북한군의 전력을 증강시키도록 요청함으로써 1949년 7월 이래 수차례에 걸쳐 수만 명의 인원이 입북하여 북한군 전력을 증강하였다. 이렇게 소련으로부터는 장비를 도입하고 중국으로부터는 병력을 편입해서 전쟁을 준비한 북한군은 10개 사단에 20만여 명의 병력 외에도 전차나 자주포 및 항공기 등 주요 전투장비를 보유함으로써 남침을 위한 준비를 완료하였는데, 그 수량은 다음과 같다.

9　소련이 당시 북한에 전차나 항공기, 야포 등 다량의 장비와 탄약을 지원한 것은 무상으로 한 것이 아니다. 당시 북한은 다량의 장비를 도입하면서 소련에 40M/T의 은과 1,500톤의 철광석 및 다량의 금을 보낸 것으로 알려지고 있다. 같은 민족인 남한을 무력으로 침공하기 위해서 북한 주민으로부터 수많은 귀금속 또는 자원을 약탈하였던 것이다(김성진, 『박정희를 말하다』, 서울: 도서출판: 삶과꿈, 2006, p. 82).

〈표 6.3〉6 · 25 전쟁 시 소련이 지원한 북한군 주요 전투장비

구분	항공기(대)	전차(대)	자주포(대)	곡사포(문)	박격포(문)	함정(척)
수량	210	242	176	552	1,728	30
비고	IL-10 등	T-34	SU-76	122mm 등	120mm 등	

출처: 육군사관학교 전사학과, 『한국전쟁사』(서울: 일신사), p. 197.

병력과 부대편성, 무기와 탄약 등 남침을 위한 모든 준비를 갖춰가면서 1950년 6월 10일 모스크바에서는 스탈린이 주재하여 평양주재 소련대사인 슈티코프와 중국 공산당 정치국원 이립삼 등이 모여 김일성이 요청한 '조선민족 통일을 위한 북조선 제안에 따른 행동승인문제'를 최종적으로 토의하고 남침을 승인하였다. 이 자리에서 공격일시는 김일성에 위임하기로 함에 따라 김일성은 기습효과를 달성하기 위하여 6월 25일, 일요일을 공격개시일로 결정하였다.[10]

김일성과 북한군이 소련과 중국의 지원 아래 남침 준비를 빈틈없이 해나갔는 데 비하여 한국군의 준비는 많이 미흡하였다. 국군은 창설 초기 대구 폭동사건과 여순반란사건, 제주도 폭동사건을 진압하고 지리산으로 숨어든 반란군을 토벌하기에 여념이 없었으며, 군에 침투해 있었던 좌익들을 색출하고 제거하느라고 제대로 훈련할 틈도 없었다.

군의 전력증강을 위하여 국회에 요구하였던 예산은 부결되었고, 북한군의 위협이 점증하자 수차례에 걸쳐 미국에 지원을 요청한 전투장비나 탄약은 대부분 거절되었으며, 미국이 한국군의 전력증강을 위하여 제공하기로 하였던 군사원조는 제때에 제대로 지원되지 않아서 군사력 증강에 차질을 주었다. 모든 면에서 준비가 부족한 가운데 전쟁이 시작될 날이 멀지 않았다고 생각하면서 1950년의 6월은 그렇게 지나가고 있었다.

---

10 자세한 내용은 국방부 군사편찬연구소, 『6 · 25전쟁사(1): 전쟁의 배경과 원인』(서울: 정문사문화주식회사, 2001), pp. 596-598을 참조할 것. 1989년 2월, 서울을 방문하였던 전 북한군 부총참모장 출신 이상조는 김일성이 6 · 25남침을 결심하는 데 있어 첫째, 북한군이 남침 시 인민봉기가 있을 것이라는 박헌영의 주장을 그대로 믿었고 둘째, 미국의 전쟁개입 가능성을 낮게 보는 등 국제정세에 무지하였으며 셋째, 전격적으로 서울을 점령하면 조기에 전쟁을 끝낼 수 있을 것이라고 판단을 하였기 때문이라고 증언한 바 있다(이기봉, 『증언: 전 북한인민군 부총참모장 이상조』, 서울: 도서출판 원일정보, 1989, p. 77).

제3절
전쟁 경과

1. 북한군의 기습남침과 낙동강 방어선으로 후퇴 (1950.6.25~9.15)

북한이 소련으로부터 장비와 탄약, 물자를 지원 받고 중국으로부터 동북의용군 병력을 지원받으면서 차곡차곡 전쟁준비를 해나가는 한편 마침내 남침계획인 1950년 5월 선제타격계획[11]을 작성 완료하였다.

북한은 전쟁을 준비해나가는 과정에서 유격대를 10여 차례 남파시켜 후방을 교란하였고 38도선에서도 끊임없이 도발을 하였다. 북한은 병력을 확보하기 위하여 1949년부터 병역제도를 지원병제도에서 징병제도로 전환하였으며, 그해 7월 15일에는 '조국보위후원회'를 조직하여 전 인민을 상대로 강제적으로 전쟁을 위한 조치를 강화하기 시작하였다. 북한은 전 인민을 대상으로 하여 전쟁 분위기를 고취하기 위한 활동과 비행기나 전차 등을 도입하기 위한 기금헌납운동, 군량미 확보를 위한 애국미 헌납 등 주민들에게 다양한 방법으로 고혈을 쥐어짜기 시작하였다.[12]

이러한 일련의 북한의 군사력 증강을 보면서 당시 남한의 육군본부에서는 정세보고

---

11 6·25전쟁 시 북한군 작전국장을 하였던 유성철의 증언에 의하면 이 계획은 소련 군사고문단이 주동이 되어 1950년 3월 러시아어로 작성되었으며, 소련군 출신인 총참모장 강건의 감독 아래 극비리에 한글로 번역되었다. 이 계획은 스티코프에 의해 스탈린에 보고되고 승인을 받았다. 여기서 김일성이 '선제타격'이란 명칭을 사용한 이유는 전쟁의 책임을 남한에 전가시키기 위한 술책으로, 선제타격이라는 의미가 상대방이 공격할 의사가 있어서 먼저 공격한다는 뜻을 가지고 있기 때문이다. 선제타격작전에 관한 세부내용은 국방부 군사편찬연구소에서 발간한 『6·25전쟁사(1): 전쟁의 배경과 원인』의 pp. 596-605 참조.

12 자세한 내용은 국방부 군사편찬연구소에서 발간한 『6·25전쟁사(1): 전쟁의 배경과 원인』의 pp. 554-558 참조

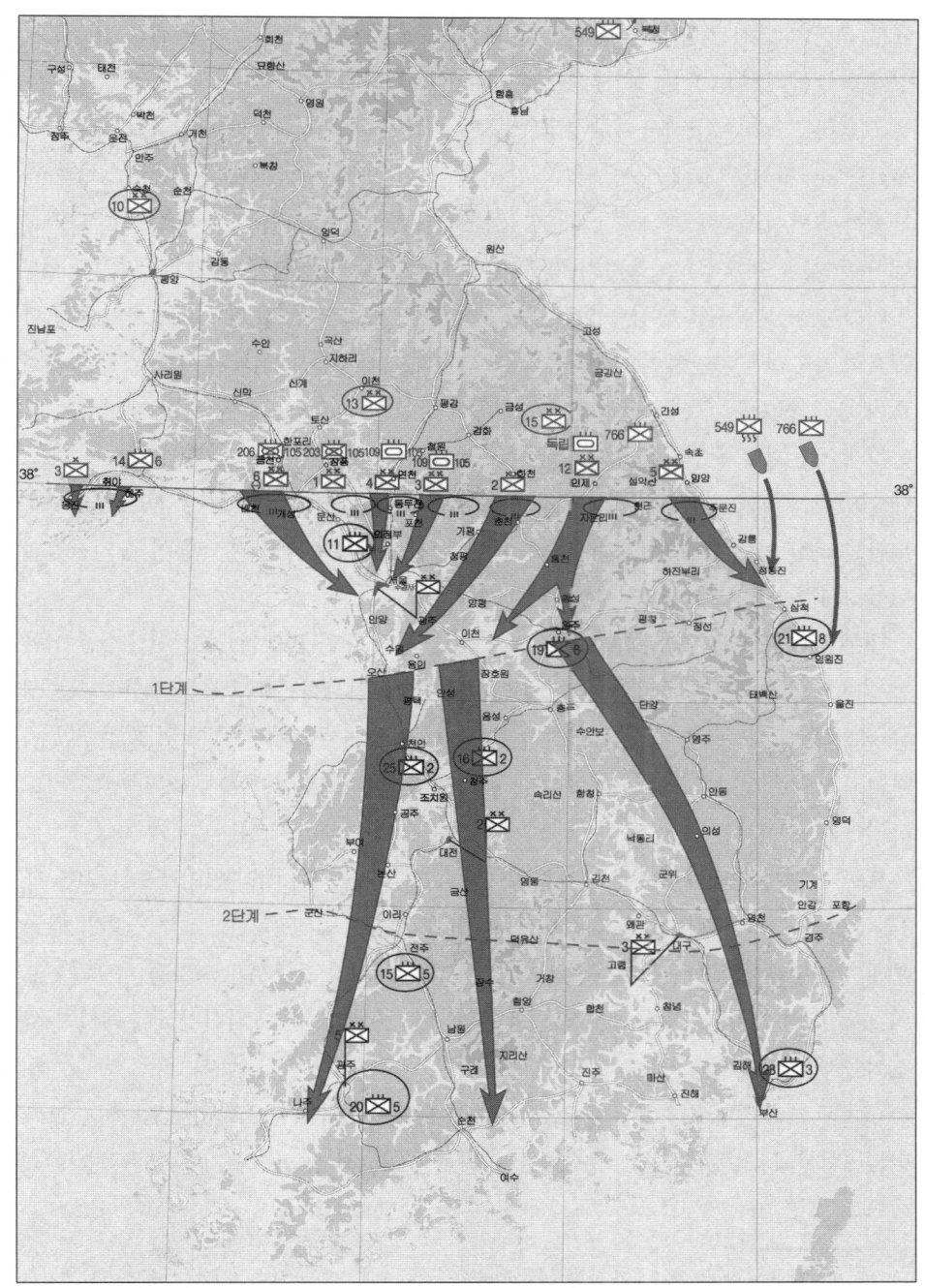

〈그림 6.1〉 북한군의 선제타격계획

출처: 국방부 군사편찬연구소, 『6 · 25전쟁사』, p. 599.

에서 북한의 남침 가능성을 예상하기를 1950년 춘계에 전면적 공세를 취할 가능성이 있다고 언급하였고, 이와 같은 판단에 따라 38도선 방어력을 강화하기 위한 축성예산을 요청하였으나 국회에서 삭감하였다. 또한 육군총참모장도 북한이 침략할 가능성은 시간문제라고 하였고, 1950년 5월 10일 국방장관도 북한군이 병력을 38도선으로 이동하면서 침략이 임박했다고 하였다. 다음날 이 대통령도 내외신 기자회견에서 "5~6월에 무슨 일이 일어날지 예측하기 어렵다."고 하여 남침 가능성을 예견하고 있었다.[13]

이와 같이 북한군은 남침을 위한 준비를 철저히 하고 있었고, 한국군도 북한군의 기습공격 가능성을 판단하여 사전 경고하고 나름대로 전투준비를 하기 위한 조치를 하였으며, 5·1 노동절과 5·30 선거를 이용하여 발생할 수 있는 사회혼란에 대비하여 비상경계령을 하달하였다. 그러나 북한에 구금되어 있었던 조만식 선생과 남한에 체포돼 있었던 남노당의 김삼룡과 이주하를 교환하자는 북한의 위장평화 공세와 미 군사고문단의 북한 남침 가능성 부정에 따른 낙관적 견해에 따라 국군은 그동안 유지되었던 비상경계령을 6월 24일 00시부로 해제하였다.[14]

대통령이나 국군 수뇌부는 북한의 남침 가능성에 대한 경고를 하고 있었지만 이와는 반대로 당시 신성모 국방장관은 1950년 5월 10일 기자회견에서 북한의 남침 가능성을 경고하면서도 "우리 국군은 실지회복을 위한 만반의 준비를 갖추고 있고 명령만 기다리고 있다."고 말함으로써 북한이 나중에 이 발언을 트집삼아 북침설을 주장하기도 하였다.[15]

또한 전쟁은 임박해오는데 이해할 수 없는 조치는 군 내부에서 일어났는바, 1950년 3월에는 주요 전투장비를 수리를 이유로 정비창에 입고하도록 함으로써 전후방 각급 부대의 기동력이나 화력장비가 극히 저조한 상태로 되었고 군사용 지도를 회수하였으며, 6월 10일에 육군총참모장은 전쟁의 가능성을 경고하면서도 사단장급에 대한 인사조치를 단행하였다.[16]

여기에 북한군 남침이 가까워지면서 공격징후가 수시로 육군본부로 보고되어도 무슨 이유에서인지 이러한 경고는 무시되었고, 급기야 전쟁이 발발하기 전날, 즉 6월 24일에

13   자세한 내용은 합동참모본부가 발행한 『한국전사』의 pp. 311-313; 국방부 군사편찬연구소에서 발간한 『6·25전쟁사(1): 전쟁의 배경과 원인』의 pp. 683-694 참조.
14   자세한 내용은 국방부 군사편찬연구소에서 발행한 『한국전쟁사의 새로운 연구(1)』의 pp. 65-68 참조.
15   자세한 내용은 국방부 군사편찬연구소에서 발행한 『한국전쟁사의 새로운 연구(1)』의 pp. 64-65 참조.
16   합동참모본부, 『한국전사』, p. 314.

그동안 유지되었던 비상경계태세는 해제되었다. 그날 밤 용산의 장교구락부 개관을 이유로 연회까지 개최함으로써 국군 수뇌부가 술에 취해 있는 동안 전쟁은 그렇게 다가오고 있었다.

1950년 6월 25일 새벽 4시, 북한군은 38도선 전 전선에 걸쳐 일제히 공격준비사격과 동시에 기습적으로 남침을 시작함으로써 1953년 7월 27일 휴전이 될 때까지 3년 1개월간의 피비린내 나는 전쟁이 계속되었다.

북한군은 옹진반도, 개성-문산 축선, 동두천-포천 축선, 춘천-화천 축선, 동해안 축선에 주력부대를 투입하여 일제히 공격을 해서 옹진반도는 당일에, 서울은 개전 후 3일 만인 6월 28일에 점령하였으나 춘천지구에서는 아군 6사단으로 인해 고전하였다. 국군이 적 2군단을 맞아 잘 싸우고 있었음에도 서울이 함락됨에 따라 전선조정을 이유로 철수를 하게 되었다.

북한군의 기습적인 공격을 당하면서 정부는 제대로 전쟁을 할 수 있는 준비가 되지 않은 상태에서 갈피를 잡지 못하면서 비상국무회의 끝에 수원으로 천도하기로 결정하였고, 대통령은 서울을 떠나 피난길에 올랐다. 정부와 군이 서울을 사수할지 철수할지를 결정하지 못하고 있다가 6월 27일 갑자기 철수하기로 결정하자 다수의 서울 시민들은 혼란에 빠져들었고 제대로 피난가지 못한 채 3개월 동안 공산군 치하에서 엄청난 고통을 겪어야만 했다. 수많은 우익인사들이 체포되어 인민재판이라는 이름으로 처형되거나 북으로 끌려갔다.

한편 국군의 주력이 서울을 사수하기 위해 전력을 기울이고 있는 동안 6월 28일 2시 30분 경, 한강교를 조기에 폭파함으로써 강북에서 전투를 하고 있던 아군의 다수가 중화기나 보급품, 차량 등을 다수 포기하면서 전투서열도 없이 철수하여 그렇지 않아도 장비와 물자가 부족한 국군에 커다란 피해를 입히는 일도 발생하였다.

북한군이 기습공격을 하자 무초 미 대사는 즉시 본국으로 보고하였고, 미국 정부는 유엔주재 대사로 하여금 안보리에서 북한의 남한에 대한 무력공격을 평화에 대한 파괴행위로 단정하면서 즉각적으로 적대행위를 중지하고 즉시 38도선 이북으로 철수할 것을 요구하는 제안을 표결에 붙여 소련 대표가 불참한 가운데 9 : 0으로 가결시켰다.[17]

유엔 안보리는 북한이 유엔 안보리 결의를 무시하고 군사행동을 계속하자 북한의 공격을 격퇴하고 한반도의 평화와 안전을 회복하는 데 필요한 원조를 제공하기로 결의

---

17   육군사관학교, 『한국전쟁사』, pp. 205-206.

하고, 트루먼 대통령은 맥아더 사령관에게 38도선 이남에 침투한 북한군에 대한 미 해군과 공군 사용을 승인하였다. 맥아더 사령관은 수원에 '전방지휘연락단(ADCOM)'을 설치하였고, 본인도 6월 29일 한국전선을 시찰하였다. 한편 미 정부는 맥아더 사령관에게 해·공군뿐만 아니라 지상군도 사용할 수 있도록 허가하면서 필요한 경우 38도선 이북의 군사목표도 공격할 수 있도록 권한을 부여하였다.[18]

유엔 안보리에서는 영국과 프랑스가 공동으로 제안하여 한국에 유엔군 사령부를 설치하되, 미국 정부가 최고사령부를 구성하도록 하는 결의를 채택하자 트루먼 대통령은 맥아더 장군을 유엔군 총사령관으로 임명하였고, 유엔 사무총장은 회원국에게 한국에 대한 군사원조를 요청하여 10여 개 국가가 군대를 파견하여 유엔의 깃발 아래 참전하게 되었다.

개전 3일 만에 서울을 점령한 북한군은 전열을 정비하고 한강을 도하한 후 경부선 방향에 주공을 두고 공격하였다. 이때를 전후하여 미국은 지상군을 투입하기로 결정을 하고 7월 5일 최초로 미 24사단 예하 스미스 중령을 대대장으로 하는 1개 대대를 특수임무부대로 편성하여 투입, 오산 북방 죽미령에서 북한군과 최초로 교전을 하였다. 그러나 미군은 아직 북한군에 대한 정보도 없는데다 전투준비도 미흡하여 많은 피해만 입은 채 후퇴를 하였다. 뒤를 이어 7월 13일 미 24사단이 참전하여 공주의 대평리 일대에서 전투를 하였으나 역시 많은 피해를 입고 후퇴하였다.[19]

북한군이 공격을 계속하여 7월 20일 대전이 함락되자 대전의 정부는 대구로 이동을 하지 않을 수 없었다. 이렇게 북한군이 진격을 하는 동안에 아군은 적에 관한 정보도 없이 식량이나 탄약 등의 전투근무지원도 제대로 받지 못하는 가운데에서도 6사단 7연대는 7월 6일 음성 무극리 전투에서 북한군 1개 연대를 궤멸시키고 다수의 장비를 노획하는 전과도 올렸으며, 7월 19일에는 상주 화령장에서 수도사단 17연대가 북한군 2개 대대 이상을 격멸하고 다수의 장비를 노획하는 커다란 전과를 올림으로써 아군의 사기를 고양시켰다.[20]

북한은 대전을 점령한 이후 국군과 미군의 방어선을 돌파하여 낙동강 북쪽과 서쪽 지역을 석권하고 급속히 낙동강을 도하하여 예비대를 투입함으로써 국군과 유엔군이 전선을 강화하기 전에 조기에 전쟁을 종결하고자 낙동강 전선으로 역량을 집중하여 공

---

18 위의 책, pp. 205-207.
19 합동참모본부, 『한국전사』, pp. 350-351.
20 육군사관학교, 『한국전쟁사』, pp. 251-252, 273-274 참조.

격하였다.

김일성은 7월 20일 전선사령부가 있는 수안보에 와서 해방 5주년과 전승축하식을 서울에서 개최할 수 있도록 8월 15일까지 부산을 점령하라고 독전을 하였으며, 이에 따라 북한군은 주공을 경부축선에 주고 8월 5일부터 공격을 집중함에 따라 피아간에 치열한 전투가 전개되었다.

한국군이나 유엔군으로서는 더 이상 물러날 곳이 없었고 북한으로서는 낙동강 방어선만 돌파하면 이제 남한 전 지역을 점령하는 것은 시간상의 문제였기 때문에 피차간에 전력을 다하여 전투를 할 수밖에 없었다. 낙동강 방어선 전투에서 혈전에 혈전을 거듭하다가 9월 15일 인천상륙작전이 성공함에 따라 북한군의 사기는 급격히 저하되면서 국군과 유엔군은 반격작전으로 전환하였다.

2. 유엔군의 반격과 북진(1950.9.15~10.25)

성공적인 인천상륙작전을 계기로 국군과 유엔군은 작전의 주도권을 장악하여 일제히 반격작전으로 전환, 낙동강 방어선에서 총반격을 하여 9월 28일 수도 서울을 탈환하였다. 38도선을 완전히 회복한 유엔군과 국군은 한반도에서 전쟁의 재발을 방지하고 통일을 위하여 북한군을 완전히 격멸할 필요가 있다고 판단하고 북진을 결정하여 10월 1일 38도선을 돌파하고 북진을 시작하였다.

10월 1일에 국군 제1군단이 최초로 38도선을 돌파하고 마침내 10월 10일에는 원산, 10월 17일에는 함흥, 19일에는 1사단이 평양에 첫발을 디디면서 순조롭게 북진을 계속하였다. 10월 24일에는 유엔군 선두부대가 청천강가에 도달하자 유엔군은 북진한계선을 철폐하고 총 추격명령을 하달하여 국경선까지 진출하였으나 이때쯤 한반도에 은밀히 잠입하여 남진하던 중공군의 기습에 직면하게 되었다. 아직 전쟁에 개입한 중공군이 소규모일 것이라고 판단한 맥아더 장군은 11월 24일 크리스마스 공세를 실시하였으나 중공군 공세로 전면적 철수를 하지 않을 수 없었다. 국군과 유엔군은 한반도의 통일을 목전에 두고 진격을 하고 있었지만, 중공군의 개입으로 반격 71일 만에 철수를 할 수밖에 없었다.

3. 중공군의 침공과 유엔군의 재반격 (1950.11.25~1951.6.23)

이 무렵 펑더화이(彭德懷)가 지휘하는 중국군 30만여 명은 '항미원조(抗美援朝)'라는 미명하에 10월 중순부터 한반도의 험준한 적유령 산맥을 타고 주로 밤에 은밀히 침투하여 아군의 배후에서 기습적으로 나타나기 시작하였다.[21] 아군이 미처 방어준비태세를 갖추기도 전에 대규모의 중공군이 출현하여 기습함에 따라 1951년 1월 24일 다시 서울을 내주고 후퇴를 하였던 아군은 평택과 원주-제천-영월-삼척선에서 새로운 방어선을 형성하면서 중국군의 진격을 막기 위하여 공세로 전환하여 3월 14일에는 서울을 다시 탈환하고 중부지역 일대에서 치열한 격전을 하면서 일진일퇴를 거듭하였다.

이 기간 중 중공군은 약 50여 개 사단을 투입하여 수차에 걸친 공세를 실시하였으며, 유엔군은 우세한 화력을 이용하여 중공군과 북한군에게 막대한 피해를 입히면서 전투를 해나가고 있었으나, 이 무렵 전쟁이 발발하기 이전의 상태에서 휴전을 모색하려는 미국의 정치적인 판단이 나오기 시작하면서 북으로의 전선 진출은 제한되기 시작하였다. 중공군이나 북한군도 막심한 피해를 입고 있는 상태에서 공격능력을 상실한 가운데 수세로 전환하고 있었다.

4. 교착전과 휴전회담 (1951.6.23~1953.7.27)

이 무렵 트루먼 행정부는 미국의 대한반도 정책을 적절한 휴전하 전쟁을 종결하고 전쟁 전의 상태로 복귀한다는 방향으로 모색하면서 연합군의 작전을 일정한 지역에서 제한하려고 하였다. 그러나 맥아더 사령관이 이러한 움직임에 반대함에 따라 트루먼 대통령은 맥아더 장군을 해임하고 후임으로 리지웨이(Matthew B. Ridgway) 장군을 임명하면서 북쪽으로의 작전을 제한하였다.[22]

공산 측도 유엔군의 압도적인 화력과 전투근무 지원상의 어려움으로 전쟁을 지속하기에는 많은 문제가 있었기 때문에 휴전을 원하여 개전 1년여 만인 1951년 7월 10

21　중공군의 참전 경위는 육군사관학교에서 발행한 『한국전쟁사』의 pp. 397-443; 국방부 군사편찬연구소에서 발간한 『한국전쟁사의 새로운 연구(1)』의 "중국군 참전 이전 미국과 중국의 관계"의 pp. 427-456; 이기봉, 『증언』, pp. 77-88 참조.

22　자세한 내용은 육군사관학교 『한국전쟁사』의 pp. 471-473 참조.

일, 양측이 휴전을 위한 협상에 들어가면서 한쪽에서는 휴전협상을 하면서 다른 한쪽에서는 서로 유리한 협상조건을 만들기 위한 치열한 전투를 하는 교착전으로 발전되어 갔다.

1951년 7월 10일 시작된 휴전회담은 1953년 7월 27일에 조인됨으로써 3년 1개월간 계속된 전쟁은 끝났다. 휴전회담이 제의되고 협상이 진행되는 동안에도 유엔군은 공산군을 격멸하고 유리한 협상조건을 만들기 위하여 개성-철원-금성-고성을 연하는 선에서 진지 교착전을 하면서도 지속적으로 타격을 가하였다.

공산군도 이 기간을 이용하여 눈에 띨 정도로 전력을 증강하였고 그러한 결과는 1952~1953년 휴전회담 기간의 전투양상으로 나타났다. 교착전이 진행되는 동안 중동부 전선에서 고지 쟁탈전이 치열하게 진행되면서 피아간에 수많은 사상자가 발생하였다.

제4절
전쟁 결과

　　1950년 6월 25일 새벽 4시에 38도선을 따라 전 전선에 걸쳐서 기습적으로 남침을 시작한 북한군은 3일 만에 수도 서울을 함락하고, 대비태세나 전력이 부족하였던 국군은 낙동강 방어선까지 후퇴를 해야만 했다. 그러나 미국을 비롯한 유엔군의 지원으로 반격작전을 실시하여 한국과 만주의 국경선까지 진격하였지만 중공군의 개입으로 다시 후퇴를 해야 했고 이후 일진일퇴를 반복하다 1953년 7월 27일 휴전협정을 체결, 3년 1개월에 걸친 전쟁은 끝나면서 현재에 이르고 있다.

　　전쟁의 결과는 막대한 인적자원의 피해와 산업시설의 초토화로 나타났다. 전쟁에서 남북한이나 유엔군, 중공군 모두 수많은 인적 피해가 발생하였으며, 1,000만여 명의 이

〈표 6.4〉 6 · 25전쟁 시 인명 및 재산 피해

구 분	사망(명)	부상(명)	실종/포로(명)	재산피해액
한국(군)	137,889	450,742	32,838	22.8억$
한국(민간인)	373,559	229,625	387,744	
유엔군	40,670	104,280	9,931	

출처: 국방부 군사편찬연구소, 『6 · 25전쟁통계』(검색일: 2011.5.17).[23]

23　이 외에도 피난민 320만여 명, 전쟁미망인 30만여 명, 전쟁고아 10만여 명이 발생하였다. 북한도 공산군은 대략 60~80만여 명의 사망자와 민간인 150만여 명의 사망자가 발생한 것으로 알려지고 있고, 중공군도 중국발표 자료에 의하면『中國人敏智援軍抗美援朝戰史』는 39만 5,000여 명, 『朝鮮戰爭決定案內』에는 36만 6,000여 명(전사 11만 6,000, 부상 22만, 행불/포로 2만 9,000)으로 기록되어 있으나, 한국 측이 추정하는 자료는 97만 2,000여 명(사망 14만 8,000, 부상 79만 8,000, 실종/포로 2만 5,000)이다.

산가족이 발생하였다.

　또한 3년 1개월간의 치열한 전쟁을 하는 동안 수많은 피해가 발생하였지만 전쟁의 결과는 이런 희생의 보람도 없이 38도선 대신에 휴전선(Armistice Line)이라는 또 다른 이름의 분단선이 생겨났다. 북한은 전쟁을 일으켜 수많은 희생을 야기하였으면서도 이에 대한 반성도 없이 1960년대 이후에는 수많은 무장공비를 남파하여 사회를 혼란시켰고 최근에는 천안함 폭침이나 연평도를 포격하는 등으로 지속적인 긴장을 조성하고 있다.

제5절
한국의 총력전 준비와 실시

6·25전쟁이 발발하기 이전부터 국군은 각종 정보보고에서 북한군의 남침 가능성을 수차례 경고하였고, 이승만 대통령도 이에 대한 우려로 미국에 전투장비와 탄약과 물자의 지원을 여러 차례 요청하였음에도 여러 가지 이유로 무시되거나 거절되었다.

국군은 북한군의 남침 가능성이 고조되자 한편에서는 남침 가능성에 대한 경고를 하고 전투준비를 하면서도 다른 한편에서는 전투장비와 기동장비를 정비를 이유로 모두 회수해가거나 전쟁이 임박하였음에도 사단장급에 대한 대규모 인사를 단행하는 등 이해 못할 일도 발생하였다. 전쟁이 발발하기 전날에 국군 수뇌부는 육군회관 개관 축하연을 하면서 밤늦게까지 음주를 하는 등 곧 다가올 전쟁을 염두에 둔다면 상상도 못할 일들이 발생하였다.

1950년 6월 25일 일요일 새벽 4시, 북한군의 전면적인 기습으로 전쟁은 시작되었고, 국군은 초기 전투에서 어려움을 극복하면서 유엔군의 지원을 받아서 전투를 하였고, 정부도 서서히 기능을 발휘하여 초기단계의 무질서를 극복하면서 총력적으로 대응하여 전쟁을 수행하였다. 그렇지만 당시 정부가 전쟁수행을 위해서 할 수 있었던 일이라고는 별로 없었다.

전쟁을 하기 위해서는 예비전력이 지속적으로 동원되어야 하는데, 이를 담당할 정부기구는 유명무실하였으며 동원체제는 아주 미약하게 있었지만 그나마도 정부가 제기능을 조기에 상실하면서 불가능하게 되었다. 전쟁을 지속하기 위해서는 장비나 물자도 계속 보급되어야 하는데, 이를 생산할 원자재는 없었으며 얼마 되지 않는 산업시설은 대부분 파괴되었다. 모든 것이 최악의 상태였다고 해도 과언이 아니었다.

최악의 조건이었음에도 불구하고 국민들의 노력으로써 서서히 정부기능을 정비하고 파괴된 산업시설을 부분적으로나마 복구하여 이용 가능한 자원들을 최대한 동원, 기초적인 물자를 생산하여 국민생활을 안정시키기 위한 노력을 하면서 전쟁을 수행하는 데 필요한 물자를 보급하여 총력전을 수행하고자 노력하였다. 미국을 위시한 국제연합의 지원이 커다란 도움이 되었지만 여기에 한민족의 노력이 더해져 6·25전쟁이라는 최악의 상황을 극복할 수 있었던 힘이 된 것이다.

1. 신생국 지도자로서 이승만 대통령의 강고한 리더십

신생 공화국의 지도자로서 이승만 대통령의 리더십은 북한 김일성 집단의 기습공격 가능성이 높아지는 과정에서 어떻게 하면 전쟁이 발발하지 않도록 억제 수단을 이용하여 억제 노력을 기울였으며, 억제에 실패하여 전쟁이 발발하였을 시는 한국은 물론 어떻게 미국을 포함하는 국제연합의 힘도 이용하여 총력전을 수행할 수 있도록 전쟁지도를 하였는가에 관한 문제이다.

〈그림 6.2〉 이승만 대통령
(1875~1965)

먼저 당시 헌법에 보장된 대통령의 권한은 무엇이었으며 대통령은 어떻게 대통령의 권한을 이용하여 전쟁을 억제하기 위한 노력을 하였을까? 1948년 대한민국 정부수립과 동시에 제정된 제헌헌법에 규정된 대통령의 권한에는 제57조에 긴급처분 및 명령권, 제59조에 외교 및 선전포고권, 제61조에 국군통수권, 제64조에 계엄선포권, 제72조에 국군참모총장 및 국군총사령관 임면권 등이 있었다.

이 대통령은 1948년 8월 15일 정부수립과 동시에 초대 대통령으로 취임하면서 한국의 안전보장을 위한 우방국 역할, 특히 미국의 중요성을 인식하고 있었다. 따라서 미국의 도움 없이 한국이 생존하기 어렵다고 판단하여 틈만 나면 한미관계의 중요성을 강조하였다. 북한 공산집단의 군사력이 점차 강화되고 도탈의 위협이 점차 가시화되면서 전쟁이 발발할 경우에 대비하여 군사력을 강화하기 위한 군비증강, 미군과의 공동작전을 고려한 군사외교활동 등 다방면으로 노력을 하였지만 미국의 무관심 또는 소극적 지원으로 목적을 달성하기 어려웠다.

1949년 초 육군항공사령부의 북한 공군 전력에 관한 보고를 받는 과정에서 한국군도 전투기를 보유할 필요성을 절실히 인식하여 주한 미국대사인 무초(John H. Muccio)를 경유하여 미국 정부에 전투기를 포함한 장비 지원을 요청한 바 있고, 조병옥 박사를 대통령 특사로 워싱턴으로 보내고 장면 주미대사를 통하여 전투기 75대와 폭격기 12대, 연락기와 정찰기 30대 등을 지원해줄 것을 요청하기도 했으나, 미국 정부는 한국의 전력이 증강되면 북한에 대한 공격 가능성이 높아질 것이라는 이유나 한국군이 이를 운영하고 유지하기 위한 경제력이 미약하다는 이유 등으로 거부하였다.[24]

미 합참에서는 한반도의 전략적 가치를 낮게 평가하여 주한미군을 1948년 12월 31일까지 철수하기로 결정하고 9월 15일부터 철수를 하던 중 여순반란사건이 발생하자 이 대통령은 이때를 이용하여 주한미군을 다시 주둔토록 요청하였고 미군은 1개 연대를 무기한 주둔토록 지시하였다.[25]

1948년 12월에 소련군이 북한으로부터 철수를 완료했다고 발표하자 미국은 다시 주한미군 철수를 논의하여 1949년 6월 30일까지 철수를 하되 장비를 이양하고 군사고문단을 잔류시키기로 하였다. 이 대통령은 미국 주도로 1949년 8월 24일 북대서양조약기구(NATO)가 창설되는 것을 보고 미군이 철수함에 따라 한국의 방위와 안전보장을 위해 이와 유사한 '태평양 동맹'이나 '한미상호방위협정'을 체결할 것을 제안하였으며, 주미대사를 통해 미국 정부에도 이를 제안하도록 하면서,[26] 1882년 당시 조선과 미국이 맺은 '조미수호통상조약' 중 한국에 대한 우호조약을 재확인해줄 것도 요구하였으나 미국은 이를 받아들이지 않았다.

1949년 8월 20일 이 대통령은 트루먼 대통령에게 서한을 보내 "한국에서 전쟁이 발발하면 전면전이 될 것인데 한국에는 미국 관리들이 주장하는 것처럼 2개월분의 군수품을 갖고 있는 것이 아니라 단 2일간의 전투에 충족할 정도라고 판단하고 있다."고 하고 10만의 정규군을 위한 무기의 과부족 소요와 30만 명의 예비군 무장을 위해 105mm

---

24 조세프 C. 굴덴, 『한국전쟁의 비화』, pp. 27-28. 당시 이 대통령의 전투장비와 물자 요청에 대하여 미국은 한국이 항공기 같은 전투장비를 운영하고 유지하기 위해서는 많은 시설과 비용이 소요되기 때문에 이를 위해서는 우선적으로 경제를 육성하는 것이 중요하다고 우정 어린 충고를 하였다.

25 미 합참의 한반도에 대한 전략적 판단 내용은 국방부 전사편찬연구소에서 발행한 『6 · 25전쟁사(1): 전쟁의 배경과 원인』의 pp. 115-118 참조.

26 남정옥, 『6 · 25전쟁: 이것만은 꼭 알아야 한다』(서울: 삼우사, 2010), p. 69; 양영조, 『한국전쟁과 동북아 국가정책』(서울: 선경그라픽스, 2010), pp. 21-28 참조.

포로부터 박격포와 대전차포, 기관총과 소총 등의 소요장비의 수량을 판단하여 목록을 만들고 미국에 지원해줄 것을 요청하였으나,[27] 이 또한 미국의 비협조로 목적을 달성할 수 없었다.

1950년 1월 12일 미 국무장관 애치슨(Dean G. Acheson)이 워싱턴의 프레스 클럽에서 알래스카-알류산 열도-일본-오키나와-필리핀을 연결하는 이른바 '태평양 방위선'의 확보가 미국의 안보이익에 부합된다고 하면서 그 밖의 지역에서는 미국이 일방적이든 단독적이든 군사적 조치가 없음을 명백히 하는 이른바 '애치슨 라인(Acheson Line)'을 발표하였다. 한국은 미국의 극동방위선에 포함되지 않는다는 애치슨 라인을 발표하자, 3월 8일 이 대통령은 한국의 안전보장을 위하여 미국의 방위선 개념을 바꾸어 한국도 포함시켜야 한다고 주장했으나 미국은 무관심하였다.[28]

이 대통령은 전쟁이 발발하기 한 달여 전인 1950년 5월 11일 내외신 기자회견에서 "5~6월경에 무슨 일이 일어날지 예측하기 어려운바 귀국의 원조만이 침략을 방위할 수 있다."고 하여 북한의 남침에 대한 경고와 동시에 미국의 지원을 촉구하기도 하였다.[29]

이 대통령은 앞에서 제시한 바와 같이 전쟁이 발발하기 전에 여러 차례에 걸쳐 당시 한국군의 방위능력이 극히 제한되고 있음을 감안하여 미군 철수의 중지와 한국군 방위력 증강을 위한 장비 지원요청 등 미국의 지원으로 전쟁을 억제하기 위한 노력을 꾸준히 하였으나, 이에 대한 미국 정부의 무관심으로 성과도 없이 북한군의 기습적 남침을 당해야만 했다.

1950년 6월 25일 북한군의 기습공격으로 전쟁이 시작되었을 때 당시 한국군 단독의 힘만으로 전쟁을 수행하기가 대단히 어려웠기 때문에 이 대통령이 가장 관심을 가져야 할 것은 전쟁을 수행하면서도 국권을 수호하기 위해서는 유엔과 미국의 지원을 받는 것이 절실한 것으로 판단하였다.

따라서 이 대통령은 전쟁이 발발한 당일, 즉 6월 25일 11시경 주한 미 대사 무초에게 우선적으로 미국 정부가 소총과 탄약을 지원해주도록 요청하였고, 또한 장면 주미대사에게 전화를 해서 전쟁수행을 위하여 미국에 지원을 요청토록 하였다. 26일 새벽에는 맥아더 장군에게도 직접 전화를 해서 전쟁수행을 위하여 국군에게 무기나 탄약 등을

---

27 육군대학, 『한국전쟁사(상)』(대전: 육군인쇄창, 2004), p. 59.

28 김행복, 『한국전쟁 시의 전쟁지도: 한국군과 UN군』(서울: 신오성기획인쇄사, 1999), pp. 44-46; 육군대학, 『한국전쟁사(상)』, pp. 27-28 참조.

29 육군대학, 위의 책, pp. 121-123.

지원해줄 것을 요청하였다.

　　수도 서울 인근으로 북한군 전차가 접근하여 오고 미아리 방어선이 무너지는 등 상황이 긴박해지자 이 대통령은 27일에 다시 주미대사관으로 전화를 하여 장면 대사가 트루먼 대통령을 만나 지원을 요청토록 지시하였고 그날 장면 대사는 미 대통령을 만나 한국 지원에 대한 우호적 입장을 확인하였다. 미국은 트루먼 대통령 주재 아래 국무장관과 국방장관 및 합참의장 등 수뇌들이 모여 국가안전보장회의(NSC)를 개최하고 한반도에서 군사적 조치를 하기로 결정하면서 이를 극동군 사령관 맥아더 장군에게 지시하였다.[30] 또한 트루먼 대통령은 안전보장이사회 개최를 요구하면서 한국전에 대한 성명서를 발표하여 한국에 대한 지원과 대만의 안전보장 등을 확인하였다.[31]

　　북한군의 남침에 따라 미국은 6월 26일 안전보장이사회의 개최를 요청하였고, 유엔 사무총장은 "유엔은 침략에 직면한 한국의 평화와 안전을 회복하기 위하여 어떠한 조치를 해야 한다."고 역설하면서 피해 당사자인 한국 대표를 참석시켜 직접 호소를 듣기로 하여 장면 대사가 "북한의 침략은 인류에 대한 죄악으로, 한국 정부수립에 큰 공헌을 한 유엔이 평화유지에 대한 기본적인 책임을 갖고 있으므로 안전보장이사회가 북한의 침략을 저지하는 것은 당연하다."고 하였다. 안전보장이사회는 표결에 부쳐 북한은 침략을 중지하고 전쟁 전의 상태로 38도선 이북으로 철수하도록 하는 결의를 채택하였다.[32]

　　이러한 유엔결의에도 불구하고 북한군이 계속 공격을 함에 따라 유엔은 다시 6월 28일 안전보장이사회를 개최하면서 미국은 북한에 대한 더 강하고 효과적인 조치를 취할 것을 요청하였다. 이 회의에 참석한 장면 주미대사 역시 안전보장이사회가 북한의 침략을 저지하는 강력한 조치를 해줄 것을 요청하여 마침내 유엔은 한국에 군사원조를 제공하기로 하는 결의를 채택하였다.

　　이러한 유엔결의로 7월 7일 안전보장이사회가 유엔군을 창설하여 한국을 지원하기로 하는 결의안을 채택하자 이에 호응하여 미국은 해군과 공군을 우선 파견하고 뒤이어 지상군도 파견하기로 결정하였고, 맥아더 장군을 유엔군사령관으로 임명하여 한국

30　이때 미국의 수뇌부가 결정하고 극동군사령부에 지시한 내용은 김행복, 『한미군사관계의 형성과 발전』, pp. 44-47; 국방부 군사연구소, 『UN군 지원사』(서울: 군인공제회 제1문화사사업소, 1998), pp. 18-21; 조세프 C. 굴덴, 『한국전쟁의 비화』, pp. 56-62 참조.

31　미국사연구회, 『미국역사의 기본자료』, pp. 301-302.

32　국방부 군사연구소, 『UN군 지원사』, pp. 12-15.

전선으로 파견하자 이 대통령은 7월 15일 한국군 지휘권을 맥아더 장군에게 위임하여 단일 지휘관에 의한 작전지휘가 되도록 하였다.[33]

전쟁기간 중에 이 대통령은 군사작전에 관한 사항은 지휘관에게 거의 모든 사항을 위임하였고, 본인은 국권을 수호하면서 이미 발발한 전쟁을 이용하여 북진함으로써 통일을 이루는 데 중점을 두고 지도를 하였다.[34] 유엔군의 참전으로 전선 상황이 유리하게 전개되고 인천상륙작전과 북진에 이어 국군이 38도선에 다다르자 유엔군이 38도선 이북으로의 전진을 머뭇거리는 사이 대통령은 북진통일을 하도록 지시하였다.[35]

이 대통령은 제헌헌법에서 부여한 계엄 선포권한을 이용하여 전쟁이 진행되는 동안 군사상 필요와 공공의 안녕질서 유지를 위해 7월 8일부로 계엄령을 발령하여 치안질서를 유지하도록 하였으며, 계엄사령관으로 당시 육군총참모장이던 정일권 소장을 임명했다. 그 외에도 긴급명령권을 이용하여 전쟁을 수행하는 데 필요한 각종의 조치를 하였다.

수도 서울을 수복한 정부는 9월 29일 중앙청에서 수복 및 환도식을 하면서 이 대통령은 미군에 대한 감사와 더불어 승리자로서 북한군에게 관용을 베풀 것이라고 하였다.[36] 국군과 유엔군이 북진하여 평양을 수복하자 10월 30일에는 평양시청에서 평양탈환 군중대회가 열렸는데, 이 자리서 이 대통령은 공산당이 다시 발붙이지 못하게 죽기로 각오하고 싸울 것을 촉구하는 연설을 하였다.[37]

한만국경까지 진격하였던 국군과 유엔군은 중공군 개입으로 불가피하게 철수를 하면서 12월 2일 국방장관은 '최후의 일인까지, 최후의 일각까지… 최후의 승리를 위해서 싸울 것'을 강조하는 결의를 발표하였으며, 이 대통령은 전쟁이 최후의 결전 단계임

---

33 위의 책, pp. 29-31; 이한우, 『거대한 이승만』(서울: 조광출판인쇄주식회사, 2007), pp. 88-91.

34 이 대통령은 전투경험이나 군 경력은 없지만, 프린스턴 재학시절에 역대 미국 대통령들의 국가지도자로서의 전쟁지도를 공부하였고, 링컨이나 루스벨트 대통령 등 지도자의 전시 역할에 대하여 이미 알고 있었을 것이라고 한다. 그랬기 때문에 이 대통령은 전쟁이 발발하자 군 지휘관들의 군사작전에는 개입하지 않았고, 전쟁 초기단계에 미국에 대한 지원요청이나 북진, 반공포로 석방과 같은 정치지도자들이 해야 할 역할에만 집중하였다고 한다.

35 1950년 7월 13일, 아직 전쟁이 매우 어려운 시점에 있을 때 이미 이 대통령은 북한군의 공격으로 38도선의 경계가 의미가 사라졌으며, 다시 한반도가 분단이 된다면 한반도에서의 평화는 없다고 하여 국군이 38도선으로 진격할 시에는 북진하도록 생각을 하고 있었다. 마침내 인천상륙작전 이후 국군이 38도선에 이르자 이 대통령은 9월 29일 정일권 참모총장에게 북진명령을 지시하였으며, 정일권 총장이 강릉으로 가서 국군 3사단에게 북진을 지시하여 10월 1일 최초로 38도선을 넘은 것이다. 유엔군사령부에서는 북진명령을 뒤에 하달하였다.

36 육군대학, 『한국전쟁사(상)』, pp. 501-502.

37 위의 책, pp. 49-50.

〈그림 6.3〉 진해로 이전한 육군사관학교에서 분열 중인 모습. 전선에서 한창 전투 중에 있을 때 진해에서는 장차 국방의 간성을 양성하기 위하여 육군사관학교를 대구에서 다시 이전하여 개교하였다.
출처: 양영조, 『6·25전쟁 사진집』, p. 98.

을 선언하면서 국민총력전으로 이를 극복하겠다는 중대한 성명을 발표하였다.[38]

12월 12일 중공군의 침략을 물리치기 위해서 애국단체 총연맹 주체로 서울운동장에서 열린 '통일대업 완수대회 국민대회'에서 이 대통령은 미국에 100만 애국청년을 무장할 수 있도록 무기를 지원해줄 것을 요청하였고, 또한 대통령 특사를 미국에 파견하여 대한청년단을 무장시키는 데 필요한 무기를 지원해줄 것을 요청하였다.[39]

이 대통령이 100만여 명의 애국청년을 무장시키기 위한 장비를 요청한 것은 전쟁을 좋아해서가 아니라 북한과 같은 공산주의자들과 대치하고 있는 상황에서 제대로 된 군사력이 없이는 국가 자체가 존립할 수 없음을 깊이 인식하고 있었기 때문이다.

전쟁이 막바지에 다다르고 휴전협상이 진행될 때 이 대통령은 휴전회담을 반대하면

---

38 국방부 군사연구소, 『한국전쟁(중)』(서울: 서울인쇄공업협동조합, 1996), pp. 332-333.

39 양영조·남정옥, 『6·25전쟁사』(서울: 신오성기획인쇄사, 2005) pp. 12-15 및 국방부 군사연구소, 『한국전쟁(중)』, pp. 332-334 참조. 당시 이 대통령이 100만여 명의 무장을 추진하고자 했던 것은 중공군의 개입으로 통일 한국의 가능성이 점점 멀어지고 있었고, 여기에 유엔도 유엔 회원국으로부터 추가적인 지원을 획득하기가 어려워지고 있었기 때문이다.

서 북진통일을 주장하여 미국과 많은 마찰이 야기되기는 하였으나, 당시 상황이 되돌릴 수 없음을 인지하여 이를 받아들이는 조건으로 한국군 전력증강계획을 관철시킴으로써 전후 한국군이 현재의 규모로 확장하는 기회를 마련하였다.[40]

한편 휴전협상이 진행 중이던 1953년 6월 18일 거제도와 논산 및 대구 등의 포로수용소에 수감되어 있었던 2만 7,000여 명의 반공포로를 일시에 과감히 석방하여 자유의 품으로 돌아오게 하였다.

이 대통령은 군사작전에 관해서는 지휘관들에게 전권을 주고 참견을 하지 않았지만, 그러나 작전에 아예 관심을 갖지 않은 것은 아니었다. 그는 80세의 노구를 이끌고서도 틈만 나면 전선을 찾아 전투를 앞둔 장병들을 격려하였으며, 그가 찾아간 곳은 영천회전이 발생하고 있었던 영천이나 단장의 능선과 괴의 능선 전투를 하던 양구 등 전국이었다. 지도자로서 위험을 무릅쓰고 전선을 찾아 장병들을 위로하고 격려하였던 대통령이었던 것이다.

전쟁 초기단계에 이 대통령이 승리를 위한 국민적 의지를 결집시키기 위한 행동은 부족하였다. 서울이 피탈되고 대전–대구–부산으로 정부를 옮겨가면서 그 역할을 제대로 할 수 없었던 환경에 있기는 하였지만, 그럴 때일수록 지도자와 정부의 역할이 더 중요한데 그렇지 못하였던 것이다. 인천상륙작전에 성공하고 북진하면서 정부도 제자리를 조금씩 잡아가기 시작하였고 이 대통령도 대통령으로서 역할을 하기 시작하였다.

이 대통령에 대한 역사적 평가는 양분되고 있다. 먼저 전시 지도자로서의 역할에 관한 평가이다. 이 대통령은 본인이 군사를 잘 모르면서 영국 선장 출신인 신성모를 국방장관으로 임명하였고, 총참모장도 병기장교 출신인 채병덕을 임명하여 국방수뇌들이 전쟁지도를 제대로 하지 못했다는 평가이다.[41] 실제로 개전 초기 이 대통령이나 신 국방장관, 채 총참모장 등 누구도 제대로 전쟁지도를 잘했다고 평가를 받기 어려운 것은 사실이다. 하지만 이 책에서도 언급하고 있는 바와 같이 이 대통령은 군사작전은 지휘관에게 맡겨 놓고 본인은 미국과 같은 우방국들로부터 지원을 받기 위한 활동에 전념했다는 점에 주목해야 한다. 실제로 이 대통령은 전쟁이 발발할 때부터 종전 시까지 미국을 위시한 우방국의 지원을 받기 위해 많은 노력을 기울였다.

다른 하나는 이 대통령을 대한민국의 독립과 번영을 다진 건국의 아버지로 평가를

---

40   남정옥, 『6·25전쟁: 이것만은 꼭 알아야 한다』, pp. 72-75.

41   김행복, 『한국전쟁의 전쟁지도: 한국군 및 UN군』, pp. 113-126.

하는 사람들이 있는가 하면, 반대로 한반도의 통일을 저해하고 민주주의를 압살시킨 독재자라고 혹독한 평가를 하는 사람들도 있다. 해방 이후 미군정 3년을 거친 뒤 아무 것도 제대로 없는 나라에서 좌익들의 난동과 6·25라는 민족 최대의 비극을 극복하면서 대한민국의 현재를 만드는 기초를 다졌다는 긍정적 평가가 있는가 하면, 반대로 사사오입 개헌 같은 부정한 방법이나 3·15부정선거와 4·19혁명 등으로 민주주의의 후퇴를 가져왔다는 평가를 하는 것이다. 이렇게 정치적 신념 또는 관점에 따라 이 대통령에 대한 극단적인 평가를 하고 있다.

그러나 유엔군 사령관으로 전쟁을 지휘하였던 여러 장군들 중 클라크 대장은 "한국의 애국자 이승만 대통령은 세계에서 가장 위대한 반공지도자"라고 하였고, 밴플리트 대장도 "위대한 한국의 지도자이자 강력한 지도자이며, 강철 같은 지도자이자 카리스마 성격의 소유자"라고 평가를 하였다. 이 대통령은 전쟁 전부터 종전 시까지 80세 노령의 나이에도 불구하고 한반도에서 공산주의자들이 발붙이지 못하도록 최선을 다했던 것이다.

대한민국은 신생 독립국가로 출범한지 2년도 안 되어 제대로 국가가 그 틀을 잡아가기도 전에 공산좌익들이 도처에서 반란을 일으키고 이 반란이 완전히 진압도 되기 전에 북한의 정규군으로부터 대규모 공격을 받아 풍전등화의 위기에 처하였다. 당시 정부가 제대로 그 기능을 발휘하지도 못하는 상황에서 미국을 위시한 국제연합군의 지원으로 전쟁을 수행하여 비록 완전한 승리를 못했지만, 그럼에도 전쟁을 지도한 이 대통령에 대한 여러 평가에도 불구하고 전쟁을 반쪽짜리 승리로라도 이끈 지도자로서의 열정과 노력을 인정하여야 할 것이다.

한국의 역대 대통령에 대한 평가 결과는 분야별로 다양하다. 이 대통령은 안보 및 통일 분야에서는 3위(1위 김대중, 2위 박정희), 정치와 행정 분야는 4위(1위 박정희, 2위 김영삼, 3위 김대중) 평가를 받았지만, 그 외의 사회 및 교육과 과학기술 등의 분야에서는 낮게 평가되었다.[42] 이 대통령은 이러한 평가에도 불구하고 건국 초기 대한민국의 국부(國父)로 존경을 받으면서도 6·25전쟁이라는 최대의 비극 아래 수많은 어려움과 전쟁기간 중에는 미국과 갈등을 겪으면서도 난관을 극복하였다. 다만, 장기집권이 그의 업적들을 무시하게 만든 것이 아닌지 아쉬운 일이 아닐 수 없다.

---

42 자세한 내용은 '한국대통령평가위원회'와 '한국대통령학연구소'가 공동으로 연구하고 조선일보사가 발행한 『한국의 역대 대통령 평가』(서울: 조광출판인쇄(주), 2002)를 참조.

2. 전란극복에 적극적으로 참여한 국민

일제하 36년의 쓰라린 고통을 겪어야 했던 국민들은 비록 미군이 주둔하여 미 군정의 통치를 받고 있었지만 미 군정의 국군을 창설하기 위한 이른바 '뱀부플랜(Bamboo Plan)'이 수립되고 시행되자 수많은 사람들이 뜻을 갖고 국군 창설에 참여하였다.

대한민국 정부가 수립되고 국군도 창설되고 확대됨에 따라 군을 편제할 장비와 물자가 필요하게 되자 일부는 미군으로부터 인수하고 일부는 장차 지원받기로 하였지만 아군의 장비나 물자보유 수준은 매우 저조하였다. 육군에 전차는 아예 없었고 고작해야 105mm 야포 90여 문을 보유하였으며, 그 외의 주요 공용화기들도 다수 부족하였다. 해군의 경우도 별반 다르지 않아 전투함 없이 경비함 약간을 보유하고 있었으며, 공군도 전투기 없이 훈련기를 약간 보유하고 있었을 뿐이었다.

이렇게 많은 장비가 부족하여 해군에서는 자체적으로 함정을 건조하기 위한 계획을 추진하면서 '함정건조기금위원회'를 조직하여 국민들을 대상으로 함정건조 모금운동을 전개하였고, 이 운동이 전국으로 확산되면서 목표액이 달성되어 미국으로부터 전투함 4척을 구입하기로 결정하여 그중 1척이 전쟁이 발발하기 이전 4월 2일에 진해항에 도착하였다.[43]

공군은 창설 당시 L-4 연락기 10대와 L-5 연락기 20대를 미군으로부터 인수하여 운용하고 있었으나 실질적으로 전투기가 없어 미국에 전투기와 폭격기, 수송기 등을 포함하는 항공기 지원을 요청한 바 있다. 그러나 미국이 한국은 이를 운용할 능력이 없다는 이유로 이를 거절함에 따라 '애국기 헌납운동'을 범국민적으로 전개하여 목표액 2억 원을 훨씬 초과하는 3억 원을 모금하고 캐나다에서 AT-6형 연습기 10대를 도입하여 '건국기'라는 이름으로 최초로 운용하였다.[44] 이렇게 국민들은 열악한 국군의 전투력을 보완하기 위하여 없는 살림에 기꺼이 헌금을 기부함으로써 국군의 전력보강에 힘을 보탰다.

북한군의 기습에 의해 전쟁이 발발하자 정부는 전쟁 초기에 제 기능을 발휘하지 못하였다. 북한군에 비하여 병력이나 화력 등에서 절대적으로 열세였던 국군은 6사단이나 수도사단이 부분적인 승리를 하였지만 강력한 북한군 공격에 의하여 철수를 하지

43　국방부 군사연구소, 『한국전쟁지원사』, pp. 108-109.

44　국방부, 『국방사(1)』, pp. 373-382; 국방부 군사연구소, 『한국전쟁지원사』, pp. 109-110.

〈그림 6.4〉 **국민들의 성금으로 구입된 백두산함.** 이 함정은 1950년 6월 25일 북한이 600여 명의 게릴라를 싣고 부산 앞바다로 침투하는 것을 발견하여 격침시킴으로써 남해안 지역에 상륙을 기도하려던 북한의 의도를 좌절시켰다.

출처: 해군본부, 『대한민국 화보집』, p. 40.

않을 수 없었다.

임진왜란 시 의병이 전국적으로 궐기하여 왜군에게 커다란 피해를 입혔던 것처럼 국군이 낙동강 전선으로 후퇴를 거듭하는 동안 전국에서 남녀노소 할 것 없이 많은 사람들이 자원입대하여 국군의 전력을 보강하였다. 젊은이들은 약간의 훈련만 받고 제대로 된 전투장비도 없이 전선으로 투입되었고, 여학생들은 부상병을 치료하기 위하여 군 병원에서 간호임무를 수행하기도 하였다. 해외에서는 재일본 학도의용군 학생들도 자원입대하여 전선으로 투입되었다. 군 입대 대상이 아닌 사람들 가운데 제2국민병들은 국군이나 유엔군의 전투병력을 절감하고 전투근무 지원활동을 지원하기 위하여 10만여 명이 참전하여 헌신적으로 작전을 지원하였다. 1·2차 세계대전 당시 대부분의 국가나 이스라엘에서 전 국민적 참여노력을 보였던 것처럼 우리 국민들도 똑같이 전쟁에 참여하여 전투원으로서 임무를 수행하거나 비전투원으로서 지원임무를 수행하였던 것이다.

1950년 10월, 중공군의 개입으로 국군과 유엔군이 후퇴를 하자 전국에서는 청년들이 "우리의 힘으로 전쟁을 해결할 수 있도록 총칼을 들고 국민은 정신의 무기를 들고 강토를 지키자."고 결의하면서 100만의 애국청년에게 무기를 달라고 요구하였고, 소집영장을 기다리던 청년들은 "우리는 화랑도 정신을 갖고 있다. 전쟁의 승리는 우리에게

〈그림 6.5〉 누란의 위기를 극복하고자 자원입대한 학도의용대.
출처: 『1950 0625: 한국전쟁 60주년 사진집』, p. 89.

있다. 국가와 민족을 위하여 신명을 바칠 것이다."라고 하면서 자진입대를 하였다.[45]
비록 국민방위군 사건으로 창설된 지 얼마 되지도 않아 해치되는 비운을 맞았지만 국
민방위군을 조직한 것도 국민들의 자력에 의한 방위의지를 나타내주는 사례였다.

이와 같이 전쟁 초기에 한국 정부는 제대로 그 기능을 발휘하지 못하였지만, 국민들
은 자발적으로 국가를 방위하고자 자원입대하였고 소정의 훈련을 마치고 전선으로 나
가 기꺼이 산화하였던 것이다.

한편 노블레스 오블리주는 서양의 사회와 군대에만 있었던 것은 아니다. 6·25 전쟁
기간 우리 군에서도 많은 노블레스 오블리주의 실천이 있었다. 대표적인 몇 명을 보면
5월 27일 창동전투에서 전사한 함준호, 전투기 조종사로 산화한 이근석, 김용배, 이용
문 등 무수히 많다. 미8군 사령관으로 전선을 순찰하다 순직한 워커 장군과 참전한 아
들 샘 대위, 미8군 사령관 밴플리트 대장의 아들로 공군조종사로 참전하여 북폭 중 비
행기 피격으로 전사한 밴플리트 2세 중위, 당시 미 대통령 당선자였던 아이젠하워의
아들 존 중령, 헬기 추락사고로 순직한 제9군단장 무어 장군 등도 있었다. 모두 잊어서
는 안 될 이름들이다.[46]

---

45 양영조·남정옥, 『6·25전쟁사』, pp. 12-13; 국방부 군사연구소, 『한국전쟁(중)』, pp. 332-334 참조.
46 6·25전쟁 중에 한국군이나 미군에서 '노블레스 오블리주' 실천을 보여준 사례는 국방부 군사편찬연구
    소에서 발행한 『한미군사관계사: 1871~2002』의 pp. 494-498을 참조할 것

3. 전쟁수행을 제대로 뒷받침하지 못한 정치

정치권에서는 신생 독립국의 헌법으로부터 각종 법령의 제정을 통해 국군이 그 모습을 갖춰가는 데 도움을 주었다. 제헌국회에서 제헌헌법을 제정하여 대한민국의 틀을 갖추게 하였고 국군조직법이나 병역법, 계엄법 등을 제정하여 국군의 편성으로부터 병력 모집에 이르기까지 법률적 기반을 제공하였다.

정부수립 이후 당면하였던 여러 가지 문제 중의 하나는 점증하는 북한군의 공격 가능성으로부터 한국에 주둔하던 미군의 철수를 중지하게 함으로써 전쟁을 억제하는 것이었다.

1948년 11월 20일 국방부장관 이범석은 국회에서 소련군의 동시 철군 주장의 저의를 폭로함과 동시에 미군 철수가 가져올 문제점을 지적하면서 국회에 미군이 계속하여 주둔할 수 있도록 의결을 요청하였다. 이에 국회가 "한국의 현재 정세의 긴박성에 비추어 대한민국의 방어태세가 정비될 때까지 미군이 남한에 주둔이 필요함을 결정한다."고 결의하였다.[47]

그러나 정치권이 이렇게 전쟁이 발발하기 전부터 종전이 될 때까지 전쟁수행을 지원할 수 있는 입법활동을 하였으며 국민들의 항전의지를 고취하기 위한 중심적인 행동을 했다고는 할 수 없다.

제헌국회에는 1949년 3월 '민족자결주의'라는 이름 아래 미군 철수를 주장하고 남북통일협상 등 공산당 주장과 일맥상통하는 주장을 하던 국회부의장 일행을 검거한 이른바 '국회 프락치 사건'이 발생하여 혼란을 더하였다.

부산으로 피난을 하고 있었던 시절인 1952년 7월에는 이승만 대통령 재선을 위하여 대통령 직선제안과 내각책임제 국회안을 혼합한 발췌개헌안을 통과시키기 위하여 계엄령을 선포하고 국회를 해산하는 이른바 부산정치파동을 일으켜 정치권은 전쟁이라는 국가적 대사를 앞에 두고도 권력을 유지하기 위한 정치싸움에 몰두하는 모습을 보여주었다. 부산에서는 여당과 야당이 치열한 권력 다툼을 하면서 국론이 쪼개지고 추잡한 싸움이 벌어졌다. 전쟁을 하는 데 아무런 도움이 되지 않는 행동들이 빈발하였던 것이다.

전쟁기간 중 정치권은 총력적으로 힘을 합쳐 싸워도 모자랄 판에 서로 권력을 잡기

---

47   육군대학, 『한국전쟁사(상)』, p. 57.

위한 투쟁에 몰두하고 있었다. 영국이 1·2차 세계대전 중 힘을 합치기 위하여 전시 거국내각을 구성하고 협력을 해나간 것과 미국이 의회에서 압도적으로 대통령의 선전포고를 지지했던 모습과는 전혀 다른 모습을 우리의 정치권은 보여주었다.

4. 국제적 지지와 참전을 유도하기 위한 외교적인 노력

6·25전쟁이 발발하기 이전부터 전쟁이 발발하였을 당시까지 한국의 외교 역량은 극히 제한적이었다. 당시 대사관계를 체결한 국가는 미국을 포함한 몇 개 국가에 불과하였다. 일본에는 주일대표부가 설치되어 있었을 뿐이고 자유중국과는 대사관계를 체결하고 있었다. 따라서 전쟁이 발발하기 이전부터 한반도에서의 위급한 상황을 국제적으로 알리고 한국의 입장을 지지해주기를 요청한다는 것은 사실상 불가능하였다고 해도 과언이 아니다.

정부수립 이후의 외교활동을 보면 주로 국군의 방어력 보강을 위해 미국을 대상으로 하여 대통령이나 국방부장관 또는 주미대사나 대통령 특사를 통해 전차나 항공기, 야포를 포함하는 무기와 탄약을 요청하는 수준이었다.

이러한 요청은 한국에 무기를 지원할 시 북진공격을 할 것이라는 우려와 한국의 경제적인 여건 때문에 불가능하다는 이유 등으로 대부분 거절되었고 소총이나 기관총, 박격포 같은 소화기 위주로 일부가 지원되었을 뿐이다.

정부수립 이후 한국과 미국은 1948년 8월 24일 한국군 방어력 보강을 위해 미군 철수 후 미군 장비를 한국군에 이양하는 내용을 위주로 하는 '군사안전에 관한 한·미 행정협정'을 체결하였지만, 그러나 한국에 넘겨진 무기는 별로 없었다.

1949년 10월 6일에는 미 행정부가 한국에 군사원조를 할 수 있는 '상호방위법안'을 통과시켜 정식으로 원조를 받을 수 있게 되었고, 1950년 1월 26일에는 '상호원조법안'에 의거하여 '한·미 상호방위원조협정'도 체결되어 경제부흥을 우선적으로 하면서 미국의 판단과 감독 아래 군원을 받을 수 있게 되었다. 그해 3월 9일 미국은 1,097만 달러를 배당하였고 한국은 이를 이용하여 무기와 탄약을 요청하였지만 발주에 많은 시간이 소요되어 실제 전쟁이 발발하기 이전에 받은 것은 1,000달러의 통신선에 불과하였다.[48]

---

48   국방부, 『국방사(1)』, pp. 325-329.

이 대통령은 북한군의 남침공격에 대한 가능성이 높아짐에 따라 미국에 주한미군이 철수하지 않으면서 유럽식 방위체제인 북대서양조약기구 같은 연합방위 기구를 설치하도록 제안하였으나 미국의 무관심으로 수포로 돌아갔다.

전쟁이 발발하자 이 대통령이나 주미 대사관은 미국 정부와 접촉하여 북한군의 공격을 격퇴하기 위해 미국의 지원을 받는 것이 급선무로 판단하였고 이를 위해 외교적 노력을 기울였다. 당시 장면 주미대사는 트루먼 대통령을 만나 미국의 지원을 요청하였고, 6월 26일 안전보장이사회 1차 회의에 참석하여 "안전보장이사회가 국제평화에 대한 위험을 일소하는 즉각적인 조치와 침략자들에게 정전을 명령하고 남한에서 철수하도록 조치를 해줄 것"을 요청하여,[49] 안전보장이사회로 하여금 북한에게 즉각적으로 전투행위를 중지하고 군대를 38도선 이북으로 철수할 것을 요구하는 결의안을 채택하도록 만들었다.

북한이 안전보장이사회의 결의안을 무시하고 계속 공격을 하자 6월 27일 개최된 안전보장이사회에서 장면 주미대사는 다시 안전보장이사회가 한국을 구할 수 있는 조치를 요청하였고, 안전보장이사회는 북한의 거듭된 공격을 평화를 파괴하는 행위로 간주하여 회원국들이 한국에 원조를 제공할 것을 권고하는 결의를 채택하였다.

이러한 유엔의 권고에 호응하여 전쟁이 발발하였을 당시 59개국의 회원국 가운데 53개국이 안전보장이사회의 결의를 지지하였으며, 유엔 사무총장은 51개국의 회원국에 군대파병을 요청하였다. 이 가운데 16개국이 군대를 파병하였으며, 5개국이 의료지원을 하였고, 수많은 국가에서 물자를 지원하였다.[50]

비록 당시 한국은 독립을 한지 2년도 채 경과하지도 않은 가운데 전쟁을 하였지만, 그러나 전 세계에서 40여 개의 국가들이 국제평화와 질서를 유지하고 침략자를 응징하려는 대열에 동참하여 군대를 파견하거나 의료지원, 또는 물자들을 보내어 한국이 전쟁을 수행하는 데 도움을 주었다.

미국이 주축이 되어 국제연합이 유엔군을 파견하자 이 대통령은 1950년 7월 14일 "현재의 적대행위가 계속되는 동안 한국군에 대한 지휘권을 유엔군사령관에게 위임한다."고 무초 대사에게 서신을 보내고, 7월 15일부터 유엔군 사령관인 맥아더 장군이 작전 지휘권을 행사하도록 하였으며, 이러한 서신은 7월 25일 유엔사무총장에게 제출되

---

49   남정옥, 『6·25전쟁: 이것만은 꼭 알아야 한다』, pp. 281-282; 국방부 군사연구소, 『UN군 지원사』, pp. 13-14.

50   남정옥, 위의 책, pp. 271-273; 국방부 군사연구소, 위의 책, pp. 22-24.

〈그림 6.6〉 국군과 유엔군의 일체감을 강조하는 국방부의 포스터 선전물

출처: 양영조, 『6·25전쟁 사진집』, p. 186.

었다.[51] 그때 이후 연합사령관이 행사해오던 한국군에 대한 전시작전권을 2015년에 이양하기로 합의하였지만, 당시 이 대통령이 한국군에 대한 작전권을 이양한 것은 주권을 포기하는 것이 아니면서 전쟁을 수행할 수 있는 자원을 국제연합으로부터 지원을 받기 위한 것으로 미국이 주도하고 있는 유엔군에게 한국에서의 전쟁에 대한 무한 책임을 지우려는 대통령의 깊은 고민 속에서 나온 조치라고 할 것이다.[52]

한편 중공군의 개입으로 전쟁이 중대한 기로에 접어들고 이에 따라 병력을 확대할 필요성이 제기되면서 이 대통령은 100만여 명의 젊은이들을 무장하기 위한 무기를 미국에 요청하였으며, 전쟁을 하면서 미국과 국군의 확장을 추진하기 위한 협의를 거쳐 1952년부터 1953년에 걸쳐 10개 사단이 새로 창설되어 국군의 전력을 증강할 수 있게 되었다.[53]

51 국방부 군사연구소, 위의 책, pp. 29-31; 김행복, 『한국전장의 전쟁지도』, pp. 205-206.

52 남정옥, 『6·25전쟁: 이것만은 꼭 알아야 한다』, pp. 80-81.

53 국방부, 『국방사(1)』, pp. 57-58; 양영조·남정옥, 『6·25전쟁사』, pp. 108-111 참조.

또한 6·25전쟁 당시 남한이 외교관계를 체결하고 있었던 몇 안 되는 나라 중의 하나였던 자유중국이 병력을 파견하겠다는 제의가 있었으나 당시 자유중국군이 장비와 훈련 등에서 부족하였을 뿐만 아니라, 이는 중공군의 개입이라는 또 다른 문제를 야기할 수 있을 것이라는 판단에 따라 배제되었다. 자유중국군 파병문제는 중공군이 개입한 이후 다시 검토되었지만 역시 정치적인 이유로 끝내 실현되지 못하였다.

전쟁이 중반전에 접어들면서 대두된 휴전협정은 이 대통령이나 정부에게는 대단히 중요한 문제였다. 미국은 국내의 정치상황을 이유로 적절한 선에서 휴전을 하고자 검토하였지만, 이 대통령은 반드시 북진을 해서 통일을 달성해야만 하였고, 따라서 한국과 미국의 갈등이 깊어질 수밖에 없는 상황이었다. 그러나 당시 어쩔 수 없는 상황으로 휴전을 받아들여야 할 것으로 판단한 이 대통령은 휴전을 받아들이되 국군의 전력증강과 더불어 '한미상호방위조약'을 체결하여 한국 방위에 대한 미국의 지원을 보장받으면서 현재의 굳건한 한미동맹을 유지하는 초석을 다지게 하였다.[54]

5. 전쟁지속을 뒷받침하기에는 미약하였던 경제

일제는 중일전쟁과 태평양전쟁을 도발하면서 한반도를 전쟁수행을 위한 병참기지로 만들었고 이를 위해 군수시설의 일부를 일본으로부터 이전해왔다. 1942년 조선총독부가 조사한 남북한 공업생산 통계는 어떻게 남북의 공업이 발전되어 있는지를 보여주는데, 이 조사에 의하면 남북한의 공업 생산액 가운데 중공업 생산액은 북한이 79%이고 남한은 21%인 반면에 경공업 생산액은 남한이 69%이고 북한이 31%였다.[55]

북한이 철광석이나 금, 석탄 등 지하자원이 풍부하고 수풍발전소와 부전발전소가 위치하는 등 전력공급이 비교적 원활하여 흥남의 질소비료공장과 같은 중화학공업이나 금속공업 등이 발전되어 있었지만, 남한은 지하자원도 부족하고 전력사정도 좋지 않아 피복이나 방직업 같은 경공업 위주로 발전되어 있었던 것이다. 이러한 현상은 분단된 이후 그대로 북한의 군사력 증강과 전후 북한의 경제에도 영향을 미쳤다.

남한은 농업 위주로 산업기반이 되어 있었고 주요한 자원이라고는 석탄을 비롯한

---

54 남정옥·양영조, 『6·25전쟁사(제3권)』(서울: 신오성기획인쇄사, 2005), pp. 131-134.
55 국방부 군사연구소, 『한국전쟁지원사』, p. 55; 합동참모본부, 『한국전사』, pp. 322-323 참조.

일부 자원이 매장되어 있었다. 전력도 북한으로부터 공급받고 있었으나 북한이 1948년 5월 14일부로 송전을 중단함으로써 전력난이 심하였다. 여기에 일본이 철수하면서 자본과 기술도 동시에 빠져나감으로써 공장들이 가동을 멈춘 상태에서 남노당은 1946년 '정판사 위폐사건'을 일으켜 통화량이 갑자기 증가함으로써 물가가 폭등하여 경제를 파탄에 몰아넣었다. 또한 일본에 징용되었던 인원과 북한으로부터 내려온 인원 등이 400만여 명에 달하여 당시 남한 경제는 이들을 먹여 살리기는 너무나도 힘든 여건에 있었다.

정부수립 이후 부대가 계속 증편됨에 따라 미군의 군사지원만으로 군수소요를 충당할 수 없게 되자 국방부에서는 초보적이기는 하지만 군사용 물자를 생산하기 위한 노력을 시작하였다. 1948년 11월 국방부에 조달본부를 설치하여 미미하지만 미군의 협조로 해외에서 물자를 구입하는 한편 1949년 1월 정부로 귀속한 유환상공주식회사 용산공장을 제1공장으로 하여 여기서는 소화기를 정비하고 수류탄 제작에 착수하였으며, 인천의 조선유지주식회사 공장을 제2공장으로 지정하여 소화기 부품 생산에 착수하였다.[56]

1949년 국방부에 병기행정본부를 설치하고 여기서 병기와 탄약, 화약의 생산에 관한 업무를 하면서 1950년 들어 영등포의 삼화정공주식회사를 제3공장으로, 인천의 조선알루미늄주식회사를 제4공장으로 하여 병기 생산능력을 더욱 확대하는 조치를 하였다.[57]

한편 1950년 6월에는 부산에 제1조병창을 신설하였고, 인천의 제2공장을 제2조병창으로 개편하여 병기 생산을 확대하고자 하였으나 전쟁의 발발로 중단되었으며, 해군도 병기창을 설치하고 일반업체를 인수하여 병기공장으로 지정을 하는 등 준비를 하였으나 예산이나 시설의 낙후 등으로 어려움에 직면하였다.[58]

그 외에 부대가 확장되고 병력이 급증함에 따라 동대문에 있는 방직회사를 인수하여 피복류를 생산하기 시작하였고 군화 같은 장구류도 일부 생산하거나 수리할 수 있는 능력을 점진적으로 확보해나가고 있었으나 이들을 운용하는 데 필요한 원자재 조달에 어려움이 많았다.

6·25전쟁 당시 우리가 할 수 있었던 것이라고는 인적자원과 차량이나 선박과 같은 일부의 물적자원을 동원할 수 있는 일이었고 나머지는 대부분 미국이 주도하는 국제연

56   국방부 군사연구소, 위의 책, pp. 99-101.
57   국방부 군사연구소, 위의 책, pp. 100-102; 국방부, 『국방사(1)』, pp. 343-345 참조.
58   국방부, 『국방사(1)』, pp. 361-372.

합군의 지원으로 전쟁을 할 수밖에 없었다.

전쟁으로 인하여 농업이 기반이었던 사회는 황폐화되었고 얼마 있지도 않았던 산업 시설마저 폭격으로 파괴되었다. 전쟁을 수행하는 데 필요한 전비를 조달할 수 있는 재정능력이나 경제력은 없었으며 가용한 외화도 턱없이 부족하였다. 당시 한국의 재정이나 경제력은 총력전을 수행하는 데 거의 도움을 줄 수 없을 정도로 기반이 약하였던 것이다.

그럼에도 전쟁기간 중 수많은 악조건을 극복하면서 파괴된 공장을 복구하고 어렵게 원자재를 획득하여 물자를 생산, 군에 보급하면서 점차적으로 생산량을 증가시키기 시작하여 극히 제한적이기는 하였지만 총력전을 수행하는 데 도움을 주었다.

6. 전쟁을 하면서 강화된 군사력

해방이 되면서 일본군이나 중국군, 만주군에 속해 있었거나 또는 독립군으로 활동하여 군사경력을 가진 많은 사람들이 귀국하여 독립국가를 건설하기 위한 노력을 하였지만, 무엇보다도 우선적으로 군대를 창설하고자 하는 것이었다. 이들 가운데 일부는 사설 군사단체를 만들어 장차 건국과 건군에서 주도적인 역할을 원하였는데, 그중에는 불행하게도 공산주의자들도 다수 있었다.

미 군정은 당시 많은 사설 군사단체들에 대한 불분명한 정책으로 혼란을 야기하다가 마침내 모든 사설 군사단체를 해산하고 군정법령에 의해 국방사령부를 설치하여 그 예하에 군무국과 경무국을 두고 군무국에는 육군부와 해군부를 두기로 하였으며 국방군을 창설하기로 하였다. 이에 앞서 군사영어학교를 설치하여 언어소통을 위한 기반을 마련하고 이 영어학교가 폐지되자 국방경비사관학교를 설치하여 창군요원을 양성하도록 하였다.

이후 국방경비사관학교는 육군사관학교로 개편되어 군 간부를 육성하는 데 진력하게 되었으며, 이 외에도 병과교육이 시급한 과제로 대두됨에 따라 육군보병학교와 통신학교 및 병기학교 등 각 병과학교를 1947~1949년에 각각 설치하여 교육을 시작하였다.

해군도 1947~1949년에 마찬가지로 항해학교, 기관학교, 통신학교 등 각 병과학교를 설치하여 교육을 시작하였으며, 공군도 장교후보생 교육대나 통신교육대 등을 설치하여 병과교육을 시작하였다.

또한 미군은 그들의 경비임무를 대신할 부대를 만들기 위해 이른바 뱀부플랜을 만들어 1개 도에 1개 연대를 창설하도록 하였으며, 이에 따라 국방경비대가 창설되어 모든 사설 군사단체들은 국방경비대로 흡수되었다. 이후 1946년 경비대 총사령부 창설을 계기로 8개 연대의 경비대가 창설되었는데 문제는 이대 좌익사상을 가진 다수의 인원들도 특별한 검증절차 없이 입대함으로써 1948~1949년의 대구 폭동사건이나 여순반란 사건과 제주도 폭동사건, 그리고 2개 대대 월북사건까지 발생하는 원인이 되었다.[59]

육군과는 별도로 손원일 등이 해사대를 조직하여 해군 창설을 위한 준비를 하였다. 해사대는 미군정과 몇 차례 협의를 거쳐 해안경비대를 만들었고 1945년 11월 11일 해안경비대를 해방병단이라고 하였다가 1946년 1월 24일에는 국방사령부로 편입하였다. 또한 해군요원의 확보를 위하여 해방병학교를 설치하였고 정부수립 후 해군사관학교로 발전되었다.

국방사령부는 군정청에서 국방부로 개칭하였으나, 국방부라는 명칭에 대한 소련의 항의에 따라 국내경비부로 바꾸었다가 이에 한국이 항의하자 통위부로 다시 명칭을 바꾸었으며, 이후부터 한국인이 통위부장이 되어 사실상 지휘권을 행사하고 미군은 고문관 역할을 하기 시작하였다.

통위부는 차후 미군이 철수하고 국군이 창설될 시에 대비하여 경비대 확장계획에 따라 기존의 9개 연대를 1948년 4~5월에는 7개 여단 15개 연대까지 확장되었고 그 외에 병참 및 보급부대 등도 창설하였다. 해안경비대도 미 해군으로부터 상륙정과 소해정 등 36척을 인수하였고 인천이나 부산, 목포 등 주요항구에 기지를 설치하기 시작하였으며, 진해에도 해군의 특설기지사령부를 설치하였다. 마침내 1947년 8월 30일부로 미7함대로부터 38도선 이남의 해상방위업무를 인수하여 그 임무 영역을 확대해나가기 시작하였다.

1948년 8월 15일 마침내 정부가 수립되고 정부조직법(법률 1호)이 공포되고 국방부가 설치되면서 국방부장관이 육군과 해군, 공군을 관장하도록 하였으며, 이때 조선경비대는 육군으로, 해안경비대는 해군으로 개칭되었고 국군조직법이 법률 제9호로 제정되었다.

---

59 좌익들에 의한 군내 반란사건 등은 국방부에서 발행한 『국방사(1)』의 pp. 428-437; 국방부 군사편찬연구소에서 발행한 『6 · 25전쟁사(1): 전쟁의 배경과 원인』의 pp. 451-506 참조.

이때 육군은 소화기로 무장한 5만여 명의 병력과 15개 연대로 편성되어 있었고 해군은 소함정 105척에 병력 3,000여 명 규모로 편성되었다. 당시 국방부는 한반도 방위를 위해서 북한과 만주의 위협까지를 고려하여 23만여 명의 병력이 필요할 것으로 판단하고 있었으나 실제는 5만여 명을 약간 상회하는 정도에 불과하였다.

1945년 8월, 38도선 이북의 일본군 무장해제를 이유로 진주한 이후 김일성을 내세워 북한 지역을 통치하고 있었던 소련은 어느 정도 괴뢰정권과 군사력을 건설해 놓았다고 판단하여 1947년 미소공동위원회에서 한반도로부터 외국군을 철수시키자고 주장함으로써 점령군 철수문제가 공식화되기 시작하였다. 1947년 9월, 미국은 대통령 특사로 웨드마이어 장군을 보내어 중국과 한반도의 상황을 조사하고 이를 토대로 미국이 취할 정책을 건의하게 하였고 미 합참은 한반도에서 미군이 계속 주둔하는 데 별 전략적 가치가 없다고 판단하여 미군을 철수 후 다른 지역에서 사용하는 것이 낫겠다는 의견을 내놓았다.[60]

한반도에서 외국군 철수에 대한 문제가 미소공동위원회에서 유엔으로 이관됨에 따라 유엔은 한반도에서 통일된 정부를 설치하기 위한 격론을 벌였고 미국이 1947년 10월 유엔한국임시위원단(UNTCOK)을 설치하여 한국에서 통일된 정부를 수립 후 외국군을 철수시킨다는 제안을 하였다. 이에 반대하는 소련이 문제를 제기하여 격론 끝에 미국의 제안을 채택함으로써 점령군이 가능하면 90일 이내 독립정부와 협의하여 철수하도록 하였다.

이에 따라 미국은 한국을 경제·군사적으로 지원하여 미군이 철수할 수 있는 조건을 마련해 놓은 뒤 1948년 8월 15일에 철수를 개시하여 12월 31일까지 완료토록 할 계획이었다. 그러나 당시 한국의 경제적 여건이 뒷받침되지 않은 가운데 미국도 점증하는 공산주의 위협에 대응하여 미군이 철수하기 이전에 미군의 역할을 군사원조로 채우면서 한국군의 역량을 강화하기 위해 '한미 간에 잠정적 군사안전에 관한 행정협정'을 체결하는 등의 조치를 하였다.

1948년 9월 들어 소련군은 12월 말까지 북한에서 철수할 계획을 내세우면서 미군도 이에 상응하는 조치를 할 것을 요구하자 미군도 일부가 10월 19일부터 철수하기 시작하였는데, 그해 4월 3일 제주도에서 폭동이 발생하기 시작하여 10월 19일 여순반란사

---

60   자세한 내용은 육군사관학교에서 발행한『한국전쟁사』의 pp. 173-174; 육군대학에서 발행한『한국전쟁사(상)』의 pp. 25-27 참조.

건과 11월 2일 대구반란사건에 이르기까지 연속적으로 군내에 침투해 있었던 좌익들에 의한 폭동이 발발함으로써 정부는 미군 철수 중지를 요구하였다.

1948년 12월 12일 파리에서 개최된 유엔총회에서는 한반도에서 점령국들이 가능한 조기에 군대를 철수시킬 것을 권고한다고 결의하였고, 12월 16일에는 소련이 한반도에서 소련군을 완전히 철수하였다고 발표함으로써 미군 철수를 압박하였다.

이런 변화에 부응하여 미국은 한반도에 있었던 24군단을 해체하고 7,500여 명의 1개 연대 전투단과 미군사고문단(KMPG)을 잔류시킨 채 철수하였고 이 1개 연대마저도 1949년 6월 30일에 철수를 완료하였다.

1948년 8월 15일 정부가 수립된 이후 국군은 부대 증편을 계속하여 1949년 1월에는 6개 여단 20개 연대를 편성하고 38도선에 대한 경비를 미군으로부터 인수하였으며, 5만여 명을 무장할 수 있는 5,600만 달러 상당의 장비와 탄약 등을 인수하였다.

1949년 3월 들어 경찰을 포함하는 국군병력이 10만 4,000여 명을 상회하는 데 비하여 장비는 1948년 3월의 경비대를 기준으로 하는 5만여 명분을 보유하고 있어 상당량이 부족하였으므로 미국에 지원요청을 하여 약간의 장비와 수리부속 등을 연말까지 인수할 수 있었다.

국군은 주한미군이 철수를 완료하자 방위력을 지속적으로 증강하여 상비군 병력이 10만여 명에 이르렀으나 북한이 소련의 지원으로 전투장비를 증강하고 중국의 지원으로 병력을 계속 확대함에 따라 이에 대비하기 위해서는 10만의 상비군 외에 예비군 5만, 경찰 5만, 보충병 20만 명 등 40만 명의 병력이 필요할 것으로 판단하여 이에 필요한 장비를 이 대통령은 트루먼 대통령에게 요청하였다.[61]

한편으로 국방부는 부대 개편으로 사단과 함대, 공군의 독립을 추진하여 마침내 1949년 5월 12일에 6개 여단을 사단으로 개편하면서 1·6·7·8사단은 38도선을 담당하는 사단이 되었고, 그 외 사단은 후방에서 공비토벌작전에 투입하였으며, 6월 10일에는 수도경비사령부와 8사단을 창설함으로써 8개 사단을 확보하였다. 해군은 미국으로부터 함정을 인수하고 '함정건조 모금운동'을 전개하여 함정도입을 추진하는 한편 진해에는 통제부를 설치하면서 점차 작전수행체제를 확립하였다. 공군은 처음에는 육군항공대로 출범하였지만, 미군으로부터 연락기를 인수하고 '애국기 헌납운동'을 전개하여 연습기도 구입하는 등 점차 공군으로 확대할 준비를 하였다.

---

61 국방부, 『국방사(1)』, pp. 171-172.

남한에서 군을 창설하고 무장함에 있어서 당면하고 있었던 가장 중요한 것 중의 하나는 군을 무장시킬 장비와 탄약을 어떤 종류로 얼마나 어떻게 확보할 수 있는가 하는 것이었다. 1949년 9월 15일 미국은 철수를 시작하면서 미국의 1944년 잉여재산법에 의해 지상군 5만여 명을 무장할 수 있는 10만 정의 소총과 5,000만 발의 탄약, 2,000문의 로켓과 포탄 4만 발, 각종 차량 4,900여 대, 대전차포를 포함한 경포와 포탄 등 5,600만 달러 상당의 장비와 무기를 이양하였고 일본의 미군기지로부터도 개인장비 1만 5,000여 명분을 인수하였다.[62] 그런데 인수한 많은 장비는 구식에 20~30%는 일본군이 사용하던 장비였다.

1949년 6월 트루먼 대통령은 주한미군 철수에 따른 한국군의 취약성을 보완하기 위하여 1억 5,000달러의 경제지원을 위한 '대한지원법'을 의회에 요청했으나 거절되고 6월 25일에는 '상호방위원조법안'을 다시 제출하여 10월 6일에 통과는 되었으나 여기에 포함된 13억 1,400만 달러 가운데 한국에 할당된 액수는 1,097만 달러에 불과하였다.[63] 이 1,097만 달러를 이용하여 전력증강을 위해 한국과 미국은 1950년 1월 26일 '한미

〈표 6.5〉 개전 직전 남북한의 군사력 비교

구 분	남 한	북 한	비 고
병 력	105,752명 (육군 94,974, 해군 7,715, 공군 1,897, 해병대 1,166)	198,380명 (육군 182,680, 해군 4,700, 공군 2,000, 기타 9,000)	
부 대	사단 8개, 독립연대 1개	사단 10개, 전차여단 1개	
전 차	장갑차 27대	전차 242대, 장갑차 54데	
야 포	1,051문 (자주포 0, 곡사포 91,박격포 960)	2,492문 (자주포 176, 곡사포 552, 박격포/고사포 1,728/36)	대전차포, 로켓 제외
항공기	22대 (연락기 12, 연습기 10)	210대 (정찰기, 훈련기, YAK-9, IL-2/10 등)	
함 정	경비정 28척	경비정 30척	

출처: 정하명 외, 『한국전쟁사』, p. 197.

62　국방부 군사연구소, 『한국전쟁지원사』, p. 135.
63　국방부, 『국방사(1)』, pp. 328-329.

상호원조협정'을 체결하여 약 90%는 병기와 보급품 및 탄약을 요청하였고 나머지 10% 는 해군 함정의 부품과 공병, 통신장비의 부속품 등을 요청하였다. 그러나 요청된 병기 에 대한 수리부속 중 한국군이 보유한 구식장비에 다한 수리 부속이 없어 다시 미국의 생산 공장에 주문하고 생산하느라 이 과정에서 행정적으로 많은 시간이 소요되어 결국 전쟁이 발발할 당시 한국군에 인도된 것은 수백 달러의 통신장비에 불과하였다.[64]

〈표 6.5〉에서 보듯이 병력이나 장비 모두 아군이 수적으로 열세하였지만 더 우려되 었던 것은 아군이 미군으로부터 받은 장비의 대부분이 2차 세계대전 당시 사용되었던 구식장비였으며, 그나마 수리부속품도 없어 가동이 안 되는 장비가 많았다는 점이다. 반면에 북한이 소련으로부터 지원받은 장비의 상당수는 신형 장비였기 장비의 수량에 서도 열세하였지만 질적인 면에서는 더욱 그러했다.

아군은 전차를 단 한 대도 보유하지 못하고 있었는데 비하여 북한은 242대를 보유하 여 개전 초 아군이 전차 공포증을 갖는 원인이 되었고, 항공기도 아군은 경비행기 위주 로 약간을 보유하고 있었으나 북한은 전투기(YAK-18)와 폭격기(IL-2·10)를 보유하여 개 전과 동시 서울을 폭격할 수 있었다.

개전 당시 육군은 8개 사단과 1개 독립연대를 보유하고 있었다. 그러나 육군은 북한 군의 압도적인 병력과 전차를 포함하는 화력과 잘 훈련된 공격에 의해 많은 피해를 입 고 후퇴를 하고 있었으며, 더군다나 아군의 주력이 아직 한강 이북에 있을 때 한강교마 저 조기에 폭파되는 바람에 대다수의 병력은 전투서열도 없이 무질서하게 한강을 도하 하였고 더 중요하였던 것은 얼마 되지 않는 야포라든가 차량 등 기동장비 대다수를 한 강 이북에 남겨 놓고 철수를 한 것이다.[65]

7월 초 미 군사고문단의 인원점검 결과를 보면 개전 당시 10만여 명의 국군이 일주 일 후 한강을 넘어온 병력은 2만 2,000여 명에 불과할 정도로 많은 피해를 입었으며, 며 칠 뒤 춘천지구와 동해안 지구에서 전투를 하였던 6사단과 8사단을 합해도 5만 4,000여 명에 불과하였다고 한다. 일주일 만에 4만 4,000여 명이 전사나 실종, 포로, 행방불명 으로 사라질 정도로 국군은 심대한 피해를 입고 있었던 것이다.[66]

한편 전쟁을 진행하면서 병력을 보충한다는 것은 어려운 문제였다. 병력을 보충하 기 위한 시스템이 작동되고 있지 않았기 때문이었다. 따라서 가두에서 병력을 모집하

---

64   위의 책.
65   김행복, 『한국전쟁사』, pp. 19-20; 육군대학, 『한국전쟁사(상)』, pp. 133-184, 193 참조.
66   조세프 C. 굴덴, 『한국전쟁의 비화』, pp. 117-118.

거나 자원입대하는 병력으로 보충을 하는 등으로 어렵게 병력을 보충하고 있었다. 그렇게 하면서 낙동강까지 후퇴하였다. 낙동강 전선에서 전열을 재정비하고 인천상륙작전에서 성공하여 서울을 수복하고 북진하여 압록강까지 진격하였으나 중공군이 개입함에 따라 전쟁은 중대한 기로에 접어들고 이에 따라 병력확대 필요성이 제기되면서 100만여 명의 젊은이들을 무장하기 위한 무기를 미국에 요청하기도 하였다. 전쟁을 하면서 미국과 국군의 확장을 추진하기 위한 협의를 거쳐 1952년부터 1953년에 이르기까지 10개 사단이 새로 창설되어 국군의 전력을 증강할 수 있게 되었다.[67]

한편 전쟁기간 중 미국은 많은 병력을 파견하였다. 육군은 1개 야전군에 3개 군단, 8개 사단(정규 6, 주방위 2)과 연대전투단 2, 보병연대 28, 포병대대 54, 기갑 8개 대대를 파견하였고, 해군은 항공모함 16척과 전함 4척, 구축함 10척 및 순양함 4척 등이 참전을 하였으며, 공군은 다수의 전투기와 폭격기 및 수송기를 파견하였고, 해병대도 1개 사단과 항공단이 참전하였다.[68] 그 외에도 15개 국가에서 전투부대를 보냈고 5개 국가에서는 의료지원부대를 보냈으며 21개국에서는 물자를 보내 신생 독립국의 전쟁을 지원하였다. 이렇게 6·25전쟁에서 한국은 총력적인 대응을 하였지만, 자유를 사랑하는 세계 각국에서도 유엔의 이름으로 한국을 지원하였던 것이다.

7. 예비전력의 조직화 추진과 그 한계

예비전력은 전쟁지속능력을 유지하고 확대하는 데 있어서 필수적이자 핵심적인 요소이며, 특히 핵심은 병력을 적시에 확보하여 보충할 수 있는가이다. 국방부는 북한군이 계속하여 병력과 장비를 증강하면서 남침의 가능성이 고조되자 이를 우려하여 예비전력의 필요성을 제기하였다. 이에 따라 1948년 11월에 제정된 국군조직법과 긴급 대

---

67 국방부, 『국방사(1)』, pp. 7-58; 양영조·남정옥, 『6·25전쟁사』, pp. 108-111; 육군대학, 『한국전쟁사(상)』, pp. 472-476; 조성훈, 『한미군사관계의 형성과 발전』, pp. 129-131 등을 참조.

68 미국이 6·25전쟁에 직접적으로 참전한 연인원은 약 178만 9,000여 명이고, 3만 6,940명의 전사자와 9만 2,134명의 부상자 및 실종자 3,737명과 포로 4,439명이 발생하였으며, 300억 달러(2008년 기준으로 3,200억 달러)의 전비가 사용되었다. 참고로 미국이 남북으로부터 이라크 전쟁에 이르기까지 사용한 전비를 보면 다음과 같다. 남북전쟁 41억 8,300만(2008년 기준 604억 4,000만) 달러, 1차 세계대전 200억(2008년 기준 2,530억) 달러, 2차 세계대전 2,960억(2008년 기준 4조 1,140억) 달러, 베트남 전쟁 1,110억(2008년 기준 6,860억) 달러, 이라크전쟁 6,160억(2008년 기준 6,480억) 달러이다(Stephen Dagget, *CRS Report for Congress: Costs of Major U.S. Wars*(U.S. States of Departments, 2008.6.24).

통령령으로 제정된 '호국병력에 관한 임시조치령'에 의거하여 호국군을 조직하였다가 병역법의 제정으로 호국군이 해체되면서 이를 근거로 청년방위대를 만들었고 학도호국단도 창설하였다.

호국군은 1948년 미군의 철수가 본격적으로 시작되자 국내의 가용한 많은 잉여자원을 사전에 예비전력으로 편성하여 관리하고 훈련을 하다가 장차 미국으로부터 장비가 도입되면 현역으로 만들 목적으로 편성하였다.[69]

호국군은 청년들을 대상으로 지원제로 운용되었으며 이들은 예비역으로 특기에 따라 전투부대나 특수부대원으로 구분하여 주거지에 거주하면서 생업에 종사하다가 현역부대로 소속되어 필요한 군사훈련을 받았다.

1948년 12월 육군본부에 호국군국을 두었고 1949년 초에 들어 예하에는 호국군 4개 여단과 10개 연대를 두었다. 육군본부에 호국군 간부 훈련소를 두어 간부훈련을 담당하였으며 육군의 호국군국을 모체로 국방부에 호국군사령부가 창설되었다. 호국군사령부가 창설되면서 육군의 호국군 간부훈련소는 호국군 간부학교로 개편되었고 다시 사관학교로 개칭하여 1,000여 명의 호국군 소위를 배출하였다.

호국군은 1949년 7월에는 5개 여단 10개 연대까지 증가되어 한때 병력이 20만여 명에 달하였으나 무기와 장비는 거의 없었고 교육훈련 시에만 일제 38식 소총이나 99식 소총을 이용하였다. 호국군은 1949년 8월 6일 새로운 병역법이 공포되면서 8월 31일부로 폐지되었기 때문에 전쟁 시에는 존재하지 않았으나, 만약 호국군의 조직을 그대로 존치하였다면 개전 초기 병력부족을 해소하는 데 조금이나마 도움이 되지 않았을까 한다.[70]

이 대통령은 평소 20만 명 규모의 민병을 조직할 필요성을 강조하였는데, 1949년 8월에 병역법이 개정되어 공포되면서 호국군이 해체되자 11월에 병역법 77조를 이용하여 대한청년단 조직을 근간으로 청년방위대를 창설하였으며 육군본부에는 청년방위국이 설치되었고 온양에는 청년방위간부학교도 설치되어 선발된 간부요원에 대한 군사훈련을 담당하였다.

청년방위대는 북한으로부터 탈출해온 서북청년단을 포함한 20여 개의 청년단체로 1948년 12월 19일 조직되어 정부에서 적극적인 지원을 받으면서 성장하여 서울로부터

---

69 국방부 군사연구소, 『한국전쟁지원사』, pp. 73-74.

70 국방부, 『국방사(1)』, pp. 386-387.

전국의 시·도 및 시·군·구에 이르기까지 조직을 확대하여 정규단원만 해도 200만여 명에 달하였다.[71]

청년방위대는 전국적으로 조직을 확대하여 시·도 단위에는 방위단, 시·군 단위에는 방위지대, 읍·면 단위에는 방위편대, 리·동 단위에는 구대나 소대가 조직되어 1950년 4월까지 설치가 완료되었다. 청년방위대를 창설하고 조직화한 것까지는 좋았으나 실제 전쟁이 발발하였을 당시에는 아무런 역할도 하지 못하였다.[72]

또 다른 예비전력이었던 학도호국단은 1948년 10월 정부가 예비전력을 확보할 목적으로 문교부가 주관하여 전국의 중등학교 이상의 학생으로 조직되기 시작하였다. 먼저 '학도호국단 조직 및 지도요강'을 만들어 체육교사 위주로 군사훈련을 이수하고 예비역 소위로 임관하여 소속 학교로 배치되었고, 이어서 각 학교의 1,500여 명의 학도간부들이 군사훈련을 마치고 학도호국단 창설요원이 되었다.

이렇게 하여 1949년 초 대한민국 학도호국단이 창설된 이후 1949년 8월 6일에 공포된 병역법 78조에 의거 중등학교 이상에서는 전 학생이 의무적으로 학도호국단에 편입되었으며, 9월 27일에는 대통령령으로 그 외의 학생단체를 불법화하였다. 이렇게 하여 편성된 학도호국단은 947개교에 학생은 약 45만여 명에 달하였다.[73]

이와 같이 정부는 전쟁이 발발하기 이전에 청년방위대를 조직하고 학도호국단을 설치하여 군사훈련을 실시함으로써 예비전력을 확보하기 위한 조치를 하였다. 그러나 전쟁이 기습적으로 발발하자 정부는 예비전력의 동원을 위한 제 기능을 발휘하지 못하였고, 이미 편성되어 있었던 예비전력들에 대한 동원계획도 없었으며, 청년방위대나 학도호국단이 제대로 그 역할을 하지 못하였기 때문에 손실된 병력을 충원하기 위해서는 가두징집과 같은 또 다른 조치가 필요하였다.

1950년 11월 중공군의 개입이 확실시되면서 정부는 부족한 병력을 충원하기 위하여 12월 21일 법률 제172호로 '국민방위군설치법'을 제정하여 만 17~40세 이하의 남자로 지원에 의하여 '국민방위군'을 설치하도록 하였다. 국민방위군은 대한청년단과 청년방위대를 근간으로 하여 '국민방위군사령부'를 설치하고 육군본부에는 이를 감독할 '국민방위국'을 설치하였으며, 온양에는 '국민방위군사관학교'도 설치하였고, 경상남북도와

---

71   국방부 군사연구소, 『한국전쟁지원사』, pp. 73-74.

72   박재용, "육군의 창설과 발전", 『군사』 제68호(서울: 신오성기획인쇄사, 2008), p. 175; 국방부 군사연구소, 『한국전쟁지원사』, pp. 74-75; 국방부, 『국방사(1)』, pp. 389-390 참조.

73   국방부 군사연구소, 위의 책, pp. 76-77.

제주도 등지에 52개 교육대를 편성하여 68만여 명의 제2국민병을 훈련하고 수용할 준비를 하였다.[74]

전쟁 당시 북한군은 패퇴하면서 같이 철수하지 못한 잔당 2만 5,000여 명이 태백산이나 보현산 등 강원도와 경북도 산악지역으로 숨어들어 후방지역에서 아군부대를 기습하거나 병참선을 파괴하는 등 비정규전 활동으로 후방지역을 교란하였고, 따라서 이를 소탕할 필요성이 대두되었으나 정규군 병력은 전방지역작전으로 충분하지 못하였다.

따라서 적 비정규전 병력에 대한 소탕 필요성에 따라 이렇게 창설된 국민방위군은 전투장비나 훈련정도가 정규군보다는 부족하였지만, 전투부대로 편성되어 정규군 부대에 배속되어 정규작전에 투입되거나 후방지역에서 작전하는 부대에 배속되어 강원도 태백산 지구나 경북 일월산 및 보현산 지구전투 등에 참여하여 공비토벌과 주요 병참선 방어임무 등을 수행하였다.

그러나 국민방위군 사령관을 포함하는 일부의 고위급 지휘관과 참모들이 국민방위군에게 지급되어야 할 예산을 착복하고 물품을 빼돌려 심각한 문제가 발생하였다. 국민방위군 가운데 경기도나 충청도 등지에서 모집하여 경상도로 이동하는 과정에서 기아자와 동사자가 발생하였고 수용 및 교육훈련을 하는 과정에서도 굶주림으로 수많은 장정들이 희생되는 이른바 '국민방위군 사건'이 발생하자 정부는 조사 끝에 예산과 물품 등을 횡령하고 착복한 국민방위군사령관을 포함한 주모자들을 군사재판을 거쳐 사형에 처하고 국민방위군은 창설 5개월만인 1951년 4월 30일 법안을 폐지함으로써 역사 속으로 사라졌다.

비록 국민방위군은 중공군이 개입하여 예비전력이 부족한 가운데 이를 타개하고자 하는 창설취지와는 다르게 국민방위군 사건이라는 오점을 남기고 사라졌지만, 국민방위군은 '국민'이라는 이름이 의미하듯 당시 17~40세의 싸울 수 있는 남자들을 최대한 동원하여 국가적 차원에서 총력전을 수행하기 위한 노력으로 실시되었던 것임을 부인할 수 없을 것이다.

전선이 점차 남부지역으로 확대되어 낙동강 방어선까지 후퇴하면서 정부 차원에서는 국민방위군을 조직하였지만, 전 국민도 총력적으로 국난을 극복하기 위하여 스스로 전투원으로서 또는 비전투원으로서 자원하였는데 여기에는 학도병, 소년지원병, 유격

---

74 남정옥, "국민방위군", 『한국전쟁사의 새로운 연구』(서울: 정문사문화주식회사, 2001), pp. 183-186; 국방부 군사연구소, 『한국전쟁지원사』, pp. 330-331 참조.

〈그림 6.7〉 노무지원부대의 탄약운반. 노무지원부대는 전쟁기간 전투근무지원 역할에 있어서 중요한
일익을 담당하였다.

출처: 『6·25전쟁 60주년 기념사진집』, p. 155.

대원, 여군, 카투사, 노무자 등 그 종류와 지원인원들은 헤아릴 수 없이 많았다.

간단히 요약하면, 학도의용군은 전쟁이 발발하여 조국이 전란의 참화에 휘말리자 학업을 포기하고 자원입대 후 약간의 훈련을 마치고 정규군이나 독립전투부대에 또는 비전투원으로서 27만여 명이 참전하여 7,000여 명이 전사하였다. 소년 지원병은 14~17세의 어린 학생들로 병역의무가 없음에도 불구하고 3,000여 명이 자원입대하여 짧은 훈련을 마치고 낙동강 방어선 전투에 참전하여 2,700여 명이 전사하였다.[75]

뿐만 아니라 일본에 거주하고 있던 학생들도 조국이 전란에 휩싸이자 학업을 포기하고 '재일학도의용단'을 조직하여 642명이 참전, 인천상륙작전에 참여하였고 후방지역 선무활동이나 탄약운반 등을 하는 과정에서 135명이 전사하거나 행방불명이 되었다. 일제하에서 나라 없는 서러움을 맛보았기 때문에 조국이 전란에 휩싸이자 자원하여 전투나 비전투 활동에 참여한 것이다.

또한 많은 노무자들도 미군부대에서 근무지원단(Korean Service Corps, KSC) 인력으로 동원되어 항만에서 물자를 하역하였으며 일부는 전투부대에 근접하여 탄약이나 식량 등

---

75 학도의용군에 관한 자세한 내용은 손규석, "학도의용군의 활동유형 분석", 『한국전쟁사의 새로운 연구』, pp. 55-89 참조.

〈표 6.6〉 6 · 25전쟁 시 비전투원의 전투 및 전투지원활동 참여 현황

구분	학도병	소년지원병	카투사	노무자	유격대	여 군	경 찰
인원	30만	3,000	43,660	30만	5만	10만	6만
전사	7천	2,464	11,365	9천	5천	?	2.3만

출처: 국방부 군사편찬연구소, 『전사 제3호』(서울: 신오성기획인쇄사, 2001), pp. 2-43.

의 물자를 운반하는 전투근무지원 인력으로 투입되었다.[76] 이들 인력은 필요에 따라서는 사상자 후송은 물론 참호구축이나 작전도로나 파괴된 교량의 보수 등 다양한 분야에서 노동력을 제공하기도 하였다. 밴플리트 미8군 사령관은 만약 한국군 노무지원부대가 없었다면 최소한 10만여 명의 미군 병력이 추가로 소요되었을 것이라고 하였을 정도로 이 노무부대는 다양한 전투근무지원 활동으로 한국군이나 유엔군이 작전을 하는 데 필요한 지원을 하였다.

그 외에도 수많은 여성들이 자원하여 간호인력이나 유격대원 또는 심리전 요원으로 직간접적으로 참가하였고, 북한 공산치하를 탈출해온 사람들로 구성된 대한청년단 등도 다양한 형태로 국군의 일부로서 또는 유격대원이나 비전투원으로 참여하여 국군이 승리하는 데 기여하였다.[77]

위에서 보았듯이 우리는 우리대로 수많은 사람들이 자원하여 전투에 참여하거나 또는 전투근무 지원활동을 통해서 국군과 유엔군이 승리하는 데 커다란 기여를 하였던 것이다.

한편 전쟁이 발발하자 정부는 1950년 7월 3일 계엄령을 선포하여 치안질서를 확립하면서 군사작전상 필요한 장비나 물자부족을 해소하기 위해 7월 6일 '징발에 관한 특별조치령'을 하달함으로써 주로 차량과 선박, 토지 등 부족한 자원을 징발하여 사용하였다. 이때 1952년 5월까지 징발한 차량은 2,854대, 선박은 337척이었다. 또한 국군과 유엔군의 필요성에 의하여 1950년 7월 9일부터 1955년 12월 31일까지 2억 4,000평의 토지와 3,778평의 건물도 징발하여 사용하였다. 그러나 군 작전수요를 충족하기에는 턱없이 부족하여 대부분 미군의 지원에 의존할 수밖에 없었다.

---

76   자세한 내용은 양영조, 『한국전쟁과 동북아 국가정책』의 "이승만 정부의 민간노무자 동원정책"의 pp. 254-326; 조성훈, 『한미군사관계의 형성과 발전』, pp. 106-108 참조.

77   하재평, "한국전쟁 시의 국가총력전", 『군사』 제3호(서울: 신오성기획인쇄사, 2001), pp. 2-42.

8. 초보적인 과학기술력을 활용한 장비생산

당시 한국의 과학기술력은 경제만큼이나 기초실력과 기반 없이 허약한 상태였다. 이런 가운데 전쟁을 하는 데 필요한 주요 전투장비나 물자를 생산한다는 것은 상상도 못할 일이었다. 고작해야 일제가 남겨 놓은 금속공장 시설들을 개조하여 조병창으로 만들어 소화기나 일부의 탄약을 만들거나 방직공장을 피복공장으로 전용하여 피복과 장구류를 생산하는 데 불과하였다.

1949년 1월 15일 정부 귀속업체인 유환상공회사 용산공장을 제1공장으로 하여 소화기를 정비하고 99식 소총 부속품과 수류탄 제작에 착수하였으며 권총 시제품을 제작하였다. 조선유지 인천공장은 제2공장(1950년 6월 15일부로 제2조병창으로 개편됨)으로 하여 여기서는 화약 연구에서 성공함으로써 화약공장으로 발전하였다.

또한 영등포 소재 삼화정공주식회사를 3공장으로 하여 여기서는 정밀기계연구와 시제품 생산에 착수하여 1공장에서 만든 단조품들을 정밀가공하고 총포의 수리부속품을 생산하였다. 이 외에도 인천 소재의 조선알루미늄 주식회사에서는 주로 99식 소총 탄피와 탄약을 생산하였다. 이렇게 전쟁이 발발하기 전 열악한 시설에서도 의욕만은 대단하여 비록 소화기나 탄약과 탄피였지만 이를 생산하여 군에 납품을 하였으나 이마저도 전쟁이 발발하여 서울과 인천이 북한군 수중으로 들어감에 따라 중단되고 말았다.

전선이 낙동강으로 밀리면서 대구와 부산을 제외한 전 지역이 적의 수중으로 들어감에 따라 부산에 있는 제1조병창(1950년 6월 15일 창설됨)만 기능을 발휘하여 수류탄 생산이나 노획장비의 정비에 진력을 다하였고 인천의 제2조병창도 부산으로 이전, 제1조병창과 합류하여 수류탄 생산에 진력하였다.

인천상륙작전의 성공으로 부산 지역에 있었던 군수시설들은 서울과 경인지역으로 함께 이전하였으나 중공군의 개입으로 다시 서울이 함락됨에 따라 무기공장들도 제주도와 부산으로 다시 이전하여 1951년 들어서부터 수류탄이나 탄환 등을 대량으로 생산할 수 있는 체제를 갖추었다.

1952년 들어 전선이 고착되면서 국방부는 제1조병창을 총포공장으로, 제2조병창을 탄약 및 화약공장으로 개편하여 운용하다가 10월 1일 1, 2조병창을 국방부 조병창으로 하고 과학기술연구소를 국방부 과학기술연구소로 발족시켜 여기서 각종 병기나 차량 등의 수리부속과 화약의 안정도나 감도 및 성능 등에 대한 연구로부터 군사용 식품의 연구에 이르기까지 다양하게 연구하여 지속적으로 장비나 물자를 생산하기 위한 기초를 확립하였다.

그 외에도 전투장구류나 피복류 생산시설이 파괴되고 원자재가 부족하였음에도 불구하고 각종 장구류나 피복류는 점진적으로 생산능력을 확대하여 군 수요를 조금씩 충족시켜나갔다.

비록 군사작전 수요를 충족시키기 위한 전차나 항공기 등 고가의 전투장비나 탄약을 생산할 과학기술능력이나 시설도 없었고 기껏해야 소화기 정비나 탄약, 수류탄 정도를 생산하거나 정비할 수 있는 기초시설을 보유하였으나 이마저도 서울과 인천이 적의 수중으로 들어감에 따라 어렵게 되었다.

따라서 부산 등에 있는 일부 시설을 이용하여 부단히 소화기를 정비하고 소량이기는 하지만 탄약이나 수류탄 생산을 하면서도 그 역량을 확대하기 위한 연구를 계속해나갔으며 이런 활동들이 전후에도 꾸준히 이어져 현재 방위사업이 이만큼 발전할 수 있는 토대를 마련한 것이다.

9. 이념대립을 극복한 사회문화

해방 이후 남한은 비록 좌우익의 이념대립으로 극심한 혼란을 겪고 있었지만 그러나 36년 동안의 일제치하에서 나라 없는 쓰라린 아픔을 맛보았기 때문에 전쟁이 발발하자 국난을 극복하기 위한 움직임은 자발적인 군입대나 지원활동으로 나타났다.

전쟁이 발발하면서 정부의 행정기능은 마비되었고 생산시설들은 파괴되었으며 사회는 혼란스러웠다. 전쟁을 수행하기 위해서는 정부가 제 기능을 발휘해야 하고 전쟁을 수행하는 데 필요한 행정기구는 인력이나 시설이 확대되어야 하며 산업시설이 신설되거나 확장되어 전투장비나 물자를 지속적으로 보급해야 함에도 이를 담당할 사람도 기구도 시설도 없는 상황이 되었다.

정부가 제대로 기능을 발휘하지 못하는 상황에서 사회의 혼란과 질서마저 붕괴되면 전쟁을 하기에는 대단히 어렵게 된다. 따라서 정부는 사회적 혼란 상황을 극복하고 공공의 질서를 확보하기 위하여 1950년 7월 3일에 제주도를 제외한 전국에 비상계엄령을 하달하고 계엄사령관으로 당시 육군총참모장이던 정일권 소장을 임명하여 치안과 질서유지를 위한 활동을 하였다.

계엄이 선포되고 1950년 7월 26일에 대통령 긴급명령 제6호로 '징발에 관한 특별조

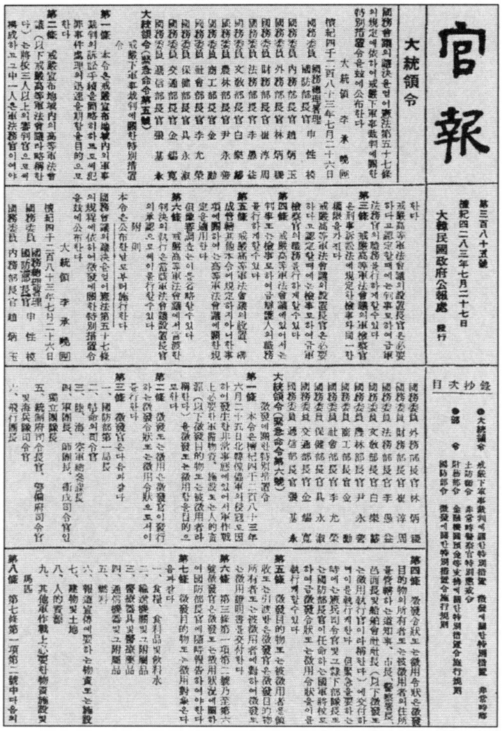

官報

大統領令

第三百八十五號

檀紀四二八三年七月二十七日

大韓民國政府公報處 發行

〈그림 6.8〉 계엄과 징발령이 선포되었음을 알리는 당시의 관보. 전쟁수행을 위해서는 계엄령을 통해 엄격한 사회질서를 유지하면서 필요한 물자는 징발령을 하달하여 징발을 해야만 되었다.

출처: 양영조, 『6·25전쟁 사진집』, p. 17.

치령'을 하달하여 군사작전 수행을 위하여 필요한 경우 군수물자나 시설과 수송수단 등을 징발할 수 있도록 하였다.

당시 군사작전을 위해 모든 것이 필요한 상황이었지만 그중에서도 특히 수송수단, 즉 차량이 부족하였다. 전쟁발발 이전에도 편제의 50%에 불과하였던 차량이 한강교를 조기에 폭파함으로써 한강 이북에 차량 726대와 트레일러 589대 등 수많은 장비를 유기할 수밖에 없었는데 이러한 조치로 군은 수송수단에서 극히 제한을 받고 있었으며, 이를 타개할 목적으로 전쟁기간 중 3,000여 대에 달하는 차량과 선박 등을 징발하여 사용함으로써 군사작전을 용이하게 할 수 있었다.[78]

한편 국민들도 전선이 남쪽으로 계속 밀리자, 자발적으로 지원하여 구국의 전선에서 다양한 활동을 하였다. 한편 사회에서는 좌우의 이념적 대립으로 많은 희생자가 발생하여 이를 치유하기에 상당한 시간과 비용이 필요하였지만, 그러나 이러한 대립에도 불구하고 국민들은 이념적 대립에서 좌익활동을 배척함으로써 오늘날의 대한민국이

78 국방부 군사연구소, 『한국전쟁지원사』, pp. 193-194.

있게 하는 데 뒷받침이 되었다.

10. 소결론

전쟁이 발발하기 이전부터 이 대통령이나 국방부는 북한의 도발 가능성에 따라 이를 사전에 경고하면서 국군의 전력을 강화하기 위하여 미국에 특사를 파견하거나 워싱턴 주재 외교관을 이용하는 방법, 서한을 보내는 방법, 주한 고문단을 이용하는 방법 등 다양한 방법을 동원하여 지속적으로 장비와 탄약, 물자를 요청하였으나, 미국은 남한의 북진공격을 우려하거나 한국이 이를 운용할 수 있는 능력 부족을 이유로 거절하거나 무시하였다.

북한이 소련과 중국의 지원에 힘입어 병력과 장비를 꾸준히 증강하고 전쟁을 착실히 준비하는 동안 남한은 내부에 침투해서 활동하고 있었던 남노당계의 좌익들로 한시도 조용한 날이 없었으며, 이들의 반정부활동은 여순반란사건이나 제주도 폭동사건 등으로 나타났다. 이를 계기로 국군은 숙군작업을 대대적으로 전개하여 전쟁이 발발하기 이전에 군내에 침투하여 있었던 좌익들을 대부분 제거함으로써 전쟁이 발발하였을 때는 이들의 준동을 막으면서 총력적으로 대응할 수 있었다.

1950년 6월 25일 북한군의 기습공격으로 시작된 전쟁에서 정부의 준비상태가 미흡하여 개전 3일 만에 수도 서울이 피탈되고 전선이 남쪽으로 계속 밀려가는 동안, 국제연합은 안전보장이사회 결의를 통해 미국이 주도하는 유엔군을 파견하기 시작하였으나 북한군 공세에 밀려 낙동강 전선까지 후퇴를 해야만 했다.

인천상륙작전의 성공과 더불어 낙동강선에서 반격작전을 실시하여 10월 1일 38도선을 돌파한 국군과 유엔군은 11월 한만국경까지 진격을 하였으나, 중공군이 개입함으로써 다시 후퇴를 해야 했고 이후 전선은 중부지역에서 밀고 밀리기를 반복하다가 1953년 7월 27일 휴전이 체결됨으로써 현재에 이르고 있다.

전쟁 발발 이후 종전이 될 때까지 당시 이승만 정부와 대한민국은 가진 것은 별로 없었어도 공산주의자들을 축출하고 한반도의 통일과 승리를 위하여 총력적으로 대응하였다. 이 대통령은 군사작전은 군 지휘관에게 위임하고 미국을 중심으로 지원을 확보하기 위해 부단히 노력하였다.

수많은 국민들은 고향을 떠나 남쪽으로 피난을 가면서 엄청난 고통을 겪었지만 그런 가운데서도 학생은 학업을 포기하고 학도의용군으로, 국민은 국민방위군으로 자원하여 약간의 훈련을 마치고 전선으로 투입되어 전투를 하였으며, 여성들은 간호인력 등으로 참여하기도 하였다. 일본에서도 학생들이 자원입대하여 약간의 훈련을 마치고 전선으로 투입되었다. 중동전이 발발하자 해외에서 공부를 하던 유태인 학생들이 이스라엘로 돌아가 전투에 참전하였던 것과 비견되는 일이다.

전쟁지속능력을 확보하기 위해서는 전투장비나 탄약, 물자를 생산할 수 있는 산업시설과 원자재, 기술인력 등이 필요하나 극히 일부의 산업시설만이 가용하여 고작 소화기 정비나 일부 탄약을 생산할 수 있는 능력밖에 없었지만 이를 최대한 활용하기 위한 노력도 병행하였다.

북한군의 기습공격으로 시작된 전쟁에서 정부는 전쟁을 수행할 준비가 미흡하여 초기단계에서 패배에도 불구하고 미국을 위시한 유엔의 지원에 힘입어 반격작전을 실시하면서 국민의 자발적 참여와 전쟁을 지속할 수 있는 능력을 확대하기 위한 노력을 끊임없이 전개하였다.

결국 6·25전쟁에서 북한은 전 한반도의 공산화라는 남침 목적을 달성하지 못하였고, 한국도 그토록 달성하고자 하였던 한민족의 통일을 달성하지 못한 채 여러 정치적 상황에 의해 이전의 38도선에서 휴전선이라는 또 다른 이름의 한민족 분단선을 만들면서 종전되었다. 그러나 전쟁의 결과는 북한군과 공산주의자들에 대한 완전한 KO승은 아니더라도 한국과 미국을 비롯한 자유를 사랑하는 세계가 판정승을 한 전쟁으로 끝났다고 할 수 있을 것이다.

그 이유는 첫째, 북한이 전쟁을 통해 달성하고자 했던 전 한반도 공산화라는 목적을 달성하지 못하였고 둘째, 대한민국은 전쟁 전보다 영토를 더 확장하였으며 셋째, 북한군과 중국군의 인명손실의 합이 한국군과 유엔군의 합보다 월등히 많았고 넷째, 전쟁기간 중 수많은 사람들이 북한을 탈출하여 자유를 찾아 남으로 내려왔기 때문이다. 또한 소련이 추구하고자 했던 공산주의 팽창을 저지하면서 국제연합은 회원국의 결의를 통해 최초로 국제연합군을 조직하고 파견하여 침략자들을 응징하였기 때문이기도 하다. 6·25전쟁 당시 남한은 전쟁을 할 수 있는 준비가 대단히 미흡하여 기습을 당하였음에도 불구하고 모두가 총력적인 대응을 한 결과, 비록 완전한 승리는 아닐지라도 판정승을 한 것이다.

한민족의 총력적인 대응에 미국을 비롯한 국제연합의 지원으로 한국은 북한의 공산화 야욕을 물리치면서 비록 완전한 승리는 아니었지만 승리를 할 수 있었던 것이다.

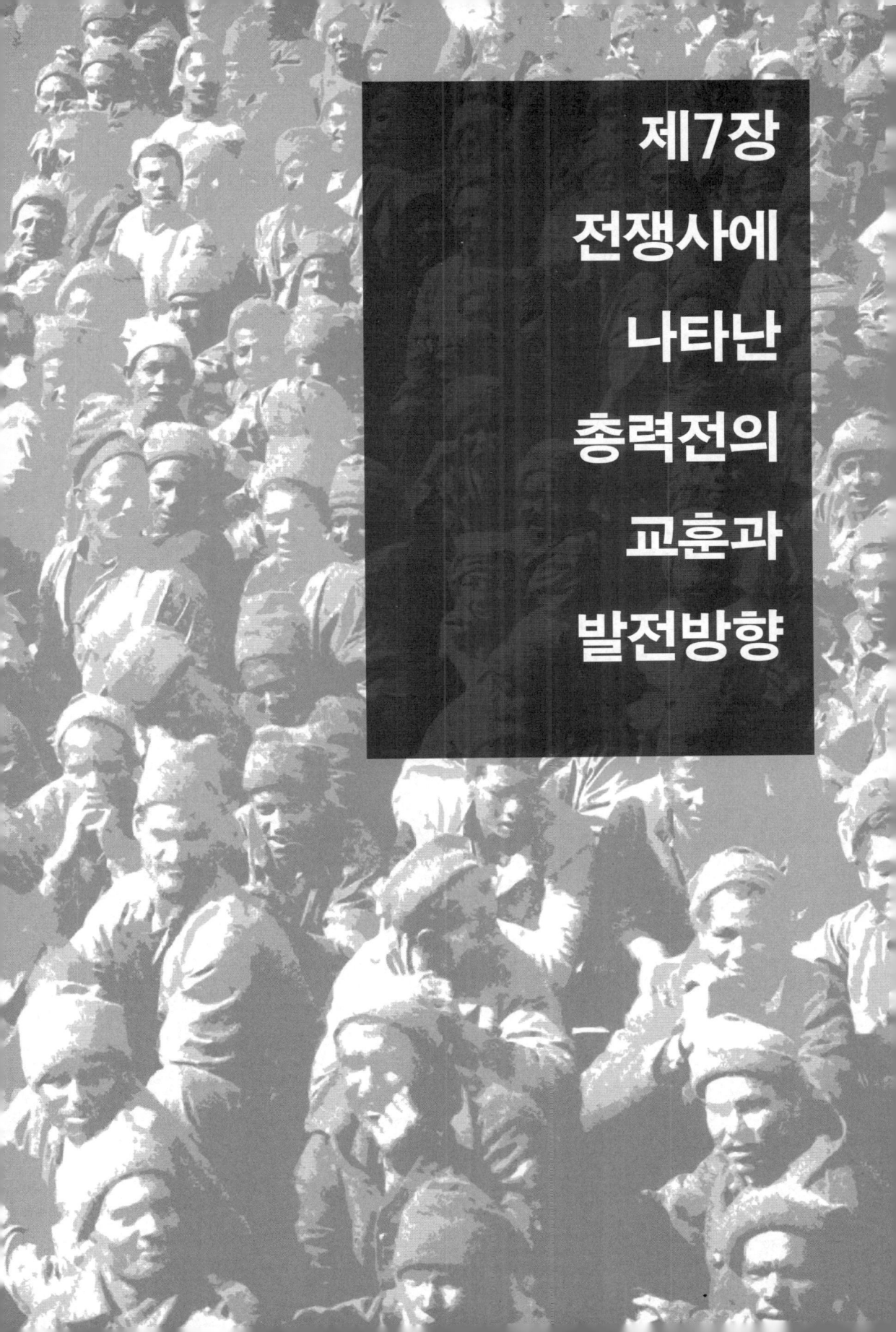

제7장
전쟁사에
나타난
총력전의
교훈과
발전방향

제1절
전쟁사에 나타난 총력전의 교훈

    미국의 남북전쟁에서 최초로 총력전 양상이 나타나기 시작한 이래 그 양상은 1·2차 세계대전에서 절정을 이루었으며 중동전에서 이스라엘이나 6·25전쟁에서 남북한도 모두 승리를 위하여 총력전을 하였다. 총력전을 실시한 북부군이나 1·2차 세계대전에서 연합국, 중동전에서의 이스라엘, 6·25전쟁에서 한국 등 어느 나라(군)도 군사력이나 예비전력, 경제 등 몇 가지 분야에서의 우위만으로 승리하였거나 또는 유리하게 전황을 이끌어나간 것은 아니었다.

    지도자의 강력한 리더십으로부터 극한의 고통을 이겨내면서 승리를 쟁취하기 위한 국민의 결연한 의지, 외국의 지지와 지원을 획득하기 위한 외교활동, 국민을 통합하기 위한 정치와 상대방보다 우위의 재정 및 경제력, 군사력과 전쟁지속을 위하여 동원할 수 있는 예비전력의 상대적 우위, 과학기술능력, 노블레스 오블리주를 핵심으로 하는 사회문화 등이 상호 유기적으로 연계되고 복합적으로 작용해야 전쟁에서 승리할 수 있음을 전쟁사는 잘 보여주고 있다.

1. 지도자는 합리적인 강력한 리더십이 있어야 한다

    1차 세계대전 시 프랑스의 조지 클레망소는 당시 75세의 고령임에도 불구하고 수상으로 취임하여 강력한 리더십으로 전쟁을 지도함으로써 프랑스가 승리를 하는 데 커다란 역할을 하였다. 그는 무능한 지휘관을 과감히 도태시켜 군 전투력을 증강하도록 하였지만, 군사작전에는 간섭을 하지 않았고 지휘관에게 전적으로 맡겨 놓았다. 그는 수상으로서 당시 프랑스에 파견되었던 영국 원정군과 프랑스군을 연합군으로 지휘체계를 단일화하여 통합된 전투력을 발휘할 수 있도록 영국과 협의하였다. 전선을 방문하면 연합군 병사들의 사기진작을 위하여 노력하였다. 패배주의자들이나 반란을 일으킨 병사들을 체포하여 즉결처분으로 군 기강을 확립하기도 하였다. 미군이 항공기나 전차와 같은 중장비를 제대로 준비할 겨를도 없이 전투에 참여하자 전시생산을 확대하여 항공기나 중포병 장비까지도 보급하였다. 이러한 활동들이 프랑스가 독일군에 대하여 승리할 수 있었던 중요한 계기가 된 것이다.

영국 수상 윈스턴 처칠은 1차 세계대전 시 행정부에서의 다양한 직책과 경험을 바탕으로 2차 세계대전에서는 마침내 1940년 6월에 수상으로 취임하였다. 영국군이 됭케르크에서 많은 장비를 유기한 채 철수하고 런던이 대공습으로 인해 많은 피해가 발생하는 최악의 상황에서도 그는 수상으로서 영국을 지도하여 전쟁을 승리로 이끄는 데 결정적인 역할을 하였다. 그는 수상으로 취임하자마자 의회연설에서 "국민에게 피와 땀과 눈물을 요구할 것"이라는 유명한 연설로 국민도 극한의 상황을 극복하면서 전쟁에서 승리를 위해 동참할 것을 요구하였다.

그는 수상이면서 동시에 국방상을 겸직하면서 전쟁 초기단계에는 지휘관들의 작전에 자주 간섭하여 작전을 그르치게 하는 경향도 없지 않았다. 그러나 전쟁이 중반전에 접어든 이후에는 전쟁을 수행하는 데 있어서 각 군총장의 권한을 존중하여 임무수행에 개입하지 않았다. 야당과는 거국내각을 구성하여 영국이 총력전을 수행하는 데 도움을 주도록 하였다.

그는 독일군의 침공으로 프랑스가 항복하고 소련은 독일과 독소불가침조약을 체결하여 중립을 유지하고 있으며, 미국이 아직 전쟁에 참전하지 않은 상황에서 영국 단독으로 유럽의 많은 지역을 점령한 독일군과 이탈리아군을 상대로 힘겹게 싸움을 해야만 했지만 굴복하지 않았다. 오히려 프랑스가 항복하였을 때 프랑스 해군의 전함들이 독일군의 수중으로 넘어갈 것을 우려하여 과감히 이를 공격해서 침몰시키거나 운항을 못하게 하는 과단성을 보여주기도 하였다.

독일군과 전쟁에서 승리하기 위해서는 미국의 참전이 필수적임을 직관한 처칠 수상은 루스벨트 대통령에게 수많은 편지를 보내 루스벨트 대통령과 교감을 하면서 미국이 연합국으로 참전하도록 지속적인 노력을 기울였다. 마침내 일본군이 진주만을 기습하자 그가 그토록 바랐던 미국의 참전이 현실화되면서 그는 연합국의 승리를 확신하였다.

반면에 2차 세계대전 시 프랑스의 달라디에 수상을 비롯한 프랑스의 지도층이나 독일의 히틀러 총통은 잘못된 리더십을 보여주는 대표적인 사례들이다. 프랑스의 수상 달라디에와 레노, 참모총장 가믈렝은 독일군이 폴란드를 점령하고 프랑스를 공격하기 이전의 수개월 동안, 즉 '가짜 전쟁기간' 동안 독일군의 프랑스 공격 가능성이 고조되고 있었음에도 불구하고 이렇다 할 준비를 제대로 하지 않았다.

독일군이 전격전으로 프랑스를 침공하자 파리의 지도층은 피난가기 바빴고, 수상은 프랑스 군 전력을 최대한 이용하여 독일군 침공을 저지하다가 실패하면 연합국의 지원을 요청해야 함에도 불구하고 처음부터 오로지 연합국에만 매달리는 모습을 보여주었다. 그런 결과로 프랑스군은 독일군에 비하여 그다지 불리하지 않은 전력을 갖고 있었음에도 불구하고 독일군이 전격전을 실시한지 6주 만에 제대로 전투다운 전투 한 번 해보지 못하고 항복하였다. 오로지 미국이나 영국에 기대하려 했었던 지도층, 마지노선에는 30여 개의 사단과 해군 및 다수의 공군기들이 그대로 살아 있었음에도 불구하고 이를 운용하기 위한 군 지도층의 전략 결여로 무기력하게 무릎을 꿇고 말았던 것이다.

히틀러도 1933년 정권을 잡자 그의 생활권 철학을 실천하기 위하여 재무장을 선언하고, 이른바 잠식전술로 군사력을 동원하여 주변국들을 차례로 점령하거나 합병하였다. 1939년 9월에는 마침내 폴란드를 전격적으로 침공함으로써 2차 세계대전이 발발하였다. 1940년 6월에는 프랑스를 점령하였고, 1941년 6월에는 소련을 침공하여 한때 그의 생활권 철학이 이루어지는 것처럼 보였다. 그러나 미국이 연합국으로 참전하고 소련군이 전면적으로 공격으로 나오면서 그의 꿈은 사라지고 독일은 패망하였다.

히틀러는 먼저 지도자로서 독일의 발전과 국민의 번영이나 복지는 관심이 없었고, 다만 자신의 헛된 생활권 철학을 달성하고자 국가재정의 상당 부분을 군사력을 증강하는데 투입하였다. 전쟁을 반대하는 정치 지도자나 근사 지도자들을 제거하였고, 군사 작전계획의 수립과 시행에 지나치게 간섭하였으며, 작전 실패를 이유로 수많은 지휘관들을 해임시킴으로써 군의 사기를 저하시키고 피동적으로 움직이게 만들었다.

히틀러는 전쟁을 도발하면서 국민들의 의지를 고양하기보다는 비밀경찰이나 친위부대를 이용하여 그물망을 쳐 놓고 감시하여 반대층이 아예 발붙이지 못하도록 하였다. 또한 어린이부터 어른에 이르기까지 모두를 전쟁수행을 위한 전위대로 만들고자 조직화하였다.

히틀러는 유태인을 철저히 탄압하여 수많은 사람들이 가스실에서 희생되었으며, 우크라이나와 백러시아 등 점령지 자원을 무차별적으로 수탈하여 전쟁을 하기 위한 자원으로 동원하였고, 주민들의 저항은 탄압과 처형으로 무자비하게 억눌렀다. 그러한 모든 행위로 말미암아 히틀러는 점령국가에서는 극심한 저항에 직면하였고, 국내적으로는 전쟁지속에 있어 그 한계를 감당할 수 없었다. 결국 히틀러는 패할 수밖에 없었던 전쟁을 하였던 것이다.

앞에서 기술한 내용들은 지도자들이 전쟁에서 승리를 위해 또는 패배를 하지 않기 위해서는 어떻게 행동과 처신을 해야 하는지 그 일부를 제시한 것이다. 전쟁에서 승리한 지도자들의 공통된 리더십을 보면 클레망소나 처칠은 전쟁을 함에 있어서 합리적이면서도 강력한 리더십을 발휘하였지만, 그러나 모든 것을 자신이 하려고 하지는 않았다는 점이다. 군사작전은 과감히 지휘관들이 행사할 수 있도록 위임하였고, 다만 지휘관들이 작전지휘권을 행사하는 과정에서 문제가 되는 것을 찾아 이를 해소하는 데 중점을 두었다. 전쟁에서 승리하는 데 방해가 될 수 있는 요소는 과감히 제거하면서 정치와 경제, 외교 등을 적절히 지도하고 감독하였던 것이다.

반면에 패한 지도자들의 리더십을 보면 2차 세계대전 시 프랑스 지도자들은 전쟁 발발 이후 무책임하게 행동하였고, 히틀러는 자신이 마치 신이라도 되는 듯 모든 군사작전에 개입하여 부대의 운용을 좌지우지하였으며, 지휘관들의 의견을 종종 무시하였고, 자기의 지시에 불응하여 이의를 제기하거나 불응하면 누구도 예외 없이 해임시켰다. 전쟁을 지속하는 반드시 필요한 경제력이나 예비전력 등 제반 요소들에 대한 관심을 두지 않았음은 물론이다.

전시 국가지도자들의 강력한 리더십은 필요하지만 그렇다고 지도자가 모든 것을 혼자서 다 할 수는 없다. 따라서 지도자는 전쟁이라는 국가의 비상한 상황을 극복하기 위한 강력한 리더십을 발휘하되, 총력전을 수행하는 데 기여해야 할 국가의 모든 요소들이 제 역할을 할 수 있도록 보장하면서, 그 역할을 방해하는 요인들을 찾아서 이를 조정하고 통합하는 리더십이 필요하다. 이를 위해 지도자에게는 강인한 의지와 냉철한 사고, 판단력 등이 요구된다고 할 것이다.

2. 국민은 극한의 고통을 이겨낼 수 있는 의지가 있어야 한다

전쟁에서 승리하기 위해서는 지도자의 리더십 못지않게 국민의 결연한 의지 또한 중요함을 전쟁사는 증명하고 있다. 극한의 고통과 어려움이 동반되는 전쟁에서 어느 나라 국민이 이를 극복하면서 승리를 위한 활동에 적극 동참하느냐에 따라 그 결과에 지대한 영향을 미쳤음을 볼 수 있는 것이다.

　2차 세계대전 시 영국 국민은 독일 공군의 영국 본토에 대한 폭격과 전쟁 말기에는 V-1·2 공격 등으로 수많은 피해가 발생하였지만, 처칠의 강력한 리더십에 따라 극한을 극복하면서 단합하여 대응함으로써 마침내 승리하였다.

　독일군의 무제한 잠수함 작전으로 수많은 선박이 침몰되어 해외로부터 식량을 포함한 물자수입이 줄어들자 국민들은 정원을 농작지로 개발하는 등 전 국토를 농경지로 만들어 식량부족을 해결하였다. 독일군의 영국 본토에 대한 침공이 우려되자 국민들은 상륙예상지점에 수많은 방호시설들을 설치하였다. 그들은 총이 없으면 농기구라도 들고 독일군의 침공에 대비하였다.

　남자들이 모두 동원되자 여자들이 직접 농사를 짓거나 공장에서는 전투장비와 탄약을 만들기 위해 동원되었다. 영국은 프랑스가 항복하고 소련이나 미국이 전쟁에 참전하기 이전, 영국 단독으로 독일군의 침공에 대응하여 힘들게 전쟁을 해나갔지만, 그럼에도 끝까지 저항할 수 있었던 이유는 지도자의 강력한 리더십 발휘와 국민의 의지, 영국 사회의 분위기가 결정적으로 뒷받침되었기 때문이다.

　반면에 오스트리아-헝가리 제국의 황태자가 암살됨으로써 시작된 1차 세계대전에서 독일 국민은 전쟁이 왜 일어나는지 알지도 못한 가운데 준비도 안 된 상태에서 전쟁을 해야만 되었다. 그렇지만 독일 국민들은 전쟁이 발발하자 독일군이 승리할 것으로 확신하여 전선으로 떠나는 병사들을 환송하였고, 마치 독일군의 승리가 목전에 있는 듯 착각하고 있었다.

　그러나 단기전으로 끝날 것으로 예상하였던 전쟁이 예상외로 장기전으로 가고 영국 해군에 의하여 해상이 봉쇄되어 물자의 수입이 막히자 식량의 부족으로 폭동이 발생하였고, 염전사상이 널리 확산되면서 승리에 대한 자신감은 어느덧 패배감으로 바뀌어져 갔다.

　여기에 사회주의자들에 의한 선동과 파업이 사회적 문제가 되면서 점차 독일 국민의 의지는 약해지기 시작하여 마침내 해군에서 발생한 폭동이 전국으로 확산되면서 독일은 항복을 하지 않을 수 없었다. 전쟁 말기인 1918년 독일 국민은 무능한 황제와 정부에 기댈 수 없었고 왜 전쟁을 하는지 목표를 상실하면서 패배감에 휩싸여 전쟁을 할 수 없었던 것이다. 독일군은 프랑스 영토 내에서 아직 전투를 하고 있었지만, 독일 국내에서 전쟁을 지원해야 하는 국민들은 패배감에 휩싸여 더 이상 전쟁을 해 나갈 수 없었으며 결국은 패한 것이다.

1930년대 후반기 독일군이 재무장을 추진하고 인접국을 합병해나감에 따라 유럽에서 점차 전운이 고조되어도 프랑스 사회는 다가올 전쟁에 대비하는 분위기가 아니었다. 정치·군사지도자들은 좌파와 우파로 분열되어 투쟁을 하고 있었고, 국방은 마지노선에 과도하게 의존하여 다가오고 있는 전쟁을 소홀히할 때 사회적인 분위기도 여기에 크게 다르지 않았다.

의회에서는 군사력 증강을 위한 군사비 증액 요구에 대하여 인색하였고, 군에서는 힘들게 확보된 국방예산을 전력증강 계획의 이견으로 제대로 투자를 하지 못하였다. 정치권이나 국민들은 군인을 차별하여 사기를 저하시켰고, 군인들은 이런 사회적 분위기와 군의 대우에 따라 제대로 훈련을 하지 않았다. 군인들이 제대로 임무를 수행하기 위한 국가나 정권, 또는 국민적인 차원에서 동기부여가 없었다.

사회에는 좌파들이 도처에 침투하여 군의 사기를 저하시키는 행위도 하였다. 군이 사용해야 할 무기가 공산주의 사상에 물든 노동자들에 의해 엉터리로 조립되어 사고가 발생함으로써 군인 사상자가 나오고 전투력을 발휘할 수 없도록 만들었으며, 심지어 사회 일부에서는 독일군의 진격을 지연시키기 위해 프랑스군이 설치한 장애물을 제거하거나 작전계획 실행을 방해하는 분위기마저 발생하였다. 국민들의 이적행위도 작전을 어렵게 만들었던 것이다.

여기에 1871년 보불전쟁에서 패하여 한때 독일에 대한 철저한 복수심에 불탔던 프랑스 국민들은 1차 세계대전에서는 승리하였지만, 2차 세계대전 당시는 독일에 대한 복수심마저 사라지고 그저 전쟁이 빨리 끝났으면 하는 마음밖에 없었다. 이러한 프랑스 사회의 분위기와 국민의지의 결여는 독일군의 전격전에 의해 프랑스가 힘없이 붕괴되어도 별다른 저항 없이 그대로 유지되었다.

지도자의 강력한 리더십 못지않게 국민의 승리에 대한 의지는 대단히 중요하다. 전쟁이란 상황에서는 어느 나라의 국민에게든지 정도의 차이는 조금 있을지 몰라도 극한의 고통이 항상 수반되기 마련이다. 전쟁기간 국민은 식량이 부족하여 배고픔과 기아에 허덕이고 한겨울에도 연료가 없어서 냉방에 시달려야만 했으며 모든 생필품이 부족하였다. 정부는 이런 문제를 배급제를 통해 해결하고자 했으나 모든 사람들을 만족시킬 수는 없었다. 그럼에도 이런 악조건을 극복하면서 전쟁에서 승리하기 위한 국민적인 의지가 있을 때 비로소 가능하였다.

1차 세계대전 시의 프랑스와 2차 세계대전 시 영국, 소련, 미국 등의 국민들의 공통점은 이런 악조건을 이겨내면서 승리를 위해 참았지만, 반면에 1차 세계대전 시의 독일이나 2차 세계대전 시의 프랑스와 같이 패배한 국가 국민의 공통점은 이런 악조건을 극복하지 못하고 내부에서부터 먼저 무너지는 현상이 발생하였다는 것을 명심해야 할 것이다.

3. 정치는 국민의지를 결집시키는 역할로 총력전을 뒷받침해야 한다

전쟁이 발발하면 정치권은 정부가 전쟁을 수행하는 데 필요한 법적 조치를 해주고 국민의 의지를 한곳으로 결집시키는 데 있어서 중심적인 역할을 해주어야 한다. 정치권이 단결하였을 때에는 승리를 뒷받침하는 데 도움을 주었지만 분열이 되었을 때는 국민도 분열되었고, 군대도 패하였으며, 결과적으로 전쟁에서 패하였다.

2차 세계대전 시 영국은 처칠이 거국내각을 구성하여 정부가 전쟁을 수행해나가는 데 여야 할 것 없이 힘을 보태 전쟁을 할 수 있도록 도와주었다. 의회는 전쟁을 하는 데 필요한 법적 조치를 해주었고, 전시 거국내각을 구성하여 정부를 도와주었으며, 국민들을 단결시키는 데 있어 주도적인 역할을 하였다. 2차 세계대전 시 미국도 일본군이 진주만을 기습하자 의회는 정부의 대일선전포고를 압도적으로 승인하였고, 정부가 주도해서 전쟁을 수행할 수 있도록 필요한 수많은 법적 조치를 해주었으며, 필요한 전시업무를 수행할 기구가 창설되도록 해주었다. 정치권에서는 여야를 떠나 미국이 승리하는 데 필요한 법적 조치와 더불어 국민의 의지를 결집시키는 데 도움을 주었다.

반면에 2차 세계대전 시 프랑스는 정치권이 분열되어 제대로 전쟁을 하는 데 도움을 주지 못한 대표적인 사례라고 할 수 있을 것이다. 정치권은 좌파와 우파로 분열되어 있었고, 여기에 정부는 좌파와 우파로 정권이 수시로 바뀌어 만성적인 정치 불안상태를 야기하였다. 국민들도 이에 따라 좌우로 분열되어 있었다.

좌우 대립현상은 노동현장에서도 그대로 나타났다. 공산주의자 노동자들은 프랑스군이 사용할 무기나 탄약을 엉터리로 조립하여 전투장비가 제대로 성능을 발휘하는 것은 고사하고 사고를 일으켜 인명살상을 야기하는 이적행위도 하였다.

정부가 국방력을 강화하고자 예산을 증액하려고 노력해도 좌파는 이를 반대하여 제대로 군사력을 육성할 수 없었으며, 정치권에서 군인들을 두시하여 군인의 위치는 한없이 낮아 있었다. 전쟁에 반대하는 일부의 국민들에게서는 군의 작전준비를 방해하는 현상도 발생하였다. 이런 모든 현상들이 정치권이 분열되어 있고 국민적 의사를 결집시키지 못하여 나타난 현상이라고 할 수 있다.

전쟁에서 승리한 국가의 정치를 보면 평시에는 정치구조상 대립을 하여도 국가가 위기에 처하면 전쟁에서 승리할 수 있도록 모두가 힘을 합하였다. 2차 세계대전 시 영국은 노동당과 보수당이 거국내각을 구성하여 여야가 모두 승리를 위해 협조하였다. 미국도 일본군의 진주만 기습이 있자 상·하원 모두가 루스벨트 정부의 대일선전포고를 압도적으로 지지하여 행정부가 주도해서 전쟁을 할 수 있도록 하였다. 전쟁에서 승리한 국가에서는 이처럼 정부가 모든 힘을 합하여 승리할 수 있도록 정치권에서는 힘을 결집시켰고 국민통합에 주도적인 역할을 하였다.

전쟁이 발발하면 정치권에서는 정부가 전쟁을 수행해가는 데 필요한 법적 조치를 해주어야 하며, 국민의 의지를 한곳으로 모아 전쟁을 할 수 있도록 주도적이면서 중심적인 역할을 해주어야 한다.

4. 외교활동은 국제적 지지와 지원을 획득하는 데 지향되어야 한다

전쟁이 발발할 가능성이 있으면 국제사회와 협조하여 이를 억제해야 하겠지만 억제에 실패하면 반드시 승리해야 하며, 외교활동은 국제적인 지지와 지원을 획득하는 데 집중되어야 한다.

2차 세계대전 시 독일군의 전격전으로 1940년 6월 프랑스가 함락되고 영국이 최악의 상황으로 몰리는 가운데 체임벌린 후임 수상으로 취임한 처칠이 당면한 문제는 전쟁을 지속하기 위한 장비와 탄약 등을 어떻게 조달하면서 국민들을 단결시키는가 하는 것이었다. 특히 장비나 탄약과 식량 등의 부족을 해소하기 위해서는 미국의 도움이 절대적으로 필요하였다. 그러나 1940년 당시 미국은 여전히 유럽 문제에는 중립입장을 견지하고 있었기 때문에 그렇게 쉬운 일은 아니었다.

따라서 처칠은 루스벨트 대통령에게 수시로 서신을 보내면서 끊임 없이 접촉을 유지하여 비록 미국이 태평양전쟁이 발발하는 1941년 12월까지는 전쟁에 직접적으로 참전하지는 않았지만, 이미 그해 3월에 무기대여법을 제정하여 영국 등 연합국이 전쟁을 하는 데 필요한 무기와 탄약, 식량에 이르기까지 막대한 지원을 받을 수 있게 하였다.

그리고 마침내 일본군이 진주만을 기습하고 뒤를 이어 히틀러가 미국에 선전포고를 하자 미국은 태평양전쟁을 하면서도 유럽 전선에도 직접 참전을 하여 병력과 장비나 물자 등에 이르기까지 영국을 포함한 연합군을 지원하여 승리에 결정적으로 기여하였다. 또한 영연방 국가들도 영국의 어려움을 물질적으로 지원하여 영국의 승리를 도왔다. 처칠의 외교적인 노력이 영국을 극한의 어려움 속에서 탈출하는 데 기여한 것이다.

아랍국과의 4차에 걸친 전쟁에서 총력전으로 매번 승리를 한 이스라엘이지만 그러나 외교 분야에서는 그리 성공적이라고 하기에는 힘들 것이다. 일부 국가를 제외하고는 이스라엘을 국제적으로 침략자로서 낙인을 찍고 있기 때문이다.

2~3차 중동전은 이스라엘군의 기습으로 시작되었다. 3차 중동전 이후 국제사회는 이스라엘의 아랍국 침공으로 이스라엘을 침략국가로 비난을 하였다. 이런 국제적인 비난으로 이스라엘은 4차 중동전에서는 이집트군의 공격 가능성이 높아질 때도 동원령을 선포하고 대비를 두 차례나 하였지만 정보기관들의 판단 실수와 이스라엘 축제일로 대비를 소홀히 하여 결국 이집트군으로부터 기습당함으로써 많은 피해를 입어야만 했다. 이스라엘이 국제적인 지지와 지원을 획득하는 데 실패한 것이다.

총력전을 수행함에 있어서 국제적인 지지와 지원은 매우 중요하다. 특히 2차 세계대전 당시 영국과 같이 사면초가로 적에 둘러싸인 상태에서 절대적으로 국력이 부족한 상황이라면 더욱 중요하다. 국제적인 지지와 지원을 획득하기 위해서는 국제법에서 규정하고 있는 침략행위를 금하면서 전쟁이 발발하면 국제법에서 규정하는 상황을 지켜가면서 총력전을 해나가야 할 것이다. 이는 국제적인 지지와 지원을 받는 데 있어서 최소한 지켜져야 할 조건이다.

5. 국가의 재정능력과 경제력은 전쟁을 지속하는 핵심요소이다

1·2차 세계대전에서 국가의 재정능력이나 경제력은 전쟁의 승패에 있어서 중요한 역할을 하였다. 현재의 전쟁에서도 국가의 재정능력이나 경제력의 중요성은 날로 증가되고 있다. 특히 고가의 정밀장비와 탄약 등이 사용되는 현대전이나 장차 전쟁에서도 국가의 재정규모와 능력, 경제력은 승리를 결정짓는 중요한 요인이 될 것이다. 수많은 병력을 유지하고 장비와 물자를 구입하여 편제하면서 전쟁을 수행하기 위해서는 막대한 비용이 소요된다. 예나 지금이나 전쟁비용의 조달을 위해서 재정능력과 경제력이 중요한 것이다.

1·2차 세계대전 당시 미국이 연합국들을 지원하여 전쟁에서 승리할 수 있었던 중

요한 이유 중의 하나는 막대한 재정능력과 경제력이 전쟁을 충분히 뒷받침하였기 때문이다. 지금도 그렇지만 1·2차 세계대전 당시도 미국의 재정능력이나 경제력은 세계에서 최고를 자랑하였다. 1차 세계대전 당시는 중립국 입장을 유지하다보니 유럽에서는 전쟁이 한창 진행되고 있어도 미국은 이를 위한 준비가 덜 되어 있었다. 독일군의 무제한 잠수함전으로 1917년 4월 연합국의 일원으로 참전하였지만, 당장 전쟁을 할 수 있는 준비가 미흡하여 항공기나 전차, 중포 등은 영국과 프랑스로부터 지원을 받지 않을 수 없었다. 그러나 전시체제로 전환하고 막대한 물자를 생산하여 연합국을 지원함으로써 승리에 기여하였다.

2차 세계대전 당시는 1929년에 시작된 대공황의 여파에서 완전히 벗어나지 못하여 경제가 침체되고 있었지만, 1941년 12월 진주만 기습으로 전쟁이 발발하자 즉시 전시체제로 전환하여 전시생산을 하면서 완전고용을 달성하였고, 수많은 장비와 물자를 생산하여 연합국에 지원함으로서 연합국이 승리하는 데 있어 결정적인 역할을 하였다. 이로부터 경제는 호황을 맞으면서 미국은 전후 최대의 경제력을 갖는 국가가 되었다. 미국이 이렇게 장비와 탄약 같은 전쟁물자를 대량으로 생산할 수 있었던 이유는 미국의 잠재적인 재정능력이나 경제력이 뒷받침되었기 때문이다.

독일은 2차 세계대전 당시 히틀러가 집권을 하자 재무장을 선언하고 재군비를 위하여 점진적으로 국방예산을 증액하기 시작하면서 국방비가 정부예산의 상당한 부분을 차지할 정도로 확대되었다. 이로 말미암아 전차와 항공기 등 군수산업에서는 많은 발전이 있었지만, 국민생활과 경제발전에서는 오히려 퇴보를 초래하였으며, 결국 이는 독일의 경제력을 약화시켜 전쟁을 지속하는 데 필요한 비용을 조달할 수 없게 만들었다. 독일은 비록 전쟁 초기단계에서 전격전으로 승승장구를 하였지만 전쟁이 장기화되면서 이를 지속할 수 있는 재정과 경제능력이 뒷받침하지 못하여 패하였다고 해도 과언이 아닐 것이다.

정부의 재정능력과 경제력은 전쟁을 지속하는 데 있어 예비전력의 규모와 더불어 핵심적인 요소이다. 전쟁에서 승리한 국가의 공통점은 전쟁을 뒷받침할 수 있는 재정능력과 경제력, 전시 동원할 수 있었던 예비전력이 충분하였다는 점이다. 1·2차 세계대전 당시의 영국이나 미국이 그랬다. 특히 미국의 재정능력과 경제력은 자국의 전쟁수행은 물론 연합군의 전쟁지속을 위해서도 충분히 그 역량을 발휘하였다.

반면에 패배한 국가의 재정이나 경제력은 전쟁을 지속하기에는 빈약하였다. 독일이 재정이나 경제력에서 강하기는 하였지만 연합국, 특히 미국에 비해 상대적으로 약하였으며 결과적으로 이길 수 없었던 것이다.

고가의 장비와 고성능의 탄약을 사용하는 현대의 전쟁은 천문학적인 전비를 필요로 한다. 이지스(AEGIS)함 1척을 건조하는 데 1조 원이라는 어마어마한 금액이 소요되고 F-15기 1대를 구입하는 데도 1,000억 원이 넘는다. 미사일 1발이 수억 원에서 수십억 원이 드는 상황에서 재정력이나 경제력의 뒷받침 없이 현대전을 수행할 수 없다. 재정 능력이나 경제력은 과거의 전쟁에서도 중요하였지만 현대 전쟁을 하는 데 있어서도 예비전력과 더불어 전쟁지속능력을 유지하고 확대하는 데 필수적이다.

6. 군사력의 혁신은 전투의 승리를 보장한다

전쟁에서 승리하기 위해서 군사력의 혁신은 중요하며 이를 위해 신개념의 전략과 전술의 개발 못지않게 과학기술의 발전에 병행하는 새로운 전투장비와 탄약 등의 개발도 중요하다.

1차 세계대전에서 패한 후 독일군은 젝트가 비밀재군비계획을 수립하고 은밀히 군사력을 증강하기 위한 계획을 실천해나갔다. 장교의 선발과 교육을 엄격히 하여 장차 독일군이 확장될 시 상급자로서 임무를 수행할 수 있도록 육성하였다. 아울러 독일의 발전된 과학기술을 이용하여 전차나 항공기 등 새로운 전투장비를 비밀리에 꾸준히 개발하고 소련의 공장에서 비밀리에 생산하였으며, 이 장비들을 스페인 내전에서 사용하여 그 성능을 확인하였다.

또한 전격전 전술을 도입하고 연구하여 폴란드 전역에서 시험적으로 사용해보고 문제점을 찾아내 훈련을 통해서 보완을 한 뒤 마침내 프랑스 전역에서 개전 후 불과 6주 만에 파리를 점령하고 프랑스로부터 항복을 받았다. 독일군은 전쟁 초반기에는 새로 개발된 장비와 전술에 힘입어 눈부신 전과를 달성하였다(그러나 전쟁이 장기화되면서 히틀러의 군사 작전에 대한 지나친 개입과 전쟁지속능력의 한계를 극복하지 못하여 패하였다. 독일군은 우수한 장교단과 부대의 전술적 운용 등으로 전투에서는 많은 승리를 하였지만, 히틀러의 과오로 전략적으로는 실패하였다).

1차 세계대전 시 러시아군도 철저한 혁신을 하지 못하여 패할 수밖에 없는 전쟁을 하였다. 19세기 말과 20세기 초에 걸쳐 러시아의 군사력은 적어도 숫자 면에서는 당대 최고였다. 그러나 그것은 외형적인 면에 불과하였다. 러일전쟁에서 패하여 군개혁을 한다고는 했으나 그 변화는 없었으며, 1차 세계대전이 발발하자 취약점은 다시 그대로 노출되었다. 러시아군 상층부를 이루는 장교는 독일계 출신이 많았고 부사관이나 병들은 다수의 문맹자들로 그들의 전투수행역량은 떨어졌다. 독일군과의 전투를 위해 일주일씩 이동하면서도 제대로 보급을 받지 못하였고, 그들의 부대 이동상황을 그대로 평문으로 통화하여 독일군은 러시아군의 움직임을 손바닥 보듯 보고 있었다. 조병창에서 생산하는 야포나 기관총 등 전투장비는 부족하였고, 소총이나 탄약 등도 매우 부족하여 전투에 투입된 장병들이 소총이나 탄약도 제대로 보급도 받지 못하면서 전장에 투입되었다.

병역제도에 있어서도 고학력자들이나 부유층은 모두 면제되고 농민층 위주로 입영시키다 보니 문맹률이 높아 새로운 장비가 나와도 이를 취급하기가 어려웠다. 여기에 병역 면제비율마저 높아서 자원도 부족하였을 뿐만 아니라 위화감마저 조성하였다. 이러한 러시아군의 취약점은 타넨베르크 전투에서 그대로 나타나 러시아군은 대패를 하였다. 1차 세계대전 시 러시아군의 전쟁수행역량은 총체적으로 저하되어 있었으며, 그런 결과로 1917년 조기에 전선에서 이탈하는 것으로 나타난 것이다.

2차 세계대전 시 프랑스군도 혁신을 소홀히 하여 패한 대표적인 경우에 해당된다고 할 수 있을 것이다. 독일군이 재무장을 선언하고 인접한 오스트리아와 체코를 합병해 나가면서 히틀러의 야욕이 더욱 노골화되어 가는 동안 프랑스군은 마지노선에 안주하여 독일군의 변화에도 무덤덤하게 대응하면서 방어 위주의 전술에 집착하고 있었으며, 장비개선도 소홀히 하였다. 그런 결과로 독일군의 전격전에 제대로 전투다운 전투를 해보지도 못하고 6주 만에 항복을 하였다.

전쟁에서 승리하기 위해 전쟁양상의 변화에 부응하면서 군에서는 획기적인 전략과 전술을 개발하고 전투장비와 탄약 등에 있어서도 발전에 발전을 거듭해야 한다. 2차 세계대전 시 미국이나 영국 등의 국가는 경제력과 더불어 군사전략 및 전술 등에서도 끊임 없이 변화에 변화를 거듭하여 승리의 기초를 다졌다. 반면에 1차 세계대전 시의 러시아군이나 2차 세계대전 시의 프랑스군에서 보는 바와 같이 이들 군대는 승리를 위한 전략과 전술을 개발하는 데 소홀히 하였으며, 전투장비나 탄약을 새로 개발하는 데도 진력을 다하지도 않았다. 그러한 결과가 참담한 패배로 나타난 것이다.

전쟁은 국민 모두가 하지만 전투는 군인이 하는 것이다. 전투에서 승리하기 위해서는 장비와 전략, 전술 등 모든 분야에서 끊임 없이 혁신을 해야 하며 이러한 변화와 노력들이 전시에 승리를 보장한다. 독일군은 우수한 장비와 전략 및 전술에서 뛰어나 전투에서는 많은 승리를 하였지만 결과적으로 전쟁에서는 항상 패하였다. 반면에 연합군은 장비와 전략, 전술에서 독일군보다 우수하게 부각되는 것이 상대적으로 적었지만 그럼에도 궁극적으로는 승리하였다. 전쟁에서 승리를 한 것이다.

7. 예비전력은 전쟁지속능력을 유지하고 확대하는 데 있어 핵심 요소이다

예비전력은 전시가 되면 국가가 동원할 수 있는 인적자원이나 물적자원을 말한다. 예비전력은 평상시는 상비전력과 더불어 전쟁억제력 일부로서의 역할을 하지만 전시에는 전쟁을 지속하는 핵심전력이 된다. 가용한 예비전력의 규모가 크다는 것은 전시에 국가가 동원할 수 있는 인적·물적 자원의 역량이 큼을 의미하며 이는 전쟁지속능력과 직접적으로 연계된다.

1·2차 세계대전 시 미국의 인적자원이나 물적자원 등 예비전력의 동원능력은 다른 어느 나라보다 막대하였다. 다만, 미국이 중립주의를 택하고 있었기 때문에 전시체제로 전환하기 이전까지는 현실화되어 있지 않았을 뿐이었다. 1차 세계대전에서 미국은 전쟁 중반기인 1917년 4월에 연합국의 일원으로 참전하여 인적자원이나 물적자원을 동원하여 연합국을 지원함으로써 연합국의 승리에 커다란 기여를 하였다. 2차 세계대전이 발발할 당시인 1939년에도 미국은 병력이나 물자를 동원하기 위한 준비태세는 미흡하였지만 서서히 전시체제로 전환하여 산업성산을 확대함으로써 전시 동원능력을 확대하기 시작하였다.

마침내 1941년 12월 일본군의 진주만 기습으로 태평양전쟁이 발발하자 미국은 본격적으로 전쟁에 참전하고 전시체제로 전환하면서 생산을 확대하였다. 미국의 전시 예비전력의 동원역량은 미군의 수요 충족은 물론 연합군이 사용하는 상당량의 전투장비와 탄약 및 물자도 충당할 만큼 엄청났고 이는 연합군의 작전에도 큰 기여를 하였다.

미국은 막대한 인적자원을 동원하여 태평양전쟁을 하면서도 유럽전선에도 미군을 파견하였고 전투장비나 탄약, 물자에서도 미군이 사용하는 양을 넘어서 연합군의 병기고 역할까지 담당하여 전쟁을 지속하는 데 필요한 물자를 제공하였다.

반면에 1·2차 세계대전 시 독일은 동원 가능한 예비전력의 한계를 항상 절감하면서 전쟁을 해야만 했고, 결국 전쟁지속능력의 한계로 패할 수밖에 없었다. 양차 대전 시 독일군은 항상 양면전쟁을 해야만 하는 취약점을 갖고 있었으며, 이는 독일군의 결정적인 약점이기도 했다. 또 다른 독일군의 취약점 한 가지는 전쟁이 장기화될 시 연합국에 비하여 전쟁지속력을 유지하기 위한 가용 인적자원이나 물적자원이 극히 제한되는 취약점이 있었다.

독일군은 이런 취약점을 극복하고자 단기전을 계획하였고, 전쟁이 발발하자 점령지의 인적자원을 동원하고 물적자원을 약탈하여 이용하는 등 온갖 노력을 하기는 했지만, 그러나 연합국에 비하여 본질적으로 취약한 독일의 예비전력 동원능력을 극복할 수는 없었다. 전쟁이 장기화되면서 전쟁을 지속하는 데 필요한 인적자원의 동원은 결국 한계에 달하였고, 생산시설이 파괴되고 물적자원도 더 이상 가용치 않게 되자 패할 수밖에 없었던 것이다.

전쟁이 발발하면 초기단계에는 상비전력이 주력으로 전쟁을 수행해나가겠지만 점차 장기전으로 가면 예비전력이 전쟁을 지속하는 데 필요한 핵심적인 역할을 하게 된다. 따라서 병력은 물론 장비와 물자 등 예비전력의 적시 적절한 동원과 운용을 위한 평시의 준비와 전시 동원역량의 확충을 위한 계획은 대단히 중요하다고 할 것이다.

덧붙일 것은 1 · 2차 세계대전에서 승리한 연합국에게는 자국의 예비전력 외에 항상 미국이라는 든든한 우군이 있어서 병력이나 장비 및 물자 등 전쟁지속능력을 유지하고 확대하는 역할을 충분하게 해주었다. 반면에 패배한 동맹국 · 추축국의 핵심이었던 독일은 전쟁 초기단계에는 항상 유리하게 전개해나갔지만 끝내 승리를 할 수 없었던 이유는 연합군에 비하여 전쟁지속능력에 있어서 항상 열세하였기 때문이다. 전쟁지속능력을 확대하고 유지함에 있어서는 자국의 능력을 기본으로 하면서도 우방국의 지원 역량도 중요함을 인식하여 이를 이용하기 위한 외교적 노력도 병행되어야 할 것이다.

8. 과학기술력은 군사작전의 성공을 보장한다

한 국가의 과학기술능력은 전시나 평시를 막론하고 새로운 전투장비나 탄약 등 전쟁수행에 필요한 수단을 개발하는데 있어서 대단히 중요하다. 특히 전쟁 양상이 첨단화되고 정밀화되어 가고 있는 현대전이나 장차 전쟁에서 과학기술능력은 더욱 중요시 될 것이다.

2차 세계대전 시 미국이 전쟁에서 승리를 할 수 있었던 중요한 원인 중에는 풍부한 재정력과 경제력, 예비전력의 동원능력 못지않게 과학기술의 발전도 작용하였다. 미국은 대학과 연구소, 군이 연계되어 대학이나 연구소에 기술개발 과제를 주어 새로운 신무기를 개발하고 발전된 산업능력을 이용하여 대량생산을 하였다. 이러한 시스템 덕분에 아이오와급 같은 대형의 전함이나 니미츠급의 항공모함은 물론 B-29 같은 장거리 폭격기를 개발하였고, 표준화를 통하여 대량으로 생산하였다. 전쟁이 끝나갈 무렵에는 맨하탄 계획으로 원자탄을 개발하여 히로시마와 나가사키에 투하함으로써 일본군의 무조건 항복을 받아내고 전쟁을 종결시켰다. 미국의 과학기술능력과 이를 뒷받침하는 산업시설 및 생산능력이 전쟁에서 승리하는 데 큰 기여를 한 것이다.

반면에 2차 세계대전 시 일본은 당시 강대국들 중에서 결코 과학기술능력이 낮지 않은 국가였음에도 불구하고 전쟁에서 패하였다. 일본도 항공모함과 대형 전함을 건조하였으며 항공기를 대량으로 생산하였다. 당시 항모를 운용하고 있었던 국가는 미국과 영국, 일본 밖에 없을 정도로 일본의 과학기술력과 산업능력은 발전되어 있었다.

그러나 일본의 과학기술력은 그것이 한계였다. 전쟁에서 승리하기 위해서는 이러한 장비의 발전 못지않게 전략과 전술의 개발도 병행되어야 하나 일본군은 그렇지 못하였다. 일본이 전쟁을 지속하기 위해서는 막대한 자원이 필요하였고, 이를 위해서는 해운력과 더불어 이들 자원을 안전하게 수송하기 위해 해군은 전술을 개발해야 하고, 수송된 원료자원을 전쟁을 하는 데 필요한 자원으로 전환하기 위한 산업시설과 기술이 필요하나 일본 지도층은 이를 제대로 인식하지 못하였고 더불어 생산능력은 부족하였다.

일본 육군은 러일전쟁에서 사용하였던 소총이나 대포 같은 장비를 그대로 사용하였고 전차나 대전차포 등의 장비는 개발하려고 하지도 않았다. 오로지 러일전쟁에서의 승리에 고착되어 정신력만을 강조하였다. 일본의 과학기술능력이 결코 낮은 수준은 아니었지만, 균형적인 발전을 추구하기 위한 노력 부족으로 일본이 전쟁에서 패하는 중요한 원인을 제공한 것이다.

과학 기술력의 우위만으로 전쟁에서 승리를 보장한다고 하기에는 한계가 있을 수 있겠지만 커다란 영향을 미치고 있음은 틀림없다. 과학기술력의 발전에 힘입어 새로운 전투 장비를 개발하고 이를 생산할 수 있는 산업시설과 생산능력, 생산된 장비와 물자를 운용하여 승리를 보장할 수 있는 전략과 전술이 이를 뒷받침해야 비로소 완전한 승리할 수 있을 것이다.

9. 노블레스 오블리주가 사회문화의 핵심이 되어야 한다

전쟁이라는 국가의 존망과 국민의 생사가 달려 있는 중대사에 있어서 국민 모두의 자발적이고 헌신적인 참여는 대단히 중요하지만, 특히 사회지도층의 솔선수범하는 자세는 더욱 중요하다. 한국과 같이 분열적인 모습을 보이는 국가에서 지도층의 솔선수범하는 자세, 즉 노블리스 오블리주(사회 지도층의 도덕적 의무와 솔선수범)야말로 특히 중요하다고 할 것이다.

노블레스 오블리주의 대표적인 사례를 보여주는 나라는 영국이다. 영국은 1·2차 세계대전에서 먼저 사회지도층이 모범을 보이고 이에 국민들은 자발적으로 전쟁에 참여하여 승리를 하는 데 기여했다. 전쟁기간 중 왕실은 영연방 국가로 피신하라는 권유를 거절하였고, 유명한 이튼(Eaton) 칼리지 같은 학교에서는 수많은 학생들이 솔선수범하여 전쟁에 참전, 전사하였는데 이는 영국인의 노블레스 오블리주 정신을 대표적으로 보여주는 사례이기도 하다. 영국 본토에 대한 독일군의 대한 폭격이 있었을 때에도 영국의 사회지도층은 물론 국민들 중에 누구도 혼자만 살겠다고 미국으로 도피하는 경우는 거의 없었다.

뿐만 아니라 국민들도 역시 솔선하여 독일군의 상륙이 가능한 지점에는 진지를 파거나 철조망을 설치하였다. 국민들은 총을 들고 총이 없으면 농기구라도 들고 순찰을 돌기도 했다. 식량이 부족해서 배급제를 실시하자 모두가 이를 수용하여 질서 있게 줄을 서서 기다렸다. 영국은 비록 독일군의 직접적인 침공을 받지는 않았지만 프랑스라든가 다른 어느 나라보다 본토를 지키기 위해 준비를 하였으며, 이러한 사회적 분위기는 영국을 지켜내는 데 크게 기여하였다.

미국에서도 영국과 마찬가지로 사회 지도층의 자제들이 솔선수범하여 군에 자원입대하고 태평양전쟁이나 유럽전선에서 전투원으로 참전 중에 전사를 하였다. 전 미국 대통령 부시는 대학재학 중 전쟁이 발발하여 입대 후 태평양 전투에 참전하여 부상을 입었다. 영국이나 미국 등 전쟁에서 승리한 국가를 보면 사회지도층의 솔선수범하는 자세가 결국 국민들로 하여금 국가가 위기 시 국가의 정책과 지도에 따르게 만들었다.

반대로 1차 세계대전 시 독일의 사회는 전쟁 초기단계에는 잘 단결되어 있는 것처럼 보였다. 전쟁이 발발하자 모든 국민은 독일군이 곧 승리를 하고 전쟁이 끝날 것처럼 생각을 하였다. 황제를 중심으로 단결하는 듯 보이기도 하였다. 그러나 전쟁이 장기화되고 독일군의 패전소식이 자주 들려오자 독일 사회는 불안해지기 시작하였다. 식량과 연료, 생필품이 부족하는 등 국민들의 생활이 점점 어려워지자 염전사상이 확산되기 시작하였으며, 여기에 사회주의자들이 노동현장에서 파업하는 사태까지 발생하자 독일은 전쟁을 해나가기가 어려워졌다. 내부로부터 독일 사회가 무너지는 모습이 나타나기 시작하였고 여기에 해군이 출동명령을 거부하고 반란을 일으키면서 황제는 도피하고 독일은 결국 패망하였던 것이다. 이렇게 패배를 해가는 과정에서 독일 지도층의 노블레스 오블리주 정신은 찾아볼 수가 없었다. 독일 지도층의 모범적인 역할이 없었던 것이다.

2차 세계대전 시의 프랑스도 독일과 별로 다르지 않았다. 독일군이 파리를 향하여 전격전으로 침공을 하자 프랑스의 지도층이나 다수의 국민들은 파리를 버리고 도망을 하기에 정신이 없었다. 지도층이 나서서 독일군의 진격을 막기 위해 저항을 하면서 국민들에게 모범을 보이고 솔선수범하는 자세를 보였다는 사례는 찾아볼 수 없다. 오히려 지도층의 일부에서는 독일과 화의를 주장하는 사람들이 대두되었고, 이들이 비시 정권을 수립하여 독일군 앞잡이 노릇을 하였다.

이렇게 전쟁에서 승리한 국가는 통상 사회지도층이 솔선수범하고 국민들이 모두 자발적으로 국가적 활동에 동참하였다. 영국이나 미국이 그런 경우에 해당한다. 그러나 패배한 국가는 국민과 지도층이 따로따로 행동하였다. 1차 세계대전 시의 독일과 러시아, 2차 세계대전 시 프랑스 사회가 그랬다. 독일에서는 전쟁에 염증을 느낀 사회주의자들이 주동이 되어 폭동을 일으켰고, 러시아에서는 제정러시아 정부와 황제의 폭정으로 국민들은 대단히 어려운 삶을 살아야만 했으며, 2차 세계대전 시 프랑스의 지도층은 독일군이 침공을 해오자 파리를 버리고 피신하기에 정신없었다. 국민들에게 모범을 보여야 할 지도층들은 국민과 떨어져 있었고 국가가 어려워지자 자신들만 살겠다고 도피한 것이다. 국민들은 자신들이 왜 전쟁을 해야 하는지 목적의식을 갖고 있지 않았다. 그랬기 때문에 결과적으로 전쟁에서 패할 수밖에 없었던 것이다.

10. 소결론

지금까지 총력전에서 승리한 국가와 패배한 국가를 각각의 요소를 들어 사례를 제시하여 보았지만 총력전에서 승리하기 위해서는 이러한 요소들이 모두 총합적으로 발휘되어야 하는 것이지 특출한 어느 요소 몇몇으로 결정되는 것은 아니다. 예를 들면

1·2차 세계대전 시 독일군은 전략과 전술, 전투장비 등 군사적인 관점에서만 보면 다른 어느 나라보다 대단히 우수한 군대라고 할 수 있었다. 그러나 1차 세계대전 시의 빌헬름 2세라든가 2차 세계대전 시의 히틀러라는 부적절한 지도자와 국민들의 빈약한 의지, 독일의 취약한 재정능력과 경제력, 전쟁지속능력 등 제반요소가 결부되면서 전쟁에서 패한 것이다.

반면에 1·2차 세계대전 시 영국은 해군력을 제외하고는 군사력에 있어서 그렇게 우수하다고 할 수 없었음에도 불구하고 초기단계의 혼란을 극복하면서 거국내각을 조직하고 승리에 대한 국민적인 의지와 단결을 바탕으로 어려움을 극복하면서 미국이라는 든든한 나라를 끌어들여 정치·경제·군사적 지원을 이용하여 승리할 수 있었다.

합창단에서 훌륭한 화음을 내기 위해서는 훌륭한 지휘자의 지휘능력과 이에 참여하는 구성원들의 적극적인 자세, 그리고 악기와 좋은 악보 등이 모두 결합되어야 가능한 것처럼, 전쟁에서 승리하기 위해서는 국가지도자의 강력한 리더십과 적절한 전쟁지도에 호응하여 총력전과 관련되는 모든 요소들인 정치와 외교, 경제, 군사력과 예비전력, 과학기술력, 국민의지와 사회문화 등 모든 요소들이 서로 앙상블(Ensemble)을 이루어야 가능한 것이며, 1·2차 세계대전 시의 영국이나 미국을 대표적으로 들 수 있다.

따라서 평시부터 국가는 언제 발발할지도 모를 전쟁에 대비하여 준비태세를 갖추도록 관심을 갖고 주기적인 훈련과 연습을 통해 대비능력을 향상시키면서 결정적일 때는 상호 간 앙상블을 이루어 승리할 수 있도록 해야 할 것이다.

제2절
한국의 총력전 준비 실태

1. 한반도에서의 장차전 양상 전망

북한은 수년째 계속되고 있는 경제난으로 극심한 고통을 받고 있지만 여전히 방대한 규모의 재래식 군사력과 예비전력을 유지하고 있고 덧붙여 핵이나 장거리 미사일, 화생무기 같은 대량살상무기와 대규모의 특수전 부대 등 비대칭 전력을 보유하고 있다. 북한은 이와 같은 군사력을 바탕으로 총력전 양상과 연관시켜볼 때 한반도에서 새로운 전쟁이 발발한다면 단기속전속결전, 대량화력전, 정규 및 비정규 배합전 등을 시도할 것으로 보인다.

먼저 단기속전속결전 양상이 나타날 것이라고 판단하는 이유는 북한이 수년간 지속되고 있는 경제난으로 전쟁을 장기간 지속할 수 있는 전쟁지속능력에 있어서 많은 제한을 받고 있기 때문이다. 6·25전쟁 이후 산업시설이 파괴된 북한은 1960년대 초까지 이를 재건하기 위하여 전 노력을 집중하였고 어느 정도 복구가 된 이후에는 4대 군사노선 —— 전 국토의 요새화, 전군의 간부화, 전 인민의 무장화, 전 장비의 현대화 —— 을 주장하면서 전 북한을 병영국가화하기 시작하였다.

이후 전쟁지속능력을 확보하기 위하여 장비와 탄약을 자체적으로 생산하고 전쟁수행에 필요한 물자를 지하에 비축하기 시작하였다. 그러기를 50여 년이 지난 지금, 상당한 양의 장비와 탄약과 물자 등을 대량으로 비축해 놓고 있지만 시간이 경과되면서 노후화되거나 수명이 초과되는 등 이제 사용하기에는 많은 문제가 발생하고 있고, 이로 인하여 전쟁지속능력이 잠식되는 문제가 발생되고 있다.

북한은 기갑 및 기계화 부대를 다수 보유하여 전쟁이 발발하면 전황에 따라 기갑 및 기계화 부대를 신속히 기동하여 전략적인 목표를 점령하고 상황이 유리하다고 판단되는 시점에서 휴전을 요구할 것이다. 북한이 장기전을 실시할 수 있는 인적자원이나 물적 능력이 우리에 비하여 취약하기 때문에 단기속전속결전을 시도할 것은 분명하다.

단기속전속결전을 시행하다가 그들의 작전목적을 달성할 수 없을 때 또는 당시의 상황에 따라(중국이나 러시아가 북한을 지원하는 경우) 장기전으로의 전환을 시도할 수도 있을 것이다. 6·25전쟁에서도 북한군은 전 한반도를 8·15 이전에 공산화할 수 있도록 작전계획을 수립하였고, 전쟁이 진행되고 있을 때 김일성은 남한의 모처에까지 내려와 독전을 강요하는 등 단기전을 시도하였지만, 국군의 끈질긴 저항과 유엔군의 참전이라는 상황에 의해 3년이 넘게 장기전으로 지속되었다. 따라서 북한이 단기속전속결전을 시도할 것으로 판단되지만, 그렇다고 해서 반드시 단기전이 될 것이라는 생각은 위험한 발상이 아닐 수 없다.

다음으로 대량의 화력전을 실시할 것으로 판단하는 이유는 북한군이 방사포를 포함하는 다양한 종류와 구경의 대규모 포병화기를 보유하고 있기 때문이다. 북한은 별도의 미사일지도국과 포병사단을 두고 있고 다수의 포병화기는 수도권에 근접한 개성 북방을 연하는 지역에 배치함으로써 전쟁이 발발하는 시점에 기습적으로 대량의 화력을 수도권이나 전쟁지도본부 등 국가의 중요한 군사 및 비군사 시설로 집중할 것으로 예상된다.

마지막으로 정규 및 비정규 배합전을 실시할 것으로 판단하는 이유로 북한군은 현재 20만여 명에 달하는 세계 최대의 특수작전부대를 보유하고 있기 때문이다. 북한은 전쟁이 발발하기 이전부터 특수작전부대를 침투시켜 전략적인 목표를 타격하고 남한 내부를 혼란시키고자 할 것이다.

전쟁이 발발하면 전방군단 지역이나 사단 지역에도 수많은 경보병 부대들이 지휘소를 습격하거나 포병부대들을 공격하기 위해 침투할 것이다. 전방에서 정규군의 부대가 공격하는 동안 후방지역에 침투한 비정규전 부대들이 전략적·작전적 목표들을 타격하면 남한 내부는 대단히 혼란스러울 수밖에 없을 것이고 이는 북한 공산집단이 노리는 바이다.

북한은 노동당 규약을 채택한 이래 당 규약에 명시하고 있는 적화통일전략과 4대 군사노선을 변경한 적이 없다. 이를 바탕으로 하는 군사정책, 전략과 전술, 그리고 공산주의 속성으로 볼 때 한반도에서 새로운 전쟁이 발발한다면 안보여건상 국가의 모든 요소들이 총력적으로 대응해야 하는 총력전 양상으로 진행될 것이다.

다만 북한이 핵실험을 하고 핵보유국임을 주장하고 있기는 하지만 만약 북한이 핵을 사용한다면 이는 전쟁의 양상을 근본적으로 바꿀 수 있을 것이기 때문에 여기서는 핵을 사용하는 전쟁에 관해서는 언급을 하지 않을 것이다.

2. 예상되는 문제점

전쟁이 발발하면 전 정부기관들은 충무계획에 의거하여 가용한 모든 역량을 총동원하고 전시 정부의 기능을 유지하면서 국민생활의 안정을 지원하는 등 총력전을 수행해야 한다. 이를 위해 평시부터 국가총력방위체제를 구축하고 국가동원과 군사작전, 민관군 통합방위작전, 비상대비와 재난 및 안전관리, 국민생활의 안정지원대책 시행 등을 수행할 완벽히 준비가 되어 있어야 한다.

앞에서 제시한 북한의 공격양상을 고려해볼 때 우리의 내부에서는 어떤 현상이 발생될 수 있을 것인가? 6 · 25전쟁 당시 발생하였던 상황과 그 이후 우리 사회가 당면하고 있는 문제점, 이를 연구한 논문 등을 참고하여 우리 사회가 당면할 수 있는 문제점을 각 분야별로 살펴보면 다음과 같은 현상들이 발생할 수 있을 것이다.

첫째, 정치 분야에서는 국론통일이 쉽지 않을 것이다. 6 · 25전쟁 시 한편에서는 전쟁을 하면서도 피란 국회에서는 이런저런 이유로 끊임없이 정쟁을 하여 통일된 국론으로 전쟁을 수행하기에 어려움이 많았다. 지금의 정치상황을 6 · 25전쟁 당시와 비교하기에는 무리가 있겠지만, 그러나 6 · 25전쟁과 같은 국가적 위기상황이 다시 발발한다면 정치권에서 정부의 활동을 적극 지원하는 동시에 국민의 의지를 결집시키기 위한 주도적인 활동을 할 수 있을 것인가에 대해서는 솔직히 의문이 생길 수밖에 없다.

천안함 폭침사건 이후 정부는 내부적으로 북한의 소행에 의한 사건임을 확신하면서도 수사를 통해 확실한 증거를 갖고 사건의 전모를 발표하고자 미국과 영국, 스웨덴 등을 포함한 국제적인 전문가들이 철저히 증거에 입각하여 조사를 한 뒤에 북한에 의한 도발행위임을 입증하는 조사결과를 발표하였음에도 끊임없이 문제를 제기하는 것을 볼 때 지금의 상황도 별로 나아졌다고 할 수 없을 것 같다.

정치권은 전쟁이라는 국가적 비상사태에 직면했을 때는 정부가 주도하여 전쟁을 수행할 수 있도록 국민의 의지를 모으는 역할과 또한 법적 뒷받침을 해주어야 할 것이다. 정부는 정치적 입장을 떠나 국가적 중대사에 있어 모든 사실들을 정확하게 알려주고 정치권과 국민들의 노력을 통합하는 자세가 필요할 것이다. 정부가 총력전에 임하여 제대로 국민이나 정치인을 설득하고 이끌어나간다면 오히려 더 효과적인 지원세력을 확보할 수 있을 것이다. 민주정치체제의 장점을 살리는 혜안이 필요하겠다.

둘째, 외교 분야에서의 핵심은 한미동맹을 확고히 유지한 채 중국과 러시아는 최소한 중립을 유지하면서 북한을 지원하지 않도록 하는 것이다. 그러나 중국과 러시아의 중립적 자세는 천안함 폭침사건에서 보았듯이 쉽지 않을 것으로 보인다. 중국은 애매모호한 표현으로 천안함 폭침사건이나 연평도 포격사건에 대하여 북한을 비호하면서 유엔 안전보장이사회의 결의에 비협조적으로 일관하여 유엔제재 결의안 채택을 지연시키거나 방해함으로써 결국 의장성명이 채택되는 것으로 만족해야만 했다. 또한 최근에는 북중우호조약 체결 50주년을 기념하여 발표된 보도자료를 보면 중국은 북한에서 급변사태나 예기치 못한 위기가 발생하면 어떤 형태로든 개입을 하고자 구실을 마련할 것으로 보인다.[1]

러시아도 천안함 사건에 대하여 협조적이었다고 말할 수는 없을 것이다. 한반도에 또 다른 위기상황이 발생하고 악화되어 전쟁이 발발했을 때 중국이나 러시아의 우호적인 협조를 기대하기가 쉽지 않은 상황이 될 것으로 보이지만, 그래도 묵시적으로라도 북한의 침략에 대한 최소한 중립적인 자세를 취할 수 있도록 외교적인 활동을 해야 할 것이다. 우방국을 이용하든 유엔을 이용하든 또는 직접 접촉을 하든 여러 가지 방법이 있을 것이다.

셋째, 경제 분야에서는 우리가 북한에 비하여 압도적인 우위로 총력전을 수행해나갈 수 있을 것이다. 다만 우리에게 일부 문제가 되고 있는 산업동원 분야에서 제기되고 있는 전략물자의 부족을 해결하여 전쟁지속능력을 확대하는 방안이 필요하다. 평시부터 전시에 소요될 전략물자에 대한 소요량을 판단하여 정책적으로 비축량을 확대해나갈 필요성이 있다. 식량이나 연료 및 생필품의 부족, 단전과 급수 등의 문제로 국민이 겪게 될 고통도 심대할 것이므로 이에 대한 대책은 매우 중요하다. 전시 최소한의 국민생활 안정을 위하여 식량이나 연료 및 생필품의 비상공급이나 배급계획, 단전과 단수 등의 상황이 발생할 시에 대비하는 실질적인 계획이 필요하다. 1·2차 세계대전에서

---

1   중국은 북한과 중조우호조약 체결 50주년을 맞이하여 1981년과 2001년 두 차례 연장됐으며, 현재 연장 기간은 2021년까지라고 발표하였다(2011년 7월 11일자 중국 외교부 발표자료). 이에 대해 중국의 한반도 전문가들은 북중우호조약이 유효기간이 20년으로 되어 있다는 이야기는 들어본 적이 없다고 하였다. 북중우호조약은 김일성과 주은래가 1961년 7월 11일 체결하여 2011년에 50년을 맞고 있다(『연합뉴스』, 2011년 7월 11일자).

영국이나 독일 및 일본과 6·25전쟁 시에 나타났던 사례들을 연구하고 한반도에서 예상되는 상황과 연계하여 대비를 하여야 할 것이다. 아무리 전시라는 상황이라고 하더라도 의식주 등 국민들의 기본적인 생활안정 대책을 보장해주지 않으면 승리에 대단히 어려운 문제가 발생될 수 있음을 전쟁사에서는 보여주고 있다.

넷째, 사회문화 분야에서는 국민들의 의지를 결집시키기 위하여 많은 대책과 관심을 요한다. 전쟁이 발발하면 일부의 부유층이나 지식층에서는 자신들만 살겠다고 몰래 국외로 도피하여 국민을 분노하게 만드는 행동이 나올 수 있다. 이런 현상이 빈발하고 이런 소식이 전 국민에게 전파된다면 국민들로 하여금 전쟁에서 승리의지를 좌절시키는 심각한 요인이 될 수 있다. 반국가 단체나 반정부 조직이 국민들을 선동하여 정부가 전쟁을 수행해나감에 있어 왜곡된 선전으로 총력전 의지를 좌절시킬 수도 있다. 예측되거나 또는 할 수 없는 수많은 일들이 도처에서 발생되어 총력전을 수행해야 할 국민들을 혼란스럽게 하거나 그 의지를 좌절시킬 수 있으므로 이와 같은 행위들에 대한 엄격한 통제가 필요하다. 평시부터 부유층 또는 지식층 등의 '노블레스 오블리주' 정신, 즉 사회지도층이 도덕적 의무를 솔선수범하는 정신과 인식의 전환, 모범적인 행동이 필요하다. 또한 총력전 의지를 저해시킬 반국가·반정부 조직이나 단체, 개인 등에 대한 엄격한 법집행이 필요하다.

다섯째, 동원령이 선포되면 수많은 예비전력이 동원되어야 부대가 증편되거나 창설되어 전투를 하고 전쟁을 지속할 수 있는 것인데 전쟁의 불확실성과 두려움, 반국가나 반정부 단체의 거부운동 등으로 동원에 응소하지 않는 인원이 다수 발생함으로써 병력보충의 곤란 등으로 전쟁수행에 차질이 야기될 수 있을 것이다. 동원을 방해하기 위한 불법적인 활동에 대한 엄격한 통제와 더불어 국민들에 대한 홍보나 교육이 필요한 부분이다.

여섯째, 수도권에서의 혼란 발생가능성이다. 수도권은 정치와 외교나 군사 등의 중심지이자 경제력의 상당한 부분이 집중되어 있는 곳이며, 아울러 인적자원이나 물적자원 등 전쟁지속능력의 핵심지역이다. 북한도 이런 수도권의 중요성과 취약점을 잘 알고 있다. 전쟁에서 승리를 위해서는 반드시 확보해야 하며 따라서 수도권을 확보하기 위한 작전계획과 더불어 피해발생 최소화 및 조기복구계획, 국민들의 생활을 안정시키기 위한 치안과 질서유지로부터 식량배급이나 단전 및 단수 시 계획 등 종합적인 계획이 필요하다.

전쟁이 발발하면 위에서 언급한 여섯 가지의 문제점 말그도 수많은 문제들이 복합적으로 발생하여 총력전에 참여하고자 하는 국민의 의지를 좌절시킬 수 있을 것이다. 전쟁이라는 극한의 상황에서 발생할 수 있는 수많은 상황을 예상하여 현실적으로 대비할 수 있는 계획이 필요하다.

3. 총력전 수행체제 및 능력 분석

| 총력전 준비 연혁 및 관련 법령

6·25전쟁 이후 1950년대에는 남북한 모두 전후 복구를 위해 총력을 기울였다. 그러나 전후 복구가 어느 정도 끝난 1960년대 초에 북한은 대남적화전략을 본격적으로 추진하기 시작하였고 전군의 간부화, 전인민의 무장화, 전국토의 요새화, 전장비의 현대화를 모토로 하는 이른바 4대 군사노선[2]을 본격적으로 추진하면서 휴전선에서의 도발과 무장공비를 남파시키기 시작하였으며 급기야는 1968년 1·21사태 및 이틀 뒤에는 미 정보함 푸에블로(Pueblo)호 납치사건을 도발하였다.

북한의 도발이 계속되자 당시 고(故) 박정희 대통령은 국가비상대비업무와 동원업무의 중요성을 인식하여 국가안전보장회의 설치를 지시하였고 동 사무국에서 비상대비업무와 국가동원체제를 연구하기 시작하였다. 1966년 5월에는 국가안전보장회의 산하에 국가동원체제위원회를 설치하여 여기서 국가동원체제에 대한 연구를 시작하였고, 1968년 2월에는 국가안전보장회의에 충무계획반을 설치하여 충무계획 작성을 시작하였으며, 최초로 국가비상대비훈련인 태극(太極)훈련을 시작하였다.

한편 1968년 청와대 기습을 목적으로 남파됐던 김신조 일당에 의한 1·21사태와 이틀 뒤인 1월 23일 동해상에서 발생한 미 정보수집함 납북사건을 계기로 향토방위를 위한 예비군의 필요성이 제기되었고, 마침내 4월 대전에서 한민족 역사상 최초로 대규모로 조직화된 예비군을 창설함으로써 총력전을 수행할 수 있는 준비를 하였다.

1969년 3월 국가안전보장회의의 국가동원체제위원회를 비상기획위원회로 개편하

2　1962년 12월 북한이 군사 분야에서 주체사상 구현을 이유로 자체의 힘으로 국가를 보위해야 한다고 주장하면서 이를 구체적으로 추진하기 위해 정한 행동노선. 이는 군사 분야에서 자위를 표방한 것이기는 하지만 실제는 주한미군이 철수하고 자동개입 조항이 배제될 경우 북한 단독으로라도 무력공격을 하겠다는 것임.

여 비상대비업무를 총괄토록 하였으며, 중앙행정기관과 시·도에도 민방위국에 비상대책과를 두어 중앙정부로부터 지방행정기관에 이르기까지 비상대비업무를 할 수 있는 조직을 갖추었다.

1973년도에는 비상기획위원회를 중앙동원위원회로 명칭을 바꾸고 국가동원기본계획을 수립하기 시작하였으며, 1974년 8월에는 충무계획 수립을 위한 기본지침을 '대통령훈령 38호'로 하달하여 충무기본계획 방침을 설정하였다. 1984년 8월에는 비상대비자원관리법을 제정하여 공포하였으며, 중앙동원위원회는 비상기획위원회로 다시 명칭을 바꾸고 국무총리를 보좌하여 비상대비업무를 총괄 및 조정토록 하였다.

008년 2월 정부의 비상대비업무를 총괄 및 조정하던 국무총리 국가비상기획위원회가 정부조직 개편에 따라 폐지되고 행정안전부의 재난안전관리실에서 국가비상대비업무를 인수함으로써 현재에 이르고 있다. 정부의 비상대비업무 관련 법령체계는 〈표 7.1〉과 같다.

이 외에도 전·평시 국민생활의 안정과 관련하여 언급할 수 있는 법령으로 식량안정법, 에너지기본관리법 등이 있어서 전시 국민생활의 안정을 도모할 수 있도록 하고 있다.

〈표 7.1〉 총력전 관련 법령

구 분	목적 및 내용	비 고
헌법	대통령은 국가안위에 관계되는 중대한 교전상태에 있어서 긴급한 조치 필요 시 법률의 효력을 갖는 명령발령 가능	긴급명령권
비상대비 자원관리법	전시 등 국가비상사태에 대비하여 국가의 인적·물적 자원의 효율적 조사와 관리, 훈련계획수립 규정	평시법
전시대기법	전시에 대비하여 작성되어 있는 긴급명령(법률) ※ 동원: 전시자원동원에 관한 대통령 긴급명령(법률)	전시법
계엄법	전시 계엄의 선포, 시행 및 해제 등을 규정	전시법
징발법	비상사태하 군사작전 수행을 위하여 필요한 토지나 물자, 시설 및 권리의 징발과 보상사항 규정	전시법
병역법	국민의 병역사항 규정	전·평시법
향토예비군 설치법	향토예비군의 설치 및 조직, 편성과 동원에 관한 사항 규정	전·평시법
민방위 기본법	민방위사태 발생 시 주민의 생명과 재산 보호, 민방위대 설치 및 조직, 편성, 동원 등에 관한 사항 규정	전·평시법

구 분	목적 및 내용	비 고
재난관리법	재난으로부터 국민의 생명과 재산보호를 위해 재난관리체제 확립사항 규정	전 · 평시법
통합 방위법	적의 침투 및 도발이나 위협 시 국가총력전 개념에 의거 국가방위요소의 통합운용으로 통합방위대책 수립과 시행에 필요한 사항 규정	전·평시법
훈 령	전시 등 국가비상사태 시 정부 및 군 관련 기관에서 준비할 사항 및 지침 제공	전시적용 행정규칙

총력전 수행체제

한반도에서 북한의 도발, 예를 들자면 6 · 25전쟁과 같이 북한이 전면적으로 공격을 해오거나 또는 서해 5도 지역이나 휴전선에서 국지도발이 확전이 되어 전면전이 발발한다면 정부는 충무계획에 의해 전시체제로 전환하고 전시계획에 의하여 전쟁을 수행하며 이를 지원하게 될 것이다.

전면전이나 국지전이 전면전으로 확전될 가능성이 있을 경우, 즉 충무상황이 발생하면 국방부장관은 충무사태 선포를 제안하며, 국무회의의 심의를 거쳐 대통령은 이를 선포한다. 충무사태가 선포되면 단계별 계획에 의거 중앙정부로부터 하급의 지방행정기관에 이르기까지 총력전 수행을 위한 부처별 활동을 하게 되며 이는 충무계획에 포함되어 작성되어 있다.

또한 대규모의 조직체계, 이를테면 북한의 특수작전부대들과 같은 무장공비들이 침투 및 도발을 하거나 핵이나 화생무기 같은 대량살상무기의 사용이 발생할 경우 국방부장관은 통합방위 '갑종사태' 선포를 건의하며, 중앙통합방위에서는 이를 심의 후 통합방위 '갑종사태'가 선포되면 총력전 개념에 의거하여 정부기관으로부터 지방행정기관에 이르기까지 각각의 조치를 한다.[3]

이와 같이 전면전 상황이나 통합방위 '갑종사태'가 발령될 시 이를 극복하며 총력전을 수행하기 위한 국가기관의 기능 및 역할은 〈표 7.2〉에서 보는 바와 같다.

---

3 통합방위법 제1조 참조.

〈표 7.2〉 국가비상사태 관련 정부기관별 기능 및 역할

구 분	기능 및 역할
대통령	• 국가원수로 국군통수, 국가안전보장회의 · 국무회의 의장 • 긴급명령권, 계엄 및 동원령 선포, 선전포고 등 • 국가안보에 관한 최고권한 보유 및 최종 책임 등
국가안전 보장회의	• 국가안보에 관련되는 대외정책과 대내정책 수립에 관하여 국무회의 심의에 앞서 대통령 자문
국무회의	• 정부에 속하는 중요한 정책심의: 계엄령, 동원령 등
국무총리	• 비상대비업무 총괄, 중앙민방위협의회 설치 및 운영 • 중앙통합방위협의회 개최 등
행정부	• 충무집행계획 작성, 행정각부 소관 자원조사 및 관리 • 부서별 전시동원, 정부기능 유지, 국민생활안정 지원 총괄 • 중앙통합방위협의회 개최건의(국방부) 및 참여(행정각부) 등
시·도	• 충무시행계획 작성, 시 · 도 산하 자원조사 및 관리 • 전시동원, 시 · 도 기능유지, 시 · 도 국민생활안정 지원 • 지역통합방위협의회 · 방위지원본부 운영 등
시·군·구	• 충무실시계획 작성, 시 · 군 · 구 산하 자원 조사 및 관리 • 전시동원집행, 자치단체기능 유지와 국민생활안정 지원 • 지역통합방위협의회 · 방위지원본부 운영 등

| 총력전 요소와 능력

　1950년 6월 25일, 6 · 25전쟁이 발발하였을 당시 우리나라가 총력전을 수행할 준비나 능력은 거의 '0' 수준이었다고 해도 과언이 아닐 정도로 극히 낮은 수준이었다. 정부가 수립된 지 채 2년도 지나지 않은 가운데, 그동안 남한에서 활동 중이던 남노당의 잔당을 소탕하기에도 벅찬 가운데 전쟁은 발발하였다. 북한군의 기습공격으로 시작된 전쟁에서 국가의 통치시스템은 제대로 작동하지 않았고, 외교활동은 미국을 위주로 제한적으로 하였을 뿐 그 외의 국가에 외교라고는 할 수 있는 여건이 제대로 되어 있지 못하였다.

　상비군은 제대로 무장을 하지 못하고 있었고, 예비전력을 동원하기 위한 조직은 미약하게 있었지만 전쟁이 발발함과 동시에 그 조직은 유명무실한 것임을 보여주었다.

　변변한 산업시설도 없어서 전쟁을 지속하는 데 필요한 장비나 물자, 탄약을 생산할 수 없었고 고작해야 소화기나 전투장구류, 피복류 등을 소량 생산하거나 정비할 수 있

을 정도의 능력만 있었을 뿐이었다. 사회에서는 수많은 실업자가 넘쳐났고 여기에 남노당이 사회 전반에 침투해 있어서 도저히 국론통일이라고는 할 수 없었다.

무엇하나 제대로 작동되지 않는 가운데 전쟁은 일어났고 속수무책으로 당해야만 했다. 전쟁이 진행되면서 미국이 주도하는 유엔군이 지원을 하기 시작하였고, 시간이 경과되면서 조금씩 국가 시스템도 총력전을 수행할 준비를 갖추기 시작하였다. 전쟁을 하면서 소화기 정비와 생산은 물론 일부의 탄약과 전투장구류나 피복류에 대한 생산을 점진적으로 확대해나갔지만 항상 원자재가 부족하여 어려움에 직면하였다. 그럼에도 미국을 위시한 국제연합의 지원에 힘입어 한국은 총력전으로 대응을 하였고 제한적이기는 하였지만 승리할 수 있었다.

전쟁 이후 1950년대의 혼란을 극복하고 1960년대 이후 추진한 경제개발 5개년 계획의 성공으로 경제발전에 힘입어 이제 한국의 경제규모는 세계에서 10~12위권에 이를 정도로 확대되었고, 군사력 또한 경제발전에 힘입어 세계에서 5~6위권에 있을 정도로 규모나 질적으로 강한 군대로 변화되었다. 전시 동원할 수 있는 예비전력의 규모나 질적 수준도 마찬가지이다.

한국의 과학기술력도 정보통신 분야뿐만 아니라 선박이나 자동차 등의 생산도 세계적인 수준에 도달해 있다. 특정 분야에서의 한국의 산업능력은 6·25전쟁 당시와는 비교할 수 없을 정도로 발전되었고 확대되고 있는 것이다. 이와 같은 전반적인 경제발전에 힘입어 우리의 총력전 수행능력은 일부 분야를 제외하고는 전반적으로 북한과 비교하여도 압도적인 우세를 보이고 있다.

1 국가원수와 행정부 수반으로서의 대통령

대한민국은 대통령 중심제를 택하고 있는 국가이다. 대통령은 국가의 원수이자 행정부 수반이며, 국군 통수권자이기도 하다. 대통령은 헌법 제66조 2항에 따라 국가의 독립, 영토의 보전, 국가의 계속성과 헌법을 수호할 책무를 지며 제69조에 따라 취임식에서 "나는 헌법을 준수하고 국가를 보위하며 조국의 평화적 통일과 국민의 자유와 복리의 증진 및 민족문화 창달에 노력하며 대통령으로서의 직책을 성실히 수행할 것을 국민 앞에 엄숙히 선서합니다."라고 선서를 한다.

또한 대통령은 헌법 제74조에 의거하여 국군을 통수하며 제76조 2항에 의거 중대한 교전상태에 있어 국가를 보위하기 위해 긴급한 조치가 필요하나 국회의 집회가 불가능할 때에는 법률의 효력을 가지는 명령을 발할 수 있다. 또한 제77조에 의거 전시나 사변 또는 이에 준하는 국가비상사태에 있어서 병력으로써 군사상의 필요에 응하거나 공공의 안녕질서를 유지할 필요가 있을 때에는 법률이 정하는 바에 의하여 계엄을 선포할 수 있다.

우리는 선거라는 민주적인 절차에 의해 대통령을 선출한다. 대통령 개인의 리더십은 따라서 그때마다 다를 수밖에 없으나 합법적인 절차로 선출하는 만큼 합리적으로 국가를 운영한다. 반면에 북한의 지도자는 무자비한 독재자로 늙고 병들어 있다. 국가를 운영함에 있어 합리적 판단은 없으며 독단적 지도로 인하여 잘못된 판단을 하는 한 순간에 북한체제를 혼란으로 끌고 갈 수도 있다. 여기에 3대 세습체제를 구축하기 위한 다양한 행태가 벌어지고 있기도 하다. 모든 것이 불확실하고 예측불허이다.

대통령은 먼저 북한의 도발로 위기가 발생되면 이 상황이 악화되어 전면적인 대결 상태로 확대되지 않도록 위기관리를 해야 한다. 대통령은 위기관리를 위해 군사적 수단과 비군사적 수단을 적절히 활용하여 상황이 악화되지 않도록 함으로써 전쟁으로 치닫지 않도록 해야 한다.

그러나 이와 같은 위기관리와 조치에도 불구하고 상황이 악화되어 전쟁이 발발하였다면 대통령은 헌법에 규정되어 있는 바와 같이 국가를 보위하며 조국통일을 위하여 대통령으로서의 직책을 성실히 수행해야 된다.

대통령으로서 국무회의 심의를 거쳐 선전포고를 하고 전쟁을 수행하고 지원하는 데 필요한 긴급조치를 하며 한미연합 방위체제에서 필요한 군사에 관한 사항을 심의하여 공포하여야 할 것이다. 행정부가 충무계획에 따라 그 임무를 수행하는 데 필요한 사항을 지도하고 확인함으로써 국민생활의 안정과 정부기능에 문제가 없는지 확인하여 장애요인을 제거하여야 한다.

사회가 혼란스러우면 치안과 공공의 질서를 유지하기 위하여 계엄령을 선포하며 군사작전 지원을 위하여 동원령을 선포하는 것은 전쟁수행에 있어 필요한 기본적인 사항이다.

한국의 정치적 특성인 이분법적 현상, 예컨대 여당과 야당의 분열, 보수와 진보의 분열, 가진 자와 못가진 자의 분열, 젊은이와 나이든 이의 분열 등으로 나타나는 현상을 조화와 통합으로 하나 되게 리더십을 발휘할 수 있는가는 한국의 대통령에게 평시는 물론 전시 등 국가비상시에 대단히 요구되는 덕목이다.

전쟁이라는 극한 상황이 발생하면 국민들은 지도자의 언행에 주목하게 된다. 지도자는 처칠이 그랬던 것처럼 국민들이 전시에 당면하게 될 극한 상황을 극복하면서 총력전을 수행할 수 있도록 격려하고 의지를 고양하는 중심적인 역할을 해야 한다.

대통령은 군사작전을 군 지휘관에게 위임하되 전쟁목적을 달성할 수 있는 국가정책을 결정하고 군 지휘관이 전쟁목적을 달성할 수 있도록 전쟁을 지도하며 우방국으로부터 지원을 획득하는 데 특별히 관심을 가져야 할 것이다. 6 · 25전쟁 시 이 대통령은 전쟁이 발발하자 장면 주미대사는 물론 주일 미군 사령관 맥아더 장군에게도 직접 전화를 하였고, 주한 미국대사 무초를 불러 미국의 지원을 요청한 바도 있다.

당시 상황이 급박하여 취했던 조치이기는 하겠지만 필요하다면 지도자가 직접 나서서 협조가 필요한 국가의 지도자에게 직접 필요한 사항을 요청하는 것은 외교적 절차를 거치는 것보다 시간도 절약되고 효과도 더 직접적이거나 신속할 수 있다. 대통령은 우방국 국가원수는 물론 필요하다면 인접한 중국의 국가주석이나 러시아 대통령에게도 상황이 아국에게 유리하게 하거나 최소한 중립을 유지하도록 협조하는 전화도 할 수 있어야 한다. 전쟁사에서 나타난 바와 같이 국가의 지도자가 전쟁의 승패에서 결정적인 역할을 하였음을 주목해야 하는 것이다.

❷ 6 · 25전쟁 당시의 고난을 극복하였던 국민적 의지 필요

한반도에서 다시 국가적 위기가 발생한다면 6 · 25전쟁에서 나타났던 바와 같이 전쟁을 극복하고 승리할 수 있는 국민적 의지가 다시 필요하다. 6 · 25전쟁 당시 남한에서는 제대로 먹을 식량도 없었고 거주할 수 있는 주택은 거의 모두 파괴되었으며 일거리가 없어서 수많은 실업자가 생기고, 거리에는 거지들로 넘쳐났다. 참으로 어려운 상황이었음에도 다수의 국민들은 정부가 병력을 모집하자 자원하여 짧은 기간의 훈련을 마치고 전선으로 갔다. 학생은 학업 대신 총을 들고 전선으로 갔으며, 여학생들은 간호원으로 지원하여 부상자들을 치료하였다.

산업시설이라고 해봐야 아주 기초적인 소화기 정비나 피복류 생산시설 등이 전부였지만 이런 시설들을 활용하여 총기류를 정비하고 피복류를 생산하여 전선으로 보냈다. 국민 대다수는 미국이 지원하는 식량으로 하루하루를 근근이 살아갔고, 제대로 거주할 시설도 없이 다 해진 텐트를 이용하거나 노숙생활을 하는 국민들이 대다수였다. 국민 모두는 수많은 고통을 감내하면서도 힘을 합하여 전쟁에 참여하였다.

한반도에서 다시 전쟁이 발발한다면 6 · 25전쟁과는 비교할 수 없을 정도로 치열한 양상으로 진행될 것이다. 6 · 25전쟁 당시와는 비교할 수 없을 정도로 병력규모는 확대되었고, 무기체계나 탄약의 파괴력과 정밀도 역시 높아졌다. 대량의 피해가 동반될 것이 분명하다. 국민들은 60여 년 전의 6·25전쟁과는 전혀 다른 모습의 전쟁을 겪어야 될 것이다.

전쟁 양상이 어떻게 변하더라도 변할 수 없고 또 변해서도 안 되는 것은 국민의 의지가 승리를 위해서 대단히 중요한 요소라는 것이다. 전쟁에서 승리를 위한 국민들의 의지는 예나 지금이나 변할 수 없는 핵심적인 요소인 것이다. 지도자는 국민의 의지를 한곳으로 결집할 수 있는 통합적 리더십을 발휘해야 하고, 국민은 지도자의 지도에 따라 역경을 이겨내는 의지가 필요하다. 또한 정치권도 국민의 의지를 한곳으로 결집하기 위해 노력해야 한다. 아울러 국민들도 극심한 고통을 이겨내는 자세가 확립되어 있어야 한다. 이러한 자세들이 있을 때 승리가 가능한 것임을 역사는 증명하고 있다.

❸ 국민의 통합과 의지 결집에 기여해야 하는 정치

한국은 민주정치체제를 유지하고 있고 국가가 어려움에 처할 때 이를 극복하기 위해서 국민 스스로 참여하는 장점을 갖고 있다. 입법과 사법, 행정부로 분리되는 3권 분립체제이다보니 국가가 어려울 때 의사결정 과정에서 다소 시간이 걸리는 어려움이 없지 않으나 반면에 한번 결정된 사안은 국민의 지지를 바탕으로 적극 추진할 수 있는 장점이 있다.

2차 세계대전 시 영국과 미국은 의회에서 처음 의사결정 과정이 힘들고 시간도 걸렸지만 그러나 일단 의사가 결정된 이후에는 국민의 대폭적인 지지로 어려움 없이 정책을 집행할 수 있었다. 이에 비하여 독일의 경우에는 히틀러의 득단적 판단으로 의사결정을 빠르게 하였는지는 모르겠으나 수많은 일이 잘못되어도 이를 바로 잡을 수 없었다. 일본도 소수 군부지도자들의 판단으로 일을 그르치는 경우가 많았음을 볼 수 있었다.

한국의 정치체제는 민주주의를 표방하고 있고 이것은 어떤 의사결정을 함에 있어 시간은 많이 걸리지만 반면에 다양한 의견을 수렴하여 합리적인 결정을 할 수 있는데 이것은 한국 정치의 장점이자 단점이다. 정치권은 한국 정치제도의 장점과 한국인의 장점을 살릴 수 있는 역할을 해주어야 한다.

국민을 양분시키는 정치권이 아니라 국민통합의 씨앗과 같은 역할을 해야 하는 정치권이 되어야 하며, 전쟁이라는 국가적 위기상황을 극복하기 위한 국민적 의지를 결집시키는 역할을 해야 하는 것이다.

4 한국의 입장을 지원하도록 전방위적 외교활동 필요

한국이 2009년 11월 말 현재 수교 중인 국가는 188개 국가로 북한의 160개 국가에 비하여 28개 국가가 많다. 천안함 폭침사태나 연평도 포격사건에서 나타난 바와 같이 남북한 간에 있어서 주요한 문제가 발생하면 극히 소수의 국가를 제외하고는 한국의 입장을 대부분 지지한다.

수많은 국가들이 존재하는 국제사회에서 전쟁이 발발하였을 경우 모든 국가가 한국의 입장을 지지해주면 좋겠으나 그렇게 기대하기에는 어려움이 많이 있을 것이다. 따라서 대상국에 따라 차등화된 외교활동이 필요하다고 생각된다. 전통적인 우방국에 대한 외교활동과 중립적인 국가에 대한 외교활동, 한국에 비우호적이면서 북한에 우호적인 국가들에 대한 외교활동이 모두 같을 수는 없을 것이다.

가장 중요한 것은 한미동맹을 강화하는 것이라고 생각되며, 다음으로 한국과 전통적으로 우호관계를 유지해온 국가들에 대한 유대활동을 지속하는 것이다. 중립적인 국가들도 한국의 입장을 지지할 수 있도록 하기 위한 활동이 필요하다고 생각된다.

가장 어려운 문제는 한국에는 비우호적이면서 북한에 우호적인 국가들을 어떻게 하면 한국을 지지하게 만들 것인지, 아니면 최소한 중립을 유지하게 만들 것인지에 대한 문제이다. 특히 중국과 러시아가 북한을 계속 지지하면 전쟁목적을 달성할 수 없게 만들 수 있기 때문에 중점을 두어야 할 것이다.

이러한 외교적 활동을 뒷받침하기 위해서는 아무리 전쟁이 발발하였다고 할지라도 한국이 국제법을 준수하였을 때 가능한 것이라고 생각되기 때문에 이에 대한 주의가 필요하다. 한국 단독의 능력으로는 한계가 있을 것이기 때문에 국제연합이나 미국, 한국에 우호적인 국가의 적극 활용 등 가능한 수단과 방법을 사용하여야 할 것이다.

〈표 7.3〉 남북한 수교국

구 분	남 한	북 한	동시수교국	비 고
수교국	188	160	157	2009년 11월 기준

출처: 통계청, 『2009 북한의 주요통계지표』, p. 90.

5 북한에 압도적인 경제력을 신속히 전쟁지속능력으로 전환하는 방법 연구

남한의 인구는 현재 약 5,000만여 명으로 북한의 2,329만여 명에 비하여 2배에 이른다. 한국의 경제력은 북한과 비교가 되지 않을 정도로 우세하다. 주요 산업능력과 국민 총생산액과 1인당 국민소득, 철강·선박 생산능력 등 모든 분야에서의 한국의 경제력은 압도적이다. 전쟁수행능력과 관련되는 대부분의 능력은 〈표 7.4〉에서 보듯이 북한과 비교가 되지 않을 정도로 우세하다.

외환보유에 있어서도 한국은 2012년 2월 현재 약 3,100억 달러를 초과하여 역대 최고치를 달성하고 있다. 반면에 북한은 어느 정도 보유하고 있는지 확인할 수 없으나 여러 경제정황으로 비추어보았을 때 극히 저조한 수준이며 따라서 우리가 압도적이라고 할 수 있다. 국민소득과 무역규모에 있어서도 수입이나 수출 모두 현격한 차이를 보이고 있다.

그 외에도 원유도입량으로부터 조강능력 등 주요 산업이나 생산능력에 있어서 〈표 7.5〉가 제시하고 있는 바와 같이 현격한 차이를 보이고 있다. 표에서 일부의 경제능력을 제시해 비교하였지만 거의 모든 분야에서 북한에 비하여 절대 우위를 보이고 있다고 보아도 무방할 것이다.

〈표 7.4〉 남북한의 경제능력 비교-1[4]

구분	총인구 (만 명)	면적 (km^2)	GDP (억$)	GNI (만$)	수출 (억$)	수입 (억$)	비고
남 한	4,860	99,828	9,347	19,231	4,220	4,353	2008년 기준
북 한	2,329	123,138	248	1,065	11	27	
비 교	2.1:1	0.8:1	37.6:1	18:1	383.7:1	161:1	

출처: 통계청, 『2009 북한 주요통계지표』, pp. 8-9.

〈표 7.5〉 남북한의 경제능력 비교-2

구분	원유도입 (만배럴)	조강능력 (천M/T)	발전량 (억kw)	쌀 생산 (천M/T)	차량 생산 (천대)	선박 보유 (만G/T)	비고
남 한	86,487	53,625	4,224	4,843	3,327	2,476	2008년 기준
북 한	387	1,279	255	1,858	5	86	
비 교	223.4 : 1	42 : 1	16.5 : 1	2.6 : 1	765 : 1	28.8 : 1	

출처: 통계청, 『2009 북한 주요통계지표』, p. 9.

---

4   통계청, 『2007년도 남북한 경제사회상 비교』, 2007, p. 9에서 일부 인용.

이러한 압도적인 경제력의 우위가 전쟁에서 반드시 승리를 보장하는 것은 아닐 것이다. 이러한 경제력의 우위를 전시가 되면 얼마나 빨리 전쟁을 수행하는 데 필요한 자원으로 전환시키고, 전쟁지속능력으로 전환하느냐가 중요한 일이다. 따라서 평시부터 압도적 우위에 있는 경제력을 전시가 되면 어떻게 신속히 전쟁지속능력을 확보하는 방향으로 전환할 것인지에 대한 연구가 되어 있어야 한다. 예를 든다면 압도적인 재정능력과 경제력을 바탕으로 전시나 기타 국가비상시에 대비하여 석유나 식량, 비철금속 등 전략물자를 충분히 비축하여 놓고 있다가 전시가 되면 충무계획 등 관련계획에 따라 즉시 필요한 부분으로 전환시키는 것은 그중의 한 가지 방법이 될 수 있다. 이를 위한 평시의 연구와 이를 바탕으로 전시에 대비하는 실질적인 계획이 필요하다.

⑥ 양적으로 다소 열세하더라도 질적으로 우세한 상비군사력 건설

북한은 공산정권 수립 이래 지속적으로 군비를 확장해왔다. 그런 결과로 북한의 경제는 파국에 처해 있음에도 불구하고 재래식 군사력에서 한국보다 압도적으로 많은 전력을 유지하고 있다. 반면에 한국은 그동안 꾸준히 장비를 개선해왔기 때문에 비록 재래식 군사력에서 수적으로는 다소 열세에 있으나 질적으로 앞서고 있는 것으로 평가되고 있다. 북한은 군사력의 질적 열세를 만회하기 위하여 핵실험과 미사일 발사실험, 특수전 부대 등 이른바 비대칭 전력을 강화하고 있다. 여기에 천안함을 기습적으로 공격하여 침몰시키고 연평도에도 기습적인 포격으로 인명피해와 물적 손실을 주었다.

『국방백서』에서 제시하고 있는 바와 같이 우리 군의 상비군과 예비전력 등 병력규모와 부대규모는 북한군에 비하여 상대적으로 열세에 있다. 그러나 남한은 북한에 비하여 인구 면에서 2배에 달하고 있기 때문에 실제 예비전력의 동원역량 역시 북한에

〈표 7.6〉 남북한의 군사력 비교: 병력과 부대

구 분	상비병력	예비병력	군단급	사단급	여단급	비 고
남 한	65만 명	320만 명	10	46	14	2010년 11월 기준
북 한	119만 명	770만 명	15	90	70	
비 교	1 : 1.8	1 : 2.4	1 : 1.5	1 : 1.9	1 : 5	

출처: 국방부, 『2010 국방백서』, p. 271.

구 분	전차	야포	항공기	함정	헬기	장갑차	비 고
남 한	2,400	5,200	730	170	680	2,600	2010년 11월 기준
북 한	4,100	8,500	1,350	810	300	2,100	
비 교	1 : 1.7	1 : 1.6	1 : 1.8	1 : 4.7	1 : 0.4	1 : 0.8	

출처: 국방부, 『2010 국방백서』, p. 271.

비하여 2배에 달하고 있다고 보아도 무방하다. 다만 한국군이 북한군에 비하여 부대규모에 있어서 상대적 열세에 있기 때문에 이를 극복하기 위한 연구, 이를 테면 항공력이나 첨단장비와 화력을 이용하는 방법 등이 필요하다고 본다.

한국군과 북한군의 장비수 비교에 있어서도 전반적으로 한국군이 열세에 있다. 다만 한국군에는 발전된 기술을 바탕으로 성능에서 북한군을 압도하는 장비들이 많이 있으며, 그러한 결과는 이미 연평해전에서 확인된 바 있다. 북한군의 장비는 이미 생산된 지 오래되어 성능이 노후화된 것이 많은 것으로 알려지고 있지만, 북한도 속도는 느릴지 몰라도 나름대로 성능개선 작업을 하고 있을 것이다. 우리가 장비의 질적 성능을 개선하기 위한 작업을 꾸준히 해야 할 이유이다.

7 압도적으로 우세한 예비전력 동원역량 강화

한국이 300만여 명의 예비군을 보유하고 있는 데 비하여 북한은 770만여 명의 예비군을 보유함으로써 북한이 수적으로 우세하다. 그러나 잠재력 면에서 한국은 동원 가능한 인적능력에서 2배가 넘기 때문에 가용자원은 한국이 단연히 우세하다. 그 외에 물적자원 동원능력에서 보면 한국의 경제력이 압도적으로 우세하기 때문에 예비전력의 동원능력도 전반적으로 한국이 우세하다.

예비전력은 평시에는 상비전력과 더불어 전쟁억제력으로서 중요한 역할을 하며, 전시 초기단계에는 부대를 증편하거나 창설하는 데 있어 필수적인 전력이고, 전쟁이 지속됨에 따라 전쟁지속능력을 유지하고 확대하는 데 있어 핵심적인 역할을 한다. 전시 동원을 위해서는 국민의 권리를 제한하고 의무를 부과해야 하며, 동원에 따른 사회나

---

5   국방부, 『2008년 국방백서』(서울: 국방부, 2009), p. 260. 함정은 수상함정과 잠수함정을 더한 수치이고 항공기는 공군이 보유한 각종 항공기의 합임(단, 헬기는 제외하였음).

〈표 7.8〉 남북한의 예비전력 비교

구 분	예비병력 (명)	자동차 보유 (만 대)	선박 보유 (만G/T)	민항기 (대)	항만하역능력 (백만 톤)
남 한	3200,000	1,679	2,476	437	758.6
북 한	7700,000	26	86	21	37

출처: 통계청, 『2009 북한 주요통계지표』, pp. 55-57.

경제에 미치는 영향이 크기 때문에 동원령 선포시기는 대단히 중요하다. 그러나 현재의 동원관련법에 의해 동원령을 선포할 때는 동원의 적시성을 상실할 우려가 있으므로 개선이 요구된다.

반면에 북한은 예비병력 규모에서는 현재 수치상으로는 한국보다 우세하기는 하나 총인구에서는 남한에 비하여 절반 수준밖에 되지 않기 때문에 총동원 역량 면에서도 남한의 절반 수준밖에 되지 않는다고 말할 수 있다. 그 외의 자원에 있어서는 한국이 북한에 비하여 대단히 우세하다. 다만, 북한은 사회주의 체제로 평시에도 동원을 위한 별도의 준비가 특별히 필요 없는 상태에서 정권의 명령에 의해 전 자원을 대단히 빠른 속도로 동원을 할 수 있는 장점을 갖고 있기 때문에 그에 대비하는 계획이 필요하다.

8 북한을 압도하는 과학기술력

한국의 과학기술력도 북한에 비하여 압도적으로 우세하다. 특히, 한국은 선박이나 전자제품, 조강생산능력에 있어서는 세계 1~2위를 달린다. 방위산업에 있어서 한국은 전투기나 정밀유도 무기 등 일부를 제외하고는 대부분 자체적으로 개발하여 생산하고 있고 일부 수출도 하고 있다. 반면에 북한은 일부 재래식 장비의 생산을 제외하고는 그 외의 장비를 개발하거나 생산할 수 있는 능력은 현저히 떨어지는 것으로 보인다. 이를 극복하기 위하여 핵실험과 미사일 발사실험 등의 비대칭 전력을 강화하고 있다.

따라서 북한에 비해 압도적으로 우세한 과학기술력을 평시 경제발전에 기여하도록 하면서 국방 분야에서도 이와 연계하여 장비 개선이나 발전에 활용하여 대북전력에서 우위를 유지함으로써 전쟁이 발발하는 것을 억제하면서 그러나 이에 실패하여 전쟁이 발발한다면 승리할 수 있도록 해야 한다.

9 노블레스 오블리주가 필요한 사회

한국이 민주사회이고 개개인의 자유의사를 존중하다보니 국민의 의사를 한곳으로 결집하기가 쉽지 않다. 천안함 폭침사건 후 인터넷에서 나타난 네티즌들의 정부에 대한 비판과 민군합동조사단에 의한 조사결과 불신, 연평도 포격사건 후에는 많이 감소되었다고는 하지만 여전히 나타나는 불신 현상을 보면 국가적 위기상황이 발생한다고 해도 국민의 의지를 한곳으로 결집한다는 것이 쉽지 않을 것이라는 것을 실감한다.

전쟁이 발발하기 전에는 국민의 의지를 결집하여 이를 다 외적으로 보여줌으로써 전쟁이 발발하는 것을 최대한 억제해야 하며, 그러나 이런 활동에도 불구하고 전쟁이 발발한다면 총력전을 하기 위해서는 국민의 의지를 한곳으로 모으는 것이 매우 중요함에도 결코 쉽지 않을 것이라는 것이다. 〈표 7.9〉는 전쟁이 발발하였을 경우에 참전의지 여부를 묻는 국민의식에 대한 조사결과이다.

여론조사 결과가 보여주듯이 한반도에서 전쟁이 다시 발발할 경우 국가를 지키기 위해 참전할 의지는 나이가 젊을수록, 학력이 높아질수록 낮아짐을 볼 수 있다. 국가방

〈표 7.9〉 참전의지에 대한 여론조사 결과[6]

연령별	20대	30대	40대	50대 이상
참전의지	58.5%	69.7%	69.5%	70.9%
학력별	중졸 이하		고졸	대재 이상
참전의지	72.8%		64.5%	59.8%

〈표 7.10〉 천안함 폭침사건에 대한 여론조사 결과

연령	전체	19~29	30~39	40~49	50~59	60세 이상
신뢰(%)	67.9	67	47	66.7	76.4	90.9
신뢰안함(%)	30.2	31.8	50.6	31.1	20.4	8.3
무응답(%)	1.9	1.2	2.4	3.2	3.2	0.8

출처: 『중앙일보』(2011.3.21)

---

6   동아시아연구소리서치, 『국민안보의식 변화조사』(www.naver.com, 조사일: 2009.6.20, 검색일: 2010.2.19).

위에 직접 나서야 할 젊은 층과 사회에서 더 많은 혜택을 보고 있는 고학력자일수록 국가방위에 대한 책임의식이 더 부족한 것은 무엇을 말하는 것일까? 노블레스 오블리주, 즉 대한민국 사회에서 책임을 질 만한 위치에 있는 부유층이나 지식층 등에게서 더 많은 사회적·국가적 책임이 요구된다. 천안함 폭침사건에서 보았듯이 국방부가 북한의 명백한 어뢰공격임을 입증하는 과학적인 근거자료를 여러 건 공개하였음에도 불구하고 이를 부정하는 사람들이 20~30%에 이른다는 것은 국가가 어려움에 처할 때 한곳으로 의견을 모으기가 얼마나 어려운가를 증명하고 있다.[7]

다만 최근 연평도 포격사건 이후 실시된 여론조사 결과를 보면 특히 20대 이후 세대들에게서 눈에 띄게 안보의식이 함양된 결과를 보여주고 있는데 이런 현상이 지속되어 확고한 안보의식이 유지되기를 기대한다.[8]

| 수도권의 중요성

한국에 있어서 수도권의 중요성을 새삼 강조할 필요는 없을 것이다. 수도권은 서울과 인천, 경기도의 일부를 포함하는 개념으로 한국 인구 5,000만여 명의 40%에 달하는 2,000만여 명과 경제력의 60~70%가 집중되어 있는 핵심적인 지역이다. 입법부, 사법부, 행정부의 핵심부서와 전시에는 전쟁지도본부가 설치되고 국군 지휘부가 집중되어 있는 곳이기도 하다. 한국 방위에 있어서 수도권의 중요성은 아무리 강조해도 지나침이 없을 것이다.

수도권은 휴전선으로부터 불과 약 40km밖에 떨어져 있지 않기 때문에 북한군의 방사포를 포함하는 대규모의 포병화력으로부터 직접 노출되어 있고 북한은 이런 수도권의 취약점을 이용하여 다량의 포병화력을 집중할 계획을 갖고 있으며, 틈만 나면 '서울 불바다'를 주장하면서 공갈과 협박도 하였다.

---

7   『중앙일보』, 2011년 3월 21일자에 의하면 천안함 사건이 '북한의 잠수정에 의한 어뢰 폭발'이라는 정부의 발표에 대하여 '신뢰'하는지에 대한 설문결과 전체적으로는 신뢰 67.9%, 신뢰 안 함 30.2%, 무응답 1.9%를 보여주고 있다. 보면 19~29세는 신뢰 67%와 신뢰 안 함 31.8%

8   2010년 11월 30일, 『동아일보』와 코리아리서치센터가 조사한 결과를 보면 김정일 체제 유지에 도움이 되는 어떤 지원도 반대한다는 의견이 43.5%(20대), 35%(30대), 32.9%(40대), 35%(50대 이상)를 보여주고 있다. 또한 『한겨레신문』과 인크루트·동아시아연구원이 조사한 결과를 보면 대북정책을 강경하게 추진해야 되는지에 대한 설문결과 70.1%(20대), 41.5%(30대), 38.8%(40대), 44.8%(50대 이상)을 보여주었다. 6·25 때의 20대 이후 가장 강력한 안보의식으로 무장한 것임을 설문결과는 보여주고 있다 (『동아일보』, 2011년 2월 9일자).

수도권에서는 전쟁수행을 위해서 수많은 인적자원과 물적자원을 동원하여 야전군의 전후방부대를 지원해야 한다. 수도권은 전시 전쟁지속능력을 유지하는 핵심지역인 것이다. 따라서 총력전 수행을 위해서 수도권은 반드시 확보되어야 할 대단히 중요한 핵심지역이므로 이를 위한 계획이 필요하다. 또한 전시가 되면 발생된 피해를 조기에 복구하고 민심을 안정시키기 위한 계획도 필요하다.

북한군의 입장에서도 수도권은 전쟁목적을 달성하기 위해서 어떤 수단과 방법을 사용하더라도 반드시 확보해야 할 핵심지역이므로 전력을 다하여 공격을 할 것이고, 따라서 수도권에서는 인적·물적으로 대단히 많은 피해가 발생될 수밖에 없을 것이다.

총력전 수행 요인과 시기

우리가 전쟁이 발발하여 총력전을 수행해야 할 시기는 언제일까? 서해 5도에서 함정 간 교전이 발생하였으나 함정 간 교전으로 끝날 경우나 휴전선에서 전투전초(GP)나 일반전초(GOP)에서 국지적 충돌이 발생하였으나 더 이상 확대됨 없이 국지적 충돌로 끝날 경우, 또는 일부 지역에서 무장공비가 침투하여 사회가 혼란스러울 때는 총력전이 아닌 침투 및 국지도발에 따른 통합방위작전을 실시할 것이다.

그러나 우리가 우려하는 바와 같이 서해 5도에서의 국지적 충돌이나 휴전선에서의 무력충돌이 전면적으로 확대되어 대규모의 충돌로 비화되고 이것이 상승작용(Escalation)을 일으켜 전쟁으로 확대되는 경우에는 총력전을 실시해야 될 것이다.

정부는 이와 같은 북한의 전면적 도발에 대비하여 평시부터 국가비상대비계획인 충무계획을 전 행정기관과 광역 및 기초지방자치단체, 특별행정기관, 입법 및 사법기관 등에서 작성하고 있다. 또한 평시에는 전국적인 을지연습이나 지방단위로 실시하는 충무훈련 등을 통해 전쟁수행능력이나 계획의 실효성을 점검함으로써 전쟁발발 시에 대비 총력전 준비태세를 유지한다.

그리고 실제의 상황이 발생한다면 북한의 도발상황과 위협정도를 고려하여 정부에서는 일련의 절차에 따라 충무 3종으로부터 1종에 이르기까지 충무사태를 선포하고 정부의 모든 기관에서는 사태별로 지정된 조치를 취함으로써 총력전을 수행할 것이다.

통합방위법에서 정하고 있는 갑종(甲種)사태, 즉 일정한 조직체계를 갖춘 대규모의 무장병력이 침투하거나 또는 핵이나 미사일, 화생무기 같은 대량살상무기를 이용하여 공격을 하는 등의 도발로 인해 비상사태가 발령되어 국가의 총력적 대응이 요구되는

시기에도 총력전을 해야 할 것이다.[9]

총력전대비 훈련

전쟁 등으로 국가에 비상사태가 발생할 상황에 대비하여 실시하는 훈련에는 통상 매년 8월에 실시하는 정부연습인 을지연습과 시·도 단위로 순환하여 실시하는 훈련인 충무훈련, 정부기관이나 자치단체가 자체적으로 실시하는 연습이 있다. 그 외에도 지역단위로 통합방위능력 배양 차원에서 군이 주관하여 실시하는 화랑훈련도 있다.

천안함 폭침사건과 연평도 포격사건을 계기로 2011년 2월 대통령 주재로 실시된 중앙통합방위회의에서는 다양하게 실시되고 있는 국가비상대비훈련을 통합하여 실질적인 훈련을 실시하는 방향으로 검토하고 있다는 발표가 있었지만, 형식은 어떻든 전시에 일어날 수 있는 제반 상황을 상정하여 실전과 같은 훈련이 되도록 하는 것이 중요하다.

〈표 7.11〉 국가비상사태 대비훈련

구 분	목 적	범 위	시기 및 방법
을지연습	• 충무계획 실효성 검토 • 국가위기관리능력 배양 • 전쟁수행 절차 숙달	전국 규모	• 연 1회 • 도상연습 위주
충무훈련	• 신속한 동원태세 유지 • 전시 전환태세 확립	시·도 단위	• 시·도 순환실시 • 실제연습 위주
자체연습	• 자체 전시대비계획 점검 • 정부연습결과 문제점 보완	중앙기관, 자치단체	• 기관장 책임하 • 토의형 연습 위주
화랑훈련	• 민·관·군 통합방위작전 절차 숙달 • 안보의식 고취	시·도 단위	• 각 군사령부 주관 • 실제훈련 위주

---

9   통합방위법 제1조, 2조 6항, 4조, 10조를 참조할 것.

제3절
총력전 이론의 발전방향

1. 총력전 이론의 정립

제2장에서 총력전에 관한 이론을 살펴보았다. 전쟁은 손자의 말대로 국가의 중대사로써 국가의 생존과 멸망, 국민의 삶과 죽음이 여기에 있기 때문에 지도자로부터 모든 국민에 이르기까지 승리를 하기 위해서는 반드시 무엇이 어떻게 필요한지 살펴보지 않으면 안 된다. 따라서 어느 나라든지 전쟁이 발발하면 국가가 이용 가능한 모든 수단과 방법 및 자원을 동원하여 승리를 위해 싸웠다. 전쟁사에서 나타난 여러 사례에서 보듯이 총력전을 위해서는 제반 요소 하나하나가 모두 중요하였으며, 그중에서도 특히 지도자의 리더십은 더욱 중요하였다.

이러한 각 요소들의 역할을 바탕으로 하여 총력전의 개념을 다시 정립해본다면, 총력전이란 (전시나 사변 또는 이에 준하는 국가비상사태하에서) '국가가 전쟁목표를 달성하기 위하여 정치와 외교, 경제, 과학기술 및 사회문화, 군사력과 예비전력 등을 국가지도자를 중심으로 총력을 기울여 전쟁을 수행함으로써 승리를 보장하기 위한 통합된 활동'이라고 할 수 있을 것이며, 이를 위한 요소로 국가지도자의 리더십, 국민의 의지, 정치, 외교, 재정과 경제, 과학기술력, 사회문화, 상비군사력, 예비전력 등을 들 수 있다.

국가지도자의 '리더십(Leadership)'은 전쟁이 발발하면 수많은 어려움을 극복하면서 국민의 의지를 한 곳으로 결집시키고 국민이 전쟁목적에 동감하여 자발적으로 전투 및 비전투 활동에 참여하도록 지도하면서 총력전을 수행하는 데 필요한 정치나 경제, 외교 및 군사 등 모든 요소들을 합목적적으로 통합하고 관리하며 운용할 수 있는 능력, 즉 전쟁지도능력[10]이라고 할 수 있다.

'국민의 의지(意志, People's Will)'는 식량이나 생필품, 연료, 의약품의 극심한 부족이나 다수의 전·사상자의 발생 등 전쟁이라는 최악의 상황에서 발생할 수 있는 수많은 어려움을 이겨내고 극복해가면서 전쟁에서 승리를 하기 위해 전투 및 비전투 활동에 적극적·자발적으로 참여하는 국민의 무형의 정신적인 힘과 태도 및 자세를 말한다.

'외교력(Diplomatic Power)'은 동맹국이나 자국에 우호적인 국가들과 연합 또는 동맹을 통해서 자국의 억제력이나 방위력을 보완하거나 적국이 스스로 침략을 할 수 있는 능력이나 의지를 포기하게 할 수 있도록 대외적으로 행사할 수 있는 힘과 역량을 말한다.

'정치체제(Political System)'는 국가가 전시 등 국가비상사태로 어려움에 처해 있을 때에 정부기능을 유지하고 국민생활의 안정을 유지하면서 전쟁에서 승리하기 위하여 국가의 총력을 결집할 수 있도록 이를 뒷받침하는 법적·정치적인 시스템과 국민을 결집시키기 위한 정치권의 제도적 활동을 말한다. '재정 및 경제력(Finance & Economic Power)'은 전쟁이 발발하면 총력전 수행을 뒷받침할 수 있도록 국가가 동원할 수 있는 재정능력이나 경제적인 힘 또는 역량과 부의 원천을 말한다.

'과학기술력(Science & Technology Power)'은 새로운 전투장비와 탄약, 물자 등 전쟁을 수행하는 데 필요한 모든 것을 개발하여 생산하거나 기존의 장비나 물자와 탄약 등의 성능을 개선함으로써 승리에 기여할 수 있는 국민의 지적인 능력과 역량을 말한다.

'사회 및 문화적인 힘(Social-Culture Power)'은 전시라는 비상상황을 극복하기 위하여 모든 국민을 단결시키고 통합시키는 사회문화적인 역량과 그 저변의 활동이나 분위기 등을 말한다.

'예비전력(Reserves Forces Power)'은 전시 등 국가에 비상사태가 발생할 시에 이를 극복하기 위하여 동원을 할 수 있는 현존의 인적·물적 능력과 잠재력으로써 국가동원을 위한 법령 및 제도를 포함하며, '상비군사력(Military Power)'은 전쟁이 발발할 수 있는 가능성이 높아지면 이를 억제하면서 그러나 억제에 실패하여 전쟁이 발발하면 이를 격퇴할 수 있는 현존의 군사적인 능력과 역량이다.

---

10 전쟁지도(戰爭指導)란 전시에 있어 국력운용에 관한 지표로서 전쟁수행을 위한 요강의 제정, 무력발동에 따르는 통수권의 행사, 국가전략과 군사전략 간의 통합, 조정 및 효율적인 통제 등 궁극적인 전쟁목적을 달성하기 위하여 국가총역량을 전승획득에 집중시키도록 조직화하는 지도역량과 기술임(『군사용어사전』, 교참 101-20-1, 2004, p. 494). 전쟁을 지도하는 지도자에게 요구되는 능력은 건전한 사고력과 결단력, 고도의 전략적 수완, 미래를 보는 안목을 갖고 국가의 장래를 설계하고 강인한 의지와 적절한 전문인력의 활용으로 이를 성취해야 하며 수시로 변화하는 상황에서 유연하게 대처해 나갈 수 있는 것임(육군교육사령부, 『전쟁지도이론과 실제』, 1991, p. 8).

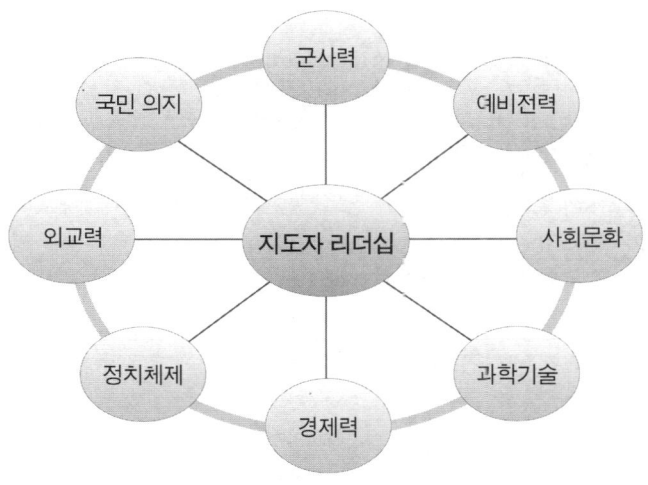

〈그림 7.1〉 총력전 체계도

　　지도자는 전쟁이라는 극한 상황에서 자신은 건전한 사고와 결단력 및 강인한 의지를 유지하면서 고도의 전략·정책적 수완과 능력을 발휘하여 국민의 의지를 결집시키고 군사력으로부터 정치, 외교, 경제, 과학기술, 사회 및 문화, 국가가 동원할 수 있는 예비전력 등 총력전에 영향을 주는 각각의 요소를 효과적으로 통합함으로써 전쟁에서의 유일한 목적인 승리를 달성할 수 있도록 하여야 한다.

2. 총력전 핵심요소의 구체화

　　제2장에서는 루덴도르프의 국가총력전 이론과 다카하시 하지메의 현대총력전 이론, 앙드레 보프르의 총력전략, 합동기본교리의 국가총력방위의 요소에 대하여 언급하였다. 루덴도르프는 총력전 요소를 국민의 정신적 단결과 경제력 및 지도자의 역할을 주장하였고 다카하시 하지메는 무력 및 정치·경제·사상 전력을 주장하였다. 앙드레 보프르의 총력전략론에서는 총력전략을 언급하고 있고, 합동기본교리에서는 지도자를 포함하여 국민의지, 정치 및 경제 등 총력전 요소를 포함하였는데 세부적 요소에 대하여는 언급을 하고 있지 않다. 따라서 각각의 주장 내지 포함요소들과 우리나라의 안보환경 및 변화하는 전쟁의 양상을 반영하여 각각의 총력전 핵심요소를 다음과 같이 고려할 수 있을 것이다.

〈표 7.12〉 총력전 요소별 핵심내용

구 분	내 용
지도자 리더십	건전한 사고와 결단력, 고도의 전략 · 정책적 판단능력과 수완, 강인한 의지, 적절한 통수권 행사와 국가정책 결정 및 전쟁지도, 총력 전제 요소의 통합과 지도
국민 의지	강인한 의지 및 고난극복 자세, 국가동원 참여도(정신동원), 군사 및 비군사적 지원활동 참여 등
정 치	정부기능 유지 및 치안유지활동, 전시 관련 법령의 제정, 전시 소요기구와 인력 확대, 국민생활 안정의 유지, 전시 국민의 의지결집활동
외 교	전시 외교활동과 통상외교, 해외교포 홍보, 한미동맹의 유지 및 중국 · 러시아의 대북한 지원 차단활동
재정 경제	전시 경제대책 및 재정능력, 금융운용, 대외경제협력, 전시 물자조달과 국민생활(식량, 연료, 급수 등) 안정능력, 전쟁수행역량 지원과 피해복구역량 강화능력 등
군사력	병역(징병)제도, 상비군 규모 및 전투장비, 전쟁지속능력 유지, 전쟁지도기구 운용, 전쟁수행계획과 실시, 정신전력 유지 등
예비전력	예비전력의 동원역량 및 전쟁지속능력 확충계획, 자발적 동원응소(정신동원), 총력방위 동원체제 유지 등
과학기술	신전투장비와 탄약 연구 및 개발기술과 능력(인력과 장비, 시설), 주요 전투장비 및 탄약 생산능력
사회문화	국민의 사회적 정서와 문화, 전시 홍보, 전시주민통제, 치안유지 유언비어 통제, 전시 난민관리와 통제, 사회기반시설 유지, 노블레스 오블리주의 실천 등
기 타	계엄령 등 주민통제와 군사 및 비군사 작전 지원계획, 인적자원 규모 등

3. 총력전 효과의 달성

이미 앞에서 총력전에서 승리하기 위해서는 지도자로부터 국민의 의지 등 총력전제 요소들의 노력이 모두 합해졌을 때 가능하였음을 누누이 강조한 바 있다. 총력전 요소의 어느 한두 가지 우위만으로 승리를 할 수는 없다.

전쟁이 발발하여 총력전에서 승리하기 위해서는 총력전 각 요소의 합의 효과를 달성하는 것보다는 각 요소들을 효과적으로 통합하여 곱의 효과를 달성함으로써 하는 방법이 가장 바람직하다. 이를 수식으로 나타내면 〈표 7.13〉과 같을 것이다.

〈표 7.13〉에서 평시 각 요소의 지표를 '1'이라고 하면 전시에는 그 상황에 맞춰 평시

<표 7.13> 총력전에서의 승리효과[11]

합의 효과	곱의 효과
V=L+W+P+F+E+M+S+R+O	V=L×W×P×F×E×M×S×R×O

주) V: 승리, L: 지도자의 리더십, W: 국민의 의지, P: 정치, F: 외교, E: 경제력, M: 군사력, S: 사회 및 문화, R: 예비전력,
　　O: 기타요소

이상의 효과를 발휘할 수 있도록 조직화하고 각각의 요소를 곱하였을 때에는 곱의 효과를 나타낼 수 있지만, 반면에 그 요소들이 오히려 평시보다 못하다면 승리의 기회는 상대적으로 그만큼 저하되는 것이다.

2차 세계대전 시 독일이나 프랑스는 이러한 총력전 요소들을 각각 곱의 효과를 달성하지 못하였다. 프랑스는 지도자와 국민 의지, 재정능력이나 경제력, 정치와 사회문화, 상비군사력, 예비전력 등 거의 모든 분야가 제대로 그 역할을 하지 못하였고, 독일 역시 지도자나 정치와 경제력 및 예비전력 등에서 그 역할을 제대로 했다고 할 수 없다(그랬기 때문에 패배할 수밖에 없었다).

반면에 영국이나 미국은 각 요소들이 모두 고유의 역할을 잘하였으며, 그러한 요소들의 곱을 통해 그 효과를 충분히 달성하였다고 할 수 있다. 즉, 지도자와 국민의 의지, 정치 및 경제와 외교, 과학기술력, 상비전력과 예비전력 등 전반적으로 각 요소들이 충분히 그 역할을 하면서 승리를 하였다.

따라서 전시라는 극한의 상황이 되면 지도자로부터 국민의 의지, 예비전력 등 모든 총력전 요소들이 평시처럼 행동을 하거나 대비를 해서는 안 되며, 각각의 요소들은 총력전에서의 곱의 효과를 달성할 수 있도록 지도자는 강력한 리더십을 발휘해야 하고, 국민들은 전시 극한 상황을 극복할 수 있는 정신자세의 확립이 필요하며 예비전력은

11　위의 총력전에서의 승리효과를 다음의 방법으로 이해하기 바란다. 예를 들어 2차 세계대전에서 프랑스는 1940년 독일군이 침공하였을 시 독일군에 비하여 군사력이 크게 차이 나지 않았다. 그러나 프랑스군은 마지노선에 상당수의 부대를 고정적으로 배치하여 독일군이 아르덴느 지역을 이용, 전격전을 실시하자 이에 신속히 대응하지 못하였기 때문에 평시보다 그 효율성이 저하되어 있었다. 프랑스의 정치권은 양분되어 독일군의 침공 시 프랑스군에 힘을 보태주지 못하였고, 국민들도 독일군의 침공에 저항파와 주화파로 양분되어 있어서 단합이 되지 못하였다. 이렇게 각각의 총력전 요소들이 독일군의 침공에 당면하여 평시보다도 못한 대응을 하거나 또는 준비 부족 등의 결과로 독일군 침공 후 6주 만에 항복을 하였다. 반면에 영국은 처칠의 강력한 리더십과 독일 공군의 맹렬한 폭격 아래서도 국민들의 극한을 극복하려는 정신적인 자세, 영국의 상대적 전투력이 부족하여 미국의 국력을 전쟁에서 활용하는 외교력과 전시 경제를 최대한 동원한 힘 등 총력전 각각의 요소들이 모두 평시 그 이상으로 효과를 발휘하고 각 요소들이 상호 승수의 효과로 나타나 결국 승리를 하였던 것이다. C4I에서 이들이 각각의 합(C+C+C+C+I)이 아니라 곱(C×C×C×C×I)이 되어야 그 효과가 충분히 나타날 수 있음과 같은 것이다.

즉각 동원에 응소하거나 동원될 수 있는 준비태세가 확립되어야 하는 등 각 요소는 제 기능을 충분히 발휘할 수 있도록 준비가 필요하다.

4. 전쟁양상의 변화를 반영하는 총력전 수행체제의 발전

한반도에서 전쟁이 발발하면 야기될 수 있는 상황은 앞에서 이미 언급하였다. 새로운 전쟁양상에서는 과거와는 달리 대단히 빠른 속도로 전쟁이 진행될 것이다. 정보화시대에 살고 있고 하이테크 장비들이 다수 사용될 수 있는 전쟁상황에서 예전처럼 여유 있는 준비를 할 수 있도록 내버려 두지 않을 것이다. 특히 한반도의 짧은 종심과 기습과 대량의 화력에 의한 타격을 중요시하는 북한군의 특성상 여유 있는 준비를 하기에는 더 어려운 상황이 될 수 있다.

정부는 전시대기법으로 여러 법령을 제정하여 전시 등 국가비상시에 국회의 의결을 거치든지 아니면 대통령 긴급명령으로 효력을 발휘하도록 제정된 전시 관련 법령을 유지하고 있는데, 이 법령들을 전시 효력을 발휘시키는 시기를 포함하여 평시 국회에서 의결하여 유지하다가 전시라는 특별한 상황이 되면 효력을 발휘하도록 하는 방법의 도입도 필요하겠다. 특히 국민의 자유를 제한하고 의무를 부과하는 법령이나 동원에 관한 법률일수록 평시부터 국민의 동의가 필요하며 따라서 대의기관인 국회가 의결하여 준비상태를 유지하다가 필요한 시기에 즉시 효력을 발휘하게 한다면 바람직할 것이다.

총력전을 위해서 중심기관이 되어야 할 정부기관은 최단시간에 전쟁을 수행할 수 있는 체제로 전환할 수 있어야 한다. 정부는 최단시간에 충무계획을 유효화시켜 전쟁을 수행하고 지원할 수 있도록 해야 하는데 충무계획이 이에 타당한 계획인지 검토하고 부적절하다면 현실적인 계획으로 발전되어야 한다. 현재처럼 정부기관들이 충무시설을 운용하기 위해서 준비로부터 이동과 점령, 운용을 하기 위한 시스템 구축 등 상당한 시간이 걸린다면 이는 급속하게 전개될 수 있는 상황에서 적절하게 대처하기가 힘들 것이라고 생각한다.

민방위훈련을 하면 대피시설로 대피하는 훈련으로만 끝나는 경우가 많은데 이는 부적절한 훈련이다. 특히 적기 공습이나 포격을 가정한 상황에서의 훈련이라면 대피시설로 대피하는 훈련은 국민들이 하면 되고 정부기관은 대피훈련으로 끝낼 것이 아니라 즉시 계획된 충무시설을 점령하여 전시체제로 전환하는 훈련을 하는 것이 더 타당하다고 생각한다. 특히, 반복적인 훈련을 통해 숙달시켜 놓는 것이 중요할 것이다.

　예비전력은 평시 상비전력과 더불어 전쟁을 억제하는 데 기여하면서 전쟁의 발발이 우려될 때에는 적시에 동원하여 대비하는 한편 전쟁지속능력을 유지하고 확대하는 데 기여하도록 동원제도가 발전되어야 하는데, 그 핵심은 동원법령의 개정을 통한 부분동원제도의 도입이며, 이를 위해 정치권의 도움이 절실히 요구되는 부분이다. 산업시설도 마찬가지로 단기간에 전시산업체제로 전환하여 전쟁을 수행할 수 있는 물자를 생산해낼 수 있는 준비가 되어 있어야 한다. 산업동원능력의 향상과 직접 관련되는 것은 전략물자의 확보와 비축을 통한 전쟁지속능력의 향상이다. 따라서 현재의 산업동원계획이 전시 필요로 하는 물자소요를 군이 요망하는 시간에 충족할 수 있는 계획인지 검증을 해봐야 한다.

제4절
한반도 전쟁 시 대비 총력전 발전 제언

1. 총력전 수행을 위한 대비방향

| 국가적 위기참여 제고를 위한 국민의 인식향상 노력

1차 세계대전이나 2차 세계대전 등 세계적인 전쟁에서도 그랬고 6·25전쟁에서도 그랬듯이 전쟁이 진행되고 있는 동안에는 부유했던 나라나 그렇지 못한 나라나 할 것 없이 식량이나 유류, 생필품 배급제를 실시하였고 그나마도 제대로 공급되지 못하여 기아자가 발생하는 경우도 빈발하였다.

전기 공급이 중단되고 급수가 끊어지는 것도 일상적으로 일어나는 일이었으며, 연료가 공급이 안 되거나 또는 보급량이 절대 부족하여 한겨울에도 난방을 할 수 없어서 수많은 환자가 발생하는 것도 너무나도 흔한 일이었다. 전쟁상황은 전투에 참여하고 있는 군인에게는 생사의 문제가 있었지만, 후방에 있는 국민들은 전투장비나 탄약의 생산이나 보급 및 정비, 수송 및 의무 등 다양한 근무지원활동에 참여하면서도 식량과 연료, 생필품의 부족으로 일상생활에서 많은 어려움을 겪어야만 하였다.

실제로 1·2차 세계대전 중 영국이나 독일 등 유럽 국가에서는 식량이 부족하여 많은 기아자가 발생하였고, 심지어는 농산물 생산이 풍부한 미국에서조차 식량 배급제를 실시하였다. 단수(斷水)는 일상적이었고 폭격으로 건물이 파괴되어 무너진 건물이나 텐트 속에서 살아간 사람들도 수없이 많았다. 한겨울에 석탄이나 석유 등 난방연료가 부족해서 추위에 벌벌 떠는 것도 늘 있는 일이었다. 전쟁에서는 잘사는 나라든 못사는 나라든 정도의 차이는 있었지만 모든 나라에서 누구도 예외 없이 어려움을 겪었다.

총력전에서 승리하기 위해 가장 중요한 것 중의 하나는 이런 어려움, 예를 들면 식량은 부족하여 배급제가 시행되고 급수는 제대로 안 되어 급수차로 3일마다 급수를 하며 단전(斷電)이 되어 아파트에서 화장실은 사용할 수도 없는 등 수많은 어려움이 발생하고 있는 가운데 이를 극복해내면서 이기고자 하는 국민의 의지가 있을 때일 것이다.

우리나라도 전후세대가 다수인 현재 국가비상사태 시 주역이 되어야 할 이 세대들은 6 · 25전쟁과 같은 어려움을 겪어보지 못하여 실제 이런 상황이 닥친다면 수많은 혼란과 어려움이 발생할 것으로 예상된다.

국민들을 대상으로 설문조사를 한 결과를 보면 전쟁이 발발할 경우 갖은 어려움을 극복하고 국가의 시책에 따르면서 나가서 전시 동원에 자발적으로 응소하여 참전할 것인지에 대하여는 (물론 연평도 포격사건 이후 일부 보수적으로 변화되기는 하였지만) 젊은 나이일수록, 고학력자일수록 낮았다. 전쟁이 발발한다면 총력전을 성공적으로 실시하기 위해서는 국민의 의식 전환을 위해 많은 노력이 필요함을 보여준다.

이 외에도 국민 안보의식에 관한 다수의 설문에서도 대동소이한 결과를 보였는데 앞으로 전시 등으로 국가위기가 발생할 경우 총력전 수행을 위해서는 국가적 위기에 적극적으로 동참하기 위한 의식의 전환이 필요하다.

분야별 대비방향

북한은 병력과 항공기, 전차와 야포 등 재래식 전력과 예비전력에 있어서 수적으로 한국에 비하여 압도적으로 우세한 가운데 핵실험과 미사일 발사를 하고 있다. 특수전 병력만도 20만여 명으로 세계에서 제일 많다. 전쟁을 수행하기 위한 식량이나 유류 및 탄약도 수개월분을 비축하고 있는 것으로 알려지고 있다. 그러나 오랫동안 지속된 경제적인 어려움으로 장기전을 수행할 능력은 제한될 것이다.

북한은 이와 같은 전쟁준비상태와 현실적으로 어려운 저반 경제여건을 고려하여 만약 전쟁을 도발한다면 기습적으로 공격을 해서 단기속전속결전과 대량의 화력전, 정규 및 비정규전 배합으로 승리하고자 할 것이다.

만약 한반도에서 다시 전쟁이 발발한다면 우리는 전쟁에서 승리하기 위하여 국가의 총력방위요소들을 총동원해서 총력전을 실시해야 한다. 6 · 25전쟁 이후 60여 년이 경과되면서 그동안 발전된 무기체계와 전투준비태세 향상을 위한 노력 등으로 비교할 수 없을 정도의 치열한 전투가 진행될 것이고 이로 인한 인적 · 물적 피해는 상상하는 이상으로 발생할 것은 분명하다.

이러한 상황에 대비하여 앞의 1 · 2차 세계대전사와 중동전 및 6 · 25전쟁에서 나타났던 주요사례와 현재의 한국 안보상황, 필자가 정책부서에 근무하면서 느낀 여러 경험을 고려해서 무엇을 준비해야 할 것인지 총력전 제반요소를 중점적으로 기타 요소와 결부시켜 몇 가지를 언급하고자 한다.

◨ 국가원수 및 행정부 수반으로서 통합을 지향하는 강력한 지도자

전쟁사에서 나타난 지도자의 리더십은 전쟁의 승패에 있어서 결정적인 영향을 미치고 있음을 확인할 수 있었다. 한국에 있어서 지도자, 즉 대통령은 국가원수이자 행정부의 수반이며 국군통수권을 행사하는 권한을 갖고 있고 따라서 대통령의 리더십은 한국에게도 대단히 중요하다고 할 수 있다.

대통령이 행사할 수 있는 권한은 많지만 전쟁과 관련하여 헌법상 명시된 권한과 책임은 제66조 2항 국가의 독립과 영토보전 · 국가의 계속성과 헌법수호, 제69조 국가의 보위 및 조국의 평화적 통일, 제72조 외교나 국방 및 통일 기타 국가안위에 관한 중요정책 국민투표, 제73조 선전포고와 강화, 제74조 국군통수권, 제76조 긴급조치 및 명령권, 제77조 계엄선포권 등이다.

대통령은 전쟁의 가능성이 고조된다면 국군과 주한미군 등의 군사적 수단과 외교 및 정치나 경제, 계엄령이나 동원령 등의 비군사적 수단들을 모두 활용하여 헌법 제66조가 부여하고 있는 국가의 독립과 영토의 보전, 국가의 계속성을 유지하며 헌법을 수호할 수 있도록 우선적으로 전쟁을 억제하는 노력을 기울여야 한다. 헌법적 책임을 수행하면서 전쟁이 가져올 피해를 방지해야 하는 것이다.

그러나 이런 억제에 실패하여 전쟁이 발발한다면 제73조와 76조 및 77조를 이용하여 대북한 선전포고를 하고 전쟁을 수행하는 데 필요한 긴급조치를 발령하며 77조에 의거 계엄을 선포하여 공공의 질서와 치안유지가 되도록 해야 한다. 헌법 74조에 의거하여 한-미 연합방위체제하에서 효율적인 군사력을 운용할 수 있도록 전쟁을 지도하는 등 국군통수권을 행사하여야 한다. 이러한 계획은 국가전시지도지침이나 충무계획 등 전시계획에 포함되어 있으므로 계획에 의거하여 적시성 있게 법률적 조치를 해야 한다.

대통령은 전쟁이 발발하면 겪어야 할 수많은 어려움 속에서도 국민의 의지를 전쟁에서 승리라는 한곳으로 결집시키는 리더십을 발휘해야 한다. 전쟁이 어떻게 진행되고 있는지 아군의 상황은 어떻고 전망은 어떨지, 그리고 국민들에게 요구되는 어려움은 어떻고 또 무엇을 해야 하는지 등 국민들이 제대로 알고 적극적으로 어려움을 극복하는데 참여하도록 리더십을 발휘해야 하는 것이다.

한국에 호의적인 국가는 한국을 지원하고 중립적인 국가 내지 비우호적인 국가도 한국의 입장을 지지하는 국가로 전환할 수 있도록 외교활동을 지도해야 하고 경제 분야에서는 전쟁을 하는데 필요한 자원을 우선 할당하면서 국민경제도 적절히 돌아가도록 지도해야 한다.

여와 야를 떠나 모든 정치인이 총력전 수행을 위한 동반자임을 인식하여 협조를 구하고 전쟁을 수행하는 데 필요한 법령의 제정이나 정부기능이 원활히 수행되고 유지되도록 지도해야 한다.

대통령은 2차 세계대전 당시 영국의 처칠 수상이나 미국의 루스벨트 대통령이 그랬듯이 국민의 확고한 의지를 결집해야 하고 외교와 정치, 경제, 군사력, 예비전력 등 모든 총력방위요소가 전쟁에서 승리라는 유일한 목적달성을 위하여 관리되고 운영되며 통제되도록 지도해야 한다.

2️⃣ 극한상황을 극복할 수 있는 국민의 정신자세와 의지 고양

6 · 25전쟁에서 우리들은 엄청난 피해를 겪었다. 한국군 14만여 명과 유엔군 4만여 명이 사망하고 한국군 45만여 명과 유엔군 10만여 명 이상의 부상자도 발생하였다. 민간인들도 37만여 명이 사망하였고 23만여 명이 부상당했으며 납치 또는 행방불명된 자도 39만여 명에 달한다. 북한이나 중공군의 피해는 아군 피해를 초월하여 발생하였다. 재산 피해액도 22억 달러에 달하였다(당시 남한의 1인당 국민소득은 35달러에 불과하였다). 전 국토의 대부분이 파괴되었으며, 이산가족도 1,000만여 명이 발생하였다. 그러나 우리는 이런 피해를 무릅쓰면서 싸웠고, 그나마 한반도의 반만이라도 공산주의 침략으로부터 수호하였다.

6 · 25전쟁 이후 60여 년이 경과한 지금, 한반도는 60여 년 전의 병력과 화력과는 비교할 수 없을 정도로 강력해졌다. 다시 전쟁이 발발한다면 6 · 25전쟁 시의 피해를 수십 배 이상 초월하는 상상 이상의 피해가 발생할 것이다. 당연히 전쟁이 다시 발발하는 것을 억제해야 하겠지만, 그러나 억제에 실패하여 전쟁이 발발한다면 반드시 승리해야 하며, 이때 국민의 승리에 대한 의지는 대단히 중요하다.

6 · 25전쟁 이후 전쟁을 경험한 세대가 얼마 남지 않은 지금 많은 장년층의 사람들은 국가가 어려울 때 젊은 층의 사람들이 자발적으로 국가를 위해 헌신할 것인가에 대한

의문을 제기한다. 그렇다고 무조건적으로 전시 임무수행을 위하여 의무를 강조하듯 강요만 할 수도 없는 일이다. 예전처럼 평시부터 반공교육을 하고 북한을 무조건적으로 비판하는 교육을 하기에도 사회가 너무 복잡하고 어려운 환경이다.

한국의 사회는 언제부터인가 보수와 진보, 가진 자와 그렇지 못한 자, 청년층과 장년층으로 나뉘어 심하게 대립하는 이분법적 사회로 되어가고 있다. 평시야 그렇다 하더라도 전시가 되어도 국민적 의지를 한곳으로 결집시키기에 어려운 환경이 되어가고 있는 것이다.

그럼에도 불구하고 평시부터 6 · 25전쟁이 누구에 의해 왜 일어났는지, 전쟁 이후 현재까지 북한이 무슨 도발을 어떻게 해왔는지 등 객관적 사실들에 대한 교육은 분명히 실시되어야 할 것이다. 이런 교육을 바탕으로 평시부터 북한의 실체를 인식시키고 국가가 위기관리체제로 전환되는 시점에서는 방송이나 신문 등 언론보도매체들을 통제하거나 도움을 받아 국민의 승전의지를 제고할 수 있도록 하고 이를 위해 체계적인 교육과 홍보가 되도록 평시부터 준비되어 있어야 한다.

중동전에서의 이스라엘 국민들처럼 국가가 어려움에 처할 때 유학생이나 외국에 거주하는 교포들이 스스로 귀국하여 연필 대신 총을 드는 자세로 의식이 전환된다면 이는 전쟁을 억제하는 힘이 될 것이며, 이에 실패한다 하더라도 전쟁에서의 우위를 지키는 힘이 될 것만은 분명하다. 6 · 25전쟁 당시 일본에 거주하였던 재일교포 학생들이 스스로 귀국하여 훈련을 마치고 전선으로 투입되어 전투한 바 있다. 국민들을 평시부터 어떻게 계도하느냐에 따라 국가에 위기가 발생할 시 그 효과는 행동으로 나타나는 것임을 보여주는 것이라고 생각한다.

그나마 다행인 것은 연평도 포격사건 이후 젊은이들의 안보의식이 많이 향상된 것으로 보인다는 점이다. 해병대에 대한 지원율이 떨어질 것으로 예상을 하였지만 오히려 평시보다 더 많은 젊은이들이 지원하였고, 그중에도 가장 힘들다고 하는 수색대에서 가장 높은 경쟁률을 보여주었다는 보도에서 우리 젊은이들에 대한 든든한 믿음마저 생긴다.

전쟁의 위협이 높아지면 부유층이나 권력층에서는 일부이겠지만 국외로 도피하기 위한 행동도 시도할 것이다. 이것은 다수 국민들의 전쟁 참여의지를 좌절시키는 것이므로 철저히 통제되어야 한다.

전시에는 병역의 의무를 지는 사람만 동원되는 것은 아니다. 전쟁사에서 보았듯이 수많은 남녀노소의 사람들이 비전투원으로서 산업시설에 노동인력으로 동원되거나 정비나 보급, 의무 등 전투근무 지원시설을 운용하기 위하여 동원되었다. 진보나 보수, 가진 자나 그렇지 못한 자, 청년층이나 장년층, 배운 자나 그렇지 못한 자가 대립하게 내버려두어서는 안 되며 모두가 당면한 어려움을 극복하기 위해 그 힘이 모이도록 하는 것이 중요하다. 이를 위한 리더십과 정책이 절실히 필요하다.

민주적인 절차와 제도를 갖고 있는 한국으로서 정부의 정책이 부당하다고 느껴질 때는 당연히 국민의 권리로서 이의 시정을 제기할 수 있다. 그러나 국가가 위기이고 전쟁이라는 극한의 상황이 발생하였을 때에는 국민은 일정부분 권리를 유보하고 정부는 국민의 의지를 결집시켜 승리를 보장할 수 있도록 허야 한다.

❸ 정파를 떠나 통합을 지향하는 정치

국가안보에 관한 한 여당과 야당, 좌파나 우파가 다로 없이 모두 한목소리를 내야 한다는 것이 일반적인 국민들의 생각이다. 그러나 천안함 폭침사건과 연평도 포격사건에서 보았듯이 우리의 정치권이나 사회가 정파에 따라서는 국가의 안보문제도 얼마나 취약해질 수 있는지 보여주었다. 자유민주주의를 지향하는 우리 사회에서 무엇인가 의문이 생기면 이를 제기하고 그런 문제를 해소함으로써 국가와 사회가 발전한다면 다행한 일이다. 그러나 천안함 사건에서 보았듯이 객관적이고 과학적으로 조사되고 입증된 사실조차 이를 부정하고 작은 의문을 확대하여 전체를 부정하려는 정치집단이나 불특정한 대중들이 우리 사회에 엄연히 존재하고 있다. 이런 의문들이 사건을 명확히 하는 데 도움이 된다면 사회와 국가 발전에 도움이 되겠지만, 반대로 불신을 조장하기 위한 의도적인 행위라면 이는 참으로 우려스러운 현상이 아닐 수 없다.

전쟁이라는 극한의 상황이 발생하면 정파를 떠나 총력전을 수행하는 데 필요한 법령을 제정하고 정부기구가 전시체제로 전환하는 데 도움이 되는 필요한 조치를 지원하며 국민들의 의사를 전쟁을 수행하는 데 결집할 수 있도록 정부활동을 지원해주어야 한다.

전시가 되면 충무계획에 의거 전쟁을 수행하기 위해 필요한 기구는 확장되거나 창설되고 인원도 보충될 것이다. 그러나 안보란 것은 전시나 국가비상사태가 발생할 경우에 대비하여 보험에 가입하는 것과 같아 안보 관련 기구들을 평시 중요도가 떨어지거나 불필요한 기관으로 인식하여 폐지하는 등 경제적인 논리로만 접근할 일이 아니라고 보며, 평시부터 국가 전반에 걸쳐 위기관리와 전쟁수행에 관련되는 부서는 항상 임무수행 준비상태가 되어 있어야 할 것이다. 천안함 폭침사태와 연평도 포격사건에서 나타난 바와 같이 평시의 준비상태는 대단히 필요하다고 생각되며, 따라서 정치 분야에서는 이와 같은 활동에 대한 지원이 필요하다.

지도자는 진보와 보수, 가진 자와 못가진 자, 청년층과 장년층 등으로 분열이 심화되고 있는 국민들을 적절히 통합하기 위한 지도력을 발휘해야 하고, 국민들도 지나친 좌파나 극단적인 보수 등으로 편 가르기를 함으로써 회복하기 어려운 상태로 빠져들지 않도록 노력해야 한다.

4 국제적 지지와 지원 획득

전쟁이 발발할 가능성이 있거나 상황이 더욱 악화되어 전쟁 가능성이 고조된다면 외교활동은 우선적으로 국제기구나 우방국의 협조를 통하여 전쟁이 발발되지 않도록 억제활동에 지향되어야 할 것이다.

그러나 군사 및 외교활동을 포함한 비군사 억제활동에도 불구하고 전쟁이 발발하였다면 외교활동의 핵심은 무엇보다도 한미동맹을 굳건히 하는 가운데 중국이나 러시아 같은 친북한 국가들이 북한을 무조건 지지하지 않으면서 최소한 중립 내지 묵시적으로는 한국 입장을 지지할 수 있도록 하는 데 그 역량이 모여야 할 것이다. 특히 북한의 전쟁지속능력을 유지하거나 확대할 수 있는 데 도움이 되는 친북한 국가들의 지원은 반드시 차단되어야 한다.

그 외의 국가들에게도 한국의 입장을 지지할 수 있도록 외교활동을 전개하는 한편 전쟁 발발 시 한국이 요청하면 인적자원이나 물적자원을 지원할 수 있도록 외교적인 관계를 평시부터 발전 및 유지시켜야 하겠다.

5 압도적인 경제력과 전쟁지속능력의 유지

전쟁사에서 나타났던 경제 분야에서의 가장 큰 문제는 어떻게 하면 국민들을 굶주리지 않게 하는가의 문제, 즉 식량을 해결하는 것이 제1의 문제였고 생필품이나 연료 등 국민생활의 안정을 유지하며 동시에 전쟁지속능력을 지속적으로 유지하는가 하는 것도 반드시 해결해야 하는 문제였다.

1·2차 세계대전 시 독일의 사례에서 보았듯이 전쟁 초기단계에 국민의 의지가 아무리 높고 좋아도 아군이 패하는 소식이 반복되고 국민이 먹고 사는 식량이라든가 연료나 생필품의 문제가 해결되지 않으면 짧은 기간에는 억지로라도 참을 수 있었지만 전쟁이 장기화될 시 염전사상으로 나타나서 전쟁에서 패하는 중요한 원인을 제공하였다.

우리나라는 현재 식량이 마치 남아돌아가는 것 같은 착각을 하고 있는데 실제 식량 자급률은 25~26%에 불과할 정도로 취약하며, 다만 쌀의 자급률이 98~99%에 이를 정도로 거의 자급률을 달성한다고 하나 이것도 밀가루를 포함하는 다른 곡물을 다량 수입하기 때문에 가능한 것이다. 만약 이상기후로 생산량이 급감하든, 국제곡물시장에서의 거래업체들의 인위적인 가격조작으로 인하여 가격이 급등하는 문제이든 밀가루 수급에 문제가 생기면 쌀의 자급률도 떨어지게 마련이다.

매년 곡물을 수입하기 위해서 수십억 달러의 외화가 사용되고 있다. 평시에도 식량자급률이 저조한데 전쟁이라는 상황이 발생하면 국제적인 곡물업체들에 의한 곡물가격의 인위적인 가격조작이 있을 수 있고 이렇게 된다면 더더욱 식량수급은 어려워질 것이다.

식량이 부족하면 이것은 국민의 생사와도 직결되는 문제이므로 특히 관심을 가져야 할 것이다. 지금 당장 쌀이 남아돌고 농민들의 수입을 보장해주어야 하기 때문에 정책적으로 쌀 생산을 줄이고 있으나 전시 등 국가비상사태에 대비하여 항상 일정량의 식량을 비축해 놓고 있어야 하며 생산량을 확대하거나 긴급도입계획 등도 필요하다. 또한 당연한 이야기이지만 전시 수급불안 발생에 대비하여 배급계획과 아울러 매점매석의 강력한 통제계획도 수립되어 있어야 한다.

전시 연료 수급도 중요한 문제이다. 특히 석유와 천연가스는 거의 전량을 수입에 의존하는 현실에서 전시 수급의 불안은 국민생활의 어려움을 가중시키는 요인이 될 것이다. 정부는 국제시장에서 수급의 불안이나 가격폭등 등에 대비하기 위하여 비축시설을 지속적으로 확장하고 비축량을 증가시키고 있기 때문에 비상대비 조치능력이 향상되고 있음은 다행한 일이지만, 아울러 전시에 민·관·군이 필요로 하는 소요량을 판단하고 꾸준히 비축량을 확대하는 정책의 발전이 필요하다.

다음은 전시 전쟁지속능력 유지를 위한 경제 분야의 준비이다. 산업체가 최대한의 전시생산 및 유통 등 산업활동을 할 수 있도록 원자재 수급이나 생산을 보장하면서도 동원업체로 지정되어 있는 업체들이 전쟁지속에 필요한 전투장비나 물자를 군에서 요구하는 기간에 적시에 생산하여 보급함으로써 전쟁지속능력을 유지 및 확대할 수 있도록 지원해야 하겠다. 이를 위해 평시부터 전략물자들의 비축량에 대한 적절한 소요판단과 이를 비축할 수 있는 시설 확장 등 역량을 확대해나가야 할 것이다.

이와 관련하여 전략물자의 수급에 대한 검토가 필요하다. 정부는 자원외교와 해외자원 개발을 통해 전략물자들의 안정적인 공급을 위해 많은 성과를 거두고 있고 또한 많은 예산을 들여 한국광물공사나 석유공사에서 비축량을 확대해나가고 있는데 이는 바람직한 일이라고 생각한다.

다만 한 가지 추가로 검토가 필요하다고 생각되는 것은 전시나 평시 국제적인 가격의 급등에 대비하여 전략물자의 적정 비축량이 얼마나 필요할 것인지, 전쟁기간과 연계하여 민·관·군 관계기관들이 합동으로 소요판단을 하고 검증한 뒤 부족량은 꾸준히 적정량을 비축해나갈 필요가 있다.

단전이나 단수에서 산업활동은 물론 국민생활의 안정까지도 보장하는 필요한 활동이 이루어지도록 계획하고 을지연습이나 충무훈련을 통해 실천 가능한 계획인지 검토와 실제훈련도 필요하다.

❻ 작지만 강한 군대로의 변화

상비전력은 국방개혁과 군구조 개선 계획에 의하여 부대규모는 부분적으로 감소되나 장비는 현대화됨으로써 작전능력은 확대될 것이다. 상비전력은 평시 전쟁 억제력 및 응징 보복력, 그리고 초기대응력으로서 충분한 능력을 보유할 수 있도록 현대화하면서 전시가 되면 전쟁수행의 핵심으로서 충분한 역할을 할 수 있도록 준비가 필요할 것이다.

전쟁이 발발하면 상황에 따라 필요하다면 부대를 확장할 수 있는 계획도 발전되어야 한다. 1·2차 세계대전 시 전쟁에 참여한 모든 국가는 전쟁이 확대되고 장기화되면서 예외 없이 새로운 부대를 창설하여 전선으로 투입하였다.

독일은 전쟁을 하면서 수도 없이 많은 사단을 창설하였다. 영국이나 미국도 전쟁이 장기화됨에 따라 계속 부대를 창설하여 유럽전선으로 파병을 하거나 태평양전선에 투입하였다. 일본도 '제국국방방침'에 의하여 태평양전쟁을 준비하고 실시하면서 부대를 창설하여 중국이나 동남아 지역으로 파견하여 전쟁을 해나갔다.

소련도 '보이지 않는 사단' 제도를 이용하여 수많은 사단을 창설해서 전선으로 보냈지만 독일군은 소련군이 얼마나 많은 부대를 만들었는지 제대로 파악을 하지 못하였다. 6·25전쟁 시 한국군도 전쟁을 하면서도 육본 일반명령으로 지속적으로 부대를 창설하여 전선에 투입하였음은 두말할 나위 없다. 이렇게 전쟁을 하면서 기존의 부대는 피해를 입어 보충을 받는다고 하지만 승리를 위해서는 더 많은 부대가 필요하게 되고 이에 따라 부대를 계속하여 창설하였음을 전쟁사는 보여주고 있다.

따라서 한국군의 상비전력 첨단화를 추진하는 것은 당연한 일이면서 전쟁단계와 상황을 고려하여 전시 시행 가능한 부대확장계획을 수립해 놓아야 할 것이다. 동원사단이 그런 역할을 하든지 아니면 전시부대계획에 새로운 부대를 창설하기 위한 계획을 반영하든지 방법은 여러 가지가 있을 것이다.

7 압도적 전쟁지속능력의 유지 및 확대에 기여하는 예비전력

예비전력이라 함은 전시나 국가에 비상사태가 발생하면 국가가 동원할 수 있는 인적자원과 물적 능력을 말한다. 예비전력은 단순히 인적자원인 예비군만을 언급하는 것이 아니라 학생과 경찰 및 민방위대 등은 물론 전시 동원할 수 있는 물적 능력까지를 포함하는 개념이다. 우리는 북한에 비하여 인적자원은 물론 경제발전에 힘입어 물적 능력에 있어서도 압도적으로 우세하다.

그 가운데 예비전력의 핵심인 예비군은 평시에는 상비전력과 더불어 전쟁억제력의 일부로서 역할도 하지만 전쟁이 발발하면 총력전 수행의 중요한 요소이자 전쟁지속능력을 유지하고 확대하는 데 있어서 핵심적인 역할을 한다. 예비전력이 전쟁억제력의 일부로서의 역할과 전쟁지속능력의 역할을 제대로 하기 위해서는 다음의 네 가지가 개선되어야 할 것이다.

첫째는 북한에 비하여 압도적으로 우세한 우리의 예비전력을 적시적절하게 동원할 수 있도록 동원관련 법령을 개정하는 것이며, 그 핵심은 동원령 선포요건을 완화하는 것이다.

현행법령상으로는 동원령을 '중대한 교전상태', 즉 북한군이 전면적으로 공격하여 아군이 심대한 손실을 받은 상태에서 선포할 수 있는데 이것은 한반도 안보상황과 북한군의 전략과 전술을 고려해본다면 매우 위험한 것이다. 따라서 동원령 선포요건을 완화하는 방향, 즉 전쟁의 가능성이 고조되는 상황에서도 선포 가능하도록 개정되어야 한다.

둘째, 예비전력 분야에서 취약한 것으로 분석되는 다른 하나는 주요 전투장비나 탄약을 생산하는 데 필요한 전략물자, 이를테면 주석이나 망간, 티타늄 같은 비철금속의 비축량이 저조한 것이다. 따라서 전쟁지속능력을 확대하기 위해 전략물자 비축량의 적정량을 검토하고 점진적으로 확대할 수 있는 방안을 강구해야 할 것이다. 현재 정부에서 지속적으로 전략물자 비축량을 확대하고 있으므로 동원 분야에서 전시 활용도가 높아질 것으로 기대된다.

셋째, 2차 세계대전사에서 나타난 예비전력 운용사례를 보면 독일이나 소련, 미국은 전쟁을 준비하고 실시함에 있어 필요한 부대를 지속적으로 창설하고 확장한 것을 볼수 있는데 우리도 이와 유사한 준비를 해 놓을 필요가 있을 것이다. 국방개혁에 따라일부 부대수를 줄이면서 화력이나 기동력 등을 보강하여 작전수행능력을 더욱 확대한다고 하더라도 전시에 대비하여 필요시 부대를 지속적으로 확장할 수 있는 예비전력확장계획을 수립해 놓을 필요가 있다.

넷째, 모든 부대가 현대식 장비를 편제하기에는 예산도 많이 들고 또한 모든 부대가현대식 장비를 필요로 하지 않는 것도 최근의 전례는 보여주고 있다. 한반도에서 전쟁이 발발한다면 정규 및 비정규전 양상이 혼재될 것으로 예상되는데 국방개혁과 군구조개선 시 전환되는 잉여장비 중의 일부를 정비하여 치장 후 부대 확장 시나 후방지역 작전에서 사용하도록 계획을 수립하는 것도 총력전 차원에서 중요한 일이다. 소련의 '보이지 않는 사단' 제도가 이의 중요성을 대변하고 있다고 할 것이다.

8 주요 정찰·감시·정밀타격장비를 개발 및 생산할 수 있는 과학기술

현대전에서는 재래식 무기의 발전도 중요하지만 걸프전이나 이라크전쟁 등에서 보듯 첨단장비의 중요성이 나날이 증대되고 있다. 물리적 파괴를 동반하는 무기도 필요하지만 적의 핵심인원과 시설 및 장비를 찾아내고 무력화하는 데 필요한 정찰·감시·정밀타격장비를 개발하고 생산할 수 있는 능력이 필요하다.

방위사업을 통해 전쟁을 수행하는 데 필요로 하는 장비와 탄약, 물자 등 플랫폼 전력에서뿐만 아니라 네트워크 전쟁을 실시하는 데 필요한 소프트 분야의 기술도 발전시켜야 하며 이를 위해 민·군 간의 기술교류도 지속적으로 확대되어야 한다.

소화기를 비롯한 중화기를 자체 생산하고 소요를 충족하는 정도의 생산능력을 보유하는 것은 물론 현대전에서 필요한 정밀유도무기를 자체적으로 개발하고 전시가 되면단시간에 전시 생산체제로 전환하여 대량으로 생산할 수 있는 시설도 빠른 시간에 설치하거나 확대할 수 있는 역량을 갖추어야 하겠다.

9 노블레스 오블리주의 핵심가치화 및 총력전 실시 역량의 강화

우리는 군사력과 예비전력, 외교 및 민주적인 정치제도, 압도적인 경제력과 과학기술력 등 모든 면에서 북한에 비해 우세한 능력을 가지고 있다. 이를 토대로 전쟁이 발발한다면 승리할 수 있다는 자신감을 견지하면서 이를 전승의 의지로 결집시키기 위한 활동이 필요하다. 이를 위해 언론기관을 활용, 국민에 대한 전시 홍보와 교육이 필요하다.

반면에 정부의 전쟁수행 노력에 반하는 행동을 하는 단체에 대해서는 전시 계엄이나 치안활동을 통해 분명한 통제 대책을 강구해 놓아야 하겠다. 아울러 북한군이 최소한의 저항행위로써 항복을 하도록 심리전을 실시할 수 있는 준비가 되어 있어야 할 것이다.

전쟁이 발발하면 적은 다량의 포병화력을 사용하여 공격할 것으로 예상되고 따라서 국민들은 많은 피해를 입을 수밖에 없다. 연평도 포격사태에서 보듯이 주민대피시설들이 노후화되고 관리가 되지 않은 채로 방치되고 있어 전시 제대로 효과를 볼 수 없을 것으로 우려되고 있다. 민방위 훈련을 실시하고는 있지만 많은 국민들의 비협조로 실질적인 훈련이 되지 못하고 있는 것도 아쉬운 일이다.

적은 화포나 미사일 등을 사격 시 다량의 화학생물학 작용제를 동시에 사용할 것으로 예상되는데, 그렇다면 국민은 이러한 화학생물학 작용제 공격으로부터 보호받을 수 있도록 방독면을 보유하고 있어야 하고 치료시설들은 화학생물학 작용제 치료장비와 시약들을 적절하게 준비하고 있어야 하겠으나 그렇지 못한 것이 현실이다. 따라서 정부는 이런 현실을 국민에게 제대로 알려주고 개인이 준비해야 할 사항과 정부나 기업 등이 준비할 사항을 각각 준비하는 방향으로 지도가 절실히 필요하다.

전시대비 실시하는 을지연습이나 충무훈련 등 각종의 연습 또는 훈련도 실제적으로 전시에 대비하는 모습으로 훈련이 진행되는지에 대한 검토가 필요하다. 즉, 전시에 일어날 수 있는 수많은 어려움을 국민에게 인지시키고 을지연습기간이나 충무훈련을 이용하여 주기적으로 연습지역과 훈련내용을 바꿔가면서 실질적으로 훈련을 해본다면 총력전을 수행하는 데 도움이 될 것이다. 전시에 대비하여 실제 배급제를 실시해본다든가 단전과 단수에 대비하는 것 등 여러 가지가 있을 것이다.

전후 세대가 다수인 지금, 국민을 대상으로 마치 전쟁이 곧 발발할 것처럼 하여 학교와 언론을 이용한 교육이나 홍보를 하는 것은 현실적으로 어려운 문제이고 그렇다고 그대로 방치하기에는 안보상황이 아직 자유롭지 못한 것 또한 사실이다.

따라서 건전한 사고방식을 갖고 생활하면서 국가에 위기가 발생하면 한국전쟁 시와 마찬가지로 위기극복에 자진 참여할 수 있도록 국민들을 계도할 필요가 있겠으며 이를 위해 사실에 바탕을 둔 건전한 학교교육으로부터 왜곡됨이 없이 정확한 내용을 전달하는 언론 홍보 등 평시부터 전시에 이르기까지 종합적인 대책이 필요할 것이다.

평시에는 국민이 수용할 수 있는 수준에서 안보교육을 실시하면서 전쟁 상황으로 악화되면 단계별 교육내용을 강화하여 국민의 정신적 자세를 확립하고 위기극복에 자발적으로 참여하는 방향으로 분위기를 반전시킬 수 있도록 사전에 계획을 수립해 놓고 있어야 하겠다.

이렇게 총력전 준비태세를 확립하면서 한국 사회를 지도하는 지식층이나 부유층들이 국가적 위기가 발생하면 솔선수범하여 이를 극복하 는데 앞장서는 '노블레스 오블리주'가 한국의 핵심가치가 되어야만 한다. 한국 사회에서 누릴 수 있는 혜택을 철저히 누리면서 당연히 해야 할 의무는 기피하는 상황이 반복되면 이는 국민의 사기에 악영향을 미치고 전승에 대한 의지를 약화시키며 내부로부터 무너지는 원인을 제공할 것이다. 지식층이든 부유층이든 이들의 노블레스 오블리주의 자발적 실천은 국민들에게 미치는 영향이 상상 이상으로 크다는 것을 명심해야 한다.

2. 단기전에 대비한 총력전 준비

북한군은 핵실험을 통한 핵무기를 개발하고 중장거리 미사일 발사실험을 하면서도 대규모의 재래식 전력을 그대로 유지하고 있고 이를 바탕으로 기습에 의한 속전속결전과 대량의 화력전, 정규 및 비정규전을 혼합한 방식으로 공격할 것으로 예상된다.

북한은 인적자원의 부족이나 경제력의 약화 등 전반적으로 한국에 비하여 전쟁을 지속할 수 있는 능력이 매우 부족하다. 그렇지만 북한은 식량이나 유류 및 탄약 등 전쟁지속을 위한 핵심자원들을 종류에 따라 다르기는 하나 전시에 대비하기 위하여 수개월분을 지하에 비축해 놓고 있는 것으로 알려지고 있다.

따라서 북한은 이러한 약점을 극복하면서 강점을 최대한 이용하여 단기결전을 시도할 것으로 예상되며, 우리도 우선적으로 이에 대비하여 어떻게 총력전을 실시할 것인가 대비가 필요하다. 짧은 시간에 우리의 국력을 총동원하여 총력전을 실시하면서 전쟁이 장기화될 경우에 대비할 수 있는 방법이 강구되어야 할 것이다.

| 국민 의지의 결집노력 강화

2차 세계대전 시 프랑스에 보는 바와 같이 전쟁사를 보면 패한 국가는 전쟁 초기단계부터 국민들이 패배의식에 사로잡혀 군의 작전준비를 방해하는 활동이 나타나는 경우가 있었다. 또는 1차 세계대전 시 독일에서 나타났던 것처럼 전쟁 중반기에 아군이 패배하는 소식이 자주 들려오면서 염전사상이 발생되고 결국에는 패배로 귀착되는 경우도 발생되었다. 그런가 하면 2차 세계대전 시 영국 국민은 독일군의 폭격으로 수많은 사람들이 죽거나 다치는 가운데서도 이를 극복하면서 좌절하지 않고 전쟁을 해나갔다. 이러한 사례들은 국민 의지의 중요성을 보여주는 대표적인 사례이다.

한반도에서 전쟁이 발발하면 북한군이 대량의 화력을 퍼붓고 특작부대들이 전후방 곳곳에서 테러나 기습, 주요시설의 파괴활동 등으로 국민생활의 안정을 교란할 것이다. 또한 남한에서 은밀히 활동하고 있는 5열이나 반정부 단체에 의해 정부정책을 거부하거나 동원 거부운동 등 다양한 활동들이 나타날 수 있다.

여기에 전쟁 초기단계에는 예기치 못하였던 수많은 혼란도 발생될 수 있다. 정부기능은 제대로 발휘되지 못하고 식량이나 생필품 공급이 제대로 되지 않는 가운데 사재기 현상도 발생하여 많은 사람들이 곤란을 겪을 수 있다. 지난해 겨울 1달 이상 계속된 혹한으로 도처에서 계량기가 파괴되고 급수가 차단되어 화장실을 사용하지 못하는 불편을 겪었다. 전선이 단선되면서 정전으로 엘리베이터가 작동이 안 되고 난방을 할 수 없어서 수많은 사람들이 고생한 일도 있었다. 전시가 아닌 평시에도 이런 예기치 못한 상황이 발생되어 불편을 겪는데 하물며 전시라면 어떨까?

전쟁이 발발하면 이런 현상은 아주 흔한 일이 될 것이다. 단전과 단수는 도처에서 발생할 것이며, 수많은 사상자들이 발생해도 제대로 치료를 하지 못하는 상황이 발생될 수 있다. 상상을 초월하는 혼란이 발생될 것이다. 예기치 못한 상황과 혼란 속에서 전쟁을 지속할 수 있는 힘은 이런 극심한 어려움을 극복하는 국민의 의지에서 나온다. 아무리 어렵고 극한 상황이 닥친다 하더라도 이를 극복하면서 전쟁을 수행하기 위해서는 국민의 뜻을 한곳으로 모으는 것이 중요하다.

정부는 국민의 의지를 확고히 할 수 있도록 필요한 활동을 해야 하며, 전쟁이라는 극한 상황을 이해하고 이를 극복하기 위한 정신적 준비와 더불어 전시 예상되는 상황에서 이를 극복하는 데 필요한 준비를 해 놓아야 하겠다. 식량과 연료, 의약품과 생필품의 공급부족에 대비하여 비상식량이라든가 비상연료 및 의약품 등을 평시부터 각 가정에 준비해 놓는 것도 그중 한 가지 방법이다.

정부는 전황을 제대로 보도하고 국민의 의지를 결집하기 위한 활동을 전개하며, 반국가 및 반정부 단체의 활동이나 5열에 의한 시위와 파업 등 국민들을 선동하는 행위들을 과감히 제거해야 한다. 국민들도 정부를 신뢰하고 정부의 지도에 따라 행동하는 것도 필요하다.

수도권의 조기 안정과 피해복구 역량의 강화

2차 세계대전 당시 프랑스는 6주 만에 독일군의 전격전에 무릎을 꿇고 항복하였다. 그러나 항복할 당시 여전히 프랑스군은 많은 부대가 건재하고 있었다. 육군은 마지노 선에 30여 개의 사단 등 전체적으로 60여 개의 사단이 건재하고 있었고, 해군은 프랑스 와 알제리의 항구에는 전함이 그대로 있었으며, 공군도 다수의 항공기가 건재하고 있 었다. 그러나 독일군이 파리에 다다르자 프랑스 정부는 파리에 대한 독일 공군의 폭격 으로부터 보호를 위해 무방비 도시를 선언하고 항복하였다.

프랑스의 서남부 지역이 멀쩡히 남아 있고 다수의 육군과 전함, 공군력이 아직 건재하 고 있었음에도 불구하고 파리가 점령되고 국가의 지도층과 파리 시민들이 피난가면서 더 이상 저항하는 것이 어렵게 되자 항복하였다. 심리적인 패배를 먼저 당하면서 항복을 하였던 것이다. 북한도 2차 세계대전 당시 프랑스의 이런 사례를 모르지 않을 것이다.

대한민국에 있어 수도권은 인구의 40%와 경제력의 60~70%가 집중되어 있고 정부 의 주요기관이나 전쟁지도본부와 같은 핵심시설이 있는 곳이다. 전시에 동원될 다수의 인적ㆍ물적 자원도 수도권에 집중되어 있다. 따라서 수도권의 피탈은 경제력이나 전쟁 지속능력을 상당히 약화시키는 일이 될 것이다. 수도권 피탈 시 국민에게 미치는 심리 적 영향도 막대할 것이다. 어떤 이유로든 수도권은 반드시 지켜져야 할 곳인 것이다.

북한 정권과 군은 이러한 수도권의 중요성과 취약점을 너무나 잘 알고 있다. 그래서 남북관계가 경색되면 '서울 불바다'라는 위협과 악담을 하고 있는 것이다. 이러한 취약 점을 이용하기 위하여 북한군은 전쟁 초기 대량의 화력을 이용하여 수도 서울을 집중 공격할 것으로 예상되며, 따라서 많은 피해가 우려된다. 여기에 5열이나 적의 심리전 활동도 병행될 것이며, 이러한 적의 활동으로 수많은 사람들은 서울을 떠나고자 할 것 이다. 수도권의 공동화(空洞化)가 우려된다. 이러한 것은 북한 집단이 바라는 바이다.

수도권이 조기에 안정되어야 할 이유는 다수 국민의 전시 최소한 기본적인 생활여 건을 보장하면서 국민의 의지를 결집시키는 데 있어서 핵심적인 역할과 전시 경제력과 또한 전쟁지속능력을 유지하고 확대하는 데 있어 필수적인 역할을 하기 때문이다.

따라서 어떠한 종류와 규모의 피해를 입는다 하더라도 이를 빠른 시간에 복구하고 회복하여 정상화하기 위한 정부의 대책과 이에 소요되는 업체의 지정과 자원의 지정, 확보는 중요한 일이다. 총력전에서 수도권의 중요성은 아무리 강조해도 지나침이 없 을 것이다.

정부기관의 신속한 전시체제 전환

한반도의 안보특성 중의 하나는 서북 5도나 휴전선 같은 곳에서의 작은 충돌도 언제든지 확전될 가능성이 상존하고 있다는 것이다. 또한 북한은 언제라도 기습을 할 수 있을 정도로 부대를 전방에 배치해 놓고 있으며, 체제의 특성상 독재자의 오판은 전쟁을 쉽게 도발할 수 있기도 하다. 이러한 안보환경에서 사전 충분히 정보를 판단하고 공격 가능성을 예측하면 좋겠으나 그렇지 못할 가능성도 항상 존재하고 있는 것이다.

사전 충분히 예측이 되었거나 또는 우발적 충돌상황이 급속히 확대되어 전쟁이 발발하면 정부는 당시 상황에 따라 충무계획을 적용하여 단계적으로 전시체제로 전환하면서 전쟁을 수행할 준비를 할 것이다. 평시에만 필요한 부서는 축소되거나 폐지될 것이고, 예비전력의 동원이나 치안질서의 유지, 난민관리 등 전시라는 비상한 상황을 극복하기 위한 부서는 인원이나 조직이 확대될 것이다.

그러나 우리는 이런 계획의 적절성이나 타당성, 신속히 정부조직을 확대하기 위한 준비나 실제 상황을 가상하여 제대로 연습을 해본 적이 없다. 어떤 조직이 어느 정도로 확대되어야 하고 인원은 얼마나 필요한지, 어떤 조직이 불필요한지 등 제대로 검토를 해본 적도 없다. 고작해야 실무자 몇 명이 책상에 앉아서 검토를 하고 계획에 반영하는 정도에 불과하였다. 이래서는 한반도에서 예상되는 전쟁양상에서 적시적인 대처를 할 수 없다.

전시 정부조직이 전시체제로 전환하기 위해서는 얼마나 많은 시간과 노력이 필요한지, 어떤 조직은 어떻게 확대되어야 하는지 등 전쟁사에 나타났던 사례를 연구하고, 한국의 상황을 반영하는 전시체제로의 전환계획을 검토해서 반영해야 한다. 1·2차 세계대전 시 미국을 예로 든다면 법을 제정하고 이에 따라 정부조직을 확대하고 업무체제를 정립하는 데 수개월에서 심지어는 1년이나 걸렸음을 유의해야 한다.

북한군이 대량의 화력과 단기속전속결전, 정규 및 비정규전을 시도할 것으로 예상되는 상황에서 정부가 이런 위협과 발생된 피해를 극복하면서 신속히 전시체제로 전환하여 국민생활의 안정을 도모하고 전시동원을 보장하며 전쟁지속능력을 확대하는 활동은 승리를 보장하는 데 필수적이다.

매년 실시하는 을지연습이나 충무훈련 등을 통해 국가의 행정체제를 신속히 전쟁을 수행하고 지원하는 체제로 전환하고 어떤 기관이 전시 임무수행을 위해서 어떤 규모로 확장해야 하는지 검토와 시행계획이 되어 있어야 하겠다. 전쟁이 발발하면 국가 시스템의 신속한 전시체제로의 전환은 단기간에 전쟁수행능력을 최대화하기 위해서 반드시 필요하다.

전쟁지속능력 유지의 핵심시설 및 자원 확보

북한군은 기습적인 공격을 하기 전후에 다수의 특수작전부대를 전후방에 침투시켜 비정규전을 감행할 것은 명약관화하다. 최근의 언론보도를 보면 북한군 특수작전부대는 남한 지역에 침투하여 작전을 수행할 지역을 미리 할당해 놓고 있고 경량화된 무장으로 침투하여 작전을 하기 위해서 일일 80km 행군하는 훈련을 한다.

이렇게 침투하는 특작부대의 목표는 다양하겠으나 총력전을 수행하기 위해서는 전쟁을 지도하고 전쟁지속능력을 유지하며 확대하는 데 필요한 핵심시설과 자원을 폭파하거나 파괴시키는 것이 주된 목표일 것이다. 따라서 이들 시설들은 반드시 방호되어야 하겠다. 예를 들면 군사작전이나 통합방위작전을 지휘할 시설과 통신시설, 전시동원을 위한 정부기관이나 전쟁을 지속하는 데 필요한 식량과 유류자원, 비철금속 자원 등 전략물자들이 이에 해당될 수 있을 것이다.

또한 무기와 탄약을 만드는 방위산업시설도 전쟁수행을 위해 반드시 지켜져야 할 시설들이다. 이러한 자원과 시설들은 전쟁이 발발하면 적이 노리는 중요한 목표가 될 것이고, 아군이 계속 확보한다면 전쟁지속능력을 유지하고 확대하는 데 있어 반드시 필요한 시설들이다.

단기전 수행을 위한 핵심물자의 비축물량 확대

전쟁이 장기전으로 가면 필요한 물자를 수입해서 사용할 수 있다고 할 수 있겠지만 단기전 아래에서는 그럴 시간적 여유가 충분하지 않을 것이다. 따라서 단기전 상황 아래서 총력전을 하는 데 필요하나 부족한 물자들이 무엇인지 검토를 하고 이를 확보하는 것은 중요한 일이다. 전쟁이 발발하면 산업시설을 전시생산체제로 전환하여 생산라인을 확대하고 인력을 보충하여 물자를 생산하고 보급을 하기에는 품목별 다르기는 하겠으나 작게는 며칠부터 길게는 수개월까지 소요되는 것들도 있을 것이다. 이 중에 전시생산을 위해서 장기간이 소요되는 장비와 탄약, 물자는 사전에 전시소요를 판단하여 충분히 준비해 놓고 있어야 하겠다.

따라서 관계부서에서는 합동으로 전시 필요한 물자들은 소요를 판단해보고 현재의 비축량과 비교해서 부족량을 판단하여 부족하다면 점진적으로 비축물자를 구입하여 적정량을 비축하고 있다가 전쟁이 발발하면 즉시 전환, 사용할 수 있도록 준비를 해 놓고 있어야 할 것이다. 그런 대상에는 고가의 정밀유도무기나 탄약, 전시 생산을 위해 반드시 필요한 비철금속 같은 전략물자들이 될 것이다.

│ 북한의 장기전 역량의 조기 차단

북한은 본질적으로 인적·물적 자원의 부족과 경제력의 취약 등으로 단기전을 추구할 것으로 예상된다. 그러나 북한의 의도와는 달리 전쟁이 장기화된다면 전쟁지속능력은 대단히 취약해질 수밖에 없을 것으로 보이며, 이를 해소하기 위해 중국이나 러시아에게 지원을 요청할 것이다.

전시에도 외교활동은 한미동맹의 공고화와 국제적인 지지를 획득하는 데 중점을 두고 활동을 해야 하겠지만 또한 중국이나 러시아가 북한에 무기나 탄약, 유류 등의 전쟁 수행능력을 강화시켜주는 물자의 지원을 차단하거나 최소화되도록 적극적인 활동이 필요하며, 이를 위해 우방국을 활용하거나 직접 대화하는 방법 등의 대책이 필요하다.

필요하다면 중국이나 러시아의 신문이나 방송에 돈을 들여서라도 북한이 도발한 전쟁의 부당성을 알리는 홍보를 할 수도 있을 것이다. 실제로 영국이나 독일은 1차 세계대전 시 미국의 신문에 해당 국가들이 왜 전쟁을 하는지 자국에게 유리한 내용의 홍보를 하였던 사례가 있다. 중국이나 러시아 당국의 반대 또는 비협조적인 태도가 있을 것으로 예상되기는 하지만, 국민의 삶과 죽음이 달려 있는 전쟁에서 승리를 위해서는 시도해 볼만한 가치가 있다.

3. 장기전에 대비한 총력전 준비

북한은 인적자원이나 경제력 등 전쟁을 지속할 수 있는 능력이 한국에 비하여 절대적으로 불리하고 아울러 북한군의 전략과 전술을 고려해 볼 때 당연히 단기전을 시도할 가능성이 높다. 그러나 이러한 단기전에서 승리에 실패할 시는 장기전으로 갈 가능성도 전혀 배제할 수는 없을 것이다.

실제로 남북전쟁 당시 많은 사람들이나 언론은 이 전쟁이 단기전으로 끝날 것이라고 예상하였지만 4년이 넘게 지속되는 장기전으로 진행되었고, 1차 세계대전 역시 전쟁이 발발할 당시 영국이나 독일, 프랑스 등지에서는 단기전으로 끝날 것이라는 주장이 많았지만, 역시 4년이 넘게 장기전으로 진행되었다.

2차 세계대전에서도 1941년 6월 독일군은 바바로사 작전으로 소련을 공격할 시 그 해 안으로 끝날 것이라고 판단하여 제대로 동계작전 준비를 제대로 하지도 않고 공격하였지만 4년이라는 긴 기간에 걸쳐 진행되었다.

일본도 태평양전쟁을 도발하면서 미국과의 전쟁이 3년 반이라는 기간에 걸쳐 진행될 것이라고 예측하지 않았지만 결과는 장기전으로 갔고 결국 패하였다. 6·25전쟁에서도 북한은 1950년 8월 15일 이내 남한을 석권하고자 하였지만 3년이 넘게 전쟁은 진행되었다. 많은 전쟁사를 보면 전쟁 초기의 기대와는 달리 장기전으로 가면서 예측을 초월하는 현상이 빈발하였다. 이렇게 많은 전쟁에서 대부분 단기전으로 승리를 하고자 했지만 그러나 자신들의 의도와는 달리 장기전으로 지속된 전쟁이 많았다.

북한도 전쟁을 도발한다면 단기전으로 승리하고자 노력을 할 것이겠지만, 그러나 그들의 기대와는 달리 자신들의 의도대로 안 되고 여기에 중국이나 러시아의 지원이 있거나, 재래식 무기나 탄약들을 지속적으로 자체 생산할 능력을 유지할 경우 장기전으로 전환시도를 배제할 수 없다. 북한은 도처의 지하공장에서 실제로 많은 장비나 탄약을 생산하고 있기 때문이다. 그렇다면 전쟁이 장기전으로 간다고 할 때 우리는 무엇을 준비하고, 북한의 장기전 수행을 차단하기 위해서는 무엇을 해야 할 것인가!

국민의 결연한 의지 지속유지

전쟁이 장기화되면서 피해가 급증하고 식량과 연료, 생필품이 부족하면 아무리 전쟁에서 승리하고자 하는 의지가 강해도 알게 모르게 염전사상이 퍼지게 마련이다. 1차 세계대전 시 독일 국민들은 전쟁 초기단계에는 마치 승리를 하는 듯 자신에 차 있었으나 장기화되면서 국민들의 생활이 어려워지고 여기에 전쟁에서 패하는 소식이 자주 들리면서 의지가 점점 결여되다가 마침내 폭동(1차 세계대전 시)으로 인해 내부적 분열로 패했던 것이다.

반면 2차 세계대전 시 영국의 경우도 식량이나 연료, 생필품 등 독일과 마찬가지로 모든 것이 부족하였지만 처칠이라는 지도자의 강력한 리더십과 병행하여 국민들이 수많은 희생을 무릅쓰면서도 결코 좌절하지 않음으로써 마침내 승리할 수 있었다.

우리도 마찬가지로 전쟁이 장기화되더라도 결코 좌절하지 않으면서 이겨내는 정신 자세를 견지해야 한다. 우리는 이미 6·25전쟁 시 3년이 넘는 긴 전쟁을 하면서 난관을 극복하고 이겨냈던 경험이 있다. 지금의 상황은 60여 년 전의 그때보다 정치나 경제력, 사회문화 등 모든 상황이 더 좋아졌다고 본다면 비록 어려운 전쟁이 될지라도 이를 이겨낼 수 있을 것이며 그런 의지가 필요하다.

국민의 결연한 의지를 지속적으로 유지할 수 있도록 하기 위해서 정부가 해야 할 일은 우선 국민들이 전시라도 최소한의 기본적인 생활을 유지할 수 있도록 보장해주는 것으로 그 핵심은 식량과 난방수단, 기초 생필품을 공급해주는 것이다.

다음은 반정부 단체나 5열들의 선전선동 등으로 야기될 시위나 파업활동 또는 테러 등으로부터 안전을 보장하며 아울러 전쟁이 아군에게 유리하게 전개되어 승리가 목전에 있다는, 그래서 국민들에게 자신감을 줄 수 있는 적극적인 홍보가 필요하다.

전략물자 확보를 통한 전쟁지속능력의 확대

전쟁이 장기화되면서 우리가 직면하게 될 수 있는 중요한 문제 중의 하나는 전략물자의 확보가 될 것이다. 특히 식량과 유류, 비철금속들은 국민생활의 안정과 전쟁지속능력을 유지하고 확대하기 위한 중요한 물자들이다.

영국이 1·2차 세계대전 시 독일의 수입을 차단하기 위해서 대서양이나 북해를 봉쇄하고자 했던 주된 이유는 독일의 식량을 포함하는 전략물자의 수입을 차단하여 독일군의 장기적인 전쟁수행능력을 소진시키기 위해서였다.

일본군이 대동아공영권을 주장하면서 주변국을 침공하였을 때 미국은 일본에 석유수출을 금하였고, 이에 일본군이 동남아자원지대를 점령하였을 때에는 미군은 일본군의 자원수송을 방해하였는데 이는 일본군의 장기적인 전쟁수행능력을 약화시키고자 함이었다.

반면에 독일군이 바바로사 작전으로 소련을 공격하였던 이유는 코카서스의 석유와 우크라이나의 옥토지대를 확보하여 식량을 확보함으로써 히틀러의 생활권 철학을 실현할 목적이었지만 또한 장기적인 전쟁수행능력을 확보하고자 하는 의도도 숨어 있었다. 이렇게 전쟁 당사국들은 전쟁수행 간 전략물자를 확보하여 장기적으로 승리를 추구하였다.

전쟁이 장기화되면 국제 곡물업체들은 한국의 어려운 상황을 이용하여 인위적으로 가격을 조작해서 폭리를 취하고자 할 것이다. 유류나 비철금속 같은 물자들도 가격의 조작으로 일반적인 국제가격보다 더 높은 가격으로 도입을 해야 하는 상황도 발생할 수 있다. 이를 대비하여 평시부터 전략물자를 꾸준히 비축하는 것은 물론 전시 등 비상시에 도입선을 어떻게 확보하고 적정가격으로 도입을 할 수 있을 것인지 방안을 강구하고 있어야 할 것이다.

그런 관점에서 이라크와 UAE 등의 산유국들이 한국에 국가적인 비상사태가 발생하면 우선적으로 원유를 공급하기로 약속한 것은 매우 의미 있는 진전이라고 생각된다.

북한의 장기전 수행능력 차단

북한은 중국이나 러시아로부터의 지원이 없으면 오랜 기간 전쟁을 지속할 수 있는 능력이 극히 제한될 것이다. 따라서 북한이 전쟁을 지속하고자 결심할 때는 그들의 우방국인 중국이나 러시아와는 무기든 탄약이든 또는 식량이든 유류든 어떤 것이든 지원을 받고자 할 것이다.

한국 외교활동의 중점은 이러한 지원을 획득하고자 하는 북한의 의도를 차단하여 중국이나 러시아가 최소한 중립을 지키거나 또는 한국의 입장을 묵시적이라도 지지할 수 있도록 만드는 것이다.

유엔이나 우방국 또는 미국을 통하거나 또는 외교 당국이 중국 및 러시아와 직접 접촉하는 방법으로 할 수도 있다. 한국이 주도하는 통일된 한반도가 중국이나 러시아 등 주변국에게 어떻게 이익을 줄 수 있을 것인지 긍정적인 면을 부각시킨다든가 또는 그들에게 어떤 면에서 유리할 것인지 등 한반도 문제에 협조를 구하여 북한에 대한 지원을 중단시키거나 최소화시킴으로써 장기전 수행능력을 차단하도록 해야 할 것이다.

사회질서 유지

전쟁이 장기화되다 보면 사회질서가 느슨해지기 쉽다. 병역을 기피하거나 사회 지도층들이나 부유층들이 해외로 도피하거나 일부 부유층들이 사회적 혼란을 이용하여 물품의 매점매석 행위가 빈발하거나 외화를 몰래 유출하는 등 이루 말할 수 없는 다양한 형태의 부적절한 행위들이 발생하여 대다수 국민들의 전쟁수행 의지와 노력을 약화시킬 수 있을 것이다.

계엄당국이나 치안질서를 유지할 책임이 있는 경찰 등 국가의 질서를 유지할 책임이 있는 기관들에서는 사회질서가 해이되어 전쟁수행 노력을 약화시키지 않도록 책임있는 조치를 하여야 될 것이다.

제5절

기타

지금 군이나 군 관련 예비역의 연구기관, 학계에서는 다양한 형태의 전쟁에 관한 논의가 진행 중에 있다. 종전의 3세대 전쟁을 넘어서 4세대 전쟁, 심지어는 5세대 전쟁을 논의하고 있고, 사이버 공간에서의 전쟁에 관한 이야기는 이미 오래된 이야기가 되고 있다고 해도 과언이 아니다. 과학기술의 발전에 따른 다양한 형태의 전쟁에 관한 논의가 진행되는 것은 바람직한 것이라고 생각한다.

이러한 다양한 논의에도 불구하고 한반도에서는 작은 충돌도 전면적으로 확대될 수 있는 가능성이 상존하고 있고 그렇게 되면 육군과 해군, 공군의 전력은 물론 지금까지 이 책이 언급한 국가의 모든 요소가 투입되는 전쟁양상으로 발전될 수 있기 때문에 이에 대비하도록 준비태세를 늘 갖추고 있어야 함은 피할 수 없는 현실이다. 다시 말하면 총력전을 할 수 있는 준비태세를 유지해야 한다는 것이다. 그런 의미에서 다음의 세 가지에 검토가 필요하다고 생각한다.

첫째, 흔히 사용하고 있는 '국가전쟁지도지침'이라는 용어를 '총력전 준비 및 시행지침'으로 용어를 수정하는 것이다. 현재의 용어는 전시가 되면 국가의 수뇌부가 어떻게 전쟁을 지도할 것인지를 의미하고 있기 때문에 이를 '총력전 준비 및 시행지침'으로 바꾸어서 총력전을 수행하는 모든 요소들이 평시 무엇을 어떻게 준비할 것인지, 전시가되면 어떻게 시행할 것인지를 포함하는 개념으로 바꾼다면 더욱 의미 있는 계획으로 보일 것이다.

둘째, '전쟁지도본부'라는 용어를 '총력전 본부'로 용어를 수정하는 것이다. 전쟁지도본부라는 용어는 국가의 수뇌부들이 모여서 전시 전쟁을 지도하는 의미이다. 따라서 이를 '총력전 본부'로 바꾼다면 국가의 지도부는 물론 총력전을 수행하는 모든 핵심요소들이 전쟁에서 승리를 위해 전쟁 전반을 지도하고 지원하는 의미를 갖기 때문이다.

셋째, 을지연습이나 충무훈련과 같이 전시에 대비하기 위한 '전시대비 연습 또는 훈련'이라는 용어를 '총력전 대비 연습 또는 훈련'으로 용어를 바꾸는 것이다. 전시대비 훈련이라는 용어에는 평시 국가기관이나 국민을 대상으로 하여 연습이나 훈련을 함에 있어서 강력한 의미를 전달하기에는 약해 보이기 때문에 보다 강력한 의미를 전달하는 동시에 국가기관이나 국민들의 참여의식 고취 또는 강화를 위해서 전환하는 것이 바람직하다고 생각한다.

위의 세 가지 용어를 바꾼다면 이는 국가기관이나 국민들에게 커다란 노력을 들이지 않으면서도 전시에 대비하기 위한 계획을 수립하고 훈련을 실시하는 데 있어서 의식의 전환을 통해서 많은 성과를 달성할 수 있을 것이다.

마치는 글

한반도에는 아직도 남북이 분단된 상태에서 휴전선을 따라 중무장한 다수의 병력이 대치하고 있다. 북한은 극심한 경제난에도 불구하고 아직 대남 적화전략을 포기한다는 어떠한 선언을 한 바 없으며, 여전히 방대한 규모의 재래식 군사력과 예비전력을 유지하고 있다.

최근에는 핵실험과 장거리 미사일 발사실험을 감행하고 있으며, 대규모의 특수작전부대도 보유하는 등 비대칭 전력도 강화하고 있다. 여기에 화학·생물학 무기도 다량으로 보유하고 있다. 이런 군사력에 대한 믿음을 바탕으로 틈만 나면 '서울 불바다'로 협박하고 있으며, 최근에는 천안함과 연평도를 기습적으로 공격하는 도발을 하였다. 2011년 초 미국과 중국이 정상회담을 갖자 화급하게 남북한 군사고위급 회담 개최를 주장하고 나왔지만, 그들의 진정성 있는 회담을 기대하기에는 무리이다. 오히려 김정일 사후 대물림한 김정은은 미사일 발사위협으로 한층 더 한반도에서 긴장을 강화시키고 있다.

한반도에서 다시 전쟁이 발발하는 것은 어떤 경우라도 막아야 한다. 그럼에도 불구하고 전쟁이 발발한다면 단기속전속결전, 대량화력전, 정규 및 비정규전 배합과 사이버 공간상에서의 전쟁 등 다양한 형태의 양상으로 진행될 것으로 보인다. 이러한 북한군의 공격양상이 전망됨에 따라 이 전쟁에서 승리하기 위해서 우리는 이용 가능한 모든 군사 및 비군사 요소들을 총동원해서 총력전으로 진행해야 할 것이다.

총력전 양상으로 진행될 것으로 전망되는 전쟁에서 승리를 하기 위해서는 지도자의 강력한 리더십으로부터 전쟁에서 승리를 위한 국민의 확고한 의지와 정부의 외교능력, 국내의 정치적 통합을 위한 소통과 시스템의 확립, 우위에 서는 재정 및 경제능력, 과학 및 기술력의 우위, 사회적 통합 및 문화의 우세, 예비전력의 질과 양적인 우세와 이를 동원 및 운용하는 데 뒷받침이 될 수 있도록 법령이 정비되어야 하며, 현대화된 군사력 등은 승리를 위하여 매우 중요한 요소가 될 것이다.

총력전에서 승리하기 위해서 총력전 제 요소들을 합하여 승리하는 것이 아니라 각각의 요소들의 효과적인 통합으로 승수효과를 달성할 수 있도록 해야 하며 따라서 각 요소들은 어느 한 요소도 중요하지 않은 것이 없다.

총력전을 수행하는 데 있어 지도자에게 요구되는 리더십은 전쟁에서 승리를 할 수 있다는 자신감을 국민에게 불어넣어 주는 동시에 전시 국가체제와 동원체제, 군사지휘체제가 제대로 작동되도록 합리적으로 관리하고 임무를 부여하며 이들이 원만하게 통합되고 운용되도록 지도하는 것이다.

특히 한미연합방위체제를 갖고 있는 한국으로서는 미국과의 원활한 협조체제를 구축하고 양국 대통령의 원만한 협조 아래 한미연합군에게 적절한 임무를 부여하는 것은 물론 앞으로 전시작전권이 전환됨을 고려하여 전시가 되면 실질적인 행동을 보장할 수 있는 적절한 협조체제를 갖추도록 명문화하고 연습을 통해 그 시행능력을 향상하도록 지도와 점검과 더불어 전쟁지도 능력을 함양하여야 할 것이다.

극한의 고통이 수반될 전쟁에서 승리하기 위해서는 국민의 불굴의 의지가 필요한데 이는 지도자의 확고한 리더십에 따라 전쟁 상황에서 식량이나 생필품과 연료 등의 부족, 단전이나 단수, 수많은 전·사상자가 발생하는 등의 어려움을 이겨내면서 동원에 응하여 전투원으로서 임무를 수행하거나 비전투원으로서 정비나 의무 및 수송 등 전투근무 지원활동에 대한 지원이나 장비나 탄약, 물자의 생산을 지원하는 등의 역할을 하는 것이다.

정부는 전시 국민들이 최소한의 생활을 할 수 있도록 보장해야 하며, 그중의 핵심은 국민이 식량과 연료나 필수적인 생필품들이 부족하지 않도록 하는 것이다. 전쟁사에서 나타난 사례에서 보았듯이 특히 식량이나 연료가 모자라는 시기가 길어지면 제아무리 승리에 대한 국민의 의지가 높아도 시간이 가면서 염전사상이 발생하고 끝내는 전쟁이 어서 빨리 끝났으면 하는 생각만이 지배한다는 것을 염두에 두어야 할 것이다.

이를 위해 식량이나 연료는 전략물자 관리 차원에서 반드시 적정량이 확보되어 있어야 하고 전시에 대비한 긴급도입계획도 있어야 할 것이며, 전시에는 모두에게 골고루 배급을 위한 적절한 배급계획과 평시 전시대비 연습기간을 이용하여 배급훈련을 해 보는 것도 필요하다.

정부의 외교능력은 전쟁이 발발하면 북한의 불법적인 침략을 알리면서 한국에 대한 국제사회의 지원을 획득함으로써 전쟁에서 승리를 확보하는 데 기여하고 전후처리에서 한국이 의도하는 대로 지지를 받을 수 있도록 최대한 동맹국을 확보하는 활동에 중점이 주어져야 할 것이다.

외교활동의 핵심은 한미동맹을 강화하고 우방국이 한국의 입장을 지지하며 중국과 러시아는 중립을 지키거나 최소한 북한을 지원하지 않도록 그 역량이 모여야 할 것이다. 1·2차 세계대전 시 영국이나 독일이 미국에서 자국에게 유리한 상황을 전개하기 위한 선전전을 하였던 것처럼 이를 잘 연구해서 승리에 기여하기 위한 전시 홍보활동 계획을 수립해 놓고 있어야 하겠다. 이는 미국과 같은 우방국에만 국한될 문제가 아니라 중국과 러시아를 포함하는 비우호 국가에게도 적용되어야 할 것이다.

정치 분야에서는 정부기관이나 의회, 국민의 노력이 통합되도록 하는 데 기여하여야 한다. 정부는 전쟁수행을 위하여 국민의 노력을 통합하고 전시 국민들의 의식주 생활이 최대한 보장될 수 있도록 행정적인 노력과 활동을 해야 하며, 국회는 정부가 전쟁을 수행하는 데 필요한 법적 뒷받침과 아울러 국민 통합에도 노력을 기울여야 하겠다.

재정 및 경제 분야에서는 전쟁에 필요한 장비와 물자, 탄약 등을 적시에 생산하고 보급할 수 있는 능력은 물론 전시 최소한의 국민생활을 유지하는 데 기여할 수 있는 능력을 보유하여야 한다. 이를 위해서 평시부터 전쟁수행을 위해 반드시 있어야 할 전략물자인 식량과 석유, 비철금속류는 적정량을 확보하여 비축해 놓아야 할 것이다.

과학기술 분야에서는 전쟁에 필요한 전투장비와 탄약 및 물자 등을 자체적으로 생산해낼 수 있는 정도로 발전이 되어 있어야 한다. 특히 전쟁양상이 정보과학화되는 추세임을 고려하여 정밀탐지 및 타격능력을 확보하기 위한 하이테크 장비와 정밀유도무기의 개발과 생산능력은 앞으로 반드시 확보해야 할 과학기술능력이다.

총력전을 수행함에 있어 정부는 국가와 국민과 군의 역량을 한곳으로 결집시키고 분열적 요소를 배제하도록 필요한 통제가 되어야 하며, 국민들은 정부가 지향하는 전쟁에서의 승리에 동참하는 자세가 필요하다. 국민들은 전시라는 특수한 상황에서 국민으로서 누릴 수 있는 권리를 일정부분 유보하고 전승을 위하여 부여되는 의무에 대한 자발적인 수용자세가 절실히 요구됨을 인식해야 할 것이다. 또한 심리적으로는 국민에게는 전승에 대한 승리의식을, 북한 주민에게는 패배의식을 의도적으로 불어넣는 대국민 및 대적 심리전 활동이 필요하다.

예비전력의 질과 양적 우위 및 동원과 운용을 위해서는 북한에 비하여 우위에 있는 인적 및 물적 동원역량을 필요한 시기와 장소에 압도적으로 동원하여 충분하게 군사작전을 지원함으로써 전쟁을 조기에 끝낼 수 있도톡 하는 데 기여하는 방향으로 법령과 제도의 발전이 필요하다.

이를 위해 우선적으로 발전이 요구되는 분야는 예비전력이 전쟁억제력으로서의 역할을 제대로 할 수 있도록 동원 관련 법령의 개선이 필요하며, 그 요체는 부분동원제도의 도입과 동원령 선포요건의 완화이다. 또한 전쟁의 장기화에 대비하여 전쟁지속능력을 유지하고 확대할 수 있도록 예비전력을 조직화하고 동원하기 위한 준비태세를 유지해야 할 것이다.

아울러 국민들에게는 정신동원 자세의 확립, 즉 동원령이 선포되면 국가의 비상사태를 극복하기 위해 동원 대상이 되는 사람들의 자발적인 동원에 대한 응소가 필요하며 국가는 이들에 대한 보상의 현실화를 위한 법령과 제도의 개선이 필요하다.

"평화를 원하거든 전쟁에 대비하라"는 베제티우스의 금언과 같은 동서고금의 명언을 다시 생각하면서 한반도에서 평화를 지키고 유지하기 위해서는 우리가 갖고 있는 잠재능력은 최대한 개발하여 활용할 준비를 하면서 부족한 부분은 보완 및 발전시킴으로써 전쟁이 발발하는 것을 억제해야 할 것이다.

그러나 만약 억제에 실패해서 전쟁이 이 땅에서 다시 발발한다면 1·2차 세계대전, 6·25전쟁, 중동전에서의 총력전 교훈을 바탕으로 총력전 제 요소들을 효과적으로 통합하여 대응함으로써 승리를 할 수 있도록 해야 하며 평시부터 이를 위한 기반을 확립해 놓아야 할 것이다.

EPILOGUE

이 책은 필자가 군 생활을 하면서 늘 생각하고 고민하였던 것을 오랫동안 구상하고 있다가 작성한 것이다. 필자는 군 생활을 하면서 예비전력 분야의 근무경험을 통해 우리나라에서 전쟁이 발발한다면 남북이 분단된 상황에서 국가총력전을 해야 할 것이고, 총력전을 수행하기 위해서는 그 핵심요소 중의 하나인 예비전력에 대해 평시부터 동원준비태세를 확립하는 것이 매우 중요한 일이라고 생각하고 있었다.

육군대학의 교관과 육군본부 실무자, 야전부대의 지휘관 및 참모, 합동참모본부의 실무과장으로서 근무하면서 그보다 더 상위의 업무라고 할 수 있는 국가비상대비업무에 관하여 보다 심층 깊은 연구를 할 기회가 생겼고, 이를 바탕으로 우리나라의 전시대비계획인 충무계획에 대한 이해를 넓힐 수 있었다.

그러던 어느 날 다시 국가총력전이란 무엇인지, 그 개념은 무엇이며 전쟁사에서 어떻게 나타나고 진행되었는지, 그리고 한반도에서 전쟁이 발발한다면 총력전 양상으로 진행될 것으로 예상되는데, 그렇다면 우리는 무엇을 어떻게 준비해야 하는지 궁금증이 생겼고 이에 연구를 시작하였다.

연구를 하면서 우리나라의 총력전에 대한 보다 더 넓고 깊은 연구를 하고 싶은 욕망을 느끼면서 주요 전쟁사에서 어떻게 총력전 양상이 나타났는지를 알아보기 위하여 정리된 논문이나 책이 있는지를 살펴보았으나 유감스럽게도 거의 없었다. 고작해야 1935년 독일의 루덴도르프 장군이 저술한 총력전에 관한 번역서와 일본의 다카하시 하지메가 작성한 책을 1975년 번역한 현대총력전 책, 그리고 일브의 연구논문이 있기는 하였으나 본인이 생각하고 있었던 것과는 너무 차이가 있음을 발견하고 실망하였다.

손자의 말대로 전쟁은 국가의 중대한 일로서 국민의 삶과 죽음이 여기에 달려 있는 일이므로 이를 살펴보지 않으면 안 된다. 국가는 평시 국민의 보다 낳은 삶과 복지증진을 위하여 정책을 개발하고 시행해야 하겠지만, 그러나 천안함 폭침사건이나 연평도 포격사건에서 보듯이 언제 어떻게 발생할지도 모를 국가적 비상사태에 대비하여 항시 준비하고 대비할 수 있는 준비태세를 또한 확립하고 있어야 할 것이다.

독자들께서도 모두 인정할 것으로 믿지만 우리는 휴전선을 따라 남북이 중무장하여 대치하고 있고 전 세계에서 병력과 화력의 밀도가 가장 높은 한반도의 안보여건에서 우선적으로는 전쟁이 발생하지 않도록 억제하는 것이 제일 중요한 일이다. 그러나 만약 억제에 실패하여 어떠한 경우로든 전쟁이 발발한다면 6 · 25전쟁에서도 총력전을 했었던 것처럼 다시금 국가의 총력을 기울여 전쟁을 해야 할 수밖에 없는 상황이 될 것임에 틀림없다. 이것이 직접적으로 연구를 하게 된 동기였고, 필력의 부족함을 알면서도 이 책을 발행하게 된 배경이기도 하다.

총력전은 국가의 모든 요소가 동원되는 전쟁이고 각각의 요소 중 어느 것 하나 중요하지 않은 것이 없다. 지도자의 강력한 그러나 합리적인 리더십, 전쟁이라는 극도로 어려운 환경에서 이를 극복하기 위한 국민의 불굴의 의지, 정치와 경제력, 외교 및 경제력, 과학 기술력과 사회문화적인 힘, 상비군사력과 예비전력 등 어느 하나 중요하지 않은 것이 없는 것이다.

총력전에서 승리하기 위해서는 이와 같은 각각의 요소의 합으로 승리하는 것보다는 곱으로써 승수효과를 달성할 수 있도록 해야 할 것이며, 이를 위해 모든 요소는 평시부터 전시에 발생될 수 있는 상황에 대비하는 적절한 계획과 준비가 있어야 하고, 이를 바탕으로 정부로부터 국민에 이르기까지 필요한 정신적 준비로부터 실제 상황에 대비하여 훈련이 되어 있어야 할 것이다.

앞의 전쟁사에서 살펴보았듯이 총력전을 수행함에 있어서 지도자의 리더십이 다른 어느 요소보다 상대적으로 중요함을 절실히 느꼈다. 전쟁이란 최악의 상황에서 극한을 극복하면서 진행되는 것이고, 이런 상황을 극복하면서 국민들이 승리를 위하여 최선의 노력을 기울이도록 지도자는 자신감을 불어넣어 주어야 하며, 아군이 의도하는 대로 군사작전이 진행되도록 지도를 해야 하는데, 지도자의 합리적인 역할이 그 무엇보다도 중요함을 전쟁사는 증명한다. 또한 최악의 상황에서도 승리를 위하여 단결하고 싸워 이기려는 국민적인 의지가 있을 때 승리가 가능함을 역사는 보여주고 있다.

그 외의 정치나 외교력, 경제력, 과학기술력과 사회문화적인 힘 등 모든 요소들도 각각의 영역에서 고유한 역할이 있고, 그 요소들이 본래의 역할을 하면서 다른 요소들과 통합이 되도록 지도자가 전쟁지도를 할 때 이러한 노력의 통합으로 전쟁에서 승리할 수 있음을 확신한다.

사실 필자가 총력전을 평가함에 있어 수많은 국가가 장기간에 걸쳐 국가의 생사를 놓고 총력을 기울여 치른 전쟁을 몇 가지 요소를 기준으로 평가를 한다는 것이 대단히 어려운 일임과 동시에 어쩌면 말도 안 되는 소리인지도 모르겠다. 이미 앞에서 보았다시피 여기 언급되는 주요 전쟁과 관련 된 국가는 많다. 그 긴 기간 동안 상당히 많은 국가가 관여하여 생사를 걸고 총력적으로 하였던 전쟁을 불과 700여 쪽으로 기술한다는 것이 얼마나 무모하고 어리석은 일인지 뻔히 알면서도 이런 무모함을 무릅쓰고 시도하여 보았다.

이를 시작으로 앞으로 보다 심층 깊은 연구를 통해 구체적으로 각 국가가 총력전을 준비 또는 실시한 결과를 찾아내고자 한다. 먼저 6 · 25전쟁 당시의 남북한이 어떻게 총력전을 하였는지 그 과정과 결과를 심층 깊게 연구하여 그 산물을 내도록 할 것이다.

총력전에 관심이 있는 군인은 물론 정부기관이나 국가안보 분야에서 근무하거나 연구를 하는 분들은 이 책을 한 번 읽어보기를 권하고 싶다. 총력전이란 군인은 물론이고 국민들 모두가 어떠한 형태로든 전쟁에 참여하여 하는 전쟁이다. 행정 각부의 모든 부서도 전쟁이 발발한다면 여기서 승리를 하기 위해 해야 할 일이 한두 가지가 아니다. 수많은 일을 해야 한다. 그런 관점에서 총력전에 관한 관심을 촉구하면서 읽어보기를 권하는 것이다.

이책을 집필하면서 전쟁사에 대한 폭넓고 깊은 연구가 더 많이 필요함을 절실히 느꼈다. 그러나 이 글이 전쟁을 억제하고 만약 억제에 실패할 경우에 대비하여 앞으로 우리의 안보여건과 제반 현실을 반영하여 어떻게 총력전을 준비하고 실시할 것인지에 관하여 보다 더 심층 깊은 연구를 하고 준비태세를 확립하는 데 기여할 수 있는 밑거름이 되고 도움이 되는 글이 된다면 더할 나위 없이 좋겠다는 생각을 한다. 독자들의 기탄없는 충고를 기다리면서 건승을 기원한다.

2012년 9월
군사학 박사 박계호

참고문헌

국내문헌

(구)국무총리 비상기획위원회. 『2차 세계대전 시의 동원』. 서울: 전광인쇄정보, 2004.

_____. 『남북한 평화공존 시에 대비한 국가동원능력 강화방안』. 서울: 전광인쇄정보, 2001.

_____. 『미 육군의 군사동원 역사』. 서울: 전광인쇄정보, 2004.

_____. 『세계동원의 역사』. 서울: 전광인쇄정보, 2004.

F. 프라이델 · A. 브린클리, 박무성 옮김. 『미국 현대사: 1900~1981』. 서울: 대학문화사, 1985.

가토 요코, 박영준 옮김. 『근대일본의 전쟁 논리』. 파주: 태학사, 2003.

강성호. 『중유럽 민족문제: 오스트리아-헝가리제국을 중심으로』. 서울: 동북아역사재단, 2009.

강준만. 『미국사 산책 3: 남북전쟁과 제국의 탄생』. 서울: 인물과 사상사, 2010.

_____. 『미국사 산책 6: 대공황과 뉴딜정책』. 서울: 인물과 사상사, 2010.

국가비상기획위원회. "국가위기 및 비상사태 관리체제 발전방향에 관한 연구". 서울: 국가비상기획위원회, 2006.

국방대학교. 『현대국가의 군산관계』. 서울: 국방대학교, 1984.

국방부 군사연구소. 『유엔군지원사』. 서울: 군인공제회 제1문화사업소, 1998.

_____. 『한국전쟁(중)』. 서울: 서울인쇄공업협동조합, 1996.

_____. 『한국전쟁지원사』. 서울: 삼보인쇄공사, 1997.

국방부 군사편찬연구소. 『전사 제3호』. 서울: 신오성기획인쇄사, 2001.

_____. 『한국전쟁사의 새로운 연구(1)』. 서울: 정문사문화 주식회사, 2001.

_____. 『한국전쟁사의 새로운 연구(2)』. 서울: 정문사문화 주식회사, 2001.

_____. 『한미군사관계사: 1871~2002』. 서울: 신오성기획인쇄사, 2003.

국방부 전사편찬위원회. 『국방사(1)』. 서울: 삼화인쇄주식회사, 1984.

_____. 『국방사(2)』. 서울: 서라벌인쇄주식회사, 1987.

국방부. 『국방백서 2010』. 서울: 국방부, 2010.

권석근. 『일본제국군』. 서울: 도서출판 코람데오, 2007.

권양주. 『정치와 전쟁』. 서울: 21세기군사연구소, 1995.

김도균. 『세계사를 뒤흔든 전쟁의 재발견』. 서울: 도서출판 수수밭, 2009.

김성진. 『박정희를 말하다』. 서울: 도서출판 삶과꿈, 2006.

김승철 · 이용재. 『함께 쓰는 역사』. 서울: 동북아재단, 2008.

김용구. 『세계외교사』. 서울: 서울대학교 출판부, 2006.

김용기. 『이스라엘의 정치와 사회』. 서울: 글터, 1996.

김주식. "해군의 창설과 발전,"『군사』제68호. 서울: 신오성기획인쇄사, 2008.

김철환.『전쟁 그리고 무기의 발달』. 서울: 양서각, 1997.

김춘택 외.『전쟁, 그리고 무기의 발달』. 서울: 양서각, 1997.

김학준.『한국전쟁』. 서울: 박영사, 2003.

김행복.『한국전쟁의 전쟁지도: 한국군 및 UN군 편』. 서울: 신오성기획인쇄사, 1999.

김홍철.『전쟁과 평화의 연구』. 서울: 박영사, 1987.

김희상.『중동전』. 서울: 일신사, 1995.

나카무라 미츠오, 이경훈 외 옮김,『태평양전쟁의 사상』. 서울: 이개진, 2007.

남정옥. "6 · 25전쟁과 이승만 대통령의 전쟁지도".『군사』제63호. 서울: 신오성기획인쇄사, 2007.

_____. "국민방위군, 한국전쟁사의 새로운 연구". 서울: 정문사문화주식회사, 2001.

_____.『6 · 25전쟁 시 예비전력과 국민방위군』. 파주: 한국학술정보(주), 2010.

_____.『6 · 25전쟁: 이것만은 알아야 한다』. 서울: 삼우사, 2010.

남정옥 · 양영조.『6 · 25 전쟁사』. 파주: 한국학술정보(주), 2010.

_____.『6 · 25전쟁사(제3권)』. 서울: 신오성기획인쇄사, 2005.

노나카 이쿠지로, 박철현 옮김.『왜 일본 제국은 실패하였는가?』. 서울: 주영사, 2009.

노나카 이쿠지로, 임해성 옮김.『전략의 본질』. 서울: 미래프린팅, 2008.

다카하시 하지메.『현대총력전론』. 서울: 공화출판사(국방대 안보문제연구소), 1975.

더글러스 포치. "무력과 연합국: 1914년과 1940년 프랑스 대전략".『강대국의 대전략』. 폴 케네디. 서울: 한국경제신문사, 1994.

데니스 쇼월터. "세계대전에서의 처칠과 연합국".『강대국의 대전략』. 폴 케네디. 서울: 한국경제신문사, 1994.

데이비드 웰시.『독일 제3제국의 선전정책』. 서울: 도서출판 혜안, 2001.

데이비드 M. 글렌츠 외, 권도승 외 옮김.『독소전쟁사』. 서울: 주식회사 열린책들, 2008.

도널드 스노우, 권영근 옮김.『미국은 왜 전쟁을 하는가?』. 서울: 연경문화사, 2003.

도널드 케이건, 김지원 옮김.『전쟁과 인간』. 서울: 세종연구원, 1998.

도베료이치 외, 이현수 외 옮김.『근대 일본의 군대』. 서울: 경희정보인쇄, 2003.

랄프 쉰만, 이공조 옮김.『잔인한 이스라엘』. 서울: 미세기, 2003.

러셀 밀러, 한국일보 타임-라이프 옮김.『제2차 세계대전(World War II): 레지스탕스』. 서울: 한국종합물산, 1985.

레오나드 모즐리, 한국일보 타임-라이프 옮김.『제2차 세계대전(World War II): 영국 본토 공방전』. 서울: 한국종합물산, 1984.

로날드 H. 베일리, 한국일보 타임-라이프 옮김.『제2차 세계대전(World War II): 미국의 전시생활』, 서울: 한국종합물산, 1985.

로버트 에드윈 허쯔시타인. 한국일보 타임-라이프 옮김. 『나치스 제3제국(World War II)』. 서울: 한국종합물산, 1992.

로이타 통신, 최정숙 옮김. 『우리는 평화를 원하지 않는다』. 서울: 미래의 창, 2002.

루덴도르프, 최석 옮김. 『국가총력전』. 서울: 공화출판사(재향군인회), 1972.

루퍼트 스미스, 황보영조 옮김. 『전쟁의 패러다임』. 서울: 까치글방, 2008.

류태영. 『이스라엘, 그 시련과 도전』. 서울: (주)삼성출판사, 1991.

리처드 오버리, 류한수 옮김. 『스탈린과 히틀러의 전쟁』. 서울: 도서출판 지식과 풍경, 2003.

리처드 오버리, 조행복 옮김. 『독재자들』. 서울: 교양인, 2008.

마틴 반 크레펠트, 우보형 옮김. 『보급전의 역사』. 서울: 플래닛미디어, 2010.

마틴 반 클레벨트, 이동욱 옮김. 『과학기술과 전쟁』. 서울 : 도서출판 황금알, 2006.

마틴 블루멘스, 한국일보 타임-라이프 옮김. 『파리해방』. 서울: 한국종합물산, 1992.

마틴 폴리, 박일승 외 옮김. 『제1차 세계대전』. 서울: 생각의나무, 2008.

_____.『제2차 세계대전』. 서울: 생각의나무, 2008.

매스 휴스. 『지도로 보는 세계전쟁사: 제1차 세계대전』. 서울: 생각의나무, 2008.

맥스 부트, 송대범 외 옮김. 『전쟁이 만든 신세계』. 서울: 플래닛미디어, 2009.

모리마츠 토시오. 『총력전 연구』. 동경: 백제사, 1983.

미국사연구회. 『미국역사의 기본사료』. 서울: 대림문화사, 1992.

박계호. "전쟁억제력으로서의 예비전력 역할 발전방안". 『군사평론』제405호, 대전: 국군인쇄창, 2010.

_____. "정신동원의 중요성에 관한 연구". 『군사평론』제355호, 대전: 국군인쇄창, 2001.

박재영. 『국제정치의 패러다임』. 서울: 법문사, 2009.

박재용. "육군의 창설과 발전", 『군사』 제68호, 서울: 신오성기획인쇄사, 2008.

박정기. 『남북전쟁(상)』. 서울: 도서출판 삶과꿈, 2002.

_____. 『남북전쟁(하)』. 서울: 도서출판 삶과꿈, 2002.

박지현. 『누구를 위한 협력인가: 비시 프랑스와 민족혁명』. 서울: 책세상, 2004.

박진구. 『세계의 현대병기』. 서울: 한국일보 출판국, 1984.

박헌옥. "6·25전쟁에서 김일성의 역할과 북한군의 전쟁수행". 서울: 신오성기획인쇄사, 2007.

베빈 알렉산더, 김형배 옮김. 『위대한 장군들은 어떻게 승리했는가?』. 서울: 홍문당, 1995.

베빈 알렉산더, 함규진 옮김. 『히틀러는 왜 세계정복에 실패했는가』. 서울: 홍익출판사, 2001.

볼프 슈나이더, 박종대 옮김. 『위대한 패배자』. 서울: (주)을유문화사, 2008.

브루스 버코위츠, 문장렬 옮김. 『새로운 전쟁양상』. 서울: 경성문화사, 2008.

빅토르 수보로프, 국방부 옮김. 『소련군(Inside The Soviet Army)』. 서울: 국군홍보관리소, 1986.

쁠라타노프. 『소연방에 대한 독일 파시스트 침공 저지기간 중 소련작전(1941. 6. 22~1942. 11. 18)』제1권. 소연방 군사출판사, 1958.

세종연구소. "이스라엘 국가안보 정책". 『정세와 정책』. 2011년 6월호(통권 182호).

소정현. 『격동의 이스라엘 50년』. 전주: 신아출판사, 2000.

손자, 김광수 옮김. 『손자병법』. 서울: 책세상, 2006.

송재홍. 『이스라엘 정신과 교훈』. 서울: 공화출판사, 1972.

스티븐 F. 헤이워드, 김장권 옮김. 『지금 왜 처칠인가?』. 서울: 중앙M&B, 1998.

스펜서 비슬리, 이동진 옮김. 『역사를 바꾼 지도자들』. 서울: 해누리기획, 2006.

시드니 렌즈, 서동만 옮김. 『군산복합체론』. 서울: 도서출판 지양사, 1985.

시바초프·야쯔코프, 과학과사상사 편집부 옮김. 『현대 디국의 역사』. 서울: 과학과사상, 1993.

신미 마사이치, 국방대학교 역. 『제2차 세계대전 전쟁지도사』. 서울: 국방대, 1987.

신태영. 『아메리카 전쟁』. 서울: 도남서필, 1987.

쓰루미 스케, 강정중 옮김. 『일본제국주의 정신사』. 서울: 도서출판 한벗, 1982.

아께찌 쯔또무, 김기홍 옮김. 『세계병기발달사』. 서울: 도서출판 과학도서, 1983.

아도르 지크, 한국일보 타임-라이프 옮김. 『제2차 세계대전(World War II): 회오리치는 일장기』. 서울: 한국종합물산, 1985.

아서 브라이언트, 황규만 옮김. 『전쟁일기(War Diary)』. 서울: 플래닛미디어, 2010.

알란 세퍼드, 김홍래 옮김. 『프랑스 1940』. 서울: 플래닛미디어, 2006.

애터니 비버, 김원중 옮김. 『스페인 내전』. 서울: 교양인, 2009.

앤드류 로버츠, 이은정 옮김. 『히틀러와 처칠, 리더십의 비밀』. 서울: Human & Books, 2004.

앨런 브랭클린, 황해성 외 옮김. 『있는 그대로의 미국사(2)』. 서울: 청아문화사, 2005.

_____. 『있는 그대로의 미국사(3)』. 서울: 청아문화사, 2005.

양영조. 『한국전쟁과 동북아 국가정책』. 서울: 선경그라픽스, 2007.

어니시트 볼크먼, 석기용 옮김. 『전쟁과 과학, 그 야합의 역사』. 서울: 이마고, 2003.

에이드리언 길버트, 김석회 옮김. 『프랭클린 D. 루스벨트』. 서울: 작가정신, 2005.

에이미 추아, 이순희 옮김. 『제국의 미래』. 서울: 영신사, 2009.

엘리엇 코언, 이진우 옮김. 『최고사령부』. 서울: 가산출판사, 2002.

엘리엇 코언. "제2차 세계대전에서의 처칠과 연합국". 『강대국의 대전략』. 폴 케네디. 서울: 한국경제신문사, 1994.

엘빈 토플러, 이규행 옮김. 『전쟁과 반전쟁』. 서울: 한국경제신문사, 1994.

역사학회. 『전쟁과 동북아의 국제질서』. 서울: 일조각, 2007.

온창일. 『전략론』. 파주: 집문당, 2004.

_____. 『전쟁론』. 파주: 집문당, 2007.

원태재. 『영국 육군개혁사』. 서울: 도서출판 한원, 1994.

윌리엄 맥닐, 신미원 옮김. 『전쟁의 세계사』. 서울: 도서출판 이산, 2005.

윌리엄 머레이, 허남성 옮김. 『제1 · 2차 세계대전 사이의 군사혁신(上)』. 서울: 국방대학교, 2001.

_____. 『제1 · 2차 세계대전 사이의 군사혁신(下)』. 서울: 국방대학교, 2002.

육군교육사령부. 『전쟁지도 이론과 실제』. 서울: 육군인쇄창, 1991.

_____. 『전쟁지도와 군사작전』. 서울: 육군인쇄창, 1998.

육군대학. 『군사평론 355호』. 대전: 육군인쇄창, 2002.

_____. 『세계전쟁사(상)』. 대전: 육군인쇄창, 2004.

육군본부. 『20세기 전쟁양상』. 대전: 육군인쇄창, 2002.

_____. 『군사용어사전(야전교범 3-0-1)』. 대전: 육군인쇄창, 2006.

_____. 『독일 육군사(팸플릿 70-26-6)』. 서울: 육군인쇄창, 1978.

_____. 『동원업무(야전교범 8-0)』. 대전: 육군인쇄창, 2002.

_____. 『소련군사(팸플릿 70-26-3)』. 서울: 육군인쇄창, 1975.

_____. 『영국 육군사(팸플릿 70-26-8)』. 서울: 육군인쇄창, 1982.

_____. 『예비군업무(야전교범 33-2)』. 서울: 육군인쇄창, 1986.

_____. 『이스라엘 동원제도』. 대전: 육군인쇄창, 2002.

_____. 『일본 육군사』. 대전: 육군인쇄창, 1994.

_____. 『장교의 도』. 서울: 행림기획, 1997.

_____. 『프랑스 육군사(팸플릿 70-26-7)』. 서울: 육군인쇄창, 1979.

육군사관학교. 『군사법개론』. 서울: 일신사, 1996.

윤형호. 『전략론』. 도서출판: 한원, 1994.

_____. 『전쟁론』. 서울: 도서출판 한원, 1994.

이기봉. 『증언: 전 북한인민군 부총참모장 이상조』. 서울: 도서출판 원일정보, 1989.

이내주. "제2차 세계대전과 처칠의 리더십". 『군사』 제50호, 서울: 신오성기획인쇄사, 2003.

이동훈. 『위기관리의 사회학』. 서울: 집문당, 1999.

이명환. "공군의 창설과 발전". 『군사』 제68호. 서울: 신오성기획인쇄사, 2008.

이보수. "한국과 이스라엘 국방 연구개발 정책비교 연구". 서울: 국방대학원, 1997.

이완범. "6 · 25전쟁에 대한 중국의 개입과 중국에 미친 영향". 『군사』 제63호, 서울: 신오성기획
인쇄사, 2007.

이일수 외 옮김. 『강대국의 흥망』. 서울: 한국경제신문사, 2004.

이일호. 『강소국 이스라엘과 땅의 전쟁』. 서울: 삼성경제연구소, 2007.

이주천. "남부연합군 패인론: 로버트 리의 지휘력과 군사전략을 중심으로". 한국미국사학회,
2003.

_____. "남북전쟁과 그랜트의 군사지도력: 빅스버그 회전을 중심으로". 한국서양사학회, 2010.

이춘근. 『현실주의 국제정치학』. 파주: (주)나남출판, 2007.

이한우. 『거대한 이승만 90년』. 서울: 조광출판인쇄주식회사, 1996.

임용순. 『역사를 바꾼 통치자들』. 서울: 미래사, 1995.

장 폴 사르트르, 오정환 옮김. 『아랍과 이스라엘』. 서울: (주)시공사, 1991.

장형익. "근대 일본의 총력전 구상과 제국국방방침". 『군사』 제70호. 서울: 신오성기획인쇄사, 2009.

정미선. 『전쟁으로 읽는 세계사』. 서울: 은행나무, 2010.

정보사령부. 『2010 세계의 군사력』. 서울: 정보사령부, 2010.

정하명 외. 『세계전쟁사(육군사관학교)』. 서울: 도서출판 황금알, 2004.

정해본. 『독일근대사회경제사』. 서울: 지식산업사, 1991.

제러미 보엔, 김혜성 옮김. 『6일 전쟁』. 서울: 플래닛미디어, 2010.

제럴드 사이먼스. 한국일보 타임-라이프 옮김. 『제2차 세계대전(World War II): 일본인의 전시 생활』. 서울: 한국종합물산, 1987.

제이슨 리치, 전대호 옮김. 『파괴를 위한 과학무기』. 서울: 대원인쇄, 2002.

제임스 조지, 허홍범 옮김. 『군함의 역사』. 서울: 신오성기획인쇄사, 2004.

제임스 터랜토, 최광열 옮김. 『미국의 대통령』. 서울: 도서출판 바움, 2008.

제임스 E. 도거티 외, 이수형 옮김. 『미국외교정책사』. 서울: 도서출판 한울, 1997.

제프리 메카기, 김홍래 옮김. 『히틀러의 최고사령부 1933~1945년』. 서울: 플래닛미디어, 2009.

제프리 호스킹, 김영석 옮김. 『소련사』. 서울: 문창인쇄공사, 1990.

조성훈. 『한미군사관계의 형성과 발전』. 서울: 정문사문화주식회사, 2008.

조세프 C. 굴덴, 김병조 옮김. 『한국전쟁의 비화』. 서울: 청문각, 2002.

조영주. 『히틀러의 외교정책: 그 성공과 실패』. 서울: 대경문화사, 2008.

조지프 나이, 양준희 옮김. 『국제분쟁의 이해』. 서울: 도서출판 한울, 2008.

존 윌리암즈, 이용호 옮김. 『프랑스: 던케르크의 패주』. 서울: 백조출판사, 1972.

존 콘웰, 김형근 옮김. 『히틀러의 과학자들』. 서울: (주)웅진 싱크빅, 2008.

존 키건, 류한수 옮김. 『2차 세계대전사』. 서울: (주)청어람미디어, 2009.

존 키건, 유병진 옮김 『세계전쟁사』. 서울: 도서출판 까치, 1996.

존 키건, 조행복 옮김. 『1차 세계대전사』. 서울: 한영문화사, 2009.

존 G. 스토신, 임윤갑 옮김. 『전쟁의 탄생』. 서울: 플래닛미디어, 2009.

존 미어셰이머, 이춘근 옮김. 『강대국 국제정치의 비극』. 서울: (주)나남출판, 2004.

차상철 외. 『미국외교사』. 서울: 비봉출판사, 2009.

찰스 케글리, 오영달 외 옮김. 『세계정치론』. 서울: 아산문화사, 2010.

찰스 파이팅, 한국일보 타임-라이프 옮김.『독일의 전시생활(World War II)』. 서울: 한국 종합
　　물산, 1992.

최용성.『젊은이를 위한 세계전쟁사』. 서울: 양서각, 1992.

칼 폰 클라우제비츠, 김만수 옮김.『전쟁론(제1권)』. 서울: 도서출판 갈무리, 2007.

칼 하인츠 프리, 진중근 옮김.『전격전의 전설』. 서울: (주)일조각, 2008.

클로드 다비드, 홍순호 옮김.『제3제국의 전체주의』. 서울: 학문과 사상사, 1981.

테일러, 유영수 옮김.『제2차 세계대전의 기원』. 서울: 지식의 풍경, 2003.

토마스 햄스, 최종철 옮김.『21세기 제4세대 전쟁』. 서울: 경성문화사, 2008.

통계청.『북한의 주요통계지표』. 대전: 통계청, 2009.

트레버 뒤피.『무기체계와 전쟁』. 서울: 병학사, 1998.

폴 존슨, 원은주 옮김.『윈스턴 처칠의 뜨거운 승리』. 인천: 주영사, 2010.

폴 케네디, 김주식 옮김.『영국 해군 지배력의 역사』. 서울: 신오성기획인쇄사, 2010.

폴 콜리어, 강민수 옮김.『제2차 세계대전』. 서울: 플래닛미디어, 2008.

폴 헤이즈, 강철구 옮김. 압박받는 제국들: 러시아와 오스트리아-헝가리 이중왕국, 유럽 현대사
　　의 제문제. 서울: 도서출판 명경, 1995.

피터 심킨스 외, 강민수 옮김.『모든 전쟁을 끝내기 위한 전쟁』. 서울: 플래닛미디어, 2008.

하세가와 게이타로, 양창식 옮김.『군사를 알게 되면 세계가 보인다』. 서울: 도서출판 알파, 2004.

하재평. "한국전쟁 시의 국가총력전".『전사』제3호, 서울: 신오성기획인쇄사, 2001.

한국미국사학회.『사료로 읽는 미국사』. 서울: 궁리출판, 2006.

한국일보 타임-라이프 옮김.『제2차 세계대전(World War II): 빨치산과 전시생활』. 서울: 한국
　　종합물산, 1985.

한상일.『일본의 국가주의』. 서울: 도서출판 까치, 1988.

합동참모본부.『한국전사』. 서울: (주)교학사, 1984.

합동참모본부.『합동기본교리』. 서울: 국군인쇄창, 2009.

해군본부.『전쟁백과사전(The Encyclopedia of Warfare, 미국 일반도서 07-5)』. 대전: 해군인쇄
　　창, 2007.

후지와라 아키라, 엄수현 옮김.『일본군사사』. 서울: 시사일본어사, 1994.

국외문헌

Aron, Raymond. *Peace and War*. A Theory of International Relation, translated from the French by Richard Howard and Anette Baker. New York: F. A. Prager, 1967.

_____. *The Century of Total War*. Boston: The Beacon Press, 1960.

Backman, Jules. *War and Defence Economics*. New York: New York University Press, 1952.

Beaufre, Andre. *1940: The Fall of France*. New York, 1968.

Black, Jeremy. *The Age of Total War 1860~1945*. London: Prager Security International, 2006.

_____. *Why Wars Happen*. New York: New York University Press, 1998.

Bliss, Michael. "War Business as Usual". *Canadian Munition Production, 1914~1918*. Ontario: Wilfried Laurier University Press, 1981.

Burg, David F. and Purcell, *Edward. Almanac of World War I*. The University Press of Kentucky, 1998.

Burk, Kathleen. *The Mobilization of Anglo-American Finance during World War 1*. Ontario: Wilfried Laurier University Press, 1981.

Calvocoressi. Peter, and Guy Wint. *Total War: Cause and Courses of the Second World War*. New York: Penguin Books, 1979.

Chickering, Roger. "World War I and the Theory of Total War: Reflection on the British and German Cases 1914~1918". *Great War, Total War*. Cambridge University Press, 2000.

Christensen, Thomas J. and Snyder, Jack. "Chain gangs and passed bucks: predicting alliance patterns in multipolarity". *International Organization*, Vol. 44, No. 2. MIT Press Spring, 1990.

Desit, Wilhelm. "Strategy and Unlimited Warfare in Germany: Moltke, Falkenhayn and Ludendorff". *Great War, Total War*. Cambridge University Press, 2000.

Dreisziger, N. F. *Mobilization For Total War: The Canadian, American and British Experience 1914~1918, 1939~1945*. Ontario: Wilfred Laurier University Press, 1980.

Eiler, Keith E. *Mobilizing America: War Report 1940~1945*. Cornell University Press, 1997.

Ellis, John & Cox, Michael. *The World War Databook*. London: Aurum Press, 2001.

Farrar. Jr, L. L. "The Strategy of the Central Powers, 1914~1917". *The Oxford Illustrated History of The First World War*. New York: Oxford University Press, 1998.

Ferguson, Niall. *How(Not) to Pay for the War*. Cambridge University Press, 2000.

Fuller, J. F. C. *Grant and Lee: A Study in Personality and Generalship*. Bloomington: Indiana University Press, 1982.

Glaser, Elisabeth. "Better Late than Never". *Great War, Total War*. Cambridge University Press, 2000.

Goralski, Robert. *World War II Almanac: 1931 ~1945*. Bonanza Books, 1981.

Griess, Thomas E. *Campaign Atlas to the Second World War*. New Jersey: Avery Publishing Group INC, 1982.

Grieves, Keith. "Lloyd George and the Management of the British War Economy". *Great War, Total War*. Cambridge University Press, 2000.

Hardash, Gerd. *The First World War 1914-1918*. Los Angeles: University of California Press, 1981.

Hartcup, Guy. *The Effect of Science on the Second World War*. GB: Palgrave MacMillian, 2003.

Haruko Taya Cook & Cook, Theodore F. *Japan At War*. New York: The New Press, 1992.

Healy, Maureen. "Vienna and the Fall of the Hapsburg Empire". *Total War and Everyday Life in World War I*. UK: Cambridge University Press, 2006.

Henig, Ruth. *The Origins of the First World War*. UK: Clays Ltd, 1994.

Higham, Robin. *Researching World War I*. Connecticut: Green Wood Press, 2003.

John F. V. Keiger, "Poincare, Clemenceau, and the Quest for Total Victory". *Great War, Total War*. Cambridge University Press, 2000.

Jones, Archer. *Civil War Command and Strategy*. New York: The Free Press, 1992.

Jung, Peter. *The Astro-Hungarian Forces in World War I(1)*. UK: Osprey Publishing, 2003.

Keegan, John. *Atlas of World War II*. Hong Kong: Printing Press, 2006.

_____. *The Second World War*. New York: Penguin Books, 1990.

Kennedy, Paul. *The Rise And Fall Of The Great Power, Economic Change And Military Conflict From 1500 To 2000*. New York: Random House. Inc. 1987.

Kennedy, Paul. *The Rise And Fall Of The Great Power*. New York: Random House. Inc. 1987.

Levy, Jack S. "The Role of Crisis Management in The Outbreak of World War I". *Avoiding War*. Oxford: Westview Press, 1991.

Levy, Jack. *War in the Modern Great Power System 1495 ~1975*. Lexington: University Pr. of Kentucky, 1983.

Lowe, Charles. "Life Austria-Hungary During The First Three Years Of The War". *The Great War*, Vol. 9. Croatia: Trident Press International, 1999.

Martin, James. *Civil War America: Voice from the Home Front*. California: ABC-CLIO inc, 2003.

Marwick, Arthur. "Problem And Consequences of Organizing Society for Total War". *Mobilization for Total War*. Ontario: Wilfried Laurier University Press, 1981.

Mawdsley, Evan. *World War II*. London: Cambridge University Press, 2009.

McPherson, James M. *Battle Cry of Freedom: The Civil War Era*. New York: Oxford University Press, 1988.

Mearsheimer, John. J. "Why We will soon miss the Cold War" *The Atlantic Monthly*, Vol. 266, No. 2(August 1990).

Mekercher, B. J. C. "Economic Warfare". *The Oxford Illustrated History of The First World War*. New York: Oxford University Press, 1998.

Offner, Arnold A. *The Origin of The Second World War: American Foreign Policy And World Politics*. Florida: Robert E. Krieger Publishing Co. 1986.

Owen, Harold. "National Psychology And Social Changes". *The Great War*, Vol. 9. Croatia: Trident Press International, 1999.

Parker, R. A. C. *Struggle For Survival: The History of the Second World War*. London: Oxford University Press, 1989.

Perry, F. W. *The Commonwealth Armies: Manpower and organization in two world wars*. Manchester: Manchester University Press, 1988.

Preston, Richard A. & Wise, Sydney F. *Men in Arms*. New York: Prager Publisher, 1970.

Reid, Brian H. *The American Civil War*. London: Cassel & Co, 2000.

Salvemini, Gaetano. *Prelude To World War II*. London: Victor Gollancz LTD, 1953.

Simson, Jay W. *Naval Strategy of the Civil War*. Tenn. : Cumberland House Publishing Inc. 2001.

Sternberg, Fritz. *The Coming Crisis*. London: Victor Gollancz, 1947.

Strachan, Hew. "Economic Mobilization: Money, Munition, and Machine". *The Oxford Illustrated History of The First World War*. New York: Oxford University Press, 1998.

Street, James. *The Civil War*. New York: Dial Press, 1953.

The Military Balance 2011. *The International Institute For Strategic Studies*. London: Arundel House, 2011.

Thompson, William. R. "Polarity, the Long Cycle, and Global Power Warfare" *Journal of Conflict Resolution*, Vol. 30, No. 4, 1987.

Trask, David. "The Entry of the USA into the War and its Effects". *The Oxford Illustrated History of The First World War*. New York: Oxford University Press, 1998.

Winter, J. M. *The Experience of The War 1*. New York: Oxford University Press, 1995.

Wright, Quincy. *A Study of War*. Chicago: The University of Chicago Press, 1942.

Zelizer, Julian E. *Arsenal of Democracy: The Politics of National Security- from World War II to* the War on Terrorism. New York: Basics Books, 2009.

코우케츠 아츠시(纐纈 厚). 『總力戰體制硏究』, 東京: 文永印刷株式會社, 1981.

기 타

대한민국 헌법.

통합방위법 및 동시행령.

조선일보, 중앙일보, 동아일보, 한국일보, 국방일보 등

http//www.world-war-2.info/statistics.

http://breview.jinbo.net/maynews/readview.

http://www.naver.com/

http://www.daum.net/

http://en.wikipedia.org/wiki/krupp/

http://en.wikipedia.org/wiki/Boeing/

http://en.wikipedia.org/wiki/Skoda works/

http://en.wikipedia.org/wiki/Rheinmetall/

http://en.wikipedia.org/wiki/Vickers/

http://seoul.mfa.il/mfm/data/

http://en.wikipedia.org/wiki/War-Industry-Board.

http://en.wikipedia.org/wiki/War-Production-Board.

http://www.state.gov/Hannah Fischer · Kim Klarman, *CRS Report for Congress: American War and Military Operation Casualties, Lists and Statistics*(U.S. States of Departments, 2008. 5. 14)

http://www.state.gov/Stephen Dagget, *CRS Report for Congress: Costs of Major U.S. Wars* (U.S. States of Departments, 2008. 6. 24)

용어 찾아보기

인명 찾아보기

저자 **박계호**

춘천고등학교 졸업(1976)
육군사관학교 졸업(1980)
육군대학 정규과정 졸업(1989)
이탈리아 육군대학 졸업(1994)
영남대학교 행정대학원 행정학 석사(2001)
충남대학교 대학원 군사학 박사(2012)
육군대학 교관
대대장/연대장
수도방위사령부 동원처장
합동참모본부 작전본부 동원기획과장/검열관
육군대학 교관/평가실장

주요 논문
우리나라의 국가비상대비업무(2001)
비정부기구(NGO)가 국방정책에 미친 영향(2001)
정신동원의 중요성 연구(2001)
동원업무의 군사혁신 방안(2002)
동원해제 후 복원업무(2007)
전쟁지속능력 확대를 위한 산업동원 제고 방안(2008)
중국군의 국방동원업무 발전추세(2009)
야전 동원업무 발전제언(2009)
포괄적 안보위협하 예비전력의 역할 재조명(2009)
전쟁억제력으로서 예비전력의 역할 발전방안(2010)
국방개혁과 연계한 예비전력의 발전 제언(2010)
예비전력 역할 발전에 관한 연구(2010)
해양에서의 자원을 둘러싼 분쟁(2010)
남북전쟁의 성격 연구: 총력전 중심(2011)
초국가적 · 비군사적 안보위협하 한 · 중 · 일 안보협력방안(2012) 등 다수